Wie? Warum? Weshalb?

Wie? Warum? Weshalb?

Verblüffende Ideen, geniale Lösungen, faszinierende Fakten aus Natur und Technik

Verlag Das Beste Stuttgart · Zürich · Wien

INHALT

Unsere Welt ist voller Wunder: vom scheinbar einfachen Kugelschreiber über den riesigen Jumbo-Jet, der sich in die Luft erhebt, und den genetischen Fingerabdruck, der den Verbrecher überführt, bis zum Kaninchen, das aus dem Zylinder gezaubert wird. Doch wie läßt sich das alles bewerkstelligen? Das ist die Frage, die dieses Buch beantwortet.

Die kleinen Wunder des Alltags
Seite 9–30

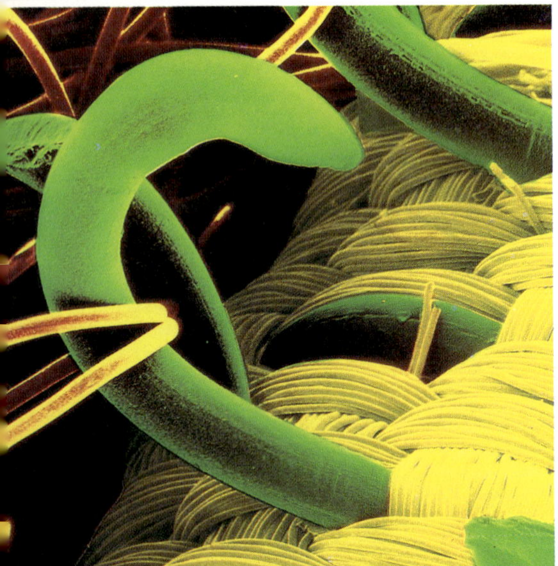

Ein Klettverschluß unter dem Mikroskop

Meisterleistungen der Organisation
Seite 31–72

Die Regelung des Verkehrs

Tarnen, täuschen und entlarven
Seite 73–100

Tricks mit der Kamera

Geniale Ideen und Erfindungen

Seite 101–164

Von der Baumwolle zum Faden

Die Erforschung des Weltraums

Seite 165–186

Spaziergang im Weltraum

INHALT

Sternstunden der Wissenschaft
Seite 187–210

Feuer aus der Erde

Wie funktioniert das?
Seite 211–274

Ortung durch Mikrochips

Errungenschaften der Medizin
Seite 275–298

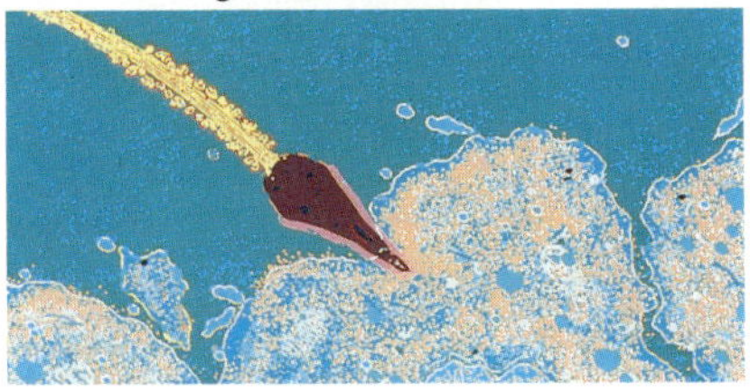

Zeugung im Reagenzglas

Die Kunst des Auf- und Abbauens
Seite 299–316

Die Zähmung der Natur

Wunderwerke der Vergangenheit
Seite 317–372

Geheimnisse der Höhlenmalerei

Rund ums Essen und Trinken
Seite 373–394

Knalleffekt aus der Flasche

Sport, Spiel, Unterhaltung
Seite 395–437

Kopfüber durch die Luft

Übersetzer und Mitarbeiter

**Dr. Dietrich von Abel, Cornelia Fink, Peter Gillhofer,
Dr. Peter Böshagen, Ingrid Frieling, Dr. Hans-Joachim Günther,
Gisela Irrgang, Theodor Rauther, Dr. Karl-Heinz Röderer,
Wolfdietrich Müller, Dr. Alf Reuscher, Birgit Scheel,
Dr. Jutta Schneider, Hans A. Werner,
Annelie Werner, Klaus E. Zippert**

Redaktion: Marianne Schulze (Projektleitung),
Simone Berger, Guido Huß
Korrektur: Siglinde Huber
Bildresearch: Christina Horut
Produktion: Hans-Peter Ullmann

Bücher und Neue Medien
Redaktionsdirektor: Ludwig R. Harms

Das Beste Sachbücher
Chefredakteur: Peter Holzwarth
Stellv. Chefredakteurin: Mina Langheinrich

Produktgrafik
Art Director: Werner Kustermann
Art Editor: Rudi K. F. Schmidt

Produktion
Produktionsdirektor: Joachim Forster
Leitung Produktion Bücher: Alfred Wohlfart

Printed in Germany
ISBN 3 87070 375 X

Die kleinen Wunder des Alltags

Ohne darüber nachzudenken, benutzt man jeden Tag die erstaunlichsten Dinge – Mikrowellengeräte, Zahnpasta mit farbigen Streifen, Pfannen und Töpfe, an denen nichts haftenbleibt. Wie werden sie hergestellt, wie funktionieren sie, und wie ist man überhaupt auf die Idee gekommen?

Wie ein Klettverschluß zusammenhält, Seite 19

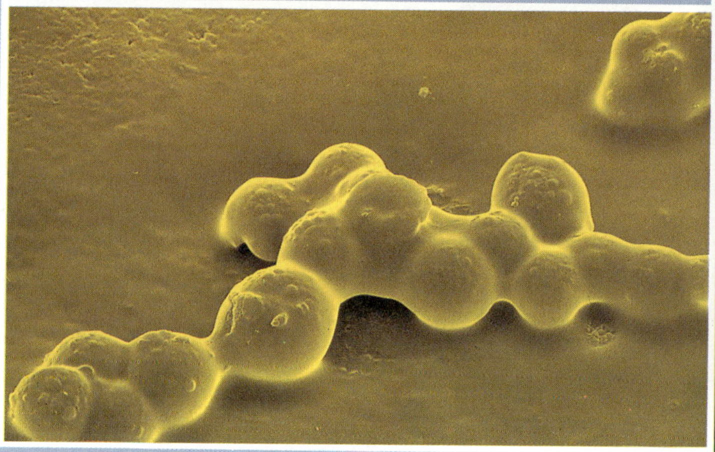

Wie eine Rubbelfolie Duftstoffe abgibt, Seite 16

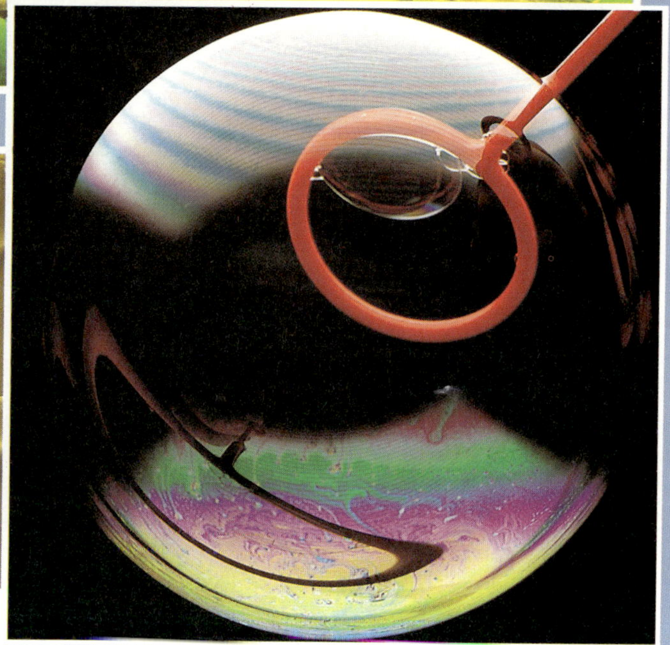

Wie eine Seifenblase zustande kommt, Seite 27

Neonröhren: Bilder und Worte aus buntem Licht

Auf der ganzen Welt erstrahlen Reklamefiguren und Markennamen in grellem Neonlicht; denn den Glasröhren der Leuchtstofflampen kann man die Form von Buchstaben und Bildkonturen geben.

Das helle, farbige Licht entsteht durch eine Gasentladung. Im allgemeinen leiten Gase elektrischen Strom schlecht; man kann sie aber leitend machen, indem man ihren Druck vermindert und eine hohe elektrische Spannung anlegt.

Seit dem späten 19. Jh. befaßten sich Wissenschaftler mit elektrischen Entladungen im Edelgas Neon bei niedrigem Druck und beobachteten zunächst, daß dabei von dem Gas ein rotoranges Glühlicht ausgeht.

Um eine mit Neon gefüllte Glasröhre zum Leuchten zu bringen, wird an ihren beiden Enden Spannung angelegt. Atomare Teilchen, Elektronen genannt, strömen dann von einem Ende der Röhre zum anderen und stoßen unterwegs mit Neonatomen zusammen. Dabei werden die Elektronen, die in den Neonatomen kreisen, aus ihrer Bahn katapultiert und erhalten durch diesen Zusammenprall zusätzliche Energie

Neonlicht bei Nacht *Bei der Neonkulisse von Las Vegas fällt vor allem der Cowboy des Pioneer Club mit seiner wippenden Zigarette auf. Auch in Hongkong wird die Nacht von Neonlicht erhellt. Leuchtbilder wie der Drache (oben) sind wahre Meisterleistungen von Glasbläsern.*

– wie eine Billardkugel bei der „Karambolage“. Wenn die Elektronen auf ihre ursprüngliche Umlaufbahn zurückkehren, geben sie ihre zusätzliche Energie in Form von elektromagnetischen Wellen ab, deren Frequenz im Bereich des sichtbaren Spektrums liegt, so daß ein helles rotoranges Glühlicht zu sehen ist.

Wenn man die Glasröhren mit einem anderen Gas füllt, findet im Prinzip der gleiche Prozeß statt. Die Elektronen senden jedoch Wellen mit einer anderen Frequenz und daher anderen Farbe aus. So liefert Helium goldgelbes und Krypton hellviolettes Licht. Um weitere Farben zu erhalten, kann man die Röhren innen mit einem fluoreszierenden Material beschichten, Quecksilber oder Argon mit dem Gas mischen oder farbiges Glas verwenden.

Die Sonne als Schalter für die Straßenbeleuchtung

In der ganzen Welt werden Tag für Tag in der Abend- und Morgendämmerung Millionen von Straßenlaternen ein- und ausgeschaltet – in vielen Fällen durch das Sonnenlicht selbst.

Die meisten Beleuchtungsanlagen werden durch Zeitschalter gesteuert. Die ersten Zeitschalter besaßen ein Uhrwerk, das man in regelmäßigen Abständen aufziehen und nachstellen mußte. Heute basieren sie in der Regel auf einer elektrischen Uhr mit rotierendem Zifferblatt, auf dem „Reiter“ das Licht zum gewünschten Zeitpunkt ein- bzw. ausschalten.

Da die Sonne im Lauf des Jahres zu unterschiedlichen Zeiten auf- und untergeht, muß die Straßenbeleuchtung der Jahreszeit angepaßt werden. Bei den Zeitschaltern versetzt deshalb eine mechanische Vorrichtung die Reiter Monat für Monat entsprechend den unterschiedlichen Tageslängen.

In jüngerer Zeit wurde für die Straßenbeleuchtung ein Steuersystem entwickelt, bei dem eine Photozelle ein Relais im Stromkreis der Straßenlaternen auslöst. Die Photozelle besitzt eine lichtempfindliche Substanz, etwa Cadmiumsulfid, Bleiselenit oder Silicium. In der Morgendämmerung bewirkt das auf die Photozelle auftreffende Licht eine Elektronenwanderung von Atom zu Atom, so daß ein Strom zum Relais fließt, das die Beleuchtung abschaltet. In der Abenddämmerung werden die Elektronen in der Photozelle unbeweglich; daher fließt kein Strom mehr zum Relais, und die Straßenlaternen werden wieder eingeschaltet. Der genaue Zeitpunkt hängt also von der jeweiligen Witterung ab.

Glühlampen: dünn wie Eierschalen

Der Glaskolben einer elektrischen Glühlampe ist nicht viel stärker als eine Eierschale. Dennoch hält er auch starken Druck aus. Der Hauptgrund hierfür ist die Form der Glühlampe, die auf dem Prinzip der Eierschale beruht.

Schon vor Jahrmillionen hat die Natur das Problem gelöst, ein Ei davor zu bewahren, zerdrückt zu werden, wenn sich die Vogelmutter zum Brüten auf das Nest setzt. Dank seiner charakteristischen Form kann das Ei auch mit einer dünnen Schale allseitigem Druck standhalten. Eine zu dikke Schale könnte das Küken beim Schlüpfen nicht aufpicken.

Bei Glühlampen wie bei Eiern ist die gesamte Oberfläche gewölbt. Wenn man sie anfaßt, pflanzt sich die angewandte Kraft vom eigentlichen Druckpunkt aus über die Wölbung in alle Richtungen fort und verteilt sich so über eine große Fläche.

Vom Glasband zur Glühlampe

Die Herstellung von Glühlampen ist ein hochautomatisierter Prozeß, bei dem die Kolben aus einem fortlaufenden Band von geschmolzenem Glas in eine runde Form geblasen werden.

Der wichtigste Teil einer Glühlampe ist der Glühfaden, eine Spirale oder Wendel aus Wolframdraht, der nur 1/100 mm dick ist. Die Wendel wird weißglühend und sendet Licht aus, wenn elektrischer Strom hindurchfließt. Der Glühdraht wird an einem gläsernen Trägerstab mit stärkeren Drähten befestigt, die zum Fuß der Glühlampe führen.

Beim Einsetzen des Trägerstabs wird die gesamte Luft aus dem Glaskolben gepumpt, weil die Glühwendel sonst oxidieren würde und die Glühlampe nur eine kurze Lebensdauer hätte. Anschließend wird der Glaskolben mit einem Gemisch aus Argon und Stickstoff gefüllt und zugeschmolzen. Zuletzt wird der Schraubsokkel aus Metall angekittet. Eine moderne Maschine produziert in wenigen Minuten 30 Glühlampen, von denen jede mindestens 1000 Stunden lang Licht ausstrahlt. Allmählich jedoch verdampft der Glühfaden und reißt ab.

Pfeifende Glühbirnen

Einige Glühlampen pfeifen, bevor sie durchbrennen. Wenn der Glühfaden abreißt, während die Glühlampe eingeschaltet ist, leuchtet sie manchmal noch weiter; dann wird der entstandene Spalt von einem elektrischen Lichtbogen überbrückt, der einen hohen Pfeifton erzeugt.

DIE HERSTELLUNG VON GLÜHLAMPEN AM FLIESSBAND

1 *Die Glaskolben werden an einer Flamme entlanggeführt. Der erweichte Fuß wird der Größe des Schraubsockels angepaßt und abgeschnitten.*

2 *Der noch rotglühende Fuß wird an den gläsernen Trägerstab angeschmolzen.*

3 *Zuletzt werden die Sockelkontakte mit den Drähten zur Glühwendel verlötet.*

Batterien – netzunabhängige Stromquellen

Anatomische Forschungen ab 1780 führten zur Erfindung der Batterie. Luigi Galvani, ein Professor für Anatomie an der Universität Bologna, beobachtete, daß die Schenkel von toten Fröschen in Zuckungen geraten, wenn man sie an Haken auf einer Eisenstange aufhängt. Er nahm irrtümlicherweise an, daß es sich um tierische Elektrizität handelt.

Ein anderer Italiener, Professor Alessandro Volta von der Universität Pavia, erkannte, daß die Elektrizität durch den Kontakt zwischen den Kupferhaken und den Eisenstangen zustande kam, daß die daran aufgehängten Froschschenkel also lediglich ein Teil des Stromkreises waren. Er baute dann im Jahr 1800 die Voltasche Säule auf, die Urform aller Batterien. Der Name Batterie weist darauf hin, daß es sich meist um eine Reihe von Einzelzellen handelt. Trotz ihrer Nützlichkeit bedeuten Batterien große Energievergeudung: Für ihre Herstellung muß man bis zum 50fachen der Energie aufwenden, die sie später abgeben.

In einer Batteriezelle entsteht elektrischer Strom durch die chemische Reaktion zweier Elektroden, elektrischer Leiter, mit einem Elektrolyten, einer leitenden Flüssigkeit oder breiförmigen Substanz. Die Elektroden sind mit jeweils einem der Metallpole der Batterie verbunden, an denen die Verbraucher angeschlossen werden, so daß ein Stromkreis entsteht. Dabei fließt ein ständiger Elektronenstrom vom Minuspol über den Verbraucher zum Pluspol.

Dieser Strom entsteht dadurch, daß sich eine Elektrode im Elektrolyten allmählich auflöst: Seine Atome spalten sich auf, und es werden positive Ionen an den Elektrolyten und Elektronen über den Minuspol abgegeben.

Die zweite Elektrode besteht meist aus einem Material, das sich nicht so leicht auflöst. Sie verliert aber Elektronen an die positiven Ionen im Elektrolyten und gerät dadurch in ein Elektronendefizit. Aus dem beständigen Elektronenfluß von der einen Elektrode über den Verbraucher zur anderen besteht der elektrische Strom.

Die zylinderförmige einzellige Zink-Kohle-Batterie, wie man sie in Taschenlampen verwendet, nennt man Trockenbatterie, weil der Elektrolyt nachgefüllt werden muß.

Der Zinkmantel der Batterie bildet die eine Elektrode. Er enthält Ammoniumchlorid (Salmiak) als Elektrolyten und Mangandioxid (Braunstein). Ein Kohlestab in der Mitte dient als andere Elektrode.

DIE LANGLEBIGE ALKALI-MANGAN-BATTERIE

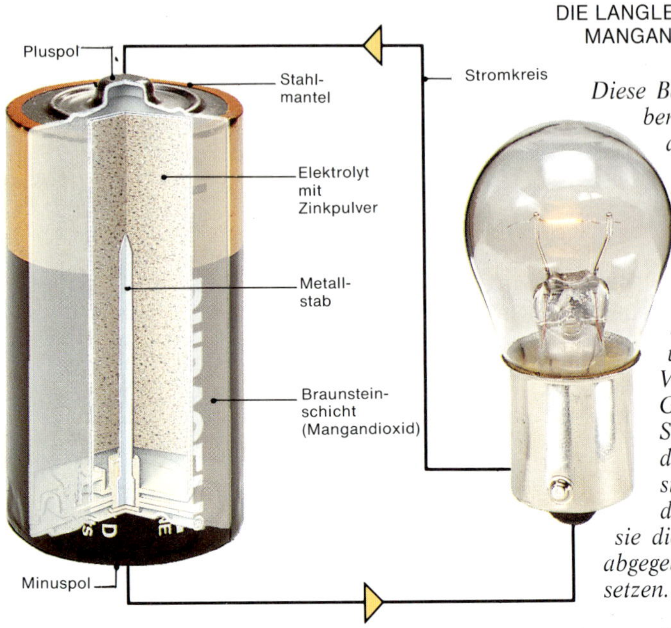

Diese Batterie mit langer Lebensdauer besitzt einen alkalischen Elektrolyten (Kaliumhydroxid), der mit Zinkpulver vermischt ist. Ein Metallstift fängt die Elektronen aus dem Elektrolyten auf, die dann über den Minuspol, den Verbraucher (z. B. eine Glühlampe) und den Stahlmantel (Pluspol) der Batterie zur Braunsteinschicht (Mangandioxid) gelangen, wo sie die an den Elektrolyten abgegebenen Elektronen ersetzen.

Eine solche Trockenbatterie besitzt zum Zeitpunkt ihrer Herstellung eine Spannung von 1,5 V, die bei Gebrauch jedoch sinkt, weil am Kohlestab Wasserstoffblasen entstehen und damit die wirksame Oberfläche verkleinert wird. Als Gegenmittel bindet der Braunstein einen Teil des freigesetzten Wasserstoffs.

WAS IST ELEKTRIZITÄT?

Der elektrische Strom ist ein Fluß von Elektronen – winzigen, auch im stärksten Mikroskop nicht sichtbaren Teilchen, die von Atomen freigesetzt werden. Je größer und schneller dieser Elektronenfluß ist, um so stärker ist der Strom. Allerdings müssen auch für einen relativ schwachen Strom bereits einige Milliarden Elektronen fließen.

Atome sind die kleinsten Bausteine jeder Materie. Die Elektronen umkreisen den Atomkern auf verschiedenen „Schalen". Zu jeder Schale gehört eine unterschiedliche Anzahl von Elektronen. Die Atome der verschiedenen chemischen Elemente weisen auch eine unterschiedliche Anzahl von Elektronen auf. So besitzt beispielsweise ein Wasserstoffatom nur ein Elektron, Kupfer hingegen 29 Elektronen, verteilt auf vier Schalen.

Ein Atomkern weist eine positive elektrische Ladung auf, während seine Elektronen negativ geladen sind. Atome sind daher elektrisch neutral, solange sich die beiden Ladungen gegenseitig aufheben. Elektronen können jedoch, z. B. bei einer chemischen Reaktion oder bei Wärmeeinwirkung, ein Atom verlassen.

Ein Atom (oder eine Gruppe von Atomen), das Elektronen verliert oder aufnimmt, erhält eine elektrische Ladung und wird Ion genannt. Das Ion ist bei Elektronenmangel positiv geladen, bei Elektronenüberschuß negativ. Freigesetzte Elektronen können sich frei bewegen. Wenn jedoch eine größere Menge von Elektronen von einer Quelle positiver Ionen angezogen wird, entsteht ein elektrischer Strom. In einem Stromkreis fließt allerdings nur dann ein Strom, wenn am einen Ende Elektronenüberschuß und am anderen Elektronenmangel herrscht. Diese Potentialdifferenz wird in Volt gemessen.

Metalle sind gute elektrische Leiter, denn ihre Atome besitzen viele locker gebundene Elektronen, die dem Elektronenfluß nur geringen Widerstand entgegensetzen. Materialien, die im allgemeinen den Strom nicht leiten, z. B. Gummi, besitzen Atome, deren Elektronen nicht so leicht freigesetzt werden.

Zu einem elektrischen Stromkreis gehört je eine Leitung, in der Regel aus Kupferdraht, von einer Stromquelle weg und wieder zu ihr zurück, meist in einem Kabel vereinigt. Die Stromquelle kann eine Batterie oder ein Generator sein.

Den Strom im Versorgungsnetz liefern die Generatoren der Kraftwerke. Dabei handelt es sich meist um Wechselstrom: Die Elektronen im Leitungsdraht werden entsprechend dem Polaritätswechsel des Magnetfelds im Generator zuerst in die eine Richtung und dann in die entgegengesetzte bewegt.

Früher nahm man an, daß der elektrische Strom vom positiven zum negativen Pol fließt, weil noch nicht bekannt war, daß es sich bei einer positiven Ladung um ein Elektronendefizit handelt.

Autobatterien sind Speicherbatterien, Akkumulatoren genannt, die man wieder aufladen kann, weil ihre chemischen Reaktionen umkehrbar sind. Meist sind sechs Zellen verbunden, die jeweils eine Spannung von etwa 2 V liefern.

Jede Zelle besteht aus mehreren Elektroden in Plattenform, wobei sich negative und positive Platten abwechseln. Sie sind gegeneinander isoliert und tauchen in einen Elektrolyten aus verdünnter Schwefelsäure ein. Alle Platten bestehen aus einem Bleigitter, das bei den negativen Platten mit reinem porösem Blei und bei den positiven mit Bleidioxid ausgefüllt ist.

Bei der chemischen Reaktion, die den elektrischen Strom liefert, bildet sich in den negativen und positiven Platten Bleisulfat, und der Elektrolyt wird allmählich zu Wasser. Wenn dieser Prozeß abgeschlossen ist, liefert die Batterie keinen Strom mehr. Sobald der Automotor jedoch normal arbeitet, wird die Batterie von der Lichtmaschine wieder aufgeladen. Dabei werden Bleiplatten und Schwefelsäure durch Umkehr der chemischen Reaktion in ihren ursprünglichen Zustand zurückversetzt.

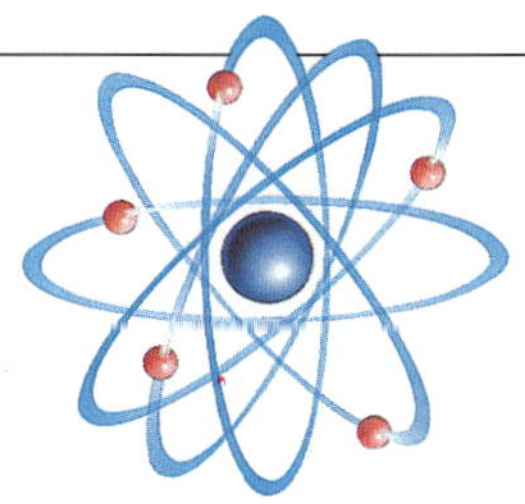

Neutrales Atom *Atomkerne sind positiv geladen, Elektronen negativ. Das Atom ist neutral.*

Positives Ion *Der Verlust eines Elektrons hat zur Folge, daß das Atom eine positive Ladung annimmt.*

Negatives Ion *Wenn ein Atom ein oder mehrere Elektronen aufnimmt, erhält es eine negative Ladung*

Wie kommt die Mine in den Bleistift?

Die Schreibmine eines „Bleistifts" besteht schon seit Jahrhunderten nicht mehr aus Blei. In der Antike zeichnete man mit Blei Linien auf Papyrus oder Pergament vor, ehe man es mit Pinsel und Tusche beschriftete. Im 14. Jh. benutzten Künstler in Europa dünne Stäbe aus einer Blei-Zink-Legierung für ihre zartgrauen „Silberstiftzeichnungen". Und im 16. Jh. beschrieb Conrad Gesner aus Zürich in seiner *Abhandlung über Fossilien* einen Schreibstift mit einer Holzhülle.

Blei wurde aber nicht mehr zum Schreiben verwendet, nachdem man 1564 in Borrowdale im Norden Englands reinen Graphit entdeckt hatte; denn damit war auch der moderne Bleistift geboren.

Graphit besteht aus Kohlenstoff und gehört zu den weichsten Mineralen. Wenn man einen Graphitstift auf Papier drückt, lösen sich dünne Flocken und hinterlassen einen schwarzen Abdruck. Eine der besten Graphitsorten – pulverförmig und tiefschwarz – für Bleistifte kommt aus Sonora in Mexiko.

Die hölzerne Hülle eines Bleistifts muß verhältnismäßig weich sein, damit man ihn leicht spitzen kann, wenn die Graphitmine abgeschrieben ist. Das für Bleistifte meistverwendete Holz stammt vom Virginischen Wacholder, der Bleistiftzeder, aus der Sierra Nevada im Norden Kaliforniens. Am begehrtesten ist das Holz von 150–200 Jahre alten Bäumen.

Für die Bleistiftmine wird ein Gemisch von feinem Graphit und Ton zu dünnen Stangen gepreßt und in einem Ofen gebrannt. Da Graphit wegen seiner flockigen Struktur in herkömmlichen Mühlen nicht zerkleinert werden kann, werden die Graphitpartikel mit Druckluft gegeneinander gesprüht und durch den Zusammenprall zerkleinert.

Die feinen Partikel werden mit Kaolin und Wasser zu einem kittartigen Brei vermengt, der in der Minenpresse durch ein dünnes Loch gepreßt wird. Dieser kontinuierliche Strang mit dem Durchmesser einer Bleistiftmine wird dann in Stücke von Bleistiftlänge unterteilt, in einem Ofen getrocknet und bei 1000–1200 °C gebrannt. Schließlich erhalten sie in einem Wachsbad optimale Schreibeigenschaften.

Für die Holzkörper werden Holzleisten in der Länge eines Bleistifts, der Breite von sieben Stiften und der Stärke eines halben Stifts zugeschnitten. Nachdem Rillen für die Minen gefräst und die Minen eingelegt worden sind, wird eine zweite Leiste darübergeklebt. Aus diesem „Sandwich" werden dann Bleistifte mit sechseckigem oder rundem Querschnitt ausgeschnitten und schließlich mit einer ungiftigen Farbe lackiert.

Makrofoto eines Bleistiftstrichs *Der Graphit von Bleistiften hat eine lockere, mehrschichtige Struktur. Er läßt sich leicht abreiben und hinterläßt beim Kontakt mit dem Papier einen schwarzen Abdruck.*

WEICH ODER HART? DAS ENTSCHEIDET KAOLIN

Für Bleistiftminen nimmt man ein Gemisch aus Graphit und Kaolin – einer Tonerde, die auch für feines Porzellan verwendet wird. Unterschiedliche Mengenverhältnisse beider Komponenten ergeben Minen verschiedener Schwärze und Härte. Am meisten werden Bleistifte mit der Typenbezeichnung HB (*hard and black*) verwendet. Die Minen von weicheren und schwärzeren Bleistiften (B bis 6B) enthalten mehr Graphit, die von härteren Typen (H bis 10H) mehr Kaolin. Die Minen von Buntstiften oder Farbkreiden enthalten keinen Graphit, sondern werden aus Tonerde, Wachs und Farbpigmenten hergestellt.

Die Kugel: Kernstück des Kugelschreibers

Das Kernstück eines Kugelschreibers ist eine präzis zugeschliffene Metallkugel, die eine schnelltrocknende Tinte auf Ölbasis auf das Papier überträgt.

Diese Kugel hat einen Durchmesser von rund 1 mm und ist bis auf einige $^1/_{100000}$ mm genau zugeschliffen. Manche Kugeln bestehen aus einer Verbindung von Wolfram und Kohlenstoff, die fast so hart ist wie ein Diamant.

Gelegentlich ist die Oberfläche der Kugel strukturiert oder angerauht, damit sie auf der Schreibfläche besser greift. Die Kugel kann in ihrem Stahl- oder Messinggehäuse in jeder Richtung abgerollt werden. Die Spitze des Gehäuses ist nach innen gebogen, damit die Kugel nicht herausfällt.

Die Tinte wird der Kugel von einem dünnen Rohr zugeführt, das den Tintenvorrat enthält und am anderen Ende offen sein muß; sonst entsteht beim Schreiben ein Vakuum, so daß die Tinte nicht nachfließen kann. Rillen innerhalb der Gehäusespitze gewährleisten, daß sich die Tinte gleichmäßig um die Kugel verteilt und beim Abrollen auf dem Papier eine zusammenhängende Linie hinterläßt.

Allein die französische Firma BiC setzt weltweit täglich mehr als 12 Mio. Kugelschreiber ab, jeder mit einer Schreiblänge von über 3,5 km bei feiner und 2,5 km bei mittlerer Strichstärke.

Biro, der Erfinder

Ein zugespitzter Federkiel war einige Jahrtausende lang das gebräuchlichste Schreibwerkzeug, bis sich im 19. Jh. die Stahlfeder durchsetzte. In den 30er Jahren unseres Jahrhunderts erfand dann der ungarische Künstler und Zeitungsredakteur Ladislaus Biro in Budapest den Kugelschreiber. Bei Ausbruch des Zweiten Weltkriegs floh er aus seiner Heimat nach Argentinien.

Mit Hilfe seines Bruders Georg, der Chemiker war, verbesserte er seine Erfindung und nahm die Produktion während des Kriegs in Buenos Aires auf. 1944 verkaufte er seine Geschäftsanteile an einen seiner Geldgeber. Dieser erhielt einen Lieferauftrag von den alliierten Streitkräften, weil Biro-Schreiber unempfindlich gegenüber Luftdruckschwankungen waren. Innerhalb weniger Jahre hatte sich der Kugelschreiber durchgesetzt.

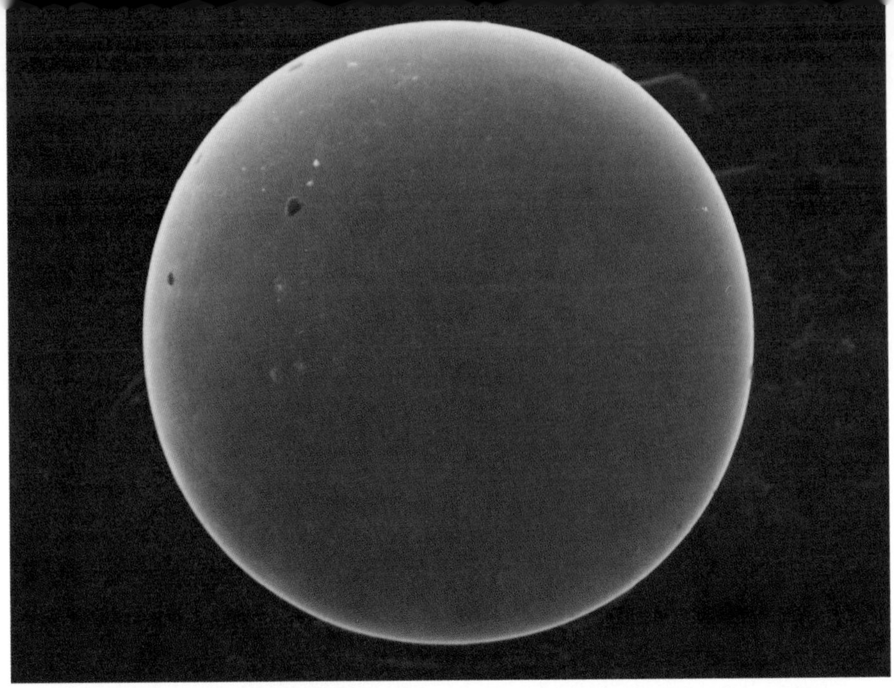

Die Kugel *Meist aus Stahl gefertigt und exakt zugeschliffen (hier 80fach vergrößert).*

Das Gehäuse *Rillen innerhalb der Spitze verteilen die Tinte rund um die Kugel.*

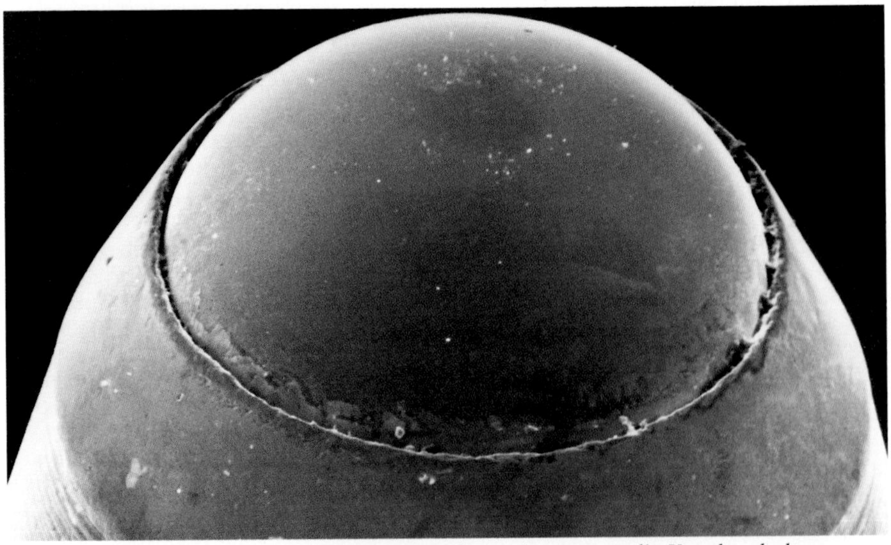

Die eingesetzte Kugel *Der Gehäuserand wird umgebogen, um die Kugel zu halten.*

Schreiber und Marker *Die Hersteller von Schreibgeräten haben nach dem Beispiel von Ladislaus Biro eine Vielzahl von neuen Schreibern für die unterschiedlichsten Zwecke entwickelt: mit feinem oder breitem Strich, dokumentenecht oder abwischbar. Außer beim Kugelschreiber gelangt die Tinte stets durch Kapillarwirkung zur Schreibspitze.*

Filzschreiber *Die Schreibspitze besteht aus natürlicher oder synthetischer Wolle.*

Faserschreiber *Durch ein Harz verklebte Fasern halten länger als eine Filzspitze.*

Kugelschreiber *Die Tinte wird von der abrollenden Kugel auf das Papier übertragen.*

Feinschreiber *Die Tinte tritt aus einer dauerhaften Plastikspitze aus.*

Superkleber – sekundenschnell und dauerhaft

Bis in unser Jahrhundert verwendete man zur Herstellung von Klebstoffen fast nur Pflanzenharze oder verkochte Tierknochen, die lange Zeit zum Abbinden benötigten und oft keine sehr feste Verbindung herstellten. So drang beispielsweise bei Holzverbindungen der Leim in die Holzporen ein und hielt nach dem Trocknen beide Teile zusammen. Heute sind die meisten Klebstoffe rein synthetisch. Sie trocknen schnell und schaffen sehr feste Verbindungen. Am schnellsten arbeiten Superkleber bzw. Sekundenkleber, die schon nach Sekunden hart werden. Es gibt auch Zweikomponentenkleber, die in 10–30 Minuten nach dem Vermischen fest werden.

Superkleber bestehen aus Acrylharzen, die wiederum aus petrochemischen Rohstoffen gewonnen werden. Bei diesen Harzen können bereits Spuren von Feuchtigkeit bewirken, daß sich die kleinen Harzmoleküle verbinden und längere bilden – ein chemischer Prozeß, den man Polymerisation nennt.

In der Packung wird die Polymerisation durch einen sauren Stabilisator verhindert. Wird der Kleber jedoch auf eine Fläche aufgetragen, setzen Wasserionen – Atomgruppen mit elektrischer Ladung – den Stabilisator außer Kraft und lösen den Polymerisationsprozeß aus. Diese Ionen befinden sich praktisch auf jeder Oberfläche, die der Luft ausgesetzt ist, weil die Luft stets einen Anteil an Feuchtigkeit enthält.

Auch auf der Haut, die von Natur aus feucht ist, haften Superkleber sofort. Wer z. B. bei der Reparatur einer Porzellanfigur mit den Fingern klebenbleibt, taucht am besten Figur und Finger in warmes Wasser, bis sich die Verbindung löst. Wegen dieser Eigenschaft kann man Superkleber in der Chirurgie als Spray verwenden, um Wunden zu verschließen und Blutungen zu stillen.

Bindekraft *Bei dieser Reklamewand ist der gelbe Wagen mit Epoxidharzkleber an das Holzgerüst angeklebt. Der rote Wagen steht auf dem Dach des ersten Autos – eine eindrucksvolle Demonstration der Bindekraft.*

DER PROZESS, DER SUPERKLEBER FEST HAFTEN LÄSST

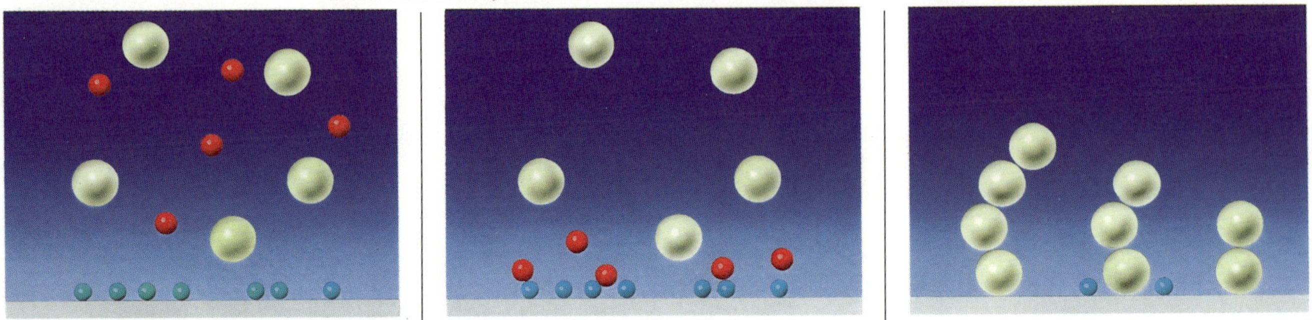

Ein saurer Stabilisator (rot) bewirkt, daß sich die Klebstoffmoleküle nicht vereinigen können.

Der Stabilisator wird neutralisiert, sobald er mit Feuchtigkeit (blau) auf der Klebefläche in Berührung kommt.

Jetzt können sich die Klebstoffmoleküle zu langen Ketten vereinigen und eine feste Verbindung bilden.

Ein Zufall beschert der Welt einen „Denkzettel"

Kleine gelbe Zettel mit einem Streifen Klebstoff tauchten in den 80er Jahren in den Büros der ganzen Welt auf. Man klebte sie meist auf Schriftsachen und schrieb eine Notiz darauf. Sie hatten den großen Vorteil, daß man sie ohne Spuren leicht wieder ablösen konnte.

Bald darauf tauchten diese Post-it Haft-Notizen auch in Schulen und Haushalten auf. Schüler, Studenten und Lehrer kennzeichneten damit Buchseiten, und Familienmitglieder klebten für die später Heimkommenden eilige Mitteilungen an die Kühlschranktür.

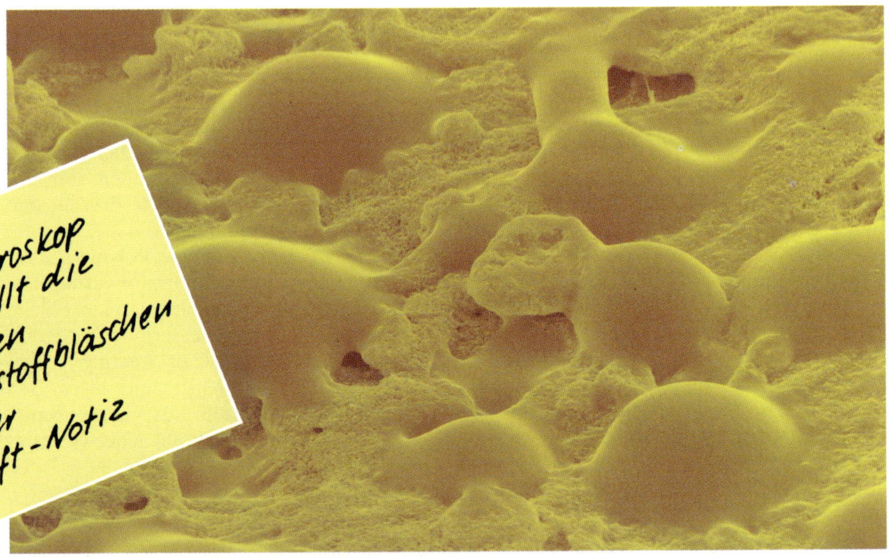

Die Post-it Haft-Notizen verdanken wir einer zufälligen Entdeckung in dem 3-M-Laboratorium von Saint Paul in Minnesota, wo 1968 in zahlreichen Versuchsreihen Superkleber entwickelt wurden. Einer der Versuchskleber haftete so schlecht, daß er als wertlos eingestuft wurde. Ein Angestellter jedoch, der Chemiker Art Fry, der im Kirchenchor sang, verwendete den schwachen Klebstoff für Merkzettel in seinem Gesangbuch. Wenn er sie nicht mehr brauchte, konnte er die Zettel entfernen, ohne die betreffenden Seiten zu beschädigen.

Fry versuchte, seine Firma davon zu überzeugen, daß sie eine Idee wegwarf, die man weltweit auswerten konnte. Doch erst 1980 brachte 3 M die ersten Notizblöcke mit einem Haftstreifen auf den Markt. Man konnte die Zettel überall anbringen und später entfernen, um sie anderswo wieder anzuheften.

Die Klebefläche einer Post-it Haft-Notiz besteht aus Tausenden winziger Bläschen von Harnstoff-Formaldehydharz, die einen Klebstoff enthalten. Mit dem Finger angedrückt, platzen die Bläschen, jedoch nicht alle auf einmal, so daß man die Zettel wieder verwenden kann.

Wenn der Duft dem Papier entsteigt

Mancher Parfumhersteller wirbt mit duftenden Prospekten oder Magazinseiten. Weil der Duft des Parfums dadurch freigesetzt wird, daß man die Papierfläche abrubbelt oder ankratzt, nennt man diese Methode „Mikroduft" oder „Kratz und schnüffle".

Der Duftstoff gelangt in winzigen, in eine Harzfolie eingebetteten Kapseln auf das Papier. Die Hülle der Kapseln besteht aus Kunststoff, der beim Rubbeln oder Kratzen aufplatzt und die ätherischen Öle des Parfums freisetzt. Die Mikroverkapselung wurde von der amerikanischen Firma 3 M in den 60er Jahren entwickelt.

Dazu emulgiert man das Öl mit Wasser zu winzigen Tropfen – ähnlich wie man

GERÜCHE NACH ZAHLEN

Bei der Vorführung der Westernkomödie *Geier, Geld und Goldene Eier*, die 1984 in den USA gedreht wurde, dienten riechende Rubbelfolien als zusätzlicher Gag. Jeder Besucher erhielt eine kleine Karte mit etwa einem halben Dutzend verschiedener Zahlen. An bestimmten Stellen des Films erschien dann in einer Ecke der Leinwand eine der Zahlen. Wer die entsprechende Stelle abrubbelte, nahm den zu einer Szene passenden Geruch wahr, z.B. den Hauch eines Parfums oder beißenden Pulverdampf.

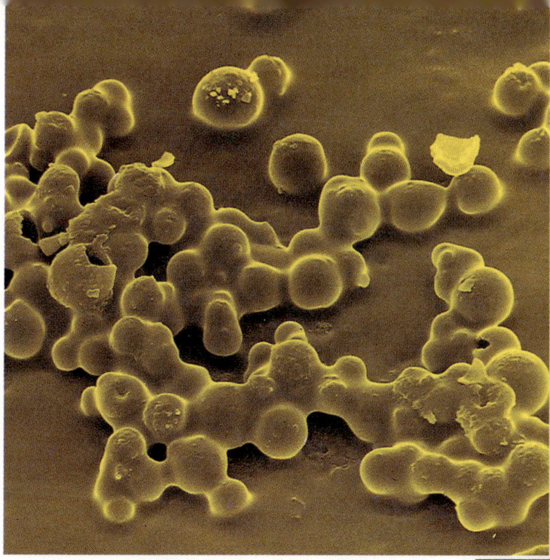

Das Aroma von Äpfeln *So sehen unter dem Mikroskop die Mikrokapseln einer Rubbelfolie aus (oben). Beim Reiben wird der Geruch freigesetzt. Der Aufkleber mit dem Apfel (rechts) ist typisch für die „Geruchswerbung" in Zeitschriften. Innerhalb der gestrichelten Linie befinden sich Mikrokapseln, die daran erinnern sollen, wie köstlich Äpfel duften.*

eine Salatsauce bereitet, indem man Öl und Essig miteinander schlägt. Dann werden die Tröpfchen auf eine Oberfläche gesprüht und mit einem Kunstharzfilm beschichtet. Der Film wird mit einem anderen Kunstharz auf dem Papier befestigt. Manchmal befinden sich die Kapseln auch in einer Klebefolie im Falz eines Prospekts, und der Duft wird beim Auseinanderfalten freigesetzt.

Einige Kosmetika enthalten Mikrokapseln mit Nährölen für die Haut. Da diese erst freigesetzt werden, wenn man sie aufträgt, bleibt das Präparat in der Dose oder Tube frisch.

Zeitungsfotos: Mosaike aus Punkten

Beim genaueren Betrachten eines Fotos in der Zeitung erkennt man, daß es sich aus schwarzen Punkten zusammensetzt. An dunklen Stellen bilden größere Punkte eine geschlossene Fläche, so daß das Papier nicht mehr durchscheint. An helleren Stellen sind kleine Punkte von größeren weißen Flächen umgeben.

Die Wiedergabe der Halbtöne von Fotografien durch Punkte wird durch Rasterung ermöglicht: Alle Schattierungen eines Fotos werden in ein Mosaik aus Punkten unterschiedlicher Größe umgesetzt. Dazu wird das wiederzugebende Foto zusammen mit einer transparenten Rasterfolie reproduziert, die man auf den Film legt. Die Rasterfolie besitzt meist ein sich senkrecht kreuzendes Liniensystem.

Die meisten Zeitungen verwenden für normales Zeitungspapier ein verhältnismäßig grobes Raster von 20–35 Linien pro Zentimeter. Das ergibt im Druck die gleiche Anzahl von Punkten je Zentimeter.

Das vom Foto reflektierte Licht dringt durch die Rasterfolie und wird von ihr in winzige Flächen von unterschiedlicher Helligkeit aufgelöst. Diese ergeben bei der Aufnahme mit einem kontrastreichen fotografischen Film ein Muster aus Rasterpunkten, bei dem dunkle Flächen durch große schwarze Punkte und helle Flächen durch kleine Punkte gebildet werden.

Sportfoto *Ein Schwarzweißfoto im Halbton (oben), wie man es in Zeitungen findet. Die Vergrößerung (links) zeigt, daß das Bild aus einer Vielzahl von schwarzen Punkten mit weißen Zwischenräumen besteht. Die Bildqualität ergibt sich aus der Anzahl der Rasterpunkte.*

WIE MEHRFARBIGE BILDER GEDRUCKT WERDEN

Wie Zeitungsbilder in Schwarzweiß bestehen auch Farbbilder aus unterschiedlich großen Punkten in drei verschiedenen Farben – Gelb, Magenta (= Anilinrot) und Cyan (= Blaugrün). Bei der Betrachtung aus einiger Entfernung verschmelzen die verschiedenfarbigen Punkte jeweils zu einem Farbton. Der Farbdruck beruht auf dem Prinzip, daß man sämtliche Farbnuancen durch Mischung dieser drei Grundfarben erhalten kann.

Farbbildreproduktion
Zuerst trennt man die einzelnen Farben voneinander, indem man das Bild durch Filter fotografiert. Die drei einfarbigen Bilder werden wie ein Schwarzweißbild gerastert, um ein Muster aus Punkten zu erhalten. Von jedem Farbauszug wird eine Druckplatte hergestellt. Mit einer zusätzlichen schwarzen Druckplatte erreicht man beim Vierfarbendruck eine bessere Bildqualität. Heute werden Farbauszüge meist nicht mehr mit Reprokameras, sondern mit elektronischen Bildabtastern (Scannern) hergestellt.

Alle Farben ergeben sich aus der Kombination der drei Grundfarben Gelb, Magenta und Cyan.

Dazu kommt Schwarz, um Sättigung, Auflösung und Kontrast zu steigern.

Das Auge des Betrachters sieht die unterschiedlichen Farbpunkte als einen Farbton.

Der Weg einer Münze durch einen Automaten

Mit den Münzen, die man in den Schlitz eines Automaten wirft, kann man alle möglichen Waren oder Dienstleistungen herausholen: Fahrkarten, Telefongespräche, Getränke oder Lebensmittel aus Verkaufsautomaten, Kopien aus Fotokopierern und, wenn man Glück hat, den Jackpot aus einem Spielautomaten.

Bevor die Maschine jedoch etwas liefert, läßt sie jede Münze eine Reihe von Prüfungen durchlaufen. Münzen im falschen Nennwert, fremde Währungen, Falschgeld und wertlose Blechscheiben nimmt sie nicht an.

Jede Münztype dieser Welt hat ihre charakteristischen Eigenschaften. Münzen unterscheiden sich nach Durchmesser, Stärke und Gewicht, außerdem nach ihrer chemischen Zusammensetzung. In einem Münzautomaten werden alle diese Eigenschaften überprüft, und nur Münzen, die in der Maschine auf den richtigen Weg gelangen, lösen den Mechanismus aus.

Die meisten Münzautomaten funktionieren nach folgendem Schema. Die erste Prüfung erfolgt bereits im Einwurfschlitz: Zu große, zu dicke und stark verbogene Münzen passen nicht hinein.

Bei einer passenden Münze prüft oft ein Stift, ob sie gelocht ist (um z. B. Unterlegscheiben zu erkennen). Die Münze fällt dann auf eine genau ausbalancierte Münzwaage. Hat sie das richtige Gewicht, kippt die Waage, und die Münze gelangt auf eine

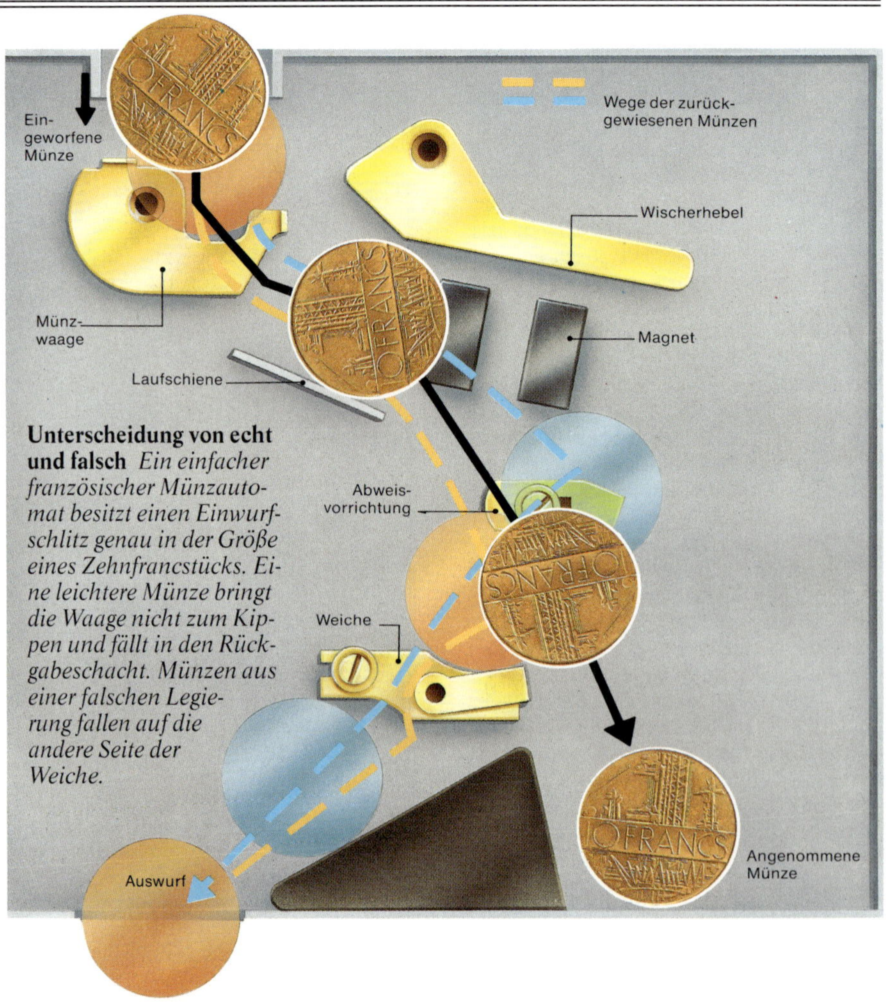

Unterscheidung von echt und falsch *Ein einfacher französischer Münzautomat besitzt einen Einwurfschlitz genau in der Größe eines Zehnfrancstücks. Eine leichtere Münze bringt die Waage nicht zum Kippen und fällt in den Rückgabeschacht. Münzen aus einer falschen Legierung fallen auf die andere Seite der Weiche.*

Laufschiene. Ist sie zu leicht, kippt die Waage nicht nach unten, und die Münze gerät in die Rückgaberinne.

Die bisher akzeptierte Münze läuft darauf in der Laufschiene an einem starken Magneten vorbei, von dem sie je nach ihrer Zusammensetzung abgebremst wird; denn unterschiedliche Legierungen zieht der Magnet verschieden stark an.

Die richtige Münze verlangsamt sich so, daß sie eine Abweisvorrichtung passiert und genau im richtigen Winkel auf die darunterliegende Weiche auftrifft, um in die Annahmerinne weitergeleitet zu werden. Alle Münzen, die auf das Magnetfeld falsch reagiert haben, gelangen auf der anderen Seite der Weiche in die Rückgaberinne.

Elektronische Münzautomaten
Moderne Münzautomaten prüfen die Münzen elektronisch. Nach dem Einwurf wird ihre Leitfähigkeit für elektrischen Strom gemessen.

Die hier angenommenen Münzen passieren einen Schacht zwischen zwei Magneten. Auch hier hängt die Abbremsung von ihrer Zusammensetzung ab. Leuchtdioden und Fotosensoren messen die Geschwindigkeit. Entspricht der Wert dem in der Maschine gespeicherten, öffnet sich eine Sperre, und die Münze wird angenommen. Besteht keine Übereinstimmung, wird sie ausgeworfen.

Einige Maschinen lassen sich so programmieren, daß sie acht verschiedene Münzarten erkennen. Auch die Rückgabe von Wechselgeld kann programmiert werden. Das Prüfsystem bestimmt den Wert einer Münze, und ein Mikrochip sorgt dafür, daß der Rückgabebetrag von den Münzbehältern innerhalb der Maschine herausgegeben wird.

Von der Klette zum Klettverschluß

Klettverschlüsse, jene Plastikstreifen mit struppigen Widerhaken und Schlingen, werden in aller Welt im Alltag wie in der Technik genutzt.

In der Bekleidungsindustrie verwendet man sie anstelle von Druckknöpfen und Reißverschlüssen. In Raumfähren fixieren die Astronauten damit Schüsseln, Lebensmittelpakete, Geräte und gelegentlich auch sich selbst, um im schwerelosen Raum nicht davonzuschweben.

Die Idee zur Entwicklung des Klettverschlusses kam dem Schweizer Ingenieur Georges de Mestral 1948 nach einem Waldspaziergang: Seine Socken und das Fell seines Hundes waren voller Kletten, und ihn interessierte, warum Kletten so fest an Wolle hängenbleiben. Unter dem Mikroskop stellte er fest, daß sich die winzigen Widerhaken der Kletten in den Schlingen der Wolle verfangen hatten.

Bald schon fand de Mestral eine Methode, solche Widerhaken und Schlaufen in Form von Nylongewebe herzustellen. Er nannte das Produkt Velcro, eine Kurzform aus Velours und *crochet*, dem französischen Wort für Haken.

Nylonfäden werden zu einem Stoff mit dicht nebeneinanderliegenden kleinen Schlaufen verwoben, dem Schlingenband. Beim Hakenband werden die Schlingen eines anderen Stoffs so aufgeschnitten, daß Widerhaken entstehen. Der Stoff wird dann erhitzt, damit die Schlingen und Haken ihre Form auf die Dauer behalten. Dann wird der Stoff gefärbt, am Untermaterial befestigt und zugeschnitten.

Klettverschlüsse sind außergewöhnlich haltbar. Sie können vieltausendmal zusammengedrückt und wieder aufgetrennt werden und haben häufig eine längere Lebensdauer als das Produkt, zu dem sie gehören.

Ein Klettband läßt sich ohne besonderen Kraftaufwand aufziehen. Andererseits besitzt es eine sehr hohe Widerstandskraft gegen seitliche Krafteinwirkung. Diese Scherfestigkeit kann so groß sein, daß ein nur 12 × 12 cm großes Stück eine Last von 1 t aushält. Daher wurden Versuche unternommen, beim Bau von Flugzeugrümpfen Nietverbindungen durch Klettbänder zu ersetzen, um Gewicht einzusparen und die Montage zu vereinfachen.

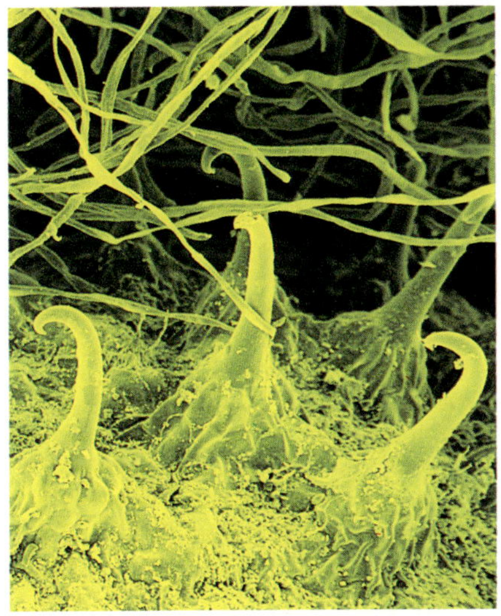

Kletten *Mit hakenförmigen Borsten krallen sich die Samenkapseln des Labkrauts an Wollstoffen fest.*

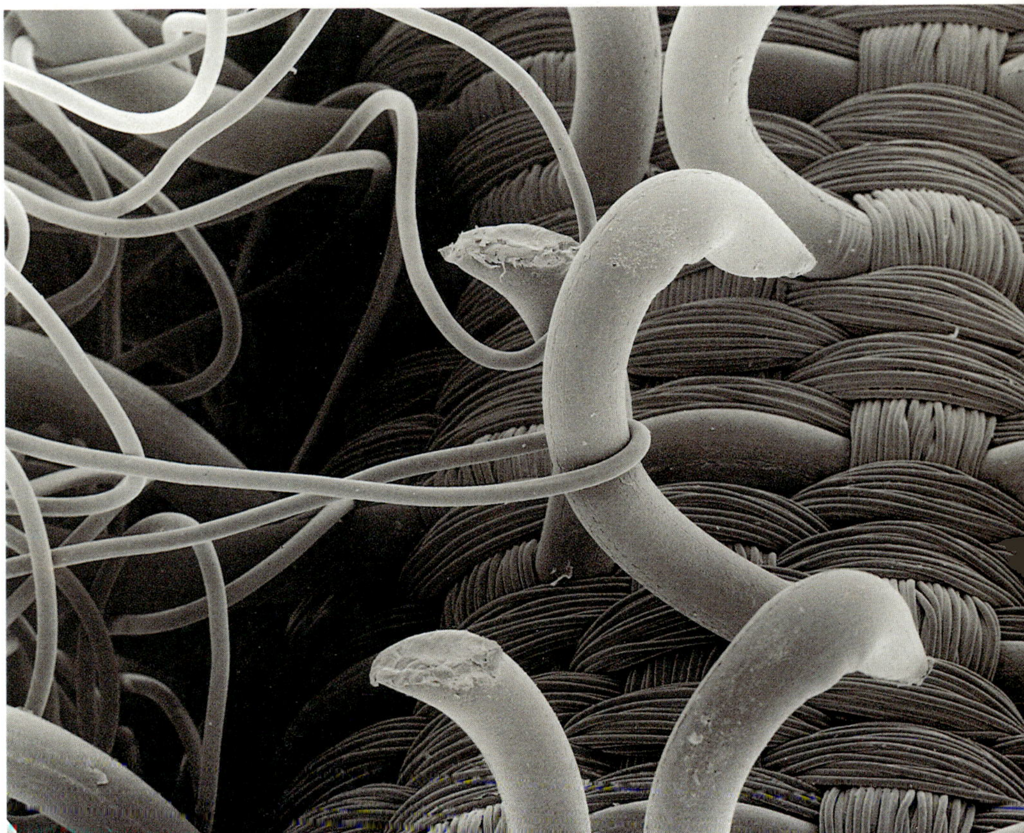

Der Natur abgeschaut *Unter dem Mikroskop ist zu erkennen, wie der Klettverschluß der Natur abgeschaut wurde: Die winzigen Widerhaken des einen Verschlußteils verfangen sich in den Schlingen des anderen. Ebenso bleiben Kletten an Wolle hängen. Ein Klettverschluß in Daumennagelgröße enthält etwa 750 Widerhaken, das Gegenstück etwa 12500 Schlingen. Er läßt sich problemlos vieltausendmal öffnen und schließen.*

Der Siegeszug des Reißverschlusses

Als ersten Großauftrag für Reißverschlüsse orderte 1918 die amerikanische Marine 10000 Stück für winddichte Pilotenanzüge.

Der erste Schiebeverschluß, ein Vorläufer des Reißverschlusses, wurde 1893 von dem amerikanischen Ingenieur Whitcomb Judson erfunden. Dieser schnelle Klemmverschluß, bei dem mit einem Schieber Haken und Ösen zusammengefügt wurden, war jedoch recht unhandlich.

Der entscheidende Schritt zum modernen Reißverschluß erfolgte erst 20 Jahre später, als der schwedische Ingenieur Gideon Sundbäck in Judsons Auftrag eine dem modernen Reißverschluß sehr ähnliche Vorrichtung entwickelte und auch eine Maschine konstruierte, die die Zähne ausstanzte und auf einem Stoffband festklemmte. Nach 1918 wurde der Reißverschluß eine der meistverwendeten Verschlußarten in der Bekleidungsindustrie.

Der übliche Reißverschluß besteht aus zwei Stoffbändern, an deren Kanten Zähne aus Metall oder aus Kunststoff angeklemmt sind. Die Zahnreihen sind so gegeneinander versetzt, daß sie ineinandergreifen. Dazu besitzen die Zähne an der Oberseite eine Erhebung und an der Unterseite eine Vertiefung. Schließt man den Reißverschluß, greifen die Zähne im Schieber in einer bestimmten Winkelstellung ineinander. Wenn umgekehrt der Schieber zum Öffnen heruntergezogen wird, werden die ineinandergreifenden Zahnreihen bei derselben Winkelstellung wieder getrennt.

Ineinandergreifende Zähne *Ein Reißverschluß funktioniert sehr einfach: Nach oben oder unten gleitet ein Schieber über zwei Zahnreihen und drückt sie zusammen bzw. auseinander. Der englische Name* zip *erinnert an das Geräusch beim schnellen Schließen oder Öffnen.*

Notbremse für einen abstürzenden Aufzug

Das mit 443 m und 110 Stockwerken höchste Bürogebäude der Welt, der Sears Tower in Chicago, besitzt 103 Personenaufzüge mit einer Geschwindigkeit bis zu 33 km/h.

Was aber geschieht, wenn das Kabel eines Aufzugs in einem so hohen Gebäude reißt? Aus dem obersten Stockwerk des Sears Tower würde ein Gegenstand im freien Fall mit 320 km/h auf den Boden aufschlagen. Um dies zu verhindern, besitzt der Aufzug eine Notbremse.

Die Entwicklung des modernen Personenaufzugs begann 1854, als der amerikanische Ingenieur Elisha Graves Otis die erste Sicherheitsvorrichtung für Lastenaufzüge anläßlich der Ausstellung im New Yorker Kristallpalast vorstellte. Bis dahin waren die Seile von Hebebühnen oft gerissen; manchmal wurden auch Menschen getötet. Otis, der öffentliche Auftritte liebte, führte seinen Sicherheitsaufzug sehr eindrucksvoll vor. Die Hebebühne wurde etwa 8 m hochgezogen, während er selbst zwischen Kisten, Fässern und anderen Lasten auf der Plattform stand. Dann ließ er das Seil durchschneiden. Die Sicherheitsvorrichtung funktionierte einwandfrei – der Aufzug blieb stehen.

Das Geheimnis dieses Erfolgs war eine bogenförmige Blattfeder an der Oberseite

des Förderkorbs. Beim Hochziehen des Korbs bog sich die Feder durch, so daß ihre Enden nicht in die gezahnten Führungsschienen an beiden Seiten eingriffen. Sobald das Seil durchgeschnitten wurde, sprang die Feder zurück, griff in die Zahnung der Führungsschienen ein und verhinderte so, daß der Förderkorb abstürzte.

Den ersten Personenaufzug der Welt installierte Otis 1857 in einem fünfstöckigen Porzellanladen am New Yorker Broadway. Die Erfindung des Sicherheitsaufzugs war auch eine wichtige Voraussetzung für den Bau von Wolkenkratzern; denn bis dahin hatte man Gebäude mit höchstens sechs Stockwerken errichtet, um unzumutbares Treppensteigen zu vermeiden. Durch den Personenaufzug gab es für die Architekten keine Grenzen mehr nach oben, da nach 1880 durch den Eisenskelettbau auch die technischen Voraussetzungen geschaffen wurden.

Ein moderner Personenaufzug unterscheidet sich nicht wesentlich vom Otis-Original. Er besteht aus einem geschlosse-

Schnelle Fahrt nach oben *Die Aufzüge im 110 Stockwerke hohen Sears Tower in Chicago erreichen eine Geschwindigkeit von 33 km/h. Sicherheitsvorrichtungen werden wirksam, wenn ein Tragseil reißt.*

nen Fahrkorb, der zwischen zwei Führungsschienen an Stahlseilen hängt. Ein Sicherheitsmechanismus greift bei einem Seilriß in die Führungsschienen ein.

Die Seile führen vom Kabinendach zum oberen Ende des Aufzugschachts, wo sie über eine feste Rolle von einem Elektromotor angetrieben werden. Sie führen dann wieder nach unten zum Gegengewicht, das auch an Führungsschienen läuft.

Stop bei Übergeschwindigkeit

Wichtig ist, daß der Fahrstuhl bei zu hoher Geschwindigkeit automatisch gestoppt werden kann. Ein Endlosseil führt von der Anhaltevorrichtung unter dem Kabinenboden nach oben und unten. Dieses Seil treibt im Motorraum einen Fliehkraftregler an, bei dem ein System von Gewichten bei steigender Geschwindigkeit immer weiter ausschwingt. Bei einer bestimmten Geschwindigkeit betätigen die Gewichte einen Notschalter, der den Antriebsmotor abschaltet, bevor die Sicherheitsvorrichtung in Funktion tritt.

Beschleunigt die Kabine jedoch weiter, setzt das Sicherheitsseil die Anhaltevorrichtung in Betrieb. Dabei wirken z. B. bei einer Bauart keilförmige Hemmschuhe zwischen Führungsschiene und Fahrkorb wie die Bremsbacken bei einem Auto und halten den Fahrkorb schnell an.

Geruchsmarkierung von Erdgas

Selbst in hochtechnisierten Betrieben der Erdgasindustrie hängt die Sicherheit letztlich von der menschlichen Nase ab. Im Gegensatz zu aus Kohle gewonnenem Gas besitzt Erdgas nämlich keinen Eigengeruch. Eine undichte Leitung kann also leicht übersehen werden und zu einer Explosion führen. Man kann aber dem Gas einen Geruchsstoff zusetzen, wobei Fachkräfte mit besonders gutem Geruchssinn bestimmen, wie das Gas genau riechen muß, damit der Verbraucher im Notfall sofort alarmiert wird.

Erdgas findet man unter der Erde oder unter dem Meeresgrund. Sein Hauptbestandteil ist Methan, das auch Sumpfgas genannt wird, weil es in Blasen aus dem organischen Schlick von Sumpfgebieten austritt. Sein unverwechselbarer Geruch stammt von verwesenden Pflanzen. Reines Methan ist jedoch geruchlos.

Erdgas wurde in den 20er Jahren in den USA und in den 60er Jahren in Europa eingeführt. Man experimentierte mit organischen Schwefelverbindungen, um es zu odorieren, wobei die ideale Geruchsmarkierung unverwechselbar und kräftig sowie vom Boden nicht absorbierbar sein mußte, damit auch Lecks in unterirdischen Leitungen auffielen; außerdem sollte sie für die Gesundheit unbedenklich sein und keine Korrosion bewirken. Schließlich fand man das richtige Rezept.

Der flüssige Geruchsstoff wird in das Gas gesprüht, bevor es das Gaswerk verläßt. Der unter Computerkontrolle dosierte Geruchszusatz ist so kräftig, daß man nur 1,5 kg zum Odorieren von 100 000 m^3 Gas benötigt.

Im Verteilernetz kontrollieren hochempfindliche Geräte wie Gaschromatographen den Geruchszusatz; sie selbst werden wiederum von Menschen überwacht.

Da trotz dieser Geruchsmarkierung Leckstellen in unterirdischen Rohrleitungen unentdeckt bleiben können, werden die Leitungen regelmäßig mit „Schnüffelgeräten" inspiziert, die tausendmal empfindlicher sind als die menschliche Nase. Diese Geräte reagieren jedoch nicht auf den Geruch, sondern auf das Vorhandensein von Gas. Bei den knapp über dem Boden entnommenen Luftproben läßt sich sogar die Anwesenheit von Gas in Konzentrationen von nur wenigen Teilen pro Million feststellen.

Die speziellen Fasern eines Teebeutels

Allein in England werden täglich 150 Mio. Tassen Tee mit Teebeuteln aufgebrüht – den kleinen Papiersäckchen, in denen sich gerade so viele Teeblätter befinden, daß sie eine Tasse Tee liefern. Die Löcher in dem netzartigen Filterpapier der Beutel sind groß genug, um kochendes Wasser durchzulassen, aber auch klein genug, um die Teeblätter nicht herauszulassen. Außerdem muß das Papier so fest sein, daß es weder in den schnellen Abpackmaschinen noch später reißt – gleichgültig, ob in trockenem oder nassem Zustand.

Normale Papierqualitäten genügen diesen Ansprüchen nicht. Teebeutel werden daher aus zwei speziellen Faserarten hergestellt. Manilahanf, eine lange Naturfaser, die man auch für Seile verwendet, sorgt für Festigkeit, und thermoplastische Fasern ermöglichen das Verschweißen der Beutel. Beide Faserarten werden in Wasser eingeweicht, in zwei Schichten übereinandergelegt und zwischen Walzen trockengepreßt. So entsteht ein Papier in unregelmäßiger Netzstruktur.

Von diesem Papier laufen zwei Streifen übereinander durch die Abpackmaschine. Die abgewogene Menge Tee kommt auf den unteren Streifen, der dann mit dem oberen an allen vier Kanten zu einem Beutel verschweißt wird. Der Schmelzpunkt liegt über 100 °C, damit sich die Teebeutel nicht auflösen, wenn man sie mit kochendem Wasser übergießt.

Filterlöcher *Die 60fach vergrößerten Filterlöcher eines Teebeutels (links) lassen Wasser durch, halten aber die Teeblätter zurück.*

Massenware Zündholz

Wenn man ein Sicherheitszündholz woanders als an der seitlichen Reibfläche der Schachtel anzureiben versucht, entzündet es sich nicht. Es geschieht auch nichts, wenn man mit einem Hammer auf das Köpfchen schlägt. Ein Überallzündholz hingegen entzündet sich beim Reiben an jeder rauhen Fläche. Selbst wenn eine Maus am Zündköpfchen knabbert, kann es aufflammen. Unter einem Hammerschlag explodiert es sogar.

Sicherheitszündhölzer entzünden sich erst, wenn es zu einer Reaktion zwischen den Chemikalien im Zündköpfchen und denen in der Reibfläche der Schachtel kommt. Diese Reaktion wird ausgelöst, wenn beim Anreiben des Streichholzes Reibungswärme entsteht. Ohne Kontakt zwischen Köpfchen und Reibfläche entsteht keine Flamme. Hierauf beruht die Sicherheit dieses Zündholztyps.

Vorläufer der modernen Zündhölzer wurden 1827 von dem englischen Apotheker John Walker hergestellt. Diese Überallzünder waren jedoch nicht sehr zuverlässig.

Im Jahr 1830 erfand Charles Sauria in Frankreich wesentlich bessere Zündhölzer, deren Köpfchen weißen Phosphor enthielten. Man nannte sie Lucifer (Lichtträger). Sie waren zuverlässig und gut lagerfähig.

Doch der weiße Phosphor erzeugt giftige Dämpfe, die eine tödliche Krankheit hervorrufen können, die Phosphor- oder Kiefernekrose. Von dieser Krankheit waren viele Arbeiter in Zündholzfabriken betrof-

Gegen die Zündholzsteuer

Im Jahr 1861 nahm die Firma Bryant & May in Bow, East London, die Produktion von Sicherheitszündhölzern auf und lieferte nach einem Jahr bereits 1,8 Mio. Zündhölzer pro Woche. Die Nachfrage war so groß, daß der britische Finanzminister 1871 eine Zündholzsteuer von einem Penny pro Schachtel einführen wollte. Der Gesetzentwurf stieß im Parlament und in der Presse auf heftige Kritik, und Tausende von Arbeitern der Zündholzindustrie protestierten, weil sie ihre Existenz bedroht sahen. Es kam zu Aufständen, und das Parlament verzichtete schließlich auf die Steuer.

Heute beläuft sich die Weltproduktion von Zündhölzern auf über 800 Schachteln pro Minute.

Massenproduktion *In einer Zündholzfabrik des 19. Jh. trugen Vorarbeiter eine „Melone“ (oben links). Die doppelt langen Hölzchen wurden gebündelt, mit beiden Enden in Zündmasse getaucht, halbiert (oben) und dann von Arbeiterinnen verpackt (links).*

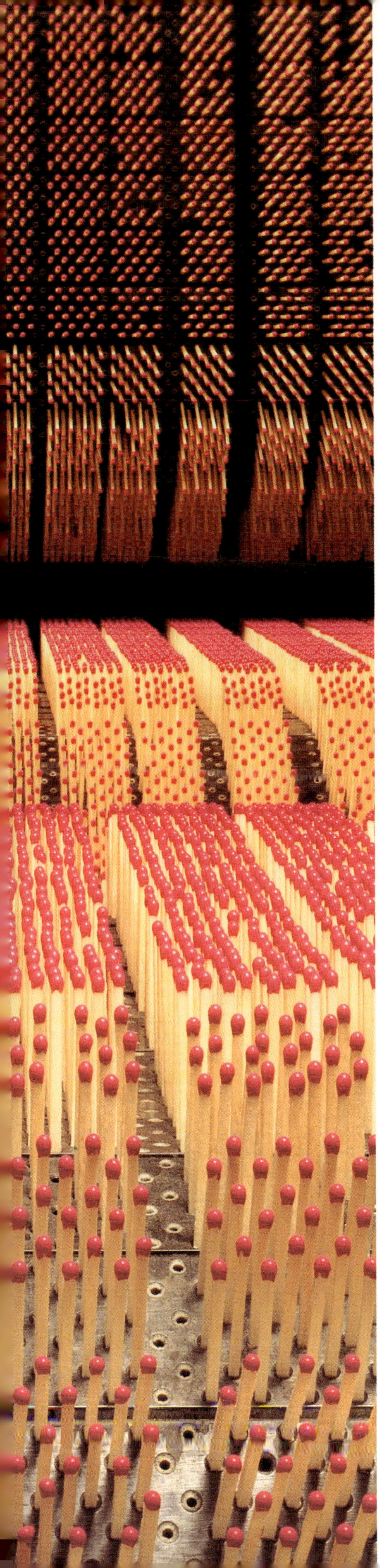

Am laufenden Band *Das Förderband transportiert die Zündhölzer mit fertigen rotgefärbten Köpfchen nach unten, wo die Schieber das Förderband kreuzen. Die Zündhölzer werden ausgestoßen und fallen abgezählt in die Schieber.*

fen. Um die Jahrhundertwende wurde der weiße Phosphor deshalb verboten und bei Überallstreichhölzern durch Phosphorsesquisulfid ersetzt.

Um die Mitte des 19. Jh. führte der schwedische Fabrikant Johan Lundström die Sicherheitszündhölzer ein, indem er die Chemikalien aufteilte. Er setzte der Reibfläche ungiftigen roten Phosphor zu, während das Zündköpfchen die übrigen Bestandteile enthielt.

Heute produzieren automatische Maschinen stündlich bis zu 2 Mio. Streichhölzer, die gleich fertig in Schachteln abgepackt werden. Der Herstellungsprozeß beginnt damit, daß man Holzklötze in Streifen von etwa 2,5 mm Dicke zersägt, die wiederum in Hölzchen zerteilt werden. Diese werden mit Ammoniumphosphat getränkt, damit sie nicht nachglühen, und dann automatisch in die Löcher eines langen Förderbands aus gelochten Stahlplatten gesteckt. Durch ein Bad in heißem Paraffinwachs, das in die Holzporen eindringt, erreicht man, daß das Holz leichter entflammt.

Anschließend werden die Enden der Hölzchen in die Zündmasse getaucht, die bei Sicherheitszündhölzern meist ein Gemisch aus Schwefel als brennbarem Bestandteil und Kaliumchlorat als Sauerstoffträger ist.

Nach dem Trocknen stoßen Dorne die Hölzer aus den Stahlplatten, so daß sie in die Schieber fallen, die auf einem Förderband herangeführt werden. Die Hüllen der Schachteln befinden sich auf einem zweiten Förderband. Alle paar Sekunden bleiben beide Bänder stehen, und die Schieber werden in die Hüllen geschoben.

Zuletzt werden mit rotem Phosphor beschichtete Streifen als Reibfläche seitlich an den Schachteln angebracht. Bei Überallzündhölzern dient Glaspapier oder ein Harz-Sand-Gemisch als Reibfläche.

Warum Haftfolien „kleben“

Selbsthaftende Folien *(clingfilm)* verdanken ihre „Klebfähigkeit“ zwei Umständen: Infolge ihrer Elastizität versuchen sie nach dem Ausdehnen ihre ursprüngliche Größe wiederzuerlangen, und infolge ihrer elektrostatischen Aufladung ziehen sie viele Dinge an.

Die Elastizität beruht auf den besonders langen Molekülen. Beim Polyethylen sind z. B. mehrere hunderttausend Bausteine aus je einem Kohlenstoffatom und zwei Wasserstoffatomen zu einem Molekül verkettet. Naturstoffe bestehen dagegen aus viel kleineren Molekülen.

Die langen Moleküle einer Haftfolie sind wie Wollfasern spiralförmig verschlungen. Beim Ausdehnen der Folie werden sie geradegerichtet, haben jedoch wie ein Gummiband das Bestreben, in ihren ursprünglichen Zustand zurückzukehren.

Eine klebrige Wirkung wie Haftfolien besitzen die meisten Kunststoffolien: Sie bleiben kleben, weil sie sich elektrostatisch aufladen. So nimmt die Folie eine negative elektrische Ladung an, wenn durch Reibung von der Oberfläche eines benachbarten Gegenstands Elektronen abgegeben werden. Die andere Oberfläche erhält damit eine positive Ladung, und beide bleiben durch die elektrische Anziehungskraft aneinander haften.

Haftfolien kann man aus Polyvinylchlorid (PVC) und Polyethylen herstellen. PVC ist in der Regel hart, wird aber durch Zusatz eines Weichmachers elastisch. Polyethylen ist von Natur aus weich. PVC-Folie ist transparenter als Polyethylenfolie, ermüdet aber schneller: Innerhalb von 24 Stunden büßt sie mehr als zwei Drittel ihrer Elastizität ein, Polyethylen nur ein Drittel.

Ein Kunststoff, so glatt wie Eis

Modernes Kochgeschirr, in dem nichts haftenbleibt, ist innen mit dem glattesten Material beschichtet, das die Technik kennt. Es besitzt etwa den gleichen Reibungswiderstand wie Eis.

Dank dem Antihaftbelag Polytetrafluorethylen (PTFE), besser unter dem Markennamen Teflon bekannt, lassen sich Rühreier oder Sahnekaramellen ohne klebrige Rückstände in der Pfanne zubereiten. PTFE eignet sich auch sehr gut für die Beschichtung von künstlichen Hüftgelenken, die sich mit möglichst geringer Reibung bewegen müssen.

PTFE, einer der bemerkenswertesten Kunststoffe, die der Mensch entdeckt hat,

Antihaftbelag *Auf die Bratpfanne wird mit Wasser vermengtes PTFE-Pulver aufgesprüht und eingebrannt. Nun bleiben Spiegeleier nicht mehr in der Pfanne kleben.*

Herzklappe *PTFE als Beschichtung einer künstlichen Herzklappe (links).*

Auf der Erde und im Weltraum *Die Kunststoffkuppel dieses japanischen Stadions (links) ist mit PTFE beschichtet, um die Sonnenwärme zu dämpfen. In Druckanzügen von Astronauten (rechts) schützt PTFE vor Feuer und Abrieb.*

hält auch sehr hohen und niedrigen Temperaturen stand, ist unempfindlich gegenüber fast allen Chemikalien und wirkt isolierend bei elektrischem Strom. PTFE wurde 1938 eher zufällig von dem amerikanischen Chemiker Dr. Roy Plunket entdeckt, der im Auftrag der Firma Du Pont Versuche mit Chemikalien anstellte, die sich als Kühlmittel eignen.

PTFE läßt sich nur schwer verarbeiten und fand kaum Anwendung im Verbraucherbereich, bis der französische Ingenieur Marc Grégoire als einer der ersten die Vorteile des PTFE für Haushaltsgeräte erkannte. Er brachte Mitte der 50er Jahre die ersten Pfannen mit Antihaftbelag auf den Markt. Andere Hersteller folgten mit vielen weiteren PTFE-beschichteten Kochgeräten.

Seit Beginn der 40er Jahre wurden jedoch zahlreiche industrielle Anwendungsmöglichkeiten erschlossen. So nutzte man die glatte Oberfläche von PTFE für die Lager von rotierenden Wellen. PTFE-Lager bezeichnet man als selbstschmierend, denn sie benötigen aufgrund ihrer eigenen Glätte keine zusätzlichen Schmiermittel. Um die Festigkeit zu erhöhen, werden ihnen meist andere Materialien, wie Glasfasern und Graphit, beigegeben. Ein wichtiger Anwendungsbereich sind z. B. Säurepumpen, in denen Lager aus Metall korrodieren würden.

Unempfindlich und vielseitig verwendbar

PTFE wird von den meisten Chemikalien, auch von kochenden Basen oder Säuren, nicht angegriffen. Selbst Königswasser, ein Gemisch aus konzentrierter Salz- und Salpetersäure, das sogar Gold und Silber auflöst, hinterläßt keine Spuren. Aggressiv wirken nur geschmolzenes Natrium, geschmolzenes Calcium und sehr heißes Fluor.

Dank seiner chemischen Unempfindlichkeit beeinträchtigt PTFE den Geschmack von Lebensmitteln nicht. Da es auch keinerlei Einfluß auf organische Stoffe wie menschliches Körpergewebe hat, eignet es sich gut für Prothesen. Bei künstlichen Gelenken bedeutet seine reibungsarme Oberfläche einen weiteren Vorteil. Gewebe aus PTFE-Fasern, mit Kohlenstoff imprägniert, dienen auch als Ersatz für Gesichtsknochen.

Eine andere wichtige Eigenschaft von PTFE ist sein elektrischer Widerstand, der es zu einem ausgezeichneten Isoliermaterial für Drähte macht. Es behält außerdem seine Flexibilität von –270 °C, also einige Grade über dem absoluten Nullpunkt bis +260 °C.

Mit PTFE isoliert man daher die Kabel von Raumschiffen, die bei der Erdumkreisung auf der Sonnenseite sengender Hitze und im Erdschatten eisiger Kälte ausgesetzt sind.

Diese einmalige Kombination von Eigenschaften verdankt das PTFE seiner chemischen Struktur: Das PTFE-Molekül besteht aus einem langkettigen „Rückgrat" von Kohlenstoffatomen, an denen je zwei Fluoratome sitzen. Die chemische Bindung zwischen den Kohlenstoff- und Fluoratomen ist äußerst fest; deshalb reagiert PTFE nicht mit anderen Chemikalien.

Eine starke Kohlenstoff-Fluor-Bindung besteht auch zwischen benachbarten Molekülen, so daß sie aufeinander stärker anziehend wirken als auf Moleküle anderer Verbindungen. Aus diesem Grund bleibt nichts haften.

Die starke molekulare Anziehung hat auch zur Folge, daß PTFE selbst bei hohen Temperaturen nicht richtig schmilzt. Zu einem Schmelzprozeß kommt es immer erst, wenn den Molekülen durch Wärme so viel Energie zugeführt wird, daß sich der Molekularverband auflöst. Bei PTFE sind die intermolekularen Kräfte jedoch so stark, daß sich die Moleküle kaum voneinander lösen.

Die Herstellung von PTFE

Das Ausgangsprodukt für die Herstellung von PTFE ist Chlordifluormethan (Freon 22), eine häufig verwendete Kühlflüssigkeit. Dr. Roy Plunket hatte entdeckt, daß beim Erhitzen von Freon 22 gasförmiges Tetrafluorethan entsteht.

Bei 40–50 bar Druck und in Anwesenheit eines Peroxid-Katalysators findet in diesem Gas eine chemische Umwandlung statt, wobei PTFE als ein pulverförmiges Harz entsteht. Da PTFE nicht richtig schmilzt, wird es, mit einem Bindemittel vermischt, in Formen gepreßt. Dann werden die Harzteilchen unter hohem Druck und hoher Temperatur zu einer festen Masse verschmolzen. Um Kochgeschirr zu beschichten, suspendiert man das PTFE-Pulver in Wasser, sprüht es auf und brennt es ein.

Mikrowellen: heißes Essen, kaltes Geschirr

Wenn man ein Mikrowellengerät in Betrieb setzt, schaltet man ein kräftiges Magnetfeld ein, das in der Frequenz bestimmter Radio- oder Radarwellen schwingt. Diese Mikrowellen können Speisen sehr schnell garen, indem sie die Wassermoleküle, die in Lebensmitteln enthalten sind, in nahezu 2500 Mio. Schwingungen pro Sekunde versetzen. Dabei wird dem Magnetfeld Energie entnommen, und die Speisen erwärmen sich.

Da alle Energie von den Speisen aufgenommen und nichts zum Aufheizen der Umluft oder des Geräts verschwendet wird, ist die Mikrowelle meist schneller und wirtschaftlicher als herkömmliche Kochmethoden.

Die Mikrowellen erwärmen das Kochgeschirr nicht, wenn dessen Material, z. B. Porzellan oder Glas, keine Energie aus dem Magnetfeld absorbiert. Allerdings wird das Geschirr von den darin enthaltenen Speisen erwärmt.

Spezielles Kochgeschirr

Neben Porzellan und Glas eignen sich z. B. Kunststoffe, Papier und Karton für Mikrowellengeräte. Außerdem wurde spezielles Kochgeschirr entwickelt, das Mikrowellen passieren läßt. Metallgefäße darf man nicht verwenden, weil sie Mikrowellen nicht durchlassen, sondern reflektieren oder speichern. Man kann deshalb die Speisen auch nicht mit Aluminiumfolie abdecken. Holzschalen bekommen im Mikrowellengerät leicht Risse, weil Holz stets etwas Feuchtigkeit enthält. Lange Radiowellen haben Wellenlängen von mehreren tausend Metern, die zum Kochen verwendeten Mikrowellen etwa von 12 cm. Die Schwingungen eines elektromagnetischen Feldes wechseln ständig zwischen plus und minus. Mikrowellengeräte arbeiten mit Wellen, die eine Frequenz von 2450 Megahertz (MHz) haben.

Da Wassermoleküle einen positiv und einen negativ geladenen Pol besitzen, treten die zwischen plus und minus schwingenden Mikrowellen mit den Wassermolekülen in Wechselwirkung: Sie ziehen die Pole jeweils an bzw. stoßen sie ab, wobei die Moleküle ihre Form zuerst in einer und dann in entgegengesetzter Richtung verändern und so Wärmeenergie erzeugen. Dies geschieht 2450000000mal in der Sekunde.

Der wichtigste Bestandteil eines Mikrowellengeräts ist das Magnetron, eine Elektronenröhre zur Erzeugung von Mikrowellen, die 1940 von britischen Forschern an der Universität Birmingham für Radaranlagen entwickelt wurde.

Die ersten Mikrowellen-Haushaltsgeräte wurden Anfang der 50er Jahre in den Vereinigten Staaten auf den Markt gebracht.

Überkochen *Wird ein Glas Wasser im Mikrowellengerät erhitzt, kann die Temperatur auf 110 °C steigen, ohne daß das Wasser sprudelt. Da die Mikrowellen das Glas nicht erwärmen, erreicht das Wasser an den Glaswänden seinen Siedepunkt erst später. Und da sich die Wasserblasen meist an Unebenheiten des Gefäßes bilden, kommt es nicht zum Sprudeln. Gibt man jedoch Kaffeepulver hinein, bilden sich rund um die Körnchen Blasen, und das Gemisch kocht über.*

Wie kühlt ein Kühlschrank?

Schaltet man eine elektrische Kochplatte ein, wird Wärme erzeugt. Wie kann jedoch Kälte in einem elektrischen Kühlschrank oder einer Gefriertruhe entstehen?

Hierzu nutzt man zwei physikalische Gesetze. Das erste lautet, daß eine Flüssigkeit beim Verdampfen ihrer Umgebung Wärme entzieht; denn zur Änderung des Aggregatzustands wird Energie in Form von Wärme benötigt. Das zweite besagt, daß eine Flüssigkeit bei niedrigerer Temperatur verdampft, wenn man den Druck verringert.

Als Kühlmittel eignen sich alle Flüssigkeiten, die bei niedriger Temperatur verdampfen. Man kann solche Kühlmittel abwechselnd verdampfen und wieder verflüssigen, wenn sie bei unterschiedlichem Druck durch Rohre zirkulieren. In den meisten Haushaltskühlschränken verwendet man als Kühlmittel einen gasförmigen Fluorchlorkohlenwasserstoff (FCKW) namens Frigen.

Die Rohre im Gefrierfach eines Kühlschranks haben einen großen Durchmesser, damit der Druck gering ist und das Kühlmittel verdampft. Dabei bleiben sie kalt, und den Lebensmitteln wird Wärme entzogen.

Ein Elektromotor saugt die Gase dann aus den Rohren, komprimiert sie, wobei sie sich erwärmen, und leitet sie in die Rohre an der Rückwand des Kühlschranks. Hier führt die Umgebungsluft die Wärme ab, so daß das Gas bei immer noch hohem Druck wieder zu einer Flüssigkeit kondensiert.

Dann gelangt die unter hohem Druck stehende Flüssigkeit durch ein dünnes Rohr in das Gefrierfach zurück, wo sie erneut verdampft.

Jahrtausendelang waren „Eisgruben“ eine der wenigen Möglichkeiten, um Lebensmittel frisch zu halten, z. B. in der Antike wie auch bei den Inka in Peru. Neue Kühlmethoden wurden erst im 19. Jh. entwickelt, als große Mengen Fleisch von den riesigen Weidegründen in Australien, Neuseeland, Süd- und Nordamerika nach Europa und in den Osten der Vereinigten Staaten transportiert wurden.

Einer der ersten, die das Prinzip der Kühlmaschine entdeckten und praktisch anwandten, war der von Schottland nach Australien ausgewanderte Drucker James Harrison. Beim Reinigen der Druckstöcke mit Ether stellte er fest, daß das Metall dabei kälter wurde. Ether ist nämlich eine Flüssigkeit mit niedrigem Siedepunkt, die leicht verdampft. Deshalb ließ er 1851 Ether durch Rohre zirkulieren, um ein Brauereigebäude in der australischen Goldgräberstadt Bendigo zu kühlen.

Die Erfindung Harrisons ermöglichte auch den ersten erfolgreichen Kühltransport per Schiff: Die *SS Strathleven* brachte 1880 auf einer zweimonatigen Fahrt Fleisch von Australien nach London.

Den ersten Kühlschrank für den Haushalt entwickelte 1879 der deutsche Ingenieur Carl von Linde aus seiner 1876 konstruierten Kältemaschine. Als Kühlmittel diente Ammoniak, das von einer dampfgetriebenen Pumpe umgewälzt wurde.

Bei dem ersten elektrischen Kühlschrank trieben die Schweden Balzer von Platen und Carl Munters 1923 den Kompressor mit einem Elektromotor an.

KÄLTE HÄLT FRISCH

Die Kühlung verlangsamt die beiden wichtigsten Zersetzungsprozesse – durch Schimmel und Bakterien bzw. den chemischen Abbau.

In einem Haushaltskühlschrank lassen sich die meisten Lebensmittel bei Temperaturen zwischen 1 und 5 °C etwa eine Woche lang frisch halten. Dabei wird das Wachstum von Organismen verlangsamt, die eine Zersetzung verursachen; abgetötet sind sie jedoch nicht. Ähnlich verlangsamt sich der chemische Abbau; er kommt aber nicht völlig zum Stillstand, so daß Lebensmittel dennoch verderben, wenn man sie zu lange lagert.

In Haushaltstiefkühlgeräten wird die Temperatur üblicherweise bei −18 °C gehalten, was je nach Qualität und Art der Lagerung von Lebensmitteln bis zu einem Jahr ermöglicht.

WIE EIN KÜHLSCHRANK FUNKTIONIERT

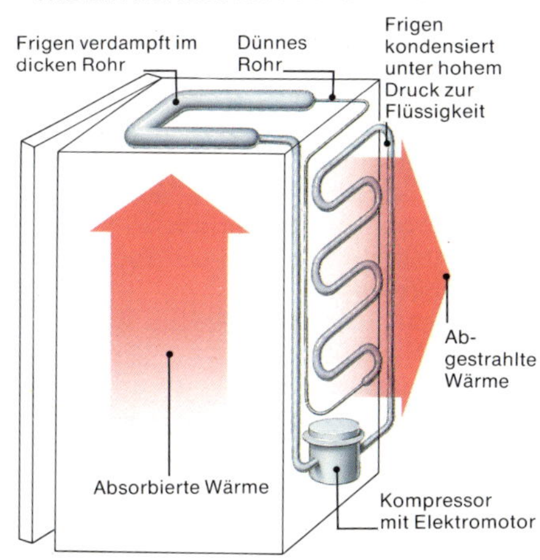

Die warme Luft steigt im Kühlschrank nach oben und kühlt sich ab, weil ihr durch das Kühlmittel in dem dicken Rohr Wärme entzogen wird. Das Kühlmittel strahlt die Wärme aus der Rohrschlange an der Rückwand wieder nach außen ab.

Was macht den Schnellkochtopf so schnell?

Wenn man Kartoffeln in einem normalen Kochtopf zubereitet, müssen sie 20–30 Minuten lang kochen. In einem Schnellkochtopf sind sie jedoch bereits in vier bis fünf Minuten fertig. Warum?

Im normalen Kochtopf siedet das Wasser bei etwa 100 °C. Auch wenn man es noch so stark erhitzt, steigt die Temperatur niemals weiter an. Es wird lediglich mehr Wasser in Dampf umgewandelt.

Der Schnellkochtopf besitzt jedoch einen luftdicht schließenden Deckel, so daß sich der Dampf beim Kochen des Wassers im Inneren ansammelt. Mit steigendem Druck erhöht sich auch der Siedepunkt des Wassers. Durch die höhere Temperatur verringern sich auch die Kochzeiten der Speisen.

Der Schnellkochtopf wurde aus dem *Steam digester* oder Dampfkochtopf entwickelt, den sich der französische Arzt und Physiker Denis Papin um 1680 in England patentieren ließ. Ein modernes Gerät arbeitet in der Regel mit einem Überdruck von rund 2 kg/cm², etwa dem doppelten Luftdruck. Wasser siedet unter diesen Druckverhältnissen erst bei 120 °C.

Beim Schnellkochtopf wird ein gewölbter Deckel auf einem Unterteil in Topfform fest verriegelt. Dazwischen bewirkt eine Gummidichtung den luftdichten Abschluß. Im Deckel befindet sich ein Sicherheitsventil, das in Funktion tritt, wenn der Dampfdruck zu hoch wird. Die Temperatur kann man beeinflussen, indem man ein Druckventil entsprechend einstellt.

WARUM AUF DEM MOUNT EVEREST TEE NICHT SO GUT SCHMECKT

Wasser kocht, sobald es in dampfförmigen Zustand überzugehen beginnt. Die Blasen werden durch den Dampf gebildet, der vom Boden des Kochtopfs zur Oberfläche aufsteigt.

Die Temperatur von 100 °C, die als Siedepunkt von Wasser angegeben wird, gilt jedoch nur auf Meereshöhe. Mit zunehmender Höhe sinkt der atmosphärische Druck, und das Wasser siedet bereits bei niedrigeren Temperaturen. Damit erhöhen sich auch alle Garzeiten.

Und was hat das damit zu tun, daß eine Tasse Tee auf dem Mount Everest nicht so gut schmecken soll? – Da der Gipfel des Bergs in fast 9000 m Höhe liegt, beträgt der atmosphärische Druck dort weniger als ein Drittel des Luftdrucks in Meereshöhe. Wasser kocht also bereits bei 70 °C, was bei weitem nicht ausreicht, um genügend Geschmacksstoffe aus den Teeblättern zu extrahieren. Deshalb hat der Tee zuwenig Aroma.

Hartes Wasser und seine Folgen

Wer in einer Gegend wohnt, wo das Bodengestein kreide- bzw. kalkhaltig ist und das Leitungswasser aus der näheren Umgebung stammt, findet einen Teil dieses Gesteins im Kochtopf wieder. Regenwasser, das kalkhaltigen Boden durchdringt, löst nämlich dieses Mineral allmählich auf. Wenn man solches Wasser kocht, setzt sich der gelöste Kalk an den Topfwänden als Kesselstein ab.

Sogenanntes hartes Wasser, Wasser also, das Kreide oder Kalk enthält – beides sind Calciumverbindungen –, hat eine weitere Eigenart: Wenn man sich in diesem Wasser mit Seife wäscht, entsteht nur wenig Schaum. Statt dessen reagiert das Wasser mit Chemikalien der Seife, wobei eine unlösliche „Kalkseife" entsteht.

Ein Rand aus Kalkablagerungen entsteht im Lauf der Zeit auch in Badewannen und Waschbecken sowie am Auslaß von Wasserhähnen. Kalkablagerungen lassen sich mit handelsüblichen Kalklösern entfernen. Die meisten Mittel enthalten konzentrierte Ameisensäure, die den Kalkbelag löst und Kohlendioxid unter Aufschäumen entweichen läßt.

Daß sich in hartem Wasser nur sehr wenig Schaum bildet, ist heute kaum noch ein Problem, da moderne Waschmittel keine Kalkseife bilden.

Für Warmwasserleitungen und Boiler kann jedoch hartes Wasser mehr als lästig sein. Kalkablagerungen verstopfen die Leitungen und bilden in Boilern eine isolierende Schicht, die den Wärmeaustausch erschwert und die Heizkosten in die Höhe treibt. Deshalb wird das Wasser in vielen Wasserwerken mit gelöschtem Kalk und calcinierter Soda enthärtet, bevor es zu den Haushalten und in die Fabriken gelangt.

Kunstwerke aus Kalk *Blumenartige Calciumcarbonatkristalle (oben) verflechten ihre „Blütenblätter" zu harten Kalksteinablagerungen in Kesseln und Boilern. Stalaktiten (ganz oben), die in Kalksteinhöhlen von der Decke herabhängen, sind massive Kalksteingebilde.*

Waschmittel: Streitmacht gegen den Schmutz

Die Wirkung der Waschmittel beruht auf Chemikalien, die Wasser „nasser" machen. Paradoxerweise kann Wasser allein Gegenstände nicht gründlich durchnässen bzw. sich nicht auf ihnen ausbreiten. Das hängt mit der Oberflächenspannung zusammen, einer physikalischen Erscheinung, die das Wasser mit einer Art elastischer Haut überzieht. Auf Tümpeln laufen Insekten auf dieser Haut, die dadurch entsteht, daß sich die Wassermoleküle gegenseitig anziehen.

Waschmittel schwächen diese Anziehungskraft der Moleküle und verringern somit die Oberflächenspannung. Das Wasser kann sich besser ausbreiten und in Gegenstände eindringen. In der Waschlauge gelangt das „nassere" Wasser leichter in die Fasern von Stoffen und begünstigt das Lösen von Schmutz oder Fett.

Die wirksame Substanz eines seifenfreien Waschmittels besteht meist aus Alkylbenzolsulfonaten, die aus Erdöl gewonnen werden.

Die Moleküle eines Waschmittels kann man mit winzigen Kaulquappen vergleichen, die einen Kopf und einen Schwanz besitzen. Ihre elektrisch negativen Köpfe werden vom Wasser angezogen – sie sind hydrophil –, weil die Wassermoleküle eine positive elektrische Ladung tragen. Ihre Schwänze dagegen sind wasserabstoßend (hydrophob).

In einer Waschmittellösung setzen sich die Schwänze der Moleküle an dem fettigen Schmutz in den Stoffasern fest und lösen ihn, denn die Schwänze ähneln chemisch dem Fett. Sobald Schmutzpartikel die Schwänze angezogen haben, werden sie von einer Schicht hydrophiler Köpfe wie von kleinen Ballons überzogen und vom Wasser weggespült. Das Umwälzen der Wäsche in der Waschmaschine erleichtert den Vorgang.

Ein Waschpulver kann sich aus zehn oder mehr Einzelsubstanzen zusammensetzen; zu dem eigentlichen Waschmittel (Detergens) kommen weitere Bestandteile, u. a. Bleichmittel. Moderne biologische Waschmittel enthalten im Gegensatz zu früher verwandten Detergenzien Enzyme, die zu den von Pflanzen und Tieren produzierten Eiweißstoffen (Proteinen) gehören. Diese Enzyme wirken als Katalysatoren, die chemische Reaktionen auslösen, wie sie zur Entfernung von Eiweißflecken, etwa Blut oder Schweiß, notwendig sind. Die Enzyme bewirken einen chemischen Abbau der Eiweißstoffe, während früher Waschmittel physikalisch wirkten.

„NASSERES" WASSER ZUM WÄSCHEWASCHEN

Aufgrund der Oberflächenspannung von normalem Wasser gehen z. B. Wasserläufer auf einem Teich nicht unter (oben). Setzt man jedoch etwas Waschmittel zu, wird der kugelförmige Tropfen (links) flach, weil die Oberflächenspannung herabgesetzt wird.

Die „Schwänze" der Waschmittelmoleküle setzen sich an den Fettpartikeln fest. Die „Köpfe" werden dagegen vom Wasser angezogen, so daß das Fett vom umgewälzten Wasser aus dem Stoff gezogen wird. Eine geringe elektrische Aufladung verhindert, daß sich Fettpartikel zusammenballen.

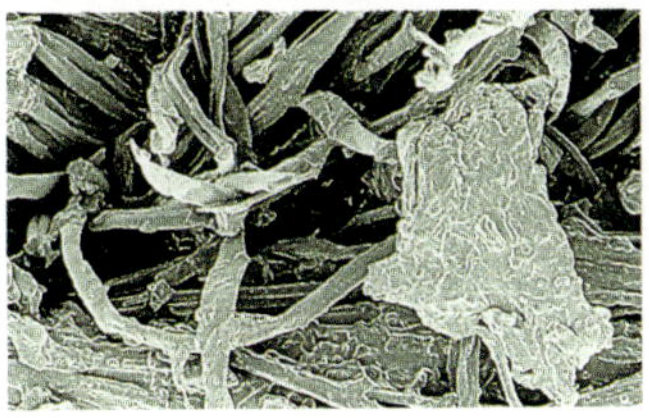

Baumwollgewebe mit Fettpartikeln zwischen den Fasern (links). Beim Waschen holt das Waschmittel die Fettpartikel heraus – der Stoff wird sauber (rechts).

SEIFENBLASEN IN WUNDERVOLLEN REGENBOGENFARBEN

Der Bildung von Seifenblasen liegt das gleiche Prinzip zugrunde wie der Verringerung der Oberflächenspannung von Wasser durch Waschmittel. Wassermoleküle ziehen sich stark an, bilden daher eher Tropfen als einen glatten Film. Ein Waschmittel verringert die Anziehungskraft so weit, daß ein zusammenhängender Film entsteht. Beim Spiel mit Seifenblasen dehnt sich dieser Film kugelförmig aus. Sobald das Wasser verdunstet, platzt die Seifenblase.

Regenbogenfarben *Eine Seifenblase schillert durch Lichtreflexe an der Oberfläche.*

Zahncreme – aus Kreide und Meeresalgen

Wer sich um 1840 die Zähne putzte, verwendete wahrscheinlich eines der verschiedenen Zahnpulver, für die Korallen, Tintenfischschulpe, gebrannte Eierschalen oder Porzellan zermahlen wurden. Gelegentlich wurde das Pulver auch mit Koschenille, dem roten Farbstoff tropischer Schildläuse, gefärbt.

Eine moderne Zahncreme – weiß, farbig oder gestreift – enthält zehn oder mehr Zutaten. Einige dienen zur Reinigung und zum Schutz der Zähne; andere machen die Creme schmackhafter, binden sie ab oder erleichtern ihren Austritt aus der Tube.

Hauptbestandteil einer weißen Zahncreme ist fein pulverisierte Kreide (Calciumcarbonat) oder ein anderes mineralisches Pulver, z. B. Aluminiumoxid. Diese Pulver wirken als milde Abriebmittel und entfernen den von Speisen und Getränken herrührenden pelzigen Zahnbelag, der Fäulniserreger enthält.

Gelegentlich bewirkt Titandioxid die Weißfärbung. Ein durchsichtiges Zahngel enthält als Abriebmittel transparente Kieselgur, dazu häufig einen Farbstoff. Die Zutaten zum Reinigen und Polieren werden mit Wasser sowie einem Binde- und Verdikkungsmittel zu einer Paste vermengt. Spuren von Detergenzien dienen der Schaumbildung und unterstützen die Reinigung. Für besseren Geschmack sorgen meist Pfefferminzöl und Menthol.

Durch die Zugabe eines Netzmittels

Zahncremes mit Streifen *Sie enthalten Fluorid oder Mundwasser.*

Füllen der Tuben *Die Tuben werden maschinell mit einer genau dosierten Menge Zahncreme gefüllt und dann fest verschlossen.*

Wo kommen die Streifen her? *Sie entstehen auf zwei Arten. In dem großen Cremebehälter (links) vereinigen sich weiße und farbige Paste beim Herausdrücken. In der herkömmlichen Tube (rechts) befindet sich die farbige Paste ringförmig vor der Öffnung und gelangt aus Löchern auf die weiße Creme.*

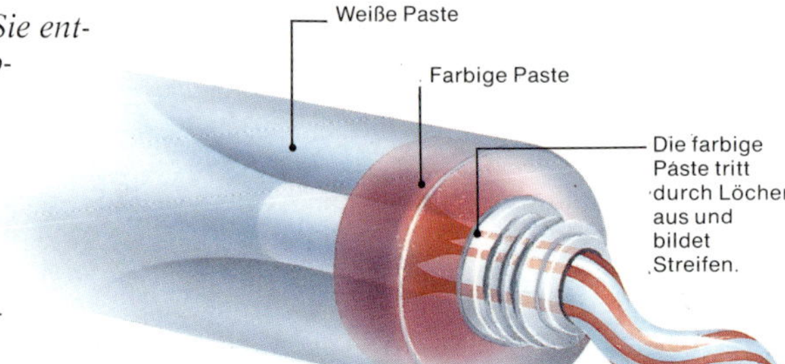

wie Glycerin kann man das Austrocknen der Creme verhindern. Darüber hinaus enthält eine Zahncreme meist Fluorid, um den Zahnschmelz zu kräftigen, manchmal auch Desinfektionsmittel wie Formalin zum Abtöten von Bakterien.

Zahncreme mit farbigen Streifen
Manche Fabrikate enthalten Fluorid oder Mundwasser in Form von farbigen Streifen. Die übliche Reinigungspaste, die meist kreideweiß ist, und das Fluorid oder Mundwasser, das oft als ein durchsichtiges blaues oder rotes Gel aus der Tube kommt, werden getrennt zubereitet. Wie bei jeder Zahncreme füllt man die leeren Tuben mit den beiden Pasten durch das offene hintere Ende, das dann eingerollt und zugekniffen wird. Beide Pasten enthalten Farben, die sich nicht vermischen können. Wenn man die Zahncreme aus der Tube drückt, besteht sie aus parallelen weißen und farbigen Streifen.

Scharf wie eine Rasierklinge

Alle 24 Stunden wachsen die bis zu 25 000 Barthaare im Gesicht des erwachsenen Durchschnittsmannes um etwa 0,5 mm. Durch diesen Stoppelwald arbeitet sich die moderne Rasierklinge mit Präzisionsschliff elegant hindurch und hinterläßt eine glatte, hautebene Rasur.

Schon vor Jahrtausenden entfernten Männer ihr schnellwachsendes Gesichtshaar mit Splittern von Feuersteinen, später mit Bronzemessern und schließlich mit Eisenklingen. Die ersten, Mordwerkzeugen ähnlichen Rasiermesser mit Stahlklinge wurden 1680 in Sheffield eingeführt. Der Rasierapparat mit auswechselbarer Klinge, der 1904 auf den Markt kam, war ein Patent des Handlungsreisenden King Camp Gillette aus Wisconsin und des Mechanikers William Nickerson.

Das Ausgangsmaterial für Rasierklingen ist eine kontinuierliche Spirale von gewalztem Stahlband mit einer Stärke von etwa 0,1 mm – etwa gleich dick wie Barthaare. Die Stahllegierung enthält rund 13 % Chrom, das der Klinge Härte und Korrosionsbeständigkeit verleiht. Außerdem wird die Härte durch Erhitzen des Stahls und Abschrecken in einer kalten Flüssigkeit erhöht.

Die Schneiden werden zugeschliffen, indem das Band drei Schleifscheibensätze mit jeweils feinerer Körnung passiert. Diese Scheiben wirken aus unterschiedlichen Winkeln und ergeben so eine Schneidkante mit Hohlschliff. Dieses Profil ist widerstandsfähiger als ein keilförmiger Schliff. Als Maß für die Schärfe einer Klinge dient der Radius der Kurve, die die äußerste Schnittkante bildet: Er mißt 0,00005 mm.

Nach dem Schliff wird die Schneide an rotierenden Lederscheiben poliert. Unter dem Mikroskop wirkt sie aber immer noch rauh, so daß es durch Reibung zu einem unangenehmen Zupfen an den Haaren kommen könnte. Um die Schneide zu schützen und die Reibung zu verringern, bekommt die Klinge drei Überzüge: aus Chrom, Keramik und dem Kunststoff PTFE, mit dem auch Pfannen beschichtet werden. Chrom ist korrosionsbeständig, Keramik verringert den Abrieb, und PTFE erhöht die Gleitfähigkeit. Diese Überzüge sind jeweils nicht dicker als 0,00001 mm.

Die Klinge wird in einen Rasierapparat eingespannt, der einen bequemen Handgriff und einen für den Rasierklingenwechsel aufschraubbaren Kopf besitzt, der manchmal beweglich ist.

Naß- und Trockenrasur *Ein mit einer Rasierklinge geschnittenes Barthaar (links) besitzt eine wesentlich glattere Schnittfläche als ein Haar nach der Trockenrasur (rechts): Nasses Haar läßt sich gut schneiden, trockenes Haar ist zäh wie Kupferdraht gleicher Stärke.*

Gillette: der Erfinder des Rasierapparats

Ohne die Erfindung des Amerikaners King Camp Gillette (1855 bis 1932) hätten die Männer sich noch lange mit gefährlichen, altmodischen Rasiermessern die Gesichtshaut glattgeschabt.

Gillette, Handlungsreisender für Eisenwaren im Mittleren Westen der USA, stellte 1895 eines Morgens beim Rasieren fest, daß sein Rasiermesser weder zweckmäßig noch sicher war. Nur ein kurzes Stück der herausklappbaren Klinge wurde tatsächlich verwendet. Vor allem aber waren solche Rasiermesser sehr gefährlich, denn man konnte damit buchstäblich jemandem die Kehle durchschneiden. Es war auch für einen vielbeschäftigten Mann wie Gillette äußerst zeitraubend, die Klinge jedesmal an einem Lederriemen zu schärfen.

Warum sollte man nicht, so überlegte sich Gillette, eine Rasierklinge erfinden, die man nicht schärfen muß, die gerade die richtige Länge hat und die außerdem so billig ist, daß man sie wegwerfen kann, sobald sie stumpf wird. Außerdem erinnerte sich Gillette an seinen früheren Arbeitgeber William Painter, der den Kronenkorken als Wegwerfverschluß für Flaschen erfunden hatte. Painter vertrat die Ansicht, daß die Kunden Produkte, die man nach Gebrauch wegwerfen kann, immer wieder kaufen.

Gillette und der Mechaniker William Nickerson entwickelten dann die zweischneidige Rasierklinge für einen eigens konstruierten Apparat, der aus einem Griff und einem einstellbaren Kopf bestand. Die Stahlklingen für garantierte 20 Rasuren wurden in Päckchen zu zwölf Stück verkauft.

Gillette gründete 1901 die Safety Razor Company und ließ seinen Rasierapparat patentieren. 1904 wurden in den USA in Eisenwarenhandlungen, Juwelierläden und Drogerien sowie in den neuartigen Kaufhäusern die ersten Rasiersets mit einem Apparat und einer Schachtel Klingen angeboten. Die Apparate hatten einen versilberten Griff; daneben gab es vergoldete Luxusmodelle. Der Verkauf lief zunächst nur schleppend. Dies änderte sich erst, nachdem eine Werbekampagne in Zeitungen und Herrenmagazinen in den USA wie in Europa auf die neue Erfindung aufmerksam gemacht hatte. Bis 1906 wurden daraufhin 90 000 Rasierapparate und 12 Mio. Klingen verkauft, und Gillette wurde berühmt und reich. Lange schmückte sein Porträt die Verpackungen von Klingen und Apparaten. Neben dem klassischen Rasierapparat gibt es inzwischen neue Konstruktionen sowie Modelle, die nach Gebrauch weggeworfen werden.

Edelstahl: eine zufällige Entdeckung

Edelstahl wurde rein zufällig im Jahr 1913 von dem britischen Metallurgen Harry Brearley entdeckt. Er untersuchte Stahllegierungen – Mischungen unterschiedlicher Metalle – auf ihre Eignung für die Herstellung von hochwertigen Gewehrläufen. Nach einigen Monaten beobachtete er, daß alle ungeeigneten Legierungen verrostet waren – bis auf eine, die 14 % Chrom enthielt. Diese Entdeckung führte zur Entwicklung von Edelstahl.

Gewöhnlicher Stahl rostet, weil er leicht mit dem Luftsauerstoff reagiert und dabei schuppenartiges braunrotes Eisenoxid bildet. Andere Metalle, wie Aluminium, Nikkel und Chrom, reagieren ähnlich, ihre Oxide bilden aber eine undurchdringliche Oberflächenschicht, die den Sauerstoff daran hindert, mit dem darunterliegenden Metall zu reagieren. Bei dem von Brearley entdeckten Stahl bildet das Chrom eine solche schützende Oberflächenschicht.

Heute stellt man verschiedene Sorten von Edelstahl her. Die am häufigsten verwendete Stahllegierung enthält 18 % Chrom und 8 % Nickel; daraus werden u. a. Küchenspülen hergestellt. Für Küchenmesser verwendet man einen mit etwa 13 % Chrom legierten Stahl. Und zur Verkleidung von Gebäuden wählt man eine Legierung, die durch einen geringen Molybdänzusatz noch korrosionsbeständiger als andere Edelstahle ist.

Das Tor zum Westen *Der größte Bogen der Welt ist das Denkmal für den großen Zug in den Westen Amerikas in Saint Louis, Missouri. Er hat sowohl eine Höhe wie eine Spannweite von 192 m. Eine solche Konstruktion läßt sich nur in Edelstahl ausführen.*

Meisterleistungen der Organisation

Die Regelung des Autoverkehrs in der Stadt, die Ausrichtung Olympischer Spiele, die Erstellung eines Wörterbuchs – meist denkt man gar nicht darüber nach, was dabei alles beachtet werden muß.

Wie man den Verkehr in der Stadt am Fließen hält, Seite 50

Wie das größte Sportfest der Welt organisiert wird, Seite 64

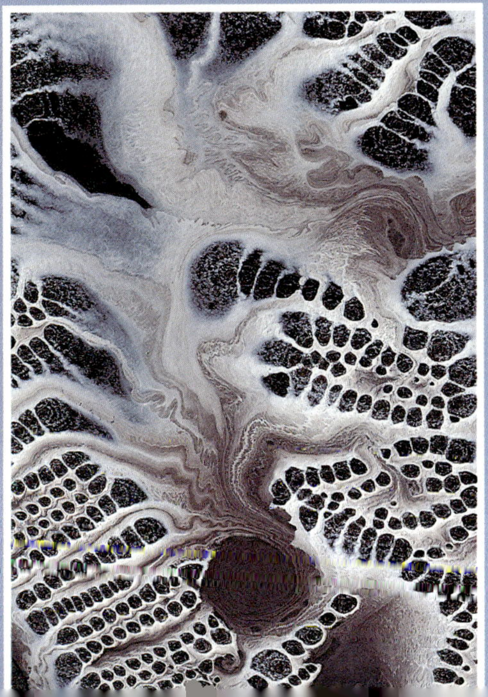

Wie Großstädte das Problem der Abfallbeseitigung lösen, Seite 47

Wie schleusen Flughäfen Millionen von Passagieren durch?

Flugbereit *Passagierflugzeuge stehen an den Flugsteigen des Frankfurter Flughafens. Er ist der größte internationale Flughafen der Bundesrepublik Deutschland und zählt zu den 37 verkehrsreichsten Landeplätzen der Welt.*

Ein amerikanisches Ehepaar kam am Londoner Flughafen Heathrow an und konnte sich weder an den Namen der Familie erinnern, die es in der Nähe des Flughafens besuchen wollte, noch an den Straßennamen. Sie wußten nur die Hausnummer und: „Ach ja, im Straßennamen kommt ein Baum vor, und in der Nähe ist ein Geschäft, das Sainsbury heißt."

Für Jan Hernando, ein Mitglied des 24köpfigen Informationsteams, war das Problem eine Routineangelegenheit. Ein Anruf beim örtlichen Postamt erbrachte die gesuchte Auskunft: Buchenstraße. Die Amerikaner, zwei von 100000 Passagieren, die täglich in Heathrow landen, machten sich erleichtert auf den Weg.

Ein Flughafen gleicht einer riesigen Maschine, deren Hauptaufgabe es ist, dafür zu sorgen, daß der Strom der Fluggäste ungehindert fließt. 1987 fertigten die 37 verkehrsreichsten Flughäfen der Welt insgesamt 805 Mio. Passagiere ab. Weltweit geben die Fluggesellschaften umgerechnet rund 10 Mrd. DM pro Jahr aus, um ihre Gäste zufriedenzustellen.

Tendenz: immer größer

Den verkehrsreichsten Flughafen der Welt, den Flughafen O'Hare in Chicago, fliegen rund 50 Fluggesellschaften an. Hier wurden 1987 insgesamt 58,8 Mio. Passagiere abgefertigt, das entspricht etwa 6700 Fluggästen pro Stunde. Täglich kommen auf dem Flughafen O'Hare 2200 Flugzeuge an. Landen mehrere Jumbos innerhalb weniger Minuten, dann strömen Tausende von Menschen gleichzeitig heraus, und es kommt zu Wartezeiten, die die Pläne der Passagiere durcheinanderbringen. Vertrauensverlust in die Organisationsfähigkeiten der Flughafenbetreiber und dadurch bedingte Gewinneinbußen sind die Folge. Defekte Maschinen und Streiks haben die gleichen Auswirkungen.

Als im Juni 1988 ein Fluglotsenstreik in Spanien mit dem Beginn der Urlaubszeit in Frankreich zusammenfiel, saßen in ganz Europa Zehntausende von Reisenden auf Flughäfen fest. Allein in Manchester mußten 16000 Urlauber Verspätungen bis zu sieben Stunden in Kauf nehmen. Die Passagiere einer Maschine nach Griechenland starteten sogar erst nach einer Wartezeit von 21 Stunden.

Ein wichtiger Teil der Flughafenorganisation betrifft die Gepäckbeförderung. Fluggäste und Gepäck werden getrennt abgefertigt, teils aus Sicherheitsgründen, teils

Warten auf Anweisungen *Aus jedem Jumbo-Jet, der auf dem John-F.-Kennedy-Flughafen in New York landet, strömen bis zu 500 Passagiere.*

weil das Gepäck in einem gesonderten Bereich des Flugzeugs verstaut wird. Die Angestellten der Gepäckabfertigung müssen dafür sorgen, daß das Gepäck am selben Bestimmungsort wie sein Besitzer landet. Am Terminal der United Airways auf dem Flughafen O'Hare z.B. werden Gepäckanhänger mit einem Computercode versehen und von einem Lasergerät gelesen. Automatische Verteileranlagen, deren Fläche gut vier Fußballfelder umfaßt, befördern 480 Gepäckstücke pro Minute; von Hand dagegen können nur 75 Teile pro Minute sortiert werden.

Mit zunehmender Größe der Flughäfen vervielfachen sich die Probleme. Je höher die Zahl der Passagiere ist, die durch einen Flughafen geschleust werden müssen, desto größer ist der Platzbedarf. Alles dauert länger und wird für die Fluggäste unübersichtlicher. Eine Erweiterung der Parkmöglichkeiten z.B. bedeutet, daß man einen zusätzlichen Zubringerdienst vom Auto zum Terminal einrichten muß. Mehr Flugzeuge benötigen mehr Flugsteige, mehr Terminals, und die Zahl der kilometerlangen Gänge wächst.

Die Größe der Flughäfen erreicht allmählich atemberaubende Ausmaße. Ein großer Bahnhof beansprucht eine Fläche von etwa 3,6 ha; der größte amerikanische Flughafen, Fort Worth in Dallas, dehnt sich über 71 km^2 (= 7100 ha) aus.

Doch selbst dieser riesige Flughafen wirkt klein im Vergleich zum größten Flughafen der Welt, dem internationalen King-Khalid-Flughafen in Saudi-Arabien. Mit einer Fläche von 236 km^2 ist er über viermal so groß wie die Bermudainseln.

Heute ähnelt jeder größere Flughafen einer Kleinstadt, in der sich ein ganzes Heer von Angestellten tummelt, um die verschiedensten Aufgaben zu erledigen: Personal für die Gepäckabfertigung, die Reinigung, die Erste Hilfe, die Organisation und Verwaltung, den Verkauf, für Restauration und Wartung.

Um im Geschäft zu bleiben, muß eine Flughafengesellschaft ihre Terminals immer wieder modernisieren. Derartige Umbauarbeiten müssen dann so geplant werden, daß alle Angestellten dennoch ungehindert arbeiten und die Passagiere sich frei bewegen können. Neue technische Einbauten wie Rollsteige, computergesteuerte Gepäckabfertigung, Transporteinrichtungen, die die Passagiere zu entfernten Parkplätzen oder Flugsteigen befördern, haben vor allem den Zweck, den Massenflugverkehr noch reibungsloser zu gestalten.

Ständige Wache über Bewegungen im Luftraum

Obgleich sich im Luftraum immer mehr Flugzeuge drängen, wird das Fliegen sicherer.

Zwischen 1980 und 1987 stieg allein in den USA die Zahl der Flugreisenden von 315 auf 460 Mio. Und in der ganzen westlichen Welt nimmt der Luftverkehr jährlich um etwa 20% zu. Man könnte nun annehmen, daß damit auch die Gefahr von Flugzeugzusammenstößen wächst. Doch die Unfallziffern sinken Jahr für Jahr. Auf 100000 Flugstunden entfielen in den USA 1978 statistisch 1,72 Todesopfer; 1982 waren es 0,92. Mit anderen Worten: Ein Flugzeug müßte fast zwölf Jahre lang 24 Stunden am Tag fliegen, bevor ein Mensch getötet würde.

Doch es gibt Anzeichen für eine Überlastung des Luftraums. 1987 zählte man in den USA durchschnittlich drei Beinahe-Zusammenstöße am Tag – fast doppelt soviel wie 1984. In Europa ist die Zahl der Beinahe-Zusammenstöße in den letzten Jahren zwar konstant geblieben, doch Sicherheitsexperten befürchten, daß mit wachsendem Flugaufkommen auch hier die Zahl bald steigen wird.

Die Verantwortung dafür, daß Flugzeuge nicht in der Luft kollidieren, tragen die Fluglotsen, deren Arbeitspensum mit dem wachsenden Flugverkehr ständig steigt. Die Hauptgefahrenpunkte sind die Flughäfen selbst, denn 90% aller Beinahe-Zusammenstöße und tatsächlichen Kollisionen passieren beim Steigflug der Maschinen nach dem Start oder beim Kreisen in der Warteschleife.

Verkehrsregeln in der Luft

Der Luftraum ist in Kontrollzonen und Luftstraßen aufgeteilt, in denen – wie auf der Erde auch – bestimmte Verkehrsregeln gelten. In den Luftstraßen über dem Atlantik beträgt der geforderte Höhenabstand zwischen den Flugzeugen 610 m, der seitliche Abstand 110 km; über Landgebieten sind die Abstände geringer.

Die Fluglotsen müssen sicherstellen, daß jedes Flugzeug während des Flugs von einer Kontrollzone in die andere übergeben wird, selbst mitten über dem Atlantik.

Vor dem Start wird für jedes Flugzeug ein Flugplan eingereicht, der während des Flugs durch einen Computer ständig aktualisiert und neu ausgedruckt wird. Anhand dieser Ausdrucke überwachen die Lotsen den Flug. Möglich ist dies, weil jede Maschine ein Kennsignal aussendet, das auf dem Radarschirm im Kontrollturm erscheint.

Setzt ein Flugzeug zur Landung auf einem verkehrsreichen Flughafen an, wird es zu einem Meldepunkt über einem Funkfeuer in einigen Kilometern Entfernung geleitet. Dann teilt man ihm eine Anflugschneise zu, auf der es die Landebahn anfliegen darf. In Stoßzeiten kann es jedoch vorkommen, daß mehr Maschinen auf dem Flugplatz landen wollen, als Landebahnen frei sind. In manchen Ländern erhalten sie dann die Anweisung, sich in Warteräumen zu staffeln und in unterschiedlichen Höhen um den Meldepunkt zu kreisen. Als es im Juli 1988 während der Ferienzeit zu starken Flugverkehrsstaus über Europa kam, kreisten bis zu zehn Flugzeuge mit Zielort London übereinander gestaffelt gleichzeitig über einem Funkfeuer bei Ostende in Belgien.

In anderen Ländern dürfen Flugzeuge erst starten, wenn die Landung garantiert ist. In den USA nutzen einige Betreiber von Flughäfen den wachsenden Andrang aus, indem sie die Fluggesellschaften, die höhere Gebühren bezahlen, in der Warteschlange nach vorn ziehen.

Theoretisch ist die Flugkontrolle ein bewährtes Sicherheitssystem. Doch mit den steigenden Anforderungen vervielfachen sich auch die Probleme. Die Fluglotsen, die mit Dutzenden von Flügen jonglieren, arbeiten unter steigendem Druck. Ein Untersuchungsbericht über den Absturz eines Verkehrsflugzeugs während eines Gewitters auf dem Flughafen Fort Worth in Dallas 1985 deckte auf, daß die Fluglotsen alle vier Sekunden eine Bitte um Landeerlaubnis bekommen; die Lotsen bezeichneten dies als eine nur mittlere Arbeitsbelastung.

Hinzu kommt, daß Computersysteme heute oft schon veraltet und zum Teil von Land zu Land unterschiedlich, also nicht kompatibel sind. Dadurch wächst die Gefahr, daß Fehler gemacht und nicht rechtzeitig erkannt werden. So konnte es im April 1988 passieren, daß sich zwei Maschinen mit Ziel London und insgesamt über 300 Passagieren in einer Höhe von 2400 m nördlich von London auf Kollisionskurs befanden. Nur durch Ausweichmanöver der beiden Piloten konnte eine Katastrophe verhindert werden.

Durch den Einsatz von modernen Computern kann die Sicherheit aufrechterhalten und noch verbessert werden. Die Bundesluftfahrtbehörde der USA plant, die Flugsicherung von Grund auf zu erneuern, und veranschlagt dafür Kosten von fast 20 Mio. $. Das neue System soll durch verbesserte Computer, die die vierfache Kapazität und die achtfache Rechengeschwindigkeit der früheren Systeme erreichen, die Leistungsfähigkeit vervierfachen. Sobald es feststellt, daß sich zwei Flugzeuge aufeinander zu bewegen, wird es entsprechende Daten für ein Ausweichmanöver an die Maschinen weitergeben. Die Radarschirme werden farbig sein und auch Wetterdaten anzeigen. Ferner sollen Flugzeuge, die außerhalb der Reichweite von Kontrollzentren fliegen, durch Satelliten überwacht werden. Flugpläne und Kursänderungen werden automatisch auf den neuesten Stand gebracht, und auch vor sich anbahnenden Staus wird dieses System warnen.

Weitere Verbesserung bringt ein Mikrowellen-Funkleitsystem, das die Landung auch dann erlaubt, wenn die Landepiste bei schlechtem Wetter nicht zu erkennen ist. Jedes Flugzeug soll so ausgestattet sein, daß es andere Maschinen in unmittelbarer Nähe orten kann; ein Computer an Bord verarbeitet die Daten und gibt dem Piloten umgehend Anweisungen für Ausweichmanöver. Ein anderer Computer wiederum soll die Windscherung berechnen, d.h. die plötzliche Änderung der Windrichtung, die für ein Flugzeug im Landeanflug katastrophale Folgen haben kann. Auch wenn es am Himmel noch enger werden sollte, so ist die Flugsicherheit zumindest für die nächsten 10–20 Jahre gewährleistet.

Fluglotse: mehr als nur ein Beruf

Die Flugsicherung gleicht einem dreidimensionalen Schachspiel mit hochexplosiven Figuren. Solange man Ruhe bewahrt, passiert nichts. Spielregeln bestimmen die einzelnen Züge, und Computer können bei der Planung der Züge helfen und die Folgen vorhersagen. Nichts dürfte schiefgehen – aber manchmal passiert doch etwas.

Am 26. November 1975 hatte ein Fluglotse in Cleveland, Ohio, gerade einen Kollegen abgelöst. Nachdem er nur 55 Sekunden seinen Radarschirm beobachtet hatte, erkannte er, daß er einer sich unmittelbar anbahnenden Katastrophe zuschaute. Eine DC 10 der American Airlines mit 194 Passagieren an Bord flog von Chicago aus nach Osten und stieg dabei auf die ihr zugewiesene Position von 11 000 m auf. Gleichzeitig näherte sich in einer Höhe von 10 500 m von Westen ein Jumbo-Jet der TWA mit 114 Passagieren. Es war nur noch eine Frage von Sekunden, bis die beiden Maschinen zusammenstoßen würden.

Der Fluglotse reagierte sofort und richtete einen dringenden Ruf an die DC 10: „AA 182, Cleveland, auf welcher Höhe sind Sie?" Die Antwort lautete: „Wir überschreiten gerade 10410 m. Wir können die Sterne sehen, sind aber noch in den Wolken." Fluglotse: „AA 182, sofort auf 9900 m sinken."

Instinktiv stieß der Flugkapitän Guy Eby im Cockpit der DC 10 den Steuerknüppel nach vorn. Die Maschine ging in einen Sturzflug über. Einen Augenblick lang sah Kapitän Eby vor seiner Windschutzscheibe den TWA-Jumbo-Jet in voller Größe, als sie mit geringem Höhenabstand und einer Gesamtgeschwindigkeit von 1600 km/h aneinander vorbeirasten. Die Flugschreiber zeigten später an, daß sich beide Maschinen bis auf 14 m genähert hatten, als die DC 10 zum Sturzflug in die Sicherheit ansetzte.

Dieser Zwischenfall macht deutlich, welche Eigenschaften der ideale Fluglotse

Kontrolle der Luftwege *Die Fluglotsen, die auf dem Flughafen O'Hare in Chicago vor ihren Kontrollgeräten sitzen, wachen mit größter Sorgfalt über die Flugzeuge, die hier landen und starten, und stehen in ständiger Sprechverbindung mit den Piloten.*

besitzen sollte: Konzentrations- und Entscheidungsfähigkeit, Geduld und eine Autorität, der sich die Piloten unmittelbar beugen.

Wer Fluglotse werden will, muß über eine stabile Gesundheit verfügen, ein gutes Sehvermögen haben, eine deutliche Aussprache und einen Schulabschluß, der ein naturwissenschaftliches Fach und Englisch umfaßt (Englisch ist die internationale Sprache im Luftverkehr). Zur Ausbildung des künftigen Fluglotsen gehören Luftverkehrsrecht, Wetterkunde, Funktechnik sowie die vorgeschriebenen Formen des Sprechfunkverkehrs mit den Piloten. Die Fluglotsenschüler werden theoretisch und an Simulatoren unterrichtet, sie absolvieren Praktika in Kontrollzentren und auf Flughäfen. Ihre ersten Einsätze, die unter Aufsicht erfolgen, dienen dem weiteren Training.

Die intensive Ausbildung bereitet sie darauf vor, die stets wechselnde Informationsflut auf ihren Radarschirmen zu analysieren und entsprechend darauf zu reagieren. Ein Großflughafen wie Frankfurt/Main wickelt durchschnittlich 805 Flüge am Tag ab, in Stoßzeiten alle 60 Sekunden einen Flug, und der Radarschirm eines Fluglotsen zeigt bis zu 14 Flugbewegungen gleichzeitig an.

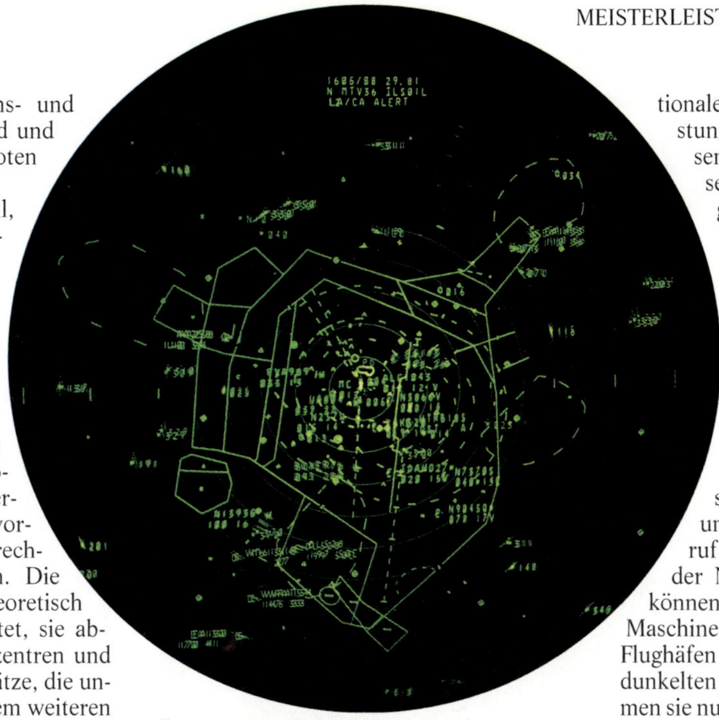

Überwachung durch Nummern *Auf dem Radarschirm im Kontrollzentrum des National Airport in Washington ist jeder Maschine im Luftraum eine Flugnummer zugeteilt, damit sich ihre Bewegungen auf dem Schirm genau verfolgen lassen.*

Doch intellektuelle Fähigkeiten und technisches Wissen allein reichen nicht aus, um die Aufgaben, die ein Fluglotse hat, zu bewältigen. Auf manchen internationalen Flughäfen ist die Arbeitsbelastung zeitweise so groß, daß Fluglotsen schon zusammengebrochen sein sollen. Auf jeden Fall ist auf großen Flughäfen die Anspannung durch die ständige Konzentration und die große Verantwortung ungeheuer. Deshalb müssen Kandidaten, die zur Ausbildung zugelassen werden wollen, über ein ausgeglichenes Temperament sowie über Wachsamkeit und schnelles Reaktionsvermögen verfügen. Auch Leistungsbereitschaft und Selbstdisziplin sind unverzichtbar, denn zu diesem Beruf gehört auch der Schichtdienst in der Nacht. Auf kleineren Flughäfen können die Fluglotsen die Manöver der Maschinen direkt beobachten, auf großen Flughäfen jedoch sitzen sie meist in abgedunkelten Räumen. Die Flugzeuge bekommen sie nur als „Blib“ auf dem Radarschirm zu Gesicht. Der Funkkontakt mit den Piloten beschränkt sich meist auf Anweisungen in den offiziellen Wendungen, die klar und genau sein müssen: „Verstanden sieben-drei-zwo. Sinken Sie auf 1000 m QHN eins-null-zwei-vier.“

Der Beruf des Fluglotsen ist sicher nicht jedermanns Sache; dennoch herrscht an Bewerbern kein Mangel. Das Auswahlverfahren ist jedoch streng: Von 20 Bewerbern erweist sich oft nur einer als geeignet.

Die ständige Jagd nach Flugzeugterroristen

Ann Murphy, ein 32jähriges irisches Zimmermädchen, kam am 17. April 1986 an den Abfertigungsschalter der El Al auf dem Londoner Flughafen Heathrow. Sie wollte nach Tel Aviv fliegen, dort die Mutter ihres jordanischen Freundes treffen und später heiraten. Sie flog allein, denn ihr Freund Nezar Hindawi hatte, wie er sagte, über seine Arbeitsstelle ein Ticket für eine andere Maschine bekommen.

Ann Murphy reihte sich in die Schlange vor dem Abfertigungsschalter ein. Ein Sicherheitsbeamter stellte ihr einige Routinefragen und schob ihren Koffer durch das Röntgengerät, das nichts Ungewöhnliches anzeigte. Dann leerte er den Koffer aus und fand, daß er „für einen leeren Koffer zu schwer“ war. Von dem verdächtigen Gewicht alarmiert, untersuchte er den Kofferboden und fand ein Geheimfach mit 1,4 kg Plastiksprengstoff. Ein Taschenrechner zwischen Anns Kleidern enthielt eine Zeituhr und einen Zünder, der die Bombe um 13 Uhr gezündet hätte. Zu dieser Zeit wäre das Flugzeug in 13000 m Höhe über Österreich geflogen.

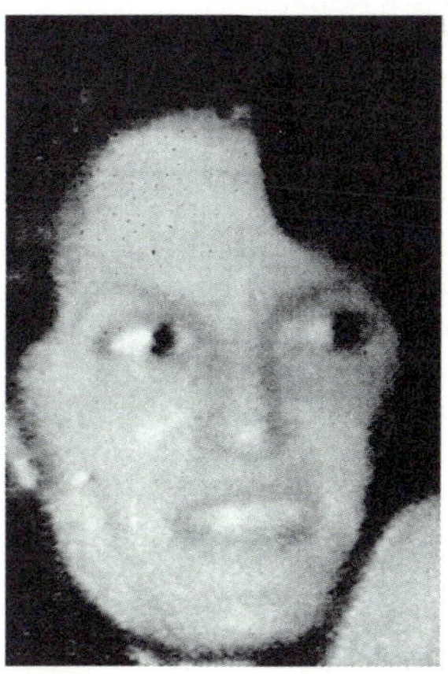

Beinah ein Flug in den Tod *Ohne es zu wissen, trug Ann Murphy (oben links) für einen Flug von London nach Tel Aviv eine Zeitbombe in ihrem Koffer. Ihr jordanischer Freund Nezar Hindawi (oben rechts) hatte sie dort versteckt. Er wurde für den Attentatsversuch zu 45 Jahren Gefängnis verurteilt. Zu den Beweisstücken (links) im Prozeß gehörten eine Pistole, Munition, eine Tasche, ein Paß und der Taschenrechner, der die Bombe zünden sollte.*

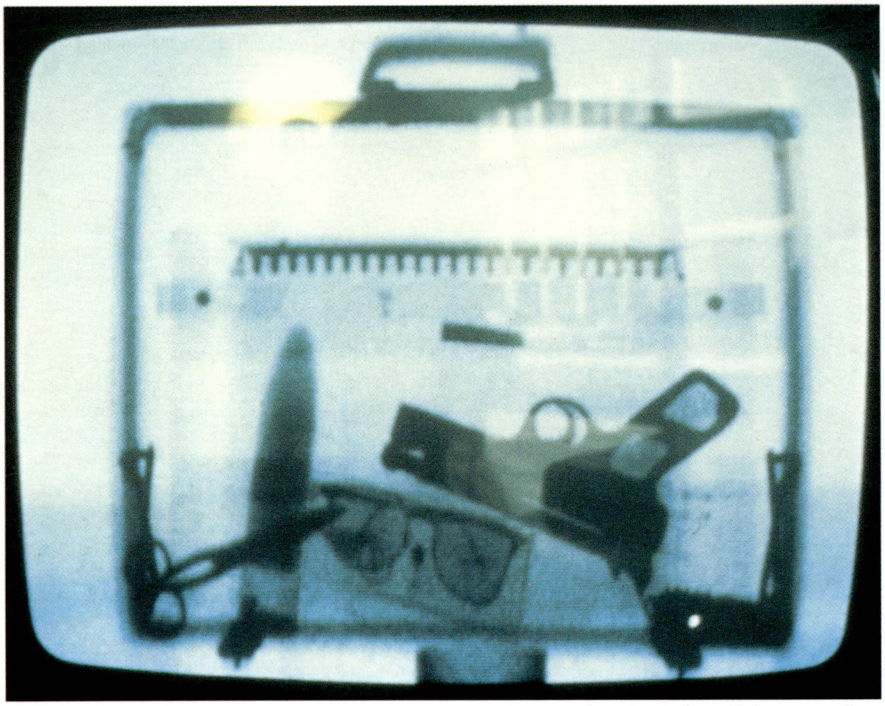

Das wachsame Auge *Auf allen Flughäfen der Welt wird das Gepäck in Röntgengeräten durchleuchtet. Hier zeigt der Röntgenschirm, daß der Koffer außer einer Sonnenbrille und einer Schere auch eine Pistole enthält.*

Ann Murphy hatte den Koffer von ihrem Freund Nezar Hindawi mit der Begründung bekommen, daß ihr eigener Koffer viel zu schwer sei. Den Sprengstoff hatte er bereits darin versteckt. Auch den Taschenrechner hatte er ihr gegeben; er war angeblich für einen Freund bestimmt. Hindawi, ein palästinensischer Terrorist, wurde gefaßt und zu 45 Jahren Haft verurteilt. In Ann Murphy sah das Gericht das Opfer „einer der gefühllosesten Taten aller Zeiten".

Die israelische Fluggesellschaft El Al steht in dem Ruf, die schärfsten Sicherheitsbestimmungen der Welt anzuwenden. Die Fluggäste müssen sich bereits drei Stunden vor dem Abflug einfinden und eine genaue Leibesvisitation über sich ergehen lassen. Ihr gesamtes Gepäck wird von Hand durchsucht.

Der quälende Alptraum von einem Terroranschlag auf ein voll besetztes Flugzeug verfolgt jeden, der für Sicherheitsfragen bei einer Fluggesellschaft zuständig ist. Manchmal wird dieser Alptraum grauenhafte Wirklichkeit, wie am 21. Dezember 1988, als ein Jumbo-Jet der Pan American über der schottischen Kleinstadt Lockerbie explodierte und 259 Passagiere und Besatzungsmitglieder sowie elf Einwohner der Stadt den Tod fanden.

Das erste Verbrechen in der Luft geschah 1930: In Peru wurde eine Maschine der Peruvian Airlines entführt. Seither gab es über 600 Zwischenfälle, vor allem Flugzeugentführungen und Sabotageakte; 90% davon ereigneten sich allein in den letzten 20 Jahren.

Jede Tragödie hat eine Verschärfung der Sicherheitsvorkehrungen auf den Flughäfen zur Folge, doch ihnen sind Grenzen gesetzt. Zum einen müssen die Sicherheitsbeauftragten versuchen, den Terroristen stets einen Schritt voraus zu sein; zum andern müssen sie einen gangbaren Mittelweg zwischen dem allgemeinen Sicherheitsbedürfnis einerseits und der zügigen Abfertigung der Passagiere andererseits finden.

Auch wenn die Fluggesellschaften keine Einzelheiten preisgeben, lassen sich doch einige wichtige Sicherheitsmaßnahmen beschreiben.

Kontrolle des Personals

Auf dem riesigen Gelände eines Flughafens tummeln sich oft Tausende von Beschäftigten, die zum Teil an Punkten arbeiten, wo Sicherheitsvorkehrungen unabdingbar sind. Als Lieferanten der Bordverpflegung oder als Mitglieder der Reinigungskolonnen verkleidete Terroristen könnten Waffen oder Sprengstoff in eine Maschine schmuggeln.

Man versucht, sich davor durch sogenannte versteckte Markierungen zu schützen: Uniformen, Fahrzeuge und Ausweise werden mit einer Chemikalie behandelt, die nur mit einem speziellen Gerät festzustellen ist.

Durchleuchten des Gepäcks

Seit 1970 sind Röntgengeräte mit schwach dosierten Strahlen im Einsatz. Bis heute wurden diese Geräte immer wieder verbessert. Sie liefern inzwischen so gestochen scharfe Bilder, daß man auch elektrische Drähte entdecken kann, die feiner als Haare sind. Röntgenkontrollen sind allerdings nur so zuverlässig wie derjenige, der sie durchführt und die Bilder auswertet.

Plastiksprengstoff bleibt auf dem Röntgenschirm unsichtbar, und Zündungsmechanismen lassen sich leicht in einen Taschenrechner oder in ein Radio einbauen.

Metalldetektoren

Um Metallgegenstände im Gepäck und in der Kleidung der Passagiere aufzuspüren, setzt man seit 1970 Geräte ein, die magnetische Felder erzeugen. Mit Hilfe dieser Geräte hat man zwischen 1973 und 1980 allein in den USA 20000 Feuerwaffen entdeckt.

Um keinen unnötigen Alarm auszulösen, setzt das Bedienungspersonal häufig die Empfindlichkeitsschwelle herauf; damit wächst allerdings die Gefahr, daß kleine Waffen unentdeckt bleiben. Möglicherweise werden Metalldetektoren eines Tages nutzlos, denn Sicherheitsexperten befürchten, daß man bald in der Lage sein wird, Schußwaffen aus Plastik herzustellen.

Sprengstoffmarkierungen

Einige Sprengstoffhersteller markieren ihre Produkte bereits mit winzigen Plastikteilchen, die einen Farbcode enthalten, der Auskunft über das Ursprungsland und den Zeitpunkt der Herstellung gibt. Zwar sind diese Markierungen erst nach einer Explosion von Nutzen, doch können sie abschreckend wirken, weil durch sie eine Identifizierung der Terroristen wahrscheinlicher ist. Internationale Abkommen könnten eines Tages zu einer generellen Markierungspflicht führen.

Durchsuchen der Passagiere

El Al durchsucht prinzipiell alle Passagiere und ihr Gepäck; andere Fluggesellschaften halten dies für zu zeitraubend und zu kostspielig. In der Regel werden nur Stichproben gemacht, es sei denn, es gibt bei einem bestimmten Flug oder Passagier Verdachtsmomente. Kontrollen werden heute durch Fragebogen ergänzt, um festzustellen, wer für den Passagier gepackt und ob ihm jemand etwas mitgegeben hat.

Technik im Dienst der Sicherheit

Um Sprengstoff aufzuspüren, setzt man Spürhunde ein oder verwendet Geräte, die auf bestimmte Gase reagieren. Aber kein noch so empfindliches Tier oder Gerät kann geruchlose oder hermetisch abgeschlossene Sprengstoffe entdecken. Darum versucht man, die technischen Möglichkeiten zu verbessern. Ein Verfahren, das man inzwischen entwickelt hat, ist die Durchleuchtung mit Gammastrahlen. Das Gepäck wird einer schwachen radioaktiven Strahlung ausgesetzt; dabei werden bestimmte Wellenlängen vom Gepäckinhalt absorbiert, was die Strahlen in einer Art und Weise verändert, die auf Sprengstoff schließen läßt.

Eine andere Möglichkeit ist, das Gepäck mit Neutronen zu bombardieren. Neutronen reagieren mit Stickstoff, der in den meisten Sprengstoffen enthalten ist, und setzen ein Gas frei.

Doch eine noch so perfekte Technik allein reicht nicht aus, vor terroristischen Anschlägen zu schützen. Ständige Wachsamkeit aller mit den Kontrollen betrauten Personen ist ebenso wichtig. Denn die Bombe in Ann Murphys Koffer konnte nur von einem Mann entdeckt werden, der sich seiner Verantwortung für Hunderte von Menschenleben bewußt war.

Generalstabsarbeit: Verpflegung an Bord

In einem Jumbo-Jet werden auf einem interkontinentalen Flug 400 Passagieren Frühstück oder Nachmittagskaffee und ein dreigängiges Menü serviert, wobei jeder Gast beim Hauptgang die Wahl unter zwei oder drei Gerichten hat.

Große Fluggesellschaften bereiten die gesamte Verpflegung in eigenen Großküchen auf ihren Heimatflughäfen zu. Das riesige Versorgungsunternehmen der Deutschen Lufthansa, die LSG, beschäftigt mehr als 5600 Personen, darunter 384 hauptamtliche Köche. Sie versorgen pro Jahr rund 274 000 Flugzeuge mit 23,4 Mio. Passagieren. Allein auf einem Flughafen wie dem Frankfurter sorgen 2500 Angestellte für etwa 30 000 Mahlzeiten pro Tag.

Die Menüpläne für die Flüge werden drei Monate im voraus zusammengestellt, doch kommen ständig Nachbestellungen für Passagiere hinzu, die aus religiösen oder gesundheitlichen Gründen eine bestimmte Diät wünschen. Auch Kindermahlzeiten kann man bis 24 Stunden vor dem Flug bestellen – vom Babyfläschchen bis zu Würstchen mit Kartoffelbrei.

Anhand der Informationen, die vom zentralen Buchungscomputer an die Serviceleitung weitergegeben werden, kann man den Bedarf vier Tage im voraus berechnen. Auch wenn eine Maschine komplett ausgebucht scheint, richtet sich die Serviceleitung nach den Computervorhersagen für die tatsächliche Sitzauslastung am Flugtag. Sie wird die Maschine also unterversorgen, weil immer wieder Flüge gebucht, aber nicht angetreten werden. Dadurch läßt sich eine Verschwendung der täglich angelieferten Frischwaren auf ein Minimum reduzieren. Ein Versorgungsunternehmen wie die LSG verarbeitet im Jahr 1480 t frische Früchte und 1790 t Gemüse, 159 t Lachs, 171 t Filetsteak und 270 t Roastbeef, 3,2 Mio. Eier, 709 000 l Milch und 412 000 l Sahne.

Speisen und Getränke an Bord

Der endgültige Bedarf an Mahlzeiten ist am Tag des Flugs im Zentralcomputer für Bordverpflegung gespeichert. Er zeigt die für die Erste, Business- und Economyklasse benötigten Mahlzeiten an, dazu die Spezialmenüs, die jeweils mit dem Namen der betreffenden Person aufgeführt sind.

Speisekarte

ECONOMY CLASS

Rinderpastrami

•

Hähnchen Teriyaki

oder

Lachsfilet

•

Ananas-Kiwi-Mousse

CLUB WORLD CLASS

Papaya-Meeresfrüchtesalat in Pastetchen

•

Gegrillte Brust von Maismast-Hähnchen

oder

Lachs in Weißwein pochiert

oder

Kalter Rinderfiletbraten mit Salat

•

Englischer Sommerpudding

oder

Käseplatte

ERSTE KLASSE

Kaviar und Räucherlachs mit Forellen-Lachsmousse

oder

Eisgekühlte Mango mit Südfrüchten

oder

Heiße Croustade mit wilden Pilzen

•

Hühnerconsommé mit getrüffelter Galantine

oder

Pochierter Junghummer in Chablis und Wermutsauce

oder

Entenkükenbrust mit getrüffelter Füllung

oder

Vegetarische Auberginen-Haselnußpastete

•

Mirabellenkuchen mit Sahne

oder

Vanille-Mokka-Eis

•

Obst nach Wahl

Käse nach Wahl

Bordverpflegung *Jede Fluggesellschaft versucht, bei ihren Menüs das Niveau eines Restaurants zu erreichen (oben). Links präsentiert ein Versorgungsunternehmen des Londoner Flughafens Heathrow alles, was den Passagieren während ihres Flugs in einem Jumbo-Jet serviert wird.*

Stunden vor dem Start beginnt man im Versorgungszentrum, die Tabletts zusammenzustellen. Die Vorbereitung warmer Gerichte ist je nach Fluggesellschaft und Versorgungsunternehmen unterschiedlich. In manchen Fällen wird das Essen vorgegart geliefert und an Bord im Herd oder in einem Mikrowellengerät aufgewärmt. In anderen Fällen hat man die Gerichte vorgekocht und im Schockverfahren tiefgefroren; im Flugzeug werden sie dann im Umluftherd, der den Strom von den Triebwerken bezieht, fertiggegart und dann frisch gekocht serviert.

Sind die Tabletts zusammengestellt, werden jeweils 30 in einen Rollwagen geladen, der gerade so breit wie der Gang zwischen den Sitzreihen ist. Zusammen mit den Getränkewagen, die mit Zollpapieren versehen sind, und weiterem Servierbedarf werden die Wagen an die Containerladefläche gebracht. Die gesamte Verpflegungsladung für einen Jumbo-Jet besteht aus rund 35 000 Einzelteilen.

Alles muß gut zwei Stunden vor dem Start überprüft und verladefertig sein, damit die Lieferwagen den riesigen Transport rechtzeitig zum Flugzeug bringen können.

Ein Kühlwagen liefert noch eine Stunde vor dem Abflug die letzten Speisen – ein Diätmenü für einen Passagier, der Diabetiker ist, oder vielleicht eine in letzter Minute bestellte Geburtstagstorte.

An Bord werden die Menüs für die jeweiligen Klassen in den entsprechenden Bordküchen verstaut. Während des Flugs werden die Mahlzeiten nach den örtlichen Zeitzonen serviert. Die Crew beginnt mit dem Austeilen der Tabletts, sobald das Hauptgericht heiß ist.

Sind die Tabletts wieder eingesammelt und in den Rollwagen verstaut, können Lieferwagen, die am Zielort bereitstehen, alles abholen. Das ortsansässige Vertragsunternehmen der Fluggesellschaft sortiert Geschirr und Besteck und sorgt für den Abwasch.

Gleichzeitig beginnt der Versorgungskreislauf von neuem. Auch wenn es sich nur um einen kurzen Zwischenaufenthalt handelt, wird wieder eine Ladung mit 35 000 Einzelteilen an Bord gebracht. Geht ein Flug über mehrere Etappen, bemüht sich die Fluggesellschaft, für jeden Streckenabschnitt in jeder Klasse ein anderes Menü anzubieten. Denn in einer Höhe von 8000 m und mehr und bei sich verschiebenden Zeitzonen sind abwechslungsreiche Mahlzeiten oft der einzige feste Orientierungspunkt.

Börsen: Dreh- und Angelpunkte der Wirtschaft

1815 war der Geschützdonner über dem Schlachtfeld von Waterloo kaum verhallt, als der Bankier Nathan Rothschild in London durch Kurierstaffeln die Nachricht vom Sieg der Alliierten über Napoleon erhielt, 24 Stunden eher als der britische Premierminister. Als Bankier war ihm klar, daß der Kurs der britischen Staatspapiere steil ansteigen würde, sobald sich die Nachricht vom Sieg verbreitete. Also kaufte er umgehend in großen Mengen Staatspapiere. Tatsächlich stieg der Kurs in den folgenden vier Tagen, und Rothschild konnte sein ohnehin schon beträchtliches Vermögen noch um einiges vergrößern.

Schwarzer Montag *In den besorgten Gesichtern der Börsenmakler in London spiegelt sich die Bestürzung wider, die der weltweite Börsenkrach am Schwarzen Montag im Oktober 1987 auslöste.*

Heute sind Finanzunternehmen weltweit durch elektronische Kommunikationsmittel miteinander verbunden. Wirtschaftliche Entwicklungen oder politische Ereignisse, die die Börsenkurse beeinflussen könnten, sind überall fast zeitgleich bekannt. Die Aktienmärkte der Welt funktionieren beinahe wie ein einziger Markt: Jeder einzelne reagiert unmittelbar auf Nachrichten von den anderen.

Ein dramatisches Beispiel dafür war der Börsenkrach am 19. Oktober 1987, einem Montag; wie eine Schockwelle lief er um die ganze Welt. Am Freitag zuvor waren an der Börse in New York die Kurse drastisch gefallen. Daraufhin brach am folgenden Wochenende in Finanzkreisen Panik aus. Als die Börse in Sydney am Montag morgen ihre Pforten öffnete, schlief der größte Teil der Welt noch. Die australischen Börsenmakler wurden mit Verkaufsaufträgen überschüttet, die Aktienkurse sanken in den Keller. Über Satelliten gelangte die Nachricht an die Börse von Tokio, wo ebenfalls eine fieberhafte Verkaufstätigkeit einsetzte.

Während sich die Erde um ihre Achse drehte und eine Börse nach der anderen ihre Geschäfte aufnahm, rollte die Welle über Hongkong, Singapur und die europäischen Börsen zurück nach New York. Die Aktienkurse der amerikanischen Gesellschaften fielen noch vor dem Ende des Börsentages um mehr als 500 Mio. $.

Dieser Schwarze Montag ließ auch Menschen aufhorchen, die von der Existenz der Börse sonst kaum Notiz nehmen. Sie fragten, wie solche riesigen Verluste entstehen können. Wie arbeiten Börsen überhaupt?

Seit fast fünf Jahrhunderten sind Börsen der Markt, an den sich Unternehmen und auch Regierungen wenden, wenn sie Kapital aufnehmen wollen. Auch wenn inzwischen das laute Stimmengewirr im hektischen Getriebe des Börsensaals, wo gekauft und verkauft wird, langsam dem Summen der Computer weicht, mit denen die Börsenmakler heute arbeiten, so sind doch die Grundregeln des Börsengeschäfts unverändert geblieben.

Die Börse ist der Ort, an dem Käufer, Verkäufer und Vermittler regelmäßig – d. h. von Montag bis Freitag in den offiziel-

Im Laufschritt *Die Zeitaufnahme (ganz links) zeigt, wie im Börsensaal von Tokio die Makler in den Marktbereich stürzen, wo der eigentliche Handel stattfindet (links).*

len Börsenstunden – zusammenkommen, um mit Wertpapieren zu handeln. Wertpapiere – sie umfassen Aktien und Rentenpapiere – sind eine Geldanlage für die Person, die sie erwirbt, und eine Finanzierungsmöglichkeit für das Unternehmen, das sie auflegt. Angebot und Nachfrage an der Börse bestimmen, welchen Wert jedes einzelne Wertpapier für den Inhaber zu einem bestimmten Zeitpunkt hat.

Unternehmen, die zur Finanzierung eines Vorhabens zusätzliche Geldmittel benötigen, stehen in einer freien Marktwirtschaft vor allem zwei Möglichkeiten offen, sich diese zu beschaffen. Sie können das Geld zu einem festen Zins von der Bank leihen, oder sie können es aufnehmen, indem sie einen Teil ihres Unternehmens in Form von Aktien veräußern.

Die zweite Möglichkeit hat für die Firmen den Vorteil, daß das aufgenommene Geld nicht unbedingt zurückgezahlt werden muß, wenn ihre Unternehmungen völlig fehlschlagen. Auf der anderen Seite haben die Käufer der Aktien das Recht auf einen Gewinnanteil, wenn das Unternehmen floriert, oder sie können, wenn der Kurswert gestiegen ist, die Aktien mit Gewinn weiterverkaufen. Sie erhoffen sich von dieser Art der Geldanlage eine bessere Rendite (Verzinsung) als bei einer Bank, die für Einlagen feste Zinsen zahlt.

Durch die Notierung an der Börse gewinnt ein Unternehmen an Ansehen, was ihm wiederum bei seinen Bemühungen um Kapitalaufnahme nützt. Über die Börse hat ein Unternehmen Zugang zum wichtigsten Kreis möglicher Anleger – und zu deren Geld. Die Zulassung zur Börse ist gesetzlich geregelt. Sie wird auf Antrag eines an der Börse zugelassenen Kreditinstituts durch eine Kommission, die Zulassungsstelle, erteilt. Dabei muß der voraussichtliche Kurswert der zuzulassenden Aktien mindestens 2,5 Mio. DM betragen, und alle betriebswirtschaftlichen Daten des Unternehmens müssen in einem besonderen Börsenprospekt veröffentlicht werden.

Wie sind Börsen organisiert?

In der Bundesrepublik Deutschland gibt es acht Wertpapierbörsen – in Berlin (West), Bremen, Düsseldorf, Hamburg, Hannover, München, Stuttgart und, an führender Stelle, in Frankfurt; Österreichs Börsenplatz ist Wien, und in der Schweiz unterscheidet man drei internationale Hauptbörsen – die Börsen in Zürich, Basel und Genf – von sogenannten Nebenbörsen (in Bern, Lausanne, Neuenburg und Sankt Gallen), die nur regionale Bedeutung haben.

Rechtsgrundlage für das Börsenwesen bilden die jeweiligen Börsengesetze eines Landes; sie bestimmen u. a., wie der Börsenpreis im einzelnen festgestellt wird, sie regeln das Maklerwesen sowie die Zulassung von Wertpapieren zum Börsenhandel. Diese Börsengesetze bilden den Rahmen für die jeweiligen Börsenordnungen. Als Börsenbesucher zugelassen sind Vertreter der Banken, freie Makler (die auch auf eigene Rechnung handeln dürfen) und vereidigte Kursmakler (die hauptsächlich als Vermittler auftreten).

Während die Börsen in der Bundesrepublik Deutschland, in Österreich und in der Schweiz der staatlichen Kontrolle unterliegen, ist in Großbritannien die Stock Exchange, die Börse von London, eine private Vereinigung, die sich ihre Statuten selbst gibt und über deren Einhaltung wacht. Die traditionelle Einteilung der Börsenmitglie-

BÖRSENKRACH DURCH COMPUTER?

Da an Börsen, bei Banken und Maklern heute zunehmend elektronische Datenverarbeitungsanlagen eingesetzt werden, birgt eine bestimmte Form des Wertpapierhandels – die *Stop-loss-Order* – mehr denn je die Gefahr, eine kaum zu stoppende Kettenreaktion auszulösen.

Mit der *Stop-loss-Order* gibt der Aktieninhaber z. B. seiner Bank den Auftrag, Wertpapiere ohne besondere Anweisung zu verkaufen, falls der Kurs einen bestimmten Wert unterschreitet. Auf diese Weise will der Aktieninhaber bei einem Kursverfall wenigstens einen Teil seines Geldes retten.

Da Computer sämtliche Aktienkurse und die entsprechenden Kundenwünsche speichern können, besteht die Gefahr, daß sie eines Tages einen Börsenkrach verursachen. Denn eine leichte Abwärtsbewegung auf dem Aktienmarkt könnte eine Serie von *Stop-loss*-Aufträgen auslösen, die zu einem weiteren Rückgang der Kurse führen, der wieder neue *Stop-loss*-Aufträge in Gang setzt – ein allgemeiner Kursverfall wäre programmiert.

Börsensaal *Dicht gedrängt sitzen die Händler an der Börse von Hongkong vor ihren Bildschirmen und Telefonen, um Wertpapiere zu kaufen und zu verkaufen*

Fassungslos *Bestürzt stehen die Händler im Oktober 1987 im Börsensaal der New Yorker Börse (oben) und verfolgen gespannt die neuesten Aktienbewegungen (links).*

der in Broker, die nur in Vertretung für ihre Kunden kaufen oder verkaufen, und Jobber, die nur auf eigene Rechnung mit Brokern und anderen Jobbern handeln dürfen, besteht seit 1986 nicht mehr. Alle an der Börse zugelassenen Personen und Unternehmen dürfen seitdem als Vermittler sowie auf eigene Rechnung handeln.

In den USA sind Börsen freie Vereinigungen, die von einer zentralen Bundesbehörde überwacht werden. An der New York Stock Exchange sind nur Mitglieder der Börse, die *regular members*, zugelassen. Sie treten als *specialists* (für bestimmte Wertpapierarten), als *commission brokers* (zur Ausführung von Kundenaufträgen) und als *floor brokers* (Saalmakler, denen der *commission broker* einen Teil seiner zahlreichen Aufträge überläßt) auf.

Aktien kann man nur kaufen, wenn jemand bereit ist, welche zu verkaufen. Nach den Gesetzen des Marktes bestimmen Angebot und Nachfrage den Preis und sorgen für steigende und fallende Kurse. Da an der Börse Käufer und Verkäufer nicht persönlich auftreten können, braucht man Makler, die die An- und Verkaufswünsche vermitteln und den Preis des Wertpapiers feststellen. Meist sind es Banken, die als Vermittler für das Börsenpublikum auftreten, das kaufen oder verkaufen will. Der eigentliche Handel zwischen den Maklern findet im Börsensaal statt.

Wertpapiere
Börsennotierte Werte werden zunächst zum Nennwert ausgegeben. Der niedrigste Nennwert in der Bundesrepublik Deutschland beträgt 50 DM. Wenn das Grundkapital einer Aktiengesellschaft z.B. 5 Mio. DM beträgt, kann sie 100000 Aktien zu einem Nennwert von 50 DM an der Börse anbieten. Sobald der Handel mit den Wertpapieren einsetzt, kann der Marktwert über oder unter dem Nennwert liegen.

KLEINE BÖRSENGESCHICHTE

Die Börsen gingen aus Märkten und Messen hervor, die im Mittelalter besonders zahlreich an den großen Handelsplätzen Europas stattfanden.

Die Börsen dienten anfangs ausschließlich dem Warenhandel, an den sich mit der Zeit ein Handel mit Wechselbriefen anschloß. Diese Papiere enthielten das Versprechen eines Schuldners, ein Darlehen zu einer bestimmten Zeit zurückzuzahlen. Solche Wechselbriefe gelten als die ältesten börsenmäßig gehandelten Wertpapiere. Der Begriff Börse taucht zum erstenmal im 16. Jh. auf. Damals bezeichnete man damit ein Gebäude, in dem sich Kaufleute regelmäßig trafen, um ihre Geschäfte abzuwickeln. Die ersten Treffen dieser Art sollen auf dem Platz vor dem Haus einer angesehenen Kaufmannsfamilie in Brügge stattgefunden haben, die den Namen van der Beurse trug. Dieser Familienname wird mit niederländisch *beurs*, Geldbeutel, in Zusammenhang gebracht.

Die erste internationale Börse entstand 1531 in Antwerpen; es folgten 1540 Augsburg und Nürnberg, 1558 Hamburg und 1615 Frankfurt. Die Börse in Wien wurde 1753 gegründet, und Zürich trat in die Börsengeschichte erst 1877 ein.

In New York trafen sich Händler anfangs im Freien unter einer Platane in der heutigen Wall Street. Inzwischen spielt die New York Stock Exchange eine dominierende Rolle unter den etwa 130 Börsen der Welt. Hier werden rund 60% des gesamten Aktienhandels abgewickelt und sind etwa 1500 Unternehmen notiert.

Börsengeschäfte per Computer *Seit 1987 an der Börse in London elektronische Datenverarbeitungsgeräte eingeführt wurden, arbeiten die Makler von ihren Büros aus. Die Bildschirme zeigen die jeweils aktuellen Börsenkurse an.*

Der Kurswert einer Aktie hängt von mehreren Faktoren ab. Er wird täglich von den amtlichen Kursmaklern nach dem marktwirtschaftlichen Prinzip „Angebot und Nachfrage bestimmen den Preis“ festgelegt. Der Wert einer Aktie hängt von der wirtschaftlichen Lage des Unternehmens, von dem Vermögen und von der Beurteilung seiner Ertragskraft ab, d.h., wie man die Fähigkeit des Unternehmens einschätzt, jetzt und in Zukunft Gewinne zu erwirtschaften. Aber auch das nationale oder internationale Konjunkturklima sowie politische Umstände wirken sich auf den Kurs eines Wertpapiers aus. Entwicklungen, die die Wertpapierkurse beeinflussen können, sind zwar leicht zu erkennen, ihre Auswirkungen jedoch lassen sich schwer vorhersagen. Deshalb geben Großanleger, z.B. Versicherungsgesellschaften, immer mehr Geld für Abteilungen aus, die sich damit befassen, Kurstendenzen vorherzusagen. Eine stürmische Entwicklung der Aktien nach oben bzw. unten bezeichnet man als Hausse bzw. Baisse.

Die Schlußkurse der Wertpapiere werden täglich nach Börsenschluß veröffentlicht. Die gesamte Marktentwicklung läßt sich mit einem Index messen, der sich aus der durchschnittlichen Entwicklung von ausgewählten, wichtigen Wertpapieren zusammensetzt. Am bekanntesten sind der Dow-Jones-Index (New York) und der Nikkei-Index (Tokio). Für die deutschen Börsen gibt es mehrere solche Indizes, u.a. den Deutschen Aktienindex (DAX), in dem die Kursveränderungen von 30 ausgewählten, amtlich notierten deutschen Aktien, die als tendenzbestimmend gelten, berücksichtigt werden.

SCHWARZE SCHAFE AN DER BÖRSE

Insidergeschäfte *Der New Yorker Finanzier Ivan Boesky (Mitte) 1987 beim Verlassen des Bundesgerichts in Manhattan: Nach seinem Geständnis, daß er Insiderinformationen zur eigenen Bereicherung ausgenutzt hatte, wurde er zu einer Geldstrafe von 100 Mio. $ und zu drei Jahren Haft verurteilt.*

Seit Börsen existieren, gibt es auch immer wieder schwarze Schafe, die versuchen, sich durch Betrug zu bereichern. In allen Ländern jedoch stehen betrügerische Machenschaften an der Börse unter Strafe.

Ein weitverbreitetes Vergehen sind die sogenannten Insidergeschäfte, d.h. Geschäfte von Personen, die aufgrund ihrer Stellung eher als andere Informationen über Unternehmen erhalten und diese zu ihrem finanziellen Vorteil nutzen, indem sie Aktien eines Unternehmens kaufen, kurz bevor die Firma eine Gewinnsteigerung bekanntgibt, oder sie verkaufen, bevor Verluste an die Öffentlichkeit dringen.

1986 wurde Ivan Boesky, ein bekannter New Yorker Finanzmann, beschuldigt, vertrauliche Informationen über Firmenzusammenschlüsse genutzt zu haben, um rechtzeitig Aktien dieser Firmen zu kaufen. Er hatte riesige Summen für diese Informationen gezahlt – bei einer Gelegenheit übergab er einem Banker in einer Nebenstraße der Wall Street 700000 $ in gebrauchten Scheinen. Boesky legte schließlich ein umfassendes Geständnis ab, das dazu führte, daß in New York und London weitere Banker und Geschäftsleute verhaftet wurden. Boesky selbst wurde zu drei Jahren Haft verurteilt und mußte 100 Mio. $ Geldstrafe zahlen.

Was geschieht mit alten Geldscheinen?

Zyniker behaupten, die Regierungen hätten zuviel Geld. Wie wahr! Denn alle Regierungen der Welt verbrennen wöchentlich tonnenweise abgenutzte Geldscheine.

Münzen können eine Lebensdauer von einigen Jahrzehnten haben, bis die Prägung abgegriffen ist oder der Nennwert sich ändert. Dagegen sind Banknoten mit kleinem Nennwert, die ebenfalls schnell den Besitzer wechseln, innerhalb eines guten Jahres abgenutzt. Selbst Banknoten mit hohem Nennwert haben nur eine Lebensdauer zwischen vier und sechs Jahren.

Abgenutzte Geldscheine werden aus dem Verkehr gezogen und vernichtet. Das Verfahren, das im Prinzip in allen Staaten das gleiche ist, obliegt der jeweiligen Zentralbank.

In der Bundesrepublik Deutschland kehren alle im Umlauf befindlichen Geldscheine durchschnittlich dreimal im Jahr zur Bundesbank oder den Landeszentralbanken zurück. Diese Banken verfügen über Sortiermaschinen mit hochempfindlichen Sensoren, die nicht nur den Wert einer Banknote „lesen“ können, sondern die Scheine auch auf ihre Beschaffenheit überprüfen. Schmutz, Flecken, Risse, Eselsohren, Löcher, fehlende Teile und Klebestreifen werden von den Sensoren registriert, so daß die Maschinen automatisch die abgenutzten Scheine aussortieren.

Auch alle übrigen Banken im Land sortieren abgenutzte Banknoten aus und schicken sie unter Bewachung an die Bundesbank oder eine der Landeszentralbanken. Der Wert der Lieferung wird den Banken jeweils gutgeschrieben.

Panzerfahrzeuge transportieren die ausrangierten Banknoten dann nach Frankfurt, dem Sitz der Deutschen Bundesbank. Die Säcke mit den Banknotenpaketen werden auf Förderbänder geworfen, die sie direkt zum „Geldkrematorium“ bringen. Dort werden sie bei einer Temperatur von 1000°C zu staubfeiner Asche verbrannt. So vernichtete die Bundesbank 1989 etwa 720 Mio. Banknoten, die ein Gewicht von rund 624 t und einen Nennwert von fast 50 Mrd. DM hatten.

Zwar ist die ganze Prozedur recht sicher, doch gewisse Risiken lassen sich nicht ausschließen. Bei einem Eisenbahnraub in Großbritannien im August 1963 erbeutete eine Bande 2,6 Mio. £ in gebrauchten Scheinen aus einem gut bewachten Zug. Die Räuber wurden zwar gefaßt und verurteilt, doch die Tatsache, daß das Geld zur Vernichtung bestimmt war und in gewissem Sinn gar nicht mehr existierte, verlieh dem Raub eine bizarre Note.

Wie aus Einzelteilen ein Auto entsteht

In Zeichentrickfilmen sieht man manchmal Automobilwerke, die an einem Ende Unmengen von Roheisen schlucken und dann am anderen Ende glänzende Autos ausspucken. Dieses Bild symbolisiert die moderne Autoherstellung.

Zu Beginn dieses Jahrhunderts stellte man Autos noch wie Pferdekutschen her. Die Arbeiter gingen in der Werkstatt herum und nagelten in langsamer, teurer Handarbeit z. B. Metallbleche auf Holzrahmen. Zwar wandte man Prinzipien der Massenproduktion bereits an, z. B. um Geschütze herzustellen, doch erst das Organisationsgenie Henry Ford übertrug diese Prinzipien auch auf den Automobilbau.

Das erste Fließband

1903 gründete Ford in Detroit die Ford Motor Company und stieg innerhalb weniger Jahre zum größten Autohersteller in den USA auf. Ab 1908 konzentrierte er sich vor allem auf ein Modell, das Modell T, das aus genormten Teilen zusammengesetzt wurde.

Als Ford 1913 das Fließband in seinem Werk einführte, kam dies einer Revolution in der Autoindustrie gleich. Arbeiter und Produkt tauschten gleichsam die Plätze, denn auf dem Fließband rollte nun das Produkt an einer Reihe von Arbeitern vorbei, von denen jeder bestimmte Handgriffe auszuführen hatte. Mit dem neuen Verfahren wurden zunächst Magnetzünder hergestellt, bei denen sich die Montagezeit von 20 auf fünf Minuten verkürzte.

Von diesem Erfolg ermutigt, ließ Ford bald auch Fahrgestelle am Fließband fertigen. Mit einem Seil wurden die Fahrgestelle über Schienen gezogen, an denen 50 Arbeiter aufgereiht waren. Jeder Arbeiter montierte ein bestimmtes Teil an das Fahrgestell. Die Montagezeit sank so von zwölf auf zweieinhalb Stunden pro Fahrgestell.

Der wirtschaftliche Erfolg war verblüffend. In weniger als zehn Jahren fiel der Preis des Autos von 850 auf 260 $. Ford verkaufte 15 Mio. *Tin Lizzies*, wie das Modell T genannt wurde. 1951 setzte man erstmals automatische Vorrichtungen bei der Fertigung von Motorblöcken ein. In 50 Einzelschritten stellten 40 Maschinen aus einem Metallrohling einen fertigen Motorblock her. Die Produktionszeit sank von einigen Stunden auf 15 Minuten.

Manuelle Montage *1913 führte Henry Ford in seinem Autowerk Fließbänder ein. Sie transportierten die Teile an den Schwungradmechanikern vorüber (links) und beförderten die Motoren zu den Montagearbeitern (oben). 1915 rollte alle 90 Sekunden ein Modell T vom Band.*

Die Welt der Roboter

Die weitere Entwicklung wurde von dem Bestreben geleitet, zunehmend Arbeitskräfte einzusparen. Roboter, die komplizierte Formen zuschneiden und für größte Präzision sorgen, ersetzen in zunehmendem Maß den Menschen. Am Fiat Uno z. B. werden von 2700 Schweißnähten nur noch 30 von Arbeitern ausgeführt. Lediglich Spezialarbeiten wie die Elektroinstallation bleiben den Menschen vorbehalten. In einem typischen Montagewerk, wie in den Produktionsstätten des Fiat Uno in Mirafiori oder Rivalta in Italien, wo täglich 3000 Autos vom Band rollen, beginnt die Montage mit dem Eingang des Stahlblechs im Preßwerk. Auf Flächen von der Größe dreier Fußballstadien werden Stahlblechrollen von Roboterkranen in gewaltige Stanzmaschinen gelegt. Diese stanzen die Metallteile, aus denen später die Karosserie zusammengesetzt wird.

Als nächstes montieren Roboter den Unterbau, schweißen die Nähte zusammen und stellen eine komplizierte Form mit Aussparungen für die Räder, den Kofferraum und das Reserverad her.

In einem weiteren Arbeitsgang führen Roboter die Karosserieteile und das Dach zusammen und verschweißen die Teile miteinander. In der Zwischenzeit werden auf einem benachbarten Montageband die Türen gefertigt. Zum Schluß kontrollieren Lasergeräte die einzelnen Karosserien auf geringste Formabweichungen und Maßgenauigkeit.

Der letzte Schliff

Der Lackiervorgang ist insofern ein wichtiger Prozeß, als der Lack vor Korrosion schützen und dem Auto sein attraktives Aussehen verleihen soll. Die Karosserie, die jetzt im großen und ganzen zusammengebaut ist, wird zunächst in einem Entfettungsbad gereinigt, abgespült und mit Phosphat überzogen, damit sie den Lack besser annimmt. Nach weiteren Spülvorgängen werden mehrere Schichten Grundierung aufgetragen. Die Grundierung wird in einem elektrostatischen Verfahren aufgespritzt, wobei um das Auto ein elektrisches Feld entsteht, das den Lack anzieht. Die obersten drei Lackschichten bestehen aus glänzendem Acryllack. Die Lackstärke der meisten Serienfahrzeuge beträgt 0,1 mm; ein Rolls-Royce dagegen hat 22 Lackschichten, die 0,2 mm stark sind. Anschließend werden Hohlräume wie Holme und Türstöcke zum Schutz vor Spritzwasser, Schnee, Splitt und Streusalz mit einem Spezialwachs versiegelt.

In der nächsten Etappe erhält das Auto sein Nervensystem, nämlich die gesamten elektrischen Einrichtungen. Dann passen Roboter Filzunterlagen, Teppiche, Sitze und anderes Zubehör ein. In vielen Werken werden diese Einzelteile ebenfalls von Robotern herbeigeschafft, um Beschädigungen zu vermeiden und Arbeitskräfte zu sparen.

Windschutzscheiben und Fenster klebt man meist ein, um eine exakte Paßform zu garantieren, die Luftwiderstand und Geräuschpegel verringert. Roboter tragen den Kleber auf die Glaskante auf und setzen die Scheibe mit Sauggreifern in die Karosserie ein.

In der Endmontage bekommt das Fahrzeug sein Herz: Das Auto wird von einem Kran angehoben, damit der komplette Motor, die Kupplung und das Getriebe eingesetzt werden können. Am Heck wird der Tank installiert, dann kommen Aufhängung, Lenkung, Kühler und Batterie an die Reihe, anschließend Räder und Reifen.

Wenn Kühlwasser, Frostschutzmittel, Öl und Benzin eingefüllt sind, ist das Auto fahrbereit. Kontrolleure am Bandende inspizieren den Wagen, ehe er die letzten Tests absolviert. Hat das Auto schließlich alle Tests bestanden, kann es an den Händler ausgeliefert werden.

Automatische Montage *Computergesteuerte Roboter leisten die Arbeit im Fiat-Tipo-Werk in Cassino, Italien (unten). Sie montieren, schweißen (rechts), lackieren, versiegeln und polieren.*

Die Wettervorhersage – eine unzuverlässige Wissenschaft

Am 15. Oktober 1987 kündigte der Wetterbericht des britischen Fernsehens BBC starken Wind an, mehr nicht. Die Vermutung eines Zuschauers, daß ein Hurrikan aufziehe, wies der Meteorologe der BBC zurück: „Keine Sorge, dergleichen ist nicht in Sicht." In dieser Nacht brach ein Jahrhundertsturm über Südengland herein. Ein Orkan, der Spitzengeschwindigkeiten von 185 km/h erreichte, entwurzelte 15 Mio. Bäume, forderte 19 Menschenleben und verursachte einen Schaden von umgerechnet 3 Mrd. DM. Die empörte Öffentlichkeit fragte angesichts der Folgen immer wieder: Warum hat es keine Vorwarnung gegeben?

Die Antwort war einfach: Es gab keine eindeutigen Anzeichen für einen Orkan, und die Meteorologen hatten die Lage falsch beurteilt. Denn trotz zunehmender Genauigkeit ist die Wettervorhersage eine unzuverlässige Wissenschaft und wird es wohl auch bleiben.

Von der Bauernregel zur Wissenschaft

Jahrhundertelang beruhten Wettervorhersagen auf Beobachtungen, die sich z. B. im Hundertjährigen Kalender oder in Bauernregeln wie „Abendrot – gut' Wetterbot'; Morgenrot – mit Regen droht" niederschlugen.

Die Wettervorhersagen für ein begrenztes Gebiet wurden etwas zuverlässiger, als der italienische Physiker Evangelista Torricelli 1643 das Barometer erfand, mit dem man den Luftdruck messen kann. Bald beobachtete man, daß fallender oder steigender Luftdruck Wetteränderungen mit sich brachte und daß ein Absinken des Luftdrucks häufig Vorbote eines Sturms war.

Doch erst nach der Erfindung des Telegrafen um 1840 konnte man Berichte von weit auseinander liegenden Wetterstationen sammeln, so daß sich unmittelbar bevorstehende Änderungen mit einiger Genauigkeit voraussagen ließen. In den frühen 20er Jahren unseres Jahrhunderts verbesserten sich mit dem drahtlosen Funkverkehr die Informationsmöglichkeiten noch weiter. Und als in den 60er Jahren der technische Fortschritt Datenerfassung und -analyse durch Computer erlaubte, sahen die Meteorologen ihr Ziel, exakte Wettervorhersagen für Wochen und Monate machen zu können, schon in greifbare Nähe gerückt.

Die den „Wetterfröschen" heute zur Verfügung stehenden Informationsmengen sind enorm. Die Weltorganisation für Meteorologie, deren wichtigste Aufgabe die Weltwetterwacht ist, hat ein globales Beobachtungssystem eingerichtet, an dem über 8000 Boden- bzw. Schiffs- sowie 700 aerologische Stationen beteiligt sind. Bemannte Wetterstationen führen mehrmals täglich, oft stündlich, Messungen unter Standardbedingungen durch.

Außerdem überwachen Wetterballons, die von 950 Stationen in der ganzen Welt aufsteigen, die Atmosphäre bis zu einer Höhe von 30 km. Auf polaren Umlaufbahnen kreisen Wettersatelliten in etwa 800 bis 1500 km Höhe um die Erde und passieren jeden Ort an jedem Tag um die gleiche Zeit. Geostationäre Wettersatelliten, zu denen auch Meteosat 1 und 2 gehören, beobachten aus 36 000 km Höhe stets dasselbe Drittel der Erdkugel und liefern in 30minütigem Abstand ihre Bilder.

Alle diese Meßstellen liefern Daten über Windgeschwindigkeit und -richtung, über Temperatur, Wolkendecke, Niederschläge, Luftfeuchtigkeit und Luftdruck. Täglich werden aufgrund dieser Beobachtungen 80 Mio. Bit an Computerinformationen erzeugt – das entspricht dem Inhalt mehrerer tausend Bücher. Diese Daten werden in den Wetterzentralen in Moskau und Washington für die Nordhalbkugel und in Melbourne für die Südhalbkugel gesammelt und gehen von dort weiter an die 23 regionalen meteorologischen Zentralen, zu denen in Europa u. a. die Wetterämter in Bracknell bei London, in Moskau, Offenbach am Main, Rom und Norrköping in Schweden zählen. Computer, die bis zu 3,5 Mrd. Berechnungen pro Sekunde durchführen, erstellen dann aus den vorliegenden Meßdaten die Vorhersagen.

Dramatische Testfälle für die Kunst der Wettervorhersage sind tropische Wirbelstürme. Egal, ob sie im Atlantik Hurrikan, im westindischen Pazifik Taifun, im Indischen Ozean Zyklon oder in Australien Willy-Willy heißen – ihre Entstehung ist immer eng an eine Meerestemperatur von 26–27 °C gekoppelt. Erst wenn die notwendige latente Energie in der feuchtwarmen Luft über den Ozeanen gespeichert ist, bricht der Wirbelsturm los.

Werden durch Satellitenbeobachtung die typischen Wolkenwirbel eines tropischen Wirbelsturms festgestellt, tritt das Nationale Hurrikanzentrum der USA in Miami in Aktion. Die Meteorologen sichten eine gewaltige Datenfülle, um den voraussichtlichen Weg des Hurrikans vorhersagen zu können.

Anfang September 1988 nahm eine Tiefdruckrinne vor der afrikanischen Küste ständig an Umfang zu. Am 10. September war sie als Hurrikan über der Ostkaribik angelangt und erhielt den Namen Gilbert. Über eine Breite von 720 km und mit Windgeschwindigkeiten von mehr als 340 km/h tobte Gilbert durch die Karibik und hinterließ eine Spur der Verwüstung. Auf Jamaika wurden mit einem Schlag 500 000 Menschen obdachlos, fast die ge-

Fliegender Beobachter *Von 950 Wetterstationen in der ganzen Welt steigen in regelmäßigen Abständen Wetterballons auf, an Bord eine Vielzahl von Instrumenten, die Luftfeuchtigkeit, Luftdruck und Temperatur aufzeichnen.*

Windgepeitscht *Ursache der zerstörerischen Hurrikane sind warme, feuchte Luftmassen über dem Ozean.*

samte Ernte wurde vernichtet. Auf einem genau vorausgesagten Kurs raste Gilbert weiter über die Halbinsel Yucatán an der Ostküste Mexikos hinweg. Er ließ 30000 Obdachlose zurück und forderte 300 Menschenleben. Es hätte noch schlimmer kommen können: 1979 tötete der Hurrikan David 1100 Menschen und verursachte Sachschäden von 4 Mrd. DM; und 1963 hatte Flora sogar 8200 Tote hinterlassen. Daß Gilbert relativ wenige Menschenleben forderte, war den genauen Vorhersagen zu verdanken.

Dennoch konnten die Meteorologen auch bei Gilbert nicht 100%ig genau voraussagen, wie er sich verhalten würde. Als der Hurrikan nach Norden abdrehte, wurden die Küsten von Texas, Louisiana und Mississippi in Alarmbereitschaft versetzt. Die Menschen gerieten in Panik, doch die Warnung stellte sich als überflüssig heraus. Als Gilbert das amerikanische Festland erreichte, verlor er, wie alle Hurrikane beim Übertritt aufs Festland, an Gewalt. Er brachte heftige Regenfälle, Hochwasser und starken Wind mit sich, doch rief er keine großen Zerstörungen mehr hervor und kostete keine weiteren Menschenleben.

Gilberts unerwartetes Abflauen verdeutlicht das Hauptproblem der Wettervorhersage: Es fehlt die absolute Sicherheit. Trotz Computerberechnungen und weltweiter Informationsquellen arbeiten die Meteorologen nur mit Wahrscheinlichkeiten.

Wetterlagen sind nicht bis ins einzelne vorhersehbar. Die Zahlen, die veränderliche Faktoren wie Windgeschwindigkeit und Temperatur beschreiben, gelten nur für den Augenblick. Bereits eine Sekunde später hat dieselbe Zahl nur noch Annäherungswert. Wie geringfügig die Abweichung auch sein mag, so klafft doch bald eine große Lücke zwischen Vorhersage und Realität.

Wissenschaftler müssen sich damit abfinden, daß winzige Ereignisse gewaltige Folgen haben können. Sie nennen das den „Schmetterlingseffekt" – hinter diesem Begriff verbirgt sich die Vorstellung, daß ein Schmetterling, der in Beijing mit den Flügeln flattert, in New York Sturmtiefs beeinflussen kann.

Häufig bietet die Erfahrung eines Meteorologen einen besseren Anhaltspunkt als jedes Computermodell. Strömen z.B. Luftmassen von der kühlen Nordsee in die angrenzenden europäischen Länder, können sich dünne Wolkenschichten entwickeln, die am folgenden Tag im Landesinnern entweder Niederschläge bringen oder durch die Sonnenwärme verdunsten; ein Temperaturunterschied von nur wenigen Zehntelgrad kann das Ergebnis in die eine oder andere Richtung lenken. Die jeweiligen Auswirkungen sind jedoch völlig unterschiedlich: Der Tag kann kühl und bewölkt oder heiß und sonnig sein.

Auch mit Hilfe der besten Computer und größten Datensammlungen wird man halbwegs genaue Wettervorhersagen kaum jemals für länger als maximal zwei Wochen treffen können. Zwar konnte durch neueste Erkenntnisse die Zuverlässigkeit mittelfristiger Voraussagen verbessert wer-

Aus der Satellitenperspektive *Die Daten, die ein Wettersatellit zur Erde funkt, setzt ein Computer in ein farbiges Bild um. Hier der Hurrikan Gilbert von 1988.*

den – Prognosen für drei bis zehn Tage besitzen heute die gleiche Genauigkeit wie vor zehn Jahren die Vorhersagen für einen Tag –, doch Prognosen, die über zehn Tage hinausgehen, haben sich als unzuverlässig erwiesen.

Dennoch gibt es offensichtlich Erscheinungen, die bestimmte längerfristige Vorhersagen ermöglichen könnten. Wissenschaftler glauben, daß ein Zusammenhang zwischen sich ändernden Meerestemperaturen und bestimmten Wetterlagen besteht. So stößt z. B. alle drei bis sieben Jahre um die Weihnachtszeit eine warme Strömung, die man El Niño nennt, bis in die eiskalten Gewässer vor der Westküste Südamerikas vor. El Niño hat nicht nur katastrophale Folgen für die Fischereiwirtschaft an den Küsten Perus und Ecuadors, sondern bewirkt auch, daß die Winter in den USA milder oder strenger ausfallen. Noch ist der Grund dafür ebenso unbekannt wie die Ursachen der sich häufenden Orkane, die Anfang 1990 Westeuropa heimgesucht haben.

Trinkwasser für Großstädte

Über die Niagarafälle stürzen Tag für Tag mehr als 72 Mio. m^3 Wasser in die Tiefe. Es würde 17 Tage dauern, bis dieser Strom die 21 größten Wasserreservoire der Stadt New York aufgefüllt hätte: Sie fassen insgesamt 1,2 Mrd. m^3 Wasser. Allein der Inhalt des größten Speichers, Pepacton, würde ausreichen, um Manhattan 12 m hoch zu überfluten.

Jeden Tag laufen durch ein Rohrnetz von 9000 km Länge und aus sämtlichen Wasserhähnen New Yorks fast 5,4 Mio. m^3 Wasser, d. h., jeder Einwohner verbraucht durchschnittlich 760 l.

Die 12 Mio. Menschen, die im Einzugsbereich der Themse leben, benötigen pro Kopf durchschnittlich 160 l Trinkwasser täglich. Mehr als ein Drittel läuft durch die Toiletten, 56 l werden für Körperpflege, beim Baden und beim Duschen verbraucht. Die restlichen 46 l dienen zum Wäschewaschen, Trinken, Kochen, Geschirrspülen, Autowaschen und – vor allem im Sommer – dazu, die Gärten zu gießen. In Deutschland, Österreich und der Schweiz geht man offensichtlich etwas sparsamer mit Wasser um: Hier liegt der durchschnittliche Pro-Kopf-Verbrauch bei 70–100 l pro Tag.

Der immense Wasserbedarf großer Städte wird soweit wie möglich durch Oberflächengewässer – Flüsse und Seen – gedeckt. New York z. B. bezieht den überwiegenden Teil seines Wassers aus dem Hudson und über einen mehr als 100 km langen Tunnel aus dem Delaware. Auch London deckt einen großen Teil seines Wasserbedarfs aus der Themse; der Rest wird durch Brunnen aus unterirdischen Seen und Flüssen gewonnen.

Wasserversorgung einer Großstadt *Auf dem Satellitenfoto von London erscheinen die Wasserreservoire der Stadt als schwarze Flächen. Die dunkle Schlangenlinie in der Bildmitte ist die Themse. Die grauen Flächen sind bebautes, die grünen unbebautes Gelände.*

Gegenüber dem Oberflächenwasser ist das Grundwasser zwar schwieriger zu fördern, ist aber hygienisch meist bereits einwandfrei. Anderes Wasser dagegen, das nicht den Trinkwasseranforderungen entspricht, muß erst aufbereitet werden: Es läuft zunächst über Siebanlagen in große, offene Speicherbecken. Dort setzen sich Feststoffe ab, während das Wasser gleichzeitig aus der Luft Sauerstoff aufnimmt, der die Selbstreinigung fördert.

In einem weiteren Schritt wird das Wasser in zweistufigen Sandbetten gefiltert, die Schwebstoffe und Bakterien zurückhalten. Falls erforderlich, wird dem Wasser anschließend Eisen und Mangan entzogen. Ferner kann man es mit Chlor behandeln, um noch verbliebene Bakterien abzutöten und es weitgehend keimfrei zu machen. Im Anschluß daran entchlort man das Wasser wieder, um den Geschmack nach Chemie zu beseitigen. Erst jetzt kann das Wasser durch ober- oder unterirdische Leitungen gepumpt und an die Verbraucher verteilt werden.

Um die je nach Tageszeit schwankende Wasserentnahme auszugleichen, benutzt man Betriebsspeicher oder Wassertürme als Zwischenlager. Sie stehen meist an hochgelegenen Stellen, so daß man durch das Gefälle zusätzlichen Wasserdruck erhält. Wo dies nicht möglich ist, baut man auch unterirdische Behälter.

Wohin mit Abwasser und Müll?

Im Juni 1858 war das Wetter in London ungewöhnlich heiß und trocken, so daß der Wasserstand der Themse drastisch absank. Der üble Geruch, der aus dem fast trockenen Flußbett emporstieg, war so entsetzlich, daß die Londoner das Ereignis den „großen Gestank“ tauften. Nur mit auf Mund und Nase gepreßten Taschentüchern konnte man sich in Ufernähe wagen.

Dieser „große Gestank“ war die Folge davon, daß man sich jahrhundertelang über die Abwasser- und Abfallbeseitigung keinerlei Gedanken gemacht hatte. Wie die Bürger aller dichtbevölkerten Großstädte pflegten auch die Londoner die Wasserwege, die oft gleichzeitig die einzigen Trinkwasserquellen waren, als riesige Kloaken zu benutzen. Täglich mußten Flüsse wie Themse, Tiber, Rhein und Seine menschliche und tierische Fäkalien, Schlachtabfälle, Hausmüll sowie Abfallstoffe aus Handwerk und Gewerbe verkraften. Als die Bevölkerung in den Städten noch weiter wuchs und die Abfallmenge mit der Industrialisierung im 19. Jh. drastisch anstieg, konnte die Natur allein damit nicht mehr fertig werden. Der Mensch mußte andere Mittel und Wege finden, um seine Abwässer und Abfälle zu beseitigen.

Der Weg durch die Kläranlage

Verfahren, um den wachsenden Strom an Abwässern zu bewältigen, wurden zunächst in Westeuropa entwickelt und konnten seitdem ständig verbessert werden. Doch die verbesserten Möglichkeiten haben noch nicht überall Eingang gefunden. Selbst in Großstädten wie London und Washington beruht die Abwasserklärung auch heute noch auf den im 19. Jh. entwickelten Verfahren.

Der erste Schritt, um das Abwasser an einer zentralen Stelle zu sammeln, war die Schaffung einer Kanalisation, eines Netzes unterirdischer Kanäle, durch die man die Abwässer von Haushalten und gewerblichen oder industriellen Betrieben über ein natürliches Gefälle oder durch Pumpen ins Klärwerk leitet. Gleichzeitig dienen die Abwasserkanäle oft auch dazu, Regenwasser abzuleiten. Da aber plötzliche Wolkenbrüche dazu führen können, daß die Kanäle überflutet werden und dadurch Abwasser an die Oberfläche steigt, versucht man heute, diese beiden Aufgaben der Kanalisation möglichst zu trennen.

In den modernen Kläranlagen fließt das Abwasser zuerst durch Rechen. Sie halten grobes Material wie Holz und Lumpen zurück, das anschließend verbrannt, zerkleinert oder irgendwo deponiert wird. Die nächste Stufe ist ein Beruhigungsbecken, Sandfang genannt, in dem die Strömungsgeschwindigkeit des Wassers so weit herabgesetzt ist, daß Steine und Sand absinken können. Aufschwimmende Stoffe wie Fette, Öle u.a. werden durch einen Ölabscheider entfernt. Dann folgen Vorklärbecken, wo sich der sogenannte Rohschlamm auf dem Boden absetzt.

Dieser mechanischen Reinigung des Abwassers folgt die biologische; auf dieser Stufe werden gelöste und kolloidale (feinste) fäulnisfähige Schmutzstoffe beseitigt. Dabei unterscheidet man zwei Verfahren: das Tropfkörper- und das Belebtschlammverfahren. In beiden Fällen sorgen Kleinlebewesen (Bakterien und Algen) dafür, daß die Verunreinigungen in Form von Schlamm abgeschieden werden.

Der beim Klärvorgang anfallende Schlamm kommt in eine Faulanlage, wo er unter Luftabschluß bakteriell zersetzt wird. Es entsteht methanhaltiges Faulgas, das man zu Heizzwecken oder zur Stromerzeugung verwenden kann. Der ausgefaulte Schlamm wird hoch erhitzt und entwässert und kann zum Teil der Landwirtschaft als Düngemittel dienen. Oder man trocknet ihn noch weiter, um ihn anschließend zu verbrennen. Notfalls kann man ihn auch auf Deponien ablagern. Nur Großbritannien wird – allen Protesten zum Trotz – noch bis 1998 größere Mengen Klärschlamm in der Nordsee verklappen.

Entsprechend dem Wasserverbrauch ist auch die Menge an Abwasser, die pro Kopf und Tag anfällt, international unterschiedlich hoch. Während jeder Amerikaner täglich 400 l Abwasser produziert, fallen in Mitteleuropa je Einwohner täglich nur 150 l an. Allein in der Bundesrepublik Deutschland sind etwa 8000 Kläranlagen in Betrieb, von denen gut die Hälfte mit vollbiologischer Klärung arbeitet.

Der wachsende Müllberg

Ebenso wie die Abwassermenge steigt in den Industrienationen auch die Menge fester Abfälle ständig an. Ein amerikanischer Durchschnittshaushalt produziert pro Woche etwa 24 kg Müll, in Europa sind es

Wasseraufbereitungsanlage *Was hier wie Bakterienkolonien unter dem Mikroskop aussieht, ist die Luftaufnahme einer Kläranlage für industrielle Abwässer im Süden der USA.*

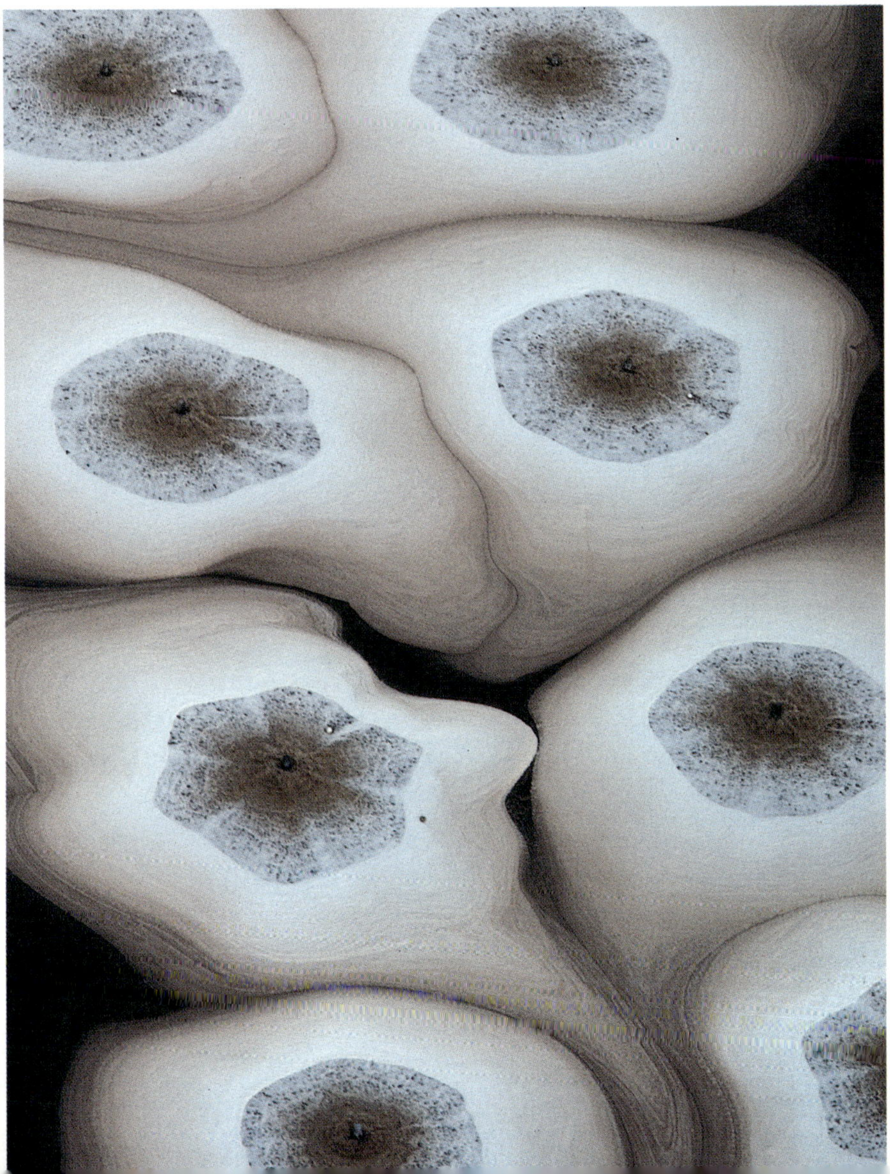

Abwasserreinigung *Diese Luftaufnahme zeigt eine Reihe von Reinigungsfiltern in einem Klärwerk in Baltimore, Maryland. Der verbleibende Klärschlamm wird später weitgehend entwässert und als Dünger an Farmer verkauft.*

zwischen 16 und 18 kg. In einem Jahr wirft ein New Yorker das Acht- bis Neunfache seines Körpergewichts als Abfall weg. Und die Stadt insgesamt erzeugt jeden Tag 25000 t festen Abfall, der größtenteils nach Fresh Kills auf Staten Island gebracht wird, wo sich die mit 1215 ha größte Müllhalde der Welt befindet.

Zwar ist die Zahl sogenannter wilder, nicht kontrollierter Müllkippen heute stark zurückgegangen, doch die kontrollierte Lagerung auf einer geordneten, sorgfältig gesicherten Deponie ist noch immer eine weit verbreitete und oft die billigste Art, eine Gesellschaft von dem Abfall zu befreien, der sich nicht mit dem Abwasser fortspülen läßt. Doch mit den ständig wachsenden Abfallmengen wird der Raum für die Müllablagerung knapp. Der Geruch überfüllter Deponien kann zu einer Belästigung für die Umwelt werden, und Sikkerwasser aus alten Müllkippen kann Oberflächen- und Grundwasser verunreinigen, wenn die nötigen Ableitungen und Aufbereitungsanlagen fehlen. Hinzu kommt, daß die Transportkosten steigen, je weiter eine Deponie von dem Ort entfernt ist, wo der Abfall anfällt.

Deshalb sucht man heute verstärkt nach Alternativen zur Müllablagerung. Bis jetzt konnte sich die Verarbeitung von Hausmüll zu Kompost noch nicht richtig durchsetzen; nur örtlich begrenzt konnte man damit Erfolge verzeichnen. Darum entschieden sich viele Länder dafür, den Müll zu verbrennen. Dieses Verfahren hat den Vorteil, daß sich das Abfallvolumen um zwei Drittel vermindern läßt und daß man die bei der Müllverbrennung entstehende Wärme noch zur Stromerzeugung oder zu Heizzwecken nutzen kann.

Die Müllverbrennung hat jedoch ihre Kehrseite: In den verbleibenden Schlacken sind hochgiftige chemische Verbindungen enthalten, so daß man sie nur auf Sondermülldeponien lagern kann. Ferner muß man die Verbrennungsanlagen mit wirkungsvollen Abgasreinigungsanlagen ausstatten, um zu verhindern, daß giftige Substanzen wie Chlorwasserstoff oder Dioxin in die Atmosphäre gelangen.

Auch wenn es deutlich teurer ist, den Abfall zu verbrennen, als ihn auf Deponien zu lagern, ist die Müllverbrennung dennoch vielerorts die zweitbeste Lösung; die beste Lösung, mit dem Abfall fertig zu werden, wäre, ihn erst gar nicht entstehen zu lassen. Deshalb überlegt man heute verstärkt, wie man die Müllmengen durch Recycling oder andere Methoden wirkungsvoll reduzieren kann.

Müllberg *Vor allem wilde Müllkippen bergen Gefahren für die Gesundheit. Darum ist heute in fast allen Industriestaaten die Abfallbeseitigung gesetzlich geregelt.*

Brandbekämpfung in Wald und Busch

Bäume explodieren, Feuerbälle springen von Wipfel zu Wipfel, peitschender Wind entfacht den Feuersturm immer neu – ein furchteinflößendes Schauspiel. Ein derartiges Inferno wiederholt sich in den Wäldern der gemäßigten Klimazonen weltweit zigtausendmal pro Jahr. Am dramatischsten sind Brände in der kalifornischen Wildnis, im Busch von Südaustralien und in der Macchia der französischen Mittelmeerküste. Ursache für die Busch- und Waldbrände kann ein weggeworfenes Streichholz oder eine vergessene Flasche sein, die in der Sonne wie ein Brennglas wirkt. Oft lösen auch Blitze den Brand aus.

Die Zerstörung ist meist gewaltig. Im strohtrockenen Busch können sich Flammen mit einer Geschwindigkeit von über 145 km/h ausbreiten. Manchmal verursacht ein solcher Brand einen regelrechten Wirbelsturm: Der Sog der aufsteigenden heißen Luft bewirkt eine zum Brandherd gerichtete Windströmung, die brennende Bäume entwurzelt und durch die Luft schleudert, so daß immer wieder neue Brandherde entstehen. Um diese verheerenden Brände wirkungsvoll bekämpfen zu können, stellen große Organisationen wie der Nationale Forstdienst der USA oder die Staatliche Buschbrand-Kontrollbehörde in Australien zahlenmäßig umfangreiche Feuerwehrmannschaften auf.

Als im September 1987 in weiten Gebieten Kaliforniens, Oregons und Idahos Waldbrände wüteten, waren in einer Nacht allein im Bereich des Stanislaus National Forest 376 Tanklöschwagen, 94 Bulldozer, 16 Hubschrauber, 13 Löschflugzeuge und 4500 Feuerwehrleute im Einsatz.

Gilt es, eine Feuersbrunst zu bekämpfen, so verfolgt man heute meist zwei Strategien gleichzeitig: abkühlen und begrenzen. Wasser, mit dem man das Feuer zu löschen versucht, dient nicht nur dazu, den Brandherd abzukühlen; große Wassermassen – Löschflugzeuge „bombardieren" ein Feuer oft mit rund 20000 l gleichzeitig – schlagen eine Bresche, und die Dampfentwicklung beim Löschvorgang vermindert den Sauerstoffgehalt der Luft, so daß das Feuer erstickt.

Doch Wasser allein reicht meist nicht aus. Ein Brandherd kann heimtückisch unter Moos und Flechten, in Erdhügeln und Baumstümpfen weiterschwelen, bis er Tage später erneut ausbricht. Um diese Glutnester zu ersticken, mischt man dem Wasser bestimmte Chemikalien, sogenannte Netzmittel, bei, die das Wasser leichter eindringen lassen. Ferner setzt man auch oft Farbstoffe zu, mit denen man bereits behandelte Waldgebiete markieren kann.

Brandbekämpfung mit Schaum *Manche Waldbrände, wie dieses Feuer bei Valencia in Spanien, sind am besten mit Schaumlöschmitteln zu bekämpfen (oben), die man wie einen Ring um den Brandherd verteilt.*

Brandbekämpfung mit Wasser *Ein Löschflugzeug nimmt Wasser aus einem See auf (rechts). Die Flugzeuge können in zehn Sekunden bis zu 6400 l tanken und über 200 Flüge am Tag durchführen.*

Absprung über dem Feuer *Ein* smoke-jumper *läßt sich am Fallschirm hinab, um ein Lavafeuer in der Mount Adams Wilderness in Washington, USA, zu bekämpfen.*

Um rasch zu dem Brandgebiet vorzudringen, werden Feuerwehrleute mit dem Fallschirm abgesetzt. *Smoke-jumping* – der Absprung in den Rauch, wie diese Technik heißt – wird vor allem in abgelegenen und zerklüfteten Gebieten der USA angewandt, wo Kiefernwälder keine zusätzliche Gefahr für den Fallschirmspringer bedeuten. Bereits seit 1914 springen amerikanische Feuerwehrmänner in die Flammen, und die heute mehrere Hundert zählenden *smoke-jumpers* gelten als die Helden der Feuerwehrmannschaften des Mittleren Westens und des Westens. Denn der gezielte Absprung über dem Feuer ist nicht ungefährlich. Durch die Hitze entstehen unberechenbare Luftströmungen, die Sicht ist schlecht, die Risiken hoch. 1949 starben in Montana 13 *smoke-jumpers*, als das Feuer nach einer plötzlichen Änderung der Windrichtung ebenfalls seinen Kurs änderte.

Aufgabe der *smoke-jumpers* ist es, kleinere Brände zu isolieren, bevor sie sich ausbreiten. Sie schlagen Schneisen um den Brandherd und fällen abgestorbene Bäume, um die Feuersbrunst einzudämmen, bis sie von selbst abflaut oder bis die Löschmannschaften anrücken.

Feuer gilt heute aber nicht mehr ausschließlich als feindliches Element. Brände, die durch Blitzschlag verursacht werden, sind Naturereignisse, die die Ökologie des Waldes günstig beeinflussen und Raum für neue Arten schaffen oder bestehende schützen können. Der Riesen-Mammutbaum z.B. ist auf regelmäßige, kleine Brände angewiesen, damit um ihn herum ein Freiraum bestehen bleibt. Werden alle Brände verhindert, siedeln sich unter den Mammutbäumen leicht brennbare Fichten oder Tannen an; bricht dann ein Feuer aus, kostet es auch die Mammutbäume das Leben.

1968 begann die für die Nationalparks zuständige Behörde in den USA, kontrollierte Feuer zu legen. Sie ahmt damit die Natur nach und verhindert auch die unkontrollierte Ausbreitung von Flächenbränden. Brände mit natürlichen Ursachen werden nur noch bekämpft, wenn Menschen, Vieh oder Eigentum gefährdet sind.

Doch die Möglichkeiten der Feuerwehr, einen großen Wald- oder Buschbrand erfolgreich zu bekämpfen, sind begrenzt, wie Großfeuer bewiesen, die am Aschermittwoch, dem 16. Februar 1983, in Südaustralien und Victoria ausbrachen. Tagelang hatte man Temperaturen um 40 °C gemessen, das Land war trocken wie Zunder, als 72 km nordwestlich von Melbourne und 600 km weiter westlich bei Adelaide Feuer ausbrachen. Innerhalb von zwei Stunden wüteten 20 Großbrände in einem Bogen, der sich über 960 km erstreckte, angefacht von Stürmen, die mit 112 km/h über das Land fegten. Etwa 21500 Freiwillige kämpften mit 800 Löschfahrzeugen gegen die Flammen. Mit 200 Bulldozern versuchte man, Brandschneisen zu schlagen.

Buschfeuerwehr *Ein Feuerwehrmann bei der Bekämpfung eines Buschbrandes in Grose Valley in Neusüdwales. Die Hitze ist so groß, daß das Wasser aus dem Schlauch wirkungslos verdampft.*

36 m hohe Flammen rasten über die betroffenen Landstriche. Als das Feuer zehn Tage später endlich nachließ, hatte es 400000 ha Land zerstört, 280000 Stück Vieh und 74 Menschen getötet. Der Schaden belief sich auf rund 800 Mio. DM. Graham Simpson, der Feuerwehrchef von Victoria, sagte, ein großes Buschfeuer sei „eine Katastrophe, die ihren eigenen Wind und ihr eigenes Wetter schafft, ein Dämon, der sich verselbständigt".

Städte im Kampf gegen den Stau

Die technischen Fortschritte, die man in den letzten 100 Jahren im Verkehrswesen gemacht hat, drohen allmählich im Stau steckenzubleiben. Um die Innenstadt Londons zu durchqueren, braucht man heute genauso lange wie 1913. Damals betrug die Durchschnittsgeschwindigkeit einer Pferdedroschke 13 km/h; heute liegt die mögliche Durchschnittsgeschwindigkeit der Autos zwar wesentlich höher, doch sie kommen trotzdem nicht schneller voran.

London ist durchaus kein Einzelfall. In allen Großstädten der Welt liegt die Durchschnittsgeschwindigkeit etwa zwischen 13 und 18 km/h, und das bei sinkender Tendenz. Denn das ständig wachsende Verkehrsaufkommen zwingt die Städte, bessere Straßen zu bauen und Verkehrsleitsysteme einzurichten, die aber wiederum dazu führen, daß der Verkehr weiter zunimmt – ein wahrer Teufelskreis.

Die Folge davon ist, daß die Autofahrer immer unwirscher auf das Verkehrschaos reagieren und die Anwohner an verkehrsreichen Straßen zunehmend unter Lärm und Abgasen zu leiden haben.

Die Anfänge der Verkehrsregelung

Seit Jahrhunderten überlegen sich Stadtväter, wie man erreichen kann, daß der Verkehr reibungslos fließt. Ein großer Fortschritt war 1914 die Einführung von Verkehrsampeln in Cleveland, Ohio. Bald schon wurden die Ampeln synchron geschaltet, um den Verkehr am Fließen zu halten. Die Dauer der Grünphase ließ sich durch die Anzahl der Autos regulieren, die bestimmte Kontrollmarken passierten. Computergesteuerte Ampelsysteme, die seit 1960 eingesetzt werden, regeln heute den Verkehr in ganzen Stadtvierteln.

Mit unterschiedlichen Mitteln versuchen Städte auch immer wieder, den Verkehr einzudämmen, z.B. durch hohe Bußgelder für Falschparker oder indem sie Fahrgemeinschaften fördern und eigene Fahrspuren für Busse markieren.

Alle diese Maßnahmen sind angesichts des ständig wachsenden Verkehrs jedoch

Verkehrsstau *Wenn der Verkehr nicht geregelt wird, verstopfen die Straßen wie hier im Geschäftsviertel von Madan (Sumatra).*

Fließender Verkehr *In San Francisco fahren die Autos Stoßstange an Stoßstange in den markierten Fahrspuren.*

Stoßverkehr *Dieser Kupferstich von Gustave Doré aus dem 19. Jh. zeigt, wie Pferdebahnen, Brauereiwagen, Kutschen, ein Leichenwagen und eine Schafherde die Londoner Fleet Street blockieren.*

nur Notbehelfe. Als man 1983 in Caracas, Venezuela, durchsetzte, daß Autos je nach der Endziffer ihres Nummernschildes nur an bestimmten Tagen fahren durften, kauften Tausende einfach einen Zweitwagen. Die Verkehrsstaus wurden zusätzlich durch die parkenden Autos verschärft.

Als Autofahrer in Singapur eine Gebühr zahlen mußten, wenn sie zu Stoßzeiten ohne zwei Mitfahrer in die Innenstadt fuhren, boten sich scharenweise Kinder für einige Cents als Mitfahrer an.

Nach Schätzungen waren 1988 weltweit 402 Mio. Pkws zugelassen; und die Neuproduktion im selben Jahr belief sich auf 38 Mio. Autos. Die einzig mögliche Antwort der Städte liegt darin, mehr und kompliziertere Computersysteme einzusetzen, die den Leitstellen ermöglichen, den Verkehr zu kanalisieren, als ob es sich um Wasser handelte, wobei die Ampeln die Schleusentore sind. Auf Knopfdruck können Ampeln den Verkehr vor einer Bau- oder Unfallstelle ableiten oder ihn bei Massenandrang z. B. nach dem Ende eines Fußballspiels umleiten.

In New York hat man folgenden Versuch gestartet: Computer erhalten von großen Kreuzungen durch Fahrbahnsensoren Informationen über Geschwindigkeit und Verkehrsvolumen. In den Außenbezirken New Yorks konnte man mit diesem System die Zahl der Stopps eines jeden Fahrzeugs um 70 % senken.

Eine wahre Revolution in der Verkehrssteuerung aber ermöglicht ein elektronisches Autofahrer-Leit- und -Informationssystem (ALI), das den Fahrzeugführer vor Staus warnen und ihm die optimale Route anzeigen soll.

Die Erprobungsphase begann im Herbst 1988 in Berlin. Vor dem Start gibt der Autofahrer mit einer Art Fernsehfernbedienung sein Ziel in den Bordcomputer ein. Während der Fahrt erhält der Computer von der zentralen Datenbank Informationen über Staus und Unfälle sowie genaue Anweisungen über den an der nächsten Abzweigung einzuschlagenden Weg mittels Lichtbaken, die an 240 der 1250 Berliner Kreuzungsampeln installiert wurden.

EIN LEIT- UND INFORMATIONSSYSTEM HILFT, VERKEHRSSTAUS ZU UMGEHEN

1. *Berlin 1988: Bei Fahrtantritt gibt die Fahrerin über eine Tastatur ihren Zielort in den Bordcomputer ein. Regelmäßig angefahrene Ziele lassen sich speichern.*

2. *Ein Infrarotsender und -empfänger an Bord des Autos übermittelt den Zielort über die nächste der insgesamt 240 Lichtbaken in der Stadt an den Zentralcomputer.*

3. *Als nächstes gibt das Kontrollzentrum Anweisungen für die schnellste freie Strecke an die Lichtbake, die diese Daten wiederum an den Bordcomputer des Wagens weitersendet.*

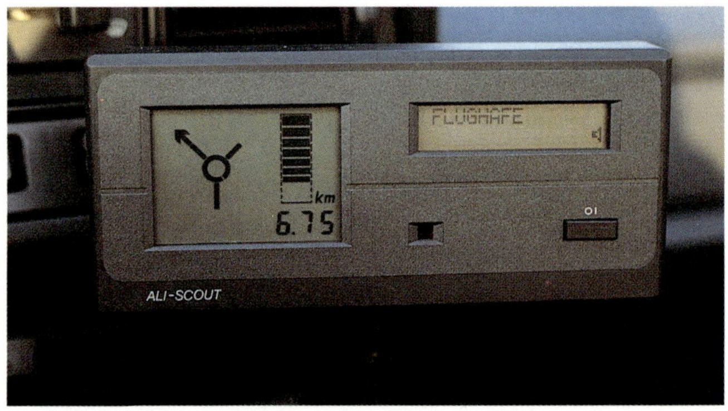

4. *Der Bordcomputer übersetzt die eingegangene Information in klare Anweisungen auf dem Display. Die Pfeile zeigen die günstigste Fahrtstrecke und die Entfernung zum Zielort an.*

Diese Lichtbaken arbeiten mit Infrarotsignalen und übermitteln sowohl Informationen an die zentrale Datenbank über die vorbeifahrenden Wagen als auch umgekehrt Informationen von der Datenbank an den Autofahrer. Der Bordrechner setzt diese Informationen auf einem Display optisch und akustisch in Richtungsanweisungen um.

Auf europäischer Ebene wurde ein weiteres Forschungsprojekt namens Prometheus gestartet. Es hat das Ziel, dem Fahrer über einen Rechner alle für ihn wichtigen Verkehrsmeldungen mitzuteilen. Der Verkehrsfluß wird von der Straße aus oder durch Sensoren im Umfeld, von Sendetürmen oder von Satelliten aus überwacht. Prometheus soll auch ermöglichen, daß man bei Hindernissen rechtzeitig auf andere Strecken ausweichen kann.

Etwas aber werden beide Systeme leider nicht können: in der Stadt einen freien Parkplatz bereithalten.

Zentrale Verkehrsüberwachung *Ein Beamter in der Verkehrskontrollzentrale in Paris überwacht verschiedene Straßen und Plätze, ob sich dort ein Verkehrschaos anbahnt. Die Durchschnittsgeschwindigkeit, mit der sich die Wagen durch die Stadt bewegen, liegt bei 17 km/h.*

Der Fall Angela Jensen: Opfer eines Verkehrsunfalls

Auf der Autobahn E3 in der Nähe von Münster in Westfalen hat sich frühmorgens ein schwerer Verkehrsunfall ereignet. Drei Menschen – ein Taxifahrer, sein Fahrgast, eine junge Frau, und ein Motorradfahrer – sind bei dem Unfall verletzt worden. Mit heulender Sirene und in rasendem Tempo bringen die Rettungswagen die Unfallopfer zum Klinikum der Universität Münster. Wenn es um die Rettung von Menschenleben geht, ist die erste Stunde nach dem Unfall entscheidend. Am schwersten verletzt ist die junge Frau, die 20jährige Angela Jensen. Sie hat das Bewußtsein verloren, kann kaum atmen, blutet an der Brust und scheint innere Verletzungen zu haben.

In der Klinik wird der Notarztwagen bereits erwartet. Angela Jensen wird sofort auf die Unfallstation gebracht, wo die äußerlichen Schnittverletzungen versorgt werden. Die Röntgenaufnahmen zeigen Rippenbrüche und einen Beckenbruch.

Die junge Frau hat innere Blutungen, und in der Lunge sammelt sich Gewebsflüssigkeit. Angela Jensen wird sofort auf eine der beiden Intensivstationen im 19. Stock des Klinikums verlegt. Zwei Oberärzte, elf Assistenzärzte sowie zahlreiche Schwestern und Pfleger kämpfen hier mit Hilfe einer Vielzahl von Überwachungsgeräten um das Leben der Patienten.

Die Rippenbrüche machen Angela Jensen jeden Atemzug zur Qual. Deshalb wird ein Plastikröhrchen durch ihren Mund in die Luftröhre eingeführt und an ein Beatmungsgerät angeschlossen, das den Atmungsvorgang anstelle der Patientin ausführt und regelmäßig ein Gemisch aus Luft und Sauerstoff in ihre Lungen pumpt.

Überwachung rund um die Uhr

Innerhalb kürzester Zeit wird Angela Jensen an eine ganze Reihe lebenerhaltender Schläuche und Drähte angeschlossen. Dazu gehören ein EKG-Gerät, das ständig Pulszahl und Herzrhythmus anzeigt, eine Tropfinfusion, die in die Halsvene einfließt und den Verlust an Körperflüssigkeit und Blut ersetzt, und ein weiteres Röhrchen, das in eine Arterie am Handgelenk eingeführt wird und den Blutdruck überwacht. Solange die Patientin auf der Intensivstation bleibt, steht sie in jeder Minute unter genauer Beobachtung.

Sechs geräumige Pflegezimmer mit je zwei Intensivbetten gruppieren sich um die runde Stationszentrale. Zu jedem der Doppelzimmer gehört ein Vorraum für die diensttuenden Pflegekräfte. Mit dem Namen des jeweiligen Patienten versehene Kittel stehen für das Personal und für Besucher zur Verfügung, wenn sie den Pflegebereich betreten wollen; so begegnet man in Münster der Gefahr einer Keimverschleppung von einem Bett zum andern. Alle Betten sind vom zentralen Raum aus einsehbar, und der Oberarzt ist – wenn nötig – jederzeit erreichbar.

Wie Arbeitskräfte in einer übersichtlichen und gut organisierten Küche, wissen die Schwestern und Pfleger genau, wo jedes notwendige Hilfsmittel seinen Platz hat – angefangen bei der Schachtel mit Einmalwaschlappen bis zu Defibrillatoren, Geräten, die mit genau dosierten Stromstößen das Herz zu regelmäßiger Tätigkeit anregen.

Sobald sich bei Angela Jensen die Atmung stabilisiert hat, wird ein dünner Schlauch durch die Nase in den Magen geführt, um die Magensäfte, die sich gesammelt haben, abzuleiten. Dieser Schlauch bleibt an Ort und Stelle, solange es nötig ist. In regelmäßigen Abständen wird außerdem ein Saugrohr in die Luftröhre eingeführt, um Lungensekret abzusaugen.

In der Zwischenzeit hat auf der Intensivstation auch die morgendliche Routine be-

Rundumversorgung und -überwachung *Ein Schwerkranker auf einer Intensivstation steht rund um die Uhr unter Beobachtung. Die Pflegekräfte kontrollieren ständig die Vielzahl von Drähten und funktionsunterstützenden Schläuchen, an die der Patient angeschlossen ist. Die geballte Macht von Technik, Pflege und ärztlichem Einsatz kann Leben retten.*

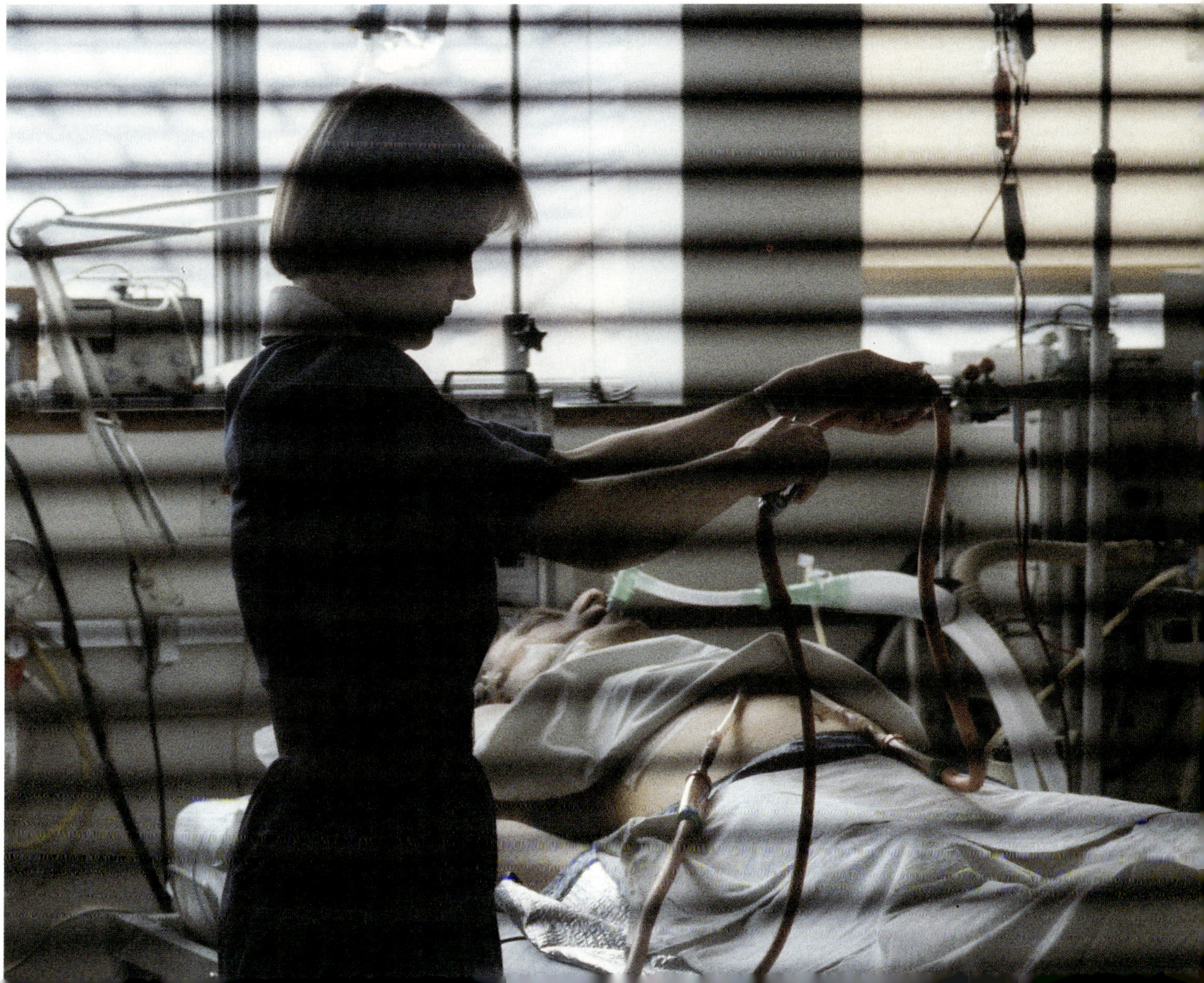

gonnen. Ab 7.45 Uhr machen die Ärzte die Visite an den Krankenbetten. Der Patient kann Fragen stellen, Sorgen und Wünsche äußern. Am Krankenbett über die Krankendaten zu sprechen ist verboten, da sie beim Patienten Angst hervorrufen könnten. Der Zustand des Kranken wird später in einem Konferenzzimmer diskutiert.

Um 8.30 Uhr kommt die Krankengymnastin zu dem zweiten Patienten in Angela Jensens Zimmer, dem 40jährigen Thomas Winter, der sich bei einem Sturz neben diversen Brüchen einen Milzriß und andere innere Verletzungen zugezogen hat. Durch behutsame Bewegungsübungen sollen die Funktionen der Gelenke erhalten bleiben und die spätere Rehabilitation erleichtert werden. Thomas Winter, der schon den fünften Tag auf der Intensivstation liegt, kann sich an die ersten Tage der Intensivbehandlung kaum erinnern, nicht an Schläuche, Spritzen, Apparate noch an sonst etwas: „Ich weiß überhaupt nicht, was man mit mir gemacht hat."

Besucher und Fernsehen

Gegen Mittag treffen Angela Jensens Eltern ein. Enger Kontakt der Angehörigen mit den Patienten ist im Klinikum Münster nicht nur erwünscht, er wird sogar als notwendig betrachtet. Schwerkranke benötigen den Zuspruch von ihnen nahestehenden Personen. Den Angehörigen wird zunächst eine 20seitige Informationsbroschüre ausgehändigt, die für Laien verständlich das erklärt, was mit dem Patienten auf der Intensivstation geschieht.

Die Stationsschwester kann Angela Jensens Eltern sagen, daß ihre Tochter wieder bei Bewußtsein und außer Gefahr ist, sofern ihr Zustand stabil bleibt. Sie bereitet Frau und Herrn Jensen auch schonend auf den erschreckenden Anblick vor, den Angela mit all den Schläuchen und Drähten bietet, die sie elender aussehen lassen, als es ihrem Zustand entspricht.

Angela Jensens Eltern werden an das Bett ihrer Tochter geführt; sie können, wenn sie wollen, bis 20 Uhr bleiben, bis zum Ende der offiziellen Besuchszeit. Sie sprechen zwischendurch mit dem Arzt und können ihrer Tochter versichern, daß alles für sie getan wird und sie die beste Pflege bekommt. Angela Jensen, die wegen des Beatmungsgeräts nicht sprechen kann, öffnet hin und wieder die Augen und signalisiert damit, daß sie bei Bewußtsein ist und alles versteht.

Von der im 19. Stock gelegenen Station haben die Kranken einen weit über Stadt und Land reichenden Blick. Und wenn sie dazu in der Lage sind, können sie sogar fernsehen und den Ton über Kopfhörer verfolgen. Monitore, Pumpen, Infusionsflaschen und Kabel am Kopfende ihres Bettes bleiben außerhalb ihres Gesichtskreises.

Besuch bekommen Angela Jensen und Thomas Winter auch von einem Psychologen, dessen Arbeitszimmer in unmittelbarer Nähe des Intensivpflegezentrums liegt. Depressionen gehören auf Intensivstationen zum Alltag. Patienten leiden unter Hoffnungslosigkeit, Angst vor Verstümmelung, Sorgen um Familie, Arbeitsplatz und Zukunft. Die monotonen Geräusche der Apparate sind ebenso belastend wie Dauerlicht, die Störung des Schlaf-wach-Rhythmus und schmerzhafte Therapien. Besonders betroffen sind Patienten, die künstlich beatmet werden müssen und die nicht mit ihren Angehörigen oder mit den Pflegekräften sprechen können.

Doch nicht nur die Patienten betreut der Psychologe. Ebenso muß er für die Ärzte und das Pflegepersonal dasein, die meist tief betroffen sind, wenn sie nach tagelangem Bangen um einen Schwerkranken doch erkennen müssen: „Er wird heute nacht sterben." Denn gerade auf einer Intensivstation werden Patient und Betreuer zu Partnern. Der Tod eines Kranken stürzt vor allem jüngere Schwestern und Pfleger mitunter in schwere seelische Krisen. Sie brauchen dann den Beistand des Psychologen, der ihnen hilft, diese negativen Erlebnisse zu verarbeiten.

Um 14 Uhr treffen die Schwestern und Pfleger der Nachmittagsschicht ein. Für die nächsten acht Stunden übernehmen sie die Verantwortung für die Patienten, umsorgen sie und kontrollieren die Geräte. Wenn keine neuen Patienten eingeliefert werden, sei es von anderen Stationen, sei es aus dem Operationssaal oder von einem anderen Krankenhaus, haben die Pflegekräfte zwar einen arbeitsreichen, aber relativ ruhigen Nachmittag vor sich. Vielleicht ertönt in den Stunden bis zur Nachtschicht auch kein Alarmsignal, das eine Verschlechterung im Zustand eines Patienten oder eine Störung in einem der lebenerhaltenden Geräte anzeigt.

Glück im Unglück

Wenn bei Angela Jensen keine Komplikationen mehr eintreten, wird sie etwa eine Woche nach ihrer Aufnahme auf der Intensivstation auf eine allgemeine Station verlegt. Wie fast alle Intensivtherapiepatienten wird sie sich dann kaum mehr an die Zeit dort erinnern. Für das Vergessen sorgen der Schock und ein starker Cocktail aus Schmerz- und Beruhigungsmitteln, den man ihr verabreicht hat.

Noch vor wenigen Jahrzehnten hätte Thomas Winter oder Angela Jensen keine so großen Überlebenschancen gehabt, denn die entsprechenden Möglichkeiten, Schwerstoperierte oder Verunglückte trotz Verletzungen und Schock, Organversagen und Infektionen aus lebensbedrohlicher Not zu retten, wurden erst seit den 40er Jahren Schritt für Schritt entwickelt. 1940 entdeckte man den Rhesusfaktor im Blut; damit war der Weg für Bluttransfusionen geebnet. Ab 1940 stand zur Bekämpfung von Infektionen Penicillin zur Verfügung; die Entwicklung weiterer Antibiotika folgte. Mitte der 60er Jahre erkannte man, welche Bedeutung die Elektrolyten, bestimmte chemische Verbindungen, für lebenswichtige Vorgänge im Körper haben; mit standardisierten und schnell verfügbaren Infusionslösungen kann man nun schon am Unfallort die Verletzten damit versorgen. Blutgasanalysen zur Bestimmung des Sauerstoffgehalts im Blut ermöglichen es, die Schwerstkranken vor einem Sauerstoffmangel zu bewahren und damit ihre Chancen auf Heilung zu verbessern.

Heute bedeutet Intensivbehandlung die „Anwendung aller therapeutischen Möglichkeiten zum zeitweiligen Ersatz gestörter oder ausgefallener lebenswichtiger Organfunktionen bei gleichzeitiger Behandlung des diese Störungen verursachenden Grundleidens" – so definierte es der Arzt Professor Hans Wolfgang Operdecke.

Es geht auf 20 Uhr zu, als der Oberarzt auf der Intensivstation des Klinikums der Universität Münster ein letztes Mal nach den Patienten sieht, um sich zu überzeugen, daß alles in Ordnung ist und er beruhigt nach Hause gehen kann. Die Pflegekräfte der Nachtschicht, die zwei Stunden später den Dienst antreten, hoffen, daß es eine Nacht ohne besondere Vorkommnisse wird. Doch schon klingelt das Telefon. Die Notaufnahme ruft an und meldet, daß in wenigen Minuten ein Rettungshubschrauber mit zwei Schwerverletzten eintrifft.

Von der Luftbildaufnahme zur Landkarte

In früheren Jahrhunderten stiegen Kartographen mit ihren Instrumenten und Zeichengeräten meist auf eine Anhöhe, um einen Überblick über das Gelände zu bekommen. Heute steigen Fotografen zum gleichen Zweck mit einem Flugzeug in die Luft.

Die ersten Luftaufnahmen für Landkarten machte 1851 der Franzose Aimé Laussedat, der von einem Heißluftballon aus die Landschaften Frankreichs fotografierte. Im Ersten Weltkrieg verwendete man dann Luftaufnahmen, um die Lage von Schützengräben genau orten und in Landkarten eintragen zu können.

Um die Luftbilder aufzunehmen, die dem Kartographen als Arbeitsgrundlage dienen sollen, steigt das Flugzeug auf eine bestimmte Höhe, die von dem für die Landkarte vorgesehenen Maßstab abhängt. Soll der Maßstab 1:50000 betragen und hat die Kamera eine Brennweite von

150 mm, so muß die Flughöhe danach 7500 m betragen.

Die Bilder werden senkrecht nach unten aufgenommen. Dabei überfliegt das Flugzeug streifenweise das Gebiet, das kartiert werden soll. Aufeinanderfolgende Fotos überdecken sich zu etwa 60%, die Überdeckung mit dem Nachbarstreifen beträgt etwa 30%. Auf diese Weise werden alle Geländeabschnitte mindestens zweimal fotografiert.

Die aufeinanderfolgenden Bilder werden paarweise durch ein Stereoskop betrachtet, das ein einziges dreidimensionales Bild des Geländes sichtbar macht. Man kann das Bild so einstellen, daß es mit einem Netz von Paßpunkten übereinstimmt, deren genaue Position auf dem Boden bekannt ist. Diese Paßpunkte wurden entweder bei früheren Vermessungsarbeiten angebracht oder sind für diesen speziellen Zweck eingerichtet worden und haben eine bestimmte Position im Koordinatensystem der Erde, sind also durch einen bestimmten Längen- und Breitengrad definiert.

Anhand dieses eingepaßten dreidimensionalen Bildes kann man nun Lage sowie Länge, Breite und Höhe aller Einzelheiten auf der Karte maßstabgetreu erfassen. Dazu wird jedes Detail der Aufnahme mit einem Lichtpunkt abgetastet und digitalisiert. Ein Magnetband speichert dann die Informationen. Das auf diese Weise erfaßte Kartendetail läßt sich gleichzeitig zur Kontrolle auf einem Videogerät darstellen.

Anschließend werden die aufgezeichneten Informationen dann mit anderen Daten, wie den Grenzen des zu kartierenden Gebiets, der Art der Karte und dem Maßstab, in den Computer eingegeben. Zeichenautomaten, die an den Computer angeschlossen sind, liefern dann sowohl Kartenentwürfe als auch druckfertige Vorlagen. Je nachdem, welchem Zweck die Karte dienen soll, entsteht eine Straßenkarte für Autofahrer oder eine Flurkarte, die bebautes Gelände, landwirtschaftliche Nutzflächen, Waldgebiete, Wasserläufe oder Sümpfe zeigt.

Wird das in einer Karte erfaßte Gebiet in einem großen Maßstab dargestellt, dann kann man nur einen kleinen Bereich zeigen, in dem man dafür aber Einzelheiten in der Landschaft, z.B. einzelne Gebäude oder Teiche, erkennt. Für eine Karte in kleinerem Maßstab, die ein größeres Gebiet zeigt, verkleinert der Kartograph mehrere großmaßstäbliche Karten, bis eine einzige Karte entsteht. Je kleiner der Maßstab ist, desto stärker werden die Details vereinfacht und durch Symbole ersetzt. Ein Dorf, das zunächst als Ansammlung einzelner Gebäude dargestellt wurde, verschmilzt zu einem einzigen Punkt. Mit fortschreitender Verkleinerung des Maßstabs verschwinden die Dörfer ganz, Punkte oder Vierecke symbolisieren nur noch Städte bzw. auf Karten ganzer Kontinente oder auf Weltkarten Großstädte.

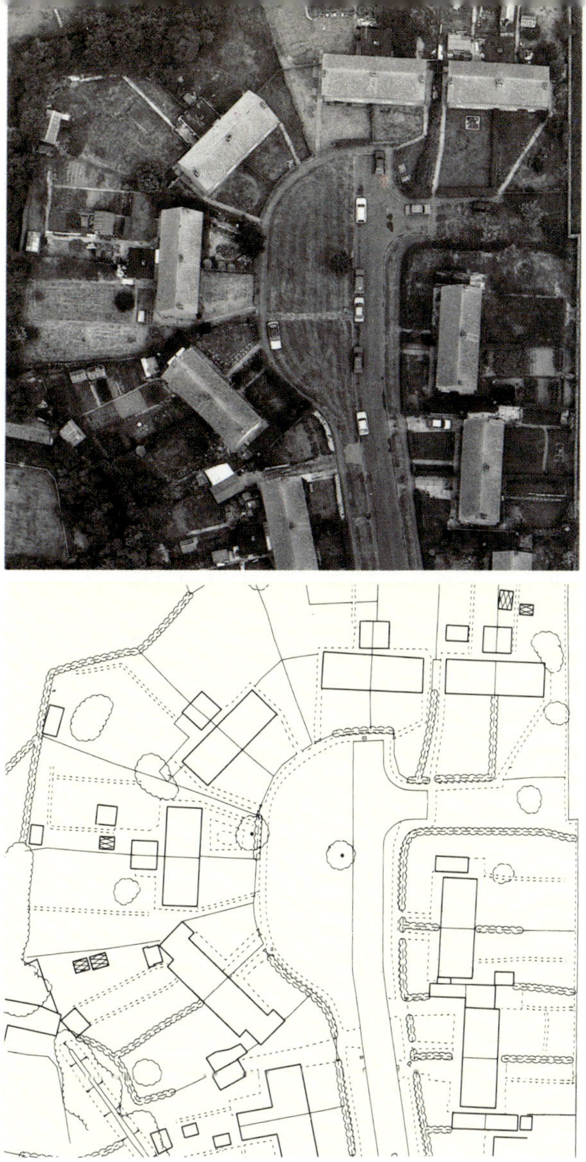

Luftaufnahme und Karte *Das senkrecht nach unten aufgenommene Luftbild einer Sackgasse mit ihren Häusern und Gärten (oben) wurde für die Anfertigung einer detaillierten Karte des Gebietes genutzt (unten).*

Die Höhe eines Geländes wird durch Höhenlinien dargestellt, die benachbarte Geländepunkte gleicher Höhe verbinden. Je kleiner der Abstand der Höhenlinien ist, desto steiler ist der Abhang. Oft kombiniert man die Höhenlinien mit Farben, so daß sogenannte Höhenschichtabstufungen entstehen, mit denen man die Landhöhen vom Meeresspiegel (zumeist grün) bis zum Hochgebirge (braun oder violett) kennzeichnet. Die Schraffur, die Berge reliefartig von Tälern abhebt, verleiht der Karte eine dreidimensionale Wirkung.

Ein großes Problem für den Kartographen ist die zeichnerische Darstellung der gekrümmten Erdoberfläche auf einer ebenen Karte. Solche Darstellungen sind nicht ohne gewisse Verzerrungen möglich: Sie gleichen dem Versuch, eine Tennisballhälfte glattzustreichen, ohne daß sie reißt. Eine Lösung bieten die nach mathematischen Berechnungen durchgeführten Kartenprojektionen. Die Längen- und Breitengrade sowie andere Details werden so auf eine Kartenebene übertragen, daß die jeweilige Verzerrung entsprechend dem Verwendungszweck möglichst gering ist. Das geschieht immer auf Kosten der Genauigkeit in einigen weniger wichtigen Punkten. Ein Beispiel ist der Zylinderentwurf Mercators, der verwendet wird, um geradlinige Navigationskurse zu zeichnen; dabei ist der Maßstab verzerrt, so daß Länder, die weit vom Äquator entfernt liegen, z.B. Grönland, viel größer erscheinen, als sie tatsächlich sind. Bei einer Erdkarte jedoch, die die Länder möglichst getreu in ihrer richtigen Größe darstellen würde, müßte man Verzerrungen in den Entfernungen hinnehmen; daher wäre sie für die Navigation ungeeignet.

Die Karten werden zunächst auf Folien gezeichnet, die jeweils unterschiedliche Merkmale enthalten, z.B. Straßen, Flüsse oder Höhenlinien. Für eine Karte werden oft 20 oder mehr Folien erstellt, die zum Schluß übereinandergelegt und zusammenkopiert werden, bis je ein Film für jede der vier oder sechs Farben vorhanden ist, in denen die meisten Karten gedruckt werden. Bei computergezeichneten Karten entfällt dieses Verfahren; die Druckvorlage wird direkt erstellt.

Möglicherweise kann man in Zukunft das Verfahren der Kartenherstellung noch weiter vereinfachen. Satelliten, die auf bestimmten Umlaufbahnen die Erde umkreisen, können Aufnahmen direkt an einen Computer übermitteln, der die Karten ausdruckt oder sie als elektronische Signale an die Bildschirme von Flugzeugen oder Schiffen sendet.

Der Maßstab der Karte

Einer der wichtigsten Faktoren bei der Herstellung von Landkarten und beim Kartenlesen ist der Maßstab. Eine Straßenkarte kann den Maßstab 1:250000 haben, d.h., jede Maßeinheit (mm oder cm) auf der Karte entspricht 250000 dieser Maßeinheiten in der Natur, oder anders ausgedrückt: 1 cm auf der Karte entspricht 2,5 km im Gelände. Die unterschiedlichen Maßstäbe der Karten richten sich nach den verschiedenen Verwendungszwecken. Es wäre unmöglich, eine Fahrtroute nach dem Maßstab einer Weltkarte zu planen; dagegen wäre eine Weltkarte im Maßstab 1:200000 riesengroß – sie hätte eine Breite von 200 m.

Ein Brief reist um die Welt

Wie ein Netz umspannen die Postdienste unseren Planeten. Von den 5 Mrd. Menschen auf der Erde könnten sich die meisten, wenn sie wollten, auf dem Postweg innerhalb weniger Tage miteinander verständigen. Insgesamt durchlaufen täglich annähernd 1 Mrd. Sendungen die rund 654 000 Postämter der Welt.

Anders als Mitteilungen, die auf elektronischem Weg oder telefonisch übermittelt werden, ist die Beförderung eines Briefs ein langsamer, arbeitsintensiver Vorgang und eine ständige Herausforderung für die Millionen von Beamten und Angestellten, die in den 169 Mitgliedsstaaten des Weltpostvereins im Dienst der Post stehen.

Von Peace River nach Nizza

Angenommen, ein junger französischer Ingenieur namens Pierre, der nach Peace River in Alberta, Kanada, versetzt wurde, schreibt an seine Großmutter, die bei Nizza in Südfrankreich lebt. Er wirft den Brief am Montagmorgen in Peace River in den Briefkasten.

Der Briefkasten wird am Nachmittag geleert; Pierres Brief landet mit einer Vielzahl anderer zunächst in dem örtlichen Postamt. Hier werden die Sendungen nach innerörtlicher Post und nach Briefen für andere Gebiete Kanadas sortiert. Auch die Auslandspost wird in zwei Bündel unterteilt: Eines enthält die Briefe, die über den Pazifik nach Westen geschickt werden, das andere alle die Sendungen, deren Bestimmungsort im Osten, einschließlich Europas, liegt. Am Abend bringt ein Lastwagen sämtliche Postsachen, außer den Sendungen für Peace River, 160 km weiter in die nächstgrößere Stadt Grande Prairie.

Dort faßt man die beiden Briefbündel mit der Auslandspost mit anderen, ähnlichen Bündeln aus den umliegenden Städten zusammen. Am nächsten Morgen transportiert ein Postauto die Post 480 km in die Provinzhauptstadt Edmonton. Die beiden internationalen Postsäcke werden immer voller, bis sie von der Post in Edmonton zum Flughafen gebracht werden.

Von hier aus gehen die beiden Postsäcke getrennte Wege. Der transpazifische Postsack fliegt in Richtung Westen nach Vancouver, der andere in Richtung Osten nach Toronto, wo sie am Dienstag abend eintreffen.

In Toronto werden die Briefe nach Ländern, manchmal zusätzlich noch nach Gebieten innerhalb eines Landes sortiert. Das Sortieren dauert fast den ganzen Mittwoch und Donnerstag. Pierres Brief landet in einem 330 kg schweren Postsack, der nach Frankreich gehen soll.

Am Donnerstag abend wird dieser Sack mit einem internationalen Flug von Toronto nach Paris befördert, wo er am Freitag morgen auf dem Flughafen Charles de Gaulle ankommt.

Der Postsack aus Kanada wird vom Flughafen in die Stadt gebracht, wo sein Inhalt zu den 50 Mio. Postsachen kommt, die die vollautomatisierten Poststellen des Landes täglich bearbeiten. Ein Codiergerät liest die Postleitzahl des Orts, in dem Pierres Großmutter wohnt, und druckt einen Strichcode für den zuständigen Zustellbezirk auf. Die Anlage bearbeitet 40 000 Briefe in der Stunde.

Eine zweite Maschine sortiert die Briefe nach Departements, den französischen Verwaltungsbezirken, und bündelt sie entsprechend. Über verschiedene Förderbänder gelangen die Briefe in Postsäcke, diese zu den Postautos und Zügen, die neben Flugzeugen täglich 3000 t Post in alle Richtungen bringen. Die Post nach Marseille und Nizza wird in einem Airbus befördert. Pierres Brief geht am Freitag mit dem Nachmittagsflug ab.

Über Nacht sortiert die Verteileranlage in Nizza die Sendungen nach Zustellbezirken. Am frühen Samstag morgen bringt ein Lieferwagen die Post von der Verteileranlage zum Postamt, wo die Briefträger die Sendungen übernehmen. Am sechsten Tag seiner Reise von Peace River liest die Großmutter nun Pierres Brief über seine Ankunft an der neuen Arbeitsstelle und seine ersten Eindrücke.

So funktioniert die Postbeförderung jedenfalls im Idealfall. Aber es gibt immer wieder Verzögerungen, z. B. durch Wochenenden und Feiertage, durch Briefumschläge mit unleserlichen Adressen, durch Streiks und Pannen oder durch den Hochbetrieb vor Weihnachten; oft kommen gleich mehrere dieser Faktoren zusammen und verursachen gemeinsam die Verzögerung. Dennoch ist jede Postzustellung ein kleiner Beitrag dazu, die Verständigung zwischen den Menschen zu fördern.

Schneller als die Post: Kurierdienste

Donnerstag nachmittag, kurz vor 17 Uhr: In einem Ingenieurbüro mitten in Frankfurt am Main herrscht Hochbetrieb. Die Mitarbeiter stellen in fieberhafter Eile eine Leistungsbeschreibung für einen neu entwickelten Diamantfräser zusammen. Der Prototyp dieses Werkzeugs ist bereits versandfertig verpackt; er soll nach Quito in Ecuador geschickt werden, wo er am Dienstag morgen, rechtzeitig vor einer Besprechung mit einem Regierungsangestellten, eintreffen muß. Die 100seitige Broschüre dagegen muß bereits am Freitag bei einem der Manager am Hauptsitz der Firma in New Orleans vorliegen.

Den Auftrag zur Beförderung beider Sendungen erhält ein internationaler Luftkurierdienst. Die örtliche Geschäftsstelle wurde um 16.30 Uhr angerufen; Punkt 17 Uhr holt ein Kurier mit einem Auto das große Kuvert mit der Broschüre und das Päckchen mit dem Diamantfräser ab. Er fährt zu der Verteilerstelle seiner Firma in der Nähe des Frankfurter Flughafens. Dort wird mit einem Laserscanner die Adresse auf dem Umschlag und auf dem Päckchen abgelesen. Diese Angaben gehen an einen Zentralcomputer, so daß sich der weitere Weg der beiden Sendungen elektronisch überwachen läßt. Dieselben Daten werden benötigt, um die Papiere für den Ex- und Import auszufüllen und die Rechnung für das Ingenieurbüro zu schreiben.

Ein Förderband transportiert das Päckchen in einen Sack mit der Aufschrift „Südamerika", das Kuvert landet in dem Sack für die USA. Jeder Sack wird mit dem nächstmöglichen Flug ab Frankfurt auf den Weg gebracht, entweder mit einer Linienmaschine oder mit einem Flugzeug des Kurierdienstes. In dem hier beschriebenen Fall werden beide Säcke in die Nachtmaschine zum John-F.-Kennedy-Flughafen in New York geladen; die Maschine landet dort am frühen Freitag morgen.

Das New Yorker Büro des Kurierdienstes veranlaßt, daß der USA-Sack mit dem Flugzeug gleich weiter zur Hauptverteilerstelle befördert wird, wo das Kuvert in den für New Orleans bestimmten Sack gelangt und mit dem nächsten Anschlußflug weitergeht. Am Freitag nachmittag kommt das Kuvert in New Orleans an und wird durch einen Boten sofort zugestellt.

Inzwischen hat man in New York den Inhalt des Sacks für Südamerika auseinandersortiert. Eine Nachmittagsmaschine, die erst in Bogotá in Kolumbien, dann in Guayaquil, einer großen Hafenstadt in Ecuador, und schließlich in Quito landet, nimmt das für die ecuadorianische Hauptstadt bestimmte Päckchen an Bord.

Das Zollamt in Quito ist bis Montag geschlossen. Doch der Vertreter des Kurierdienstes in Quito kennt die Zollbestimmungen. Er kann die entsprechenden Unterlagen vorbereiten und das Päckchen gleich am Montag morgen vom Zoll abholen. Mit einem Auto wird es um die Mittagszeit am Bestimmungsort zugestellt.

Internationale Kurierdienste entstanden Ende der 60er Jahre vor allem auf Wunsch der Geschäftswelt: Ein Firmenangehöriger konnte mit dem Flugzeug innerhalb von 24 Stunden an fast jeden Ort der Welt geschickt werden; möglichst ebenso schnell wollten die Firmen wichtige Unterlagen und Päckchen übersenden können.

Die Post ist dafür nicht schnell genug, weil sie sich mit Milliarden von Briefen befassen muß, die – je nach Bestimmungsort – oft erst nach Tagen oder Wochen zugestellt werden können. Luftexpreßdienste dagegen gewährleisten durch ein individuelles Serviceangebot, daß Sendungen rasch zugestellt werden.

Diese Dienste geben jährlich Millionen aus, um sich Plätze in Linienmaschinen der Fracht- und Fluggesellschaften zu reservieren und so die schnellsten Verbindungen nutzen zu können. Viele Kurierfirmen verfügen auch über eigene Flugzeuge und Hubschrauber, und fast alle besitzen einen Fuhrpark mit Lieferwagen und Motorrädern, um die Sendungen direkt abholen und zustellen zu können.

Federal Express, der größte Inlandskurierdienst in den USA, besaß 1988 109 Flugzeuge, und der DHL, der nach der Zahl der Zustellungen größte internationale Kurierdienst, fertigt in jeder Nacht 30 000 Sendungen ab.

Die großen Kurierdienste versprechen die Zustellung innerhalb Europas von einem Tag zum anderen; die Zustellung an alle anderen Orte der Welt soll innerhalb von zwei Tagen möglich sein. Die meisten Sendungen sind Briefe oder Päckchen, zunehmend aber auch Waren. Oftmals wird Auslandspost auch per Kurierdienst aus dem Land gebracht und dann im Bestimmungsland zur Post gegeben. Dieses Verfahren ist schneller als der übliche Postweg und wird besonders in Ländern genutzt, deren Postdienste oft streiken.

Der Umsatz der Luftkurierdienste lag 1988 bei rund 7 Mrd. DM. Zwar hat die Einführung von Telefaxgeräten Einbußen gebracht, aber dennoch können die Kurierdienste damit rechnen, daß der Bedarf der Firmen an ihren Dienstleistungen zunimmt.

Ziel jeder Zeitung: aktuelle Reportagen aus aller Welt

Es ist ein Freudentag für südafrikanische Tennisfans: Ein junger Spieler aus Johannesburg hat in Rom das Finale eines internationalen Turniers erreicht. Die Meldung vom Ausgang des Spiels soll am Tag nach dem Finale auf der Titelseite der Morgenausgabe der südafrikanischen Zeitung *Citizen* erscheinen.

Der verantwortliche Sportredakteur hat nun zwei Möglichkeiten, über das Spiel zu berichten: Er kann auf Text- und Bildmaterial der Nachrichtenagenturen zurückgreifen, er kann aber auch einen Sportreporter und einen Pressefotografen losschicken, damit sie eine Reportage aus erster Hand liefern. Da das Spiel großes lokales Interesse finden wird, entscheidet er sich für die zweite Möglichkeit.

Der Reporter und der Fotograf kommen noch rechtzeitig zur Pressekonferenz am Tag vor dem Endspiel in Rom an. So kann der Reporter einen Situationsbericht geben, über die Vorgeschichte des Spiels schreiben und dabei Antworten der Spieler aus der Pressekonferenz einfügen.

Das Spiel soll um 14 Uhr Ortszeit beginnen; das Ergebnis müßte, selbst wenn es den ganzen Nachmittag dauert, etwa um 18 Uhr bekannt sein. Da die Ortszeit in Rom der Ortszeit in Südafrika entspricht, haben Reporter und Fotograf genügend Zeit, Texte und Bilder bis zum Redaktionsschluß für die Morgenausgabe des *Citizen* zu übermitteln.

In der Pressekabine kann der Reporter den Bericht in sein tragbares Textverarbeitungssystem eingeben. Dieses mit Bildschirm und Digitalspeicher ausgestattete sogenannte Laptop ist ein Terminal, das über das Telefon mit dem Zentralcomputer der Zeitung verbunden werden kann. Wenn der Reporter seine Story fertig hat, schließt er einfach den Akustikkoppler an das nächste Telefon an, wählt die Nummer seiner Zeitung, und der digitalisierte Text wird über das Fernmeldenetz direkt an den 8850 km weit entfernten Computer in Johannesburg übermittelt. Die Übertragung von 1000 Wörtern dauert nur etwa eine Minute.

Rundum verbunden *Einen Telefonhörer in jeder Hand und vor sich das Textverarbeitungsgerät – das sind die Arbeitsmittel des Zeitungsjournalisten.*

Das Spiel endet mit einem Sensationssieg für den jungen Südafrikaner. Der Reporter hat den Bericht über die einzelnen Sätze des Spiels bereits in sein Laptop eingegeben. Jetzt interviewt er noch den Gewinner und den Verlierer des Spiels.

Der Fotograf hat inzwischen einen Termin mit einer internationalen Nachrichtenagentur vereinbart, deren Bildübertragungssystem er benutzen will. Nachdem er seinen Film entwickelt hat, gibt er die besten Negative in ein Übertragungsgerät ein, das die Bilder – wiederum über das Fernsprechnetz – nach Südafrika übermittelt. Sie kommen als Duplikatnegative von hoher Qualität am Empfangsgerät des Bildredakteurs in Johannesburg an.

Presserudel *Kein Sportereignis ohne eine Meute von Pressefotografen: Ihre Fotos schicken sie mittels eines speziellen Übertragungssystems an die Redaktionen.*

Umbruch *Die Metteure (rechts) zerschneiden die Textfahnen und kleben sie auf Umbruchbogen.*

Retusche *Fehlerhafte Stellen, die nach dem Umbruch auf dem Film einer Zeitungsseite auftauchen, werden mit einem Spezialstift (unten) ausgebessert.*

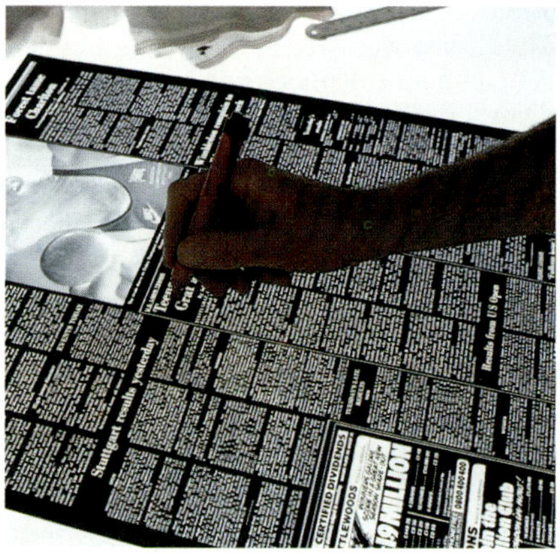

Nach den Interviews mit den Tennisstars kehrt der Reporter in sein Hotelzimmer zurück und macht seinen Bericht fertig, indem er den Text auf seinem Laptop ergänzt und korrigiert. Um 20 Uhr ruft er die Telefonzentrale des Hotels an, läßt sich eine Amtsleitung geben und schickt seine Reportage nach Johannesburg.

Titelmeldung und Aufmacher

Etwa um 21 Uhr ruft der Sportredakteur in Johannesburg die Reportage aus Rom von seinem Desktop-Bildschirm ab. Die Redaktionskonferenz hat bereits beschlossen, daß der Bericht der Aufmacher des Sportteils sein soll. Doch der sensationelle Spielausgang soll als Nachricht auch auf der Titelseite erscheinen, und zwar als Kurzfassung des Hauptberichts.

Ein zweiter Redakteur redigiert die Story und paßt sie grob in die vom Sportredakteur vorgesehenen Spalten ein. Dazu ruft er auf seinem Bildschirm eine Abbildung der gesamten bis dahin stehenden Seite mit allen fertigen Spalten, Schlagzeilen, Fotos und, falls vorhanden, auch Anzeigen auf.

Wenn der Bild- und der Sportredakteur die besten Fotos, mit denen die Reportage illustriert werden soll, ausgesucht haben, weiß der bearbeitende Redakteur genau, wieviel Raum er für den Text zur Verfügung hat. Der Artikel wird nun auf dem Bildschirm auf die entsprechende Länge gebracht, die Schlagzeile wird formuliert und in den ausgesparten Raum eingesetzt. Der Redakteur gibt auch die Bildunterschriften ein. Inzwischen ist es fast 22 Uhr. Punkt 22 Uhr müssen alle Texte für die Morgenausgabe des *Citizen* erfaßt sein.

Der Bericht aus Rom wird – wie die anderen Texte auch – mit einer Hochgeschwindigkeits-Fotosetzmaschine abgesetzt. Das dauert bei 1000 Wörtern kaum 30 Sekunden. Ein Papierabzug der endlos gesetzten Spalten wird für die letzte Korrektur angefertigt.

Früher wurde der nun folgende Umbruch, d. h. das Einpassen der Texte und Fotos in die Seite, in Handarbeit von einem Metteur gemacht. Die Textfahnen wurden zerschnitten und mit den Fotoabzügen in die seitengroßen Umbruchbogen eingeklebt. Heute erfolgt auch dieser Vorgang meist am Bildschirm.

Sind Texte, Schlagzeilen, Fotos und Spaltenlinien richtig eingepaßt, wird die komplette Seite fotografiert; innerhalb von Minuten ist das Filmnegativ fertig. Nach diesem Schwarzweißfilm entstehen die Druckplatten für die Druckmaschinen. Von den kompletten Seiten werden auch noch einmal Papierabzüge angefertigt und dem verantwortlichen Redakteur zur Druckfreigabe vorgelegt. Ist die Druckgenehmigung erteilt, kommen die Filme in die Druckerei.

Um Mitternacht sind alle Seiten der Morgenausgabe des *Citizen* druckfertig. Die Filme der Seiten werden fotomechanisch auf kunststoffbeschichtete Zink- oder Aluminiumplatten übertragen. Diese Druckformen nehmen die Farbe an und geben sie an das Papier ab.

Auch beim Drucken ist Geschwindigkeit entscheidend, denn die Zeitungen müssen rechtzeitig auf die etwa 80 Lastwagen verladen werden, die sie zu den Verkaufsstellen in einem 260 km² großen Gebiet bringen. Je geringer die Entfernung zwischen Druckerei und Verteiler ist, desto aktueller sind die Ausgaben. Eine Ausgabe des *Citizen*, die zwei Stunden später ausgedruckt wird, kann auf der Titelseite völlig anders aussehen, weil neue Nachrichten eingelaufen sind. Einige Meldungen der ersten Seite der Frühausgabe wandern deshalb auf die Innenseite.

Zufriedene Leser

Der Johannesburger Sportfan kann am Morgen nach dem Tennismatch die Reportage über den Triumph des Lokalhelden lesen. Zu dieser Zeit wacht der Reporter in Rom gerade auf. Für ihn ist die Meldung bereits „Schnee von gestern".

Das Verfassen eines Wörterbuchs: manchmal eine Lebensaufgabe

Es dauerte ganze 123 Jahre – von 1838 bis 1961 –, bis das von den Brüdern Grimm begonnene 16bändige *Deutsche Wörterbuch*, das die deutsche Sprache vom 15. bis zur Mitte des 19. Jh. erfassen sollte, fertig vorlag. Heute entstehen Wörterbücher in wesentlich kürzerer Zeit, da ihr Umfang geringer ist oder ihre Verfasser auf bereits existierende Wörterbücher als Informationsquelle zurückgreifen können.

Bevor ein Lexikograph, der Verfasser eines Wörterbuchs, mit der Arbeit beginnt, müssen drei Dinge geklärt sein: Er muß wissen, welcher Art das Wörterbuch sein soll, er muß formale Ordnungsprinzipien haben, nach denen er das Wörterbuch aufbaut, und er muß für die Stichwörter, die er aufnehmen will, Belege gesammelt haben und wissen, wie man sie umschreiben kann.

Am Anfang steht die Idee

Es gibt viele Möglichkeiten, Wörterbücher zusammenzustellen – man kann ein allgemeines Wörterbuch machen, das Wörter aller Art enthält, oder ein Fachwörterbuch, das nur Begriffe eines bestimmten Wissensbereichs aufnimmt, z. B. ein Wörterbuch der Chemie. Man kann zahlreiche Informationen zu jedem Stichwort geben (Rechtschreibung, Aussprache, Herkunft, Bedeutung, grammatische Angaben) oder sich auf wenige Angaben beschränken. Es kann mit Abbildungen und mit Beispielen für die Anwendung der Wörter angereichert sein. Es kann einsprachig (die Bedeutung der deutschen Wörter wird auf deutsch erklärt) oder zweisprachig sein (für ein deutsches Wort wird z. B. der englische Ausdruck angegeben). Es kann für Erwachsene oder für Kinder bestimmt, klein- oder großformatig, dicker oder dünner, ein- oder mehrbändig sein, wobei die Größe und der Umfang von der Anzahl der Stichwörter und der Menge der Angaben abhängen.

Ordnungsprinzipien

Sobald der Zweck des Wörterbuchs feststeht, muß man Regeln aufstellen, wie es aufgebaut werden soll: Wann soll ein Wort als Hauptstichwort gelten, wann als untergeordnetes Stichwort? Wird z. B. „Schwarzdrossel" als Hauptstichwort aufgeführt, wie die Wörter „schwarz" und „Drossel", oder erscheint es als Unterbegriff bei „schwarz" oder „Drossel"?

„Ins Gras beißen" dürfte ein untergeordnetes Stichwort sein, aber wo findet man es? Unter „Gras" oder unter „beißen"? Stehen ein Substantiv (Hauptwort) und ein Adjektiv (Eigenschaftswort), die gleichlautend sind wie z. B. „Arm" und „arm", in einem Eintrag, weil sie die gleiche Schreibweise haben? Oder bekommen sie zwei Eintragungen, weil es zwei verschiedene Wortarten sind? Und wenn ja, in welcher Reihenfolge? Substantiv vor Adjektiv oder umgekehrt? Und was macht man, wenn ein Wort mehrere Bedeutungen hat? Wie werden sie eingeordnet? Die ältere vor der neuen, die geläufige vor der seltenen, die wörtliche vor der Bedeutung in übertragenem Sinn?

Beispiele und Belege

Ausschlaggebend für die Auswahl und inhaltliche Erläuterung der Stichwörter sind Sprachkenntnis und Sprachgefühl des Autors. Im Idealfall verfügt er aber auch über eine reichhaltige Beispielsammlung für die Verwendung von Wörtern und Redensarten, die aus gedruckten oder gesprochenen Texten stammen. Diese Sammlung sollte den ganzen jeweiligen Sprachbereich abdecken, den der Autor darstellen will. Für ein fachsprachliches Wörterbuch wird sie hauptsächlich Texte des jeweiligen Fachgebiets enthalten; für ein allgemeines Wörterbuch muß sie aber weitaus umfassender sein und wird von literarischen Texten über Zeitungsartikel bis hin zu Witzblättern reichen.

Um die Stichwörter zu ermitteln, die in dem Wörterbuch abgehandelt werden sollen, kann man aus den Beispieltexten die jeweiligen Begriffe herausfiltern und mit Hilfe eines Computers eine Liste erstellen, die alle Stichwörter in alphabetischer Reihenfolge enthält und die angibt, wie häufig das jeweilige Stichwort in welchen Texten und in welchem Zusammenhang vorkommt. Auf diese Weise vermeidet man, daß wichtige Stichwörter und Wortbeispiele übersehen werden.

Darüber hinaus greift der Lexikograph auch auf andere Wörterbücher zurück. Er kann für Fachbegriffe Fachleute heranziehen und für allgemeine Begriffe Menschen nach ihrer Wortwahl und ihrer Reaktion auf bestimmte Redewendungen fragen.

Alle Belege muß der Lexikograph deuten. Wenn jemand z. B. schreibt, man „trägt, was man früher ‚Gewand' nannte", so läßt sich daraus schließen, daß „Gewand" ein altmodisches Wort ist. Doch bevor der Verfasser eines Wörterbuchs einen Begriff mit „veraltet" oder „früher" kennzeichnet, muß er sich vergewissern, ob und von wem das Wort noch verwendet wird.

Organisation des Projekts

Zwar kann ein einzelner ein Wörterbuch zusammenstellen, doch gewöhnlich arbeiten mehrere Leute im Team an dieser Aufgabe. Allein das Sammeln von Beispielen und Belegen erfordert jede Menge Zeit, ebenso die eigentliche Verfassertätigkeit, die Erklärung der einzelnen Stichwörter. Dabei müssen die Lexikographen sich gut abstimmen, damit sich z. B. in einem Fremdwörterlexikon die Eintragungen für „Katabolismus" (Abbau der Stoffe im Körper durch Stoffwechsel) und „Metabolismus" (Stoffwechsel) einander entsprechen, obgleich sie im Alphabet weit auseinanderstehen.

Eine Eintragung kann das Werk eines einzelnen Autors sein; meist aber stammt sie von verschiedenen Fachleuten: Einer befaßt sich mit der Bedeutung, ein zweiter mit der Aussprache, ein dritter mit der Etymologie (Herkunft und Entwicklung des Worts oder der Redewendung).

Heute ist der Computer oft eine große Hilfe, wenn man ein Wörterbuch erstellen will. Er kann Unmengen von Beispielen und Belegen verarbeiten, die Organisation erleichtern – man kann z. B. über den Computer immer wieder aktualisierte Listen mit Begriffen ausdrucken lassen, die man gestrichen hat, um Platz für neue Wörter zu schaffen, und damit vermeiden, daß Verweise ins Leere laufen – und für Einheitlichkeit in der Art der Erklärungen sorgen; Genauigkeit oder Verständlichkeit jedoch kann nur der Lexikograph garantieren.

Das Schreiben des Wörterbuchs

In einem alphabetisch geordneten Wörterbuch stehen verwandte Wörter wie „an", „bei" und „in", „desinteressiert" und „uninteressiert" weit voneinander entfernt. Doch die Eintragungen sind meist zur gleichen Zeit entstanden, um zu gewährleisten, daß sich die Erklärungen entsprechen und durch Querverweise verbunden sind.

In einem allgemeinen Wörterbuch finden sich auch neue Wörter wie „Aids" und neue Bedeutungen alter Wörter wie bei „Quark" (Weißkäse, heute auch physikalische Bezeichnung für ein bestimmtes, nur indirekt nachweisbares Elementarteilchen).

Fachbegriffe lassen sich unter Umständen einfacher erklären als alltägliche Wörter. So ist es leichter, den Unterschied zwischen einem Stalaktiten, einem Tropfsteingebilde, das nach unten wächst, und einem Stalagmiten, einem Tropfsteingebilde, das nach oben wächst, zu erläutern, als den Unterschied zwischen Busch und Strauch zu beschreiben.

Bei den Stichworterläuterungen versucht der Lexikograph stets, zwischen Verständlichkeit und Informationsgehalt abzuwägen. Wenn eine Garnele als „zehnbeiniges Lebewesen" bezeichnet wird, ist das allgemein verständlich ausgedrückt. Wenn man sie jedoch als Dekapode bezeichnet, werden die meisten Leser erst nachschlagen müssen, was ein Dekapode ist. Beim Nachschlagen finden sie dann aber auch weitere nützliche Angaben, so u. a., daß Garnelen mit Hummern und Krebsen verwandt sind, die ebenfalls zu den Dekapoden gehören.

Ein Kompromiß wäre es, eine Garnele als „Dekapode, ein zehnbeiniges Lebewesen" zu beschreiben. Doch eine solche Definition beansprucht mehr Zeilen, der zusätzliche Platzbedarf summiert sich in dem gesamten Wörterbuch, so daß möglicherweise weniger Stichwörter aufgenommen werden können.

Ob die Definition des Wortes „Wasser" auch die chemische Formel H_2O sowie den Gefrier- und Siedepunkt enthält oder ob man Redewendungen wie „jemandem das Wasser abgraben" anfügt, hängt von der Art des Wörterbuchs ab.

Bei allen Schwierigkeiten können sich die Verfasser von Wörterbüchern damit trösten, daß ihre Werke zu den wichtigsten Hilfsmitteln gehören, wenn jemand eine bestimmte Auskunft über die Sprache sucht. Und in einer Welt, in der sich immer differenziertere Fachsprachen entwickeln, die ein Laie kaum noch zu verstehen vermag, kommt den Wörterbüchern eine immer größere Bedeutung zu.

Ein Beispiel mag dies verdeutlichen: Vor einigen Jahren klagte eine Frau, die unter einem ärztlichen Kunstfehler litt, auf Schadensersatz. Auf den Prozeß bereitete sie sich vor, indem sie über sechs Monate lang medizinische Wörterbücher studierte, um sich durch die Fachsprache vor Gericht nicht verwirren zu lassen. Sie hat ihren Prozeß gewonnen.

Wie eine Armee mit Nachschub versorgt wird

Von Januar bis Mai 1942 hatte die Rote Armee bei der Stadt Cholm südlich von Leningrad am Oberlauf der Lowat 5500 deutsche Soldaten von ihren Einheiten abgeschnitten. Es war der strengste Winter seit Jahrzehnten. Bei –30 °C kauerten die von Frostbeulen übersäten, verlausten Soldaten in ihren Schützenlöchern in dem gefrorenen Boden und beteten um Entsatz.

Plötzlich hörten sie in der Ferne leises Motorengebrumm, das zu einem ohrenbetäubenden Dröhnen anschwoll, als 20 Transportmaschinen vom Typ Ju 52, eskortiert von zwei Staffeln Messerschmitt-Kampfflugzeugen, über ihre Köpfe hinweggingen. Vom Himmel herab schwebten

Luftlandekräfte *Während ihrer Ausbildung trainieren amerikanische Ranger, wie man Nachschub hinter feindlichen Linien abwirft.*

Dutzende von Fallschirmen, an denen Kisten voll mit Lebensmitteln, Munition und Medikamenten hingen.

Mehr als drei Monate lang wurden die Belagerten aus der Luft versorgt, so daß sie die Angriffe der Roten Armee erfolgreich abwehren konnten. Am 5. Mai gelang deutschen Panzern von Westen her schließlich der Durchbruch; die Eingeschlossenen von Cholm hatten dank des gut organisierten Nachschubs überlebt.

Logistik – die Versorgung einer Kampftruppe mit Nahrungsmitteln, Munition und Ausrüstung – ist seit jeher ein wichtiger Bestandteil der Kriegführung. In unserer Zeit hängt der Erfolg von Angriff oder Verteidigung mehr denn je von ununterbrochenem, zügigem Nachschub ab. Eine schwerbewaffnete Division mit etwa 16000 Mann und 1000 Panzerfahrzeugen beispielsweise braucht, wenn sie im Kampf steht, pro Tag mindestens 5000 t Munition und 2700 t Treibstoff.

Manöver der amerikanischen Truppen

Wie kompliziert die Organisation des Nachschubs ist, zeigte ein Manöver der amerikanischen Truppen im September 1987, Reforger 87. Ein Teil des Manövers bestand in der bisher umfangreichsten Verlegung amerikanischer Heeresstreitkräfte nach Übersee, die je in Friedenszeiten durchgeführt wurde. Die 35000 Soldaten des 3. Panzerkorps sollten in die Bundesrepublik Deutschland in Marsch gesetzt werden.

Die Truppenangehörigen waren in aktiven und Reserveeinheiten über 30 Bundesstaaten verstreut. Sie wurden mit Flugzeugen oder Wagen zu Militärflugplätzen in den USA gebracht und von dort nach Europa geflogen. Hier transportierte man die 35000 Mann mit Fahrzeugen oder mit der Bahn zu den Militärdepots, wo sie die NATO-Ausrüstung erhielten, oder zu den Häfen, wo sie schweres Kampfgerät übernahmen, das man auf dem Seeweg über den Atlantik gebracht hatte.

Da der Transport von Ausrüstung mit schnellen Handelsschiffen über den Atlantik vier Tage länger als auf dem Luftweg dauert, war es für die Truppen, die als erste in Europa ankamen, wichtig, über die Ausrüstung in den NATO-Depots verfügen zu können.

Nachdem das Korps ausgerüstet war, setzte es sich zu seinem Aufmarschgebiet

Eiserne Ration *Honduranische Infanteristen fassen ihre eiserne Ration während einer Übung mit amerikanischen Truppen.*

Panzerabwurf *Ein 18-t-Sheridan-Panzer wird von riesigen Fallschirmen aus einem amerikanischen Hercules-Transporter gezogen. Dank dieser Technik kann man auch schwere Lasten im Kampfgebiet absetzen, ohne daß das Flugzeug landen muß.*

bei Münster und Osnabrück in Bewegung. Zwei Tage später bewegten sich die beiden Divisionen und die Hilfsbrigaden zu einem nahe gelegenen taktischen Punkt, um aufzutanken und frischen Proviant zu übernehmen (im Ernstfall würde zum Nachschub auch Munition gehören). Zwischen Einberufung und Gefechtsbereitschaft war kaum eine Woche vergangen.

Auch beim Militär nutzt man heute Computer, um Anforderungen unverzüglich weiterzuleiten. Dringenden Nachschub kann man mit Hubschraubern und STOL-Flugzeugen (Kurzstartflugzeugen) einfliegen. Im Ernstfall könnten Supertanker, atomgetriebene Handelsschiffe, Fracht-U-Boote und sogar Luftschiffe den konventionellen Nachschub auf dem Luft- und Seeweg ergänzen.

Strategisch ist jedoch alles unverändert. Die Stoßtrupps der Infanterie, Panzertruppen, Artillerie und Luftstreitmacht können noch so mächtig sein – sobald die Versorgung mit Nahrungsmitteln, Munition und Treibstoff nicht funktioniert, sind die Kampftruppen lahmgelegt. Wie Marschall Rokossowski, ein bekannter sowjetischer Panzerkommandeur im Zweiten Weltkrieg, sagte: „Es ist nicht die Aufgabe der Truppen, an die Nachhut zu denken, sondern die Aufgabe der Nachhut, an die Truppen zu denken."

24 Stunden in einem Luxushotel

Um die erste Stunde eines neuen, schwülen Tages haben sich die meisten der rund 1000 Gäste des Hilton-Hotels in Hongkong in ihre Zimmer zurückgezogen. Die sieben Hotelrestaurants und zwei Bars sind geschlossen; Ladenstraße, Sauna, Fitneßraum, Tennisplätze und Schwimmbad liegen verlassen da; und die Angestellten der Hotelverwaltung haben schon lange Feierabend.

Am Empfang, wo tagsüber bis zu 75 Angestellte arbeiten, halten nur noch die Nachtportiers und einige Mitglieder des Empfangspersonals die Stellung. Die Beleuchtung in den Aufenthaltsräumen und den Korridoren ist gedämpft. Aber große Hotels schlafen nie. Die organisierte Hektik des Tages weicht lediglich der relativen Ruhe einer kurzen Nacht, in der die Vorbereitungen für den nächsten Tag getroffen werden.

So auch im Hilton-Hotel Hongkong, einem 25stöckigen Turm aus Glas und Beton, der unterhalb des Victoria Peak liegt. Während sich die meisten der insgesamt 1250 Hotelangestellten von den Anstrengungen des Tages ausruhen, arbeiten ungefähr 50 Beschäftigte in der Nachtschicht.

Diese nächtliche Seite im Leben eines Hotels bekommen die wenigsten Gäste zu Gesicht.

1 – 7 Uhr: backen und putzen

In der Küche, wo im Lauf von 24 Stunden etwa 3750 Mahlzeiten zubereitet werden, wird seit Mitternacht gebacken: Brot, Kuchen und Gebäck für den Frühstückstisch der Gäste. Insgesamt sind etwa 50 Personen im Hotel für die Zubereitung und das Servieren von Speisen und Getränken zuständig.

Das Putzteam der Nachtschicht spült und scheuert Küchengeräte und poliert das Frühstückssilber. Die Angestellten im Zimmerservice kümmern sich um die Nachtbestellungen und stehen bereit, wenn ein schlafloser Gast telefonisch eine Kopfschmerztablette, ein Glas Whisky oder ein komplettes Menü mit fünf Gängen für sich und seine Freunde bestellt.

Im Untergeschoß haben die Betriebstechniker, die die Installationen des Hotels wie Klimaanlagen, Kühlung, Strom, Warmwasser warten, schon einen Teil der Nachtschicht hinter sich. An einem Tag mit Hochbetrieb werden 819000 l Wasser verbraucht. Und jeden Tag müssen 4,5 t Müll beseitigt werden.

Gegen Morgen werden in der Wäschereiausgabe die letzten Rollwagen mit frischer Wäsche für die Gästezimmer beladen. Die Morgenzeitungen liegen zur Auslieferung auf die Zimmer bereit.

In der Eingangshalle werden die Tafeln mit den Ankündigungen der Veranstaltungen, die im Hotel stattfinden, aufgestellt und die entsprechenden Räume vorbereitet.

7 – 9 Uhr: Auf die Plätze!

Das Hotel ist hellwach – und damit auch viele Gäste, die auf das Frühstück warten. In der Küche herrscht Hochbetrieb. Brot, Kuchen und frisches Gebäck stehen bereit, die Zimmerbestellungen werden erledigt.

Am Empfang löst das Tagespersonal die müde Nachtschicht ab. An- und Abmeldungen werden erledigt, Zimmer zugewiesen, Post verteilt und Auskünfte jeder Art gegeben. Die Zimmermädchen fangen an, die 750 Zimmer in Ordnung zu bringen.

9 Uhr: Das Verwaltungspersonal kommt

Während sich in der Halle der Trubel um die Abreisenden allmählich legt, die letzten Gäste in aller Ruhe frühstücken und das Frühstücksgeschirr abgeräumt wird, beginnt auch für das Verwaltungspersonal der Arbeitstag.

Im Einkaufsbüro wird eine letzte Bestandsaufnahme der Vorräte gemacht, um sicherzugehen, daß alle für diesen Tag benötigten Lebensmittel, Getränke und sonstiges vorhanden sind. Dazu gehören u. a. 3250 Eier, 316 kg Fleisch, 68 kg Fisch, 200 Flaschen Wein, 70 Flaschen Spirituosen, 790 Flaschen Bier und verschiedene andere Dinge, darunter 1200 Blumenarrangements für die Räume. Die meiste Zeit jedoch kümmern sich die Angestellten um die Planung für die nächsten 24 Stunden.

Die Buchhalter setzen sich an ihre Computer und befassen sich mit den Finanzen des Hotels. Im Personalbüro werden an diesem Tag vielleicht Kündigungen ausgesprochen oder neue Leute eingestellt.

Die Verkaufsleiter entwickeln Werbestrategien, damit das Hotel und seine Einrichtungen möglichst voll ausgelastet sind. Dabei geht es nicht nur um möglichst viele Übernachtungen, sondern auch um die Möglichkeiten, Tagungen, Konferenzen, Ausstellungen, Empfänge oder Bankette zu organisieren. Als Ergänzung dazu entwickelt ein fünfköpfiges Team für Öffentlichkeitsarbeit Ideen, wie man das Hotel am besten im Blickpunkt der Öffentlichkeit halten kann.

Die 62 Techniker erledigen die komplette Tagesinspektion des Hotels. Sie führen routinemäßige Wartungsarbeiten und Reparaturen durch und überprüfen u. a. die Sauna, das Schwimmbad und die Geräte im Fitneßclub.

In der Ladenstraße öffnen die rund 60 Läden, die vom Zeitungsstand bis zum Schönheitssalon reichen. Neben der Hotelhalle im Erdgeschoß nehmen die Angestellten des Hotelsekretariats die Arbeit auf. Auch das Sekretariat steht im Dienst der Gäste und bietet u. a. Telefax und Telex, Fotokopiergeräte und die Vermittlung weltweiter Kurierdienste an.

12 – 15 Uhr: Essenszeit

In der Küche sind die Vorbereitungen für das Mittagessen für rund 1500 Personen abgeschlossen. Das Büfett muß um 13 Uhr wieder aufgefüllt werden. In den Restaurants sind die Tische gedeckt, die Reservierungen kontrolliert. Alles in allem sind 200 Köche, Kellner und Tellerwäscher mit dem Zubereiten und Servieren der Mahlzeiten und dem Abräumen und Abwaschen beschäftigt. Der Zimmerservice übernimmt die Tabletts für die Gäste, die lieber in ihrem Zimmer essen, und sorgt dafür, daß die Obstschalen in allen Zimmern aufgefüllt werden.

An der Rezeption und beim Empfangsdienst – einem 43köpfigen Team aus Portiers, Angestellten und Pagen – herrscht nie völlige Ruhe. Neue Gäste treffen ein, die Pagen kümmern sich um das Gepäck und bringen die Gäste zu ihren Zimmern, deren Türen sich mit Computerkarten öffnen lassen statt mit Schlüsseln, die man leicht stehlen und nachmachen kann.

15 – 18 Uhr: Nachmittagstee

Die Restaurants und Bars leeren sich, die Gäste bestellen im Lauf des Nachmittags vor allem Tee – Hongkong ist schließlich immer noch britische Kronkolonie.

In den Zimmern werden die Eisbehälter nachgefüllt, Kellner und Barkeeper bereiten den Service für den Abend vor, in der Küche laufen die Vorbereitungen für das Abendessen auf Hochtouren.

Etwa um 15 Uhr, einmal in der Woche, testen die Betriebstechniker der Nachmittagsschicht den Feueralarm, die Aufzüge und die Lautsprecheranlagen. Bis 16 Uhr sind die 72 Zimmermädchen und 14 Putzfrauen mit ihrer Arbeit fertig.

Inzwischen überprüfen Angestellte im Empfangsbüro die Tagesberichte aus dem Hauswirtschaftsbereich, der nach dem Versorgungsbereich die zweitgrößte Abteilung im Hotel ist. So können Unregelmäßigkeiten in den Gästezimmern rasch vom Etagenpersonal beseitigt werden. Die Hotelwäscherei, die täglich u. a. 10000 Handtücher und 500 Hemden wäscht, hat ihre Arbeit fast beendet.

18 – 20 Uhr: Cocktailstunde

Für die meisten Verwaltungsangestellten endet der Arbeitstag etwa um 18 Uhr, wenn die Gäste gerade ihren Cocktail trinken und ans Abendessen denken. In den Bars führen die 17 Sicherheitsbeauftragten des Hilton diskrete Kontrollen durch. Sie halten Ausschau nach zweifelhaften Damen, bekannten oder mutmaßlichen Kriminellen, Taschendieben, Betrügern und zwielichtigen Gestalten, die sich als Hotelbedienstete ausgeben.

20 – 24 Uhr: Zeit für das Abendessen

Die meisten der 1500 Gäste und Besucher, die das Abendessen im Hotel einnehmen, sitzen zu Tisch. Im Restaurant Eagle's Nest (Adlerhorst) im 25. Stock beginnt die Hotelkapelle mit ihrem vierstündigen Unterhaltungsprogramm. In der Küche wird inmitten des Trubels, den die Ausgabe der Mahlzeiten mit sich bringt, bereits der Bedarf für den nächsten Tag geordert.

In der Rezeption bereiten die Angestellten die Liste mit den Namen der Gäste vor, die am kommenden Tag erwartet werden. Um 23 Uhr ist die Liste fertig.

Mitternacht: Die Nachtschicht beginnt

Der Tag neigt sich seinem Ende zu. Das Signal dazu geben heimlich die Techniker, die die Hintergrundmusik und die Radios auf gedämpfte Lautstärke einstellen. In den Restaurants werden bereits die Tische für das Frühstück gedeckt. In der Küche marschieren die Bäcker auf.

Während die Gäste zu Bett gehen, stellt sich das Hotel auf den Nachtbetrieb ein. Zimmerkellner sammeln die Türanhänger mit den Frühstücksbestellungen ein. Einige Angestellte in der Buchhaltung sind später gekommen und rechnen die Tageseinnahmen zusammen, die sich auf etwa 1,2 Mio. HK$ (rund 270000 DM) belaufen. Eine weitere Nacht mit Vorbereitungen für den nächsten Tag hat begonnen.

An Bord eines Luxusliners

Der Hafen von Southampton liegt in der Nachmittagssonne. Kolonnen von Hafenarbeitern bringen Lebensmittelvorräte an Bord der *Queen Elizabeth 2*, das Flaggschiff der Cunard Line, das als einziges Passagierschiff im Liniendienst den Atlantik überquert. Das Luxusschiff hat um 13 Uhr angelegt und soll sieben Stunden später die Rückreise nach New York antreten.

Es ist keine Zeit zu verlieren. Die meisten Vorräte, darunter Obst und Gemüse, Konserven, tiefgefrorenes Fleisch und Fisch, werden mit Förderbändern über vier schmale Gangways auf das Schiff gebracht. Der Großteil der Getränke wird, in Metallcontainer verpackt, vorsichtig mit dem Kran an Bord gehievt. 27000 l Faßbier werden direkt von Tankwagen, die am Kai parken, in riesige Edelstahltanks gepumpt, die über Rohre mit den sieben Bars an Bord der *Queen Elizabeth 2* verbunden sind. Der Lebensmittel- und Getränkevorrat muß für die fünftägige Atlantiküberquerung ausreichen.

Um 19 Uhr ist der Proviant geladen, und die Putzkolonnen haben Teppichböden von der Fläche von 142 Tennisplätzen mit dem Staubsauger bearbeitet. Die 1000 Mitglieder der Crew befinden sich an ihren Arbeitsplätzen, und die etwa 1800 Passagiere kommen an Bord.

Auf jedem der zehn Passagierdecks befindet sich eine eigene Kombüse, eine Kombination aus Vorratsraum und Küche. Dort können 80 Stewards und Stewardessen alles mögliche zubereiten und den Passagieren in der Kabine servieren, von der ersten Tasse Tee oder Kaffee am frühen Morgen bis zu üppigen Mitternachtsimbissen.

Um 5 Uhr morgens beginnen die Bäcker ihren langen Arbeitstag in den drei Großküchen. Mehrere tausend Brötchen, Croissants und süßes Gebäck werden allein für das Frühstück benötigt. Die Schiffskonditoren backen 6000 Stück Kuchen für den Nachmittag und 5000 Petits fours für das Büfett am Abend.

Um 7 Uhr fangen dann die ersten Köche an, die Zutaten für die Tagessuppen und Eintöpfe – für insgesamt fast 2000 l – vorzubereiten. Und während die meisten Passagiere gerade ihr Frühstück beenden, nehmen die 75 Köche die 2800 Mittag- und Abendessen für Passagiere und Crew in Angriff.

60 Jungköche arbeiten regelmäßig bis zu zwölf Stunden täglich in den heißen, fen-

sterlosen Küchen, oft bis zur Erschöpfung. Gelegentlich quittieren ein paar den Dienst, wenn das Schiff in Southampton oder New York anlegt. Die meisten jedoch nutzen eine solche Reise, um Berufserfahrung zu sammeln und etwas von der Welt zu sehen.

In den Lagerräumen stapeln sich Hunderte verschiedener Lebensmittel. Fast über die ganze Schiffsbreite von 32 m erstrecken sich gewaltige Kühlräume für Fleisch und Fisch. Die Temperatur von –10 °C, die dort herrscht, wäre für jeden, der länger als zwölf Stunden eingeschlossen wäre, tödlich. Für den Fall, daß sich die Türen versehentlich schließen, befindet sich in jedem Kühlraum eine Alarmanlage.

Weiter von den Lagerräumen entfernt liegt der Maschinenraum, bei dem es sich genaugenommen um mehrere riesengroße, zwei Decks hohe Hallen handelt. Jeder der neun Schiffsmotoren erreicht die Ausmaße eines Doppeldeckerbusses. Sie haben eine Leistung von 95680 kW und können das Schiff innerhalb von drei Minuten und 39 Sekunden von einer Spitzengeschwindigkeit von 32,5 Knoten zum Stillstand bringen; die „Bremsstrecke" ist dabei etwa 2 km lang.

Herrscherin der Fjorde *Die* Queen Elizabeth 2 *überquert nicht nur den Atlantik, sondern kreuzt gelegentlich auch in den norwegischen Fjorden.*

Rührwerk *Bereits morgens um 7 Uhr beginnt die Zubereitung der Suppen.*

Kalte Platten *Das Büfett wird von einer dekorativen Eisplastik flankiert.*

Vor dem Auftritt *In der Garderobe machen sich die Tänzer für ihre Show zurecht.*

Reparatur *In der Werkstatt repariert ein Schreiner ein zerbrochenes Bett.*

Vorausplanung *Auf der Brücke legt ein Navigator den künftigen Kurs fest*

Im Maschinenraum befindet sich auch eine Wasseraufbereitungsanlage, die Meerwasser an Bord pumpt und in Trinkwasser umwandelt. Die Anlage verarbeitet etwa 480 t Wasser am Tag, eine Menge, mit der man sieben Becken von der Größe der an Bord vorhandenen Swimmingpools füllen könnte. Zusätzlich produzieren vier Vakuum-Evaporationsanlagen täglich 250 t Wasser. Die Wassertanks, die tief unten im Schiffsrumpf liegen, werden von den Schiffszimmerleuten kontrolliert. Einige Tanks dienen dazu, die Schlingerbewegungen zu dämpfen, andere enthalten Trink- und Brauchwasser.

In einem kleinen Raum über dem Maschinenraum tragen die Drucker ihren Teil zum täglichen Leben auf dem Schiff bei. Spätabends wird in jede Kabine das Veranstaltungsprogramm des nächsten Tages geliefert. Morgens erhält jede Kabine ein Nachrichtenblatt mit den neuesten Meldungen aus aller Welt, die dem Schiff über Satelliten übermittelt werden.

Das Nervenzentrum des Schiffs

Das Nervenzentrum des Luxusliners ist die Kommandobrücke, hoch oben auf dem Signaldeck. Aus Sicherheitsgründen führt nur eine einzige Treppe zur Brücke, deren Eingangstür sich lediglich von innen öffnen läßt. Die Kommandobrücke ist mit den modernsten Navigationssystemen ausgestattet, einschließlich einer automatischen Steueranlage. Doch auch das Handsteuer wird noch benutzt, etwa bei starkem Verkehr oder wenn das Schiff in einen Hafen ein- oder ausläuft. Zusätzlich besitzt das Schiff ein Kollisionswarnsystem, das Kurs, Geschwindigkeit und Fahrtrichtung von bis zu 20 Schiffen gleichzeitig anzeigen kann. Und die *Queen Elizabeth 2* verfügt über das erste Satellitennavigationssystem, das jemals in ein Passagierschiff eingebaut wurde. Es ist mit verschiedenen Satelliten verbunden und zeichnet in Abständen von 35 bis 100 Minuten die Position des Luxusliners auf, und zwar bis auf 100 m genau.

Als Kommandozentrale des Schiffs ist die Brücke telefonisch direkt mit dem Maschinenraum verbunden. Um Irrtümer und Mißverständnisse auszuschließen, werden dem Maschinenraum wichtige Befehle mit verschieden gekennzeichneten Knöpfen erteilt. Wenn also auf der Brücke ein bestimmter Knopf gedrückt wird, leuchtet im Kontrollzentrum des Maschinenraums der entsprechende auf, und der Ingenieur weiß, was er zu tun hat. Die Maschinen können aber auch direkt von der Brücke aus gesteuert werden.

Die Krankenstation des Luxusliners liegt mittschiffs nahe der Wasserlinie, wo die Bewegungen des 292 m langen Schiffs kaum zu spüren sind. Hier arbeiten zwei Ärzte, drei Krankenschwestern und drei Pfleger, die allen Aufgaben gewachsen sind, sei es eine Zahnbehandlung oder eine

Blinddarmoperation in dem komplett ausgestatteten Operationssaal.

Regelmäßig untersucht werden auch alle Mitglieder der Crew, vom Kapitän bis zum Schiffsjungen. Wer Übergewicht hat, wird an Land geschickt, bis die überflüssigen Pfunde verschwunden sind.

Während es in Southampton langsam Nacht wird, haben sich alle Passagiere an Bord eingefunden. Die Überfahrt kann beginnen. Pünktlich um 20 Uhr dampft die *Queen Elizabeth 2* aus dem Hafen heraus in Richtung Atlantik.

Essen und Trinken

Der Crew stehen nach dem Auslaufen arbeitsreiche Stunden bevor. Die Kellner, mindestens zwei für jeweils neun Passagiere, beginnen in den vier Restaurants das Abendessen zu servieren.

Auf der Speisekarte stehen Leckerbissen wie Räucherlachs, Kaviar, Hummer und Austern, dazu erstklassige Spezialitäten von Rind, Lamm und Geflügel. Bis zum Einlaufen in New York werden die Kellner bis zu 5650 kg Fleisch, 5000 kg frisches Obst, 340 kg Hummer, 22 kg Gänseleberpastete serviert haben.

Ferner werden sie eine Batterie von Flaschen entkorkt haben: 600 Flaschen Wein, 500 Flaschen Champagner, 500 Flaschen Whisky, 300 Flaschen Gin und 120 Flaschen Cognac. Und die Barkeeper werden zusätzlich 600 Flaschen Bier und 13650 l Bier vom Faß ausgeschenkt haben.

Insgesamt müssen auf der Überfahrt 25000 Gläser, 32000 Geschirr- und 18000 Besteckteile gespült sowie 3000 Tischtücher gewaschen und neu aufgedeckt werden.

Sport und Unterhaltung

Wer den kulinarischen Verlockungen nicht widerstehen kann, hat ausreichend Gelegenheit für Ausgleichssport. Im Swimmingpool, in den Fitneßräumen, bei Bordtennis, Gymnastik oder Tanzunterricht kann man etwas für seine Linie tun.

In eleganten Boutiquen kann man einkaufen, oder man vertreibt sich die Zeit bei einem Bridgeturnier, läßt sich in einem der Schönheitssalons verwöhnen, leiht sich ein Buch in der Bordbibliothek oder geht ins Kino. Nach dem Abendessen sorgen 60 Entertainer, Musiker, Croupiers, Tänzer und Sänger für die Unterhaltung der Passagiere. Das Nachtleben endet erst im Morgengrauen, kurz vor Frühstücksbeginn, wenn die Kellner wieder im Dienst sind und Stewards und Stewardessen auf Wunsch das Frühstück ans Bett servieren.

Von der Kommandobrücke, die rund um die Uhr besetzt ist, bis zur Dunkelkammer, wo die Fotografen Aufnahmen von den Veranstaltungen des Abends entwickeln, beginnt nun das geschäftige Treiben an Bord des königlichsten Schiffs der Welt von neuem.

Das größte Sportfest der Welt: die Olympischen Spiele

Am Vormittag des 6. September 1972 sprach Avery Brundage, der Präsident des Internationalen Olympischen Komitees (IOC), vor 80000 Trauergästen im Olympiastadion in München. In den frühen Morgenstunden des Vortags waren acht palästinensische Terroristen mit Gewalt in das Olympiadorf eingedrungen, hatten zwei israelische Sportler getötet und neun weitere als Geiseln genommen. Bei dem Versuch, die Geiseln zu befreien, waren am Abend auf dem Flugplatz in Fürstenfeldbruck bei München alle neun Geiseln sowie fünf Terroristen ums Leben gekommen.

Die Spiele wurden unterbrochen, ihr weiterer Verlauf war ungewiß. Dann erklärte der 84jährige Avery Brundage: „Die Spiele sollen fortgesetzt werden. Wir müssen in unseren Bemühungen fortfahren, sie rein und ehrlich zu halten, und versuchen, die sportliche Haltung der Athleten in andere Bereiche zu übertragen."

Ohne die Entscheidung Avery Brundages wären die Spiele möglicherweise abgebrochen, die Zukunft der olympischen Idee in Frage gestellt worden. Da die Planung und Organisation der Spiele sechs Jahre in Anspruch nehmen, waren zu dem damaligen Zeitpunkt die Vorbereitungen für die nächste Olympiade 1976 in Montreal, Kanada, bereits weit fortgeschritten.

Die bisher letzten und von der Teilnehmerzahl her größten Olympischen Spiele fanden 1988 in der südkoreanischen Hauptstadt Seoul statt: 9500 Männer und Frauen aus 160 Nationen traten in 237 Wettbewerben und 28 verschiedenen Disziplinen gegeneinander an. Wie alle Olympischen Spiele seit 1896 war auch diese Veranstaltung vom IOC mit Sitz in Lausanne organisiert worden. Das IOC wählt den Veranstaltungsort und entscheidet, welche Sportarten zugelassen werden.

Die Wahl des Veranstaltungsorts

Kandidaten für die Austragung der Olympischen Spiele können nur Städte, nicht Staaten sein. Auf diese Weise will man eine Einflußnahme der Regierungen weitgehend ausschließen. Vor der Wahl einer Stadt prüft das jeweilige Nationale Olympische Komitee (NOK), ob die Stadt in der Lage ist, die notwendigen Sportstätten zur Verfügung zu stellen. Ist eine Stadt gewählt, so wird ein Organisationskomitee ernannt, das die gesamte Abwicklung plant und beaufsichtigt und dem IOC regelmäßig Bericht erstattet. Die Männer und Frauen, die im Organisationskomitee arbeiten, kommen aus hunderterlei Berufen; sie lassen sich für ein paar Jahre freistellen, um sich ganz dem Mammutprojekt Olympische Spiele zu widmen.

Für die betreffende Stadt bringt die Veranstaltung der Spiele unweigerlich eine Verbesserung, eine Modernisierung und manchmal auch eine Veränderung ihres Stadtbildes mit sich.

Zu den Olympischen Spielen 1972 bekam München seine erste U-Bahn und einen der modernsten und vielleicht auch

Schauplatz des Sports *Für die Olympischen Spiele 1988 wurden 55 ha Reisfelder bei Seoul in einen großen Sportkomplex umgewandelt. Neben dem Olympiastadion (im Vordergrund) baute man drei kleinere Sporthallen; dahinter liegt das Olympische Dorf.*

Flagge zeigen *Bei der Eröffnungsfeier der Olympischen Spiele 1988 in Seoul bildeten Tausende südkoreanischer Freiwilliger die 160 Flaggen der teilnehmenden Nationen. Während die Nationalhymne eines Landes gespielt wurde, hoben sie bunte Pappkarten hoch, aus denen sich die entsprechende Flagge zusammensetzte.*

schönsten Sportparks in Europa. In Seoul wurden innerhalb von 19 Monaten 55 ha Reisfelder in eine Miniaturmetropole aus Beton verwandelt, die den Olympischen Park und das Olympische Dorf beherbergte. Man baute einen neuen Flughafen, eine neue Zufahrtsstraße – den Olympischen Fahrweg – und Wohnungen und Häuser für 35000 Sportler, Journalisten und Funktionäre. Zusätzlich mußten 200000 Besucher in Hotels oder Wohnungen Unterkunft finden. Private Investoren ergriffen die Gelegenheit beim Schopf: Sie bauten Hochhäuser mit Luxusapartments in der Nähe der beiden großen Olympiazentren. Die Apartments standen für umgerechnet 270000 DM zum Verkauf und fanden reißenden Absatz. Für die Dauer der Spiele wurden sie vermietet.

Wohnungen standen auch bei den Olympischen Spielen 1960 in Rom hoch im Kurs. Das Olympische Dorf mit 4500 Wohnungen für 8000 Athleten wurde auf einem 30 ha großen Gelände in der Nähe des Tibers gebaut. Für die 100000 Gäste aus aller Welt hatte man jedoch nicht so gut vorgesorgt. Viele der Besucher, die täglich in Scharen auf dem neuen Flughafen Fiumicino ankamen, mußten in Klöstern und Internaten schlafen oder in Parks und Grünanlagen kampieren. Selbst auf dem Gelände der Hadriansvilla in der nahe gelegenen Hügelstadt Tivoli wurde ein Campingplatz eingerichtet.

22000 Joule am Tag

Eine weitere Aufgabe des Organisationskomitees ist, für die Verpflegung der Sportler zu sorgen. In Montreal 1976 tischten während der 16 Tage der Spiele 1400 Beschäftigte rund 1135 t Fleisch, Fisch und Gemüse auf. Das bedeutete, daß jeder Sportler durchschnittlich 3,5 kg Essen bzw. rund 22000 J täglich zu sich nahm. Serviert wurden diese Massen in einer rund um die Uhr geöffneten Cafeteria, die größer als zwei Fußballplätze war.

Bei den Olympischen Spielen 1984 in Los Angeles bereiteten 135 Köche etwa 60000 Mahlzeiten am Tag zu. Die Frischwaren wurden täglich von über 100 Lieferanten gebracht, darunter 20,4 t Fleisch pro Tag. Für die jüdischen Teilnehmer wurden koschere Gerichte zubereitet (1960 in Rom hatte der Oberrabbiner der Stadt die Zubereitung beaufsichtigt), und Moslems kümmerten sich um die Mahlzeiten für ihre Glaubensbrüder.

Die Anzahl der Köche – in Tokio hatte man 1964 aus Japans Spitzenhotels 300 Küchenchefs angeworben – wird jedoch weit übertroffen von der Zahl der Dolmetscher und Fremdenführer. In Tokio betreuten annähernd 1000 Dolmetscher, in der Sprache des Sports wohl bewandert, die Athleten. In Seoul standen 5000 Dolmetscher zur Verfügung. Sie arbeiteten auch als Übersetzer für die Nationalen Olympischen Komitees, die vielen hundert Diplomaten und die mehr als 1000 Journalisten. Über 30 Sprachen waren zu hören, einschließlich der beiden offiziellen Sprachen des IOC, Englisch und Französisch.

Zusätzlich meldeten sich 1988 fast 30000 Südkoreaner als freiwillige, ehrenamtliche Helfer, die man als Fremdenführer, Platzanweiser und Kartenverkäufer einsetzte. Tausende Englisch sprechende Bewohner von Seoul holten Besucher am Flughafen ab und boten ihnen für die Dauer der Spiele Quartier in ihren Häusern.

Aber in welchem Teil der Welt auch immer die Olympischen Spiele stattfinden, überall spielt das Wetter eine entscheidende Rolle. In Los Angeles 1984 drohte der eine oder andere Wettbewerb am Smog zu scheitern. 1952 in Helsinki, wo die Sowjetunion zum erstenmal an den Olympischen Spielen teilnahm, mußte man stets mit Kälte und Schnee rechnen. Deshalb steht bei allen Spielen ein internationales Team von Meteorologen bereit, das bis zu 20 Wettervorhersagen am Tag herausgibt. Wird starker Wind, Hagel oder Regen vorausgesagt, können Wettbewerbe verschoben werden.

Große Bedeutung haben auch die Sportbulletins bzw. die Computerdienste, die blitzschnell die Ergebnisse der Wettkämpfe bekanntgeben. In dem riesigen Nationalstadion in Tokio z. B. war die elektronische Anzeigetafel so groß, daß bis zu 500 Buchstaben oder Zahlen gleichzeitig aufleuchten konnten. Und die Zeitmeßgeräte gaben bis auf eine Tausendstelsekunde genau an, wie schnell ein Sportler das Ziel erreicht hatte.

Doch trotz sorgfältigster Planung geht bei der Vorbereitung Olympischer Spiele auch immer irgend etwas schief. Ein Paradebeispiel dafür war Montreal. Das Olympische Stadion, 1976 das größte aus Fertigteilen errichtete Bauwerk der Welt, stellte ein schwieriges Problem dar. Zunächst verzögerten politische Streitereien und die komplizierte Konstruktion den Beginn der Montage der 11779 Betonteile. Dann brachten dreimonatige gewerkschaftlich organisierte Arbeitsniederlegungen sowie wilde Streiks und Bummelstreiks der Bauarbeiter die Arbeiten fast zum Stillstand.

Auch Blizzards und Temperaturstürze – die Lufttemperatur erreichte einen Tiefststand von –53 °C – bewirkten weitere Verzögerungen. Einige der 3550 Arbeiter mußten gegen Windböen bis zu 96 km/h kämpfen, und zwölf Menschen starben bei Arbeitsunfällen. Alle diese Zwischenfälle führten dazu, daß die Rasendecke im Stadion erst am Morgen der Eröffnungsfeier gelegt werden konnte.

Nach dem Ende der Spiele beginnt der Ab- oder Umbau der Dörfer zu anderen, gewinnbringenden Zwecken. In München z. B. war das Olympische Dorf in zwei Trakte geteilt, einen für Männer und einen für Frauen. Das Männerdorf wurde in Miet- oder Eigentumswohnungen umgewandelt, das Frauendorf wurde zum Studentendorf.

Die Ausrichtung der Olympischen Spiele ist eine kostspielige Angelegenheit. 1980 kostete die Organisation der Olympiade in Moskau 8000 Mio. $, die Kosten für die Spiele in Seoul acht Jahre später beliefen sich auf „nur" 850 Mio. $. Ein Großteil der Summen stammt von den jeweiligen Regierungen, aber auch von privaten Sponsoren, von Geschäftsleuten und Unternehmen am Ort. Mit einer großen Tombola trugen die Münchner 1972 ihr Scherflein zu der Finanzierung der Spiele bei.

Goldene Fernsehrechte

Doch auch der Gewinn kann beeindrukkend ausfallen. Der Rekordgewinn aus den Olympischen Spielen in Seoul war mit über 500 Mio. $ mehr als doppelt so hoch wie der 1984 in Los Angeles erzielte. Den Hauptanteil am Gewinn in Seoul machte der Verkauf der Fernsehrechte aus – immerhin hat NBC, der amerikanische Fernsehgigant, für die Übertragungsrechte in Seoul 407 Mio. $ bezahlt. Künftig werden diese Summen mäßiger ausfallen; der Boom scheint vorbei zu sein. So zahlt die Fernsehgesellschaft CBS für die TV-Rechte an den Winterspielen 1992 im französischen Albertville erheblich weniger, als ABC vier Jahre zuvor noch für die Winterspiele in Calgary auf den Tisch legen mußte. Aber mit 243 Mio. $ ist der Preis noch immer beachtlich.

Die ersten Olympischen Spiele der Neuzeit wurden 1896 in Athen eröffnet. Ihr Begründer, der französische Pädagoge Pierre de Coubertin, prägte den Wahlspruch: „Nicht gewinnen – aber mitmachen." Es sei aber auch an das Orakel des antiken Gottes Apollon erinnert: „Haltet fest an dem alten Brauch. Vom Kriege haltet euch fern, und gebt ein Zeichen der Welt für brüderliche Freundschaft, wenn die freudige Zeit der vierjährigen Spiele herannaht."

Zutaten für einen Hollywoodfilm: Geld, Macht, Können und Zauberei

Hollywoodfilme entstehen im Chaos der Kreativität, und Erfolg oder Mißerfolg hängt von der Laune des Publikums ab. Feste Regeln gibt es nur während der Produktion, wenn der Film in den Händen der „Macher" liegt.

Die Filmidee

Am Anfang eines jeden Films steht eine Idee, ein Konzept; dieses Konzept kann auf einem Roman beruhen oder einfach nur eine vage Idee sein, die sich lediglich in einem Titel ausdrückt. Der Regisseur Steven Spielberg sagte dazu: „Wenn jemand mir die Idee in weniger als 25 Worten beschreiben kann, läßt sich daraus ein recht guter Film machen."

Manchmal werden die Ideen sehr schnell Wirklichkeit. Als Dino de Laurentiis 1976 eine Neufassung des 1933 entstandenen Films *King Kong* drehen wollte, gab er dem Drehbuchautor Lorenzo Semple jr. nach einer nur zehnminütigen Besprechung grünes Licht. Der Schriftsteller William Goldman dagegen recherchierte mit Unterbrechungen acht Jahre für den Film *Zwei Banditen* (1968), bevor er mit der Arbeit am Drehbuch begann.

Ist eine Filmidee angenommen, fängt der eigentliche Arbeitsprozeß an, bei dem man drei Phasen unterscheidet: Produktionsvorbereitung, Dreharbeiten und Post-production.

Der große Deal

In der ersten, von der Filmwelt als Preproduction bezeichneten Phase wird das Buch geschrieben und wieder umgeschrieben, werden Schauspieler und Techniker engagiert, Drehpläne und Budgets zur Finanzierung aufgestellt, Kostüme und Ausstattung entworfen.

Aber alles fängt mit dem Deal, dem Geschäft, an. Vor Jahrzehnten bestimmten die großen Hollywoodstudios wie Paramount, MGM oder Twentieth Century-Fox über Ideen, Stars, Produktion und Budgets. Heute beschränken sich die Filmgesellschaften auf Finanzierung und Verleih; alle anderen Faktoren müssen im Deal ausgehandelt werden.

Als Geldanlage ist der Film ein Glücksspiel. Wer Zugang zur Filmfinanzierung hat, z. B. Agenten und Manager, besitzt großen Einfluß. Oft sind unabhängige Produzenten die treibende Kraft hinter einem Hollywood-Deal. Ein Produzent verkauft – zum Paket geschnürt – eine Idee (manchmal auch ein Drehbuch), ein oder zwei Stars sowie einen Regisseur an eine Filmgesellschaft, um an das für die Produktion notwendige Geld heranzukommen. Der Preis für ein solches Paket liegt zur Zeit bei etwa 100 000 $. Hat der Produzent seinen Deal unter Dach und Fach gebracht, sind zumindest seine bisherigen Unkosten gedeckt. Jetzt kann er mit der eigentlichen Produktion beginnen.

Das Drehbuch bildet das Gerüst des Films. Als Buch ist es eher spärlich – es umfaßt selten mehr als 135 Seiten – und enthält kaum mehr als die Dialoge und kurze Angaben über Charaktere und Atmosphäre. Die nur grob skizzierten Bilder eines Drehbuchs werden erst durch den Regisseur zum Leben erweckt. Er bestimmt die Kameraeinstellungen, arbeitet mit den Schauspielern und macht, wenn er Glück hat, aus dem Film ein Kunstwerk.

Früher waren Regisseure und Stars an die großen Filmstudios gebunden, die ihnen durch entsprechende Verträge alles aufzwingen konnten, was die Studiochefs wollten, sogar Vertragsverlängerungen. David Niven schrieb: „Mancher von uns hat 12 oder 14 höllische Jahre seines kurzen Schauspielerlebens geopfert, um einen Siebenjahresvertrag zu erfüllen." Heute üben Stars, die Erfolg garantieren, enormen Einfluß aus. Es gibt zu jeder Zeit etwa 15 Topstars, die überall begehrt sind. Da ihre Filme gewaltige Summen einspielen können, ist ihre Gage auch entsprechend hoch. Robert Redford z. B., der 1961 für seinen ersten Film *Hinter feindlichen Linien* insgesamt nur 500 $ erhielt, verdiente 15 Jahre später in *Die Brücke von Arnheim* 100 000 $ am Tag.

Doch oft können nicht einmal Angebote in Millionenhöhe die begehrten Stars lokken, wenn die Rollen nicht ihrem Image entsprechen. So lehnten z. B. Robert Redford, Steve McQueen, Paul Newman und Warren Beatty nacheinander ab, die Rolle des *Superman* (1978) zu spielen, und schlugen damit 4 Mio. $ in den Wind.

Kassenmagneten können aber auch bestimmte Regisseure sein. Erfolg erzeugt Erfolg, doch eine ebenso große Rolle spielt in Hollywood die Flüsterpropaganda. Als George Lucas 1973 *American Graffiti* drehte, nannte sein Studio, die Universal, den Film eine Schande und hätte ihn fast nicht zur Aufführung freigegeben.

Lucas hatte damals in drei Jahren kaum 20 000 $ verdient und war verschuldet. Doch *American Graffiti* wurde ein Hit, und Lucas nutzte seinen Erfolg für einen Deal mit der Twentieth Century-Fox für den Film *Krieg der Sterne* (1977), der ihn zum Millionär machte.

Ein Kapitel für sich sind die Budgets für Spielfilme. Man unterscheidet dabei zwischen Kosten „unter dem Strich", d. h. den

Schauplatz für einen Abenteuerfilm *Die Außenaufnahmen für den Spielfilm* Lord Jim *von 1964 wurden im Fernen Osten gedreht. In dieser Szene steht der Hauptdarsteller des Films, Peter O'Toole – mit schwarzer Mütze –, unter dem Tongalgen, während die Kamera läuft. Auf der Leiter steht ein Beleuchter, hinter dem Star ein Team von Kameramännern und Tontechnikern.*

unmittelbaren Produktionskosten für Ausstattung und Techniker, die auf der Basis des Drehbuchs geschätzt werden, und Kosten „über dem Strich" für Produzenten, Regisseure, Stars und Drehbuchautoren, die ausgehandelt werden. Einer der teuersten Filme, der je gedreht wurde, war *Cleopatra* (1963), der über 40 Mio. $ verschlang und ein kompletter Flop wurde. Die durchschnittlichen Budgets amerikanischer Filme der 80er Jahre bewegten sich bei 10 Mio. $, davon entfallen 7–8 Mio. $ auf die Kosten „unter dem Strich" und 2–3 Mio. $ für die Kosten „über dem Strich".

Die Vorbereitung selbst verhältnismäßig einfacher Filme kann oft Jahre dauern. Die Pre-production für den Film *Die Hunde des Krieges* (1980), der nach dem 1974 erschienenen Bestseller von Frederick Forsyth gedreht wurde, dauerte sechs Jahre. In dieser Zeit warfen zwei Drehbuchautoren und zwei Produzenten das Handtuch, bis John Irvin als Regisseur engagiert wurde. Nach einem dritten Drehbuch suchte man nun einen Drehort für die Außenaufnahmen. Produzent Larry de Waay vereinbarte mit dem Präsidenten der Seychellen, James Mancham, dort zu drehen. Doch noch vor Beginn der Dreharbeiten wurde Mancham gestürzt; die Suche begann von vorn. Schließlich drehte man in dem mittelamerikanischen Staat Belize, und nun liefen die Arbeiten problemlos.

Ein Film wird gedreht

An den Dreharbeiten für einen Spielfilm ist eine kleine Armee von Spezialisten beteiligt, wobei den Verantwortlichen für Kamera und Ton, für die Ausstattung – also Bauten, Dekorationen, Kostüme und Requisiten –, Maske sowie für Spezialeffekte und Filmtricks eine besondere Bedeutung zukommt.

Regiearbeit ist mit dem Leben von Soldaten im Krieg verglichen worden: Stunden tödlicher Langeweile, unterbrochen von Augenblicken höchster Anspannung. Die Aufnahme einer Kampfszene in einem Kriegsfilm kann Millionen kosten, und eine Wiederholung ist im Etat meist nicht vorgesehen. Möglicherweise ist der Regisseur sogar vertraglich verpflichtet, Kosten, die das Budget übersteigen, selbst zu tragen.

Eine große Belastung für einen Regisseur kann auch die Tatsache sein, daß der Film mit dem Engagement seiner Mitarbei ter steht oder fällt. Das gilt besonders für den Kameramann. Der Erfolg von *Apocalypse Now* (1979) von Francis Ford Coppola z. B. hing entscheidend von der Fähigkeit des Kameramanns Vittorio Storaro ab, bis zu zehn Kameras gleichzeitig im Auge zu behalten. Der Ton spielt bei den Dreharbeiten heute meist eine Nebenrolle; er wird nach Abschluß der Dreharbeiten im Studio synchronisiert.

Das Atelier für die Ausstattungen muß Vorstellungen verwirklichen, wie sie Franklin J. Schaffner für *Sphinx* (1980) entwickelte: Er wollte ein ägyptisches Grabmal mit rund 900 juwelenbesetzten Gegenständen. Und für den *Weißen Hai* (1975) mußte ein 7,6 m langer automatischer Hai konstruiert werden.

Die Leiter der Außenaufnahmen spielen ebenfalls eine wichtige Rolle. Für *Apocalypse Now* wurde Vietnam auf den Philippinen rekonstruiert; die dabei auftretenden Schwierigkeiten trieben das Budget von ursprünglich 13 Mio. auf 31 Mio. $ hoch. Die Aufnahmeleiter können Geld sparen, wenn sie die Außenaufnahmen in Nordafrika oder Osteuropa drehen lassen, da hier die Kosten nur halb so hoch sind wie in den USA oder Westeuropa.

Nach den Dreharbeiten muß die Masse belichteten Filmmaterials sorgfältig bearbeitet werden. Geht auch nur eine Spule verloren, kann dies verhängnisvolle Folgen haben, wie folgendes Beispiel zeigt: Im August 1978 überfielen maskierte Männer ein Studio in Boston, raubten 15 ungeschnittene Filmspulen vom *Großen Dings bei Brinks* (1978) und forderten ein Lösegeld von 60000 $. Das Geld wurde nicht bezahlt, der Film wieder ohne die fehlenden Spulen montiert. Er brachte 9 Mio. $ Verlust.

Spezialeffekte und Stunts

Spezialeffekt oder Filmtrick ist die unscheinbare Bezeichnung für eine Tätigkeit, die viel Kreativität verlangt und maßgeblich zum Erfolg eines Films beiträgt. 1966 „erschuf" Les Bowie, ein britischer Fachmann für Spezialeffekte, für *Eine Million Jahre vor unserer Zeit* die Welt in sechs Tagen zum Preis von 1200 £, wobei er Haferbrei als Lava verwendete. Die heutigen Spezialeffekte jedoch erfordern ein hohes Maß an technischen Einrichtungen (siehe Seite 406).

Stunts waren für Filme schon immer wichtig (siehe Seite 414). Die Arbeit eines Stuntman ist gefährlich und wird deshalb hoch bezahlt. In *Auf dem Highpoint flippt die Meute aus* (1982) erhielt Dar Robinson eine Gage von 100000 $ für einen Sprung von einem 553 m hohen Turm in Toronto. Sein Fall wurde mit einem elastischen Kabel abgebremst. Für *Sechs Männer aus Stahl* (1979) sprang A. J. Bakunas aus 107 m Höhe in ein riesiges Luftkissen. Das Kissen riß beim Aufprall, Bakunas war sofort tot. Die Stunts bei Autounfällen, Bränden, Kämpfen und Explosionen fordern extreme Geschicklichkeit, und alle bergen hohe Risiken.

Heftig umstritten sind Stunts mit Tieren. In der ersten Verfilmung von *Ben Hur* (1924–1926) kamen 100 Pferde um. Diese und ähnliche Tierquälereien führten zu verschärften Kontrollen.

Der letzte Schliff: Post-production

Auch der Schnitt – d. h. die Auswahl und Zusammenstellung von Bild- und Tonteilen zu einem Film – kann über Erfolg oder Mißerfolg eines Streifens entscheiden. Manche Szenen werden mehrfach mit unterschiedlichen Einstellungen gedreht, damit der Regisseur die beste Wahl treffen kann. Stanley Kubrick verbrauchte für *Shining* (1980) 320 km Film, verwendet wurde aber letztlich nur 1 %. In der Regel beträgt das Verhältnis 10 : 1 oder 20 : 1.

Ein wesentlicher Teil fehlt noch: die Musik. Sie ist das Bindeglied zwischen Leinwand und Publikum, sie ergänzt die psychologische Wirkung des Films. Wegen des Zeitdrucks arbeitet der Komponist meistens mit Assistenten, die seine musikalischen Skizzen ausarbeiten und Dutzende von Orchesterstimmen schreiben.

Nachdem Schnitt und Montage beendet sind, tritt ein weiterer gewaltiger Apparat in Aktion: die Promotion, die für Werbung sowie für das Kopieren und den Verleih zuständig ist. Für *Alien – das unheimliche Wesen aus einer fremden Welt* (1979) gab die Twentieth Century-Fox z. B. 18 Mio. $ an sogenannten Gemeinkosten aus, d. h. 15 Mio. $ für Werbung und 3 Mio. $ für die Herstellung der Kopien, die dann an mehr als 2000 Kinos verliehen wurden.

Ein Grund für die hohen Gagen liegt darin, daß die Filmgesellschaften höchst ungern Gewinnanteile an Stars, Drehbuchautoren, Produzenten und Regisseure zahlen. Sie weigern sich sogar, überhaupt Gewinne bekanntzugeben. *Alien* z. B., der 10,8 Mio. $ gekostet hatte, spielte im ersten Jahr an den Kinokassen 50 Mio. $ ein, aber die Twentieth Century-Fox schwieg sich über den Gewinn aus.

Eine Ursache für diese Haltung ist, daß Filme grundsätzlich kostenaufwendig sind und nicht nur Gewinne bringen, sondern häufiger gewaltige Verluste. In den 80ern spielten nur drei von sieben großen Spielfilmen Gewinne ein – ein Zeichen, daß das Publikum unberechenbar ist.

Niemand wagt heute mehr, einen Erfolg vorauszusagen. Als Theaterstück war *Ist das nicht mein Leben?* (1981), die Geschichte eines sterbenden Krüppels, sehr erfolgreich; der Film wurde jedoch ein Flop. *Jäger des verlorenen Schatzes* (1982), einer der erfolgreichsten Filme aller Zeiten, wurde zunächst von fast allen großen Filmgesellschaften abgelehnt, bis Paramount zugriff. Columbia prüfte die Idee zu *E. T. – Der Außerirdische* (1982) und kam zu dem Schluß, daß es für dieses Thema kein Publikum gebe – ein gewaltiger Irrtum.

Wie kommt es zu solchen Fehleinschätzungen? Eine Erklärung gibt der Drehbuchautor William Goldman in seinem Buch *Das Hollywood-Geschäft*; seiner Meinung nach gibt es in der Filmbranche nur eine einzige feststehende Tatsache: „Keiner weiß irgend etwas." Mit anderen Worten: Niemand vermag auch nur im entferntesten abzuschätzen, was das Publikum im nächsten Jahr sehen will, und niemand weiß genau, warum ein Film zum Erfolg oder Mißerfolg wird. Man weiß lediglich, daß manche Filme in der Vergangenheit erfolgreich waren, und hofft, entgegen aller Vernunft, daß ähnliche Konzepte auch in Zukunft Anklang finden werden.

Ein Glücksspiel: die Inszenierung eines Musicals

Die Lichter erlöschen, das Stimmengewirr verstummt, die Zuschauer lehnen sich in ihren Sesseln zurück. Der Vorhang hebt sich zu einem Abend mit Musik, Tanz und bekannten Songs.

Von keinem anderen Genre in der Unterhaltungsbranche fordert das Publikum jeden Abend, manchmal über Jahre hinweg, eine so vielfältige Mischung aus sprühenden Einfällen und Schauspielkunst, wie sie das Musical bietet. Wie aber kommt eine erfolgreiche Musicalaufführung zustande?

Die Inszenierung eines Musicals verlangt nicht nur alles das, was man auch braucht, um ein konventionelles Theaterstück auf die Bühne zu bringen; vielmehr stellt ein Musical noch ganz spezifische Anforderungen. An erster Stelle steht natürlich die Musik, die komponiert, für ein Orchester eingerichtet und der Handlung angepaßt werden muß. Eine zweite wichtige Rolle spielt die Choreographie für die Tanzszenen. Bühnenbild und Kostüme sind im allgemeinen aufwendiger als sonst auf der Sprechbühne. Die Schauspieler müssen singen und tanzen können. Und nicht zuletzt muß das Theatergebäude für diese Art der Vorstellung groß genug sein, eine gute Akustik und einen Orchestergraben besitzen.

Aus diesen Gründen gehören Musicals zu den teuersten Theaterproduktionen. Die Inszenierung von Andrew Lloyd Webbers *Das Phantom der Oper* im Londoner West End kostete etwa 2 Mio. £, und in New York am Broadway belaufen sich die Startkosten für ein Musical auf durchschnittlich 7 Mio. $.

Ein erfolgreiches Musical kann phänomenale Ergebnisse einspielen. Andrew Lloyd Webbers Musical *Cats* brachte Mitte der 80er Jahre innerhalb von drei Jahren 250 Mio. £ ein. Ein Mißerfolg kann jedoch ebenso spektakulär sein, besonders am Broadway, wo das Schicksal eines Musicals am Premierenabend von den Kritikern entschieden wird.

Der entscheidende Mann
Risiko und Verantwortung für die Inszenierung eines Musicals liegen beim Produzenten. Er besorgt die Gelder und überwacht die gesamte Produktion. Es gibt zwei Arten von Produzenten: den Impresario und den Produktionsleiter.

Impresarios arbeiten selbständig mit eigenen Produktionsorganisationen. Sie entscheiden weitgehend unabhängig, was sie wann und wo inszenieren wollen. Lediglich ihre finanziellen Mittel verlangen von ihnen gewisse Einschränkungen. Impresarios müssen nämlich in der Lage sein, die enormen Rechnungen, die bei einer Musicalproduktion anfallen, zu bezahlen. Und wenn sie die Unterstützung von Geldgebern finden wollen, müssen ihre Projekte annehmbare Gewinne versprechen.

Produktionsleiter dagegen sind meist Angestellte eines Theaters, in dessen Auftrag sie ein bestimmtes Stück produzieren. Wegen der hohen Kosten liegt die Produktion großer Musicals meist in den Händen von Impresarios. Doch es gibt auch verschiedene Formen der Zusammenarbeit zwischen Impresarios und Theatern. Sowohl *Cats* als auch *Das Phantom der Oper* wurden als Koproduktionen des Londoner Impresarios Cameron Mackintosh und der Theatergruppe von Andrew Lloyd Webber, The Really Useful Theatre Company, präsentiert.

Die Wahl des Themas
Musicals bestehen aus drei wesentlichen Elementen: Songs, Dialogen und Musik. Selten liegen diese Bestandteile fertig vor, wenn der Produzent sich erstmals damit befaßt, denn in der Regel hat ein Musical mindestens drei Väter.

Die Handlung vieler bekannter Musicals basiert auf Werken, die bereits existieren. *Kiss Me Kate* und *West Side Story* machten kräftige Anleihen bei Shakespeare; *My Fair Lady* entstand nach einer Komödie von George Bernard Shaw. Für *Cats* standen heitere Gedichte von T. S. Eliot Pate. Und *Oliver, Les Misérables* und *Der Mann von La Mancha* waren Bearbeitungen nach Romanen von Charles Dickens, Victor Hugo und Miguel de Cervantes. Bei der Übernahme einer fertigen Story können Autor und Komponist davon ausgehen, daß der Inhalt seine Attraktivität bereits bewiesen hat.

Wie sich die verschiedenen Elemente eines Musicals zusammenfügen, zeigt die Entstehungsgeschichte des *Phantoms der Oper*. Der 1911 erschienene gleichnamige Roman des französischen Journalisten Gaston Leroux wurde bisher dreimal verfilmt; 1984 brachte das Royal Theatre in Stratford-upon-Avon eine Bühnenfassung heraus, die mit Musik von Giuseppe Verdi und Jacques Offenbach, Opernkomponisten des 19. Jh., untermalt war. Diese Aufführung weckte das Interesse des Komponisten Andrew Lloyd Webber, der überlegte, wie er sie für das Londoner West End bearbeiten könnte. Ursprünglich wollte er die Musik übernehmen, entschloß sich dann aber doch zu einer eigenen Komposition.

Das Projekt befand sich noch im Planungsstadium, als sich Lloyd Webber wegen einer Koproduktion an den Impresario Cameron Mackintosh wandte.

Der Schöpfungsprozeß als Teamwork
In jeder Bühnenproduktion nimmt der Regisseur eine Schlüsselstellung ein. Er verantwortet gegenüber dem Produzenten die Besetzung und alle künstlerischen und technischen Aspekte der Aufführung. Er trägt auch die Verantwortung für die Einstudierung der Rollen und für die Proben mit den Technikern, für Ton, Beleuchtung und Bühnenbild.

Lloyd Webber wählte als Regisseur Harold Prince, der schon am Broadway mit *Anatevka* und *Evita* große Erfolge gehabt hatte. Bühnenbilder und Kostüme sollte Maria Björnson entwerfen, die zuvor für die Englische Nationaloper und die Royal Shakespeare Company gearbeitet hatte.

Die Texte für die Songs schrieb Charles Hart, ein junger, bisher unbekannter Autor, auf den Lloyd Webber bei einem Wettbewerb aufmerksam geworden war. Die Dialoge stammten von Lloyd Webber selbst und Richard Stilgoe, der auch noch einige weitere Songtexte verfaßte.

Die Besetzung der Rollen
Bei größeren Produktionen überlegt man mindestens ein Jahr im voraus, mit wem man die Hauptrollen besetzen will. Dieser frühe Zeitpunkt garantiert eine noch große Auswahl unter erstklassigen Sängern und Schauspielern, die später vielleicht anderweitig verpflichtet sein könnten. Und da zugkräftige Namen helfen, die erforderlichen Finanzen zu beschaffen, hat der Produzent das letzte Wort bei der Entscheidung, wer die Hauptrollen spielen soll; allerdings läßt er sich dabei vom Regisseur beraten. Die anderen Rollen besetzt der Regisseur eigenständig.

Die weibliche Hauptrolle der Christine im *Phantom der Oper* schrieb Lloyd Webber seiner Frau, der Sopranistin Sarah Brightman, auf den Leib. Sie gehörte damals noch nicht zur ersten Garnitur, so daß zunächst auch andere zum Vorsingen eingeladen wurden, bevor man die Rolle dann schließlich doch an sie vergab.

Bühnenbild mit Leiche *Das Modell eines Bühnenbilds von Maria Björnson für* Das Phantom der Oper *zeigt eine der dramatischsten Szenen des Musicals: Die Leiche eines Bühnenarbeiters fällt plötzlich aus dem Schnürboden.*

Vom Probenraum zur Bühne *Schauspieler studieren vor den Spiegeln des Probenraums eine Szene aus dem Musical* Der Zauberer von Oz *(links) ein. Unten die gleiche Szene im Kostüm auf der Bühne.*

Der männliche Hauptdarsteller, Michael Crawford, wurde von Lloyd Webber persönlich ausgewählt. Crawford war in England durch eine Fernsehserie jedermann bekannt, und auch mit dem Musical *Barnum*, das lange im West End lief, feierte er Riesenerfolge.

Die Finanzierung

Während der Regisseur die künstlerische Seite der Produktion betreut, kümmert sich der Produzent um ein ausreichendes Finanzpolster. Sein Finanzplan führt alle Kosten einzeln auf.

Bestimmte Ausgaben stehen von Anfang an fest, so z. B. die Kosten für Bühnenbilder und Kostüme, die in jedem Fall gebraucht werden, gleichgültig, wie lange eine Inszenierung läuft. Für das *Phantom der Oper* betrugen sie 900 000 £.

Andere Aufwendungen wie die Theatermiete und die Gagen für die Mitglieder des Ensembles sind nur zum Teil Festkosten. Sie entfallen, wenn das Musical abgesetzt wird.

Weitere Ausgaben sind als feste Prozentsätze mit den Einnahmen aus der Produktion gekoppelt. Der Hauptdarsteller erhält meist ein Pauschalhonorar während der Proben und vielleicht 2 % aus dem Kartenerlös, bis die Show die Investitionskosten eingespielt hat; danach bekommt er 12,5 % vom Kartenerlös. Andere unentbehrliche Mitarbeiter wie Designer und Dirigent erhalten einen geringeren Prozentsatz von etwa 2 %, desgleichen die Textautoren und der Komponist.

Je weniger Fremdmittel der Produzent aufnehmen muß, um so größer ist sein Gewinn. Doch nur wenige Impresarios wollen das ganze Risiko allein übernehmen. Ihre Eigenanteile liegen zwischen 10 und 70 %, die entweder als Bargeld oder als persönliche Bürgschaft für die Aufnahme von Darlehen zur Verfügung stehen.

Die restliche Finanzierung übernehmen Unternehmen oder einzelne Investoren, die Geld in eine Show stecken, anstatt Aktien zu kaufen. Die meisten Produzenten haben ihre eigene Liste mit Unternehmen und Persönlichkeiten, die als Geldgeber in Frage kommen. Gelegentlich wird für solche Investitionsmöglichkeiten aber auch öffentlich geworben. Die Geldgeber sehen jedoch erst dann einen Gewinn, wenn die Startkosten der Produktion voll gedeckt sind.

Koordination *In der Regiekabine koordiniert die Regieassistentin an ihrem elektronischen Schaltpult Beleuchtung, Ton und Spezialeffekte für das Musical* Phantom der Oper.

Musicalproduzenten haben aber noch andere Finanzierungsmöglichkeiten. So können sie z. B. die Rechte an den Schallplattenaufnahmen oder Lizenzen zur Herstellung von Waren verkaufen, die mit der Show zusammenhängen. Auf diesen Gebieten leisteten Lloyd Webber und der Songtexter Tim Rice gleichsam Pionierarbeit, als sie bei *Jesus Christ Superstar* und *Evita* zusammmenarbeiteten und bereits vor der Premiere Platten und Videos verkauften, um das Interesse des Publikums zu wecken und um gleichzeitig die Resonanz zu testen sowie fehlende Gelder zu beschaffen.

Ist die finanzielle Seite geregelt und hat sich die Truppe zusammengefunden, kann der Produzent ein Theater anmieten und den Termin der Premiere festlegen. In den USA werden Musicals zunächst in der Provinz getestet. Je nach der Resonanz beim Publikum ist das Stück dann gestorben oder wird nach mehr oder weniger einschneidenden Veränderungen am Broadway herausgebracht. Die erste Broadway-Aufführung gilt dann als Uraufführung.

Die Musik für Solisten, Chor und Orchester wird vom Dirigenten zusammen mit dem Komponisten überarbeitet und arrangiert. Gleichzeitig arbeitet der Ausstatter an den Bühnenbildern und Kostümen. Für die Bühnenbilder entstehen zunächst Skizzen oder detaillierte Modelle, die in jedem Stadium vom Produzenten und Regisseur genehmigt werden müssen.

Eine Reihe von Spezialisten übernimmt besondere Aufgaben wie Beleuchtung oder Maske. Ein Schreinermeister zimmert mit seinen Assistenten die Bühnenausstattung, in der Schneiderei werden die Kostüme genäht. Der Requisiteur beschafft sämtliche Requisiten.

Der Regisseur hat inzwischen für eine Zweitbesetzung – Ersatzspieler für die Hauptrollen – sowie für „Springer" oder Anfänger gesorgt, die bei Ausfällen kleinere Rollen übernehmen können.

Proben für den großen Tag

Sobald sie engagiert sind, fangen die Schauspieler an, sich mit den Texten vertraut zu machen. Der Regisseur führt Sprechproben mit dem ganzen Ensemble durch, wobei er seine Auffassung des Stücks und der einzelnen Rollen darlegt.

Die Sprechproben können an jedem beliebigen Ort stattfinden. In der nächsten Phase jedoch, wenn sich die Schauspieler nach den Regieanweisungen bewegen sollen, ist ein Probenraum oder eine Probebühne notwendig. Das Bühnenbild ist zu diesem Zeitpunkt noch nicht vorhanden. Deshalb werden die Positionen der Spieler mit farbigem Klebeband oder mit Kreide auf dem Bühnenboden markiert.

Die Proben werden mit einzelnen Schauspielern, mit Gruppen oder mit dem ganzen Ensemble durchgeführt. Der musikalische Leiter veranstaltet zusätzlich eigene Proben für die Sänger und den Chor, und der Choreograph studiert die Tänze und Showeinlagen ein. Für schwierige Stunts oder Kampfszenen wird eventuell ein Arrangeur verpflichtet.

Unter den Augen des Regisseurs verschmelzen die einzelnen Elemente allmählich zu einem Ganzen, der Umzug auf die Hauptbühne, auf der die Aufführung schließlich stattfinden soll, rückt näher. Sind die Bühnenbilder fertig, werden mit den Bühnenarbeitern die Szenenwechsel eingeübt. Beleuchtung und Spezialeffekte werden geprobt, Gesangs- und Tanznummern in die Proben mit einbezogen.

Die Generalprobe findet wenige Tage, maximal eine Woche vor der ersten öffentlichen Aufführung statt. Jetzt ist das Bühnenbild installiert, die Beleuchtung funktioniert, die Schauspieler tragen Kostüme und Masken, und spätestens jetzt ist das Orchester vollständig besetzt. Die Generalprobe ist die letzte Gelegenheit, noch notwendige Änderungen vorzunehmen. Wenn das Theater für die Premiere seine Pforten öffnet, muß die Inszenierung stehen. Und nun entscheiden Publikum und Kritiker, ob ein Musical ein Erfolg oder ein Reinfall wird.

Bergrettung: die gefährliche Arbeit der Bergwacht

Peitschender Eisregen, Windböen und Schneeschauer hielten zwei junge Bergsteiger, Philippe Berclaz und Philippe Héritier, auf einem winzigen Vorsprung in mehr als 3000 m Höhe in den Schweizer Alpen vier Tage lang gefangen.

Die zwei Männer, beide Anfang 20, waren an einem schönen Tag im August 1975 aufgebrochen, um die fast senkrechte Nordostwand des Piz Badile zu besteigen. Der Berg erhebt sich wie eine gigantische Messerklinge 3300 m hoch an der Grenze zwischen der Schweiz und Italien. Die zwei Bergsteiger hatten sich dem Gipfel bis auf etwa 150 m genähert, als sich dunkle Wolken über den Abhang wälzten und ein Schneesturm losbrach.

Die beiden konnten weder den Gipfel erreichen noch an ihren Ausgangspunkt zurückkehren. So seilten sie sich 40 m weit auf einen schmalen Vorsprung ab, unter dem ein 670 m tiefer Abgrund gähnte. Sie banden sich mit Mauerhaken und Seilen an der Granitwand fest und verbrachten zwei Tage in klirrender Kälte. Immer wieder riefen sie nach Hilfe, doch bei dem starken Wind verhallten ihre Rufe ungehört.

Endlich, am Nachmittag des dritten Tages, brach die Wolkendecke auf, der Sturm ließ nach, und zwei deutsche Touristen tief unten im Tal hörten die verzweifelten Hilfeschreie. Die Nachricht über die Notlage der beiden jungen Männer wurde telefonisch an den Schweizer Luftrettungsdienst in Zürich weitergegeben, eine Organisation freiwilliger Helfer bei der Schweizer Bergwacht. Inzwischen aber war die Abenddämmerung hereingebrochen und

Bergungsschlitten *Eine Rettungsmannschaft bringt einen verletzten Bergsteiger mit einem Bergungsschlitten in Sicherheit.*

der Piz Badile im dichten Nebel verschwunden. An diesem Abend war jeder Rettungsversuch unmöglich.

Erst am nächsten Morgen konnte der Luftrettungsdienst in Aktion treten. Man rief Beat Perren an, den Leiter der Air Zermatt, eines kommerziellen Hubschrauberdienstes, und beauftragte ihn mit der Bergung. Innerhalb weniger Minuten flogen er und sein Chefpilot, der gebürtige Deutsche Siegfried Stangier, mit einem Lama-Hubschrauber, der mit einer Winde ausgerüstet war, die 160 km zum Piz Badile.

Etwa eine Stunde später hatten sie den Berg erreicht und sahen die beiden hilflosen Bergsteiger, die wie Fliegen an der weißen Nordostwand klebten. Starke Windböen ließen befürchten, daß der Hubschrauber mit den wirbelnden Rotorblättern den Berg berühren und zerschellen würde. Siegfried Stangier konnte sich nicht so nah an die zwei Bergsteiger heranmanövrieren, wie er es sich vorgestellt hatte.

Also ließen die beiden Männer im Hubschrauber ein Kabel 45 m tief auf den Vorsprung hinab. An diesem Kabel befestigt war ein Sack, der ein Walkie-talkie, warme Kleidung, getrocknetes Rindfleisch, Vitaminbonbons und Thermosflaschen mit heißem Tee enthielt. Die Bergsteiger nahmen sofort Funkkontakt mit ihren Rettern auf und meldeten, sie hätten noch so viel Kraft, daß sie ihre Gurte in den Karabinerhaken am Kabel einhängen könnten.

Erst um 18 Uhr ließ der Wind endlich nach. Das Rettungsmanöver

Lawinensuchdienst *Suchtrupps sind speziell ausgebildet, mit Sonden nach Lawinenopfern zu suchen.*

Suchhunde *Ein Schäferhund wird von einem Hubschrauber abgesetzt, um nach Menschen zu suchen, die unter einer Lawine begraben wurden.*

konnte beginnen. Als erster sollte Philippe Berclaz geborgen werden.

Vorsichtig manövrierte Stangier den Hubschrauber, bis die Spitze des Rotors nur noch etwa 7,5 m von der Bergwand entfernt war. Berclaz machte sich von der Wand los und hielt sich an Héritiers Taille fest, der noch an dem Granitfelsen angeseilt war. Héritier ergriff das Kabel mit empfindungslosen, erfrorenen Fingern und ließ den Karabinerhaken des Kabels in den Seilgurt seines Kameraden einschnappen.

Plötzlich wurde Berclaz in die Luft gerissen und zerrte seinen Freund von dem Vorsprung. Hilflos hing Héritier über dem Abgrund, gehalten von seinem Seil und den Mauerhaken. Mit letzter Kraft gelang es ihm, sich wieder auf den Vorsprung hinaufzuziehen. Inzwischen wurde Berclaz, der am Hubschrauberkabel hing, zu einer Schutzhütte auf der Hochebene über dem Dorf Bondo zwischen Sankt Moritz und der italienischen Grenze geflogen. Dort brachten ihn Helfer vorsichtig auf den Boden. Danach wiederholte sich das Manöver, und bald schwebte auch Héritier durch die Luft in die Sicherheit.

Rettung aus Bergnot

Seit Beginn der 70er Jahre hat sich der Einsatz von Hubschraubern als eine effektive Methode erwiesen, in Bergnot geratene Menschen zu finden und zu bergen. Doch nicht in jedem Fall bieten sie die ideale Lösung. Hubschrauber können bei starkem Wind, heftigem Schneefall und dichter Wolkendecke nicht in Aktion treten. Auch kann das Rotorgeräusch Lawinen auslösen. Sie eignen sich für waghalsige Rettungsmanöver, nicht aber für den Flug zu einem weit entfernten Ort oder für lang andauernde Manöver, weil sie dafür meist nicht genug Treibstoff haben.

In solchen Fällen greift man auf traditionelle Methoden zurück, um Menschen zu retten, die im Berg festsitzen oder unter Lawinen begraben sind.

Fast in jeder Gebirgsregion gibt es einen Bergrettungsdienst. In den beliebtesten Urlaubsgebieten wie in den Alpen, im Schottischen Hochland und in den Rocky Mountains in den USA sind es meistens speziell ausgebildete, berufsmäßige Rettungsmannschaften, die – um ihre Aktionen abstimmen zu können – über ein ausgeklügeltes Kommunikationsnetz verfügen. Überall arbeiten Bergwachtsorganisationen mit den Streitkräften, der Polizei, dem Roten Kreuz und anderen ärztlichen Versorgungseinrichtungen, ferner mit verschiedenen Spezialrettungsdiensten wie Küstenwacht und Hundeausbildern zusammen.

Eine Mannschaft der Bergwacht besteht aus einem Mannschaftsführer, der die Bergungsaktion von einem Standort in der Nähe des Berges aus lenkt, dem Suchtruppführer, der das Team bei der Suche und Bergung anführt, und so vielen Leuten, wie nach dem Umfang des Unfalls oder der Katastrophe erforderlich sind.

Die Mitglieder der Bergwacht sind fast immer erfahrene, ortsansässige Bergsteiger, die mit dem Gelände und mit den Wetterverhältnissen vertraut sind. Sie können in Schnee, Eis, kahlem Fels und bei widrigem Wetter arbeiten. Sie haben eine Erste-Hilfe-Ausbildung absolviert, doch zu größeren Mannschaften gehören auch Ärzte. Die Verständigung während einer Rettungsaktion erfolgt über Funk oder tragbare Telefone. Je nach Gelände und Jahreszeit macht die Mannschaft den Aufstieg zu Fuß oder auf Skiern; auch Pferde, Geländewagen, Schlitten, Schneemobile oder Hubschrauber werden eingesetzt.

Oft gehen speziell ausgebildete Hunde mit, um Vermißte zu finden oder Menschen aufzuspüren, die unter Lawinen begraben sind. Ein einziger Hund kann mit seinem ausgeprägten Geruchssinn 20 Männer ersetzen, wenn es darum geht, ein bestimmtes Gebiet abzusuchen. Die Hunde, meistens Deutsche Schäferhunde, Labradors und Collies, sind darauf trainiert, jede Person aufzuspüren. Bernhardiner, die man traditionellerweise mit der Bergrettung in Verbindung bringt, sind für die Suche in unwegsamem Gelände zu schwerfällig.

Ein Hund als Wärmflasche

Im März 1985 machte eine Gruppe von Seeleuten der Königlichen Marine, neun Matrosen, zwei Offiziere und eine Angehörige des Women's Royal Naval Service, eine Bergwanderung in Wales. Auf einem schlüpfrigen Vorsprung, 150 m unterhalb des Gipfels des 1000 m hohen Glyder Fawr, saßen sie plötzlich fest. Als die Gruppe um 21.30 Uhr an demselben Abend nicht zurückgekehrt war, wurde sie als vermißt gemeldet.

Zwei Bergrettungsmannschaften brachen auf, desgleichen Philip Benbow, ein Mitglied des Vereins für Such- und Rettungshunde. Mit Jet, seinem schwarzen Labrador, arbeitete er sich in der Dunkelheit voran. Jet schnüffelte, um die Witterung von Menschen aufzunehmen. Plötzlich schoß der Hund einen steilen Abhang hinauf, gefolgt von seinem Herrn, der sich von einem grünen Lämpchen am Geschirr des Hundes leiten ließ. „Jet war weit voraus, als ich an seinem Gebell erkannte, daß er die Gruppe gefunden hatte", sagte Benbow später. „Die junge Frau war am stärksten ausgekühlt, deshalb steckte ich Jet zu ihr in den Schlafsack, um sie zu wärmen. Die Körpertemperatur eines Hundes ist höher als die des Menschen, deshalb ist ein Hund eine gute Wärmflasche."

Benbow setzte sich über Funk mit der Zentrale der Bergwacht in Verbindung, und bald traf auch die Suchmannschaft bei den Vermißten ein. Bei Tagesanbruch holte ein Hubschrauber der Royal Air Force die Gruppe, einschließlich Jet und Benbow, ab und brachte sie in Sicherheit. „Besonders fröhlich sah Jet nicht aus, als wir am Hubschrauber baumelten", kommentierte Benbow, „aber Dienst ist Dienst."

Rettung mit dem Seil *Ein Bergsteiger wird abgeseilt, um einen Mann aus einer Gletscherspalte zu bergen.*

Tarnen, täuschen und entlarven

Ob Krieg oder Frieden – der Kampf endet nie. Ständig versuchen die Menschen, andere durch Täuschung zu überlisten und verborgene Wahrheiten zu enthüllen.

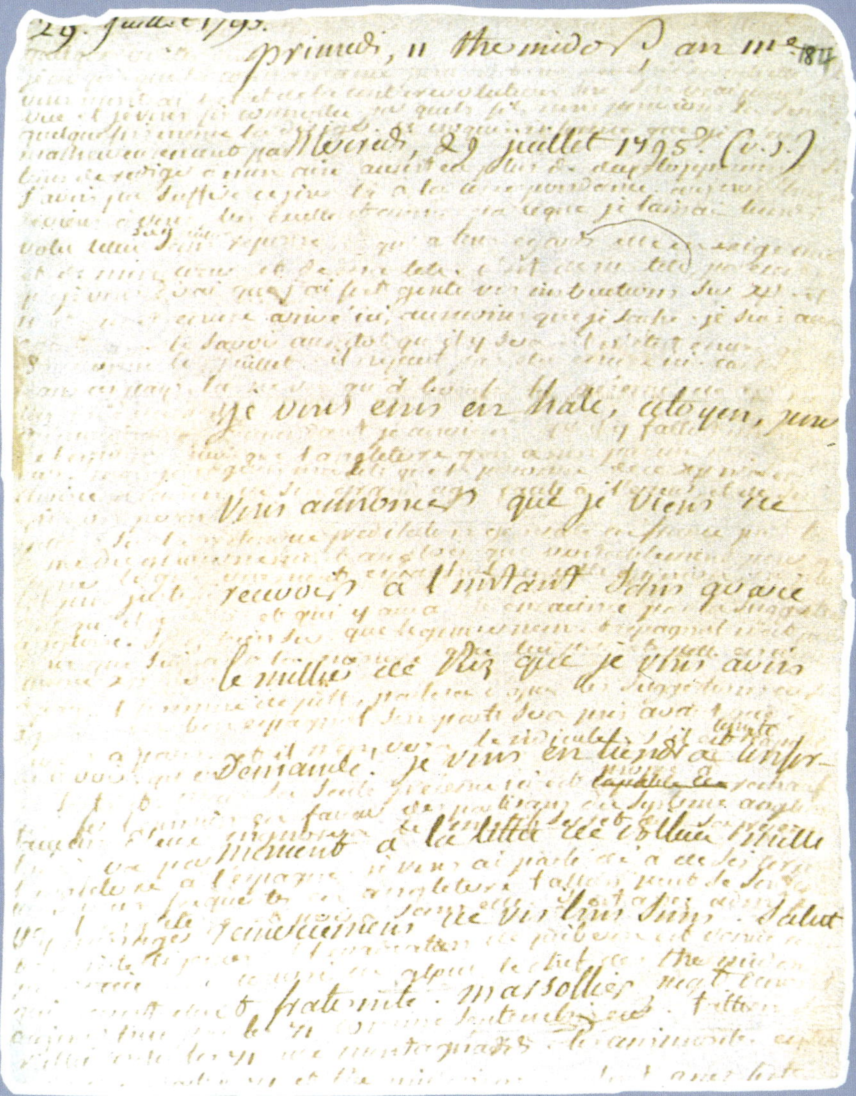

Wie man Nachrichten mit unsichtbarer Tinte schreibt, Seite 81

Wie Fotos lügen können, Seite 82

Wie Tarnung funktioniert, Seite 76

Das Flugzeug mit der Tarnkappe

Ab Mitte der 50er Jahre wurde die Lockheed U-2 vom amerikanischen CIA eingesetzt, um Luftaufnahmen von der Sowjetunion zu machen. Die U-2 flog in 24 000 m Höhe – außerhalb der Reichweite der sowjetischen Luftabwehr – und war auch vom Radar nicht zu entdecken.

Diese ungewöhnlichen Maschinen waren kaum mehr als Segelflugzeuge aus Sperrholz und Kunststoff mit Düsenantrieb. Beim Start warfen sie die kleinen Holmräder an den Flügelspitzen ab und landeten später auf den einziehbaren Haupträdern am Rumpf.

Erst über vier Jahre später, im Mai 1960, gelang es den Russen mit Hilfe der neuen Radarausrüstung der Boden-Luft-Rakete SA-2, eine Maschine zu orten und abzuschießen. Allerdings gelang ihnen noch immer kein unmittelbarer, sondern nur ein Beinahetreffer, der jedoch letztlich auch zum Ziel führte: Eine Rakete explodierte so nahe an dem zerbrechlichen Flugzeug, daß es ins Trudeln geriet und der Pilot Gary Powers aussteigen mußte.

Der Erfolg der U-2 führte in den USA zu dem Forschungsprojekt Stealth, der Entwicklung eines für Radar unsichtbaren Militärflugzeugs.

Daß die U-2 so lange unentdeckt blieb, lag daran, daß sie aus nichtmetallischem Material gebaut war, das die Radarwellen nicht zur Bodenstation zurückwarf. Diese Erkenntnis war für die nachfolgenden Entwicklungen von grundlegender Bedeutung.

Ziel des Stealth-Programms war die

Stealth-Bomber *Der amerikanische B-2 Stealth-Bomber wird durch einen Spezialanstrich für feindliches Radar fast unsichtbar. Nur die fächerförmigen Flügel reflektieren die Radarwellen schwach.*

Konstruktion eines Hochleistungs-Militärflugzeugs. Auf Metall wurde soweit wie möglich verzichtet, und für die Außenhaut verwendete man ein Material, das die Radarwellen schluckt. So sollte das Flugzeug kaum zu orten sein, und radargesteuerte Luftabwehrsysteme wären nutzlos.

Ausgewählte Ziele

Der unter höchster Geheimhaltung entwickelte, high-tech-bestückte B-2 Stealth-Bomber wurde im November 1988 im Werk der Firma Northrop in Palmdale, Kalifornien, vorgestellt.

Die geladenen Gäste und Journalisten mußten Abstand wahren von der Maschine, deren Aufgabe es ist, unentdeckt durch die feindliche Radarabwehr zu schlüpfen und bis zu 16 Atombomben über ausgewählten Zielen abzuwerfen.

Eine „Tarnkappe" aus radarabsorbierender Farbe am Bug macht den Bomber für Radarwellen unsichtbar.

Mit einer ähnlichen Technik werden Sonargeräte bei der Unterwasserortung überlistet. Moderne U-Boote sind mit einer schallschluckenden Harzschicht verkleidet. Die Schicht reflektiert nur einen geringen Teil der ausgesandten Schallwellen.

Störflecken

Es gibt für Flugzeuge jedoch noch eine weitere Möglichkeit, den Radarwellen auszuweichen: den Tiefstflug. Dabei werden die „Störflecken" am Boden genutzt, Radarechos, die von Gebäuden und anderen Objekten ausgehen. Tieffliegende Maschinen können den meisten Radarsystemen entgehen.

Doch die neuen Abwehrsysteme können Störflecken von Flugzeugen unterscheiden. Außerdem werden auch Bordradarsysteme eingesetzt; dabei wird ein feindliches Flugzeug von einer höher fliegenden Maschine aus geortet.

Blackbird *Der amerikanische Hochgeschwindigkeitsaufklärer* SR-71 *Blackbird wurde später von* Stealth *weiterentwickelt.*

Tarnung: Wie versteckt man ein Kriegsschiff?

Im amerikanischen Unabhängigkeitskrieg (1775–1783) tauschten nach und nach die britischen Einheiten ihre traditionellen roten Röcke gegen dunkle Uniformen. Das Rot war ein zu gutes Ziel für die amerikanischen Schützen, während der dunkle Stoff schlecht auszumachen war.

Auch im Krieg gegen Afghanistan 1880 half den Briten eine derartige Tarnung: Die Soldaten trugen damals khakifarbene Uniformen (*khaki* ist in der Landessprache Urdu das Wort für Staub), um sich besser verbergen zu können. Veteranen, die in Indien gedient und dort ihre weißen Helme mit Tee braun gefärbt hatten, wußten, daß sie dieser Tarnung ihr Leben verdankten.

Im Burenkrieg 1899–1902 trugen die britischen Truppen dennoch scharlachrote Uniformen, wie seit dem englischen Bürgerkrieg 250 Jahre zuvor. Damals hatten die Soldaten der Parlamentspartei nur deswegen rote Röcke bekommen, weil gerade eine große Menge roten Stoffs verfügbar war. In ihren auffälligen Uniformen waren die britischen Soldaten ein gutes Ziel für die burischen Schützen.

Als 1914 der Erste Weltkrieg ausbrach, hatten sich unauffällige Uniformfarben wie Khaki und Grau allgemein durchgesetzt. Die Truppen beider Seiten waren nun in ihrer Umgebung nicht mehr so deutlich auszumachen.

Doch von Aufklärungsflugzeugen aus waren die Soldaten gut zu erkennen. Deshalb wurden nach und nach Tarnnetze und Tarnanstriche für verschiedene Waffensysteme eingeführt.

Bei Manövern in Südengland befahl dann der Kommandeur einer britischen Division, selbst ein Veteran aus dem Burenkrieg, seinen Männern, sich Zweige an die Helme zu stecken, die Fahrzeuge unter grauen Netzen zu verbergen und die natürliche Deckung als Schutz gegen feindliche Flugzeuge zu nutzen.

Der Trick funktionierte so gut, daß die Division im Gelände nicht mehr auszumachen war. Die militärische Führung war von der Vorstellung, eine ganze Einheit in der Landschaft verschwinden zu lassen, so angetan, daß Tarnung im Lauf der Zeit zu einem bedeutenden Element der modernen Kriegführung wurde.

Im Zweiten Weltkrieg war Tarnung bereits selbstverständlich. Schon im Ersten Weltkrieg wurden Militärdepots mit Netzen bedeckt, damit sie aus der Luft nicht zu sehen waren. Daneben wurden gut sichtbare Attrappen errichtet, die das feindliche Feuer auf sich ziehen sollten. Wasserflächen, die von Bomberfliegern als nächtliche Orientierungshilfen genutzt wurden, bestreute man mit Kohlenstaub. So konnte sich das Mondlicht nicht darin spiegeln.

Während des Nordafrika-Feldzugs wurden Schienen – sogar mit einer Zugattrappe – installiert, angeblich der neue Nachschubweg zu einem Panzerstützpunkt. Besonders eindrucksvoll sah die Lokomotive aus, die durch einen Pappschornstein Rauchschwaden aus einem ausgemusterten Feldküchenherd ausstieß. Auf diese Weise wurde die Aufmerksamkeit von dem echten Eisenbahnstützpunkt abgelenkt, von dem aus der Nachschub für die Offensive General Auchinlecks im November 1941 gegen Tobruk herangeschafft wurde. Seine Hauptstreitkräfte und Treibstofflager wurden während des ganzen Feldzugs nie vom Feind entdeckt.

Tarnanstriche machen auch Flugzeuge und Schiffe weniger auffällig.

Ein Bomber, dessen Unterseite hellblau gestrichen ist, ist bei Tag am Himmel nicht zu erkennen; nachts hilft ein schwarzer Anstrich. Geschickte Bemalung der Oberseite bewirkt, daß er von oben nicht mehr entdeckt wird. Ein Tarnanstrich kann auch die Umrisse eines Kriegsschiffs verwischen, so daß die Silhouette kleiner und weniger bedrohlich erscheint. Unter Um-

Gefechtsanstrich *Dieses Torpedoboot der amerikanischen Marine vermittelt den Eindruck, als habe es mehrere Bugs. So sollte im Zweiten Weltkrieg der Feind über den Kurs des Bootes getäuscht werden. Hier ist das Torpedoboot auf einer Übungsfahrt.*

Natürliche Tarnung *Ein Tiger ist im hohen Gras fast unsichtbar. Die Zeichnung seines Fells ahmt Licht und Schatten nach. Genauso versuchen die Kampftruppen, sich im Ernstfall ihrer Umgebung anzupassen.*

Tarnung in der Wüste *Der Tarnanstrich läßt das Flugzeug mit dem Boden verschmelzen: Eine deutsche Messerschmitt Bf 109 E im Kriegsjahr 1941 im Tiefflug über der Libyschen Wüste.*

Getarnter Kämpfer *Helm und Maschinengewehr unter künstlichem Laubwerk verborgen, robbt sich ein Nahkämpfer des amerikanischen Marinekorps durch das Unterholz an sein Opfer heran. Die Soldaten lernen, ähnlich wie viele Falter und Spinnen in ihren Verstecken zu verschwinden.*

ständen wirkt es wie ein unbewaffnetes Handelsschiff. Eine aufgemalte Bugwelle täuscht bei einem Schiff eine höhere Geschwindigkeit vor, eine „getürkte" Wasserlinie kann ein feindliches U-Boot zu einer falschen Entfernungsberechnung verleiten.

Tarnung irritiert auch die Luftaufklärung. Während des Falklandkriegs 1982 wurde dem britischen Kommando mitgeteilt, daß die argentinischen Streitkräfte von ihrem Nachschub abgeschnitten seien. Port Stanleys einziger Flugplatz sei nach einem Bombardement durch die Royal Air Force unbenutzbar geworden. Aufklärungsbilder zeigten einen tiefen Krater auf dem Hauptrollfeld.

In Wirklichkeit landeten bis zum letzten Tag vor der Kapitulation jede Nacht im Schutz der Dunkelheit schwerbeladene Flugzeuge. Erst viel später wurde entdeckt, daß jeden Morgen eine Gruppe Rekruten – nur mit Eimern, Spaten und Schubkarren ausgerüstet – einen Haufen Erde kreisförmig auf der Rollbahn verteilte. Von oben sah das dann wie ein Bombentrichter aus.

Stimmenzerhacker: Kauderwelsch aus dem Telefonhörer

Wenn ein Regierungsbeamter ein vertrauliches Telefonat führen will, z. B. mit einem Botschaftsmitglied im Ausland, benutzt er einen Stimmenzerhacker. Jemand, der die Leitung anzapft, hört statt des Gesprächs nur unverständliche Geräusche.

Die meisten Zerhacker sind elektronische Chiffriergeräte, die die hohen und tiefen Töne der menschlichen Stimme umkehren und unkenntlich machen. Andere Zerhacker überdecken die Stimme mit einem ständigen Hintergrundgeräusch.

Früher durften nur hohe Militärs, die geheime Informationen über möglicherweise abgehörte Telefonleitungen weitergeben mußten, Zerhacker benutzen. Heute sind diese Geräte leichter erhältlich. Oft werden sie von Wirtschaftsmanagern genutzt, wenn sie mit einem Telefonpartner offen über Geschäftsgeheimnisse reden wollen, ohne befürchten zu müssen, daß unbefugte Lauscher das Gespräch mithören. Die moderne Technik ermöglicht es, die Geräte so zu verkleinern, daß sie in einer Aktentasche Platz haben.

Zwei Bauelemente

Ein Zerhacker besteht aus Sender und Empfänger. Der Sender verwandelt die Worte in unverständliche Laute und schickt sie über eine normale Telefonleitung. Der Empfänger kehrt den Prozeß wieder um und macht die Stimme wieder verständlich. Lauscher, die die Leitung anzapfen, hören nur ein verzerrtes, synthetisches Geräusch, das nicht mehr an eine menschliche Stimme erinnert.

Bei den meisten Zerhackern wird die

Stimme in fünf Frequenzkanäle gesplittert, die in einem komplizierten elektronischen Verfahren durch Überlagern gemixt werden. Es gibt 3840 mögliche Kombinationen, aber nur die 512 wirksamsten werden genutzt.

Stimmenzerhacker bieten keinen absoluten Schutz vor Abhörexperten, denn die Gespräche können ja wieder entschlüsselt werden. Doch das ist sehr zeitaufwendig; dazu sind ein speziell programmierter Computer und besonders ausgebildetes Personal erforderlich. So geben Zerhacker zumindest kurzzeitig Sicherheit.

Anfang der 60er Jahre gelang es der amerikanischen Botschaft in Moskau, die durch Zerhacker geschützten Autotelefongespräche von Mitgliedern des Politbüros mitzuhören. Die Entschlüsselung der Gespräche kostete zwar viel Zeit, doch sie ergab – neben viel Kreml-Klatsch – auch nützliche Informationen. Als die Russen neue Sicherheitsmaßnahmen einführten, wurde die Operation eingestellt.

Geheimnisse in Codes und Chiffren

Am Vorabend des Angriffs auf Pearl Harbor im Dezember 1941 informierte die scheinbar harmlose Wettermeldung „Ostwind Regen, Nordwind Wolken, Westwind Aufklaren" alle japanischen Diplomaten von dem Eintritt Japans in den Zweiten Weltkrieg.

Die Nachricht war eine der einfachsten Codeformen: ein vorher abgesprochener Text, der nur für die Empfänger eine besondere Bedeutung hatte.

Ähnliche Botschaften übermittelte die britische Rundfunkanstalt BBC im Zweiten Weltkrieg der französischen Résistance. Sätze wie „Romeo umarmt Julia" oder „Benediktiner ist ein süßer Likör" informierten über das Absetzen von Agenten oder Material. Die erste Zeile eines Gedichts von Paul Verlaine verriet den Widerstandskämpfern, daß der „D-Day", der Tag der Landung der Alliierten 1944 in der Normandie, unmittelbar bevorstand.

Bei komplizierteren Codes werden Wörter oder Sätze durch andere Wörter oder Sätze ersetzt, oder aus Gruppen von zusammenhanglosen Buchstaben werden ganze Listen von Wörtern oder Sätzen gebildet. So kann z. B. die Buchstabengruppe GYPHC den Befehl „Feuerschutz geben" enthalten. Mit solchen Kombinationen werden lange Texte erstellt, die vom Empfänger nur mit dem entsprechenden Codebuch entziffert werden können.

Fällt ein Codebuch dem Feind in die Hände, kann er wichtige Informationen bekommen. Im Ersten Weltkrieg bargen die Briten aus dem Wrack des leichten Kreuzers *Magdeburg* das deutsche Marine-Codebuch. So konnten sie viele geheime Befehle an die deutsche Hochseeflotte mitlesen. Als die deutsche Admiralität den Verlust entdeckte, dauerte es noch Wochen, bis alle Schiffe mit neuen Codebüchern ausgestattet waren.

Die andere Methode ist die Chiffrierung. Dabei werden die Buchstaben durch Zahlen oder Symbole ersetzt. Der Morsecode ist auch eine Chiffreschrift: Jeder Buchstabe wird durch kurze oder lange Signale oder eine Kombination von beiden ersetzt, die per Funk, über Telegraf oder mit Signallampen weitergegeben werden können; so besteht z. B. das E aus einem Punkt; ––·– bedeutet Q.

Einmal-Schlüsselblock
Um Nachrichten von ihrem Auftraggeber zu entschlüsseln, verwenden Spione Chiffreblocks. Codierte, per Funk übermittelte Befehle entsprechen fünfstelligen Zahlen auf einer bestimmten Blockseite. Jede Seite wird nur für eine einzige Mitteilung benutzt und dann vernichtet. Man spricht daher von einem „Einmal-Schlüsselblock".

Oft wird auch ein Chiffriergitter verwendet. Die Nachricht „Feind kommt ersten Dezember an Bord" z. B. wird in ein sechsspaltiges Gitter abwechselnd von links nach rechts und von rechts nach links geschrieben, dann wird der Text zu Gruppen von je fünf diagonal in dem Gitter stehenden Buchstaben zusammengesetzt:

F	E	I	N	D	K
R	E	T	M	M	O
S	T	E	N	D	E
R	E	B	M	E	Z
A	N	B	O	R	D

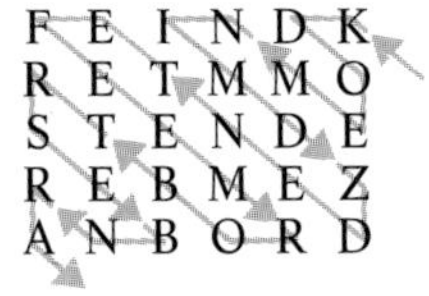

Der chiffrierte Text lautet nun:
KDOEM NIMDZ DENTE FEEMR OBTRS EBNRA.

Mit dem gleichen Gitter dechiffriert der Empfänger die Nachricht.

Die Schwäche der meisten Chiffriercodes liegt darin, daß bestimmte Buchstaben und Buchstabenfolgen ebenso häufig sind wie in der normalen Sprache. Das E z. B. ist im Deutschen am häufigsten, das Y selten. Auch die Buchstabenfolgen MM oder EI kommen oft vor. Beim Dechiffrieren kann man also davon ausgehen, daß der am meisten verwendete Buchstabe für E steht usw.

Deswegen entwickelten Mathematiker außerordentlich komplizierte Chiffrierungen mit Ziffern und Buchstaben. Während des Zweiten Weltkriegs benutzten die Deutschen das Chiffriergerät *Enigma*. Es wiederholte keine Chiffrebuchstaben, gleichgültig, wie oft ein bestimmter Buchstabe im Originaltext auch auftauchte. Zudem wurde das Chiffriersystem jeden Tag nach einem geheimen Plan geändert.

Den Alliierten gelang es 1940, das Gerät nachzubauen. Mit Hilfe erbeuteter Codeunterlagen war es möglich, während des gesamten Krieges die deutschen Pläne und Vorhaben zu entschlüsseln. Nicht zuletzt diese Tatsache trug wesentlich zum Sieg der Alliierten bei.

Durch den Einsatz von Computern wurden die Codes immer komplizierter. Komplexe Programme führen unzählige Rechenvorgänge durch, und wer die Abfolge der Verschlüsselungsbefehle nicht kennt, bräuchte Tausende von Jahren zum Dechiffrieren.

Maulwurf im Untergrund

Im November 1979 gab die britische Premierministerin Margaret Thatcher vor dem Unterhaus eine Erklärung ab: Sir Anthony Blunt, der einflußreiche Verwalter der Königlichen Gemäldesammlung, hatte jahrelang als Spion für die Sowjets gearbeitet.

Blunt, seit den 30er Jahren Kommunist, hatte im Zweiten Weltkrieg während seiner Tätigkeit bei der britischen Spionageabwehr (MI 5) Geheimnisse an die Russen verraten. 1951 verhalf er den beiden britischen Spionen Guy Burgess und Donald Maclean zur Flucht in die Sowjetunion.

Blunt war das typische Beispiel eines Maulwurfs, eines Agenten, der absolut unverdächtig lebt und notfalls jahrelang wartet, bis er an wesentliche Informationen gelangt.

Im Unterschied zu Agenten, die in ihrer Heimat angeworben und dann in ein anderes Land eingeschleust werden, arbeitet der Maulwurf – zumeist aus ideologischen Gründen – für eine fremde Sache. Hat er sich einmal entschieden, versucht er, eine Position zu erreichen, in der er den größten Schaden anrichten kann. Dabei gibt er sich aber für seine Umgebung immer als Patriot.

Manche Maulwürfe werden von Geheimdienstspezialisten angeworben, die eigens dafür zuständig sind. Andere bieten ihre Dienste freiwillig an.

Die berühmtesten Spione seit dem Zweiten Weltkrieg sind sicher die Briten Blunt, Burgess, Maclean und Kim Philby. Schon in den 30er Jahren während ihres Studiums in Cambridge entschlossen sie sich, für die Sowjetunion zu arbeiten.

„Talentsucher“ hatten sie empfohlen, und ein sowjetischer Spezialist brachte ihnen bei, was ein Spion können und wissen muß.

Die Mitgliedschaft in radikalen politischen Organisationen mußten sie aufgeben. So sollte ihnen ermöglicht werden, später eine wichtige Funktion im öffentlichen Dienst auszuüben.

Sie suchten Kontakt zu einflußreichen Persönlichkeiten, die ihnen bei der Suche nach einer geeigneten Anstellung von Nutzen sein konnten. Burgess und Maclean kamen schließlich zum britischen Auswärtigen Amt, Philby zum Geheimdienst (MI 6) und Blunt zur Spionageabwehr (MI 5).

Im Lauf der Zeit rückten die Männer in höhere Stellungen auf, wo sie Zugang zu geheimen Informationen von immer größerer Tragweite hatten.

Maclean, Burgess und Philby flohen später nach Moskau und starben auch dort. Blunt vermied einen Prozeß, indem er ein umfassendes Geständnis ablegte. Er starb 1983.

Ein Mann, der ausschließlich aus finanziellen Gründen als Maulwurf arbeitete, war Heinz Felfe. Als der frühere SS-Offizier 1951 eine Stellung suchte, verpflichtete er sich, für ein monatliches Gehalt von 1500 DM mit dem sowjetischen Geheimdienst, dem späteren KGB, zusammenzuarbeiten. Gleichzeitig trat er in den Bundesnachrichtendienst ein, wo er in den 50er Jahren eine bedeutende Position erreichte. Die nächsten zehn Jahre lieferte er als Doppelagent den Deutschen falsche Informationen über den KGB, dem er umgekehrt aufschlußreiche Einzelheiten über das deutsche Agentennetz hinter dem Eisernen Vorhang mitteilte.

Er machte sich erst verdächtig, als er ein Haus kaufte, das für seine Gehaltsstufe zu teuer war. Bei seiner Festnahme 1961 kam heraus, daß die Bundesrepublik durch ihn 94 Einzelkontakte und 46 aktive Agenten hinter dem Eisernen Vorhang verloren hatte. 1963 wurde Felfe zu 14 Jahren Gefängnis verurteilt.

Ein Maulwurf, der von 1960 bis 1980 in den USA operierte, war der ehemalige Marineoffizier John Walker. Von seinen sowjetrussischen Auftraggebern bezog er 1000 $ pro Woche für seinen Familienspionagering. Sein Bruder Arthur, ein pensionierter Korvettenkapitän, und sein Sohn Michael, der auf dem Flugzeugträger *Nimitz* Dienst tat, gehörten dazu. Dank ihrer Tätigkeit konnten die Sowjetrussen unzählige Geheimnachrichten dechiffrieren und in den Besitz von über 1500 Dokumenten gelangen.

Eine ganz andere Art Maulwurf ist der „Schläfer“, der mit ge-

Familienspionagering *Fast 20 Jahre arbeiteten John Walker (mit Bart) und Mitglieder seiner Familie für die Russen. 1986 wurde der ehemalige Marineoffizier zu einer lebenslänglichen Freiheitsstrafe verurteilt.*

Verräter *Der britische Diplomat Donald Maclean (mit Fliege) verriet amerikanische Atomgeheimnisse an die UdSSR.*

Langzeitspion *Sir Anthony Blunt, Verwalter der Königlichen Gemäldesammlung, führte jahrelang ein Doppelleben.*

Glückliche Zeit *Ein Foto der Agentin Renate Lutze, als sie noch Sekretärin in Bonn war. Nach 27monatiger Haft wurde sie begnadigt.*

fälschten Papieren in ein anderes Land „einwandert" und sich dort eine Existenz aufbaut.

Peter und Helen Kroger, amerikanische Bürger polnischer Abstammung, waren solche Agenten. Kroger handelte mit alten Büchern und führte mit seiner Frau ein angenehmes, unauffälliges Leben in dem Westlondoner Vorort Ruislip. Und doch standen die Krogers bis zu ihrer Verhaftung in Funkverbindung mit dem KGB.

Bei der Durchsuchung ihres Hauses stellte sich heraus, daß selbst der harmloseste Gegenstand als Spionagerequisit genutzt wurde. So barg eine Büchse mit Talkumpuder ein Versteck für Mikrofilme und einen Mikrofilmleser, der wie ein winziges Teleskop aussah.

Renate und Lothar Lutze waren sehr erfolgreiche Maulwürfe, die bis zu ihrer Festnahme in der Bundesrepublik für die DDR spionierten.

Renate Übelacker, 1940 in Brandenburg/Havel geboren, arbeitete als Sekretärin im bundesdeutschen Verteidigungsministerium. Dort hatte sie Zugang zu Dokumenten der obersten Geheimhaltungsstufe, die sich u.a. mit Nato-Plänen befaßten. Im September 1972 heiratete sie Lothar Lutze, einen Mitarbeiter des DDR-Ministeriums für Staatssicherheit. Es gelang ihr, ihm einen Posten als Büroangestellter im Verteidigungsministerium zu verschaffen.

In den folgenden vier Jahren gab das Paar wichtige Informationen an die DDR weiter. 1976 wurden sie enttarnt und festgenommen. Nach dreijähriger Untersuchungshaft wurde Lothar Lutze wegen Spionage zu einer Freiheitsstrafe von zwölf Jahren verurteilt, Renate Lutze mußte für sechs Jahre ins Gefängnis. Sie wurde 1981 begnadigt.

Maulwürfe arbeiten nur dann effektiv, wenn sie unverdächtig sind. Burgess war in Eton erzogen worden, Macleans Vater war Kabinettsminister gewesen. Philby war von *The Times* zum Geheimdienst (MI 6) gekommen, während Anthony Blunt vor seiner Enttarnung zum Verwalter der Königlichen Gemäldesammlung ernannt und geadelt worden war.

Manche Maulwürfe erhalten vor ihrem Einsatz eine Ausbildung. Zu ihrer eigenen Sicherheit müssen sie die geheimen Übermittlungsmethoden der eigenen Seite kennenlernen, und sie müssen feststellen können, ob sie überwacht werden.

Der CIA unterhält einen großen Stützpunkt in Camp Peary, Virginia; die Franzosen haben eine Schule im Département des Alpes-Maritimes, und der sowjetrussische KGB betreibt Schulungszentren in der Nähe von Leningrad.

Es kommt vor, daß sich ein Maulwurf nicht schulen lassen kann. Dann ist er gezwungen, sich die wichtigsten Techniken während seines Einsatzes anzueignen.

Der russische Oberstleutnant Oleg Penkowski hatte den Briten 1960 seine Dienste angeboten. Als er ein Jahr später mit einer sowjetischen Handelsdelegation nach London kam, wurde er im Schnellverfahren mit Miniaturkameras und Chiffriersystemen vertraut gemacht.

Jeden Abend zog Penkowski sich früh in sein Hotelzimmer zurück. Indessen hatten die Briten und Amerikaner die ganze Etage über seinem Zimmer angemietet und dort die vollständige Ausrüstung für den „Unterricht" aufgebaut. Alles funktionierte perfekt, und bis zu seiner Rückkehr nach Moskau war aus Penkowski ein gut ausgebildeter Agent geworden.

Doch seine Spionagekarriere war nur kurz. Penkowski wurde 1962 vom KGB festgenommen und zum Tode verurteilt.

Wanzen: die heimlichen Zuhörer

Heute gibt es so viele Möglichkeiten des Abhörens, daß kein Gespräch mehr vor Mithörern sicher ist. Die kleine, aber leistungsstarke Wanze muß nur rechtzeitig versteckt werden.

Bei dem einen Wanzentyp ist ein Funksender am Mikrofon angebracht, der Signale an den nahen Empfänger weiterleitet; beim anderen ist das Mikrofon per Kabel mit dem Empfänger verbunden.

Das Kabelsystem ist zwar schwieriger zu tarnen, wird aber wegen des fehlenden Funksignals nicht so leicht geortet. Außerdem gibt es in den meisten Zimmern und Büroräumen so viele Leitungen, daß ein zusätzliches Kabel nicht auffällt. Das Mikrofon kann in elektrischen Haushaltsgeräten, einer Glühlampe, einem Fernsehapparat oder einem Telefon versteckt werden.

In die Abhörstation, die bis zu 3 km entfernt sein kann, wird jedes Wort aus dem verwanzten Raum übertragen. Dazu wird üblicherweise eine schon vorhandene Leitung benutzt, etwa ein ungenutztes Telefonkabel.

Der Bau von Botschaftsgebäuden wird sorgfältig überwacht, weil die Auftraggeber befürchten müssen, daß ein ausländischer Geheimdienst seine Abhöranlagen in die Mauern einbaut. Das war 1987 in Moskau der Fall: Dort entdeckten die Amerikaner, daß alle auf die Baustelle ihrer Botschaft gelieferten Stahlträger hohl waren.

Wanzen können auch an den Außenwänden angebracht werden. Bei der „Stethoskop" genannten Wanze z. B. ist das an der Außenwand befestigte Mikrofon mit einem Verstärker verbunden. Oder von außen wird ein Loch durch die Wand gebohrt, das an der Innenwand nur noch stecknadelgroß ist. Dieser Hohlraum reicht für ein Mikrofon, das an ein Tonbandgerät angeschlossen ist. Das Dornmikrofon dagegen kann alle Geräusche in einem Raum auffangen, obwohl das Loch, in dem es steckt, nicht durch die ganze Wand geht.

Es ist besonders schwierig, eine Abhörvorrichtung zu installieren, wenn die Betroffenen wissen, daß sie abgehört werden sollen. Dann können die Lauscher den Laser einsetzen: Ein Laserstrahl wird auf ein Fenster des Raums gerichtet, der abgehört werden soll. Die Schallwellen, die bei der Unterhaltung entstehen, lassen die Fensterscheibe vibrieren. Durch die minimalen Schwingungen des Glases verändert sich die Länge des Laserstrahls. Diese Schwingungen werden elektronisch wieder in Töne verwandelt.

Die beste drahtlose Abhörvorrichtung ist wahrscheinlich das Hohlraummikrofon, das keine Batterien braucht. Es besteht aus einer Kapsel mit 25 mm Durchmesser, die eine starke Antenne und eine Membran enthält. Sendet man einen Funkstrahl von außen in den Raum, dann wird die Kapsel zu einem Funksender, der Geräusche im Raum auffängt und so das Abhören von Gesprächen ermöglicht.

Eine dieser Wanzen steckte in einem Modell des amerikanischen Wappens, das der Bürgermeister von Moskau 1952 dem Botschafter der USA geschenkt hatte. Jahrelang hing es über dessen Schreibtisch.

Unsichtbare Tinte für geheime Nachrichten

Statt unsichtbarer Tinte wird heute spezielles Durchschlagpapier verwendet. Der Agent schreibt die Nachricht auf das Spezialpapier, unter dem ein einfaches Blatt Papier liegt. Sie wird dabei unsichtbar auf das untere Papier übertragen und ist nur nach Behandlung mit einer Chemikalie lesbar. So können Nachrichten unauffällig mit der Post verschickt werden.

Diese Methode wandte der tschechoslowakische Agent Erwin van Haarlem an, der 1989 wegen seiner Spionagetätigkeit in Großbritannien zu zehn Jahren Gefängnis verurteilt wurde. Ab 1975 hatte er etwa 200 Geheimbotschaften an seine Auftraggeber in Prag geschickt – viele waren mit unsichtbarer Tinte geschrieben.

Die meisten chemischen unsichtbaren Tinten können mit einer zweiten Flüssigkeit wieder sichtbar gemacht werden. Eine der bekanntesten Tinten besteht aus in Wasser gelöstem Kupfersulfat. Wird das damit beschriebene Papier in eine schwache Soda- oder Ammoniaklösung getaucht, erscheint die Schrift blau.

Die deutschen Agenten benutzten im Zweiten Weltkrieg eine Tinte aus Chemikalien, die im Fotolabor verwendet werden. Sie bestand aus einer Bleinitratlösung, die mit Hilfe einer kleinen Menge Natriumsulfid und Wasser zu einer glänzend schwarzen Schrift wurde.

Ein Kristall dieser konzentrierten Tinte, sorgfältig verborgen in einem hohlen Schlüssel, überführte schließlich den deutschen Spion Oswald Job. Das gut gewählte Versteck wurde im Verlauf der Fahndung nach Job entdeckt. Er legte ein Geständnis ab und wurde 1944 hingerichtet.

Heißer Text *Auf diese Empfangsbestätigung für eine Reislieferung war mit Zitronensaft eine geheime Nachricht über die Aktivitäten der Royalisten während der Französischen Revolution 1795 geschrieben. Durch eine Wärmebehandlung wurde der Text wieder lesbar.*

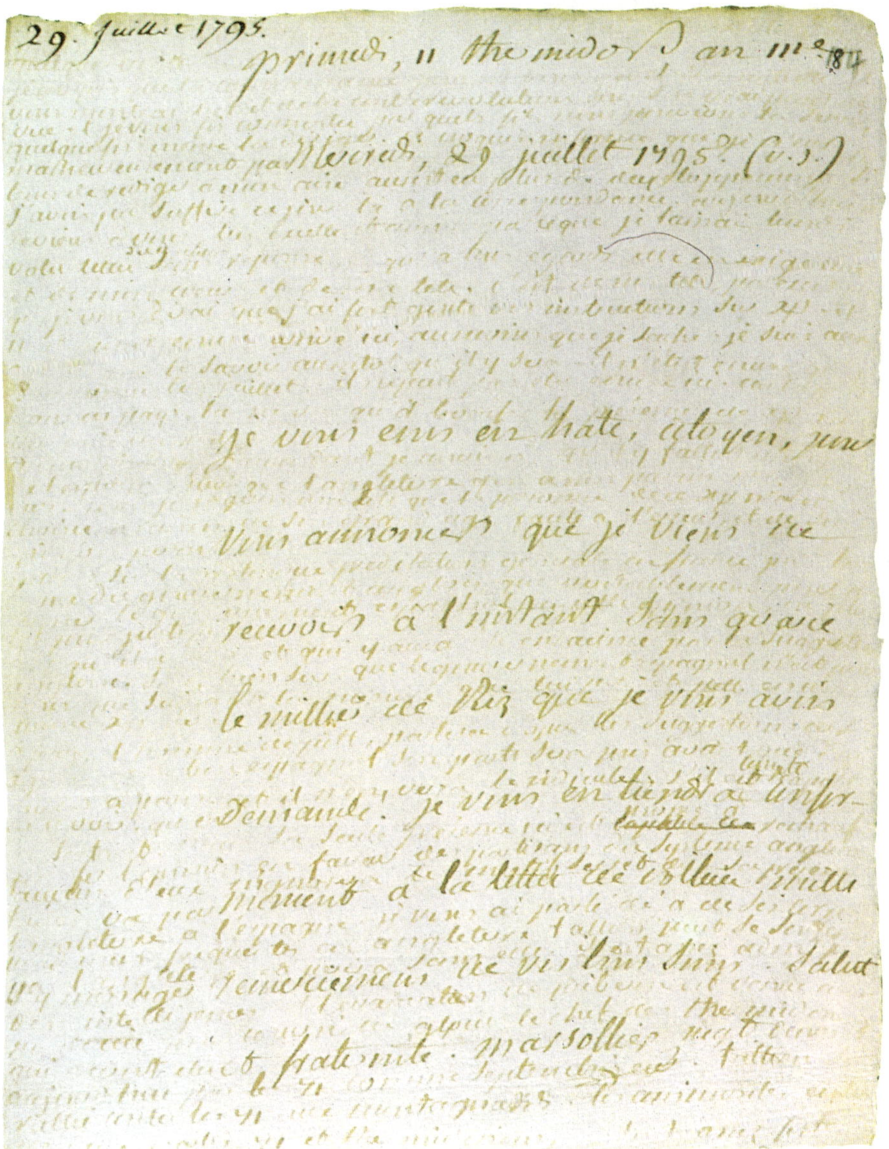

Auf der Suche nach der perfekten Wahrheitsdroge

Wahrheitsdrogen sollen einen Menschen geistig so entspannen, daß er auf alle Fragen offen und wahrheitsgemäß antwortet – selbst wenn er dabei sein Land verrät.

Während des Koreakriegs Anfang der 50er Jahre begann die Suche nach den sogenannten Wahrheitsdrogen – eine Reaktion auf die „Gehirnwäsche"-Methoden, die die Nordkoreaner und Chinesen bei den Verhören von Kriegsgefangenen anwandten. Die amerikanische Luftwaffe wollte mit Hilfe eines „Wahrheitsserums" ihre Piloten gegen die Gehirnwäsche widerstandsfähig machen.

Die Experimente begannen mit Barbituraten, Amphetaminen, Alkohol und Heroin. Doch die meisten Drogen ließen die Versuchspersonen noch besser lügen.

Säuberungsprozesse

Die Furcht vor bewußtseinsverändernden Methoden war durch die berüchtigten Säuberungsprozesse Stalins in der Sowjetunion vor dem Zweiten Weltkrieg aufgekommen. Angeklagte hatten damals – offensichtlich benommen – in öffentlichen Schauprozessen Verbrechen gestanden, die sie gar nicht begangen haben konnten.

Natriumpentothal, ein Medikament, das Patienten vor einer Operation zur Beruhigung erhalten, gilt als Wahrheitsdroge. Es wird angewandt, um einen Menschen in einen Zustand zu versetzen, in dem man seine Wahrnehmung der Umwelt manipulieren kann.

Zuerst bekommt er eine starke Dosis des Mittels, die ihn bewußtlos macht. Dann wird ihm das Aufputschmittel Benzedrin injiziert, das ihn wieder halb zu Bewußtsein bringt. In diesem halbbewußten Zustand kann ein Psychiater durch Hypnosetechniken die Wahrnehmung des Betroffenen von dem, was um ihn herum vorgeht und in welcher Situation er sich befindet, beeinflussen.

Diese Methode wandte man 1955 in der Bundesrepublik Deutschland an einem als Sowjetspion verdächtigten Mann an. Ihm wurde suggeriert, er spräche mit seiner Frau. Dabei erzählte er detailliert von seiner Agententätigkeit.

Optische Täuschung mit fotografischen Tricks

Fotografische Tricks gibt es fast so lange wie die Kunst der Fotografie. Als ein Fotograf – wohl aus Unachtsamkeit – eine Platte das erstemal doppelt belichtete, ließ sich erahnen, welche Möglichkeiten der Bildgestaltung sich damit boten.

Geister von Verstorbenen, schwebende Gegenstände und Menschen, Ufos, Feenwesen – all das wurde angeblich schon fotografiert und verblüffte, wenn auch nur vorübergehend, Laien und Fachleute.

Die Fotografen erkannten: Sie konnten zwei Motive zu einem Bild zusammenfügen, indem sie dieselbe Platte zweimal belichteten. Als die Technik des Fotografierens vielen Menschen noch fremd war, wurden auch derart manipulierte Bilder für „wahr" gehalten.

Im Computerzeitalter entwickeln die Fotografen immer raffiniertere Techniken. Die Kamera kann zu einem Instrument der Lüge werden.

Ein Bild aus sechs Bildern
Dieses Motiv – die ländliche Idylle, bedroht von Kampfflugzeugen und Stacheldraht – existiert in Wirklichkeit nicht. Das Foto ist ein

Foto vom Himmel

Modellflugzeug

Landschaftsaufnahme

Zaun als Vordergrund

Vielfachbild, eine Kombination aus mehreren verschiedenen Aufnahmen. Der Londoner Fotograf Chris Morris kombinierte dieses beeindruckende Bild für eine Schallplattenhülle der Quaker Peace Foundation.

Die beiden Kampfflugzeuge sind in Wahrheit ein einziges Modellflugzeug, das in einem Studio aus unterschiedlichen Blickwinkeln aufgenommen wurde. Der Himmel als Hintergrund wurde nachträglich hinzugefügt, indem man die beiden Diapositive, das mit den Modellflugzeugen und das mit dem Himmel, übereinandergelegt und anschließend zusammenkopiert hat. Doch damit nicht genug: Für den helleren Teil nahe am Horizont brauchte man noch ein drittes Bild vom Himmel, das nun auch noch mit den beiden anderen verschmolzen wurde.

Das Hauptmotiv, eine Frau mit einem Kind auf einer Wiese, ist ein einfaches Farbfoto.

Die Bilder der Motive für den Vordergrund – Bäume, Tor und Zaun – wurden ebenfalls übereinandergelegt und gesondert auf einen Schwarzweißfilm kopiert.

Schließlich wurden die einzelnen Aufnahmen – Himmel, Flugzeuge, Menschen und Zaun – wie ein Sandwich übereinandergeschichtet und zu einem einzigen Bild zusammenkopiert.

Plattenhülle *Der Londoner Fotograf Chris Morris kombinierte verschiedene Einzelbilder (gegenüberliegende Seite) zu dieser bedrohlich wirkenden Szene für eine Schallplattenhülle der Quaker Peace Foundation. Er erklärte dazu: „Es war aber niemals wirklich so, wie man es jetzt sieht.“*

Maßarbeit
„Über-Wirklichkeit" – so umschreibt der Künstler sein Bild von der Westminster Abbey in London. Das Fenster mit seinen strahlenden Farben ist zwar authentisch, doch so kann man es nur im Innern der Kirche sehen, wenn das Tageslicht hindurchscheint.

Auch hier war es der Fotograf Chris Morris, der dieses „Kunstwerk" schuf. Er hatte zuerst die Westseite der Kirche von außen aufgenommen. Dann war er die Entfernung zwischen dem Gebäude und der Kamera abgeschritten. Die Innenaufnahme von dem sonnendurchfluteten Buntglasfenster an der Westseite war aus dem gleichen Abstand gemacht worden. „Ich habe nur die Höhe des Stativs etwas verändert, weil der Fußboden der Kirche tiefer liegt", erklärte Morris.

Weil der Abstand exakt abgemessen war, paßte die Innenaufnahme des Fensters beim Kopieren der beiden Bilder genau.

„Kleine Ungenauigkeiten wurden durch den Strahlenkranz um das Fenster verdeckt", erläuterte Chris Morris, „ein Effekt, den ich beim Übereinanderlegen der Fotos erzielte."

Kirche im Strahlenkleid *Auf diesem großartigen Foto sieht es so aus, als ob ein starkes Licht aus der Westminster Abbey dringt. Doch der Schein trügt. Ein im Innern der Abtei aufgenommenes Foto des Fensters wurde auf ein Foto der Kirchenfassade kopiert.*

Flugsimulation
Dieses „Dokumentarfoto" des Luftfahrtpioniers Alberto Santos-Dumont beim ersten Flugversuch über mehr als 25 m in Europa ist eine Fälschung. Am 23. Oktober 1906 in Paris schaffte er dann tatsächlich 61 m.

Das Flugzeug war fotografiert worden, als es zur Überprüfung des Gleichgewichts an einem Kabel hing. Später wurde das Bild in ein anderes Foto montiert, auf dem Menschen einen Ballon beobachteten. Diese Montage wurde kopiert.

Rekordflug *Die Bäume (links) hätten einen Start unmöglich gemacht.*

Ein Blumenmädchen als Phantom

Etwa 60 Jahre erschien dieses Bild immer wieder in Büchern und Zeitschriften: Ein kleines Mädchen, das einen Blumenstrauß und einen Umschlag in Händen hält, steht neben einem sitzenden Mann. Das Foto galt als Beweis dafür, daß Geister fotografiert werden können. Das von dem Wunderheiler und Medium Dr. T. d'Aute Hooper aus Birmingham aufgenommene Foto erschien erstmals 1919. Angeblich hatte einer seiner Patienten ihn aufgefordert, ein Bild zu machen, weil er eine unsichtbare Person im Raum spüre.

„Ich nahm die Kamera und sagte, bevor ich auf den Auslöser drückte, daß ich ein hübsches Kind bei ihm sähe", schrieb Hooper. „Der Mann entwickelte die Platte selbst in der Dunkelkammer. Auf dem Bild war das Geistwesen eines schönen, kleinen Mädchens zu sehen ... Der Mann aber rief aus: ‚Gott im Himmel, das ist ja meine Tochter! Sie starb vor 30 Jahren!'"

Doppelt belichtet *Ein Gemälde (links) wurde für das „Geisterfoto" (rechts) verwendet.*

Erst in den 80er Jahren konnte das Mädchen auf dem Bild identifiziert werden. Charles T. Garland hatte es 1879 gemalt und dem Bild den Titel *Für Dich* gegeben. Um die Jahrhundertwende war das Gemälde dann als Seifenwerbung verwendet worden.

Hooper hatte schon vorher das Gemälde fotografiert und den Hintergrund wegretuschiert. Die derart präparierte Platte hatte er zu der Aufnahme mit seinem Patienten benutzt. Durch diese erneute Belichtung war der Hintergrund hinzugefügt worden – eine durchaus übliche Technik bei „Geisterfotos".

Doch warum hatte dann Hoopers Patient beim Anblick des Mädchens sofort an seine verstorbene Tochter gedacht?

„Vielleicht", so Arthur C. Clarke, Astronom und Erforscher unerklärlicher Erscheinungen, „klammerte er sich in seinem Gram an einen Strohhalm – ein Opfer einer begreiflichen Selbsttäuschung."

Getürktes Ufo-Bild

Experten waren anfangs davon überzeugt, daß diese Aufnahme (rechts) – angeblich ein unbekanntes Flugobjekt (Ufo) – echt war. Das Foto war 1965 von dem Piloten einer Fluggesellschaft über Venezuela gemacht worden.

Sechs Jahre später untersuchte Dr. B. Roy Frieden von der University of Arizona den Abzug erstmals genauer. Ihm fiel auf, daß die Konturen des Ufos für ein weit entferntes Objekt zu scharf waren, und er vermutete, daß der Schatten in das Bild hineingezeichnet worden war.

Ein Ingenieur aus Caracas gab schließlich zu, das Bild gefälscht zu haben. Das Ufo war nur ein Knopf. Das Knopffoto war in die Luftaufnahme einkopiert worden, der Schatten wurde während dieser Manipulation chemisch „eingebrannt".

Fliegender Knopf *Dieses „Ufo" täuschte die Fachleute.*

Phantasie *Ausgeschnittene Pappfiguren wurden zu „Elfen".*

Ein Mittsommertagstraum
Fast 70 Jahre lang hüteten zwei Cousinen in Großbritannien ein Geheimnis: Sie behaupteten, in einem dichtbewaldeten Tal in Cottingley, West Yorkshire, Elfen fotografiert zu haben. Während dieser Zeit wurden ihre umstrittenen Elfenbilder international berühmt und täuschten Fotofachleute und Parapsychologen auf der ganzen Welt. Zu den Genarrten zählte auch Sir Arthur Conan Doyle, der Schöpfer des berühmten Detektivs Sherlock Holmes.

Im Juli 1917 durften die damals 15 Jahre alte Elsie Wright und ihre zehnjährige Cousine Frances Griffiths eine geliehene Kamera zum Spielen mitnehmen. Die Fotos, die sie gemacht hatten, zeigten jeweils eines der Mädchen mit mehreren elfenähnlichen Wesen, die auf Zweigen saßen, tanzten oder herumsprangen. Auf einem war Elsie mit einem in die Luft springenden, geflügelten Gnomen zu sehen.

Conan Doyle hörte von den Fotos in der Theosophischen Gesellschaft, wo Elsies Mutter Doris sie bei einem Treffen zwei Jahre später erwähnte. Der begeisterte Spiritist Conan Doyle ließ die Bilder von dem Experten Edward Gardner untersuchen. Der hielt sie für echt, und die Mädchen schworen, daß es die Elfen tatsächlich gegeben habe.

Im November 1920 veröffentlichte Conan Doyle die Fotos in der Zeitschrift *The Strand* und schrieb dazu: „Wenn man uns die Elfen glaubt, wird man auch bereitwilliger andere übersinnliche Phänomene akzeptieren."

Aber es gab auch kritische Stimmen, die Zweifel an der Echtheit der Fotos anmeldeten. Und 1978 machte der amerikanische Geisterbeschwörer James Randi auf die Ähnlichkeit zwischen den Gestalten auf einem der Fotos und einer Zeichnung von Elfen in *Princess Mary's Gift Book* aufmerksam, das zwei Jahre vor der Entstehung der Fotos erschienen war.

Erst im hohen Alter legten Elsie und Frances ein Geständnis ab. Elsie hatte die Elfen auf einen Karton gezeichnet. Die ausgeschnittenen Figuren hatten sie dann in den Zweigen befestigt. Mit dem Mädchenstreich, gestand Elsie, wollten sie Schelte vermeiden, weil Frances in den Bach gefallen war.

1986 starb Frances 79jährig, ihre Cousine Elsie zwei Jahre später mit 87 Jahren. Der *Times* hatte Elsie erzählt: „Zwei Stunden sollte der Spaß dauern, aber er dauerte 70 Jahre."

Bildgestaltung am Computer
Mit den Möglichkeiten, die die moderne Computertechnik eröffnet, hat die Fotokunst fast magische Dimensionen erreicht. Mit Hilfe der computergesteuerten Bildverarbeitung läßt sich jedes Detail auf elektronischem Weg entfernen. Die dabei entstandene Lücke kann so natürlich geschlossen werden, daß man dem Foto hinterher in keiner Weise ansieht, daß es manipuliert worden ist. Auf dieselbe Weise kann man auch umgekehrt einem Foto bestimmte Details hinzufügen. Die computergesteuerte Bildverarbeitung ermöglicht es, alle Elemente eines Bildes getrennt zu speichern und neu zusammenzustellen.

Ein Beispiel dafür liefert die Werbung: Ein brandneuer Wagen parkt offensichtlich am Rand des Grand Canyon; in Wirklichkeit aber hat er den Ausstellungsraum niemals verlassen. Er wird einfach per Computer auf ein Dia vom Grand Canyon „verpflanzt". Durch elektronisches Jonglieren wird der viertürige Wagen auch in ein zweitüriges Modell verwandelt, das außerdem noch andere Radkappen bekommt. Das Schattenspiel auf der Lackierung entspricht ebenfalls nicht mehr dem des Ausstellungsraums, sondern wird selbstverständlich den Gegebenheiten des Canyons angepaßt.

Per Computer kann man auch das hölzerne Ruderboot vom Uferweg (unten) verschwinden lassen; zurück bleibt ein Stück Kopfsteinpflaster, und nichts deutet darauf hin, daß auf diesem Foto je ein Ruderboot im Vordergrund stand.

Das Bild wird mit dem elektronischen Scanner abgetastet, jeder Bildpunkt wird aufgezeichnet und in die Grundfarben Rot, Gelb, Blau und Schwarz zerlegt. Die einzelnen Bildpunkte werden digitalisiert im Computer gespeichert. Anschließend kann man sämtliche Einzelheiten neu verteilt wiedergeben.

Das Boot verschwindet, wenn dessen Bildpunkte durch Duplikate der Pflastersteine ersetzt werden.

Ein Boot verschwindet *Bei der digitalen Bildverarbeitung können Details ergänzt oder umgekehrt auch ersetzt werden.*

Die maschinelle Entlarvung von Lügnern

Anfang der 80er Jahre mußten sich in den USA mindestens eine Million Menschen jährlich einem Lügendetektortest unterziehen, überwiegend wegen einer Bewerbung. Dabei kam es vor, daß jemand zu Unrecht der Lüge bezichtigt wurde. Dazu gehörte auch die College-Studentin Shama Holleman; sie wurde entlassen, weil ein Test ergeben hatte, daß sie vermutlich mit Drogen handelte und im Gefängnis gesessen hatte. Beides war falsch.

Seitdem dürfen Unternehmen Bewerber nicht mehr mit dem Lügendetektor überprüfen. Nur Regierungsstellen, bestimmte Sicherheitsunternehmen und Arzneimittelfirmen sind davon ausgenommen.

Lügendetektoren werden oft von der Polizei bei der Ermittlung in Strafsachen eingesetzt. Allerdings sind Einsatz und Nutzen auch 60 Jahre nach Erfindung des Geräts noch umstritten.

Lügendetektoren basieren auf der Annahme, daß Menschen, die lügen, in emotionalen Streß geraten. Herzschlag und Atmung werden schneller, und sie fangen an zu schwitzen. Diese körperlichen Symptome können gemessen werden.

Kurz vor der Jahrhundertwende begann der italienische Kriminologe Cesare Lombroso, die Auswirkungen von Streß auf den Körper mit Instrumenten zu ermitteln. Bei seinen Testpersonen maß er Pulsfrequenz und Blutdruck.

1921 entwickelte der Medizinstudent John A. Larson von der University of California in Berkeley in Zusammenarbeit mit der Polizei den ersten modernen Lügendetektor.

Larsons Gerät registrierte gleichzeitig Blutdruck, Puls- und Atemfrequenz der Testperson. Drei Schreiber zeichneten die Ergebnisse auf eine Papierrolle auf. Zuerst hieß die Maschine daher Polygraph, bald aber sprach alle Welt nur noch vom Lügendetektor.

Die Polygraphen wurden weiterentwickelt und können heute zusätzlich noch die elektrische Leitfähigkeit der Haut messen, die sich entsprechend der Schweißabsonderung verändert.

Lügendetektortests sollten nur unter genau kontrollierten Bedingungen stattfinden. Die an die Maschine angeschlossene Testperson beantwortet zunächst eine Reihe von harmlosen Fragen, sogenannte Kontrollfragen, wie: „Heißen Sie Hans Schmidt?“ (was zutreffen kann oder auch nicht). Solche Antworten dienen dazu, am Polygraphen Bezugsgrößen zu ermitteln.

Danach soll der Polygraph die streßbedingten Veränderungen bei einer Person, die lügt, erfassen und aufzeichnen.

Allerdings sind manche Menschen so nervös, daß sie als Lügner erscheinen, obwohl sie durchaus die Wahrheit sagen. Andere wiederum haben sich so unter Kontrolle, daß der Polygraph auch bei Lügen keine Ausschläge anzeigt. Solche Menschen sind freilich selten.

WIE MAN EINEN LÜGENDETEKTOR BELÜGT

Experten in den USA und Großbritannien glauben, daß man den Lügendetektor besiegen kann. Dazu müssen die Antworten auf die Kontrollfragen eine möglichst ähnliche Wirkung haben wie die Antworten auf die tatsächlichen Fragen. Denn nur Antworten, die einen stärkeren Ausschlag verursachen als die Kontrollantworten, werden als Lügen bewertet.

Dr. David Thoreson Lykken, Professor für Psychologie und Psychiatrie an der medizinischen Fakultät der University of Minnesota, schreibt in seinem Buch *A Tremor in the Blood*, die Testperson könne die Kontrollfragen während des Vorbereitungsgesprächs erkennen. Deswegen könne sie ihre Reaktion auf die Kontrollfragen während des Tests unauffällig beeinflussen.

„Nach der ersten Frage könnte ich beispielsweise den Atem kurz anhalten, dann tief einatmen und einen Seufzer ausstoßen. Während der nächsten Kontrollfrage würde ich mir auf die Zunge beißen und schnell durch die Nase atmen. Bei der dritten Kontrollfrage würde ich meinen rechten Unterarm gegen die Stuhllehne pressen oder die Gesäßmuskeln anspannen. Ein versteckter Reißnagel im Strumpf kann auch dazu benutzt werden, eine gute Reaktion auf dem Polygraphen auszulösen.“

Dr. Archibald Levy vom Medical Research Council in Großbritannien, der Verfasser eines 1988 im Auftrag der Regierung erstellten Berichts über Lügendetektoren, behauptet, daß man auch durch Meditationstechniken die Reaktion auf die jeweiligen Fragen beeinflussen könne. Die Testperson könne sich bewußt entspannen, indem sie sich auf ein anderes Thema konzentriere oder sich vorstelle, sie befinde sich ganz woanders.

DIE URTEILSFINDUNG DES LÜGENDETEKTORS

Der Lügendetektor ist eine Kombination von drei verschiedenen Instrumenten. Ihre Ergebnisse werden einzeln ermittelt und getrennt aufgezeichnet.

Der Pneumograph überprüft die Atmung. Ein Gummischlauch wird der Testperson um den Brustkorb gelegt. Dann werden die Veränderungen des Luftvolumens im Schlauch gemessen, die durch die unterschiedliche Atmung entstehen.

Das zweite Instrument, das Kardiosphygmometer, mißt die Veränderungen des Blutdrucks und der Pulsfrequenz. Es funktioniert ähnlich wie der Blutdruckmesser beim Arzt mit Ballon und Manschette am Oberarm.

Das dritte Instrument, das Galvanometer, mißt den schwachen elektrischen Strom, der durch die Haut fließt. Schweißnasse Haut leitet den Strom besser. Meist werden zur Messung Elektroden an der Hand befestigt.

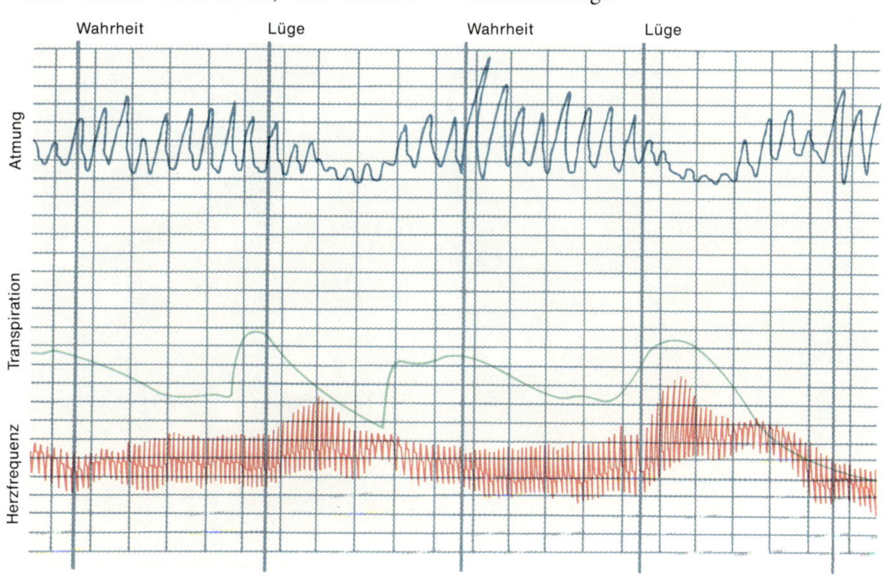

Lüge und Wahrheit werden sichtbar: Der Lügendetektor zeichnet Puls, Atmung und Transpiration der Testperson auf. Doch die Methode ist fragwürdig.

Auf der Suche nach einer heißen Spur

Am Silvesterabend 1986 starben bei einer der größten Brandkatastrophen seit dem Zweiten Weltkrieg 97 Menschen in einem Hotel in Puerto Rico. Zwei Angestellte des Dupont Plaza in San Juan hatten aus Ärger darüber, daß ihre Lohnforderungen nicht erfüllt worden waren, Pappkartons und anderen Abfall in einem leeren Ballsaal mit Brennspiritus übergossen und angezündet.

Innerhalb von 15 Minuten stand das gesamte Erdgeschoß in Flammen, so daß die Hotelgäste im Obergeschoß des 21stöckigen Gebäudes eingeschlossen wurden. Viele der 1400 Menschen mußten per Hubschrauber geborgen werden. Es gab neben den 97 Todesopfern 110 Verletzte.

Brandfahnder waren noch während des Feuers am Unglücksort erschienen. Als sie später die verkohlten Überreste der Möbel im Ballsaal untersuchten, entdeckten sie Spuren von Brennspiritus. Damit war klar, daß es sich um Brandstiftung handelte. Das FBI übernahm daraufhin die Ermittlungen.

Schließlich wurden drei Angestellte festgenommen. Zwei gestanden, das Feuer gelegt zu haben; der dritte hatte den Spiritus besorgt. Alle drei wurden angeklagt und zu Gefängnisstrafen zwischen 75 und 99 Jahren verurteilt.

Brandfahnder sind unter den ersten, die anrücken, nachdem der Brand gelöscht worden ist. Ihre wichtigste Aufgabe ist die Spurensicherung. Oft gibt es von Anfang an Hinweise auf Brandstiftung, z. B. wenn das Feuer an mehreren Orten zugleich ausgebrochen ist oder wenn unmittelbar vor Entdeckung der Flammen jemand vom Brandort weglief. Die Brandfahnder ermitteln den Brandherd, die Ausdehnung des Feuers und die Stelle, wo die Flammen am heftigsten gewütet haben. Farbe und Stärke des Rauchs liefern ebenso Hinweise wie die Art der Materialschäden: Metall verbiegt sich oder schmilzt, je nachdem, wie nahe es dem heißesten Punkt ist; Sprünge in Glas geben Aufschluß über die Intensität der Hitze.

Wichtig ist die Ausdehnung von Metallen. Ein 10 m langer Stahlträger dehnt sich bei Erwärmung auf 500 °C um 70 mm aus. Und je nachdem, bis zu welchem Grad Holz oder Teppichlagen verkohlt sind, kann man den Hitzegrad oder die Dauer des Feuers bestimmen.

In Liftschächten, Lüftungsöffnungen und Treppenhäusern steigen die heißen Gase wie in einem Kamin hoch und entfachen neue Brände. Das erschwert die Ermittlungen bei Bränden, die durch gebrochene Gasleitungen oder defekte Treibstofftanks verursacht wurden. Durch explodierende Spraydosen können riesige Feuerbälle entstehen.

Am Brandherd suchen die Fahnder nach Hinweisen auf die Brandursache – nach einem Benzinkanister, nach verkohlten Leitungen, die auf einen Kurzschluß hindeuten, oder nach einem fahrlässig weggeworfenen Streichholz. Erfahrene Experten werten die Reste des verbrannten Materials aus. Bei einer der schlimmsten Brandkatastrophen Italiens starben am 13. Februar 1983 64 junge Leute im Turiner *Statuto*-Kino. Der Filmvorführer konnte den Brandfahndern zeigen, wo das Feuer ausgebrochen war. Dort entdeckte man die Überreste von alten Leitungen.

FEUER IN DER U-BAHN-STATION

1987 wütete in der Londoner U-Bahn-Station King's Cross ein Feuer. Ein Versuch zeigt, wie es dazu kommen konnte: Ein brennendes Streichholz fällt zwischen die Stufen der Rolltreppe (rechts, weißer Pfeil) und setzt Öl und Staubflocken in Brand (oben). Kurze Zeit später schlägt Feuer aus der Holztreppe (rechts). Flammen rasen durch den Treppenschacht (unten). Ein Computerbild (rechts unten) zeigt den Weg der heißen Gase bis zur Schalterhalle.

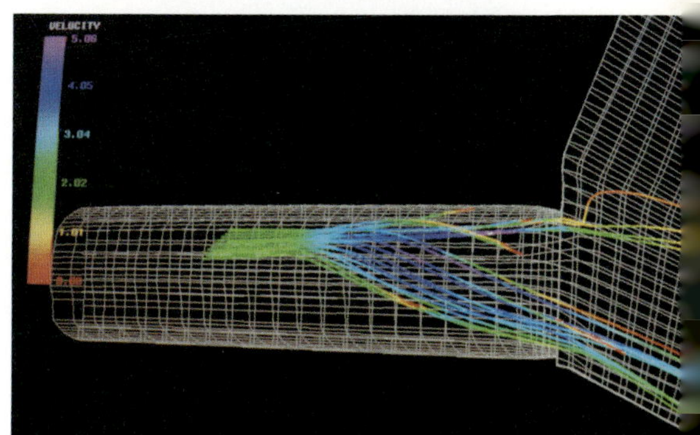

Feuersturm im Hochhaus *Vier der 62 Stockwerke im First Interstate Tower, Los Angeles, brannten im Mai 1988 völlig aus. Ein Mensch starb, 40 wurden verletzt.*

Die römischen Sachverständigen stellten bei der gerichtlichen Untersuchung fest, daß weder Tapeten noch Teppiche, noch Bezugsstoffe den italienischen Feuerschutzbestimmungen entsprachen. Am Ende eines langen Gerichtsverfahrens mußten der Kinobesitzer, der für die Innenausstattung Verantwortliche und zwei örtliche Feuerschutzbeamte, die das Kino für sicher erklärt hatten, für vier bis acht Jahre ins Gefängnis.

Wird nach dem Brand ein Toter gefunden, stellt sich zuweilen heraus, daß das Feuer gelegt wurde, um die Spuren eines Verbrechens zu verwischen. Doch ein menschlicher Körper läßt sich nur schwer vollständig verbrennen, und die Überreste bieten den Kriminologen oft noch zahlreiche Hinweise. Wenn das Feuer den Körper mehr angegriffen hat als dessen unmittelbare Umgebung, kann man daraus schließen, daß er zuerst angezündet wurde. Enthält das Lungengewebe Fettkügelchen, wurde die Person vor dem Brand getötet.

Im November 1987 brach in der Londoner U-Bahn-Station King's Cross ein Feuer aus, bei dem 31 Menschen starben. Zuerst brannte eine Rolltreppe, dann wurde das Feuer durch den Luftzug aus den Tunnels angefacht.

Die Nachforschungen ergaben, daß das Feuer wahrscheinlich durch ein weggeworfenes Streichholz ausgelöst worden war, das die dichten Staubflocken und das Öl unter der Rolltreppe entzündet hatte. Zwar ist das Rauchen in U-Bahnen seit 1984 verboten, doch viele Leute zünden sich schon vor dem Verlassen der Station, noch auf der Rolltreppe, eine Zigarette an.

Versteckspiel in der Kunst: das Bild hinter dem Bild

Als Jean François Millets Bild *Die Ergreifung der Juden in Babylon* enthüllt wurde, lehnten Öffentlichkeit und Kritiker es einhellig ab. Die Kritiker befanden, der Künstler habe die Farbe viel zu dick aufgetragen, und einer klagte über die übertriebene Roheit der Szene: „Die Soldaten dringen auf die jüdischen Frauen ... mit größerer Gewalt ein als notwendig. Sie führen sich wie beim Angriff oder bei der Plünderung einer Stadt auf."

Das Bild verschwand; Kunstexperten nahmen an, Millet selbst habe es vernichtet. Im Winter 1983 aber entdeckten Restaurateure am Museum of Fine Arts in Boston, Massachusetts, bei einer Röntgenuntersuchung des Millet-Bildes *Die Schererin* unter dessen Oberfläche ein anderes Bild.

Die Röntgenaufnahme zeigte Millets längst verloren geglaubte *Ergreifung*. Der Künstler hatte das Bild also nicht vernichtet, sondern – wahrscheinlich aus Geldmangel – die Leinwand später ein zweites Mal verwendet.

Bilder unterm Röntgenschirm

Eine Röntgenaufnahme ist ein sicheres und oft genutztes Mittel, um verborgene Gemälde zu entdecken. Man verwendet langwellige Röntgenstrahlen, weil sie von der Farbe leicht absorbiert werden. Der Grad der Absorption hängt von der Art der Farbe ab. Farben auf Blei- oder Cadmiumgrundlage nehmen mehr Strahlung auf als solche, die Chrom oder Cobalt enthalten. Dickere Farbschichten absorbieren mehr als dünnere.

Ein Röntgenfilm wird hinter das Bild gespannt; die Röntgenstrahlen durchdringen es von vorn. Der entwickelte Film läßt dann die Umrisse früherer Bilder sichtbar werden.

Anfang der 80er Jahre untersuchten zwei Kunstrestaurateure in Glasgow Rembrandts *Soldat mit dem Federhut* mit Röntgenstrahlen. Sie entdeckten dabei einen merkwürdigen weißen Federbusch, der an der Spitze des Helms in die falsche Richtung wehte. Als sie das Röntgenbild herumdrehten, entpuppte sich der „Federbusch" als Teil eines früheren Rembrandtwerks: eine Dame mit Kopfschmuck in einem wallenden, weißen Gewand.

Die ebenfalls in Glasgow durchgeführte Röntgenuntersuchung der *Sacra Conversazione mit dem Heiligen Hieronymus und Antonius Abate sowie dem Stifter* des italienischen Renaissancemalers Paris Bordone zeigte einen zweiten Stifter, der von einem unbekannten Künstler hinzugefügt worden war.

Röntgenstrahlen werden auch genutzt, um die Pentimenti zu studieren: Änderungen, die ein Künstler während der Arbeit vorgenommen hat. (Das Wort Pentimenti hängt mit dem italienischen *pentirsi* – bereuen – zusammen und deutet auf den Sinneswandel des Künstlers hin.) So lassen sich Korrekturen am Aufbau des Bildes oder an Modellen sichtbar machen – nützliche Hinweise für Kunsthistoriker und Restaurateure.

Kohlestiftskizzen

Auch Infrarotlicht läßt das Bild hinter dem Bild erscheinen. Die Strahlen durchdringen die oberste Farbschicht und werden reflektiert. Die Reflexion kann mit einer Kamera festgehalten werden. Die Farbschichten werden dabei durchsichtig; darunter erscheinen die Umrisse des mit Kohle gezeichneten Entwurfs. Das Metropolitan Museum of Art in New York wandte diese Technik bei der Untersuchung flämischer Renaissancemalereien an.

Manchmal treten dabei neue Details zutage. Die Technik des Künstlers wird auf diese Weise durchschaubarer.

Dreifachbild *Das Röntgenbild ließ drei Köpfe auf dem* Porträt eines jungen Mannes *des Holländers Karel du Jardin erkennen. Wissenschaftler fotografierten Farbproben des Gemäldes unter dem Mikroskop. Sie bewiesen, daß der Querschnitt am Kiefer (a) sieben Farbschichten enthält.* **1** *Ockergrund* **2** *Erste graue Farbschicht* **3** *Hautfarbe des ersten Porträts* **4** *Zweite graue Farbschicht* **5** *Hautfarbe des zweiten Porträts* **6** *Dritte graue Farbschicht* **7** *Schatten vom Kiefer des Mannes.*

Das verlorene Porträt *Als man Goyas Porträt* Doña Isabel de Porcel *(rechts) in der Londoner Nationalgalerie mit Röntgenstrahlen untersuchte, entdeckte man darunter das Bildnis eines Mannes (links). Durch ein Infrarotfoto wird sein rechtes Auge sichtbar (oben).*

Fingerabdrücke verraten den Schuldigen

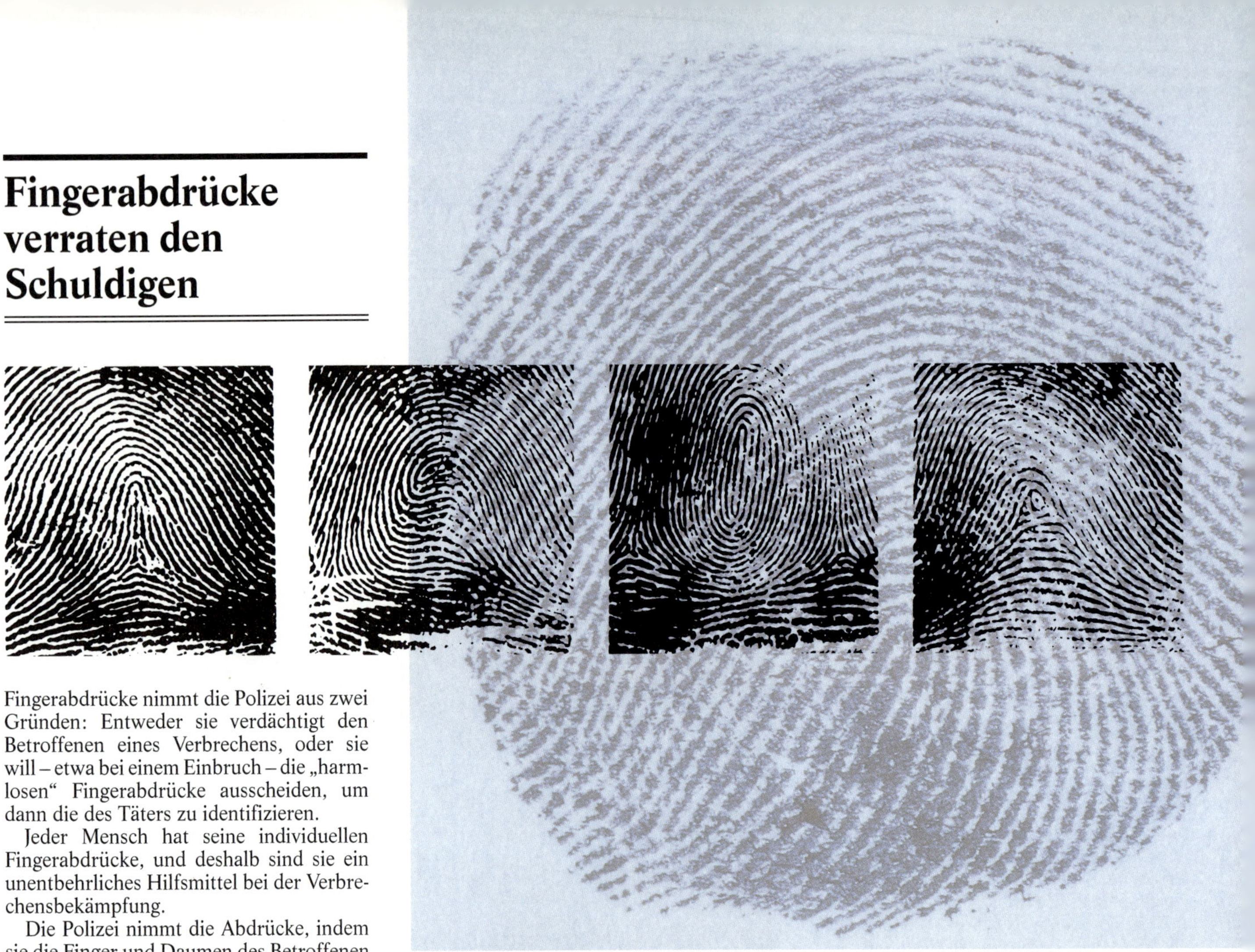

Verräterische Muster *Das große Foto zeigt den Daumenabdruck eines Mannes. Auf den kleinen Bildern sieht man vier Grundmuster (von links nach rechts): Schleifen, Bogen, Wirbel und Endstücke. Nach einem Vergleich kann der Abdruck als Indiz für Schuld oder Unschuld eines Verdächtigen dienen.*

Fingerabdrücke nimmt die Polizei aus zwei Gründen: Entweder sie verdächtigt den Betroffenen eines Verbrechens, oder sie will – etwa bei einem Einbruch – die „harmlosen" Fingerabdrücke ausscheiden, um dann die des Täters zu identifizieren.

Jeder Mensch hat seine individuellen Fingerabdrücke, und deshalb sind sie ein unentbehrliches Hilfsmittel bei der Verbrechensbekämpfung.

Die Polizei nimmt die Abdrücke, indem sie die Finger und Daumen des Betroffenen auf ein Stempelkissen und anschließend auf ein Blatt Papier preßt. So bilden sich die Leisten und Rillen in der Haut ab. Die Abdrücke können dann mit denen verglichen werden, die auf Gegenständen am Tatort gefunden wurden.

Kunststoff und Farbe

Die Spuren entstehen durch einen feinen Feuchtigkeitsfilm auf der Haut, der die Muster der Hautleisten und -rillen nachzeichnet. Auf saugfähigem Material haften die Spuren nicht so gut wie z. B. auf Kunststoff oder lackierten Oberflächen. Fingerspuren sind normalerweise unsichtbar, es sei denn, sie bestehen aus Farbe oder Blut. Die Fingerabdruckexperten stäuben daher „verdächtige" Oberflächen mit einem ganz feinen Puder ein, häufig Aluminium- oder Rußpulver. Dessen Partikel bleiben an den Fingerspuren haften und machen sie sichtbar. Mit Hilfe eines Klebebands werden die Spuren dann abgenommen und auf eine „Spurenkarte" geklebt. Dann können sie vom Daktyloskopen, dem Experten für Fingerabdrücke, ausgewertet werden.

Dank moderner Technik kann die Polizei inzwischen Abdrücke auch von problematischen Oberflächen wie Polyethylentüten oder weichem Leder nehmen.

Eine Methode ist die sogenannte Hochvakuum-Metallbedampfung. Dabei wird der betreffende Gegenstand in einen luftleeren Behälter gelegt. Auf seine Oberfläche wird erst eine Schicht Gold, dann eine Schicht Zink aufgedampft. Das Gold lagert sich überall gleichmäßig ab; lediglich von den feuchten Leisten der Fingerabdrücke wird es absorbiert. Zink dagegen schlägt sich nur auf einem anderen Metall nieder. Es haftet also an dem Gold und hebt somit die „vergoldeten" Linien deutlich hervor. Das Spurenmuster wird fotografiert.

Das Foto vergleicht die Polizei dann mit den Fingerabdrücken in ihrer Verbrecherkartei. Man unterscheidet vier Hauptmuster von Fingerabdrücken, die wiederum aus verschiedenen Schleifen, Bogen und Wirbeln zusammengesetzt sind.

Als Beweis wird eine derartige Spur erst dann anerkannt, wenn eine bestimmte Anzahl von Merkmalen der Spur mit den Merkmalen eines „offiziellen" Abdrucks übereinstimmt. Wenn die Spur mehr als einen Finger zeigt, genügen meist weniger Einzelmerkmale pro Finger, damit sie vor Gericht als beweiskräftig gilt. Für die meisten Fingerabdruckexperten ist eine Identifizierung bei mehr als zwölf Übereinstimmungen eindeutig. Auch wenn ein solcher Abdruck vor Gericht noch nicht als Beweis anerkannt würde, reicht er für einen begründeten Verdacht aus.

Handschuhabdrücke

Handschuhspuren lassen sich fast ebenso eindeutig zuordnen wie Fingerabdrücke. Diese Spuren werden ebenfalls mit einer Pulverschicht sichtbar gemacht. Und auch sie gelten als Beweis, wenn sie mit den Spuren eines Handschuhs identisch sind, der einem Verdächtigen gehört.

Abdruckspuren geben Aufschluß über die Struktur des Materials, über sein Alter und die Art der Verarbeitung.

Der weltweit erste derartige Fall wurde 1971 vor dem Londoner Zentralgericht verhandelt. Die Polizei legte die Abdruckspur eines linken Handschuhs vor, den der Verdächtige bei einem Einbruch getragen haben soll. Die Spur paßte zu Schafslederhandschuhen, die dem Angeklagten gehörten. Er bekannte sich schuldig.

Abdruckvergleiche

Fingerabdruckvergleiche erfordern Konzentration und gute Augen. Das Verfahren ist ähnlich wie bei jenen Suchbildern, auf denen man Unterschiede finden muß, obwohl sie auf den ersten Blick gleich aussehen. Der Fingerabdruckexperte geht umgekehrt vor: Er sucht nach Ähnlichkeiten.

Fingerabdrücke sind normalerweise unter dem Namen ihrer Träger in einer Kartei abgelegt. In den meisten Ländern werden nur die Abdrücke überführter Täter und die Spuren aus ungelösten Kriminalfällen registriert.

Einige Staaten haben ein nationales Fingerabdruckarchiv. Doch dort ist die Suche meist aufwendig; deswegen wird es nur herangezogen, wenn eine Spur nicht direkt identifiziert werden kann.

Auch Spezialgebiete von Verbrechern werden in Karteien erfaßt. Geheimpolizei und Nachrichtendienste unterhalten ihre eigenen Karteien über Personen, die als Revolutionäre oder feindliche Agenten verdächtigt werden.

Die Arbeit des Fingerabdruckexperten beginnt damit, daß er die am Tatort gesicherten Spuren untersucht. Er vergleicht sie mit denen, die unverdächtige Personen am Tatort hinterlassen haben, z. B. Familienmitglieder oder Polizeibeamte. Die eindeutig identifizierten Abdrücke werden ausgesondert. Die verbleibenden Spuren vergleicht der Experte anschließend mit den im Archiv vorhandenen Abdrücken möglicher Täter, die von den Fahndern genannt wurden.

Falls der Täter so nicht ermittelt werden kann, wird die Suche ausgedehnt. Geht es beispielsweise um einen Einbrecher, werden alle ähnlichen Fälle aus der Umgebung und dann die in Nachbarorten verübten Einbrüche zum Vergleich herangezogen.

Unter Umständen werden auch die Fingerabdruckkarteien benachbarter Polizeistellen bei der Fahndung einbezogen. Zudem wird ein Einbrecher vielleicht auch in einer anderen Sparte, z. B. bei den Tresorknackern, gesucht, während die Scheckbetrüger dabei nicht berücksichtigt werden.

Die Experten vergleichen die Fingerabdrücke neu eingelieferter Häftlinge mit den Spuren aus früheren Verbrechen, in der Hoffnung, bislang ungelöste Fälle aufzuklären. Auch werden noch nicht identifizierte Spuren mit neuen verglichen, um mögliche Zusammenhänge festzustellen. So werden täglich Dutzende von Vergleichen durchgeführt, manchmal auch über mehrere Tage hinweg ohne positives Ergebnis. Der größte Teil der Arbeit muß mühsam per Hand erledigt werden. Seit Anfang der 80er Jahre werden Computer eingesetzt. Heute werden die Fingerabdrücke und -spuren in elektronischen Dateien jederzeit abrufbar gespeichert. Auf Knopfdruck erscheinen dann z. B. die Abdrücke aller bekannten Autodiebe einer bestimmten Gegend, die unter 30 Jahre sind. Zur Ausdehnung der Fahndung hat die Polizei heute auch Zugriff auf die Daten benachbarter Dienststellen oder auf die überregionalen Dateien. Den eigentlichen Vergleich stellt jedoch immer noch der Fingerabdruckexperte an.

Auf der ganzen Welt arbeiten Wissenschaftler an Computersystemen, mit denen Fingerabdrücke und -spuren gespeichert, abgerufen und vor allem miteinander verglichen werden können. Es gibt bereits Systeme, die 60 000 Vergleiche in der Sekunde schaffen. Ein vollautomatisches, landesweites Fingerabdrucksystem wird jedoch noch einige Zeit auf sich warten lassen.

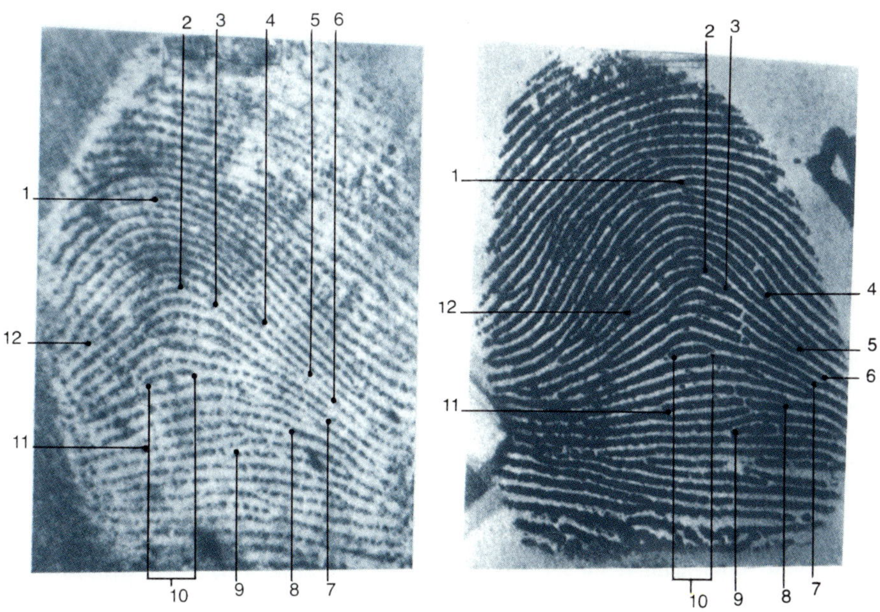

Fingerspuren und Fingerabdrücke *Die Fingerspuren vom Tatort (links) hat ein Polizeiexperte mit feinem Pulver sichtbar gemacht. Die Spur wurde mit dem Abdruck eines Verdächtigen verglichen (rechts). Es zeigten sich zwölf übereinstimmende Merkmale.*

VIER BRÜDER UND EIN MORD

Der einmalige Fall, in dem Brüder des Mordes überführt und von Brüdern hingerichtet wurden, war durch eine Fingerspur aufgeklärt worden.

1905 wurden Alfred und Albert Stratton des Mordes an einem älteren Ehepaar angeklagt, das in der Wohnung über seinem Londoner Laden erschlagen aufgefunden worden war.

Neben den Toten lag eine geöffnete Kasse, in der die beiden ihre Einnahmen aufbewahrt hatten. Auf dem Metalleinsatz der Kasse fanden Beamte der Fingerabdruckabteilung die Spur eines Daumens, der weder zu den Toten noch zu dem ersten Polizeibeamten am Tatort gehörte.

Der Verdacht fiel auf die als Einbrecher bekannten Strattons. Der Prozeß fand am Old Bailey statt, dem Obersten Strafgericht Großbritanniens. Hauptbeweis war die Daumenspur.

Die beiden Männer wurden für schuldig befunden und zum Tode verurteilt. Am 23. Mai 1905 wurden sie von den Brüdern John und William Billington gehängt.

Mr. Fingertips

Ende des vorigen Jahrhunderts nutzte Edward Henry, Generalinspektor der indischen Polizei in Bengalen, zum erstenmal Fingerabdrücke zur Überführung von Verbrechern.

Bis dahin waren die Merkmale von Verbrechern nach dem anthropometrischen System des französischen Kriminologen Alphonse Bertillon registriert worden: Man maß Arm- und Beinlänge der Straftäter und fotografierte sie von vorn und im Profil.

Fingerabdrücke hatte man lediglich dazu benutzt, rassische und entwicklungsgeschichtliche Merkmale zu untersuchen. Edward Henry erkannte jedoch ihre Bedeutung bei der Verbrechensbekämpfung. Seine Beamten mußten Abdrücke der linken Daumen von Verdächtigen nehmen, da Henry glaubte, die Daumenrillen der linken Hand seien weniger abgenutzt, weil die meisten Menschen Rechtshänder sind. Er entwickelte ein System auf der Grundlage der Abdruckmuster.

Seine Ideen fanden auch in England Beachtung, und 1901 wurde ihm die Leitung der Abteilung für Verbrechensaufklärung bei Scotland Yard übertragen. Er baute die erste Abteilung für Fingerabdrücke auf. Innerhalb eines halben Jahres konnte sie über 100 Fälle lösen. Henry wurde später Chef der Metropolitan Police. 1918 wurde er geadelt. Aber bekannt blieb er als „Mr. Fingertips“.

Sichere Identifizierung mit dem genetischen Fingerabdruck

Der genetische Fingerabdruck hat die Verbrechensbekämpfung revolutioniert. Er liefert die sichersten Beweise für eine Personenidentifizierung. Denn es ist nahezu unmöglich, daß zwei Menschen auf der Erde einen identischen genetischen Fingerabdruck haben. Das Verfahren wird inzwischen auch beim Vaterschaftsnachweis und zur Kontrolle bei der Zucht seltener Tiere angewandt.

Professor Alec Jeffreys, ein britischer Genetiker an der University of Leicester, entdeckte den genetischen Fingerabdruck 1984. Sein Spezialgebiet war die DNS, die chemische Substanz im Kern jeder lebenden Zelle, die alle individuellen Eigenheiten eines Menschen festlegt. Die DNS-Struktur ist bei jedem Menschen unterschiedlich – mit Ausnahme von eineiigen Zwillingen.

Professor Jeffreys entdeckte, daß es innerhalb des DNS-Moleküls, das die Form einer Doppelhelix, einer doppelten Spirale, hat, eine Reihe genetischer Informationen gibt, die sich viele Male wiederholen.

Die Länge dieser Informationsreihe, die Häufigkeit ihres Auftretens und ihre genaue Position in der DNS-Kette sind bei jedem Menschen einzigartig. Es gelang, diese Reihe sichtbar zu machen. Das Ergebnis war der genetische Fingerabdruck, eine Reihe von Zeichen auf einem Röntgenfilm, ähnlich den Strichcodes auf Lebensmittelverpackungen.

Um ein DNS-Muster zu erhalten, benötigen die Wissenschaftler lediglich eine Probe mit menschlichen Zellen: eine kleine Menge Blut oder Samen oder ein Haar.

Der genetische Fingerabdruck ist zur Feststellung von Schuld oder Unschuld wichtig. Schlägt z. B. ein Einbrecher eine Fensterscheibe ein, hinterläßt er womöglich eine Blutspur. Daraus kann man einen genetischen Fingerabdruck gewinnen. Jetzt muß die Polizei nur die Blutprobe eines Verdächtigen damit vergleichen. Paßt sie, ist er überführt.

Hat die Polizei nur den genetischen Fingerabdruck, werden von mehreren Menschen Blutproben genommen. Der erste Großvergleich dieser Art erfolgte 1987 in Leicestershire. Damals mußten 5500 Männer, die im Umkreis eines Dorfes lebten, in dem zwei junge Mädchen vergewaltigt und ermordet worden waren, ihre Blutproben abgeben.

Der Täter wurde schließlich gefunden, als ein Mann zufällig erwähnte, ein Arbeitskollege habe ihn gebeten, bei der Blutprobe seinen Platz einzunehmen. Ein anderer Verdächtiger konnte wieder freigelassen werden. Sein genetischer Fingerabdruck paßte nicht zu denen, die man aus den Tatortspuren gewonnen hatte.

Mit einem genetischen Fingerabdruck kann auch der Vater eines Kindes zweifelsfrei bestimmt werden. Die genetischen Eigenschaften eines Menschen sind in jeder Zelle doppelt angelegt, in je einem Gen des Vaters und der Mutter. Vergleicht ein Genetiker die DNS-Stränge z. B. im Blut von Mutter und Kind, kann er mit Sicherheit sagen, daß die nicht zusammenpassenden Teile vom leiblichen Vater kommen und mit dessen genetischen Fingerabdrücken identische Muster aufweisen müssen.

Der genetische Fingerabdruck wird auch im Zusammenhang mit Knochenmarktransplantationen bei Leukämiekranken eingesetzt. Die Ärzte untersuchen, ob der genetische Fingerabdruck, der von einem Patienten nach der Transplantation genommen wurde, zu dem des Spenders paßt. Wenn ja, war die Transplantation erfolgreich, und das Transplantat bildet dann die normale Menge weißer Blutkörperchen.

Zoologen benutzen genetische Fingerabdrücke, um die Aufzucht seltener Tiere zu kontrollieren und sie so vor dem Aussterben zu bewahren. Sie vergleichen die DNS-Stränge der Tiere, um unter gefährdeten Arten die Inzucht, die erwiesenermaßen zu schwächerem Nachwuchs führt, mit Sicherheit zu vermeiden.

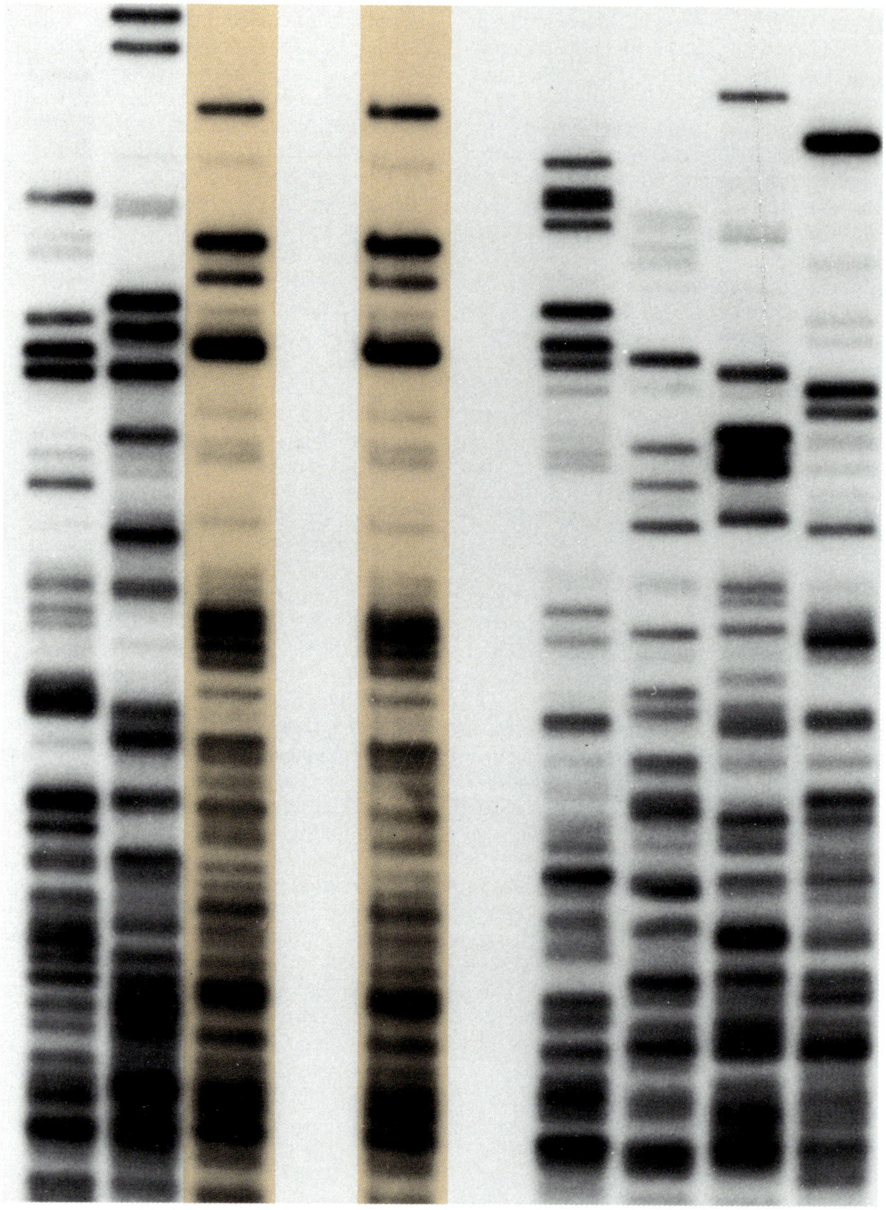

DNS findet den Schuldigen *Ein DNS-Muster (Mitte), aus einem Blutfleck am Tatort gewonnen, wird mit dem von sieben Verdächtigen verglichen. Nur das Muster links neben dem Original paßt genau. Die anderen sind ähnlich, aber nicht identisch. So kann man die Schuld eines Menschen beweisen – und die Unschuld von sechs anderen.*

Phantombilder als Hilfe bei der Fahndung

Im Februar 1959 raubte ein bewaffneter Mann ein Spirituosengeschäft in Kalifornien aus. Es war kein aufsehenerregendes Verbrechen, und doch machte es Geschichte: Der Ladeninhaber gab Sheriff Pitchess von der Los Angeles County Police eine gute Täterbeschreibung. So war es möglich, ein sehr genaues Bild des Gesuchten anzufertigen.

Der Räuber konnte aufgrund der Bilder, die in der Umgebung verteilt wurden, identifiziert und verhaftet werden. Er gestand und wurde verurteilt – der erste Straftäter in der Geschichte der Kriminalistik, der mit Hilfe eines Phantombilds gefaßt wurde.

Das System wurde Mitte der 40er Jahre hauptsächlich von Hugh C. McDonald, einem Beamten des Los Angeles Identification Bureau, entwickelt. Er fotografierte etwa 50000 Gesichter; die Bilder zerlegte er in zwölf Hauptfelder, die er als Grundlage für seine sogenannten Phantombilder benutzte.

Die rund 400 verschiedenen Augenpaare, Lippen, Nasen, Kinne, Haaransätze, Augenbrauen, Bärte, Schnurrbärte, Stirnen und Wangen wurden auf durchsichtige Kunststoffolie gezeichnet. Diese wurden dann so lange verändert und übereinandergelegt, bis das Bild mit der Augenzeugenbeschreibung von der gesuchten Person möglichst genau übereinstimmte.

Die Verwendung von Fotos oder Zeichnungen zur Identifizierung von Tätern geht auf die 80er Jahre des vorigen Jahrhunderts zurück. Damals führte der französische Kriminologe Alphonse Bertillon ein System ein, das er *portrait parlé*, sprechendes Bild, nannte.

Fotos von Häftlingen wurden dazu in Felder eingeteilt. Jedes Feld bekam einen Buchstabencode, der ein typisches Merkmal, z.B. eine Hakennase oder abstehende Ohren, bezeichnete. Mit diesem Code konnten sich Polizisten über das Aussehen eines Gesuchten verständigen.

Mitte der 70er Jahre wurde ein verbessertes Phantombildverfahren von Pat Dunleavy, einem Beamten der Royal Canadian Mounted Police, entwickelt. Dabei werden Fotos von Gesichtszügen direkt auf Kunststoffolie kopiert.

In der Bundesrepublik Deutschland wird das System „Photo-FIT" (Facial Identification Technique) angewandt. Photo-FIT arbeitet ebenfalls mit richtigen Fotos, die auf Kunststoffbogen montiert sind. Zur Grundausstattung gehören 195 Haaransätze, 99 Augenpaare und Augenbrauen, 89 Nasen, 105 Münder sowie 74 Kinne und Wangen. So ergeben sich Milliarden von Kombinationsmöglichkeiten.

Spezielle Merkmale wie Bärte und Brillen gibt es als Deckfotos. Die Bogen sind so geschnitten, daß das montierte Bild in einen Rahmen eingepaßt werden kann, der die Teile zusammenhält.

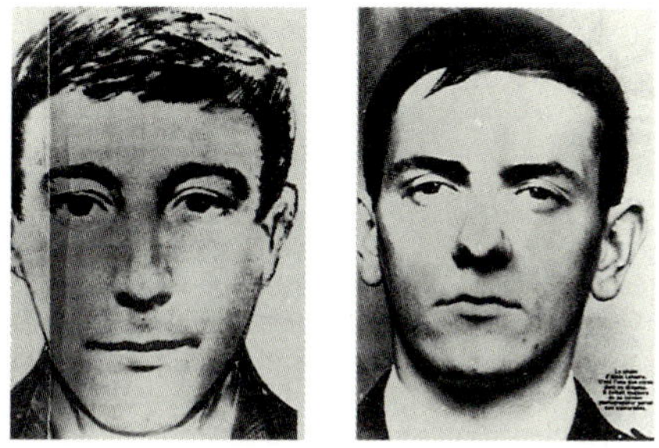

Gendarm als Mörder *Ein Phantombild führte in Frankreich auf die Spur eines Mörders. Es war ein Gendarm, der selbst als Fahnder an dem Fall arbeitete.*

Die Grundausstattung gilt für den kaukasischen, weißhäutigen Typ. Auch die Gesichtszüge der nordamerikanischen Indianer, der Inder und des afro-karibischen Typs sind erfaßt. Orientalische Gesichter werden bislang gezeichnet.

Die Polizei vernimmt Zeugen möglichst bald nach der Tat, da das Erinnerungsvermögen der meisten Menschen nach einer Woche abzunehmen beginnt.

Die Beamten fragen die Zeugen zuerst nach den Einzelheiten der Tat, dann allgemein nach dem Aussehen des oder der Täter. Übliche Fragen: Waren sie klein und stämmig oder groß und schlank? Welche Art Kleidung trugen sie? Und wie verhielten sich die Verdächtigen am Ort des Geschehens im einzelnen? Erst dann werden die Zeugen zu den Details der Physiognomie vernommen.

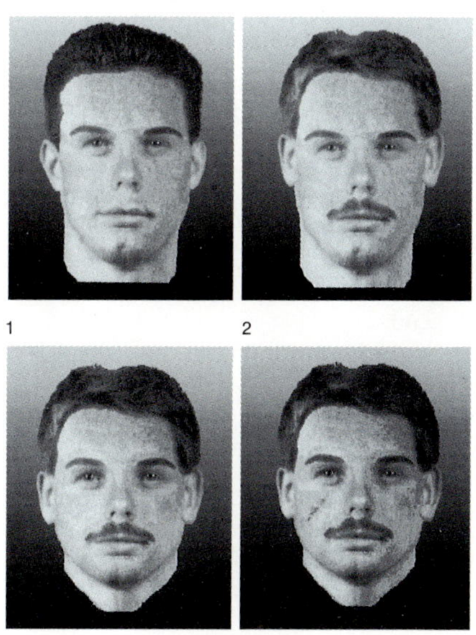

Computer-Gesicht *Bei dem computergestützten System E-FIT kann das Gesicht einer Person (1) verändert werden: Man kann einen Bart zufügen (2), die Gesichtsform modifizieren (3) und besondere Kennzeichen wie Narben hinzufügen (4).*

Sie schauen die Bände mit den Photo-FIT- oder Phantombildblättern durch und suchen die entsprechenden Merkmale aus. Die Gesichter werden Blatt für Blatt, Teil für Teil zusammengesetzt.

Oft wird noch ein Polizeizeichner herangezogen. Er zeichnet dann Details wie Farbnuancen der Haare, Unregelmäßigkeiten der Haut, Narben oder besondere Augenbrauenformen ein. Danach besprüht er das Bild mit einem Fixativspray, und der Zeuge unterschreibt es.

Durch die Computertechnik wird auch die Qualität der Bilder stark verbessert. Auf dem Bildschirm können ganz natürliche Gesichter mit feinen Details gezeichnet werden. Von dem Bild kann man dann einen fotoähnlichen Abzug herstellen.

Zudem können die Polizeifotos von festgenommenen Tätern im Computer gespeichert werden. Sie werden nach besonderen Merkmalen codiert, und der Computer sucht jeweils die heraus, die den Zeugenbeschreibungen am nächsten kommen.

Handschriftenexperten überführen Verbrecher

4. Juli 1956, Westbury, USA: Beatrice Weinberger kehrte mit ihrem einen Monat alten Sohn Peter von einem Spaziergang nach Hause zurück. Sie ließ den Kinderwagen auf der Terrasse stehen und ging schnell hinein, um etwas für das Kind zu holen. Als sie kurz darauf zurückkam, war der Kinderwagen leer bis auf einen Zettel mit einer handgeschriebenen Nachricht:

„Achtung. Schade, daß Ihnen das passieren mußte, aber ich brauche dringend Geld und kann es mir nicht anders besorgen. Sagen Sie niemandem etwas, und gehen Sie nicht zur Polizei. Ich beobachte Sie genau. Ich bin sehr nervös und werde das Baby bei Ihrem ersten Fehler töten.

Stecken Sie 2000 (zweitausend) $ in kleinen Scheinen in einen braunen Umschlag, und legen Sie ihn morgen (Donnerstag) früh um genau 10 Uhr an der Ecke Albemarle Road und Park Avenue bei dem Wegweiser ab.

Wenn alles klappt, bringe ich das Baby zurück. Sie können es an derselben Ecke um 12 Uhr mittags abholen. Keine Ausre-

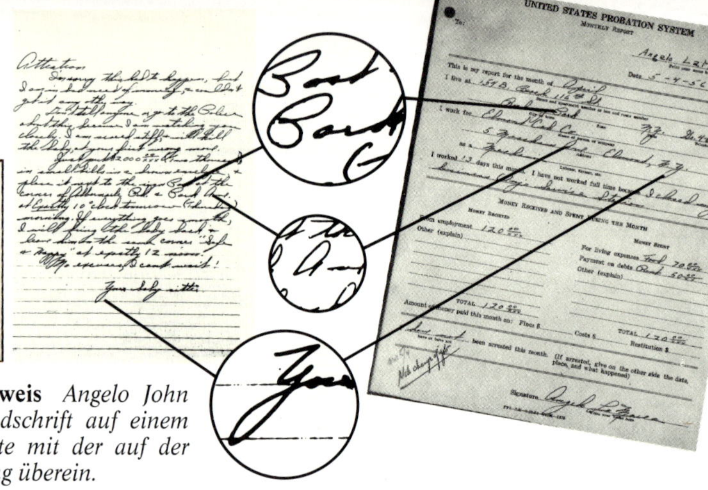

Schriftlicher Beweis *Angelo John La Marcas Handschrift auf einem Formular stimmte mit der auf der Lösegeldforderung überein.*

den. Ich kann nicht warten! Ihr Babysitter."

Trotz der Warnung des Entführers gingen Mrs. Weinberger und ihr Mann in ihrer Verzweiflung zur Polizei.

Am nächsten Morgen wurde ein Paket mit zerschnittenem Zeitungspapier an der Ecke niedergelegt. Doch der Kidnapper kam nicht. Nach zwei weiteren geplatzten Terminen schickte er noch eine Nachricht mit der Unterschrift „Ihr Babysitter". Inzwischen hatte die Polizei keine Hoffnung mehr, daß das Baby noch lebte.

Das FBI wurde hinzugezogen. Dessen Handschriftenexperten machten sich an die Arbeit. Auf beiden Lösegeldforderungen war in Wörtern wie „baby" und „money" (Geld) beim y ein ungewöhnlicher z-förmiger Anstrich aufgefallen.

Die Experten verbrachten die nächsten sechs Wochen damit, Personalakten von Betrieben, Unterlagen von Ämtern und Schulen und Mitgliedslisten von Vereinen nach Unterschriften und anderen Schriftproben zu durchkämmen. Insgesamt untersuchten sie mehr als 2 Mio. solcher Schriftproben und verglichen sie mit der Schrift auf den Lösegeldforderungen.

Mitte August wurde die mühsame Kleinarbeit der Experten belohnt. Angelo John La Marca aus Plainview, Long Island, hatte die gleiche Schrift wie der Kidnapper, auch die eigenartige Schreibweise des y.

La Marca hatte einmal wegen illegaler Alkoholherstellung eine Bewährungsstrafe bekommen. Als man ihm nun die Handschriftenvergleiche vorlegte, brach er zusammen und gestand die Entführung.

Er erklärte, er habe die Tat spontan begangen, um seine finanziellen Probleme zu lösen. Er habe Peter am Tag nach der Entführung gesund in einem nahen Park zurückgelassen. Doch als die Beamten zu der angegebenen Stelle kamen, fanden sie nur noch die Leiche des Kindes. La Marca wurde später im New Yorker Gefängnis Sing Sing hingerichtet.

La Marca wäre wahrscheinlich auch gefaßt worden, wenn er versucht hätte, seine Schrift zu verstellen.

Denn auch wenn jemand seine Handschrift verändern will oder die eines anderen nachahmt, scheint die Individualität des Schreibers immer durch. Der Winkel, in dem er das Schreibgerät hält; die Art, den T-Strich oder den I-Punkt zu setzen; Höhe und Form der Buchstaben; der Abstand zwischen den Wörtern; der Gebrauch der Satzzeichen – all das identifiziert einen Menschen genauso sicher wie seine Fingerabdrücke.

Gary Herbertson, der Chef der Schriftenabteilung beim FBI-Labor, erklärte 1983: „Immer wenn man seine Hand-

BEWERBUNG UND HANDSCHRIFT

Bei der Bewerbung um den Posten eines stellvertretenden Personalleiters waren zwei junge Männer in die engere Wahl gekommen. Beide hatten die gleiche Qualifikation. Die Personalleitung konnte sich nicht entscheiden und zog deshalb einen Schriftverständigen zu Rate, der Charakter und Leistungsfähigkeit der beiden bewerten sollte.

Die Schrift des einen Bewerbers war groß, flüssig und rund, die seines Konkurrenten klein, spitz und eckig. Der Graphologe beurteilte den ersten Bewerber als selbstbewußt, flexibel und als jemanden, der gut mit Menschen umgehen könne. Die zweite Handschrift gehöre zu jemandem, der trotz seiner beruflichen Erfolge unsicher und unbeweglich sei. Nach diesem Urteil war klar, daß man sich für den ersten Bewerber entschied.

Die Graphologen behaupten, daß die Handschrift ein Spiegel des Inneren sei. Das Unbewußte offenbare sich über die Finger auf dem Papier (siehe unten).

In den USA arbeiten zahlreiche Unternehmen – von Werbeagenturen bis zu Banken – mit Schriftanalytikern zusammen, um Bewerbungen, Beförderungswünsche und per Post eintreffende geschäftliche Angebote zu analysieren. Auch in den europäischen Staaten konsultieren viele der größeren Unternehmen bei personellen Entscheidungen Graphologen, und die Tendenz ist weltweit steigend.

Die Anhänger der Graphologie behaupten, sie helfe bei der Beurteilung des Charakters einer Person. In den USA, wo die Unternehmen jährlich 40 Mrd. $ durch unehrliche Mitarbeiter verlieren, hat die Graphologie den Lügendetektor ersetzt.

Das Ergebnis eines Lügendetektortests war immer fragwürdig. Auch die Aussagen der Graphologen sind umstritten: Oft wird ihnen vorgeworfen, viele von ihnen seien selbsternannte Fachleute und ihre Bewertungen seien widersprüchlich.

Einig sind die Graphologen darin, daß sich eine Person nicht aufgrund irgendeiner Eigenart der Schrift beurteilen lasse, sondern nur durch eine Kombination vieler Kriterien.

Die Graphologen gliedern eine Handschrift in drei Zonen: Ober- und Unterlän-

GRÖSSE

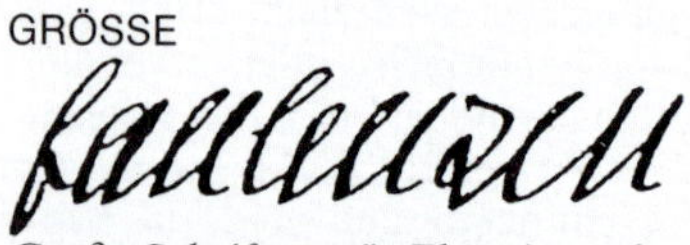

Große Schrift verrät Ehrgeiz und großzügiges Denken. Sie ist bei Menschen aus dem Showgeschäft häufig.

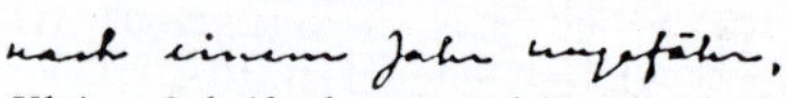

Kleine Schrift deutet auf Bescheidenheit und Unterlegenheitsgefühle, obwohl der Schreiber oft durchaus sachlich und wissenschaftlich denken kann.

NEIGUNG

Linksneigung ist häufig bei schüchternen, zurückhaltenden Menschen. Sie ziehen sich in ihr Schneckenhaus zurück und bleiben passiv.

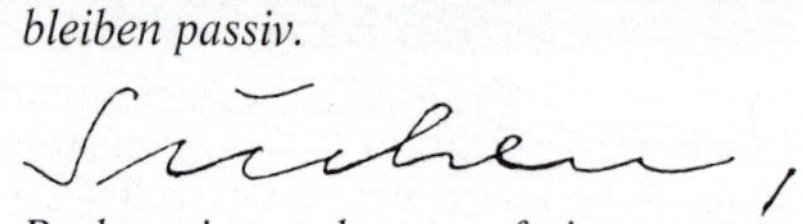

Rechtsneigung deutet auf einen extrovertierten Menschen hin. Er fühlt sich in Gesellschaft wohl.

BREITE

Enge Schrift heißt oft: diszipliniert, aber introvertiert. Es kann auch heißen: kleinmütig und engstirnig.

Breite Schrift weist auf Ungezwungenheit und Reiselust, manchmal auch auf Unbeherrschtheit hin.

schrift zu verstellen versucht, sieht irgend etwas unnatürlich aus. Diese verstellte Schrift hat nicht die Schnelligkeit, Flüssigkeit und Geschmeidigkeit der natürlichen Schreibweise.

Man sieht plumpe An- und Abstriche, ungelenke Bogen, unpassende Unterbrechungen, ein leichtes Zittern. Zwei Buchstaben mögen dieselbe Form haben, doch man erkennt, ob einer zügig geschrieben und der andere sorgsam gemalt ist."

Außer ihrem Wissen nutzen die Handschriftenexperten auch komplizierte Geräte bei ihrer Tätigkeit. Dazu gehören Infrarot- und Ultraviolett-Prüfgeräte zum Erkennen von radierten Stellen und Veränderungen, teilbare Bildschirme zum Vergleichen echter und zweifelhafter Dokumente, Geräte zum Vergrößern von Handschriften und zum Vergleich unterschiedlicher Buchstabenverbindungen.

Die aufsehenerregendste Handschriftenfälschung in jüngster Zeit waren Anfang der 80er Jahre die „Tagebücher" Adolf Hitlers. Angeblich hatte er darin seine geheimsten Gedanken zu Papier gebracht, darunter auch seine Aufzeichnungen über den Angriff der Russen im April 1945 auf Berlin: „Die langerwartete Offensive hat begonnen. Möge uns der Herr beistehen."

Die 60 Tagebücher wurden von der Illustrierten *Stern* für beinahe 10 Mio. DM aufgekauft. Der *Stern* verkaufte die Abdruckrechte nach Frankreich, Spanien, Belgien, den Niederlanden, Italien, Norwegen und Großbritannien, wo Auszüge in der *Sunday Times* erschienen.

Der *Stern* begann mit der Veröffentlichung im Frühjahr 1983. Zwei der Tagebücher – von 1932, dem Jahr vor der Machtergreifung, und von 1945 – wurden an das amerikanische Nachrichtenmagazin *Newsweek* geschickt, das auch an einer Veröffentlichung interessiert war.

Newsweek zog den führenden Bostoner Handschriftenexperten Kenneth Rendell hinzu, dem die Tagebücher sofort verdächtig vorkamen: „Schon auf den ersten Blick sah alles falsch aus."

Er verglich die beiden Schriftsätze mit Proben der echten Handschrift. Besonders genau untersuchte er die Großbuchstaben E, H und K. Dabei stellte er große Unterschiede zwischen den zwei Schriften fest. Rendell war überzeugt, daß die Tagebücher Fälschungen waren. Außerdem waren sie eindeutig mit neuerer Tinte geschrieben. Hinzu kam, daß Hitler für seine Aufzeichnungen in den frühen 30er Jahren nur Papier feinster Qualität mit Goldprägung verwendet hatte. Er hätte nie das billige, linierte Notizpapier der „Tagebücher" genommen.

Dieses Gutachten sowie die Untersuchungsergebnisse der Experten des Bundesarchivs und des Bundeskriminalamts waren später entscheidend für die Festnahme von Konrad Paul Kujau und zwei Komplizen. Ein Hamburger Gericht befand ihn im Juli 1985 wegen der Fälschung der Tagebücher für schuldig und verurteilte ihn zu viereinhalb Jahren Gefängnis. Aus gesundheitlichen Gründen erhielt er 1987 Haftverschonung.

Hunde und Geräte spüren Drogen und Sprengstoff auf

1988 erregten fünf Kolumbianerinnen auf dem Londoner Flughafen Heathrow den Verdacht der Zollbeamten. Die eingesetzten Spürhunde schlugen an und führten die Beamten zu 100 Langspielplatten, die auf die Koffer der Frauen verteilt waren. Bei näherer Untersuchung fanden die Beamten zwischen den Vinylschichten der Platten und in Buchdeckeln insgesamt 16 kg Kokain. Die Frauen wurden zu je 14 Jahren Gefängnis verurteilt.

Überall auf der Welt setzen Polizei und Zoll heute Spürhunde zur Suche nach Drogen und Sprengstoff ein.

Für diese Aufgabe werden Gebrauchshunde wie z. B. Schäferhunde, Rottweiler und Spaniels ausgebildet. Hunde haben einen viel besseren Geruchssinn als Menschen, denn die Geruchsrezeptoren an der Spitze ihrer Nase sind 100mal so lang wie die menschlichen.

Die Ausbildung eines Spürhunds dauert etwa zwölf Wochen. Der Hund muß lernen, eine bestimmte Droge oder einen Sprengstoff zu erkennen.

Sein Ausbilder versteckt eine Probe des Stoffs in einer Apportierhilfe. Das ist ein Gegenstand, den der Hund fassen kann: eine zusammengerollte Zeitung, ein Stück Rohr, ein Lumpen.

Der Hund muß nun die Apportierhilfe zu seinem Ausbilder zurückbringen. Dafür bekommt er eine Belohnung: Er darf sein Lieblingsspiel spielen – meist eine freundschaftliche Rauferei mit dem Ausbilder oder ein Versteckspiel.

Gepäckkontrolle
Derartige Sprengstoffsuchgeräte werden auf vielen Flughäfen in aller Welt eingesetzt.

Der Hund lernt, den Geruch der Apportierhilfe – Rauschgift oder Sprengstoff – wiederzuerkennen. Immer wieder werden andere Gegenstände verwendet, doch der Geruch bleibt gleich. Zunächst legt man das Objekt für den Hund sichtbar hin, später wird es versteckt.

Schmuggler versuchen oft, den Rausch-

gen (Großbuchstaben und Buchstaben wie b, d, g) und den mittleren Bereich (andere Kleinbuchstaben). Form und Größe der einzelnen Bereiche lassen auf Wesen und Charakter der untersuchten Person schließen.

Eine deutliche Oberlänge weist z. B. auf eine extrovertierte Persönlichkeit hin, wenig ausgeprägte Unterlängen deuten auf Oberflächlichkeit und Gefühlsarmut. Durchschnittliche Größe im mittleren Bereich läßt praktische Veranlagung vermuten.

Weitere Beurteilungskriterien sind die Neigung der Schrift und die Abstände sowohl zwischen den einzelnen Buchstaben als auch zwischen einzelnen Worten.

ABSTÄNDE

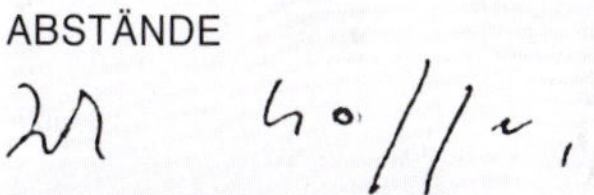

Weite Abstände zwischen den einzelnen Wörtern lassen auf Menschen schließen, die gern allein sind – möglicherweise Einzelgänger.

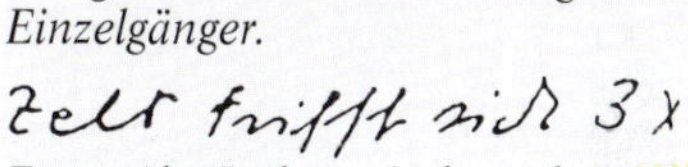

Enge Abstände zwischen den Wörtern sind typisch für leutselige Menschen, die bei der Wahl ihrer Freunde nicht sehr vorsichtig sind.

Spürhund *Eine Hundeführerin auf dem Flughafen von Miami befiehlt ihrem Hund, nach Drogen zu suchen.*

giftgeruch mit Parfum zu übertönen. Der Hund muß also lernen, sich auch nicht von einem fremden Geruch beirren zu lassen.

Am Ende eines Lehrgangs kann ein Hund bis zu zwölf verschiedene Arten Sprengstoff und vier Rauschgiftsorten – meistens Haschisch, Kokain, Heroin und Amphetamine – erschnüffeln.

Wenn ein Hund etwa in einem Lagerhaus nach Drogen suchen soll, legt man ihm ein spezielles Geschirr an – für ihn ein Zeichen, daß er mit der Arbeit beginnen soll. Hat er etwas aufgespürt, wird er unruhig und aufgeregt: Er weiß, daß er eine Belohnung bekommt. Andere Zoll- und Polizeibeamte übernehmen dann die weitere Suche.

Der Ausbilder läßt den Hund nun eine sichtbare Apportierhilfe zurückbringen und lobt ihn dann ausgiebig.

Luftproben

Geräte zum Aufspüren von Rauschgift oder Sprengstoff saugen durch einen Schlauch Luft ein. Der Schlauch wird in Verstecke wie Benzintanks oder Hohlräume im Mauerwerk eingeführt. Die Geräte nehmen auch Luftproben von Containern oder Lkws, in denen Drogen oder Sprengstoff vermutet wird.

Die Proben untersucht man mit einem Massenspektrometer. Dabei werden sie in ihre chemischen Bestandteile zerlegt, und selbst kleinste Spuren von Sprengstoff oder Rauschgift werden herausgefiltert.

Angeblich sind noch Substanzen bis zu einem trillionstel Gramm erkennbar.

Elektronenbewegung

„Schnüffelgeräte", die größer als Menschen sind, stehen im Londoner Parlamentsgebäude und auf vielen internationalen Flughäfen. Man kann mit ihrer Hilfe Dynamit oder Nitroglycerin ausfindig machen. Die Sprengstoffe geben Gasmoleküle ab, die ihrerseits Elektronen anziehen. Der Strom in den automatischen Schnüfflern nimmt die Bewegung der Elektronen wahr.

Alte und neue Methoden im Kampf gegen Schmuggler

Zollbeamte in Southampton schöpften Verdacht bei einem Frachtstück aus Kolumbien, einem Land, in dem der Drogenhandel floriert. Die Fracht war unterwegs in die Niederlande. An den Schlössern eines Containers mit Keramikfliesen hatte offensichtlich jemand sich zu schaffen gemacht. Diese Tatsache veranlaßte die Zöllner einzuschreiten.

Das Frachtstück kam von einem Containerschiff und war zur routinemäßigen Umladung vorgesehen. Die Beamten mußten also rasch und ohne Aufsehen handeln.

Sie entdeckten an der Oberseite des Containers eine 10 cm tiefe Stahlkammer in Form eines doppelten Deckels. Mit Schweißbrennern schnitten sie die Kammer auf und fanden darin 263 Päckchen mit Kokain, insgesamt 208 kg mit einem Straßenverkaufswert von 51 Mio. £.

Der Behälter wurde wieder verschlossen und unbemerkt zurück aufs Schiff gebracht. Das Rauschgift allerdings war durch ein Granulat ersetzt worden. Das Schiff fuhr nach Rotterdam; dort wurde die Ladung gelöscht. Auf einem Wohnwagenstellplatz machten sich acht Männer daran, den Deckel des Containers aufzuschneiden. Da griff die niederländische Polizei ein. Später verurteilte ein Gericht die Täter wegen der Einfuhr und des Handels mit Kokain zu Gefängnisstrafen bis zu sechs Jahren.

Das geschah 1987. Es war typisch für die Arbeitsweise der Zollbeamten. Trotz elektronischer Überwachung spielen die altbewährten Methoden, die Erfahrung und Einfühlungsvermögen verlangen, eine große Rolle – ganz zu schweigen von Tips aus der Unterwelt und der internationalen Zusammenarbeit bei der Fahndung.

Dunkle Brillen

Jeder Grenzgänger zu Fuß oder per Auto, der besonders nervös ist, zieht die Aufmerksamkeit der Zöllner auf sich. Die Beamten achten auf Personen, die ungewöhnlich aufgeregt sind, die z. B. mehr als üblich mit den Augen zwinkern und das hinter dunklen Brillen verbergen wollen, die über Gebühr schwitzen (Männer besonders auf den Handrücken) oder die schnell und geräuschvoll atmen.

Wer Verdacht erregt hat, dessen Habseligkeiten werden mit einer Spezialausrüstung untersucht. Dazu gehört ein Spektroskop, ein langes, dünnes Rohr mit einer Linse am Ende. Damit kann man in Benzintanks oder hinter Türverkleidungen sehen. Glasfasern im Rohr leiten ein Bild zu einem Okular. Das Gerät funktioniert wie ein Teleskop, mit dem man um die Ecke sehen kann. Außerdem werden spezielle Röntgengeräte eingesetzt. Sie sind so konstruiert, daß sie versteckte Dinge im Innern eines Behälters ausmachen können. Sie zeigen z. B. die Größe und Lage von Gegenständen in einem Gepäckstück an.

Eines der wichtigsten Hilfsmittel ist gleichzeitig eines der einfachsten: die Waage. Die Zöllner wissen, wieviel ein durchschnittliches Gepäckstück wiegt. Also wird das Gepäck von verdächtigen Personen gewogen, und wenn es Übergewicht hat, wird es durchsucht. Oder ein Koffer wird geleert und dann gewogen. Überschreitet er das vom Hersteller angegebene Gewicht, sind in seinem Futter vielleicht Drogen, Diamanten, Gold oder anderes Schmuggelgut versteckt.

Manchmal wird ein Gepäckstück nach

Süße List *1988 fanden Zöllner am Londoner Flughafen Heathrow Heroin, das in Bonbonpapieren versteckt war.*

Verlängertes Auge *Ein Zöllner in Dover bei der Abfertigung mit einem Spektroskop. Er untersucht einen Benzintank, in dem Haschisch vermutet wird.*

RAUSCHGIFT-SCHNECKEN

Im Juli 1988 fiel einem deutschen Zollbeamten auf dem Flughafen Hannover ein Passagier mit einer abgewetzten Reisetasche auf. Er war eben aus Lagos eingetroffen, der Hauptstadt des westafrikanischen Staates Nigeria.

Beim Öffnen der Reisetasche fand man eine Plastiktüte mit lebenden Achatschnecken, *achatina fulica*, Speiseschnecken, deren Gehäuse so groß wie eine Faust ist. Der Beamte zerbrach eins der Gehäuse und entdeckte darin einige Päckchen mit je 25 g Heroin.

Solche Päckchen wurden auch in den anderen Schnecken gefunden. Die Gesamtmenge des Rauschgifts betrug 595 g.

Der Schmuggler wurde festgenommen, und der Hannoveraner Zöllner informierte seine Kollegen bundesweit von dem Fall mit den Heroinschnecken. Von da an schenkte man Passagieren aus Nigeria besondere Aufmerksamkeit.

Zwei Wochen später wurde wieder in Hannover ein Nigerianer gefaßt, der in Achatschneckenhäusern sogar noch mehr Heroin einschmuggeln wollte. Dank der Aufmerksamkeit eines Beamten wurde eine neue, raffinierte Schmuggelmethode aufgedeckt.

dem Entladen eines Flugzeugs ausgesondert. Die Zollbeamten warten dann, bis der Besitzer den Verlust meldet, und halten ihn an der Sperre fest.

Besonderes Augenmerk richten die Zöllner auf Passagiere aus Ländern, die wegen ihres Rauschgiftexports berüchtigt sind. Vor allem achten sie dabei auf „Schlucker" und „Stopfer". Das sind Kuriere, die das Rauschgift in Kondomen bei sich tragen. Sie schlucken die Kondome und holen sie später durch Erbrechen oder beim Gang auf die Toilette wieder hervor, oder sie führen sie in Körperöffnungen ein.

An Fährhäfen und Grenzübergängen werden die Passagiere besonders sorgfältig kontrolliert, die keine hinreichende Begründung für ihre Reise angeben können, die einen angespannten, unsicheren Eindruck machen oder einen für sie zu teuren Wagen fahren.

Oft führt ein plötzlicher Verdacht zum Fahndungserfolg; meist ist er aber das Ergebnis stundenlanger, mühsamer Aufklärungsarbeit der Zollbeamten. Dazu gehören auch Überwachungs- und Undercovertätigkeiten in anderen Ländern, die sich oft lange Zeit hinziehen können.

Rekonstruktion der letzten Minuten vor dem Absturz

Flugzeuge sind sehr sichere Fortbewegungsmittel. Jährlich kommen auf der ganzen Welt nur etwa 1100 Menschen bei Flugzeugunfällen ums Leben, während allein in den USA pro Jahr 40000 Menschen im Straßenverkehr sterben.

Dennoch gibt es seit dem Beginn der Luftfahrt Unfälle. Der erste geschah nachweislich im Jahr 1908. Der amerikanische Leutnant Thomas C. Selfridge verlor sein Leben, als Orville Wrights Maschine mit einem zersplitterten Holzpropeller bei Fort Myer in Virginia abstürzte. Wright, einer der Pioniere der Luftfahrt, kam mit einem gebrochenen Bein davon, während sein Passagier Selfridge unmittelbar nach dem Absturz starb.

Heute wird jedes Flugzeugunglück gründlich untersucht. Die Feststellung der Unfallursache soll dazu beitragen, künftig derartige Katastrophen zu vermeiden. Das gilt für Kleinflugzeuge mit nur wenigen Insassen genauso wie für Jumbo-Jets mit mehr als 500 Passagieren.

Ob ein Terroranschlag oder ein techni-

Flugschautragödie *Drei Menschen starben im Juni 1988 beim Absturz eines französischen Airbusses während einer Flugschau bei der ostfranzösischen Stadt Mulhouse. Die Maschine hatte zuvor eine Reihe 12 m hoher Bäume gestreift. Obwohl das Flugzeug fast völlig zerstört wurde, überlebten die übrigen 133 Insassen des Airbusses den Absturz. Der Aufprall war offenbar durch die Bäume gemildert worden. Die Auswertung des Flugschreibers in der Black Box ergab, daß der Pilot die Anweisung der Bodenkontrolle, höher zu fliegen, nicht befolgt hatte. Er wurde von der Air France entlassen.*

scher Mangel als Ursache vermutet wird – die Untersuchung ist die gleiche.

Zuerst wird das Wrack der Maschine geborgen. Die Unfallexperten, im allgemeinen Beamte des Verkehrsministeriums oder der Luftfahrtbehörde des jeweiligen Landes, stecken das Gebiet ab, in dem die Trümmer des Wracks liegen. So können sie Näheres über den Ablauf des Unglücks erfahren. Außerdem sammeln sie Proben von allen Wrackteilen; denn diese liefern unter Umständen Hinweise auf die Absturzursache: Metallteile brechen oder schmelzen auf unterschiedliche Weise, je nach Art der Hitzeeinwirkung, des Drucks oder der Explosion.

Die Opfer werden von medizinischen Fachleuten geborgen und untersucht. Sie können Zeitpunkt und Ursache des Todes feststellen; das wiederum läßt Rückschlüsse auf die Unfallursache zu.

1985 war das schlimmste Unglücksjahr in der Luftfahrt. In diesem Jahr starben bei zwei Abstürzen von Boeing-747-Jumbo-Jets mehr als 800 Menschen. Zuerst vermutete man einen technischen Fehler bei dem Flugzeugtyp. Die Untersuchungen kamen jedoch zu einem anderen Ergebnis.

Zuerst verunglückte eine Boeing 747 der Air India, die auf dem Flug von Vancouver über London nach Delhi war. Die Maschine brach in einer Höhe von etwa 10 000 m auseinander und stürzte westlich von Shannon in Irland in den Nordatlantik. Alle 329 Insassen fanden den Tod.

Obwohl mehr als 130 Todesopfer und etliche Wrackteile schnell geborgen werden konnten, dauerte es noch drei Monate, bis die Absturzstelle markiert und der Rest der Maschine gefunden war. Die meisten Trümmer lagen in einer Tiefe von 2000 m auf dem Meeresboden. Sie wurden mit Sonargeräten und Mini-U-Booten geortet.

Die wichtigsten geborgenen Wrackteile waren der Flugschreiber und das Tonbandgerät des Cockpits. Die beiden Geräte werden oft Black Boxes genannt, obwohl sie in Wirklichkeit meist leuchtend orange oder rot sind, damit man sie leichter finden kann.

GERÄTE, DIE DIE TRAGÖDIE AUFZEICHNEN

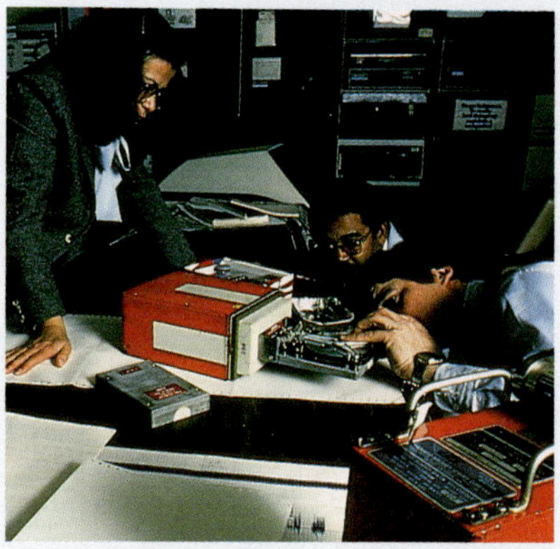

Ermittler (links) untersuchen den Flugschreiber einer Maschine, die 1982 in den Potomac River gestürzt war. Mit dem Cockpit-Tonbandgerät (rechts) werden die Gespräche der Piloten während des Flugs aufgenommen.

Bei der Bergung von Wrackteilen werden die beiden Geräte, die alle zivilen Flugzeuge an Bord haben, zuerst gesucht.

Der Flugschreiber zeichnet die Angaben aller wichtigen Instrumente auf: Fluggeschwindigkeit, Flughöhe, die Einstellung von Seitenrudern und Störklappen. Die Daten werden in Form von elektronischen Impulsen auf einem Band gespeichert. Ans Wiedergabegerät wird ein Computer angeschlossen. So können beim Abspielen die Daten ausgedruckt oder auf dem Bildschirm dargestellt werden.

In Zukunft sollen mehr Daten gespeichert und über einen Flugsimulator abgespielt werden, wie er bei der Pilotenausbildung eingesetzt wird. So kann die Situation in der Kanzel vor dem Absturz realistisch nachgestellt werden. Flugschreiber können bis zu 200 Flugstunden speichern.

Das Cockpittonband zeichnet die Gespräche in der Kanzel auf einem Endlosband von 30 Min. Laufzeit auf. So ist immer nur die letzte halbe Stunde gespeichert. Das Gerät schaltet bei einem Absturz nicht automatisch ab; die entscheidende Phase kann also wieder gelöscht werden.

Die Geräte sind im Heck des Flugzeugs installiert, in dem Bereich also, der einen Absturz vermutlich übersteht. Die Black Box ist ein doppelwandiges Gehäuse aus Edelstahl und so konstruiert, daß sie eine Temperatur von 1100 °C eine halbe Stunde lang aushält.

Terroranschlag

Das Cockpit-Tonband, das alle Geräusche in der Pilotenkanzel aufnimmt, hatte den Knall einer Explosion aufgezeichnet. Er war in der letzten Tausendstelsekunde zu hören; unmittelbar danach war das Flugzeug auseinandergebrochen. Es gab zwar keinen direkten Beweis für einen Terroranschlag, doch das Wrack lieferte dafür genug Hinweise: Die Sitze waren auf der Unterseite angebrannt, und die Tür zum Vorderteil des Frachtraums war offenbar herausgerissen worden, während andere unversehrt geblieben waren.

Die Ermittler rekonstruierten, auf welchen Plätzen die geborgenen Opfer gesessen hatten. Sie stellten unterschiedliche Verletzungsmuster fest, die die Theorie einer Explosion erhärteten.

Ein weiterer Anhaltspunkt war die Entdeckung, daß das Gepäckstück eines Inders an Bord gewesen sein mußte, der selbst nicht mitgeflogen war.

Etwa zur gleichen Zeit wie der AirIndia-Absturz war auf dem Narita-Flughafen in Tokio ein Gepäckstück explodiert. Dabei starben zwei Transportarbeiter. Die Spur der beiden Gepäckstücke führte schließlich zu einem Mann in Vancouver. Die Anschläge waren vermutlich das Werk von Sikh-Terroristen.

Zwei Monate später prallte eine japanische Boeing 747 auf ihrem Flug von Tokio nach Osaka 113 km nördlich von Tokio gegen den Berg Osutaka. Von den 528 Insassen überlebten nur vier. Es war das folgenschwerste Unglück, das je ein einzelnes Flugzeug getroffen hat.

Kurz nach dem Start war vom Heck her ein lauter Knall zu hören gewesen. Sofort waren sämtliche Instrumente ausgefallen. 32 Minuten lang hatten die Piloten versucht, das Flugzeug in der Luft zu halten. Der Absturzort war so abgelegen, daß die Bergungsmannschaften und Ermittler erst 14 Stunden später eintrafen. Die Trümmer der Maschine lagen über ein weites Gebiet verstreut. Die vier Überlebenden hatten im Mittelteil des Flugzeugs gesessen.

Die Aufzeichnung der Gespräche zwischen den Piloten und der Bodenstation ergab keinen Aufschluß. Die Unterlagen der Maschine aber lieferten den entscheidenden Hinweis: Das Flugzeug war 1978 repariert worden, nachdem es bei einer mißglückten Landung mit dem Heck die Landebahn berührt hatte.

Die Untersuchung des Wracks ergab, daß ein winziger Spalt an der Nietverbindung in einer Stützwand offengeblieben war. Durch diesen Spalt war der Druck auf die Nietverbindung immer stärker geworden, bis sie schließlich brach. Luft konnte vom Kabinenraum in das Heckteil eindringen. Die Leitungen der hydraulischen Steuerung rissen. Das Flugzeug war damit praktisch manövrierunfähig, der verzweifelte Kampf der Piloten gegen den drohenden Absturz vergeblich.

Geniale Ideen und Erfindungen

Eine Gewehrkugel im Flug auf den Film bannen, Wind in elektrischen Strom umwandeln und feinste Fasern zu Fäden verspinnen – dies sind nur einige der faszinierenden Dinge, die menschlicher Erfindergeist ersonnen hat.

Wie sich die Kraft des Windes in elektrische Energie verwandelt, Seite 124

Wie Hochgeschwindigkeitsfotos entstehen, Seite 128

Wie Baumwollfasern zu Garn und Tuch werden, Seite 110

Eisenerz *Hämatit*
ist ein Mineral, das zu rund 70% aus Eisen besteht.

Vom Erzklumpen zum reinen Metall

Nur selten kommen Metalle glänzend und rein aus dem Boden, wie 1869 in Victoria in Australien, wo man einen fast 70 kg schweren Klumpen reinen Goldes fand, oder 1856 in einer Mine in Michigan in den USA, in der man 500 t reines Kupfer entdeckte.

Meist treten Metalle in farbloser Verkleidung auf, nämlich als Erze, in denen das Metall mit Sauerstoff, Schwefel, Kohlenstoff und anderen Elementen verbunden ist. Um reines Metall zu gewinnen, muß man zunächst das Erz von Verunreinigungen trennen. Es gibt je nach Metall unterschiedliche Methoden. Eine, die sogenannte Flotation, soll eine Frau entdeckt haben, deren Mann in einer Bleimine arbeitete. Sie hatte bemerkt, daß beim Waschen der Arbeitskleidung Bleipartikel im Schaum hängenblieben.

Heute gibt man in den Blei-, Zink- und Kupferhütten das feingemahlene Erz in eine mit Luft durchsetzte, schäumende, Trübe genannte Flüssigkeit, die spezielle Chemikalien enthält. Sie bewirken, daß die Erzteilchen in dem Schaum an der Oberfläche haftenbleiben, während die Abfallstoffe naß werden und absinken. Das Erz kann nun abgeschöpft werden.

Oft wird mit Hilfe von Hitze das reine Metall aus dem Erz herausgelöst; dieses Verfahren nennt man Verhüttung. Schon sehr früh entdeckte der Mensch, daß beim Erhitzen von Erz in einem Holzkohlenfeuer eine schwammige Metallmasse zurückblieb, die mit dem Hammer zu Waffen, Werkzeugen und Schmuck geschmiedet werden konnte.

Bereits die alten Ägypter verhütteten auf diese Weise Kupfer. Später wandte man dieses Verfahren an, um ein noch nützlicheres Metall, nämlich Eisen, herzustellen. Im Mittelalter fand man dann in England heraus, daß sich mit Blasebälgen, die einen starken Luftstrom erzeugten, die Temperatur des Feuers erhöhen ließ, so daß man statt eines Metallklumpens einen Strom von flüssigem Eisen erhielt, das nun in Formen gegossen werden konnte.

Eisenerz ist chemisch betrachtet Eisenoxid, da das Metall eine Verbindung mit Sauerstoff eingegangen ist. Bei der Verhüttung mit Holzkohle lösen sich die Sauerstoffatome von den Eisenatomen, binden sich an den Kohlenstoff und bilden Kohlenmonoxid. Das Gas entweicht, und das Eisen bleibt zurück. Heute verwendet man in den großen Hochöfen als Kohlenstofflieferanten Koks statt Holzkohle. Das so gewonnene Roheisen enthält jedoch zuviel Kohlenstoff, um genutzt werden zu können. Es wird in einem zweiten Arbeitsgang zu Gußeisen oder zu Stahl weiterverarbeitet, indem man ihm Kohlenstoff entzieht.

Aus Erz wird Eisen *Bei Temperaturen von 1400–1600 °C wird im Hochofen Eisenerz mit Koks verhüttet (links). Anschließend wird das geschmolzene Eisen zu Roheisenstangen gegossen (oben).*

Aluminium kommt in Verbindung mit Sauerstoff in Bauxit vor. Obwohl Aluminium eines der häufigsten Metalle ist, wird es erst seit Ende des 19. Jh. in größerer Menge gewonnen, da sehr viel Energie nötig ist, um es vom Sauerstoff zu trennen.

Reines Aluminium gewinnt man durch Elektrolyse: Man schmilzt das Aluminiumoxid und leitet elektrischen Strom hindurch; dabei wird der Sauerstoff abgespalten, und zurück bleibt reines Aluminium. Die Hauptschwierigkeit bei diesem Verfahren ist der Schmelzpunkt von Aluminiumoxid: Er liegt bei über 2000°C (Eisen dagegen schmilzt bereits bei 1400–1600°C). Man hat das Problem dadurch überwunden, daß man das Aluminiumoxid in Kryolith (einem Natrium-Aluminium-Fluorid) löst, wodurch der Schmelzpunkt auf etwa 1000°C sinkt.

Gold kommt oft in feinkörniger Form im Sand von Flußbetten vor. In alten Zeiten tauchte man Schaffelle in das Flußwasser; die Goldkörnchen blieben darin haften, während der leichtere Sand wieder herausgespült wurde. Hierin liegt vielleicht der Ursprung der Sage vom Goldenen Vlies. Später schwenkten die Goldsucher den Flußsand in einer Pfanne im Wasser, bis die leichteren Partikel weggewaschen waren und das schwerere Gold in der Pfanne zurückblieb. 90 % allen Goldes jedoch gewinnt man aus Erzen, die man zerkleinert und in eine Kaliumcyanidlauge gibt, die das Gold löst. Die goldhaltige Lösung wird gefiltert, um die ungelösten Begleitstoffe zu entfernen, und anschließend das Gold ausgefällt. Dabei ergibt 1 t Rohmaterial manchmal nur 10 g Gold.

Gold *Goldadern finden sich häufig in Quarzschichten (oben links). Wird geschmolzenes Gold (oben) in kaltes Wasser geschüttet, so bilden sich Goldkörnchen (rechts), die meist an Goldschmiede verkauft werden.*

Wie aus Sand Glas entsteht

Vor etwa 5000 Jahren entzündete ein Mensch an einem Strand im Nahen Osten ein Feuer; in der Asche fand er später glänzende, durchsichtige Kügelchen, die wie Edelsteine aussahen. Diese seltsamen Kügelchen waren die Vorläufer eines lange Zeit sehr kostbaren Materials: des Glases.

Der Rohstoff, aus dem Glas gewonnen wird, ist Quarz, das zweithäufigste Mineral der Erde. Es ist milchig trübe und kommt in vielen Gesteinsarten vor. Und da jeder Sandstrand der Welt dadurch entstanden ist, daß Wasser Gestein zu winzigen Teilchen zerrieben hat, ist Sand der Hauptlieferant von Quarz: Denn Quarz ist sehr hart und nur schwer löslich, darum überdauert er alle anderen Minerale und bildet meist farblose, halbtransparente Sandkörnchen.

WARUM GLAS HART UND KUNSTSTOFF WEICH IST

Glas setzt sich aus vielen kleinen Molekülen zusammen, die fest miteinander verbunden sind. Diese Bindungen sind kaum dehnbar. Daher bricht Glas bei Gewalteinwirkung. Die meisten transparenten Kunststoffe dagegen entstehen durch die lose Aneinanderkettung von sehr großen Molekülen. Da ihre Bindungen nicht sehr fest sind, können sich die Moleküle gegeneinander verschieben. Darum sind Kunststoffe biegsam.

Reiner Quarz schmilzt erst bei so hohen Temperaturen, daß er normalerweise in einem einfachen Feuer nicht in Glas umgewandelt werden kann. Der unfreiwillige Glashersteller vor 5000 Jahren muß daher sein Feuer an einer Stelle angezündet haben, wo der Sand mit Soda (Natriumcarbonat) vermischt war, das zurückbleibt, wenn Salzwasser verdunstet. Soda senkt nämlich den Schmelzpunkt von Quarz.

Heute fügt man dem Quarz Soda und Kalk hinzu, um Kalknatron-Glas zu erhalten, aus dem man u. a. Fensterscheiben, Flaschen und einfache Trinkgläser herstellt. Wenn die Glasmasse abkühlt, nimmt sie nicht mehr die kristalline Struktur von Quarz an, sondern bildet ein klares, durchsichtiges Material.

Feuerfestes Glas und Bleikristall

Um das Glas zu färben oder seine Qualität zu verbessern, setzt man dem Rohmaterial bestimmte Stoffe zu. Mit einem Gehalt von 10–15 % Boroxid z. B. wird Glas feuerfest, d. h., es springt nicht, wenn es plötzlich erhitzt oder abgekühlt wird. Aus diesem Glas stellt man u. a. Back- und Kochgeschirr her. Fügt man Bleioxid hinzu – ein Verfahren, das bereits im 17. Jh. entdeckt wurde –, so entsteht Bleikristall, ein schweres Glas mit strahlendem Glanz.

Bei der Herstellung von modernem Flachglas werden die gründlich vermischten Rohstoffe in langen Wannen erhitzt. Die Mischung enthält auch immer Glasscherben oder Glasbruch, der bei einer niedrigeren Temperatur schmilzt als die anderen Materialien und ihre vollständige Verbindung fördert.

Während das neugewonnene Glas in Form von bis zu 3 m breiten, aber oft nur wenige Millimeter dicken Tafeln am Ende der Schmelze herausgezogen wird, füllt man am andern Ende erneut Rohstoffe ein,

Kugelsicheres Glas *Es besteht aus besonders starkem Verbundglas, das dem Aufprall von Geschossen standhält. Splitter bleiben an der die Scheiben verbindenden Kunststoffschicht haften.*

GLASHERSTELLUNG IM FLOATVERFAHREN

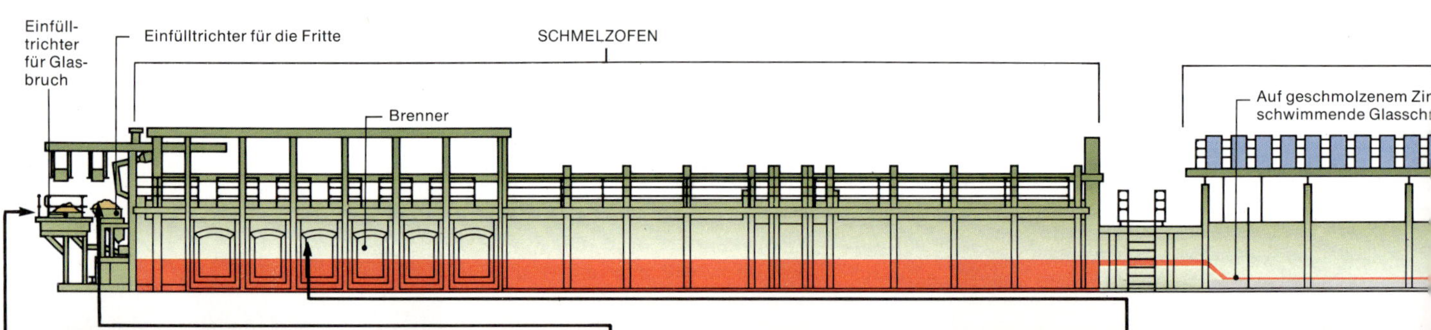

Floatverfahren *In riesigen Öfen werden die Rohstoffe geschmolzen.*

Rohstoffgemisch *Ein vorwiegend aus Sand, Soda und Kalkstein bestehendes Gemisch, Fritte genannt, wird mit Glasbruch vermengt und erhitzt.*

Im Schmelzofen *Aus den Brennern an den Seitenwänden des Ofens schießen Flammen mit einer Temperatur von 1590 °C.*

denn die Wannenöfen können kontinuierlich und ohne jede Unterbrechung oft über Jahre hinweg arbeiten.

Stärker als Stahl

Glas gilt als zerbrechliches Material, obwohl es eigentlich sehr fest ist. Die Zugfestigkeit von fehlerfreiem Glas ist fünfmal größer als die von bestem Stahl. Daher ist glasfaserverstärkter Kunststoff (GFK) ein stabiles und widerstandsfähiges Material, das man u.a. zum Bau von Booten und Karosserieteilen verwendet.

Bei der Herstellung von Sicherheitsglas unterscheidet man Einscheiben- und Verbundsicherheitsglas. Für das erste unterzieht man das Glas einer speziellen Wärmebehandlung: Es wird noch einmal bis knapp unter den Schmelzpunkt erhitzt und dann mit Kaltluftströmen abgeschreckt. Dadurch entsteht an der Oberfläche eine besonders starke Spannung, die einem Stoß oder Schlag entgegenwirkt. Geht das Einscheibenglas dennoch zu Bruch, entstehen keine gefährlichen scharfen Splitter wie bei normalem Glas, sondern kleine, rundliche Glaskrümel.

Verbundsicherheitsglas dagegen besteht aus mindestens zwei Flachglasscheiben, die durch eine sehr dünne Kunststoffschicht miteinander verklebt sind. Wenn es bricht, bleiben die Splitter an der Kunststoffschicht haften. Aus diesem Grund ist Verbundsicherheitsglas besonders für Windschutzscheiben von Autos geeignet.

Da die Windschutzscheiben eines Flugzeugs sehr hohen Druck, extreme Temperaturunterschiede und notfalls auch den Aufprall fliegender Vögel aushalten müssen, werden dafür drei bis vier Flachglasscheiben mit Vinylfolie miteinander verbunden. Derartige Windschutzscheiben halten auch bei einer Geschwindigkeit von 650 km/h dem Aufprall großer Vögel stand. Und die Piloten von Militärmaschinen können sie sogar vor Geschossen schützen.

Fensterglas – einst ein teures Gut

Erst im 14. Jh. entwickelte man in Frankreich ein Verfahren, um dünnes, flaches Fensterglas, sogenanntes Kronglas, herzustellen. Dieses Fensterglas war damals ein teures Gut, denn ein Glasbläser produzierte am Tag nur etwa ein Dutzend Scheiben.

Um eine Scheibe herzustellen, wurde die geschmolzene Glasmasse zunächst mit einer Glasmacherpfeife zu einer großen Kugel aufgeblasen. Diese Kugel drückte der Glasbläser dann flach, befestigte sie an der Spitze einer Stange, die man als Nabeleisen bezeichnete, und drehte das Ganze so schnell wie möglich. Dabei dehnte sich die flachgedrückte Kugel aus und wurde schließlich zu einer dünnen, runden Scheibe von 1 bis 2 m Durchmesser – je nach Größe der Kugel und je nach Kraft und Geschicklichkeit des Glasbläsers. Anschließend wurden aus der großen, runden Scheibe kleine Fensterscheiben geschnitten, die vor allem in Kirchenfenster eingesetzt wurden. Auch der Butzen, der am wenigsten transparente Teil in der Mitte der großen Scheibe, wurde genutzt und in die nach ihm benannten Butzenfenster eingesetzt.

Kronglas *Gleichmäßig läßt der Glasbläser das Nabeleisen für eine Kronglasscheibe rotieren.*

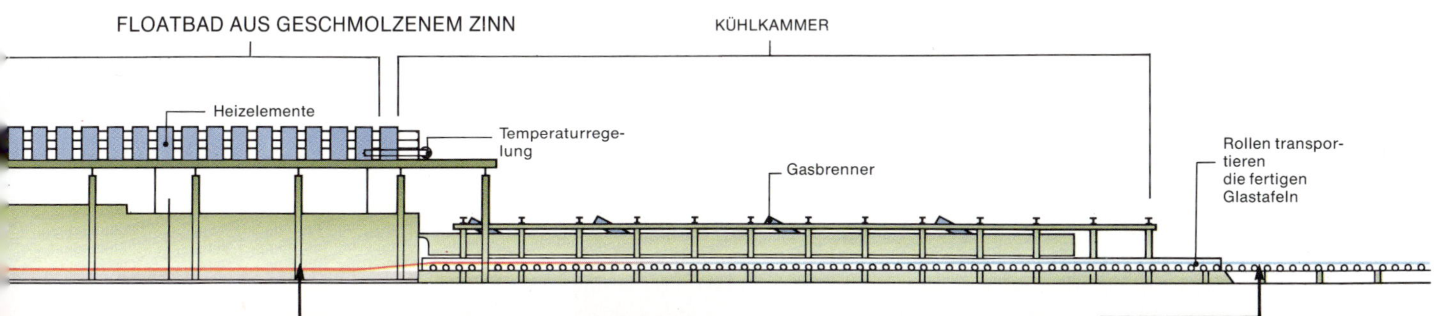

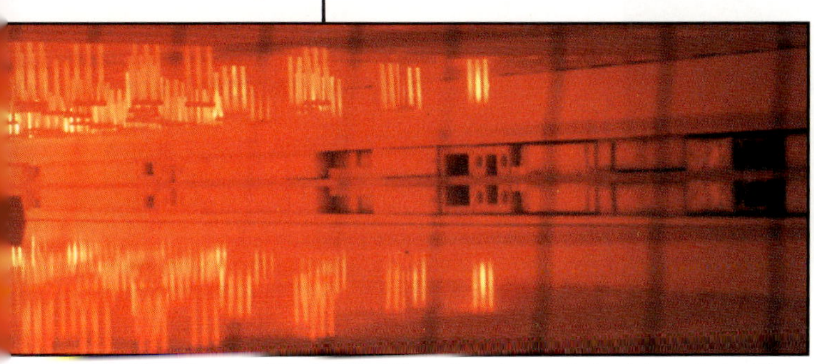

Geschmolzenes Zinn *Die Glasschmelze ergießt sich auf ein Floatbad aus geschmolzenem Zinn, kühlt dabei auf 600 °C ab und erstarrt zu einer glatten Fläche.*

Flachglas *Nach dem Abkühlen läuft das Glas über Rollen, wird geschnitten und gewaschen. Im Floatverfahren hergestelltes Glas ist gleichmäßig dick und auf beiden Seiten völlig eben.*

Die Pracht mittelalterlicher Kirchenfenster

So stabil Glas auch ist, in seiner Struktur enthält es viele freie Zwischenräume, da seine Moleküle unregelmäßig angeordnet sind. Diese Struktur gleicht Ziegelsteinen, die nicht, wie bei einer ordentlich hochgezogenen Mauer, sauber aufeinandergeschichtet, sondern durcheinander auf einen Haufen geschüttet wurden.

Diese Zwischenräume können von Metallatomen besetzt werden, die dann auf das durch das Glas hindurchtretende Licht wirken, indem sie – je nach Metall – Licht einer bestimmten Wellenlänge absorbieren. So entsteht z. B. rubinrotes Licht, wenn man der Glasschmelze Kupfer beimischt; Kobalt färbt das Glas blau, Eisen grün, Antimon gelb und Mangan purpur. Diesem Prinzip verdanken mittelalterliche Kirchen eine besondere Schönheit, nämlich ihre bunten Glasfenster. Dafür wurden zunächst Glastafeln in verschiedenen Farben hergestellt, passend zugeschnitten und zu kompletten Fensterbildern zusammengesetzt.

Da das Glas – entsprechend den noch unvollkommenen technischen Möglichkeiten – unterschiedlich dick war, ergaben sich immer auch feine Farbunterschiede, die den Reiz der Fenster jedoch nur erhöhen.

Intensive Farben *Dieses Fenster in der Kirche Notre-Dame in Châlons-sur-Marne in Frankreich stellt die Krönung der Jungfrau Maria dar. Die verschiedenen Blautöne entstehen, weil das Glas unterschiedlich dick ist.*

Papier – eine chinesische Erfindung

Die alten Ägypter schrieben auf Papyrus, der unserem Papier zwar den Namen gab, der aber keines war, denn er wurde aus dem Mark der Papyrusstaude gewonnen. In der Antike verwendete man dann Pergament, das man aus der Haut von Schafen, Ziegen und Kälbern herstellte. Pergament war zwar dauerhaft, hätte aber nie den wachsenden Bedarf der Menschen an Schreib- und Druckmaterial decken können, denn allein für ein Buch von 200 Seiten benötigte man zwölf Schafhäute.

Die Kunst der Papierherstellung entwikkelte im Jahr 105 der chinesische Hofbeamte Tsai Lun, der als Rohmaterial Fasern des Maulbeerbaums, Hanfreste und Lumpen verwendete. Das Rohmaterial wurde zerkleinert und zerrieben, mit Wasser zu einem Brei verarbeitet, gebleicht, mit Leim versetzt, um zu verhindern, daß beim Schreiben die Tinte durchschlug, und dann

WASSERZEICHEN – EINE GARANTIEERKLÄRUNG

Das erste Wasserzeichen entstand zufällig. In der Papiermühle von Fabriano, einer Stadt in Mittelitalien, wo man seit 1276 Papier herstellte, stand eines Tages an der Vorrichtung, mit der man das Wasser aus dem Papier herauspreßte, ein kleines Stück Draht hervor, das sich in das Papier eindrückte. An dieser Stelle war das Papier nun dünner, so daß eine Linie entstand, die sichtbar wurde, wenn man das Papier gegen das Licht hielt.

Dieser Zufall lehrte, daß sich mit Hilfe entsprechender Drahtfiguren dekorative Wasserzeichen herstellen ließen. Bereits 1282 kam zum erstenmal Papier mit einem Wasserzeichen, einem Kreuz, auf den Markt. Grundsätzlich hat sich an dem Verfahren bis heute nicht viel verändert: Die erhabene Form des gewünschten Wasserzeichens wird auf eine Walze aufgelötet oder aufgenäht. Durch die Walze wird dann das noch nasse Papier hindurchgezogen. Neben diesen echten Wasserzeichen kennt man heute auch unechte: Sie entstehen, indem man das trockene Papier prägt.

Seit Jahrhunderten dient das Wasserzeichen vor allem bei feinem Briefpapier als Herkunfts- und Qualitätsgarantie. Und auf Wertpapieren, Urkunden und Banknoten soll es vor Fälschungen schützen.

Briefpapier *Hochwertiges Briefpapier enthält meist auch einen bestimmten Anteil an Haderbrei und wird mit dem aus Milch gewonnenen Kasein verleimt.*

Zeitungspapier *Es besteht zum größten Teil aus Holzstoff, ein durch mechanische Zerkleinerung gewonnenes, stark holzhaltiges Fasermaterial.*

Hygienepapier *Flache, nur lose verbundene Zellstoffasern sind der Grund, warum Kosmetiktücher, Papiertaschentücher und Toilettenpapier weich und saugfähig sind.*

zu Blättern gepreßt. Es dauerte fast 1000 Jahre, bis diese Kunst auch in Europa bekannt wurde.

Bis 1850 stellte man Papier hauptsächlich aus Leinen- und Baumwollumpen (Hadern) her. Doch dann stieg der Papierbedarf so rapid an, daß man nach einem anderen Rohmaterial suchen mußte. Cellulose bot sich an, eine organische Verbindung, die den Hauptbestandteil pflanzlicher Zellwände bildet. Die kurzen, festen Fasern gewinnt man vor allem aus Nadelholzbäumen.

Das entrindete Baumholz wird zerkleinert, gehäckselt und in einer Sulfitlauge gekocht, um das Lignin, das die Zellstofffasern zu Holz verkittet, zu entfernen. Der Faserbrei, den man auf diese Weise erhält, wird von Verunreinigungen wie Harz und Teer befreit, gebleicht und mit Leim- und – für farbiges Papier – Farbstoffen vermischt. Dann läßt man den Papierfaserbrei auf ein bewegtes Sieb fließen, wo das Wasser ablaufen kann. Zurück bleiben die Fasern, die sich zu einem Faservlies verbinden. Durch Pressen wird das Papier weiter entwässert und schließlich zum Trocknen über dampfbeheizte Zylinder gezogen. Um die Oberflächenstruktur zu verbessern, kann das Papier in einem gesonderten Arbeitsgang noch gestrichen oder satiniert (geglättet) werden.

Papiermühle *Der Kupferstich aus dem 17. Jh. zeigt eine zeitgenössische Papiermühle. Ein hölzernes Wasserrad treibt die Mahlstangen an, die Hadern und Wasser in dem großen Bottich vermischen. Der Faserbrei wird mit dem Sieb aus der Bütte geschöpft und zu Blättern gepreßt, die dann zum Trocknen aufgehängt werden. Die getrockneten Seiten werden zu Ballen zusammengeschnürt, die ein Esel zur Druckerwerkstatt transportiert.*

WAS LÄSST ALTE BÜCHER UND DOKUMENTE JUNG, MODERNE DRUCKERZEUGNISSE ABER ALT AUSSEHEN?

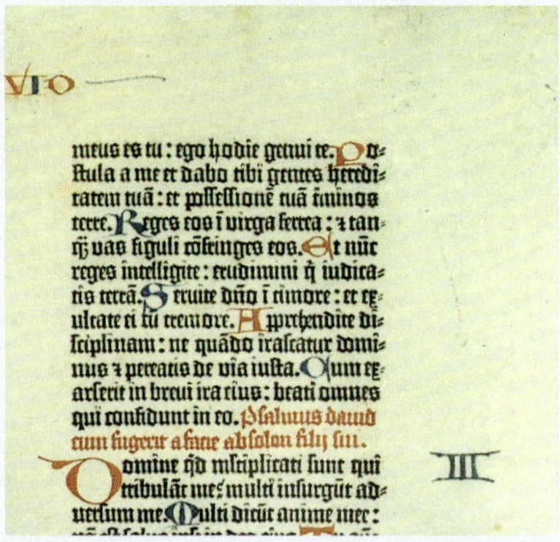

meus es tu: ego hodie genui te. Po-
stula a me et dabo tibi gentes heredi-
tatem tuã: et possessionẽ tuã terminos
terre. Reges eos ĩ uirga ferrea: ⁊ tan-
q̃ uas figuli cõfringes eos. Et nũc
reges intelligite: erudimini q̃ iudica-
tis terrã. Seruite dño ĩ timore: et ex-
ultate ei cũ tremore. Apprehendite di-
sciplinam: ne quãdo irascatur domi-
nus ⁊ pereatis de uia iusta. Cum ex-
arserit in breui ira eius: beati omnes
qui confidunt in eo. Psalmus dauid
cum fugeret a facie absolon filii sui.
Domine q̃d multiplicati sunt qui
tribulãt me: multi insurgũt ad-
uersum me. Multi dicũt anime mee:

III

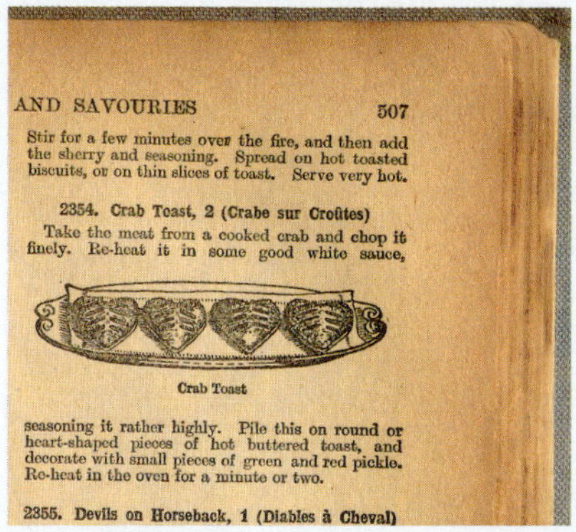

AND SAVOURIES 507

Stir for a few minutes over the fire, and then add the sherry and seasoning. Spread on hot toasted biscuits, or on thin slices of toast. Serve very hot.

2354. Crab Toast, 2 (Crabe sur Croûtes)

Take the meat from a cooked crab and chop it finely. Re-heat it in some good white sauce,

Crab Toast

seasoning it rather highly. Pile this on round or heart-shaped pieces of hot buttered toast, and decorate with small pieces of green and red pickle. Re-heat in the oven for a minute or two.

2355. Devils on Horseback, 1 (Diables à Cheval)

Alterndes Papier *Das feine Pergament der Gutenberg-Bibel aus dem 15. Jh. (links) ist noch heute in einwandfreiem Zustand. Papier aus Zellstoff dagegen ist weit weniger haltbar. Das Kochbuch von 1914 (rechts) ist schon braun verfärbt.*

Die Entdeckung, daß man aus Holz Papier herstellen kann, ermöglichte die Massenproduktion von Büchern und Zeitschriften. Aber im Gegensatz zu Pergament oder Papier aus Hadern hat aus Cellulose gewonnenes Papier eine nur begrenzte Lebensdauer. Der Grund dafür ist, daß die bei der Herstellung verwendeten Chemikalien und Säuren das Papier unaufhaltsam zerstören. Für Archive und Bibliotheken bedeutet dies eine Katastrophe, denn fast alles, was seit 1850 gedruckt worden ist, wird allmählich zerfallen. „Die Ironie ist, daß das Papier von älteren Büchern, die seit den Anfängen der Druckkunst 1475 entstanden sind, oft in besserem Zustand ist als das von Büchern, die erst vor 40 Jahren gedruckt worden sind und bereits zerfallen", beschrieb ein Bibliothekar die gegenwärtige Situation.

Man sucht nun nach geeigneten Behandlungsmethoden, die die riesigen Archiv- und Bücherbestände retten sollen. Das Bundesforschungsministerium hat 1990 allein dafür 3,6 Mio. DM zur Verfügung gestellt. Bis jetzt gibt es nur die Möglichkeit, den Bucheinband zu entfernen und jede Seite einzeln zu behandeln, um die Säure zu entziehen. Bei wertvollen Erstausgaben mag diese Methode gerechtfertigt sein, für das Gros der Bücher aber ist sie zu aufwendig und daher nicht praktikabel.

Pflanzen als Treibstoff im Tank

Zu den ältesten Fertigkeiten des Menschen gehört die Herstellung alkoholischer Getränke aus vergorenen pflanzlichen Rohstoffen. Heute, da Erdöl knapp und teuer ist, wird der aus Pflanzen gewonnene Alkohol jedoch auch anders genutzt, nämlich als alternativer Treibstoff für Kraftfahrzeuge.

Brasilien, der größte Hersteller von Treibstoff aus Pflanzen, startete zwei Jahre nach der Erdölkrise von 1973 sein Alkoholprogramm, um die Menge der immer teurer werdenden Erdölimporte drastisch verringern zu können. Für die Herstellung von Treibstoff aus Alkohol verwenden die Brasilianer einen billigen Rohstoff, den sie im Überfluß anbauen – Zuckerrohr.

Zunächst wird der Rohzucker mit Wasser und Hefe vermischt und in großen Tanks zu einer alkoholischen Flüssigkeit vergoren, ähnlich Wein oder Bier.

Für Treibstoff ist jedoch 100%iger Alkohol nötig. Deshalb muß die Flüssigkeit destilliert werden. Zuerst wird sie erhitzt, bis der Alkohol verdampft. Das Wasser bleibt zurück, und der kondensierte Alkoholdampf wird gesammelt. Dieser Vorgang erfordert eine Menge Energie, und Kritiker behaupten, daß die Herstellung von Alkohol aus Pflanzen mehr Energie verbrauchen kann, als der Alkohol liefert. So hat man z. B. in den USA herausgefunden, daß zur Herstellung von Alkohol aus Mais für 100 kWh Leistung 109 kWh Energie nötig sind – 44 kWh für den Anbau (Treibstoff für die landwirtschaftlichen Maschinen und Energie zur Herstellung von Dünge- und Unkrautvertilgungsmitteln) und 65 kWh für die Herstellung des Alkohols.

Trotzdem fahren über 80% der brasilianischen Autos mit reinem Alkohol oder mit einer Mischung aus Alkohol und Benzin. Die Jahresproduktion von Alkohol als Treibstoff beträgt etwa 13 Mrd. l, und die Kosten für Erdölimporte sind auf 2 Mrd. $ pro Jahr zurückgegangen.

Auch in den USA wird dank großzügiger Steuervergünstigungen kommerziell aus Mais Alkohol gewonnen und meist mit Normalbenzin gemischt, um als Ersatz für Blei die Leistung zu verbessern.

Kohle – ein Ersatz für Erdöl?

In Südafrika, wo Kohle reichlich vorhanden und billig ist, hat die Firma Sasol ein Verfahren zur Verflüssigung von Kohle entwickelt, die dann als Ersatz für Erdöl dienen kann.

Die feingemahlene Kohle wird in große Behälter gefüllt, angezündet und einige Minuten lang unter hohem Druck mit einer Mischung aus Wasserdampf und Sauerstoff versetzt. Die Kohle verbrennt unter Bildung von großen Mengen Gas, das reich an Wasserstoff und Kohlenstoff ist, den Grundbausteinen von Mineralöl. Da Mineralöl doppelt soviel Wasserstoffatome enthält wie Kohle, wird der zusätzlich benötigte Wasserstoff aus dem Wasserdampf gewonnen: Die brennende Kohle erzeugt ausreichend Energie, um die Moleküle des Wasserdampfs in Wasserstoff- und Sauerstoffatome aufzuspalten.

Das Gas wird dann mit Methanol „gewaschen", um Schwefel und Cyanide zu entfernen, und schließlich nach entsprechender chemischer Behandlung zu unterschiedlichen Endprodukten verarbeitet, beispielsweise zu Benzin, Öl, Wachsen, Flüssiggas und Nebenprodukten wie Alkohol, Aldehyden und Ketonen.

Das Verfahren ist teuer, läßt sich allerdings in Südafrika mit dem sehr niedrigen Kohlepreis und der Vorsorge gegen ein Erdölembargo rechtfertigen.

Wie kommen Blumendüfte in die Flasche?

Die Blumendüfte eines Sommergartens und die tropischen Gerüche des äquatorialen Regenwalds entstehen durch winzige Öltröpfchen, die von den Pflanzen produziert werden. Solche ätherischen Öle bilden zusammen mit synthetisch hergestellten Duftstoffen die Grundlage der Parfumproduktion.

Alle Gründe, warum Pflanzen ätherische Öle produzieren, kennt man nicht. Manche ziehen Insekten an und erhöhen dadurch die Bestäubungschancen, andere vertreiben Parasiten oder pflanzenfressende Tiere. Doch nur etwa 200 von den zahllosen Pflanzenarten der Erde produzieren ätherische Öle, aus denen Parfumhersteller ihre Düfte komponieren. Manche Parfums enthalten 100 verschiedene Duftöle, andere dagegen nur einige wenige. Aber alle weisen drei Elemente auf: eine Kopfnote aus leicht flüchtigen Stoffen, die sofort wirken, eine Herznote, die den ersten Eindruck abwandelt und dem Parfum Körper gibt, und eine Grundnote, die am längsten haftet und nachklingt.

Die alten Griechen und Römer stellten Duftstoffe her, indem sie Blüten, Blätter und Wurzeln in Fett oder Öl einlegten, meist in Tierfett oder Olivenöl. Das Fett entzog den Pflanzen die Duftstoffe. Männer wie Frauen rieben sich mit diesen Salben ein, aber sie waren sehr teuer, so daß nur Reiche sie sich leisten konnten. Als Kleopatra sich auf den Weg zu Mark Anton machte, tränkte sie die purpurnen Segel ihres Schiffs mit Parfum, um ihn zu betören. Und der Evangelist Lukas berichtet, wie eine Frau im Haus eines Pharisäers die Füße Jesu salbte. Die Salbe enthielt wahrscheinlich Nardenöl.

Die Araber gewannen ätherische Öle durch Destillation, ein Verfahren, das heute noch üblich ist. Blüten und Blätter der Duftpflanze werden zerhackt oder zerstoßen und dann über Dampf erhitzt, damit die flüchtigen Öle verdampfen. Dieser Dampf wird durch ein gekühltes Glasrohr geleitet, so daß das Öl kondensiert. Die so gewonnene Menge an Duftöl ist sehr klein, normalerweise weniger als 1/1000 des Ausgangsmaterials. Aber der Duft ist so intensiv, daß er auch bei 100facher Verdünnung beherrschend ist.

Destillation ist aber nicht immer das geeignete Verfahren, da manche Öle durch Hitze zerstört werden. In Grasse, dem Parfumzentrum der Provence in Südfrankreich, bedient man sich noch heute einer Technik der Blütenölgewinnung, die Enfleurage genannt wird. Dabei werden die Blüten auf Gestellen ausgebreitet, die mit sehr reinem Rindertalg und Schweineschmalz beschichtet sind, und verbleiben ein bis drei Tage in einem kühlen, dunklen Raum. In diesem Zeitraum absorbiert das Fett die Duftöle aus den Blütenblättern, und es entsteht ein Stoff, der Pomade genannt wird. Das unerwünschte Fett wird durch Hinzufügen von Alkohol entfernt, so daß die Duftöle in der Alkohollösung zurückbleiben. Jetzt lassen sich die verschiedenen Öle miteinander mischen.

Duftöle werden oft in Familienbetrieben hergestellt, die sich in abgelegenen Gegenden angesiedelt haben und deren Methoden sich seit Jahrhunderten nicht geändert haben. Bulgarien liefert immer noch 70% der Weltproduktion von Rosenöl. In den Tälern unterhalb der Balkangipfel sind die Rosenpflücker schon an der Arbeit, bevor es hell wird. Die Blütenblätter müssen nämlich vor Sonnenaufgang gepflückt werden, damit sie ihren Duft behalten. Mehr als 2000 Blätter sind nötig, um 1 g des kostbaren Öls zu erhalten.

Insgesamt werden nur einige Tonnen Duftöl pro Jahr hergestellt. Über spezielle Makler und Exporteure gelangt es zu den Parfumfabriken, die jeweils ihre eigenen Düfte komponieren.

Einige Parfums haben einen blumigen Duft, etwa nach Rosen oder Gardenien, andere einen orientalischen, kräuterartigen oder würzigen Charakter. Sie enthalten Zimt aus China, Birma und Sri Lanka oder Muskat aus Indonesien oder Westindien. Rasierwasser für Männer duften oft nach Gewürzen, Holz oder Leder. Den Parfums werden Fixiermittel zugesetzt, damit der Duft lange haftet. Früher dienten hierfür exotische Stoffe tierischer Herkunft – Ambra aus dem Darm des Pottwals, Moschus, ein Drüsensekret des männlichen Moschustiers, Zibet, ein Sekret der Zibetkatze, und Bibergeil aus einer Drüse des Bibers. Heute werden solche Fixierstoffe synthetisch hergestellt.

Eine neue Duftkomposition kann aus 20 bis 30 Duftölen bestehen, aber auch aus 300. Meist kommt sie in verschiedenen Konzentrationen in den Handel: Eau de toilette enthält im allgemeinen 2–6% in Alkohol gelöstes Parfumöl; Parfums riechen intensiver und enthalten 10–25% Parfumöl.

Heute werden immer weniger Parfums auf traditionelle Weise hergestellt. Denn Chemiker haben die ätherischen Öle analysiert und stellen sie synthetisch her. Synthetische Düfte werden mittlerweile, da sie sehr viel billiger produziert werden können, zahlreichen Haushaltsmitteln beigemischt, beispielsweise Spülmitteln, Polituren, Raumsprays, Desinfektionsmitteln und Shampoos.

Duftende Felder *Der blühende Lavendel wird bald geerntet, das Lavendelöl destilliert und zu Parfum verarbeitet.*

Von alters her: Stoffe aus Naturfasern

Die erste Faser, die in der Jungsteinzeit vor etwa 7000 Jahren zu einem Gewebe verarbeitet wurde, war wahrscheinlich die Schafwolle. Zum erstenmal waren die Menschen nicht mehr nur auf Tierhäute als Kleidung angewiesen. Auch Flachs und Baumwolle waren schon in sehr früher Zeit bekannt.

In Ägypten hat man Mumien aus dem 3. Jt. v. Chr. entdeckt, die in 900 m lange Leinenbinden gewickelt waren. Etwa zur gleichen Zeit war in Indien schon Baumwolle in Gebrauch, und in Peru wurde Baumwollgewebe aus der Zeit um 2000 v. Chr. gefunden.

Zwei Arbeitsgänge sind notwendig, damit aus Fasern wie Wolle, Flachs und Baumwolle ein Gewebe entsteht. Beim Spinnen werden die Fasern miteinander zu Garn verdreht, und beim Weben werden die Fäden im rechten Winkel zueinander zu einem Gewebe verbunden. Das Spinnen war seit alters Aufgabe der Frauen. Das Weben besorgten die Männer. Solange nur von Hand gesponnen wurde, war die Arbeitsleistung von fünf bis acht Spinnerinnen gerade ausreichend, um einen Weber auszulasten. Eine Frau schaffte an einem Tag ungefähr 500 m Wollfaden. Tuch war daher teuer und mußte lange halten.

Die bedeutendste tierische Faser ist Schafwolle. Die meisten Wollfasern sind zwischen 15 und 150 mm lang.

Flachs ist eine Faser, die im Stengel des Leins enthalten ist. Die Stengel werden gespalten und lange gewässert, so daß sich die Fasern von den Harzstoffen lösen können. Die Fasern sind 60–70 cm lang.

Baumwollfasern aus der Fruchtkapsel der Baumwollpflanze sind mit 1–5 cm Länge wesentlich kürzer als Flachsfasern. Die Fasern müssen aus der Kapsel gezupft und in der Egreniermaschine von den Samenkörnern befreit werden.

Weitere Pflanzenfasern sind Jute, die für Säcke, Matten und als Grundgewebe von Teppichen verwendet wird, und Hanf, das aus der Hanfpflanze gewonnen und zu Seilerwaren, Segeltuch und Planen verarbeitet wird. Eine der ungewöhnlichsten Pflanzenfasern wurde aus Brennesseln gewonnen: Königin Maria Stuart von Schottland schlief in Bettüchern aus dem feinen Leinen der Brennessel.

Fasern zu Garn verspinnen

Keine dieser Fasern – ob pflanzlich oder tierisch – ist von Natur aus lang genug, um ohne weitere Behandlung verwebt werden zu können. Damit sie einen brauchbaren Faden ergeben, müssen die Fasern parallel angeordnet und miteinander verdreht werden. Dieser Vorgang heißt Spinnen.

Das wichtigste Werkzeug zum Spinnen war von Anfang an die Spindel, ein kegelförmig zugespitzter runder Stab, der an den Fasern hing und wie ein Kreisel mit den Fingern in Drehung versetzt wurde. So drehte man die Fasern, die aus dem Faserbündel auf dem Spinnrocken herausgezogen wurden, zu einem Faden zusammen.

Spinnmaschinen verrichten die gleiche Arbeit mechanisch. Das erste Spinnrad, das die Spindel in Drehung versetzte, kam wahrscheinlich im 13. Jh. von Indien nach Europa. Aber erst um 1764 baute der britische Weber James Hargreaves eine Spinnmaschine mit acht Spindeln, Jennymaschine genannt, und eröffnete damit den Weg zur Massenproduktion. Im Lauf der Industrialisierung wurden die Spinnmaschinen weiter verbessert. So erfand der Amerikaner Jenks 1830 die Ringspinnmaschine, deren moderne Ausführung bis zu 500 Spindeln besitzt, von denen jede 6400 m vorgesponnenes Garn aufnehmen kann.

So arbeitet eine Spinnmaschine

Das Prinzip des Spinnens ist heute noch genau das gleiche wie zur Zeit des Spinnrads: Die Fasern werden zunächst zwischen zwei sich parallel bewegenden und mit spitzen Stiften versehenen Flächen parallel zueinander ausgerichtet. Dann werden sie gekämmt, um zu kurze Fasern auszusondern, in Maschinen mit Walzen gestreckt, um feineres Garn zu gewinnen, und schließlich miteinander verdreht, so daß die Fasern zusammenhalten.

Baumwollballen *180 kg schwere Baumwollballen warten in Arizona, USA, auf ihre Verschiffung.*

Wird der Faden beim Spinnen stark gedreht, entstehen Verdickungen wie bei Kreppgewebe. Man kann auch mehrere Fäden miteinander verdrehen, um einen festeren und dickeren Faden herzustellen, etwa zwei- und dreifädige Strickwolle. Garne für Mischgewebe entstehen, wenn Fasern mit unterschiedlichen Eigenschaften miteinander versponnen werden, z.B. Wolle und Polyester. So entstehen Garne für Gewebe, die fest, warm und leicht zu waschen sind. Zuletzt wird das fertige Garn auf eine Spule gewickelt.

Vom Garn zum Gewebe

Naturvölker stellten nach demselben Prinzip Textilgewebe her wie die heutige Industriegesellschaft. Schon im 14. Jh. v.Chr., zur Zeit des Pharaos Tutanchamun, produzierte man äußerst komplizierte Gewebe mit zarten, mehrfarbigen Mustern. Aus dem antiken Griechenland sind zwar keine Textilgewebe erhalten geblieben, aber auf einer Vase aus dem 6. Jh. v.Chr. sind Spinner und Weber abgebildet. An einem etwa 1,5 m hohen Webrahmen, wie er auf der Vase zu sehen ist, dürfte wohl auch die sagenhafte Penelope gearbeitet haben, als sie auf die Rückkehr ihres Gatten Odysseus wartete.

Beim Weben gibt es Schußfäden und Kettfäden. Die Kettfäden verlaufen parallel in Längsrichtung. Die Schußfäden werden abwechselnd über und unter die Kettfäden gewebt. Auf einem Webstuhl, einem Rahmen aus Holz oder Metall, läßt sich der Schußfaden einfach und schnell durch die Kettfäden flechten.

Bei einem einfachen mechanischen Webstuhl wickeln sich die straff gespannten Kettfäden von einer Rolle ab, die so breit ist wie die fertige Stoffbahn. Die Kettfäden laufen abwechselnd durch Ösen in den beiden Schäften: Holzrahmen, die auf- und abbewegt werden können. Durch Anheben des einen Schafts und Absenken des andern wird jeder zweite Kettfaden angehoben, so daß zwischen den Kettfadengruppen ein Fach entsteht. Durch dieses Fach wird der Schußfaden geführt. Bei traditionellen Webrahmen wird der Schußfaden mit einem Schiffchen transportiert. Bei vielen modernen Webstühlen wird der Faden jedoch mit Greiferstangen oder einem Luft- bzw. Wasserstrahl durch das Fach geschossen.

Nach jedem Schuß wird der Faden mit einem kammähnlichen Rahmen fest gegen den vorangegangenen Schußfaden geschlagen. Dann wird der andere Schaft angehoben, so daß ein neues Fach entsteht, und das Schiffchen wird zurückgeschossen. Die schnellsten Industriewebstühle arbeiten heute mit einer Geschwindigkeit von über 400 Schüssen in der Minute.

Das Produkt dieser Webart ist die Leinwandbindung. Solche Gewebe sind dicht und strapazierfähig.

Wollfaden *Die mikroskopische Aufnahme zeigt die Zwischenräume zwischen den Wollfasern.*

WARUM HÄLT EIN WOLLENES UNTERHEMD AN KALTEN TAGEN WARM?

Um bei kaltem Wetter warm zu bleiben, brauchen Tiere und Menschen eine wirkungsvolle Isolierung, damit die Körperwärme nicht entweichen kann. Säugetiere besitzen zu diesem Zweck ein Fell oder eine dicke Speckschicht. Aber der Mensch hat keine isolierende Speckschicht und nur wenige Körperhaare, so daß er auf wärmende Kleidung angewiesen ist.

Die meisten Säugetiere haben zwei Arten von Körperhaaren. Die längeren Deckhaare sind steif und können aufgestellt werden, wenn das Tier ängstlich oder wütend ist. Unter den Deckhaaren umschließt eine dicke Schicht von weichem Wollhaar eine Menge Luft. Da Luft ein schlechter Wärmeleiter ist, hält sie die Körperwärme in der Unterwolle fest, und das Tier bleibt bei Kälte warm. Wenn das Tier naß wird, verfilzen die Deckhaare zu einer wasserdichten Schicht, so daß die Unterwolle nicht naß wird und ihre isolierende Eigenschaft nicht verliert. Heftiges Schütteln des Körpers genügt, um die Deckhaare von Wasser zu befreien.

Der Mensch ahmt mit seiner Kleidung dieses Prinzip nach und nutzt bei Kälte die natürlichen Eigenschaften der Wolle. Direkt auf der Haut getragene wollene Unterkleidung speichert Luft, die vom Körper erwärmt wird und so eine wärmende Schicht bildet. Ein wasserdichter Mantel hält zudem die Kleidung trocken, die dadurch ihre isolierenden Eigenschaften nicht verliert.

FASERN UNTER DEM MIKROSKOP

TIERISCHE FASERN

Textilien aus Kaschmirwolle sind weich, da die Fasern gerundet und glatt sind.

Fasern aus Merinowolle sind dicker und nicht so rund, dafür aber haltbarer.

Mohair hat eine rauhe Struktur, da die Fasern dick und grob sind.

PFLANZLICHE FASERN

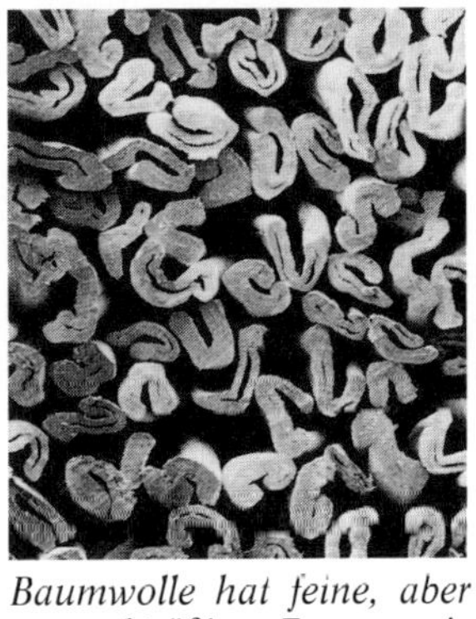

Baumwolle hat feine, aber unregelmäßige Fasern wie die meisten Pflanzen.

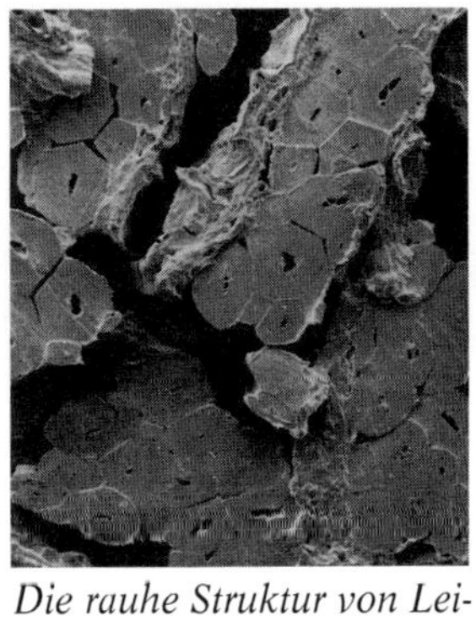

Die rauhe Struktur von Leinen entsteht durch die dicken, groben Flachsfasern.

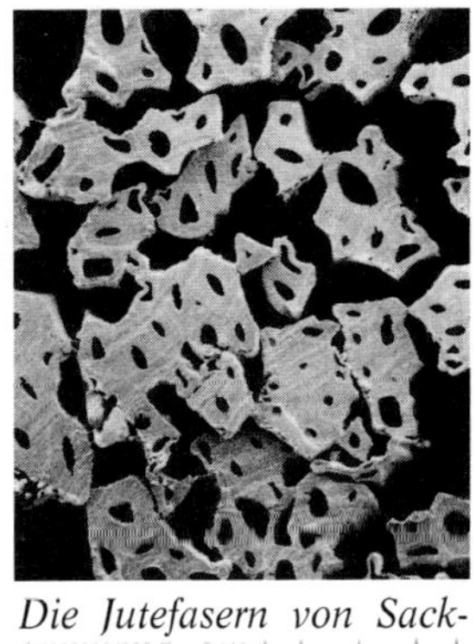

Die Jutefasern von Sackleinwand sind hart, dick und offen strukturiert.

Leinengewebe *Flachs wird zu Garn gesponnen, aus dem Leinen gewebt wird. Die Abbildung zeigt die Leinwandbindung.*

Daneben gibt es viele andere Webarten. Bei der Atlasbindung wird der Schußfaden jeweils nur unter jedem vierten oder fünften Kettfaden hindurchgeschossen. Dadurch liegen große Längen der Schußfäden auf der Oberseite des Gewebes, was ihm ein glänzendes Aussehen gibt, aber seine Festigkeit beeinträchtigt.

Eine Variante der Atlasbindung ergibt Damaststoffe. Durch unterschiedliche Kett- und Schußlängen auf der Stoffoberfläche entstehen variierende Webmuster, die je nach Lichteinfall sichtbar werden. Andere Webarten sind Köper mit charakteristischen diagonal verlaufenden Gratlinien, etwa bei Gabardine, Serge und Whipcord, sowie Schlingenware für Cordstoffe, Samt und Fellimitationen. Der dikke Flor von Samt entsteht dadurch, daß ein Teil der Oberflächenfäden nach dem Weben aufgeschnitten wird.

Kostbare Seide – das Produkt einer Raupe

Jahrtausendealt ist der Seidenhandel von Ost nach West. Seide ist auch heute noch das kostbarste Textilgewebe.

Bei Seide handelt es sich um eine Faser, aus der gezüchtete Raupen des Maulbeerseidenspinners einen Kokon weben; darin verpuppen sie sich und entwickeln sich zum Nachtfalter weiter. Jeder Kokon besteht aus drei Fadenschichten. Von den insgesamt 3 – 4 km langen Fäden werden bis zu 1500 m zu feiner Seide verarbeitet. Für eine Krawatte braucht man etwa 110 Kokons, für eine Bluse 630 und für einen Kimono 3000. Eine chinesische Legende erzählt, daß die Seide um 2600 v. Chr. entdeckt worden sei. Der Kaiser Huang Di habe seine Frau Xi Lingshi gebeten herauszufinden, wer seine Maulbeerbäume auffresse. Sie entdeckte, daß es weiße Raupen waren, die glänzende Kokons spannen. Als ein Kokon versehentlich in warmes Wasser fiel, stellte sie fest, daß sich ein feiner Faden herausziehen ließ, den man auf eine Haspel wickeln konnte. Die Seidenherstellung blieb 2000 Jahre lang ein chinesisches Geheimnis, denn ein kaiserliches Gesetz bedrohte jeden, der das Geheimnis verriet, mit dem Foltertod.

Die Herstellung von Seide umfaßt den Anbau von Maulbeerbäumen, die Aufzucht der Seidenraupen, das Abhaspeln des Seidenfadens von den Kokons und das Weben von Seidenstoffen.

Seidenraupen fressen die Blätter verschiedener Baumarten, aber bei Fütterung mit den Blättern des Weißen Maulbeerbaums gewinnt man die feinste Seide.

In China wird der Maulbeerbaum als niedriger Busch kultiviert, so daß seine Blätter leicht gepflückt werden können. Die Seidenraupen werden im Frühjahr aufgezogen. Das bedeutet zwei Monate intensiver Arbeit. Die seit der letztjährigen Saison kühl gelagerten Eier werden ausgebrütet, sobald die Maulbeerbäume austreiben.

TRADITIONELLE CHINESISCHE SEIDENGEWINNUNG

Die guten ins Töpfchen *Frauen sortieren beschädigte Kokons aus. Jeder heile Kokon ergibt etwa 1500 m Seidenfaden.*

Der Seidenfaden *Man wäscht die Kokons, weicht sie in heißem Wasser auf und haspelt dann den ganzen Faden ab. Unterschiedlich gefärbte Fäden werden gekocht, bis sie weiß sind.*

Seidenkokons *Diese Kokons der Seidenraupe in natürlicher Größe ergeben maximal 18 km Seidenfaden, woraus sich ein Stück Seide weben läßt, das kleiner als diese Abbildung ist.*

Seidenfasern *Das Mikroskop enthüllt ihre Dreiecksform und Dichte.*

Lichteinfall *Die dicke, mehrfädige Webart betont den Glanz der Fasern.*

Nach etwa acht Tagen schlüpfen die Raupen und fressen dann einen Monat lang ununterbrochen Maulbeerbaumblätter. Dabei wächst ihr Körpergewicht um das 10000fache.

Seidenraupen müssen äußerst sorgsam behandelt werden, wenn sie produktiv sein sollen. In China sagt man, die Raupen lieben Wärme, Trockenheit und Sauberkeit und hassen Kälte, Feuchtigkeit und Schmutz. Sie sollen auch eine Abneigung gegen Krach, Bratfischgeruch, Tränen, Geschrei, Schwangere und Wöchnerinnen haben. Noch heute ist es in der chinesischen Provinzhauptstadt Hangzhou den Frauen, die die Seidenraupen betreuen, verboten, zu rauchen, sich zu schminken und Knoblauch zu essen.

Nach der vierten Häutung beginnt die Seidenraupe mit der Herstellung ihres Kokons. Aus den zwei Spinndrüsen an ihrer Unterlippe scheidet sie eine zähflüssige Masse aus, die zum Faden erstarrt.

Zuerst schafft sich die Raupe einen Halt, indem sie ein feines Netz herstellt. Dann beschreibt sie mit ihrem Kopf eine Bewegung in Form einer Acht, so daß der Kokon sie allmählich völlig einhüllt. Wenn nach drei Tagen der Kokon fertig ist, hat sie diese Kopfbewegung etwa 300000mal gemacht.

Wenn man die Raupe sich selbst überläßt, verwandelt sie sich in zwei Wochen in einen Falter. Er sondert dann ein Enzym ab, das den Kokon zerstört, schlüpft heraus, und der Kreislauf beginnt wieder von neuem. In der Seidenraupenzucht läßt man aber nur einige Falter für die Nachzucht im nächsten Jahr schlüpfen. Die übrigen Raupen werden getötet, damit die Seidenfäden der Kokons unversehrt bleiben.

Um den Seidenfaden zu gewinnen, weicht man die Kokons in heißem Wasser auf und wickelt den Faden auf eine Haspel. Meistens faßt man die Fäden von drei bis acht Kokons auf einer Haspel zusammen, um einen dickeren Faden zu erhalten. Heute erledigen meist Haspelmaschinen diese Arbeit.

Setzt man zwei Seidenraupen nebeneinander, erzeugen sie einen Zwillingskokon. Diese Seide weist Verdickungen auf; deshalb verwendet man sie für Gewebe mit unregelmäßiger Struktur.

Seidenfasern mit ihrem meist dreieckigen Querschnitt reflektieren das Licht, so daß der typische Seidenglanz entsteht. Die vornehmsten Krawatten und die luxuriöseste Unterwäsche werden auch heute noch aus Seide hergestellt.

Die Weltseidenproduktion beträgt nur etwa 50000 t pro Jahr, das sind nicht mehr als lediglich 0,2% der gesamten Produktion von Textilfaserstoffen.

Garnherstellung *Die Fäden von drei bis acht Kokons werden zu Seidengarn miteinander verdrillt. Die traditionellen Holzrahmen wurden inzwischen meist durch Maschinen ersetzt.*

Bestickte Seide *Das Seidengarn wird gefärbt und verwebt oder zum Sticken verwendet. Diese Frau stickt ein Blumenmuster.*

Das Geheimnis der Seidenherstellung sickert nach Europa durch

Die beiden Mönche waren äußerst hartnäckig – sie wollten unbedingt den Kaiser sprechen. Sie besäßen, so sagten sie, ein wichtiges Geheimnis, weshalb sie den weiten Weg von China nach Konstantinopel (dem heutigen Istanbul) zurückgelegt hätten.

Dies geschah um das Jahr 550; Kaiser Justinian I. herrschte über das Oströmische Reich. Ihm machten die Mönche das Angebot, in seinem Reich Seide genauso wie die Chinesen herzustellen.

Kleine Mengen des Luxusgewebes wurden damals auf der griechischen Insel Kos hergestellt. Dort ernährte sich eine wildlebende Seidenraupe von Eichenblättern. Aber ihre Seide war nicht mit chinesischer Seide zu vergleichen, die von gezüchteten Seidenraupen produziert wurde, die von den Blättern des Weißen Maulbeerbaums lebten. In Konstantinopel kaufte man die chinesische Seide von Händlern, die sie über 4800 km weit auf der Seidenstraße durch Zentralasien transportiert hatten. Diese Reise dauerte bis zu acht Jahre. Wenn die Seide endlich in Europa ankam, war sie ihr Gewicht buchstäblich in Gold wert. Deshalb hatte Justinian versucht, über äthiopische Kaufleute, die mit China Seehandel trieben, Seide einzuführen.

Die beiden Mönche waren Perser, die in China viele Jahre lang das Christentum gepredigt und dabei auch das Geheimnis der Seidenherstellung kennengelernt hatten. Jetzt machten sie Justinian einen klugen Vorschlag. Es war zwar offensichtlich unmöglich, Seidenraupen während einer derart langen Reise am Leben zu erhalten, aber mit den winzigen Eiern war es eine andere Sache. Und etwa 30 g dieser Eier reichten aus, um 36 000 Raupen zu erbrüten.

Justinian überhäufte die Mönche mit Geschenken und versprach ihnen reichen Lohn. Sie kehrten nach China zurück und besorgten Seidenraupeneier. Auf derbe Bambusstöcke gestützt, machten sie sich auf den Heimweg. Die kostbaren Eier waren sorgsam in den Bambusstöcken versteckt.

Nach ihrer Rückkehr zeigten die Mönche, wie man die Seidenraupen zum Schlüpfen bringt. Diese Raupen produzierten die erste feine Seide Europas. Einige Raupen ließ man für die Nachzucht zu Faltern werden. So entstand eine europäische Seidenindustrie. Aber trotzdem bevorzugen die Seidenraupen immer noch die Weißen Maulbeerbäume Chinas, und Europa importiert weiterhin einen Teil seiner Rohseide aus China.

Die Chemie macht's möglich: Kunstfasern

Schon längere Zeit liefen Versuche, eine preiswerte Kunstfaser herzustellen, als der Amerikaner Wallace Hume Carothers schließlich 1932 den Nylonfaden erfand. 1938 kamen die ersten Nylonstrümpfe auf den Markt, und schon bald stieg die Nachfrage gewaltig an. Die Hersteller behaupteten, die neue Faser sei so fest wie Stahl und so zart wie Spinnweben.

Carothers war Chemiker. 1927 erhielt er das Angebot, ein Forschungsteam der Firma Du Pont de Nemours in Wilmington, Delaware, zu leiten, das ein neues synthetisches Material erfinden sollte. Das erforderte fast elf Jahre Arbeit, und Du Pont mußte 27 Mio. $ in das Projekt investieren.

Carothers war davon überzeugt, daß man durch Polymerisation ein neues Material erzeugen konnte. Polymerisation ist die Verkettung kleinerer Moleküle (Monomere) zu großen Molekülen (Polymere), die neue Stoffe bilden. Carothers strebte ein Polymer an, das die gleiche Struktur wie Seide hatte und in großen Mengen billig produziert werden konnte.

Nach vier erfolglosen Jahren entdeckte Carothers eine Faser, die feiner und fester war als Seide. Er hatte Adipinsäure mit Hexamethylendiamin gemischt. Dabei entstand eine zähe Masse, die sich leicht zu einem dünnen Faden ausziehen ließ. Aber die ersten Fasern schmolzen entweder schon bei niedrigen Temperaturen oder waren nicht haltbar genug, und es dauerte weitere vier Jahre, bis das „Polymer 66" ausgereift war: Carothers fand heraus, daß in der Verbindung enthaltene Wassertropfen die Polymerisation hemmten. Also verdampfte er das Wasser und erhielt eine sehr feste und elastische Faser. Carothers, der jahrelang unter Depressionen gelitten hatte, beging am 29. April 1937 Selbstmord, 20 Tage nach der Anmeldung seiner Erfindung zum Patent. Er erlebte es nicht mehr, daß seine Erfindung den Namen „Nylon" erhielt und eine Revolution im Bereich der Werkstoffe auslöste. Inzwischen werden weit mehr Kunstfasern wie Nylon, Acryl und Polyester produziert als Wolle und Baumwolle.

Die Verfahren zur Herstellung synthetischer Fasern sind so gut wie unverändert geblieben. Man preßt die Polymere durch sehr feine Düsen, Spinndüsen genannt. Der dünne Strahl erstarrt sofort, und es entsteht eine Faser, die etwa ein Viertel der Stärke von menschlichem Haar mißt.

Als nächstes werden die Fasern gedehnt, so daß sich die Moleküle der Länge nach anordnen, wodurch das Nylon auch Glanz und Transparenz erhält. Nylon kann bis zur fünffachen Länge gedehnt werden. Wenn es sich nicht weiter dehnen läßt, kann es verarbeitet werden. Jedes Paar Nylonstrümpfe entsteht aus einem Nylonfaden, der 6,4 km lang ist und zu 3 Mio. Maschen verarbeitet wird.

Kunstfasern besitzen heute weitgehend die Eigenschaften von natürlichen Fasern. So können sehr feine, flaumige Acrylfasern zu flauschigen Geweben und Kunstpelzen verarbeitet werden. Wegen seiner festen und gleichzeitig elastischen Struktur hat Polyester die Fähigkeit, seine ursprüngliche Form zurückzugewinnen, so daß die Gewebe nicht knittern. Kunststoffasern können auch mit Naturfasern gemischt werden.

Nylonstrümpfe *Filmstar Betty Grable erzielte für ihre Nylons 40 000 $ für Kriegsanleihen. Interlockmaschen (kleines Bild) machen Nylon dehnbar.*

So entstehen Nylonfäden *Die flüssige Masse wird durch Spinndüsen gepreßt und erstarrt sofort zu Fäden.*

Muster im Stoff: eine Kunst für sich

In China dienten jahrtausendelang reichgemusterte Stoffe als Geschenke. So schenkte um die Zeitwende die Frau eines chinesischen Adligen einer anderen „24 Rollen Brokat aus feiner Seide mit eingewebtem Blumenmuster".

Die Chinesen waren Meister der Webkunst und produzierten Seidenfäden in unterschiedlichsten Farben und komplizierte Webmuster für Brokatstoffe und Wandteppiche. Es gehörte große Geschicklichkeit dazu, auf den einfachen Webstühlen gemusterte Stoffe zu weben.

Trotz aller Erfindungen des 18. Jh. mußte ein Weber, um ein bestimmtes Muster zu erhalten, immer noch genau wissen, welche Kettfäden er heben und welche er senken mußte, bevor das Schiffchen mit dem Schußfaden durch das Webfach geschossen wurde. Denn nur die hochgehobenen Fäden waren später auf der rechten Stoffseite sichtbar.

Erst zu Beginn des 19. Jh. machte der französische Seidenweber Joseph Jacquard eine Erfindung, die das Weben von Mustern ohne komplizierte Handarbeit ermöglichte. Über dem Webstuhl wird eine Reihe von Lochkarten an einem Drehblock befestigt. Wo sich Löcher befinden, werden die Kettfäden mechanisch so angehoben, wie es das vorgesehene Muster erfordert. Ist der Teil des Musters, den eine Lochkarte abdeckt, fertiggewebt, macht der Drehblock eine Vierteldrehung, und die nächste Karte kommt zum Einsatz.

24 000 Papplochkarten waren nötig, um von Jacquard ein Porträt in Seide herzustellen, das man kaum von einem Ölgemälde unterscheiden kann. Auf Jacquardwebstühlen werden noch heute kostbare Stoffe gewebt. Viele Muster kann man aber auch auf einfacheren Maschinen weben. So entstehen die zeitlosen Tweedmuster immer noch auf Handwebstühlen.

Die Technik, Muster auf fertiggewebte Stoffe zu drucken, stammt aus Indien. Die ersten bedruckten Kattunstoffe kamen im

Bedruckter Stoff *Dieser Baumwollstoff entstand im Schablonendruck nach einer Handdruck-Vorlage aus dem späten 19. Jh. Die schmalen Zwischenräume zwischen den Farben (rechts) verhindern das Ineinanderlaufen der feuchten Druckfarben.*

16. Jh. nach Europa. Das von dem Hindiwort *tchint* abgeleitete Wort Chintz bezeichnet einen bedruckten Stoff, der mit Wachs oder Kunststoff beschichtet ist und leicht glänzt.

Beim modernen Stoffdruck gelangen die Farben über Farbwalzen auf den Stoff, wobei jede Farbe von einer andern Walze aufgedruckt wird. Die Walzen laufen durch ein Farbbad und bedrucken anschließend den Stoff entsprechend der elektronischen Steuerung. Nach der letzten Farbrolle läuft der Stoff zum Trocknen durch eine Wärmekammer. Moderne Stoffdruckmaschinen können pro Minute 180 m Stoff mit 16 verschiedenen Farben bedrucken.

Jacquardweberei *Kompliziert gemusterte Möbelstoffe werden auf dem Jacquardwebstuhl hergestellt, der im 19. Jh. in Frankreich erfunden wurde und eine der ersten automatischen Maschinen war. Durch Lochkarten wird das Anheben der Kettfäden gesteuert. Für das abgebildete Blumenmuster waren rund 10000 Lochkarten notwendig. Die Vergrößerung (links) zeigt die Unterschiede in der Struktur und der Stärke der Baumwollgarne. Aber auch andere Garne oder Garnmischungen können verwebt werden. Moderne Jacquardmaschinen werden nicht mehr von Lochkarten, sondern elektronisch gesteuert.*

Kleidung von der Stange, die fast jedem paßt

Der Maßschneider berücksichtigt bei seiner Arbeit die langen Arme oder den gewaltigen Taillenumfang seines Kunden, damit das Kleidungsstück perfekt sitzt. Aber Maßkleidung wird Jahr für Jahr teurer, und so muß die moderne Bekleidungsindustrie Kleidung von der Stange produzieren, die den meisten Menschen ohne Änderungen paßt.

Eine der ersten brauchbaren Erhebungen über die Körpermaße der Menschen wurde von der amerikanischen Regierung durchgeführt. Sie ließ während des Ersten Weltkriegs 1000 Rekruten messen, um die günstigsten Uniformgrößen herauszufinden.

In Großbritannien wurden Anfang der 50er Jahre 5000 Frauen vermessen – mit einem nicht erwarteten Ergebnis: Bisherige Größentabellen hatten als Durchschnittsgröße 168 cm genannt – die Vermessung ergab aber nur 160 cm.

Wenn heute der Entwurf eines Designers industriell produziert werden soll, liefert ein Computer zwar Schnitte für viele unterschiedliche Größen. Doch ungewöhnlich kleine oder große Menschen beklagen sich zu Recht, daß sie nie etwas Passendes zum Anziehen finden; denn für die Textilhersteller ist es nicht rentabel, geringe Stückzahlen zu produzieren.

Der nächste Schritt bei der Herstellung der Kleidung ist das Zuschneiden der Stoffe. Von Maschinen werden Stoffbahnen, oft mehr als 30 m lang, vollkommen flach ausgebreitet; dann werden mehrere Bahnen übereinandergelegt. Hunderte von Stofflagen können auf einmal zugeschnitten werden. Computer dienen auch dazu, die Schnittmusterteile so auf dem Stoff zu verteilen, daß der Verschnitt so gering wie möglich ist.

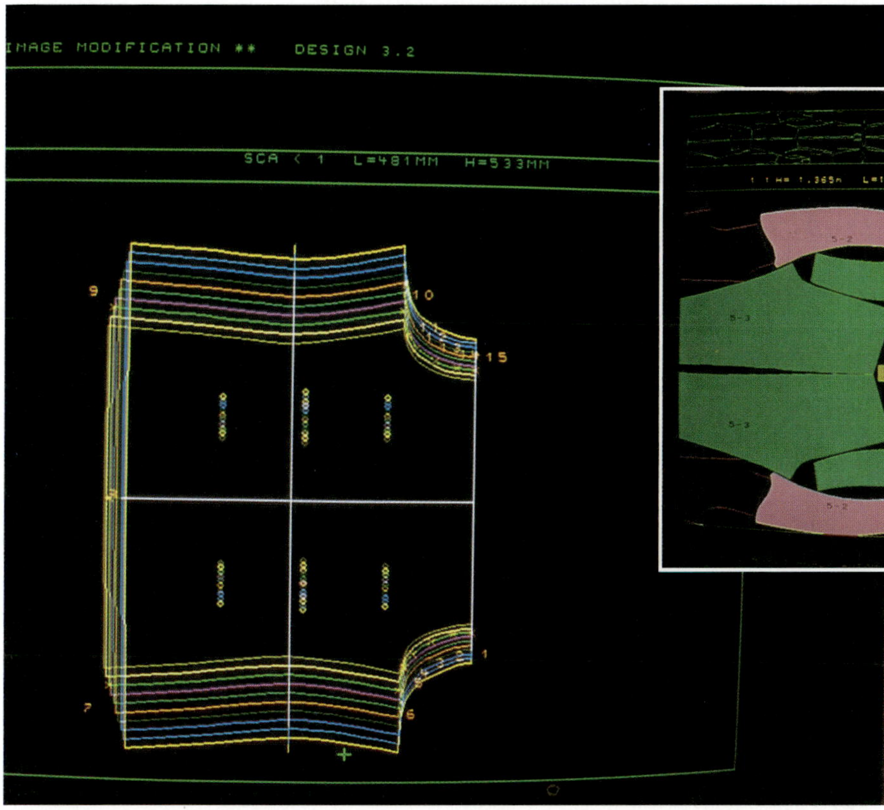

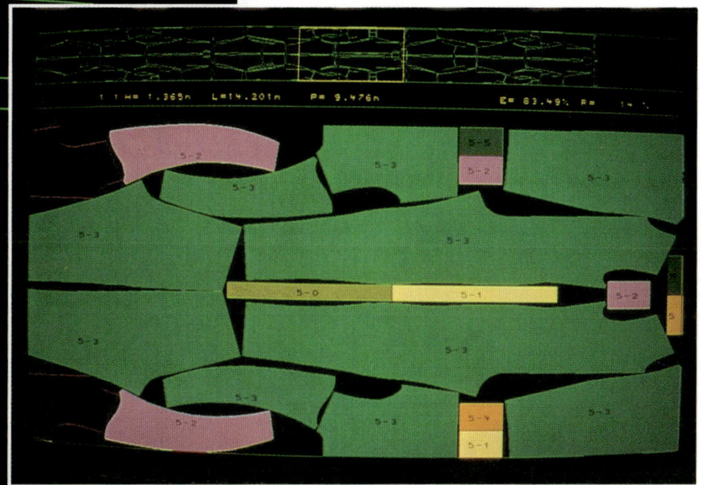

Schnittmuster per Computer *Alle gewünschten Größen eines Hosenbeins werden vom Computer mit verschiedenfarbigen Umrißlinien aufgezeichnet (links). Der Computer hilft auch Stoff sparen. Dazu werden die verschiedenen Schnittmusterteile eines Kleidungsstücks vor dem Zuschneiden auf dem Bildschirm so angeordnet, daß es keinen Verschnitt gibt (oben).*

Das eigentliche Zuschneiden besorgen von oben geführte Messer, in modernen Fabriken auch computergesteuerte Laserstrahlen, die einen besonders sauberen Schnitt durch den Stoff brennen.

Als nächstes werden die zugeschnittenen Teile zusammengenäht. Viele Arbeitsgänge, z.B. das Nähen von Knopflöchern, sind automatisiert. Während eine Haushaltsnähmaschine etwa 20 Stiche pro Minute ausführt, schaffen moderne Industriemaschinen 7000 Stiche pro Minute. Manche Kleidungsstücke werden nicht mehr genäht, sondern zusammengeschweißt.

Zum Schluß werden die fertigen Kleidungsstücke gebügelt, um ihnen die richtige Form zu geben. Dabei gibt es heute für jeden Teil eines Kleidungsstücks spezielle Bügelmaschinen.

MEHRERE STOFFLAGEN GLEICHZEITIG SCHNEIDEN

Zuschneiden mit dem Messer *Ein elektrisches Hochgeschwindigkeitsmesser schneidet verschiedenfarbige Blusenärmel zu.*

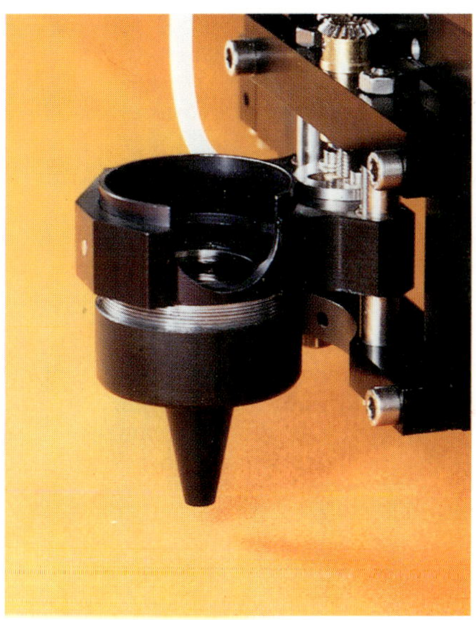

Zuschneiden mit Laserstrahl *Ein computergesteuerter Laser schneidet die Stoffteile besonders sauber und glatt zu.*

Süßwasser aus dem Meer gewonnen

Trinkwasser wird auf der Erde immer knapper. Vor allem in Gebieten mit wenig Niederschlag herrscht ein ständiger Wassermangel. Abhilfe kann man schaffen, indem man Meerwasser entsalzt.

Eine Methode, Salzwasser in Süßwasser zu verwandeln, ist seit dem 4. Jh. v. Chr. bekannt: Der griechische Philosoph Aristoteles entdeckte, daß, wenn man Salzwasser kocht, Wasserdampf aufsteigt, das Salz aber zurückbleibt; der Dampf kondensiert zu reinem Wasser.

Die einfachste Entsalzungsanlage ist ein Destillierapparat, in dem Wasser verdampft und der Dampf kondensiert werden kann. Er besteht aus einer Glashaube über einem Becken mit Meerwasser. Das Wasser wird von der Sonne erhitzt, verdampft und kondensiert an der Glashaube. Das salzfreie Kondensat sammelt sich in einer Rinne am Rand der Haube. Ein solcher Apparat hat eine Fläche von etwa 1 m^2 und liefert täglich etwa 4,5 l Kondensat.

Eine andere Methode ist die vielstufige Entspannungsverdampfung: Dabei wird das Meerwasser zunächst in einem Druckbehälter über den normalen Siedepunkt hinaus erhitzt, ohne daß es kocht, und dann in eine Kammer mit niedrigerem

MEERWASSER WIRD DURCH ENTSPANNUNGSVERDAMPFUNG ENTSALZT

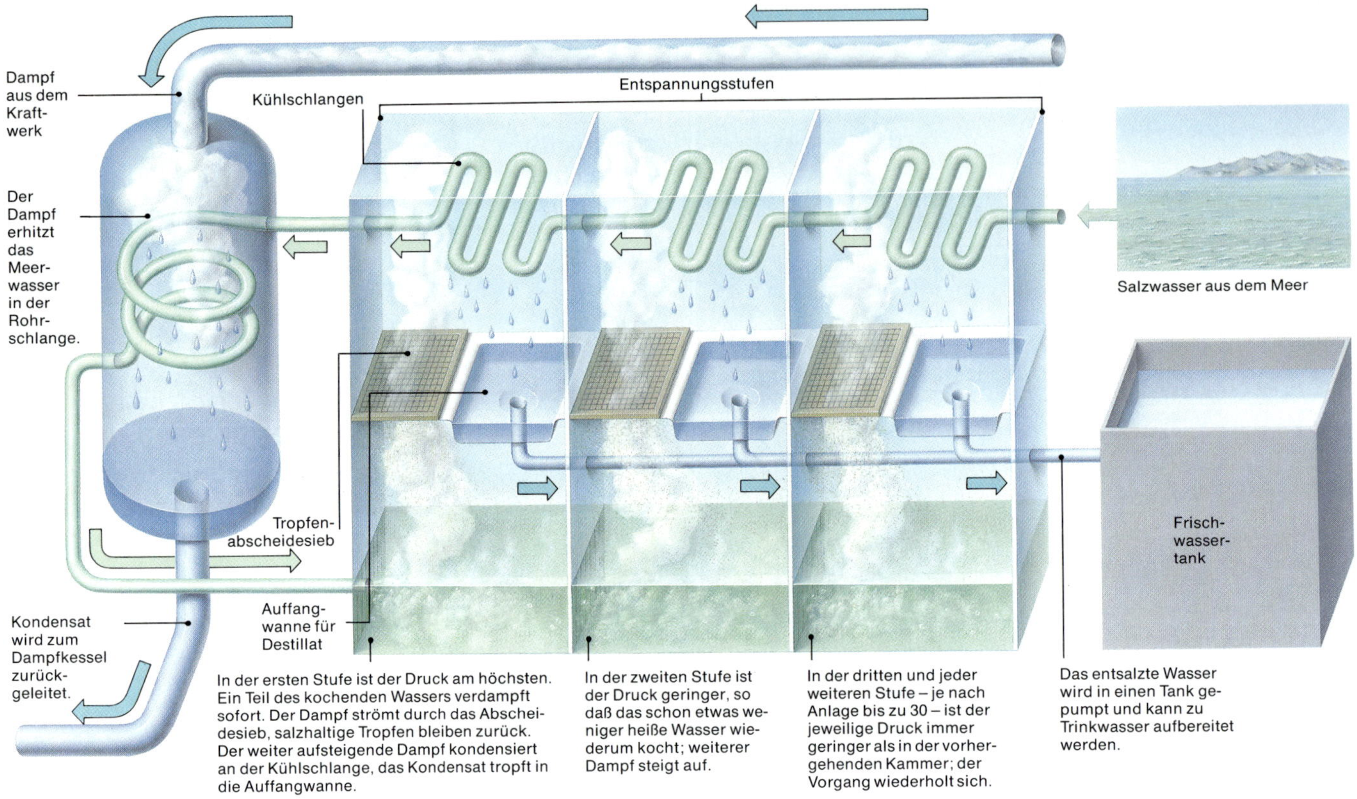

Grundprinzip der Anlage ist, daß der Siedepunkt des Wassers sinkt, wenn sich der Druck verringert. Das heiße Meerwasser durchläuft eine Reihe von Kammern mit jeweils geringerem Druck. In jeder Kammer kocht das Wasser erneut auf, der Dampf kondensiert, und das Kondensat kann zu Trinkwasser aufbereitet werden.

Druck geleitet. Mit der Druckverringerung tritt eine Entspannung des Wassers ein, und es entsteht Wasserdampf, der nun aufsteigt und sich an Rohren niederschlägt, durch die kaltes Meerwasser fließt. Das verbleibende heiße Meerwasser wird in eine zweite Kammer mit abermals verringertem Druck geleitet. Dort verdampft ein weiterer Teil des Wassers und kondensiert. Je nach Bauart der Anlage kann sich dieser Vorgang 10–30mal wiederholen.

Ein anderes Verfahren, Meerwasser zu entsalzen, ist die sogenannte umgekehrte Osmose, auch Hyperfiltration genannt. Man verwendet dabei Kunststoffmembranen, durch deren winzige Öffnungen unter starkem Druck zwar Wassermoleküle, nicht aber die größeren Salzmoleküle hindurchtreten können.

Eine der größten Hyperfiltrationsanlagen steht in Bahrain; sie liefert täglich mehr als 54000 m³ Trinkwasser. Entspannungsverdampfungsanlagen dagegen kommen im Mehrstraßenbetrieb auf Leistungen von mehreren hunderttausend Kubikmetern am Tag.

1988 waren bereits mehr als 2200 Anlagen zur Meerwasserentsalzung in Betrieb. Da die Betriebskosten sehr hoch sind, verwendet man entsalztes Wasser nur als Trinkwasser und zur Bewässerung beim Anbau hochwertiger landwirtschaftlicher Produkte.

Energiequelle Müll: Sie liefert Strom und Wärme

In den westeuropäischen Industriestaaten produziert jeder Einwohner etwa 300 kg Abfall im Jahr – wenig im Verhältnis zu den USA, wo der Durchschnittswert bei 1000 kg liegt. Etwa 20 % des Mülls bestehen in Westeuropa aus Papier, 45 % aus organischen Abfällen und 10 % aus Kunststoff. Die restlichen 25 % lassen sich nicht verbrennen, sind aber großenteils wiederverwertbar.

Das Verbrennen ist eine der Möglichkeiten, Müll zu beseitigen. Die dabei anfallende Wärme wird heute – anstatt sie über Kühltürme abzuführen – meist zur Dampferzeugung in nachgeschalteten Hochdruckkesseln genutzt. Mit diesem Dampf wiederum kann man Turbogeneratoren antreiben und so Strom erzeugen, oft sogar etwas mehr als die Verbrennungsanlage selbst braucht. Dieser Überschuß wird dann in das öffentliche Netz eingespeist. Gegebenenfalls kann die Wärme auch in Form von Dampf oder Heißwasser für industrielle oder kommunale Heizzwecke abgegeben werden. Auf diese Weise spart man erhebliche Mengen konventioneller Brennstoffe.

In Westeuropa gibt es mehr als 200 Müllverbrennungsanlagen, die Strom erzeugen. Große Müllverbrennungsanlagen, wie sie heute in den USA, in Großbritannien, Deutschland, aber auch in Singapur gebaut werden, können pro Tag 1000–2000 t Müll und mehr verarbeiten.

Bei einem anderen, vorwiegend in den USA angewandten Verfahren wird Müll auch in Industriefeuerungen verbrannt. Dazu muß er vorher aufbereitet werden: Metalle und Glas sowie Kunststoff werden aussortiert und soweit wie möglich wiederverwertet – man nennt das Recycling –, organische Bestandteile werden zu Kompost verarbeitet. Der Rest, hauptsächlich Papier und textile Abfälle, wird gepreßt und dient dann als Brennstoff.

Aber auch Mülldeponien können Energie liefern: Beim Verrotten des Abfalls entsteht Methan, der Hauptbestandteil des Erdgases. 1 t Müll kann mehr als 230 m^3 Methan abgeben, das ebenfalls als Brennstoff genutzt werden kann, um Wärme oder Strom zu erzeugen. Mehr als 140 entsprechende Anlagen sind heute in 15 Ländern in Betrieb. In Großbritannien z.B. holt man auf einer großen Mülldeponie das Gas aus speziellen Brunnen und leitet es in eine Ziegelei, wo es statt Kohle eingesetzt wird, um die Trocken- oder Brennöfen zu beheizen. Andere Anlagen nutzen das Gas zur Stromerzeugung durch Gasmotoren.

Möglicherweise kann man das Verfahren, Gas aus den Deponien zu gewinnen, in Zukunft noch verbessern, indem man den Müll mit bestimmten Bakterien impft. Manche Bakterienstämme bauen Abfall nämlich schneller ab als andere. Setzt man dem jeweiligen Müll die geeignete Bakterienmischung zu, so kann man die größtmögliche Menge an Gas gewinnen.

BIOGAS DIENT IN INDIEN ZUM KOCHEN

In der dritten Welt stellt man Gas aus Dung her, den man mit Wasser vermischt.

Gasringbrenner aus Tonerde werden an die Leitung eines Gastanks angeschlossen.

Das aus dem Dung gewonnene Methangas – Biogas genannt – wird in den ländlichen Gegenden Indiens in die Behausungen geleitet und ist Hauptbrennstoff zum Kochen.

Müllverbrennung *Hausmüll wird mit Polypgreifern aus großen Bunkern gehoben und auf speziellen Rosten verbrannt. Mit der Wärme wird Dampf erzeugt, der Turbogeneratoren antreibt.*

Recycling: Abfall wiederverwerten

Als Recycling bezeichnet man den Vorgang, bei dem bereits gebrauchte Rohstoffe, die im Mülleimer landen, wiederverwendet werden. Dies ist nicht nur wirtschaftlich sinnvoll, auch die Umwelt wird geschont, es wird weniger Müll deponiert, weniger verbrannt. Vor allem aber werden wertvolle, teilweise knappe Rohstoffe wiedergewonnen. So würde man z.B. jede Woche 75000 Bäume sparen, wenn man die Sonntagsausgabe der *New York Times* voll aus Altpapier herstellen könnte.

Viele Länder fördern das Recycling, und dank neuer technischer Entwicklungen wird immer mehr Abfall aufgearbeitet.

Am schwierigsten ist die Aufarbeitung von Kunststoffen, da es viele verschiedene Arten gibt. Zudem kann Kunststoff nur zu einem qualitativ geringerwertigen Produkt wiederverarbeitet werden. Eine Limonadenflasche aus Plastik z.B. kann zerkleinert als Füllmaterial für Sitzkissen oder als Isolierung für Schlafsäcke dienen. Oder gemischte Kunststoffabfälle werden zu Plastikbrettern verarbeitet, die dann für wetterfeste Zäune verwendet werden. Ein großer Teil des Kunststoffabfalls wandert aber immer noch in den Müll, da sein Wert

RÜCKGEWINNUNG VON COMPUTERGOLD

Schaltkreise ausgedienter Computer enthalten neben anderen Metallen und Kunststoff auch geringe Mengen an Gold (oben). Die Platten werden zusammen mit dem Abfall anderer elektronischer Geräte maschinell zerkleinert (rechts).

Die zerkleinerten Metalle werden sortiert. Das gesammelte Gold wird eingeschmolzen und in Barren gegossen (links), ist aber noch nicht rein (oben).

Das unreine Gold wird chemisch zu reinem Gold geläutert und wieder in Barren gegossen.

Dosenrecycling *Gebrauchte Aluminiumdosen werden zunächst zusammengepreßt und wieder eingeschmolzen. Die aus den alten Dosen hergestellten neuen stehen sechs Wochen später wieder gefüllt in den Regalen des Supermarkts.*

gering ist. Doch bemüht man sich ständig um neue Verfahren, mit denen man die große Menge des Plastikmülls durch Wiederaufarbeitung reduzieren kann.

Weitaus unproblematischer ist dagegen das Recycling von Metallen. Jedes neue Auto besteht heute mehr oder weniger aus dem aufbereiteten Schrott seiner Vorgänger. Es ist schon seit langem üblich, Eisenschrott und Buntmetalle den Hüttenwerken wieder zuzuführen.

Je wertvoller ein Metall, desto lohnender das Recycling. Aluminium z.B. kann nur mit sehr hohem Energieaufwand aus Bauxit gewonnen werden. Hier ist die Rückgewinnung höchst rentabel. So konnte dank entsprechender Recyclingprogramme der Energieverbrauch bei der Aluminiumgewinnung seit Anfang der 70er Jahre um ein Viertel gesenkt werden. Und von den mehr als 70 Mrd. Getränkedosen, die in den USA jedes Jahr verkauft werden – alle aus Aluminium –, konnte etwa die Hälfte nach Gebrauch wieder eingeschmolzen und zu neuen Dosen aufgearbeitet werden.

Auch bei Glas lohnt sich die Rückgewinnung. Natürlich sollten Glasflaschen zunächst so oft wie möglich benutzt werden. Eine Milchflasche z.B. kann etwa 30mal zwischen Verbraucher und Molkerei hin- und herwandern. Das Flaschenpfand dient dazu, den Käufer zu motivieren, die Flasche zurückzubringen.

Vielerorts stehen Container, in die man leere Flaschen und anderes Glas einwerfen kann. Das Glas sollte nach Farben getrennt gesammelt werden, da aus verschiedenfarbigem Glas nur dunkles Glas neu erschmolzen werden kann. Der Sammelerfolg ist unterschiedlich: In der Schweiz und den Niederlanden gewinnt man 50 % des Neuglases aus Altglas, in Großbritannien sind es nur 12 %, während es in der Bundesrepublik Deutschland inzwischen fast 60 % sind.

Ein großer Teil des Abfalls besteht aus Papier, das sich leicht getrennt erfassen und transportieren läßt. Einige Länder importieren heute statt Zellstoff zunehmend Altpapier für ihre Papierindustrie. Dieses wird zerkleinert, in Pulpern (Stofflösern) aufbereitet und von Schmutz und Druckerschwärze gesäubert, bevor es zusammen mit Holzschliff oder Zellstoff in den Papierherstellungsprozeß gelangt.

Deutschland und Japan stellen heute bereits die Hälfte ihres Papiers aus Altpapier her. Wiederaufgearbeitet werden inzwischen auch Altöle, und aus Alttextilien gewinnt man Faserrohstoffe zurück. Wenn es in Zukunft noch gelingen sollte, organische Küchenabfälle weitgehend zu Kompost zu verarbeiten, dann werden die Müllberge ganz erheblich schrumpfen.

Kernkraftwerke: Strom aus Uran

Uran ist der konzentrierteste vom Menschen genutzte Energieträger: Ein Kernkraftwerk, das eine Stadt mit 1 Mio. Einwohnern mit Strom versorgt, verbraucht täglich nur 3 kg Uran, die soviel Wärme liefern wie 7,5 Mio. kg Kohle.

Uran gehört zu den chemischen Elementen mit der größten Dichte. Seine Atome bewegen sich am Rand der Instabilität, so daß ein kleiner „Stoß" ausreicht, um den Kern des Atoms zu spalten. Bei dieser Kernspaltung werden ungeheure Energiemengen freigesetzt. Der Anstoß zu der Kernspaltung geht von Neutronen aus, winzigen Elementarteilchen, die kleiner als Atome sind. Sie prallen auf den Kern und spalten ihn, wodurch mindestens zwei freie Neutronen entstehen, die davonfliegen und nun ihrerseits eine Kernspaltung verursachen können. Dieser Vorgang kann sich fast endlos fortsetzen.

Die Kernspaltung kann auch kontrolliert in Gang gesetzt und damit die Menge an freiwerdender Energie gesteuert werden. Die bei der Kernspaltung entstehende Wärme wird dazu genutzt, Wasserdampf herzustellen, der in Turbogeneratoren Strom erzeugt. Das ist das Grundprinzip, nach dem ein Kernkraftwerk arbeitet.

Die Brennelemente

Bei den meisten Reaktoren bestehen die Brennelemente aus einzelnen hohlen Stäben, in die Brennstoffpellets – Urandioxidtabletten von 1–1,5 cm Durchmesser – gefüllt sind. Die Stäbe sind – durch Abstandshalter voneinander getrennt – zu einem Bündel zusammengefaßt.

Die Brennelemente können bis zu drei Jahren im Reaktor verbleiben. Zwar ist dann noch nicht alles Uran verbraucht, aber es sammeln sich Spaltprodukte an, Gase wie Krypton oder feste Stoffe wie Caesium, Strontium und Plutonium. Bevor diese Stoffe überhandnehmen, werden die Brennelemente ausgetauscht. Um das noch nicht verbrauchte Uran herauszulösen, werden die Brennstäbe wiederaufbereitet.

Uran kommt in der Natur hauptsächlich in zwei Formen – Isotope genannt – vor, deren Atomkerne unterschiedlich zusammengesetzt sind: Uran 235, dessen Atomkern aus 235 Teilchen besteht, und Uran 238. Nur sieben von 1000 natürlichen Uranatomen sind Uran 235, der Rest besteht fast ganz aus Uran 238. Wird Uran 238 mit Neutronen beschossen, spaltet es sich nicht so leicht wie Uran 235; es kann aber in ein neues Element umgewandelt werden, nämlich in Plutonium 239, das ebenfalls als Kernbrennstoff dienen kann.

Wird ein Reaktor mit natürlichem Uran als Brennstoff betrieben, so besteht die Gefahr, daß zu viele Neutronen von dem Uran 238 absorbiert werden und gar nicht erst dazu kommen, auf ein Uran-235-Atom zu prallen und eine Kernspaltung auszulösen. In diesem Fall kommt der Reaktor nicht in Gang.

Das radioaktive Herz *Die Brennelemente des Forschungsreaktors in Oak Ridge, Tennessee, USA, werden aus dem Wasserbekken gehoben.*

Kernkraftwerk *Zwei Druckwasserreaktoren in Biblis am Rhein speisen Strom in das westdeutsche Netz ein.*

STROMERZEUGUNG MIT EINEM DRUCKWASSERREAKTOR

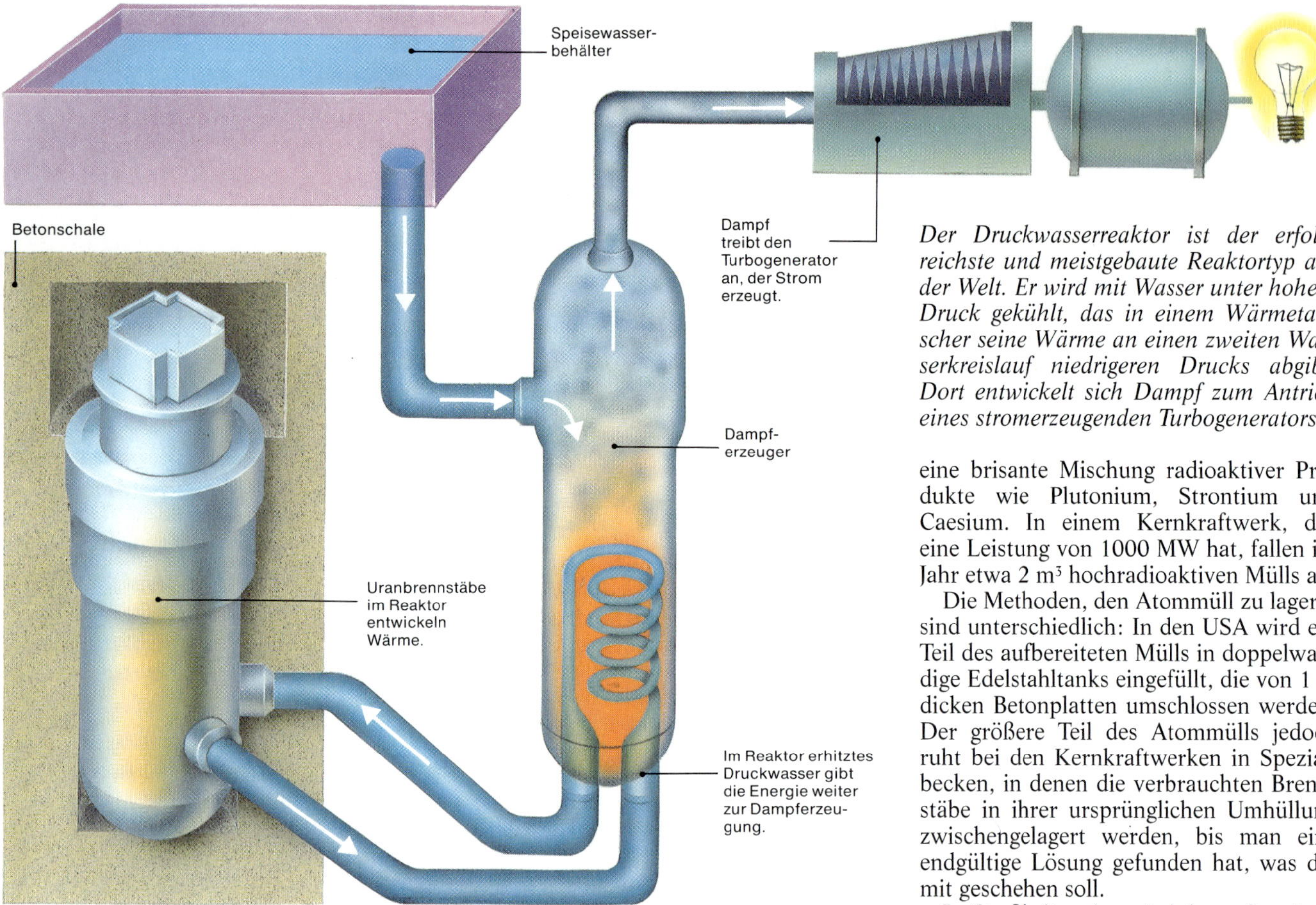

Der Druckwasserreaktor ist der erfolgreichste und meistgebaute Reaktortyp auf der Welt. Er wird mit Wasser unter hohem Druck gekühlt, das in einem Wärmetauscher seine Wärme an einen zweiten Wasserkreislauf niedrigeren Drucks abgibt. Dort entwickelt sich Dampf zum Antrieb eines stromerzeugenden Turbogenerators.

Um diese Gefahr zu vermeiden, muß der Anteil von Uran 235 im Brennstoff erhöht werden. Dies geschieht, indem man das natürliche Uran anreichert, d.h. die Anzahl der Uran-235-Atome von sieben auf 30–40 pro 1000 Uranatome erhöht. Dazu gibt man das Uran zunächst in eine Zentrifuge, in der Uran 235 und Uran 238 durch Fliehkraft voneinander getrennt werden; anschließend kann man dann die gewünschte Mischung für die Brennelemente herstellen.

Eine zweite Schwierigkeit ist, den im Reaktor wirkenden Neutronenfluß konstant zu halten. Fließen zu wenige Neutronen mit zu geringer Geschwindigkeit, so kommt keine Kernspaltung zustande, der Reaktor erlischt. Beschleunigt sich jedoch der Neutronenfluß, d.h., immer mehr Neutronen lösen immer schneller eine Kernspaltung aus, so wird mehr Energie freigesetzt, als wünschenswert ist. Letzteres ist das größere Problem. Darum muß man den Fluß der Neutronen bremsen, indem man sie gegen die leichten Atome eines Elements wie Wasserstoff oder Kohlenstoff prallen läßt. Diese Elemente wirken als Moderatoren, so genannt, weil sie die Geschwindigkeit der Neutronen mäßigen.

Die meisten Reaktoren arbeiten mit angereichertem Uran und Moderatoren, die aus Wasser oder Graphit bestehen. Um die im Reaktor entstehende Wärme abzuführen, verwendet man am häufigsten Wasser. Gasgekühlte Reaktoren, zuerst in Großbritannien entwickelt, kühlen mit Kohlendioxid oder Helium. In Kanada verwendet man zur Kühlung schweres Wasser, bei dem die Wasserstoffatome durch das Wasserstoffisotop Deuterium ersetzt sind. Flüssiges Natrium als Kühlmittel hat zuerst Frankreich eingesetzt.

In den vergangenen Jahrzehnten ist die Kernenergie zu einem wichtigen Faktor bei der Stromversorgung in den Industriestaaten geworden. Kernkraftwerke decken heute einen erheblichen Anteil des Strombedarfs. Allerdings ist der Einsatz von Kernenergie nach wie vor umstritten.

Wohin mit dem Atommüll?

Atommüll, der in Kernkraftwerken entsteht, ist für jeden, der sich in unmittelbarer Nähe davon aufhält, tödlich, und er bleibt auf Jahrtausende hinaus gefährlich. Denn verbrauchter Kernbrennstoff enthält eine brisante Mischung radioaktiver Produkte wie Plutonium, Strontium und Caesium. In einem Kernkraftwerk, das eine Leistung von 1000 MW hat, fallen im Jahr etwa 2 m^3 hochradioaktiven Mülls an.

Die Methoden, den Atommüll zu lagern, sind unterschiedlich: In den USA wird ein Teil des aufbereiteten Mülls in doppelwandige Edelstahltanks eingefüllt, die von 1 m dicken Betonplatten umschlossen werden. Der größere Teil des Atommülls jedoch ruht bei den Kernkraftwerken in Spezialbecken, in denen die verbrauchten Brennstäbe in ihrer ursprünglichen Umhüllung zwischengelagert werden, bis man eine endgültige Lösung gefunden hat, was damit geschehen soll.

In Großbritannien wird der aufbereitete Atommüll in Form einer dunklen Flüssigkeit ebenfalls in mit Beton ummantelte Stahltanks eingelagert. Da sich der radioaktive Zerfall fortsetzt, wobei Wärme entsteht, besitzen die Tanks ein von Wasser durchflossenes Kühlsystem, das verhindert, daß die Flüssigkeit verdampft.

Obwohl man solche Tanks schon seit 40 Jahren für atomaren Abfall benutzt, kann auch dies nur eine vorübergehende Form der Lagerung sein. Als beste Lösung bietet sich zur Zeit an, den Atommüll in zylindrische Glasblöcke einzuschmelzen und tief unter der Erde einzulagern.

Eine Versuchsanlage in Marcoule in Frankreich führt diese Form der Atommüllentsorgung seit 1978 durch. Dazu wird der Atommüll völlig getrocknet, mit Kieselerde, Bor und anderen glasbildenden Materialien gemischt, auf 1500 °C erhitzt und zu Glasfluß eingeschmolzen, der dann in faßähnliche Edelstahlbehälter gefüllt wird. Wenn die Schmelze erstarrt ist, werden die Behälter mit Deckeln versehen und zugeschweißt. Der radioaktive Abfall eines Kernkraftwerks mit 1000 MW füllt etwa 15 solcher Behälter im Jahr. In Marcoule lagert man die Kanister in speziellen Schachtanlagen, wo sie mit Luft gekühlt werden. Die so aufbereiteten radioaktiven Abfälle sind ungefährlich, solange man sie sorgfältig beaufsichtigt.

Verglaster Atommüll *Hochradioaktiver Abfall aus Kernkraftwerken kann in Glas eingeschmolzen und dann in Edelstahlbehältern gelagert werden.*

Radioaktive Flüssigkeit *Die mit dem Atommüll versetzte Glasschmelze wird bei einer Temperatur von 590 °C in Stahlformen gegossen. Wenn das Glas hart geworden ist, lagert man es in Metallbehältern.*

Irgendwann aber sollte der Atommüll in ein Endlager gebracht werden, wo er sicher ruhen kann, ohne daß man ihn ständig überwachen muß. Ein Vorschlag für die Endlagerung lautet, die Behälter mit einem Mantel aus Gußeisen oder Kupfer zu umgeben und in unterirdischen Kavernen zu deponieren. Dort müßten sie in Schächten versenkt und mit Bentonit, einer Art Ton, oder Beton abgedeckt werden, die flüchtige radioaktive Stoffe absorbieren.

Die Behälter sollten etwa 1000 Jahre halten, ehe sie korrodieren und Radioaktivität durchlassen. Bereits nach 500 Jahren entspricht die Radioaktivität des Materials nur noch der des natürlichen Uranerzes. Wenn man die Kavernen an geeigneter Stelle ausreichend tief, d.h. mehr als 100 m unter der Oberfläche anlegen würde, dann – so behaupten Fachleute – würde es 1 Mio. Jahre dauern, bis irgend etwas an die Oberfläche gelangen könnte, und bis dahin wäre die Radioaktivität bis auf winzige Spuren abgeklungen. In den Endlagerstätten sollten keine wertvollen Minerale vorkommen, damit zukünftige Generationen bei deren Abbau nicht auf den Atommüll stoßen. Ferner müßte man die Endlagerstätten so versiegeln können, daß sie für immer verschlossen wären.

Die Schwierigkeit besteht darin, Gelände zu finden, wo die ansässige Bevölkerung mit der Lagerung von Atommüll einverstanden ist. Niemand hat gern ein Atommüllager in unmittelbarer Nähe. Vielleicht werden die Behörden irgendwann gezwungen sein, unter bestehenden Wiederaufbereitungsanlagen oder unter dem Meer Lagerstätten auszuheben, da sich sonst kein geeignetes Gelände finden läßt.

Ebbe und Flut als Energielieferanten

Schon seit Jahrhunderten nutzt der Mensch die Gezeiten, um Energie zu gewinnen. So kannte man bereits im 18. Jh. an den europäischen Küsten Gezeitenmühlen: Bei steigender Flut lief das Wasser durch offene Schleusen in ein Becken. Während des Hochwassers wurden die Schleusen geschlossen, und erst wenn die Ebbe einsetzte, ließ man das Wasser aus dem Becken ablaufen; dabei leitete man es über ein Wasserrad, das nun als Kraftantrieb diente.

Nach dem gleichen Prinzip arbeitet das erste, 1966/67 in Frankreich gebaute Gezeitenkraftwerk. Ein Staudamm sperrt die Mündungsbucht der Rance bei Saint-Malo in der Bretagne ab. 24 Wasser-Turbogeneratoren zur Stromerzeugung nutzen den Tidenhub, d.h. das Gefälle zwischen Hoch- und Niedrigwasser, aus. Bei steigender Flut staut sich das Wasser auf der äußeren Seite des Damms. Steht es dort etwa 1,5 m höher als auf der Innenseite, leitet man es durch die Turbinen, wobei Strom erzeugt wird. Bei rückströmendem Wasser werden die Turbinenlaufschaufeln entgegengesetzt gedreht, so daß das ablaufende Wasser wiederum die Turbinen antreiben kann und auf diese Weise die Maschinen erneut Strom erzeugen.

Die Stromausbeute ist vom Tidenhub abhängig: je größer das Gefälle zwischen Ebbe und Flut, desto größer die erzeugte Strommenge. Wenn bei Hochwasser die Verbindungen geschlossen sind, kann zusätzlich Wasser in den Stausee gepumpt werden, so daß der Wasserspiegel über den Wasserstand des Meeres steigt und das nutzbare Gefälle zur Ebbe vergrößert wird. Mit demselben Effekt läßt sich umgekehrt bei Ebbe zusätzlich Wasser aus dem Stausee ins Meer pumpen, um das Einlaufgefälle zu erhöhen. Zwar kostet das Pumpen auch Energie, aber das zusätzliche Gefälle liefert wesentlich mehr Strom, als die Pumpen verbrauchen.

Die Spitzenleistung des Kraftwerks an der Rance beträgt 240 MW; die durchschnittliche Leistung reicht, um eine mittelgroße Stadt wie Rennes oder Caen mit Strom zu versorgen. Trotzdem werden nur wenige Gezeitenkraftwerke gebaut: Die gewaltigen Baukosten für Dämme und der Mangel an wirklich geeigneten Standorten haben viele Meeresanrainer entmutigt. Eine Ausnahme ist Kanada.

In der Fundybai im südöstlichen Kanada gibt es das weltweit größte Gefälle zwischen Ebbe und Flut: Der Gezeitenhub beträgt hier bis zu 18 m. 1984 errichtete man an einer Nebenbucht bei Annapolis Royal eine erfolgreich arbeitende Pilotanlage. Ließe sich die Kraft der Gezeiten in der ganzen Bucht nutzbar machen, wäre die Stromerzeugung zehnmal größer als der Bedarf der Region. Der Überschuß könnte nach New England und New York geleitet werden.

Wind – eine Energiequelle mit Zukunft

Es gibt umfangreiche Möglichkeiten, Wind zur Stromerzeugung zu nutzen. Eine neuere Studie schätzt, daß es in Europa genügend geeignete Standorte gibt, um etwa 400 000 große Windgeneratoren aufzustellen – genug, um dreimal den heutigen Strombedarf Europas zu decken.

Schon die alten Windmühlen nutzten den Wind, um Energie zu gewinnen. Allerdings haben die modernen Windkraftwerke nur noch wenig mit Windmühlen gemein: Sie bestehen aus sogenannten Rotoren, riesigen Luftschrauben mit ein bis drei Blättern, die einen Stromgenerator antreiben. Diese Windturbinen sitzen auf hohen Stahl- oder Betonmasten.

Rotorgröße und Masthöhe bestimmen, wieviel Strom erzeugt wird. Zum einen nimmt mit zunehmender Höhe der Wind an Stärke zu, zum andern hängt die Menge der erfaßten Windenergie von der Größe des Bereichs ab, den die Rotorblätter bestreichen: Verdoppelt man die Länge der Rotorblätter, so vervierfacht sich die Energie. Vor allem aber beeinflußt die Windgeschwindigkeit die Energieausbeute; sie steigt mit der dritten Potenz der Windgeschwindigkeit, d.h., doppelte Windgeschwindigkeit bringt achtfache Energie.

Allerdings sind Windgeneratoren nur für einen bestimmten Windgeschwindigkeitsbereich geeignet. Sie arbeiten bei Windstärken zwischen 3 und 9 der Beaufortskala, d.h. bei 21–85 km/h. Über Windstärke 9 schalten die Maschinen automatisch ab, um Schaden zu vermeiden.

Windgeneratoren mit horizontaler Rotationsachse müssen nach dem Wind ausgerichtet sein: Entweder zeigen sie direkt in den Wind oder genau entgegengesetzt. In die jeweils entsprechende Richtung schwenkt den Rotor ein Elektromotor, der mit Sensoren verbunden ist, die ihm anzeigen, woher der Wind weht.

Bei Windkraftmaschinen mit vertikaler Rotationsachse, bei den sogenannten Darrieus-Turbinen, spielt die Windrichtung keine Rolle. Ein weiterer Vorteil ist, daß

Darrieus-Turbine *Diese Windkraftwerke haben bogenförmige Blätter, die an einer vertikalen Welle befestigt sind und sich im Wind drehen.*

der schwere Generator am Boden ruhen kann und nicht oben auf dem Mast angebracht ist. Ein Nachteil der Darrieus-Turbinen ist jedoch, daß sie oft von Hand oder mit Hilfe eines Motors in Gang gebracht werden müssen.

Windkraftwerke sind sauber und gelten allgemein als wünschenswerte Alternative

Windenergieanlage *1988 gab es in Kalifornien insgesamt 16 000 Windturbinen; hier eine Anlage am Altamont Pass bei San Francisco.*

WIE TURBOGENERATOREN STROM ERZEUGEN

Turbogenerator *Ein Ingenieur untersucht die Schaufelstufen eines Turbogenerators.*

In Dampfturbinen wird Dampf zunächst in mechanische Energie umgesetzt, die dann dazu genutzt wird, um elektrische Energie zu erzeugen. Dampfturbinen bestehen aus einer Anzahl von Laufschaufelkränzen, die auf einer Welle sitzen. Feststehende Umlenkschaufeln leiten den Dampf jeweils zur nächsten Laufschaufelreihe, bis er seine Energie an die Welle abgegeben und diese in Drehbewegung versetzt hat.

Die Turbine ist an einen Generator gekoppelt, in dem durch Drehung von Spulen in einem Magnetfeld Strom erzeugt wird.

zu den mit Kohle betriebenen thermischen Kraftwerken; dennoch möchte man nicht jeden Hügel von sich drehenden Windturbinen gekrönt sehen. Daher gibt es Pläne, Windkraftwerke auf See zu installieren. Hier allerdings gilt es, zwei Probleme zu lösen: Die Anlagen müssen entsprechend verankert werden, und man muß den Strom aufs Festland leiten. Das britische Energieministerium schätzt, daß Windkraftanlagen unmittelbar vor der Küste das 1,5fache des heutigen Strombedarfs in Großbritannien erzeugen könnten. Aber die Ingenieure wollen zuvor noch weitere Erfahrungen mit Windkraftwerken auf dem Festland sammeln.

Die Bewohner der Fair Isle vor der Nordküste Schottlands verwenden heute hauptsächlich Windenergie. Anfang der 80er Jahre hat man hier ein kleines Windkraftwerk gebaut; die Strompreise sind seither um 75 % zurückgegangen.

In der Bundesrepublik Deutschland findet man größere Windkraftanlagen vor allem in Küstennähe; insgesamt erbringen alle Windkraftwerke zusammen eine Leistung von etwa 50 MW. Die Kosten der durch Windkraft erzeugten Kilowattstunde liegen 1990 nicht mehr allzu weit über denjenigen thermischer Kraftwerke.

Wärme aus der Erde *Die sogenannte Blaue Lagune neben dem Svartsengi-Kraftwerk in Island wird durch in der Erde erhitztes Wasser aufgewärmt.*

Auch die Erdwärme kann man nutzen

Durch den ständigen Zerfall radioaktiver Elemente im Erdinnern wird Energie freigesetzt, die den flüssigen Kern der Erde bis auf 4000 °C erhitzt. Je tiefer man also in die Erde eindringt, desto wärmer wird es, und zwar steigt die Temperatur alle 100 m um etwa 3 °C. In Bergwerken ist dies deutlich zu spüren.

An manchen Stellen befindet sich heißes Gestein aber auch nahe der Erdoberfläche. Dort können heiße Quellen, Geysire oder Dampf austreten, deren Wärme sich nutzen läßt.

Das erste geothermische Kraftwerk wurde 1904 in Larderello in Norditalien gebaut. Der dort austretende 140–260 °C heiße Dampf treibt Turbogeneratoren an. Ähnliche Kraftwerke gibt es auch in Neuseeland, Kalifornien, Mexiko und auf den Philippinen; sie alle nutzen Erdwärme, die ohne menschliches Zutun an die Erdoberfläche tritt. Meistens aber muß man die Stellen, wo man Erdwärme vermutet, künstlich anbohren.

Oft stößt man in der Tiefe jedoch nicht auf Wasser, sondern nur auf trockenes heißes Gestein. Aber auch diese Wärme kann man nutzen. Eine Möglichkeit ist das Hot-Dry-Rock-Verfahren: Man bringt zwei Bohrungen nebeneinander bis in das heiße Gestein nieder. Durch die eine Bohrung pumpt man kaltes Wasser in den Untergrund, das sich dort aufheizt und als Heißwasser durch die zweite Bohrung wieder an die Oberfläche kommt. Die unterirdische Verbindung zwischen beiden Bohrlöchern wird durch Sprengungen hergestellt.

Da der Druck in der Tiefe zunimmt, kocht das Wasser nicht, selbst wenn es über 200 °C heiß ist. Erst wenn es wieder zur Erdoberfläche aufsteigt, wird der Druck geringer; der Siedepunkt sinkt, und es entsteht Wasserdampf, der nun die Turbinen antreiben kann.

Die Nutzung geothermischer Energie bringt aber auch Probleme mit sich: Die im heißen Wasser gelösten Anteile von Kalk und Kieselsäure schädigen Rohre und Turbinen. Ferner haben Untersuchungen ergeben, daß nur ein Drittel des eingespeisten Wassers an die Oberfläche zurückkommt. Schließlich ist es ausschlaggebend, an der richtigen Stelle ausreichend tief zu bohren. Wenn man alle diese Schwierigkeiten beheben kann, scheinen in der Erde enorme Energiereserven vorhanden zu sein. So vermutet man z. B. im Granitgestein von Cornwall so viel Energie, wie die gesamten britischen Kohlenvorräte liefern können.

Daher betrachten immer mehr Länder geothermische Energie als Alternative zu fossilen Brennstoffen. In New Mexico wurde ein größeres geothermisches Kraftwerk bereits in Betrieb genommen, bei Straßburg entsteht ein deutsch-französisches Gemeinschaftsprojekt, und in Bad Urach in Baden-Württemberg heizt man das Heilbad mit Erdwärme.

Den Ursachen des sauren Regens auf der Spur

Als am 10. April 1974 ein stürmischer Regen über Pitlochry in Schottland niederging, wurde ein neuer Rekord aufgestellt. Es war nicht die Menge, sondern der Säuregehalt des Regens, der hier bislang einmalig war. Er war fast so sauer wie Zitronensaft.

In vielen Gebieten Europas und Nordamerikas ist der Regen 10–100mal saurer, als er sein sollte. Saurer Regen greift Gebäude an, schädigt die Böden, tötet Fische in Flüssen und Seen und ist an dem Baumsterben in ganz Europa mitverantwortlich.

Der saure Regen ist ein Umweltproblem, das keine Ländergrenzen kennt. Die Hauptursache ist die Verschmutzung der Luft durch Abgase in den Ballungszentren. Der Wind trägt die Verschmutzung von dort weiter, so daß heute nicht einmal mehr die Luft der Arktis sauber ist.

Wo kommt die Säure her? Es besteht kein Zweifel, daß der größte Teil durch den Menschen produziert wird – durch seine Autos, Wohnhäuser, Fabriken und Kraftwerke. Es hat zwar schon immer einen gewissen Prozentsatz an saurem Regen gegeben, bedingt durch Vulkanausbrüche und durch Gase aus Sümpfen und von Meeresplankton; aber in den letzten 200 Jahren hat er stark zugenommen. Man hat Eis untersucht, das vor der industriellen Revolution entstand und in Gletschern eingeschlossen war, und dabei herausgefunden, daß es gemäß den natürlichen Ursachen nur schwach sauer war.

Vor allem zwei Elemente machen Regen sauer: Schwefel und Stickstoff. Schwefel ist in Kohle und Erdöl enthalten. Beim Verbrennen entsteht Schwefeldioxid, das

SAURER REGEN – URSACHEN UND WIRKUNGEN

Abgase aus Industrieschloten breiten sich Tausende von Kilometern weit aus.

Verkümmertes Wachstum zeigen die Jahresringe einer Fichte aus dem Schwarzwald: Die dünneren äußeren Ringe oben im Bild stammen aus den letzten 20 Jahren, die dicken gleichmäßigen (im Bild unten) aus der Zeit davor.

Auch diese Steinskulptur an einer Kirche in Bristol wurde vom sauren Regen zerstört. Alte Steinplastiken reagieren besonders empfindlich auf die aggressive Schwefelsäure, die bei Regen aus dem Schwefeldioxid in der Luft entsteht.

Kalk gegen Säure *In Europa versucht man, die Übersäuerung des Waldbodens zu neutralisieren, indem man Kalk versprüht.*

sich mit den Wassertröpfchen der Wolken vermischt und in Schwefelsäure verwandelt. Der Stickstoff in der Luft und auch im Erdöl selbst verwandelt sich beim Verbrennen von fossilen Brennstoffen in Stikkoxide, reagiert mit Wassermolekülen und bildet Salpetersäure. Ein Teil dieser Säuren geht bei Regen an Ort und Stelle nieder, der Rest kann Tausende von Kilometern weit fortgetragen werden.

Seit den 50er Jahren baut man Industrieschornsteine 150 m hoch, damit die Abgase nicht über dichtbesiedelten Gebieten niedergehen. Aber dadurch wird die Verschmutzung lediglich über ein größeres Gebiet verteilt. Dies hat dazu geführt, daß selbst industriearme Regionen wie Skandinavien unter verschmutzter Luft leiden, die von den Fabriken und Ballungszentren weit entfernter Länder verursacht wurde. Schwedische Wissenschaftler schätzen, daß 70 % des Schwefels in der Luft über Schweden von fossilen Brennstoffen stammen und daß das meiste davon aus dem Ausland kommt.

Um herauszufinden, ob ein Teil des sauren Regens aus Großbritannien stammt, wurden mit dem Flugzeug Luftproben gesammelt und von britischen Wissenschaftlern untersucht. Diese Untersuchung ergab, daß die an der Westküste Großbritanniens vom Atlantik kommende Luft im Vergleich zu der Luft an der Ostküste weniger als die Hälfte an Schwefel und ein Viertel an Nitraten (Salze der Salpetersäure) enthielt. Also waren die Schadstoffe auf ihrem Weg über die Britischen Inseln aufgenommen und dann weiter nach Skandinavien transportiert worden. Man konnte sogar den Weg einer Hexafluoridwolke aus einem bestimmten Kraftwerk verfolgen. Als das Forschungsflugzeug diese Abgaswolke passierte, sprachen seine Meßinstrumente an.

MESSUNG DES SÄUREGEHALTS

Säuren können nach und nach fast alles zerstören, womit sie in Berührung kommen.

Jede Säure ist in Wasser löslich, und man mißt ihre Stärke nach dem pH-Wert (Konzentration der Wasserstoff- bzw. Hydroniumionen). Die pH-Skala reicht von 0 bis 14: 1 bedeutet extrem sauer, 7 eine neutrale und 14 eine extrem basische Lösung.

Der pH-Wert einer Flüssigkeit wird mit einem pH-Messer gemessen oder mit einem Universalindikator wie Lackmus, das sich im sauren Bereich rot, im neutralen grün und im basischen blau färbt.

Flüssigkeit	Farbe des Indikators	pH-Wert
Konzentrierte Schwefelsäure	rot	1
Zitronensaft	rot	2,3
Regen beim Unwetter von Pitlochry	orange	3
Essig	orange	3,3
Regen in Industriegebieten	orange	4,3
Normaler Regen	gelb	5–5,6
Destilliertes Wasser	grün	7

Eingefangene Sonnenenergie

Sonne statt Sprit *Das Auto* Quiet Achiever *wird durch Solarzellen auf dem Dach angetrieben und legte 1984 in Australien 4800 km in 20 Tagen zurück.*

Die Energie, die von der Sonne ausgehend die Erde erreicht, ist so gewaltig, daß sie dem 12000fachen der durch Brennstoff erzeugten Energie auf der Erde entspricht. Aber es ist schwierig und teuer, diese reichlich vorhandene kostenlose Energie einzufangen und zu speichern.

Am einfachsten arbeiten die Warmwasseranlagen in Wohnhäusern, die mit Sonnenkollektoren auf dem Dach betrieben werden. Sie bestehen aus Glas- oder Kunststoffenstern, hinter denen Wasser in

Solarzellen *Zu größeren Einheiten, sogenannten Modulen, zusammengefaßte Solarzellen können große Mengen Sonnenenergie in Strom umwandeln. Das abgebildete Modell steht in der Solar Test Facility in Albuquerque, USA.*

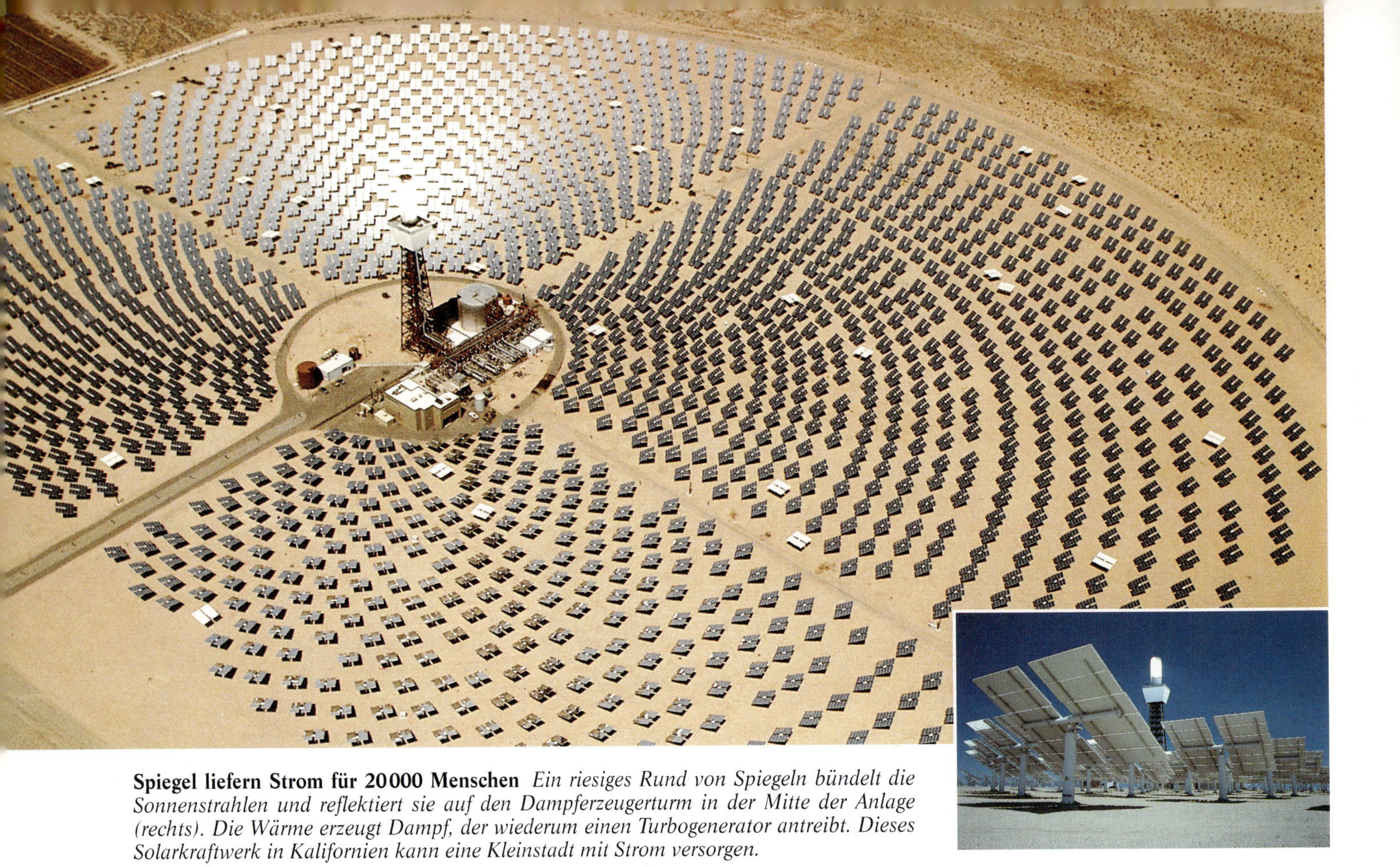

Spiegel liefern Strom für 20000 Menschen *Ein riesiges Rund von Spiegeln bündelt die Sonnenstrahlen und reflektiert sie auf den Dampferzeugerturm in der Mitte der Anlage (rechts). Die Wärme erzeugt Dampf, der wiederum einen Turbogenerator antreibt. Dieses Solarkraftwerk in Kalifornien kann eine Kleinstadt mit Strom versorgen.*

Rohren zirkuliert; diese sind schwarz, um ein Maximum an Wärme absorbieren zu können. Das erwärmte Wasser gelangt über einen Ausgleichsbehälter in das Heizungs- oder Warmwasserversorgungssystem. In Japan sind 3 Mio. Sonnenkollektoren in Betrieb, und in Israel ist die Hälfte der Häuser damit ausgestattet; im wolkenreichen Europa sind sie lange nicht so zahlreich, denn wenn hier der größte Wärmebedarf herrscht, ist das Angebot an Solarenergie am geringsten.

Sonnenenergie wird aber auch zur Stromerzeugung genutzt. Um die hierzu nötigen hohen Temperaturen zu erzielen, muß die Sonneneinstrahlung konzentriert werden. Dazu reflektieren und bündeln im Kreis angeordnete Parabolspiegel das Sonnenlicht auf einen hochgelagerten Dampferzeuger. Der Dampf treibt dann einen Turbogenerator an. Das größte nach diesem System arbeitende Solarkraftwerk der Welt befindet sich in der Mojavewüste in Kalifornien. Seine 1818 Spiegel benötigen eine Fläche von 40 ha; der Dampferzeuger steht auf einem 78 m hohen Turm.

Neben diesen Turmkraftwerken gibt es auch sogenannte Solarfarm-Kraftwerke. Sie bestehen aus vielen trogförmigen Spiegeln, die die Sonnenstrahlung auf Rohre konzentrieren, die vor ihnen verlaufen. Die Leistung, die man hier erreicht, ist zwar etwas geringer als bei den Turmkraftwerken, aber die Solarfarm-Kraftwerke sind billiger zu bauen. Weltweit werden inzwischen 300 MW durch derartige Umwandlung von Sonnenenergie gewonnen.

Jedes Raumschiff und jeder Satellit deckt seit 1958 seinen Strombedarf aus Solarzellen. Das Funktionsprinzip der Solarzellen beruht auf dem photovoltaischen Effekt, den der deutsche Physiker Heinrich Hertz 1887 entdeckte; er fand heraus, daß bestimmte Substanzen, wenn man sie dem Licht aussetzt, Strom erzeugen.

Solarzellen bestehen aus einer dünnen Siliciumschicht, die auf eine noch dünnere, mit Bor imprägnierte Siliciumschicht aufgebracht worden ist. Bor beeinflußt das elektrische Verhalten des Siliciums: Auf die äußere Schicht fallendes Sonnenlicht läßt Elektronen in die untere Schicht wandern, wodurch zwischen beiden Schichten eine Spannung entsteht. Um eine brauchbare Leistung zu erzielen, müssen Solarzellen zu größeren Einheiten, sogenannten Modulen, zusammengeschaltet werden.

Silicium als Grundbestandteil von Sand und Gestein ist zwar billig, aber die Erzeugung von Kristallen, wie sie bisher für Solarzellen gebraucht wurden, ist teuer. Neuerdings jedoch hat man bereits wesentlich billigere Dünnschicht-Solarzellen aus amorphen (nicht kristallinen) Siliciumschichten entwickelt.

Der *Solar Challenger*, ein Flugzeug, das von 12128 Solarzellen mit einer Leistung von 2,5 kW angetrieben wird, hat 1981 den Ärmelkanal überquert. Solarfahrzeuge sind mit stromspeichernden Batterien ausgerüstet, falls es bewölkt ist oder bergauf geht. In kleinerem Umfang nutzt man Solarzellen bereits im Alltag, so z. B. bei Uhren und Taschenrechnern. Immer häufiger werden auch mit Sonnenenergie beheizbare Schwimmbäder gebaut.

Die erste Solarzellenanlage mit einer Leistung von 1 MW wurde 1982 bei Victorville in Kalifornien gebaut. Das größte Solarzellenprojekt Europas steht auf der Insel Pellworm vor der deutschen Nordseeküste. 17500 Solarzellen liefern den Strom für die Bäderanlagen der Insel.

Hochgeschwindigkeitsaufnahmen – eine Kunst für sich

Um ein scharfes Bild vom Flügelschlag eines Insekts zu erhalten, sind wesentlich kürzere Belichtungszeiten nötig, als mit einer normalen Kamera möglich sind. Auch bei 1/1000 Sekunde sind die Flügel noch unscharf. Die Belichtungszeit muß also sehr viel kürzer sein.

Der britische Pionier der Fotografie, William Henry Fox Talbot, war auch in der Hochgeschwindigkeitsfotografie bahnbrechend, und das bereits im Jahr 1851. Er befestigte eine Ausgabe der *Times* auf einem Rad, drehte das Rad sehr schnell und erhielt trotzdem ein scharfes Foto. Dies gelang ihm, weil er auf die Zeitung ein starkes Blitzlicht richtete, das nur 1/100000 Sekunde lang leuchtete. In einem verdunkelten Raum kann der Kameraverschluß offen-

DER „VERFOLGTE“ WASSERTROPFEN

Die Hochgeschwindigkeitsfotografie ermöglicht Bilder von einem Wassertropfen, der ins Wasser fällt. Mit einer Serie von sehr kurzen Blitzen werden die wichtigsten Phasen festgehalten.

bleiben, denn der Film wird nur so lange belichtet, wie der Blitz leuchtet.

Die größte Schwierigkeit besteht darin, den Blitz in dem Augenblick aufleuchten zu lassen, in dem sich das Aufnahmeobjekt genau in der richtigen Lage befindet. Darum läßt man oft das Objekt – etwa ein Geschoß, das einen Apfel durchdringt – den Kameraverschluß bzw. den Blitz auslösen, meist mit Hilfe einer Lichtschranke, die es durchstößt.

Auch eine Serie von Blitzen ist möglich, wobei der Film zwischen den einzelnen Blitzen transportiert wird. Mit dieser Technik hielt der Amerikaner Harold Edgerton in den 30er Jahren erstmals fest, wie ein Milchtropfen in eine gefüllte Schüssel fällt.

Mit der Kamera der Natur auf der Spur

Naturfilmer können die blitzschnelle Zunge eines Chamäleons, das ein Insekt fängt, auf den Film bannen. Und sie können das Wachstum einer Pflanze über Monate hinweg aufzeichnen.

Zeitrafferaufnahmen erwecken den Eindruck, daß eine Pflanze in wenigen Sekunden keimt, wächst, blüht und verwelkt. Dazu wird die Kamera an einer geeigneten Stelle aufgebaut und so programmiert, daß sie jeweils in Abständen von Minuten, Stunden oder Tagen eine Aufnahme macht. Der fertige Film wird dann mit normaler Geschwindigkeit, also 24 Aufnahmen pro Sekunde, abgespielt.

Es kann Wochen dauern, bis die letzte Aufnahme gemacht ist, und die ganze Serie kann verdorben sein, wenn z.B. die Kamera wackelt oder Schatten auf das aufzunehmende Objekt fallen. Bei Zeitrafferaufnahmen muß alles peinlich genau aufgebaut werden, und die Ausrüstung muß absolut zuverlässig funktionieren.

Natur unter dem Mikroskop *Mit einem Spezialmikroskop lassen sich auch kleinste Lebewesen fotografieren, z.B. dieses Plankton, das im Wasser schwebt.*

Das andere Extrem sind Hochgeschwindigkeitsaufnahmen, um Vorgänge, denen das menschliche Auge nicht mehr folgen kann, zu verlangsamen. Die schnellste Spezialkamera macht 11000 Aufnahmen pro Sekunde, eine normale Filmkamera nur 24. Der Film bewegt sich mit fast 320 km/h am Objektiv vorbei, die Filmspule dreht sich etwa 33000mal in der Minute. Wenn etwas schiefgeht, ist die Kamera in Sekundenbruchteilen mit unbrauchbarem Filmmaterial blockiert.

EIN KÜNSTLICHES BIOTOP IM STUDIO

Um diesen Leopardfrosch im Sprung aufzunehmen, genügte weniger als eine Sekunde. Aber für den Aufbau des Biotops im Studio (rechts) waren Stunden nötig; denn es ist sehr schwierig, Tiere im Freien zu fotografieren. Der Fotograf setzt den Frosch auf den Stein (kleines Foto), und die Arbeit kann beginnen. Der Kameraverschluß wird ausgelöst, wenn der Frosch im Sprung eine Lichtschranke unterbricht. Das Ergebnis wirkt so natürlich, daß niemand auf die Idee kommt, die Aufnahme sei im Studio gemacht worden.

Unterwasseraufnahmen
Der im Wasser watende Fotograf nimmt mit einer Art auf den Kopf gestelltem Periskop eine große Portugiesische Galeere (rechts) unter Wasser auf. Die Tentakel dieser Quallenart können 9 m lang werden.

Meist reichen jedoch geringere Geschwindigkeiten aus: Um den Flügelschlag von Vögeln, Fledermäusen und Insekten aufzuzeichnen, genügen 500 Aufnahmen pro Sekunde. Um den Sprung eines Flohs auf den Film zu bannen, sind dagegen 1000 Aufnahmen pro Sekunde nötig. Die höchste Geschwindigkeit braucht man für einen Wassertropfen, der auf eine Fläche aufprallt, oder für eine Geschoßkugel, die eine Glasscheibe durchschlägt.

Selbst mit einem Teleobjektiv ist es oft schwierig, nah genug an Tiere in freier Wildbahn heranzukommen. Oft muß man die Tiere einige Zeit lang beobachten, um ihre Gewohnheiten kennenzulernen und einen günstigen, vom Wind abgewandten Standort zu finden.

Filmer wenden manchmal Tricks an. So wird ein Film, der Füchse auf nächtlichem Beutegang zeigt, in Wirklichkeit in der Abend- oder Morgendämmerung aufgenommen, wenn es noch hell genug ist, und dann mit Filtern so verfremdet, daß er wie in der Dunkelheit aufgenommen wirkt. Gelegentlich werden Tiere wirklich in der Nacht gefilmt, aber die Bilder sind meist nicht sehr deutlich, selbst wenn mit Bildverstärkern gearbeitet wird.

Viele Filme von „wilden“ Tieren werden mit halbzahmen oder dressierten Tieren gedreht. Mancher Tierfilmer zieht Vögel vom Augenblick des Schlüpfens an auf, so daß sie ihm instinktiv folgen. Wenn er eine Kamera an einem Auto oder einem schnellen Boot montiert, kann er die ihm folgenden Tiere aus der Nähe filmen.

Im Studio werden Aufnahmen von Tierarten gemacht, die man weder dressieren noch in ihrer natürlichen Umgebung filmen kann. Will man z. B. eine Forelle beim Laichen in einem Gebirgsbach filmen, läßt sich dieses Umfeld täuschend echt in einem Aquarium nachbauen. Für Aufnahmen von kleinen Säugetieren baut man oft die Nester im Studio hinter Glas auf, so daß sich das Privatleben der Tiere problemlos filmen läßt. Dieses Material wird dann mit Außenaufnahmen kombiniert. So merkt der Zuschauer nicht, daß ein Teil des Films im Studio entstanden ist.

Sehr schwierig wird es, wenn man Kleinstlebewesen filmen will, die für das menschliche Auge unsichtbar sind, z. B. Plankton. Da man sie durch ein Mikroskop filmen muß, erhält der Film zuwenig Licht. Also muß man aufpassen, daß die Hitze der zusätzlichen Lampen den winzigen Tieren und Pflanzen nicht schadet.

Ein anderes Problem beim Filmen derart kleiner Objekte sind Vibrationen. Schon die geringste Bewegung bei Kamera oder Objekt bewirkt Unschärfe. Hier hilft eine „optische Bank“, an deren einem Ende die Kamera und am andern das zu filmende Objekt befestigt wird. Dann vibrieren Kamera und Objekt als Einheit, und die Scharfeinstellung bleibt erhalten.

Zu besonders wirkungsvollen Filmaufnahmen verhilft eine Vorrichtung, die wie ein auf den Kopf gestelltes Periskop funktioniert. Damit kann man z. B. einen Käfer, der über den Waldboden läuft, aus seiner eigenen Perspektive filmen. Man kann ihm folgen, wenn er unter einem Blatt hindurchläuft oder ins Wasser taucht. Das Periskop wird am Kameraobjektiv befestigt, und die Kamera läuft an Schienen unter einem Haltegerüst, so daß man sie in jeder beliebigen Stellung bedienen kann.

Kunststoffe, die verrotten

Kunststoff hat den Vorteil, nicht zu oxidieren und nicht zu verrotten. Dies kann aber auch zum Problem werden – Behälter, Tüten und Verpackungen aus Kunststoff verunstalten die Landschaft überall auf der Welt, und Jahr für Jahr häuft sich der Abfall höher. Um diese Probleme zu lösen, wurden verschiedene abbaubare Kunststoffe entwickelt. Ihr Geheimnis besteht in einer chemischen Verbindung im Kunststoff, die von Licht, Bakterien oder bestimmten Chemikalien angegriffen wird.

Biologisch abbaubare Kunststoffe entstehen durch Hinzufügen von Stärke. In der Mülldeponie bauen Bakterien, die sich von Stärke ernähren, den Kunststoff nach und nach zu kleinsten Teilchen ab, die dann vom Erdreich aufgenommen werden, ohne Schaden anzurichten.

Chemisch abbaubarer Kunststoff wird mit einer Lösung besprüht, die ihn auflöst. Ein solcher Kunststoff dient z. B. für neue Autos als Schutzschicht, die man mit einem Spezialspray abwäscht: Das Spray reagiert mit einer Komponente des Kunststoffs und löst ihn in unschädliche Stoffe auf, die ins Abwasser gespült werden können.

Mit besonderem Erfolg werden abbaubare Kunststoffe in der Chirurgie eingesetzt. Operationswunden werden mit Kunststoffäden genäht, die sich allmählich auflösen und so das Fädenziehen ersparen. Viele Medikamente werden in Kunststoffkapseln verabreicht, die sich so auflösen, daß der Wirkstoff kontrolliert in den Blutkreislauf gelangt.

Andere Kunststoffe enthalten chemische Komponenten, die unter Einwirkung von Licht nach und nach zerfallen. In Frankreich deckt man Felder mit Kunststoffbahnen ab, um die Wärme im Boden zu halten und dadurch früher ernten zu können. Diese Folie wird durch Licht abgebaut und verrottet in ein bis drei Jahren, eignet sich aber nur für Gegenden mit genügend Sonnenschein.

In den USA wird etwa ein Viertel der Kunststoffgestelle, die Bierbüchsen im Sechserpack zusammenhalten, aus Kunststoff hergestellt, der durch Lichteinwirkung abgebaut wird. Um zu frühen Abbau zu vermeiden, dürfen die Packungen allerdings nicht im Sonnenlicht stehen.

Abbaubare Kunststoffe können nicht wiederaufbereitet werden. Ihr größter Nachteil sind jedoch die hohen Produktionskosten. Japanische Wissenschaftler glauben allerdings, schon bald einen Kunststoff herstellen zu können, der wesentlich billiger, vielseitig verwendbar und biologisch abbaubar ist.

Erdöl: der Auslöser einer Kunststoffrevolution

KUNSTSTOFF – EIN UNIVERSELLES MATERIAL

Die Erfindung der Kunststoffe gegen Ende des 19. Jh. hat zu einer weltweiten Revolution der Werkstoffe geführt. Heute enthalten die meisten Spielzeug-, Sport- und Haushaltsartikel zumindest einen Anteil Kunststoff. Da Kunststoffe wetterbeständig sind und nicht verrotten, sind sie ideal für den Einsatz im Freien, z.B. bei Gartenmöbeln und Blumentöpfen. Kunststoffe lassen sich schnell und billig in beliebige Formen bringen.

Würde man alles aus dem Haus räumen, was Kunststoff enthält, was bliebe übrig? Viele Küchen wären so gut wie leer. Die meisten Bodenbeläge und Teppiche verschwänden, ebenso viele Kleidungsstücke und vielleicht auch die Vorhänge. Mit Sicherheit gäbe es kein Telefon mehr, keine Hi-Fi-Anlage und kein Fernsehen.

Und man denke an all die anderen Dinge aus Kunststoff, z.B. Kreditkarten, Kunstschnee und Hüftgelenke! Die Australier bezahlen ihre Kunststoffartikel sogar mit Geldscheinen aus Kunststoff.

Der Begriff Kunststoff umfaßt einen großen Bereich vom Menschen hergestellter organischer Stoffe, die alle aus zwei Grundelementen bestehen: Kohlenstoff und Wasserstoff. Durch Hinzufügen weiterer Elemente erhalten die Kunststoffe spezielle Eigenschaften, z.B. besondere Festigkeit, Hitzebeständigkeit, Gleitfähigkeit oder Biegsamkeit.

Kunststoffe lassen sich in fast beliebiger Zahl entwickeln, indem man verschiedene chemische Verbindungen kombiniert. Wissenschaftler befassen sich bereits mit einem Kunststoff, der so hart sein soll wie Stahl, so transparent und wasserfest wie Glas und so preiswert wie Papier.

Kunststoffe bestehen aus großen Molekülen (Polymeren), die sich aus kleineren Molekülen, sogenannten Monomeren, zusammensetzen. Diese Monomeren bilden Ketten, die sich miteinander verbinden und dadurch dem Kunststoff seine Festigkeit verleihen.

Thermoplastische Kunststoffe haben die Eigenschaft, daß bei Erhitzung auf etwa 200 °C die Polymere zwar intakt bleiben,

DER ANFANG EINER INDUSTRIE MIT MILLIARDENUMSÄTZEN

Die Kunststoffindustrie entstand 1869, nachdem in den USA ein 10000-$-Wettbewerb ausgeschrieben worden war für die Erfindung eines Billardballs, der die teuren Elfenbeinbälle ersetzen konnte. Der Gewinner war der amerikanische Erfinder John Wesley Hyatt, der einen Ball aus einem Stoff machte, den er Celluloid nannte.

Schnell fand man weitere Anwendungsbereiche für Celluloid, u.a. Brillengestelle, Messergriffe, Windschutzscheiben für die ersten Autos und Filme für die Fotografie. Ohne Celluloid wäre keine Filmindustrie entstanden. Celluloid ist kein rein synthetisches Material, da es aus dem pflanzlichen Rohstoff Cellulose hergestellt wird. Das Celluloid brachte den in die USA ausgewanderten belgischen Chemiker Leo H. Baekeland auf die Idee, den ersten vollsynthetischen Kunststoff zu entwickeln: Als er 1907 Phenol (Karbolsäure) und das Gas Formaldehyd mischte, entstand ein Kunststoff, den er Bakelit nannte.

Baekelands Entdeckung war nur der erste von vielen neuen Kunststoffen. Aber selbst er wäre über die rapide Entwicklung der Kunststoffindustrie erstaunt, die heute allein in den USA einen Jahresumsatz von mehr als 100 Mrd. $ aufweist.

aber etwas voneinander abrücken und beweglich werden. Dadurch lassen sie sich neu formen. Nach dem Abkühlen behält der Kunststoff seine neue Form bei.

Es gibt aber auch Kunststoffarten, Duroplaste, die sich auch bei erneutem Erhitzen nicht mehr verformen lassen.

Die Polymerisation, die Verkettung der kleinen Moleküle, verläuft bei jedem Kunststoff anders. Sie wird vor allem von Licht, Wärme, Druck und Katalysatoren beeinflußt.

Die Kohlenstoff- und Wasserstoffatome, die Grundelemente aller Kunststoffe, stammen in der Regel von Erdöl, das aus Kohlenwasserstoffen besteht. Diese Moleküle können sich aus wenigen Atomen zusammensetzen, wie Methan, ein Gas mit einem Kohlenstoffatom und vier Wasserstoffatomen, oder auch aus Hunderten von Atomen bestehen, wie Teer und Asphalt.

In Erdölraffinerien werden viele verschiedene Kohlenwasserstoffe gewonnen. Eines ist das Gas Ethan, bei dem zwei Kohlenstoffatome mit sechs Wasserstoffatomen verbunden sind. Ethan wird zu Ethylen umgewandelt und Ethylen zu Polyethylen polymerisiert.

Polyvinylchlorid (PVC) ist chemisch ähnlich wie Polyethylen, nur wird ein Teil der Wasserstoffatome durch Chloratome ersetzt. Dieser Unterschied macht PVC schwer entflammbar und damit sicherer beim Gebrauch im Haushalt. Werden die Chloratome durch Fluoratome ersetzt, erhält man Polytetrafluorethylen, bekannt als Teflon.

In Labors wurden zahllose weitere Polymere entwickelt, aber nur die mit den nützlichsten Eigenschaften werden industriell hergestellt.

Wie kommt man an das Erdöl in der Tiefe heran?

Als man 1969 im Forties Field unter der Nordsee auf Erdöl stieß, hatte man eine Lagerstätte von mindestens 350 Mio. t Erdöl entdeckt. Wie aber wird das Erdöl unter der Erde oder unter dem Meeresboden zutage gefördert?

Die Bohrlöcher werden mit Spezialwerkzeugen gebohrt. Das ist in hartem Gestein ein Rollenmeißel aus mit Hartmetallstücken besetztem Stahl, der an der sogenannten Schwerstange befestigt ist. Angetrieben wird er durch einen Motor über Tage oder eine Turbine unter Tage.

Das Bohrgestänge ist hohl. Durch den Hohlraum wird die Spültrübe gepumpt, eine Mischung aus Chemikalien und Wasser, die das abgemeißelte Gestein (Bohrklein) nach oben befördert und den Meißel kühlt, damit er nicht heißläuft.

Mit fortschreitender Bohrung muß das Bohrgestänge verlängert werden, normalerweise in Abschnitten von 9 m Länge. Am oberen Ende der obersten Bohrstange sitzt eine Vierkantstange, die in den Drehtisch auf der Plattform des Bohrturms wie eine Schraubenmutter in den Schraubschlüssel paßt. Um ein neues Verlängerungsstück einzusetzen, wird das Bohrgestänge angehoben und die Vierkantstange herausgenommen. Dann wird das Verlängerungsstück auf das Gestänge geschraubt, die Vierkantstange wieder eingefügt, und die Bohrarbeiten können weitergehen.

In bestimmten Abständen – je nach Gesteinsart alle paar Stunden oder alle paar Tage – muß auch der Bohrmeißel erneuert werden. Dann muß das gesamte Bohrgestänge ausgebaut werden. Es wird in 27 m lange Einheiten aus jeweils drei 9-m-Stükken zerlegt, die senkrecht auf der Plattform aufgestellt werden. Als letztes taucht der Bohrmeißel auf, der durch einen neuen

Zwillingsbohrplattform *Die beiden Bohrtürme (Mitte) sind von Kranen flankiert, an deren äußeren Enden überschüssiges Erdgas abgefackelt wird.*

ersetzt wird, und dann muß das Bohrgestänge wieder zusammengesetzt und in das Bohrloch hinabgelassen werden. Der ganze Vorgang, *round-trip* genannt, kann bis zu zehn Stunden dauern, wenn das Bohrloch schon sehr tief ist.

Um zu verhindern, daß das Bohrloch zusammenfällt, werden Futterrohre aus Stahl in das Bohrloch eingebracht, und der Raum um sie herum wird auszementiert. Die Futterrohre werden mit zunehmender Tiefe immer schmaler. So hat etwa ein 4500 m tiefer Brunnen an der Erdoberfläche ein Futterrohr von 760 mm Durchmesser. Ganz unten mißt das Rohr nur noch 180 mm.

Wenn der Bohrmeißel auf Erdöl stößt, verhindert das Gewicht der Spültrübe, daß das Öl entweicht. Als weitere Sicherung befindet sich am oberen Ende des Bohrlochs ein Spezialventil, der sogenannte Bohrlochschieber.

Wie schnell ein Brunnen gebohrt wird, hängt von der Gesteinsart ab. Der Bohrfortschritt kann bei undurchlässigem Deckgestein 30 cm pro Stunde betragen, es können aber auch über 20 m stündlich sein, wenn das Gestein weich ist.

Ist man fündig geworden, sind in schwierigem Terrain und vor der Küste mehrere Aufschlußbohrungen nötig, um das Ölfeld soweit wie möglich auszubeuten. Dies geschieht im Off-shore-Bereich oft von einer einzigen Plattform aus, indem das Areal in verschiedenen Winkeln angebohrt wird. Bei einer großen Lagerstätte baut man mehrere Plattformen.

Wenn die Bohrlöcher ausgefüttert sind, werden mit Spezialgeräten Löcher in das Gestein gesprengt, damit das Erdöl in die Bohrlöcher gelangt. In die Lagerstätte wird dann Gas oder Wasser gepreßt, um das Erdöl nach oben zu drücken. Doch auch mit der modernsten Fördertechnik ist es nur selten möglich, mehr als 30–50 % eines Erdölfelds auszubeuten.

Computerbohrungen *Auf der Grundlage von seismischen Tests zeigt der Computer verschiedene Bohrwege als farbige Linien durch die unterschiedlichen Gesteinsschichten.*

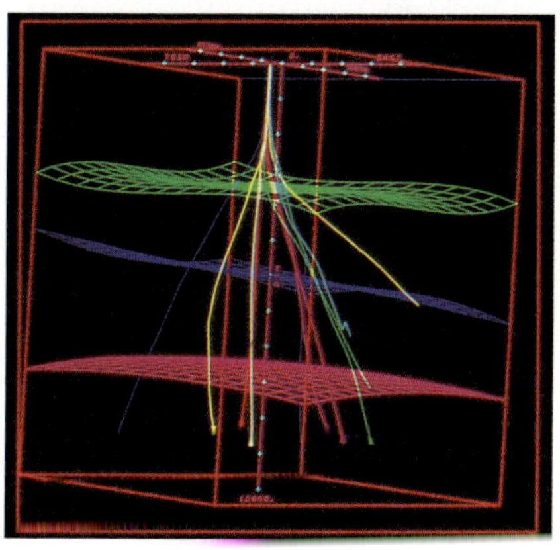

Woher weiß man, wo Erdöl lagert?

Bis zum Jahr 2020 werden die bisher bekannten Erdölvorkommen der Erde aufgebraucht sein. Bis dahin müssen neue Erdölfelder gefunden werden, wahrscheinlich an sehr schwer zugänglichen Stellen.

Für die Entstehung von Erdölfeldern in der Natur sind drei Dinge notwendig: das richtige Sedimentgestein, in dem Erdöl entstehen kann, poröses Speichergestein, in dem sich das Erdöl sammeln kann, und eine undurchlässige Deckschicht. Das Sedimentgestein ist in Millionen von Jahren aus Sedimenten entstanden, die Fische, Schalentiere, Plankton und Pflanzen enthielten. Aus diesen organischen Stoffen entstanden im Lauf der Zeit unter Einwirkung von Druck und Hitze Erdöl und Erdgas, die von benachbartem Speichergestein wie von einem Schwamm aufgesogen wurden. Die darüberliegende undurchlässige Gesteinsschicht schloß das Erdöl ein, vorausgesetzt, sie hatte die richtige Form, im Idealfall die einer Kuppel.

Auf der Suche nach Erdöl wird nach diesen drei Gesteinsschichten geforscht. Die Sedimentschicht, die Erdöl enthalten könnte, wird durch Untersuchung des Magnetfelds und durch Gravimetrie aufgespürt.

Da alle Gesteinsarten in unterschiedlicher Stärke magnetisch sind, können Geologen aus dem Magnetfeld schließen, welche Gesteinsarten und -strukturen sich unter der Erdoberfläche befinden. In größerer Höhe mißt ein Magnetometer die magnetischen Schwankungen, aus denen sich ein Bild der Erdstruktur erstellen läßt. Gravimetrische Untersuchungen stützen sich auf die unterschiedliche Dichte des unter der Erdoberfläche liegenden Gesteins. Das Gravimeter berücksichtigt feinste Differenzen gegenüber dem Schwerefeld der Erde. Das kreiselstabilisierte Gravimeter ist für Messungen auf See geeignet.

Die gesammelten Informationen werden von einem Computer aufbereitet und von Geologen beurteilt. Läßt das Ergebnis auf Erdölvorkommen schließen, werden mit Hilfe seismischer Untersuchungen weitere Daten beschafft. Bei diesen Untersuchungen werden unterirdische Sprengladungen gezündet. Die dabei entstehenden Erdbe-

Seismische Untersuchungen *Erdölsucher zünden in der Arabischen Wüste Sprengladungen und messen die Stoßwellen, um ein Bild vom Aufbau der Gesteinsschichten unter der Erdoberfläche zu gewinnen, die möglicherweise Erdöl einschließen.*

benwellen breiten sich in den einzelnen Gesteinsschichten mit unterschiedlicher Geschwindigkeit aus. Wenn sie auf Schichtgrenzen stoßen, werden sie reflektiert und an der Erdoberfläche von Geophonen registriert. Anhand der Zeit, in der die Wellen zur Erdoberfläche zurückkommen, berechnen Computer die Lage der Gesteinsschichten.

Diese Methode ist zwar sehr erfolgreich; trotzdem können Geologen nie ganz sicher sein, Erdöl zu finden, auch wenn alle Indikatoren darauf hindeuten. Manchmal enthalten sogar die laut seismischer Untersuchung aussichtsreichsten Gebiete keinen Tropfen Erdöl, während sich ein wenig versprechendes Gelände als Trumpf herausstellt. Es läßt sich nämlich kaum sagen, ob Erdöl an seinem Entstehungsort eingeschlossen bleibt, da Erdöllager in porösem Gestein versickern können.

Bekämpfung einer Ölpest

Erdöl gilt als größter Verschmutzer der Meere und Flußmündungen der Erde – und meist sind Tankerriesen die Verursacher von Ölverschmutzungen.

Auch 13 Jahre nach der Havarie des Tankers *Amoco Cadiz* vor der bretonischen Küste im März 1978 ist die Fortpflanzung der Meerestiere in diesem Bereich weiterhin gestört. Bei Fischen treten Wachstumsanomalien und Krankheiten auf, Austern sind vergiftet.

Im Jahr 1989 hat eine riesige Ölkatastrophe im Prinz-William-Sund vor Alaska die Brutgebiete von Seehunden, Seelöwen und Vögeln verseucht. 45 Mio. l Öl flossen hier ins Meer, als der 216 000-t-Tanker *Exxon Valdez* auf ein Riff lief.

Niemand weiß genau, wieviel Öl beim Ablassen von Reinigungs- und Ballastwasser, das die Stabilität von Tankern auf Leerfahrten sichert, ins Meer gelangt. Doch wird angenommen, daß die Weltmeere durch diese Art von Verschmutzung weit stärker belastet werden als durch Tankerunfälle.

Ausgelaufenes Öl verteilt sich nach und nach auf der Wasseroberfläche und zerfällt später in unschädliche Rückstände – allerdings erst nachdem es die Meerestiere in dem betroffenen Gebiet vernichtet hat. Der Abbau kann dadurch beschleunigt werden, daß man das Öl mit chemischen Auflösern besprüht. Aber auch die haben unerwünschte Nebenwirkungen. Sie zerstören die Fettschicht auf den Federn der Seevögel, der diese ihre Schwimmfähigkeit verdanken, und sie können das Leben am Meeresboden vernichten.

Als der Supertanker *Torrey Canyon* 1967 vor der englischen Südwestküste strandete und 120 000 l Öl ausliefen, gelangten Wissenschaftler zu der Überzeugung, daß die Chemikalien, mit denen das Öl aufgelöst wurde, den Meerestieren mehr geschadet hatten als das Öl selbst. Inzwischen hat man weniger schädliche Chemikalien zum Abbau des Öls entwickelt, aber auch sie sind mit größter Vorsicht zu gebrauchen. Umweltfreundlicher ist es, einen Ölteppich an der weiteren Ausdehnung zu hindern und ihn dann von der Wasseroberfläche abzusaugen. Zu diesem Zweck legen Versorgungsschiffe lange Ausleger auf der Wasseroberfläche aus und kreisen damit den Ölteppich ein. Die Ausleger verhindern zumindest bei ruhiger See, daß sich das Öl weiter verteilt. Eines der Schiffe pumpt den Ölfilm dann durch eine schwimmende Leitung auf einen in der Nähe befindlichen Tanker. Mit diesem System können 15 000 t Öl-Wasser-Gemisch pro Tag aufgesaugt werden.

Verseuchte Küste *Die schwarzen Strände der Bretagne (oben) nach der Havarie des Tankers* Amoco Cadiz *1978. Mit einem riesigen Ausleger (links) versuchte man, den vor der Küste schwimmenden Ölteppich einzugrenzen. Die Säuberungsarbeiten an Land werden häufig von Freiwilligen unterstützt, die mit Schaufel und Eimer die Ölrückstände abtragen.*

Neuentwickelte Spezialschiffe, die mit schwimmenden Absaugpumpen oder mit sogenannten Sorptionsskimmern ausgerüstet sind, verfügen über eine verbesserte technische Ausstattung zur Bekämpfung von Ölteppichen.

Sorptionsskimmer werden über Rollen oder Bänder, deren Oberflächen mit synthetischen Materialien beschichtet sind, betrieben. Sie saugen Öl an, Wasser dagegen nicht. Die rotierenden Bänder oder Rollen nehmen das Öl auf und transportieren es zu einem Container, wo es mit einem Wischblatt abgestreift wird.

Schwimmende Absaugpumpen arbeiten mit einer Art Schüssel, deren Oberkante knapp unter der Wasseroberfläche gehalten wird. Der Wasserspiegel in der Schüssel wird dann durch Abpumpen gesenkt, so daß das schwimmende Öl in die Schüssel laufen kann.

Die Beseitigung von Ölverschmutzungen an Land ist ebenfalls sehr aufwendig. Manchmal muß die verseuchte Erde abgetragen werden, oder es müssen Abzugsgräben gegraben werden. Zur Bindung von Ölresten eignen sich Stroh, Sägemehl oder Torf.

Red Adair löscht Bohrstellenbrände

Das „Teufelsfeuerzeug" – wie der Bohrstellenbrand genannt wurde – loderte schon fast sechs Monate lang weit draußen in der Sahara.

Die orangerote Flamme schoß flackernd 137 m hoch in den Himmel, und der Wüstenwind zerblies sie zu fantastischen Formgebilden. Die Feuersäule war 160 km weit zu sehen und auch der amerikanische Astronaut John Glenn sichtete sie, als er im Februar 1962 in seiner Raumkapsel die Erde umkreiste.

Schneller als mit Schallgeschwindigkeit trat Gas aus einem 33 cm dicken Rohr aus. Erst 9 m über dem Erdboden fing es Feuer. Der Ausbruch erzeugte ein anhaltendes donnerndes Dröhnen. Der Wüstenboden zitterte, und der Sand zischte wie heißes Fett in der Pfanne. Ein Augenzeuge beschrieb es als „die lebendige Hölle auf Erden".

Die Katastrophe hatte Anfang November 1961 begonnen, als in der Bohrung in Gassi Touil in Algerien Gas ausbrach und das Bohrgestänge hinausgeschleudert wurde. Noch gab es keine Flammen, nur einen extrem starken Gasstrom, mit dem eine Großstadt wie Paris hätte versorgt werden können. Aber alle, die das Geschehen beobachteten, waren von der Angst erfüllt, daß ein einziger Funke ein Inferno entzünden könnte.

Die französischen Besitzer der Bohrung baten den untersetzten Texaner Red Adair, den weltweit führenden Spezialisten für die Bekämpfung von Bohrstellenausbrüchen auf Öl- oder Gasfeldern, um Hilfe. Doch Adair war gerade mit einem Brand in Mexiko beschäftigt und schickte zwei seiner Mitarbeiter zu dem Feld in der algerischen Wüste.

Sieben Tage lang pumpte das Adair-Team Schlamm in die Bohrung, in der Hoffnung, sie auf diese Weise verschließen zu können. Dann, am 13. November, kam es zu einer heftigen Explosion und die mächtige Gassäule fing Feuer. Durch den ständig wehenden Sand hervorgerufen, hatte sich statische Elektrizität aufgebaut, und ein Funke davon hatte die Explosion wahrscheinlich ausgelöst.

Jetzt war das Unglück eine Aufgabe für Red Adair selbst, der, damals 47 Jahre alt, bereits 24 Jahre lang Erfahrungen mit der Bekämpfung von Bohrstellenbränden gesammelt hatte. Sein Job galt als einer der gefährlichsten der Welt.

Um das Feuer zu löschen, mußte er die Zufuhr von Sauerstoff verhindern. Um das zu erreichen, würde er nahe an der Flamme eine starke Sprengladung zünden und das gigantische Feuer damit ausblasen.

Fünf Monate dauerte es, die notwendige Ausrüstung zu beschaffen, sie nach Algerien fliegen und in die Wüste transportieren zu lassen. Erst im April 1962 konnten Red Adair und sein Team mit der Arbeit vor Ort beginnen. Aus dem von 30 Mann bewohnten Bohrcamp war eine Siedlung mit 500 Bewohnern geworden. Helfer und Zuschauer aus der ganzen Welt drängten sich in dem Lager zusammen.

Zunächst ließ Adair Brunnen bohren und ein Wasserreservoir anlegen, so daß genügend Wasser vorhanden war, das über das Feuer gepumpt werden konnte. Dann wurde der siebenstöckige Bohrturm – den die Explosion und das Feuer in ein 600 t schweres, verkohltes Stahlgewirr verwandelt hatten – von einem Bulldozer mit Hilfe eines großen, wassergekühlten Hakens an einem Ausleger weggezogen.

Der nächste Schritt – das Legen und Zünden des Sprengstoffs – war wesentlich kniffliger und gefährlicher. Um dabei wenigstens einigermaßen gefahrenfrei arbeiten zu können, sollten Adair und seine Leute aus acht dicken Schläuchen ständig von Wasser überschüttet werden.

An einem Sonntagmorgen, kurz nach

8 Uhr, war Adair zur Aktion bereit. Er hatte einen Bulldozer mit einem 15 m langen Ausleger vorbereitet, an dessen Ende eine von Aluminium und Asbest umhüllte Metalltrommel befestigt war. Heerscharen von Bohrarbeitern, Feuerwehrleuten, Polizisten und Sanitätern schauten zu, und zwei Hubschrauber standen für den Notfall bereit, als Adair damit begann, 340 kg Nitroglycerin in die Trommel zu laden.

Dann legte er Sprengköpfe und Zündschnur in die Trommel. Die Zündschnur führte zu einem Graben, der 180 m von dem Feuer entfernt war und von dem aus die Ladung gezündet werden sollte.

Die Sonne brannte vom Himmel herunter. Es war etwa 9 Uhr, als Adair und sein Assistent den Bulldozer bestiegen. Wie ein langhalsiges, vorgeschichtliches Monstrum rumpelte die Maschine vorwärts, direkt in das aus den acht Schläuchen herausströmende Wasser.

RED ADAIR – MENSCH UND LEGENDE

Sein richtiger Name ist Paul Neal Adair, doch wegen seiner flammendroten Haare wird er nur Red, „der Rote“, genannt. Rot sind auch die Asbestanzüge seiner Mitarbeiter, die Wände seines Büros, seine Krawatten und sein Cadillac. Schon als Kind hatte ihn das Schmiedefeuer in der väterlichen Werkstatt fasziniert. Später sollte die Brandbekämpfung zu seiner Berufung werden.

Sein Weg führte ihn bald in die Ölindustrie, zunächst noch als einfacher Arbeiter. Nachdem der junge Red Adair aber unter höchstem Risiko und völlig unerschrocken einen Bohrlochausbruch im Alleingang unter Kontrolle gebracht hatte, wurde der amerikanische Pionier der Bohrstellenbrandbekämpfung, Myron Kinley, auf ihn aufmerksam. Im Frühjahr 1941 arbeiteten sie bei einem Bohrlochfeuer in Alice (Texas) erstmals zusammen und der 25jährige Red hatte damit seine Lebensaufgabe gefunden. Der Zweite Weltkrieg unterbrach die Kooperation mit Kinley nur vorübergehend – Adair war in einem Bombenräumkommando in Japan im Einsatz. Erst 1959 machte sich Red Adair – mittlerweile 44 Jahre alt – mit seiner Firma Red Adair Oilwell Fire & Blowout Control selbständig. Drei Jahre später brachte ihn sein Erfolg in Gassi Touil in die Schlagzeilen der Weltpresse, und 1968 spielte John Wayne die Hauptrolle in dem Film „Die Unerschrockenen“, der auf Adairs Lebensgeschichte beruht.

Mittlerweile ist Adair nach weltweit über 1000 Einsätzen Multimillionär. Seine Geschäfte leitet er unter dem Motto „Rund um die Uhr, rund um die Welt“ von seinem Büro in Houston aus.

„Zwei Dinge liebe ich ganz besonders an meinem Beruf“, sagte er einmal in einem Interview. „Wenn das Telefon klingelt, weiß ich nie, in welche Richtung ich jetzt wieder losrennen muß – und ich werde nie von Vertretern für Lebensversicherungen belästigt!“

Der fliegende Feuerwehrmann
Red Adair bekämpft weltweit Bohrstellenbrände. Manchmal dauert das sechs Monate, manchmal nur 30 Sekunden.

Das „Teufelsfeuerzeug“

Als sich der Bulldozer dem Feuer näherte, sprang Adair in das strömende Wasser und leitete seinen Mitarbeiter mit Handzeichen weiter. Langsam brachte der Ausleger die Trommel mit der Sprengladung bis auf wenige Zentimeter an den Punkt heran, wo die graue Gassäule zur Flamme wurde.

So schnell er konnte, folgte Adair dann seinem Assistenten in den Schutzgraben. Sofort, nachdem auch sein Chef den rettenden Graben erreicht hatte, zündete ein Mitarbeiter den Sprengstoff, und das Getöse des Feuers ging in dem mächtigen Sprengschlag unter.

Dicker schwarzer Rauch verhüllte die Szene. Statt des dröhnenden Feuers war das schrille, zischende Geräusch von entweichendem Gas zu hören. Das „Teufelsfeuerzeug“ war endlich erloschen.

Danach mußte das Bohrloch mit einem sogenannten Kontrollkopf verschlossen werden – eine nicht minder gefährliche Aufgabe. Doch zunächst waren mehrere kleine Feuer zu löschen, die rings um den Kopf der Bohrung entstanden waren. Und dann mußte Adair prüfen, ob das Bohrrohr selbst noch intakt war. Nachdem alle Feuer gelöscht waren, konnte Adair erleichtert feststellen, daß das Bohrrohr heil geblieben war. Denn nur auf einem intakten Rohr würde der Kontrollkopf den immensen Aufwärtsdruck des Gases bremsen und kontrollieren können.

In den folgenden zwei Tagen arbeiteten Adair und sein Team in einer Wolke hochexplosiven Gases, die sich jeden Augenblick entzünden und sie bei lebendigem Leib verbrennen konnte. Mit einem 3000 m langen Stahlseil sägten sie das aus dem Boden herausragende Rohr glatt ab. Um jede Funkenbildung zu vermeiden, wurde die ganze Einsatzstelle unter Wasser gesetzt. Dann brachte man den riesigen Kontrollkopf – ein kompliziertes Gebilde aus Ventilen, Verbindungsansätzen, Hähnen und Auslässen – heran.

Sobald der Kopf montiert war, sollte der Gasstrom von der Gefahrenzone weg zu einem horizontalen, 365 m langen Kreuzstück geleitet werden. Das an den Enden des Kreuzstücks austretende Gas sollte angezündet werden, und man hätte die Bohrung unter Kontrolle – so wie das Gas bei einem Küchenherd nur dann eine Gefahr ist, wenn die Gashähne offen sind und nicht angezündet werden.

Wegen der möglichen Funkenbildung benutzte man keinen Kran, um den Kontrollkopf an die gewünschte Stelle zu bringen. Statt dessen schleppten 20 Männer den Kopf mit Seilen und stülpten ihn über die Bohrung.

Während die Männer den Kopf über dem abgeschnittenen Rohr absenkten, wurden sie von einem Benzinregen durchweicht, der durch das kondensierende Gas entstanden war und in einem großen Kreis um die Bohrung herum niederging. Adair und sein Team schlugen in den folgenden drei Stunden die Bolzen mit Messinghämmern ein (bei Messing bilden sich nicht so leicht Funken wie bei Stahl). Dann wurde an den Enden des Kreuzstücks das austretende Gas angezündet, und der gewaltigste Bohrstellenausbruch in der Geschichte der Erdölindustrie war unter Kontrolle.

***Piper Alpha* – ein tödlicher Feuerball**

Seine schwierigste Aufgabe erwartete Adair jedoch auf der Bohrplattform *Piper Alpha* in der Nordsee, 190 km vor der schottischen Küste, wo am 6. Juli 1988 167 Menschen starben, als zwei riesige Explosionen die Bohrinsel in einen Feuerball verwandelten. Nachdem die 63 Überlebenden gerettet waren, stand man vor dem Problem, fünf lodernde Bohrlöcher zu löschen. Die verbogene Plattform war mit rutschigem Öl und schwelenden, teils tonnenschweren Wrackteilen bedeckt. Diese Trümmer mußten zunächst weggeräumt werden. Aber die Plattform hatte sich auf über 1000 °C erhitzt und sich dabei um 45° geneigt. Es bestand die Gefahr, daß sie ganz zusammenbrach und daß die brennenden Bohrungen explodierten.

Red Adair wurde sofort aus Amerika eingeflogen. Zum Glück befand sich die *Tharos* in der Nähe der Bohrinsel, ein 30 000-t-Rettungsschiff mit Löschausrüstung. Dieses Schiff war von Adair konzipiert worden, hatte 135 Mann Besatzung, drei Kräne, eine Tauchglocke und eine Dekompressionskammer, einen 19 m über das Schiffsdeck hinausreichenden horizontal und vertikal beweglichen Teleskoparm und 16 Wasserkanonen.

Ein Teil der Wasserkanonen erzeugte einen Wasserteppich über der *Tharos*, um sie selber vor der enormen Hitze zu schützen, als sie sich der Bohrinsel näherte und der Hauptkran die Trümmer von der Plattform hob. Die übrigen Wasserkanonen wurden direkt auf das Feuer gerichtet und schließlich erloschen die Flammen. Aber aus den Bohröffnungen floß jetzt das Öl heraus.

Nachdem die Plattform abgekühlt war, wurde Meerwasser unter sehr hohem Druck in die Bohrungen gepumpt, um das Auslaufen des Öls zu stoppen. Als das gelungen war, pumpte man Zement in die Bohrlöcher, um sie dauerhaft zu verschließen. Nach nur 36 Tagen hatten Red Adair und seine Mannschaft die Bohrlöcher unter Kontrolle gebracht.

Jeder Bohrstellenbrand hat seine speziellen Probleme, doch kommen bei der Bekämpfung immer grundsätzlich gleiche Methoden zum Einsatz. Meist sind nach einer Explosion die Pipeline-Ventile beschädigt oder nicht erreichbar, so daß es unmöglich ist, sie einfach zu schließen und auf diese Weise das Austreten von Öl oder Gas zu unterbinden.

So auch nach einer Explosion auf der Bohrinsel *Bravo* 1977, als das Öl unter großem Druck aus dem Bohrloch strömte. Der hohe Druck ließ es nicht zu, Wasser in das Bohrloch zu pumpen. Red Adair setzte hydraulische Rammen ein, um damit zwei halbkreisförmige Scheiben über die Bohröffnung zu schieben und diese so zu verschließen. Auch hier hätte ein Funke genügt, um das Öl zu entzünden. Nach fünf vergeblichen Anläufen war Adair auch in diesem Fall erfolgreich.

Um einen Teil des Öls von einem zerstörten Rohr wegzuleiten und so Druck und Ölmenge zu reduzieren, werden häufig auch Entlastungsbohrungen angelegt. Eine weitere Möglichkeit, Bohrstellenbrände auf Bohrinseln zu bekämpfen, ist, die Bohrung unter dem Meeresboden mit Zement zu verschließen und so das Austreten des Öls zu blockieren. Diese Methode hätte bei der *Piper Alpha* angewandt werden sollen, wenn Red Adairs Plan, den Ausbruch mit Wasser und Zement unter Kontrolle zu bringen, fehlgeschlagen wäre.

Mann der Tat *Red Adair (Mitte) leitet hier im Jahr 1980 einen Einsatz bei Frankenthal. 73jährig erklärte er 1988, daß er sich noch nicht zur Ruhe setzen wolle.*

Inferno in der Nordsee *Das Unglück auf der Ölbohrinsel Piper Alpha forderte 1988 insgesamt 167 Menschenleben. Mit Wasserkanonen (kleines Foto) ließ Red Adair das Feuer löschen. Nach 36 Tagen hatte er den Brand auf der Bohrinsel unter Kontrolle gebracht.*

Wie mißt man einen Berg?

Im Jahr 1749 identifizierte die britische Vermessungsgesellschaft von Indien einen hochaufragenden Berggipfel in den weit entfernten Bergketten des östlichen Himalaja. Man bezeichnete ihn zunächst als Peak XV. Aber erst 1849 machte sich eine Gruppe von Landvermessern daran, die Höhe des Bergs zu berechnen. Mit dem Abschluß der Vermessungsarbeiten wußte man 1852, daß der Peak XV der höchste Berg der Welt ist.

Die Nepalesen nennen ihn auch heute noch Chomolungma (Göttin-Mutter der Erde). Doch Andrew Waugh, damals oberster Vermessungsbeamter in Indien, war der Meinung, der Berg solle zu Ehren seines Amtsvorgängers, Sir George Everest, Mount Everest genannt werden.

Die Höhe des Gipfels wurde mit den klassischen Vermessungstechniken ermittelt. Zunächst wurde eine mehrere Kilometer lange Grundlinie abgemessen, deren Höhe über dem Meeresspiegel bekannt war. Der Gipfel des Bergs war von beiden Enden der Grundlinie aus zu sehen, und mit Theodoliten – Geräten zur genauen Bestimmung von Winkeln – wurden die Höhenwinkel zum Gipfel gemessen. Die so gewonnenen Daten erlaubten die genaue Berechnung der Gipfelhöhe (siehe Zeichnung).

Die Vermessungsingenieure maßen den Everest von sechs verschiedenen Orten aus – der Durchschnitt der sechs erhaltenen Werte ergab eine Gipfelhöhe von 8840 m.

1986 stellte George Wallerstein von der University of Washington das Ansehen des Mount Everest als höchsten Bergs der Erde in Frage. Er behauptete, der Himalajagipfel K 2 sei 11 m höher.

Italienische Geologen, die 1987 im Himalaja unterwegs waren, beschlossen, die verblüffende These zu überprüfen. Sie installierten Empfänger auf dem Weg zum Gipfel des Everest und des K 2, um deren genaue Höhe und Lage zu bestimmen. Das war entscheidend, da Abweichungen bei Höhenmessungen von Bergen in der Regel auf Irrtümern bei der Annahme der Grundlinie beruhen.

Das Team, das von dem Geologen Ardito Desio geleitet wurde, maß dann die Höhen der beiden Berge mit Hilfe von Theodoliten, die an den Empfängerstandorten aufgestellt wurden. Ardito Desio kam zu dem Schluß, daß Wallerstein im Irrtum war. Für den Everest wurde bei dieser vergleichenden Messung eine Höhe von 8872 m gemessen, 256 m mehr als für den K 2.

Die heute gültige offizielle Höhenangabe für den Mount Everest liegt mit 8848 m nur geringfügig über dem ersten Vermessungsergebnis von 1852. Diese Höhe ist jedoch nur ein Richtwert, denn je nach der Mächtigkeit der Schnee- und Eisdecke auf dem Gipfel ändert sie sich ständig.

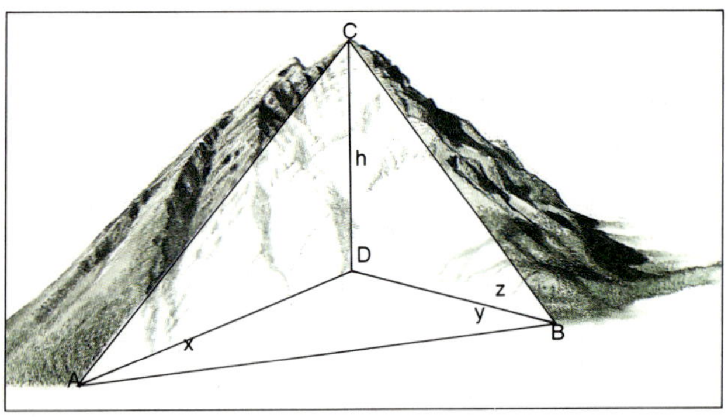

Winkelberechnung *Der Landmesser mißt die Grundlinie, die zwischen den auf gleicher Höhe liegenden Punkten A und B verläuft. Dann richtet er den Theodoliten von A auf den Gipfel C und dann auf B und erhält den Winkel x. Er wiederholt das Verfahren von B aus und erhält den Winkel y. Jetzt kann er die Strecke BD berechnen. D liegt auf Höhe der Grundlinie unter dem Gipfel. Von B aus bestimmt er dann den Winkel z. Da BCD ein rechtwinkliges Dreieck ist und er die Länge von BD kennt, kann er jetzt die Länge von h berechnen. Die Addition von h zum Höhenwert der Grundlinie ergibt die Gipfelhöhe.*

Historisches Schiffszubehör *Auf der* Mary Rose *fand man u. a. gut erhaltene Blöcke und Tauwerk der Takelage.*

Originelles Geschütz *Diese einzigartige Kanone mit viereckiger Mündung feuerte mehrere Geschosse gleichzeitig ab.*

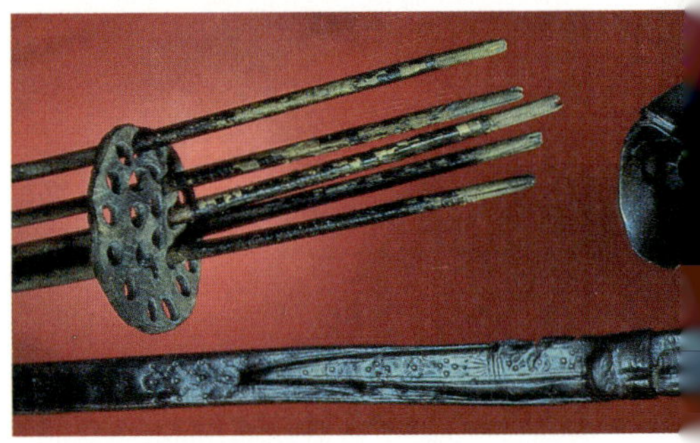

Gefechtsausrüstung *Unter den auf der* Mary Rose *gefundenen Waffen waren Pfeile, der Handgelenkschutz eines Bogenschützen und eine lederne Schwertscheide.*

Schatzsuche im Meer mit modernster Technik

Auf dem Grund des Atlantiks, in 4000 m Tiefe, sah der Meeresgeologe Dr. Robert Ballard die gigantische Gestalt der *Titanic* undeutlich vor sich. Er und die Mannschaft des kleinen Unterseeboots *Alvin* waren die ersten Menschen, deren Augen den Ozeanriesen erblickten, nachdem er fast 75 Jahre zuvor nach der Kollision mit einem Eisberg gesunken war. „Direkt vor uns schien eine endlose Wand aus schwarzem Stahl aus dem Meeresboden zu wachsen – es war der Rumpf der *Titanic*", schilderte er seine Eindrücke von den Tauchfahrten, die er im Juli 1986 unternahm. „Hier war ich nun auf dem Meeresgrund und hielt Ausschau nach erkennbaren, von Menschenhand gefertigten Gegenständen, die für eine andere Welt geplant und hergestellt worden waren. Ich blickte in Fenster, aus denen einst Menschen herausgeschaut hatten, auf Decks, die sie entlanggegangen waren, in Räume, in denen sie geschlafen, gescherzt, geliebt hatten. Es war, als wäre man auf dem Mars gelandet, nur um die Überbleibsel einer alten Zivilisation zu entdecken, die unserer ähnlich war."

Die *Titanic* war auf ihrer Jungfernfahrt in den frühen Morgenstunden des 15. April 1912, etwa 700 km südöstlich von Neufundland, gesunken. Von den 2201 Menschen an Bord wurden nur 705 gerettet. Aber erst am 1. September 1985 gelang es einer französisch-amerikanischen Expedition unter der Leitung von Dr. Bal-

Mary Rose *Dieses Gemälde zeigt die* Mary Rose, *den Stolz der Flotte Heinrichs VIII. Sie war 40 m lang und hatte 91 Kanonen und 415 Mann an Bord.*

lard, in einer spektakulären Aktion das Wrack aufzufinden.

Der erste Schritt bei der Suche nach einem Schiffswrack besteht gewöhnlich in der gründlichen Recherche in Archiven, wobei man den Ort, an dem das Schiff gesunken ist, so genau wie möglich bestimmen muß. Manchmal kann das ganz einfach sein.

So war die *Mary Rose*, das Flaggschiff Heinrichs VIII., 1545 in relativ ruhiger See vor der Kanalinsel Isle of Wight in Sicht- und Hörweite von Hunderten von Menschen, die, einschließlich des Königs, am Ufer standen, gesunken.

Als die *Mary Rose* mit einer Flotte von 60 anderen Kriegsschiffen in See stach, um

Bronzene Kanone *Dieses Geschütz gehörte zur zusätzlichen Artillerie, die die* Mary Rose *an Bord hatte, als sie vor der Isle of Wight kenterte und sank.*

Persönliche Utensilien *Verschiedene Toilettenartikel und ein Frauenschuh weisen auf die Anwesenheit einer Dame hin.*

Medizinische Ausrüstung *Der Schiffsbarbier und -arzt benutzte Schüsseln für den Aderlaß, eine Spritze, einen Metallmörser, ein Medizinfläschchen und Dosen.*

Mußezeit *Auf einem hölzernen Spielbrett liegen eine Buchhülle, eine Lederbörse, eine Flöte, Spielsteine und zwei Würfel, Geld und der Sporn eines Spielhahns.*

sich einer französischen Flotte entgegenzustellen, neigte sie sich im Wind zur Seite und durch die Kanonenöffnungen drang steuerbords Wasser ein. Als dann noch die Kanonen der Backbordseite aus ihren Befestigungen rutschten und quer über Deck rollten, wurde das Schiff noch steuerbordlastiger, kenterte und sank. Obwohl seine Position bekannt war, dauerte es mehr als 400 Jahre, bis es gehoben werden konnte.

Wenn Schiffe in Sichtweite vom Ufer untergingen, wurde die Stelle meist genau aufgeschrieben. Vor der britischen West-

Spanischer Schatz *Eine Kiste mit Silbermünzen wurde bei dem Wrack einer spanischen Galleone, die 1622 vor der Küste Floridas Schiffbruch erlitten hatte, gefunden.*

und Südwestküste liegen mindestens 400 solche Wracks auf Grund. Gold, Silber, Schmuck und Porzellan im geschätzten Wert von 1 Mrd. $ sollen auf Schiffswracks vor der Küste Floridas liegen.

Hier war einer der wertvollsten Funde eine Flotte spanischer Schatzschiffe. Sie hatte im Juli 1715 von Kuba aus die Heimreise angetreten, beladen mit Gold, Smaragden, Perlen und 2300 mit Münzen gefüllten Kisten – ein Schatz im Wert von mindestens 50 Mio. $. Die Schiffe gerieten in einen Hurrikan und sanken.

Am Strand von Sebastian, 64 km südlich von Cape Canaveral, fand der einheimische Hotelier Kip Wagner in den 50er Jahren einige schwarz angelaufene Silbermünzen. Als er bei seinen Recherchen nach ihrem Ursprung von der Flotte las, war er davon überzeugt, Teile von deren Schatz gefunden zu haben. Obwohl allgemein angenommen wurde, daß die Flotte 240 km weiter südlich gesunken sei, ließ Wagner sich nicht abschrecken und forschte, zusammen mit einem Freund, auf eigene Faust weiter. Sie stießen auf eine Karte, die der Engländer Bernard Romans 1775 von der Stelle, an der die Flotte gesunken war, gezeichnet hatte. Ausgerüstet mit einem gebraucht gekauften Minensucher kämmte Wagner die Strände um das beschriebene Gebiet herum ab – und fand u. a. eine Goldkette mit Anhänger, die er für 50 000 $ versteigerte, und einen Diamantring im Wert von 20 000 $.

Nun machte sich Wagner daran, die Schiffswracks im Meer zu suchen. Der Schatz, den er schließlich hob, war mehr als 5 Mio. $ wert.

Von nun an wurden bei der Suche nach Wracks vermehrt moderne technische Hilfsmittel eingesetzt. 1970 begann der Londoner Rechtsanwalt Rex Cowan nach dem niederländischen Ostindienfahrer *Hollandia* zu suchen, der 1743 vor den Scilly-Inseln südwestlich von Großbritannien verschwunden war. Aus zeitgenössischen Berichten wußte er ungefähr, wo das Wrack liegen mußte, aber Taucher hatten keinerlei Spuren finden können. Cowan setzte ein Magnometer ein. Dieses Instrument wird hinter einem Schiff hergezogen und zeigt Abweichungen im Magnetfeld an, die von Eisengegenständen, z. B. von Kanonen, verursacht werden.

Monatelang zogen Cowan und sein Team in dem betreffenden Gebiet Bahn um Bahn, und endlich, im September, die Wetterbedingungen wurden bereits ungünstig, zeigte das Instrument einen Fund an. Schon beim zweiten Tauchgang fanden die Schatzsucher einen Silberlöffel, der mit dem Wappen der holländischen Familie Imhoff-Bentincks verziert war. Da man wußte, daß ein Mitglied dieser Familie an Bord der *Hollandia* gewesen war, mußte der Fund also von ihr stammen. Schließlich wurden noch mehr als 35 000 Silbermünzen im Wert von etwa 1 Mio. £ gefunden.

Bei der Suche nach der *Mary Rose* erwiesen sich Magnometer als nicht erfolgreich. Zwar war sie nur wenige 100 Meter vor der Küste gesunken, doch war sie völlig mit Sand und Schlamm bedeckt, als man mit der Suche begann. Das Magnometer fand nur ein vergrabenes Kabel, das bis dahin auf keiner Karte verzeichnet war – aber kein Wrack.

Der Durchbruch gelang mit Hilfe von Sonargeräten. Diese Geräte, eigentlich für militärische Zwecke entwickelt, senden Tonsignale aus und registrieren deren von festen Gegenständen zurückgeworfenes Echo.

Ein spezielles Sonar, das auch mit Sand oder Schlamm bedeckte Gegenstände auffinden kann, machte Aufzeichnungen, die auf eine Erhebung am Meeresboden schließen ließen. Drei Jahre später hatten Ebbe und Flut einen Teil des Sands von der Backbordseite des Wracks weggespült, und Schiffsplanken wurden sichtbar. Die *Mary Rose* wurde in allen Einzelteilen geborgen und gilt heute als ein einzigartiges Zeugnis des Lebens auf einem Kriegsschiff ihrer Zeit.

Aber das Wiederauffinden der *Titanic* ist als die bemerkenswerteste Leistung einzuordnen. Denn für Taucher liegt sie zu tief und man hatte außerdem nur eine ungefähre Vorstellung davon, wo sie liegen könnte. Dr. Ballards Team suchte den Meeresboden mit einem Tiefseesonargerät ab. Eine ferngesteuerte Unterwasserkamera machte dann die ersten Fotos, bevor Dr. Ballard das Wrack ein Jahr später zum ersten Mal mit eigenen Augen sah.

Gerade die erfolgreiche, von modernster Technik unterstützte Suche nach der *Titanic* gilt heute als Nachweis dafür, daß nahezu alle Schiffswracks am Meeresgrund wieder in Reichweite des Menschen liegen.

Sicher atmen in tiefen Gewässern

Seit dem 19. Jh. versuchten Wissenschaftler, ein tragbares Atemgerät für Taucher zu entwickeln. Aber wenn überhaupt, funktionierten ihre Erfindungen nur unter Verwendung von Sicherungsseilen und unbequemen Tauchanzügen. Dann, im Jahr 1943, gelang dem französischen Marinekapitän Jacques-Yves Cousteau und seinem Kollegen Émile Gagnan die Konstruktion des Tauchgeräts. Cousteau selbst nutzte

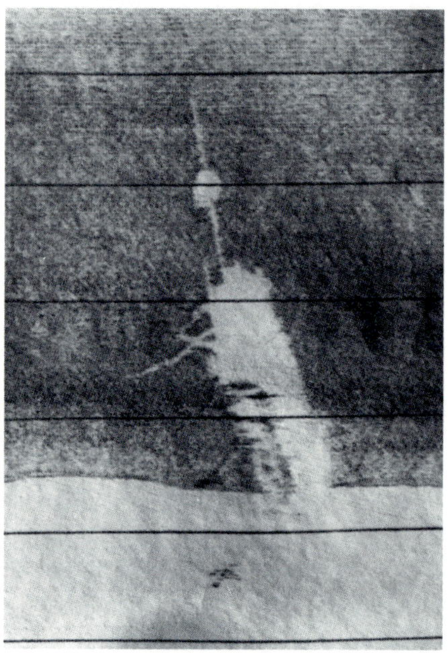

Sonarbilder eines Wracks *Das britische Schiff* Breadalbane *ging 1853 in der Arktis verloren, als es nach Überlebenden der Franklin-Expedition suchte. Das Wrack wurde 1980 mit einer Sonarausrüstung in 104 m Tiefe unter dem Eis aufgespürt. Die Bilder zeigen die geisterhaften Schemen eines Schiffs mit gesetzten Segeln.*

die Erfindung, um bis in Tiefen von 60 m hinabzutauchen.

Die menschliche Lunge ist nicht stark genug, um sich in Tiefen von mehr als 45 cm gegen den Druck des Wassers auszudehnen. Um unter Wasser atmen zu können, muß dem Taucher daher die Luft unter dem gleichen Druck zugeführt werden, den das umgebende Wasser hat. Mit dem Preßlufttauchgerät, dem sogenannten Lungenautomaten, ist das möglich. Aus einer Preßluftflasche, die der Taucher auf dem Rükken trägt, wird dem Mundstück über einen Schlauch Luft zugeleitet. Die Luft gelangt durch einen Zweistufenregulator zum Taucher. Die erste Stufe reduziert den Druck der Preßluft ungefähr auf das Zehnfache des jeweiligen Wasserdrucks.

Die zweite Stufe befindet sich im Mundstück und versorgt den Taucher mit Luft, die den gleichen Druck hat wie das ihn umgebende Wasser. Eine Membrane im Mundstück trennt Wasser- und Luftkammer voneinander. Wenn der Taucher einatmet, zieht sich die Membrane einwärts und drückt dabei gegen einen Hebel in der Luftkammer. Dadurch öffnet sich ein Ventil, die Luft strömt durch den Schlauch ein und verliert dabei gleichzeitig an Druck.

Hat der Taucher eingeatmet, drückt die eingeströmte Luft gegen die Membrane, das Ventil schließt sich und die Luftzufuhr wird gestoppt.

Der mit der Tauchtiefe zunehmende Wasserdruck führt außerdem dazu, daß die Membrane sich senkt und das Ventil sich öffnet, so daß Luft einströmen kann. Dadurch hat die Luft in der Mundstückkammer immer den gleichen Druck wie das umgebende Wasser.

Druckausgleich *Der Druck der Luft, die diese Taucherin atmet, wird so geregelt, daß er dem Wasserdruck, der um sie herum herrscht, entspricht. Beim Einatmen (unten links) wird die Membrane im Mundstück nach innen gezogen, so daß sich das Ventil öffnet und Luft einströmt. Nach dem Einatmen drückt die einströmende Luft die Membrane nach außen, und das Ventil schließt sich wieder (unten rechts). Die ausgeatmete Luft entweicht durch die Auslaßventile. Die Entleerungstaste vorn am Mundstück kann per Hand niedergedrückt werden, um Luft einströmen zu lassen oder um eingedrungenes Wasser aus dem Mundstück zu entleeren.*

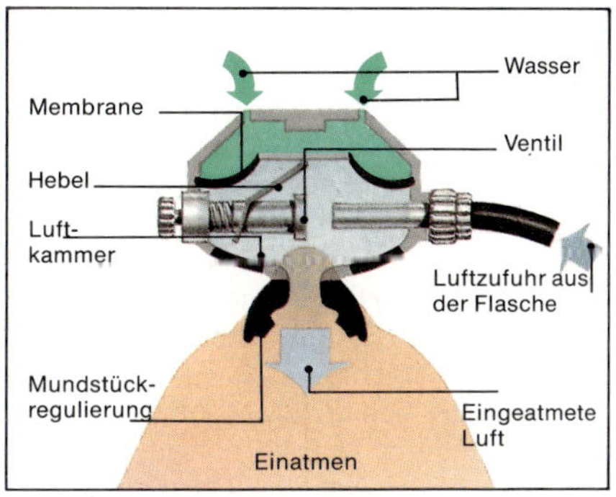

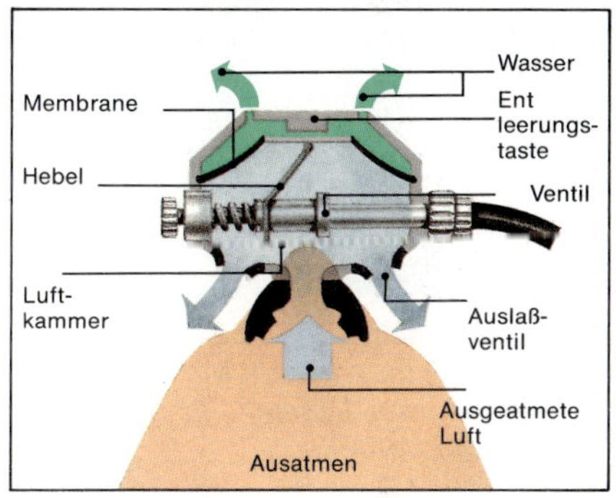

Ferngesteuerte Tauchfahrzeuge reparieren Seekabel vor Ort

Die meisten internationalen Telefongespräche werden über Seekabel geführt, die auf dem Meeresboden verlegt sind und die Kontinente miteinander verbinden. Fernmeldesatelliten haben den Bedarf an Seekabeln noch nicht verdrängt – selbst der „heiße Draht“ zwischen Washington und Moskau läuft über eine Seekabelverbindung. Aber was geschieht, wenn ein Kabel ausfällt?

Das erste, 1858 verlegte transatlantische Telegrafenkabel funktionierte z. B. nur vier Wochen. Heute, da man Polyethylen für die Isolierung verwendet und bei der Verlegung vulkanisch aktiven Gebieten und starken Strömungen aus dem Weg geht, ist die Gefahr eines Kabeldefekts sehr viel geringer. Außerdem werden Fischfanggebiete, wo sich die Fischnetze in den Kabeln verheddern könnten, gemieden, und in flachen Gewässern werden die Kabel meist eingegraben.

Trotz dieser Vorsichtsmaßnahmen kommt es immer noch zu Ausfällen. Die großen Telekommunikationsgesellschaften betreiben daher Wartungsschiffe, die rund um die Uhr in Bereitschaft sind und Reparaturen ausführen.

Dazu läßt die Schiffsmannschaft ein Tauchfahrzeug zu Wasser, das vom Wartungsschiff aus über ein Verbindungskabel gesteuert und von hydraulischen Pressen angetrieben wird.

Zunächst muß das Unterwasserfahrzeug die Schadensstelle genau lokalisieren. Es gleitet über dem Meeresboden an dem Kabel entlang und nimmt dabei schwache Langwellensignale auf, die von der Sendestation an Land durch das Kabel geschickt werden. An der Stelle, an der das Signal verstummt, setzt sich das Tauchfahrzeug auf dem Meeresboden ab und legt das Kabel frei, indem es Sand und Schlamm mit einem starken Wasserstrahl wegspült.

Das Tauchfahrzeug ist mit leistungsfähigen Scheinwerfern und Fernsehkameras ausgestattet, so daß das Bedienungspersonal an Bord des Wartungsschiffs jedes Detail am Meeresboden erkennen kann. Die Fernsehbilder zeigen die genaue Schadensstelle an, wo ferngesteuerte Greifarme das Kabel mit einer Spezialklinge durchschneiden. Dann wird die Stelle am Meeresboden mit einem Unterwasserschallgeber markiert.

Danach läßt die Besatzung des Wartungsschiffs das Gefährt auftauchen und schickt es, mit einem starken Stahlseil versehen, zum Meeresboden zurück. Das Seil wird mit einem Kabelende verbunden und mit einer Winde an die Wasseroberfläche gezogen. Beim Einholen des zweiten Kabelendes wiederholt sich dieser Vorgang.

An Bord des Schiffs repariert das Wartungsteam das Kabel, verbindet die beiden Enden miteinander und senkt es schließlich wieder auf den Meeresboden ab.

Künstliche Diamanten aus dem Labor

Zweimal Graphit *Der stumpfe Glanz der Bleistiftmine unterstreicht auf diesem Foto die Brillanz von Diamanten. Doch beide bestehen aus Graphit.*

Natürliche Diamanten bilden sich im Erdinnern aus Graphit – der Substanz, aus der auch Bleistiftminen bestehen. Graphit und Diamanten sind beide Formen reinen Kohlenstoffs. Der einzige Unterschied ist der, daß Diamanten unter der Erdkruste sehr hohen Temperaturen und sehr hohem Druck ausgesetzt waren, so daß ihre Moleküle zusammengepreßt wurden und ihre Kristallstruktur sich veränderte. Diamanten, das härteste in der Natur vorkommende Material, haben eine Dichte, die um 55 % höher ist als die von Graphit.

Der Gedanke, Diamanten künstlich herzustellen, hatte spätestens mit ihrer immer vielseitigeren Verwendbarkeit in der Industrie eine besondere Faszination gewonnen.

Neben anderen forschte auch die General Electric Company auf diesem Gebiet und setzte in den frühen 50er Jahren ein Wissenschaftlerteam auf die Problematik an. Die Forscher arbeiteten mit Graphit als Ausgangsmaterial. Ihre Ausrüstung bestand aus zwei Kolben in Hartmetallzylindern, die einen Druck von etwa 10 Mrd. Pascal (Pa) erzeugen konnten, und aus einem Elektroofen, der in die Druckkammer eingebaut war und eine Temperatur von 2500 °C erreichte. Aber alle Probeläufe endeten zunächst erfolglos.

Den Wissenschaftlern wurde klar, daß sie einen Katalysator, der die Reaktion auslösen würde (so wie der Brotteig Hefe enthalten muß, damit er aufgeht), brauchten. Drei Jahre lang experimentierten sie mit zahlreichen Katalysatoren, aber ohne Erfolg. Dann endlich gelang der Durchbruch. Am 15. Dezember 1954 bemerkte ein Labortechniker während einer Routinekontrolle, daß die von dem Physiker Herbert Strong hergestellten Materialproben seine Polierscheibe beschädigt hatten. Als er sich darüber bei Strong beschwerte, lief dieser mit seinem Team sofort ins Labor und untersuchte die Probe. Man stellte fest, daß das Material, das die Schleifscheibe beschädigt hatte, zwei Diamanten enthielt.

Um mehr Diamanten herzustellen, mußte nun der Produktionsvorgang wiederholt werden. Strong hatte bei seinen Versuchen Metalle und Legierungen als Katalysatoren eingesetzt, aber in den folgenden Tagen und Nächten schlugen alle Versuche, den erfolgreichen Test zu wiederholen, fehl.

Der Verzweiflung nahe, stellte einer der Chemiker des Teams seine Apparatur auf maximalen Druck und erzielte endlich das gewünschte Ergebnis.

Nun stellte sich die Frage, ob die künstlichen Diamanten sich ebensogut für industrielle Arbeiten eignen würden wie natürliche Diamanten. Erste Versuche mit einem 22 Karat großen synthetischen Diamanten, der zu einer Schleifscheibe verarbeitet wurde, waren vielversprechend. Als der Kunstdiamant in einer Abteilung von General Electric zur Bearbeitung von Schneidwerkzeugen aus Wolframcarbid, einem der härtesten Metalle, eingesetzt wurde, stellte sich heraus, daß er bessere Schleifeigenschaften als natürliche Diamanten hatte und genauso haltbar war wie diese.

Weitere Experimente führten zur Verwendung wirkungsvollerer Katalysatoren, und 1957 begann General Electric mit dem kommerziellen Vertrieb von synthetischen Diamanten. Inzwischen wurden auf synthetischem Weg mehr Diamanten produziert, als natürliche Diamanten in Jahrtausenden ausgegraben worden sind – mehr als 1000 t. Da künstliche Diamanten den Kundenwünschen entsprechend hergestellt werden können, sind sie ideal für den industriellen Gebrauch.

Der Preis für synthetische Diamanten ist mit der Verbesserung des Produktionsverfahrens mit der Zeit gesunken. Kostete 1957 1 Karat noch 6 $, so zahlt man heute nur noch etwa 50 c für die gleiche Qualität. Der Preis eines natürlichen Diamanten von guter Schmuckqualität dagegen liegt bei mehreren tausend $.

Heute arbeiten Wissenschaftler auch an der Herstellung von synthetischen Schmuckdiamanten. General Electric ist bereits die Produktion blauer, weißer und kanariengelber Diamanten in Schmuckqualität, die nur ein Fachmann von natürlichen Diamanten unterscheiden kann, gelungen. Doch sind sie nicht preiswerter als natürliche Steine.

In Charkow entwickelten sowjetische

WARUM DIAMANTEN FUNKELN

Brillantschliff *Glanz und Farbenspiel eines geschliffenen Diamanten.*

Ende des 17. Jh. entwickelte der italienische Goldschmied Vincenti Peruzziot die auch heute noch gültige Methode des Brillantschliffs. Ein Brillant ist rund, hat 35 Facetten auf der Oberseite und 25 auf der Unterseite, die aufgrund der Härte des Diamanten nie abgenutzt werden. Die Winkel sind so exakt berechnet, daß das Licht, das in den Diamanten einfällt, innen reflektiert und wieder austritt.

Die hohe Lichtbrechungszahl eines Diamanten gewährleistet, daß – ein richtiger Schliff vorausgesetzt – alles Licht reflektiert wird. Die Brillanz eines Diamanten beruht auch darauf, daß das einfallende Licht in die verschiedenen Spektralfarben aufgelöst wird, so daß es in allen Farben reflektiert.

Ein schlechter Schliff kann diesen Effekt jedoch verderben. Als Königin Viktoria von Großbritannien 1850 den 186,5 Karat schweren Diamanten Kohinoor als Geschenk erhielt, war sie von dessen mangelnder Brillanz enttäuscht und ließ ihn neu schleifen. Dabei verlor er fast 80 Karat, doch das Ergebnis war wieder nicht zufriedenstellend.

Wissenschaftler unter Verwendung eines Kohlenstoffionenstrahls eine neue Methode zur Erzeugung synthetischer Diamanten, die ohne den Einsatz extremer Hitze und hohen Drucks auskommt. Ionen sind Atome, die entweder positiv oder negativ elektrisch geladen sind. Die Energie, mit der sie aufeinanderprallen, wenn sie in einem Strahl mit hoher Geschwindigkeit auf einer Oberfläche auftreffen, reicht aus, um sie miteinander zu verbinden und einen Diamanten zu bilden.

Auf diese Weise entsteht zwar kein einzelner Diamantkristall, sondern eine Substanz, die eher wie Glas aussieht. Dieses Material wird u. a. bereits für die stark beanspruchten Teile von Werkzeugmaschinen verwendet. Es war auch schon im Gespräch, Rasierklingen daraus herzustellen, die endlos nutzbar wären.

Diamantschliff: präzise Arbeit von Hand und Maschine

Ein Rohdiamant sieht so wenig beeindrukkend aus wie ein Stückchen trübes Glas. Um ihn zum Glitzern und Funkeln zu bringen, muß er mit geometrischer Genauigkeit gespalten, geschnitten und geschliffen werden. Dazu ist eine Menge Geschick und Geduld nötig.

Die Spaltung eines großen Steins erfolgt entsprechend seiner Kristallstruktur. Für Diamanten in Kronjuwelgröße ist das der riskanteste Teil der ganzen Bearbeitung. So untersuchte Joseph Asscher, bevor er 1908 in Amsterdam den riesigen Cullinan-Diamanten mit Erfolg spaltete (Seite 144), den Stein mehrere Wochen lang. Ein kleiner Fehler und er hätte ihn in einen Splitterhaufen verwandelt.

Bevor ein großer Diamant gespalten wird, muß aus der Form des rohen Steins die richtige Spaltlinie berechnet werden. Die Abbildungen rechts zeigen, wie ein Fachmann, nachdem er die Spaltlinie auf dem Stein markiert hat, mit einem kleineren Diamanten die Linie anreißt, ehe er eine Stahlscheide in die Rille setzt. Mit einem heftigen Schlag auf die Scheide spaltet er den Diamanten in zwei Stücke.

Die folgende Bearbeitung übernimmt in der Regel ein anderer Fachmann. Der Stein wird in eine Halterung geklemmt und mit einer papierdünnen Rundsäge aus Phosphorbronze zersägt. Phosphorbronze ist eine sehr harte und widerstandsfähige Metallegierung. Die Scheibe, deren Schneidkante mit Diamantstaub und Öl beschichtet ist, dreht sich mit 4000 bis 6000 Umdrehungen pro Minute. Es dauert vier bis acht Stunden, um einen Diamanten von 1 Karat (1 Karat = 200 mg) fachgerecht zu schneiden.

Danach erhält der Stein seine ungefähre Form, indem er gegen einen anderen Diamanten, der in einer Drehbank befestigt ist, gerieben wird. Den Diamantstaub, der dabei abgerieben wird, fängt man auf und verwendet ihn später zum Schleifen und Polieren des Steins. Die Schliffform des Schmucksteins ist von der ursprünglichen Form des Steins abhängig. Beim Schliff büßt der Diamant einen Teil seiner Größe ein. Fertig bearbeitet hat er etwa die Hälfte seines ursprünglichen Gewichts verloren.

Zuletzt werden die Facetten, die dem Diamanten seinen funkelnden Glanz verleihen, geschliffen und poliert. Der Stein wird dazu in eine Halterung geklemmt und gegen eine Schleifscheibe gehalten, die mit Diamantstaub und Öl beschichtet ist. Die Scheibe dreht sich mit etwa 2500 Umdrehungen pro Minute und schleift und poliert in Präzisionsarbeit eine Facette nach der anderen. Der fertig geschliffene Diamant wird abschließend in kochende Schwefelsäure getaucht, die Fett und Schmutz auflöst und entfernt. Dem Stein selbst kann diese Behandlung aber nichts mehr anhaben.

SCHRITT FÜR SCHRITT ZUM DIAMANTSCHLIFF

Der Rohdiamant ähnelt einem Stück Glas. Zunächst wird die Spaltlinie auf dem Stein markiert.

Während der Stein in einem Haltegriff befestigt ist, vertieft ein Diamantschneider die Markierungslinie.

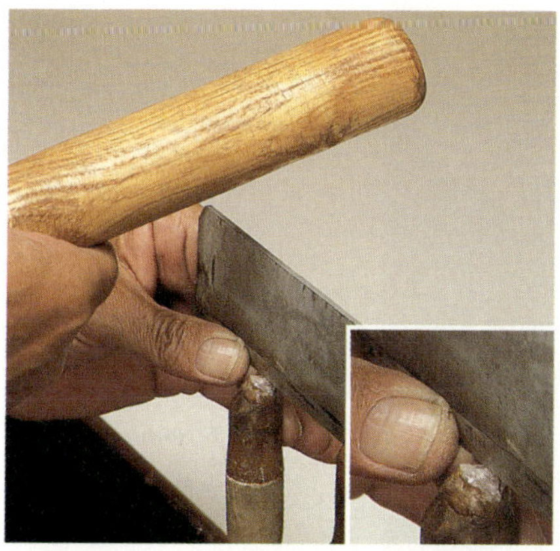

Ein Schlag auf eine Stahlklinge, die in die Markierungslinie gesetzt wird, spaltet den Diamanten.

Ein für den Brillantschliff vorgesehener Diamant wird gewöhnlich mit einer dünnen Metallsäge in zwei Stücke zersägt.

In einer Drehbank wird der mit hoher Geschwindigkeit rotierende Stein an einem anderen Diamanten rundgeschliffen.

Um die Facetten zu schleifen, wird der Diamant in einem bestimmten Winkel gegen eine Schleifscheibe gehalten.

Joseph Asscher spaltet den Cullinan-Diamanten

Am Nachmittag des 10. Februar 1908 traf Joseph Asscher, damals weltweit der angesehenste Edelsteinschleifer, die letzten Vorbereitungen, um den größten und berühmtesten Rohdiamanten der Welt, den Cullinan, zu spalten. Der blauweiße Stein gehörte dem britischen König Eduard VII. Dessen Abgesandte versammelten sich an jenem denkwürdigen Nachmittag um Asscher, ebenso Vertreter der Presse und einige Mitarbeiter seiner Firma. Der Diamant wurde in einer Halterung befestigt und diese wiederum in eine Lochvorrichtung vor der Spaltkiste plaziert. Joseph Asscher setzte die stumpfe Stahlklinge in eine vorgezeichnete Rille, hob die Metallstange und ließ sie krachend niedersausen.

Die Zuschauer hielten den Atem an, als die Stahlklinge knallte – doch der Diamant blieb heil. Asscher wischte sich über die Stirn und verlangte nach einer anderen Klinge. Diesmal gelang die Spaltung, und Gerüchten zufolge fiel Joseph Asscher vor Erleichterung in Ohnmacht. Später stritt er dies heftig ab und erzählte, er habe seinen Erfolg vielmehr mit seinen vier Brüdern und Mitinhabern der Firma Joseph Asscher & Co Amsterdam (heute die Royal Asscher Diamond Company) mit Champagner gefeiert.

Der Stein war im Januar 1905 entdeckt worden, als ein Bergarbeiter in der Premier Mine in der Nähe von Pretoria, der Hauptstadt von Transvaal, etwas „Großes und Leuchtendes" in einer der Schachtwände glitzern sah. Er rief den Betriebsleiter, Frederick Wells, herbei, und Wells grub den Gegenstand mit seinem Federmesser aus der Wand.

Schon bald war klar, daß es sich um einen einmaligen Stein handelte. Er wog etwa 680 g und war 10 cm lang, 6,4 cm hoch und 12,7 cm dick.

Der Stein erhielt nach dem Firmenchef Thomas Cullinan den Namen Cullinan. Dieser war aber über den Besitz des Steins, der mit seinen 3106 Karat möglicherweise dreimal so wertvoll war wie der bis dahin größte Diamant, der Excelsior, nicht uneingeschränkt glücklich. Der Excelsior, der 1893 in der Jagersfontein-Mine ebenfalls in Südafrika gefunden worden war, konnte damals wegen des Risikos bei der Verarbeitung nicht als Rohdiamant verkauft werden. Thomas Cullinan fürchtete, daß der Rohdiamant aus seiner Mine wegen

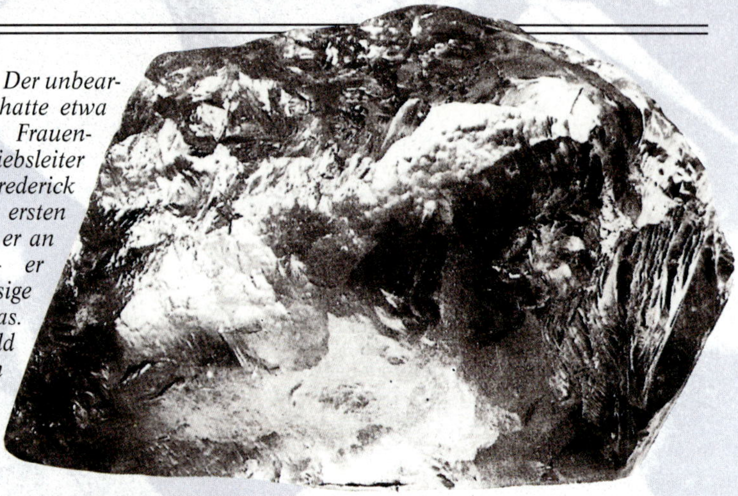

Der Rohdiamant *Der unbearbeitete Diamant hatte etwa die Größe einer Frauenfaust. Als der Betriebsleiter der Mine, Frederick Wells, ihn zum ersten Mal sah, glaubte er an einen Scherz – er dachte, der riesige Stein sei aus Glas. Doch schon bald konnte er sich von der wahren Qualität des Steins überzeugen.*

DER „GROSSE SCHLAG"

Der Amsterdamer Edelsteinschleifer Joseph Asscher und seine Mitarbeiter dachten lange darüber nach, ob sie den Cullinan-Diamanten spalten oder zersägen sollten. Bei beiden Methoden blieb das Risiko, daß der Stein in einen Haufen vergleichsweise wertloser Bruchstücke zersplittern würde. Nach reiflicher Überlegung beschloß Asscher, den Diamanten zu spalten. Zwei Wochen lang ritzte er mit scharfen Diamantstücken eine Rille in den Stein. Dann, am Tag des „großen Schlags", machte er Geschichte in der Diamantverarbeitung.

Hier ist das Ergebnis der ersten beiden Spaltungen abgebildet.

Dieses Bild zeigt die sieben größten Stücke, die im zweiten Arbeitsschritt aus dem Stein geschnitten wurden, in ihrer natürlichen Größe. Obwohl der Cullinan sehr groß war, nahm man an, daß er nur die Abspaltung eines noch größeren Steins sei. Die Familie Asscher glaubt das heute noch – und hofft, daß die zweite Hälfte dieses wundervollen Edelsteins eines Tages gefunden werden wird.

Die zwei größten Steine wurden Schritt für Schritt geschliffen, bis ihre endgültige Form fertig war.

der einmaligen Größe ebenfalls nicht verkauft werden könne.

Schließlich erwarb ihn die Regierung von Transvaal für 150 000 £ auf Vorschlag des Premiers, General Louis Botha, der ihn König Eduard VII. zu dessen 66. Geburtstag am 9. November 1907 schenkte. Dies kam nach dem britischen Sieg im Burenkrieg (1899–1902), in dem Transvaal die Unabhängigkeit verlor und zur britischen Kronkolonie wurde, einer Versöhnungsgeste gleich.

Unter großem Aufsehen wurde der Diamant nach Großbritannien verschifft. Im darauffolgenden Jahr lud König Eduard die Asscher-Brüder, die den Excelsior 1903 mit Erfolg geschliffen und damit seinen Verkauf erst möglich gemacht hatten, nach London ein. Hier sollten sie prüfen, ob der Cullinan als ein großer Stein geschliffen werden konnte.

Nach kurzer Analyse teilten die Asschers König Eduard mit, daß das unmöglich sei. Der Stein hatte einen großen schwarzen Einschluß, der von allen Seiten sichtbar war. Der Cullinan mußte also nach Amsterdam reisen, um dort gespalten zu werden, damit der Einschluß entfernt werden konnte. Der König gab seine Einwilligung, und der Presse wurde mitgeteilt, daß der Diamant auf einem stark bewachten Zerstörer nach den Niederlanden gebracht werden würde.

In Wirklichkeit steckte Abraham Asscher, einer der Brüder, den Diamanten einfach in seine Tasche, verließ den Buckingham Palace und fuhr per Zug und Fähre nach Hause.

Der große Stein gelangte sicher in die Werkstatt der Asschers, und die Brüder begannen, ihn zu untersuchen. Sie gaben ihm die höchste Wertung in der international üblichen Skala der Farb- und Reinheitsbezeichnungen. Von dem schwarzen Einschluß abgesehen, war der Stein absolut rein.

Königliche Pracht *Der Cullinan II wurde 1908 in die Krone des britischen Empire eingearbeitet, direkt unter den „Rubin des Schwarzen Prinzen". Den größten Stein, Cullinan I, setzte man zwei Jahre später in das königliche Szepter ein.*

Nach der gelungenen Spaltung in zwei Hälften nahmen die Asschers weitere Spaltungen vor, so daß schließlich einzelne Diamanten entstanden, die in die englischen Kronjuwelen eingearbeitet werden konnten. Im Ergebnis erhielten sie sieben große und 98 kleine Steine, die nun geschliffen werden mußten.

Der größte der fertigen Steine, der birnenförmige Cullinan I, auch Erster Stern von Afrika genannt, hatte 530,2 Karat und 74 Facetten. Er wurde in das königliche Szepter eingesetzt. Der Stein ist heute noch der größte geschliffene Diamant der Welt. Das zweitgrößte Bruchstück, das den Namen Cullinan II oder Zweiter Stern von Afrika erhielt, war oval, hatte 317,4 Karat und 66 Facetten. Dieser Stein wurde in die Krone des britischen Empire eingearbeitet. Beide Diamanten gehören heute zu den berühmten Kronjuwelen im Londoner Tower.

Die übrigen Cullinan-Diamanten gingen in den Besitz von Königin Mary, die Frau von Georg V., über. Zwei von ihnen wurden in ihre Krone eingesetzt. Die übrigen blieben als Erbstücke im Besitz der königlichen Familie, und die Enkelin Königin Marys, die heutige Königin Elizabeth II., nennt sie liebevoll „Großmamas Splitter".

Mit Wünschelruten auf der Suche nach Wasseradern und Mineralen

Wann die Geschichte des Rutengehens, also des Versuchs, Wasser- und Mineraladern mit Hilfe von Wünschelruten aufzuspüren, begann, ist unbekannt. Eine 8000 Jahre alte Wandzeichnung in einer Höhle im nordafrikanischen Atlasgebirge zeigt zwar eine Gestalt, die einen Gegenstand hält, der eine Wünschelrute sein könnte, doch ist dies nicht nachweisbar.

Unsicher ist auch, ob die Wahrsagerei mit Hilfe von Ruten, Stäben und Pfeilen, von der die Literatur des klassischen Altertums berichtet, mit dem Rutengehen zu vergleichen ist. Aus dem Mittelalter sind jedoch Berichte über Rutengänger überliefert, teils sogar mit Illustrationen.

Die französische Baronesse de Beausoleil gilt als die erste eindeutig identifizierte Person, deren Behauptung, mit der Wünschelrute Wasseradern gefunden zu haben, überliefert ist. Sie verfaßte im 17. Jh. darüber einen Bericht.

Das Werkzeug des Wünschelrutengängers ist traditionell ein Gabelzweig vom Haselstrauch, doch benutzen zeitgenössische Rutengänger fast alles, bis hin zu metallenen Kleiderbügeln. Angeblich machen diese Instrumente unwillkürliche Muskelkontraktionen beim Suchenden sichtbar, die auftreten sollen, sobald er fündig wird.

Der Rutengänger hält bei seiner Arbeit die Enden seines Werkzeugs in den nach oben gedrehten Handflächen in einem labilen Spannungsgleichgewicht. Dann geht er langsam vorwärts, bis die Wünschelrute beginnt, sich hin und herzubewegen. Dieses Ausschlagen zeigt, so glauben Wünschelrutengänger, bestimmte unterirdische Reizzonen wie Wasser- und Erzadern an und erlaubt sogar Rückschlüsse auf die Tiefe der Lage einer Wasserader.

Niemand weiß, wie das Wünschelrutengehen funktioniert, und viele stehen dieser Praktik sehr skeptisch gegenüber. Unbestritten ist jedoch, daß damit schon Entdeckungen gemacht worden sind, die nicht nur mit dem Zufall erklärt werden können. Es ist allerdings ebenso richtig, daß die Angaben von Wünschelrutengängern häufig nachweislich falsch sind.

Der Physiker Albert Einstein hielt es für möglich, daß das Phänomen mit Hilfe des Elektromagnetismus erklärt werden könnte. So wie man annimmt, daß einige Zugvogelarten sich auf ihrem Flug am Magnetfeld der Erde orientieren, so könnten die Muskeln eines Wünschelrutengängers reagieren, wenn er sich unbewußt auf die minimalen Schwankungen einstellt, die von Wasseradern oder Mineralen verursacht werden. Der französische Professor Yves Rocard von der École Normale in Paris behauptet, ein guter Wünschelrutengänger unterscheide sich von einem schlechten dadurch, daß der elektrische Widerstand zwischen seinen Handflächen geringer sei. Der Brite Robert Ashford schrieb 1977, daß er am ganzen Körper elektrische Schläge spürte, wenn er sich in der Nähe von Wasseradern befand.

Eine wissenschaftliche Basis für die Entdeckungen durch Wünschelruten, von denen nun schon über Jahrhunderte hinweg berichtet wird, gibt es allerdings nicht. Doch auch die Wissenschaft schließt die Möglichkeit, daß örtliche Spannungsveränderungen von entsprechend veranlagten Personen bemerkt werden können, nicht definitiv aus. Die Verläßlichkeit der Wünschelrute wird jedoch aufgrund zahlreicher Fehlanzeigen bei der Wassersuche überwiegend abgestritten.

Kanonenschüsse bringen Regen

Noch heute opfern die Hopi-Indianer im Südwesten der USA Steinadler und tanzen mit Klapperschlangen in den Zähnen, um mit ihren traditionellen Regentänzen den Göttern gefällig zu sein und Regen für ihre Felder zu erhalten. In Industriestaaten bedient man sich zu diesem Zweck dagegen wissenschaftlicher Methoden, die auf Analysen der Zusammensetzung von Wolken beruhen.

Wolken bestehen aus Milliarden von Wassertröpfchen, die zu klein sind, um abzuregnen. Erst wenn die Tröpfchen bis auf 0,25 mm angewachsen sind, können sie als feiner Nieselregen fallen.

Einer der Prozesse, der die Tröpfchen größer werden läßt, wird durch die in zunehmender Höhe sinkende Temperatur ausgelöst. Ein Teil der Tröpfchen gefriert zu Eispartikeln, die sich dann schnell vergrößern. In einer Wolke liegt die Temperatur meist unter dem Gefrierpunkt, und man könnte annehmen, daß die Tröpfchen sofort gefrieren. Aber selbst bei $-20\,°C$ muß das Wasser in sogenannten überkalten Wolken nicht unbedingt zu Eis werden.

Der Grund dafür ist, daß das Wasser in Wolken kaum Verschmutzungen enthält, die zum Kern eines Eiskristalls werden könnten. Sobald kleinste Partikel vorhanden sind, gefrieren die Tröpfchen und wachsen, bis sie schwer genug sind, um zu fallen. Auf ihrem Weg zur Erde schmelzen sie, da die Temperaturen steigen, und erreichen den Boden als Regentropfen.

Den ersten künstlich herbeigeführten Regen erzeugte im Jahr 1946 Vincent J. Schaefer vom Versuchslabor der General Electric. Er brachte von einem Flugzeug aus Trockeneispartikel in eine Wolke und hatte sofort den gewünschten Erfolg. Später fand man heraus, daß Bleijodid- und Silberjodidkristalle viel besser wirken, um die überkalten Wassertröpfchen gefrieren zu lassen. Die Kristalle können von einem Flugzeug aus abgeworfen oder von Kanonen in die Wolken geschossen werden.

In der Sowjetunion hat man Silberjodid auch zur Hagelbekämpfung erfolgreich eingesetzt. Durch die „Impfung" einer Wolke mit einer großen Menge Silberjodid wurde die Bildung sehr kleiner Hagelkörner begünstigt, die entweder beim Kontakt mit wärmeren Luftschichten sofort schmelzen oder zu leicht sind, um überhaupt zu fallen.

Die Flugzeuge der Zukunft: sparsamer und effektiver

Im Jahr 1903 flog bei Kitty Hawk, North Carolina, das erste gesteuerte Motorflugzeug der Welt. Es schwebte nur wenige Meter über den Boden und erreichte kaum die Geschwindigkeit eines Rennpferds. Heute steigt ein Flugzeug in 16 km Höhe und fliegt so schnell wie eine Gewehrkugel.

Und die Entwicklung geht in Richtung noch schnellerer, zuverlässigerer und sparsamerer Flugzeuge weiter. Die Flugzeugkonstrukteure suchen nach Formen, die den Luftwiderstand reduzieren, nach Materialien, die das Flugzeug leichter machen, und arbeiten an Maschinen, die höhere Geschwindigkeiten bei geringerem Treibstoffverbrauch erreichen.

Flugzeug-Design

Um die Flugzeugform zu optimieren, simulieren die Konstrukteure die Luftströmungen um das Flugzeug herum zunächst am Computer. Danach bauen sie maßstabgetreue Modelle, die sie im Windkanal testen. Damit erhalten sie erste Angaben über das Flugverhalten des neuen Typs.

Solche Windkanaltests haben auch zur Entwicklung eines neuen Designs für Hochgeschwindigkeitsflugzeuge geführt. So sind pfeilförmige Flügel entstanden, die den Aufprall der Schockwellen verzögern, denen herkömmliche Flugzeuge mit geraden Flügeln ausgesetzt sind, wenn sie sich der Schallgeschwindigkeit nähern. Die Schockwellen bilden sich aus der sich schneller bewegenden Luft über den Flügeln beim Erreichen der Schallgeschwindigkeit von etwa 1200 km/h.

Alle Teile des Prototyps werden am Boden auf Hitzebeständigkeit, Geräuschentwicklung und mechanische Belastbarkeit getestet. Danach erst beginnt die Erprobungsphase in der Luft.

Superstromlinienförmig

Die Düsenmaschinen der Zukunft werden kleine, dreieckige Rippen haben, die entlang des Flugzeugrumpfs verlaufen, eine aus der Natur entlehnte Idee. Solche Rippen lassen Haie schneller schwimmen, da sie die Reibung zwischen Wasser und Haut verringern, indem sie kleine Wirbel zerstören, die bei den Bewegungen des Hais den Strömungswiderstand erhöhen.

Auf und davon *Der Schwenkflügler Tornado hat bei niedriger Geschwindigkeit eine treibstoffsparende, konventionelle Form. Einen Überschallflug absolviert er mit nach hinten geschwenkten Flügeln.*

Beim Flugzeug entstehen solche Wirbel, wenn die Luft über die Rumpfoberflächen streicht. Bei Tests, die die NASA im Windkanal durchgeführt hat, um die Rippen an Flugzeugen zu erproben, stellte sich heraus, daß der Widerstand um 8 % geringer war. Jedes Prozent weniger an Luftwiderstand aber bedeutet fast 1 % Treibstoffersparnis. Die europäischen Airbus-Hersteller testen die Rippen unter Flugbedingungen, und zwar an den Langstreckenjets der Typen A330/340, die ab 1992 in Dienst gestellt werden sollen.

Diese neuen Flugzeuge werden außerdem oberhalb und unterhalb ihrer Flügelspitzen kleine, dreieckige Vorrichtungen tragen, die die an der Flügelspitze unter hohem Druck nach oben strömende Luft verlangsamen. Dadurch wird die Wirbelbildung reduziert und der Strömungswiderstand sinkt.

Geschwindigkeit, Schall und Raum

Die britisch-französische Verkehrsmaschine Concorde fliegt mit ihrer spitzen Nase, ihrer Wespentaille und ihren pfeilförmigen, dreieckigen Flügeln schneller als der Schall. Doch um den beim Schallmauerdurchbruch entstehenden Knall zu vermeiden, muß die Maschine beim Flug über Land langsamer fliegen. Und bei relativ niedrigen Geschwindigkeiten arbeitet die Concorde unökonomisch. Bei 800 km/h braucht sie das Achtfache des Treibstoffs, den eine konventionelle Maschine benötigt.

Sowohl für sehr hohe als auch für niedrige Geschwindigkeiten geeignet sind die Schwenkflügler wie z. B. das Kampfflugzeug Tornado. Der Tornado wurde von der Bundesrepublik Deutschland, Italien und Großbritannien gemeinsam entwickelt. Zum langsamen Flug werden seine Flügel nach vorn und zum Hochgeschwindigkeitsflug nach hinten geschwenkt. Er kann so mit weniger als 320 km/h dahinbummeln und dann auf die doppelte Schallgeschwindigkeit – Mach 2 – beschleunigen.

Die für die 90er Jahre geplanten Flugzeuge umgehen das Schallmauerproblem ganz, da sie über die Atmosphäre hinaus aufsteigen und einen Teil der Flugstrecke im All fliegen werden – und zwar mit 25facher Schallgeschwindigkeit. Ein solches Flugzeug, man spricht von einem Raumflugzeug oder X30, wird z. Zt. in den USA entwickelt.

Die Entwicklungskosten der X30, die für den Flug nach Tokio statt bisher 14 nur zwei Stunden benötigen wird, werden mit über 3 Mrd. $ veranschlagt. Ihre Antriebsmaschinen werden wahrscheinlich mit

Wasserstoff betrieben werden, und Raketen sollen sie in den Weltraum befördern.

Gewichtsreduzierung
Jedes Kilogramm, das ein großes Passagierflugzeug weniger wiegt, spart ungefähr 150 l Treibstoff pro Flugjahr. Wenn ein Jumbo-Jet vom Typ Boeing 747 um 10 % leichter wäre, könnten seine Betriebskosten in 20 Jahren um etwa 4 Mio. $ gesenkt werden.

Aus diesem Grund finden leichtere Materialien, die jedoch fest und auch starr genug sind, um der Flugbeanspruchung standzuhalten, Eingang in den Flugzeugbau. Dazu gehören u. a. die Kohlenstoff- und Glasfasern.

Das deutsche Forschungsflugzeug *Egrett* ist vom Raumfahrt-Institut Berlin für Flüge in der Stratosphäre in 15–50 km Höhe entwickelt worden. Seine außergewöhnliche Flügelkonstruktion wurde nur unter Verwendung von Kohlenstoff- und Glasfasern möglich. Die Flügel der *Egrett* sind 20mal länger als breit, während die aus Aluminiumlegierungen hergestellten Flügel eines konventionellen Flugzeugs nur achtmal länger als breit sein können, ohne unter der zunehmenden Belastung zu leiden.

Leichte und gleichzeitig starre Materialien wie die Glasfaser haben die Entwicklung des kombinierten Hubschrauber-Tragflügelflugzeugs ermöglicht. Bei einem solchen Kipprotorflugzeug sitzen Motor und Propeller am Ende von kurzen, stumpfen Flügeln. Die Flügel müssen daher sehr starr sein. Die amerikanische Bell-Boeing V22 Osprey, ein Kipprotorflugzeug, das sein Debüt 1988 gab, startet mit Propellern mit drei je 12 m langen Blättern, die sich wie die Rotoren eines Hubschraubers horizontal drehen. Sobald das Flugzeug hoch genug aufgestiegen ist, werden die Propeller nach und nach um 90° nach vorn gekippt, um mehr Schub zu erhalten. Dadurch erreicht die Osprey eine Fluggeschwindigkeit von rund 570 km/h, fast doppelt soviel wie ein Hubschrauber.

Für das von Boeing für die 90er Jahre entwickelte Linienflugzeug 7J7 werden ebenfalls neuartige Materialien verwendet. Neben der Kohlenstoffaser ist hier die Legierung aus Aluminium und Lithium, dem leichtesten bekannten Metall, interessant. Diese Legierung ist um 8 % leichter als andere Aluminiumverbindungen.

Neuartiger Propeller *Die NASA hat ein Düsentriebwerk mit Propellern konstruiert, das auch bei Linienmaschinen angewendet werden kann. Blaue Bereiche auf dem Diagramm zeigen Luftströmungen mit niedrigem Druck, braun steht für hohen Druck.*

Aktive elektronische Flugregelung
Weitere Einsparungen an Gewicht und Raum brachte die Entwicklung einer selbständig auf äußere Einflüsse reagierenden Steuerungstechnologie. Abgesehen von einer Erhöhung des Sicherheitsstandards hat diese Technologie die Rohrleitungen und Tanks, die früher das hydraulische Steuerungssystem mit Öl versorgt haben, überflüssig werden lassen. Statt dessen werden die Steuerflächen wie z. B. die Landeklappen und die Querruder, die jeweils direkt vor Ort mit Hydraulik ausgestattet sind, nun mittels elektronischer Signale gesteuert.

Der europäische Airbus A300 ist mit diesem Transmittersystem ausgerüstet. Die Boeing 7J7 wird ein noch fortschrittlicheres Steuerungssystem, bei dem 70 km Leitungen wegfallen, erhalten.

Kraft und Propeller
Die Antriebsmaschinen machen 20–30 % der Produktionskosten eines Flugzeugs aus. Obwohl die Düsentriebwerke in den letzten Jahren immer sicherer und geräuschärmer geworden sind, erleben Propeller ein Comeback.

Einige amerikanische Hersteller haben Versuche mit Düsentriebwerken, die an ihrem Ende kurze stumpfe Propeller tragen, angestellt. Die Propellerblätter beschleunigen den Luftstrom, der um das Triebwerk streicht, und erhöhen damit den Schub. Diese „Propfan“-Maschinen erzeugen also mehr Kraft und verbrauchen gleichzeitig bis zu 40 % weniger Treibstoff als konventionelle Düsentriebwerke.

Historischer Flug *Im Dezember 1986 flog die amerikanische* Voyager *ohne Tankstop in neun Tagen rund um die Erde. Dank ihrer Kohlenstoffaserkonstruktion konnte sie fast das Fünffache ihres Eigengewichts an Treibstoff mitnehmen.*

Ohne Tankstop um die Welt
1986 gelang den Amerikanern Dick Rutan und Jeana Yeager in neun Tagen eine Nonstoperdumrundung. Das niedrige Gewicht ihres Flugzeugs, der spindelförmigen, dreirumpfigen *Voyager*, erlaubte es ihnen, fast das Fünffache des Eigengewichts des Flugzeugs an Treibstoff mitzunehmen, etwa 5600 l. Den größten Teil des verfügbaren Raums nahmen daher auch die Treibstofftanks ein, das Cockpit dagegen war etwa so groß wie eine Telefonzelle.

Die enorme Bedeutung des Faktors Gewicht veranschaulicht auch die Tatsache, daß Jeana Yeager vor dem Flug ihr langes Haar abschneiden ließ, um damit etwa 500 g an Gewicht einzusparen.

Die *Voyager* startete in der kalifornischen Mojavewüste und flog nach Westen, um die Passatwinde auszunutzen. Die Durchschnittsgeschwindigkeit auf dem 40 212 km langen Flug betrug etwa 185 km/h, und bei der Rückkehr waren sogar noch 75 l Treibstoff im Tank.

Das Flugzeug hatte an den Enden des Mittelrumpfs je eine Maschine. Die Frontmaschine wurde nach drei Tagen abgestellt, da sie ihre Aufgabe, für zusätzlichen Auftrieb beim Start zu sorgen und die noch vollen Treibstofftanks zu tragen, erfüllt hatte. Der flüssigkeitsgekühlte Heckmotor lief mehr als 200 Stunden ohne jede Wartung – zehnmal länger als eine konventionelle Maschine.

Dädalus unserer Zeit *Kanellos Kanellopoulos stellte mit der* Dädalus *auf seinem Flug von Kreta auf die Kykladeninsel Santorin mit 120 km einen neuen Rekord für Muskelkraftflugzeuge auf.*

Fliegen mit Körperkraft – Mythos und Wirklichkeit

Es ist ein uralter Traum der Menschen, sich aus eigener Kraft in die Lüfte zu schwingen und zu fliegen. Nachdem alle früheren Versuche fehlgeschlagen waren, auch weil den Konstrukteuren der verschiedenen Flugapparate nur relativ schweres Material zur Verfügung stand, wurde dieser Traum 1977 Wirklichkeit.

Mit Hilfe modernster Techniken hatte der kalifornische Ingenieur Paul MacCready ein 9 m langes und 32 kg schweres Flugzeug, dessen Flügelspannweite 29 m betrug, gebaut und ihm den Namen *Gossamer Condor* gegeben. Mit diesem Fluggerät wollte er den Kremer-Preis, den der britische Industrielle Henry Kremer 1949 für den ersten mit Körperkraft betriebenen Flug über einen bestimmten Rundkurs ausgesetzt hatte, erringen. Der Rundkurs war als eine um zwei 800 m voneinander entfernte Masten zu fliegende Acht festgelegt.

MacCready hatte die *Gossamer Condor* mit großen Flügeln konstruiert, um auch bei sehr niedriger Geschwindigkeit – etwa 16 km/h – maximalen Auftrieb zu erhalten. Der Flugapparat wurde aus Aluminiumröhren, die mit Klaviersaitendraht versteift waren, gebaut. Weitere Materialien waren Balsaholz, Wellpappe (für die Flügelvorderkanten), Schaumstoff und Kunststoffolie für Cockpit und Außenflächen.

Die Luftschraube wurde mit Hilfe von Pedalen über eine Kette angetrieben, und die Lenkung erfolgte über einen Hebel, der die Flügel krümmte.

MacCready hatte berechnet, daß etwa ein Drittel PS nötig sein würde, um in gerader Linie zu fliegen. Der Pilot, der amerikanische Radrennfahrer Bryan Allen, würde also bis an seine Leistungsgrenzen gehen müssen.

Am 23. August 1977 setzte er mit der *Gossamer Condor* in Shafter, Kalifornien, zum Anlauf an. Nach 9 m hob das Flugzeug ab. Allen überflog die 3 m hohen Barrieren und schaffte die etwa 2 km lange Flugrunde in 7 min 22,5 sec. Damit hatte die *Gossamer Condor* den mit 50 000 £ dotierten Preis errungen.

Einen weiteren Kremer-Preis in Höhe von 100 000 £ verdienten sich MacCready und Allen am 12. Juni 1979, als Allen, wiederum nur mit seiner Muskelkraft, die neuentwickelte *Gossamer Albatross* über den Ärmelkanal flog. Das Nachfolgemodell der *Gossamer Condor* hatte etwa deren Größe, war jedoch aus festerem Material gebaut. Für Flügel und Rumpf waren modernste, mit Kohlenstoffaser verstärkte Kunststoffe verwendet worden. Außerdem hatte MacCready die Steuerung erheblich verbessert. Bryan Allen brauchte für die 37 km lange Strecke knapp 3 Stunden. Seine durchschnittliche Flughöhe betrug nur 76 cm.

Im April 1988 kam es zu einem noch erstaunlicheren Flugereignis, als der griechische Radrennfahrer Kanellos Kanellopoulos den Flug des Dädalus wiederholte. Nach der griechischen Mythologie entkamen Dädalus und sein Sohn Ikarus aus dem Labyrinth des König Minos auf der Insel Kreta, indem sie sich Flügel aus Federn und Wachs machten und davonflogen. Ikarus flog allerdings zu nah an die Sonne heran, das Wachs seiner Flügel schmolz, er stürzte ins Wasser und fand den Tod. Dädalus erreichte die Insel Santorin, 120 km nördlich von Kreta.

Kanellopoulos' Flugzeug *Dädalus* war das Produkt einer Gemeinschaftsarbeit des Massachusetts Institute of Technology und des National Air and Space Museum

Landung auf See *Ein F-4-Phantom-Jet landet auf einem Flugzeugträger. Die Maschine kommt, nachdem der Heckfanghaken in eines der Fangseile gegriffen hat, innerhalb von 90–135 m zum Stehen.*

in Washington, D.C. Ein Team von 36 Wissenschaftlern unterstützte Kanellopoulos. Die Gesamtkosten betrugen 1 Mio. $.

Die *Dädalus* hatte eine Spannweite von 34 m (erheblich größer als die der Concorde), wog aber nur 32 kg, da sie aus Kohlenstoffaser und Kevlar gebaut war. Kevlar ist ein neues synthetisches Material, das fünfmal belastbarer ist als Stahl und weniger wiegt als Glasfaser.

Der 30jährige Kanellopoulos hatte für den Flug, der ihn etwa wie zwei Marathonläufe beanspruchen würde, monatelang trainiert. Nachdem der Start wetterbedingt mehrfach verschoben werden mußte, war es am 23. April dann endlich soweit. Kanellopoulos flog in etwa 6 m Höhe über dem Meeresspiegel und erreichte – mit Rückenwind – eine Durchschnittsgeschwindigkeit von 30 km/h. Der Flug verlief ohne Zwischenfall, bis Kanellopoulos das Flugzeug gegen den Wind drehen mußte, um auf Santorin zu landen. Flügel und Schwanz brachen ab, und das Flugzeug stürzte nur wenige Meter vom Ufer entfernt ins Wasser. Trotz der enormen Anstrengung während des Flugs hatte Kanellopoulos noch genügend Kraft, um das Cockpit aufzubrechen und an Land zu schwimmen. Er war 120 km geflogen und hatte damit einen neuen Rekord aufgestellt.

Landemanöver bei rauher See auf Flugzeugträgern

Man stelle sich einen Flugzeugträger vor, der in schwerer See heftig auf- und niederschaukelt. Tiefhängende Wolken und Regen behindern die Sicht. Ein Ein-Mann-Kampfflugzeug fliegt mit geringen Treibstoffreserven in 320 km Entfernung und muß daher landen. Der Pilot nimmt also Kurs auf das Mutterschiff.

Der Kampfflieger steigt hoch hinauf, um den Treibstoff bestmöglich auszunutzen, und stellt den Kurs entsprechend der Position des Flugzeugträgers ein. Der Kurs wird durch Radarsignale, die entweder von dem Flugzeugträger oder von einem Frühwarnflugzeug kommen, ständig aktualisiert. Sobald sich der Pilot dem Trägerschiff auf 190 km genähert hat, erhält er eine exakte Standortbestimmung über Flugzeugradar oder über eine Funknavigationshilfe wie z. B. das TACAN-System. Die Abkürzung steht für *tactical air navigation* (taktische Luftraum-Navigation).

Nachdem der Pilot sich seinem Mutterschiff auf etwa 24 km genähert hat, läßt er den Sinkflug in eine Warteschleife einmünden. In solchen Warteschleifen können sich gleichzeitig mehrere Kampfflugzeuge befinden. Um Zusammenstöße zu vermeiden, fliegen sie in unterschiedlichen Höhen. Das erste Flugzeug wird nun unter Radarkontrolle genommen und geht im Radarflug, der vom Flugzeugträger gesteuert wird, bis auf 460 m herunter, wobei es gleichzeitig von Wolken, Regen und Turbulenzen behindert wird.

Dann führt der Pilot auf Anweisung des Fluglotsen auf dem Flugzeugträger die Landekontrollen durch. Er hört den letzten Wetterbericht und wird vor den starken Schwankungen des Flugzeugträgers gewarnt.

Landung

Der Flugzeugträger dreht in den Wind und die Landung beginnt. Das Flugzeug wird über Radar einen Drei-Grad-Gleitweg – die ideale Anfluglinie – hinabgeleitet.

800 m vom Flugzeugträger entfernt, erhält der Pilot die Anweisung, ab jetzt auf Sicht zu fliegen. Er orientiert sich nun an dem Lichterfeld an Deck des Flugzeugträgers. Diese grünen, roten und bernsteinfarbenen Lichter dienen dem Piloten als optisches Hilfsmittel zur Berechnung des richtigen Gleitwegs. Ein Sicherheitsoffizier, der den Anflug auf einem Bildschirm überwacht, übermittelt ihm weitere entscheidende Informationen und Korrekturen: „Etwas höher, ein bißchen links. Mehr Gas. Kommen lassen."

Sicher heim

Ist der Landeanflug korrekt ausgeführt, dann greift der Fanghaken am Heck des Flugzeugs eines der Fangseile, die am hinteren Teil des Flugzeugdecks quer über das Deck gespannt sind. Die Fanganlage bringt das Flugzeug auf einer erstaunlich kurzen Strecke zum Stillstand: Ein Flugzeug, das mit einer Geschwindigkeit von 250 km/h landet, steht nach 90–135 m.

Jetzt tritt die Deckbesatzung in Aktion, während der Lotse schon die nächste Landung einleitet. Seine Vorgabe ist eine Landung pro Minute. Weil es gefährlich wäre, ein Flugzeug auf einem nassen, schwankenden Deck zur Halteposition rollen zu lassen, wird es an eine spezielle Zugmaschine gespannt, die es sicher zu seiner Parkposition schleppt. Die Räder werden mit Bremsblöcken versehen, und das Flugzeug wird an Deck festgezurrt. Der Einsatz ist beendet.

Startbereit *Eine F-4-Phantom kurz vor dem Start vom Deck eines Flugzeugträgers. Eine Zugstange verbindet das Vorderteil des Kampfflugzeugs mit einem Dampfkatapult.*

Per Katapultstart vom Trägerschiff in die Lüfte

Das Dampfkatapult, eine Vorrichtung zum beschleunigten Start von Flugzeugträgern aus, wurde von dem britischen Marineoffizier C. C. Mitchell erfunden. Ohne die Unterstützung eines Dampfkatapults wären die meisten schweren Bomber unfähig, von einem Flugzeugträger abzuheben. Daher hat sich diese Technik auch weltweit durchgesetzt.

Wenn ein Flugzeug seine Startposition eingenommen hat, wird eine Drahtschlinge, die sich erst bei einem bestimmten Druck öffnet, an seinem Heck und an einem Haltepunkt an Deck befestigt. Eine Zugstange wird am Vorderteil des Flugzeugs mit einem Pendelmechanismus verbunden, über den das Flugzeug an das Katapult angeschlossen wird.

Das eigentliche Katapult, zwei parallel verlaufende, mindestens 45 m lange Zylinder, liegt unter Deck des Flugzeugträgers. In den Zylindern sitzen zwei Kolben, die mit dem Pendelmechanismus verbunden sind. In die Zylinder wird aus einem Druckspeicher Dampf eingeleitet, dessen Druck je nach Schwere des zu startenden Flugzeugs variiert.

Gibt das Flugzeug Vollgas, wird es zunächst noch von der Drahtschlinge zurückgehalten. Sobald das Katapult ausgelöst wird, addieren sich die Kräfte der Triebwerke und des Dampfdrucks, die Drahtschlinge öffnet sich und das Flugzeug startet durch. Schon nach 45 m erreicht es eine Geschwindigkeit von 250 km/h.

Am Ende des Startvorgangs hebt das Flugzeug ab. Die Verbindung mit dem Katapult löst sich, die Dampfzufuhr wird gestoppt und der Pendelmechanismus zur Startposition zurückgefahren.

Ein Dampfkatapult ist bereits nach zwei Minuten wieder startbereit. Amerikanische Flugzeugträger sind mit bis zu vier Katapulten ausgerüstet und können alle 30 Sekunden ein Flugzeug starten.

Orten und zerstören: Taktiken moderner Kampfpiloten

Ein Pilot, der im Ersten Weltkrieg eine Sopwith Camel mit etwa 160 km/h flog, konnte auf einer Distanz von 73 m abdrehen, um den Maschinengewehren einer deutschen Fokker Dr. I zu entkommen. Eine 1950 im Koreakrieg eingesetzte amerikanische F-86 Sabre brauchte bei einer Geschwindigkeit von 960 km/h für eine Wendeschleife 2,4 km.

Moderne Kampfflugzeuge fliegen mit über 2400 km/h, und ihre Wendeschleifen sind etwa 24 km groß, so daß es für die sich bekämpfenden Piloten schwierig ist, überhaupt Sichtkontakt zu bekommen. Vier von fünf abgeschossenen Piloten haben daher ihre Gegner nie zu Gesicht bekommen.

Für jeden Kampfpiloten ist nach wie vor das Allerwichtigste, den Feind als erster zu orten. Das geschieht normalerweise mit Radar. So sind moderne Jagdflugzeuge Teil eines komplexen Verteidigungssystems, das Radar nutzt (Seite 154), um bei einem Angriff eine Frühwarnung zu geben – entweder über Bodenradar oder über das Radar eines Frühwarnflugzeugs.

Kriegsführung per Computer *Die Anzeigen auf einem transparenten Bildschirm im direkten Blickfeld des Kampffliegers dienen ihm als Zielvorrichtung.*

Aufgrund der Leistung der E-2C Hawkeye, einer amerikanischen Entwicklung, konnten die Israelis während ihrer Libanon-Invasion im Jahr 1982 mehr als 80 feindliche Flugzeuge zerstören, wobei sie nur eine eigene Maschine verloren. Und das, obwohl beide Seiten über vergleichbare Kampfflugzeuge verfügten.

Das NATO-System AWACS *(Airborne Warning And Control System)* kann in einem zehnstündigen Nonstopeinsatz Flugzeuge, die über 640 km von ihm entfernt sind, entdecken und entsprechende Meldungen an eine bis zu 385 km entfernte Bodenstation weitergeben. Die Computer an Bord können gleichzeitig 500 feindliche Flugzeuge verfolgen und die Informationen sofort an Befehlsstationen weiterleiten.

Um dem Bodenradar zu entgehen, fliegen die Piloten so knapp wie möglich über der Erdoberfläche. Die Erdkrümmung, dazu Berge und Gebäude, verbirgt die Flugzeuge vor den Radarstrahlen. Kommt es zum Kampf, steigen sie auf, um Platz zum Manövrieren zu gewinnen. In Friedenszeiten sind den Piloten bisher Übungsflüge bis zu einer Tiefstflughöhe von 75 m erlaubt. Diese Tiefflüge führen jedoch zu er-

Raketenbeschuß *Flammen brennen unter den Flügeln eines Harrier-Senkrechtstarters beim Abfeuern von Luft-Boden-Raketen. Harriers können 2270 kg an Lenkwaffen, Raketen und Bomben tragen. Sie sind also nicht nur im Luftkampf sehr vielseitig, sondern können auch feindliche Ziele am Boden zerstören und die eigenen Bodenstreitkräfte unterstützen.*

heblichen Lärmbelästigungen und werden von der Zivilbevölkerung zunehmend kritisiert.

Fliegen in enger Formation, manchmal nur wenige Meter auseinander, verwirrt das feindliche Radar ebenfalls, da nicht zu erkennen ist, wie viele Flugzeuge in dem Pulk beieinander sind.

Die heutige Luftwaffenkriegsführung lehrt, den Feind so schnell wie möglich anzugreifen. Eine Kampftaktik, die während des Koreakriegs entwickelt wurde, ist das Hochgeschwindigkeits-Jo-Jo. Der angreifende Pilot steigt steil über seinem Feind in die Höhe, stößt dann vor der Sonne nieder und macht eine Rolle – er bewegt sich wie ein Korkenzieher durch die Luft, um abzubremsen. So fliegt er nach dem Sturzflug nicht über den Feind hinaus.

Wenn zwei Kampfflugzeuge sich auf einer Kreisbahn mit etwa der gleichen Geschwindigkeit verfolgen, kann der Angreifer die Jo-Jo-Taktik von unten anwenden, um näher heranzukommen. Er stößt abwärts bis zum Mittelpunkt des Kreises und steigt dann wieder unter dem feindlichen Flugzeug auf, das auf der Kreisbahn weiterfliegt. Indem der Angreifer ein Stück der Kreisbahn abschneidet, nähert er sich so weit, daß er ein Geschoß abfeuern kann.

Im Luftkampf werden die meisten Flugzeuge durch wärmesuchende Geschosse zerstört. So folgt z. B. die Sidewinder-Rakete, die schon in 18 km Entfernung abgefeuert werden kann, der Wärme von Flugzeugabgasen. Wenn ein Pilot bemerkt, daß ein Geschoß auf ihn abgefeuert worden ist, schaltet er auf einen heftigen Zickzackkurs um oder er läßt Störfahnen ab, um das Geschoß abzulenken.

Gewöhnlich trägt in einem Luftkampf das schnellere Flugzeug den Sieg davon, aber im Falklandkrieg schossen die britischen Senkrechtstarter Harrier ohne eigene Verluste 38 argentinische Kampfflug-

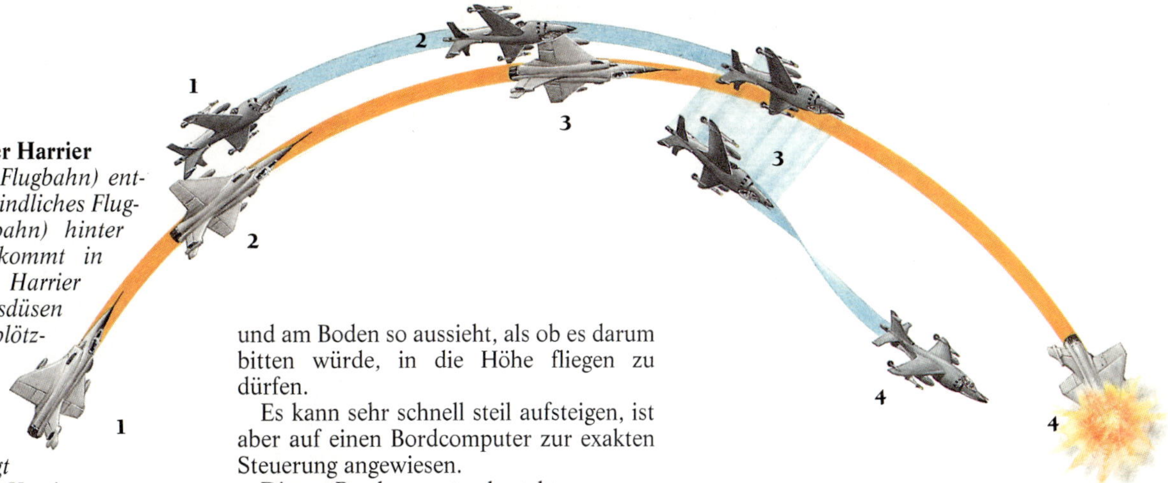

Abwehrbremsung einer Harrier *1 Eine Harrier (blaue Flugbahn) entdeckt ein schnelleres feindliches Flugzeug (orangene Flugbahn) hinter sich. 2 Der Feind kommt in Schußnähe. 3 Die Harrier schwenkt ihre Antriebsdüsen nach unten, verliert plötzlich an Geschwindigkeit und zwingt den Feind zum Überfliegen. 4 Das feindliche Kampfflugzeug fliegt jetzt im Zielbereich der Harrier.*

zeuge ab, und das, obwohl die Argentinier den etwa doppelt so schnellen Überschallflieger vom Typ Mirage einsetzten.

Ein Hauptgrund für den Erfolg der Harrier war ihre erstaunliche Manövrierfähigkeit. Ein Harrier-Pilot kann die Schubleistung seiner Maschine im Flug verändern, indem er die Antriebsdüsen schwenkt. Dadurch reduziert sich bei Vollgas die Fluggeschwindigkeit innerhalb weniger Sekunden um 320 km/h. Ein Mirage-Pilot, der einer Harrier dicht auf den Fersen saß, konnte sich plötzlich vor der verfolgten Maschine und damit in verwundbarer Position wiederfinden.

Die jüngsten Düsenkampfflugzeuge wie die amerikanische F-16 Fighting Falcon, ein Vielzweckkampfflugzeug mit einer Spitzengeschwindigkeit von 2125 km/h, sind für große Manövrierfähigkeit gebaut. Die revolutionäre Formgebung der Falcon legt den Schwerpunkt so weit nach hinten, daß das Flugzeug immer schwanzlastig ist und am Boden so aussieht, als ob es darum bitten würde, in die Höhe fliegen zu dürfen.

Es kann sehr schnell steil aufsteigen, ist aber auf einen Bordcomputer zur exakten Steuerung angewiesen.

Dieser Bordcomputer besteht genaugenommen aus vier kleinen, aber leistungsstarken Rechnern, die sich gegenseitig überwachen. Wenn einer ausfällt, übernehmen die übrigen drei dessen Funktionen, ohne daß der Pilot das merkt.

Die Computer, von denen jeder so groß ist wie eine Schuhschachtel, unterstützen den Piloten beim Steuern des Flugzeugs. Der Steuerknüppel reagiert auf den leisesten Fingerdruck des Piloten und sendet elektronische Botschaften zu den Computern, die sie wiederum an die Hydraulik weitergeben, die die Steuerklappen bewegt. Diese aktive elektronische Flugregelung wird *fly-by-wire* genannt. Eine damit ausgestattete Maschine könnte ohne ihre Computer nicht vom Boden abheben.

Ein ähnliches System hat die F/A-18 Hornet der amerikanischen Marine, deren Hochstgeschwindigkeit 1915 km/h beträgt. Ihre Computer ignorieren falsche Steuerbefehle des Piloten, wenn er z. B. bei niedriger Geschwindigkeit versucht, zu steil aufzusteigen und damit ein Durchsacken riskiert, oder so stark zu drehen versucht, daß die Flügel des Flugzeugs abreißen würden.

Computer sind auch entscheidend für einen erfolgreichen Kampf bei Überschallgeschwindigkeit. Der Pilot ruft am Computer Informationen ab, wie Höhe, Richtung und Geschwindigkeit des feindlichen Ziels. Diese Details erscheinen in Augenhöhe auf einer transparenten Anzeige zwischen dem Kopf des Piloten und der Frontscheibe. Er kann die Informationen erfassen, ohne den Kopf zu bewegen. Bei den neuesten Entwicklungen werden die Informationen auf das Visier des Pilotenhelms, das ebenfalls als Zielvorrichtung dient, projiziert. Der Pilot schaut durch diese Zielvorrichtung auf den Feind. Mit einem Knopfdruck löst er die Einpeilung des Ziels durch Radar und andere Suchgeräte aus, und schließlich kann das Geschoß manuell oder automatisch abgefeuert werden.

Angriff und Verteidigung *Der Pilot des Tornado F-3 (links) demonstriert eine Kampftaktik, die seit dem Ersten Weltkrieg angewendet wird. Er steigt über das feindliche Flugzeug hinauf und stößt dann vor der Sonne abwärts, so daß der Gegner geblendet ist. Vom Angriff bedroht (oben), feuert eine F-16 Fighting Falcon Störfahnen ab, deren Hitzeentwicklung feindliche wärmesuchende Geschosse von den Flugzeugabgasen ablenken soll.*

Die Radartechnik – den Fledermäusen abgeschaut

Fledermäuse orientieren sich, indem sie schrille Pfeiftöne ausstoßen, die von Insekten, die sie erbeuten wollen, oder von Hindernissen auf ihrer Flugbahn reflektiert werden. Das Echo nehmen sie dann mit ihren Ohren auf.

Radar funktioniert ähnlich, arbeitet aber mit Funksignalen und kann Objekte bis in 3200 km Entfernung aufspüren. Ohne Radar könnten große Flugsicherungssysteme nicht betrieben werden, Raketenfrühwarnsysteme würden nicht funktionieren und auf See würde das Kollisionsrisiko von Schiffen erheblich größer.

Radar ist die Abkürzung für *radio detecting and ranging* (Funkermittlung und -entfernungsmessung). Es ist in den 30er Jahren in Europa und Amerika entwickelt worden, nachdem Guglielmo Marconi, der Pionier des Radios, 1922 dazu angeregt hatte, frühere Forschungsansätze zur Funkmeßtechnik weiter zu verfolgen.

Das französische Hochseepassagierschiff *Normandie* verfügte bereits 1936 über ein Radarsystem, das als Eisberg-Warnanlage gedacht war. Im Zweiten Weltkrieg feierten Deutsche und Engländer mit ihren radargestützten Flugabwehrsystemen, die die Position und Höhe feindlicher Flieger auf Entfernungen von bis zu 240 km bestimmen konnten, große Erfolge. Seitdem ist das Radar aus der Waffentechnik nicht mehr wegzudenken.

Die Kapazität moderner ziviler Radareinrichtungen reicht aus, um auf einem stark frequentierten Flughafen alle anfliegenden Flugzeuge zu erfassen. Linienflugzeuge sind auf der Unterseite mit einer Radarbake oder einem Impulsüberträger ausgerüstet. Dieses Gerät ermittelt durch zum Boden geschickte Signale die Flughöhe und reflektiert außerdem Signale von den beiden Radarsystemen des Flughafens. Das Primärsystem gibt die Entfernung eines sich nähernden Flugzeugs an. Das Sekundärsystem sendet verschlüsselte Signale zu dem Impulsüberträger, der Identität und Höhe des Flugzeugs zurückmeldet.

Meteorologen bedienen sich des Radars für ihre Wettervorhersagen, um Regen- und Schneewolken zu lokalisieren. Linienflugmaschinen haben Radarabtaster auf ihrer Nase, die dem Piloten die Wetterkarte für die vor ihm liegende Strecke (bis zu 320 km) anzeigen, so daß er mögliche Unwetter umfliegen kann. Wenn nötig, kann der Pilot diese Vorrichtung kippen, so daß der Radarschirm ein grobes Profil vom Boden unter dem Flugzeug abbildet.

Raumfahrzeuge und Satelliten sammeln auf ihren Erdumlaufbahnen mit Hilfe von Radar Informationen über die Erdoberfläche, die für Geographen, Geologen und Ozeanographen wichtig sind. Auch zur Erforschung der Oberflächen anderer Planeten werden Radaranlagen mittlerweile eingesetzt.

Schiffe voraus *Der Radarschirm eines Öltankers zeigt andere Schiffe als Punkte und ihren Kurs als kurze Linien. Die lange Linie bezeichnet den Kurs des Tankers selbst.*

Wie Radar funktioniert

Die Grundausstattung besteht aus einem Sender, der Radiowellen erzeugt, einem sich drehenden Schirm – einer Antenne, die die Wellen sendet und empfängt – und einem Bildschirm, auf dem die reflektierten Wellen abgebildet werden. Die Radiowellen werden als Mikrowellenbündel, deren Frequenz bis zu 10 Mio. Kilohertz (kHz) betragen, abgestrahlt. Zum Vergleich seien die Werte einer Fledermaus genannt. Ihre Schallwellen haben 30 bis 120 kHz.

Radarimpulse werden so abgestrahlt, daß ein Impuls an dem Zielgegenstand reflektiert und wieder empfangen wird, bevor der nächste Impuls gesendet wird. Da Radiowellen sich mit Lichtgeschwindigkeit (300 000 km/sec) fortbewegen, erfolgt die Impulszeitmessung in Mikrosekunden – in Millionstelsekunden. Aus der Laufzeit eines Impulses vom Senden bis zur Rückkehr läßt sich die Entfernung des Ziels berechnen. Wenn sich das Zielobjekt bewegt, hat der Reflexionsimpuls eine leicht veränderte Frequenz zum Sendeimpuls. Dies wird Dopplerverschiebung genannt und beruht darauf, daß sich die Wellen bündeln, wenn sich das Zielobjekt nähert, oder aber dehnen, wenn es sich weiter entfernt. An dieser Verschiebung läßt sich ein sich bewegendes Objekt von einem unbeweglichen unterscheiden. Gleichzeitig lassen sich daraus die Bewegungsrichtung und die Geschwindigkeit berechnen.

MIT ECHOSIGNALEN DURCHS WASSER SCHAUEN

Schon im Ersten Weltkrieg setzten britische und amerikanische Marinestreitkräfte eine frühe Form der Unterwasserschallortung erfolgreich ein. Die Grundlagen des modernen Sonars (*sound navigation and ranging*), das mit dem Echo von Ultraschallimpulsen arbeitet, wurden von dem Franzosen Paul Langevin entwickelt.

Elektronisch erzeugte Schallimpulse werden im Wasser abgestrahlt und von Gegenständen über Distanzen von bis zu 10 km reflektiert. Dieses Echo wird auf einem Monitor abgebildet.

Der Schall setzt sich im Wasser mit einer Geschwindigkeit von 1500 m/sec fort – etwa viermal schneller als in der Luft. Wie beim Radar wird die Entfernung zu einem Gegenstand an der Laufzeit zwischen Sendeimpuls und Eintreffen des Reflexionsimpulses gemessen. Die Dopplerverschiebung zeigt an, daß sich das Objekt bewegt.

Heute werden Sonare zur Bestimmung von Wassertiefen und zur Vermessung des Meeresbodens genutzt. Hochseefischern erleichtert die Technik das Aufspüren von Fischschwärmen.

Abwehr von Raketen und Torpedos

Im Mai 1987 wurde die amerikanische Fregatte *USS Stark* im Persischen Golf von zwei Exocet-Raketen getroffen. 38 Männer starben. Ein irakischer Pilot hatte die Raketen aus 48 km Entfernung auf sein Ziel, das er nur auf dem Radarbildschirm gesehen hatte, abgefeuert. Und die Besatzung der *USS Stark* bemerkte die Raketen erst wenige Sekunden, bevor ihr Schiff von ihnen getroffen wurde.

Zur frühzeitigen Abwehr solcher Angriffe steigen von Flugzeugträgern aus Kampfflugzeuge zu Patrouilleflügen auf, um feindliche Flieger aufzuspüren und am Abfeuern ihrer Waffen zu hindern. Noch größere Sicherheit für ihren Flottenverband erzielen sie, wenn es ihnen gelingt, den Feind so weit auf Distanz zu halten, daß er die zu schützenden Schiffe mit seinen Raketen gar nicht erst erreichen kann. Bei der sowjetischen Rakete Shaddock kann das allerdings schwierig werden, da sie mehr als 400 km vom Ziel entfernt abgefeuert werden kann. Auch Abwehrflieger, die mit Raketenabwehrgeschossen wie den amerikanischen Phoenix ausgerüstet sind, können keine Garantie für die Vernichtung einer Rakete im Anflug geben.

Wenn der Raketenbeschuß nicht in der Luft verhindert werden kann, muß sich die Flotte auf ihre eigene Abwehr verlassen. Die verschiedenen Seestreitkräfte bedienen sich dazu unterschiedlicher Systeme. Die radargesteuerte britische Sea-Wolf-Rakete zielt und startet nach der Erteilung des Feuerbefehls automatisch. Die amerikanische Marine verteidigt sich mit der Rakete Aegis, und die Sowjets vertrauen ihren SA-N-3 und SA-N-4.

Abwehr durchbrochen *Die amerikanische Fregatte USS* Stark *treibt mit Schlagseite im Persischen Golf, nachdem sie von zwei irakischen Exocet-Raketen getroffen wurde.*

Meereswogen erzeugen auf einem Schiffsradar oft Interferenzen, so daß tieffliegende Lenkwaffen nahe an ihr Ziel herankommen können, bevor sie geortet werden. So verlor die britische Marine im Falklandkrieg 1982 den Zerstörer *Sheffield*, nachdem eine argentinische Super Etendard sich ihm im Tiefflug bis auf 32 km nähern und unbehindert eine Exocet-Rakete abfeuern konnte.

Hat ein angreifendes Projektil alle Abwehreinrichtungen unterlaufen, bleibt der Schiffsbesatzung nur noch die Möglichkeit, einen dichten Granatenteppich zu legen und darauf zu hoffen, daß einige der Granaten das ankommende Geschoß treffen. Die amerikanischen Phalanx-Granatwerfer feuern pro Minute 3000 20-mm-Granaten ab. Ihre Bleigranaten sind dazu in der Lage, jede Rakete, die sie treffen, zu stoppen. Das deutsch-niederländische Goalkeeper-System arbeitet mit 30-mm-Mauser-Geschützen, von denen jedes 300 Schuß pro Minute feuern kann. Die Geschütze werden von Radar gesteuert und zielen deshalb sehr genau.

Raketen gegen Raketen *F18-Kampfflugzeuge warten an Deck eines Flugzeugträgers. Sie sind mit Raketen bestückt, mit denen sie feindliche Angriffe abwehren sollen.*

Jagd im Wasser *Zum Schutz eigener Flottenverbände spüren U-Boote feindliche U-Boote auf und zerstören sie.*

Wenn alle Waffen versagen, kann man noch versuchen, die Radarorientierung der Geschosse durch Abfeuern von Aluminiumstreifen zu stören und so die herannahende Rakete im letzten Moment abzulenken.

Entsprechende Systeme für die Unterwasserabwehr von Torpedos wurden noch nicht entwickelt. Manchmal gelingt es einem Schiff, einem Torpedo auszuweichen, aber als wirksame Abwehr sind bisher nur Jagd-U-Boote oder mit Sonar ausgerüstete Helikopter in Zusammenarbeit mit Schiffen bekannt. Die Helikopter schleppen Sonargeräte durchs Wasser, um die Position feindlicher U-Boote auszumachen, die dann mit Raketen oder Unterwasserbomben angegriffen werden.

Flugzeugträger als eines der wichtigsten Ziele von Torpedos werden zudem durch einen Ring von begleitenden Kriegsschiffen, die feindliche U-Boote orten und zerstören, gesichert.

Letzte Zuflucht *Hat ein Geschoß alle Abwehrriegel durchbrochen, kann der Granatwerfer Phalanx letzte Rettung bringen.*

Von der V1 zur Cruise Missile – Raketen und ihre Lenksysteme

Ein Marschflugkörper wird getestet *Eine computergesteuerte US-Tomahawk-Cruise-Missile, die von einem U-Boot in 640 km Entfernung abgeschossen wurde, schlägt mit vernichtender Genauigkeit in ein Gebäude auf der Insel San Clemente, Kalifornien, ein.*

Das Lenksystem der deutschen V-Waffen, die im Zweiten Weltkrieg ab 1944 gegen Großbritannien eingesetzt wurden, war noch sehr unvollkommen und dementsprechend ungenau. Seitdem hat sich die Militärtechnik in rasantem Tempo entwickelt, und heute verfügen die Streitkräfte über zielgenaue Lenksysteme für die unterschiedlichsten Arten von Waffen und Geschossen.

Auf die direkte Steuerung durch den Menschen sind verschiedene Panzerabwehrraketen angewiesen. So ziehen die französisch-deutsche Milan, die sowjetische Sagger oder die britische Swingfire einen dünnen Draht hinter sich her, über den sie von einem Soldaten, der ein angeschlossenes Steuergerät bedient, ins Ziel gelenkt werden. Eine solche Drahtverbindung ist gegen Störsender immun, doch ist die Reichweite der Rakete durch den Draht natürlich eingeschränkt. Drahtgesteuerte Geschosse sind nur wirksam gegen Panzer oder andere sich langsam fortbewegende Ziele, die man im Auge behalten kann, solange das Geschoß fliegt.

Für den Angriff auf Flugzeuge braucht man ein eigengelenktes Geschoß mit Computerausrüstung, die den Soldaten ersetzt. Diese Geschosse haben eine Reichweite von ungefähr 50 km. Sie können aktiv oder passiv gelenkt werden.

Drahtgesteuerte Raketen *Die Panzerabwehrrakete Milan wird über einen Draht vom Geschütz aus ins Ziel gelenkt.*

Ein Beispiel für ein aktives Lenksystem ist die britische Sea-Wolf-Rakete, die ihr Ziel mit Radarunterstützung ansteuert.

Andere Waffen mit Eigenlenkung sind Boden-Luft-Raketen (SAMs) wie die britische Rapier oder die deutsch-französische Roland, die Radar und optische Zielverfolgungssysteme einsetzen, um die Rakete zu leiten, nachdem sie abgefeuert wurde. Computer dirigieren das Geschoß dann zum Ziel. Die Rapier hat eine Reichweite von etwa 6,5 km, die Roland eine von rund 6 km.

Waffen mit passiver Lenkung folgen Signalen, die vom Ziel selber ausgehen. Die amerikanische Luft-Luft-Rakete Sidewinder und die Boden-Luft-Rakete Stinger können beide die Flugzeugabgase aufspüren. Sie sind mit einem Computer ausgerüstet, der sie lenkt, indem er kleine Flügel, die an der Raketenspitze sitzen, verstellt. Ist die Rakete einmal abgefeuert, entfällt jede weitere Steuerung von außen.

Seezielraketen wie die französische Exocet werden von einem Computer, der mit der Zielposition gefüttert ist, automatisch gelenkt. Die Raketen selbst sind mit Trägheitsnavigationssystemen ausgerüstet, die kontinuierlich die genaue Position der Rakete bestimmen, indem sie jede Richtungs- oder Geschwindigkeitsänderung vom Start an berücksichtigen. All diese Schwankungen werden von einem Computer in der Rakete überwacht, der sie mittels kleiner

Seezielflugkörper *Von einem Flugzeug abgeschossen, steuert eine Exocet-Rakete in 2,4 m Höhe ihr Ziel an. Ein eingebauter Radarhöhenmesser kontrolliert ihren Abstand zur Wasseroberfläche.*

Steuerruder auf Kurs hält. Sobald der Bordcomputer errechnet, daß sich die Rakete dem Ziel bis auf etwa 15 km genähert hat, wird ein Radarschirm eingeschaltet, der das Schiff registriert. Dann errechnet der Computer, wie weit das Ziel sich mittlerweile bewegt hat und korrigiert die Flugrichtung der Rakete entsprechend.

Langstrecken-Raketen haben das ausgefeilteste Lenksystem – TERCOM (*terrain contour matching* = Geländeprofilanpassung). Computer an Bord der Rakete speichern ein dreidimensionales Bild von dem Gelände, das die Rakete überfliegen wird. Jeder Punkt am Boden wird durch eine Reihe von Zeichen erfaßt, welche die Position und die Höhe der Rakete über diesem Punkt anzeigen. Die Raketen fliegen in 15 bis 91 m Höhe. Während des Flugs messen genaue Höhenmesser die Bodenkonturen und gleichen sie mit der im Computer gespeicherten Information ab, um die Rakete auf Kurs zu halten. Die Instrumente lokalisieren außerdem das Ziel und richten sich darauf aus. Noch nach einem 2570 km langen Flug können die Raketen das Ziel mit einer Abweichung von nur 15 m treffen.

Im Vergleich dazu sind die interkontinentalen ballistischen Raketen ungenau. Nach dem Start wird ihr Kurs von dem eingebauten Navigationssystem bestimmt, aber dann fliegen sie frei wie ein Speer. Der Ort ihres Einschlags hängt von ihrer Startgeschwindigkeit, Richtung und Flughöhe ab. Die sehr genauen amerikanischen Minuteman-III-Raketen treffen mit einer Streuung von 220 m, die in Anbetracht der ungeheuren Detonationsgewalt ihrer atomaren Sprengköpfe nicht weiter ins Gewicht fällt, im Zielbereich auf.

Zielgenauigkeit mit Nachtsichtgeräten

Seit der Erfindung von Nachtsichtgeräten hat die Dunkelheit für das Militär einen wesentlichen Teil ihres Schutzcharakters verloren. Denn heute ist jede größere Armee im Besitz von Nachtsichtgeräten, die entweder mit der Verstärkung von Restlicht oder mit Infrarotlicht arbeiten.

Selbst in einer Nacht, die man als rabenschwarz bezeichnen würde, liefern Mond und Sterne noch ein schwaches Restlicht. Dieses Licht wird von einem Nachtsichtgerät, das etwa wie ein übergroßes Zielfernrohr aussieht, verstärkt. Eine hochempfindliche fotoelektrische Zelle wandelt das Bild in elektrische Signale um, genau wie in einer Fernsehkamera. Diese Signale werden elektrisch verstärkt und anschließend wieder in ein Bild umgewandelt, das auf einem kleinen Bildschirm erscheint. Ein Soldat, dessen Gewehr mit einem solchen Nachtzielfernrohr ausgestattet ist, kann noch auf ein 350 m entferntes Ziel anlegen. Artillerie, Panzer, Hubschrauber und Flugzeuge nutzen Nachtsichtgeräte mit einer Reichweite von bis zu 1000 m.

Wenn nicht einmal der Schimmer eines Sterns zu sehen ist, kann ein anderes Gerät eingesetzt werden – eine Infrarotkamera, die auf Wärme und nicht auf Licht reagiert. Gegenstände, die Wärme erzeugen, wie z. B. Flugzeuge, Raketenantriebe oder Lagerfeuer der Armee, können auf mehrere Kilometer Entfernung erfaßt werden. Diese Nachtsichtgeräte werden zur routinemäßigen Aufklärung eingesetzt. Infrarotkameras reagieren auch auf menschliche Körperwärme. In einem modernen Krieg kann sich ein Soldat demnach selbst in einer pechschwarzen Nacht nicht vor feindlichem Beschuß sicher fühlen.

Sicht in der Nacht *Mit einem Nachtsichtgerät erkennt ein Soldat im Straßenkampf einen Feind in 80 m Entfernung (ganz oben). Selbst in einer mondlosen Nacht im Wald ist dieses 30 m entfernte Ziel (oben) sichtbar.*

Präzisionstechnik hält eine Gewehrkugel auf ihrer Flugbahn

Heute gilt es als selbstverständlich, daß eine Gewehrkugel in einer berechenbaren Bahn fliegt. Aber wie hat man das erreicht?

Die ersten Flinten und Gewehre waren hoffnungslos ungenau. Diese Vorderlader schossen mit Bleikugeln, die man beim Ladevorgang in die Laufmündung schob. Die alten Gewehrkugeln saßen lose in dem glatten Lauf. Wenn sie abgefeuert wurden, prallten sie im Lauf von einer Seite auf die andere, und sobald sie aus der Laufmündung herauskamen, „taumelten“ sie im Flug. Außerdem waren die Kugeln nicht richtig rund, und jede kleine Ungenauigkeit führte zu Zielabweichungen.

Schon um 1500 fand man eine Lösung für dieses Problem. Zum einen sorgte man dafür, daß präzisere Kugeln, die genau in den Lauf paßten und nicht hin- und herprallten, produziert wurden. Und zum anderen versah man den Lauf innen mit einer spiralförmigen Rille, dem sogenannten Zug, der der Kugel Halt gab und sie im Lauf zum Drehen brachte. Wenn nämlich eine nicht ganz runde Kugel sich auf ihrem Weg durch die Luft um sich selbst dreht, weicht sie nicht von der Bahn ab, da jede Neigung, in eine Richtung auszubrechen, durch den Drall ausgeglichen wird.

Diese Änderungen verbesserten die Zielgenauigkeit des Gewehrs, doch war die Herstellung der Züge schwierig und teuer. Erst im 19. Jh. wurde das Verfahren einfacher, als man die nötigen Werkzeugmaschinen erfunden hatte, um die Züge präzise zu fräsen und die Kugeln exakt im richtigen Maß herzustellen. Der Ladevorgang für diese genau passenden Kugeln nahm jedoch mehr Zeit in Anspruch, wodurch die Schußleistung herabgesetzt wurde. Außerdem verformten sich die weichen Bleikugeln beim Laden, was ihre Genauigkeit beeinträchtigte. Und das Schießpulver konnte die Züge verstopfen, so daß das Laden schwierig wurde.

Etwa um 1840 erhielt die Gewehrkugel dann ihre heute bekannte Form: länglich und mit konischer Spitze. Die besseren aerodynamischen Eigenschaften erhöhten Reichweite und Genauigkeit, aber das Laden blieb weiterhin zeitraubend und schwierig. 1847 entwickelte Claude-Étienne Minié, Kapitän der französischen Ar-

Zielgenau *Eine 7,5-mm-Kugel zerschlitzt mit einer Geschwindigkeit von 3383 km/h eine Spielkarte. Auf der Kugel sind deutlich die Spuren der Züge des Gewehrlaufs zu erkennen.*

mee, eine Bleikugel mit leicht vertieftem Fuß. Wenn die Kugel abgefeuert wurde, dehnte sich der weiche Bleifuß aus und griff in die Züge. Diese Kugeln konnten zügig und einfach in den Lauf geladen werden und fanden daher in Europa und Amerika schnell Verbreitung. Im Krimkrieg (1853–1856) und im amerikanischen Bürgerkrieg (1861–1865) wurden sie bereits vielfach eingesetzt.

Die Entwicklung der Ganzmetallpatrone um 1870 führte zum Durchbruch des Hinterladers. Für diese Hinterlader stellte man ab 1886 Mantelgeschosse oder feste Bronzekugeln her, deren Durchschlagskraft größer war als die der weichen Bleikugeln. Um die gleiche Zeit ersetzten raucharme Ladungen die Schwarzpulverladungen. Eine herkömmliche Schwarzpulverladung schoß eine Kugel mit einer Geschwindigkeit von knapp 1600 km/h aus dem Lauf. Bei der neuen Ladung betrug die Geschwindigkeit bis zu 2600 km/h. Die höhere Geschwindigkeit gab der Kugel eine flachere Flugbahn, der Schütze konnte so auf Ziele bis in 360 m Entfernung schießen, ohne das Visier neu einstellen zu müssen.

Im 20. Jh. wurden die Geschosse kleiner, spitzer und aerodynamischer geformt. Moderne Kugeln benötigen für die Schußleistungen, die ihre Vorläufer erzielten, kleinere Pulverladungen. Das verringert den Rückstoß, was wiederum die Zielgenauigkeit erhöht.

Moderne Armeegewehre feuern ihre Munition mit einer Geschwindigkeit von 3600 km/h ab und können ein 10 cm großes Ziel in 90 m Entfernung wiederholt treffen – dies ist den meisten militärischen Zwecken angemessen. Mit den besten Zielfeuerwaffen trifft ein geübter Schütze auf dieselbe Entfernung ein 6 mm großes Ziel.

Kernwaffen: Bauweise und Wirkung

Mit dem Abwurf von Atombomben über Hiroshima und Nagasaki brach im August 1945 das Zeitalter der Kernwaffen an. Die schreckliche Gewalt dieser Waffen entsteht durch die Freisetzung enormer Energien aus dem Kern der Atome durch Spaltung oder Verschmelzung. Das Grundprinzip der Kernspaltungsbombe ist die Teilung von Atomen durch Neutronenbeschuß. Bei der Kernfusion, der Grundlage der Wasserstoffbombe, verschmelzen zwei Atome zu einem größeren Atom. Dabei werden noch größere Mengen Energie freigesetzt als bei der Spaltung.

Die Detonation einer Kernspaltungsbombe wird dadurch eingeleitet, daß ein Atom spaltbaren Materials unter dem Aufprall eines einzigen Neutrons gespalten wird. Die Bombe, die am 6. August 1945 über Hiroshima gezündet wurde, enthielt als spaltbares Material Uran 235. Und Nagasaki wurde am 9. August 1945 von einer Plutoniumbombe zerstört.

Bei der Spaltung eines Atomkerns werden weitere Neutronen frei, die nun ihrerseits Atome spalten. Das ist der Beginn einer Kettenreaktion, die in Millionstelbruchteilen einer Sekunde abläuft und in einer explosionsartigen Freisetzung von Energie mündet. Damit diese fortlaufende Reaktion überhaupt einsetzen kann, muß eine bestimmte Menge spaltbaren Materials, die sogenannte kritische Masse, vorhanden sein. Ist die Menge zu klein, entweichen mehr Neutronen an der Oberfläche, als in der Mitte erzeugt werden, so daß keine Kettenreaktion ausgelöst wird.

Die Erklärung für die Freisetzung atomarer Energie liegt darin, daß ein Teil der Materie des ursprünglichen Atoms in Energie umgewandelt wird. Die folgende Kettenreaktion findet erst dann ihr Ende, wenn die Ursprungsmaterie verbraucht ist oder wenn sie auseinandergesprengt wird, so daß die Neutronen keine Spaltungen mehr verursachen können.

Etwa die Hälfte der Energie erzeugt eine enorme Druckwelle, die sich mit Schallgeschwindigkeit ausbreitet. Die Detonationsgewalt einer Bombe mit einer Sprengkraft von 20 000 t TNT (Trinitrotoluol) zerstört alle Gebäude im Umkreis von 1,5 km. Etwas über ein Drittel der Energie wird als Wärmestrahlung, die noch in einer Entfernung von 6,4 km alles Brennbare in Flammen aufgehen läßt, freigesetzt. Der Rest wird als radioaktive Strahlung abgegeben. Diese Strahlung ist zwar nur kurzlebig, doch werden radioaktive Spaltprodukte durch die Explosion in die Atmosphäre gewirbelt und fallen noch Monate später als radioaktiver Niederschlag, Fallout genannt, auf die Erde zurück.

Damit die Kettenreaktion erst zum gewünschten Zeitpunkt einsetzt, wird das spaltbare Material in zwei „unterkriti-

Little Boy *Die Hiroshima-Bombe wog bei einer Sprengkraft von 12 500 t TNT nur 4100 kg. Ihre Detonation 1945 kostete 92 000 Menschen das Leben.*

Todbringende Ladung *Die fünf nuklearen Sprengköpfe der amerikanischen Interkontinentalrakete MX Peacekeeper bedrohen gleichzeitig verschiedene Ziele.*

schen“ Massen getrennt in die Bombe eingebaut. Bei der Zündung der Hiroshima-Bombe wurde die eine Hälfte der Uranmasse mit Hilfe einer konventionellen Sprengladung durch ein Rohr gegen die andere Hälfte der Uranmasse getrieben. Vereint überstiegen sie die kritische Masse und explodierten mit einer Kraft von 12 500 t TNT.

Die Nagasaki-Bombe funktionierte mit der Implosionstechnik. Eine „unterkritische“ Masse Plutonium wurde mit konventionellem Sprengstoff umhüllt. Durch die Explosion dieser Sprengstoffhülle wurde das Plutonium komprimiert, seine Dichte erhöhte sich und die „unterkritische“ Masse verwandelte sich in eine „überkritische“. Die Nagasaki-Bombe *Fat Man* erreichte eine Sprengkraft von 22 000 t TNT.

Wasserstoffbomben

Die Produktion noch stärkerer Bomben wurde durch die Technik der Kernfusion möglich. Die erste thermonukleare Bombe (Wasserstoffbombe) wurde in den USA gebaut und 1952 auf dem Eniwetok-Atoll im Pazifik gezündet.

Bei Kernfusionsbomben werden zwei Wasserstoffisotope verwendet: Deuterium und Tritium. Wenn deren Kerne verschmelzen, wird eine große Menge Energie freigesetzt. Für eine solche Verschmelzung sind aber Temperaturen erforderlich, die denen im Innern der Sonne entsprechen. Diese Temperaturen können nur mit einer Atombombe erreicht werden. Wasserstoffbomben werden daher von einer Kernspaltungsbombe gezündet. Die stärkste Bombe, die je explodierte, wurde am 30. Oktober 1961 auf der sowjetischen Insel Nowaja Semlja gezündet. Die Detonationskraft der Bombe betrug 59 Megatonnen (Mt), das entspricht der Wirkung von 59 Mio. t TNT.

Übliche Kernwaffen sind jedoch weniger gewaltig. Die kleinste Atombombe im Waffenarsenal der USA ist die W-54 mit einer Sprengkraft von 250 t, die Wirkung der größten amerikanischen Atombombe beträgt 2 Mt.

Die ersten Nuklearwaffen waren sperrig. Die Nagasaki-Bombe *Fat Man* war 3,25 m lang und wog 4550 kg. Heute haben Bomben von diesem Gewicht eine 600mal stärkere Sprengkraft. Und die W-54, die zum Sprengen von Brücken und anderen Bauwerken konstruiert ist, kann von einem Soldaten auf dem Rücken getragen werden.

Ein Atomsprengkopf hat gewöhnlich außer dem Spalt- und Verschmelzungsmaterial auch noch eine Neutronenquelle, die den Spaltprozeß in Gang setzt, eine Vorrichtung zum Scharfmachen oder Entschärfen, einen Mikroprozessor, der den Ablauf der Vorgänge nach dem Abschuß regelt, einen Zünder, der die Detonation auslöst, und Sicherheitsvorrichtungen, die eine zufällige oder unbefugte Zündung ausschließen sollen. Die genauen Konstruktionspläne sind der Öffentlichkeit nach wie vor nicht zugänglich.

Bei den ersten Kernwaffen waren die Sicherheitsvorrichtungen, recht einfache Schalter oder Schlösser, verhältnismäßig unkompliziert. Moderne Kernwaffen werden über Codes, die täglich geändert werden und ohne deren Kenntnis es unmöglich ist, die Waffe zu zünden, scharf gemacht. Werden mehrfach falsche Zahlen eingegeben, blockiert die Waffe automatisch und verliert ihre Funktionsfähigkeit.

Wenn ein mit Nuklearsprengköpfen bestücktes Kampfflugzeug abstürzen und in Brand geraten würde, bestünde trotzdem nicht die Gefahr einer Atomexplosion, da atomare Waffen nicht in scharfem Zustand transportiert werden. Allerdings könnten die chemischen Sprengstoffe, die die Zündung einer scharfen Kernwaffe einleiten, explodieren. Um auch dieses Risiko einzuschränken, werden dafür spezielle Sprengstoffe, die nicht leicht explodieren, verwandt.

Unsichtbare Kraft *Die Antriebsstufe einer Titan-Rakete (links) wird Sekunden nach der Aktivierung eines chemischen Lasers aus 800 m Entfernung zerstört (rechts).*

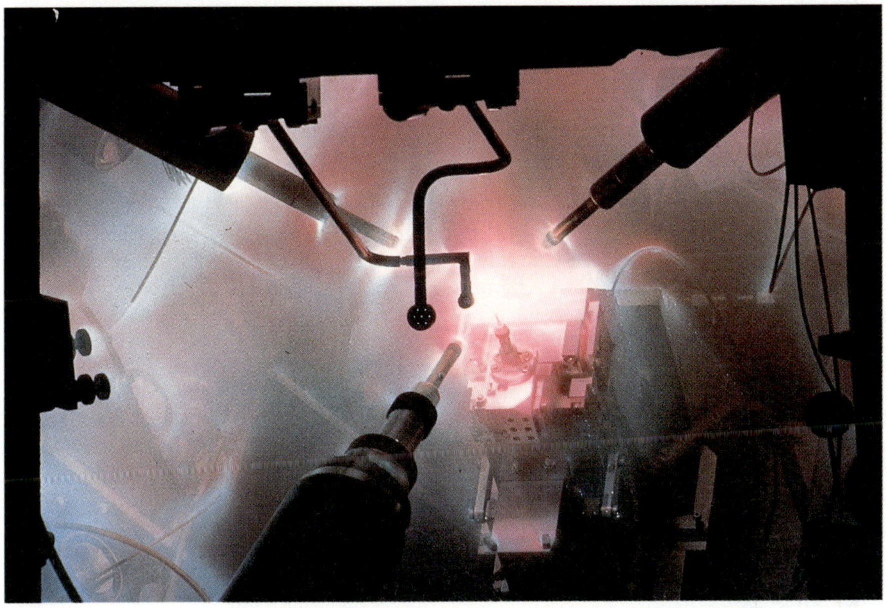

SDI-Forschung *In einem Test von Genauigkeit und Zerstörungskraft chemischer Laser sind zwei Laserstrahlen auf ein punktgroßes Ziel aus Gold gerichtet.*

Raketenabwehr mit Laserkanonen

Bei einem nuklearen Angriff auf die USA könnten mehrere hundert Raketen mit Tausenden von Sprengköpfen mit einer Geschwindigkeit von 2000 km/h auf das Land zufliegen. Jeder dieser Sprengköpfe würde 30 Minuten nach dem Start sein Ziel erreichen. Um sich davor zu schützen, haben die Amerikaner ihr SDI-Programm entwickelt (*Strategic Defense Initiative* oder Krieg-der-Sterne-Programm).

Ein zentraler Punkt dieses Programms ist die Entwicklung von Lasern (Seite 229), die feindliche Raketen schon kurz nach ihrem Start abschießen sollen. Dadurch soll verhindert werden, daß eine Rakete ihre bis zu zehn Sprengköpfe und zahlreichen Attrappen abfeuern kann. Das ist besonders wichtig, weil die erhöhte Anzahl angreifender Raketen ihre Vernichtung erheblich erschweren würde. Laserwaffen zerstören ihre Ziele, indem sie sie mit starken Energiestrahlen beschießen. Diese Strahlen haben Lichtgeschwindigkeit (300 000 km/sec).

Die Amerikaner arbeiten an der Entwicklung einer chemischen Laserwaffe, bei der Wasserstoff und Fluor miteinander reagieren. Sie bilden Fluorwasserstoff, der starke Entladungen von Infrarotstrahlung erzeugen kann. Ein so erzeugter Laserstrahl würde mit Hilfe von Prismen und Spiegeln auf ein Ziel gerichtet und könnte – eine bisher nicht erreichte Stärke von 25 MW vorausgesetzt – ein Geschoß in 3200 km Entfernung zerstören.

Die Laserwaffen sollen ihre Ziele von Weltraumstationen aus angreifen. Allerdings wären 100 solcher Stationen nötig, um Amerika wirkungsvoll zu schützen. Doch in diesem Umfang ist die Stationierung eine Mammutaufgabe, deren Lösung heute noch unvorstellbar ist. Allein der Fluorwasserstoff, der als Energie für die Laserwaffen benötigt würde, hätte ein Gewicht von über 2000 t.

Stationierte man die Laserkanonen auf dem Erdboden, ergäbe sich das Problem, daß die Atmosphäre den Laserstrahl zerstreuen würde. Um diesen Streuungseffekt auszugleichen, experimentieren amerikanische Wissenschaftler mit den modernsten optischen Techniken, bisher jedoch ohne entscheidenden Erfolg. Aber auch nach der Lösung dieses Problems müßten vom Erdboden abgefeuerte Laser eine Stärke von 400 MW haben. Sie hätten damit die 1000fache Leistung des heute stärksten Lasers, allerdings auch den Energiebedarf einer mittelgroßen Stadt.

Der Laserstrahl müßte mit Hilfe von Spiegeln einige Sekunden lang auf das Geschoß konzentriert bleiben, um es zu zerstören. Auch wenn das gelänge, könnte der Aggressor seine Rakete noch dadurch schützen, daß er sie mit einem Hitzeschild umgibt oder indem er sie in einer dauernden Drehbewegung hält. Der Laserstrahl könnte dann nicht lange genug auf eine Stelle gerichtet bleiben, um ein Loch hineinzubrennen.

Im Rahmen des SDI-Programms arbeitet man auch an der Entwicklung weltraumgestützter Röntgenlaser, deren Strahlen eine heranfliegende Rakete zerstören könnten. Die Quelle der Röntgenstrahlen wäre eine Atomexplosion, die zwar die nötige Energie für den Laser liefern, aber auch die Raumstation zerstören würde.

Laserwaffen sollen nicht ständig im Weltraum stationiert werden. Die Idee ist vielmehr, sie erst abzufeuern, wenn Aufklärungssatelliten anzeigen, daß bereits ein Angriff begonnen hat. Die Röntgenlaserwaffen würden dann von U-Booten aus abgeschossen und von ihrer Flugbahn aus automatisch zielen und feuern.

Das SDI-Programm hat schon einige Rückschläge verkraften müssen. 1987, vier Jahre nachdem Präsident Reagan es öffentlich verkündet hatte, sahen führende amerikanische Militärs das Projekt sehr skeptisch: Bei einem Erstschlag mit 5000 Sprengköpfen würden 3500 Atomwaffen die Abwehr unbeschadet passieren und die USA vollständig zerstören.

Die Vorstellung von der strategischen Unverwundbarkeit bleibt also auch im Land der unbegrenzten Möglichkeiten noch Vision, zumal auch die geschätzten Kosten von 1000 Mrd. $ nach dem Ende des Kalten Krieges nicht mehr vertretbar erscheinen.

Katastrophenmanagement bei Atomunfällen

Seitdem Mitte der 50er Jahre die Kernkraftindustrie ihren Aufschwung nahm, sind in dieser Branche drei gefährliche Unfälle passiert. Im März 1979 lief der Reaktor in Three Mile Island bei Harrisburg (USA) heiß, fing aber kein Feuer. Dagegen kam es 1957 in Windscale (damals Sellafield) im Nordwesten von Großbritannien und im April 1986 in Tschernobyl in der Ukraine zu Atomkatastrophen, bei denen sich das Graphit im Reaktorkern entzündete.

Wenn ein Atomreaktor außer Kontrolle gerät, gelangen große Mengen radioaktiver Stoffe in die Atmosphäre. Sowohl in Windscale als auch in Tschernobyl waren die Feuerwehrleute und Einsatzverbände während der Löscharbeiten unentwegt der radioaktiven Strahlung ausgesetzt, was ihren Einsatz erschwerte und extrem gefährlich machte.

Die Anlage in Windscale war gebaut worden, um Plutonium für Atomwaffen herzustellen. Nach einem Bedienungsfehler ging sie in Flammen auf und das Feuer

Einsargung von Block 4 *Eine dicke Betonmauer schließt die Strahlung des zerstörten Reaktors von Tschernobyl ein.*

Das Zentrum der Hitze *Eine Satellitenaufnahme von Tschernobyl deutete auf zwei Hitzezentren hin (die kleinen blauen Flecken). Amerikanische Beobachter schlossen daraus, daß eine zweite Kernschmelze bevorstünde. Dies war jedoch nicht der Fall.*

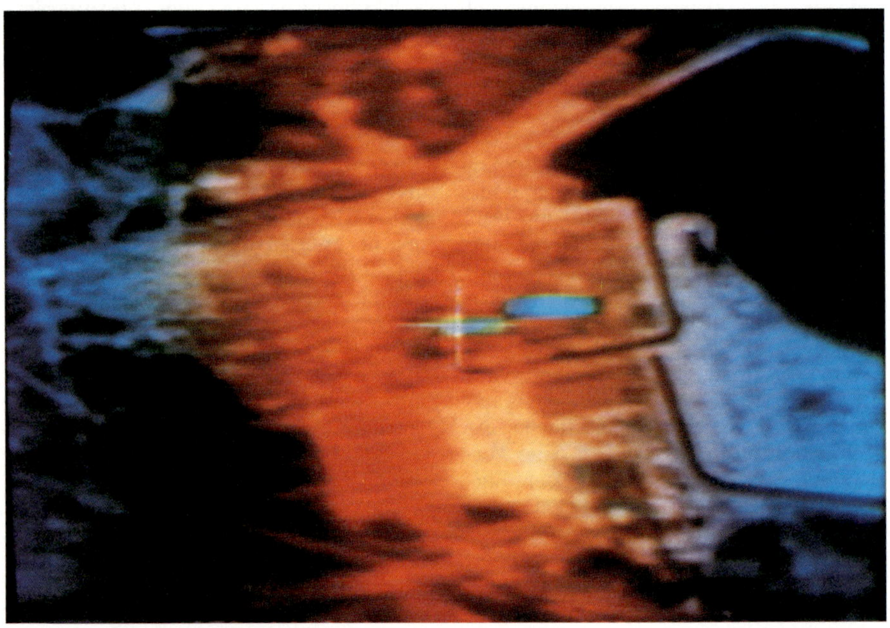

konnte erst nach zwei Tagen unter Kontrolle gebracht werden.

Bei der Feuerbekämpfung verzichtete man zunächst auf den Einsatz von Wasser. Die Windscale-Ingenieure befürchteten nämlich, daß das Wasser mit dem brennenden Graphit reagieren, Wasserstoff bilden und den Reaktor dann in Stücke sprengen könnte. Das hätte eine unvorstellbare Katastrophe ausgelöst.

Als aber der Versuch mißlang, den Flammen durch die Bespritzung von Kohlendioxid den Sauerstoff zu rauben und sie so zu ersticken, blieb ihnen keine andere Wahl. Der Reaktor wurde mit ungeheuren Wassermassen übergossen, und glücklicherweise erlosch das Feuer. Der zerstörte Reaktor, aus dem bereits große Mengen Radioaktivität entwichen waren, wurde später mit Beton aufgefüllt.

Zu der Reaktorkernschmelze von Tschernobyl kam es, als das Bedienungspersonal wegen eines Experiments absichtlich Sicherheitsvorrichtungen abschaltete. Als die Ingenieure dann die Kontrolle über den Reaktor verloren, sprengten heftige Explosionen das Dach des Reaktorgebäudes weg und entfachten einen Feuersturm. Weißglühende Teilchen des radioaktiven Brennmaterials wurden in die Luft geschleudert, und das Feuer drohte auf benachbarte Reaktorblöcke überzugreifen.

Die zuerst an der Unglücksstelle eingetroffenen Feuerwehrleute mußten den Brand ohne Schutzanzüge mit konventionellen Mitteln bekämpfen. Ihr Mut und ihre Opferbereitschaft – viele von ihnen mußten den Einsatz mit ihrem Leben bezahlen – verhinderten wahrscheinlich den Brand des benachbarten Reaktors und damit eine noch größere Katastrophe.

Doch das Unglück war schrecklich genug – ein feuerrotglühender zerstörter Reaktor, der riesige Mengen radioaktiven Materials in den Himmel blies, verstrahlte eine ganze Region.

Bekämpfung aus der Luft

Man entschied sich, das Feuer dadurch zu bekämpfen, daß man den Reaktor buchstäblich begrub. Eine Hubschrauberflotte bombardierte den Unglücksort fast drei Wochen lang mit insgesamt 5000 t Sand, Lehm, Borcarbid, Blei und pulverisiertem Kalkstein. Damit wurden schließlich Feuer und Strahlung erstickt sowie die ungeheure Hitze absorbiert.

Diese Löschmethode konnten die sowjetischen Einsatzkräfte nur deshalb anwenden, weil das Dach des Reaktors weggesprengt war. Als dann die Strahlungsintensität nachgelassen hatte, umhüllten sie den gesamten Reaktorblock mit einer Betonschicht von 1 m Stärke und hofften, ihn mit der Errichtung dieses gigantischen Sarkophags für immer verschlossen zu haben.

Tschernobyl steht heute als Synonym für die Risiken der friedlichen Nutzung der Kernenergie. An den unmittelbaren Folgen des Störfalls starben über 30 Menschen, darunter sechs Feuerwehrleute. Zehntausende waren sehr hohen Strahlungsdosen ausgesetzt, viele von ihnen werden als Spätfolge davon an Krebs erkranken und daran sterben. Im Umkreis von 30 km wurden 140 000 Menschen aus dem radioaktiv verseuchten Gebiet evakuiert.

Noch heute gilt es auch in der weiteren Umgebung Tschernobyls wegen der hohen Strahlenbelastung als ratsam, Kinder nicht im Freien spielen zu lassen.

Gegen die Windrichtung segeln

Auf den ersten Blick erscheint es als paradox, daß eine Segelyacht auch in die Richtung segeln kann, aus der der Wind kommt. Die größte Kraft, die ein Boot gegen den Wind antreibt, ist erstaunlicherweise die Saugkraft. Auf der nach außen gewölbten Segelseite, der Leeseite, erzeugt der Wind einen starken Unterdruck, der das Segel ansaugt. Bei Flugzeugen werden im Prinzip die gleichen Kräfte wirksam, wenn der Unterdruck über den Tragflächen Auftriebskräfte erzeugt. Die Aerodynamik erklärt das Phänomen: Die Luft, die um ein gewölbtes Segel strömt, wird komprimiert. Wenn ein Luftstrom zusammengedrückt wird, erhöht sich seine Geschwindigkeit. Deswegen kann z. B. ein Luftzug unter der Tür hindurch so verblüffend kräftig sein. Und erhöhte Windgeschwindigkeit hat einen Druckverlust zur Folge – es entsteht Unterdruck.

Der gleiche Wind, der von der Luvseite her in das Segel greift, wirkt also auf der Leeseite als Unterdruck, der das Segel ansaugt.

Auf diese Weise drückt der Wind das Boot seitwärts. Der Kiel des Boots setzt jedoch dieser Seitwärtsbewegung Widerstand entgegen. Die Kraft des Windes wird dann z. T. in eine Vorwärtsbewegung des Bootes umgewandelt und in eine Neigung leeseitig, der die Bootscrew dadurch entgegenwirken muß, daß sie sich an der gegenüberliegenden Seite über die Bootskante hinauslehnt. Ein Boot, das hart am Wind segelt, wird in eine starke Seitwärtsbewegung, die Abtrift, gezwungen. Der Steuermann muß sie bei seinen Kursberechnungen berücksichtigen.

Direkt gegen den Wind zu segeln ist unmöglich, aber eine Yacht kann immerhin in einem Winkel von 35° zur Windrichtung segeln. Um genau in die Richtung zu fahren, aus der der Wind kommt, muß das Boot kreuzen, also einen Zickzackkurs steuern. Je härter ein Boot am Wind segelt, desto langsamer ist seine Geschwindigkeit.

Hart am Wind *Regattasegler kreuzen im Zickzack-Kurs gegen eine steife Brise.*

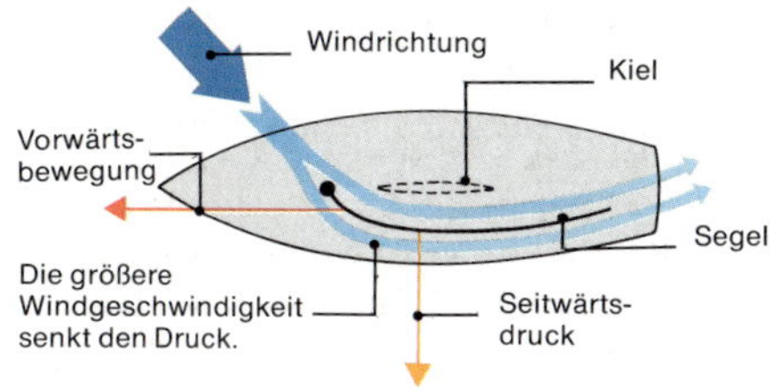

Kraft des Windes *Der Unterdruck an der gewölbten Seite des Segels drängt das Boot seitwärts. Aber der Kiel widersetzt sich der Bewegung und wandelt einen Teil des Unterdrucks in Antriebskraft um.*

Ein Meisterwerk wird restauriert

Leonardo da Vincis *Letztes Abendmahl*, eines der größten Werke abendländischer Kunst, hat im Lauf seiner Geschichte so großen Schaden erlitten wie kaum ein anderes bedeutendes Kunstwerk. Das im Originalzustand 4,2 m hohe Wandgemälde wurde 1498 fertiggestellt, doch bereits 20 Jahre danach zeigten sich erste Schäden. Der Maler Armenini erklärte das Gemälde schon um 1550 für „halb ruiniert". Die Ursachen für diesen Verfall sind in Leonardos Arbeitsweise zu suchen. Er bediente sich nämlich nicht der üblichen *a-fresco*-Technik, malte also nicht auf noch feuchtem Mörtel, der die Farben eingesogen hätte. Vielmehr griff er zu Temperafarben, die, auf die trockene Wand aufgetragen, sich als nicht haltbar erwiesen. So sind heute nur noch etwa 10 % der ursprünglichen Malsubstanz erhalten.

Doch dafür ist nicht nur die ungewöhnliche Maltechnik verantwortlich. Im Jahr 1652 zerstörten die Dominikaner von Santa Maria delle Grazie in Mailand bei Umbaumaßnahmen an der Wand, auf die Leonardo sein Meisterwerk gemalt hatte, den unteren Teil des Bilds. Seitdem sind die Füße von Christus abgeschnitten.

Im 18. Jh. hängten sie einen Vorhang vor das Wandgemälde. Dadurch staute sich die Feuchtigkeit auf der Mauer, und das Was-

Fortsetzung S. 164

Michelangelos Fresken in der Sixtinischen Kapelle

Bildhauer und Maler *Diese Büste des genialen Künstlers fertigte Daniele da Volterra 1565, ein Jahr nach dem Tod Michelangelos, an.*

Hoch oben auf dem Holzgerüst saß er, Kopf und Schultern nach hinten geneigt, Farbe lief über sein Gesicht, seine Augen brannten, und sein Nacken schmerzte. Unter großen Anstrengungen arbeitete Michelangelo jeden Tag vom Morgengrauen bis zur Abenddämmerung an den monumentalen Deckenfresken der Sixtinischen Kapelle im Vatikan. Er fühlte sich krank, der Kopf drehte sich ihm, und er fürchtete zu erblinden. Im Jahr 1510, er hatte die Hälfte des Mal-Marathons hinter sich, schrieb er ein Gedicht, in dem er, frei übersetzt, sagte: „Ich bin am falschen Platz – ich bin kein Maler!“

In der Tat verstand sich der 1475 in Caprese (heute Caprese Michelangelo) südöstlich von Florenz geborene Michelangelo Buonarroti in erster Linie als Bildhauer. Er war 33 Jahre alt, als Papst Julius II. ihn nach Rom rief und mit der Aufgabe betraute, das Deckengewölbe der Sixtinischen Kapelle auszumalen. Die Kapelle war nach Papst Sixtus IV. benannt worden, in dessen Auftrag sie zwischen 1473 und 1481 erbaut worden war. Meister wie Botticelli und Perugino hatten bereits die Wände mit herrlichen Fresken bemalt, bevor Michelangelo den Auftrag zur Ausschmückung der Decke erhielt.

Zunächst wollte Michelangelo, der sich der Aufgabe nur widerstrebend stellte, die Deckengewölbe mit den Porträts der zwölf Apostel bemalen. Aber der Plan wurde bald als „armseliges Zeug“ verworfen, und der Künstler beschloß, seine Vision von der Urgeschichte der Menschheit zu malen.

Um an der hohen Decke arbeiten zu können, konstruierte er ein bewegliches Gerüst aus Holz, das etwa die Hälfte des Gewölbes bedeckte. So konnte er stehend an der Decke malen. Begreiflicherweise empfand er auch diese relativ komfortable Arbeitsbühne bald als qualvoll beengend – besonders nachdem er auf der obersten Plattform eine schräge Rampe hatte anbringen lassen, so daß beim Ausmalen der Details der Abstand zur Decke nur wenige Zentimeter betrug.

Im Frühjahr 1508 hatte er, von sechs Assistenten unterstützt, mit der Arbeit begonnen. Sie hatten die Farben zu mischen, den Mörtel aufzutragen und sollten gelegentlich auch beim Malen helfen. Michelangelos Plan war, die Gewölbe von den Fenstern aufwärts mit Fresken zu füllen. Die mit Wasser angerührten Farben wurden auf den noch feuchten Mörtel aufgetragen (daher der italienische Ausdruck „fresco“ – frisch). Dies mußte schnell geschehen, solange der Mörtel noch feucht war. Unterlief dem Künstler ein Fehler, mußte der Putz abgeklopft und die Prozedur wiederholt werden.

Heute streiten sich die Kunsthistoriker, ob Michelangelo auf dem getrockneten Fresko später – in Abweichung von der üblichen Technik – noch Korrekturen angebracht hat. Dieser Frage kommt bei der Restaurierung (Seite 161/164) besondere Bedeutung zu.

Die neun zentralen Szenen sind in einer geraden Linie der Decke entlang angeordnet. Die erste Szene über dem Altar zeigt die Erschaffung der Urmaterie, die letzte über dem Eingang Noahs Trunkenheit, ein prophetisches Bild der Verspottung Christi. An die äußeren Bildränder malte Michelangelo weitere große Fresken, die die Propheten, Sibyllen (Prophetinnen der Antike) und die Vorfahren Christi darstellen. Die Ignudi, Jünglingsakte ohne religiöse Bedeutung, plazierte der Künstler auf die gemalte Architektur des Gewölbes.

Insgesamt malte Michelangelo auf mehr als 1000 m² Fläche etwa 300 biblische Gestalten und Ignudi – jede mit eigenen Merkmalen, eigenem Gesichtsausdruck und eigener Haltung.

Nach einem Streit schickte er seine Gehilfen bis auf einen fort. Er sagte, ihnen fehle die Inspiration. Als kräftiger und breitschultriger Mann widerstand er entschlossen der Härte des römischen Winters, wenn ein kalter Nordwind durch die Kapelle pfiff und Regen durch das Dach tropfte, so daß auf dem Fresko Schimmelpilze wuchsen.

Seine Mahlzeiten nahm er auf der Arbeitsbühne ein, und nachts schlief er voller Unruhe in seinem nahe gelegenen Atelier. Er litt an Leib und Seele, und im Januar 1509 schrieb er an seinen Vater: „Ich verlange nichts vom Papst, denn meine Arbeit geht nicht so voran, daß ich etwas zu verdienen glaube. Das liegt an der Schwierigkeit der Arbeit und auch daran, daß es nicht mein Fach ist. So verschwende ich nutzlos meine Zeit. Möge Gott mir helfen!“

Der Papst teilte Michelangelos Zweifel und besuchte die Kapelle von Zeit zu Zeit. Dann kletterte er die Leiter hinauf bis ganz oben auf das Gerüst, um die Malerei zu begutachten. Es kam zu heftigen Auseinandersetzungen. Im Sommer 1510, als das Werk halb fertig war, wollte Papst Julius wissen, wann der Rest der Decke fertig sein würde. „Wenn sie mich als Künstler befriedigt“, antwortete Michelangelo. Der Papst runzelte die Stirn und sagte scharf: „Und Wir wünschen, daß Sie Uns zufriedenstellen und mit der Arbeit bald fertig werden!“

Bei einer anderen Gelegenheit drohte er dem Künstler, ihn vom Gerüst hinunterwerfen zu lassen, wenn er nicht schneller arbeite. „Wann ist die Decke fertig?“ fragte Julius. „Wenn sie fertig ist“, antwortete Michelangelo knapp. Der Papst wurde rot vor Zorn und äffte ihn nach: „Wenn sie fertig ist! Wenn sie fertig ist!“ Doch der geniale Künstler setzte seine Arbeit unbeirrt fort.

Inzwischen hatten sich die Menschen im Vatikan an Michelangelos sonderbare Erscheinung gewöhnt. Haare und Bart waren mit Farbe bekleckst. Seine Kleider waren zerrissen und mit Mörtel beklebt. Und er lief mit gesenktem Kopf herum, da das helle Tageslicht in seinen Augen schmerzte. Viele Menschen auf der Straße hielten ihn für einen Verrückten und machten sich über ihn lustig, wenn er an ihnen vorbeilief.

Er gestattete sich keine Ablenkung von der Arbeit, und im Herbst 1512 war das riesige Werk schließlich fertig – fast viereinhalb Jahre nach der Unterzeichnung des Vertrags mit dem Papst. Gerüst und Abdeckungen wurden abgebaut, und am Vorabend von Allerheiligen sahen Julius und sein Hofstaat das fertige Deckengemälde zum ersten Mal. Am nächsten Tag wurde die päpstliche Palastkapelle feierlich wiedereröffnet.

Michelangelo nahm nicht an der Messe teil. Er hatte es eilig, zu seiner Bildhauerei zurückzukehren, und schrieb an seinen Vater: „Ich habe die Kapelle fertig, die ich ausmalte: Der Papst ist hochzufrieden ...“

Szenen aus dem Alten Testament *Die Urgeschichte der Menscheit hat Michelangelo in einer Serie von neun Szenen, mit denen er das Deckengewölbe der Sixtinischen Kapelle im Vatikan bemalt hat, dargestellt. Das moderne Gerüst (links unten im Bild) verdeutlicht die Größenordnung der Kapelle, deren Höhe 21 m beträgt.*

Die Rettung des *Abendmahls* *Die Restaurierung des 500 Jahre alten Wandgemäldes von Leonardo da Vinci in Mailand geschieht in einem langwierigen Verfahren. So dauerte es sechs Jahre, bis das erste Viertel des Werks restauriert war.*

ser lief in Rinnsalen an dem Gemälde herunter. Jedesmal wenn der Vorhang zurückgezogen wurde, kratzte der Stoff über die Oberfläche.

Weiteren Schaden richteten Napoleons Truppen an, die das Refektorium 1796 als Waffenlager und Pferdestall benutzten. Schließlich schlug 1943 eine Bombe wenige Meter neben dem Gemälde ein, doch es überlebte auch diese Katastrophe.

Jetzt wird das Bild restauriert, und das nicht zum ersten Mal. Seit 1726, als der Maler Michelangelo Bellotti das von Schimmelpilzen befallene Werk mit Ölfarben auszubessern versuchte, ist dies der siebte größere Versuch.

Die Voruntersuchungen für diese jüngste Restaurierung begann die Italienerin Dr. Giuseppina Brambilla im Jahr 1977, bevor sie drei Jahre später mit der auf zwölf Jahre veranschlagten Arbeit begann. Zentimeter für Zentimeter betrachtete sie das Gemälde durch ein Hochleistungsmikroskop und entfernte die Schmutzablagerungen und die Übermalungen früherer Restaurierungen. Denn das Gemälde war auf dramatische Weise verändert worden.

Die Restauratorin arbeitet mit einem speziell entwickelten Lösungsmittel, das sie auf das Bild auftupft und dann, ehe es die ursprünglichen Farben von Leonardo da Vinci schädigen kann, wieder entfernt. Diesen Vorgang wiederholt sie mehrmals, um die zähen Schmutz- und Lackschichten abzuheben.

Nach und nach korrigiert sie die in Jahrhunderten vorgenommenen Veränderungen – der Apostel Simon trägt jetzt statt eines Vollbarts nur noch einen Kinnbart – und entdeckt längst vergessene Details wieder. So spiegelt sich jetzt z. B. an einer ehemals dunklen Stelle des Gemäldes eine Zitronenscheibe in einer Zinnschale.

Die unwiederbringlich verlorenen Flächen füllte Frau Brambilla mit einer neutralen Wasserfarbe.

Ebenfalls seit 1980 wird im Vatikan ein nicht minder bedeutendes Kunstwerk restauriert: die Deckenfresken in der Sixtinischen Kapelle, die Michelangelo von 1508 bis 1512 gemalt hat.

Sie sind in wesentlich besserem Zustand als das *Abendmahl*, und die Hauptaufgabe der Restauratoren besteht im Reinigen. Die Kapelle ist immer mit Kerzen beleuchtet und mit Holzkohlepfannen beheizt worden, so daß die Fresken im Lauf von fast 500 Jahren dunkel geworden sind.

Der italienische Chemiekonzern Montedison hat eine Art Brei entwickelt, mit dem Fresken gereinigt werden können. Dazu wird die Paste auf Streifen aus porösem Papier aufgetragen. Diese Streifen legt man auf das Fresko auf, drückt sie etwa zehn Minuten an. Hebt man sie ab, bleibt der Schmutz darin hängen.

In der Sixtinischen Kapelle wird eine ähnliche Technik angewendet, doch läßt man das Reinigungsmittel AB-57 lediglich drei Minuten einwirken, bevor es abgewaschen wird. Der Vorgang wird nach 24 Stunden wiederholt.

Die Restaurierung der Deckenfresken ist allerdings sehr umstritten. Die leuchtenden Farben, die jetzt freigelegt werden, entsprächen nicht dem Original, sagen die Kritiker. Sie glauben, daß beim Restaurieren kleine Farbteilchen entfernt werden, die Michelangelo *a secco* (nach Trocknen des Mörtels) aufgetragen habe.

Andere Experten rechtfertigen die Restaurierung damit, daß die Fresken, die früher mit starken Halogenleuchten angestrahlt werden mußten, nun bei Tageslicht gut zu sehen sind.

Restauratoren wenden immer ausgeklügeltere Techniken an. Manche setzen Infrarotreflektoren ein, um den mit Kohle skizzierten Entwurf unter der Maloberfläche sichtbar zu machen. Andere benutzen Bildverstärker, jene Geräte, mit denen auch die NASA Weltraumaufnahmen verbessert.

Mit Computern läßt sich berechnen, wie stark sich die Farbpigmente eines Gemäldes verändert haben, und wie die Farbkorrekturen zu dosieren sind. Dabei berücksichtigt der Computer eine ganze Reihe von Faktoren. Einige Farben verändern sich z. B. schneller als andere, und bestimmte Pigmente könnten durch Reaktionen mit dem Firnis verändert worden sein.

Königinnengrab *In dem 3200 Jahre alten Grab der Königin Nofretari in Theben injiziert ein Konservator eine Acrylharzemulsion, um abblätternden Gips zu binden.*

Die Erforschung des Weltraums

Während Astronauten in der unendlichen Weite des Raums erste Gehversuche unternehmen, entwickeln Astronomen immer leistungsfähigere Geräte, um von der Erde aus bis an die Grenzen des Universums vorzustoßen.

Wie man im All in die richtige Richtung steuert, Seite 168

25

Der Antrieb einer Weltraumrakete

Am 12. April 1981 startete von Cape Canaveral aus die erste Raumfähre, die *Columbia*, zu ihrem Jungfernflug ins All. Ihre Schubkraft bezog sie von drei Triebwerken, die mit flüssigem Treibstoff arbeiteten, sowie von zwei abwerfbaren Raketen mit Feststoffantrieb. Grundsätzlich funktioniert ein Raumtransporter nach demselben Prinzip wie ein aufgeblasener Luftballon, der quer durchs Zimmer saust, wenn man die Luft entweichen läßt. Es ist das Prinzip von Kraft und Gegenkraft.

Im 17. Jh. faßte der englische Physiker Sir Isaac Newton dieses Prinzip in dem Satz zusammen: „Kraft und Gegenkraft sind gleich groß, aber entgegengesetzt gerichtet." Auf den Luftballon übertragen, bedeutet dies, daß die Kraft, die ihn vorwärts treibt, gleich groß ist wie die entgegengesetzt gerichtete Kraft, mit der die Luft aus dem Balloninnern entweicht.

Im Unterschied zu einem Ballon enthält eine Rakete jedoch kein komprimiertes (zusammengepreßtes) Gas; dieses entsteht erst, wenn fester oder flüssiger Treibstoff verbrannt wird. Dann allerdings ist das Prinzip dasselbe: Die heißen Gase strömen am Heck der Rakete aus und treiben sie mit der gleich großen, jedoch dem Gasstrom entgegengesetzt gerichteten Kraft vorwärts. Und anders als der Luftballon ist eine Rakete so konstruiert, daß sie einen festen Kurs hält.

Die drei mit flüssigem Treibstoff arbeitenden Triebwerke der *Columbia* verbrauchen zusammen etwa 100 t Treibstoff pro Minute; dabei erzeugt der abwärts gerichtete Gasstrahl eine aufwärts gerichtete Schubkraft von 640 t. Die Gase der beiden mit Feststoff angetriebenen Raketen erzeugen eine Schubkraft von etwa 2400 t. Der Gesamtschub des Raumtransporters beträgt also mehr als 3000 t. Da der vollgetankte Raumtransporter nur etwa 2000 t wiegt, reicht diese Kraft aus, ihn vom Boden abheben zu lassen und so zu beschleunigen, daß er einen bestimmten Punkt im All erreicht, wo er in eine vorbestimmte Umlaufbahn um die Erde einschwenkt.

Das erste wiederverwendbare Raumschiff
Flammenspeiend und Rauchwolken ausstoßend, startet der Raumtransporter Columbia *zu einem Flug ins All. Zwei Minuten nach dem Start lösen sich die beiden wiederverwendbaren Trägerraketen vom Haupttank und sinken an Fallschirmen zur Erde. Nach weiteren sechs Minuten wird auch der große Tank abgeworfen; er verglüht bei seinem Wiedereintritt in die Atmosphäre. Die Raumfähre selbst kehrt unversehrt zur Erde zurück.*

Navigation in den Weiten des Alls

Im August 1989 flog die unbemannte Raumsonde *Voyager 2* an dem von der Erde weit entfernten Neptun vorbei und machte aus nächster Nähe Aufnahmen von dem riesigen Planeten und seinen vielen Monden. Um so exakte Fotos wie nur möglich zu bekommen, mußte man von der Bodenkontrollstation aus die Position von *Voyager 2* genau bestimmen – und tatsächlich gelang dies bis auf 34 km genau, obwohl das Raumschiff fast 5 Mio. km zurückgelegt hatte.

Weltraumtechniker haben verschiedene Möglichkeiten, solche Meisterleistungen der Navigationskunst zu vollbringen. So sind Raumschiffe z. B. mit einem sogenannten Trägheitsnavigationssystem ausgestattet, das zwei Aufgaben erfüllen kann: Zum einen registrieren Gyroskope, frei aufgehängte Kreisel, jede Richtungsänderung auf den drei Achsen eines Raums und überwachen so die Flugbahn des Raumschiffs. Zum anderen geben Beschleunigungsmesser jede Veränderung der Geschwindigkeit an. Die so ermittelten Daten werden in einen Bordcomputer eingespeist, der zu jedem gewünschten Zeitpunkt die zurückgelegte Wegstrecke der Raumsonde sowie ihre Flugrichtung und -geschwindigkeit errechnet.

Den Weg der bemannten *Apollo*-Raumschiffe zum Mond verfolgte man von der Erde aus auch, indem man die Sprechfunkverbindung zu den Astronauten ausnutzte. Mit Hilfe von Radioteleskopen konnte man bestimmen, in welche Richtung sich das Raumschiff bewegte. Ferner konnte man über die Signale die Entfernung der *Apollo* von der Erde ermitteln. Man teilte die Zeit, die die Funksignale benötigten, um das Raumschiff zu erreichen und wieder zur Erde zurückzukehren, durch die Geschwindigkeit der Radiowellen (sie entspricht der Lichtgeschwindigkeit, beträgt also fast 300 000 km/s). Nachdem man Richtung und Entfernung der Raumkapsel kannte, konnte man nun den jeweiligen Standort errechnen.

Eine weitere Auswertung der Signale ergab auch, mit welcher Geschwindigkeit die *Apollo*-Kapsel durch den Weltraum flog. Wenn sich ein Sender, der Radiowellen ausschickt, bewegt, verändern sich Frequenz und Wellenlänge entsprechend der Geschwindigkeit des Senders. Dies ist ein Beispiel für den sogenannten Doppler-Effekt: Die Frequenz steigt oder fällt, je nachdem, ob sich die Raumkapsel zur Erde hin- oder von ihr wegbewegt. Und je schneller ein Raumschiff fliegt, um so größer ist die Veränderung der Wellenlänge.

Wartungstechniker am Himmel *Um den steuerlos trudelnden Nachrichtensatelliten* Westar VI *zu bergen, unternahm der amerikanische Astronaut Dale Gardner (links) von der Raumfähre* Discovery *aus einen Spazierflug ins All. Er trug dabei eine Art Rucksack mit Düsentriebwerken, die er zündete, nachdem er sich an den Satelliten angekoppelt hatte. Auf diese Weise gelang es ihm, den rotierenden Satelliten erst einmal zum Stillstand zu bringen. Sein Kamerad Joseph Allen holte dann mit einem Auslegerarm Satellit und Astronaut sicher zur Raumfähre zurück.*

Vor jedem Flug hatte man sowohl den Weg, den das *Apollo*-Raumschiff nehmen sollte, als auch die Geschwindigkeit exakt bestimmt. Wenn nun die Funksignale und das Trägheitsnavigationssystem an Bord nur die geringste Abweichung anzeigten, forderte die Bodenkontrollstation die Astronauten auf, kleine Raketentriebwerke zu zünden, um den Kurs zu korrigieren. Bei den heutigen Raumfähren weisen die Computer am Boden bei notwendigen Richtungsänderungen direkt den Bordcomputer der Fähre an, die entsprechenden Raketen zu zünden.

In unbemannten Raumsonden sind Navigationshilfssysteme installiert. Damit ein Raumschiff nicht manövrierunfähig durch den Weltraum trudelt, muß seine Position auf drei verschiedenen Achsen stabilisiert werden. Bei den weitfliegenden *Voyager*-Sonden ist eine Achse durch die Position unseres Planeten vorgegeben: Die Funkantenne der Raumsonden zeigt immer zur Erde. Die anderen beiden Achsen werden durch Lichtsensoren bestimmt: Einer ist auf die Sonne gerichtet, der andere auf einen hellen Stern – auf Regulus bei *Voyager 1*, auf Canopus bei *Voyager 2*.

Eine andere Raumsonde, die eine exakte

Route benötigte, war *Giotto*, die von der Europäischen Weltraumorganisation ESA ins All geschickt wurde. Ihre Aufgabe war es, im März 1986 in möglichst geringer Entfernung an dem Halleyschen Kometen vorbeizufliegen und Detailaufnahmen vom festen Kern des Schweifsterns zur Erde zu funken. Dabei lag die Schwierigkeit nicht darin, *Giotto* exakt zu steuern; vielmehr hatte man das Problem, die Position des Ziels, also des Kometenkerns, genau zu bestimmen. Dies wurde nur durch eine bemerkenswerte internationale Zusammenarbeit möglich.

Zwei sowjetische Sonden, *Vega* genannt, erreichten etwa eine Woche vor *Giotto* den Kometen, an dem sie im Abstand von 8000 km vorbeiflogen. Aus dieser noch sehr großen Entfernung schossen sie die ersten Fotos vom Kern und funkten sie zur Erde. Über die Radioteleskope in aller Welt fingen amerikanische Wissenschaftler die sowjetischen Funksignale auf und bestimmten exakt, wo sich die *Vega*-Sonden aufhielten. Mit diesen Daten vom Standort der Sonden und mit Hilfe der *Vega*-Aufnahmen konnten die sowjetischen Wissenschaftler wiederum die genaue Position des Kometenkerns ermitteln. Diese Information versetzte nun die Raumfahrttechniker der ESA in die Lage, *Giotto* in die richtige Entfernung zum Kern zu manövrieren. Während der Kometenkern in einem Abstand von nur 650 km an *Giotto* vorbeisauste, machte die Sonde gestochen scharfe Aufnahmen, die die Astronomen in Erstaunen versetzten. Der Kern des Halleyschen Kometen, eine dichte Masse aus Eis und Fels, stellte sich als ein tiefschwarzes, 15 km langes und 8 km breites Gebilde mit der Form einer Kartoffel heraus. An seiner der Sonne zugewandten Seite schossen gewaltige Dampffontänen und mit leuchtenden Gasstrahlen vermischter Staub in den Weltraum.

Die alltäglichen Probleme der Astronauten an Bord eines Raumschiffs

In der Pionierzeit der Raumflüge in den 60er Jahren mußten Astronauten mit appetitzügelnder Tubennahrung vorliebnehmen, die sie direkt in den Mund drückten. Die Besatzung der Raumtransporter heute bekommt schmackhafte Mahlzeiten, die auf einem Tablett serviert und mit Messer, Gabel und Löffel gegessen werden können.

Als der erste Kosmonaut, Juri Gagarin, am 12. April 1961 ins All aufbrach, wußte man noch nicht, wie ein Mensch die Anforderungen eines Raumflugs verkraften würde. Konnte der menschliche Körper den beim Raketenstart entstehenden Druck aushalten, der das Körpergewicht immerhin auf das Sechsfache erhöht? Würde er dem unmittelbar darauf folgenden Zustand der Schwerelosigkeit gewachsen sein? Konnten die Astronauten überhaupt essen und trinken, wenn es keine Schwerkraft mehr gab, die bewirkte, daß Speisen und Getränke die Speiseröhre hinabrutschten? Nach mehr als einem Vierteljahrhundert bemannter Raumfahrt kann man alle diese Fragen – mit gewissen Einschränkungen – mit Ja beantworten.

Im Weltraum leben die Astronauten in einer künstlichen Atmosphäre aus Stickstoff und Sauerstoff; der Luftdruck entspricht dem, der auf der Erde auf Meereshöhe herrscht, Temperatur und Luftfeuchtigkeit werden als angenehm empfunden. Für diese Bedingungen sorgt die Klimaversorgungsanlage des Raumschiffs. Verbrauchte Luft und Gerüche werden über eine Umwälzanlage abgeleitet, in der Kohlendioxidabsorber und Holzkohlefilter die Luft wieder reinigen. Der Stickstoff für das Luftdrucksystem kommt aus Drucktanks. Der Sauerstoffbedarf wird durch einen Vorrat an Flüssigsauerstoff gedeckt.

Speiseplan für den Flug durchs All

Den Astronauten steht heute eine reichhaltige Auswahl an Speisen zur Verfügung, und es wird viel Mühe darauf verwandt, sie appetitanregend zuzubereiten.

Und so sieht ein typischer Tagesspeiseplan für Astronauten aus: Zum Frühstück gibt es Pfirsiche, Kleieflocken, Rühreier und Kakao; das Mittagessen besteht aus Corned beef mit Spargel, Erdbeeren und einem Mandelriegel; und als Abendessen werden im All Krabbencocktail, Steak, gratinierte Brokkoli, Karamelpudding und ein tropisches Punschgetränk, natürlich alkoholfrei, serviert.

Man nutzt die modernsten Konservierungsverfahren aus, um die Nahrungsmittel frisch zu halten. Die Rühreier z. B. werden – wie viele andere Speisen auch – getrocknet. Indem man die Lebensmittel dehydriert, d. h. ihnen das Wasser entzieht, spart man Gewicht, eine vordringliche Aufgabe bei jedem Raumflug. Die getrockneten Lebensmittel müssen vor dem Verzehr nur mit Wasser gemischt werden.

Steaks werden vorgebraten und eingeschweißt. Der ebenfalls vorgekochte Karamelpudding wird in Büchsen konserviert. Die Erdbeeren sind gefriergetrocknet, so daß sie ihre Form bewahren und fest bleiben. Auch sie müssen zum Essen mit Wasser versetzt oder im Mund mit Speichel aufgeweicht werden.

Die Bordmahlzeiten sind für jeden Astronauten einzeln abgepackt und werden vom jeweiligen „Küchenchef des Tages" in der Bordküche, die mit Ofen, Vorratsschrank und Wasserspender ausgestattet ist, zubereitet, auf die Tabletts verteilt und mit Magneten und Klett- oder Klebebändern fixiert.

Die Astronauten befestigen ihre Tabletts auf dem tragbaren Eßtisch oder auch an den Kabinenwänden. Normalerweise essen sie im Stehen, die Füße in dafür vorgesehene Halterungen gesteckt, um nicht abzuheben. Wenn sie ihre Essenspackungen öffnen, fliegen die Speisen nicht davon, wie manche glauben. Viele Nahrungsmittel enthalten Flüssigkeit oder sind mit einer Soße bedeckt; durch die Oberflächenspannung der Flüssigkeit verbleiben die Speisen in ihren Behältnissen.

Wenig Schwierigkeiten bereitet es, mit

Unterhaltsame Mahlzeiten in der Schwerelosigkeit *Normalerweise hält im Weltraum die Oberflächenspannung eine Flüssigkeit in ihrem Gefäß. Gelangt sie aber wie dieser Orangensaft hinaus, so schwebt sie wie ein Ball durch die Luft.*

Messer, Gabel und Löffel zu essen, da die Speisen daran haftenbleiben. Doch die Astronauten müssen langsam und vorsichtig essen, denn bei ruckartigen Bewegungen würden sich die Speisen selbständig machen und in der Kabine herumfliegen.

Das Trinken jedoch verursacht gewisse Schwierigkeiten. Man kann nicht einfach ein Glas Orangensaft einschenken, weil der Saft im Behälter bleiben würde; man könnte ihn zwar herausschütteln, doch die Folge wäre, daß der Saft nicht im Glas landen, sondern in Form von Tröpfchen in der Luft hängen würde. Deshalb müssen sich die Astronauten Getränke mit einer Art Wasserpistole in den Mund spritzen oder sie mit einem Strohhalm aus einem Behälter saugen. Das Saugen funktioniert wie auf der Erde auch, da die Flüssigkeit aufgrund des Luftdrucks durch den Strohhalm nach oben fließt.

12 500 Kilojoule am Tag

Die Mahlzeiten sind so zusammengestellt, daß die Astronauten durchschnittlich 12 500 kJ am Tag zu sich nehmen. Das erscheint recht viel für ein Leben in einem abgeschlossenen Raum ohne jede Schwerkraft. Aber die Astronauten verbrauchen selbst bei den einfachsten Tätigkeiten sehr viel Energie. Wenn sie an einem Griff drehen wollen, drehen sie sich mit. Und wenn sie sich bücken, um einen Schnürsenkel zu binden, so fangen sie an, Purzelbäume zu schlagen.

Die Nahrung für die Besatzung eines Raumschiffs muß anders zusammengesetzt sein als Mahlzeiten auf der Erde, um den Veränderungen im Körper der Astronauten während eines Weltraumfluges Rechnung zu tragen. Diese Veränderungen treten bereits in dem Moment auf, in dem die Astronauten in den schwerelosen Raum eintreten, und machen sich schon nach einer Woche deutlich bemerkbar. Je länger der Flug dauert, um so stärker ist der Körper in Mitleidenschaft gezogen.

Zu den folgenschwersten Veränderungen zählt der Calciumverlust, der eine merkliche Verringerung der Knochenmasse und -stärke zur Folge hat. Ferner verringert sich fortschreitend die Anzahl der roten Blutkörperchen. Wodurch diese Erscheinungen ausgelöst werden, weiß man noch nicht.

Da sie keine Schwerkraft mehr zu überwinden haben, bilden sich die Herzmuskeln zurück. Ebenso verringert sich die Beinmuskulatur, da ein Gehen wie auf der Erde im All unmöglich ist; man kann einfach die Füße nicht am Boden halten.

Mit einer an Mineralstoffen reichen Kost kann man diesen Veränderungen zwar entgegenwirken, sie aber nicht in dem von Weltraummedizinern gewünschten Umfang verhindern. Körperübungen sollen helfen, den Muskelschwund aufzuhalten. Sie sind vor allem dann lebenswichtig, wenn sich die Astronauten sehr lange im Weltraum aufhalten, wie z. B. die sowjetischen Kosmonauten, die sich zwischen sechs und zwölf Monaten in den Raumstationen *Saljut* und *Mir* aufhielten.

Körperliche Entsorgungsprobleme

Nahezu die Hälfte aller Astronauten leidet während der ersten Tage eines Fluges unter Raumkrankheit. Sie kämpfen mit Kopfschmerzen und Schweißausbrüchen, Übelkeit und Brechreiz. Es handelt sich dabei um eine gesteigerte Form der auch auf der Erde bekannten Reisekrankheit; verursacht wird sie durch die Schwerelosigkeit, die die Gleichgewichtsorgane im Innenohr stört. Die Brechtüten müssen nach Gebrauch hygienisch einwandfrei beseitigt werden, da sich sonst Keime in dem begrenzten Lebensraum rasch ausbreiten könnten.

Nicht weniger wichtig ist die Beseitigung der normalen körperlichen Ausscheidungen, die von der amerikanischen Raumfahrtbehörde NASA elegant als „digestive Entsorgung“ umschrieben wird. In der Schwerelosigkeit werden diese Körperausscheidungen zum Problem. Fehlt die Schwerkraft, bleiben sie dort haften, wo sie aus dem Körper austreten.

Zu Beginn des Raumfahrtzeitalters trugen die Astronauten an den entsprechenden Körperteilen Beutel – eine unangenehme Lösung des Problems. Die modernen Raumtransporter dagegen verfügen über eine Toilette mit Spülung, die allerdings nicht mit Wasser, sondern mit Luft funktioniert. Die Toilette ist mit Fußhaltern und einem Sitzgurt sowie mit einem separaten Schlauch ausgerüstet, über den der Urin abgeleitet wird. Dieser Urinschlauch ist biegsam und hat ein becherförmiges Ende, das so gestaltet ist, daß es sowohl von Frauen als auch von Männern benutzt werden kann. Der Urin wird mit Hilfe von Luft abgesaugt und in einen Tank geleitet, wo er mit anderen Abwässern vorübergehend lagert. In regelmäßigen Abständen entleert man den Tankinhalt ins Vakuum des Weltraums, wo er verdampft.

Die festen Exkremente werden mit einem Luftstrom direkt unter dem Sitz in einen Behälter befördert. Der Inhalt des Behälters wird später dem Vakuum ausgesetzt, so daß die Ausscheidungen eintrocknen. Endgültig entsorgt wird der Behälter erst nach der Rückkehr der Raumfähre zur Erde.

Satelliten kreisen um die Erde

Am 4. Oktober 1957 katapultierte eine sowjetische Rakete eine Metallkugel namens *Sputnik 1* in den Weltraum. *Sputnik* fiel weder auf die Erde zurück, noch entschwand er in die Weiten des Raums. Scheinbar den Gesetzen der Schwerkraft trotzend, umkreiste er die Erde im Abstand von nur ein paar hundert Kilometern, bis er nach drei Monaten schließlich verglühte.

Obwohl es so scheint, setzen sich Satelliten nicht wirklich über die Schwerkraft hinweg. Vielmehr fallen sie beständig auf die Erde zu, gleich dem Apfel, den Sir Isaac Newton fallen sah und der ihn die Gesetze der Schwerkraft entdecken ließ.

Ein gigantisches Weltraumlaboratorium *In 435 km Höhe umkreiste die* Skylab-*Raumstation die Erde. Durch den atmosphärischen Widerstand verringerte sich ihre Geschwindigkeit von Mai 1973 bis Juli 1979 so weit, daß sie während ihrer 34 981. Erdumrundung verglühend über Südwestaustralien abstürzte.*

Satellitenstart vom Weltraum aus *Während die Raumfähre* Discovery *im August 1985 die Erde umkreiste, startete sie von ihrem Laderaum aus einen Nachrichtensatelliten. Es handelte sich um einen geostationären Satelliten, der immer über demselben Punkt der Erde steht.*

Der entscheidende Unterschied zwischen dem Apfel und dem Satelliten liegt darin, daß ein Satellit sich sehr schnell, nämlich mit 7,9 km/s, und außerdem in weitaus größerer Höhe bewegt.

Ein Beispiel mag das Prinzip verdeutlichen: Man stelle sich vor, man steht auf dem Gipfel eines Berges, der 150 km über die Erdoberfläche hinausragt. Läßt man einen Apfel fallen, so fällt er senkrecht hinunter. Wirft man den Apfel jedoch zum Horizont hin, so fällt er zwar auch, aber seine Flugbahn beschreibt nun eine Kurve. Ist die Wurfgeschwindigkeit groß genug, so entspricht die Fallkurve, die der Apfel beschreibt, der Krümmung der Erdoberfläche. Obwohl der Apfel ständig fällt, krümmt sich die Erdoberfläche im selben Maß unter ihm weg. Das Ergebnis ist, daß der Apfel der Erdoberfläche niemals näher kommt, sondern in eine Umlaufbahn einschwenkt.

Eine Rakete, die einen Satelliten in eine Umlaufbahn schießen soll, muß diesem – neben der senkrechten Schubkraft, die ihn in die Höhe katapultiert – auch eine so große waagrechte Geschwindigkeit geben, daß seine Fallkurve stets an der Erde vorbeiläuft.

Ia Satelliten Reparatur GmbH *Der amerikanische Astronaut George Nelson (unten rechts) machte sich im April 1984 von der Raumfähre* Challenger *aus auf den Weg durchs All, um den Satelliten* Solar Max *zu reparieren. Die Astronauten bezeichneten sich dabei selbst scherzhaft als „Ia Satelliten Reparatur GmbH".*

Indem die Raumfahrttechniker das Verhältnis von senkrecht und waagrecht zur Erdoberfläche wirkender Schubkraft berechnen und ausnutzen, können sie einen Satelliten in eine Umlaufbahn in jeglicher Höhe und Form – von kreisförmig bis elliptisch (eiförmig) – dirigieren. Je größer die senkrechte Schubkraft ist, um so höher liegt auch die Umlaufbahn. Und je größer die waagrechte Schubkraft ist, um so elliptischer wird die Umlaufbahn sein.

Fast alle Nachrichten- oder Kommunikationssatelliten – sie übertragen Rundfunk- und Fernsehsendungen, Telegramme, Telefongespräche und Daten – bewegen sich in einer Höhe von etwa 36 000 km über dem Äquator auf einer kreisförmigen Umlaufbahn. In dieser Höhe ist die Umlaufgeschwindigkeit des Satelliten exakt so groß, daß er sich stets parallel zur Drehung der Erde bewegt und damit immer auf demselben Punkt über der Erdoberfläche steht. Diese sogenannten geostationären Satelliten haben den Vorteil, daß man feste Richtantennen zur Signalübertragung verwenden kann und nicht einem beweglichen Objekt über den Himmel folgen muß.

Eigentlich sollte ein Satellit, einmal in seine Umlaufbahn gebracht, für immer im Weltall bleiben. Verläuft die Satellitenumlaufbahn jedoch in einer Höhe von nur ein paar hundert Kilometern über der Erde, so entsteht durch die schwache Atmosphäre, die hier noch vorhanden ist, Reibung, die den Satelliten abbremst. Seine Geschwindigkeit verlangsamt sich im Lauf der Zeit mehr und mehr, bis er schließlich auf die Erde zurückstürzt und dabei in der Atmosphäre verglüht.

Ferngesteuert: Raumsonden zu anderen Planeten

Astronomen wissen heute eine Menge über die Planeten des Sonnensystems. Man hat genaue Karten von Merkur, Venus und Mars sowie von den zahlreichen Monden der äußeren Planeten. Es gibt Filmaufnahmen vom Wetter auf dem Jupiter und von den um den Saturn rotierenden Ringen. Sogar Bilder, die auf der Mars- und Venusoberfläche selbst gemacht wurden, stehen den Astronomen zur Verfügung. Alle diese Informationen haben unbemannte Raumsonden zusammengetragen, die von der Erde aus gelenkt wurden.

Eine Raumsonde wird ähnlich dirigiert wie ein ferngesteuerter Roboter, nämlich über Funksignale.

Um entsprechend starke Signale aussenden zu können, die die Sonden auch in großer Entfernung noch erreichen, hat man überall auf der Welt Parabolantennen errichtet, die wie riesige flache Schüsseln aussehen. Drei dieser Parabolantennen unterstehen der amerikanischen Raumfahrtbehörde NASA und bilden das sogenannte *Deep Space Network* (DSN; Funksystem für den entfernten Weltraum); sie haben einen Durchmesser von 64 m und stehen in Kalifornien, Spanien und Australien, so daß man zumindest über eine der drei Antennen immer mit einem Satelliten in Verbindung bleiben kann.

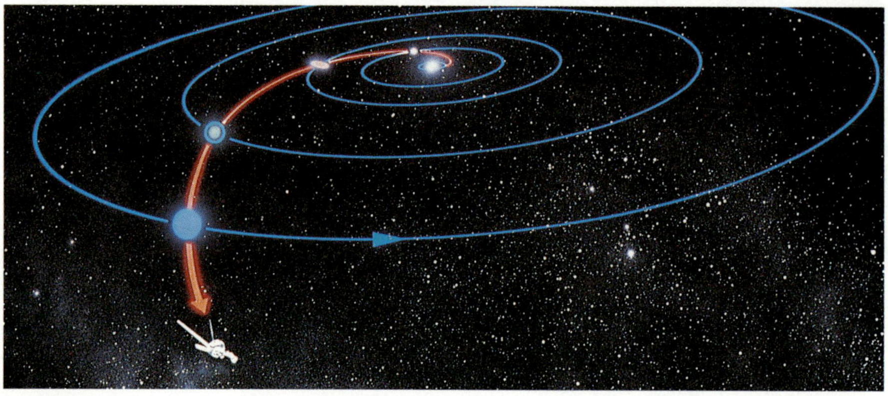

Voyager 2 **auf der Reise von Planet zu Planet** *Seit ihrem Start am 20. August 1977 ist* Voyager 2 *an Jupiter, Saturn, Uranus und Neptun vorbeigeflogen; dabei hat die Sonde wissenschaftliche Daten gesammelt, Fotos gemacht und alles zur Erde gefunkt.*

Das Kontrollzentrum für die amerikanischen Raumsonden ist im Jet Propulsion Laboratory in Pasadena, Kalifornien, untergebracht; von hier gehen die Funkbefehle zunächst an die jeweilige DSN-Antenne. Diese gibt sie entsprechend verstärkt an die Raumsonde weiter, die den Funkbefehl über ihre Richtantenne empfängt.

Um die Signale von der Erde klar auffangen zu können, sind die Antennen der Sonde im Verhältnis zu ihr selbst sehr groß, ja, manche Raumsonden sind im Endeffekt nur noch Anhängsel der Antennen. Die Antennen der *Pioneer*-Sonden z. B. haben

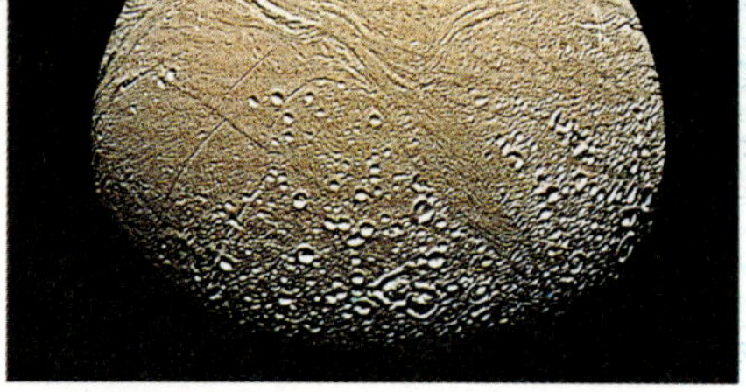

Falschfarbenbild vom Saturn *Die Falschfarbenbilder vom Saturn erleichtern es den Wissenschaftlern, die unterschiedliche Zusammensetzung der Atmosphäre leichter zu erkennen und zu analysieren.* Voyager *fotografierte aus einer Entfernung von 118 400 km auch Enceladus (rechts), einen der vielen Monde des Saturn.*

ATOMGENERATOREN LIEFERN STROM

Beide *Voyager*-Raumsonden beziehen ihre elektrische Energie von einem kleinen Atomgenerator. Er besteht aus drei jeweils 43 cm großen Metallzylindern, die an ihren Enden miteinander verbunden sind. In diesen Zylindern befindet sich radioaktives Plutoniumdioxid.

Um den Zylinderkern gruppieren sich Hunderte von Thermoelementen, die aus je einem Teil Silicium und Germanium bestehen.

Das Silicium an dem einen Ende eines jeden Thermoelements wird durch das zerfallende Plutonium erhitzt; als Ergebnis dieses Prozesses werden Elektronen freigesetzt, die sich dann zu dem in den kalten Weltraum hinausragenden anderen Ende aus Germanium hin bewegen und dadurch einen Strom erzeugen.

Als man die beiden *Voyager*-Sonden 1977 in den Weltraum schickte, erzeugten ihre Atomgeneratoren jeweils eine elektrische Leistung von 475 W. Doch mit dem fortschreitenden Zerfall des Plutoniums nimmt die Leistung jährlich um 7 W ab.

Merkur als Puzzle *Die Sonde* Mariner 10 *schickte eine Sequenz von mehr als 200 Bildern des Planeten Merkur zur Erde. Diese Bilder wurden dann wie ein Puzzle zusammengefügt. Die Oberfläche von Merkur, dem kleinsten Planeten im Sonnensystem, ähnelt der des Mondes; deshalb vermutet man, daß beide etwa gleich alt sind, nämlich mindestens 400 Mio. Jahre.*

einen Durchmesser von 2,7 m, die *Voyager*-Antennen sind sogar noch größer.

Über die Antenne geht das Signal an den Bordcomputer der Raumsonde, der die einzelnen Funktionsbereiche steuert. So kann man z. B. Triebwerke zur Kurskorrektur zünden oder eine Kamera eine Reihe von Fotos schießen lassen.

Umgekehrt sendet auch die Raumsonde Signale zur Erde. Einige davon sind lediglich Routinemeldungen, die den Technikern am Boden anzeigen, daß alle Systeme fehlerlos arbeiten. Andere Signale wiederum übermitteln z. B. Planetenaufnahmen zur Erde.

Eine Raumsonde verfügt jedoch nur über eine begrenzte Menge an Energie, um Signale auszusenden. Liegt das Reiseziel in Sonnennähe, so rüstet man die Sonde mit Solarzellen aus, die Sonnenlicht in elektrische Energie umwandeln können. Eine Sonde dagegen, die Kurs auf weit von der Sonne entfernte Gebiete nimmt, ist von der Stromerzeugung kleiner Atomgeneratoren abhängig.

Wenn Raumsonden (wie *Voyager 1* und *Voyager 2*) Milliarden von Kilometern in den Weltraum hinausfliegen, werden ihre Funksignale ständig schwächer; sie betragen nur noch ein zehnbilliardstel Watt und müssen von den DSN-Antennen entsprechend verstärkt werden. Doch nicht nur die zunehmende Abschwächung der Funksignale bereitet dem Bodenkontrollzentrum Schwierigkeiten, sondern auch die lange Zeit, die vergeht, bis ein Funksignal von der Erde die Sonde erreicht. Als *Voyager 2* im August 1989 an Neptun vorbeiflog, war die Sonde etwa 4,5 Mrd. km von der Erde entfernt; trotz ihrer Lichtgeschwindigkeit brauchten die Funksignale gut vier Stunden, bis sie die Sonde erreichten. Dies bedeutete, daß man alle Steuerbefehle für den Flug an Neptun vorbei lange im voraus losschicken mußte. Dann konnte man im Bodenkontrollzentrum nur noch die Daumen drücken und hoffen, daß alles glattging, denn Kurskorrekturen in letzter Minute waren nicht mehr möglich. Tatsächlich passierte *Voyager 2* Neptun unbeschadet und funkte Bilder des Planeten und seiner acht Monde zur Erde.

Jupiter und seine Monde *1979 fotografierte* Voyager 2 *Jupiter und einige seiner Monde. Die stecknadelkopfgroße Kugel links über der Planetenoberfläche ist der Mond Europa; auf dem Bild ganz unten sieht man den Mond Io.*

Der rote Planet *1976 verließ ein kleines Landegerät die Raumsonde* Viking 1 *und flog zum Mars. Dort suchte es in Proben des roten, felsigen Marsbodens nach Spuren von lebenden Organismen – vergeblich.*

Dürreprognosen und Ölsuche aus großer Höhe

Mitte der 70er Jahre stellte eine Gruppe von Wissenschaftlern fest, daß auf den fast 9000 Feldern des kalifornischen Imperial Valley 25 verschiedene Arten von Getreide und Feldfrüchten wuchsen. Dabei waren die Wissenschaftler niemals auch nur in der Nähe des Tals gewesen – sie hatten lediglich Fotos ausgewertet, die ein Satellit aufgenommen hatte, der in einer Höhe von 920 km über das Tal geflogen war.

Eine Reihe von unbemannten Raumflugkörpern wie die amerikanischen *Landsat*-Satelliten oder der französische Erderkundungssatellit *Spot* wurden ins All geschossen nur zu dem Zweck, Fotos von der Erde zu machen. Mit Hilfe dieser Fotos kann man einzelne Feldfrüchte und ihr Wachstum überwachen oder Umweltverschmutzungen wie Ölteppiche auf dem Meer aufspüren; und sie helfen den Geologen bei der Suche nach Erdöl und Mineralen.

Die Normallichtfotografie ist für einige Zwecke ausreichend – etwa wenn Kartographen exaktere Landkarten herstellen wollen. So stellte man z. B. mit Hilfe der ersten *Landsat*-Satelliten fest, daß einige kleine Inseln im Pazifik in den Seekarten bis zu 16 km von ihrer tatsächlichen Position entfernt eingetragen waren.

Doch sehr viel mehr Informationen werden den Wissenschaftlern von Bildern geliefert, die nur bestimmte Bereiche des Lichtspektrums berücksichtigen. *Landsat* z. B. macht Aufnahmen, die sieben verschiedene Wellenlängen des Lichts herausgreifen. Drei davon liegen im sichtbaren Bereich des Lichts und bilden die Farben Blau, Grün und Rot; die restlichen vier liegen im Infrarot- oder infrarotnahen Bereich, der für das menschliche Auge normalerweise unsichtbar ist.

Diese Aufnahmen in sogenannten Falschfarben ermöglichen es, einzelne Gelände- oder Vegetationszonen auseinanderzuhalten. In begrenztem Maß ist dies auch bei Normallichtaufnahmen erreichbar: Nadelbäume etwa erscheinen in einem bläulicheren Grün als die Blätter von Laubbäumen. Die Falschfarbenbilder lassen jedoch noch eine sehr viel genauere Unterscheidung zu: Hier hat jede Pflanzenart einen charakteristischen Farbwert.

Am deutlichsten tritt der Unterschied zwischen den einzelnen Vegetationsarten im Bereich des infraroten Lichts hervor. Für Infrarotaufnahmen verwendet man Materialien, die auf infrarote Strahlung reagieren, und filtert das sichtbare Licht heraus. Auf der Fotografie erscheint dann die im Normalfall unsichtbare Infrarotstrahlung in einer sichtbaren Farbe, meist in Rot, wobei das normale Rot zu Grün und Grün zu Blau wird.

Da Pflanzen das Infrarotlicht besonders gut reflektieren, erscheinen sie auf den Falschfarbenbildern rot, wobei die verschiedenen Rotschattierungen von Feldern oder Plantagen der unterschiedlichen Infrarotreflexion der jeweiligen Pflanzenart entsprechen.

Mit Hilfe der von Satelliten gemachten Infrarotaufnahmen kann man auch herausfinden, ob in schwer zugänglichen Regionen Trockenheit herrscht. Der Wassergehalt der Pflanzenblätter bestimmt nämlich, wie stark das infrarote Licht reflektiert wird: Je geringer der Wassergehalt, desto schwächer die Infrarotstrahlung.

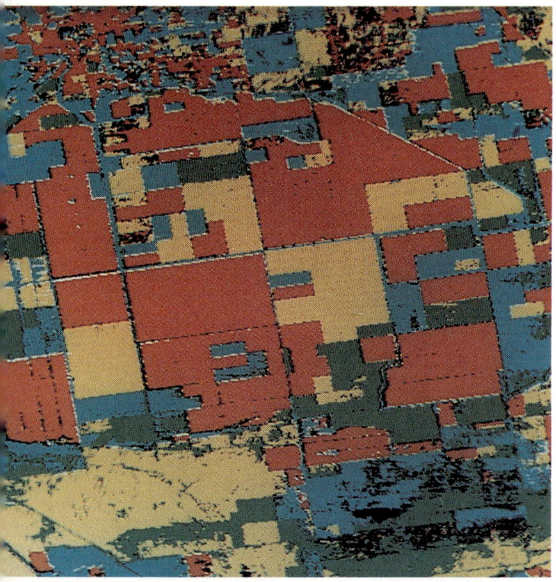

Bunte Felder *Um festzustellen, wie sich die Baumwollfelder im kalifornischen San Joaquín Valley verteilen, ließ man einen* Landsat-*Satelliten Falschfarbenbilder des Tals machen (oben). Die Baumwollpflanzungen erscheinen dabei in Rot, die Färberdisteln sind gelb, die Stoppelfelder grün und die Brachgebiete blau.*

Krebsgeschwür im Regenwald *Die* Landsat-*Aufnahme von 1981 (rechts) zeigt, wie weit im Territorium Rondônia in Brasilien bereits die Rodungsflächen (blau) in den Amazonasurwald (rot) hineinreichen und ihn zurückgedrängt haben.*

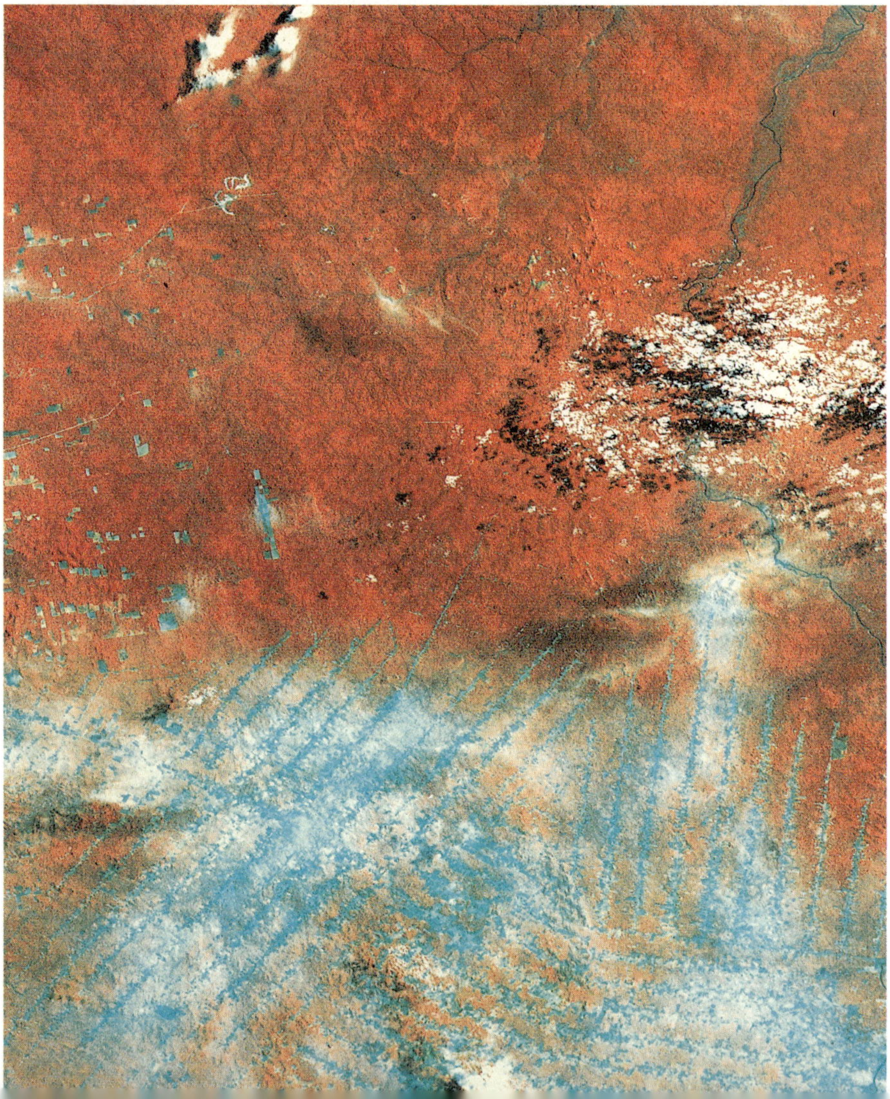

Auch Erdöl- und Mineralvorkommen lassen sich auf Satellitenbildern erkennen. Schon bei normalen Farbbildern geben die Farben des abgelichteten Gesteins Hinweise auf dessen Zusammensetzung: Kreide und Kalkgestein sind weiß, Granit ist im allgemeinen hell, Basalt dunkel. Aber wie die Pflanzen, so haben unter dem Infrarotauge der Kamera auch die verschiedenen Gesteinsarten charakteristische Farbwerte, die Auskunft geben, ob sie z. B. Mangan und Chrom enthalten. Selbst wenn die Felsen mit einer dünnen Erdschicht bedeckt sind, ist es möglich, von der jeweiligen Vegetation auf die Gesteinsart zu schließen.

Die Vogelperspektive der Satellitenbilder enthüllt ferner Unregelmäßigkeiten im Gestein sowie Wölbungen und Absenkungen in einer Felsformation, die vom Boden aus gar nicht auffallen, aus denen Geologen aber mit einer gewissen Wahrscheinlichkeit auf Mineral- oder Erdölvorkommen schließen können.

Die Sowjets hatten an Bord ihrer bemannten Raumstationen *Saljut* und *Mir* Kameras installiert, die sechs Bilder gleichzeitig im sichtbaren und infraroten Wellenbereich des Lichts schossen. Die Auswertung dieser Bilder führte zur Entdeckung neuer Erdgas- und Erdölvorkommen im Gebiet der Wolga und zwischen Kaspischem Meer und Aralsee.

Zukünftige Satelliten werden über noch umfangreichere Möglichkeiten verfügen. Wissenschaftler im Jet Propulsion Laboratory der NASA in Pasadena, Kalifornien, haben Geräte entwickelt, die die Erdoberfläche auf weitaus mehr Wellenbereichen gleichzeitig ablichten können als die sowjetischen Kameras. Damit werden die Erderkundungssatelliten noch mehr und immer genauere Informationen liefern.

Spion am Himmel *1984 machte ein amerikanischer Satellit diese sehr detaillierte Aufnahme von der Werft in der sowjetischen Schwarzmeerstadt Nikolajew, wo die Russen gerade ihren ersten atomgetriebenen Flugzeugträger bauten. Das Schiff ist noch in zwei Hälften geteilt – der Bug liegt unter den Portalkranen, das Heck daneben.*

Satellitenbilder: ihr Weg vom Himmel zur Erde

Weit draußen im Weltraum umkreisen unseren Planeten riesige Kameras, die auf der Erde Dinge selbst dann noch sehen, wenn sie nur einen Durchmesser von 30 cm haben. Diese Kameras sind auf Satelliten montiert, die etwa so groß wie ein Autobus sind. Das Militär nutzt derartige „Himmelsspione“, um das Waffenpotential seiner Gegner auszukundschaften.

Doch die Satellitenfotografie hat noch zahlreiche andere, friedlichere Aufgaben. Jeden Tag sieht man im Wetterbericht des Fernsehens Satellitenbilder von der Erde. Wissenschaftler verschiedener Bereiche studieren die Aufnahmen aus dem Weltraum, um auf der Erde neue Rohstoffquellen zu erschließen, um die Vegetation zu überwachen oder um Umweltverschmutzungen auf die Spur zu kommen. Und Astronomen beobachten mit Hilfe von Satellitenkameras – ohne Störungen durch die Erdatmosphäre – ferne Sterne und Galaxien. Doch wie kommen alle diese Bilder vom Himmel auf die Erde?

In den meisten Fällen werden die Fotografien zur Erde gefunkt, und zwar mit Hilfe derselben Technik, mit der Fernsehbilder ausgestrahlt werden. Die Genauigkeit der Bilder hängt vom Abstand der Zeilen ab, aus denen sich jedes Bild zusammensetzt. Je mehr Zeilen ein Bild hat, desto mehr Einzelheiten kann man erkennen.

Der zur Zeit modernste Erderkundungssatellit, der französische *Spot*-Satellit, übermittelt 6000 Zeilen pro Bild – beinahe zehnmal soviel wie die 625 Zeilen auf dem Bildschirm des durchschnittlichen Fernsehgeräts. Das bedeutet, daß auf einem Bild, das eine Fläche von 100 km^2 zeigt und aus einer Höhe von 822 km aufgenommen wurde, noch Details sichtbar sind, die einen Durchmesser von 10 m haben. Auf einem Gesamtbild von Paris z. B. könnte man also den Arc de triomphe erkennen. Militärische Geheimdienste wollen jedoch noch genauere Aufnahmen haben. Sie verlangen Fotos, auf denen sie Truppenstärken sowie die verschiedenen Flugzeug- und Schiffstypen erkennen können.

Die amerikanischen Spionagesatelliten aus der KH-11-Serie haben Fernsehkameras an Bord. Doch auf Fernsehbildern kann man normalerweise nicht so viele Einzelheiten erkennen wie auf feinkörnigen 16- oder 35-mm-Filmen. Filme aber müssen, so wie sie sind, zur Erde zurückgeschickt werden. Werden die Aufnahmen von einem bemannten Raumschiff aus gemacht, können die Astronauten den Film zurückbringen. Bei unbemannten Raumschiffen, die nicht zur Erde zurückkehren, mußte man nach anderen Lösungen suchen. Bei den amerikanischen *Big-Bird*-Satelliten z. B. wird der belichtete Film automatisch in eine von sechs Rücksendekapseln gepackt und vom Satelliten in die Erdatmosphäre zurückgeschossen. Die an einem Fallschirm niederschwebende Kapsel kann dann von einem Transportflugzeug eingefangen werden.

Albert Einstein: „Gott spielt mit der Welt nicht Würfel."

Am 2. August 1939 setzte der Physiker Albert Einstein seinen Namen unter einen an den Präsidenten der Vereinigten Staaten, Franklin D. Roosevelt, gerichteten Brief. Aufgeschreckt durch die Nachricht, daß in Deutschland erstmals eine atomare Kettenreaktion ausgelöst worden war und damit die Gefahr bestand, daß die Nationalsozialisten bald über Atomwaffen verfügen könnten, gab Einstein seinen lebenslangen Pazifismus auf.

„Gewisse Aspekte der Situation scheinen die Aufmerksamkeit der Regierung und, wenn nötig, rasche Aktion zu erfordern", schrieb er. „Im Lauf der letzten vier Monate wurde... die Möglichkeit geschaffen, in einer großen Uranmasse atomare Kettenreaktionen zu erzeugen, wodurch gewaltige Energiemengen und große Quantitäten neuer radiumähnlicher Elemente ausgelöst würden." Er warnte davor, daß auf dieser Grundlage deutsche Physiker bald in der Lage sein könnten, Bomben mit bisher unvorstellbarer Wirkungskraft zu bauen.

Einstein in Berlin *Ab 1914 arbeitete Einstein an der Preußischen Akademie der Wissenschaften in Berlin. 1915 stellte er die Behauptung auf, daß die Schwerkraft keine direkte Kraft sei, sondern ein gekrümmtes Feld im Raum.*

Roosevelt setzte daraufhin einen „Beratungsausschuß für Uranfragen" ein. Die Entscheidung, die Entwicklung einer amerikanischen Atombombe voranzutreiben, fiel jedoch erst am 6. Dezember 1941. Am Morgen des folgenden Tages überfiel Japan den amerikanischen Flottenstützpunkt Pearl Harbor, und die USA traten in den Zweiten Weltkrieg ein.

An der tatsächlichen Entwicklung der Atombombe war Einstein nicht beteiligt. Dennoch fühlte er sich mitschuldig, als am 6. und am 9. August 1945 amerikanische Atombomben über den japanischen Städten Hiroshima und Nagasaki explodierten und Zehntausende von Menschen töteten. Denn er hatte 1907 – er war damals gerade 28 Jahre alt – die einfach klingende Gleichung $E=mc^2$ veröffentlicht (wobei E für Energie, m für Masse und c für die Lichtgeschwindigkeit steht), die besagt, daß eine kleine Masse in gewaltige Energie umgewandelt werden kann. Diese Erkenntnis war von grundlegender Bedeutung für die Kernphysik und ebnete den Weg sowohl zur Atombombe wie auch zur friedlichen Nutzung der Kernenergie.

Einstein wurde am 14. März 1879 als Sohn jüdischer Eltern in Ulm geboren. Ein Erlebnis aus der Kindheit hinterließ – nach Albert Einsteins eigenen Worten – einen tiefen, bleibenden Eindruck. Als er etwa vier oder fünf Jahre alt war, zeigte der Vater ihm einen Kompaß; der Junge war fasziniert von der Tatsache, daß die Nadel immer nach Norden zeigte, egal, wohin er den Kompaß drehte. „Da mußte etwas hinter den Dingen sein, das tief verborgen war", schrieb er selbst über seine erste Begegnung mit der Welt der Physik.

Eine zweite Welt, die der Musik, eröffnete ihm seine Mutter. Mit sechs Jahren begann Einstein, Violinunterricht zu nehmen. Bis ins hohe Alter pflegte er die Kunst des Geigenspiels, wobei er eine besondere Vorliebe für Bach und Mozart entwickelte.

Der Schüler Albert Einstein brachte zwar in Mathematik und Physik Bestnoten nach Hause, doch in allen anderen Fächern waren seine Leistungen eher mäßig. Nachdem er die Schule ohne Abschluß verlassen hatte, bewarb er sich 1895 um einen Studienplatz an der Eidgenössischen Technischen Hochschule in Zürich, fiel aber wegen ungenügender Kenntnisse in modernen Sprachen, Zoologie und Botanik durch die Aufnahmeprüfung. Man riet ihm, sich nach Jahresfrist noch einmal zu

Ein Genie im hohen Alter *Trotz seines Weltruhms war Einstein kein würdiger Gelehrter, sondern er liebte es, die Leute zu schockieren – vor allem solche, die ihn, wie hier an seinem 72. Geburtstag, fotografieren wollten.*

bewerben, doch bis dahin hatte er den Schulabschluß nachgeholt und wurde nun automatisch am Polytechnikum aufgenommen, wo er in den folgenden vier Jahren Mathematik und Physik studierte.

Nach der Diplomprüfung schlug er sich zunächst als Mathematiklehrer durch, bevor er 1902 als „Technischer Experte III. Klasse" beim Schweizer Patentamt in Bern angestellt wurde. In den nächsten Jahren schrieb er gleichsam nebenbei eine Reihe bedeutender wissenschaftlicher Abhandlungen, darunter 1905 die spezielle Relativitätstheorie (siehe Kasten), die er 1914–1916 zur allgemeinen Relativitätstheorie erweiterte.

1909 verließ Einstein das Patentamt in Bern und lehrte nun theoretische Physik an den Hochschulen in Zürich, Prag und ab 1914 schließlich in Berlin. 1922 erhielt er – rückwirkend für 1921 – den Nobelpreis für Physik, allerdings für seine bereits 1905 erschienene Arbeit über den Photoeffekt, mit der er bewies, daß sich das Licht aus Energieteilchen, sogenannten Lichtquanten oder Photonen, zusammensetzt. Seine Relativitätstheorie war dem Nobelpreiskomitee noch zu umstritten.

Die nächsten Jahre verbrachte er damit, durch die Welt zu reisen und seine – wie er sagte – „Relativitätsmelodie zu pfeifen". Viel zitiert wurde vor allem sein phantasievoller Ausspruch: „Gott spielt mit der Welt nicht Würfel", womit er sagen wollte, daß das Universum nach bestimmten Grundmustern aufgebaut ist, die man nur noch nicht alle entdeckt habe.

Als Hitler 1933 an die Macht kam, hielt sich Einstein gerade in den USA auf. Schon in den 20er Jahren war er immer wieder antisemitischen Angriffen ausgesetzt gewesen, vor allem nachdem er sich öffentlich für die zionistische Bewegung ausgesprochen hatte, die für die Gründung eines unabhängigen jüdischen Staates in Palästina eintrat. Nun, mit der Machtergreifung der Nationalsozialisten, wurden seine wissenschaftlichen Theorien als „jüdisch" gebrandmarkt, und ihm selbst, der aus seiner Abneigung gegen die braune Diktatur kein Hehl machte, warf man vor, Hetzreden gegen Deutschland gehalten zu haben. Seine Bücher wurden verbrannt, man beschlagnahmte sein Haus in Caputh (südwestlich von Potsdam an der Havel gelegen) und konfiszierte sein Vermögen.

Einstein beschloß, sich auf Dauer in den USA niederzulassen, und nahm 1940 die amerikanische Staatsbürgerschaft an. Zwölf Jahre später bot man ihm an, das Amt des Staatspräsidenten von Israel zu übernehmen, doch Einstein lehnte diese Ehre mit der Begründung ab, er habe „weder die natürliche Fähigkeit noch die Erfahrung im richtigen Verhalten zu Menschen und in der Ausübung offizieller Funktionen". Er starb am 18. April 1955 in Princeton, New Jersey.

Bis zum Ende seiner Tage kämpfte er gegen die atomare Rüstung. „Wenn ich gewußt hätte, daß meine Theorien zu solcher Zerstörung führen würden", sagte er einmal, „wäre ich lieber Uhrmacher geworden."

MASSE, RAUM UND ZEIT AUS EINSTEINS SICHT

Bereits als 16jähriger beschäftigte sich Einstein mit einer Frage, auf die er zehn Jahre später schließlich eine Antwort fand: Was würde geschehen, wenn man hinter einem Lichtstrahl hereilen und ihn schließlich einholen würde?

In seiner 1905 veröffentlichten speziellen Relativitätstheorie stellte Einstein zunächst fest, daß jede Bewegung im Universum relativ sei, „daß es zur Beschreibung der Bewegung eines Körpers eines zweiten Körpers bedarf, auf welchen die Bewegung des ersten bezogen wird". Fehlt dieser zweite Körper als Bezugssystem, kann man Bewegung nicht messen. Ferner behauptete er, daß die Geschwindigkeit des Lichts – rund 300 000 km/s – im Verhältnis zu einem Betrachter immer gleichbleibt, egal, ob dieser sich dem Licht entgegen- oder von ihm wegbewege. So würde z. B. das Licht eines Sterns, der auf der Umlaufbahn der Erde vor ihr liege, diese zur selben Zeit erreichen wie das Licht eines Sterns hinter ihr, wobei es keine Rolle spiele, daß die Erde sich mit einer Geschwindigkeit von 29,8 km/s auf den einen Stern zu- und von dem anderen wegbewege.

Von diesen beiden Feststellungen ausgehend, zog er den Schluß, daß die Lichtgeschwindigkeit die einzige konstante physikalische Größe des Universums sei, die, unabhängig von der Bewegung des Betrachters, immer gleichbleibe. Daher müßten andere physikalische Größen für Menschen, die sich in verschiedene Richtungen und mit verschiedenen Geschwindigkeiten bewegten, unterschiedlich sein. Einstein errechnete, daß die Zeit in einem Raumschiff, das annähernd mit Lichtgeschwindigkeit fliege, langsamer vergehe als die Zeit, die von einem Menschen gemessen werde, der im Verhältnis zum Raumschiff stillstehe. Auch erscheine das Raumschiff dem stillstehenden Beobachter kürzer. Und mit steigender Geschwindigkeit nehme das Raumschiff an Masse zu. Bei Lichtgeschwindigkeit wäre seine Masse unendlich groß; darum könne kein Körper diese Geschwindigkeit erreichen, denn sie erfordere eine unendlich große Kraft.

Einsteins Zeittheorie wurde im Juli 1977 bewiesen. Man hatte extrem genaue Atomuhren an Bord eines amerikanischen Satelliten in eine Umlaufbahn geschickt und sie nach ihrer Rückkehr mit einer gleichartigen, auf der Erde verbliebenen Uhr verglichen. Tatsächlich gingen die Satellitenuhren um ein geringes nach. Die Zeit war also an Bord des Satelliten langsamer vergangen.

Über die spezielle Relativitätstheorie kam Einstein auch zu seiner berühmten Formel $E=mc^2$. Wenn die Masse eines Körpers mit seiner Geschwindigkeit zunimmt, so muß seine Energie ebenfalls zunehmen, denn ein schwererer Körper hat bei gleicher Geschwindigkeit mehr Energie als ein leichterer. Diese zusätzliche Energie (E) entspricht der Zunahme an Masse (m), multipliziert mit dem Quadrat der Lichtgeschwindigkeit (c^2).

In seiner allgemeinen Relativitätstheorie stellte Einstein die These auf, daß die Schwerkraft eines Sterns den Raum krümme. Darum beschreibe ein Lichtstrahl, der sich an einem Stern vorbeibewege, ebenfalls eine nach innen gekrümmte Linie.

Bereits 1919 konnte diese Theorie bestätigt werden: Britische Astronomen beobachteten das Licht eines Sterns, das bei einer Sonnenfinsternis nahe der Sonne vorbeistrich. Der Stern, dessen Stellung genau bekannt war, schien sich etwas von der Stelle bewegt zu haben: Seine Lichtstrahlen waren verbogen worden, als sie durch das Schwerefeld der Sonne liefen, und zwar gerade so stark, wie Einstein es angegeben hatte.

Erläuternde Formeln *Als Einstein 1931 als Gastprofessor an der Universität Oxford eine Vorlesung hielt, schrieb er zur Erläuterung seiner Thesen diese Berechnungen an die Tafel.*

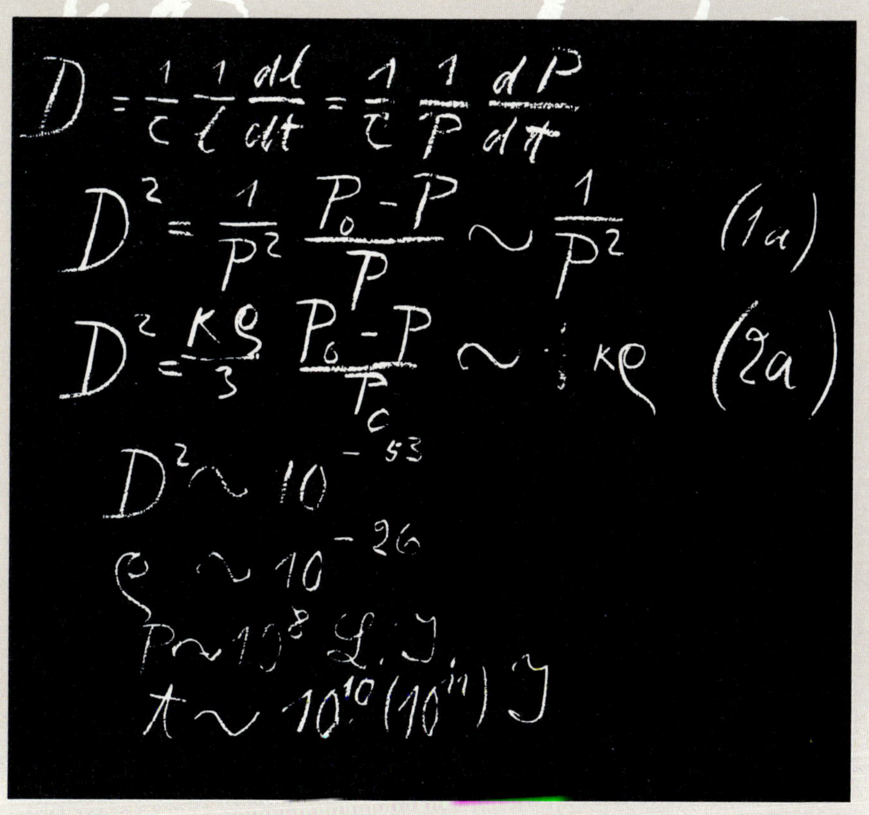

Mit dem Maßband durchs Universum

Ein Blick in die endlose Weite *Die Andromedagalaxie, einen Spiralnebel wie die Milchstraße, kann man sogar mit bloßem Auge am Himmel erkennen. Dabei ist sie rund 2,25 Mio. Lichtjahre entfernt, etwa 1/20000 des Durchmessers des sichtbaren Universums.*

In den letzten Monaten des Jahres kann man am nördlichen Nachthimmel einen blassen Lichtfleck im Sternbild Andromeda erkennen, in Wirklichkeit eine riesige Ansammlung von Sternen, den Andromedanebel. Diese Galaxie ist das entlegenste Objekt am Himmel, das man mit bloßem Auge wahrnehmen kann. Ihr Licht braucht 2,25 Mio. Jahre, bis es die Erde erreicht.

Um Entfernungen im Weltraum zu messen, wird die höchste Geschwindigkeit im Universum, die Lichtgeschwindigkeit, angesetzt. Da ein Lichtstrahl im Jahr 9,46 Bill. km zurücklegt, kann man für Entfernungen auch die Zeit angeben, die das Licht eines Sterns oder eines anderen Objekts im Weltraum braucht, um zu uns zu gelangen. Diese Maßeinheit wird als Lichtjahr bezeichnet.

Für Astronomen gehört es heute zur Routine, Entfernungen von Sternen und Galaxien zu messen, die 1000mal weiter entfernt sind als der Andromedanebel.

Der Mond

Der Mond ist mit einer durchschnittlichen Entfernung von 384403 km der erdnächste Himmelskörper. Seine Entfernung schwankt etwas, da er auf einer elliptischen Bahn um die Erde läuft.

Die *Apollo*-Astronauten ließen zwischen 1969 und 1972 auf dem Mond kleine „passive Reflektoren" zurück, vergleichbar den Rückstrahlern eines Autos. Astronomen beschießen diese Reflektoren von der Erde aus mit einem Laserblitz. Etwa 2,5 Sekunden später registrieren ihre Teleskope ein schwaches Aufleuchten, wenn der Lichtimpuls zur Erde zurückkehrt. Dann multiplizieren sie die Zeit zwischen Abschuß und Rückkehr des Laserblitzes mit der Lichtgeschwindigkeit. Wenn man das Produkt durch zwei teilt, erhält man die Entfernung zwischen Mond und Erde.

Die regelmäßigen Messungen der Mondentfernung sind auf ein paar Zentimeter genau. Dabei stellte man fest, daß der Mond heute ungefähr 30 cm weiter von der Erde entfernt ist als zur Zeit der amerikanischen Mondflüge.

Mond und Erde entfernen sich voneinander aufgrund der allmählichen Verzögerung der Erdrotation, die wiederum auf die Reibung zwischen den Meeresböden und den Gezeitenströmen zurückzuführen ist. Dabei verliert die Erde Energie. Umgekehrt treiben die Flutwellen auf der Erde den Mond auf seiner Umlaufbahn vorwärts, wodurch er an Energie gewinnt und dabei auf eine größere Umlaufbahn gedrängt wird, so daß er sich langsam von der Erde entfernt.

Die Planeten

Bei den Planeten des Sonnensystems können die Astronomen nicht mit Laserreflektoren arbeiten. Früher wurde die Parallaxenmethode herangezogen. Heute sendet man Radarwellen zu einem Planeten und fängt das schwache Echo auf, das entsteht, wenn die Wellen von seiner felsigen Oberfläche reflektiert werden. Da sich Radarwellen mit Lichtgeschwindigkeit bewegen, wird die Entfernung wie beim Mond errechnet.

Radioastronomen haben Radarreflexionen von den Planeten mit fester Oberfläche – Merkur, Venus und Mars – aufgefangen, dazu von den Saturnringen, die sich vermutlich aus Milliarden kleiner Eisstükke zusammensetzen. Saturn und Jupiter selbst reflektieren Radarimpulse nicht, weil sie eine zu dichte Atmosphäre besitzen.

Die Sonne

Da die Sonne kein fester Körper ist, kann ihre Entfernung nicht mit Radar gemessen werden. Die Astronomen stützen sich statt dessen auf das dritte der 1618 von dem Astronomen Johannes Kepler entdeckten Gesetze der Planetenbewegung. Es besagt, daß das Quadrat des Planetenjahrs, der jeweiligen Umlaufzeit eines Planeten um die Sonne, gleich der dritten Potenz seiner mittleren Entfernung von der Sonne ist.

Mit diesem Gesetz konnten die Astronomen die mittlere Entfernung der Erde von der Sonne berechnen: 149,5658 Mio. km. Mit dieser Sonnenweite, Astronomische Einheit (AE) genannt, messen Astronomen Entfernungen im Sonnensystem. Bevor man die Entfernung zwischen anderen Planeten und der Sonne berechnen kann, müssen die jeweiligen Entfernungen von der Erde gemessen werden.

Die Radarmessung ergab z.B., daß die Entfernung zwischen Erde und Venus, wenn sich beide am nächsten stehen, rund 41 Mio. km beträgt. Das entspricht 0,28 AE. Da die Venus der Sonne näher steht als die Erde, beträgt ihre mittlere Entfernung zur Sonne also 0,72 AE.

Da in diesem Fall aber auch bekannt ist, daß die Venus für einen Sonnenumlauf 224,7 Tage (oder 0,615 Jahre) benötigt, kann man die Entfernung der Venus von der Sonne auch nach dem Keplerschen Gesetz errechnen: Das Ergebnis ist wiederum 0,72 AE.

Die erdnahen Sterne

Weil die meisten Fixsterne millionenfach weiter entfernt sind als die Sonne, müssen die Astronomen andere Techniken bei der Entfernungsberechnung anwenden. Die wichtigste ist die Parallaxenmethode.

Die Methode läßt sich mit einem einfachen Experiment veranschaulichen: Man hält sich einen Finger vor das Gesicht und schließt das eine Auge; nun merkt man sich, wo vor welchem Hintergrunddetail man den Finger sieht. Dann schließt man dieses Auge und öffnet das andere; der Finger scheint sich bewegt zu haben. Je näher man den Finger an das Gesicht hält, um so größer wird die scheinbar durchlaufene Strecke.

In der Astronomie entspricht dem Finger der erdnahe Stern, dessen Entfernung gemessen werden soll. Die Astronomen beobachten seine Position vor dem aus weit entfernten Sternen gebildeten Hintergrund. Die Beobachtung erfolgt von zwei verschiedenen Punkten der Erdbahn aus. Dann mißt man den Winkel der scheinbaren Bewegung des Sterns zwischen diesen beiden Positionen, der auch Parallaxenwinkel genannt wird. Da der Durchmesser der Erdbahn bekannt ist, kann man die Entfernung des Sterns berechnen.

Der Parallaxenwinkel wird in Bogensekunden gemessen. Eine Bogensekunde

ENTFERNUNGSBESTIMMUNG DURCH PARALLAXE

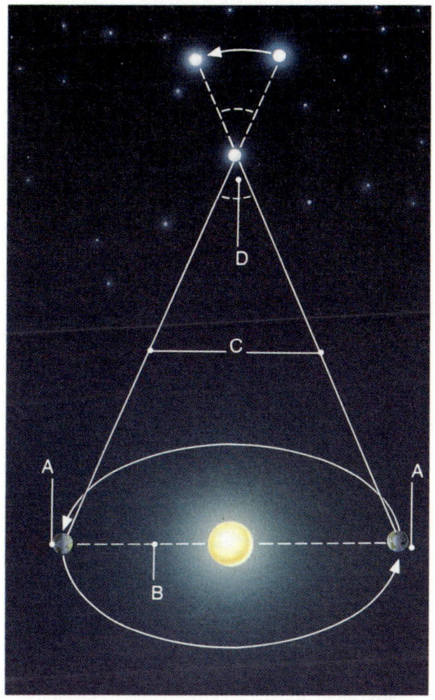

Die Entfernung eines Sterns berechnet man mit der Parallaxenmethode. Fotografiert man den Sternenhimmel das ganze Jahr hindurch von derselben Position aus, scheinen einige Sterne fest am Firmament zu stehen, während sich andere scheinbar bewegen. Sterne, bei denen man eine solche „Bewegung" feststellt, sind der Erde näher als die anderen.

Um die Entfernung eines Sterns von der Erde zu berechnen, werden zwei Fotos von demselben Observatorium (A) im Abstand von sechs Monaten aufgenommen. In dieser Zeit durchläuft die Erde die äußeren Punkte ihrer Umlaufbahn. Man verbindet die Enden des Durchmessers der Erdbahn (B) mit beiden Positionen des Sterns. An ihrem Schnittpunkt bilden diese zwei Linien (C) den Bewegungswinkel (D). Aus dem Durchmesser der Erdbahn und dem Bewegungswinkel wird die Entfernung des Sterns errechnet.

WELTRAUM UND KEIN ENDE?

Wie groß ist das Universum? Viele Astronomen glauben, es sei endlos und man müsse sich damit abfinden, daß seine wirkliche Größe nicht meßbar sei. Aber man kann die Entfernung der entlegensten bekannten Objekte in jeder Richtung messen, also den Durchmesser des wahrnehmbaren Universums. Das Licht der entferntesten Galaxien muß etwa 10–15 Mrd. Lichtjahre zurücklegen, ehe es auf der Erde eintrifft. Somit beträgt der Durchmesser des Universums, zumindest so weit wir sehen können, 20–30 Mrd. Lichtjahre oder 190–290 Trilliarden km.

entspricht $^{1}/_{3600}$° oder rund $^{1}/_{2000}$ der sichtbaren Größe des Mondes. Die Entfernung zu einem Stern beträgt in Lichtjahren 3,26 geteilt durch den Parallaxenwinkel. Sie wird auch in Parsec (pc) angegeben: 1 pc entspricht einer Parallaxe von einer Bogensekunde oder 3,26 Lichtjahren.

Mit der Parallaxenmethode haben die Astronomen die Entfernung von Hunderten der erdnächsten Sterne errechnet. Der der Sonne am nächsten gelegene Fixstern ist z. B. der schwach leuchtende Proxima Centauri, der 4,2 Lichtjahre bzw. 1,3 pc entfernt liegt. Vom hellsten Fixstern am Himmel, dem Sirius, trennen uns 8,6 Lichtjahre bzw. 2,64 pc.

Erdferne Sterne

Die Bewegungsrichtung und die effektive Geschwindigkeit von Sternen, die über 300 Lichtjahre entfernt sind, ermitteln die Astronomen mit einer anderen Methode.

Um die Bewegungsrichtung festzustellen, eignet sich ein Sternhaufen besser als ein einzelner Stern. Viele Sterne gehören zu Haufen aus Hunderten, manchmal sogar Tausenden von Sternen, die durch den Weltraum wandern. Aus unserer Perspektive bewegen sich die Sterne jedes Haufens scheinbar aufeinander zu. Aus dem Winkel ihrer Bewegungslinien ergeben sich Richtung und Winkel, in denen sich der Sternhaufen im Weltraum bewegt.

Die Geschwindigkeit eines Sterns kann man von seiner Farbe ableiten; denn je nachdem, ob er sich zur Erde hin- oder von ihr wegbewegt, ändert sich die Wellenlänge des Lichts, das er aussendet. Es verändert sich in Richtung Blau, wenn er auf die Erde zukommt, in Richtung Rot, wenn er sich von ihr wegbewegt. Dieses Phänomen nennt man Dopplereffekt.

Aus kombinierten Daten über Farbänderung und Bewegungsrichtung des Sternhaufens läßt sich seine tatsächliche Geschwindigkeit errechnen, und daraus wiederum ergibt sich die Entfernung des Sternhaufens.

Die entferntesten Sterne der Milchstraße

Um die Entfernung zu Sternen zu messen, die noch entlegener sind, nutzen die Astronomen deren Temperatur und Helligkeit. Ein bläulicher Stern ist heiß (um die 20 000 °C); ein weißer oder gelber Stern hat eine mittlere Temperatur; orangefarbige oder rote Sterne sind kühl (etwa 3000 °C).

Je heißer ein Stern ist, desto heller leuchtet er, bei 10 000 °C beispielsweise 40mal heller als die Sonne mit 5500 °C. Wenn also ein Stern mit 10 000 °C sehr schwach leuchtet, muß er sich weit entfernt im Weltraum befinden, weil die Helligkeit mit der Entfernung abnimmt. Um diese relativ einfache Methode anwenden zu können, mißt man zunächst die Entfernung erdnaher Sterne; dann mißt man deren jeweilige Helligkeit und stellt fest, in welchem Verhältnis zur Entfernung die Helligkeit abnimmt. Wenn man nun die Helligkeit weiter entfernter Himmelskörper mißt, kann man deren Erdentfernung ermitteln.

Mit der Helligkeitsmessung läßt sich die Entfernung von jedem Stern der Milchstraße errechnen. Einige von ihnen sind 100 000 Lichtjahre entfernt.

Nahe Galaxien

Die Entfernung naher Galaxien mißt man mit Hilfe der Cepheiden, besonders hell leuchtender Sterne, deren Helligkeit periodisch schwankt.

Die Astronomen messen die Zeit zwischen den beiden hellsten Leuchtphasen eines Cepheiden, Periode genannt. Hellere Cepheiden haben längere Perioden als schwächere. Aus der Periode läßt sich die Helligkeit ableiten. Ein Cepheid mit einer Periode von zwei Wochen leuchtet beispielsweise 4000mal heller als die Sonne. So läßt sich aus der scheinbaren Leuchtschwäche von Cepheiden in fernen Galaxien ihre Entfernung errechnen.

Die äußeren Bereiche des Universums

Der amerikanische Astronom Edwin Hubble machte in den 20er Jahren eine aufsehenerregende Entdeckung: Alle Galaxien bewegen sich mit einer Geschwindigkeit, die von ihrer Entfernung abhängt, von der Erde weg. Je größer ihre Distanz ist, desto schneller entfernen sie sich. Dieser Hubble-Effekt basiert darauf, daß sich das Universum ausdehnt; das bedeutet, daß alle Galaxien voneinander wegstreben.

Die Geschwindigkeit einer Galaxie läßt sich daraus errechnen, wie sich die Wellenlänge des Lichts entsprechend dem Dopplereffekt verändert. Ihre Entfernung ermittelt man dann mit der Hubble-Konstante für die Zunahme der Expansionsgeschwindigkeit. Wenn z. B. eine Galaxie mit 3,2 Mio. km/h „flieht“, ist sie 40 Mio. Lichtjahre entfernt. Mit dieser Methode wurden für Galaxien sogar Entfernungen von 12 Mrd. Lichtjahren errechnet.

Ein Riesenspiegel für den Blick zum Himmel

In einer Werkshalle in Tucson, Arizona, steht ein gewaltiger Drehofen. Für eine Umdrehung benötigt er sieben Sekunden. In seinem Innern schmilzt Glas bei 1170 °C. Das geschmolzene Glas fließt in eine runde Wabenform und bildet dort eine leicht konkave Scheibe von 3,5 m

Durchmesser. Nach monatelangem Abkühlen, Schleifen und Polieren entsteht ein Spiegel, Herzstück eines Riesenteleskops.

Um ein scharfes Bild von einem Objekt zu liefern, müssen Teleskopspiegel genau die richtige Form haben – und diese Form auch behalten. Ein großes Problem sind die nächtlichen Temperaturschwankungen; denn alle gebräuchlichen Stoffe dehnen sich dabei aus bzw. ziehen sich zusammen. Weil ein Teleskopspiegel in der Mitte dünner ist, kühlt er dort schneller ab und zieht sich stärker als im äußeren Bereich zusammen. Dabei verzerren sich der Spiegel und entsprechend das reflektierte Bild.

Noch im 20. Jh. wurden Teleskopspiegel aus gewöhnlichem Glas hergestellt. Doch die Astronomen verlangten immer größere Spiegel, was auch eine stärkere Verzerrung bedeutete. Die Lösung brachte schließlich die Erfindung des Pyrexglases, das sich nur ein Drittel so stark ausdehnt und zusammenzieht wie normales Glas. Daraus wurde 1948 das seinerzeit größte Teleskop mit 5 m Spiegeldurchmesser für das Observatorium auf dem Mount Palomar in Südkalifornien gefertigt.

Heute bestehen die meisten Teleskopspiegel aus einer Glas-Keramik-Mischung, die sich kaum mehr ausdehnt. Ihre Oberfläche ist mit reflektierendem Aluminium beschichtet.

Für einen gewöhnlichen Teleskopspiegel wird die Glas-Keramik-Mischung in einer flachen Rundform mit dem exakten Durchmesser des Teleskops geschmolzen. Den Spiegelrohling läßt man mehrere Wo-

Ein Auge blickt ins Universum *Das William-Herschel-Teleskop auf der Kanarischen Insel La Palma ist eines der größten der Erde. Mit seinem 4,2-m-Spiegel kann man eine 160 000 km entfernte brennende Kerze oder Millionen Lichtjahre entfernte Quasare beobachten.*

chen oder Monate lang extrem langsam abkühlen, um Spannungen und damit Verzerrungen im Spiegel zu vermeiden. Anschließend wird der Rohling geschliffen. Diesen schwierigen Arbeitsablauf steuert ein Computer, damit eine möglichst fehlerfreie Krümmung des Spiegels erreicht werden kann.

Zuletzt erhält der Spiegel seine reflektierende „Haut". Dabei wird in einer Vakuumkammer eine Rolle Aluminiumdraht verdampft und die Vorderseite des Spiegels mit einer dünnen Metallschicht überzogen.

Für heutige Teleskope reicht diese Technik aus. Weil man aber bereits viel größere Teleskope plant, würden Spiegel dieser Konstruktion überaus schwer werden. Dabei müßte auch die gesamte Konstruktion stabiler, also komplizierter und kostspieliger werden. So muß man für ein 8-m-Teleskop in der Bauweise des Mount-Palomar-Geräts (5 m) bereits das vierfache Gewicht einkalkulieren.

Die Konstrukteure in Tucson haben daher ihren Drehofen für große, aber leichte Spiegel gebaut. In der Gußform werden in einem bestimmten Muster sechseckige Zementblöcke verteilt. Das flüssige Glas fließt zwischen diese Blöcke und bildet ein Netzwerk aus dünnen Wänden, ähnlich der Wachsstruktur einer Bienenwabe. Die ganze Konstruktion besteht schließlich aus sechseckigen „Waben", die oben und unten mit einem Glasdeckel verschlossen sind. Der untere Deckel ist perforiert, so daß man den bröckligen Zement (den Honig sozusagen) mit einem Wasserstrahl ausspülen kann. Übrig bleiben die leeren Glaswaben. Ein solcher Wabenspiegel wiegt lediglich ein Viertel eines massiven Spiegels der gleichen Größe.

Doch wie kann man eine Wabenstruktur so schleifen, daß eine gewölbte Form daraus resultiert? Die Antwort lautet: Diese Arbeit ist gar nicht notwendig. Denn wenn man einen Eimer voll Wasser um seine senkrechte Achse dreht, steigt das Wasser an der Eimerwand hoch. Das gleiche macht das flüssige Glas im Drehofen, so daß seine Oberfläche konkav wird.

Teleskope mit Vielfachspiegel

Die Astronomen, die das 10-m-Keck-Teleskop konstruierten, das für ein Observatorium auf einem Berg auf Hawaii bestimmt war, hielten es für zu schwierig, einen Spiegel dieser Größe aus einem Stück zu fertigen. Statt dessen planten sie eine große Reflektorfläche aus 36 sechseckigen Einzelspiegeln, die wie Badezimmerfliesen zusammengefügt wurden.

Die einzelnen Spiegel wurden auf eine komplizierte Rahmenkonstruktion montiert. 168 Sensoren zwischen den Spiegelelementen melden die geringste Verschiebung, z. B. bei Neigung des Teleskops. Die Sensorensignale werden von neun Computern verarbeitet, die dann mit 108 Justierschrauben an der Rückseite der Spiegelsegmente die Spiegelfläche wieder einstellen.

Als ein weiteres Projekt planen europäische Astronomen das größte Teleskop der Welt. Das Very-Large-Telescope soll in Chile aufgestellt werden und den besten Blick auf den südlichen Himmel garantieren. Von vier Teleskopen mit jeweils einem 8-m-Spiegel wird das Licht über kleinere Spiegel zu einem gemeinsamen Brennpunkt gelenkt, so daß letztlich ein einziges riesiges Auge in den Weltraum blickt. Nach seiner Fertigstellung Mitte der 90er Jahre soll das Very-Large-Telescope mehr leisten als jede andere Konstruktion auf der Erde.

SPIEGEL STATT LINSEN IN DEN TELESKOPEN

Der englische Physiker Sir Isaac Newton erkannte im 17. Jh. die Nachteile der damaligen Refraktorteleskope, bei denen das Sternenlicht von Glaslinsen eingefangen wurde. Diese Linsen erzeugten nämlich einen Ring falscher Farben um den Stern.

Die falschen Farben entstehen dadurch, daß beim Auftreffen auf Glas die unterschiedlich langen Wellen eines Lichtstrahls in verschiedenen Winkeln gebrochen werden: So wird z. B. kurzwelliges blaues Licht sehr viel stärker abgelenkt als langwelliges rotes Licht.

Newton konstruierte deshalb ein Reflektorteleskop, bei dem zwei Spiegel das Licht auffingen und bündelten. Diese Spiegel bestanden aus einer Zinn-Kupfer-Legierung. Die Oberseite des Spiegels, die das Licht sammelte, war wie bei einem Vergrößerungsspiegel gekrümmt. Folglich konnte man damit das Licht wie mit einer Linse bündeln.

Die großen modernen Teleskope besitzen alle gewaltige Spiegel zum Auffangen des Lichts. Während Newton einen Spiegel von 25 mm Durchmesser verwandte, mißt der Riesenspiegel eines sowjetischen Teleskops 6 m.

Weißt du, wieviel Sternlein stehen...?

Wenn man in einer klaren Nacht zum Himmel blickt, hat es den Anschein, als sähe man Millionen Sterne. In Wirklichkeit sind es nur etwa 6000. Die Astronomen dagegen können heute mit den modernen Riesenteleskopen Fotos aufnehmen, die buchstäblich Millionen Sterne zeigen.

Astronomen zählen die Sterne natürlich nicht nur, sondern wollen auch genau wissen, wo jeder Stern am Himmel steht, damit sie ihn katalogisieren können. Schon vor der Erfindung des Fernrohrs um 1600 hatten die Astronomen die Positionen der mit bloßem Auge sichtbaren Sterne mit einfachen Visiervorrichtungen bestimmt, wie man sie auch an Gewehren findet.

Ein Teleskop vergrößert nicht nur den erfaßten Himmelsausschnitt, sondern sammelt auch mehr Licht als das unbewaffnete Auge. Deshalb erkennt man durch ein Teleskop sogar sehr schwach leuchtende Sterne. Selbst durch ein normales Fernglas sieht man zehnmal so viele Sterne wie mit bloßem Auge.

Ab etwa 1840 vermaß der preußische Astronom Friedrich Wilhelm August Argelander 324198 Sterne der nördlichen Himmelskugel. Später ergänzten Astronomen in Argentinien diesen Katalog mit Sternen der südlichen Himmelskugel. Schließlich betrug die Gesamtzahl 1072000 registrierte Himmelskörper.

Auf jeden Stern in diesen Katalogen kommen heute 1000 schwächer leuchtende, die durch die größten Teleskope der Welt sichtbar werden. Die Astronomen zählen die Sterne allerdings nicht mehr beim Blick durch das Fernrohr. Sie messen vielmehr auf lange belichteten Fotos die Positionen der Sterne.

Einfach ist diese Aufgabe nicht, da jede dieser Aufnahmen mit über 1 Mio. Sternen übersät ist. Ein Astronom würde Jahre an einer einzigen Aufnahme sitzen, um alle Sterne darauf zu vermessen.

Doch Laser und Computer beschleunigen diesen Vorgang erheblich. Der britische Astronom Edward Kibblewhite entwickelte in Cambridge ein automatisches Fotovermessungssystem, mit dem sich eine Aufnahme sehr viel schneller auswerten läßt. In Kibblewhites Gerät tastet ein Helium-Neon-Laserstrahl die gesamte Aufnahme ab. Weil es sich dabei um ein Negativ handelt, erscheint ein Stern als dunkler Punkt vor hellem Hintergrund. Durchdringt der Laserstrahl nun bei seiner systematischen Suche das dunkle Abbild eines Sterns, verringert sich seine Leuchtkraft. Diese Veränderung wird von einem Computer registriert, der die genaue Position und den Helligkeitswert jedes Sterns aufzeichnet und auf Magnetband speichert. Mitte der 90er Jahre wird das Gerät die Fotoauswertung des gesamten Himmels abgeschlossen haben. Dann werden Informationen über mehr als 1 Mrd. Sterne vorliegen.

Theorien über Anfang und Ende des Universums

Vor 15 Mrd. Jahren entstand das Universum plötzlich in einer gewaltigen Explosion, dem sogenannten Urknall. Riesige Gasmengen breiteten sich aus und bildeten schließlich Galaxien, Fixsterne und Planeten, darunter die Sonne und die Erde. Doch wie errechnen die Astronomen den Zeitpunkt des Urknalls?

In den 20er Jahren entdeckte der amerikanische Astronom Edwin Hubble, daß alle Galaxien auseinanderstreben, entfernte schneller als nähere. Indem er jeweils die Entfernung einer Galaxie durch ihre Geschwindigkeit teilte, errechnete Hubble erstmals den Zeitpunkt der Explosion. Nach den modernsten und genauesten Beobachtungen geschah dies vor 15 Mrd. Jahren.

Zur Überprüfung dieses Ergebnisses bestimmten die Astronomen das Alter von Sternhaufen. Wenn Sterne altern, verändern sie ihre Farbe und Größe. Zuerst werden sie zu roten Riesen, dann verwandeln sie sich in weiße Zwerge. Je nach ihrer Masse benötigen sie dafür unterschiedlich lange. Deshalb altern manche schneller als andere, obwohl alle Himmelskörper eines Sternhaufens gleichzeitig entstanden sind.

In jedem Sternhaufen suchen sich die Astronomen die größten normalen Sterne heraus, die sich gerade in rote Riesen zu verwandeln beginnen. Dabei ist von der Theorie her bekannt, wie lange Sterne existieren, ehe sie zu roten Riesen werden – die Sonne z. B. 10 Mrd. Jahre. Ein Stern mit der 20fachen Masse hingegen verwandelt sich schon nach 20 Mio. Jahren in einen roten Riesen. Aus der Masse der Sterne, die gerade zu roten Riesen werden, läßt sich das Alter des gesamten Sternhaufens bestimmen.

Manche Sternhaufen gehören zur jungen Generation des Kosmos – sie sind rund 70 Mio. Jahre alt (zum Vergleich: Die Sonne existiert seit 5 Mrd. Jahren). Viele dagegen sind weitaus älter, insbesondere die kugelförmigen Sternhaufen, Verbände mit jeweils etwa 1 Mio. Sternen, die zwischen 12 und 14 Mrd. Jahre alt sind. Wahrscheinlich bildeten sie sich als erste aus den Gasen des Urknalls.

Es gibt einen überzeugenden Beweis für den Urknall, der jedoch nichts über den Zeitpunkt aussagt. Radioteleskope fangen aus dem gesamten Universum ein schwaches Hintergrundgeräusch auf, das vermutlich von elektromagnetischen Wellen aus den heißen Gasen des Urknalls herrührt, die immer noch durch den Weltraum pulsieren.

Während sich die Astronomen über die Entstehung des Universums weitgehend einig sind, vertreten sie unterschiedliche Meinungen über sein voraussichtliches Ende. Dazu gibt es zwei Theorien. Die eine besagt, daß die Wucht des Urknalls möglicherweise ausreicht, die Galaxien unendlich auseinanderdriften zu lassen. Alle Sterne der einzelnen Galaxien werden dabei als schwarze Löcher, als dunkle Festkörper, sogenannte schwarze Zwerge, oder als Neutronensterne enden. In 1 Bill. Jahren schließlich wird das Universum ausgelöscht sein.

Die andere Theorie geht davon aus, daß die Anziehungskraft zwischen den Galaxien die Antriebsenergie des Urknalls verringert, so daß sie eines Tages wieder enger zusammenrücken. Diese Kontraktionsbewegung greift dann auf das ganze Universum über. Für diese weniger populäre Theorie haben einige Astronomen den Ablauf berechnet. Nach etwa 100 Mrd. Jahren würden sich alle Galaxien an einem Punkt treffen, und es käme zum sogenannten *Big Crunch*, dem Großen Kollaps. Was danach passiert, ist reine Spekulation. Die Konzentration von Materie führt womöglich zu einem zweiten Urknall, aus dem ein neues Universum entstehen könnte.

Suche nach den Grenzen des Universums

Europäische Astronomen planen derzeit das Very-Large-Telescope, das zehnmal leistungsfähiger sein soll als alle existierenden Geräte. Sie hoffen, mit ihm weiter in den Weltraum sehen zu können als jemals zuvor, erwarten aber nicht, die Grenzen des Universums zu entdecken.

Die moderne Erforschung des Universums stützt sich auf die allgemeine Relativitätstheorie Albert Einsteins. Sie besagt, daß jede Masse ein Gravitationsfeld entwickelt, das letztlich auch Raum und Zeit verändert, so daß sich der Raum krümmt und die Zeit langsamer oder schneller abläuft. Bei der Nachprüfung der Konsequenzen der Relativitätstheorie ergab sich, daß sie auch für alle Bewegungen von Fixsternen, Planeten und Satelliten gilt.

Da diese Theorie insgesamt auf das Universum angewendet werden kann, gilt auch die grundlegende Aussage der Einsteinschen Theorie, daß das Universum keine Grenzen hat. Daraus ergeben sich zwei Erklärungsvarianten: Eine spricht vom „geschlossenen" Universum, das gekrümmt ist. Obwohl es keine Begrenzung hat, ist es endlich. Ein Raumfahrer, der sich ohne Abweichung in eine Richtung bewegt, würde schließlich wieder an seinem Ausgangspunkt ankommen.

Nach der anderen Variante gibt es ein „offenes" Universum, das sich nach allen Seiten unbegrenzt ausdehnt. Wie weit man sich auch bewegt, man gelangt stets in neue Regionen des Weltraums.

Welche der beiden Theorien zutrifft, hängt von der im Universum vorhandenen Materie ab. Reicht sie aus, krümmt ihre Gravitation den Raum so stark, daß er sich schließt. In diesem Fall ist die Gravitation auch stark genug, die Ausdehnung des Universums schließlich aufzuhalten und die Galaxien bis zum *Big Crunch*, dem endgültigen Kollaps, zusammenzuziehen.

Nach jüngsten Schätzungen reicht die Materie allerdings nicht aus, um das Universum zu schließen. Es ist damit vermutlich von unendlicher Größe und grenzenlos. Das bedeutet auch, daß es nie aufhören wird, sich auszudehnen.

Unsichtbares aufspüren – ein schwarzes Loch

Wenn ein Fixstern von großer Masse stirbt, bleibt das Dunkelste und Zerstörerischste zurück, das es im Universum gibt, ein schwarzes Loch. Denn von ihm geht weder Licht noch irgendeine andere Strahlung aus, so daß es durch kein Teleskop zu sehen ist. Dennoch sind sich die Astronomen sicher, mindestens sechs schwarze Löcher entdeckt zu haben.

Ein schwarzes Loch wird von den Überresten eines Sterns gebildet: Ein Teil seiner Materie wird durch seine eigene Schwerkraft zu einem winzigen Volumen zusammengepreßt. Durch die starke Kompression gewinnt die Substanz eine enorme Anziehungskraft, die in der unmittelbaren Umgebung absolut unwiderstehlich ist. Einen solchen Bereich – mit einem Durchmesser von ein paar Kilometern – nennt man schwarzes Loch. Was immer dem schwarzen Loch zu nahe kommt, wird unerbittlich hineingezogen. Selbst für das Licht gibt es kein Entrinnen.

Woher weiß man aber, daß es schwarze Löcher gibt, wenn sie unsichtbar sind? Man findet sie z.B. aufgrund ihrer Wirkung auf nahe gelegene Sterne. Die meisten Sterne befinden sich nicht allein im All, sondern haben einen Begleiter. (Die Sonne gehört zu den Einzelsternen.) Beide Sterne umkreisen einander. Wenn ein Stern stirbt und kollabiert, umkreisen sich das dabei entstandene schwarze Loch und der Begleitstern weiterhin.

Wenn der Begleitstern alt wird, schwillt er zu einem Riesenstern oder zu einem

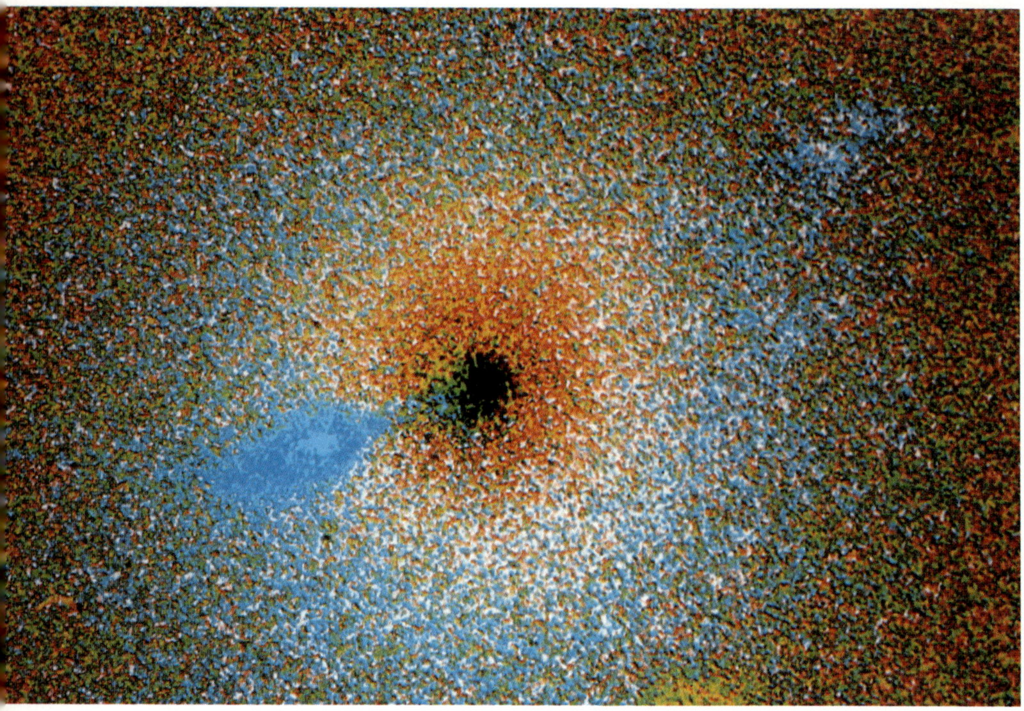

Virgos schwarzes Herz *Im Galaxienhaufen Virgo entdeckte man die Radiogalaxie M87. Die Sterne im Zentrum sind so dicht gedrängt und streben derart schnell aufeinander zu, daß man dort ein gewaltiges schwarzes Loch vermutet. Die blaue Flamme, die von dort ausgeht, ist ein Elektronenstrahl, von der Energie des schwarzen Lochs hervorgerufen. Um die zur Mitte anwachsende Sternendichte zu veranschaulichen, wurde das Foto koloriert.*

Super-Riesenstern an, der Hunderte Male größer als die Sonne ist. Seine äußeren Teile kommen dabei dem schwarzen Loch so nahe, daß dieses die Gasmassen der Sternatmosphäre in sich einzusaugen beginnt. Das Gas fällt allerdings nicht direkt in das schwarze Loch, sondern bildet zunächst wie Wasser um ein Abflußloch eine Spiralbahn. Dabei wird es bis zu 1 Mrd. °C heiß, wobei es beträchtliche Mengen an Röntgenstrahlen freisetzt.

Schwarze Löcher sucht man zunächst mit Röntgenteleskopen, um Röntgenstrahlen aus der Tiefe des Weltraums zu orten. Die Strahlungsquellen werden dann mit normalen Teleskopen genauer untersucht.

1971 stieß man im Sternbild Cygnus (Schwan) auf eine starke Röntgenstrahlenquelle, Cygnus X-1, und in deren Nähe auf einen Stern mit der Bezeichnung HDE 226868, etwa 6000 Lichtjahre von der Erde entfernt. Doch ein normaler Stern wie dieser produziert keine Röntgenstrahlen. Als man HDE 226868 näher untersuchte, stellte sich heraus, daß er in jeweils 5,6 Tagen einen unsichtbaren Begleiter umkreiste. Die Röntgenstrahlen mußten von dem Gas stammen, das in Spiralform von dem Stern zu dem unsichtbaren Begleiter strömte.

Obwohl man den Begleiter gleich für ein schwarzes Loch hielt, war zuerst zu prüfen, ob es sich nicht um einen Neutronenstern handelte. Diese äußerst kleinen und dichten Sterne leuchten so schwach, daß man sie in der Nähe eines Sterns wie des HDE 226868 nicht erkennen kann.

Für diese Nachprüfung errechnet man die Masse des fraglichen Objekts (siehe Kasten). Man zieht dabei die Masse der Sonne zum Vergleich heran. Cygnus X-1 hatte die fast zehnfache Sonnenmasse, war also viel schwerer als Neutronensterne, die ab der Masse von 3,2 Sonnen zu einem schwarzen Loch kollabieren. Folglich mußte Cygnus X-1 ein schwarzes Loch sein.

WIE ASTRONOMEN STERNE WIEGEN

Die Sterne jedes Doppelsternsystems wie Cygnus X-1 und HDE 226868 kreisen um einen gemeinsamen Schwerpunkt. Bei Sternen gleicher Masse liegt ihr Schwerpunkt in der Mitte zwischen ihnen, sonst näher am massereicheren Stern. Ein Doppelsternsystem bildet somit ein natürliches Gleichgewicht, das es den Astronomen ermöglicht, Sterne zu „wiegen“.

Aus der Bewegung von HDE 226868 schlossen die Astronomen, daß der Schwerpunkt sehr dicht bei ihm liegen muß. Sein Begleiter hat daher vermutlich nur halb soviel Masse wie er. HDE 226868, ein blauer Super-Riesenstern, hat einen Durchmesser von 32 Mio. km und leuchtet 50000mal heller als die Sonne. Ein blauer Superriese hat etwa die 20fache Masse der Sonne. Sein unsichtbarer Begleiter, das schwarze Loch Cygnus X-1, muß also die Masse von etwa zehn Sonnen haben.

Die Sonne ihrerseits hat aber die 300000fache Masse der Erde, 1989 Quadrillionen t. Die Astronomen errechneten solche Zahlen mittels der Gravitation. Dazu ermittelten sie in sorgfältigen Laborexperimenten die Anziehungskraft zwischen zwei großen Bleikugeln, deren Masse bekannt war. Die Gravitation hängt einerseits von der Masse der Kugeln ab, andererseits von ihrem Abstand zueinander. Dieses Experiment wurde nun auf Sonne und Erde übertragen, wobei Abstände und Massen maßstabsgerecht vergrößert wurden. So ließ sich ausrechnen, welche Masse die Sonne haben muß, um die Anziehungskraft auszuüben, welche die Erde und die anderen Planeten genau in ihrer Umlaufbahn hält.

Der blutrünstige Drache aus dem Weltraum

Am 16. Oktober 1982 richteten Astronomen vom Mount Palomar in Kalifornien das stärkste Fernrohr der Welt auf einen bestimmten Punkt im Sternbild des Kleinen Hunds. Sie waren einem Phänomen auf der Spur, das über 70 Jahre lang unsichtbar geblieben war und nunmehr den inneren Bereich des Sonnensystems wieder einmal besuchen sollte: dem Halleyschen Kometen. Auf dem Bildschirm, der den Blick durch das Teleskop wiedergab, tauchte plötzlich der Lichtpunkt auf, nach dem man gesucht hatte. Der Komet befand sich auf seiner vorhergesagten Bahn.

240 v. Chr. war der Komet zum erstenmal beobachtet worden und seitdem 29mal wieder erschienen. Benannt wurde er nach dem britischen Wissenschaftler Edmond Halley, der im 17. Jh. nachgewiesen hatte, daß sich Kometen auf berechenbaren Bahnen bewegen. Er hatte den Kometen 1682 gesehen und seine Wiederkehr für das Jahr 1758 vorhergesagt. Das Auftauchen von Kometen löste in der Vergangenheit Angst und Schrecken aus. Man hielt sie für Vorboten schlimmer Seuchen und für blutrünstige Drachen.

Das Erscheinen von Kometen hängt mit ihrer Bahn um die Sonne zusammen, die

Nahaufnahme eines Kometen *Trotz eines heftigen Staubsturms fotografierte die Raumsonde* Giotto *aus ein paar hundert Kilometern den Kern des Halleyschen Kometen (oben). Dieser besteht aus Eis, Steinen und einer unbekannten hitzebeständigen, organischen Masse. Der Großteil seiner Oberfläche ist mit einer dicken, dunklen Kruste unklarer Zusammensetzung überzogen. Der ganze Komet ähnelt einem „schmutzigen Schneeball". Am 15. März 1986 flog er in 150 Mio. km Abstand an der Erde vorbei (kleines Bild). Am deutlichsten sah man ihn über Australien, wo dieses Foto entstand.*

durch die Gravitation bestimmt wird. Während die Planeten die Sonne auf einer annähernd kreisförmigen Bahn umrunden, gleicht die Kometenbahn einem länglichen Oval. Am äußersten Punkt ist der Halleysche Komet 35mal weiter von der Sonne entfernt als die Erde und selbst für das größte Teleskop unsichtbar. Doch an seinem sonnennächsten Punkt befindet sich der Komet innerhalb der Erdbahn. Wenn die Sonne ihn erwärmt und der eisige Kern von einer riesigen Wolke aus Gas und Staub umgeben ist, kann er ein paar Monate lang als leuchtendes Zeichen an unserem Himmel stehen.

Während die Erde die Sonne einmal im Jahr umrundet, hat der Halleysche Komet eine Umlaufzeit von etwa 76 Jahren. Man könnte also annehmen, daß er in regelmäßigen Abständen wiederauftaucht. Das wäre auch der Fall, wenn er allein der Anziehungskraft der Sonne ausgesetzt wäre. Kometen werden jedoch auch von den Planeten des Sonnensystems beeinflußt, vor allem von den beiden massereichsten, Jupiter und Saturn. Befindet sich ein Planet vor dem Kometen, beschleunigt seine Gravitation den Kometen. Entfernt sich der Komet von einem Planeten, bremst ihn die Anziehungskraft ab.

Die kürzeste Umlaufzeit des Halleyschen Kometen betrug nur 74,5 Jahre. Nachdem er die Sonne im November 1835 passiert hatte, beschleunigten die Planeten seine Bewegung derart, daß er bereits im April 1910 wieder erschien. Nach Aufzeichnungen fernöstlicher Astronomen zwischen 451 und 530 benötigte er damals für einen Umlauf 79 Jahre. Das deutet darauf hin, daß die Planeten seine Geschwindigkeit herabsetzten.

Weil die Astronomen Position und Anziehungskraft der Planeten kennen, können sie ihren Einfluß auf Kometen exakt berechnen. Wozu 1759 drei französische Mathematiker noch sechs Monate brauchten, das erledigt heute ein Computer in wesentlich kürzerer Zeit.

Ab 1970 sammelte Donald Yeomans am Jet Propulsion Laboratory in Kalifornien alle Beobachtungen über den Halleyschen Kometen bis zum 15. Juni 1911, als er zum letztenmal fotografiert wurde. Per Computer berechnete Yeomans dann die Einwirkungen aller Planeten auf den Kometen von diesem Zeitpunkt bis zur Mitte der 80er Jahre. Die erstaunliche Genauigkeit seiner Vorhersage wurde offensichtlich, als das Teleskop auf dem Mount Palomar 1982 den Kometen erfaßte: Er wich nur

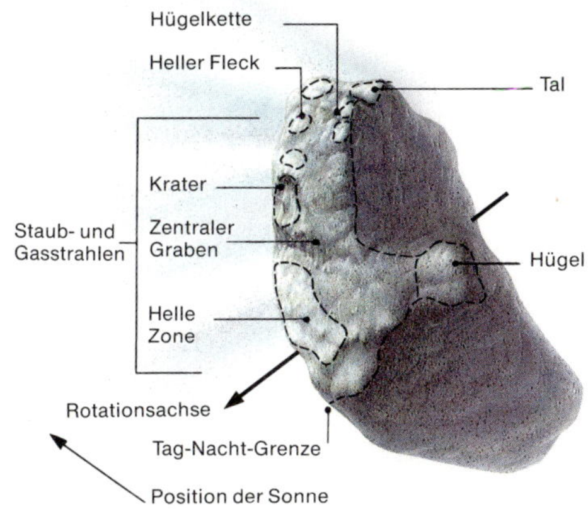

Kometenherz *Der Kern des Halleyschen Kometen ähnelt einer 16 × 8 × 8 km großen Kartoffel, ist von Hügeln und Gräben durchzogen und spuckt Ströme von Gas und Staub aus.*

ein paar Stunden von dem Zeitpunkt ab, den Yeomans berechnet hatte – und das, nachdem er sieben Jahrzehnte lang unsichtbar geblieben war.

Die Entdeckung unbekannter Planeten

Fünf von den Planeten unseres Sonnensystems – Merkur, Venus, Mars, Jupiter und Saturn – leuchten so hell, daß man sie schon seit Jahrtausenden kennt. In den letzten Jahrhunderten wurden noch drei weiter entfernte, schwächer leuchtende Planeten entdeckt: Uranus, Neptun und Pluto. Es gibt auch Hinweise auf einen zehnten Planeten, der hinter Pluto liegt. Zu solchen Entdeckungen braucht man allerdings Berechnungen und Glück.

Bis 1781 dachte niemand daran, daß es hinter dem Saturn noch Planeten geben könne. Am 13. März jenes Jahres aber entdeckte der Astronom William Herschel auf der Suche nach Doppelsternen den Uranus. Hier konnte es sich nicht um einen Fixstern handeln, da er wie der Vollmond die Form einer Scheibe hatte. Als man seine Bewegungen verfolgte, zeigte sich, daß es ein Planet war.

Nach dieser eher zufälligen Entdeckung fragten sich die Astronomen, ob es in größerer Entfernung nicht einen weiteren Planeten gebe. Diese Vermutung verstärkte sich, weil Uranus die Sonne nicht mit gleichbleibender Geschwindigkeit umkreiste. Anscheinend wirkte auf ihn die Anziehungskraft eines noch weiter entfernten, unbekannten Planeten.

Zwei Mathematiker – John Couch Adams aus Cambridge und der Franzose Urbain Le Verrier – berechneten unabhängig voneinander, wo sich dieser Planet befinden mußte. Le Verrier sandte seine Berechnungen am 31. August 1846 an das Berliner Observatorium. Dort stellte man fest, daß man den Planeten bisher für einen Fixstern gehalten hatte, und nannte ihn Neptun.

Ende des 19.Jh. kam die Vermutung auf, daß Uranus wie Neptun im Kraftfeld eines noch entfernteren Planeten lägen. Diesesmal errechnete der amerikanische Astronom Percival Lowell seine Position. 1930 bemerkte Clyde Tombaugh an der von Lowell gegründeten Sternwarte, daß sich ein schwach leuchtender Fleck jede Nacht weiterbewegte. Es war tatsächlich ein neuer Planet. Er befand sich unweit der von Lowell errechneten Position, nur war er viel schwächer, als dieser vorausgesagt hatte. Dieser Planet wurde Pluto getauft.

Viele Astronomen halten Pluto für zu klein, um eine solche Kraft auf die Riesenplaneten Uranus und Neptun auszuüben. 1978 entdeckte man am amerikanischen Marine-Observatorium einen Mond, der Pluto umkreist. Aufgrund der Bahn dieses Mondes konnte man errechnen, daß die Gravitation von Pluto viel zu schwach ist, um Uranus und Neptun zu beeinflussen.

Gibt es einen zehnten Planeten?

Es war also purer Zufall, daß Lowells Berechnungen der Bahnen von Uranus und Neptun zur Entdeckung Plutos führten. Doch welche Kraft wirkt auf die beiden Planeten ein? Vermutlich ein gewaltiger Planet am Rand des Sonnensystems.

Bob Harrington vom amerikanischen Marine-Observatorium berechnete, daß sich dieser Planet am südlichen Himmel aufhalten müßte. Dort haben bisher nur wenige nach Planeten gesucht. Alle paar Wochen wurde dann in Neuseeland der betreffende Teil des Himmels aufgenommen. Dazu hatte Harrington neuartige Helfer, nämlich Raumsonden. Wenn der zehnte Planet auf Uranus und Neptun einwirkt, dann müßte er auch den Kurs der drei Raumsonden *Pioneer 10, Pioneer 11* und *Voyager 1* beim Verlassen des Sonnensystems beeinflussen. Bislang waren jedoch alle Beobachtungen ergebnislos.

Andere Astronomen sind von den bisherigen Berechnungen nicht überzeugt: Ein zehnter Planet könnte sich überall am Himmel befinden. Da von Planeten eine beträchtliche Menge Infrarotstrahlung ausgeht, suchte der Infrared Astronomical Satellite 1983 den gesamten Himmel nach infrarot strahlenden Körpern ab. Falls ein zehnter Planet existiert, hätte ihn der Satellit wahrscheinlich aufgespürt. Die Astronomen werteten dann 100 km Magnetbänder mit Beobachtungen aus und fanden dabei eine Menge interessanter Objekte – Kometen, Asteroiden, neu entstandene Sterne und staubgefüllte Galaxien –, nur Planet Nr. 10 war nicht darunter.

Auf der Suche nach Leben im Weltraum

Im Lauf der Geschichte hielten viele Menschen intelligentes Leben anderswo im Weltraum für möglich. Bis vor kurzem noch glaubten etliche Wissenschaftler, die erstmals 1877 entdeckten „Marskanäle" seien das Werk intelligenter Wesen. Doch 1965 ließen die ersten Raumschiffaufnahmen vom Mars keinen Zweifel daran, daß es sich um einen weiteren Planeten ohne Leben handelte.

Heute wissen die Astronomen, daß es außer auf der Erde im Sonnensystem kein Leben gibt. Aber viele glauben, daß unter ähnlichen Bedingungen wie auf der Erde auch auf Millionen anderen Planeten hochentwickeltes Leben möglich ist.

Doch wie können wir mit intelligenten Wesen irgendwo im Weltraum Kontakt aufnehmen? Immerhin hat man bereits einige Botschaften ausgesandt.

1972 und 1973 starteten die beiden amerikanischen Raumsonden *Pioneer 10* und *Pioneer 11*. Sie flogen an Jupiter bzw. Saturn vorbei und setzen nun ihre Reise aus dem Sonnensystem hinaus bis zu den Fixsternen fort. Beide Sonden tragen an ihrer Außenseite „Visitenkarten" der Menschheit für den Fall, daß sie von einer fremden Zivilisation entdeckt werden.

Auf einer 15 × 23 cm großen Goldplatte wurde eine Karte von der Lage des Sonnensystems nebst einigen nahen Pulsaren eingeritzt. (Pulsare sind natürliche Funkfeuer, die Raumfahrern als kosmische Leuchttürme dienen können.) Des weiteren gibt es Strichzeichnungen der Raumsonde sowie eines Mannes und einer Frau. Der Mann hat seine Hand zum Gruß erhoben.

Fünf Jahre später starteten mit *Voyager 1* und *Voyager 2* zwei weitere Raumsonden, die schließlich das Sonnensystem verlassen werden. Anstelle einer gravierten Platte wurde beiden Sonden eine Langspielplatte mitgegeben, dazu Nadel und Symbole, die zeigen, wie die Platte abgespielt wird. Diese LP mit dem Titel *Sounds of Earth* enthält Musikstücke von Bach bis Chuck Berry, Grüße in zahlreichen Sprachen und Walgesänge. Dazu kommen in Schallwellen codierte Bilder von der Erde, von einem schönen Sonnenuntergang bis zu einem Supermarkt.

Es ist jedoch sehr unwahrscheinlich, daß eine dieser winzigen Raumsonden jemals in der Unermeßlichkeit des Weltalls entdeckt wird. Selbst wenn es so wäre, gäbe es nur dann eine Antwort, wenn die Sternenkarten entschlüsselt werden, so daß man die Erde ausfindig machen kann. Für die Kommunikation mit anderen Zivilisationen bedarf es also anderer Methoden.

Eine überraschend einfache Möglichkeit sind Funksignale. Normale elektromagnetische Wellen breiten sich frei im Raum aus, und jedes Lebewesen dort draußen könnte mit einem starken Empfangsgerät Radio- und Fernsehprogramme von der Erde auffangen.

Am 16. November 1974 schickten Astronomen die erste zielgerichtete Botschaft per Funk vom Arecibo-Radio-Observatorium in Puerto Rico zu dem Sternhaufen Messier 13. Dieser besteht aus etwa 300 000 Sternen, so daß es dort wahrscheinlich auch viele Planeten gibt.

Die Nachricht aus Arecibo besteht ähnlich wie ein Morsecode aus 1679 Funkimpulsen. Wenn man die Signale zu einem Rechteck aus 23 × 73 Impulsen anordnet, bilden die Punkte und Striche ein verständliches Muster. Es verrät die chemischen Grundstoffe unseres Lebens, Gestalt und Durchschnittsgröße der Menschen, die Bevölkerungszahl der Erde und die Position unseres Planeten im Sonnensystem. Leider sind die Empfangschancen dieser Botschaft nicht sehr gut. Sollte es wirklich intelligente Lebewesen auf Messier 13 geben, die auch einen starken Funkempfänger besitzen, so müßte dieser gerade im entscheidenden Moment zur Erde hin ausgerichtet sowie genau auf die richtige Wellenlänge eingestellt sein.

Ein weiteres Problem beim interstellaren Dialog: Messier 13 ist so weit entfernt, daß die Nachricht dort erst in 25 000 Jahren eintreffen wird. Sollte sie ein Außerirdischer tatsächlich auffangen und beantworten, würde seine Erwiderung noch einmal soviel Zeit beanspruchen. Wir werden also 50 000 Jahre auf eine Antwort warten müssen.

Botschaften aus dem Weltraum

Statt zu warten, suchen mehrere Astronomen nach Botschaften Außerirdischer an die Erdenbewohner. Die erste Lauschoperation ins All erfolgte 1960; viele weitere folgten. Zwei amerikanische Radioteleskope in Ohio und Massachusetts fahnden 24 Stunden am Tag nach Funksprüchen aus dem Weltraum.

Mit finanzieller Hilfe von Steven Spielberg, dem Regisseur des Films *E. T.*, bauten Forscher von *Search for Extraterrestrial Intelligence* (SETI) am Oak-Ridge-Observatorium in Massachusetts ein Gerät, das gleichzeitig 8 Mio. verschiedene Frequenzen empfangen kann. Computer schlagen bei jedem ungewöhnlichen Signal sofort Alarm.

Trotzdem wurde bisher keine Nachricht aufgefangen. Doch obwohl immer mehr Astronomen bei SETI mitarbeiten, ist es unwahrscheinlich, daß man ein anderes intelligentes Geschlecht im Universum entdeckt. Sollte es dennoch geschehen, wäre das eines der bedeutendsten Ereignisse in der Geschichte der Menschheit.

Sternstunden der Wissenschaft

Als Forscher erstmals einen Atomkern spalteten, kam es einer Revolution gleich. Doch auch auf anderen Gebieten schritt die Wissenschaft mit Siebenmeilenstiefeln voran.

Wie man subatomare Teilchen fotografiert, Seite 199

Woran man erkennt, daß die Kontinente driften, Seite 207

Wie sich Wissenschaftler bemühen, Erdbeben vorauszusagen, Seite 204

Klone von Pflanzen und Tieren

Seit Jahrhunderten schon vermehren die Menschen bestimmte Pflanzen durch Klonen. Wenn sie von einer Pflanze einen Steckling abschneiden, diesen in Erde oder Vermehrungssubstrat einsetzen, wo er sich zu einer neuen Pflanze entwickelt, so stellen sie eine mit der Mutterpflanze erbgleiche (genetisch identische) Pflanze – einen sogenannten Klon – her.

Moderne wissenschaftliche Methoden haben die Möglichkeiten der Klonbildung wesentlich erweitert. Heute kann man auch von Pflanzen, die sich nicht aus Stecklingen vermehren lassen, sowie von Tieren Nachkommen heranziehen, die eine genaue Kopie eines einzelnen Elternteils sind.

Man klont Pflanzen mit dem Ziel, die ertragreichsten oder schönsten Exemplare zu züchten und Tausende von Nachkommen herzustellen. Zu diesem Zweck schneidet man ein Stück von der Pflanze ab, wobei es gleichgültig ist, von welchem Teil der Pflanze man den Abschnitt nimmt, da alle Pflanzenzellen die genetische Information enthalten, die notwendig ist, um eine neue vollständige Pflanze aufzubauen.

Der Abschnitt wird in ein Kultursubstrat, eine Lösung aller erforderlichen Nährstoffe, gelegt. Dieses Substrat enthält auch ein Wachstumshormon, das die Zellteilung in dem Pflanzenabschnitt anregt und eine größere Zahl von Pflanzenzellen entstehen läßt, indem sich diese etwa alle sechs Wochen verdoppeln.

Nach einiger Zeit entstehen in diesem Zellverband kleine weiße Kügelchen, aus denen Wurzeln sprießen und Sprosse austreiben, so daß sie nach und nach das Aussehen von winzigen Pflänzchen bekommen. Setzt man diese Pflänzchen vorsichtig in Vermehrungserde um, wachsen erbgleiche Nachkommen der Elternpflanze heran, von der man einen Abschnitt genommen hat.

Mit Hilfe solcher Gewebekulturen hat man z. B. Klone der Ölpalme hergestellt, einer verbreiteten tropischen Pflanze, die dickflüssiges Palmöl liefert, das man zur Herstellung von Kosmetika, Margarine und Speiseöl verwendet. Gemeinsam ausgepflanzt, treiben und wachsen die Klone gleich schnell und liefern dann zur gleichen Zeit Öl in gleicher Qualität und Menge. Der Ertrag ist um 30 % höher als bei Palmen, die aus Samen herangezogen wurden und sich in ihren Eigenschaften stark voneinander unterscheiden.

Pflanzen aus der Retorte *Durch Gewebekultur kann aus einer einzigen Zelle eine Pflanze herangezogen werden.*

Die Gewebekultur liefert aber nicht nur Tausende von identischen Nachkommen einer Pflanzenart, sondern dient auch dazu, Viruskrankheiten zu bekämpfen, die meist durch das Saatgut von einer Generation auf die andere vererbt werden. Aus einer gesunden Pflanze kann man Tausende von gesunden Klonen heranziehen.

Bei Tieren ist es weitaus schwieriger, Klone heranzuziehen, und daher noch kein allgemein verbreitetes Verfahren. Grundsätzlich möglich ist es aber auch, wie Versuche mit Mäusen, Schafen und Kälbern gezeigt haben. Und in vielleicht gar nicht so ferner Zukunft wird man womöglich in der Lage sein, Herden von Rindern zu züchten, die Rekordmengen an Milch oder Fleisch gleicher Güte liefern.

Eine als Kerntransfer bezeichnete Methode gestattet es, gleichzeitig bis zu 32 Klone herzustellen. Mit winzigen chirurgischen Instrumenten wird ein Embryo, der sich bis zum 32-Zellen-Stadium entwickelt hat, in 32 Einzelzellen zerteilt. Gleichzeitig werden die Zellkerne von 32 einzelligen Embryos, die der gleichen Art entstammen, entfernt.

Der Zellkern enthält die genetische Information für die Entwicklung eines Organismus. Entfernt man diesen „Bauplan“, kann sich der Embryo nicht weiterentwikkeln. Man kann jedoch einen neuen Bauplan liefern, indem man die entkernten Zellen mit jeweils einer der 32 Zellen verschmilzt, in die der andere sich entwickelnde Embryo zerteilt wurde. Auf diese Weise erhält man 32 Embryos mit der gleichen genetischen Information. Jedes dieser Embryos kann man in die Gebärmutter verschiedener Leihmütter einpflanzen, die dann die 32 identischen Nachkommen austragen.

Um identische Nachkommen in großer Zahl heranziehen zu können, müßte man jedoch die auf diese Weise produzierten Embryos immer wieder klonen, so daß man sie schließlich überall auf der Welt Leihmüttern einpflanzen könnte. Eine allgemeine Verbesserung des Viehbestands wäre so wesentlich schneller möglich als durch den langwierigen Prozeß der Aufzucht durch Auslese.

Aufzucht von Superkühen *In jedem der farbigen Reagenzgläser (rechts oben) befindet sich ein Rinderembryo. Mit einem Mikromanipulator werden die Embryos herausgenommen und zerteilt (rechts unten). Die Teilstücke der Embryos setzt man anschließend einer Leihmutter ein, die dann identische Zwillingskälber zur Welt bringt (unten).*

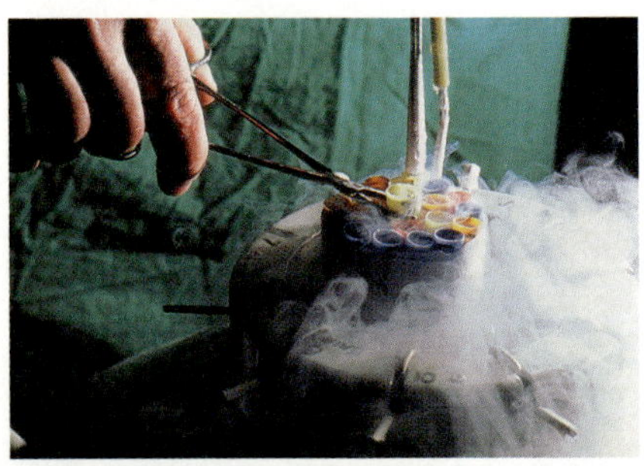

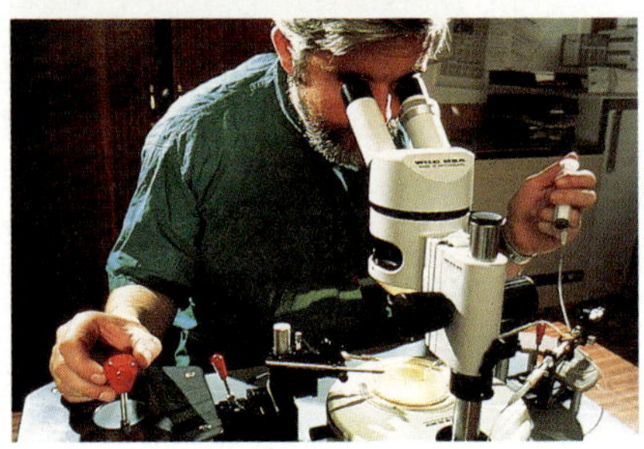

Die Erforschung der Zellen

Alle Lebewesen bestehen aus mikroskopisch kleinen Bausteinen, die man Zellen nennt. Ihre Größe kann sehr unterschiedlich sein, liegt aber meist im Bereich von 1/100 mm. Die einfachsten Organismen, wie Bakterien, bestehen nur aus einer einzigen Zelle, der Mensch dagegen aus mehr als 50 Bill.

Die Zellen wurden erstmals 1665 von dem englischen Wissenschaftler Robert Hooke entdeckt, der dünne Scheiben Kork unter dem Mikroskop betrachtete und eine Vielzahl von winzigen Abteilungen sah, ähnlich den Zellen, die Mönche in einem Kloster bewohnen.

Später stellten die Biologen fest, daß die Zellen die Grundbausteine allen Lebens sind. Bei Pflanzen und Tieren haben die einzelnen Zellen zwar unterschiedliche Aufgaben, arbeiten aber dennoch zusammen, damit der ganze Organismus funktioniert. Jede Zelle ist eine winzige Lebenseinheit für sich. Sie kann Nahrung aufnehmen, „atmen" und sich vermehren. Sie kann auch auf Mitteilungen anderer Zellen reagieren und ebenso selbst Mitteilungen aussenden.

Woher aber weiß man, was im Innern einer Zelle vorgeht? Zunächst kann man sie unter dem Mikroskop betrachten und dabei ihre einzelnen Bestandteile mit Farbstoffen kenntlich machen. Allen Zellen gemeinsam sind bestimmte Merkmale: Ein Zellkern in der Mitte ist von einer Flüssigkeit umgeben, die Zell- oder Cytoplasma genannt wird und noch andere Zellorganellen enthält; das Ganze wird von der Zellwand oder Zellmembran zusammengehalten.

Noch mehr Einzelheiten erkennt man unter dem Elektronenmikroskop, unter dem die Strukturen in bis zu 500 000facher Vergrößerung hervortreten.

Zwar kann man bereits vom Aussehen mancher Zellteile auf deren Funktion schließen, doch will man dies genauer untersuchen, muß man die Zelle in ihre Einzelbestandteile zerlegen. Eine Möglichkeit ist, sie in eine Art Mixer zu geben. Anschließend trennt man die einzelnen Bestandteile des Gemischs in einer Zentrifuge. Die schwersten Bestandteile setzen sich am Boden eines Reagenzglases ab und können nun näher untersucht werden.

Das verbliebene Gemisch wird mit immer höheren Geschwindigkeiten zentrifugiert, so daß sich nach und nach auch die Bestandteile mit geringerem Gewicht abtrennen. Auf diese Weise erforschte man mit der Zeit alle Bestandteile einer Zelle.

Die wichtigste Rolle spielt der Zellkern, der die genetische Information enthält und dafür sorgt, daß die Zelle ordnungsgemäß ihre Aufgaben erfüllt und sich vermehrt. Die chemische Zusammensetzung des Zellkerns wurde erstmals 1869 von dem Schweizer Biochemiker J. Friedrich Miescher untersucht, der feststellte, daß der Hauptbestandteil des Zellkerns die Nukleinsäure ist. Später stellte sich heraus, daß die Nukleinsäure eigentlich aus zwei Säuren besteht, der Ribonukleinsäure (RNS) und der Desoxyribonukleinsäure (DNS), die den genetischen Code speichert.

AUFBAU EINER PFLANZENZELLE

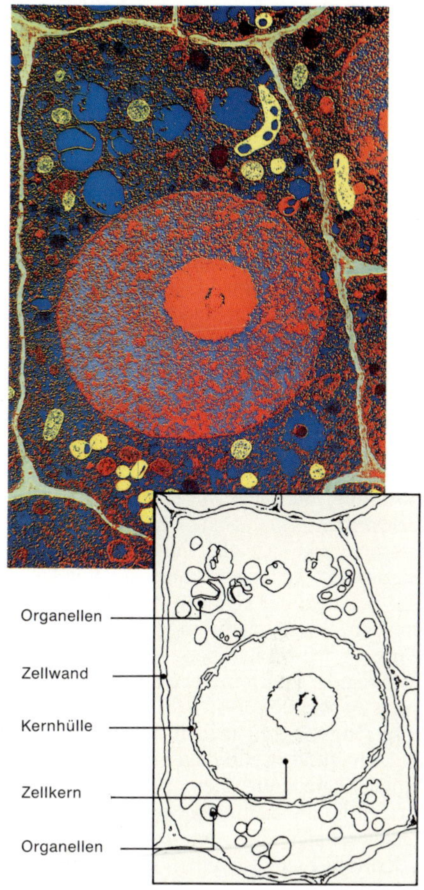

Die Zelle eines Maiskorns unter dem Elektronenmikroskop: In der Mitte befindet sich in einer Flüssigkeit (Cytoplasma) der Zellkern (rot). Eine Zellwand (oben gelb abgebildet) begrenzt die Zelle nach außen.

ZWEITEILUNG EINER TIERZELLE

Alle Pflanzen- und viele Tierzellen sind in der Lage, sich durch Zellteilung zu vermehren. Die Bilder zeigen, wie sich die Zelle eines Weißfischs teilt. In der Prophase (rechts) ballen sich alle Chromosomen – bestehend aus langen DNS-Molekülen, zusammen. In der Metaphase (unten links) ordnen sich die Chromosomen entlang einer schwarzen Linie und trennen sich dann in der Anaphase (unten Mitte) in zwei Gruppen. Diese bilden jeweils den Kern der beiden neuen Zellen, die in der Interphase deutlich zu sehen sind (unten rechts).

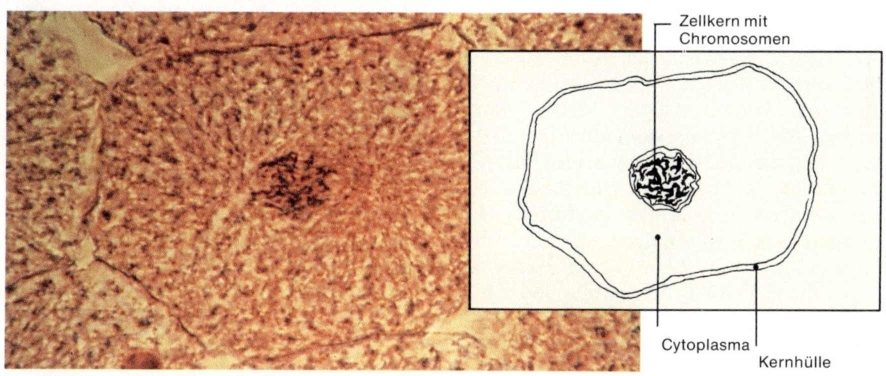

Prophase

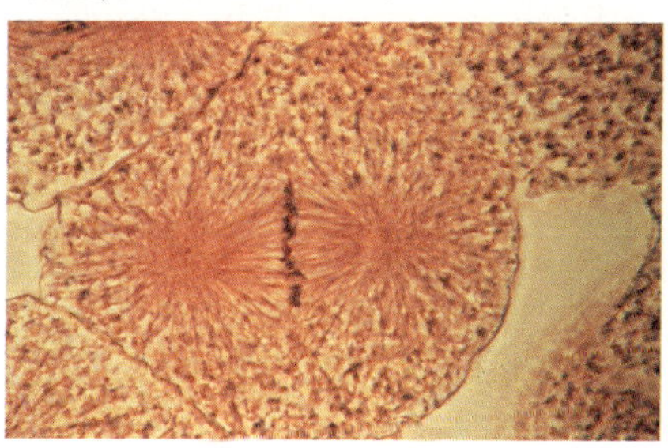

Metaphase

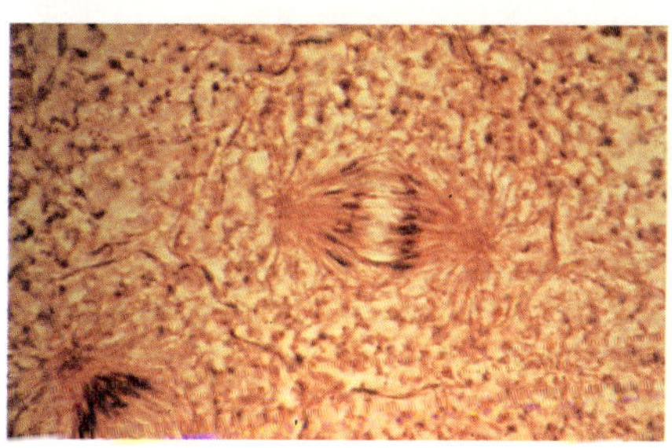

Anaphase

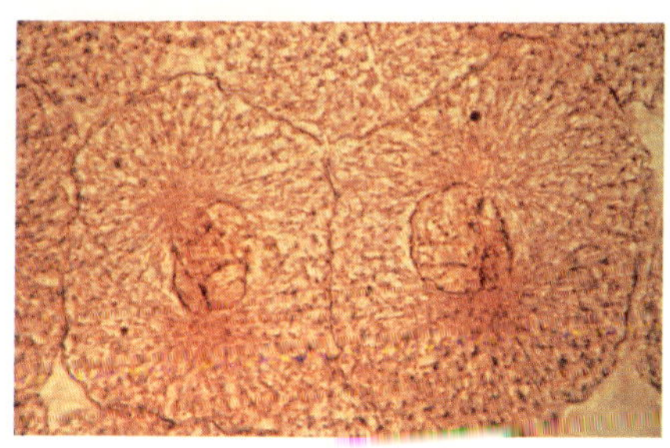

Interphase

Das Ziegenschaf und andere Neuschöpfungen

Stammvater aller Hunde der Welt – sowohl des winzigen Yorkshire-Terriers als auch des Bernhardiners – ist der Wolf. Erst durch gezielte Zucht entstanden Hunderte von höchst unterschiedlichen Hunderassen.

Auch Pflanzen hat der Mensch mit Erfolg gezüchtet, um bei Getreide, Obst und Gemüse größere Erträge zu erzielen oder um Zierpflanzen zu erhalten, die prächtiger blühen als die wildwachsenden Exemplare.

Bei den herkömmlichen Zuchtmethoden kreuzt man männliche und weibliche Exemplare mit bestimmten Merkmalen in der Hoffnung, daß sich diese Merkmale weitervererben. Eine solche Zucht durch Auslese erstreckt sich aber über mehrere Generationen. Außerdem kann man nur Tiere und Pflanzen der gleichen Art miteinander kreuzen; es ist nicht möglich, auf diese Weise z. B. Mohrrüben und Kohlköpfe miteinander zu kreuzen, um ein neues Gemüse zu schaffen.

In jüngster Zeit jedoch hat der Mensch Zuchtmethoden entwickelt, die ganz neue Möglichkeiten eröffnen. Eine dieser Methoden ist die Zellfusion, mit der man das Ziegenschaf, eine Kreuzung zwischen Schaf und Ziege, schuf.

Bei der Zellfusion wird die feste äußere Membran, die die Samen- und Eizellen von Tieren umgibt, durch bestimmte chemische Stoffe, sogenannte Enzyme, zerstört. Die Zellen schützt dann nur noch eine dünne Innenmembran; in diesem verletzlichen Zustand bezeichnet man die Zellen als Protoplaste. Bringt man die Protoplasten zweier verschiedener Arten zusammen, können sie sich – unterstützt von bestimmten Chemikalien oder Viren – vereinigen. Als Ergebnis kann eine neue Art entstehen, die die Merkmale beider Elternteile besitzt. Im Fall des Ziegenschafs wurden die vereinigten Zellen in die Gebärmutter eines Schafs eingesetzt; zur Welt kam ein Mischwesen, ein Tier mit Hörnern sowie einem Fell aus Schafwolle und Ziegenhaar.

Ziegenschafe können sich normal miteinander paaren, doch die Nachkommen wären stets reinrassige Schafe oder Ziegen, je nachdem, welche Zellen die Fortpflanzungsorgane ausgebildet hatten. Die Jungen würden also niemals wie ihre Eltern aussehen.

Genmanipulation

Eine andere Methode, neue Spielarten von Tieren und Pflanzen hervorzubringen, ist eine Umprogrammierung des genetischen Materials. Auf diese Weise kann man nicht nur bestimmte Merkmale verbessern, sondern auch solche schaffen, die diese Tier- oder Pflanzenart im natürlichen Zustand nicht besitzt.

Die charakteristischen Merkmale eines jeden Lebewesens sind als Code in den langen, doppelspiraligen Kettenmolekülen der Desoxyribonukleinsäure (DNS) enthalten, die die Chromosomen im Zellkern bilden und deren einzelne Abschnitte die Gene sind, die jeweils das Programm für ein spezifisches Merkmal tragen.

Um ein bestimmtes Gen oder Genfragment zu isolieren, muß man die DNS-Kette in ihre einzelnen Abschnitte zerlegen. Hat man den gewünschten Abschnitt herausgelöst, kann man ihn in die DNS-Kette einer anderen Art – einer Pflanze, eines Tiers oder einer Bakterie – einsetzen.

Eines der ersten Beispiele für diese Form der Genmanipulation war die Übertragung jenes DNS-Abschnitts, der in der menschlichen Bauchspeicheldrüse die Insulinproduktion steuert, auf eine Bakterie. Man trennte das Gen aus der DNS-Kette mit

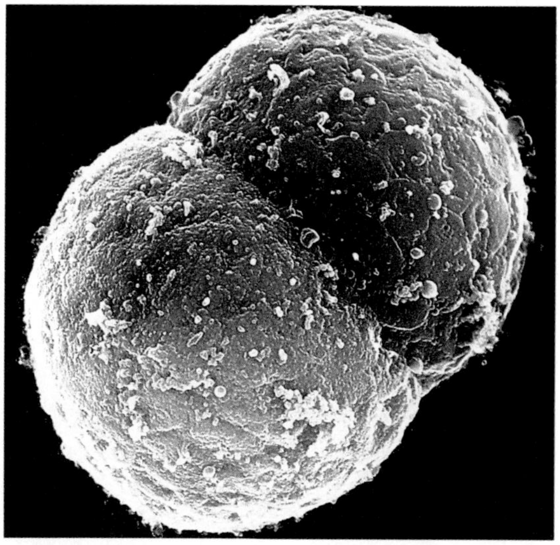

Zellfusion *Das Bild zeigt die vereinigten Kerne zweier Zellen eines Tabakblatts. Die Zellen wurden mit einem chemischen Stoff behandelt, der die Zellwände abbaut und die Verschmelzung begünstigt.*

Hilfe einer biochemischen Schere, eines Enzyms, das den Code der DNS lesen kann und die DNS-Kette immer nach einer bestimmten Reihe von Buchstaben des genetischen Codes durchschneidet.

Auf die gleiche Weise trennte man anschließend auch die DNS-Kette einer Bakterie, der *Escherichia coli*, auf und setzte dort den Abschnitt aus der menschlichen DNS-Kette ein. Als die Bakterie sich teilte und vermehrte, entstand eine Vielzahl von Lebewesen, die alle das ungewöhnliche Gen in sich trugen und nun Insulin produzierten, das man extrahieren konnte, um damit Zuckerkranke zu behandeln, die diesen Stoff nicht in ausreichendem Maß selbst produzieren können.

Auf dem Gelände des Instituts für Tierphysiologie und Genforschung in der Nähe von Edinburgh in Schottland grast eine Schafherde, die ganz normal aussieht. Doch die Tiere sind wandelnde Arzneimittelproduzenten, deren genetischer Code so umprogrammiert wurde, daß sie neben Milch auch den menschlichen Blutgerinnungsfaktor IX liefern, dessen Fehlen beim Menschen die Bluterkrankheit verursacht. Wissenschaftler isolierten das bei gesunden Menschen für die Produktion des Faktors IX zuständige Gen und schleusten es in die Gene eines Schafembryos ein. Als das Schaf herangewachsen war, produzierte es Milch, die den Gerinnungsfaktor IX enthielt, der extrahiert und zur Behandlung von Blutern verwendet werden kann.

Manipulierte Nutzpflanzen und Tiere

Vor allem im Bereich der Pflanzenzucht findet die Gentechnik Anwendung. Zur Zeit versucht man, Getreidesorten wie Weizen, Gerste und Reis zu züchten, die in der Lage sind, den in der Luft reichlich vorhandenen Stickstoff zu verwerten. Bohnen und Klee z. B. besitzen diese Fähigkeit. Gelänge es, diese genetisch bedingte Fähigkeit auf die wichtigsten Getreidesorten zu übertragen, so könnte man die Belastung der Flüsse und des Grundwassers durch Stickstoffdünger deutlich verringern.

Ein anderes Ziel der Gentechniker ist es, Pflanzen gegen Krankheiten widerstandsfähig zu machen. So hat man z. B. in den USA Tomaten gentechnisch so manipuliert, daß sie gegen bestimmte Schädlinge immun waren. Der Ertrag stieg um 20–30 % an.

In einem weiteren Versuch setzte man den Tomaten ein Gen ein, das die Pflanzen gegen ein Unkrautvernichtungsmittel resistent machte. Auf diese Weise erreichte man, daß man die Felder mit diesem Mittel besprühen und so alle Unkräuter vernichten konnte, ohne daß die Tomatenpflanzen selbst dabei Schaden nahmen.

Doch nicht nur bei Pflanzen, auch bei Tieren versuchen die Gentechniker, bestimmte Eigenschaften zu steuern. 1982 experimentierten amerikanische Wissenschaftler mit Mäusen, denen sie ein Gen einsetzten, das bei Ratten Wachstumshormone produziert. Als Ergebnis erhielt man Riesenmäuse von übernatürlicher Körper-

WEIZEN, DER AUF SALZIGEM BODEN WÄCHST

Weite Teile der künstlich bewässerten Nutzflächen auf der Erde sind salzig; zwar enthält das zur Bewässerung verwendete Flußwasser nur geringe Mengen Salz, doch mit der Zeit reichert es sich im Boden an. Im Industal in Pakistan z. B. ist der Ackerboden bereits so salzhaltig, daß man dort keinen Weizen mehr anbauen kann.

Darum versucht man heute, eine salzresistente Weizensorte zu entwikkeln, indem man bestimmte Gene der Binsenquecke auf Weizenpflanzen überträgt. Die Binsenquecke kann nämlich auf Salzböden gedeihen, weil sie die einzelnen Chemikalien zu trennen vermag und von dem Salz weniger Natrium aufnimmt als andere Pflanzen. Diese Eigenschaft möchte man durch den Gentransfer auf den Weizen übertragen, der dann auch in salziger Erde wachsen könnte.

größe. Das gleiche Verfahren wandte man 1986 in der Versuchsstation des amerikanischen Landwirtschaftsministeriums in Beltsville, Maryland, an: Mit Hilfe von menschlichen Wachstumshormonen züchtete man Schweine, die größer waren und weniger Fett ansetzten. Das Fleisch dieser genmanipulierten Schweine enthielt nur 5 % Fett anstelle des üblichen Fettanteils von 25 %.

Doch das fremde Gen hatte nicht nur positive Folgen: Die Tiere litten an Arthritis und waren deswegen nahezu lahm. Diese unerwünschte Auswirkung zeigt, daß derartige Verfahren durchaus auch Probleme bergen, die erst zufriedenstellend gelöst werden müssen, bevor man in größerem Umfang bestimmte Eigenschaften von Nutztieren durch gezielte Eingriffe in das Erbgut manipulieren sollte.

Die Entwicklung neuer Medikamente

Viele Erfolge verdankt die moderne Medizin nicht so sehr den fortschrittlicheren Behandlungsmethoden als vielmehr den wirksameren Medikamenten. Und der Siegeszug bestimmter Heilmittel rechtfertigt die hohen Summen, die die pharmazeutische Industrie für die Erforschung und Entwicklung neuer Präparate ausgibt.

In der Hauptsache verfolgt man dabei vier Strategien. Erstens versucht man, natürliche Stoffe, deren Heilwirkung man kennt, zu isolieren oder im Laboratorium künstlich herzustellen. So verwendet man z. B. schon seit Jahrhunderten die Rinde von Weiden als schmerzstillendes Mittel, weil sie Salicin enthält. Salicylsäure, eine verwandte Verbindung, wurde erstmals 1874 künstlich hergestellt und bildet die Grundlage der meisten Schmerztabletten.

Zweitens bemüht man sich, Rezepturen von bereits bewährten Heilmitteln noch zu verbessern, um eine größere Wirkung zu erzielen. Dabei entstehen manchmal Medikamente mit völlig unerwarteten Eigenschaften. Als man z. B. den Aufbau von Sulfonamiden, einem chemotherapeutischen Heilmittel gegen Infektionen, geringfügig veränderte, erhielt man eine Gruppe Diuretika, harntreibende Mittel, die man zur Behandlung von Wasseransammlungen im Gewebe einsetzt.

Drittens greift man aus den Millionen im Labor hergestellten organischen Verbindungen – sie enthalten Kohlenstoff – aufs Geratewohl einige heraus und testet sie an Tieren in der Hoffnung, vielleicht durch Zufall auf ein wirksames Mittel zu stoßen.

Und schließlich versucht man, genau zu erforschen, wie der menschliche Körper funktioniert, um auf der Grundlage dieser Kenntnisse gezielt nach Heilmitteln zu suchen. So hat z. B. die Untersuchung der Säureproduktion im Magen die Entwicklung von Mitteln ermöglicht, die diesen Prozeß blockieren und damit neue Wege eröffnen, Magengeschwüre zu behandeln.

Die ersten Medikamente aus der Retorte stellte der deutsche Arzt und Biologe Paul Ehrlich her. Er suchte nach einem Mittel, das, ohne die Zellen des Patienten anzugreifen, die Bakterien zerstören würde, die Krankheiten wie Tuberkulose, Cholera und Diphtherie hervorrufen.

Zunächst befaßte er sich mit Farbstoffen, die an Bakterien, nicht aber an anderen Zellen ihre Spuren hinterließen, und kam zu dem Schluß, daß ein chemischer Stoff, der mit Bakterien bereitwilliger reagierte als mit anderen Zellen, wohl auch in der Lage sein müßte, die Bakterien abzutöten. In der Tat entdeckte er einen solchen Farbstoff, dem man später den Namen Trypanrot gab, da er Trypanosomen, die Erreger der Schlafkrankheit, bekämpfte.

In der Praxis jedoch bewährte dieser Stoff sich nicht, weil der Abstand zwischen einer wirksamen und einer gefährlichen Dosis zu gering war. Daraufhin experimentierte Ehrlich mit Trypanrotverbindungen, die Arsen enthielten und die er eine nach der anderen testete. 1909 entdeckte dann einer von Ehrlichs Schülern, der Japaner Sahachiro Hata, daß die Verbindung 606 zwar gegen Trypanosomen wirkungslos war, jedoch Bakterien abtötete, die die Syphilis hervorriefen. Diese Verbindung bekam später den Namen Salvarsan und war das erste wirksame Mittel gegen diese bislang unheilbare Krankheit.

Der Erfolg Ehrlichs beruhte darauf, daß er in etwa wußte, wo er suchen mußte, daß er auf die Idee kam, die Verbindung so zu verändern, daß sie wirkungsvoller wurde, und daß er jede einzelne Verbindung peinlich genau überprüfte. Dabei untersuchte er nicht nur ihre Wirkung gegen die Krankheit, an der er ursprünglich interessiert war, sondern bezog auch andere Krankheitsbilder mit ein.

Die Erprobung von Heilmitteln

Die Chemiker können eine Vielzahl von organischen Verbindungen herstellen. Erprobt man diese Mittel durch Tierversuche, erweisen sie sich meist als völlig wirkungslos oder derart giftig, daß sie als Heilmittel nicht in Frage kommen.

Zwei Gruppen von Tieren setzt man für die Erprobung eines neuen Arzneimittels ein: zunächst kleine Nagetiere wie Ratten, Mäuse oder Meerschweinchen, später größere Tiere wie Hunde oder Affen. Für genauere Untersuchungen mit geringeren Dosen nimmt man Jungtiere, um festzustellen, ob ein Mittel das Wachstum beeinträchtigt, sowie trächtige Tiere, um zu sehen, ob das Mittel die Jungen schädigt. Ferner testet man mögliche allergische Reaktionen und beobachtet, ob eine Verbindung ein unnatürlich aktives oder inaktives Verhalten hervorruft.

Trotz aller dieser Versuche können die Ergebnisse jedoch immer noch irreführend sein. Chemische Mittel wirken auf Tiere nicht zwangsläufig in der gleichen Weise wie auf Menschen. So wäre z. B. das Penicillin, das Millionen von Menschenleben gerettet hat, niemals auf den Markt gekommen, wenn man es zuvor an Meerschweinchen erprobt hätte, weil diese bereits von einer kleinen Dosis getötet werden.

Der nächste Schritt ist die Untersuchung auf Nebenwirkungen beim gesunden Menschen. Die freiwilligen Testpersonen bekommen sehr kleine Dosen unter genau kontrollierten Bedingungen. Wenn ein Mittel keine schädlichen Nebenwirkungen erkennen läßt, kann der Versuch auf Patienten ausgedehnt werden, die unter klinischer Beobachtung stehen. Parallel wird noch ein Blindversuch durchgeführt, d. h., die Hälfte der Patienten bekommt ein Placebo, ein wirkungsloses Mittel von gleichem Aussehen. Die Versuchsergebnisse müssen zweifelsfrei beweisen, daß die Besserung des Krankheitszustands auf das Mittel – und nicht auf körpereigene Abwehrkräfte des Patienten – zurückzuführen ist. Während der Untersuchungen achten die Ärzte weiterhin auf Nebenwirkungen, die möglicherweise bei früheren Versuchen unentdeckt geblieben sind.

Auch wenn ein Arzneimittel alle Tests bestanden hat und für den Markt zugelassen ist, geht die Kontrolle weiter. Ärzte, die das neue Mittel verschreiben, sind angehalten, der zuständigen Behörde (dem Gesundheitsamt) ungewöhnliche Reaktionen bei ihren Patienten mitzuteilen.

Wie Tiere lernen, sich mit Menschen zu verständigen

Zwischen Mensch und Tier herrscht manchmal eine Übereinstimmung, die schon fast unheimlich ist. Hunde wissen oft so genau, was ihre Besitzer wollen, daß man geneigt ist, ihnen einen sechsten Sinn zuzusprechen. Pferde reagieren auf die leisesten Zügelhilfen und führen – etwa beim Dressurreiten – die unterschiedlichsten Bewegungen aus. Wird es aber jemals möglich sein, daß Menschen sich mittels Sprache mit Tieren verständigen?

Vor einigen Jahren hat man sich intensiv bemüht, mit Delphinen „ins Gespräch" zu kommen. Diese Säugetiere besitzen Gehirne von ähnlicher Größe wie die des Menschen und scheinen sehr intelligent zu sein. Außerdem sind Delphine in der Lage, Laute zu bilden, die vom Quieken, Grunzen, Schnalzen, Bellen bis zum Pfeifen reichen und mit denen sie vor Gefahren warnen oder Angst und Wiedererkennen ausdrücken. Dennoch ist es nicht gelungen, auf einer sprachlichen Ebene Zugang zu ihnen zu finden. Andererseits aber konnten die Wissenschaftler nachweisen, daß diese Lebewesen – ebenso wie Seelöwen – Gesten, also eine Art Zeichensprache, verstehen und darauf richtig reagieren.

Rocky, ein 13jähriger Seelöwe im Long Marine Laboratory von Santa Cruz in Kalifornien, lernte Gegenstände zu unterscheiden, indem man ihn belohnte, wenn er den richtigen fand. Heute kann er bis zu einem Dutzend verschiedener Spielzeuge, die im Wasserbecken liegen, unterscheiden und holt auf das jeweilige Zeichen hin in 95 % der Fälle das richtige heraus.

Noch interessanter aber ist, daß Rocky auch gelernt hat, schwierigere Befehle, wie „Bring den Ball zur Scheibe!" oder „Bring die kleine schwarze Scheibe zur Flasche!", auszuführen. Wenn die Trefferquote in diesen Fällen auch nur bei 40 % liegt, ist sie immer noch zu hoch, um allein aus Zufall zustande gekommen zu sein. In gewissem Maß scheint Rocky also einfache Sätze verstehen zu können.

Zeichensprache für Schimpansen

Ähnliche Versuche hat man auch mit Affen gemacht. Da sie nicht die gleichen Stimmbänder wie Menschen besitzen, kann man von Affen nicht erwarten, daß sie sprechen. Deshalb versuchten die amerikanischen Wissenschaftler Ellen und Beatrice Gardner, einem Affen die Zeichensprache der Taubstummen beizubringen. 1967 begannen sie ihre Arbeit mit einem einjährigen Schimpansenweibchen namens Washoe. Man zeigte dem Tier immer wieder die Zeichen und belohnte es durch Streicheln oder einen Leckerbissen, wenn es richtig reagierte. Washoe lernte schnell und beherrschte bald eine Vielzahl von Wörtern – zum Schluß insgesamt 150 Handzeichen.

Als man Washoe eine Ente auf einem See zeigte und in Zeichensprache fragte: „Was ist das?", antwortete sie: „Wasservogel" und erfand damit offensichtlich ein eigenes Wort für Ente. Durch diese Ergebnisse ermutigt, nahmen auch andere Wissenschaftler Versuche mit Schimpansen auf. Alle Ergebnisse ließen darauf schließen, daß diese Affen tatsächlich in gewissem Umfang Sprache lernen können: Sie reagierten auf einfache Anweisungen und verwendeten auch selbst Sprache, um bestimmte Dinge zu verlangen.

Doch es gibt auch Stimmen, die diese Erfolge kritisch kommentieren. Als der amerikanische Psychologe Herbert Terrace alle aus zwei Worten bestehenden Äußerungen Washoes analysierte, stellte er fest, daß die jeweiligen Wortfolgen rein zufällig waren. Washoe hätte also ebensogut „Vogelwasser" statt „Wasservogel" sagen können. Außerdem hob Terrace hervor, daß im Gegensatz zu Kleinkindern, wenn sie zu sprechen beginnen, Schimpansen nicht in der Lage sind, mit der Zeit immer komplexere Sätze zu bilden.

In den letzten Jahren hat ein Zwergschimpanse namens Kanzi von sich reden

Wie Lucy lernt *Der Psychologe Roger Fouts beim Zeichensprachunterricht mit Lucy, einem sechsjährigen Schimpansenweibchen: Lucy schaut genau zu, während Roger Fouts das Handzeichen für „Was willst du?" gibt.*

Wehleidiger Ausdruck *Mit niedergeschlagenen Augen legt Lucy die Finger an den Mund, ihr Zeichen für „Schmerz".*

Anrede *Wenn Lucy ihren Lehrer mit „Roger" ansprechen möchte, faßt sie sich mit der rechten Hand ans linke Ohr.*

gemacht. Er lebt im Sprachforschungszentrum in der Nähe von Atlanta, Georgia. Seine Fähigkeit, Sprachelemente zu begreifen, läßt auf ein größeres intellektuelles Potential schließen, als es Gorillas, Orang-Utans oder normale Schimpansen besitzen. Kanzi benutzt eine Tastatur, die an einen Computer angeschlossen ist. Jede Taste trägt ein geometrisches Symbol, das ein bestimmtes Wort bedeutet. Als Baby und Kleinkind spielte Kanzi in demselben Raum, in dem seine Mutter an der Tastatur Unterricht erhielt; offensichtlich eignete er sich dabei bestimmte Kenntnisse an, indem er seine Mutter beobachtete. Denn zur Überraschung der Wissenschaftler begann Kanzi im Alter von zweieinhalb Jahren, die Symbole richtig zu benutzen, und verfügte mit drei Jahren bereits über Fähigkeiten, die andere Schimpansen mit sieben Jahren noch nicht besaßen.

Ein Signal der Einsamkeit

Die Trainer Kanzis behaupten zwar nicht, daß er grammatikalisch richtige Sätze bilden könne, aber er kann anscheinend spontane Mitteilungen von zwei bis drei Wörtern machen; er kann sagen, was er tut, und er informiert seine Trainer sogar darüber, was er zu tun gedenkt. Ferner benutzt er die Tastatur auch, um sich mit anderen Zwergschimpansen, die mit ihm „auf der Schulbank sitzen", zu verständigen, z. B. um einen Artgenossen aufzufordern, einen dritten zu kraulen. Seine Äußerungen spiegeln aber ebenso seine Reaktion auf bestimmte Situationen wider. So fühlte sich Kanzi beispielsweise einsam, als er die Gegenwart eines anderen Zwergschimpansen namens Austin vermißte, der ihn stets vor dem Schlafengehen besuchte. Nach mehreren einsamen Abenden drückte er auf die Tastatur die Symbole für „Austin" und „TV". Er bekam daraufhin ein Videoband von Austin zu sehen; danach legte er sich zufrieden schlafen.

Auch Kanzi beweist, daß Tiere – wenn auch in beschränktem Umfang – in der Lage sind, Sprache zu lernen.

Wortschatz *Die wie zum Gebet gefalteten Hände bedeuten „Buch". Der Wortschatz mancher Affen ist erstaunlich.*

Kehrt das ausgestorbene Mammut wieder?

Das wollige Mammut, die flugunfähige Dronte und das Quagga – sie alle sind ausgestorben. Doch die modernen Methoden der Gentechnologie machen es möglich, die genetische Struktur dieser Tiere zu untersuchen, und lassen sogar die Vorstellung zu, daß man sie vielleicht doch wieder zum Leben erwecken könnte.

Voraussetzung für die Wiedererschaffung eines ausgestorbenen Tiers wäre, daß den Wissenschaftlern eine Kopie des genetischen Bauplans zur Verfügung stünde. Dieser Bauplan befindet sich in der Desoxyribonukleinsäure (DNS) der Tierzellen und könnte nur aus Fleisch gewonnen werden, das auf irgendeine Weise bis heute konserviert wurde.

Da die meisten ausgestorbenen Tierarten lediglich als Fossilien erhalten sind, gibt es von ihnen keine Gewebereste mehr. Das Mammut jedoch, ein vor etwa 10 000–12 000 Jahren ausgestorbener haariger Verwandter des Elefanten, fand man ein paarmal tiefgefroren im Boden Sibiriens, Alaskas und Nordkanadas. Im Fleisch waren noch Spuren von DNS vorhanden. Wollte man ein lebendes Exemplar erschaffen, so müßte man zunächst die DNS extrahieren und vervielfältigen. Dies ist beim Mammut und beim Quagga auch schon geschehen, wenn auch nicht mit dem Ziel, diese Tiere wieder zum Leben zu erwecken, sondern um über die DNS genauere Erkenntnisse zu gewinnen.

Halb Zebra, halb Pferd

Das Quagga, von Reisenden als „halb Zebra, halb Pferd" beschrieben, lebte noch zu Beginn des 19. Jh. in großen Herden im südwestlichen Afrika. Doch dann machten ihm Viehzüchter mehr und mehr die Weidegründe streitig; 1878 wurde das letzte freilebende Tier abgeschossen, und 1883 starb das letzte Quagga im Zoo von Amsterdam. Im Naturhistorischen Museum in Mainz befindet sich ein präpariertes Exemplar, dessen Haut noch Fragmente von Muskel- und Fettgewebe aufweist, aus denen man Teile der DNS extrahieren und in eine Bakterie einschleusen konnte. Indem sich die Bakterie teilte und vermehrte, kopierte sie die DNS des Quaggas.

Bei einer genaueren Untersuchung dieses DNS-Materials zeigte sich, daß es sich beim Quagga tatsächlich um eine Unterart des Zebras handelte und daß seine Merkmale möglicherweise noch bei den wilden Steppenzebras zu finden sind. Dies veranlaßte Wissenschaftler zu dem Versuch, durch „selektive Rückzüchtung" das Quagga wieder erstehen zu lassen. In Südwestafrika fing man acht Zebras ein, die – ähnlich dem Quagga – am Hinterteil weniger gestreift waren, um sie einer Zucht durch Auslese (Selektion) zu unterwerfen in der Hoffnung, dabei ein Ebenbild des Quaggas zu erhalten, das in seiner DNS-Struktur den Proben entspricht, die von der Haut des präparierten Quaggas stammen. „Soweit wir von den Skeletten schließen können, stimmt der Knochenbau beider Tiere bis aufs Detail überein", sagt Quintus Hahndiek, ein Mitglied der Forschungsgruppe. „Manche der Zebras müssen nur noch ein paar Streifen verlieren, um einem Quagga zu gleichen."

Eine Mumie erzählt

Doch nicht nur DNS-Proben ausgestorbener Tiere wecken das Interesse der Wissenschaftler, auch das in der DNS eingeschlossene Erbgut von Menschen, die in längst vergangenen Zeiten lebten, gibt Antworten auf manche Fragen. So hat man z. B. einer ägyptischen Mumie, die mehr als 2400 Jahre alt ist, DNS-Proben entnommen und genauer untersucht.

Bei der Mumie handelt es sich um einen kleinen Jungen, der im Alter von noch nicht einem Jahr starb. 1985 entnahm man dem Unterschenkel des linken Beins eine kleine DNS-Probe und vervielfältigte sie erfolgreich. Das entnommene DNS-Fragment entsprach jedoch nur etwa 5 % der gesamten DNS eines lebenden Menschen. Ein Lebewesen aus einer so kleinen Probe zu „rekonstruieren" ist nicht möglich – man kann schließlich auch ein Auto nicht nachbauen, wenn man nur eine Zeichnung der Scheinwerfer hat. Aber eine genaue Untersuchung könnte immerhin die Frage beantworten, ob die alten Ägypter unter Erbkrankheiten oder den Auswirkungen der Inzucht zu leiden hatten.

Wird es eines Tages möglich sein, noch einen Schritt weiterzugehen und ein Lebewesen wieder erstehen zu lassen? Angenommen, von einem Mammut, das im ewigen Eis eingefroren ist, könnte der komplette genetische Bauplan extrahiert, geklont und auf einen Elefantenembryo übertragen werden, der dann einer Elefantenmutter eingesetzt würde, so käme ein Mammut zur Welt. Das gleiche könnte man – zumindest theoretisch – auch mit den Genen anderer ausgestorbener Tiere machen.

Doch bis jetzt sind dies alles nur theoretische Überlegungen. Die bisher gewonnenen DNS-Proben sind unzureichende Fragmente des gesamten Bauplans, so daß eine genetische Rekonstruktion wohl kaum möglich ist. Ganz und gar unmöglich wird die Rekonstruktion ausgestorbener Lebewesen bleiben, die nur als Fossilien erhalten sind, so daß die Vorstellung von Dinosauriern, die wieder über die Erde stapfen, in den Bereich der Utopie fällt.

Die Rekonstruktion prähistorischer Lebewesen

Als man 1856 im Neandertal östlich von Düsseldorf erstmals Überreste des nach diesem Tal benannten Neandertalers fand, nahm man aufgrund seines Skelettbaus an, daß er vornübergebeugt ging und seine Knie stets durchgebogen hielt und daß seine Handgelenke fast am Boden schleiften. Entsprechend galt die gebeugte Gestalt mit den stark hervortretenden Augenbrauenwülsten bald als Prototyp des primitiven Menschen.

Diese Vorstellung beruhte jedoch auf einem Irrtum. Denn der Mann, dessen Skelett man fand, hatte an starker Osteoarthritis (einer Knochen- und Gelenkentzündung) gelitten, die sein Rückgrat gekrümmt und die gebeugte Haltung zur Folge gehabt hatte. Spätere Funde bewiesen, daß der Neandertaler ebenso aufrecht ging wie der moderne Mensch und daß sein Gehirn sogar noch etwas größer war als das unsrige.

Die Rekonstruktion ausgestorbener Lebewesen ist eine unsichere Sache. In manchen Fällen sind diese Lebewesen zwar unversehrt erhalten geblieben wie z. B. die Mammuts, die man tiefgefroren im eisigen Boden Sibiriens gefunden hat, oder die seit Jahrmillionen ausgestorbenen Insekten, die völlig intakt in Tropfen fossiler Baumharze konserviert wurden. Meist aber stehen die Paläontologen nur vor einem unvollständigen Haufen zersplitterter und verstreuter Knochen.

In der englischen Grafschaft Sussex fand Mary Ann Mantell 1822 in einem Steinhaufen am Rand eines Feldwegs die ersten Überreste eines Lebewesens, das ihr Mann, Gideon Mantell, Iguanodon (Eidechsenzahn) nannte; ein Zahn dieses Riesentiers schien nämlich Ähnlichkeit mit dem einer modernen Eidechse zu haben. Wie aber sah es aus? Vermutlich lief es, wie heutige Echsen auch, auf vier Beinen. Ein Knochen schien einen zusätzlichen Hinweis zu liefern: Er sah wie das Horn eines Nashorns aus und wurde daher dem Iguanodon auf die Nase gesetzt. Man hat sogar ein lebensgroßes Modell dieses plumpen Vierfüßers angefertigt und 1854 im Gelände des Crystal Palace in London aufgestellt. Erst über 20 Jahre später stellte sich heraus, daß es sich bei den Iguanodons um auf zwei Hinterbeinen laufende Pflanzenfresser mit kurzen Vordergliedmaßen handelte. Zu dieser Erkenntnis kam man, als man in einem Kohlenbergwerk in Belgien an die 20 zum Teil vollständige Skelette der 5 m hohen und 8 m langen Tiere fand. Was man für ein Horn gehalten hatte, erwies sich als ein daumenartiger Sporn an den Vordergliedmaßen, mit dem sich das Tier möglicherweise verteidigte oder Pflanzen herausriß, die ihm als Nahrung dienten. Diese Riesenechsen dürften vor etwa 120 Mio. Jahren das Land durchstreift haben.

Je vollständiger ein Fund ist und je mehr Funde man macht, desto größer ist die Wahrscheinlichkeit, ein Tier naturgetreu zu rekonstruieren. Wichtigste Voraussetzung ist zunächst eine detaillierte Skizze, in die man die Lage der Knochen an der Fundstelle genau einzeichnet. Jedes Teil wird numeriert und registriert. Die Fundstücke werden dann sorgfältig verpackt, oft auch in Gips oder Polyurethanschaum eingegossen. Später kann man die Knochen dann an einem Metallgerüst befestigen.

Die Arbeit ist schwierig und setzt Erfahrung voraus. Die Wissenschaftler müssen an kleinen Unebenheiten an den Knochen erkennen, wo einmal Muskeln und Sehnen angesetzt waren, und dann zum Vergleich die Skelette heutiger Tiere – Reptilien im Fall von Dinosauriern – heranziehen.

Ist das Skelett vollständig aufgebaut, steht eine noch kniffligere Aufgabe bevor. Wo muß das Fleisch an den Knochen aufgetragen werden? Dabei geht man ebenfalls von der Anatomie heutiger Tiere aus. Hinweise auf die Beschaffenheit der Hautoberfläche liefern versteinerte Hautabdrücke, die Dinosaurier hinterließen, wenn sie im Schlamm umkamen.

Eines aber bleibt stets ungewiß: die Hautfarbe der Dinosaurier. Auch in diesem Fall kann man nur Vergleiche mit lebenden Reptilien anstellen; sie sind graubraun zur Tarnung, auffällig gefärbt, um Partner anzulocken oder Feinde abzuschrecken, oder können, wie das Chamäleon, ihre Farbe sogar wechseln.

Wohl am umstrittensten sind die Nachbildungen des frühgeschichtlichen Menschen, und zwar vor allem deshalb, weil nur wenige fossile Überreste vorhanden sind, die von den einzelnen Wissenschaftlern höchst unterschiedlich interpretiert werden. Im Bereich des Ostafrikanischen

Ein falsches Bild *Mitte des 19. Jh. hielt man das Iguanodon für einen gehörnten Vierfüßer, wie die Modelle im Park des Londoner Crystal Palace (oben) zeigen. Erst die 1877 in Belgien entdeckten Skelette ließen eine genauere Rekonstruktion (links) zu.*

Grabens hat man bisher die meisten Fossilien der frühen Menschen gefunden. Doch nur selten stößt man auf vollständige Skelette oder mehrere zusammenhängende Knochenteile. Und die Paläanthropologen, die sich mit der Frühzeit des Menschen beschäftigen, entwickeln oft allein aufgrund eines halben Kieferknochens gewagte Theorien und werfen so stets neue Streitfragen über den tatsächlichen Verlauf der menschlichen Entwicklung auf.

Chinesischer Dinosaurier *Diese rund 7 m lange Riesenechse lebte vor 150 Mio. Jahren in China. Die Knochenfunde wurden an einem Gerüst aus Metall und Kunststoff befestigt und vervollständigt.*

DAS MODELL EINES DINOSAURIERS

Für das Modell eines Dinosauriers in verkleinertem Maßstab werden zunächst die Knochen im Original vermessen (oben links). Dann fertigt man eine maßstabgetreue Zeichnung des Skeletts an (Mitte). Anschließend formt man aus Draht und Ton ein Modell und stellt damit eine Hohlform her. Diese Hohlform gießt man mit Fiberglas aus (oben rechts) und erhält so ein Modell, das nun angemalt werden kann (links). Für die Struktur der Haut liefern im Schlamm versteinerte Abdrücke Anhaltspunkte, die Färbung eines Dinosauriers aber bleibt weitgehend der Phantasie überlassen.

Können Computer denken?

Computer können bereits Schach spielen, mathematische Probleme lösen sowie Texte in fremden Sprachen lesen und übersetzen. Doch keine Maschine, und sei sie technisch noch so hoch entwickelt, ist bisher auch nur annähernd in der Lage, die vielfältigen Möglichkeiten des menschlichen Denkens nachzuahmen, also z. B. aktiv eine Sprache zu erlernen – eine Fähigkeit, die Kinder bereits in den ersten Lebensjahren entwickeln.

Manche Wissenschaftler, die auf dem Gebiet der sogenannten künstlichen Intelligenz arbeiten, sind der Meinung, daß man die Arbeitsweise des Gehirns eines Tages enträtseln wird und sie dann mit Hilfe der Elektronik nachahmen kann – eine Meinung, die heftig umstritten ist. Doch abgesehen von der Frage, ob es tatsächlich jemals Maschinen geben wird, die wie Menschen denken können, weiß man heute noch immer nicht genau, wie das Gehirn arbeitet.

Ein Problem besteht darin, daß Gehirn und Computer unterschiedlich organisiert sind. Das Gehirn ist ein Netz aus 10 bis 100 Mrd. Zellen, die man Neuronen nennt. Jedes Neuron ist mit etwa 10 000 anderen verbunden, und sie alle arbeiten gleichzeitig. Computer hingegen enthalten Millionen von einzelnen Schaltkreisen, von denen jeder mit nur einem einzigen anderen Kreis verbunden ist, und sie alle arbeiten ausschließlich nacheinander. Die durch einen Computer fließende Information ist also in nur eine Richtung kanalisiert und kann nicht, wie im Gehirn, nach allen Seiten ausströmen.

Computerschaltkreise arbeiten viel schneller als Neuronen, und manche Aufgaben – z. B. lange und komplizierte mathematische Berechnungen – kann ein Computer besser bewältigen. Doch das Gehirn mit seinen verhältnismäßig trägen Neuronen kann wesentlich schneller Gesetzmäßigkeiten erkennen und ist lernfähig, was damit zusammenhängen könnte, daß die Neuronen während des Lernprozesses zunehmend Verbindungen miteinander eingehen. Heute versuchen immer mehr Wissenschaftler in Japan, in den USA und in Europa Computer zu entwickeln, deren Aufbau dem des Gehirns ähnelt. Ihre Grundelemente sind – wie beim herkömmlichen Computer – elektronische Schaltkreise, die jedoch anders vernetzt sind und zahlreiche Querverbindungen besitzen, wie sie auch zwischen den Neuronen des Gehirns bestehen.

Diese Computer werden nicht in der üblichen Weise durch Eingabe von Befehlen programmiert. Sie machen vielmehr einen Lernprozeß durch, bei dem Informationen zusammen mit Beispielen für Rückschlüsse, die der Computer ziehen soll, oder mit einer Art Rückmeldung, ob er korrekt arbeitet, eingespeist werden. Diese Arbeitsweise gleicht dem Lernprozeß eines Kindes. Erste Erfolge zeichnen sich bereits ab. In London steht z. B. ein Computer, der menschliches Lächeln erkennen kann – eines der ersten Dinge, die ein Baby lernt –, in Baltimore vermag ein anderer, die über eine Tastatur eingegebenen englischen Wörter korrekt auszusprechen, und in Japan ist eine solche „Maschine" in der Lage, handgeschriebene japanische Schriftzeichen in 95 % der Fälle richtig zu lesen, und zwar unabhängig von deren Größe, Lage und Maßstab.

Noch steht man am Anfang der Entwicklung „intelligenter" Computer, doch – wie diese drei Beispiele zeigen – scheint man den richtigen Weg gefunden zu haben.

Der Computer als Übersetzer

Für einen Computer ist es kein Problem, einzelne Wörter oder kurze Redewendungen zu übersetzen; schwieriger wird es jedoch, wenn er ein ganzes Schriftstück in eine andere Sprache übertragen soll. Eine Übersetzung erfordert nämlich mehr, als nur ein Wort durch ein anderssprachiges auszutauschen. In den meisten Sprachen können Texte unterschiedlich ausgelegt werden, und viele Wörter sind nur aus dem Zusammenhang richtig zu verstehen.

Ein Satz wie „Ihm waren Hände und Füße gebunden" kann in einem Kriminalroman wörtlich gemeint sein, nämlich daß man jemanden an Händen und Füßen gefesselt hat; in einem anderen Zusammenhang aber hat diese Wendung eine übertragene Bedeutung im Sinn von „Er konnte nicht nach seinem Willen handeln". Der Computer vermag nicht zu entscheiden, welche der beiden Bedeutungen nun im jeweiligen Fall die richtige ist.

1954 entwickelte IBM das erste Übersetzungsprogramm. Es übertrug einfache russische Sätze wie „Benzin wird in einem chemischen Verfahren aus Erdöl gewonnen" ins Englische. Der Computer machte aber viele Fehler, und selbst alltägliche Wendungen wurden völlig entstellt.

Doch trotz dieser Schwierigkeiten lassen viele Firmen Übersetzungen vom Computer anfertigen. Diese Übersetzungscomputer verfügen über einen Speicher mit einem umfangreichen Wörterbuch der jeweiligen Fremdsprache, der bei den modernen Systemen bis zu 100 000 Eintragungen enthalten kann. Aus diesem Speicher wählt der Computer dann das am nächsten liegende Wort der Fremdsprache aus und setzt es ein. Dieser einfache Wortaustausch ist oft jedoch mit so vielen Fehlern behaftet, daß die Texte von Fachübersetzern sorgfältig überarbeitet werden müssen. Und manchmal kostet diese Überarbeitung fast ebensoviel Zeit wie eine Übersetzung aus dem Original.

In den letzten Jahren konnte man die Systeme deutlich verbessern, so daß sie heute schon zu 96 % korrekt arbeiten. Dies erreichte man durch Querverweise zwischen den Wörtern und durch die Eingabe nicht nur einzelner Wörter, sondern ganzer Redewendungen. Bei Bedarf können technische Ausdrücke programmiert werden. Der Computer kann ferner doppeldeutige Ausdrücke überprüfen und dann die richtige Übersetzung wählen.

Der wohl größte Vorzug der Übersetzungscomputer ist ihre Geschwindigkeit. Um 1000 Wörter einer europäischen Sprache in eine andere zu übertragen, braucht ein Übersetzer etwa einen halben Tag; ein Computer druckt eine Rohübersetzung bereits nach rund 20 Minuten aus.

1970 entwickelten Experten der amerikanischen Luftwaffe den Übersetzungscomputer Systran, um russische Rundfunksendungen über das Raumfahrtprogramm verfolgen zu können. Inzwischen wurde das System auch für andere europäische Sprachen, u. a. Französisch, Niederländisch, Deutsch und Italienisch, eingerichtet. Der Systran-Computer kann 360 000 Wörter pro Stunde übersetzen. Die Fehlerquote beträgt nur 20 %. Mit Systran arbeiten General Motors und Aerospatiale, um Betriebsanleitungen und Handbücher für Wartungsarbeiten zu übersetzen. Und das kanadische Wetteramt läßt von Systran seine Wetterberichte ins Französische übertragen.

Das weltweit fortschrittlichste Computersystem für Übersetzungen ist derzeit Eurotra; es arbeitet für die Europäischen Gemeinschaften in Luxemburg und Brüssel und bewältigt nahezu 1 Mio. Textseiten im Jahr.

Die British Telecom entwickelt gerade ein System, das in fünf Sprachen – Englisch, Französisch, Schwedisch, Deutsch und Spanisch – die Worte eines Anrufers in die Sprache des Empfängers übersetzt und über einen Sprachsynthesizer die Antwort des Empfängers wieder in der Sprache des Anrufers übermittelt. Noch arbeitet dieses System verhältnismäßig langsam und beherrscht nur ein beschränktes Vokabular. Doch ähnliche Systeme sind bereits in japanischen Hotels installiert, um Reservierungen entgegenzunehmen.

Computer, die zuhören und antworten

Daß man mit einem Computer spricht, ihm Fragen stellt und von ihm Antworten bekommt, ist keine Utopie mehr: Der Computer, der die menschliche Stimme „hören", die Worte verarbeiten und in gesprochenen Worten antworten kann, wird z. B. für Telefonansagen und zur Abwicklung von Bankgeschäften verwendet.

Um einen Computer zum Sprechen zu bringen, muß man seinen Speicher zunächst mit allgemeinen Sprachlauten, sogenannten Phonemen, füttern. Diese Phoneme werden digitalisiert, wobei jeder Laut eine bestimmte Kombination der Ziffern 0 und 1 erhält. Der Computer ist so programmiert, daß er die Laute zu Wörtern oder Sätzen zusammenfügen und dann über ein Mikrofon „sprechen" kann.

Computer, die „hören" können, sind auf ähnliche Weise programmiert worden, so daß sie Phoneme erkennen. Die meisten Computer können nur bestimmte Worte verarbeiten, die in einer genau definierten Reihenfolge oder von einer zuvor eingespeisten Stimme gesprochen werden. Es gibt auch schon weiterentwickelte Systeme, die auf jede menschliche Stimme reagieren und antworten, und manche verstehen sogar mehrere Sprachen. Was aber ein Computer nicht kann, ist denken, so daß ein Gespräch mit ihm wie von Mensch zu Mensch nicht möglich ist.

Eine vom Computer erzeugte Stimme klingt nicht wie die eines Menschen. Der Computer spricht stoßweise und mechanisch monoton, weil er jeden Sprachlaut gleich betont, die „Stimme" nicht hebt oder senkt und keine Akzente setzt. Forscher in den Niederlanden haben versucht, dieses Problem dadurch zu lösen, daß sie die einzelnen Sprachlaute zu kleineren Einheiten zusammenfügen und dann aus diesen Einheiten die Wörter bilden, so daß es „menschlicher" klingt.

Die meisten sprechenden Computer verwendet man für Telefonansagen. Telefongesellschaften in den USA benutzen Computerstimmen, um dem Anrufer mitzuteilen, daß sich eine Rufnummer geändert hat; die Stimme nennt dann die neue Nummer. Der Computer kann aber keine Fragen „hören", er reagiert lediglich auf die falsch gewählte Nummer.

Ebenfalls in den USA, aber auch in Frankreich arbeitet man an einem Telefonbuch-Computer, der auf Anfrage die richtige Rufnummer ansagt. Ein solches System könnte auch eingesetzt werden, um Auskünfte über die Ankunfts- und Abfahrtszeiten von Zügen, Autobussen oder Fluglinien zu geben.

Ein von British Telecom entwickelter sprechender Computer, mit dem man Bankgeschäfte von zu Hause aus tätigen kann, wird seit Anfang 1988 getestet. Der Kunde wählt eine bestimmte Telefonnummer, woraufhin sich der Computer meldet, und nennt seinen Namen, seine Kontonummer und ein Kennwort. Der Computer vergleicht dabei die Stimme des Anrufers mit dem Stimmuster, das er hat, um sicherzustellen, daß kein Unbefugter die Nummer anwählt und über das Konto verfügt.

Hat der Computer den Anrufer identifiziert und ist er bereit, den Dialog aufzunehmen, so reagiert er auf eine Anzahl mündlich übermittelter Aufträge und antwortet in englischer Sprache. Er kann z. B. die letzte Kontobewegung nennen, den Kontostand mitteilen, Überweisungen tätigen und Aufträge für Scheckvordrucke und Kontoauszüge bestätigen.

Um Menschen, die selbst nicht sprechen können, eine Stimme zu verleihen, hat man in den USA mit hohem Kostenaufwand Computer als Sprachsynthesizer gebaut. Mit einem sogenannten Joystick kann ein Kind auf ein entsprechendes Bild, etwa ein Glas Milch, zeigen, und der Computer „übersetzt" dann das Gewünschte in gesprochene Sprache. Ältere Kinder oder Erwachsene können das, was sie mitteilen wollen, über eine Tastatur in den Computer eintippen, der die Mitteilung dann in Sprachlaute umsetzt.

Die Einsatzmöglichkeiten für sprechende Computer sind sehr groß, und man ist bemüht, schnelle Systeme mit großem Wortschatz zu entwickeln. Und in einigen Jahren wird es vielleicht tragbare Geräte geben, mit denen eine deutschsprechende Person einfache Fragen stellen kann, die dann z. B. in Japanisch auf einem Bildschirm erscheinen. Die Antwort gibt dann der Japaner mit einem ähnlichen Gerät, das für die Übertragung vom Japanischen ins Deutsche programmiert ist.

COMPUTER, DIE STIMMEN AUFNEHMEN UND GRAFISCH DARSTELLEN

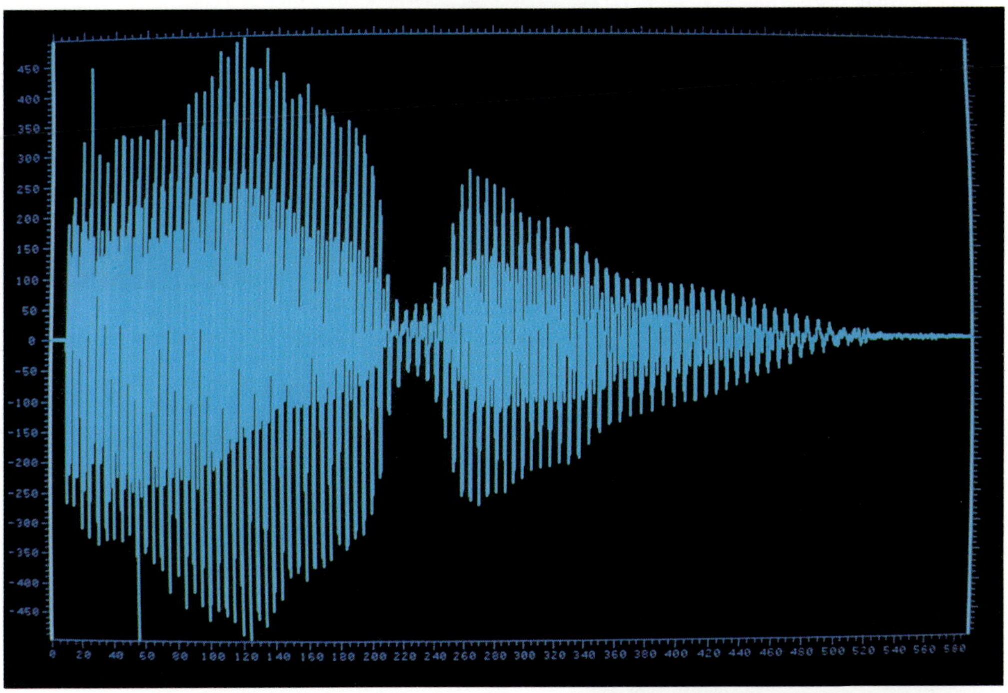

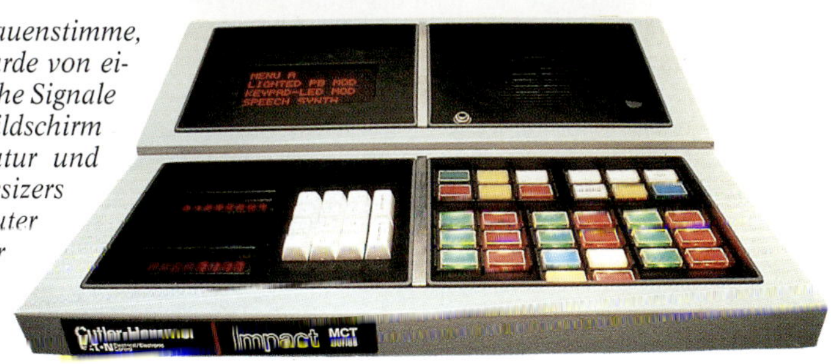

Das Sprachdiagramm einer Frauenstimme, die das Wort „Baby" sagt, wurde von einem Synthesizer in elektronische Signale umgesetzt und auf einem Bildschirm dargestellt (oben). Die Tastatur und das Display des Sprachsynthesizers (rechts) sind mit einem Computer verbunden, der Sprache verarbeiten kann. Mit derartigen Systemen lernen Computer das „Sprechen".

Die Spaltung des Atoms

Im 5. Jh. v. Chr. stellten die griechischen Philosophen Leukippos und Demokrit die These auf, daß sich alle Materie aus Teilchen zusammensetzt, die sich nicht weiter aufspalten lassen. Ihre Vorstellung vom Atom – abgeleitet vom griechischen *atomos*, unteilbar – als kleinstem Baustein der Natur hielt sich 2400 Jahre. Erst 1919 gelang es, ein Atom zu spalten. Ort des Geschehens war ein düsteres Kellerlabor der Universität von Manchester.

Dieser Moment, der das Atomzeitalter einleitete, war das Ergebnis einer Versuchsreihe des in Neuseeland geborenen Physikers Ernest Rutherford. Er experimentierte mit Alphateilchen, die beim Zerfall des radioaktiven Elements Radium mit hoher Geschwindigkeit abgestrahlt werden.

In ein etwa 20 cm langes Rohr führte Rutherford einen Stab ein, der an seinem Ende eine Messingscheibe trug, die mit Radium beschichtet war. Das andere Ende des Rohrs war mit einer dünnen Metallplatte verschlossen, auf deren Außenseite sich ein mit Zinksulfid beschichteter Schirm befand. Von oben her konnte man verschiedene Gase in das Rohr einleiten.

Die Metallplatte fing die meisten der vom Radium abgestrahlten Alphateilchen auf. Nur die energiereicheren Teilchen, die beim Zusammenstoß von Alphateilchen mit den Gasatomen im Rohr entstanden, gingen durch die Metallplatte hindurch. Sobald sie auf den Zinksulfidschirm auftrafen, gaben sie ihre Energie ab und ließen einen winzigen Funken aufblitzen.

War das Rohr mit Sauerstoff oder Kohlendioxid gefüllt, verringerte sich die Zahl der Funken, weil diese Gase die Alphateilchen abbremsen. Füllte man das Rohr mit Luft, stieg die Zahl der Funken an. Man nahm an, daß der Stickstoffgehalt der Luft die Ursache war – eine Vermutung, die sich bestätigte, als man das Rohr mit reinem Stickstoff füllte. Rutherford folgerte daraus, daß die Alphateilchen die Stickstoffatome spalten und daß dabei energiereiche Wasserstoffatome entstehen, die die Metallplatte zu durchdringen vermögen. Rutherford nannte diese Teilchen Protonen, von griechisch „die ersten". Die Schlagzeile in der Presse lautete damals: „Rutherford zertrümmert das Atom."

Spätere Experimente bestätigten Rutherfords Theorie. Die Alphateilchen stoßen mit den Atomkernen des Stickstoffs zusammen und vereinigen sich mit ihnen; dann brechen sie auseinander und bilden nun einerseits die von Rutherford auf dem Schirm beobachteten Protonen und andererseits Atome eines völlig neuen Elements – des Sauerstoffs.

Rutherford war also erstmals gelungen, was die mittelalterlichen Alchimisten vergeblich versucht hatten: die Umwandlung eines Elements, des Stickstoffs, in ein anderes, den Sauerstoff.

Bald schon entwickelte man immer effektivere Methoden zur Spaltung von Atomkernen, die man nun nicht nur mit Alphateilchen, sondern auch mit Protonen beschoß. Ende 1938 „bombardierten" Otto Hahn und Fritz Straßmann in Berlin das schwere Element Uran mit Neutronen, die zusammen mit den Protonen den Kern eines Atoms bilden. Die Uranatome zerfielen in leichtere Bariumatome, und gleichzeitig wurde eine gewaltige Menge Energie freigesetzt. Da bei jeder Spaltung eines Uranatomkerns durch ein Neutron mindestens zwei weitere Neutronen frei werden, die dann ihrerseits wieder weitere Atome spalten können, hatte man nun erstmals das Prinzip einer Kettenreaktion entdeckt, das die Voraussetzung sowohl für den Bau von Atombomben wie auch von Kernkraftwerken ist.

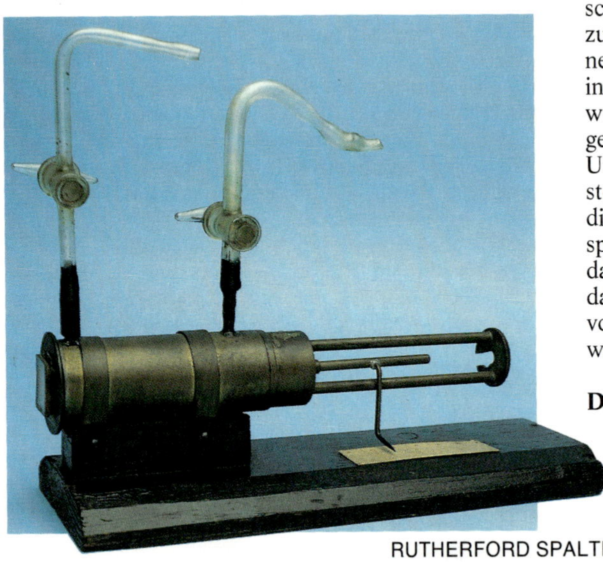

Die „Versuchskanone" *Der Apparat, mit dem Rutherford erstmals die Spaltung eines Atomkerns gelang, befindet sich heute im Cavendish Museum von Cambridge.*

RUTHERFORD SPALTET DAS ATOM

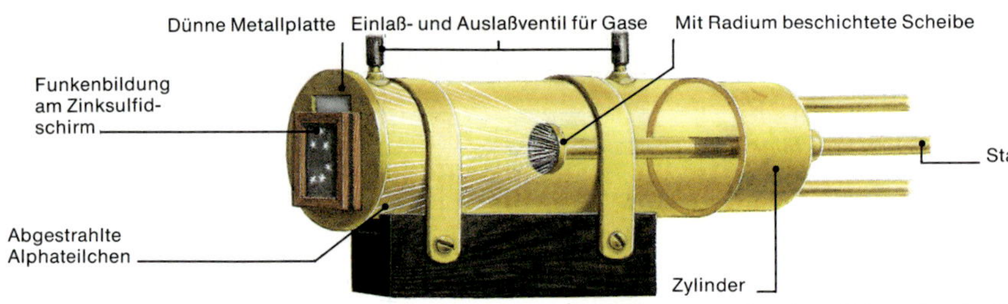

Eine mit Radium beschichtete Metallscheibe wurde in das Rohr eingeführt, das Luft enthielt. Das Radium strahlte Alphateilchen ab, auf dem Schirm leuchteten Funken auf.

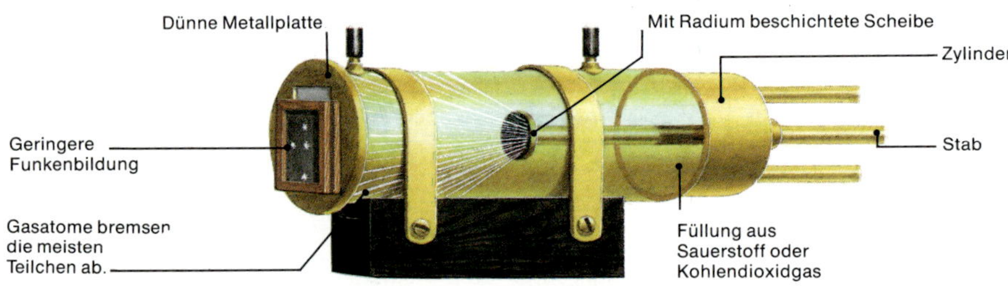

Wenn Sauerstoff oder Kohlendioxid in das Rohr eingefüllt wurde, ließ die Funkenbildung auf dem Zinksulfidschirm deutlich nach.

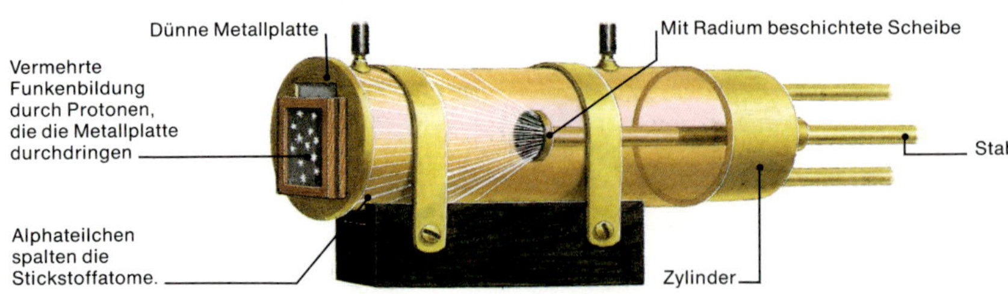

Füllte man Stickstoff in das Rohr, vermehrte sich die Funkenbildung. Daraus folgerte Rutherford, daß die Alphateilchen mit Stickstoffatomen zusammengestoßen waren und Wasserstoffatome (Protonen) freigesetzt hatten, die zur Funkenbildung führten.

Vorstoß ins Innere des Atoms

Wissenschaftler, die den Aufbau des Atoms erforschen, stehen zunächst vor einem großen Problem: Atome sind zu klein, als daß man sie unter einem Mikroskop beobachten könnte. Ein Atom hat einen Durchmesser von nur 10^{-7}–10^{-6} mm, d. h., für eine Strecke von 1 mm müßte man etwa 10 Mio. Atome nebeneinanderlegen. Hinzu kommt, daß ein Atom fast nur aus leerem Raum besteht, denn 99,9 % seiner Masse sind in dem winzigen dichten Kern in der Mitte des Atoms vereint, und dieser Kern nimmt weniger als 1/100000 des Gesamtvolumens ein.

Um den Kern kreisen Elektronen – praktisch gewichtslose subatomare Teilchen (Teilchen, die kleiner als die Atome sind), die eine negative elektrische Ladung tragen und die positive Ladung des Atomkerns neutralisieren.

Noch erstaunlicher ist die Entdeckung, daß sich diese Grundbausteine des Atoms aus noch kleineren Teilchen zusammensetzen. Wie aber kommen die Forscher zu diesem Wissen, wenn sie die Teilchen gar nicht sehen können? Ihre Erkenntnisse beruhen auf umfangreichen Experimenten, in denen man mit Hilfe von Geräten, die man Teilchenbeschleuniger nennt, Atome „zerlegt" hat.

Anfangs stellte man sich das Atom als ein hartes, massives und undurchdringliches Teilchen – ähnlich einer winzigen Billardkugel – vor. 1897 jedoch entdeckte der britische Physiker Joseph John Thomson das winzige Elektron als freies Teilchen des Atoms.

Der Stecknadelkopf im Haus

Thomson betrachtete das Atom als eine Art Pudding – eine positiv geladene Kugel, in der die negativ geladenen Elektronen wie Rosinen eingebettet sind. Dieses Modell widerlegten jedoch Versuche Ernest Rutherfords, der nun seinerseits zu dem Schluß kam, daß die Hauptmasse des Atoms im Kern versammelt sei, um den die Elektronen kreisten. Dieser Kern sei extrem klein und entspreche – stellt man sich das Atom so groß wie ein ganzes Haus vor – nur etwa einem Stecknadelkopf.

Zunächst waren dies nur theoretische Überlegungen, denn noch gab es keine Möglichkeit, die einzelnen Teilchen sichtbar zu machen. Bereits 1919 jedoch begann der britische Physiker Patrick Maynard Stuart Blackett mit Versuchen, Teilchenkollisionen, die eine Atomumwandlung zur Folge haben, im Bild festzuhalten.

Blackett arbeitete mit der bereits 1912 von dem britischen Physiker C. T. R. Wilson entwickelten Nebelkammer – einem Glasgefäß, das feuchte Luft enthält. Wird der Druck in dieser Kammer plötzlich verringert, wird der Wasserdampf übersättigt und neigt dazu, zu kondensieren, also Nebeltröpfchen zu bilden. Fliegen nun energiereiche subatomare Teilchen durch die Kammer, bildet sich längs ihrer Bahn eine feine Nebelspur, ähnlich den Kondensstreifen am Himmel, die ein Flugzeug hinterläßt, das hoch in der Atmosphäre fliegt. Auf diese Weise gelang es Blackett schließlich, die Zertrümmerung eines Atomkerns durch Alphateilchen bildlich festzuhalten.

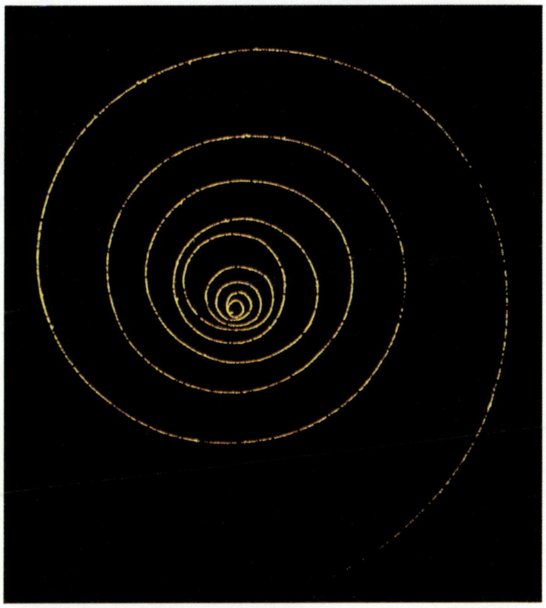

Kreisende Elektronen *Die Fotografie zeigt die spiralförmige Flugbahn eines Elektrons im Magnetfeld einer Blasenkammer.*

Seither sind die Nebelkammer und später die Blasenkammer, in der die Teilchen ihre Bahnspuren als Bläschenreihen in einer Flüssigkeit hinterlassen, die wichtigsten Geräte der Kernphysiker.

Superbeschleuniger

Als man die Geschwindigkeit der kollidierenden Teilchen in immer stärkeren Beschleunigern erhöhte, wurden weitere subatomare Teilchen entdeckt, und das Atommodell wurde immer komplexer. 1950 kannte man mindestens 14 Elementarteilchen, 1964 waren es bereits mehr als 80. Jedesmal, wenn man die Energie steigert, mit der subatomare Teilchen auf Atome treffen, erhält man neue Daten, die von den theoretischen Physikern interpretiert werden müssen.

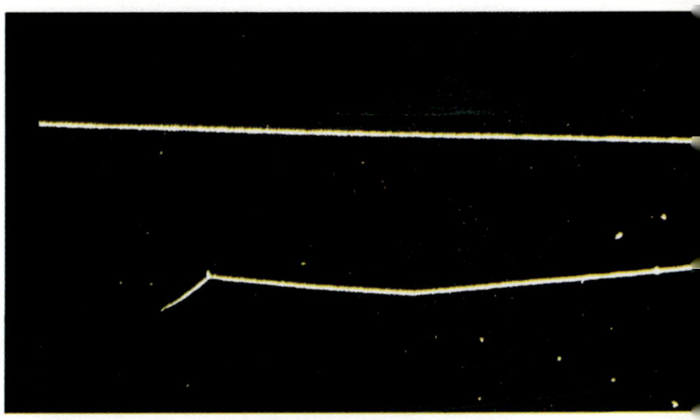

Erste Spuren *Die Flugbahn eines Alphateilchens beim Zusammenstoß mit Atomen, aufgenommen in der Nebelkammer, die C. Th. R. Wilson konstruierte.*

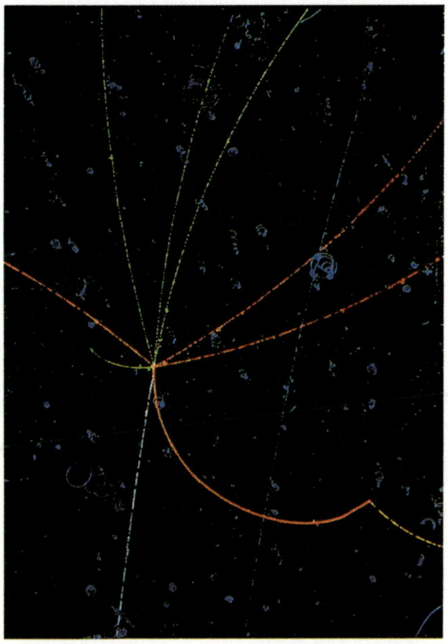

Auf Kollisionskurs *Die Spuren von Elementarteilchen, die im Inneren einer Blasenkammer miteinander kollidieren.*

Im Lauf der Entwicklung wurden immer größere, effizientere Teilchenbeschleuniger gebaut. Der vorläufig größte entsteht derzeit in Texas, südlich von Dallas. Er soll bis zum Jahr 2000 fertiggestellt sein und wird voraussichtlich zwischen 8 und 12 Mrd. $ kosten. Kernstück ist ein gewaltiger Rohrring mit einem Umfang von 87 km, in dessen Innern zwei Protonenstrahlen in entgegengesetzter Richtung kreisen sollen. Besonders starke Elektromagnete werden die Protonenstrahlen auf die Kreisbahn lenken, während elektrische Felder sie nahezu auf Lichtgeschwindigkeit beschleunigen, bevor sie miteinander kollidieren. Diese Versuche sollen die Existenz von einigen hypothetischen Teilchen bestätigen, die Bezeichnungen wie Higgsches Boson oder Top-Quark tragen, wobei letzteres nur kurzfristig bei der Geburt des Universums aufgetreten sein soll.

Bilder von den Bausteinen des Universums

Die ersten Bilder von Atomen, den Bausteinen aller Materie, lieferte 1956 der in Deutschland geborene Physiker Erwin Wilhelm Müller, Professor an der Pennsylvania State University. Er leitete Heliumgas in eine Vakuumkammer, in der sich eine äußerst feine Nadelspitze befand. Heliumatome, die durch Zufall mit der Nadelspitze in Berührung kamen, an die eine starke positive elektrische Ladung angelegt war, verloren einen Teil ihrer äußeren Elektronen. Dabei verwandelten sich die Atome in Heliumionen (ein Ion ist ein elektrisch geladenes Atom). Die positiv geladenen Ionen schossen geradlinig davon, angezogen von einem Leuchtschirm mit negativer Ladung. Auf diesem Leuchtschirm erzeugten sie ein genaues Abbild der Nadelspitze in millionenfacher Vergrößerung.

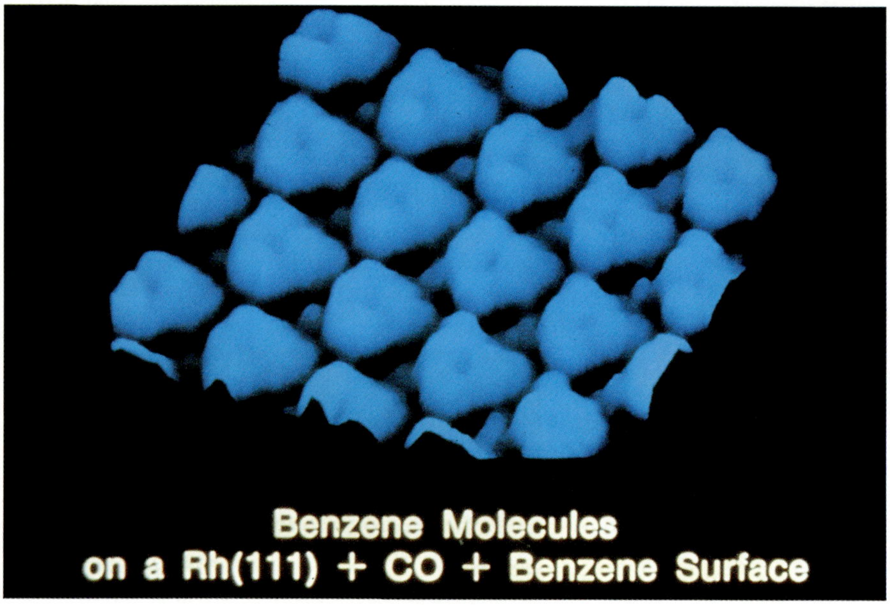

Atomstruktur *Das erste sichtbare Bild der Anordnung von Atomen in einem Benzolmolekül lieferten Forscher in Zürich.*

VERKLEINERUNG AUF MIKROSKOPISCHE GRÖSSE

Für Institutionen wie Bibliotheken und Archive, die große Mengen umfangreicher Bücher, Zeitungen und Akten aufbewahren, würde es ungeahnte Vorteile bieten, wenn sie dies alles auf kleinstem Raum statt in kilometerlangen Regalen lagern könnten. Der Tag, an dem dies möglich sein wird, scheint nicht mehr fern. Wissenschaftler des Cavendish Laboratory in Cambridge benutzten einen Elektronenstrahl, um in Form von Rasterpunkten mikroskopisch kleine Bilder und Buchstaben auf Aluminiumfluorid wiederzugeben. Auf diese Weise konnten sie gedruckte Texte auf 10 Mio. Worte pro mm^2 verdichten.

Miniaturkarte *Eine Weihnachtskarte wurde durch Abtasten mit einem Elektronenstrahl als Lochraster wiedergegeben. Die Größe beträgt nur noch ein Milliardstel des Originals.*

Punktraster *Elektronisch verkleinert, paßt ein Text von 10 Mio. Worten auf 1 mm^2. Die Detailaufnahme zeigt die winzigen Löcher.*

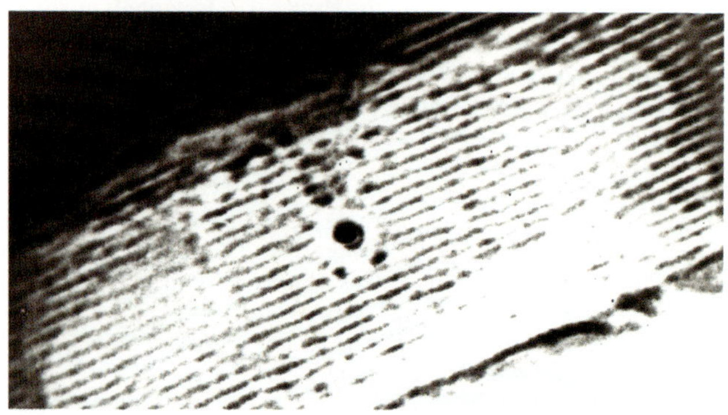

Kaum größer als ein Atom *Das von einem Elektronenstrahl eingestanzte Loch ist nicht viel größer als der Abstand zwischen den Atomen. Die Streifen entsprechen den Atomebenen.*

Helle kleine Punkte markierten die Lage der einzelnen Atome. Müllers Erfindung, das Feldionenmikroskop, ermöglichte eine Strukturuntersuchung vor allem bei Metallen.

In den 80er Jahren erhielt man noch wesentlich eindrucksvollere Bilder von Atomen, und zwar mit Hilfe eines Raster-Tunnel-Elektronenmikroskops. Es liefert ein Bild von der Oberfläche einer Probe in Form einer Höhenlinienkarte, auf der die Lage der einzelnen Atome erscheint.

Eine Nadel, die man mit Ätzchemikalien zu einem einzigen Atom zugespitzt hat, wird bis auf einige Atome Distanz an die Probe herangeführt. Eine elektrische Spannung zwischen der Spitze und der Probe erzeugt einen Stromfluß. Während man mit der Spitze die Probe abtastet, verändert sich der dem Stromfluß entgegengesetzte Widerstand beim Übergang von einem Atom zum anderen. Die gemessenen Widerstandswerte können dann herangezogen werden, um eine Höhenlinienkarte herzustellen, die so genau ist, daß die einzelnen Atome wie auch Leerstellen (fehlende Atome) oder Unregelmäßigkeiten der Atomstruktur zu erkennen sind. Man kann sogar die darunterliegende Atomschicht aufzeichnen und zeigen, wie sie zur oberen Schicht steht.

Auf diese Weise erhält man ein ungewöhnliches Bild, das den Zusammenhalt der Atome wie in einem künstlichen Strukturmodell darstellt. Das Raster-Tunnel-Elektronenmikroskop wird eine wichtige Rolle bei der Entwicklung von neuen elektronischen Mikrochips spielen, deren Wirkungsweise von der genauen Plazierung verschiedener Atomschichten abhängt.

Wie man die Lichtgeschwindigkeit mißt

Bereits Mitte des 19. Jh. ermittelte der französische Physiker Jean Foucault erstaunlich genau die Geschwindigkeit des Lichts. Er benutzte dazu zwei Spiegel: Der eine war fest montiert, der andere rotierte in einer Entfernung von 20 m mit 800 Umdrehungen pro Sekunde. Der Lichtstrahl wurde auf den rotierenden Spiegel gerichtet, der ihn, wenn er in einem bestimmten Winkel stand, zu dem feststehenden Spiegel reflektierte. Dieser warf dann seinerseits den Lichtstrahl zu dem rotierenden Spiegel zurück, der ihn wiederum in Richtung der Lichtquelle reflektierte.

In der Zeit, die der Lichtstrahl für seinen Hin- und Rückweg zwischen den beiden Spiegeln brauchte, hatte sich der rotierende Spiegel jedoch um einen kleinen Winkel weitergedreht, so daß der Strahl nicht mehr direkt, sondern seitlich etwas abgelenkt zum Ausgangspunkt zurückkehrte.

Aufgrund dieser Ablenkung konnte Foucault den Winkel bestimmen, um den sich der Spiegel weitergedreht hatte, dann mit Hilfe der bekannten Umdrehungsgeschwindigkeit berechnen, wie lange der Lichtstrahl unterwegs gewesen war, und so die Geschwindigkeit des Lichts ermitteln. Als Ergebnis gab Foucault 1862 bekannt: 298 000 km pro Sekunde. Neuste Messungen haben den Wert auf 299 792,458 km pro Sekunde korrigiert.

Zwölf Jahre experimentierte Jean Foucault (1819–1868), um die Lichtgeschwindigkeit zu bestimmen.

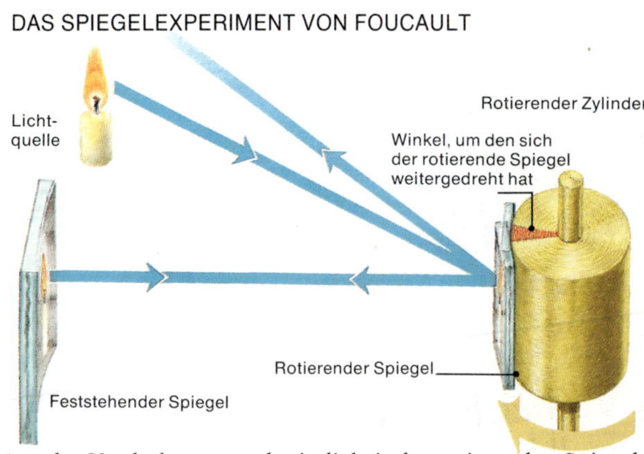

Aus der Umdrehungsgeschwindigkeit des rotierenden Spiegels und der Winkelabweichung der reflektierten Lichtstrahlen ergibt sich die Lichtgeschwindigkeit.

Die Schallgeschwindigkeit – lange Zeit ein Rätsel

Wer kennt nicht das Phänomen, das man bei Gewitter oft beobachten kann: Man sieht einen Blitz, hört aber erst mehrere Sekunden später den Donnerschlag, den dieser Blitz erzeugt hat. Ist das Gewitter nur 1 km entfernt, beträgt die Zeitdifferenz etwa drei Sekunden. Die Geschwindigkeit, mit der sich der Schall fortpflanzt, stellte bis ins vorige Jahrhundert die Wissenschaftler vor ein Rätsel.

Um die Schallgeschwindigkeit zu bestimmen, könnte man ein Geräusch erzeugen und messen, nach welcher Zeit es in einer bestimmten Entfernung wahrzunehmen ist; man könnte also z. B. auf einer entfernten Bergkuppe eine Explosion auslösen, eine Stoppuhr starten, sobald man den Blitz sieht, und sie wieder stoppen, wenn die Detonation zu hören ist. Das Ergebnis wäre aber nur ein Annäherungswert, der von der Reaktionsschnelligkeit desjenigen, der die Stoppuhr bedient, abhinge.

Um die Geschwindigkeit des Schalls objektiv ermitteln zu können, entwickelte der französische Chemiker und Physiker Henri Victor Regnault 1864 einen Apparat, der eine solche Messung automatisch durchführte. Sein Gerät bestand aus einem rotierenden Zylinder mit einem Papiermantel, auf dem ein Schreiber eine Linie aufzeichnete. Der Schreiber war mit zwei elektrischen Stromkreisen verbunden und konnte nach oben oder unten ausschlagen, je nachdem, ob Strom durch ihn floß oder ob die Stromzufuhr unterbrochen war. Der eine Stromkreis befand sich vor der vom Zylinder weit entfernten Mündung eines Gewehrlaufs, der andere war mit einer zylindernahen Schallmembran gekoppelt.

Zu Beginn des Experiments schaltete Regnault den Strom ein. Der Zylinder drehte sich, und der Schreiber zeichnete eine Linie auf. In dem Moment, in dem er das Gewehr abfeuerte, wurde der erste Stromkreis unterbrochen, und der Schreiber schlug aus. Ein oder zwei Sekunden später versetzte der Schall des Gewehrschusses die Membran in Schwingungen, wodurch der zweite Stromkreis geschlossen wurde und der Schreiber wieder in die Ausgangsstellung zurückkehrte.

Da die Umdrehungsgeschwindigkeit des Zylinders bekannt war, konnte man anhand der gezackten Linie auf dem Papiermantel die Zeit errechnen, die der Schall benötigte, um den Weg vom Gewehr zur Membran zurückzulegen. Die Berechnung ergab, daß sich der Schall mit einer Geschwindigkeit von gut 1200 km/h fortpflanzt.

Seither haben Wissenschaftler nachgewiesen, daß im Vergleich zur Luft die Schallgeschwindigkeit im Wasser mehr als den vierfachen und in Eisen mehr als den 15fachen Wert erreicht. Die Geschwindigkeit des Schalls ist also abhängig von dem Medium, in dem er sich ausbreitet.

Chuck Yeager: der Mann, der die Schallmauer durchbrach

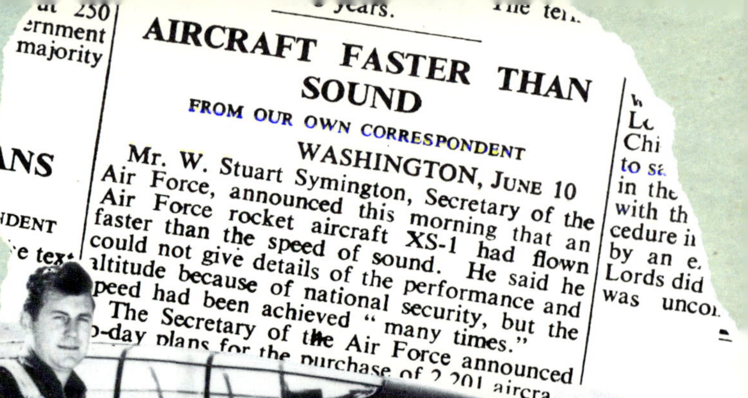
AIRCRAFT FASTER THAN SOUND

FROM OUR OWN CORRESPONDENT

WASHINGTON, JUNE 10

Mr. W. Stuart Symington, Secretary of the Air Force, announced this morning that an Air Force rocket aircraft XS-1 had flown faster than the speed of sound. He said he could not give details of the performance and altitude because of national security, but the speed had been achieved "many times."

The Secretary of the Air Force announced ...-day plans for the purchase of 2,201 aircra...

Maskottchen *Chuck Yeager (links) taufte die X-1 auf den Namen seiner Frau Glennis (rechts), denn sie brächte ihm Glück. Oben die Zeitungsmeldung von seinem spektakulären Flug.*

Zwei Tage vor seinem Versuch, die Schallmauer zu durchbrechen, stürzte der 24jährige amerikanische Luftwaffenoffizier Charles, genannt Chuck, Yeager vom Pferd. Er verlor fast das Bewußtsein, und zwei Rippen waren gebrochen. Obwohl ihm am nächsten Morgen ein Arzt die Rippen bandagierte, konnte Yeager seinen rechten Arm vor Schmerzen nicht bewegen. Trotzdem schwieg er, denn wenn sein Unfall bekanntgeworden wäre, hätte man den für den 14. Oktober 1947 angesetzten streng geheim gehaltenen Testflug auf unbestimmte Zeit verschoben.

Sein orangefarbenes Raketenflugzeug Bell X-1 sollte aus dem Bombenschacht einer Boeing B 29 Superfortress abgeworfen werden und nach kurzem antrieblosem Gleitflug mit Hilfe der vier Raketentriebwerke aufsteigen.

Aus dem Rumpf der B 29 in das winzige Cockpit der X-1 gelangte Yeager über eine kurze Leiter; die Cockpithaube wurde an einem Drahtseil den Bombenschacht hinuntergelassen, ausgeklinkt und mußte dann an der rechten Seite von innen verriegelt werden – ein Kinderspiel, sofern man nicht zwei gebrochene Rippen und einen bewegungsunfähigen rechten Arm hat. Doch Not macht erfinderisch: Bei einem heimlichen Versuch stellte Yeager fest, daß ein Stück von einem Besenstiel genau in den Griff der Verriegelung paßte. Nun konnte Yeager mit der linken Hand den Griff nach oben schieben und den Riegel einrasten lassen.

Jetzt stand dem Testflug nichts mehr im Weg. Am 14. Oktober gegen 8 Uhr startete die B 29 von der Muroc Air Base (heute Edwards Air Force Base) in der Mojavewüste im Süden Kaliforniens. Noch saß Yeager mit in der Superfortress, in deren Bauch sich seine X-1 befand.

Trotz seiner Schmerzen war der im Zweiten Weltkrieg hochdekorierte Pilot zuversichtlich. Er hatte bereits eine Serie von Testflügen in dem Raketenflugzeug hinter sich und wollte der erste Mensch sein, der die Schallgeschwindigkeit überschritt: 1228,2 km/h in Meereshöhe; in höheren Luftschichten breitet sich der Schall langsamer aus. Yeager wollte mit einer Geschwindigkeit von etwa 1126 km/h in einer Höhe von rund 12 200 m fliegen.

Die Geschwindigkeit eines Flugzeugs im Verhältnis zur Schallgeschwindigkeit in der Umgebung wird – nach dem österreichischen Physiker Ernst Mach (1838–1916) – als Machzahl (Ma) ausgedrückt. Ein Flugzeug mit Schallgeschwindigkeit fliegt also mit 1 Ma.

Ein Flugzeug muß für Überschallgeschwindigkeiten besonders konstruiert sein, um den gefährlichen Druckwellen standzuhalten, die entstehen, sobald sich die Geschwindigkeit 1 Ma nähert. Theoretisch sollte die X-1 – mit stromlinienförmigem Bug und abgerundeten Kanten – die notwendigen Bedingungen erfüllen, doch tatsächlich hatte sie die unangenehme Eigenschaft, den Piloten in seinem engen Cockpit so stark herumzuschütteln, daß er Gefahr lief, bewußtlos geschlagen zu werden. Um seinen Kopf zu schützen, trug Yeager über seinem Fliegerhelm noch einen großen gepolsterten Lederhelm für Footballspieler.

Als sich die B 29 einer Flughöhe von 2100 m näherte, machte sich Yeager auf den Weg in den Bombenschacht und kletterte – mit schmerzverzerrtem Gesicht – in das Cockpit der X-1. Die Verriegelung mit Hilfe des Besenstiels klappte tadellos.

Im Cockpit herrschte Eiseskälte, die von den rund 2700 l flüssigen Sauerstoffs herrührte, die mit einer Temperatur von – 182 °C in dem Brennstofftank direkt hinter dem Cockpit lagerten. „Im kältesten Flugzeug, das ich je geflogen bin", wie Yeager später erzählte, setzte er mit vor Kälte zitternden Händen die Sauerstoffmaske auf. „Keine Heizung, kein Entfroster; man muß für die nächsten 15 Minuten einfach die Zähne zusammenbeißen ... Es ist, als ob man versucht, in einer Tiefkühltruhe zu arbeiten."

Bei früheren Testflügen hatte sich Yeagers Atem als Frostschicht auf der Windschutzscheibe niedergeschlagen. Um dies zu verhindern, hatte sein Chefmechaniker die Scheibe mit Haarshampoo eingerieben. „Aus irgendeinem Grund", stellte Yeager

Durchbruch durch die Schallmauer *Mit einer Länge von nur 9,5 m und einer Flügelspannweite von 8,4 m sah die gedrungene Bell X-1 nicht gerade sehr elegant aus. Doch nicht zuletzt diese Form versetzte das Raketenflugzeug in die Lage, mit einer Geschwindigkeit von 1126 km/h die Schallmauer zu durchbrechen.*

Wie ein Baby im Bauch *Um Treibstoff zu sparen, beförderte man die X-1 im Bombenschacht einer B 29 Superfortress bis in über 6000 m Höhe. Dort öffnete sich der Bauch der B29 und warf das Raketenflugzeug ab, das dann in der Luft startete.*

fest, „gab es ein tolles Enteisungsmittel ab, und wir verwendeten es auch dann noch, als die Regierung ein Spezialmittel kaufte, das 18 $ die Flasche kostete."

Noch befand sich die X-1 im Bauch der B 29, die in der Zwischenzeit eine Höhe von 4570 m erreicht hatte und noch immer stieg. Bei 6100 m begann der Pilot der Superfortress mit dem Countdown: „... fünf ... vier ... drei ... zwei ... eins ... Abwurf!" Der Bombenschacht öffnete sich, und die X-1, plötzlich sich selbst überlassen, fiel mit der Nase nach oben durch den freien Raum. 150 m tief sackte die X-1 ab, während Yeager verzweifelt versuchte, sie unter Kontrolle zu bringen. Schließlich gelang es ihm, die Nase des Flugzeugs nach unten zu drücken und die vier Raketentriebwerke zu zünden. Er war sich bewußt, daß der Treibstoff „durch einen Funken des Zündschalters explodieren und den Piloten in kleinen Stücken über mehrere Länder verteilen konnte". Aber alles ging gut, und das Flugzeug startete.

Die X-1 stieg mit einer Geschwindigkeit von 0,88 Ma und begann zu flattern. Sofort drückte Yeager den Steuerknüppel nach vorn und lenkte das Flugzeug bei 11 000 m in die Waagrechte. Dann schaltete er zwei Raketentriebwerke ab, begann erneut zu steigen und erreichte dann bei 12 200 m eine Geschwindigkeit von 0,92 Ma. Bei 12 800 m schwenkte er in eine ebene Bahn ein und schaltete das dritte Raketentriebwerk wieder zu. Die Geschwindigkeit erhöhte sich sofort auf 0,96 Ma und stieg immer weiter an. „Wir flogen mit Überschallgeschwindigkeit. Und entgegen allen Befürchtungen war das Durchbrechen der Schallmauer nicht anders, als wenn man mit hoher Geschwindigkeit auf einer gut geteerten Schnellstraße fährt."

Um die Gefahr einer Explosion beim Landen der X-1 zu bannen, ließ Yeager zuvor den restlichen Treibstoff ab. Wenige Minuten später setzte das Flugzeug sicher auf dem Rollfeld auf.

Yeager hatte der Menschheit den Weg zur Eroberung des Weltalls geebnet. „Und so war ich der Held des Tages", stellte er später trocken fest. Als er in der warmen Wüstensonne aus dem engen Cockpit der X-1 kletterte, fühlte er sich großartig. Lediglich seine lädierten Rippen schmerzten nach wie vor.

Der Versuch, ein Erdbeben vorauszusagen

Am 4. Februar 1975 erging an die Bewohner der chinesischen Provinz Liaoning in der Mandschurei die Warnung, daß ein Erdbeben bevorstehe. Man forderte sie auf, im Freien zu bleiben, obwohl es Winter und bitter kalt war. Am Abend desselben Tages erschütterte ein schweres Erdbeben die Provinz. Hunderte von Häusern stürzten ein, doch da die Menschen unter freiem Himmel geblieben waren, wurden nur wenige verletzt.

Das war einer der ersten bekannten Fälle, in denen ein Erdbeben rechtzeitig vorausgesagt wurde. Ermöglicht wurde diese Prognose durch ein 1965 von der chinesischen Regierung eingeleitetes Forschungsprogramm, mit dem man Wege finden sollte, rechtzeitig vor Erdbeben warnen zu können.

Dennoch war die Vorhersage für die Provinz Liaoning mehr oder weniger ein Glückstreffer. Denn mit den gleichen Methoden gelang es nicht, z. B. das Erdbeben vorherzusagen, das im folgenden Jahr die Stadt Tangshan östlich von Beijing erschütterte und mehr als 240000 Menschenleben forderte; hier waren die Wissenschaftler von dem Ereignis überrascht worden.

Früher glaubte man, daß man Erdbeben aus dem Stand der Sterne ablesen könnte oder daß ein ungewöhnliches Verhalten der Tiere ein Erdbeben ankündigte. Derartige Vorstellungen sind jedoch durch keinerlei Beweise erhärtet.

Die Wissenschaftler konzentrieren sich heute vor allem auf eine Reihe von Veränderungen, die vor dem Ausbruch eines größeren Bebens in der Erdkruste stattfinden. Viele Beben kündigen sich z. B. durch eine Serie kleinerer Erdstöße an. Doch auch solche Vorbeben sind kein zuverlässiger Indikator, denn nicht immer folgt ihnen ein stärkerer Erdstoß, und umgekehrt kündigt sich nicht jede große Erschütterung durch ein Vorbeben an.

Letztlich gibt es kein einzelnes eindeutiges Anzeichen für ein bevorstehendes Erdbeben, sondern nur eine Reihe von Symptomen. Hauptsächlich vier Kriterien sind es, mit deren Hilfe die Seismologen, die Erdbebenforscher, hoffen, ein verbessertes Frühwarnsystem entwickeln zu können.

Das erste ist die Geschwindigkeit, mit der sich Stoßwellen im Boden ausbreiten. Wenn sich unterirdische Spannungen aufbauen, wird die Art, wie die Stoßwellen sich fortpflanzen, von den Druckverhältnissen im Gestein bestimmt. Ihre Geschwindigkeit scheint sich zunächst zu verringern, dann unmittelbar vor einem Beben erhöht sie sich wieder. Diese Veränderungen kann man feststellen, indem man Vorbeben genau untersucht.

Ein weiteres Anzeichen sind Niveauverschiebungen auf der Erdoberfläche, die sich an bestimmten Stellen hebt, wenn darunter der Druck zunimmt. Im Bereich der San-Andreas-Verwerfung in Kalifornien hat sich ein Gebiet in den letzten 20 Jahren um rund 40 cm angehoben.

Ein drittes Merkmal ist die Emission von Radon, einem radioaktiven Gas, das in geringer Menge ständig der Erde entweicht, vor einem Erdbeben aber offensichtlich verstärkt austritt.

Und schließlich kann man die sich verändernden elektrischen und magnetischen Reaktionen des Gesteins beobachten, wenn es sich dem kritischen Punkt nähert, an dem es zu bersten beginnt.

Auf der Grundlage derartiger Beobachtungen hat man bereits erste – wenn auch

Ein Riß in der Erde *Die San-Andreas-Verwerfung erstreckt sich in nordwestlicher Richtung vom Golf von Kalifornien bis nördlich von San Francisco.*

immer noch sehr vage – Erdbebenvorhersagen treffen können. Im November 1974 stellten amerikanische Wissenschaftler fest, daß sich in der Nähe von Hollister im

Versetzter Flußlauf *Die San-Andreas-Verwerfung ist durch die Verschiebung der Ostpazifischen und der Nordamerikanischen Platte entstanden. Dadurch wurde das Bett eines Flusses versetzt (im Bild oben rechts), der früher geradlinig die Verwerfung überquerte. Der Fluß legt nun eine Strecke in der Verwerfung zurück und setzt dann seinen Lauf auf der anderen Seite in seinem ursprünglichen Bett wieder fort (im Bild unten links).*

mittleren Kalifornien die Magnetfelder des Gesteins veränderten, daß sich der Boden aufwarf und daß sich die Geschwindigkeit der Stoßwellen veränderte. Einer der Wissenschaftler hielt diese Vorzeichen für ausreichend, um eine Erdbebenwarnung zu veranlassen, fand bei seinen Kollegen aber keine Zustimmung. Bereits am nächsten Tag ereignete sich in Hollister ein Erdbeben der Stärke 5 – glücklicherweise zu gering, um größeren Schaden anzurichten.

Verschobene Baumreihen *1940 verschob ein Erdbeben im Imperial Valley in Kalifornien die Baumreihen dieser Orangenplantage.*

GROSSE ERDBEBEN DES 20. JAHRHUNDERTS

JAHR	ORT	STÄRKE	TODESOPFER	JAHR	ORT	STÄRKE	TODESOPFER
1906	San Francisco, USA	8,3	700	1970	Peru	7,7	etwa 70000
1908	Italien	7,5	83000	1976	China	7,8	242000
1920	China	8,6	180000	1978	Iran	7,7	15000
1923	Japan	8,3	99000	1979	Ecuador	7,9	600
1927	China	8,3	200000	1980	Algerien	7,7	3500
1931	Neuseeland	7,9	255	1980	Italien	7,2	3000
1932	China	unbekannt	70000	1983	Japan	7,7	58
1935	Pakistan	7,5	etwa 60000	1983	Türkei	7,1	1300
1952	Kalifornien, USA	7,7	11	1985	Chile	7,4	177
1962	Chile	8,5	etwa 5000	1985	Mexiko	8,1	4287
1964	Alaska, USA	8,5	178	1988	Armenien, UdSSR	7,0	25000
1968	Iran	7,4	12000	1990	Iran	7,3	50000

Wenn man die Intensität der Stoßwellen eines Erdbebens mißt, kann man dessen Stärke – die im Epizentrum freigesetzte Energie – bestimmen. Die Messung erfolgt nach der Richter-Skala, die der kalifornische Seismologe Charles Richter 1935 entwickelte. Die nach oben offene Skala ist logarithmisch aufgebaut, d. h., ein Erdstoß der Stärke 8 ist zehnmal größer als Stärke 7, 100mal größer als Stärke 6, 1000mal größer als Stärke 5 usw.

DREI MÖGLICHKEITEN, ERDBEBEN VORHERZUSAGEN

Eine Meßstation, in der jede Erschütterung in der San-Andreas-Verwerfung registriert wird, steht in Parkfield, Kalifornien.

Unterirdisch installierte Instrumente zeigen an, ob und wieweit sich das Gestein ausdehnt oder zusammenzieht.

Oberirdische Meßvorrichtungen registrieren jede Verschiebung der Erdoberfläche im Bereich der San-Andreas-Verwerfung.

Vorstoß ins Innere der Erde

Geologen wissen heute besser über das Gestein auf dem Mond Bescheid als über das, was nur 20 km unter ihren Füßen liegt. Astronauten haben vom Mond Gesteinsproben mitgebracht, doch was sich in der Tiefe der Erdkruste und darunter verbirgt, scheint unerreichbar zu sein.

Die Erdkruste, eine harte, rauhe Schale, die sich über die ganze Erdoberfläche erstreckt, ist im Verhältnis zum Gesamtvolumen der Erde nicht dicker als die Schale eines Apfels. Sie reicht in eine Tiefe von 10–70 km; am dünnsten ist sie auf dem Grund der Meere, am dicksten auf dem Festland in Gebirgsgegenden.

Der erste Versuch, die Erdkruste zu durchbohren, war das *Deep Sea Drilling Project*, ein amerikanisches Unternehmen mit dem Ziel, bis zur sogenannten Mohorovičić-Diskontinuität (siehe Seite 210) vorzudringen, bis zu dem Punkt also, an dem die Erdkruste an den oberen Erdmantel grenzt. Nach einigen Versuchsbohrungen, die man 1960 von Bord eines Spezialschiffs im Pazifik niedergebracht hatte, wurde das Projekt jedoch aus Kostengründen aufgegeben.

1970 begannen die Russen, das vorläufig tiefste Loch der Welt zu bohren, um die geologische Beschaffenheit der Erdkruste zu erforschen. Die Bohrung führt durch das taube Gestein der Halbinsel Kola, die innerhalb des Polarkreises unmittelbar östlich von Finnland liegt. Gegen Ende der 80er Jahre reichte das Bohrloch bis in eine Tiefe von 13 km. Erstmals hatte man eine untere Schicht der Erdkruste erreicht, doch hat man damit noch nicht einmal den halben Weg bis zum Erdmantel zurückgelegt, der hier etwa 30 km unter der Erdoberfläche beginnt.

Für derartige Tiefbohrungen mußte man besondere technische Verfahren und Geräte entwickeln. Bei herkömmlichen Bohrgeräten befindet sich der Motor, der das Bohrgestänge – ein langes Rohr mit einer Spitze am Ende – in Drehung versetzt, über der Erde. Doch bereits in einer Tiefe von 8 km hält das Bohrgestänge im oberen Teil der Belastung nicht mehr stand, denn es muß nicht nur das Gewicht der Bohrrohre tragen, sondern diese auch noch schnell drehen.

Bei der Tiefbohrung auf Kola dagegen ist eine Turbine in der Nähe des Lochgrunds am Bohrgestänge befestigt. Sie wird mit Schlamm, der mit hohem Druck in das Bohrloch gepreßt wird, angetrieben und setzt die Bohrspitze in Bewegung. Da das Bohrgestänge nun keine Drehkräfte übertragen muß, kann man es statt aus Stahl aus leichten Aluminiumlegierungen herstellen und damit das Gewicht halbieren, das der Bohrturm – ein 30 Stockwerke hohes Gebäude – zu tragen hat.

Mit den von den Russen erprobten Methoden könnte man vielleicht eines Tages auch die Erdkruste durchbohren. Problematisch allerdings sind die hohen Temperaturen: In einer Tiefe von 10 km hat man – entgegen den vorausgesagten 100 °C – bereits 180 °C gemessen. Bei Temperaturen über 230 °C verlieren die für das Bohrgestänge verwendeten Legierungen jedoch ihre Festigkeit, so daß man wahrscheinlich auf sehr teures Material wie Titan übergehen müßte.

Ein drittes tiefes Loch in der Erdkruste entsteht seit 1987 bei Windischeschenbach in der Oberpfalz. Es soll eine Tiefe von 14 km und damit eine Nahtstelle erreichen, an der vor 300 Mio. Jahren die auf dem Erdmantel driftenden Kontinente Ur-Afrika und Ur-Europa aneinanderstießen.

Woher weiß man, daß die Kontinente driften?

Bereits im 17. Jh. stellte der englische Philosoph Francis Bacon fest, daß die Küstenlinien im Osten Südamerikas und im Westen Afrikas genau ineinanderpassen, zog aber noch keine weiteren Folgerungen daraus. Es war der deutsche Meteorologe und Geowissenschaftler Alfred Wegener, der erstmals 1912 die Theorie aufstellte, daß die beiden Kontinente einst miteinander verbunden gewesen, dann aber auseinandergedriftet seien. Beweise, die seine heftig umstrittene These untermauerten, konnten jedoch erst Ende der 60er Jahre erbracht werden.

Wie genau Südamerika und Afrika ineinanderpassen, läßt sich am Schelf, dem vom Meer überspülten Saum der Kontinente, noch besser erkennen als an den Küstenlinien, an denen im Lauf der Jahrtausende die Gezeiten genagt haben. Könnte man die beiden Kontinente wieder zusammenschieben, so würde die durchschnittliche Abweichung am Schelf nur rund 80 km betragen.

Daß die beiden Kontinente einst eine Einheit bildeten, beweisen auch gemeinsame geologische Merkmale wie ähnliche, etwa gleich alte Gesteinsarten und Fossilienfunde. Doch es gibt noch handfestere Beweise. Gesteinsproben, die das amerika-

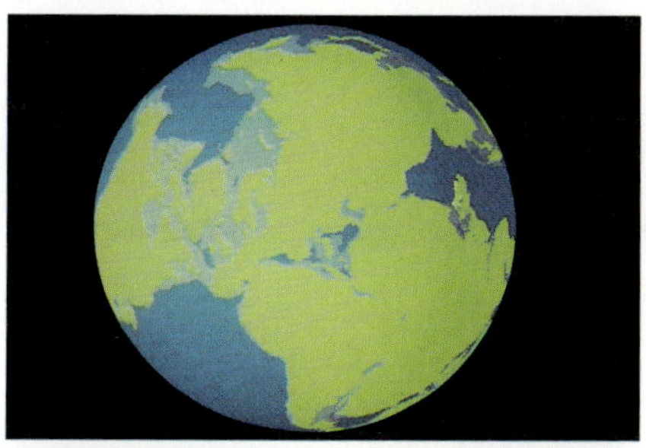

Vor 250 Mio. Jahren

Vor 100 Mio. Jahren

Das Gesicht der Erde wandelt sich *Vor rund 250 Mio. Jahren bildeten die Kontinente noch eine einzige große Landmasse (oben). Vor 100 Mio. Jahren waren sie bereits auseinandergedriftet.*

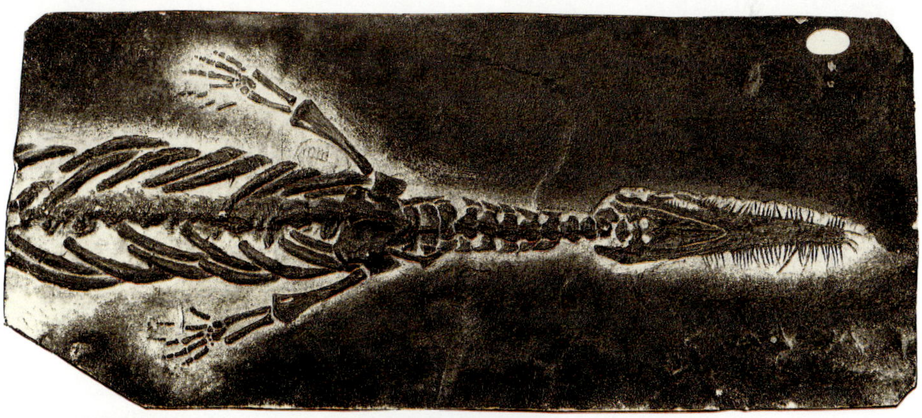

Heute

Bewohner zweier Kontinente *Die Landmassen in ihrer heutigen Verteilung (links). Die Westküste Afrikas entspricht ziemlich genau den Umrissen der Ostküste Südamerikas. Weitere Beweise für die Kontinentalverschiebung liefern Fossilien wie der 280 Mio. Jahre alte Mesosaurus (oben), der auf beiden Kontinenten gefunden wurde. Als Bewohner des Süßwassers kann er wohl kaum den Ozean überquert haben.*

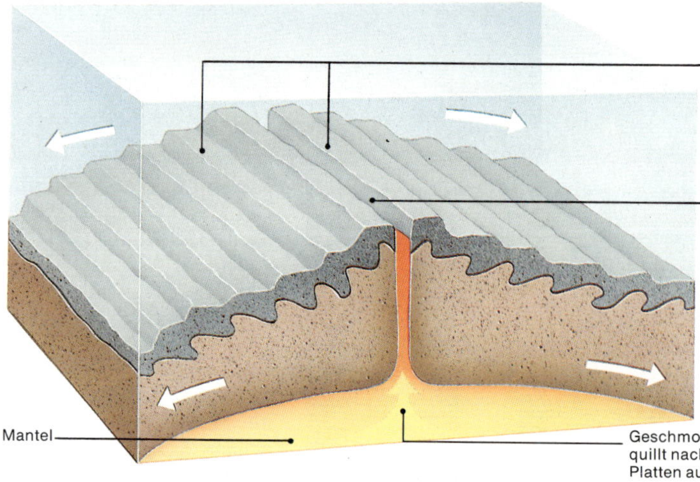

Bergrücken unter dem Meer bilden sich an Spalten aus, wo geschmolzenes Gestein hochquillt und erstarrt. Dabei werden die Kontinentalplatten weiter auseinandergedrückt.

nische Forschungsschiff *Glomar Challenger* Ende der 60er Jahre dem Meeresgrund entnahm, ließen erstaunliche Gesetzmäßigkeiten erkennen.

Wenn flüssiges Gestein erstarrt, wird das jeweilige Magnetfeld der Erde mit eingeschlossen. Die winzigen Eisenteilchen in der Gesteinsschmelze richten sich nach dem Nordpol aus und behalten diese Lage im verfestigten Gestein bei.

Die dem Meeresboden des Atlantischen Ozeans entnommenen Proben zeigten, daß sich das magnetische Feld in der Vergangenheit oft umgedreht hat, d. h., aus Norden wurde Süden und umgekehrt. Aufschlußreich war auch, daß an beiden Seiten eines Bergrückens, der sich mitten durch den Atlantik erstreckt und der Europa von Nordamerika sowie Afrika von Südamerika trennt, die gleichen Muster magnetischer Umkehrungen festzustellen sind.

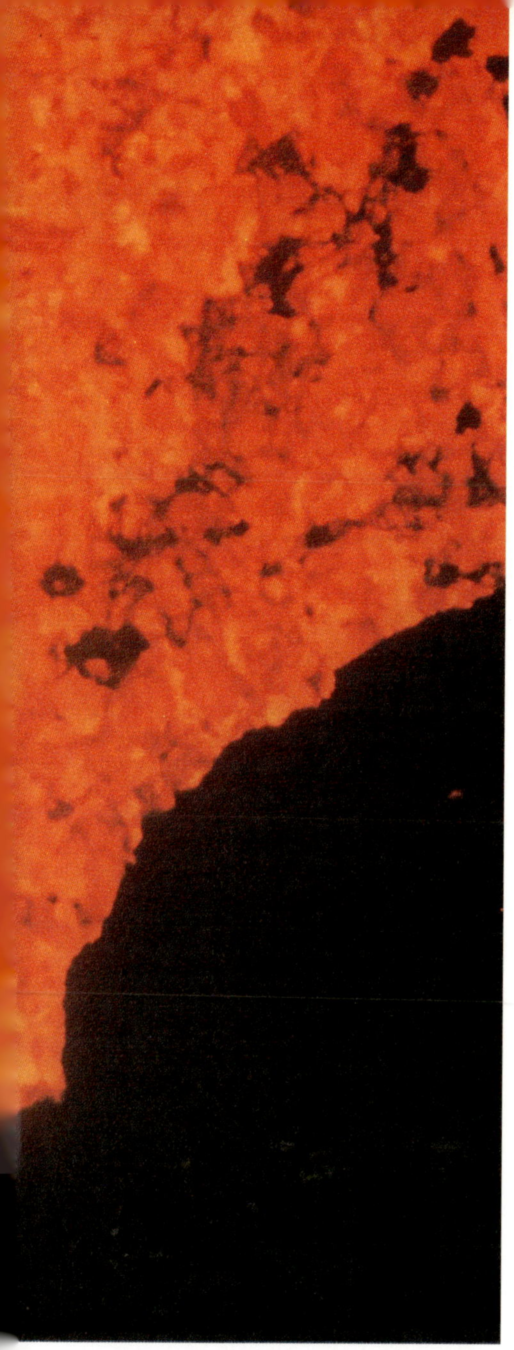

Erde in Aufruhr *Island ist ein Teil des Mittelatlantischen Rückens, der hier aus dem Meer herausragt. Vulkanausbrüche sind die Folge, wenn neues Gestein nach oben drückt.*

DIE GESCHWINDIGKEIT, MIT DER KONTINENTE DRIFTEN

Als die Theorie der Kontinentalverschiebung Ende der 60er Jahre endlich anerkannt wurde, wollte man verständlicherweise genau wissen, mit welcher Geschwindigkeit die kontinentalen Platten tatsächlich wandern. Für die Vergangenheit läßt sich die Geschwindigkeit grob berechnen, indem man die Breite des Atlantischen Ozeans durch die Zeit teilt, in der er sich ausgebildet hat.

Die exakte Messung solcher nicht wahrnehmbaren Bewegungen wurde erst in den 80er Jahren möglich. Man benutzt dazu sogenannte Quasare (quasistellare Radioquellen), die Sternen ähnlich zu sein scheinen, aber mehr Energie als ganze Galaxien abstrahlen. Sie sind Millionen von Lichtjahren entfernt – so weit, daß sie als Fixpunkte dienen können in einem aus der Landvermessung bekannten Verfahren, das man Triangulierung nennt.

Man visiert mit zwei Radioteleskopen auf verschiedenen Kontinenten einen Quasar an und zeichnet seine Signale auf. Obwohl die Teleskope das gleiche Signal empfangen, fallen die Aufzeichnungen wegen der Entfernung zwischen den Empfangsstationen unterschiedlich aus. Anhand der Abweichungen zwischen den aufgezeichneten Signalen kann man die Entfernung zwischen den Teleskopen berechnen. Zeitlich spätere Aufzeichnungen lassen dann auch geringe Unterschiede in der Position der Teleskope erkennen. Diese Meßmethoden sind so genau, daß man sogar Positionsveränderungen von nur 13 mm feststellen kann.

Reflektierte Strahlen *Von zwei verschiedenen Kontinenten ausgesendete Laserstrahlen werden von einem Satelliten zurück zur Erde reflektiert. Auf diese Weise erhält man die notwendigen Daten, um die Entfernung zwischen den Kontinenten exakt zu bestimmen. Regelmäßige Kontrollmessungen zeigen das Ausmaß der Kontinentaldrift an.*

Eine andere sehr genaue Methode ist die Entfernungsmessung mit Hilfe eines Laserstrahls. Zwei Sternwarten auf verschiedenen Kontinenten senden einen Laserstrahl zum selben Satelliten, der sie zur Erde zurück reflektiert. Aus den reflektierten Strahlen läßt sich durch Triangulierung die Entfernung zwischen den Sternwarten berechnen. Wiederholt man diese Messungen in bestimmten Zeitabständen, können auch geringfügige Bewegungen der Landmassen festgestellt werden, auf denen die Sternwarten stehen.

Diese Erkenntnisse lassen nur eine Erklärung zu: Neues Gestein, das sich ständig unter der Mitte des Ozeans ausbildet und nach oben drückt, schiebt das alte Gestein auseinander. Mit anderen Worten: Der Meeresboden breitet sich von der Mitte her nach beiden Seiten aus. Dabei nimmt er die Kontinente mit auf die Reise, die sich mit einer Geschwindigkeit von 2–2,5 cm pro Jahr voneinander entfernen. Diese Geschwindigkeit mag gering erscheinen, sie reichte aber dennoch aus, um innerhalb eines verhältnismäßig jungen geologischen Zeitalters den gesamten Atlantischen Ozean entstehen zu lassen.

Die Ausbildung des Atlantiks begann vor 165 Mio. Jahren; innerhalb von 40 Mio. Jahren hatte der Nordatlantik bereits eine Tiefe von 3600 m und eine Breite von 965 km erreicht. Anschließend begann sich Südamerika von Afrika zu lösen, und allmählich entstand so auch das breite Bekken, das heute der Südatlantische Ozean ausfüllt.

Diese Verschiebung der Kontinente ist u. a. auch dadurch bedingt, daß sie nicht fest in der Erde verankert sind, sondern als große Platten auf dem zähflüssigen Erdmantel schwimmen. Und wie sich einst Nord- und Südamerika von Europa und Afrika trennten, so wanderte umgekehrt die Indische Platte auf die Eurasische Platte zu. Als beide Platten aufeinandertrafen, schob sich die eine unter die andere und hob sie an. Man nimmt an, daß auf diese Weise das mächtige Himalajamassiv entstand.

Ein anderes Phänomen, das mit der Beweglichkeit der Platten zusammenhängt, sind Erdbeben. Sie treten überall dort verstärkt auf, wo Platten sich aneinander reiben, so z. B. in Kalifornien, wo die Pazifische und Nordamerikanische Platte aufeinandertreffen.

Wie alt ist die Erde?

Im 17. Jh. erklärte der irische Erzbischof James Ussher, die Erde sei am 22. Oktober des Jahres 4004 v. Chr. um 20 Uhr erschaffen worden. Zu diesem Ergebnis kam er, nachdem er die Bücher des Alten Testaments mit ihren langen Geschlechterfolgen studiert und mit anderen biblischen Aussagen verglichen hatte.

Dieser Auffassung widersprach 1785 der schottische Naturwissenschaftler James Hutton: Die Entstehung der Berge und die Erosion der Flußtäler könne nicht nur Jahrtausende, sondern müßte Jahrmillionen gedauert haben.

Aber erst nachdem der französische Physiker Antoine Henri Becquerel 1896 die Radioaktivität entdeckt hatte, wurde es möglich, das Alter der Erde genauer zu bestimmen, indem man den Zerfall radioaktiver Minerale untersuchte. Heute geht man davon aus, daß die Erdkruste vor rund 4700 Mio. Jahren erstarrt ist.

Wenn flüssiges Gestein abkühlt und sich verfestigt, werden radioaktive Elemente mit eingeschlossen. Diese Elemente zerfallen in einer sogenannten Halbwertszeit genau um die Hälfte, wobei die Halbwertszeit für jede Art radioaktiven Materials unterschiedlich ist.

Untersucht man also die Menge eines radioaktiven Elements in einer Gesteinsprobe, kann man den Zerfallsprozeß als eine Art Stoppuhr betrachten, die seit der Entstehung dieses Gesteins läuft. Dabei kommt es nicht auf die genaue Menge des noch vorhandenen radioaktiven Elements an, denn diese hängt vom ursprünglichen Gehalt ab. Ausschlaggebend ist vielmehr das Verhältnis zwischen der Menge des radioaktiven Materials und der Menge der Substanz, in die es beim Zerfall umgewandelt wurde. Je älter ein Gestein ist, um so geringer ist sein Gehalt an radioaktivem Material und um so größer sein Gehalt an Zerfallsprodukten.

Zur Datierung von Gesteinsproben kann man verschiedene radioaktive Elemente heranziehen. Oft stützt man sich auf Kalium 40, das eine Halbwertszeit von 11 900 Mio. Jahren hat.

Eine andere Möglichkeit ist, den Zerfall von Uran zu Blei zu untersuchen. Hier beträgt die Halbwertszeit 4500 Mio. Jahre. Auf der Erde ist heute bereits gut die Hälfte der ursprünglich vorhandenen Uranmenge zu Blei zerfallen. Das Alter der Erde entspricht also etwa der Halbwertszeit des Urans.

Der Mittelpunkt der Erde: sehr heiß und sehr dicht

Das tiefste Loch, das Menschen bisher in die Erde gebohrt haben, reicht 13 km in den gefrorenen Boden der Halbinsel Kola hinab (siehe Seite 206). Gemessen am Erdradius, gleicht es jedoch nur einem Nadelstich. Denn um bis zum Mittelpunkt der Erde vorzustoßen, müßte man noch rund 6360 km weiterbohren. Dennoch haben die Geologen eine recht genaue Vorstellung davon, wie unser Planet im Innern aufgebaut ist.

Das Zentrum der Erdkugel bildet der Kern, der einen Durchmesser von fast 7000 km hat. Er besteht zu 90 % aus Eisen, das im äußeren Kern flüssig, im inneren Kern (etwa ab 5100 km Tiefe) durch den Druck, der rundum auf ihm lastet, aber vermutlich fest ist.

Diese Vorstellung vom inneren Aufbau der Erde basiert zum Teil auf dem Verhältnis von Größe und Gewicht unseres Planeten. Erstmals wurde das Gewicht der Erde 1798 von dem britischen Wissenschaftler Henry Cavendish berechnet. Er hatte die Gravitationskonstante bestimmt, die Kraft, mit der sich Himmelskörper anziehen, und dann die Umlaufbahn des Mondes untersucht. Auf der Grundlage dieser Werte errechnete er das Gewicht der Erde. Überrascht stellte er fest, daß es zweimal höher war, als die Dichte des Oberflächengesteins erwarten ließ.

Das errechnete Gewicht der Erde beträgt 5973 Bill. t, und ihre durchschnittliche Dichte ist 5,5mal höher als die des Wassers; die Dichte des Oberflächengesteins dagegen beträgt nur das 2,8fache des Wassers. Diese Unstimmigkeit hebt sich nur auf, wenn man davon ausgeht, daß der Großteil des Erdinnern aus Eisen besteht, das eine sehr hohe Dichte aufweist.

Eine genauere Erforschung des Erdinnern war erst möglich, nachdem man entdeckt hatte, daß sich die von Erdbeben verursachten Schwingungen Tausende von Kilometern durch die Tiefen der Erde fortpflanzen können. Diese Erdbebenwellen treten in zwei Formen auf: als Verdichtungswellen, die das Gestein vor- und zurückschwingen lassen, und als Scherungswellen, die das Gestein von einer Seite zur anderen und von oben nach unten bewegen. Die Verdichtungswellen (auch Primärwellen oder P-Wellen genannt) können sowohl Flüssigkeiten als auch festes Material durchdringen, während Scherungswellen (auch Sekundärwellen oder S-Wellen genannt) sich nur in festen Körpern fortpflanzen. Die jeweilige Geschwindigkeit, mit der sich die Wellen fortpflanzen, hängt von der Dichte des Materials ab, in dem sie sich ausbreiten.

UNSER VIELSCHICHTIGER PLANET

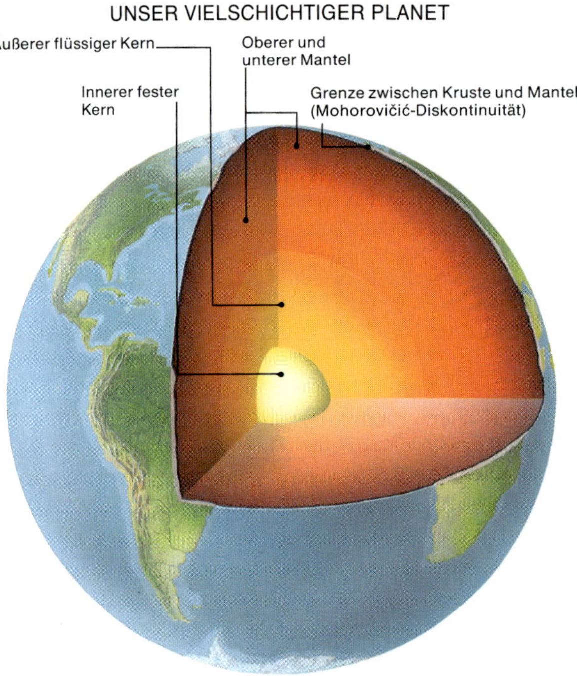

Die Erde hat, wie eine Zwiebel, mehrere Schalen. Unterhalb der Kruste befinden sich der obere und der untere Mantel und darunter der äußere und der innere Kern, der vorwiegend aus Eisen besteht.

1906 stellte der britische Geologe R. D. Oldham fest, daß sich in einer bestimmten Erdtiefe P-Wellen verlangsamen und S-Wellen entweder verschluckt oder zur Oberfläche reflektiert werden. Daraus schloß er, daß sich in dieser Tiefe die Grenze zwischen festem Mantel und flüssigem Kern befinde.

Drei Jahre später entdeckte der jugoslawische Seismologe Andrija Mohorovičić etwa 30–70 km unterhalb der Erdoberfläche eine zweite Grenze, an der sich die Dichte plötzlich ändert. Er folgerte, daß diese Grenze, die man heute Mohorovičić-Diskontinuität nennt, den Übergang zwischen dem Mantel und der Erdkruste darstellt.

Weitere Forschungen ließen darauf schließen, daß der innere Kern fest sein muß. So vervollständigte sich Schritt für Schritt das Bild vom inneren Aufbau der Erde: im Zentrum ein kleiner fester Bereich, umgeben von dem äußeren, flüssigen Kern, dem ein dichter Mantel folgt, auf dem schließlich das leichtere Gestein ruht, das die Erdkruste bildet.

In den 80er Jahren lieferten Computeranalysen der Erdbebenwellen ein noch genaueres Bild. Sie zeigten u. a., daß nicht nur die Erdkruste, sondern auch der Mantel und sogar der Kern unterschiedlich dick sind. Ferner ließen sie erkennen, daß die Kontinente tiefe und kalte „Wurzeln" besitzen, die bis zu 200 km tief in den Erdmantel hinabreichen.

Dennoch gibt die Erde viele Rätsel auf. Man weiß zwar, daß ihr Mittelpunkt heiß ist – geschmolzenes Gestein drückt aus der Tiefe nach oben, und je weiter man in die Erde eindringt, desto wärmer wird es –, doch die Quelle dieser Wärme ist unbekannt.

Zum einen vermutet man, daß der Zerfall von radioaktivem Material die Ursache der Wärmeentwicklung ist, zum anderen könnte die Wärme aber auch aus der Entstehungszeit der Erde stammen, als die Atome in sich zusammenbrachen.

Wie funktioniert das?

Wie kann man mit einem Laserstrahl Musik machen oder mit einer Plastikkarte Rechnungen bezahlen? Warum geht eine Atomuhr so genau? Gerade in den letzten Jahren eilt die Technik mit Riesenschritten voran.

Wie Chips die Welt regieren, Seite 238

Wie Musik von der Scheibe kommt, Seite 222

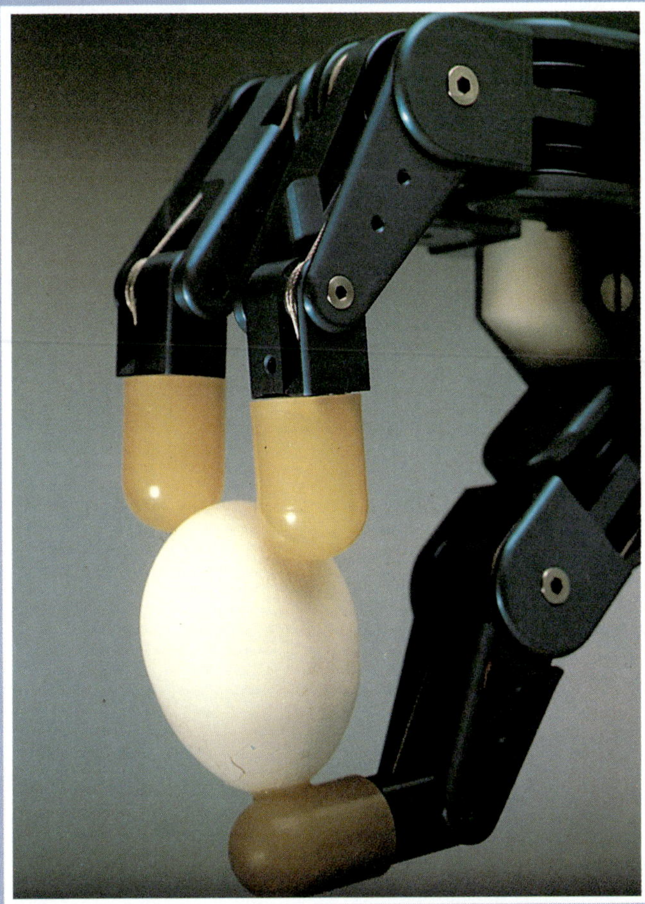

Wie Roboter den Menschen ersetzen, Seite 246

Wie die Welt unter dem Elektronenmikroskop aussieht, Seite 245

Telefonieren rund um den Erdball

Über 500 Mio. Telefone sind derzeit weltweit in Betrieb. Seit der Erfinder Alexander Graham Bell 1876 sein erstes Telefon patentieren ließ, hat sich die Kommunikation in der Welt drastisch verändert.

Heute wird das Fernsprechnetz nicht nur zum Telefonieren benutzt, sondern auch, um Bilder und geschriebene Texte weiterzugeben. Dies geschieht mit Hilfe von Überlandleitungen und im Meer verlegten Kabeln, doch auch drahtlos über sogenannte Mikrowellen – Funkwellen im Höchstfrequenzbereich (siehe Seite 216). In knapp einer Sekunde ist man mit jemandem auf der anderen Seite der Erde verbunden. Internationale Unternehmen halten weltweite Videokonferenzen ab, bei denen die Teilnehmer über Bildschirm miteinander reden.

Satelliten, Mikrochips und Laser

Möglich wurde dies alles erst durch die Entwicklung von Weltraumsatelliten, Mikrochips und Lasern.

1965 schickte INTELSAT, eine internationale Organisation für weltweite Telekommunikation, den ersten Nachrichtensatelliten *Early Bird* in den Weltraum. Heute sind weit über 160 Satelliten auf einer Erdumlaufbahn und übermitteln Nachrichten von einer Erdfunkstation zur anderen. Die Satelliten befinden sich in rund 36 000 km Höhe über dem Äquator; man nennt sie geostationär, weil sie sich mit der Erde drehen und so immer im selben Verhältnis zu ihr stehen.

Mit riesigen Parabolantennen von bis zu 30 m Durchmesser werden die Informationen als Mikrowellen von den Erdstationen zu den Satelliten gefunkt. Eine Computersteuerung richtet die Antennen auf den Satelliten aus. Mikrowellen verwendet man aber auch im Richtfunkverkehr. Die Richtfunkantennen müssen hoch genug stehen, damit den sich gerade ausbreitenden Wellen kein Hindernis in die Quere kommt.

Mikrochips in den Satelliten verstärken die empfangenen Signale, was den Nachrichtenverkehr klarer und schneller macht; auch gewährleisten sie die rasche Übertragung von Telefongesprächen, die dafür digitalisiert (in Signale aufgelöst) werden. Mit Hilfe von Laserstrahlen kann man durch Glasfaserkabel digitalisierte Nach-

Weltweite Verbindung *Im Gegenlicht die riesigen Richtfunkantennen in Raisting (Bayern). Hier befindet sich eine der größten Bodenstationen im internationalen Satellitennetz, durch die zu jeder Tages- und Nachtzeit eine sekundenschnelle Verbindung überallhin möglich ist.*

SO FUNKTIONIERT EIN TELEFON

Ein Telefonhörer besteht aus einem Sender (früher ein Kohlemikrofon) in der Sprechmuschel und einem Empfänger in der Hörmuschel. Er ruht auf einer Gabel mit Umschalter, über den der Kontakt zum Fernsprechamt hergestellt wird. Hebt man den Hörer ab, fließt elektrischer Strom durch die Kohlekörner oder – bei modernen Telefonen – durch Elektromagnete ins Mikrofon.

SPRECHMUSCHEL

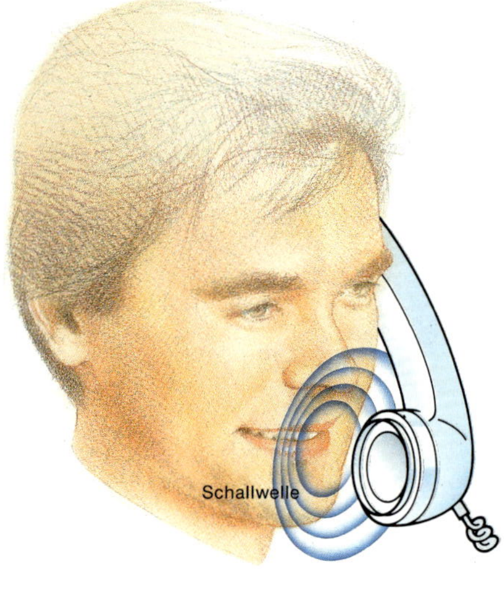

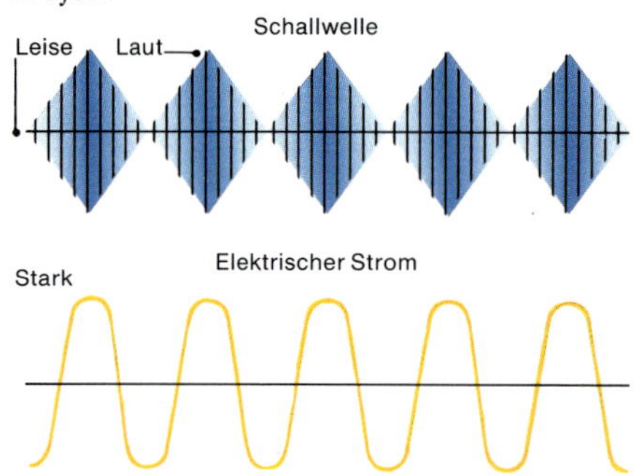

HÖRMUSCHEL

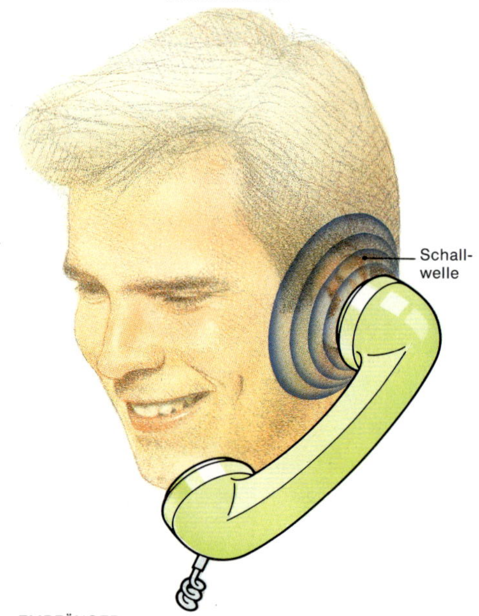

MIKROFON

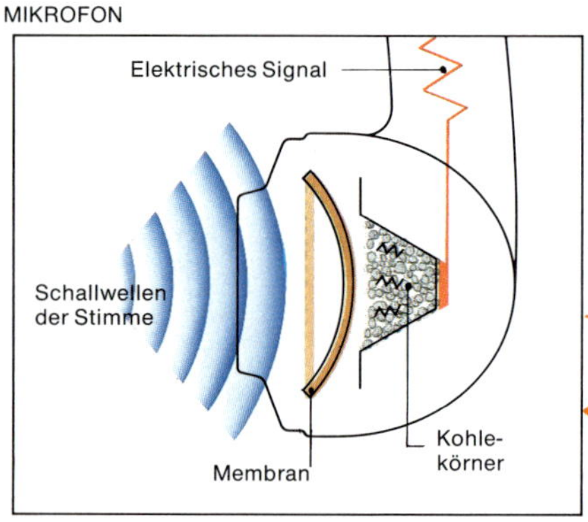

Die Schallwellen der Stimme bringen im Mikrofon eine dünne Metallmembran zum Schwingen. Dabei drückt die Membran, je nach Lautstärke, mehr oder weniger heftig gegen die Kohlekörner.

Mit den Schwingungen der Membran schwankt auch der Stromfluß. Je stärker der Druck ist, den die Schallwellen auf die Körner ausüben, desto mehr Strom fließt durch sie hindurch.

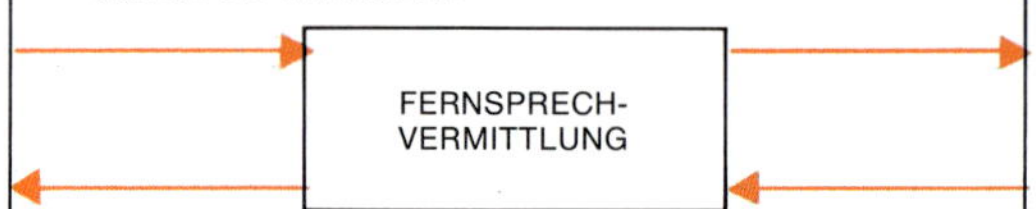

Jedes Telefon ist über eine doppeladrige Leitung mit dem örtlichen Fernsprechamt verbunden, das wiederum mit anderen Ämtern verkabelt ist. Der Strom des Telefonnetzes läuft getrennt von der übrigen Stromversorgung; auch ist er schwächer als der normale Gebrauchsstrom.

EMPFÄNGER

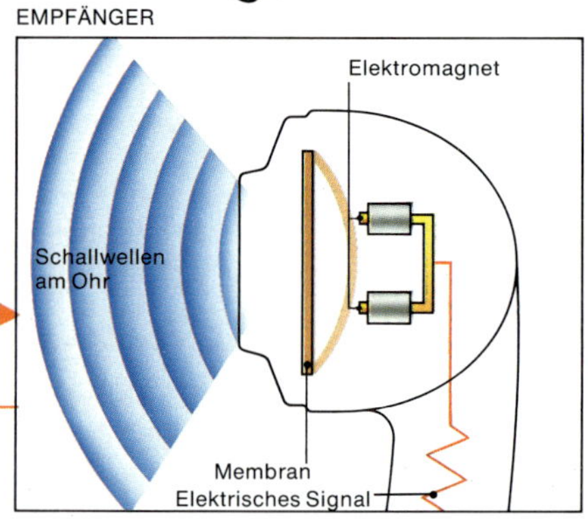

Der ankommende Sprechstrom fließt in einen Elektromagneten hinter einer Membran. Die Stromschwankungen im Magneten versetzen die Membran in unregelmäßige Schwingungen.

richten mit Lichtgeschwindigkeit senden – siebenmal pro Sekunde um die Erde.

Zum heutigen Fernmeldewesen gehören Telefax (Fernkopieren), Funkrufempfänger (Piepser), kabellose Telefone, Auto- und sogar Flugzeugtelefone.

Richtig wählen – falsch verbunden

Nimmt man den Hörer ab, wird man automatisch mit der Vermittlung verbunden. Wenn man dann die Nummer wählt, fließen elektrische Impulse durch die Leitung. Ältere Vermittlungsstellen arbeiten mit automatischen elektromechanischen Drehwählern, die der Amerikaner Almon Strowger 1888 erfunden hat; diese haben feststehende Kontaktbänke, die halbkreisförmig um einen beweglichen Kontaktarm angeordnet sind.

Jede Ziffer einer Nummer wird einzeln angesteuert. Die zuerst gewählte Ziffer hebt den Arm zu der entsprechenden Kontaktbank; dort sucht er einen freien Kontakt, über den er zur nächsten Bank für die zweite Ziffer gelangt. Wenn keine Leitung frei ist, ertönt das Besetztzeichen. Kommt der Kontakt aber zustande, sucht der Arm die zweite Ziffer heraus usw. Die Bewegung des Arms zur letzten Ziffer stellt die Verbindung mit der gewünschten Nummer her. Wenn der Kontaktarm bei einer Ziffer versehentlich einen verkehrten Kontakt berührt und durchschaltet, ist der Anrufer falsch verbunden.

Die modernen Vermittlungsstellen arbeiten elektronisch. Beim Wählen werden hörbare Töne ausgelöst; Mikroprozessoren werten diese Töne aus und stellen die Verbindung her. Da es bei der elektronischen Schaltung keine beweglichen Teile gibt, arbeitet sie völlig geräuschlos und ist auch zuverlässiger als das elektromechanische Wählsystem – falsche Verbindungen kommen nur selten vor.

Kabelaufbau

Man braucht zwei elektrische Leitungen oder Adern, um den Stromkreis zwischen Anrufer und Empfänger zu schließen. Manche Kabel zwischen den Vermittlungsstellen bestehen aus sehr vielen Leitungspaaren, da eine gewöhnliche doppeladrige Kupferleitung auf niedrige Stromfrequenzen ausgelegt ist und nur eine begrenzte Anzahl von Gesprächen gleichzeitig bewältigen kann.

Vermittlungsstellen sind heute meist durch Koaxialkabel verbunden, die ohne Energieverlust und Störungen von außen arbeiten. Koaxialkabel haben anstelle einer Doppelader einen Kupferdraht in der Mitte, den ein Außenleiter aus Kupfer ummantelt. Sie arbeiten mit Hochfrequenzen und können gleichzeitig viele Telefonate übertragen. Alle 1,5 km sind Verstärker eingebaut, um die Eingangssignale zu erhalten.

Mit Hilfe des Trägerfrequenzverfahrens werden die elektrischen Signale, die den Schallwellen der Stimme entsprechen, moduliert, d. h., sie werden mit einer elektromagnetischen Trägerschwingung verbunden. Durch ein Leitungspaar kann eine Vielzahl von Trägerschwingungen verschiedener Frequenzen fließen.

Bei der Empfangsstation werden die Signale durch Demodulation wieder von der Trägerschwingung getrennt und zum angewählten Empfänger weitergeleitet.

Stimmenübertragung durch Zahlen

Bis in die 70er Jahre wurden die meisten Telefonate als elektrische Signale übertragen. Da die elektrischen Signale eine ähnliche Struktur wie die Schallwellen der Stimme haben, nennt man sie analog. Elektrische Störungen in den Übertragungsleitungen z. B. können die Stimmen verzerren.

In neuerer Zeit wurde das analoge System durch ein digitales ersetzt, bei dem Störungen und Verzerrungen kaum mehr auftreten. Die vom Mikrofon ausgehenden analogen elektrischen Signale werden in den elektronischen Schaltungen beim Fernsprechamt in Binärzahlen umgesetzt (siehe Seite 241) und weitergegeben.

Zur Umsetzung mißt man pro Sekunde mehrere tausendmal die Stärke der elektrischen Stromwellen und drückt sie in einer Folge der Ziffern 1 und 0 aus. 1 steht dabei für den Stromfluß, 0 für eine Ruhepause. Der Strom wird dann entsprechend den Wellenmessungen in Impulse umgewandelt. Dieses Verfahren wird Puls-Code-Modulation genannt. Da jeder Impuls sehr kurz ist, kann man die Impulse einzelner Telefongespräche ineinanderschachteln und so etliche Gespräche gleichzeitig über ein einziges Leitungspaar oder eine Vielzahl von Nachrichten über ein Koaxialkabel senden.

Telefonieren unterwegs

Autotelefone sind eigentlich Funkgeräte, die mit dem normalen Fernsprechnetz verbunden sind. Das Funktelefonnetz ist in verschiedene Bereiche mit jeweils einem Wirkungskreis von 5 km aufgeteilt. Jeder dieser Bereiche hat einen Sender, der mit dem zentralen Telefonnetz verbunden ist.

Mehrere Kleinbereiche, von denen jeder seine eigene Frequenz hat, bilden einen Großbereich. Kleinsender verschiedener Großbereiche können identische Frequenzen haben; diese treffen jedoch nicht aufeinander und stören sich also nicht, da sie jeweils nur eine begrenzte Reichweite haben. Die Kleinbereichssender sind per Kabel mit einem Zentralcomputer verbunden, der die Position des Autos während der Fahrt von einem Bereich zum anderen weitergibt. Wird der Besitzer eines Autotelefons angerufen, stellt der Computer die Verbindung zum nächstgelegenen Bereichssender her, um einen optimalen Empfang zu garantieren. Wenn ein Gespräch vom Auto aus geführt wird, fängt die nächstgelegene Bereichsantenne die Signale auf und leitet das Gespräch weiter.

Radio: Töne aus dem Lautsprecher

Bei einem Live-Konzert im Radio hört man die Musik früher als jemand, der im Konzertsaal sitzt. Das liegt daran, daß die Funkwellen den Ton mit Lichtgeschwindigkeit zu den Radioempfängern tragen. Die Schallwellen selbst brauchen im Konzertsaal länger, um die Ohren der Zuhörer zu erreichen.

Vom Ton zum elektrischen Signal

In einem Mikrofon bringen die Schallwellen eine dünne Membran zum Schwingen. Die Schwingungen werden in entsprechende elektrische Signale umgewandelt, verstärkt und in einen Modulator geleitet. In diesem Gerät werden sie dann auf elektrisch erzeugte Trägerschwingungen aufgeprägt, mit denen man sie ausstrahlen kann. Der sogenannte Oszillator versetzt die Trägerschwingung in eine Hochfrequenzschwingung. Die modulierten und verstärkten Trägerschwingungen werden über Kabel der Sendeantenne zugeführt.

Signale werden gesendet

Die Rundfunktechnik nutzt Wellenbereiche bestimmter Längen oder Frequenzen. Gleichzeitig ausgestrahlte Programme werden auf unterschiedlichen Frequenzen gesendet.

Die Antennen, die die Signale aussenden, befinden sich normalerweise auf 150–180 m hohen Masten oder Türmen. Im wesentlichen besteht eine Antenne aus einer Drahtschleife oder einem Metallstab; ihre Länge ist der jeweiligen Sendefrequenz angepaßt. Der Strom fließt durch die Antenne, die die elektromagnetischen Wellen ausstrahlt – ähnlich wie eine Glühlampe das elektrische Licht. Die Trägerschwingungen breiten sich von der Antenne in alle Richtungen aus.

Die erste Rundfunkübertragung

Der deutsche Physiker Heinrich Hertz demonstrierte 1888 erstmals, wie man elektromagnetische Energie drahtlos übertragen kann.

Zwischen 1894 und 1896 entwickelte der italienische Wissenschaftler Guglielmo Marconi eine Methode, mit Hilfe der Hertz-Wellen Morsesignale auszustrahlen. 1901 sendete er seine telegrafischen Signale dann drahtlos über den Atlantik von Cornwall nach Neufundland.

Die weltweit erste Rundfunkübertragung gelang dem kanadischen Ingenieur Reginald Aubrey Fessenden 1906 von Massachusetts, USA, aus. Er hatte einen Weg gefunden, die Signale aus einem Mikrofon mit einer elektromagnetischen Welle zu koppeln. Für diesen Vorgang prägte er den Begriff Radio.

Anfangs konnte man die Übertragungen nur über Kopfhörer empfangen, die mit den Radioapparaten verbunden waren. Diese einfachen Empfänger wurden schließlich von Apparaten mit Lautsprechern, Diodenröhren (1904 von dem Engländer John Ambrose Fleming entwickelt) und stärkeren elektronischen Schaltkreisen verdrängt, für die der Amerikaner Lee de Forest mit seiner 1907 erfundenen Elektronenröhre mit drei Elektroden die Grundlage geschaffen hatte. Bei den ersten Röhren (zur Signalverstärkung) mußte man den Apparat fünf Minuten warmlaufen lassen, bevor man das Programm empfangen konnte.

1924 entwickelte der amerikanische Ingenieur Edwin H. Armstrong ein verbessertes Empfangsgerät, und Ende der 50er Jahre wurden dann die aufwendigen Röhren durch Transistoren ersetzt. Vor allem sie waren es, die die Produktion tragbarer Radios ermöglichten.

Frühes Empfangsgerät *Ein solches Gerät übertrug die Worte des Königs.*

Historische Sendung *Um die geschiedene Wallis Simpson heiraten zu können, dankte Edward VIII 1936 ab.*

Auffangen der Signale
Ausgestrahlte Funkwellen können über eine Antenne, die auf das richtige Frequenzband abgestimmt ist, empfangen werden. Wenn man im Radio einen bestimmten Sender wählt, muß man die Frequenzregulierung so lange verändern, bis nur noch die Wellen der gewünschten Frequenz durchkommen.

Die eintreffende Trägerschwingung wird dann mit einer im Empfänger erzeugten Schwingung niedrigerer Frequenz gemischt, um ein Signal auf einer bestimmten Frequenz zu halten. Diese unveränderliche Frequenz ermöglicht es, die Signale zu verstärken und anderen Programmen gegenüber scharf zu trennen; so wird die Sendung mit größtmöglicher Klarheit übertragen.

Die verstärkten elektrischen Signale werden von der Trägerschwingung gelöst, abermals verstärkt und einem Lautsprecher zugeleitet. Der Lautsprecher funktioniert wie ein umgekehrtes Mikrofon. Er verwandelt die Signale in die gleichen Töne zurück, die anfangs ins Mikrofon gelangt sind.

AM- und FM-Signale
Die Nachricht in Form der elektromagnetischen Signale kann die Trägerschwingung auf zwei Arten beeinflußen – durch Amplitudenmodulation (AM) oder durch Frequenzmodulation (FM). Bei der Amplitudenmodulation wird die Höhe der Trägerschwingung verändert. Die frequenzmodulierten Signale verändern die Anzahl der Trägerschwingungen pro Sekunde.

AM-Signale sind gegenüber elektrischen Störungen empfindlicher, was sich beim Empfang in lautem Rauschen äußert. Bei FM-Signalen sind die Störeinflüsse weitgehend ausgeschaltet, doch können sich FM-Schwingungen nur geradlinig bis zum Horizont ausbreiten; daher verwendet man sie bei Rundfunksendern mit kurzer Reichweite.

AM- und FM-Wellenbänder
Rundfunkstationen mit großer Reichweite senden zumeist mit Amplitudenmodulation auf Wellenlängen zwischen 1000 und 2000 m. Diese Wellen können von ihrem Ausgangspunkt aus Tausende von Kilometern zurücklegen, weil sie von den elektrisch geladenen Schichten der Ionosphäre (130–160 km über der Erde) „gespiegelt" werden. Da sie auch von der Erde reflektiert werden, überbrücken sie durch die Mehrfachspiegelung von Himmel und Erde große Entfernungen.

AM-Signale werden auf drei Wellenbereichen ausgestrahlt: Lang- (1050 bis 2000 m), Mittel- (187–570 m) und Kurzwellen (10–100 m). FM-Wellenbänder umfassen UKW-Frequenzen (Ultrakurzwellen) im Bereich zwischen 87 und 104 Mhz (Megahertz = 1 Mio. Hz). Im UKW-Bereich senden auch Polizei und Taxis sowie CB-Funker (Jedermannsfunk).

MODULATION EINER TRÄGERSCHWINGUNG

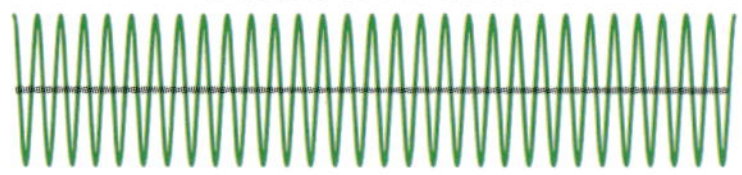

Träger *Eine gleichmäßige elektromagnetische Trägerschwingung.*

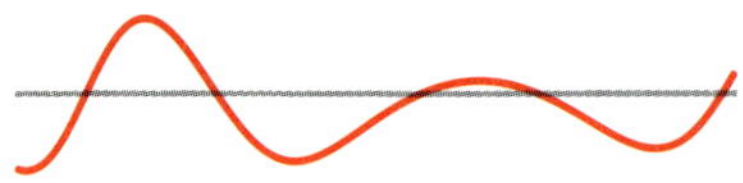

Tonsignale *Elektrischer Strom aus einem Mikrofon.*

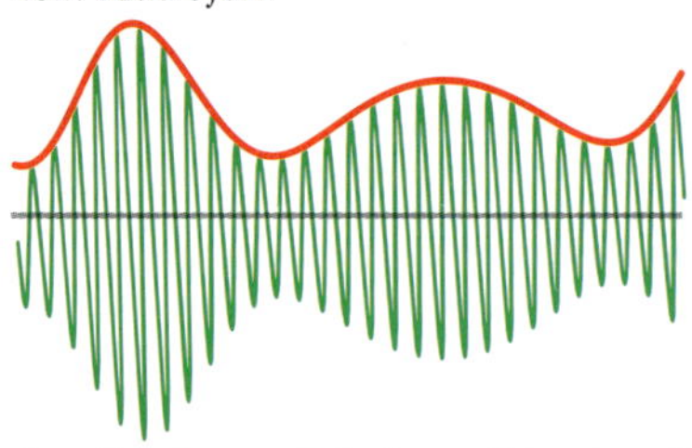

Amplitudenmodulation *Die Amplituden der Trägerwelle werden denen der Tonsignale angepaßt.*

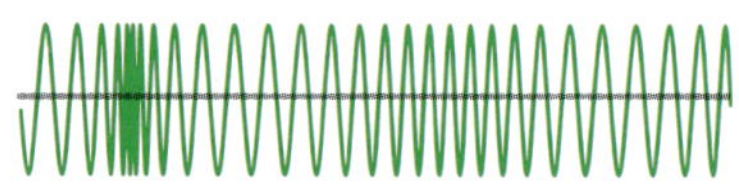

Frequenzmodulation *Der Schwingungsabstand der Trägerwelle verändert sich entsprechend den Tonsignalen.*

DIE WELLEN IM ELEKTROMAGNETISCHEN SPEKTRUM

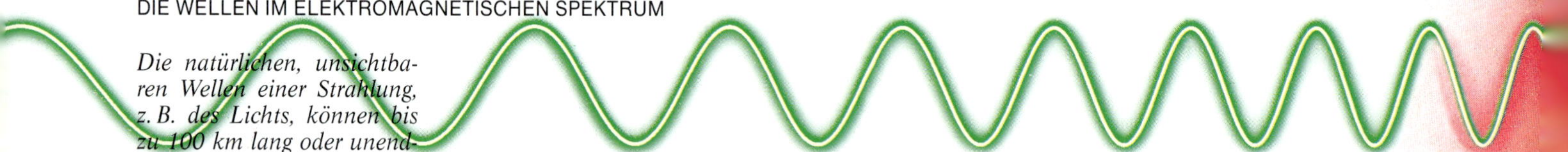

Die natürlichen, unsichtbaren Wellen einer Strahlung, z. B. des Lichts, können bis zu 100 km lang oder unendlich kurz sein. In der Rundfunk- oder Röntgentechnik erzeugt man elektrisch künstliche Strahlen mit der geeigneten Wellenlänge. Je kürzer eine Welle ist, desto höher ist ihre Frequenz.

FREQUENZEN

100 Mio. Schwingungen pro Sekunde

10 Mrd. Schwingungen pro Sekunde

1 Bio. Schwingungen pro Sekunde

100 Bio. Schwingungen pro Sekunde

Über Funkwellen funktionieren auch die Fernsteuerungen von elektrischen Modellautos und Modellflugzeugen.

Viele Hörfunkprogramme werden auf Lang- oder Mittelwellen ausgestrahlt. Hier Orson Welles 1938 bei einem Hörspiel im Nachrichtenstil.

Fernsehbilder werden auf Ultrahochfrequenzwellen (UHF) ausgestrahlt. Oben die Mondlandung im Jahr 1969.

Bei der Schiffsnavigation mit Radar werden Mikrowellensignale gesendet, die von Objekten, z. B. anderen Schiffen, zurückgeworfen werden.

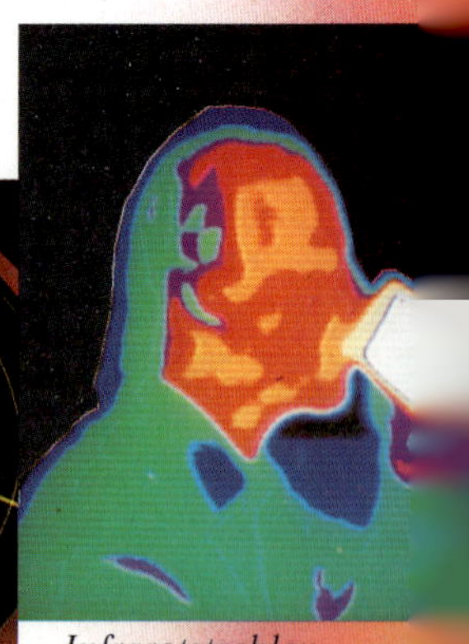

Infrarotstrahlen lassen auf Spezialfilmen Wärme als Farbwert erscheinen. Das Verfahren dient der Krankheitsdiagnose.

DIE UNSICHTBAREN WELLEN AUS DEM WELTRAUM

Was man bei einem Regenbogen sieht, sind Lichtwellen. Licht ist zwar normalerweise unsichtbar, doch durch die Regentropfen, die dichter als Luft sind, wird es gebrochen. Man erkennt sieben verschiedene Farben, denn die Lichtwellen jeder Farbe werden in einem anderen Winkel gebrochen.

Jede Farbwelle schwingt mit unterschiedlicher Wellenlänge. Unter Wellenlänge versteht man den Abstand von einem Scheitel der Welle zum nächsten. Je kürzer die Wellenlänge ist, desto stärker wird die Welle gebrochen. Violett hat die kürzeste, Rot die längste Wellenlänge.

Lichtwellen sind Strahlungsenergie, die die Sonne oder andere Körper im Weltraum aussenden. Sie sind nur ein kleiner Teil der uns umgebenden elektromagnetischen Wellen, zu denen auch die Funkwellen zählen. Elektrisch erzeugte Funkwellen übertragen Töne als Signale und sind ähnlich aufgebaut wie die natürlichen Funkwellen. Schallwellen hingegen sind Druckwellen – keine elektromagnetischen Wellen.

Das Messen von Wellenlängen

Alle elektromagnetischen Wellen bewegen sich mit Lichtgeschwindigkeit (rund 300 000 km/s). Elektromagnetisch nennt man sie, weil sie sowohl aus elektrischen wie auch aus magnetischen Feldern bestehen. Die Felder überlagern sich und geben der Welle dadurch ihre Bewegung – wie wenn man ein Stück Seil in Schlangenbewegungen versetzt.

Die Höhe einer Schwingung, die halbe Länge zwischen Wellengipfel und Wellental, nennt man Amplitude. Man kann auch die Frequenz von Wellen messen, d. h. die Anzahl von Schwingungen pro Zeiteinheit. Je länger die Welle ist, um so niedriger ist ihre Frequenz.

Die Maßeinheit für die Frequenzen ist Hertz (Hz). Ihren Namen verdankt sie dem Deutschen Heinrich Hertz, der 1888 nachwies, daß man elektrische Signale drahtlos übermitteln kann.

Er ließ Strom durch eine Drahtschlinge laufen, an deren Enden je eine Metallkugel saß. Zwischen den dicht beieinanderliegenden Kugeln sprang ein Funke über. Gleichzeitig funkte es auch zwischen den Kugeln einer zweiten Drahtschlinge, die weiter entfernt lag.

Hertz bewies, daß die von einer Schlinge zur anderen übertragene Energie elektromagnetisch war, und bestätigte damit die Theorie des britischen Physikers James Clerk Maxwell, der 1864 entdeckt hatte, daß elektrische Ladungen und Magnete aufgrund ihrer Felder aufeinander einwirken.

Die Frequenzmaßeinheit Hertz gibt die Anzahl ganzer Wellen oder Schwingungen pro Sekunde an. Normalerweise mißt man eine Frequenz in Kilohertz (1 kHz = 1000 Hz), Megahertz (1 MHz = 1 Mio. Hz) und Gigahertz (1 GHz = 1 Mrd. Hz). Lichtwellen sind extrem kurz. Die längsten von ihnen, die roten, messen 0,00075 mm und haben eine Frequenz von rund 400 000 GHz. Die Funkwellen in der Nachrichtenübertragung dagegen bewegen sich in einem Längenbereich zwischen 0,1 mm und 10 km. Ihre Frequenzen liegen zwischen 3000 GHz und 30 kHz.

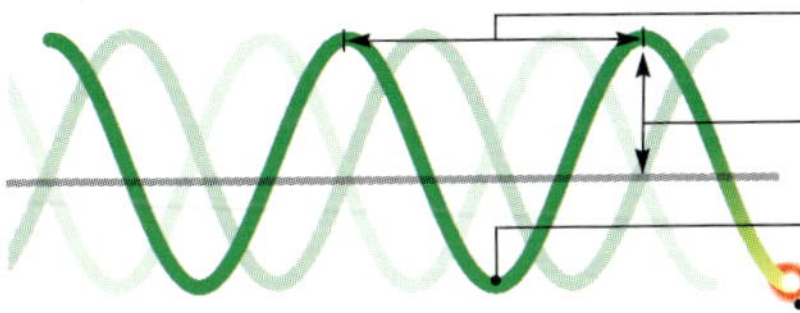

Wellenlänge Abstand zwischen den Scheiteln zweier aufeinanderfolgender Wellen.

Amplitude Die halbe Höhe zwischen dem Wellengipfel und dem Wellental.

Frequenz Die Anzahl der Schwingungen pro Sekunde.

Geschwindigkeit Entfernung pro Sekunde, die die Wellen beim Schwingen zurücklegen.

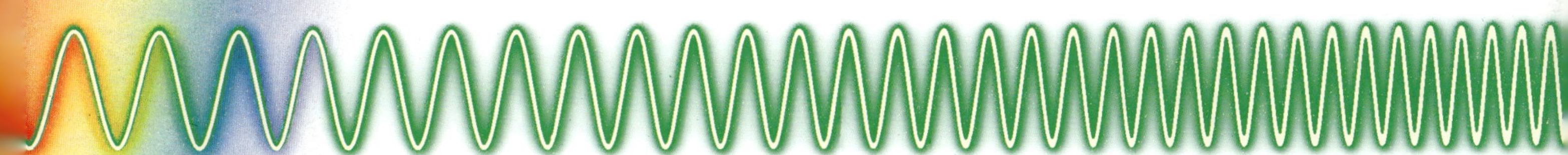

10 Brd. Schwingungen pro Sekunde

1 Trio. Schwingungen pro Sekunde

100 Trio. Schwingungen pro Sekunde

10 Trd. Schwingungen pro Sekunde

Sonnenlicht besteht aus sieben Wellen verschiedener Frequenzen, die getrennt erscheinen.

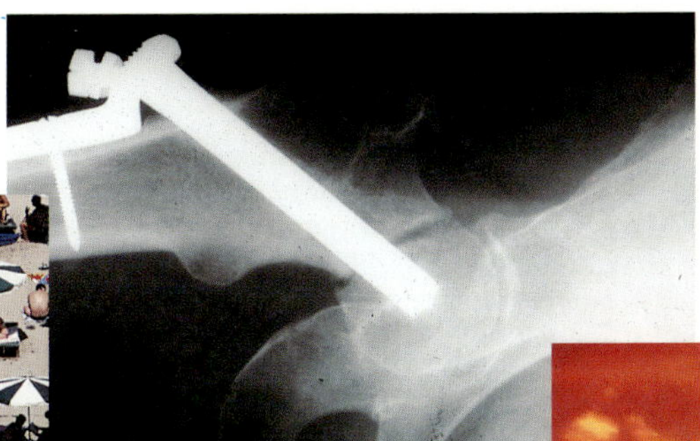

Röntgenstrahlen durchdringen Gewebe, nicht aber Knochen oder Metall. Mit ihnen fotografiert man wie mit Licht.

Ultraviolettes Licht ist ein Teil des Sonnenlichts, der die Bildung von Vitamin D fördert, aber im Übermaß Hautkrebs verursacht.

Beim Zerfall von radioaktiven Atomen werden Gammastrahlen frei, so auch nach einer Kernexplosion.

Kosmische Strahlen kommen aus dem Weltraum, möglicherweise von explodierten Sternen.

Fernsehen: die Übertragung von Bildern durch Funkwellen

Das Fernsehbild besteht aus einem Muster von Lichtpunkten, die von elektrischen Signalen gebildet werden. Die Fernsehkamera verwandelt das aufgenommene Bild in elektrische Signale, die man dann mit Lichtgeschwindigkeit auf Funkwellen sendet. Ein Fußballspiel erscheint beispielsweise zur gleichen Zeit auf dem Bildschirm, wie es auch auf dem Rasen stattfindet.

Beim Farbfernsehen werden bestimmte Anteile farbigen Lichts zusammengesetzt. Man verwendet die drei Grundfarben Rot, Grün und Blau, aus denen fast alle Farbschattierungen erzeugt werden können, wenn man eine oder zwei davon mit der entsprechenden Menge Weiß mischt.

Die Farbfernsehkamera zerlegt das Licht des Bilds in die drei Grundfarben und leitet jede Farbe über eine Glasplatte – genannt Signalplatte – einer eigenen Kameraröhre zu. Hinter der Signalplatte befindet sich eine lichtelektrisch wirksame Schicht (Mosaikschicht), die bei Belichtung elektrische Signale abgibt. Je heller das Licht ist, das auf die strahlungsempfindliche Schicht trifft, um so mehr elektrische Signale leitet sie weiter. Es entsteht also ein Raster elektrischer Ladungen, wobei die Stellen mit der größten Ladung den hellsten Lichtbereichen entsprechen.

In jeder Kameraröhre wird ein Elektronenstrahl von hinten auf die Mosaikschicht abgefeuert. Der Strahl bewegt sich von links nach rechts und tastet das Mosaik zeilenweise von oben nach unten ab. Wenn der Strahl auf eine helle Bildstelle trifft, fließt ein stärkerer Strom als an einer dunklen Stelle; somit gibt der Strahl die Intensität der elektrischen Signale wieder. Diese fließen über die Signalplatte in einen Stromkreis, der je nach Lichtstärke unterschiedliche Spannungen erzeugt.

Der Elektronenstrahl geht nach einem festen Schema vor: Je nachdem, welches System verwendet wird, teilt er das Bild in 625 oder 525 Zeilen. Bei 625 Zeilen ist die Wiedergabe besser. Dieses System wendet man in Europa, den meisten asiatischen Ländern und in Australien an. Der Großteil der nord- und südamerikanischen Länder sowie Japan benutzen das 525-Zeilen-System.

Da es technisch zu schwierig ist, das gesamte Bildraster mit der notwendigen Geschwindigkeit abzulesen, erfolgt der Abtastvorgang in zwei Etappen, und zwar im Zeilensprungverfahren – zuerst werden die ungeraden, dann die geraden Zahlenreihen gelesen. Dies ergibt ein ganzes Bild jede 1/25-Sekunde, gerade die Zeit, die das menschliche Auge braucht, um ein Bild aufzunehmen. So erlebt der Zuschauer die Serie einzelner Bilder als eine einzige, sich ständig verändernde Szene. Sendet man die Einstellungen langsamer, flimmert es auf dem Bildschirm, und die Bewegung erscheint abgehackt.

Bevor man die Signale ausstrahlt, muß man sie bei der Sendestation modulieren, d. h. auf eine Trägerschwingung übertragen. Gleichzeitig mit der Bildwelle strahlt ein anderer Sender die Tonsignale aus.

In den meisten Ländern sendet man die Bildsignale von Sendeantennen auf Masten oder Türmen aus. Im Ultrahochfrequenzbereich müssen die Antennen auf einer geraden Linie mit dem Empfänger liegen, da sie nicht über den Horizont hinaus ausstrahlen können. Somit ist ein Netz von Sendestationen erforderlich. In Ländern

DER WEG EINES FERNSEHBILDS VON DER KAMERA ZUM BILDSCHIRM

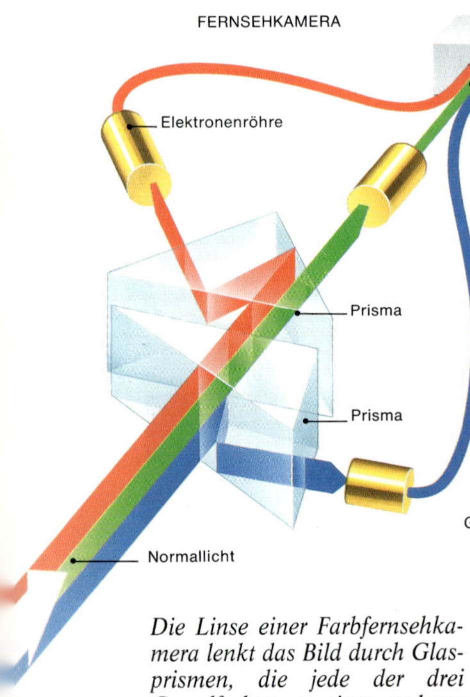

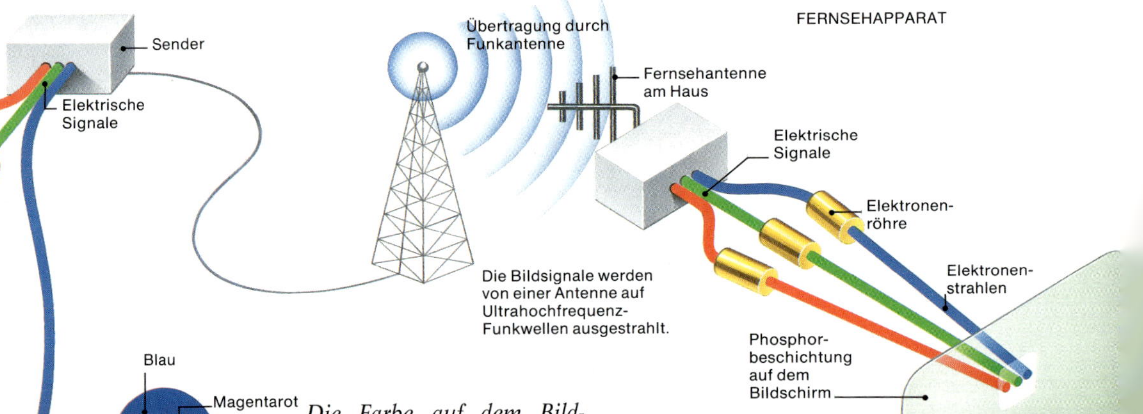

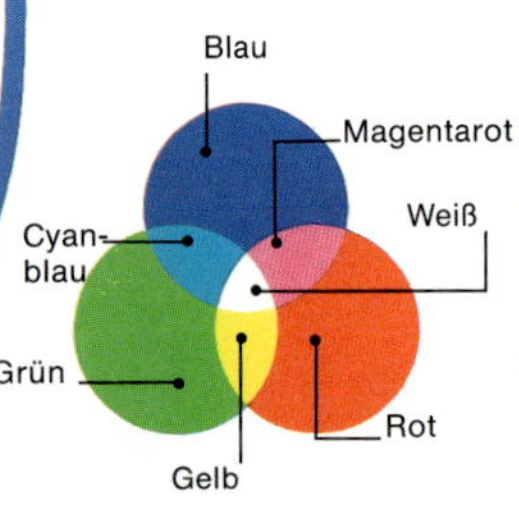

Die Farbe auf dem Bildschirm entsteht durch Mischen der Lichtsignale. Grün und Blau ergeben Cyanblau, Blau und Rot Magentarot, Rot und Grün Gelb und alle Farben zusammen Weiß.

Die Linse einer Farbfernsehkamera lenkt das Bild durch Glasprismen, die jede der drei Grundfarben zu einer anderen Röhre leiten. In den Röhren verwandelt eine fotoelektrisch wirksame Schicht das Licht je nach Helligkeit in kleine elektrische Ladungen; diese werden in elektrische Signale umgesetzt und dem Stromkreis eines Senders zugeleitet.

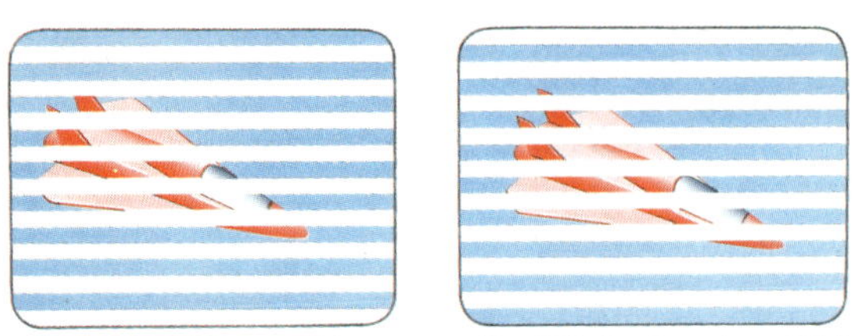

Ein Elektronenstrahl tastet die Rückseite des Bildschirms zeilenweise von oben nach unten ab, zuerst die ungeraden, dann die geraden Zeilenreihen. Jede 1/25-Sekunde entsteht ein vollständiges Bild.

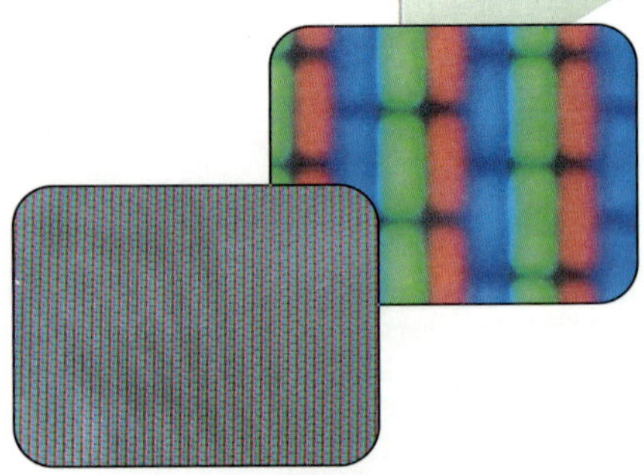

Die Signale treffen auf eine chemische Schicht (rechts vergrößert). Auf dem originalgroßen Ausschnitt links verschmelzen die Punkte optisch miteinander.

mit weitverstreuter Besiedlung oder hohen Bauwerken, die den Empfang beeinträchtigen, ist es schwierig, ein solches Sendenetz aufzubauen. Deshalb strahlen die Fernsehgesellschaften ihr Programm immer häufiger über Nachrichtensatelliten aus.

Bildempfang
Wenn man die Programmtaste drückt, schließt man einen Stromkreis im Kanalwähler. Der Empfänger stellt sich auf die richtige Empfangsfrequenz ein, und die Fernsehantenne am Haus fängt die ausgestrahlten Funksignale auf.

Die Signale über die Antenne sind sehr schwach und müssen im Gerät verstärkt werden. Danach werden sie demoduliert (von ihrer Funkträgerschwingung getrennt) und der Bildröhre zugeleitet.

Die Bildröhre funktioniert umgekehrt wie eine Kamera: Sie wandelt die elektrischen Signale in ein farbiges Lichtraster um. Am einen Ende der Röhre befindet sich eine Elektronenkanone, am anderen Ende der Bildschirm. Die Elektronenkanone enthält für jede der drei Grundfarben getrennte Röhren, aus denen Elektronenstrahlen auf die Rückseite des Bildschirms treffen; diese ist mit roten, grünen und blauen Phosphorstreifen beschichtet. Hinter dem Leuchtschirm ist eine Lochblende angebracht, durch deren Öffnungen jeder Grundfarbenstrahl auf seine jeweilige Phosphorschicht trifft.

Die eintreffenden Bildsignale landen bei der Elektronenkanone, die den Leuchtschirm mit ihren Elektronenstrahlen so abtastet wie in der Kameraröhre zuvor die Mosaikschicht. Da die Elektronenstrahlen in ihrer Stärke den Bildsignalen entsprechen, leuchten auch die Phosphorpunkte auf dem Bildschirm unterschiedlich intensiv. Das entstehende Bild hat dasselbe Lichtmuster wie das ursprüngliche und wird vom menschlichen Auge als Original wahrgenommen.

Informationen auf Abruf
Mit der Einführung von Bildschirmtext- und Videotextsystemen Mitte der 70er Jahre fand der Fernsehapparat neue Anwendungsbereiche. Beide Systeme wurden 1971 in Großbritannien entwickelt.

Die Bildschirmtext-Informationen kommen als verschlüsselte Signale am Empfangsgerät an. Um diese zu senden, werden die Zeilen an der oberen Bildkante genutzt, die immer frei sind, weil der Abtaststrahl sie überspringt. Bildschirmtext-Kunden mit entsprechendem Decoder in ihrem Gerät können z. B. Nachrichten oder Wettervorhersagen per Fernbedienung abrufen.

Videotext wird weithin genutzt und reicht von Auskünften über Pauschalreisen bis hin zu Futtermittelpreisen. Vom Rechner einer Datenbank sendet man die Information über Telefonleitungen zu speziell angeschlossenen Fernsehapparaten.

Der Zahn der Zeit *So stellte ein Künstler den Untergang der* Titanic *dar (unten), die 1912 vor Neufundland sank. Eine amerikanische Expedition entdeckte das Wrack 1985 in 3740 m Tiefe. Später fotografierte man mit einer ferngesteuerten Kamera das Schiffswrack; links der Bug.*

Von drehenden Scheiben zu Weltraumsatelliten

Allgemein gilt das Fernsehen als eine Erfindung des 20. Jh., doch liegen seine Anfänge in den 80er Jahren des vorigen Jahrhunderts. Die ersten Vorstellungen, Bilder zu senden, tauchten bereits nach der Einführung des Telefons auf: Wenn es möglich war, Stimmen über weite Entfernungen zu transportieren, warum dann nicht auch Bilder?

Von Anfang an wußte man, daß man Bilder nicht als Ganzes übermitteln konnte. 1884 zeigte der deutsche Erfinder Paul Nipkow, wie man Schwarzweißbilder mit Hilfe sich drehender Lochscheiben zerlegt und wieder zusammensetzt.

1906 kombinierte der russische Wissenschaftler Boris Rosing das Abtastprinzip der Nipkow-Scheibe mit den Bildschirmqualitäten der Kathodenstrahlröhre, die der Deutsche Karl Ferdinand Braun 1897 erfunden hatte. Damit waren die technischen Voraussetzungen für das Fernsehen geschaffen. Auch heute noch ist die Kathodenstrahlröhre das Herzstück des Fernsehapparats.

Öffentliche Fernsehvorführungen fanden bereits im Jahr 1925 statt, doch das erste brauchbare Fernsehsystem installierte der Schotte John Logie Baird in London. 1929 richtete er ein Fernsehstudio ein. Sender wie Empfänger waren mit den Abtastscheiben von Nipkow ausgestattet.

Bald danach ersetzte die elektronische Kamera, die der Russe Wladimir Zworykin 1931 erfand, das mechanische Scheibensystem.

1935 wurde in Berlin ein regelmäßiger Fernsehbetrieb eröffnet, der dreimal pro Woche sendete. Auch daran war Baird beteiligt. Ein Jahr später zog die britische Rundfunkgesellschaft BBC mit einem gut empfangbaren, öffentlichen Fernsehdienst nach, und die amerikanische RCA begann 1939 mit der Übertragung in den USA – ab 1951 sogar in Farbe.

Schon vor über 30 Jahren führten private Sender in den Vereinigten Staaten für angeschlossene Teilnehmer das Kabelfernsehen ein. Damit läßt sich eine größere Anzahl von Programmen als über Funk übertragen. In Europa faßte das Kabelfernsehen erst in den 80er Jahren Fuß.

Ein Teil des Kabelfernsehens läuft über Satelliten, über die die zentralen Richtfunkantennen der Fernsehgesellschaften die Programme empfangen und per Kabel an die Haushalte weitergeben.

Seit Ende der 80er Jahre werden weitere Fernsehsysteme entwickelt: Dazu gehören z. B. das HDTV-Fernsehen (Hochauflösbares Fernsehen) mit über 1250 Bildschirmzeilen und das DBS-System (Direktsendendes System), bei dem kleine Parabolantennen direkt vom Satelliten empfangen. Die Fernsehgesellschaft muß dafür die Signale so verschlüsseln, daß nur ihre Kunden über einen Decoder das Programm sehen können.

Schalter, die sich aus der Ferne bedienen lassen

Mit der Entwicklung des Computers und der Weltraumforschung wuchs auch der Bedarf an komplexen, aber kleinen Steuerungen, die sich aus der Ferne bedienen lassen. So schlug in den 50er Jahren die Geburtsstunde der Mikroelektronik. Ihre wichtigsten Errungenschaften waren die Transistoren und Siliciumchips. Ein Mikrochip bildet auch das Herz der Fernbedienung, mit der sich der Fernseher vom Sessel aus ein- und ausschalten läßt.

Wenn man die Taste der Fernbedienung drückt, wird über den mikroelektronischen Schaltkreis eines Chips ein elektronischer Oszillator in Gang gesetzt; dieser erzeugt daraufhin einen Infrarotstrahl aus elektromagnetischen Wellen (siehe Seite 217).

Der Strahl überträgt ein verschlüsseltes Signal. Jede Taste, ob sie dazu dient, den Apparat einzuschalten, den Kanal zu wechseln oder die Lautstärke zu regeln, hat ihren eigenen Code. Dieser ist dem Strahl aufgeprägt wie ein Funksignal einer Trägerschwingung.

Im Fernseher empfängt ein Infrarotsensor den codierten Strahl, dessen Signale verstärkt und zur Entschlüsselung zu einem anderen Mikrochip geleitet werden. Der Chip bringt das jeweilige Signal an einen elektronischen Schalter, wo der Befehl ausgeführt wird.

Um Garagentore automatisch zu öffnen und zu schließen, verwendet man Ultraschallfernsteuerungen, die Hochfrequenzschallwellen auf ein Mikrofon am Tor senden. Von dort aus gehen Signale an einen Elektromotor, der das Garagentor bedient. Die Ultraschallsteuerung muß aus nächster Nähe direkt auf das Tor gerichtet werden. Meist verwendet man ferngesteuerte Handfunkgeräte mit Minisendern, die Empfangsgeräte am Garagentor haben. Die Funkwellen bewirken, daß Strom zum elektrischen Toröffner fließt und dieser sich in Bewegung setzt.

Etwas aufwendiger ist das System, mit dem Modellflugzeuge und -schiffe per Funk gelenkt werden. Vom Handsender gehen codierte Funkwellen aus. Ein Miniempfänger auf den Modellen entschlüsselt die Signale und trennt sie von der Funkwelle.

Die decodierten Signale steuern einen kleinen elektrischen Motor, dessen Leistung durch Servomechanismen verstärkt wird. Ein Servomotor öffnet und schließt die Drosselklappe zur Kraftstoffzufuhr und bedient das Fahrwerk sowie die Quer- und Seitenruder an Tragflächen und Heck.

Video: Filmaufnahmen auf Magnetband festgehalten

Ein Videorecorder empfängt die elektrischen Signale der Fernsehanstalt zur selben Zeit wie das Fernsehgerät, nur wandelt er die Signale nicht direkt in Bilder um, sondern speichert sie auf Magnetband. Das Verfahren ist ähnlich wie bei einem Tonbandgerät. Doch weil die Fernsehsignale Bild und Ton gleichzeitig übertragen, ist das Videoband in der Regel dreimal so breit wie eine Tonbandkassette.

Da der Videorecorder mit der Antenne direkt verbunden ist, empfängt er, wenn er eingeschaltet ist, die Fernsehsendungen unabhängig vom Fernsehgerät. Beide können also zur gleichen Zeit verschiedene Programme empfangen.

Die bekanntesten Videosysteme sind Betamax, das die japanische Firma Sony 1975 eingeführt hat, und VHS (Video-Heim-System) – seit 1976 auf dem Markt. Die Systeme verwenden verschiedene Kassetten und Aufnahmegeräte. Bei Betamax ist die Bildqualität etwas besser, dagegen haben die VHS-Bänder eine größere Aufnahmekapazität von bis zu vier Stunden. VHS hat sich schließlich auf dem Markt durchgesetzt, und die Bildqualität des neuen Super-VHS ist besser als die von jedem anderen System.

Aufnahme und Wiedergabe

Sobald die Bandkassette eingeschoben und das Videogerät auf Aufnahme gestellt ist, wird eine Bandschleife zwischen den beiden Kassettenspulen hervorgezogen. Das Band läuft um eine rotierende Trommel, die ein Elektromotor antreibt. Auf der Trommel befinden sich meist zwei Magnetköpfe, die sich mit der Trommel drehen.

Das Band läuft in einer Schraubenlinie an der Trommel vorbei. Dabei zeichnen die Magnetköpfe die Bildsignale in der Mitte des Bands schräg verlaufend auf. Die Randspur nimmt die Tonsignale auf.

Wie beim Tonbandgerät ist die Wiedergabe eine Umkehrung des Aufnahmeprozesses. Das bespielte Magnetband erzeugt im Hör-Sprech-Kopf Ströme, deren Verlauf den Tonsignalen entspricht. Die Bild- und Tonsignale werden dem Fernsehgerät zugeleitet, über dessen Bildschirm die Aufzeichnung dann abläuft.

Die Aufnahme und Wiedergabe über Magnetbänder ist heute so perfekt, daß Video- und Originalaufzeichnung kaum zu unterscheiden sind.

Fernsehgerät und Videorecorder

Ein Videorecorder steht mit der Fernsehantenne in Verbindung. Er speichert das Programm des Kanals, auf den er eingestellt ist. Bei der Aufnahme wird eine Schleife des eingelegten Bands hervorgezogen. Das Band läuft dann um eine rotierende Trommel an den Aufnahmeköpfen vorbei.

WIE EIN VIDEORECORDER VOM FERNSEHER AUFNIMMT

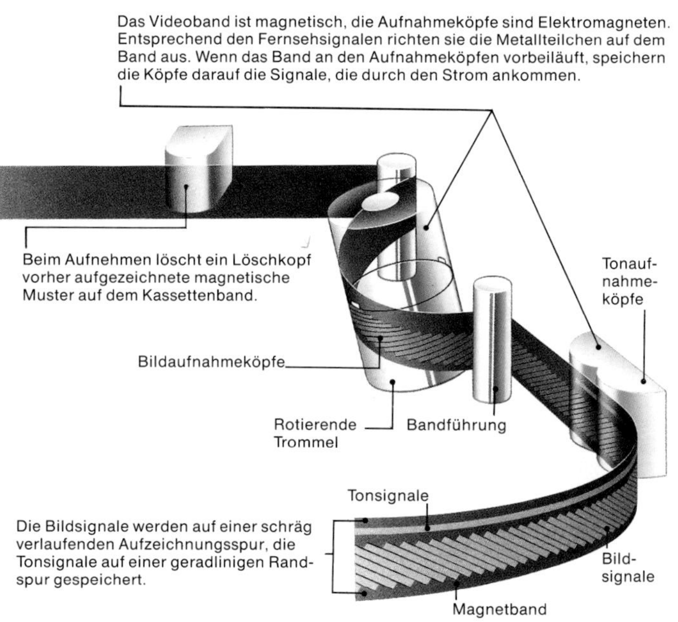

Wie Töne als Magnetmuster gespeichert werden

Kinder experimentieren gern mit Eisenspänen, die sie auf einem dünnen Blatt Papier verrücken, indem sie einen Magneten darunter bewegen. Ganz ähnlich funktionieren Tonbandgeräte. Auf einem Band entsteht ein Muster aus magnetisierten Metallteilchen, das den aufgezeichneten Musikklängen oder Stimmen entspricht.

Das Band besteht aus Kunststoff, der mit magnetisierbarem Material (meist Eisenoxid oder Chromdioxid) beschichtet ist. Bei der Aufnahme wird der Klang von einem Mikrofon entsprechend den Schalldruckwellen in elektrische Stromschwankungen umgewandelt und dann verstärkt. Diese Impulse treffen auf einen Elektromagneten, den Hör-Sprech-Kopf, wo sie magnetische Felder erzeugen.

Wenn nun das metallbeschichtete Band am Hör-Sprech-Kopf vorbeiläuft, wird jedes Teilchen der Beschichtung durch die Magnetfelder magnetisch aufgeladen. Jedes Teilchen wirkt also selbst als kleiner Magnet, den der Elektromagnet je nach Stärke der Signale mehr oder weniger stark anzieht. So bilden die Teilchen gewissermaßen einen magnetischen Code des Originalklangs.

Die elektrischen Signale, die die Magnetmuster erzeugen, können von einem Mikrofon, einem Radio, einem Compact Disc Player (CD), einem Plattenspieler oder einem anderen Tonbandgerät kommen. Tonbänder nimmt man heute üblicherweise in Stereo auf (siehe Seite 223). Beim Digitaltonband (DAT) werden die elektrischen Impulse aus dem Mikrofon in Binärzahlen umgewandelt (siehe Seite 241), wodurch die Aufnahme exakter wird.

Bei den meisten modernen Tonbandgeräten geht das Aufnehmen und Abspielen über denselben Tonkopf. Bevor das Band bei der Aufnahme am Tonkopf vorbeiläuft, müssen alle früheren Muster auf dem Band gelöscht sein. Dafür gibt es den sogenannten Löschkopf, einen Elektromagneten, der durch ein Hochfrequenzsignal erregt wird und das Band entmagnetisiert, d. h. die Anordnung der Metallteilchen auf dem Band durchbricht. Wenn man auf Aufnahme drückt, tritt der Löschkopf automatisch in Aktion.

Um die Aufzeichnung abzuspielen, kehrt man den vorangegangenen Vorgang um und macht den codierten Ton wieder hörbar. Das magnetisierte Band verändert die magnetische Feldstärke im Tonkopf und erzeugt dadurch Wechselspannungen. Diese werden verstärkt, dem Lautsprecher zugeführt und dort in Schallschwingungen umgewandelt. Wie die Originalklänge gelangen sie dann ans Ohr.

Hintergrundgeräusche vermeiden

Ein Problem bei der magnetischen Tonwiedergabe ist das Knistern und Rauschen des Bands, das insbesondere während leiser Passagen zu hören ist. Um diese Geräusche zu dämpfen, entwickelte der Amerikaner Ray M. Dolby ein nach ihm benanntes System, das heute weit verbreitet ist.

Mit Hilfe elektronischer Schaltkreise verstärkt man automatisch die Signale, noch bevor sie den Tonkopf erreichen. Bei der Wiedergabe schwächt man die Signale auf Normalstärke ab, ehe sie beim Lautsprecher ankommen; gleichzeitig wird auch das Rauschen gedämpft.

TÖNE AUF MAGNETBAND SPEICHERN

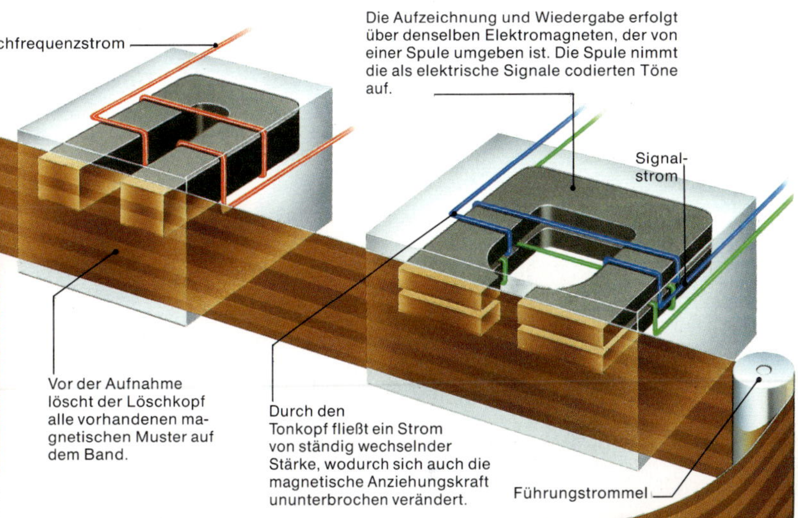

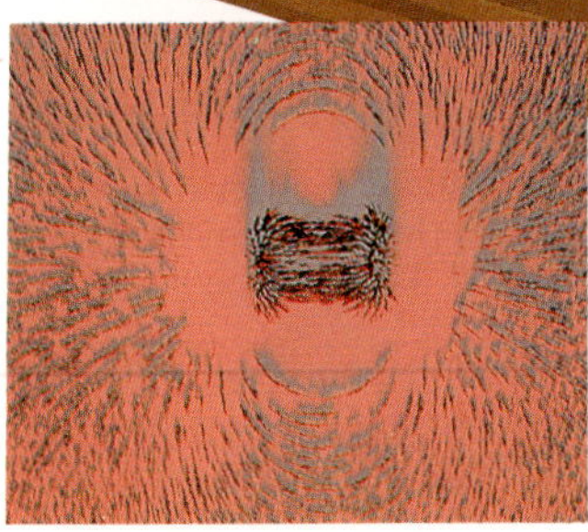

So wie ein Magnet Eisenspäne durch ein Papier hindurch anzieht, so ordnen Magneten auch die Metallteilchen in einem Tonband zu einem Muster.

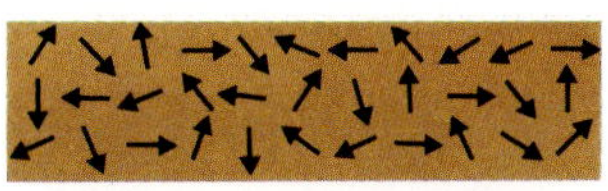

Jedes Teilchen im Magnetband wirkt als Magnet. Die Teilchen bilden Muster, die den aufgenommenen Tönen entsprechen.

Das Band kann nur auf einer Seite aufnehmen, für jede Hälfte des Bands gibt es zwei Spuren (für den rechten und linken Stereokanal).

MAGNETISMUS UND ELEKTRIZITÄT

Eisen und seine Legierungen, z. B. Stahl, sind von Natur aus magnetisch. Sie ziehen andere magnetische Stoffe in einem gewissen Umfeld, dem Magnetfeld, an. Alle Magneten haben einen Nord- und einen Südpol, die sich besonders stark anziehen.

Die Anziehungskraft des Magneten hängt von der Anordnung seiner Atome ab. Eisenatome z. B. sind an sich magnetisch, was sich zeigt, wenn man sie einem Magnetfeld aussetzt: Sie richten sich unter seinem Einfluß relativ leicht aus, weil sie durch ihre eigene Ausrichtung zum Feld beitragen.

Läßt man in einer Drahtspule um einen Eisenkern herum elektrischen Strom fließen, magnetisiert sich das Eisen, solange das Magnetfeld des Stroms wirkt. Wird die Stromzufuhr erhöht, nimmt proportional dazu auch die magnetische Kraft zu.

Umgekehrt fließt elektrischer Strom in einer Drahtspule, wenn man einen Magneten in der Spule hin- und herbewegt.

Dieses Prinzip der sogenannten elektromagnetischen Induktion wurde 1831 von dem Engländer Michael Faraday nachgewiesen, der auch danach den ersten Stromgenerator entwickelte.

Elektromagneten können weitaus stärker sein als gewöhnliche Magneten. Indem man den Strom an- oder abstellt, sind sie leicht zu magnetisieren oder zu entmagnetisieren.

Wie die Nadel die Schallplatte zum Klingen bringt

Der Lautsprecher wandelt die Schwingungen, die beim Abspielen einer Schallplatte erzeugt werden, in Töne um. Diese verbreiten sich als Schwingungen in der Luft und treffen auf das Trommelfell der Ohren, das sie als Ton wahrnimmt. Sie entsprechen den Originalklängen, die man auf der Platte gespeichert hat und so immer wieder abspielen kann.

Der Speicherprozeß beginnt, wenn die Originalklänge von einem Mikrofon aufgenommen werden. Dort versetzen die Schallwellen die Membran in Schwingungen, die danach in schwache elektrische Impulse umgeformt werden. Die Membran im Mikrofon wird nach dem gleichen Prinzip in Schwingung versetzt wie in der Sprechmuschel des Telefons (siehe Seite 214).

Die elektrischen Impulse, die im Mikrofon entstehen, werden verstärkt und auf Band aufgenommen. Von da überträgt man sie auf einen Plattenschneider, der eine Matrize herstellt. Wenn man eine Schallplatte – die Kopie der Matrize – laufen läßt, geben die Schwingungen der Nadel die elektrischen Signale wieder, und der Lautsprecher setzt sie in die Originaltöne um.

Die Herstellung einer Matrize

Wird eine Plattenmatrize für die Vervielfältigung hergestellt, muß man mit mehreren Mikrofonen aufnehmen. Die elektrischen Signale speichert man auf einem Magnetband, das zwischen zwei und 48 verschiedene Spuren hat.

Mit Hilfe eines elektronischen Mischpults kann die Tonqualität und Lautstärke auf jeder Tonbandspur verändert werden, z.B., wenn ein Instrument besonders hervortreten soll. Dann überspielt man die verschiedenen Aufnahmen auf ein Stereo-Mutterband. Die Klänge werden so ausbalanciert, daß der rechte und linke Stereokanal ideal zusammenspielen (siehe rechte Seite). Dieses Band verwendet man dann zur Herstellung der Matrize.

Im Rhythmus der Schallschwingungen ritzt der Stichel des Plattenschneiders eine Spiralrille von außen nach innen auf die Matrizenoberfläche (meist eine Schicht Kunststofflack auf einer Aluminiumscheibe). Bei einer Langspielplatte dreht sich die Scheibe 33 ⅓mal pro Minute, bei einer Single 45mal. Die Geschwindigkeit des Schneidkopfs verändert sich mit der Stärke des Signals. Bei lauten Signalen läuft der Schneidkopf schneller.

Durch die Stereosignale schwingt der Stichel und ritzt in die Wände der V-förmigen Rille Muster ein, die den Tönen ent-

Die Entstehung des Plattenspielers

Der amerikanische Erfinder Thomas Alva Edison konstruierte 1877 das erste Gerät zur Aufzeichnung und Wiedergabe von Tönen. Es war ein seltsamer Apparat, den er später in verbesserter Ausführung als Phonographen (Tonschreiber) auf den Markt brachte. Ein Trichter mit einer Membran am schmalen Ende diente gleichzeitig als Mikrofon und Lautsprecher. Wenn jemand in den Trichter sprach oder sang, schwang die Membran – und eine mit ihr verbundene Stahlnadel – auf und ab. Die „Platte" bestand aus einer stanniolumwickelten Trommel, auf deren Oberfläche eine spiralförmige Rille eingeritzt war. Bei der Aufnahme wurde die Trommel mit einer Kurbel gedreht. Die von dem Trichter aufgefangenen Töne brachten die Nadel zum Schwingen, woraufhin diese sich entlang der Spiralrille bewegte und dabei die Stanniolfolie einkerbte. Um die Aufnahme abzuspielen, drehte man die Trommel erneut. Die Nadel folgte nun den Einkerbungen im Stanniol, versetzte die Membran in Schwingungen, und aus dem Trichter drangen Töne.

Der entscheidende Durchbruch bei der Tonaufzeichnung gelang dem in Deutschland geborenen Emil Berliner, der in den USA arbeitete. 1888 brachte er die Schallplatte in Form einer Scheibe heraus, die auf einem Plattenteller abgespielt wurde. Obwohl man nach wie vor Trichter und Nadel wie beim Phonographen verwendete, gab Berliner seinem Gerät einen anderen Namen – Grammophon.

Live-Aufführung *Anfang des 20. Jh. steckte die Matrizenherstellung noch in den Kinderschuhen. Den Plattenteller mußte man noch von Hand aufziehen. Sobald die Graviernadel auf der Platte war, begannen die Interpreten, die um den Trichter gruppiert waren, zu spielen. Die ganze Apparatur saß auf einem gedämmten Zementblock, so daß keine Erschütterungen, sondern nur die Schallwellen der Musik auf die Graviernadel einwirken konnten. Vor den Platten benutzte man Wachszylinder zur Aufnahme (siehe Abbildung oben).*

WIE DIE NADEL DEN TON WIEDERGIBT

Die Nadel ist ein Saphir oder Diamant mit einer runden oder elliptischen Spitze. Jede Seite der Rille (rechts 1000fach vergrößert) ist anders geformt: eine Einbuchtung für den rechten und eine für den linken Stereokanal. Durch die Unebenheiten der Rillenwände gerät die Nadel in Schwingungen, die der Tonabnehmer in elektrische Signale umwandelt. Die Signale werden verstärkt und dann in den Lautsprechern wieder in Schallwellen zurückverwandelt.

Beim magnetischen Tonabnehmer ist die Nadel mit einem Magneten verbunden. Ihre Schwingungen übertragen sich auf den Magneten, der eine Spannung in zwei Drahtspulen erzeugt. Die Signale gelangen zu den Lautsprechern.

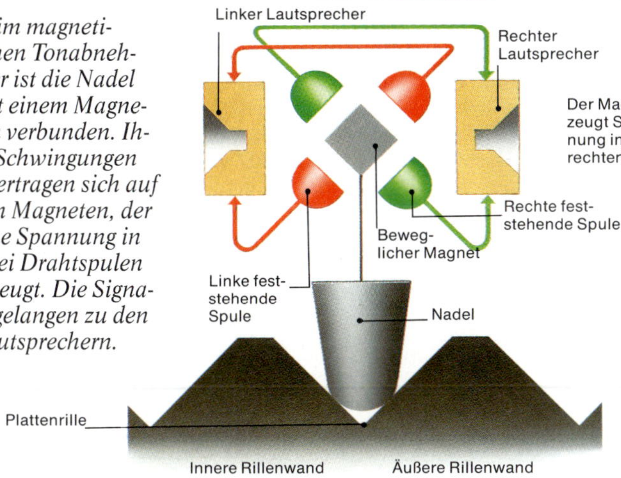

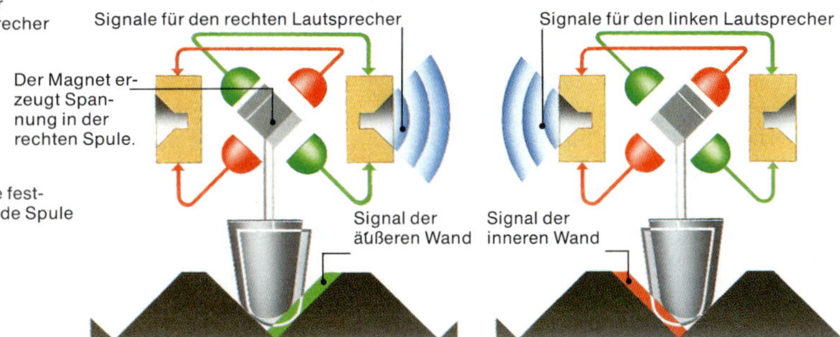

Der bewegliche Magnet erzeugt unterschiedliche Spannungen in den Spulen. Wenn die äußere Rillenwand Signale aufweist, liefert die Spule für den rechten Lautsprecher Strom. Die Signale der inneren Rillenwand dagegen gelangen zum linken Lautsprecher.

sprechen. Auf einen Zentimeter können bis zu 200 Rillen kommen; die Anzahl ändert sich je nach Lautstärke der Aufnahme. Für eine laute Passage braucht man mehr Platz, da der Stichel stärker schwingt. Dabei erzeugt er zwar weniger, aber breitere Rillen.

Die Matrize wird nun mit Nickel galvanisiert. Aus dem Nickelabdruck stellt man dann das Schallplattennegativ mit erhabenen Konturen – den sogenannten Vater – her. Diesem folgt nach zweimaligem Abnehmen der „Sohn", der als Preßmatrize dient.

Schallplatten bestehen aus PVC (Polyvinylchlorid). Das PVC-Granulat wird zwischen zwei Preßmatrizen – für jede Plattenseite eine – bei Hitze gepreßt und dann abgekühlt. Der Preßvorgang für eine Langspielplatte dauert etwa 25 Sekunden.

Plattenspieler und Lautsprecher

Bei guten Hi-Fi-Geräten ist der Plattenteller schwer und wird meist von einem Riemen angetrieben, um Vibrationen durch den Motor zu vermeiden.

Die Abtastnadel aus Saphir oder Diamant hat eine abgerundete Spitze. Über den Tonarm ist die Nadel mit dem Tonabnehmer verbunden, einem elektromechanischen Wandler, der die Schwingungen der Nadel in den Plattenrillen in elektrische Spannungen umwandelt. Meist handelt es sich um einen Magnetwandler. Während die Nadel kreist, bewegt sie in einer Drahtspule einen Magneten, der dort Spannung erzeugt.

Man braucht zwei Spulen, um die Schwingungen der beiden Stereospuren aufzunehmen und die Spannungen für die linken und rechten Ausgangssignale zu erzeugen. Die Signale sind identisch mit denen, die der Stichel auf die Matrize geprägt hat.

Die Tonabnehmersignale sind sehr schwach; deshalb muß man ihre Spannung in den elektronischen Stromkreisen eines Verstärkers erst erhöhen. Verschiedene Stromkreise steuern jeweils Lautstärke, Ton und Balance.

Vom Verstärker wandern die Signale zu den beiden Lautsprechern, wo ein Elektromagnet die kegelförmige Membran in Schwingungen versetzt und so die Signale in Schallwellen umwandelt. Ein einfacher Lautsprecher hat nur eine Membran. Die Lautsprecher der Hi-Fi-Systeme jedoch haben zwei oder drei unterschiedlich große Membranen, um die verschiedenen Tonbereiche oder Frequenzen optimal wiederzugeben (je höher der Ton ist, um so größer ist seine Schwingungsfrequenz).

Töne aus zwei verschiedenen Richtungen

Durch Stereoton erzeugen Radiosendungen oder Bandaufnahmen einen räumlichen Klangeindruck. Hört man z. B. die Stereoaufnahme eines Orchesters im Radio, kann man erkennen, wo die Geigen, die Holzblasinstrumente oder die Schlaginstrumente plaziert sind.

Viele Radiosendungen im Ultrakurzwellenbereich werden heute in Stereo ausgestrahlt. Eine Sendung wird mit mehreren Mikrofonen auf Band aufgenommen und im Sendestudio so bearbeitet, daß die Klänge auf zwei getrennten Spuren von rechts und von links kommen.

Der Sender strahlt über Funk zwei Signalreihen aus. Eine überträgt die Gesamtleistung der Mikrofone für die normalen (Mono-) Empfänger. Auf dem zweiten Kanal übermittelt man die codierten Signale für die Stereoempfangsgeräte, in denen ein Decoder die Links- und Rechtssignale trennt. Danach werden sie separat verstärkt und den Lautsprechern zugeführt.

Thomas Edison: Ein Zauberer erleuchtet die Welt

Am 4. September 1882, 15 Uhr, beginnt für den 35jährigen Erfinder Thomas Alva Edison das größte Abenteuer seines Lebens: New Yorks erstes Elektrizitätswerk in der Pearl Street nimmt die Arbeit auf, und 85 Häuser, Geschäfte und Büros in der Umgebung erstrahlen plötzlich im Glanz von 400 Glühbirnen.

Edison und andere Direktoren von der Edison-Elektrizitätsgesellschaft hatten sich im Wall-Street-Büro ihres wichtigsten Geldgebers, des millionenschweren Finanziers J. Pierpont Morgan, versammelt. Auch dort waren an jenem Nachmittag die Lichter angegangen. Als es dann gegen Abend dämmerte, strahlte auch in den nahe gelegenen Büros der *New York Times* die neue elektrische Lichterpracht.

Monatelang hatte Edison es vorbereitet, New York von Gas auf Strom umzustellen. Den Standort für das Kraftwerk hatte er im Finanzzentrum der Stadt ausgewählt, weil er hier vor Ort eventuelle Förderer für seine Pläne gewinnen wollte. Er ließ alle Häuser im Bezirk begutachten und veranlaßte den Einbau von Leitungen, Anschlußkästen, Schalttafeln, Stromzählern, Sicherungen und Lampenfassungen.

Die Hauptattraktion waren die mit Glühlampen beleuchteten Geschäfte, und allerorten wurde das weiche, angenehme elektrische Licht gelobt. Mit dieser Leistung blieb Edison seinem Grundsatz treu, nur Dinge zu erfinden, die die Leute wollten und die ihnen das Leben erleichterten.

Diesem Prinzip folgte Edison schon im Mai 1876, als er zusammen mit mehreren anderen Wissenschaftlern ein neues Laboratorium einrichtete. Diese Erfindungsfabrik, wie er sie nannte, hatte ihren Sitz in dem Dorf Menlo Park in New Jersey. Als Fabrikgebäude diente ein weitläufiges Holzhaus mitten im Ackerland, das zum Vorläufer der industriellen Forschungslaboratorien in Amerika wurde. Es war ausgerüstet mit einer Dampfmaschine, einer Schmiede, Akkumulatoren, fotografischen Geräten, Kupferdraht, Induktionsspulen und Meßinstrumenten wie einem Elektrizitätsmesser und einem Galvanometer.

Damals arbeitete Edison daran, die Glühlampe zu vervollkommnen, wobei schon seit den 60er Jahren Erfinder verschiedene Glühlampen entwickelt hatten. 1878 gründete Edison die Edison Electric Light Company. Nach vielen Fehlschlägen gelang ihm Ende des darauffolgenden Jahres schließlich eine brauchbare elektrische Glühbirne. Etwa zur gleichen Zeit entwikkelte der englische Physiker und Chemiker Joseph Swan ebenfalls eine funktionierende Glühbirne.

Edison stellte seine Erfindung erstmals am Silvesterabend 1879 öffentlich vor. Über 50 Lampen ließ er in Menlo Park aufleuchten, wobei den Strom dazu ein Dynamo lieferte. Etwa 3000 Neugierige wurden Zeuge der genialen Demonstration des „Zauberers von Menlo Park".

Erfindungen *Edisons Generator, die „Mary Ann mit der langen Taille", war mit einem Dynamo verbunden, der den Energiegewinn einer Dampfmaschine maß. Der Stich zeigt Edisons „Erfindungsfabrik" in Menlo Park. 1879 stellte er dort seine Glühlampe her (rechts).*

Früh übt sich ...
Thomas Alva Edison wurde am 11. Februar 1847 in Milan in Ohio geboren. Als er sieben war, zog seine Familie nach Michigan in den Norden der USA um. Seine schulische Laufbahn endete schon nach drei Monaten, als der Dorflehrer ihn als verträumt und faul bezeichnete. Daraufhin nahm Thomas' Mutter ihn von der Schule und übernahm selbst seine Ausbildung.

Mrs. Edison förderte einfühlsam das wachsende Interesse des Jungen an den Naturwissenschaften. Besonders hatten es ihm Dampfmaschinen und die Kräfte der Mechanik angetan. Thomas baute sich ein kleines Chemielabor, wo er mit Hilfe voltaischer Zellen oder Batterien Strom erzeugte. Außerdem konstruierte er einen einfachen Telegrafenapparat.

Bald darauf, während er als Zeitungs- und Süßigkeitenverkäufer im Zug zwischen Port Huron und Detroit arbeitete, richtete er sich im Gepäckwagen ein bescheidenes Laboratorium ein. Dort stellte er auch eine gebrauchte Druckerpresse auf, mit der er eine Wochenzeitung – den *Weekly Herald* – herstellte und im Zug verkaufte.

Zwischen 16 und 21 Jahren arbeitete er als – wie er es selbst nannte – vagabundierender Telegrafist im Mittelwesten und in den Südstaaten.

1869 versuchte er sein Glück in New York. Eines Tages hielt er sich zufällig bei der Gold Indicator Company in der Wall Street auf, als dort die Apparatur ausfiel, die den jeweiligen Goldpreis bekanntgab. Er reparierte sie auf der Stelle und konstruierte bald darauf einen zuverlässigen Börsenkursanzeiger, den er für 40 000 $ an die Western Union verkaufte.

Vom Erlös richtete Edison seine erste richtige Werkstätte in Newark, New Jersey, ein, wo er in den 70er Jahren einen Fernschreiber mit Lochstreifen entwickelte. 1876 zog er von Newark nach Menlo Park um und lebte dort als berufsmäßiger Erfinder.

Im nächsten Jahr verbesserte Edison Graham Bells Telefon. Bells Gerät verwandelte die Schallwellen der menschlichen Stimme direkt in elektrische Impulse, die jedoch äußerst schwach waren, weil eine leistungsfähige elektrische Energiequelle fehlte.

Edisons Mikrofon bezog den Gleichstrom von einer Batterie. Sein Gerät enthielt Kohlekörnchen, gegen die eine Metallmembran drückte. Wenn die Membran schwang, wechselte der Druck auf die Körnchen und veränderte den Widerstand zwischen den Anschlußdrähten. Diese Wechselspannung wurde dem Gleichstrom der Batterie überla-

Fünf schlaflose Tage *Edison in seiner Werkstatt in West Orange (links). Er hatte fünf Tage lang ohne Schlaf an der Verbesserung seines Phonographen gearbeitet, als in den Morgenstunden des 16. Juni 1888 dieses Foto entstand. Im Kreis seiner Mitarbeiter sah er schon weniger mitgenommen aus (unten).*

gert. Die elektrischen Signale waren nun stärker als bei Bells Telefon und ermöglichten eine deutliche Übertragung über große Entfernungen.

Bei Bells Telefon waren Sprech- und Hörmuschel eins. Edison entwickelte eine getrennte Sprechmuschel, was dem Telefonierenden ersparte, die eine Muschel vom Ohr zum Mund hin- und herzubewegen.

In dieser Zeit beschäftigte Edison auch die Entwicklung des Phonographen – der Vorläufer des Grammophons und des Plattenspielers. 1877 führte er das Gerät seinen Mitarbeitern vor. Während Edison die Metalltrommel langsam drehte, sprach er einen Kinderreim in die Sprechmuschel. Nachdem er die Walze zurückgekurbelt und eine Schraube bewegt hatte, drang seine Stimme schwach aus dem Trichter – die Überraschung war perfekt. Im selben Jahr erwarb er das Patent für den Phonographen.

Als Edison 1887 ein geräumigeres Haus und Forschungslaboratorium in West Orange, New Jersey, bezog, hatten ihm seine verschiedenen Erfindungen bereits etwa 1 Mio. $ eingebracht (insgesamt konnte er auf rund 1500 Patente zurückblicken – vom elektrischen Schreibgerät bis zu Fertighäusern aus Gießzement). In verschiedenen Werkstätten und Fabriken beschäftigte er mehrere tausend Arbeiter.

Einem Reporter des *Scientific American* beschrieb Edison seine Arbeitsweise einmal folgendermaßen: „Rohskizzen werden den Modellherstellern vorgelegt, die aus ihren großen Materialreserven Rohlinge für die notwendigen Teile oder möglicherweise fertige Teile für den Apparat sichern werden. So viele Arbeitskräfte, wie das Projekt erfordert, werden sofort für die Arbeit eingestellt, damit das Modell in sehr kurzer Zeit ausgeführt sein kann."

Wollte man die Apparate verbessern, wurden Konstruktionszeichnungen und danach Prototypen angefertigt. Dann baute man das vollständige Gerät in Originalgröße und testete es. Entsprach das Modell Edisons Anforderungen, ließ man es in einer Werkstatt herstellen.

Von 1889 an beschäftigte sich Edison mit dem Kinetoskop – der Maschine für bewegte Bilder –, das, wie er sagte, die Welt der Politik, der Kunst und des Sports zu den Leuten auf der Straße bringen werde. Indem Bildserien in schneller Abfolge in dem Guckloch des Kinetoskops erschienen, wurde der Eindruck einer Bewegung vermittelt.

Nach Kurzfilmen über Boxer und Tänzerinnen produzierte Edison auch Spielfilme – darunter *Der große Eisenbahnraub*, der 1903 in den Edison-Studios in West Orange entstand. Bei einer Dauer von zehn Minuten war er einer der längsten der damaligen Filme, und Edison feierte damit seinen letzten großen Triumph.

Edison starb am 18. Oktober 1931 im Alter von 84 Jahren. Als er unter großer Anteilnahme in West Orange beigesetzt wurde, erloschen ihm zu Ehren für eine Minute überall in Amerika die Lichter.

Bewegte Bilder *In Edisons Kinetoskop erschien eine Reihe von Fotos von einem zusammenhängenden Filmstreifen auf dem Bildschirm, was die Bilder bewegt erscheinen ließ. Nach Einwurf einer Münze sah man die Bilderfolge durch ein Guckloch oben am Apparat.*

Compact Disc: Musik über Laserstrahl

Eine Compact Disc hat einen Durchmesser von rund 12 cm, ein Gewicht von 10 g und eine Spieldauer von ungefähr einer Stunde. CDs sind nur auf einer Seite bespielt. Da keine Nadel die Oberfläche der CD berührt, wird sie beim Abspielen weder zerkratzt noch abgenutzt.

Ein Laserstrahl tastet die Scheibe spiralförmig ab und wertet die winzig kleinen Vertiefungen (Pits) und die dazwischenliegenden planen Stellen auf der Abspielspur aus. Die Pitstruktur entspricht einem digitalen Code, der von den Schallschwingungen abgeleitet wurde.

Der verwendete Binärcode arbeitet mit den Zahlenwerten 0 und 1. Die Zahlenwerte lassen sich in elektrische Wellen umwandeln, die im Lautsprecher zu Schallwellen werden. Durch den Frequenzgang von 20 Hz–20 kHz kann ein einzelner Trommelschlag wie auch das Crescendo eines Orchesters fast originalgetreu wiedergegeben werden.

Wenn der Strahl die rotierende Scheibe abtastet, wird er von den Vertiefungen und Flachstellen verschieden reflektiert. Diese Reflexionswerte formt eine lichtempfindliche Vorrichtung, die Fotodiode oder ein Fototransistor, in elektrische Signale um. Diese werden verstärkt und den Lautsprechern zugeleitet, wo sie wieder in die ursprünglichen Schallwellen verwandelt werden.

Der Code auf der Scheibe

Wie bei anderen Systemen der Schallspeicherung wandelt auch bei der CD zunächst ein Mikrofon die Schallwellen in elektrische Signale um. Man mißt die Spannung der Signale und codiert sie elektronisch in Form von Binärzahlen (siehe Seite 241). Eine weitere Codierung ist nötig, um die beiden Stereokanäle zu einer einzigen Impulsfolge zu verbinden und zu verhindern, daß die Signale durch Kratzer oder Fingerabdrücke beeinträchtigt werden.

Während sich eine unbespielte, mit Fotolack beschichtete Glasscheibe unter einem Laserstrahl dreht, leitet man diesem die codierten Signale als elektrische Impulse zu. Der Laserstrahl belichtet die Fotoschicht mit den Binärcodes in einer spiralförmigen Spur. Nach einer chemischen Behandlung zeigen sich Vertiefungen und Erhebungen auf der Platte.

Die Master Disc – der Endpreßling – dient zur Vervielfältigung. Jede Disc wird mit einer dünnen Aluminiumschicht und einem Schutzlack überzogen, um Verschleißfreiheit zu gewährleisten.

Musik von der Compact Disc *Auf dieser 930fachen Vergrößerung sind die Pits deutlich zu erkennen; diese enthalten den Code für die Töne einer Compact Disc (der äußere Plastiküberzug wurde entfernt).*

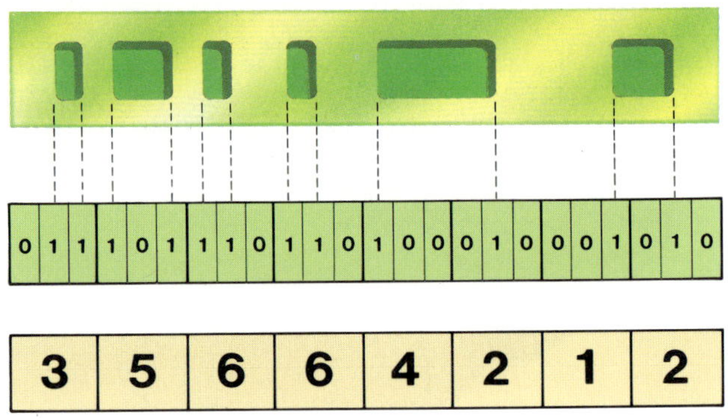

Codierte Spur *Ein Laserstrahl tastet die Pits ab und verwandelt sie in Lichtimpulse.*

Codierte Signale *Die Lichtblitze werden zu einer Folge elektrischer Impulse codiert, die in Form eines Rechtecks verlaufen und den Informationen der Binärzahlen entsprechen (siehe oben rechts).*

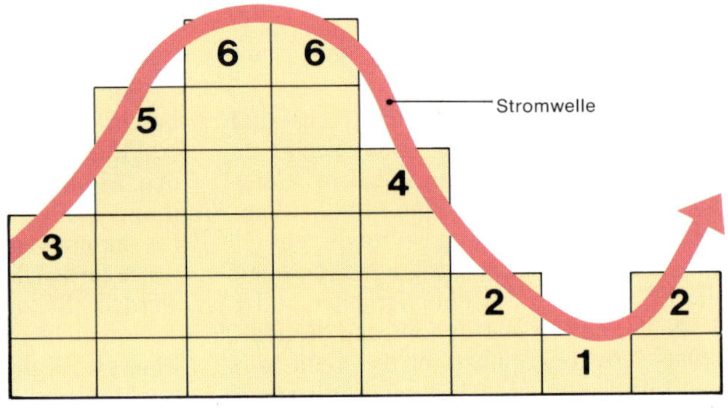

Abtastfrequenz *Der Laserstrahl, der die CD abtastet, wird so gesteuert, daß er 44 100mal pro Sekunde die Informationen der auf der Spur liegenden Pits mißt. Durch diese Abtastfrequenz von 44,1 kHz hört man die Originaltöne wieder im vollen Tonumfang von 20 Hz bis 20 kHz.*

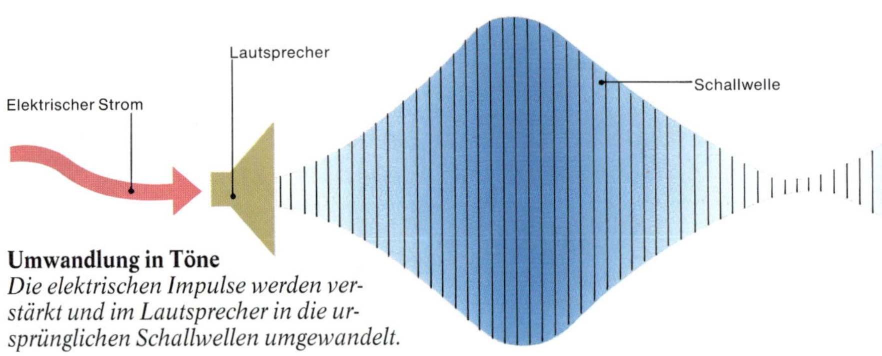

Umwandlung in Töne *Die elektrischen Impulse werden verstärkt und im Lautsprecher in die ursprünglichen Schallwellen umgewandelt.*

Elektronische Musik aus dem Synthesizer

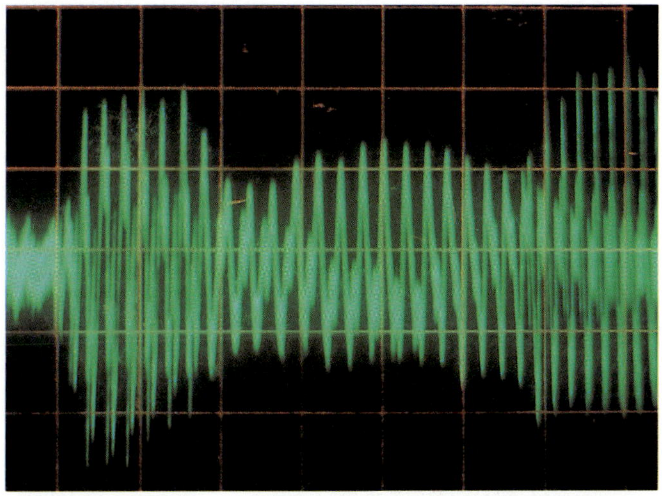

Töne im Blickfeld
Das An- und Abschwellen von Tönen wird auf dem Bildschirm elektronisch sichtbar gemacht. Unter den Ausschlägen der Obertöne ist – dunkler und kompakter – die flache Welle des Grundtons erkennbar.

Wer Musik hört, vernimmt ein Gemisch regelmäßiger Schwingungen – z. B. der Saite einer Geige, der Rohrblätter der Oboe oder der Luftsäule in einer Trompete. Je höher die Schwingungszahl (Frequenz) ist, um so höher ist auch der Ton oder die Stimmlage.

Wenn eine Geige, eine Oboe oder eine Trompete den gleichen Ton spielt, erzeugen sie alle eine Grundschwingung derselben Frequenz. Die Klangfarbe der Instrumente machen die Obertöne, d. h. den Teil der Schwingungen, der über der Grundschwingung liegt, aus.

Eine Geigensaite z. B. schwingt auf ihrer ganzen Länge und erzeugt dabei einen Grundton sowie über ihm liegende Obertöne, deren Frequenz um ein Vielfaches höher ist als die des Grundtons. Je nach Form und Material bringen Instrumente eine unterschiedliche Mischung von Obertönen hervor. Der Körper des Instruments bildet den Resonanzboden für die Schwingungen.

Ein elektronischer Synthesizer macht Musik, indem er elektrischen Strom in einem breiten Frequenzbereich erzeugt. Wird der Strom einem Lautsprecher zugeleitet, hört man die simulierten Grund- und Obertöne aller Instrumententypen sowie viele Klangeffekte. Ein Synthesizer vermag freilich kaum all die ständig wechselnden Obertöne eines herkömmlichen Instruments nachzuahmen, wiewohl moderne Geräte der Klangfarbe der Originalinstrumente sehr nahe kommen.

Um elektronische Musik live auf die Bühne zu bringen, werden Synthesizer im Zusammenspiel mit konventionellen Instrumenten eingesetzt. Man kann sie mit Mikrofonen und anderen Synthesizern verbinden. Sie können aber auch von einem Computer gesteuert werden. Moderne Digitalsynthesizer verfügen über einen eingebauten Computer und können komplexe Obertöne erzeugen. Andere arbeiten mit der FM-Synthese (Frequenzmodulation), bei der die Frequenz der Wellen und damit der Ton verändert wird.

Mit neueren Synthesizern, die über das Computer-Anschlußsystem MIDI (Musical Instrument Digital Interface) verfügen, kann der Musiker Klänge verschiedener Instrumente, aber auch anderer Computer oder Synthesizer eingeben, wodurch er ein breites Spektrum von Klangeffekten erhält. Mit dem Sampler, einem elektronischen Gerät, kann man Klänge speichern und in allen Tonlagen mit Hilfe eines Keyboards (Klaviatur) wieder abspielen.

Auch die Komponisten entdeckten sehr bald den Synthesizer. Herbert Eimert und Karlheinz Stockhausen richteten 1953 in Köln das erste elektronische Musikstudio ein. Stockhausen ist neben den Amerikanern Milton Babbit, Morton Subotnik und Philip Glass einer der bekanntesten Komponisten elektronischer Musik.

Die Entwicklung der elektronischen Musik

Der Amerikaner Thaddeus Cahill versuchte als erster, Töne auf elektronischem Weg zu erzeugen. 1906 erfand er ein Telharmonium genanntes Instrument, das Töne mit Hilfe von Elektromotoren und Telefonhörern erzeugte. Der Erfolg blieb allerdings noch recht mäßig. 1920 entlockte der Russe Leon Theremin zwei Funkwellen-Oszillatoren elektronische Töne. Die Bewegung der Hände um die Antennen des Geräts beeinflußte die Schwingkreise, und aus den Lautsprechern drangen Töne, die sich mit den Handbewegungen veränderten.

Die Radio Corporation of America (RCA) in Princeton, New Jersey, entwickelte 1955 den Vorläufer der heutigen Synthesizer. Bei diesem Instrument wurden die Tongeneratoren, Filter und Verstärker über einen Lochstreifencode gesteuert.

Der RCA-Synthesizer arbeitete mit thermionischen Röhren – elektronischen Vakuumröhren – und war daher so groß, daß er ein ganzes Zimmer ausfüllte. In den 60er Jahren konstruierte der amerikanische Physiker Robert Moog einen Transistorensynthesizer. Fortschritte auf dem Gebiet der Elektronik ermöglichten später die Verkleinerung der Synthesizer bis hin zu tragbaren Instrumenten.

Die FM-Synthese, die Konstruktionsgrundlage der digitalen Synthesizer der 80er Jahre, stammt von Dr. John M. Chowning von der Stanford University in Kalifornien.

Die Sampler-Methode, auf der die meisten modernen Synthesizer basieren, führten später die Australier Peter Vogel, Kim Ryrie und Tony Furse mit ihrem Fairlight Computer Musical Instrument (CMI) ein.

Filter formen elektronische Klänge

Die Produktion elektronischer Musik läuft in drei Hauptphasen ab: Erzeugen, Filtern und Verstärken der elektrischen Schwingungen.

Im Generator erzeugt ein Oszillator die elektrischen Schwingungen. Die Schwingungszahl steuert man, indem man die Spannung an den Schaltkreisen des Generators verändert. Für den Grundton wird die gleichmäßig verlaufende Sinusschwingung erzeugt. Weitere Wellenformen sind die Rechteck- und die Sägezahnschwingungen.

Verschiedene Filter formen die Schwingungen weiter. Sie lassen nur bestimmte Frequenzen passieren; der Rest wird ausgesiebt. Sie verändern die Klangqualität und erzeugen unterschiedliche Effekte. Die Töne werden verstärkt, indem man die Spannung am Lautsprecher erhöht. Ein Synthesizer hat eine Klaviatur (Keyboard) wie ein Piano. Mit den Tasten verändert man einfach die Spannung an den Generatorschaltkreisen und erzeugt auf diese Weise Töne unterschiedlicher Höhe. Über weitere Knöpfe und Züge steuert man den Weg durch die einzelnen Schaltkreise.

Die Intensität und Dauer eines Tons kann der Musiker mit Hilfe eines Hüllkurvengenerators steuern. Dieser verändert die Spannung, die gleichzeitig an verschiedene Schaltkreise angelegt wird. Beispielsweise kann der Musiker kurz und unvermittelt einen Ton einblenden oder ihn allmählich verstärken und langsam ausklingen lassen.

Lichtstrahlen übertragen Töne mittels der Glasfaseroptik

Immer weniger Telefongespräche und Fernsehsendungen werden heute von Kupferkabeln übertragen. An deren Stelle sind Stränge aus reinstem Glas getreten, einige von ihnen zehnmal feiner als ein menschliches Haar. Das Glas ist so rein, daß man durch einen 20 km dicken Block wie durch eine Fensterscheibe blicken könnte.

Glasfaserkabel, die die Daten als Lichtblitze übertragen, können mehr Informationen schneller übermitteln als Kupferkabel. Und sie benötigen nur ein Zehntel des Platzes der Kupferkabel. Über ein Glasfaserkabel können heute etwa 40 000 Telefongespräche gleichzeitig geführt werden. Ton, Bilder und Computerdaten können alle von demselben Kabel übertragen werden. Und da die Signale kaum Energie verlieren, benötigt man auch weniger Signalverstärker als bei Kupferkabeln.

Licht, das in eine Faser fällt, wird in deren Innern durch vielfache Totalreflexion weitergeleitet. Nach außen geht dabei kein Licht verloren, da jede Faser von einem lichtdichten Mantel umschlossen ist.

DIE GLASFASER-REVOLUTION

Die Fülle der heute übermittelten Informationen hat die Grenzen des alten Kupferkabelsystems aufgezeigt. Mit der Entwicklung der Glasfaserkabel, die – frei von elektrischen Störungen und mit hoher Kapazität – Nachrichten mit Lichtgeschwindigkeit übertragen, ist ein neues Zeitalter der Nachrichtentechnik angebrochen.

Optische Fasern verwendete man erstmals 1955 in der Medizin zur Beleuchtung innerer Organe. Der Lichtverlust in den Glasfasern war zunächst zu groß, als daß man sie für andere Zwecke hätte einsetzen können.

Doch 1966 entdeckten Dr. Charles Kao und Dr. George Hockham von den britischen Standard Telecommunication Laboratories, daß der Lichtverlust auf Unreinheiten im Glas zurückzuführen war. Das amerikanische Unternehmen Corning Glass produzierte 1970 schließlich Glasfasern, die sich zur Übertragung von Telefonsignalen eigneten.

Das erste transatlantische Glasfaserkabel, TAT-8, das amerikanische, französische und britische Firmen gemeinsam legten, nahm man 1988 in Betrieb. Mit ihm kann man 40 000 Telefongespräche gleichzeitig übertragen. Das Kabel erbringt damit das Dreifache der Leistung aller sieben bereits existierenden Transatlantikkabel aus Kupfer.

Die Monomodefaser, die feinste Glasfaser, überträgt das Licht als einzelnes Wellenmuster. In ihr legen die Lichtsignale bis zu 190 km zurück, ohne verstärkt werden zu müssen.

In den dickeren Multimodefasern kann man in verschiedenen Intervallen bis zu 1000 Wellenmuster übertragen. Doch dabei schwächt sich die Intensität des Lichts ab, so daß man die Signale alle 16 km verstärken muß.

Informationsübertragung

Bei einem Glasfaser-Telefonsystem leitet man den Sprechstrom zuerst einem Codierer zu. Dieser mißt die Stromstärke 8000mal in der Sekunde und wandelt sie in digital codierte elektrische Signale um.

Diese schalten den Laser, über den die Lichtübertragung erfolgt, in rascher Folge ein und aus. Die Lichtübertragung erfolgt mit Laserstrahlen. Bei der Glasfaserübertragung verwendet man einen Halbleiterlaser, der Infrarotlicht erzeugt. Dieses hat eine wesentlich höhere Frequenz als der elektrische Strom in einem Kupferkabel und kann damit weitaus mehr Informationen übertragen.

Beim Ein- und Ausschalten des Lasers entstehen digital codierte Lichtimpulse, die über eine Linse in die Glasfaser geleitet werden. Eine einzelne Faser kann pro Sekunde 2,4 Mrd. binäre Zeichen (die Ziffern 1 und 0) übertragen – das entspricht etwa 32 000 zeitgleich geführten Telefongesprächen.

Da Licht schneller ist als der Schall, entstehen zwischen den Signalen eines Gesprächs Lücken. Daher schachtelt man im Multiplexverfahren mehrere Gespräche ineinander und sendet sie zusammen durch die Faser.

Am Empfängerende wandelt ein Fotodetektor die Lichtimpulse wieder in elektrische Signale um, deren Frequenz von einem Decoder zu der des ursprünglich ausgesandten Sprechstroms zurückverwandelt wird. Die Sender und Empfänger sind so klein, daß sie zusammen in einer Streichholzschachtel Platz finden würden. Und die Lasergeneratoren sind nicht größer als Salzkörner.

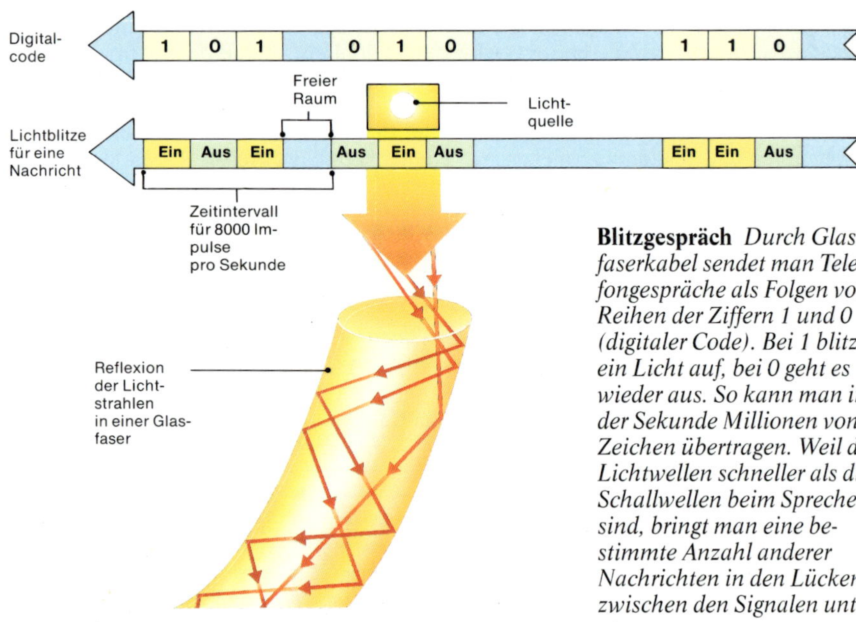

Blitzgespräch *Durch Glasfaserkabel sendet man Telefongespräche als Folgen von Reihen der Ziffern 1 und 0 (digitaler Code). Bei 1 blitzt ein Licht auf, bei 0 geht es wieder aus. So kann man in der Sekunde Millionen von Zeichen übertragen. Weil die Lichtwellen schneller als die Schallwellen beim Sprechen sind, bringt man eine bestimmte Anzahl anderer Nachrichten in den Lücken zwischen den Signalen unter.*

Um die Ecke sehen *Ein Lichtwellenleiter ist ähnlich aufgebaut wie das Auge einer Biene, dessen Blickfeld aus 9000 Linsen zusammengesetzt ist. Ein Glasfaserkabel besteht aus etwa 27 000 Glasfasern, jede feiner als ein Haar. Sie können Licht an unzugängliche Stellen übertragen und ein Bild davon zum Auge zurückwerfen.*

Hologramme: dreidimensionale Bilder auf ebener Oberfläche

Die Holographie, mit deren Hilfe dreidimensionale Bilder hergestellt werden, begegnet uns im täglichen Leben z. B. auf Kreditkarten und Firmenetiketten, wo die Hologramme als Fälschungssicherung dienen, aber auch bei Produkttests. Techniker erstellen bei der Prüfung von Flugzeugreifen vor einem Belastungstest ein Hologramm durch Belichtung einer Fotoplatte, die sie nach dem Test erneut belichten. Diese doppelt belichteten Hologramme erlauben den exakten Nachweis kleinster Mängel.

Erfunden hat die Holographie 1947–1951 der Ungar Dennis Gábor. Er setzte den Namen für die Technik, die ein plastisches Bild liefert, aus den griechischen Wörtern *holos* und *gramma* zusammen, was sinngemäß soviel wie „vollständige Aufzeichnung" bedeutet. Doch erst 1961 entwickelten die Amerikaner Emmet Leith und Juris Upatnieks von der University of Michigan die Grundlage der modernen Holographie. Sie nutzten einen Laser, der das benötigte starke, reine Licht lieferte.

Der Mensch erkennt ein Objekt deshalb in dreidimensionaler Form, weil es die auftreffenden Lichtwellen rundherum reflektiert. Die Gesamtheit dieser Lichtwellen nennt man Wellenfronten.

Reflektierte Lichtwellen überlagern und überschneiden einander. Ihr Zusammenwirken gibt einem Gegenstand Licht, Schatten und Tiefe. Eine Kamera kann aus der Gesamtinformation der Wellenfronten lediglich Licht und Schatten auffangen; daher produziert sie nur zweidimensionale Bilder. Mit der Holographie läßt sich auch die Tiefe erfassen, indem der Weg, den das Licht vom Objekt zurücklegt, gemessen wird.

Wie ein Hologramm entsteht

Eine der einfachsten Hologrammformen erhält man dadurch, daß man das Laserlicht mit Hilfe eines teilweise versilberten Spiegels in zwei Strahlen teilt.

Der sogenannte Objektstrahl beleuchtet den Gegenstand des Hologramms. Eine fotografische Platte – also eine Glasplatte, die auf einer Seite mit einer lichtempfindlichen Emulsion beschichtet ist – fängt die reflektierten Lichtwellen auf. Der andere Strahl, der Referenzstrahl, wird direkt auf die Fotoplatte gerichtet. Bei ihrem Zusammentreffen bilden die beiden Strahlen ein Interferenzmuster, das auf der Fotoplatte festgehalten wird.

Die entwickelte Fotoplatte würde, unter einem Mikroskop betrachtet, als ein zusammenhangloses Gewirr von Linien erscheinen. Dieses Chaos nennt man Interferenzstruktur. Sendet man aber im Winkel des Referenzstrahls einen Laserstrahl durch das Hologramm, streut die Struktur das Licht so, daß ein dreidimensionales Bild des Originalobjekts erscheint, das wie ein Gespenst im Raum hängt.

Plastische Bildgestaltung

Für einen dreidimensionalen Abdruck des Hologramms wird dieses Luftbild Grundlage eines zweiten Hologramms. Dessen Fotoplatte ist mit einer Spezialbeschichtung versehen, auf der man das Bild zu einem extrem flachen Relief entwickeln kann.

Wissenschaft im Laserlicht *Dieses Hologramm im Palais de la Découverte in Paris zeigt ein Modell des Pariser Museums für Wissenschaft und Technologie.*

Das Laserlicht für das zweite Hologramm fällt durch einen waagrechten Schlitz auf das Objekt, und man erhält einen Blick auf das Objekt aus einer feststehenden, senkrechten Perspektive. Gleichzeitig hat man einen waagrechten Rundumblick. Das plastische Bild nennt man Regenbogenhologramm, weil es, bei natürlichem Licht betrachtet, das weiße Licht so reflektiert, daß es in seine Farbbestandteile zerfällt, so, als ob das Licht durch ein Prisma fallen würde. Die Aufnahme erlaubt die horizontale Ansicht des Objekts von verschiedenen Seiten her. Wenn der Betrachter die Augen nach oben oder unten bewegt, erscheint es in den Regenbogenfarben.

WAS IST EIN LASER?

Das Wort Laser ist eine Abkürzung für die englische Beschreibung (S. 61 unten) dieser Technik: *Light Amplification by Stimulated Emission of Radiation* (Lichtverstärkung durch künstlich angeregte Aussendung von Strahlung). Der Amerikaner Theodore H. Maiman führte das Verfahren zur Bündelung von Lichtstrahlen erstmals im Jahr 1960 vor.

Maiman erfand den Rubinlaser, der als Festkörperlaser heute noch neben dem Gas- und dem Halbleiterlaser zu den wichtigsten Lasertypen gehört. Eine Elektronenblitzröhre, die als Spule um einen Rubinstab liegt, sendet starke Lichtblitze aus, die die Chromatome im Rubin mit Energie aufladen, bis diese schließlich spontan Energie in Form von Photonen ausstrahlen. Trifft ein solches Photon auf ein anderes Chromatom, das noch mit Energie aufgeladen ist, wird dieses angeregt, ein identisches Photon auszustrahlen.

Die Paare identischer Photonen bewegen sich mit exakt gleicher Geschwindigkeit in dieselbe Richtung. Der Laserstrahl wird aus Millionen solcher Photonenpaare aufgebaut, die von den verspiegelten Seiten des Rubinstabs fortwährend reflektiert werden. Er schießt schließlich als roter Lichtblitz durch das halbverspiegelte Ende nach außen. Die Dauer eines solchen Lichtblitzes beträgt etwa eine Tausendstelsekunde.

Der Strahl, der eine hohe Dichte aufweist, ist sehr gerade, und die Photonen, die sich alle auf derselben Wellenlänge bewegen, treffen gleichzeitig auf derselben Oberfläche auf. Ein Laserstrahl kann stark genug sein, um ein Loch in eine Stahlplatte zu brennen, aber auch so fein, daß er sich bei Augenoperationen verwenden läßt.

Schrift und Bild originalgetreu per Telefon

Mit einem an das Telefonnetz angeschlossenen Fax-Gerät kann man die exakte Kopie eines Dokumentes oder eines Bildes innerhalb von Sekunden um die Welt schicken. Fax – die Kurzform für Faksimile-Übertragung – ist heute weit verbreitet. 1990 waren allein in der Bundesrepublik Deutschland mehr als 500 000 Geräte in Betrieb.

Fax-Übertragungen kosten soviel wie normale Telefongespräche. Doch die Information wird viel schneller gesendet, als man sie sprechen könnte. Automatische Geräte können rund um die Uhr empfangen. Man kann sie auch so programmieren, daß sie Dokumente nach den Bürozeiten verschicken, wenn billigere Telefontarife gelten. Mit bestimmten Geräten ist es sogar möglich, dasselbe Dokument nacheinander verschiedenen Empfängern zu übermitteln.

Zur Text- oder Bildübertragung legt man die Vorlage auf das Gerät und wählt die Nummer des Empfängers auf der Tastatur. Alles Weitere geschieht automatisch.

Die Text- oder Bildvorlage wird an einer Lichtquelle, meist einer Leuchtstoffröhre, vorbeigeführt. Die Vorlage reflektiert das Licht, das man dann über Spiegel durch eine Linse zu einer Vorrichtung lenkt, die aus Tausenden kleiner Zellen besteht. Sie wandeln die Lichtimpulse in elektrischen Strom um, dessen Spannung entsprechend der Lichtstärke, die jede Zelle aufnimmt, schwankt. Die unterschiedlichen Spannungswerte wiederum werden in digitale Signale umgeformt und einem sogenannten Modem (Modulator/Demodulator) zugeleitet. Das Modem verbindet die Signale mit einer elektrischen Trägerwelle, die man ins Telefonnetz einspeist.

Vor der Weitergabe der Signale prüft das Modem die Qualität der Telefonleitung. Das Gerät überträgt nicht bei mangelhafter Sendequalität, um ein Verstümmeln der Informationen zu vermeiden. In einem solchen Fall fordert es den Benutzer über eine Sichtbildanzeige auf, die Vorlage erneut zu senden. Die neuesten Geräte wiederholen unkorrekt übermittelte Daten automatisch so lange, bis sie fehlerfrei sind.

Beim Empfänger werden die Signale von der Trägerwelle getrennt und einem Drukker zugeleitet, der das Dokument zeilenweise in waagrechten Punktreihen wiedergibt.

Die meisten Fax-Geräte arbeiten mit dem thermischen Aufzeichnungsverfahren. Dabei bedruckt ein wärmegesteuerter Druckkopf, der aus Hunderten von Punktheizern besteht, ein chemisch beschichtetes Spezialpapier, das unter Hitzeeinwirkung schwarz wird.

Manche Geräte drucken auch auf gewöhnlichem Papier aus, das länger haltbar ist. Man benutzt dabei wie beim Fotokopieren Laserdrucker, aber auch die thermische Übertragungsmethode, indem man ein Kohlepapier zwischen Thermo-Druckkopf und normales Papier legt. Die Hitze läßt die Carbonschicht des Kohlepapiers schmelzen, wobei die schwarze Farbe auf dem einfachen Papier haften bleibt und sofort trocknet.

FAXEN GEHT FIXER

Zeitungen nutzen die Fernkopiergeräte zur Fotoübermittlung (Funkbilder) seit 1907. Damals funkte man ein Foto von Paris zum *Daily Mirror* in London. 1959 sandte die japanische Zeitung *Asahi Shimbun* (Morgensonne) ganze Seiten drahtlos von Tokio zur Druckerei ins 960 km entfernte Sapporo. Heute schickt sie täglich eine vollständige Ausgabe für den europäischen Markt über Satellit zum Druck nach London.

In neuerer Zeit führte die rasante technische Entwicklung zur Produktion preiswerter Geräte mit guter Wiedergabequalität. Zeitungen und Großunternehmen oder auch Polizeibehörden, die international auf diesem Weg Kopien von Fingerabdrükken und Phantombildern austauschen, sind schon lange nicht mehr die einzigen Benutzer.

Die ersten Fax-Geräte benötigten etwa sechs Minuten für die Übermittlung einer DIN-A4-Seite. Moderne Geräte brauchen dazu nicht einmal mehr 30 Sekunden. Sie codieren die Information auf Digitalbasis, senden sie jedoch wie Schallwellen. In den 90er Jahren wird auch die Übermittlung digital ablaufen und die Übertragung einer DIN-A4-Seite nicht mehr als vier oder fünf Sekunden dauern.

In Sekunden um die Welt *Nach einer Naturkatastrophe sucht ein Helfer nach Opfern. Die in den Vergrößerungen des Pressefotos erkennbaren Bildpunkte werden für die Telekopie als digitale Signale codiert und per Telefon in Sekundenschnelle weltweit verbreitet.*

Mit dem Piepser immer auf Abruf

Im Berufsalltag findet der Piepser, eine Art elektrischer Taschenwecker, immer größere Verbreitung. Beispielsweise können damit Ärzte in Krankenhäusern bei Bedarf in bestimmte Zimmer gerufen werden oder Mitglieder freiwilliger Feuerwehren zu ihrer Einsatzzentrale.

Das Taschenrufgerät ist ein batteriebetriebener Miniaturfunkempfänger, der fest auf einen Sender eingestellt ist. Das Piepsen bewirkt ein kleiner Kristall, der, wenn elektrische Signale auf ihn treffen, in Schwingung gerät und dabei einen Ton erzeugt. Die Signale gehen von elektrischen Schaltkreisen im Piepser aus. Diese werden durch ein Funksignal geschlossen, das man in einer Zentrale aussendet.

Schon der einfachste Piepser kann etliche verschiedene Signale von sich geben; sie sind vergleichbar mit den Punkten und Strichen des Morsealphabets. Vier lange Töne könnten beispielsweise bedeuten „Im Büro anrufen“, lang-kurz im Wechsel hingegen „Beim Empfang melden“. Neuere Geräte können auch kurze Nachrichten übermitteln oder Mitteilungen speichern.

Die Zentrale eines kleinen Funkruf-Empfangsnetzes kann bis zu 100 Teilnehmer – einzeln oder gleichzeitig – anfunken. Kommerzielle Unternehmen betreiben Funkruf-Empfangsdienste mit großer Reichweite. Deren Zentrale funkt die Nachrichten, mit deren Übermittlung sie von ihren Kunden beauftragt wurde, an den Teilnehmerkreis. Die British Telecom hat – in Zonen eingeteilt – das größte Funkruf-Empfangsnetz der Welt, dessen Sender das ganze Land abdecken.

Funkruf-Empfangssysteme sind genehmigungspflichtig. Den Betreibern wird eine Frequenz zugewiesen, die meist im Bereich des 27-MHz-Bandes liegt. Die Reichweite beträgt im allgemeinen, je nach Stärke des Senders, zwischen 48 und 64 km.

Kopieren mit Toner statt Tinte

Bis in die 40er Jahre war das Kopieren mit Matrizen und Tinte oder Fotografien ein mühsames Unterfangen.

Moderne Fotokopierer arbeiten nach dem elektrostatischen Verfahren – Tinte ist dabei überflüssig. Sie können bis zu 135 Schwarzweißkopien in der Minute herstellen und darüber hinaus die Kopie vergrößern, verkleinern und im Ton abstufen. Mit Hilfe eines elektronischen Mikroprozessors lassen sich beidseitig bedruckte Kopien herstellen.

Die heutigen elektrostatischen Kopierer sind die Weiterentwicklung eines Geräts, das der Amerikaner Chester Carlson 1938 in New York erfand. Er gab dem Verfahren den griechischen Namen *Xerografie*, was deutsch etwa Trockenschrift bedeutet.

In alten Kopierern spannte man die Matrize direkt auf eine rotierende Walze. Auch die meisten modernen Geräte arbeiten noch mit Kopierwalzen, doch wird heute ein Abbild des Originals über Spiegel und Linsen darauf projiziert. Dieses optische System erlaubt es auch, die Größe des Bilds zu verändern.

Die Walze ist mit Halbleitermaterial, z. B. Siliciumpulver, dünn beschichtet, das bei Belichtung Elektrizität leitet. Diese Schicht wird elektrostatisch aufgeladen. Die weißen Stellen im Original reflektieren das Licht auf die Walze, so daß dort die Ladung abfließt. Die dunklen Stellen auf dem Original hingegen reflektieren das Licht nicht; die Ladung auf der Walze bleibt also erhalten. Diese geladenen Stellen ziehen ein feines schwarzes Pulver, Toner genannt, an, mit dem man das Bild auf das Kopierpapier überträgt.

Farbkopierer tasten das Original dreimal ab. Das Licht fällt dabei durch drei Filter, die es nach den unterschiedlichen Stärken der Primärfarben Rot, Blau und Grün trennen, auf die Walze. Für die Kopie werden Toner der Sekundärfarben Magenta, Cyanblau und Gelb sowie Schwarz verwendet. Wie beim Farbdruck werden sie in vier Stufen – zuerst die gelben Teile, danach Magenta, Cyanblau und schließlich Schwarz – übereinander kopiert.

Bei den neuesten Laser-Farbkopiergeräten ist die Farbwiedergabe genauer. Das Bild des dreimal abgetasteten Originals wird dabei auf eine Reihe lichtempfindlicher Zellen projiziert. Diese wandeln es in digital codierte elektrische Signale um. Die Signale leitet man dann einem Laser zu, der sie als Lichtsignale aussendet und das Bild zeilenweise auf eine elektrisch geladene, lichtleitende Walze überträgt.

SO FUNKTIONIERT EIN FOTOKOPIERGERÄT

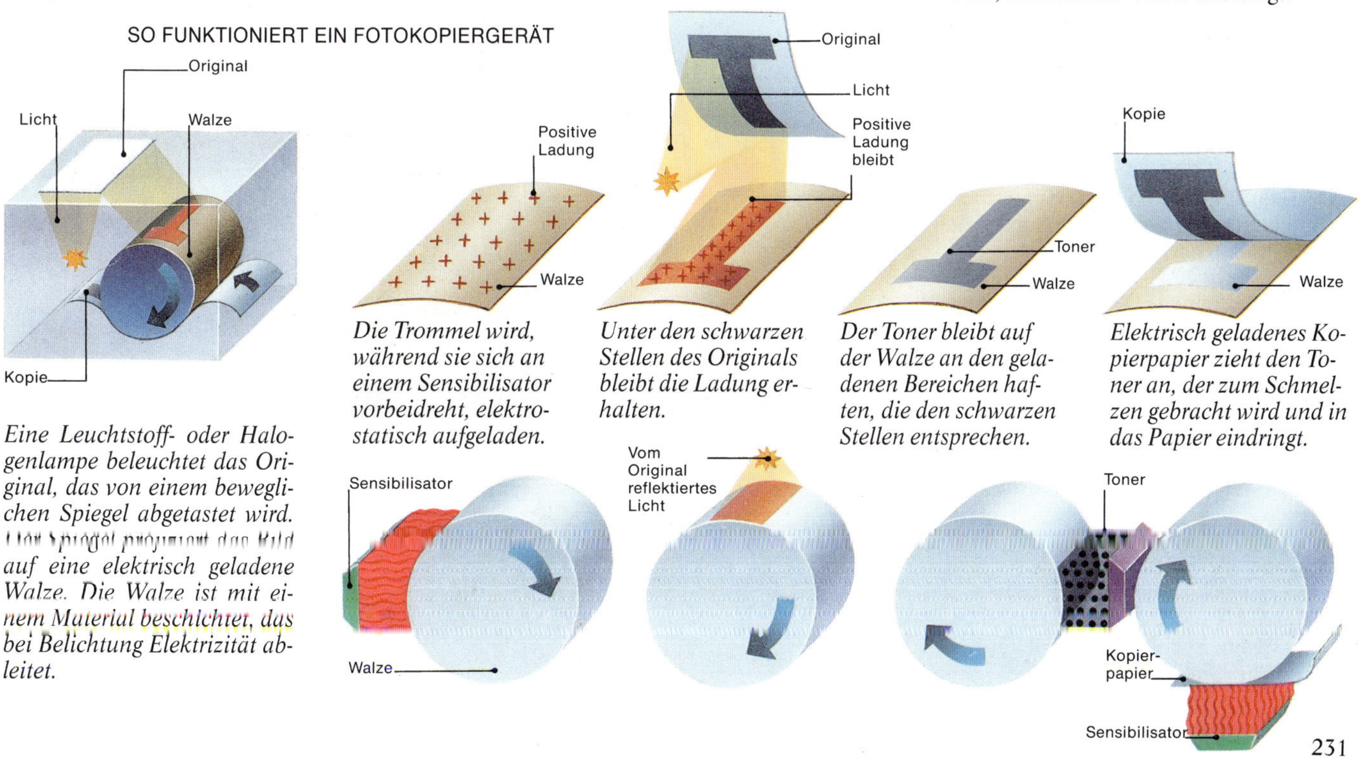

Eine Leuchtstoff- oder Halogenlampe beleuchtet das Original, das von einem beweglichen Spiegel abgetastet wird. Der Spiegel projiziert das Bild auf eine elektrisch geladene Walze. Die Walze ist mit einem Material beschichtet, das bei Belichtung Elektrizität ableitet.

Die Trommel wird, während sie sich an einem Sensibilisator vorbeidreht, elektrostatisch aufgeladen.

Unter den schwarzen Stellen des Originals bleibt die Ladung erhalten.

Der Toner bleibt auf der Walze an den geladenen Bereichen haften, die den schwarzen Stellen entsprechen.

Elektrisch geladenes Kopierpapier zieht den Toner an, der zum Schmelzen gebracht wird und in das Papier eindringt.

Mit Schnappschüssen den Augenblick festhalten

Riesenkamera *Diese 4 m lange Kamera benutzte die Chicago Railway Company 1900, um einen Luxuszug zu fotografieren, der anders nicht ganz abzulichten war. Die Kamera wurde in einem Extrawaggon befördert und machte Fotos von der Größe einer Tür.*

Ob es um Sportereignisse geht oder um die Schönheit einer preisgekrönten Rose: Bei einer modernen Kamera genügt es, auf den Auslöser zu drücken, um den flüchtigen Augenblick aufs Celluloid zu bannen.

Im Handel sind heute neben Einwegkameras mit sehr einfacher Technik vor allem computerisierte Kameras mit Autofocus erhältlich, die sich selbst einstellen und korrigieren sowie den Film nach jeder Aufnahme weitertransportieren.

Aber gleichgültig, ob sie voll raffinierter Technik stecken oder ganz simpel konstruiert sind: Alle Modelle funktionieren nach demselben Prinzip. Drückt man auf den Auslöser, öffnet sich der Verschluß für einen kurzen Moment, und Licht fällt durch das Objektiv in das dunkle Kameragehäuse. In diesem Augenblick lassen die Lichtstrahlen auf dem lichtempfindlichen Film im rückwärtigen Teil der Kamera ein auf dem Kopf stehendes Bild des Geschehens vor dem Objektiv entstehen.

Die Entwicklung des Films schließt den chemischen Prozeß ab, der mit der Belichtung begann. Von diesem Negativfilm werden dann Papierabzüge angefertigt.

Die Teile einer Kamera

Das Auge der Kamera ist die Glaslinse. Das Glas einer Kameralinse ist so gekrümmt, daß die Strahlen nach innen abgelenkt werden. Kurz hinter der Linse treffen sie im Brennpunkt zusammen.

Für eine gelungene Aufnahme ist die richtige Entfernung vom Objekt entscheidend, damit die Lichtstrahlen so auf dem Film gebündelt werden, daß ein scharfes Bild entsteht. Die richtige Entfernung ist von der Brennweite der Linse abhängig – vom Abstand zwischen der Linsenebene und dem Brennpunkt.

Die meisten Fotoapparate haben eine Scharfeinstellung, mit der man die Linse verstellt, um verschiedene Abstände zwischen Kamera und Objekt auszugleichen. Normalerweise befindet sich eine Entfernungsskala auf der Kamera. Automatikkameras stellen die Entfernung selbst ein.

Gegenstände etwas vor oder hinter dem scharf eingestellten Motiv werden auf dem Film einigermaßen scharf abgebildet, da sie im sogenannten Schärfentiefebereich liegen.

Moderne Kameras verfügen über ein Objektiv, das aus mehreren Linsen zusammengesetzt ist. Damit lassen sich die Verzerrungen ausschalten, die bei einer einzelnen Linse auftauchen.

Bei Kleinbildkameras – der Film dafür hat eine Breite von 35 mm – hat das Standardobjektiv eine Brennweite von 50 mm, und der Bildwinkel beträgt 45°. Viele Apparate sind mit Zoomobjektiven ausgerüstet, deren Brennweite verstellbar ist.

Die richtige Belichtung gewährleistet, daß ein Bild nicht zu hell oder zu dunkel wird. Sie wird durch Blende und Verschluß geregelt. In der Mitte des Objektivs befindet sich die Irisblende, die mit ihren einander überlappenden Segmenten die Öffnung für den Lichteintritt vergrößert oder verkleinert. Die Blendenöffnung stellt man an einer Nummernskala an der Außenseite des Objektivs ein. Je höher die Nummer ist, desto kleiner ist die Öffnung der Blende, wobei die jeweils nächsthöhere Blendeneinstellung halb soviel Licht durchläßt wie die vorhergehende. Bei Blende 5.6 fällt also doppelt soviel Licht ein wie bei der auf der Skala folgenden Blende 8.

Zwischen Objektiv und Film liegt der Verschluß, der geöffnet wird, um Licht einfallen zu lassen. Die Öffnungsdauer des Verschlusses nennt man Belichtungszeit. Sie kann von $1/8000$ Sekunde bis zu mehreren Minuten betragen. Kurze Belichtungszeiten sind bei Fotografien schneller Bewegungsabläufe angezeigt, z. B. bei einem Autorennen. Man kann die Bewegung damit sozusagen einfrieren. Für kurze Belichtungszeiten wählt man oft hochempfindliche Filme, um die geringe Lichtmenge optimal zu nutzen.

Längere Belichtungszeiten empfehlen sich für Aufnahmen bei gedämpftem Licht und unbeweglichen Motiven. Mit frei variierten, langen Belichtungszeiten kann ein Fotograf sich bewegende Motive als abstrakte Formen aufnehmen. Kombinationen verschiedener Blenden und Verschlußzeiten können die gleiche Belichtung erge-

LICHT UND KAMERA

Der Fotograf bannt das Motiv, das er im Sucher sieht, in dem kurzen Moment auf den Film, in dem sich der Verschluß öffnet und Licht durch das Objektiv fällt. Der Film ist mit einer lichtempfindlichen Emulsion beschichtet. Es gibt hochempfindliche Filme für schlechte Lichtverhältnisse, deren Lichtempfindlichkeit in Form von ASA-Zahlen auf Verpackung und Spule angegeben ist. Je höher die Zahl ist, desto empfindlicher ist der Film.

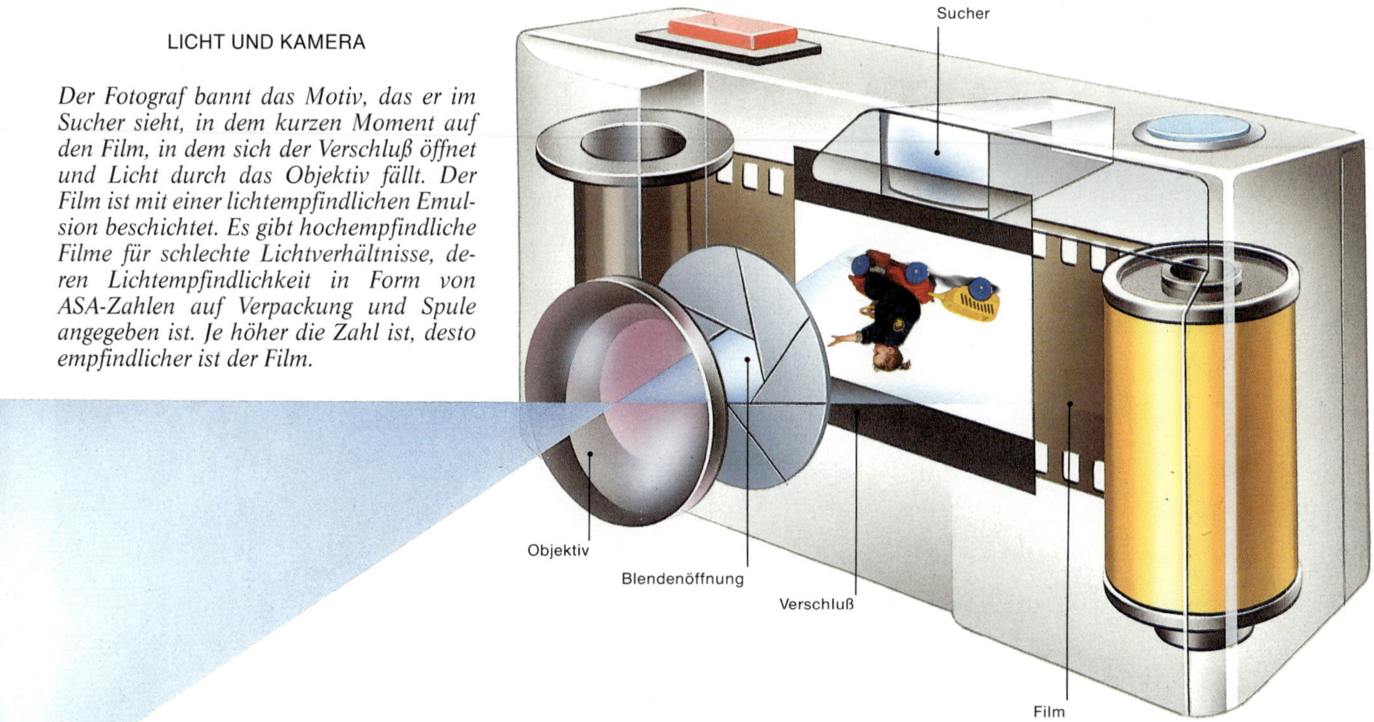

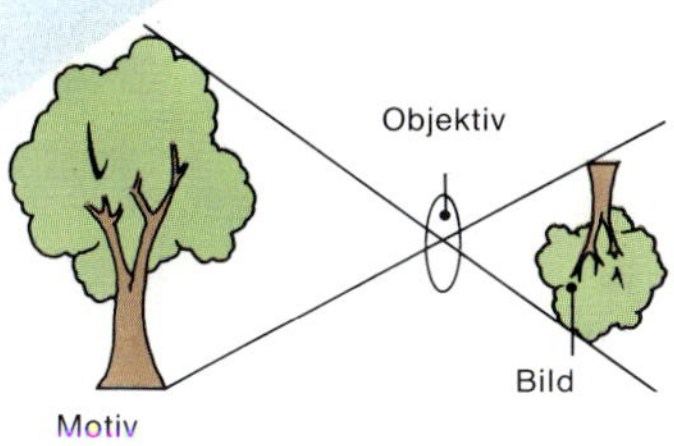

Das Objektiv bündelt das vom Motiv ausgehende Licht und projiziert eine umgekehrte Abbildung davon auf den Film an der Rückwand der Kamera.

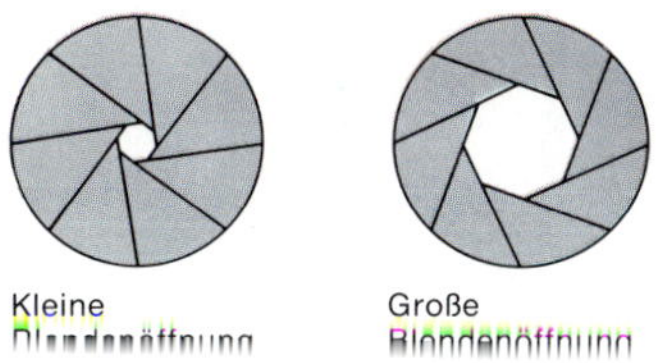

Die Blende besteht aus sich überlappenden Segmenten, die verschieden große Blendenöffnungen bilden können und so den Lichteinfall regulieren.

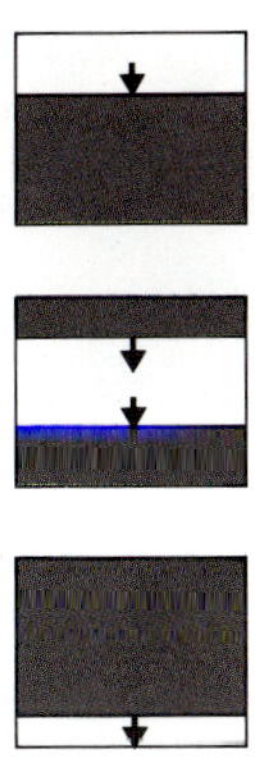

Ein Verschlußtyp besteht aus zwei Rollos, deren Öffnung über den Film läuft. Je kleiner der Schlitz, desto kürzer die Belichtungszeit.

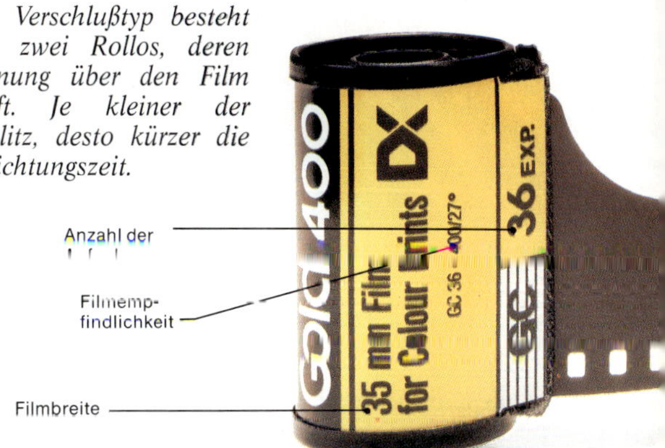

ben: Wählt man Blende 5.6 und 1/250 Sekunde, ergibt sich die gleiche Belichtung wie bei Blende 8 mit 1/125 Sekunde, denn Blende 5.6 läßt doppelt soviel Licht durch wie Blende 8.

Das mit Blende 5.6 aufgenommene Bild wird schärfer sein, dafür aber eine geringere Schärfentiefe aufweisen. In die meisten modernen Kameras ist ein elektronischer Belichtungsmesser eingebaut, der geeignete Kombinationen von Blenden- und Verschlußzeitwerten errechnet.

Bei künstlichem Licht empfiehlt sich die Verwendung eines Elektronenblitzgeräts, das entweder fest eingebaut ist oder als Zusatzgerät an der Kamera befestigt wird. Der Blitz muß mit dem Verschluß synchronisiert sein.

Blendenöffnung *Die drei Abschnitte dieses Negativs wurden jeweils bei Blende 5.6, 11 und 22 belichtet; jedesmal kam weniger Licht auf den Film.*

Belichtungszeit *Hier wurde abschnittsweise mit 1/15, 1/60 und 1/250 Sekunde belichtet. Die Lichteinwirkung war jeweils entsprechend kürzer.*

Endergebnis *Die Kombinationen der links dargestellten Blenden und Belichtungszeiten ergeben als Abzug vom Negativ ein Bild mit drei Helligkeitsstufen. Das beste Ergebnis wurde bei 1/60 Sekunde und Blende 11 erzielt.*

Belichtungseffekte *Das Foto oben wurde nachts mit einer langen Belichtungszeit aufgenommen. Die Autoscheinwerfer erscheinen als lange Bänder. Das Bild rechts zeigt die Bewegungsphasen eines Stabhochspringers. Bei offenem Verschluß wurde ein Schnellblitzgerät während des Sprungs sechsmal ausgelöst. Öffnet man den Verschluß ebensooft in rascher Folge, wird ein ähnlicher Effekt erreicht.*

Der Film

Der Film, auf den die Lichtstrahlen auftreffen, besteht aus einem durchsichtigen Plastikstreifen (Polyester oder Acetatcellulose) mit einer lichtempfindlichen Schicht. Diese Schicht aus Silberhalogenidkristallen, einer Verbindung aus Silbersalzen und einem Halogenelement, ist in Gelatine eingebettet. Bei der Entwicklung belichteter Silberverbindungen lagert sich elementares Silber, das Korn der Emulsion, ab.

Grobkörnige Filme sind lichtempfindlicher, jedoch kontrastärmer, während Feinkornfilme kontrastreich, aber mit niedriger Lichtempfindlichkeit arbeiten. Die Empfindlichkeit eines Films wird auf der Verpackung und der Filmspule durch die ASA-Zahl (früher DIN) ausgewiesen.

Voraussetzung für ein gutes Foto oder Dia ist die exakt richtige Lichtmenge. Bei Unterbelichtung fehlen bestimmte Details, weil der Abzug zu dunkel ist. Bei Überbelichtung fehlen ebenfalls die Details, diesmal weil der Abzug zu hell ist.

Verarbeitung von Schwarzweißfilmen

Die Entwicklung ist die erste Stufe bei der Verarbeitung belichteter Filme. Sie vollendet den chemischen Prozeß, den das Licht ausgelöst hat.

Man gibt den immer noch lichtempfindlichen Film in der Dunkelkammer in ein chemisches Entwicklerbad, das das Motiv als Negativ zum Vorschein bringt. Man nennt es so, weil die am stärksten belichteten Stellen am dunkelsten hervortreten, denn der Entwickler verwandelt die belichteten Silberhalogenidkristalle in feine, schwarze Silbermetallpartikel. Die unbelichteten Silbersalze löst man in einem Fixierbad aus Natriumthiosulfat aus der Filmschicht heraus. Der Film ist damit lichtunempfindlich.

Um vom Negativ einen positiven Abzug zu bekommen, der das ursprünglich vom Auge wahrgenommene Motiv zeigt, legt man es in einen Vergrößerer, der es im gewünschten Format auf ein lichtempfindliches Fotopapier projiziert. Das Papier nimmt die Lichtstrahlen wie ein Film auf. Da aber die dunklen Partien des Negativs am wenigsten Licht durchlassen, entsteht wieder das ursprüngliche Helldunkelmuster. Nach der Belichtung entwickelt und fixiert man den Abzug ähnlich wie vorher das Negativ.

Farbfotografie

Die moderne Farbfotografie wurde erst durch die Erfindung der Farbumkehrfilme möglich, mit der Agfa und Kodak 1936 fast gleichzeitig die weltweite Verbreitung der Farbfotografie einleiteten. Heute werden weit über 80 % aller Aufnahmen in Farbe gemacht. Im Gegensatz zum Farbnegativfilm (siehe Kasten rechts) liefert der Diafilm gleich ein Positivbild, das man auf eine Leinwand projizieren kann.

FARBFOTOS: DER TRICK MIT DEM LICHT

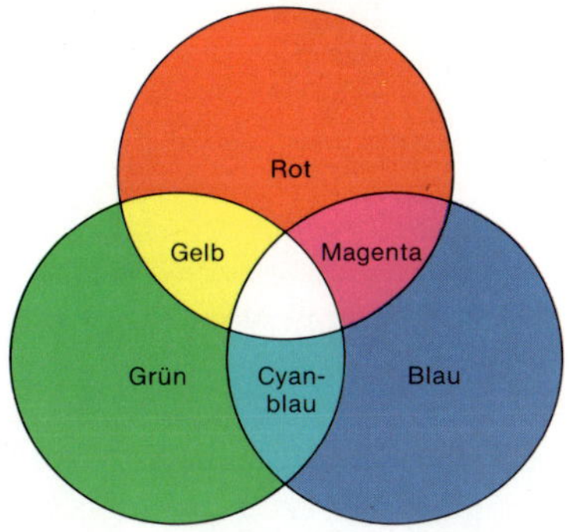

Zusammensetzung des Lichts *Durch paarweise Mischung der Grundfarben entstehen die Sekundärfarben Magenta, Gelb und Cyanblau. Mischt man diese paarweise (unten), erhält man wiederum die Grundfarben. Farben, die sich in den Grafiken gegenüberliegen, bezeichnet man als Komplementärfarben.*

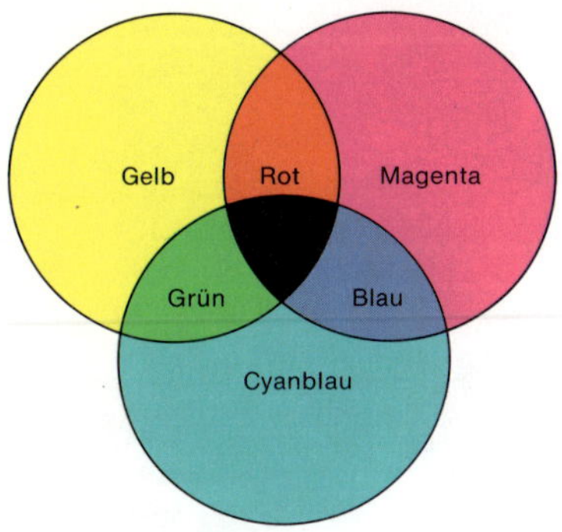

WIEDERGABE DES LICHTS AUF PAPIER

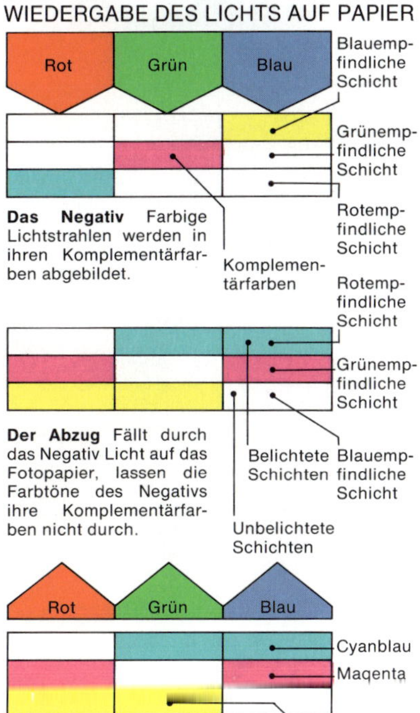

Das Negativ Farbige Lichtstrahlen werden in ihren Komplementärfarben abgebildet.

Der Abzug Fällt durch das Negativ Licht auf das Fotopapier, lassen die Farbtöne des Negativs ihre Komplementärfarben nicht durch.

Die Kombination der Farbtönungen in den belichteten Papierschichten läßt die Originalfarben auf dem Abzug wiederentstehen.

Das Sonnenlicht besteht weitgehend aus den drei Grundfarben Blau, Grün und Rot (links). Alle anderen Farben stellt man durch Mischungen dieser drei her. Je ein Paar Grundfarben ergibt die Sekundärfarben: Magenta, Gelb und Cyanblau. Paarweise Mischungen der Sekundärfarben ergeben wieder die Grundfarben (unten links). Magenta und Gelb ergeben Rot, Cyanblau und Gelb mischen sich zu Grün, Cyanblau und Magenta dagegen zu Blau. Keine der sechs Farben ist am Entstehen der in der Grafik gegenüberliegenden Farbe beteiligt. Die sogenannten Komplementärfarben sind also Blau und Gelb, Grün und Magenta sowie Rot und Cyanblau.

Negativ und Abzug

Ein Farbfilm hat drei lichtempfindliche Schichten, von denen jede für eine der Grundfarben sensibilisiert ist. Die Grundfarben werden jedoch auf dem Negativ in ihren Komplementärfarben abgebildet. So wird z. B. aus dem blauen Rad in dem Bild unten in der Blauschicht des Films ein gelbes.

Durch Projektion des Negativs auf Fotopapier mit den gleichen lichtempfindlichen Schichten stellt man dann einen Abzug her. Das gelbe Rad auf dem Negativ läßt nur die roten und grünen Strahlen durch. Das Fotopapier nimmt Rot und Grün wiederum als deren Komplementärfarben auf. Die Mischung von Cyanblau und Magenta ergibt auf dem Abzug den Blauton.

Farbentausch *Das Negativ (oben) zeigt das Motiv (unten) in seinen Komplementärfarben. Um Farbfehler bei einigen Tönungen zu überdecken, haben die Negative einen Orangestich.*

Blicke auf den Sunset Boulevard *Ein Abschnitt der berühmten Hauptstraße Hollywoods wurde aus einer Entfernung von 64 m mit verschiedenen Objektiven fotografiert. Das obere Foto entstand mit einem Teleobjektiv von 180 mm Brennweite. Ein Teleobjektiv hat einen engen Bildwinkel (in diesem Fall 14°). Das mittlere Foto zeigt dasselbe Motiv, aufgenommen mit einem Standardobjektiv von 50 mm Brennweite. Der Bildwinkel, der sich mit abnehmender Brennweite vergrößert, beträgt 45° – das entspricht dem Blickwinkel des Auges. Dadurch ist auch noch das Straßengeschehen mit auf dem Foto.*

Zoomobjektive verfügen über eine verstellbare Brennweite. Ohne Objektivwechsel erlauben sie Aufnahmen verschiedener Ausschnittgrößen von demselben Standort aus.

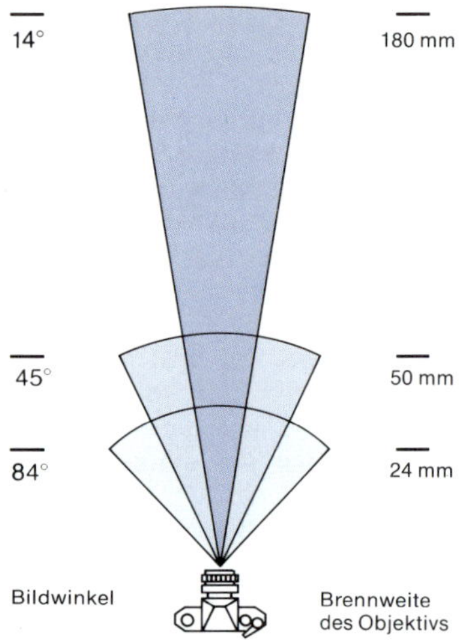

Weites Blickfeld *Ein Weitwinkelobjektiv hat einen größeren Blickwinkel als das Auge. Diese Ansicht des Sunset Boulevard (rechts) bildete ein Weitwinkelobjektiv mit einer Brennweite von 24 mm und einem Bildwinkel von 84° ab. Durch das Objektiv erscheinen die Plastik und die umliegenden Häuser kleiner, als wenn man sie mit bloßem Auge betrachtet.*

Ein Anwendungsbereich von Weitwinkelobjektiven sind Innenaufnahmen von Räumen, bei denen der Ausschnitt eines normalen Objektivs zu klein wäre. Auch für Spezialeffekte bedient man sich häufig extremer Weitwinkelobjektive. Mit dem „Fischauge", dessen Bildwinkel 180° oder mehr beträgt, erzielt man Aufnahmen, die an den Rändern verzerrt sind.

Zwei Kameratypen
Zwei der gebräuchlichsten Typen von Kleinbildkameras sind die Kompakt- oder Sucherkamera und die einäugige Spiegelreflexkamera.

Im Unterschied zu den Spiegelreflexkameras, für die es eine ganze Reihe von Wechselobjektiven gibt, haben Sucherkameras meist ein einziges, fest eingebautes Objektiv. Außerdem sind die Kompaktkameras mit einem separaten Sucher ausgestattet, die Spiegelreflexkameras dagegen verfügen über ein Suchersystem mit Reflexspiegel, mit dessen Hilfe man direkt durch das Kameraobjektiv sehen kann.

Bei einem separaten Sucher stimmt die Sicht des Fotografen nicht genau mit dem vom Objektiv erfaßten Bild überein (man nennt das Parallaxenfehler). Vor allem bei Nahaufnahmen ist daher eine Korrektur notwendig. Mit einem Reflexsucher sieht der Fotograf exakt den Motivausschnitt, den auch der Film aufnimmt. Das ins Kameraobjektiv fallende Licht wird dabei von einem Spiegel durch ein Prisma zum Sucher reflektiert. Das Prisma dreht das Bild des Spiegels um, so daß es das Auge wieder seitenrichtig sieht. Beim Druck auf den Auslöser klappt der Spiegel hoch, und das Licht fällt auf den Film.

Die Belichtungsautomatik von Spiegelreflexkameras errechnet entweder die der manuell gewählten Belichtungszeit entsprechende Blende oder umgekehrt. Oft kann man auch die optimale Kombination von Blende und Belichtungszeit auf einer Anzeige im Sucher ablesen.

Bei den neuesten einäugigen Spiegelreflexkameras werden Belichtungs- und Scharfeinstellungsautomatik sowie der motorische Filmtransport von Mikroprozessoren gesteuert.

Die Sucherkamera ist kleiner und einfacher in der Handhabung als die Spiegelreflexkamera. Die aufwendigsten Modelle sind mit automatischer Scharfeinstellung und Belichtungsmessung, Zoomobjektiv, eingebautem Elektronenblitz und motorischem Filmtransport ausgestattet. Die Qualität der Aufnahmen solch hochentwickelter Sucherkameras steht der vieler Spiegelreflexkameras kaum nach.

DATEN AUF DEM BILD

Leicht vergißt man das Aufnahmedatum einer Fotografie. Eine Kamera mit Dateneinbelichtung hält für Sie das Datum auf dem Film fest.

Eine solche Kamera verfügt über eine eingebaute Uhr mit Datumsanzeige. Das Datum kann man nun direkt mit der Aufnahme auf den Film belichten oder mit Hilfe eines kleinen inneren Blitzes auf dem Negativ speichern. Bei Bedarf erscheint es dann auf dem Rand des Abzugs.

Fotos im Handumdrehen

Die Enttäuschung eines Kindes führte zur Erfindung der Sofortbildkamera. Der Amerikaner Dr. Edwin Land aus Cambridge, Massachusetts, hatte 1943 ein Foto von seiner Tochter gemacht. Die Ungeduld der Kleinen, die die Aufnahme sofort sehen wollte, regte Land zu Überlegungen über eine schnelle Methode der Filmbearbeitung an.

Die Lösung des Problems gelang ihm innerhalb kürzester Zeit. Schon 1948 brachte er die erste Sofortbildkamera auf den Markt, die in einer Minute ein fertiges Schwarzweißbild lieferte. Er nannte den Apparat Polaroid-Land-Kamera.

Eine moderne Polaroidkamera braucht für ein Schwarzweißbild etwa zehn Sekunden, für ein Farbfoto eine Minute. Das Geheimnis der Sofortbildfotografie liegt in der Verwendung eines Spezialfilms. Dieser ist nicht nur mit einer lichtempfindlichen Emulsion beschichtet wie ein normaler Fotofilm, sondern er enthält auch die zu seiner Entwicklung nötigen Chemikalien.

Der Film hat einen Negativ- und einen Positivteil. Bei einem Farbfilm folgt auf jede farbempfindliche Negativschicht eine Farbentwicklerschicht. Die gelartigen Chemikalien für die Entwicklung befinden sich in einer kleinen Plastikkapsel zwischen den Positiv- und Negativschichten. Wenn das belichtete Bild zwischen zwei Walzen aus der Kamera gezogen wird, verteilen sich die Chemikalien gleichmäßig über den Film und setzen die Bildentwicklung in Gang. Der Verarbeitungsprozeß des Negativ- und Positivmaterials findet außerhalb der Kamera bei normalem Licht statt. Zieht man die beiden Schichten auseinander, kommt das fertige Foto zum Vorschein.

Die automatische Scharfeinstellung

In dem Sekundenbruchteil zwischen Drükken des Auslösers und Öffnen des Verschlusses mißt die Kameraautomatik die Entfernung zwischen Objektiv und Motiv und stellt die Schärfe entsprechend der Brennweite des Objektivs ein.

Viele Kompaktkameras arbeiten mit Infrarotlicht-Sendern: Ein Infrarotstrahl wird von den Gegenständen im Motivbereich reflektiert, und die reflektierten Strahlen werden von einem Sensor wieder aufgefangen. Zeigt dieser an, daß das Objektiv scharf eingestellt ist, öffnet sich der Verschluß.

Einige Sofortbildkameras verfügen über eine Ultraschall-Scharfeinstellung, die ähnlich funktioniert wie das Echolotsystem, mit Hilfe dessen sich die Fledermäuse orientieren. Eine goldplattierte Scheibe (der Meßwandler) sendet dabei unhörbar hohe Piepser von $1/1000$ Sekunde Dauer aus. Die Scheibe fängt die Ultraschallechos vom Motiv wieder auf. Ein eingebauter Mikrocomputer mißt die Zeit, die der Ton bis zu seiner Rückkehr gebraucht hat, und errechnet daraus die Entfernung zum Motiv.

Einäugige Spiegelreflexkameras haben ein Autofokussystem mit Bildverschiebung. Dabei wird das durchs Objektiv fallende Licht in zwei übereinandergeblendete Bilder aufgeteilt. Ein Sensor mißt den Abstand zwischen den beiden Bildern, der bei scharf gestelltem Objektiv einen ganz spezifischen Wert hat. Ist der Abstand falsch, setzt der Sensor über einen Motor das Objektiv in Bewegung.

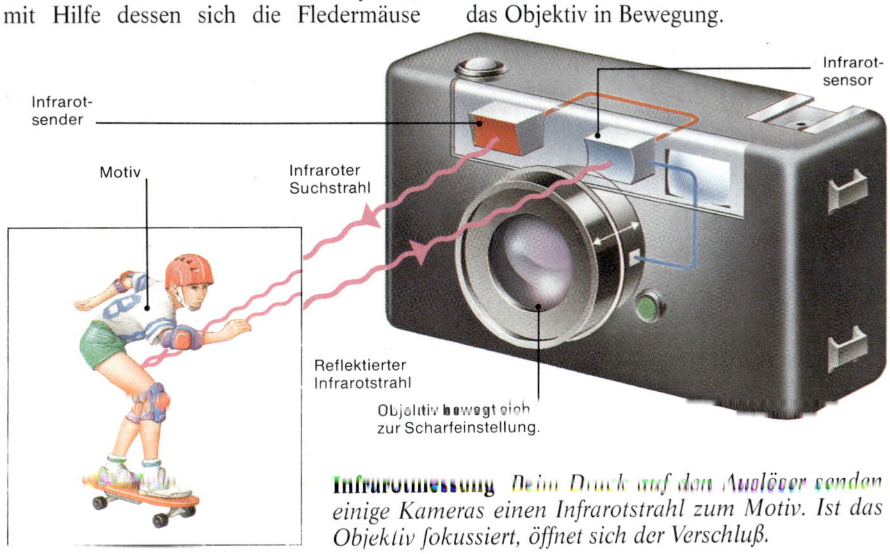

Infrarotmessung *Beim Druck auf den Auslöser senden einige Kameras einen Infrarotstrahl zum Motiv. Ist das Objektiv fokussiert, öffnet sich der Verschluß.*

Die Hexerei mit dem Mikrochip

Mikrochips haben die Welt verändert, sie haben Visionen Wirklichkeit werden lassen. Heute dirigieren sie die Roboter industrieller Fertigungsstraßen und die Elektronengehirne nationaler Verteidigungssysteme ebenso wie Programme von Waschmaschinen und Videospielen. Obwohl ein Mikrochip nicht größer als ein Hemdknopf ist, finden auf ihm nicht weniger als 450 000 elektronische Bauelemente Platz, die zu mikroskopisch kleinen elektrischen Schaltkreisen zusammengefaßt sind.

Rein elektronisch gesehen, sind die Schaltkreise eines Chips nicht sehr kompliziert. Die Zauberkunst liegt in ihrer Winzigkeit und ihrer Fähigkeit, Signale blitzschnell weiterleiten zu können. So erledigen sie in der Sekunde bis zu 250 Mio. Rechenoperationen. Fast alle Mikrochips bestehen aus Silicium, dem auf der Erde zweithäufigsten Element, das man aus Sand und Steinen gewinnt. Einige Chips stellt man aus Galliumarsenid, einer Gallium-Arsen-Verbindung, her. Gallium ist ein Metall, das in Mineralen gefunden wird.

Bienenbeobachtung *Ein amerikanisches Institut erforscht den Weg der brasilianischen Killerbienen, die nach Norden wandern und die Honigbienen vernichten. Die Wissenschaftler heften gefangenen Bienen einen Mikrochip mit Infrarotsender an, ehe sie sie wieder freilassen. So können sie die Wanderung der Bienen verfolgen.*

Chips sind überall

Es gibt verschiedene Arten von Mikrochips. Ein Mikroprozessorchip kann selbst einen Minicomputer darstellen – in einer Waschmaschine beispielsweise. Oder er steuert als das Gehirn eines Computers all dessen Funktionen.

Andere Chips dienen in Computern als Speicher für Daten und Informationen auf Systemen identischer Schaltkreise. Schnittstellenchips übersetzen die Signale, die von außen – z. B. von einer Tastatur – zum Mikroprozessor gelangen, in Binärcodes (Seite 241), so daß die elektronischen Schaltkreise in Aktion treten können. Die ausgehenden Signale übersetzen sie wiederum in Zeichen oder Wörter, die dann auf einem Computerbildschirm erscheinen.

Taktgeberchips sorgen für die zeitliche Abstimmung, die all die Schaltkreise eines Computers benötigen, um die elektrischen Signale in der richtigen Reihenfolge zu verarbeiten. Jeder dieser Chips ist mit einem Quarzkristall verbunden, der in einer präzisen Frequenz schwingt.

Der Halbleiter Silicium

Die elektrische Leitfähigkeit des Siliciums ist eigentlich schwach. Setzt man ihm jedoch geringe Mengen von Elementen wie Bor oder Phosphor zu, erhöht sich seine Leitfähigkeit erheblich. Solche Stoffe mit veränderlicher Leitfähigkeit nennt man Halbleiter. Nur sie ermöglichen die feine Steuerung des Stromflusses bei elektronischen Bauelementen wie etwa Transistoren.

Führt man bei der Chipherstellung dem Siliciumkristall etwas gasförmiges Phosphor zu, verbinden sich die Phosphoratome mit einigen Siliciumatomen. Je vier Elektronen (siehe Kasten Seite 12) in der äußeren Atomhülle der beiden Substanzen gehen dabei eine paarweise Verbindung ein. Ein Phosphorelektron aber bleibt übrig, so daß beim Anlegen einer Spannung elektrischer Strom fließen kann. Da Elektronen eine negative Ladung haben, nennt man diese Art Kristall n-Halbleiter (n = negativ).

Mischt man dem Silicium etwas Bor bei, fehlt bei der Verbindung ein Elektron. Zurück bleibt ein bewegliches Loch, das eine positive Ladung trägt. Daher wird der Kristall p-Halbleiter (p = positiv) bezeichnet. Diese beiden Halbleitertypen sind die elementaren Bausteine der meisten Mikrochips.

Funktionsweise eines Transistors

Transistoren werden in Mikrochips meist als Schalter verwendet, die entweder den Stromfluß ermöglichen – das entspricht dem Binärzeichen 1 – oder ihn unterbrechen (Binärzeichen 0).

Einer der am weitesten verbreiteten Transistortypen hat zwei n-Halbleiterzonen in einer größeren p-Halbleiterbasis. Im ausgeschalteten Transistor dringen die freien Elektronen der n-Zonen in die p-Basis ein, wo sie von den beweglichen Löchern aufgenommen werden. Durch Anlegen einer Spannung zwischen einem separaten Schwachstrom-Schaltkreis und einem Aluminiumtor über der p-Basis schaltet man den Transistor ein. Diese Spannung zieht die freien Elektronen von der p-Basis zum Tor hin. Sie bilden dann einen Übergang zwischen den beiden n-Zonen und schaffen so einen Stromweg durch den Schaltkreis, in den der Schalter eingebaut ist.

Unterbricht man die Spannung, schaltet sich der Transistor aus. Die freien Elektronen fließen zurück zur p-Basis und werden von den beweglichen Löchern aufgenommen. Ohne den Übergang zwischen den Zonen fließt kein Strom durch den Schaltkreis.

Herstellung eines Mikrochips

Zunächst erstellt man am Computer Bestückungspläne für die Schaltkreise, verkleinert dann jeden und ordnet sie nebeneinander auf einer Glasplatte – Schablone genannt – an. Weil Schalter und andere

Chip-Design *Ein Chip-Designer bearbeitet jeden einzelnen elektronischen Schaltkreis am Computer. Mit einem Lichtstift kann der Konstrukteur den Bildschirmentwurf verändern (oben); anschließend überprüft er die gesamte Anordnung anhand eines Computerausdrucks (oben rechts). Schablonen decken ungewünschte Bereiche auf jeder Schicht des Chips ab (unten rechts). Sie werden verkleinert auf das Silicium gedruckt. Mit einem Diamantschneider teilt man die Scheibe in einzelne Chips auf.*

Speichergatter *Die elektronischen Schalter und Leiter in 4000facher Vergrößerung. Sie sind Teil eines Speicherchips, der 256 000 Binärzeichen als kurze elektrische Stromstöße speichern kann.*

Bauelemente auf dem Chip in getrennten Arbeitsschritten aufgebracht werden, braucht man für jeden Schritt eine eigene Schablone. Die Schablonen, die zunächst noch die 250fache Größe eines Chips haben, werden fotografisch verkleinert.

Um die Schablonen auf den Chip aufzubringen, überzieht man das Silicium mit einem ultraviolettlichtempfindlichen Belag, legt eine Schablone darüber und belichtet diese mit UV-Licht. Die belichteten Stellen werden dabei säureresistent. Bei der anschließenden Säurebehandlung werden die nicht resistenten Stellen weggeätzt.

Bauteile wie Aluminiumkontakte werden auf die dafür freigeätzten Fenster aufgedampft. Das gehärtete Aluminium ätzt man, um die erforderlichen Schaltverbindungen anzubringen, die zu den Kontaktflächen an den Rändern des Chips führen.

Alle fertigen Chips durchlaufen sorgfältige Prüfungen, wobei sich etwa 70 % als fehlerhaft erweisen. Erst dann wird die Siliciumscheibe, auf der gleichzeitig mehrere hundert Chips produziert werden, zerlegt. Brauchbare Chips verpackt man in ein Plastikgehäuse. Die Kontaktflächen verbindet man über feine Golddrähte mit Schaltungsleitungen. Diese wiederum stehen über Stiftkontakte oder Stecker mit dem externen Schaltkreis in Verbindung.

Computer: Maschinen mit Gedächtnis

Den ersten einfachen programmgesteuerten Rechenautomaten erfand der Engländer Charles Babbage schon 1834. Moderne Computer, als deren Vorläufer Babbages Maschine gilt, können ungeheure Datenmengen speichern, und sie lassen sich zum Denken programmieren.

Dieses Denken geschieht in Form einer ständigen Wahl zwischen zwei Möglichkeiten und mündet schließlich in einer logischen Entscheidung. Das Verfahren bleibt immer gleich, ob es sich um die Lösung einer schwierigen mathematischen Aufgabe, um die Auszählung freier Plätze in einem Flugzeug oder um ein Schachproblem handelt. Zwar kann der Computer nur innerhalb seiner programmierten Grenzen denken, doch verarbeitet er gewaltige Datenmengen viel schneller und exakter, als es das menschliche Gehirn vermag.

Vor der Entwicklung des Siliciumchips in den 70er Jahren waren die Geräte sehr groß und relativ langsam, weil ihre Schaltungen über Tausende von unhandlichen Röhren liefen. Heute sind Kleincomputer, die Millionen von Operationen in Sekundenschnelle ausführen können, nicht größer als ein Aktenkoffer. Ein weiterer Faktor, der die Arbeitsgeschwindigkeit von Computern wesentlich erhöhte, war die Umstellung auf Binärzeichen (siehe Seite 241). Die ersten elektronischen Rechner arbeiteten noch mit dem Dezimalsystem, brauchten also wesentlich mehr Komponenten, um eine Zahl auszudrücken. Doch seit Ende der 40er Jahre codieren die Geräte Zahlen und Wörter in Binärzeichen und speichern diese als elektrische Ladungen. Ein elektrischer Impuls bedeutet Eins, eine Unterbrechung des Stromflusses Null.

Die Arbeitsweise eines Computers

Ein üblicher Personalcomputer sieht aus wie ein Fernsehgerät mit einer Tastatur unter dem Bildschirm. Das Programm, also die Anweisungen an den Computer zur Ausführung seiner Aufgabe – z. B. ein Textverarbeitungsprogramm –, steht meist auf einer Magnetscheibe (Diskette), die man in das Gerät einlegt.

Die Programme nennt man Software, Tastatur, Bildschirm und alle anderen Bauteile des Rechners Hardware. Die Programme werden in verschiedenen Programmiersprachen wie BASIC, COBOL oder FORTRAN geschrieben. Diese Computersprachen bestehen aus einfachen Wörtern und Abkürzungen. Sie müssen mit dem Maschinencode des Computers, in dem man sie verwendet, kompatibel, d. h. vereinbar sein.

Das Herz des Computers ist ein Mikroprozessorchip, der die Speicheroperationen und die Recheneinheit für die Informationsverarbeitung steuert. Ein Taktgeberchip synchronisiert die einzelnen Abläufe, und ein Schnittstellenchip verwandelt die Binärzeichen wieder in natürliche Zahlen oder in Schriftzeichen, die auf dem Bildschirm erscheinen.

Auf einen entsprechenden Befehl gibt der Computer die bearbeiteten Daten an einen Drucker, der sie mit hoher Geschwindigkeit zu Papier bringt.

Der Computerspeicher
Computer haben neben externen Datenträgern zwei eingebaute Speicher in Form von Mikrochips. Im Schreib-Lese-Speicher oder im RAM (*Random Access Memory*) werden Daten nur vorübergehend gespeichert, und zwar so lange, wie das Gerät eingeschaltet ist. Hierher lädt der Benutzer die Dateien, die er bearbeiten will. Bevor er nach dem Arbeitsgang das Gerät abschaltet, muß er das Arbeitsergebnis auf einer Diskette oder Festplatte abspeichern. Dagegen ist der Inhalt des Festspeichers (ROM – *Read Only Memory*) permanent vorhanden. Seine Daten – z. B. die Maschinensprache und fest installierte Programme – sind nicht veränderbar. Die Schaltverbindungen eines Speicherchips sind so fein, daß in einer Schicht von 1 cm Dicke 20 Mio. von ihnen Platz finden würden. In der Massenproduktion sind heute die sogenannten 4-Megabit-Chips, die 4 Mio. Binärzeichen (Bits) speichern können. Doch die Entwicklung geht mit rasender Geschwindigkeit weiter: Mehrere Firmen konnten bereits den 16-Megabit-Chip als Prototyp vorstellen, und an der Entwicklung des 64-Megabit-Chips wird intensiv gearbeitet.

Der Speicher ist wie eine altmodische Briefsortierung bei der Post aus vielen Fächerreihen aufgebaut. Im Schreib-Lese-Speicher entspricht jedes Fach einer Transistorschaltung und einem Kondensator (ein Element zur Speicherung einer elektrischen Ladung) mit einer Signalladung.

Beim Festspeicher werden die Ladungen jedoch in Halbleiterelementen, sogenannten Dioden, gespeichert. Sie lassen den Strom nur in einer Richtung fließen.

In beiden Speichern sind die Fächer zu Bytes zusammengefaßt – Einheiten von je acht Binärstellen, die zur Darstellung einer Zahl oder eines Zeichens benötigt werden (siehe Seite 241). Jedes Fach wird über einen Adreßcode angesprochen. Auf einen Befehl hin sendet der Computer eine Nachricht an das entsprechende Fach. Die Bits verlassen dann den Speicher in Richtung zentrale Recheneinheit.

Externe Datenträger ermöglichen die Speicherung und Verarbeitung zusätzli-

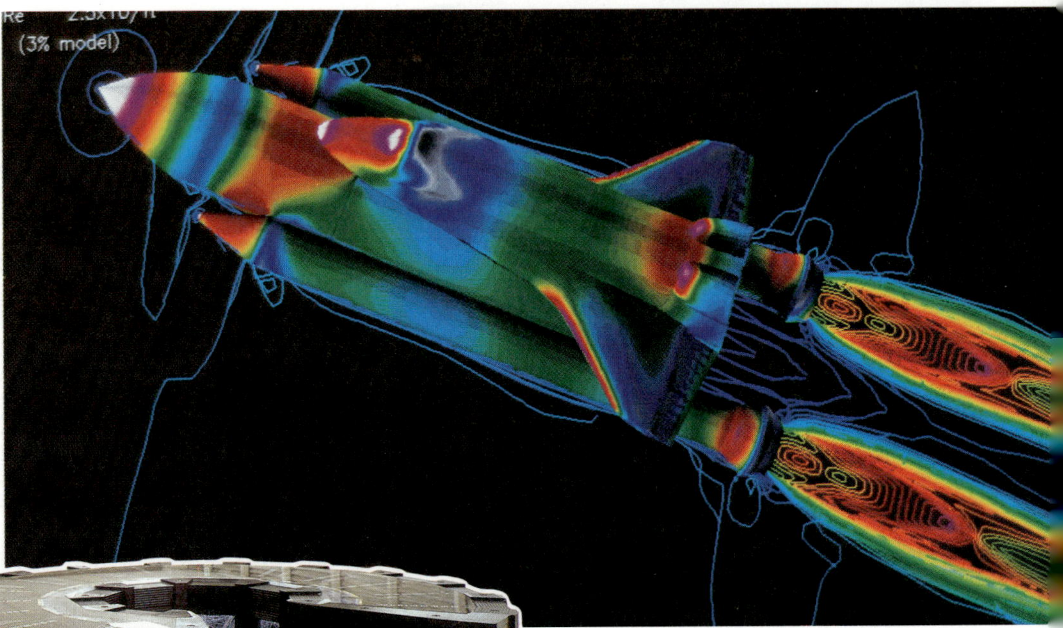

Farbenfroher Flieger *Dieses farbcodierte Bild vom Bildschirm eines Cray-Superrechners zeigt die Luftdruckbelastung einer Raumfähre.*

Heiße Arbeit *Über 200 000 Mikrochips sind in dem Superrechner (Mitte) im Einsatz. Die Verarbeitung der Daten vom Start der Raumfähre (oben) dauert 20 Stunden. Dabei erzeugt das Gerät eine Hitze, die es selbst zum Schmelzen bringen könnte. Es muß daher gekühlt werden.*

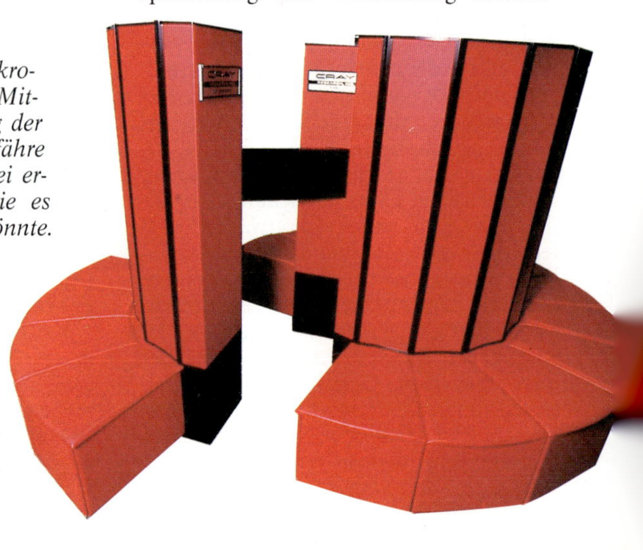

Superrechner *Der nach seinem Konstrukteur Seymour Cray benannte Superrechner Cray XMP (rechts) wurde 1982 in den USA der Öffentlichkeit vorgestellt. Er bewältigt in einer Sekunde mehr als 100 Mio. Rechenoperationen.*

Rechner denken logisch

WAS SIND BINÄRZEICHEN?

Wir Menschen rechnen im von den Indern stammenden Zehnersystem (Dezimalsystem). Ein Computer dagegen führt seine Berechnungen im Binärsystem, also mit den Ziffern Null und Eins, aus. Eins heißt für ihn „Strom fließt", Null bedeutet „Strom fließt nicht".

Im Dezimalsystem verzehnfacht sich der Wert einer Ziffer, sobald sie eine Stelle nach links rückt. Die Zahl 110 bedeutet z. B. ein Hunderter, ein Zehner und null Einer.

Im Binärsystem bleibt der Wert von Null stets Null, der Wert der Eins jedoch verdoppelt sich bei jedem Schritt nach links. Eine Eins, die von rechts gesehen an 4. Stelle des Codes steht, entspricht also dem Wert der Acht im Dezimalsystem. Steht beispielsweise eine Eins von rechts gesehen je an 2., 3., 4., 6. und 7. Stelle des Binärcodes, so stellt dies die Dezimalzahl 110 dar.

Binärzeichen

0 1 1 0 1 1 1 0

Rechenvorgang

0 + 64 + 32 + 0 + 8 + 4 + 2 + 0 = 110

Einem Computer eingegebene Wörter werden als Binärzeichen gespeichert. In der Programmiersprache COBOL wird z. B. das Wort „aber" folgendermaßen dargestellt:

COBOL	Binärzeichen
a	1 0 0 0 0 0 0 1
b	1 0 0 0 0 0 1 0
e	1 0 0 0 0 1 0 1
r	1 0 0 1 1 0 0 1

cher Daten. Diese Daten, z. B. Programme, sind in Form eines Magnetmusters auf auswechselbaren Magnetscheiben gespeichert. Mittels eines elektromagnetischen Kopfs, vergleichbar dem Tonkopf in einem Tonbandgerät, liest der Computer die Magnetscheibe oder schreibt auf ihr.

Man unterscheidet zwei Arten von Magnetscheiben: die metallene Festplatte und die Diskette aus Kunststoff. Im Vergleich zur Diskette verfügen die allerdings wesentlich teureren Festplatten über eine um ein Vielfaches höhere Speicherkapazität und Arbeitsgeschwindigkeit.

Für große Datenspeicher kann man auch Magnetbänder verwenden. Der Datenzugriff ist hier jedoch zeitaufwendiger, denn um eine Information, die am Ende des Bandes liegt, zu erhalten, muß man es entsprechend weit ablaufen lassen. Die Bandspeicherung wird vor allem für umfangreiche Ablagesysteme genutzt.

Rechenoperationen, für die man in den 60er Jahren noch einen Großrechner benötigte, erledigen heute bereits mit Siliciumchips ausgestattete Taschenrechner. Die schnellsten von ihnen schaffen 400 000 Rechenvorgänge pro Sekunde.

Beim Druck auf eine Zahlentaste wird der Zahlenwert als Binärzeichen im Registerteil des Chips gespeichert. Der Druck auf eine Funktionstaste, z. B. „Plus", bewirkt ein Signal zu den Steuerschaltkreisen. Drückt man die „Ist"-Taste für das Ergebnis, schicken die Steuerschaltkreise die Zahlensignale ins Rechenwerk, wo der Rechenvorgang abläuft.

Die Signale durchlaufen die Schaltkreise des Rechenwerks über sogenannte Gatter, logische Schalter, die sich bei 1 ein- und bei 0 ausschalten. Sie funktionieren nach den Regeln der Booleschen Algebra, die besagen, daß jede Aussage entweder wahr oder falsch ist. Kombiniert man also zwei Aussagen, dann sind entweder beide wahr, oder eine oder beide sind falsch.

Der Rechner benutzt drei Grundtypen von Gattern, um jeden einzelnen Rechenschritt durch 1 oder 0 – wahr oder falsch – auszudrücken. Zwei Schaltelementen, dem UND- und dem ODER-Gatter, wird je ein Paar digitaler Zeichen zugeleitet, doch nur ein Zeichen wird durchgelassen. Das UND-Gatter gibt eine 1 nur dann weiter, wenn zweimal 1 zugeleitet wurde, das ODER-Gatter dann, wenn eine 1 bei dem Zeichenpaar dabei war. Dem NICHT-Gatter wird nur ein Zeichen zugeleitet, das es dann in seinen gegenteiligen Zahlenwert umkehrt.

Mit der Kombination dieser drei Gatter kann man eine Addition ausführen. Sie ist

LOGISCHE SCHALTUNGEN: ADDITION VON 3 UND 2

Die Addition von 3 und 2 in Binärzahlen:

Binärwert		8 4 2 1
Binärzahl	3	0 0 1 1 (2 + 1)
Binärzahl	2	0 0 1 0 (2 + 0)
Ergebnis	(5)	0 1 0 1 (4 + 1)

Bei jeder Addition von Binärwerten gibt es vier mögliche Ergebnisse:

0 + 0 = 0 (Übertrag 0)

0 + 1 = 1 (Übertrag 0)

1 + 0 = 1 (Übertrag 0)

1 + 1 = 0 (Übertrag 1)

So wird das Additionsergebnis der Spalte für den Binärwert 2 in der Rechnung oben (1 + 1 = 0) durch die 1 in der Spalte für den Binärwert 4 repräsentiert.

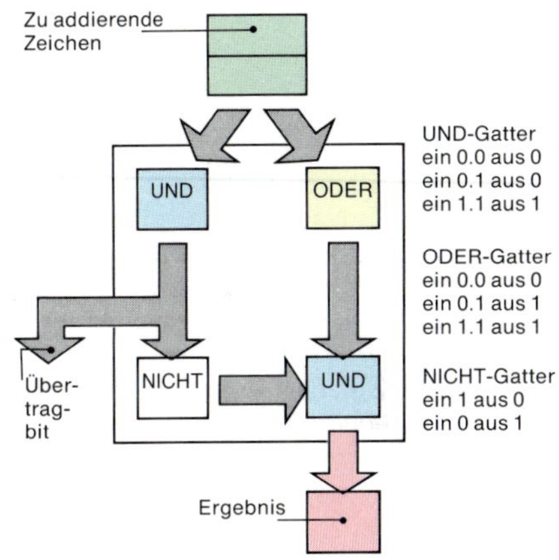

Im Halbaddierer geht jedes Zeichenpaar durch logische UND-, ODER- und NICHT-Gatter zu einem UND-Gatter. Das erste UND-Gatter erzeugt den Übertragbit.

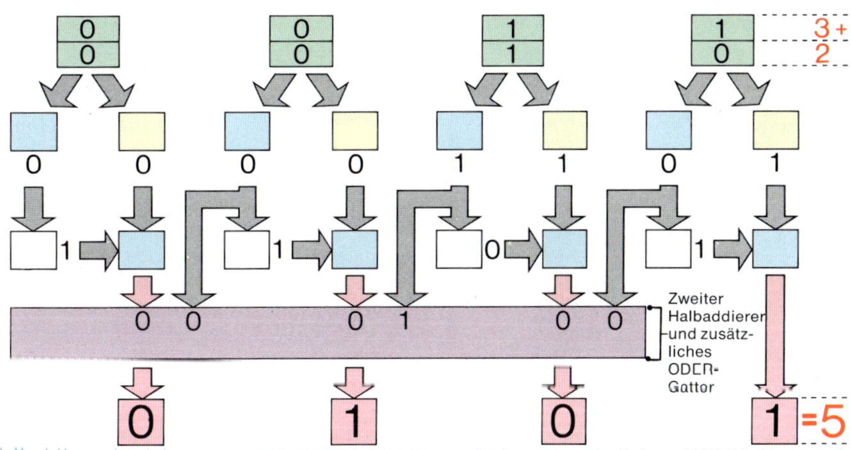

Volladdierer bestehen aus zwei Halbaddierern und einem zusätzlichen ODER-Gatter, das Zeichen in die nächste Spalte überträgt. Der zweite hier nicht abgebildete Halbaddierer übernimmt den Übertragbit und das Ergebnis des ersten Halbaddierers.

die Grundlage aller Rechenvorgänge, denn die Subtraktion ist nur eine negative Addition, die Multiplikation eine wiederholte Addition und die Division eine wiederholte Subtraktion. Die Gatter befinden sich in Halbaddierer genannten Einheiten, die wiederum zu Volladdierern zusammengefaßt sind. Mit Hilfe der Signalverarbeitung in den Addierern ist der Rechner in der Lage, kompliziertеste Aufgaben zu lösen. Dabei nimmt er jedesmal in rasender Geschwindigkeit Tausende von Gattern in Anspruch.

Von Kieseln zu Chips

Der Abakus, der vermutlich vor 5000 Jahren in China erfunden wurde, war die erste bekannte Rechenhilfe des Menschen. Der Name ist vom griechischen *abax* (Tafel) abgeleitet, vermutlich, weil man früher mit Kieseln auf einer Tafel rechnete. Bei heute noch in Asien gebräuchlichen Modellen werden Kugeln in einem Drahtgestell hin- und herbewegt.

Den Rechenschieber konstruierte 1621 der englische Pfarrer William Oughtred. Dabei stützte er sich auf das Logarithmensystem, das der Schotte John Napier 1614 veröffentlicht hatte. Im Jahr 1623 baute der Tübinger Wilhelm Schickard die erste mechanische Rechenmaschine der Welt, ungefähr 20 Jahre bevor Blaise Pascal, der geniale französische Mathematiker, seinen heute bekannteren Apparat erfand. Beide funktionierten über ein System ineinandergreifender Zahnräder.

In den 30er Jahren des 19. Jh. entwarf der Engländer Charles Babbage dann die erste programmgesteuerte Rechenmaschine. Für diesen Vorläufer moderner Computer, der jedoch seinerzeit aufgrund technischer Probleme nicht gebaut werden konnte, schrieb Lady Ada Lovelace erste Programmieranleitungen.

Kassensturz *Dieser alte Stich zeigt einen Geldwechsler mit einem Abakus beim Zählen seiner Einnahmen.*

Tresore – sicherer Hort für Geld und Wertsachen

Die Zeiten für Safeknacker werden immer härter. Ob sie mit Hämmern und Sprengstoff anrücken, Diamantbohrer, Schweißbrenner oder gar Thermolanzen einsetzen: modernen Tresoren vermag das alles nichts anzuhaben.

Ihre doppelte Wand – 120 mm dick – besteht aus zusammengeschweißten Panzerplatten aus legiertem Stahl und einer Keramik- oder Spezialbetonfüllung. Manchmal sind die Stahlplatten innen noch mit starkem, feuerfestem Material beschichtet, und die Füllung ist mit Stahleinlagen verstärkt.

Die Tresortür trägt starke Stahlbolzen, die an allen vier Seiten in den Türrahmen greifen. Ist das Schloß geöffnet, kann man die Bolzen mit einem einzigen Drehgriff vor- und zurückschieben. Manche Safes haben einen Mechanismus, der die Verbindung zwischen Griff und Bolzen bei verschlossener Tür ganz unterbricht.

Tresore mit Sprengsicherung lösen beim Versuch, das Schloß aufzusprengen, automatisch einen Mechanismus aus, der die Bolzen in ihrer Stellung blockiert.

Hinter Schloß und Riegel

Tresore sind üblicherweise mit Kombinationsschlössern ausgestattet, weil Sperrschlösser leichter aufzubrechen sind und man die zugehörigen Schlüssel mühelos kopieren könnte. Außerdem eignen sich die Schlüssellöcher gut für die Plazierung von Sprengstoff. Manche Safes haben beide Schloßarten.

Die meisten Panzerschränke sind mit einem Vierscheiben-Kombinationsschloß mit 100 Zahlen auf jeder Scheibe ausgerüstet. Stellt man die richtige Zahlenkombination ein, bringt man Aussparungen in eine Reihe, und die Bolzen lassen sich wegschieben. Die Zahlenkombination ist beliebig veränderbar.

Häufig verwenden Safeknacker bei ihrer „Arbeit" ein Stethoskop. Sie lauschen damit auf ein leises Klicken, das das Einrasten der Scheibe während des Drehens anzeigt. Dieses Klicken rührt von einem minimalen Spiel innerhalb des Mechanismus her. Moderne Kombinationsschlösser für Safes sind allerdings so paßgenau konstruiert, daß die beweglichen Teile keinerlei Spiel mehr aufweisen.

In einer Bank sind die Kombinationsschlösser vor den Tresorräumen normalerweise zusätzlich mit Zeitschlössern gekoppelt. So gesichert, läßt sich die Tür also außerhalb der eingestellten Zeiten nicht einmal mit der richtigen Kombination öffnen.

Eine harte Nuß *Diese massive Tür aus rostfreiem Stahl verschließt den Tresorraum einer Bank. Deutlich sieht man die Bolzen, die beim Drehen der Griffe auf der Außenseite der Tür wie Riegel in den Türrahmen gleiten.*

Bargeld und Kredit von Plastikkarten

Wenn man eine Kreditkarte in einen Geldautomaten schiebt, prüft ein Lesegerät – ein elektromagnetischer Aufnahme- und Löschkopf – den dunkelbraunen Magnetstreifen an der Unterseite der Karte. Er weist drei Spuren mit bis zu 226 Buchstaben oder Ziffern auf. Eine Spur speichert die Kontonummer, eine zweite das Verfügungslimit, und die letzte enthält die persönliche Geheimnummer.

Hat man die korrekte Nummer auf der Tastatur eingetippt, kontrolliert der Automat, der mit dem zentralen Bankcomputer verbunden ist, ob man sein Verfügungslimit überschritten hat oder die Karte als verloren oder gestohlen gemeldet ist. Ist alles in Ordnung, bucht er den Auszahlungsbetrag vom Kontoguthaben ab.

Telefonkarten funktionieren nach demselben Prinzip. In einem öffentlichen Fernsprecher erfaßt ein Lesekopf die auf der Karte noch vorhandenen Einheiten und bucht die für ein Telefongespräch verbrauchten Einheiten ab.

Auch herkömmliche Münzautomaten, etwa für Getränke oder Zigaretten, werden dem Verbraucher wohl nicht mehr lange dienen. Elektronische Verkaufsautomaten, die nur noch Plastikgeld annehmen, werden sie in Zukunft ersetzen.

Elektronische Geldüberweisung

Auf neuartigen Kreditkarten sind der Name des Inhabers, seine Kontonummer und das Gültigkeitsdatum der Karte verzeichnet. Schiebt ein Verkäufer die Karte in sein Lesegerät, gibt dieses die gespeicherten Daten an den Computer der Kreditkartengesellschaft weiter. Der wiederum prüft innerhalb von 15 Sekunden, ob die Karte als verloren oder gestohlen gemeldet und ob das Kreditlimit nicht überschritten ist. Wenn alles in Ordnung ist, gibt der Computer die Zahlung frei und druckt eine Quittung aus, die der Karteninhaber unterschreibt.

Diese Methode der Kreditkarten-Bearbeitung wird seit 1988 angewandt. Das Bankkonto des Karteninhabers wird dabei sofort belastet. Vor Einführung des elektronischen Abbuchungsverfahrens wurden die Kreditkartenangaben bei höheren Kaufsummen telefonisch überprüft.

Mit dem elektronischen Abbuchungssystem will man auch die Betrugsrate im Kreditkartenwesen senken. Der Computer kann nämlich eine als gestohlen gemeldete Karte sofort sperren. Als gefälscht erkannte Karten akzeptiert er erst gar nicht.

Die 1974 von dem Franzosen Roland Moremo entwickelte Chipkarte ist mit einem kleinen Elektronengehirn ausgestattet. 1988 waren in Frankreich bereits 4 Mio. solcher Karten in Gebrauch. In Deutschland wie auch in anderen europäischen Ländern sowie in den USA und in Japan laufen damit Pilotprojekte.

Das Gehirn der Chipkarte ist ein winziger, hauchdünner Siliciumchip (siehe Seite 238), der das Kreditlimit des Karteninhabers sowie Angaben über bereits abgewikkelte Geschäfte speichert.

Die Zahlungsabwicklung erfolgt, indem die Karte einem Kontrollterminal eingegeben wird, das die Daten ihres Gehirns überprüft. Außerdem vergleicht das Kontrollterminal seine Datei verlorener oder gestohlener Karten mit der eingegebenen Kreditkarte. Ist der Vergleich positiv, wird die Transaktion automatisch storniert, und die Karte zerstört sich selbst. Über das Terminal geht der Vorgang an den Computer der Gesellschaft weiter.

Obwohl Chipkarten alle Angaben über die geschäftlichen Transaktionen ihrer Inhaber speichern, haben die Besitzer nur über einen besonderen Automaten darauf Zugriff. Die intelligente Chipkarte hat diesen Nachteil beseitigt. Sie sieht wie ein solarzellenbetriebener Rechner mit kleiner Sichtschirmanzeige und Tastatur aus. Der Karteninhaber kann damit die Geschäftsvorgänge nachprüfen und seinen Kontostand ablesen. Als weitere Vervollkommnung der Kreditkarten ist die sogenannte Hybridkarte – eine Kombination der alten Magnetkarte und der Chipkarte – in Vorbereitung.

CHIPKARTEN REGISTRIEREN IHREN GESUNDHEITSZUSTAND

Schon kurz nach dem Ersten Weltkrieg konnten amerikanische Autofahrer ihr Benzin mit Kreditkarten der Mineralölgesellschaften bezahlen. Doch das Zeitalter der Kreditkarte brach erst 1950 an, als der Amerikaner Frank McNamara die Diners-Club-Karte einführte. Die Idee dazu hatte er, als er in einem New Yorker Restaurant feststellte, daß seine Brieftasche leer war. Die Diners-Club-Karte ist jedoch keine eigentliche Kreditkarte, weil der Kunde sofort bei Rechnungseingang den Rechnungsbetrag zahlen muß. Bei den meisten anderen Karten wird ein Schuldensaldo fortgeschrieben.

Heute sind allein in den USA mehr als 350 Mio. Kreditkarten im Umlauf. Weltweit geht die Kartenanzahl in die Milliarden.

Der Anwendungsbereich der Chipkarten dürfte in Zukunft über bloße Geldgeschäfte weit hinausgehen. Ende der 80er Jahre experimentierten die Gesundheitsbehörden in Teilen Europas, in den USA und in Japan mit medizinischen Identitätskarten – Chipkarten, auf denen die Krankheitsgeschichte des Inhabers gespeichert ist. Jedesmal, wenn ein Patient seinen Arzt aufsucht, kann die Karte aktualisiert werden. Die europäischen Versuchsprogramme zielen auf eine einheitliche EG-Gesundheits-Chipkarte ab, die man in den 90er Jahren einführen will.

In Kalifornien (USA) hat man zwischenzeitlich auch Laserkarten entwikkelt. Sie sind nicht so intelligent wie Chipkarten, doch können sie eine weitaus größere Datenmenge speichern. Verborgene Sicherheitscodes machen eine Fälschung der Karte praktisch unmöglich.

Die Laserkarte kann in codierter Form Identifikationsmerkmale wie Fingerabdrücke, Unterschrift, Stimmprobe oder sogar ein Foto enthalten. Sie zu fälschen ist praktisch unmöglich. Ihre Speicherkapazität läßt auch noch andere Daten, etwa Nummern von Bankkonten oder Angaben über den Ausbildungsweg, Platz finden. Die Eingaben sind unter verschiedenen Zugriffscodes abgelegt, so daß die Bank beispielsweise nur die Finanzdaten, der Arzt nur die medizinischen Daten abfragen kann.

Strichcodes im Supermarkt

Für jeden erfolgsorientierten Geschäftsmann ist das Wissen darüber, welche seiner Artikel sich gut verkaufen und welche schlecht gehen, von enormer Bedeutung. Je nachdem wird er seinen Lagerbestand wieder aufstocken oder den Artikel auslaufen lassen. In einem Tante-Emma-Laden mögen eine ordentliche Buchführung und ein regelmäßiger Blick in die Regale die nötigen Informationen liefern. Supermärkte und große Warenhäuser brauchen jedoch rasche und genaue Daten über einen wesentlich umfangreicheren Warenumsatz und entsprechende Lagerbestände.

Hier helfen ihnen die auf die Verpakkung gedruckten Strichcodes, Folgen paralleler Striche auf weißem oder hellem Untergrund, die einen Zahlencode symbolisieren.

Verbreitete Strichcodes sind die European Article Numbers (EAN), die auf einer 13stelligen Zahl basieren, und der Universal Product Code (UPC) mit zwölf Ziffern. Ein solcher Code wird von einem Laserabtaster (Scanner) gelesen, indem dieser ihn mittels eines Lichtstrahls von einem Ende zum anderen abtastet. Die so erfaßte Information wird dann in binäre Zahlensignale (vgl. Seite 241) umgesetzt und einem Computer zugeleitet.

Der Code enthält Erzeugerangaben über das Produkt und die Verpackung. Ein Teil besteht auch aus einem Sicherheitscode, der eine unbefugte Änderung oder eine falsche Scannerablesung verhindert. Wenn dem Computer vom Scanner einer Kasse ein Strichcode zugeleitet wird, holt er anhand der darin enthaltenen Produktinformationen den Preis des Artikels aus einer Datei und gibt ihn an die Registrierkasse weiter, wo die Rechnung ausgedruckt wird. Gleichzeitig werden die Angaben in einer anderen Datei für die Lagerhaltung verzeichnet.

Will der Leiter eines Supermarkts den Preis eines Artikels verändern, gibt er den neuen Preis in den Computer ein, darf aber dann nicht versäumen, rechtzeitig die Preisschilder an den Warenregalen im Geschäft entsprechend austauschen zu lassen. Nur so kann er die am häufigsten reklamierte Fehlerquelle des Strichcodesystems – von der Auszeichnung am Regal abweichende Preise – ausschließen.

Insgesamt hat das neue Buchungssystem die Fehlerquote jedoch erheblich gesenkt, da das Personal nicht mehr jeden Artikel einzeln auszeichnen oder die Preise in die Kasse eintippen muß. Das Verfahren ist also genauer und auch schneller und rationeller als althergebrachte Buchungssysteme.

Quarzgenaue Zeitmessung

Die Zauberkraft des Mikrochips hat auch die feine Präzisionsarbeit der traditionellen mechanischen Armbanduhr weitgehend abgelöst. In der Quarzuhr hat ein schwingender Kristall anstelle der präzise eingestellten Unruhfeder die Rolle des Zeitmessers übernommen. Winzige elektronische Schaltkreise steuern seine Bewegungen.

Legt man elektrische Spannung an den Quarzkristall, gerät er in konstante Schwingungen. Quarzkristalle, die in Armbanduhren Verwendung finden, werden von einer Batterie zu 32 768 Schwingungen in der Sekunde angeregt. Die Schwingungen erzeugen elektrische Impulse, die die elektronischen Schaltkreise eines Mikrochips durchlaufen. Dabei wird ihre Frequenz 15mal hintereinander halbiert, bis schließlich pro Sekunde ein Impuls durchkommt. Bei jedem dieser Impulse sendet der Chip ein Signal an die Digitalanzeige, deren Ziffern im Sekundentakt weiterlaufen.

Andere Zählschaltungen zeigen auf entsprechende Impulse des Chips die Stunden und das Datum an oder lösen das Wecksignal aus.

Eine digitale Quarzuhr gibt die Uhrzeit mit Hilfe einer Flüssigkristallanzeige (LCD) an. Die Flüssigkristalle befinden sich zwischen einer Spiegelschicht an der Unterseite und einer Schicht aus Polarisationsglas. Durchsichtige elektrische Leiter teilen sie in sieben Segmente auf, die in unterschiedlicher Kombination die Ziffern bilden. Alle sieben zusammen bilden die Ziffer Acht, und zwar dadurch, daß sie ihre Eigenschaften ändern, wenn elektrische Spannung an sie angelegt wird.

Bleiben einzelne Segmente ohne elektrische Ladung, wird einfallendes Licht von der Spiegelschicht reflektiert. Die Anzeige erscheint im Bereich dieser Segmente leer. Elektrisch geladene Segmente jedoch bleiben dunkel und zeigen als Ziffern die Uhrzeit an.

KRISTALLE MACHEN'S MÖGLICH

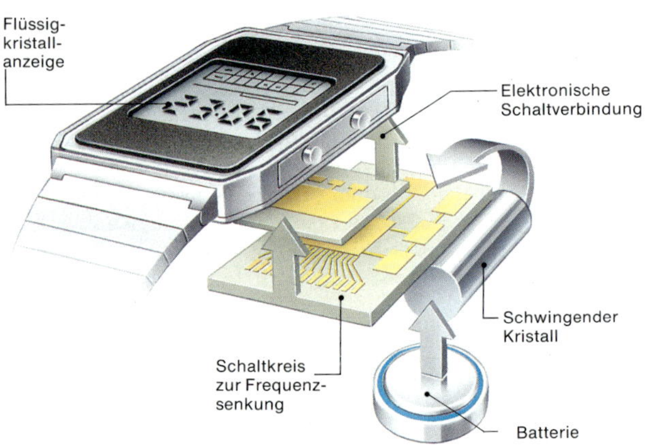

Ein Mikrochip, das Herz der Quarzuhr, wandelt die Schwingungen eines Quarzkristalls in Sekundenimpulse um. Die Uhrzeit erscheint dann auf einer Flüssigkristallanzeige.

WIE LANG IST EINE SEKUNDE?

Im Jahr 1967 hat das Internationale Komitee für Maße und Gewichte auf seiner 13. Generalkonferenz die Sekunde anhand der Strahlungsfrequenz eines Caesiumatoms – 9 192 631 770 Hz (Schwingungen pro Sekunde) – definiert. Die Frequenz wird von einer Caesiumuhr mit angeschlossener Quarzuhr abgezählt.

Das Internationale Zeitbüro in Paris synchronisiert die Zentralatomuhren in den verschiedenen nationalen Laboratorien.

Atomuhren: ein Maximum an Genauigkeit

Keiner Uhr, so scheint es, kann man absolut vertrauen. Die besten mechanischen Zeitmesser gehen im Jahr etwa vier Sekunden vor oder nach, und sogar moderne Quarzuhren weisen innerhalb von zehn Jahren eine Ungenauigkeit von einer Sekunde auf. Die Abweichung einer Atomuhr ist allerdings kaum noch meßbar. Sie beträgt z. B. bei der bekanntesten Atomuhr, der Caesiumuhr, in 10 000 Jahren 0,3 Sekunden.

Jede Uhr mißt die Zeit, indem sie die regelmäßigen Schwingungen irgendeines Instruments zählt. Bei alten Standuhren waren das die Ausschläge eines Pendels, bei modernen Quarzuhren sind es die Schwingungen eines Kristalls, und auch Atomuhren arbeiten nach diesem Prinzip.

Sie messen die Zeit anhand der Schwingungen ihrer Atome. Und im Gegensatz zu mechanischen Uhren, deren Genauigkeit beispielsweise durch Temperaturänderungen und Reibung beeinträchtigt wird, sind Atomuhren von äußeren Einflüssen praktisch unabhängig. Sie haben selbst keine Anzeige zum Ablesen der Zeit, sondern steuern ihnen angeschlossene Quarzuhren.

Das Gehäuse der Caesiumuhr besteht hauptsächlich aus einer Vakuumröhre mit einem kleinen Elektroofen an einem Ende, in dem ein Stück Caesium geschmolzen und verdampft wird. Caesium ist ein silbrigweißes Metall, das einen sehr niedrigen Schmelzpunkt (28,5 °C) hat.

Wie alle Atome hat auch das Caesiumatom einen Kern, um den herum sich Elektronen kreisförmig bewegen (siehe Kasten Seite 12). Diese Elektronen kann man durch ein elektromagnetisches Feld beeinflussen. Dabei erhöht oder verringert sich die Energie des Atoms, und es absorbiert elektromagnetische Energie oder strahlt sie aus. Die Strahlungsfrequenz bleibt völlig konstant.

Das verdampfte Caesium wird also im Innern eines Resonators einem elektromagnetischen Feld ausgesetzt. Dabei entstehen genau bemessene Schwingungen. Denn die Caesiumatome verändern ihren Energiezustand mit der Frequenz von 9 192 631 770 Hertz (Hz; Schwingungen pro Sekunde).

Diese Frequenz wird zur exakten Steuerung einer Quarzuhr genutzt. Die Schwingungen des Quarzkristalls werden elektronisch vervielfacht und den Schwingungen des Atoms angeglichen. Weicht die Schwingungsfrequenz des Quarzes von ihrem Sollwert ab, wird sie elektronisch korrigiert. Denn ein Detektor registriert die

Oldtimer *Diese Caesiumuhr des Greenwich Observatory, deren Meßfehler eine Sekunde in 300 Jahren beträgt, steht heute bereits im Londoner Science Museum.*

Anzahl der Schwingungen der Caesiumatome genau. Nach 9 192 631 770 Schwingungen sendet er ein Signal zu der an die Atomuhr angeschlossenen Quarzuhr, die dann um eine Sekunde vorrückt.

Atomuhren setzt man zur exakten Einstellung anderer Uhren und zu Forschungszwecken in Observatorien und Weltraumlabors ein. In Hochgeschwindigkeitsflugzeugen benutzt man sie zur Synchronisierung mit Navigationssignalen auf Funkfrequenz.

Caesium ist nicht der einzige Stoff, der bei Atomuhren Verwendung findet. So wurde die erste Atomuhr Ende der 40er Jahre in den USA mit Ammoniak konstruiert. Am genauesten gehen heute Wasserstoffuhren mit einer Strahlungsfrequenz von mehr als 1420 Mrd. Hz. Ihr Meßfehler liegt bei einer Sekunde in 2 Mio. Jahren. Amerikanische Wissenschaftler arbeiten derzeit an der Entwicklung einer Quecksilberuhr, deren Abweichung nur eine Sekunde in 10 Mrd. Jahren betragen soll.

Das Elektronenmikroskop erschließt den Mikrokosmos

Mit der Erfindung des Mikroskops eröffneten sich den Wissenschaftlern ungeahnte Perspektiven. Sie konnten nun winzige Lebewesen und kleinste Partikel beobachten, die sie mit bloßem Auge gar nicht zu erkennen vermochten und von deren Existenz sie nichts geahnt hatten. Doch auch das beste Lichtmikroskop – es arbeitet mit Linsen, in denen sich die Lichtwellen brechen – kann nicht mehr als eine 2000fache Vergrößerung liefern. Denn so wie das menschliche Auge bei sehr kleinen Objekten Details nicht mehr zu unterscheiden vermag, kann auch das Lichtmikroskop Punkte, deren Abstand voneinander geringer ist als die halbe Lichtwellenlänge (etwa 0,00025 mm), nicht getrennt darstellen.

Ein Elektronenmikroskop dagegen erreicht Vergrößerungen von 1:1 000 000, denn es arbeitet mit einem Elektronenstrahl, dessen Wellen kürzer sind als die des Lichts.

Die Elektronen beschleunigt man mittels eines starken elektrischen Feldes (bei den neuesten Mikroskopen mehrere Mio. Volt).

Magnetische Elektronenlinsen bündeln die Elektronen zu einem Strahl, der seinen Weg zum Objekt durch ein Vakuum zurücklegt, um Störungen durch Luftmoleküle auszuschließen.

Die meisten Elektronenmikroskope gehören zum Typ des Durchstrahlungsmikroskops. Ein solches Gerät schickt seinen Elektronenstrahl auf einen extrem dünnen Schnitt eines Objekts. Nur ein Teil der Elektronen dringt – je nach der Massendichte des Präparats – hindurch und wird in einem Bildpunkt vereinigt.

Das Rasterelektronenmikroskop (REM) dagegen tastet mit seinem Strahl die Oberfläche des Objekts ab. Aus den von dort reflektierten Strahlen entwickelt das Mikroskop zeilenweise ein kontrastreiches und plastisches Bild des Objekts in bis zu 200 000facher Vergrößerung. REM-Geräte verwendet man z. B. bei der Analyse von Krebszellen oder bei kriminalistischen Untersuchungen von Beweismaterial wie abgefeuerten Kugeln oder Stoffasern.

Da der Elektronenstrahl für den Menschen unsichtbar ist, wird die Abbildung bei beiden Mikroskoptypen auf einen Fluoreszenzschirm projiziert, der beim Auftreffen der Elektronen wie ein Fernsehbildschirm aufleuchtet. Jetzt kann das Bild auf einen Fotofilm übertragen werden.

Ein Blick auf das Unsichtbare *So sieht ein auf einem Getreidehalm sitzender Rüsselkäfer in 32facher Vergrößerung auf dem Bildschirm eines Rasterelektronenmikroskops aus (rechts). Unten ist der von einem Durchstrahlungsmikroskop 250 000fach vergrößerte Schnitt durch eine Nervenscheide des Menschen zu sehen. Beide Abbildungen wurden mit Falschfarben koloriert.*

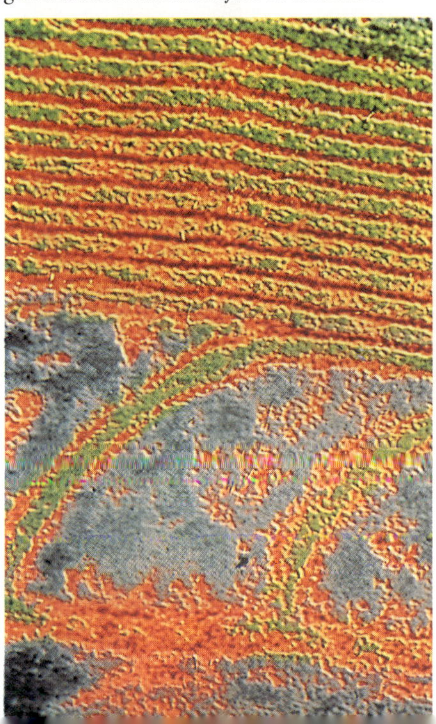

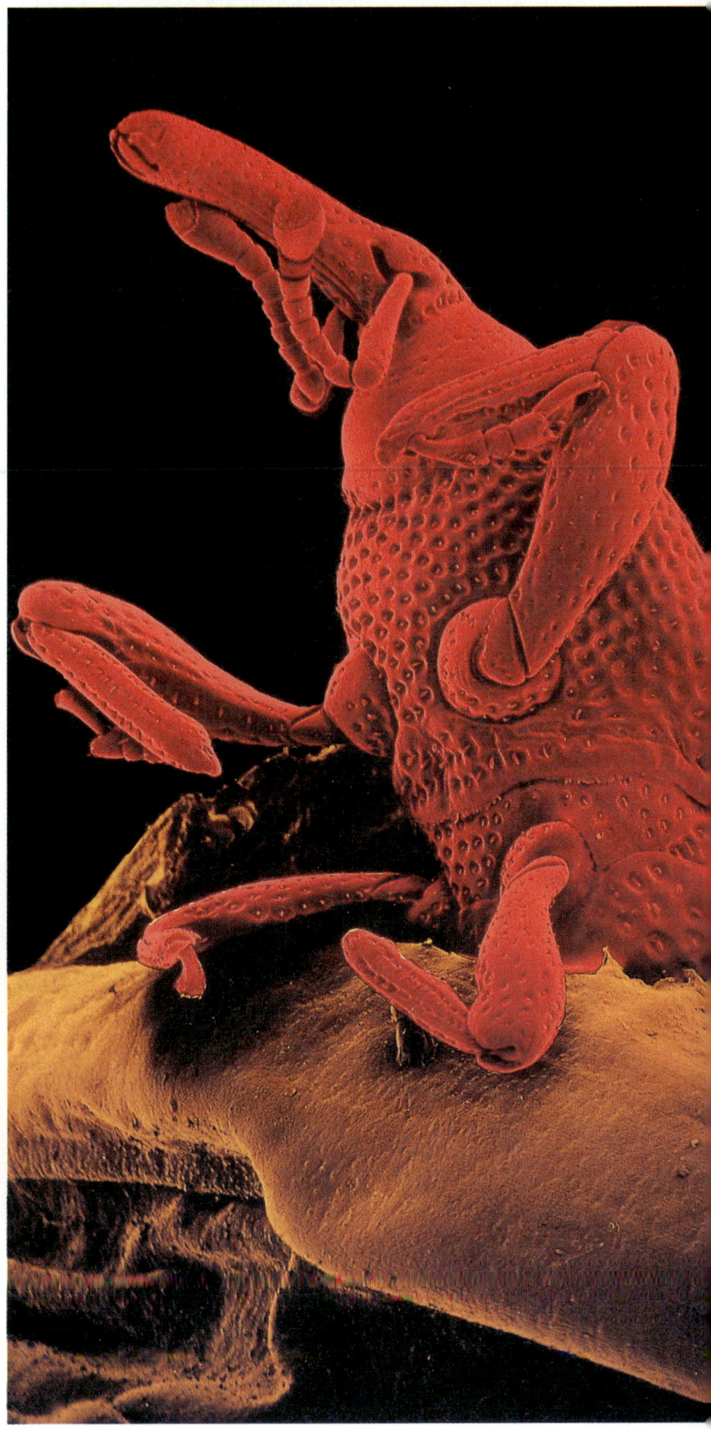

Roboter und ihre elektronischen Köpfchen

Einen Roboter stellt man sich gemeinhin als menschenähnliche Maschine vor. Doch moderne Roboter, die heute in zahlreichen Arbeitsbereichen eingesetzt werden, haben keine äußerlichen Ähnlichkeiten mit dem Menschen. An den Produktionsstraßen der Autofabriken sehen sie eher wie Kräne aus. Mobile Roboter, die beim Militär in Bombenräumkommandos eingesetzt werden, könnte man für Schubkarren auf Rollen halten.

Unter dem Gesichtspunkt ihrer vielfältigen Einsatzmöglichkeiten erscheint jedoch ein Vergleich mit dem Menschen als nicht ganz unangebracht. Im Gegensatz zu einer automatischen Maschine, die einen Arbeitsvorgang stetig wiederholt, führt ein Roboter eine Folge verschiedener Arbeitsschritte aus. Seine Bewegungen werden hydraulisch oder pneumatisch (durch Öl- oder Luftdruck) oder von Elektromotoren ausgeführt und von seinem Gehirn, einem kleinen Computer, gesteuert.

Der Computerspeicher enthält die Befehle für die einzelnen Arbeitsschritte. So kann er z. B. bei der Abpackung von Pralinen deren richtige Auswahl und Ablage in einer Konfektschachtel dirigieren. Durch Änderungen im Programm kann man die Bewegungen des Roboters auch variieren.

Die meisten so gesteuerten Roboter bestehen lediglich aus einem beweglichen Arm mit einer Greifhand. Je nach der Tätigkeit, für die der Roboter gebaut wurde, arbeitet seine Hand mit Greifklauen, Saugnäpfen oder Magneten. Manche Roboter vermögen schwere Lasten zu bewegen, während andere feinmechanische Präzisionsarbeiten ausführen.

Es gibt zwei Möglichkeiten, einen Roboter für seinen Einsatz vorzubereiten. Man kann die Bewegungen, die er ausführen soll, exakt berechnen und ein entsprechendes Computerprogramm dafür schreiben. Der andere Weg ist, ihm direkt zu zeigen, was er zu tun hat.

In diesem Fall beschreibt ein Ingenieur mit dem Roboterarm die gewünschten Be-

Fiktion und Wirklichkeit *So wie Robby (rechts) in dem Film* Alarm im Weltall *aus dem Jahr 1956 stellen sich viele einen Roboter vor. Die Wirklichkeit sieht weniger theatralisch, aber trotzdem beeindruckend aus: so wie die Arme und Greifer auf dem unteren Bild, die den Alltag behinderter Menschen erleichtern, indem sie ihnen z. B. ein Glas einschenken.*

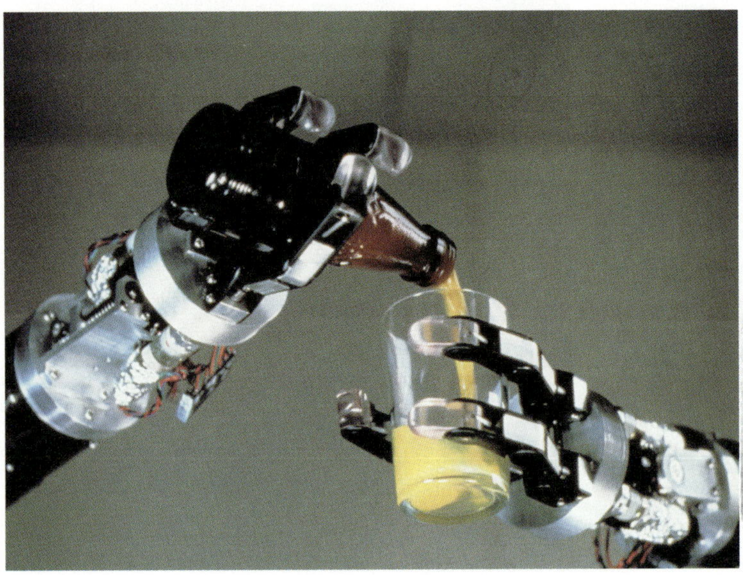

wegungen, z. B. für die Sprühlackierung eines Karosserieteils. Der Roboter speichert die Bewegungsabläufe und kann sie danach beliebig oft wiederholen.

Sehende Roboter

Manche Roboter haben eine Sehvorrichtung, die ihre Fertigkeiten ergänzt. Diese Technik wurde im Jahr 1970 an der Nottingham University in England entwickelt. Einem Roboter, der nicht sehen kann, muß man z. B. bei Schweißarbeiten die Werkstücke immer in der richtigen Position zuführen. Ein sehender Roboter hingegen kann die Werkstückposition erkennen und seinen Arbeitsarm entsprechend darauf einstellen.

Er ist an eine Fernsehkamera angeschlossen, die seine Arbeit mit Hilfe zweier Computer überwacht. Der eine wertet die Kamerainformationen aus und gibt sie an den zweiten Computer, der den Roboter steuert, weiter. Solche Systeme sind allerdings teuer und in ihren Anwendungsmöglichkeiten beschränkt, denn es kostet Zeit, die Informationen zu analysieren und dem Roboter dann entsprechende Bewegungsinstruktionen einzugeben. Mit der Leistungsfähigkeit des menschlichen Auges können diese sehenden Roboter nicht konkurrieren. Doch arbeiten Wissenschaftler, unterstützt von neuesten Computertechniken, an der Entwicklung verbesserter Methoden zur Objektwahrnehmung durch Roboter.

Pralinenauswahl *Adept One, ein computergesteuerter Roboter, kann die auf dem Bildschirm gezeigten Pralinen erkennen und richtig in die Verpackung einsetzen.*

Roboter zur Unterhaltung

Die Japaner sind nicht nur weltweit führend in der Technologie der Roboter (Ende 1987 hatten sie 118 000 im Einsatz), sie haben auch ihren Spaß an ihnen. Japanische Geschäftsleute kaufen sich Spielzeugroboter, ihre Kinder bewundern im Science and Technology Museum von Tokio singende und sprechende Maschinenmenschen. Und Japaner aller Altersstufen können sich an einer im Stil des 18. Jh. gekleideten Puppe begeistern, die über den Tisch geht, sich verbeugt und eine Tasse Tee anbietet. Aber nicht nur die Töchter und Söhne Nippons erfreuen sich an solchen Scherzartikeln. So wird in den USA ein Roboter verkauft, der an der Hausbar die Gäste bedient.

Professor Ichiro Kato von der Waseda-Universität in Japan konstruierte einen Roboter, der Noten lesen und Orgel spielen kann. Ein weiterer geht aufrecht auf zwei Beinen, und ein dritter steigt wie eine Spinne die Treppe hinauf. Dabei ist auch die Arbeit an diesen Spielrobotern vor allem am praktischen Nutzen orientiert. Der Spinnenfüßige kann z. B. in der Bauindustrie eingesetzt werden, und die Konstruktion des Zweibeinigen führte zur Entwicklung einer Beinprothese, deren Bewegungen von einem Mikrocomputer gelenkt werden.

In vielen Ländern der Erde dienen Spielzeugroboter als Hilfe für Schulkinder beim Erlernen des Programmierens und der Bedienung von Computern.

Roboter: Helfer oder Konkurrenten?

Der tschechische Schriftsteller Karel Čapek führte den Begriff Roboter Anfang der 20er Jahre in dem Drama *R. U. R.* (Rossum's Universal-Robots) ein. Er leitete das Wort Roboter vom tschechischen *robota* ab, das soviel wie Fronarbeit bedeutet. In seinem Stück erkämpft sich ein Heer von Industrierobotern schließlich die Weltherrschaft. Mittlerweile fürchten die Menschen die Roboter eher in ihrer Rolle als Arbeitsplatzvernichter denn als Konkurrenten im Kampf um die Macht. In der Tat haben Roboter einige mechanische Routinetätigkeiten übernommen. Sie erledigen diese kostengünstiger, weil sie keine Schichtwechsel brauchen, Müdigkeit oder Konzentrationsschwächen nicht kennen und auch nicht krank werden (obwohl man sie manchmal reparieren muß).

Doch bringt der Einsatz von Robotern nicht nur ökonomische Vorteile, er bewahrt die Menschen auch vor stupiden und gefährlichen Arbeiten. Es waren Roboter, die 1979 nach dem Atomunglück in Three Miles Island (USA) die radioaktiv verseuchten Trümmer wegräumten. Man entwickelte sie auch zur Inspektion von Kernkraftanlagen, zur Feuerbekämpfung, zur Waldrodung und für Bewachungsaufgaben – als wandelnde Einbruchssicherungen warnen sie das Wachpersonal vor Eindringlingen. 1986 türmte ein vierbeiniger 72-t-Koloß die Steinquader zum Bau des Deichs in der Bucht von Tokio auf und nahm damit 50 Tauchern eine gefährliche Arbeit ab.

Derzeit laufen auch Versuche mit Robotern, die gebrechlichen und behinderten Menschen zu mehr Selbständigkeit verhelfen sollen. Forscher in Großbritannien und in den USA konstruierten Roboter, die auf gesprochene Befehle reagieren können. Sie sollen Aufgaben wie Zähne putzen, Suppe servieren, Aktenschränke öffnen und die Post hereinholen übernehmen. Doch haben auch die modernsten Roboter bei weitem nicht die Auffassungsgabe, Geschicklichkeit oder Anpassungsfähigkeit des Menschen.

Aus sicherer Distanz *Robin, ein mobiler Roboter zur Inspektion amerikanischer Kernkraftanlagen, erspart es seinem Bediener, einen gefährlichen radioaktiven Bereich zu betreten.*

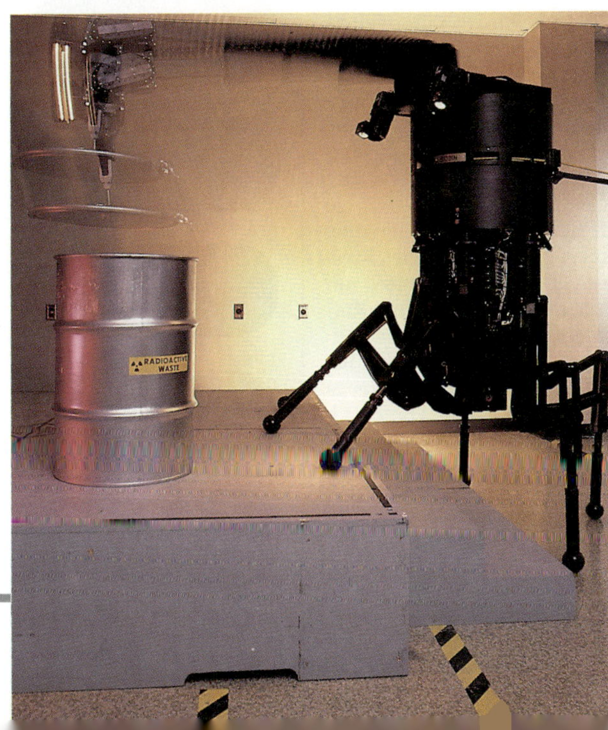

Laufender Motor, rotierende Räder: das Auto

Das Herz eines Autos ist der Verbrennungsmotor. Die Auf- und Abbewegung seiner Kolben wird in die Drehbewegung einer Welle umgesetzt, die – über verschiedene Zwischenstufen – die Räder antreibt.

Kraftentwicklung im Motor

In dem herkömmlichen Vierzylindermotor entsteht Kraft dadurch, daß ein Gemisch aus Benzin und Luft in den Zylindern verdichtet und entzündet wird. Die bei der Verbrennung entstehenden heißen Gase dehnen sich aus und drücken einen Kolben im Zylinder nach unten. Der Zündtakt in den einzelnen Zylindern ist so abgestimmt, daß einer nach dem anderen zündet und sich daraus eine kontinuierliche Bewegung der Kurbelwelle ergibt, die über Stangen und Lager mit den Kolben verbunden ist und durch deren Auf- und Abwärtsbewegung gedreht wird.

An dem einen Ende der Kurbelwelle sitzt ein schweres Schwungrad, das die Drehbewegung im Gleichmaß hält und über die Kupplung die Bewegung auf das Getriebe überträgt, auf jene Vorrichtung also, die die Kraft des Motors auf die Fahrzeugräder leitet.

Die Kraftübertragung

Man unterscheidet im wesentlichen zwei Antriebsarten: Vorderrad- und Hinterradantrieb. Es gibt aber auch Fahrzeuge – meist handelt es sich dabei um Geländewagen –, bei denen man bei Bedarf den Antrieb auch auf alle vier Räder wirken lassen kann; sie fahren bei normalen Straßenverhältnissen – wie andere Fahrzeuge – mit Vorder- oder Hinterradantrieb, doch kann man bei Geländefahrten den Antrieb auf das zweite Räderpaar dazuschalten.

Bei den meisten Wagen sitzt der Motor heute vorn. Von hier auf die Hinterräder wird die Kraft über Kupplung, Getriebe, Kardanwelle und Ausgleichsgetriebe übertragen. Wagen mit Frontantrieb haben keine Kardanwelle, weil Motor und Antriebsräder dicht beieinander liegen. Gleiches gilt für Fahrzeuge mit Heckmotor und Hinterradantrieb.

Die Kupplung ist in das Motorschwungrad eingebaut und ermöglicht es, die Bewegung der sich drehenden Kurbelwelle über das Getriebe zu der Kardanwelle zu übertragen.

Harte Arbeit *Bei einer Rallye über 3200 km drehen sich die Räder eines Wagens mehr als 2 000 000mal. Die Kolben des Motors bewegen sich gleichzeitig über 8 000 000mal auf und ab.*

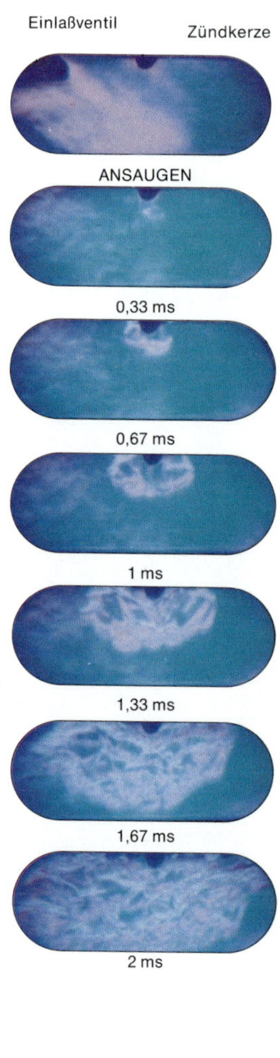

VON DER WÄRME ZUR BEWEGUNG

Durch die Ausdehnung der heißen Gase, die bei der Verbrennung eines Benzin-Luft-Gemischs entstehen, bewegt sich ein Kolben im Zylinder abwärts. Das Gemisch gelangt durch ein Einlaßventil in den Zylinder und wird entzündet (links). Zündung und Ausdehnung des Gases dauern nur 2/1000 Sekunden (2 ms). Dabei wird der Kolben nach unten gedrückt. Beim anschließenden Aufwärtshub drückt er die Gase durch ein Ventil nach außen, bei der abermaligen Abwärtsbewegung saugt er erneut Gemisch an und verdichtet es beim folgenden Hub, bevor die nächste Zündung einsetzt.

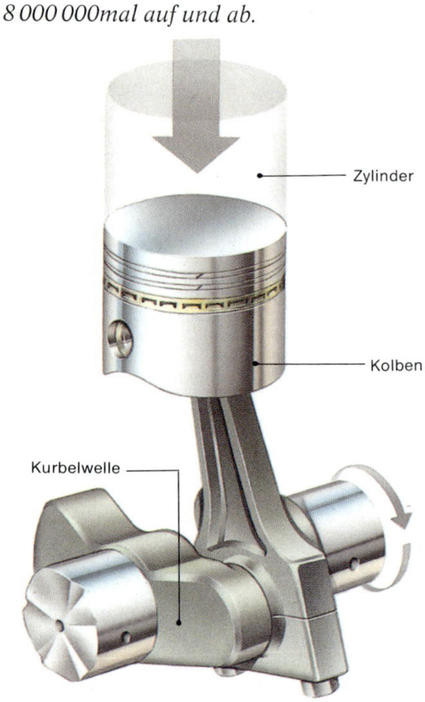

Die Bewegung der Kolben treibt die Kurbelwelle an. Jeder der vier Kolben führt zu einem gegebenen Zeitpunkt einen anderen der vier Takte aus.

Hinterradantrieb *Ein Frontmotor treibt über eine Kardanwelle die Hinterräder an, wobei die Antriebskraft im rechten Winkel übertragen werden muß.*

Vorderradantrieb *Hier liegt der Frontmotor auf einer Linie mit den Antriebsachsen, so daß die Antriebskraft direkt übertragen wird.*

Vierradantrieb *Bei einigen Autos werden alle vier Räder angetrieben. Der Antrieb muß dabei an allen Achsen im rechten Winkel übertragen werden.*

Bei Wagen mit mechanischem Getriebe besteht die Kupplung in der Hauptsache aus einer Kupplungsscheibe und einer Druckplatte. Während der Fahrt preßt die Druckplatte die Kupplungsscheibe gegen das Schwungrad des Motors. Wenn der Fahrer das Kupplungspedal tritt, wird die Druckplatte von der Kupplungsscheibe abgehoben, diese verliert den Kontakt mit dem Schwungrad, und die Verbindung zum Getriebe ist unterbrochen. Läßt der Fahrer das Pedal los, wird die Verbindung zum Getriebe wiederhergestellt.

Bei Wagen mit automatischem Getriebe befindet sich anstelle der mechanischen Kupplung ein Drehmomentwandler, in dem herumgeschleudertes Öl die Bewegung des Schwungrads überträgt.

Das Getriebe, das zweite Element der Kraftübertragung, ist nötig, um die Drehleistung des Motors optimal ausnutzen zu können. Diese Leistung ist am größten, wenn die Kurbelwelle eine bestimmte Anzahl von Umdrehungen pro Minute erreicht. Die jeweils optimale Drehzahl kann unterschiedlich hoch sein: Bei einem für hohe Geschwindigkeiten konstruierten Auto z. B. ist die Leistung des Motors bei hohen Drehzahlen am größten, bei Wagen, die vor allem Zugkraft entwickeln sollen, liegt die Maximalleistung des Motors bei einer niedrigeren Drehzahl.

Jedes Auto braucht beim Anfahren eine größere Leistung als später, wenn es bereits auf Touren ist und man es nur auf einer gleichbleibenden Geschwindigkeit halten will. Ebenso ist der Leistungsbedarf bei Steigungen höher als in der Ebene.

Im ersten Gang dreht sich die Kardanwelle dreimal langsamer als die Kurbelwelle, im zweiten Gang ist sie nur noch halb so langsam und im dritten ist der Unterschied noch geringer. Auf diese Weise wird die Schubkraft des Motors vergrößert, da die gleiche Leistung bei geringerer Geschwindigkeit eine größere Kraft entwickelt.

Die Unterschiede zwischen der Drehzahl des Motors und der Kardanwelle bei den einzelnen Gängen, die Übersetzungsverhältnisse also, sind je nach Fahrzeugtyp größer oder kleiner. Lediglich im höchsten Gang dreht sich die Kardanwelle mit derselben Geschwindigkeit wie die Kurbelwelle. Denn bis man den höchsten Gang einlegen kann, hat der Motor seine Leistungsfähigkeit fast voll ausgeschöpft und den Wagen dabei genügend beschleunigt, so daß eine zusätzliche Schubleistung nicht mehr nötig ist.

Innerhalb des Getriebes erfolgt die Drehzahländerung von einer Welle zur anderen, indem unterschiedlich große Zahnräder in Eingriff gebracht werden. Wenn z. B. ein kleines Zahnrad in ein größeres mit doppelt so vielen Zähnen greift, so macht das kleinere zwei Umdrehungen bei jeder Umdrehung des größeren.

ZAHNRADÜBERSETZUNGEN

Mit dem Einlegen der einzelnen Gänge bringt man die Motordrehzahl und die Drehzahl der Kardanwelle in ein bestimmtes Verhältnis zueinander, indem man verschiedene Zahnräder ineinandergreifen läßt. Je kleiner das Zahnrad ist, das die Motordrehzahl weitergibt, desto langsamer dreht sich die Kardanwelle.

Bei einem mechanischen Getriebe legt der Fahrer die Gänge mit Hilfe eines Schalthebels ein. In einem automatischen Getriebe dagegen erfolgt der Gangwechsel durch Öldruck, der durch hydraulische Ventile gesteuert wird. Diese Steuerventile reagieren entweder auf den Druck eines Lastreglers, wenn der Fahrer auf das Gaspedal tritt, oder auf einen durch die Fahrgeschwindigkeit beeinflußten Fliehkraftregler. Wenn der Wagen eine vorgegebene Geschwindigkeit erreicht hat, übernimmt der Fliehkraftregler vom Lastregler die Aufgabe, Druck auf die Steuerventile auszuüben. Sinkt die Geschwindigkeit unter den vorgegebenen Punkt ab, tritt erneut der Lastregler in Funktion.

Übertragung des Antriebs auf die Räder

In einem Auto mit Frontmotor und Hinterradantrieb liegen Getriebe und Hinterachse fast eine Wagenlänge auseinander; die Verbindung zwischen beiden stellt die Kardanwelle her, die die Kraft des Motors vom Getriebe auf die Hinterachse überträgt. Eine Kardanwelle ist ein Stahlrohr, das an beiden Enden mit beweglichen Gelenken ausgestattet ist, mit deren Hilfe die Welle – z. B. bei Unebenheiten der Straße – den Winkel der Kraftübertragung verändern kann. Durch ein Schiebestück vor dem Getriebe hat die Kardanwelle auch in der Länge ein gewisses Spiel.

Das hintere Ende der Kardanwelle mündet in das Ausgleichsgetriebe, das die Antriebskraft im rechten Winkel auf die rotierenden Halbachsen der beiden Hinterräder überträgt. Die Übertragung erfolgt über das Antriebskegelrad der Kardanwelle auf das Tellerrad des Ausgleichsgetriebes. Beide Räder sind schräg verzahnt und stehen im rechten Winkel zueinander. Da das Tellerrad einen größeren Umfang als das Antriebskegelrad hat, dreht es sich langsamer, wodurch auch die Umdrehungsgeschwindigkeit der Halbachsen gegenüber der Kurbelwelle verringert wird.

In das Ausgleichsgetriebe integriert ist das Differential, das den Antriebsrädern ermöglicht, sich in der Kurve mit unterschiedlichen Drehzahlen zu bewegen. Würden sich beide Räder mit der gleichen Geschwindigkeit drehen, müßte das innere in jeder Kurve durchdrehen.

Auf jeder Halbachse sitzt ein Achswellenrad, das in zwei kleine Ausgleichskegelräder oben und unten an der Innenseite des Tellerrads eingreift. Fährt der Wagen geradeaus, ist die Kraft, die auf die beiden Achswellenräder wirkt, gleich groß. Wenn aber in einer Kurve das innere Antriebsrad die kürzere Strecke zu bewältigen hat und daher langsamer laufen muß, dreht sich das Achswellenrad auf dieser Seite schwerer. Die Ausgleichsräder treiben dann die andere Halbachse schneller an und erhöhen auf diese Weise die Geschwindigkeit des äußeren Rads.

Das Antiblockiersystem

Die meisten Autofahrer kennen aus eigener Erfahrung die höchst unangenehme Situation, daß bei heftigem Bremsen die Räder blockieren, der Wagen auf keine Steuerbewegung mehr reagiert und unkontrolliert durch die Gegend schlittert.

Taucht plötzlich ein Hindernis vor einem Wagen auf, gelingt es dem Fahrer bis zu einem gewissen Punkt, die Geschwindigkeit seines Gefährts durch verstärkten Druck auf das Bremspedal zu verringern. Tritt er jedoch zu heftig auf die Bremse, blockieren die Räder und verlieren die Haftreibung mit der Straße; sie fangen an zu rutschen, statt sich zu drehen, und der Fahrer vermag den Wagen nicht mehr zu steuern. Meist gerät er in diesem Moment in Panik und tritt noch stärker auf das Bremspedal, was aber alles nur noch schlimmer macht.

Experten empfehlen vor allem in Kurven und bei unterschiedlich griffigem Fahrbahnbelag eine Stotterbremsung. Dabei muß man in rascher Folge das Bremspedal treten und sofort wieder loslassen, um den Bremsdruck zu verringern und dadurch zu verhindern, daß die Räder blockieren. Im Ernstfall beweisen allerdings nur wenige Fahrer genug Selbstbeherrschung, um dementsprechend zu handeln.

Antiblockiersysteme (ABS) führen die Stotterbremsung automatisch aus. Zwei Elemente wirken dabei zusammen: ein Drehzahlsensor – ein elektronischer Fühler, der die verringerte Raddrehzahl erfaßt – und ein elektronisches Steuergerät, das den hydraulischen Druck auf die Bremsen reguliert, so daß die Geschwindigkeit optimal und sicher verringert wird.

Der Drehzahlsensor tastet ein geschlitztes oder gezahntes Impulsgeberrad an der Radachse ab. Wenn sich die Achse dreht, registriert der Fühler jeden Zahn und jede Aussparung des Impulsgeberrads. Dabei werden je nach Drehzahl des Rads unterschiedliche elektrische Impulse erzeugt.

Diese Impulse werden an das elektronische Steuergerät weitergeleitet, das die Informationen über Geschwindigkeit des Rads und Verzögerungsrate auswertet. Wenn das Rad zu schnell abbremst und zu blockieren droht, veranlaßt das Steuergerät, daß der Bremsdruck zurückgenommen wird. Steigt die Drehzahl des Rads über einen bestimmten Wert an und tritt der Fahrer noch immer das Bremspedal, so wird der Bremsdruck wieder erhöht. Das System wiederholt den Vorgang so lange, bis der Wagen zum Stehen kommt.

Wie über das Steuersystem der Bremsdruck im Einzelfall verringert wird, hängt vom jeweiligen Modell ab. Die ersten Antiblockiersysteme hat man in den 60er Jahren in Lastwagen mit Luftdruckbremsen eingebaut. Hier war es verhältnismäßig einfach, etwas Luft durch ein Ventil abzulassen, um den Druck herabzusetzen. Der Luftverlust ließ sich über die Druckbehälter des Fahrzeugs leicht ausgleichen.

Bei Personenwagen mit hydraulischen Bremsen mußte man andere Möglichkeiten finden, denn Bremsflüssigkeit kann man nicht einfach wie Luft ablassen. Daher schaltet man z. B. Kolben ein, die den Druck regulieren, indem sie das Volumen der Flüssigkeit im Hydrauliksystem vergrößern oder verringern.

Ursprünglich stattete man nur Wagen der gehobenen Preisklasse mit Antiblockiersystemen aus. Inzwischen gehören sie jedoch zur Standardausrüstung der meisten Neuwagen.

Sicher in die Kurve *Die beiden Zeitaufnahmen verdeutlichen, was passiert, wenn die Räder eines Autos in einer Kurve beim Bremsen blockieren und der Wagen unkontrolliert zu schleudern anfängt (rechts) oder wenn dank des Antiblockiersystems die Räder in dieser Situation nicht blockieren, so daß man den Wagen problemlos durch die Kurve steuern kann (unten).*

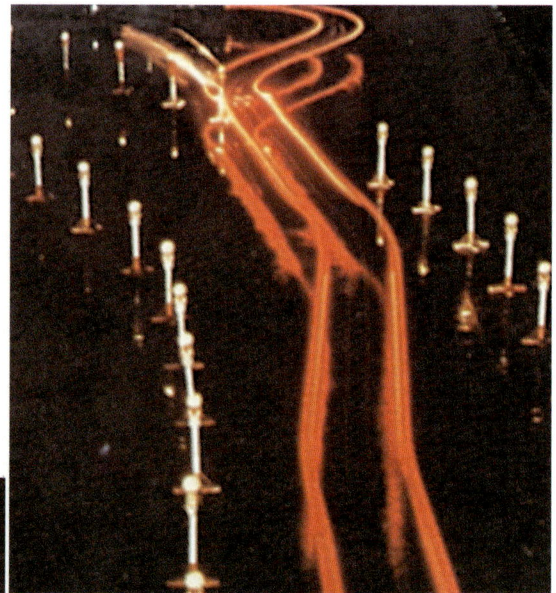

Der Gurt für mehr Sicherheit

Fahrzeug und Insassen bewegen sich immer mit derselben Geschwindigkeit. Wird das Fahrzeug abrupt gestoppt, bewegen sich die Körper der Insassen weiterhin vorwärts. Denn gemäß dem Trägheitsgesetz haben bewegte Körper stets die Neigung, die Bewegung zu erhalten.

Ein automatischer Sicherheitsgurt verhindert zwar die Folgen des Trägheitsgesetzes für die Insassen, seiner Konstruktion aber liegt ebendieses Gesetz zugrunde. Zu seinem Mechanismus gehört ein Pendel, das bei gleichmäßiger Fahrt senkrecht herabhängt. Bei einer jähen Bremsung jedoch schwingt es nach vorn und löst dabei einen Sperrhebel aus, der in eine Verzahnung eingreift und die Gurtrolle blockiert. Der Gurt kann nicht mehr nachgeben und verhindert so, daß der Körper des Insassen nach vorn geschleudert wird.

Beim Anlegen spult man den Sicherheitsgurt gegen den leichten Widerstand einer Feder von der Rolle ab. Die Feder hält den Gurt straff, gestattet aber dennoch genügend Bewegungsfreiheit nach vorn. Zieht man den Gurt jedoch ruckartig heraus, greift der Sperrmechanismus ein und setzt die Feder außer Kraft. Feder und Sperrhebel werden erst wieder bei Lockerung des Gurts gelöst.

Reifen mit und ohne Profil

Autoreifen sind nicht nur ein Luftkissen für die Räder, sondern sorgen auch für einen sicheren Halt auf der Fahrbahn.

Die Lauffläche eines Reifens hat rundum feine Rillen, die das Wasser vom Straßenbelag aufnehmen. Über breitere Zickzackfurchen läuft das Wasser ab, wenn der Reifen weiterrollt. Auf nasser Straße muß ein griffiger Reifen oft mehr als 5 l Wasser in der Sekunde aufnehmen können, um die Bodenhaftung nicht zu verlieren.

Auf einer völlig trockenen Straße ist ein Reifenprofil entbehrlich. Ein glatter Reifen bietet die größtmögliche Auflagefläche auf dem Straßenbelag. Doch wenn man bei nassem Wetter mit glatten Reifen fährt, baut sich der Wasserfilm auf der Straße vor und unter ihnen auf und hebt sie regelrecht von der Fahrbahn ab. Man nennt das Aquaplaning. In einer solchen Situation haben die Reifen die Bodenhaftung verloren, und der Wagen gerät ins Rutschen.

Die meisten Autos müssen bei jedem Wetter fahrtüchtig sein, so daß sie Profilreifen benötigen. Eine Ausnahme bilden Rennwagen. Auf trockener Straße fahren sie mit glatten Reifen, sogenannten Slicks, die die beste Bodenhaftung garantieren. Bei nassem Wetter müssen die Slicks allerdings auch gegen Profilreifen ausgetauscht werden.

Bodenhaftung *Rennreifen ohne Profil (oben) eignen sich nur für völlig trockene Fahrbahnen. Bei nasser Straße muß das Profil eines normalen Autoreifens Wasser aufnehmen und wieder abgeben (unten).*

Beim Alkoholtest muß man Farbe bekennen

Das erste Alkoholtestgerät, das die Polizei von Indianapolis 1939 einführte, entwickelte der amerikanische Arzt Rolla N. Harger. Seit den 60er Jahren prüft die Polizei in vielen Ländern mit derartigen Geräten, ob Autolenker noch fahrtüchtig sind. Denn je mehr Alkohol im Blut ist, desto betäubender wirkt er auf das Nervensystem und desto stärker setzt er das Koordinations- und Reaktionsvermögen herab.

Anfangs bestanden die meisten Alkoholtestgeräte aus einem luftballonähnlichen Plastikbeutel, in dessen Mundstück sich Kristalle befanden, eine orangegelbe Verbindung von Schwefelsäure und Kaliumbichromat. Der Autofahrer wurde aufgefordert, den Beutel aufzublasen; verfärbten sich die Kristalle über eine bestimmte Markierung auf dem Röhrchen hinaus, lag der Fahrer möglicherweise „über der Promillegrenze“ und mußte sich weiteren Kontrollen unterziehen. Denn der Alkohol in seinem Atem hatte sich auf dem Weg durch die Kristalle in Essigsäure verwandelt und bewirkt, daß sich die Verbindung in farbloses Kaliumsulfat und blaugrünes Chromsulfat spaltete.

Heute verwendet die Polizei meist elektronische Alkoholtestgeräte. Der durch das Röhrchen geblasene Alkohol erzeugt einen elektrischen Strom, der um so stärker fließt, je mehr Alkohol vorher durch die Kehle geschüttet wurde. Leuchtet ein grünes Licht auf, so liegt der Alkoholpegel des Fahrers unterhalb der gesetzlich vorgeschriebenen Grenze. Gelbes Licht besagt, daß er sich nahe an der Grenze bewegt, rotes Licht bedeutet, daß er diese Grenze überschritten hat. In diesen beiden Fällen muß sich der Fahrer weiteren Tests unterziehen.

Ein derartiges Alkoholtestgerät ist nicht größer als die Fernbedienung eines Fernsehapparats. Es ist mit einer Brennstoffzelle ausgerüstet, die wie eine Batterie funktioniert. Der Atem strömt durch ein Ventil in die Brennstoffzelle und trifft dort auf eine positiv geladene Platinplatte (Anode), die auf einer mit Schwefelsäure getränkten schwammähnlichen Scheibe liegt. Das Platin bewirkt, daß der Alkohol im Atem zu Essigsäure oxidiert. Dabei verlieren seine Moleküle einige ihrer Elektronen, und durch die Schwefelsäurescheibe beginnt ein elektrischer Strom zu einer negativ geladenen Platte (Kathode) auf der anderen Seite der Zelle zu fließen.

Nebel aus der Sprühdose

Drückt man auf den Knopf einer Spraydose, so öffnet sich ein Ventil am oberen Ende der Sprühröhre und gibt den Weg zur Düse frei. Läßt man den Knopf los, wird das Ventil durch eine Schraubfeder geschlossen. Bei offenem Ventil treibt das unter Druck stehende Gas in der Dose die Dosenflüssigkeit durch die Röhre nach oben, wo sie durch die Düse entweicht.

Eine Spraydose ist bis zu einer gewissen Höhe mit einem konzentrierten Sprühprodukt – z. B. Farbe oder Haarspray – gefüllt, das dann mit Treibgas unter Druck gesetzt wird. Als Treibgas verwendet man meist Kohlenwasserstoffe, die einen niedrigen Siedepunkt haben und leicht ihren Aggregatzustand – von flüssig zu gasförmig oder umgekehrt – verändern. In Spraydosen kommt das Treibgas hauptsächlich in flüssigem Zustand vor und dient als Lösungs-

Spraydose *Bei Knopfdruck öffnet sich ein Ventil. Der Gasdruck treibt die Flüssigkeit durch eine Röhre zur Düse.*

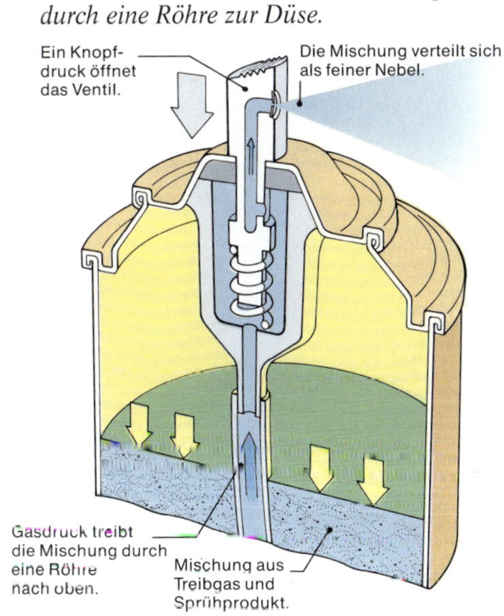

oder Trägermittel für das eigentliche Produkt. Bei dem Sprühvorgang verringert sich der Druck in der Dose. Dadurch kann sich das flüssige Treibmittel ausdehnen und wird teilweise gasförmig. An der Luft verdampft der flüssige Anteil des Treibgases, da der Druck außerhalb der Dose niedriger ist als innerhalb.

Gefahr für die Ozonschicht

Früher hat man hauptsächlich Fluorchlorkohlenwasserstoffe (FCKW), organische Verbindungen mit Chlor und Fluor, als Treibgas verwendet. Inzwischen sind die FCKW jedoch in Mißkredit geraten, da sie die Ozonschicht der Atmosphäre angreifen.

Die FCKW steigen nämlich hoch in die Atmosphäre hinauf und sammeln sich dort. Durch die intensive Sonnenbestrahlung spalten sie Chloratome ab, die ihrerseits die Ozonmoleküle der Ozonschicht in Sauerstoff verwandeln. Wissenschaftler entdeckten im Oktober 1987 über der Antarktis ein Loch in der Ozonschicht, das vorübergehend die Größe der USA erreichte. Und zwei Jahre später stellte man fest, daß auch die Ozonschicht über der Arktis äußerst dünn geworden war.

Die Ozonschicht aber ist für das Leben auf der Erde unentbehrlich, denn sie filtert den Großteil der gefährlichen ultravioletten (UV-)Strahlung aus dem Sonnenlicht. Ein Anstieg der UV-Strahlung auf der Erde zerstört Zellen und kann beim Menschen zu Hautkrebs, bei Pflanzen zu einer Verringerung der Samenproduktion führen.

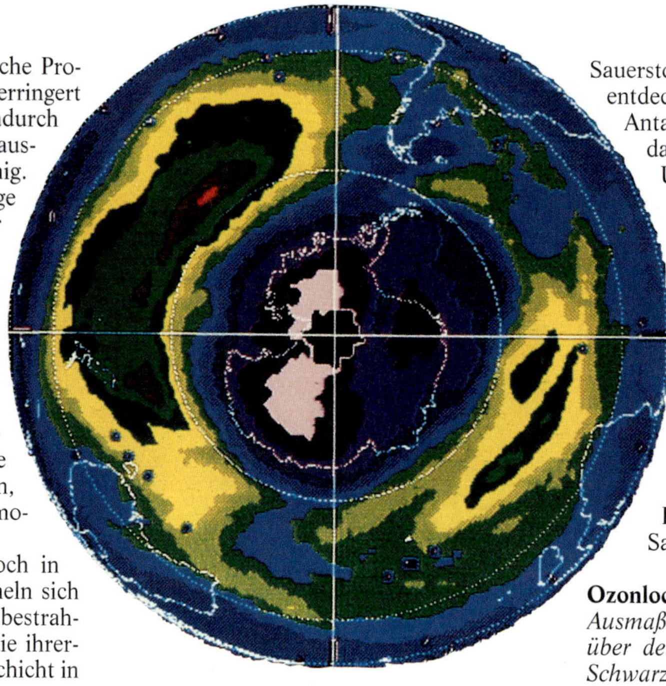

Ozonloch *Die Satellitenkarte zeigt die Ausmaße des Lochs in der Ozonschicht über der Antarktis in den Farben Rosa, Schwarz und Purpur.*

Unkrautvernichtung: Wie moderne Mittel wirken

Als Unkraut bezeichnet man Pflanzen, die an der falschen Stelle wachsen. Da Unkraut den Nutzpflanzen Platz, Licht und Nährstoffe streitig macht, deren Wachstum beeinträchtigt oder sie sogar ganz verdrängt, versuchen Bauern und Gärtner, es auszumerzen.

Bis zum Ende des 19. Jh. bekämpfte man das Unkraut, indem man es jätete oder durch Fruchtwechsel seine Ausbreitung verhinderte. 1896 setzte man in Frankreich erstmals chemische Mittel ein: Man besprühte junges Getreide mit Kupfersulfat, um den auf den Kornfeldern üppig wuchernden Ackersenf zu vernichten. Das Kupfersulfat wirkte selektiv, denn der giftige Sprühregen schlug sich vor allem auf den breiten, waagrecht wachsenden Blättern des Ackersenfs nieder und ließ sie verdorren, während die Getreideschößlinge mit ihren schmalen, aufgerichteten Blättern nur wenig davon abbekamen.

Moderne Herbizide vernichten das Unkraut, indem sie dessen eigenes Wachs-

Giftiger Sprühregen *Der Großteil der Hundskamille in diesem Gerstenfeld ist einem selektiven Herbizid zum Opfer gefallen; nur ein Streifen, den der giftige Sprühregen nicht erreicht hat, ist stehengeblieben.*

tumssystem ausnutzen. Man verwendet Chemikalien, die den Wachstumshormonen des Unkrauts entsprechen, und läßt damit die Pflanzen derart schnell hochschießen, daß sie sich vorzeitig verausgaben und bald eingehen.

Derartige Hormongifte werden seit 1945 entwickelt. Am weitesten verbreitet sind MCPA und 2,4-D – die Bezeichnungen sind Kurzformen für die chemischen Wirkstoffe. Diese beiden Substanzen wirken ebenfalls selektiv, nämlich nur auf breitblättrige Pflanzen, während Gräser und Getreide, deren Hormone anders strukturiert sind, unangetastet bleiben.

Wildwachsenden Hafer, der sich in einem Getreidefeld breitzumachen droht, kann man nicht mit einem Hormongift bekämpfen, denn in diesem Fall ähneln sich die Hormone der beiden Pflanzen zu stark. Daher entwickelten die Wissenschaftler ein Herbizid, das sich die unterschiedliche Keimung der Samen der Wild- und der Kulturpflanzen zunutze macht. Das Unkrautvertilgungsmittel wird nach dem Säen in die oberste Bodenschicht eingebracht. Da die Keimlinge des wilden Hafers sehr früh sprießen, erreichen sie die behandelte Bodenschicht in einer Zeit, in der diese noch sehr viel Gift enthält. Das Herbizid greift die Keimlinge an und vernichtet die Pflanzen. Die Nutzpflanzen dagegen stoßen erst später zu der giftigen Bodenschicht durch, wenn die Wirksamkeit des Unkrautvertilgers bereits nachgelassen hat. Außerdem haben die Triebe inzwischen eine Schutzhülle gebildet.

Die Erforschung der physiologischen Struktur und des Wachstums von Pflanzen hat zur Entwicklung von Hunderten von unterschiedlichen Unkrautvertilgungsmitteln geführt, die selektiv auf die verschiedensten Pflanzen wirken.

Inzwischen hat man allerdings erkannt, daß diese Gifte letztlich mehr Schaden anrichten, als sie nutzen, und verzichtet zugunsten einer gesunden Umwelt wieder weitgehend auf ihre Anwendung.

Der bienenfreundliche Blattlauskiller

Ob grün oder schwarz – es gibt viele hundert Arten von Blattläusen, die oft zu Tausenden an jungen Trieben und Blättern sitzen, um Pflanzensaft zu saugen. Im Sommer pflanzen sich die weiblichen Blattläuse in Parthenogenese, also ohne Beteiligung der Männchen, fort und produzieren innerhalb eines Monats jeweils bis zu 100 000 Nachkommen. Man kann Blattläuse durch eine Reihe von Insektiziden vernichten, doch viele dieser Schädlingsbekämpfungsmittel töten auch Marienkäfer und Florfliegen, die natürlichen Feinde der Blattlaus, sowie – vor allem bei nicht ganz sachgemäßer Anwendung – die die Blüten bestäubenden Bienen. Es gibt allerdings auch komplexe chemische Mittel, die nur gegen Blattläuse wirksam werden, andere Insekten aber verschonen. Besprüht man die Blattläuse damit, dringen sie in deren Haut ein. Die Moleküle dieser Mittel blockieren die Acetylcholinesterase, ein lebenswichtiges Enzym der Blattläuse, das giftige Stoffe auflöst, die das Nervensystem der Pflan-

Chemische Keule *Blattläuse verspeisen eine Brennessel, und Marienkäfer verspeisen die Blattläuse. Es gibt Insektizide, die die Blattläuse töten, ohne die Marienkäfer zu schädigen, die eine wesentliche Rolle bei der natürlichen Eindämmung der Schädlinge spielen.*

zensauger produziert. Unterbindet man die Wirkung dieses Enzyms, sterben die Läuse sehr rasch. Da bei Florfliegen und Marienkäfer das entsprechende Enzym anders strukturiert ist, sind sie von den Mitteln weniger betroffen.

Doch nicht nur die direkt besprühten Blattläuse werden durch das Insektizid vernichtet. Seine Dämpfe sind ebenfalls tödlich. Darüber hinaus reichert es sich im Pflanzensaft an und vergiftet somit die saftsaugenden Läuse auch noch zwei Wochen nach der Sprühaktion.

Dennoch: Jedes Insektizid birgt Gefahren für Mensch und Tier. Daher greift man heute wieder verstärkt zu biologischen statt chemischen Mitteln.

Metalle erinnern sich an Formen

Wie von Geisterhand öffnen sich Gewächshausfenster, wenn die Temperatur ansteigt, und schließen sich wieder, wenn es kälter wird. Das Geheimnis sind Metalle mit Erinnerungsvermögen oder Memory-Legierungen. Bei einer bestimmten Temperatur geformt und später bei einer anderen verändert, kehren sie in ihren Originalzustand zurück, sobald die ursprüngliche Temperatur wieder erreicht ist.

Veränderliche Formen

Daß Legierungen ein Erinnerungsvermögen haben können, entdeckte man zu Beginn unseres Jahrhunderts. Metallurgen beobachteten, daß die verbesserten Eigenschaften von gehärtetem Stahl – einer Legierung aus Eisen und Kohlenstoff – auf eine Veränderung der Kristallstruktur zurückzuführen sind, die beim Abkühlen des Stahls nach der Formgebung eintritt. Man nannte diesen veränderten Zustand des Stahls nach dem deutschen Ingenieur Adolf Martens Martensit.

Die meisten Legierungen kann man in dieses Martensit-Stadium versetzen und dazu bringen, zwei unterschiedliche Formen anzunehmen, indem man sie abwechselnd erwärmt, abkühlt, verformt und abermals erwärmt. Nach dieser Behandlung „erinnert" sich die Legierung an beide Formen und kann praktisch unbeschränkt von der einen in die andere wechseln.

Praktische Verwendung finden solche Speziallegierungen u. a. im Flugzeugbau. So werden die Verbindungsmuffen von Hydraulikleitungen absichtlich zu klein hergestellt, dann weit unter Raumtemperatur abgekühlt und gedehnt, bis man sie ohne Schwierigkeiten auf die Rohrleitung schieben kann. Erwärmt man sie dann wieder, nehmen sie ihre ursprüngliche Form an – und sitzen fest an den Leitungsenden.

Im Dienst der Gesundheit

In der Medizin verwendet man sehr häufig die Legierung Nitinol. Der Name leitet sich von den beiden verwendeten Metallen Nikkel und Titan und dem Naval Ordnance Laboratory in Silver Spring, Maryland, ab, wo diese Verbindung entwickelt wurde.

Bruchstellen von Knochen werden meist mit Nitinolplatten überbrückt. Man kühlt diese Platten zunächst ab, um sie zu strekken, bevor man sie an den Knochen schraubt. Durch die Körpertemperatur erwärmt, schrumpfen dann die Platten und ziehen die beiden Knochenenden dicht zusammen. Eine ähnliche Funktion erfüllt ein aus Nitinol bestehender Schaft beim Einsetzen künstlicher Hüftgelenke. Bei Körpertemperatur erweitert sich der Schaft der Prothese, so daß zwischen Oberschenkelknochen und künstlichem Hüftgelenk eine feste Verbindung entsteht. Rückgratverkrümmungen können heute ebenfalls durch Einsetzen von Nitinolstäben in die Wirbelsäule korrigiert werden.

Drähte aus Nitinol verwendet man auch für Zahnspangen und als Filter, damit Blutgerinnsel nicht ins Herz gelangen. Der Filter wird zunächst gekühlt, damit man ihn in die zum Herzen führende Hauptvene einsetzen kann. Sobald der warme Blutstrom dann durch den Filter fließt, dehnt er sich wieder in seine ursprüngliche Form aus.

Pünktlich auf die Minute: Zeitschaltuhren

Wenn der Radiowecker den Schläfer mit Musik weckt oder sich der Herd selbsttätig einschaltet, dann ist meist eine Digitalschaltuhr am Werk.

Das Herz einer solchen Schaltuhr ist ein Quarzkristall, der – mit einer Batterie oder dem Stromnetz verbunden – in einer gleichbleibenden Frequenz schwingt. Die Schwingungen lösen regelmäßige elektrische Impulse aus, die auf ihrem Weg durch die Schaltkreise eines Mikrochips die Digitalanzeige der Uhr betätigen.

In einem Mikroprozessor speichert die Schaltuhr die Zeiten, zu denen sich das Radio, der Herd oder ein anderes Gerät einschalten soll. Dieser Mikroprozessor vergleicht nun ständig die gespeicherte Zeit mit der auf der Uhr angegebenen Zeit.

Zur Einschaltzeit löst der Mikroprozessor ein elektronisches Signal aus, das in einem Transistorschaltkreis verstärkt und zu einem Relais weitergeleitet wird. Hier bewegt ein kurzer Stromstoß einen Metallkontakt, der das jeweilige Gerät an das Netz anschließt.

Alarmanlagen auf der Jagd nach Einbrechern

Mittelalterliche Burgen waren mit Fallgruben und Falltüren gegen Eindringlinge geschützt, denen man obendrein noch heißes Pech auf den Kopf schüttete. Heute kann man Gebäude auf andere Weise gegen mögliche Einbrecher sichern, indem man Flutlicht- oder Alarmanlagen einbaut.

Außensicherungen

Das erste Hindernis, das ein Einbrecher auf dem Weg zum Haus überwinden muß, ist ein strategisch günstig angebrachter Infrarotdetektor, der auf Temperaturänderungen reagiert, die durch Körperwärme hervorgerufen werden. Sobald sich jemand dem Haus nähert, schaltet ein Sensor in dem Detektor die Außenscheinwerfer an. Harmlosen Besuchern wird so der Weg zum Haus erleuchtet, potentielle Einbrecher indes scheuen das Licht.

Der Sensor besteht aus einem pyroelektrischen Keramikmaterial, z. B. aus Turmalin, das sich elektrisch auflädt, wenn es warm wird. Das Gerät ist so beschaffen, daß der Sensor nur auf die durch Körperwärme verursachten Temperaturänderungen, nicht aber auf wetter- und klimabedingte Temperaturschwankungen reagiert.

Schafft es ein Einbrecher, die Außenlichtsicherung zu umgehen, stößt er als nächstes auf die mit einer Alarmanlage verbundene Haustür. Zwischen Tür und Rahmen ist ein Magnetschalter eingebaut; bei geschlossener Tür halten zwei Kontakte den Schaltkreis geschlossen, der elektronisch mit einer Alarmanlage verbunden ist. Öffnet jemand unbefugt die Tür und unterbricht auf diese Weise den Schaltkreis, löst er den Alarm aus.

Versucht der Einbrecher, die Tür mit einem Stemmeisen oder einem Bohrer zu öffnen, so kann ihm ein Erschütterungsdetektor zum Verhängnis werden. In diesem Gerät ruht eine Kugel auf feinen Metallstiften, die mit einem Mikrochip verbunden sind. Der Chip ist so programmiert, daß er auf normale Vibrationen – z. B. durch Wind oder Straßenverkehr – nicht reagiert. Wenn jedoch die Kugel bei stärkeren Erschütterungen zu hüpfen anfängt, löst er den Alarm aus.

Innensicherungen

Ist es dem Einbrecher dennoch gelungen, in ein Haus einzudringen, so erwarten ihn dort möglicherweise verschiedene Innensicherungen. Er kann über Trittmatten, die unter dem Teppich verborgen sind, die Alarmanlage auslösen. Derartige Trittmatten bestehen aus zwei Metallplatten oder

-folien, die durch eine Weichplastikschicht getrennt werden. Tritt man darauf, werden die beiden Platten oder Folien zusammengepreßt, wodurch sich ein Stromkreis schließt und der Alarm ausgelöst wird.

Oder er gerät ins Blickfeld eines sogenannten magischen Auges, einer Fotozelle, auf die ein unsichtbarer Infrarotstrahl gerichtet ist. Wird der Strahl unterbrochen, tritt die Alarmanlage in Aktion.

Andere Innensicherungen arbeiten mit Ultraschall (für das menschliche Ohr nicht wahrnehmbar) oder Mikrowellen (Hochfrequenzfunkwellen): Ein sogenannter Umwandler sendet Wellen mit einer bestimmten Frequenz (mit einer bestimmten Schwingungszahl pro Sekunde) aus; diese Wellen werden von den Gegenständen im Raum wieder zum Gerät zurückgeworfen. Bewegt sich etwas oder jemand in dem Zimmer, werden die reflektierten Wellen gebündelt oder auseinandergezogen, wodurch sich ihre Frequenz ändert. Ein Sensor registriert die Frequenzänderung und gibt sie als Signale an einen Mikrochip weiter, der anhand dieser Signale bestimmen kann, wer oder was sich hier bewegt. Entsprechen die Signale einem Menschen, löst der Mikrochip Alarm aus.

Gebräuchlicher sind Infrarotsysteme, ähnlich dem zur Einschaltung der Außenbeleuchtung. Ein Spiegelsystem oder ein Spezialobjektiv im Detektor teilt den Raum in verschiedene Beobachtungsbereiche auf. Betritt oder verläßt etwas diese Bereiche, dessen Eigentemperatur über der Raumtemperatur liegt, erzeugt es eine bestimmte Spannung, die den Detektor veranlaßt, die Alarmanlage einzuschalten.

Nähmaschinen: zwei Fäden, ein Stich

1830 konstruierte der französische Schneider Barthélemy Thimonier die erste brauchbare Nähmaschine: Sie arbeitete mit Kettenstichen, einer Reihe miteinander verbundener Schlingen, die aus einem Faden gebildet wurden. Das drei Jahre später von dem amerikanischen Erfinder Walter Hunt entwickelte Modell dagegen arbeitete mit zwei Fäden und erzeugte einen Steppstich. Hunts Konstruktion war der Vorläufer der Haushaltsnähmaschine, die Isaac Merritt Singer 1851 auf den Markt brachte und die zum Renner in den häuslichen Nähstuben wurde.

Bis heute basieren die Haushaltsnähmaschinen auf demselben Prinzip wie Singers Maschine. Das Öhr der Maschinennadel befindet sich an deren Spitze und führt den Faden, der von einer Rolle am oberen Teil der Maschine kommt. Der Unterfaden läuft aus einer Spule in einem Schiffchen, das sich im unteren Teil der Maschine befindet. Dieser Faden bleibt an der Unterseite des Gewebes, wo er fortwährend mit den Schlingen verknüpft wird, die die Nadel mit dem Oberfaden erzeugt.

Tretplatte und Kurbel, mit denen man einst die Maschinen antrieb, sind heute einem Elektromotor gewichen. Ferner werden moderne Geräte über Siliciumchips gesteuert, so daß man auch maschinell Knöpfe annähen, säumen und Reißverschlüsse einsetzen sowie mit Hilfe von 20 und mehr verschiedenen Sticharten sticken, stopfen und fälteln kann.

Auch die Nähgeschwindigkeit der Haushaltsmaschinen hat sich im Lauf der Entwicklung erhöht – von ursprünglich 20 auf 800–1000 Stiche pro Minute. In den Fabriken jedoch hält man sich immer noch an Thimoniers alten Kettenstich, weil er gestattet, noch schneller zu nähen, nämlich mit rund 7000 Stichen pro Minute.

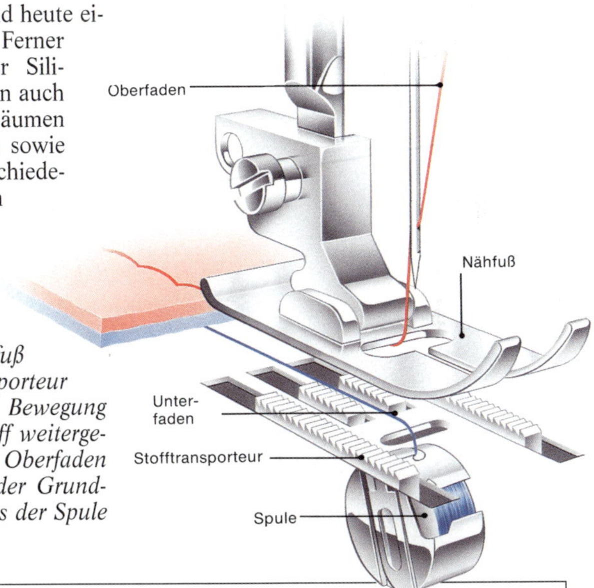

Das Grundprinzip *Man legt den Stoff zwischen den Nähfuß und den gezahnten Stofftransporteur der Nähmaschine. Durch die Bewegung des Transporteurs wird der Stoff weitergeschoben. Die Nadel mit dem Oberfaden sticht durch einen Schlitz in der Grundplatte. Der Unterfaden wird aus der Spule geholt.*

Maschinenkunst *Mit Nähmaschinen kann man heute auch kunstvolle Stickereien anfertigen. Dabei bestimmt man die Nährichtung nach eigenem Gutdünken, indem man den Stofftransporteur ausschaltet.*

EIN STEPPSTICH AUF DER NÄHMASCHINE

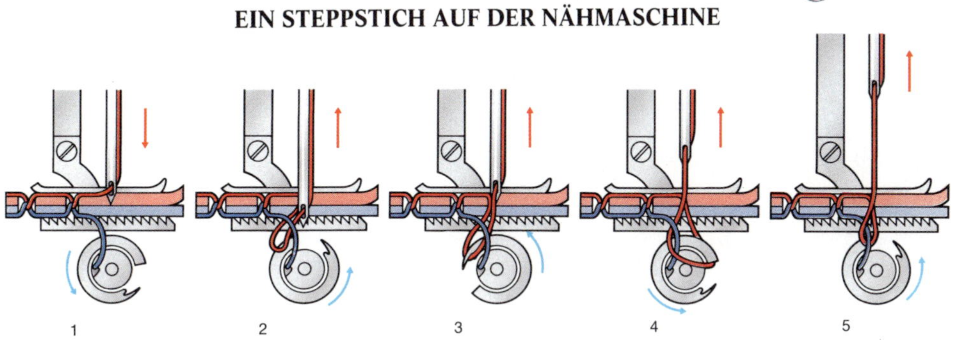

Die Nadel mit dem Faden durchsticht das Gewebe bis auf Höhe der Spule (1). Beim Hochziehen der Nadel bildet sich eine Fadenschlinge (2). Das Schiffchen, das sich um die untere Spule dreht, erfaßt die Schlinge und führt sie um den Unterfaden herum (3), bis sie vom Schiffchen wieder abrutscht (4). Die hochsteigende Nadel zieht den Faden an (5).

Warum Stahlschiffe schwimmen

Ausgerechnet in der Badewanne machte vor rund 2200 Jahren der griechische Mathematiker Archimedes eine Beobachtung, die ihn schließlich das Prinzip des Auftriebs erkennen ließ, den Grund, warum selbst Schiffe aus Stahl mit einem Gewicht von Tausenden von Tonnen auf dem Wasser schwimmen können.

Als er sich in der Wanne niederließ, beobachtete er, wie sein Körper das Wasser verdrängte und über den Wannenrand schwappen ließ. Schlagartig wurde ihm klar, daß ein Zusammenhang zwischen seinem Körperumfang und -gewicht und der verdrängten Wassermenge bestehen mußte. Von dieser Erkenntnis überwältigt, soll er nackt, wie er war, auf die Straße gestürzt sein und „Heureka!“ (Ich hab's gefunden!) gerufen haben.

Das Problem, dessen Lösung Archimedes in der Badewanne eingefallen war, hatte zunächst nichts mit Schiffen und ihrer Schwimmfähigkeit zu tun. König Hieron II. von Syrakus hatte eine neue Krone bekommen und wollte von Archimedes wissen, ob sie aus purem Gold oder mit Silber versetzt war. Da Gold schwerer ist als Silber, muß eine mit Silber versetzte Krone ein größeres Volumen haben als eine reine Goldkrone gleichen Gewichts. Um das Volumen der Krone festzustellen, verglich Archimedes die Wassermenge, die sie verdrängte, mit der, die ein gleich schweres Stück Gold beiseite drückte. Hierons Krone war zweifelsfrei nicht aus reinem Gold.

Das Prinzip des Auftriebs

Archimedes setzte seine Versuche fort und erkannte das Prinzip des Auftriebs: Ein Körper schwimmt dann, wenn das Gewicht des Wassers, das er verdrängt, gleich seinem eigenen Gewicht ist. Die Schwimmeigenschaft eines Körpers hängt jedoch auch von der Verteilung seines Gewichts ab. Ein massives Stück Stahl geht im Wasser unter; formt man jedoch ein gleich schweres Stück Stahl zu einer Schale, wird das Gewicht auf eine größere Fläche verteilt. Dadurch kann die Schale soviel Wasser verdrängen, wie sie selbst wiegt. Dieses Prinzip erklärt, warum auch schwere Stahlschiffe schwimmen. Tiefladelinien zeigen an, wie tief sie maximal ins Wasser eintauchen, d.h., wie schwer sie beladen werden dürfen, damit der Auftrieb größer bleibt als ihr Gewicht.

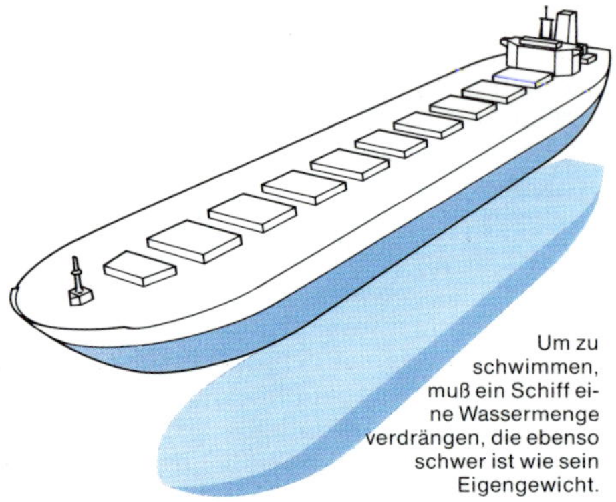

Wasserverdrängung *Archimedes erkannte, daß ein Körper dann schwimmt, wenn er so geformt ist, daß die verdrängte Wassermenge seinem Gewicht entspricht.*

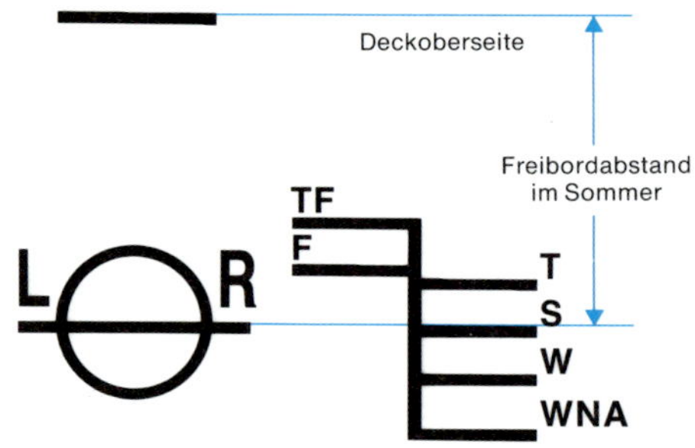

Tiefladelinien *Diese Linien geben den maximal erlaubten Tiefgang eines Schiffs an. Hier die Bordmarkierung von Lloyd's Register of Shipping (LR): Die Mittellinie des Kreises liegt hier auf gleicher Höhe mit der Sommerladelinie (S). Andere Marken bezeichnen die Ladelinien in ruhigen tropischen Gewässern (T) oder für winterliche Schlechtwetterzonen (W).*

Gigant der Meere *1986 lief die* Berge Stahl *vom Stapel. Sie ist über 340 m lang und hat eine Ladekapazität von rund 360 000 t.*

SCHIFFSGRÖSSEN UND -GEWICHTE

Der größte Flugzeugträger der Welt, die *Nimitz* der amerikanischen Marine, ist 333 m lang und hat eine Verdrängungstonnage von über 91 500 t. Darunter versteht man das Gewicht des vollbeladenen Schiffes. Die Größen von Fracht- und Passagierschiffen drückt man in anderen Maßeinheiten aus.

Die norwegische *Berge Stahl*, der größte Frachter der Welt für trockene Ladung, hat ein Gewicht von etwa 360 000 t Deadweight (tdw). Diese Tonnagebezeichnung bezieht sich allein auf das Ladevermögen des Schiffs; sein Eigengewicht bleibt dabei unberücksichtigt.

Das weltgrößte Passagierlinienschiff, die *Sovereign of the Seas*, hat 73 200 Bruttoregistertonnen (BRT). Die Bruttotonnage hat nichts mit dem Gewicht des Schiffs zu tun, sondern gibt vielmehr das Volumen seines gesamten Innenraums an, wobei 1 BRT etwa 3 m^3 entspricht.

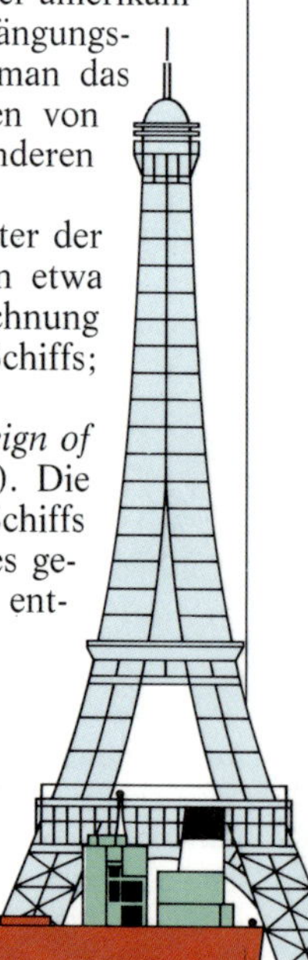
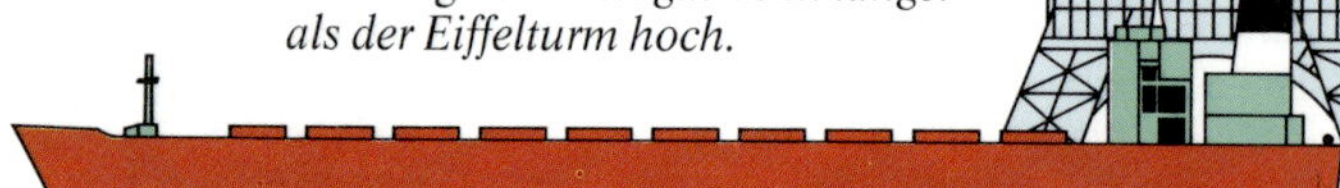

Die Berge Stahl *ist gut 40 m länger als der Eiffelturm hoch.*

Wochenlang unter Wasser: atomgetriebene U-Boote

Mehr als 150 Jahre trennen das erste Ganzmetall-U-Boot *Nautilus*, das der Amerikaner Robert Fulton 1801 fertigstellte, von dem gleichnamigen ersten Atom-U-Boot der amerikanischen Marine, das im September 1954 in Dienst gestellt wurde. Die alte *Nautilus* hatte drei Mann Besatzung und konnte vier Stunden tauchen; ihre atomgetriebene Namensschwester dagegen hatte mehr als 100 Mann an Bord und konnte wochenlang unter Wasser bleiben.

Bis in die 50er Jahre hinein wurden U-Boote generell bei Überwasserfahrt von luftabhängigen Dieselmotoren, bei Unterwasserfahrt von batteriegespeisten Elektromotoren angetrieben. Sie konnten maximal 150 Seemeilen (knapp 280 km) unter Wasser zurücklegen, dann mußten sie auftauchen und die Dieselmotoren laufen lassen, um die Batterien wieder aufzuladen.

Die Entwicklung des atomaren Antriebs erweiterte den Aktionsradius der U-Boote unter Wasser enorm, denn ein Atomreaktor braucht keine Luft. Der mit Uranbrennstäben betriebene Druckwasserreaktor entwickelt Wärme, mit der Wasserdampf erzeugt wird. Dieser wiederum setzt Dampfturbinen in Gang, die das U-Boot antreiben und den an Bord benötigten Strom erzeugen.

Aber um wochenlang unter Wasser bleiben zu können, braucht man in einem U-Boot auch Frischwasser und Frischluft. Frischwasser destilliert man aus Meerwasser. Die Atemluft wird ständig umgewälzt und dabei gereinigt sowie mit Sauerstoff angereichert, den man ebenfalls aus dem Meerwasser gewinnt, indem man elektrischen Strom hindurchschickt, der Wasserstoff- und Sauerstoffatome trennt. Mit Druckluft arbeiten die Torpedorohre, und mit ihr wird auch das Wasser aus den Ballasttanks herausgeblasen, wenn das U-Boot wieder auftauchen soll.

U-Boote einst und jetzt *Das amerikanische Atom-U-Boot* Whale *durchbricht beim Auftauchen die Eisschicht am Nordpol (oben). Im Gegensatz zu seinem dampfgetriebenen Vorgänger aus dem Jahr 1879 (kleines Bild oben links), der nur wenige Kilometer unter Wasser zurücklegen konnte, kann die* Whale *wochenlang auf Tauchfahrt bleiben.*

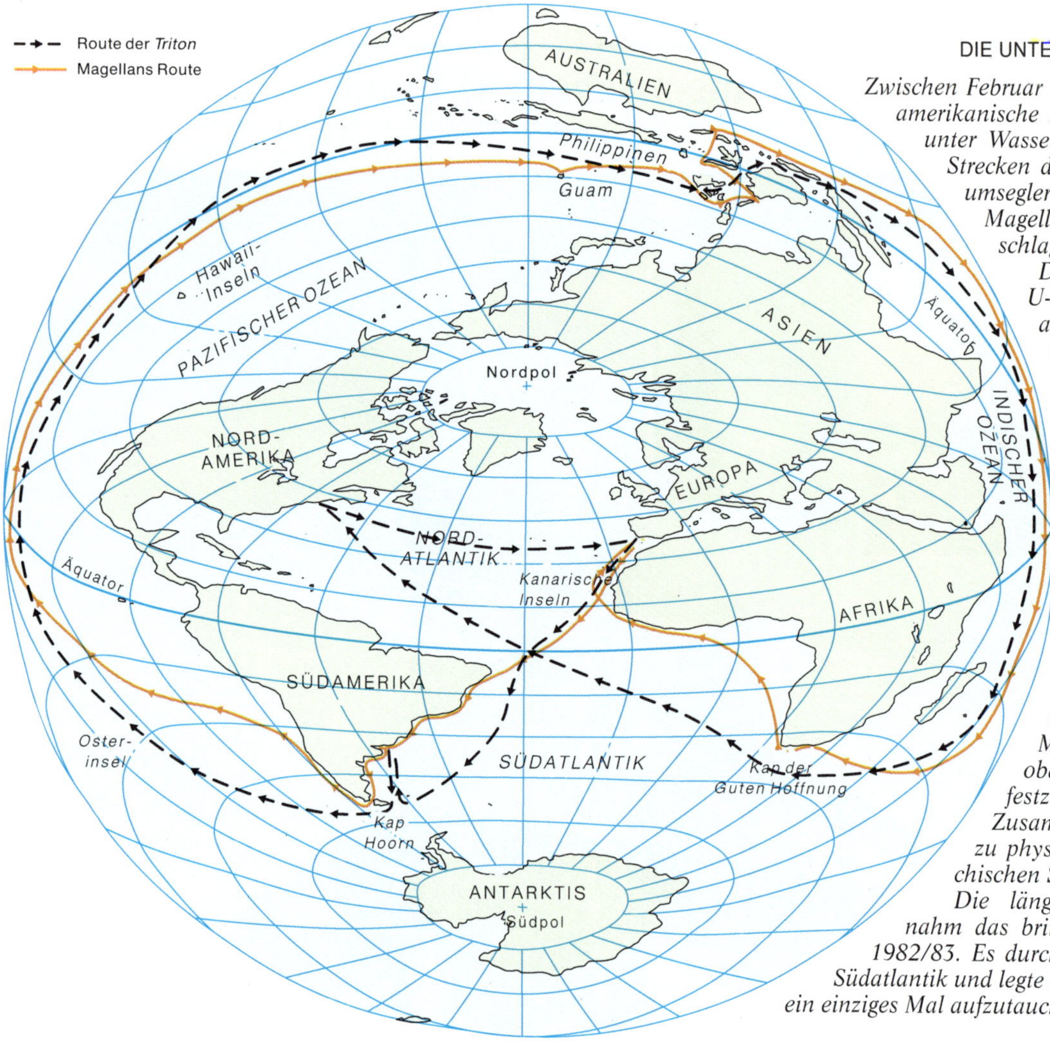

DIE UNTERWASSERFAHRT DER *TRITON*

Zwischen Februar und Mai 1960 umschiffte das amerikanische Atom-U-Boot Triton *die Erde unter Wasser. Es folgte dabei über weite Strecken dem Kurs, den der erste Weltumsegler, der Portugiese Ferdinand Magellan, Anfang des 16. Jh. eingeschlagen hatte.*

Die Triton, *das erste Atom-U-Boot der Welt mit zwei Reaktoren, brauchte für knapp 67000 km zwölf Wochen; Magellans Schiffe waren drei Jahre unterwegs gewesen. Während ihrer Reise fuhr die* Triton *niemals über Wasser. Die U-Boot-Crew bestand aus 175 Mitgliedern. Außerdem befanden sich acht Wissenschaftler an Bord, die Experimente mit der Druckluft- und Sauerstoffregelung durchführten sowie mögliche Probleme eines Langzeitaufenthalts unter Wasser untersuchten. Mediziner und Psychologen beobachteten die Mannschaft, um festzustellen, ob ein solch langes Zusammenleben auf engem Raum zu physischen Krankheiten oder psychischen Störungen führt.*

Die längste Unterwasserfahrt unternahm das britische Atom-U-Boot Warspite *1982/83. Es durchstreifte 16 Wochen lang den Südatlantik und legte dabei 56000 km zurück, ohne ein einziges Mal aufzutauchen.*

IM INNEREN EINES ATOM-U-BOOTS

Moderne Atom-U-Boote sind so lang wie ein Fußballfeld – etwa 90 m. An Bord leben rund 140 Mann, die schichtweise Dienst tun. Die Kantine dient außerhalb der Essenszeiten als Freizeitraum oder Kino.

Antriebskraft Man verwendet die im Kernreaktor entstehende Wärme, um Dampf für den Antrieb der Turbinen zu erzeugen, die die Schraubenwelle des Schiffs drehen.

Kernwaffen Manche U-Boote tragen Langstreckenraketen, die auf Ziele an Land gerichtet sind. Sie werden in senkrecht stehenden Rohren gelagert.

Steuerzentrale Hier wird das Schiff navigiert und gesteuert, und von hier werden auch die Geschütze abgefeuert. Zwei Steuermänner überwachen die Geräte, die Kurs, Geschwindigkeit und Tauchtiefe anzeigen.

Geschütze 6 m lange Torpedos schießen aus Bugrohren auf Ziele im Wasser zu. Die Zieleinstellung ist computergesteuert. Aus denselben Rohren werden auch Geschosse abgefeuert, die gegen Schiffe über der Wasseroberfläche gerichtet sind.

Die Navigation eines U-Boots unter Wasser

U-Boote bewegen sich oft wochenlang nur in den Tiefen des Meeres, können sich also nicht am Stand von Sonne, Mond und Sternen orientieren. Und dennoch können sie ihren jeweiligen Standort unter Wasser bis auf 100 m genau bestimmen.

Möglich wird dies durch moderne, computergesteuerte Trägheits- oder Inertialnavigationssysteme. Jedes U-Boot verfügt über mindestens zwei solcher Systeme, die unabhängig voneinander arbeiten. Es handelt sich dabei um eine moderne Form der Koppelnavigation, d. h., man orientiert sich, indem man die Entfernung vom Ausgangspunkt der Fahrt und die Fahrtrichtung genau berechnet.

Das Trägheitsnavigationssystem wird absolut waagrecht gehalten und zeigt mit Hilfe von Kreiseln – unabhängig von der Lage des U-Boots – immer in dieselbe Richtung. Zu Beginn einer Fahrt gibt man die exakte Position des Schiffs in den Computer ein. Beschleunigungsmesser registrieren jede Bewegung sowie die Richtung, in die sie erfolgt. Aus diesen Werten errechnet dann der Computer die Gesamtentfernung und die Hauptrichtung, so daß die jeweilige Position stets abgerufen werden kann.

Trägheitsnavigationssysteme arbeiten mit nur geringen Ungenauigkeiten, doch diese summieren sich mit der Zeit, so daß man sie regelmäßig korrigieren muß. Dies geschieht mit Hilfe von Funksignalen, die Weltraumsatelliten des amerikanischen *NAVSTAR* Global Positioning System (GPS) aussenden. Dazu muß das Boot jedoch zumindest teilweise auftauchen.

Die Satelliten funken die genauen Daten ihrer Umlaufbahn und das Zeitsignal einer Atomuhr zur Erde. Vergleicht man das Zeitsignal mit der Uhr an Bord des U-Boots, kann man feststellen, wie lange das Signal für seinen Weg gebraucht hat. Da sich Funkwellen mit einer Geschwindigkeit von rund 300 000 km pro Sekunde bewegen, können die Navigatoren aus der Laufzeit des Signals die Entfernung des Schiffs von dem Satelliten bestimmen. Die Entfernungsbestimmung von drei Navigationssatelliten ergibt – bis auf 500 m genau – die Position des U-Boots.

Im Lauf der 90er Jahre soll der letzte von insgesamt 18 GPS-Satelliten in seine Umlaufbahn um die Erde geschossen werden. Er wird die Erde einmal in zwölf Stunden umrunden. Damit ist sichergestellt, daß zu jeder beliebigen Zeit mindestens vier Satelliten zur Standortbestimmung von U-Booten zur Verfügung stehen.

Das GPS-System hat faktisch ältere Navigationsverfahren wie z. B. das OMEGA-System abgelöst. Letzteres benutzt man jedoch noch als Zusatzsystem. Zu OMEGA gehören acht Funkstationen, die rund um die Erde verteilt sind – sie stehen in Japan, auf Hawaii, in Australien, Argentinien, North Dakota, Norwegen, Liberia und Réunion – und die im Längstwellenbereich senden, so daß die Signale überall auf der Welt empfangen werden können. Diese werden zeitlich aufeinander abgestimmt, und aus den Abständen, mit denen sie eintreffen, kann man die Position eines U-Boots bis auf rund 3 km genau errechnen.

Luft zum Atmen in extremen Höhen und Tiefen

Könnte man mit einem Ballon hoch in den Himmel hinaufsteigen, würde man – falls man keine besonderen Vorkehrungen getroffen hätte – bereits ab einer Höhe von 3000–4000 m Kopfschmerzen und Atemnot bekommen.

Überginge man diese Warnzeichen und stiege noch weiter auf, so würden sich zwischen 5000 und 7000 m die Symptome der sogenannten Höhenkrankheit verstärken: Die Kopfschmerzen würden immer unerträglicher, die Atemnot nähme zu, so daß man das Gefühl hätte zu ersticken; Übelkeit bis zum Erbrechen träte hinzu. Schließlich würde man bewußtlos, und wenn der Ballon die 7000-m-Marke unter sich ließe, träte der Höhentod ein.

Die Höhenkrankheit wird durch den sich mit zunehmender Höhe verringernden Sauerstoffgehalt der Luft sowie durch den gleichfalls sinkenden Luftdruck verursacht. Normalerweise atmet der Mensch bei einem Luftdruck von 1 kg/cm². Bei diesem Druck kann das Blut Sauerstoff aufnehmen und ihn zu den Zellen weiterleiten. Steigt man aber in die Höhe, wird nicht nur der Sauerstoff weniger, den man mit jedem Atemzug aus der Luft aufnehmen kann, es verringert sich auch der Druck, der den Sauerstoff ins Blut preßt. Der Körper gerät zunehmend in Sauerstoffnot.

Wie aber ist es dann möglich, daß die Passagiere von Düsenverkehrsmaschinen in Höhen von 10 500 m fliegen, ohne dabei irgendeine Beeinträchtigung ihres Wohlbefindens zu erfahren? Denn fast alle Linienflugzeuge steigen bis in diese Höhen auf, um den darunterliegenden Schlechtwetterzonen auszuweichen und um Treibstoff zu sparen, da in dünnerer Luft die Düsentriebwerke höhere Leistungen bei gleichem Energieverbrauch erbringen.

Damit die Passagiere während eines Flugs unbeschwert atmen können, leitet man Druckluft in die Kabine. Diese ist nach außen hin luftdicht abgeschlossen und so stabil konstruiert, daß sie dem Druckunterschied zwischen innen (hoher Druck) und außen (niedriger Druck) standhält. Um jedoch die Belastung des Flugzeugrumpfs in Grenzen zu halten, ist der Luftdruck in der Kabine nicht ganz so hoch wie normalerweise auf Meereshöhe; denn nach dem Start vermindert man ihn allmählich so weit, bis er den Verhältnissen auf einer Höhe von 2400 m entspricht, und hebt ihn unmittelbar vor der Landung wieder an, so daß er gleich hoch ist wie auf Meereshöhe.

Die Luft, die notwendig ist, um den Kabinendruck aufrechtzuerhalten, wird von den Kompressoren der Düsentriebwerke abgezweigt. Bevor die Luft über Leitungen in die Kabine gelangt, wird ihre Temperatur in einem Kühlsystem herabgesetzt und der Druck durch Ventile reguliert. Nachdem die Luft innerhalb der Maschine zirkuliert und verbraucht ist, läßt man sie durch andere Ventile wieder langsam in die Atmosphäre entweichen. Gleichzeitig wird von den Kompressoren wieder ausreichend Frischluft nachgeliefert.

Sollte der Luftdruck in einem Passagierflugzeug dennoch plötzlich absinken, fallen vor den Fluggästen Sauerstoffmasken herab. Mit deren Hilfe können sie weiterhin unbeeinträchtigt atmen, bis die Maschine auf eine Flughöhe mit erträglichem Luftdruck hinuntergegangen ist.

Der Druck unter Wasser

U-Boote und andere Unterwasserfahrzeuge sehen sich vor die umgekehrten Probleme gestellt. Hier ist der Außendruck größer als der im Schiffsinneren.

Der Wasserdruck erhöht sich beim Abtauchen alle 10 m etwa um den Druck, der auf Meereshöhe herrscht; er ist also in 10 m Tiefe doppelt, in 20 m Tiefe dreimal und in 30 m Tiefe bereits viermal so hoch wie an Land. Die äußere Hülle von Tiefseefahrzeugen ist daher so konstruiert, daß sie dem enormen Außendruck standhält, der das Boot sonst zerquetschen würde. Im Inneren herrscht ein Druck wie auf Meereshöhe, der Luftvorrat ist durch Sauerstoffflaschen abgedeckt. Lithiumhydroxidfilter reinigen die verbrauchte Atemluft ständig von Kohlendioxid

George Stephenson: der Vater der Eisenbahn

Bescheiden *George Stephenson wies die meisten der ihm angetragenen Ehrungen zurück, auch den Adelstitel und einen Sitz im britischen Parlament.*

Die Menschen strömten aus allen Himmelsrichtungen zusammen; sie kamen zu Fuß, zu Pferd und auf Eselskarren. Was sie wie magisch anzog, war ein bislang nie gesehenes Schauspiel: die Jungfernfahrt der ersten öffentlichen Dampfeisenbahn. Viele hatten nur sehr ungenaue Vorstellungen von dem, was sie erwartete, doch als sich laut lärmend und Dampf speiend die *Locomotion*, George Stephensons Prototyp einer Dampflokomotive, näherte, blieb keiner der Schaulustigen unbeeindruckt.

Der Erbauer der *Locomotion* lenkte selbst an jenem Morgen des 27. September 1825 sein Gefährt, das 22 offene Waggons, in denen über 300 Menschen saßen, sowie sechs Kohlenwagen hinter sich herzog. 39 km lang war die Strecke von der Grube Shildon bei Darlington bis nach Stockton.

Als der Zug sich in Bewegung setzte, ritten zunächst Männer mit Flaggen voraus, die vor dem Herannahen der Lokomotive warnten. Doch als die *Locomotion* allmählich ihre Reisegeschwindigkeit von ungefähr 25 km/h erreichte, wichen die Reiter zur Seite und blieben zurück. Ihre Stelle nahmen berittene Jäger in scharlachroten Röcken und ein vierspänniger Wagen ein, die aber auch bald nicht mehr mithalten konnten.

Als der Zug schließlich in Stockton ankam, wurde er von einer Blaskapelle und mehr als 40 000 Menschen begrüßt. Die Tage der Pferdekutschen waren gezählt, das Zeitalter der Dampflokomotive war angebrochen.

George Stephenson war am 9. Juni 1781 als Sohn eines Grubenschlossers in dem Minendorf Wylam in Northumberland nahe Newcastle upon Tyne geboren worden. Er wuchs ohne jede Schulbildung auf und lernte erst mit 18 Jahren lesen und schreiben. Sein Interesse für Dampfmaschinen wurde 1813 geweckt; er hatte sich zum Chefmaschinisten der Grube von Killingworth in Northumberland hochgearbeitet und überprüfte hier einen der „Dampfkessel auf Rädern", die Minendirektor John Blenkinsop konstruiert hatte, um damit Kohlenwagen zu ziehen.

Bereits ein Jahr später baute Stephenson seine erste Dampflokomotive, die er nach dem preußischen Feldmarschall Blücher taufte. Im Gegensatz zu Blenkinsops Maschine, die mit Zahnrädern in Zahnreihen entlang den Schienen eingriff, lief die *Blücher* mit Felgenrädern auf abgerundeten Schienen, wodurch sie schneller und ruhiger fuhr.

Doch noch war die Konstruktion nicht ausgereift, und als Stephenson die *Blücher* in der Grube von Killingworth einsetzte, fiel sie immer wieder aus. Monatelang arbeitete er daran, die Maschine zu verbessern, bis er schließlich den Schlüssel für die weitere Entwicklung fand: Er ließ den Dampf nicht direkt aus dem Zylinder entweichen, sondern leitete ihn durch ein Blasrohr in den Schornstein der *Blücher*.

Mit Volldampf voraus *Diese Nachbildung (rechts) der von Stephenson gebauten* Locomotion *fährt heute auf den Schienen des Freilichtmuseums in Beamish in der nordenglischen Grafschaft Durham.*

Auf diese Weise zog der Dampf hinter sich Luft herein, was den Zug in der Feuerung verstärkte; dadurch erhöhte sich wiederum die Leistung der Maschine und damit die Geschwindigkeit.

Der sich anschließende Erfolg mit der *Locomotion* führte dazu, daß man 1826 den Bau der geplanten ersten Eisenbahnverbindung zwischen Liverpool und Manchester in die Hände von George Stephenson legte. Gleichzeitig konstruierte er zusammen mit seinem Sohn Robert eine neue Lokomotive, die *Rocket*. Das Besondere an ihr war der Röhrenkessel: 25 je 76 mm starke Kupferrohre, die beheizt wurden, brachten das Wasser im Kessel zum Verdampfen.

Die Strecke Liverpool–Manchester wurde am 15. September 1830 eröffnet. An ihrem Ausgangspunkt, dem Rangierbahnhof von Liverpool, hatten sich mehr als 50 000 Zuschauer eingefunden. Man feuerte eine Kanone ab, und acht Lokomotiven, darunter auch die *Rocket*, dampften los. Angeführt wurde die Parade von der *Northumbrian*, dem jüngsten und stärksten Dampfroß der Stephensons, die George Stephenson selbst fuhr.

In den Waggons der *Northumbrian* saßen der Premierminister und Held von Waterloo, der Herzog von Wellington, der österreichische Botschafter Fürst Paul Esterházy sowie einer der unermüdlichsten Förderer des Eisenbahnbaus, der konservative Parlamentsabgeordnete William Huskisson.

30 km außerhalb Liverpools hielt die *Northumbrian* an, um Kohlen und Wasser aufzunehmen. Zwei der folgenden Züge, die *North Star* und die *Phoenix,* holten auf und fuhren auf einem Parallelgleis an der *Northumbrian* vorbei.

Fürst Esterházy und Huskisson stiegen aus, um sich neben dem Zug die Beine zu vertreten. Als der Herzog von Wellington dem Parlamentsabgeordneten zuwinkte, eilte Huskisson zu dessen Wagen. Beide Männer plauderten gerade miteinander, als auf dem Nebengleis die *Rocket* herandonnerte. Der kleine, schmächtige Fürst Esterházy konnte noch rasch in einen der Wagen gezogen werden. Doch der 60 Jahre alte, einseitig gelähmte Huskisson war weniger beweglich. Bei dem Versuch, sich in Sicherheit zu bringen, stolperte er und fiel auf das Gleis des gerade ankommenden Zugs. Die *Rocket* vermochte nicht mehr rechtzeitig zu bremsen und überrollte Huskissons Oberschenkel.

George Stephenson befahl geistesgegenwärtig, alle Waggons der *Northumbrian* bis auf den vorderen abzuhängen. In diesem legte er den verletzten Huskisson nieder, sprang auf den Führerstand der Maschine und fuhr mit Volldampf in das Dorf Eccles, 24 km vor Manchester. Er schaffte die Strecke in der Rekordzeit von 25 Minuten, doch Huskisson war nicht mehr zu helfen: Er starb noch am Abend desselben Tages – als erstes Opfer eines Eisenbahnunglücks.

Dennoch war der Siegeszug der Eisenbahn unaufhaltsam: 1850 umfaßte das britische Eisenbahnnetz bereits 10 653 km; Deutschland, wo am 7. Dezember 1835 die erste Eisenbahnverbindung zwischen Nürnberg und Fürth mit der ebenfalls von Stephenson gebauten *Adler* eingeweiht worden war, folgte mit 6044 km. Und selbst bislang unerschlossene Gebiete in Nord- und Südamerika, in Australien und im südlichen Afrika wurden bald von Eisenbahn linien durchzogen.

Stephensons Ruhm als „Vater der Eisenbahn", des ersten Massenverkehrsmittels, breitete sich in alle Welt aus. Doch er selbst zog sich nach Tapton House bei Chesterfield in Derbyshire zurück. Von hier aus blickte er auf eine Teilstrecke der North-Midland-Eisenbahnlinie und beobachtete gleichsam aus der Ferne die weitere Entwicklung seiner revolutionären Erfindung. Er starb am 12. August 1848.

Sieger *Mit Stephenson selbst (unten) auf dem Führerstand fuhr die* Rocket *bei dem Eisenbahnrennen 1829 in Rainhill bei Liverpool ihren Konkurrenten davon.*

Erinnerungsstück *Die restaurierte* Rocket *steht heute im Londoner Science Museum. Aber den Schornstein hatte man nach dem Rennen von Rainhill versetzt.*

Fahrkarten *Der Fahrgastabschnitt eines Eisenbahntickets aus dem Jahr 1832 für einen Teil der Strecke Liverpool–Manchester (unten). Für einige gab es auch Freifahrtscheine (ganz unten).*

Die fliegenden Riesen zwischen Himmel und Erde

Ein vollgetankter und mit rund 500 Passagieren besetzter Jumbo-Jet vom Typ Boeing 747 wiegt gut 350 t. Doch trotz dieses Gewichts hebt er sich in die Luft und fliegt. Wie ist das möglich?

Das Geheimnis liegt im Profil der Tragflächen. Sie sind nach vorn abgerundet, haben eine ziemlich flache Unterseite, eine gewölbte Oberseite und laufen nach hinten spitz zu. Bewegt sich das Flugzeug vorwärts, durchschneiden die Flügel die Luft. Die gewölbte Oberfläche bewirkt, daß die Strömungsgeschwindigkeit der Luft über den Flügeln höher ist als darunter. Da mit der höheren Strömungsgeschwindigkeit über den Tragflächen der Luftdruck niedriger ist als darunter, entsteht ein Auftrieb, und die Flügel beginnen sich zu heben.

Rollt ein Flugzeug beim Start an, nimmt mit wachsendem Tempo die Strömungsgeschwindigkeit der Luft über den Tragflächen zu, wodurch sich der Auftrieb verstärkt, bis er größer ist als das ihm entgegenwirkende Gewicht der Maschine und er das Flugzeug in die Höhe hebt. Je größer die Tragflächen eines Flugzeugs sind und je gekrümmter ihre Oberseite ist, desto stärker ist der Auftrieb. Daher brauchen Flugzeuge mit verhältnismäßig geringen Geschwindigkeiten große, gewölbte Tragflächen, um den notwendigen Auftrieb zu erreichen; bei Hochgeschwindigkeitsflugzeugen dagegen reichen kleinere Flügel mit nur leichter Profilwölbung aus.

Aber auch der Winkel, in dem die Tragflächen dem Luftstrom begegnen, der sogenannte Anstellwinkel, beeinflußt den Auftrieb. Flugzeuge sind so konstruiert, daß ihre Tragflächen beim Horizontalflug

leicht nach oben gerichtet sind. Verringert man die Fluggeschwindigkeit, kann man die Maschine dennoch auf gleicher Höhe halten, indem man ihre Nase nach oben drückt und so den Anstellwinkel der Tragflächen vergrößert. Der Anstellwinkel darf jedoch 15° nicht überschreiten, sonst reißt der Luftstrom über den Tragflächen ab,

Ein Jumbo hebt ab *Um vom Boden abzuheben, muß ein Flugzeug zunächst Anlauf nehmen. Mit wachsender Fahrtgeschwindigkeit nimmt der Auftrieb unter den Flügeln zu. Wird er größer als das Gewicht der Maschine, hebt sie ab. Eine schwerbeladene Boeing 747 muß dazu eine Geschwindigkeit von etwa 290 km/h erreichen.*

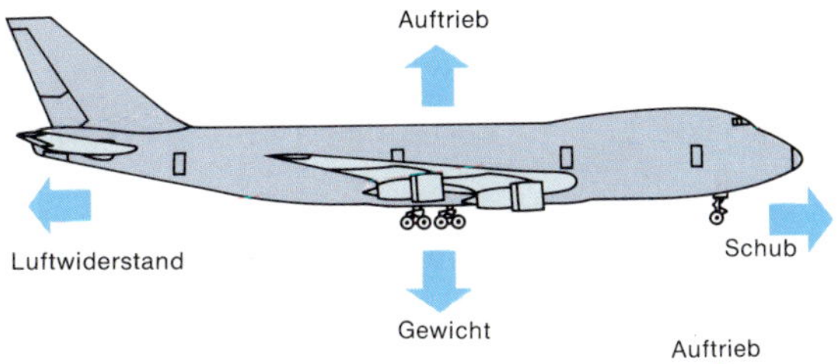

DIE KRÄFTE BEIM FLIEGEN

Um fliegen zu können, muß ein Flugzeug sein Eigengewicht und den Luftwiderstand durch Auftrieb und Schub überwinden.

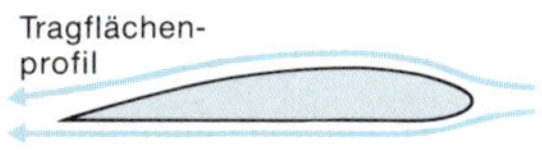

Während des Flugs ist der Luftdruck unterhalb der Tragfläche höher als oberhalb.

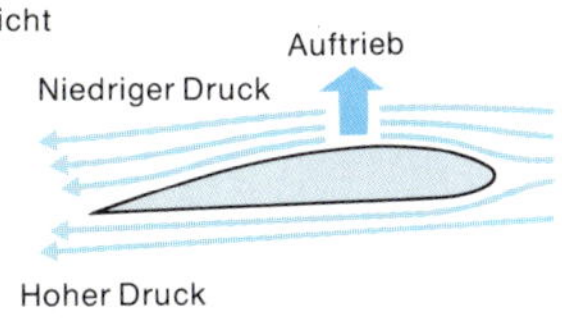

Über der Tragfläche strömt die Luft schneller als darunter. Dadurch nimmt der Druck ab.

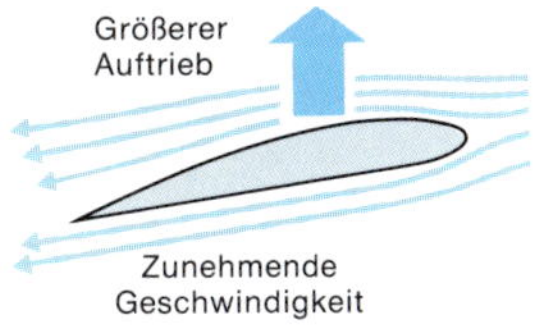

Mit zunehmender Geschwindigkeit verringert sich der Druck weiter und verstärkt sich der Auftrieb.

WIE EIN DÜSENTRIEBWERK FUNKTIONIERT

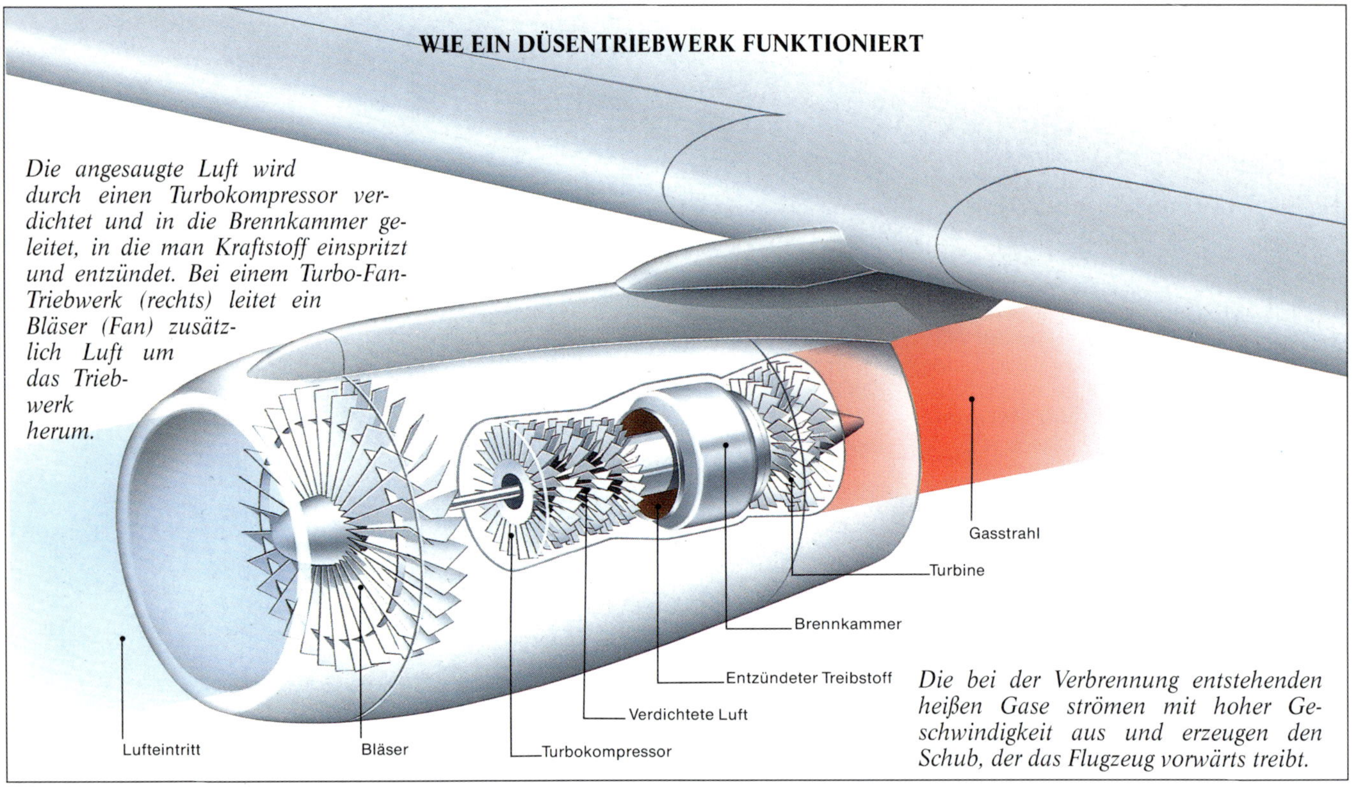

Die angesaugte Luft wird durch einen Turbokompressor verdichtet und in die Brennkammer geleitet, in die man Kraftstoff einspritzt und entzündet. Bei einem Turbo-Fan-Triebwerk (rechts) leitet ein Bläser (Fan) zusätzlich Luft um das Triebwerk herum.

Die bei der Verbrennung entstehenden heißen Gase strömen mit hoher Geschwindigkeit aus und erzeugen den Schub, der das Flugzeug vorwärts treibt.

der Auftrieb geht verloren, und die Maschine kippt ab.

Die Schubkraft

Neben Auftrieb und Gewicht wirkt noch ein weiteres, einander entgegengesetztes Kräftepaar auf ein Flugzeug ein: Schub und Luftwiderstand.

Den Schub, der das Flugzeug vorwärts treibt, erzeugen die Triebwerke. Die meisten modernen Flugzeuge fliegen mit Düsentriebwerken, wobei man zwei Arten unterscheidet: Turbo-Luftstrahl-Triebwerke und Turbo-Fan-Triebwerke.

Bei einem Turbo-Luftstrahl-Triebwerk wird Luft aufgenommen und durch einen Turbokompressor um ein Vielfaches verdichtet. Die komprimierte Luft wird in eine Brennkammer geleitet, in die Brennstoff – meist Kerosin – eingespritzt und entzündet wird. Die bei der Verbrennung entstehenden heißen Gase dehnen sich aus und strömen mit hoher Geschwindigkeit durch eine Düse nach hinten aus. Dieser nach hinten gerichtete Gasstrahl erzeugt einen Rückstoß, der das Flugzeug vorwärts treibt. Gleichzeitig versetzen die ausströmenden Gase noch eine Turbine in Bewegung, die den Kompressor antreibt.

Ein Turbo-Fan-Triebwerk arbeitet nach demselben Prinzip, nur ist hier dem Kompressor ein großer Bläser, ein Fan, vorgeschaltet, der die Luft sowohl in das Triebwerk als auch um das Triebwerk herum lenkt. Auf diese Weise wird der Schall gedämpft und das Triebwerksgehäuse gekühlt. Ein Fan-Triebwerk stößt mehr Luft als ein Luftstrahltriebwerk aus, jedoch mit geringerer Geschwindigkeit. Diese Antriebsart ist vor allem für verhältnismäßig langsame Maschinen wie Verkehrs- und Frachtflugzeuge wirtschaftlicher. Düsenjäger oder Überschallflugzeuge wie die Concorde, die mit hohen Geschwindigkeiten fliegen, arbeiten dagegen mit Turbo-Luftstrahl-Triebwerken.

Manche Maschinen fliegen noch mit dem früher üblichen Propellerantrieb. Ein Propeller besteht aus zwei bis vier Blättern, die ein ähnliches Profil wie die Tragflächen eines Flugzeugs aufweisen. Wenn sie sich drehen, beschleunigen sie den von ihnen erfaßten Luftstrom und erzeugen so den Schub, der das Flugzeug vorwärts treibt.

Bei modernen Propellermaschinen paßt sich der Anstellwinkel der Rotorblätter automatisch den Fluggegebenheiten an. Beim Start ist der Anstellwinkel kleiner, um bei langsamer Geschwindigkeit der Maschine einen maximalen Schub zu geben. Hat das Flugzeug abgehoben, vergrößert sich der Anstellwinkel, da nun durch die höhere Geschwindigkeit der Luftstrom stärker und damit auch der Schub größer ist.

Viele Propellermaschinen fliegen mit Benzinmotoren, die im Prinzip wie ein Automotor funktionieren. Andere haben Turboproptriebwerke, modifizierte Düsentriebwerke, wobei der Gasstrom größtenteils auf eine Turbine gelenkt wird, die den Propeller antreibt, und nur ein geringer Rest durch eine Düse austritt und für zusätzlichen Schub sorgt.

Stromlinienform und Stabilität

Schon aus wirtschaftlichen Gründen baut man Flugzeuge so, daß sie dem Luftwiderstand eine möglichst geringe Angriffsfläche bieten. Daher ist ihr Rumpf stromlinienförmig gestaltet und sind alle äußeren Partien möglichst glatt und windschlüpfrig gehalten.

Um das Flugzeug während des Flugs stabil zu halten, braucht es ein Leitwerk, das sich in Seiten- und Höhenleitwerk aufteilt. Das Seitenleitwerk, ein am Heck senkrecht angebrachtes flossenähnliches Bauteil, sorgt dafür, daß die Maschine die Richtung hält und nicht hin und her schlingert. Das Höhenleitwerk, die zwei waagrechten Heckflossen, korrigiert die Nickbewegungen des Flugzeugs.

Ein Flugzeug neigt ferner dazu, in der Luft von einer Seite auf die andere zu schwanken. Dem wirkt man entgegen, indem man die Tragflächen leicht nach oben stellt, so daß sie ein flaches V bilden. Da die Tragflächen sehr flexibel sind, können sie bei Turbulenzen leicht auf- und abschwingen, ohne dabei zu brechen.

Wie ein Flugzeug gesteuert wird

Um die Maschine steigen oder sinken zu lassen oder um die Richtung zu ändern, bedient der Pilot Steuerflächen; das sind Scharnierklappen an den Hinterkanten der Flügel und am Leitwerk, die sich über einen Steuerknüppel und Pedale nach oben, unten oder seitlich verstellen lassen.

Meistens sitzt am äußeren Ende eines jeden Flügels das sogenannte Querruder. Dreht man den Steuerknüppel nach rechts, bewegt sich das rechte Querruder nach oben und das linke nach unten. Folge davon ist, daß sich der rechte Flügel senkt, während sich der linke hebt, und das Flugzeug neigt sich nach rechts. Dreht man den Steuerknüppel nach der anderen Seite, neigt sich die Maschine nach links.

Um die Nase des Flugzeugs nach links oder rechts zu drehen, bewegt der Pilot über Pedale das Seitenruder, ein schwenkbares Blech am Seitenleitwerk. Je nachdem, ob er das linke oder rechte Pedal tritt, schwingt das Seitenruder nach links oder rechts und wird die Nase der Maschine in die entsprechende Richtung gedreht.

Um das Flugzeug eine Kurve beschreiben zu lassen, genügt es jedoch nicht, nur das Seitenruder zu verstellen, denn dabei verändert sich nur die Fluglage der Maschine, so daß der beträchtliche Schub, den sie hat, sie seitlich abrutschen ließe. Darum muß der Pilot mit dem Seitenruder zugleich auch die Querruder bedienen, damit sich das Flugzeug in die Kurve legt.

Verstellt der Pilot die Steuerflächen am Höhenleitwerk, die sogenannten Höhenruder, hebt oder senkt die Maschine ihre Nase. Wird der Steuerknüppel herausgezogen, klappen die Höhenruder nach oben, und das Flugzeug steigt. Wird

Meister am Himmel *Kunst- und Formationsflüge in Hochgeschwindigkeitsflugzeugen erfordern ein hohes Maß an Präzision und sind daher nicht ungefährlich.*

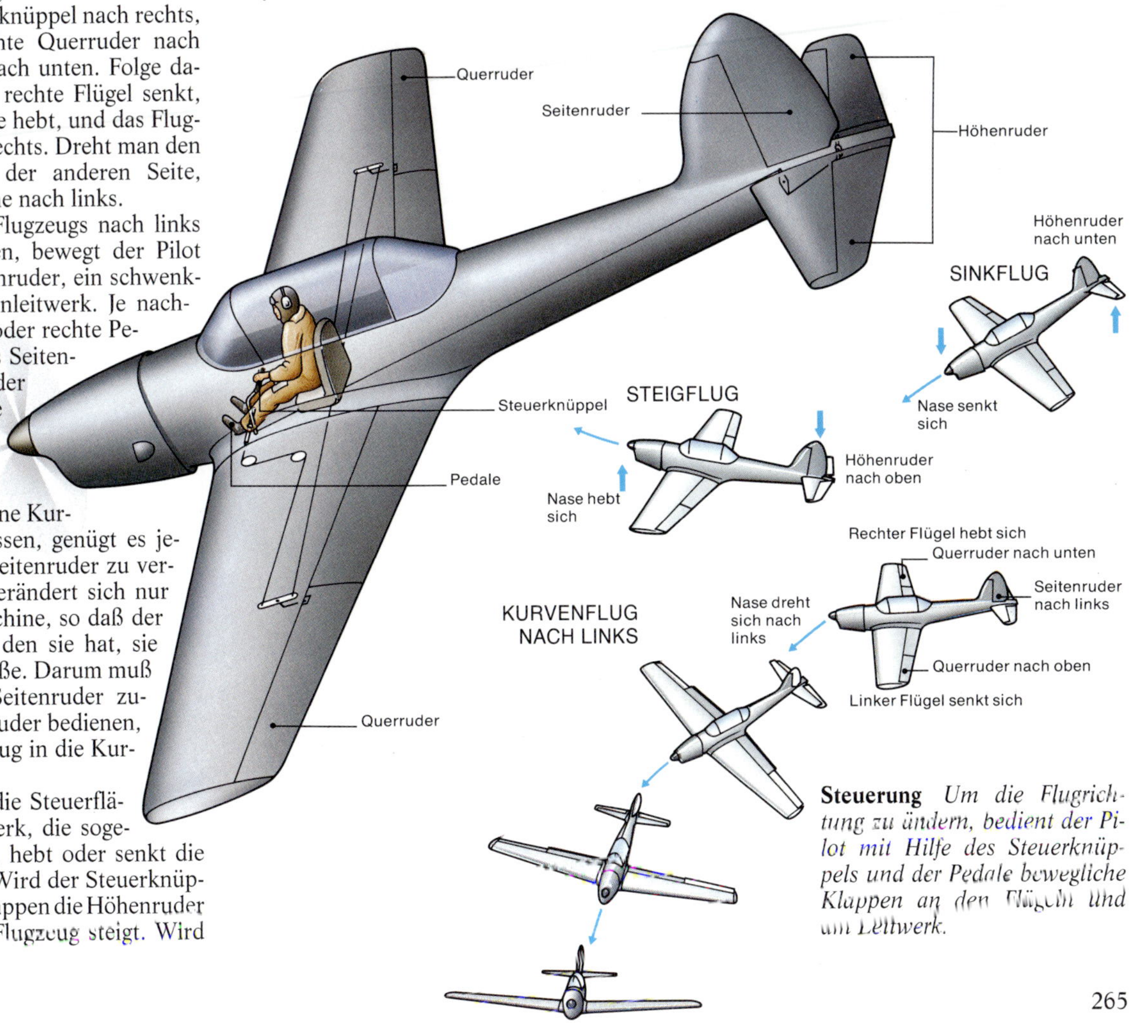

Steuerung *Um die Flugrichtung zu ändern, bedient der Pilot mit Hilfe des Steuerknüppels und der Pedale bewegliche Klappen an den Flügeln und am Leitwerk.*

der Steuerknüppel nach vorn gedrückt, schwingen die Höhenruder nach unten, und die Maschine richtet ihre Nase abwärts.

Bei einem Steig- oder Sinkflug muß jedoch gleichzeitig Gas gegeben oder weggenommen werden. Öffnet der Pilot die Drosselklappen, fließt mehr Kraftstoff zu den Triebwerken, die Geschwindigkeit und damit auch der Auftrieb erhöhen sich; die Maschine steigt. Beim Sinkflug nimmt man Gas weg. Durch die Verringerung der Geschwindigkeit wird der Auftrieb vermindert; das Flugzeug verliert an Höhe.

Die Steuerungsorgane in modernen Flugzeugen arbeiten mit hydraulischem Druck, um den hohen Luftwiderstand, der der Bewegung der Steuerflächen entgegenwirkt, überwinden zu können.

In den meisten Maschinen übernimmt heute ein sogenannter Autopilot für den Großteil der Flugzeit die Steuerung. Dieses automatische Steuersystem ist mit einem Computer gekoppelt, der die Daten der Meßinstrumente über Windgeschwindigkeit, Kursabweichung oder Steigung verarbeitet. Gibt man dem Autopiloten einen bestimmten Kurs sowie die Flughöhe und -geschwindigkeit vor, übernimmt er die entsprechende Bedienung von Gashebel und Steuerflächen.

Start und Landung

Start und Landung sind die beiden kritischsten Momente eines Flugs, da die Geschwindigkeit dabei verhältnismäßig niedrig und damit auch der Auftrieb gering ist.

Um den Auftrieb bei geringen Geschwindigkeiten zu vergrößern, befinden sich an den Vorder- und Hinterkanten der Flügel noch weitere Steuerflächen in Form von verschiedenen Klappen, die aus- und eingefahren werden können. In ausgefahrenem Zustand vergrößern sie die Flügelflächen und erhöhen die Wölbung, so daß sich der Auftrieb verstärkt.

Nachdem das Flugzeug aufgesetzt hat, werden Bremsklappen, bewegliche Flächen, die zumeist vor den hinteren Klappen sitzen, in einem rechten Winkel zu den Tragflächen aufgestellt. Dadurch vergrößert sich der Luftwiderstand und reißt der Luftstrom an der Flügeloberseite ab, so daß der gesamte Auftrieb verlorengeht. Schubumkehrer, die bei Düsentriebwerken den Abgasstrahl nach vorn lenken, bremsen die Maschine ab. Erst danach betätigt der Pilot die Radbremsen.

Landung *Deutlich sieht man die weit ausgefahrenen Landeklappen. Sobald die Räder aufsetzen, werden Bremsklappen hochgestellt, die den Auftrieb vermindern.*

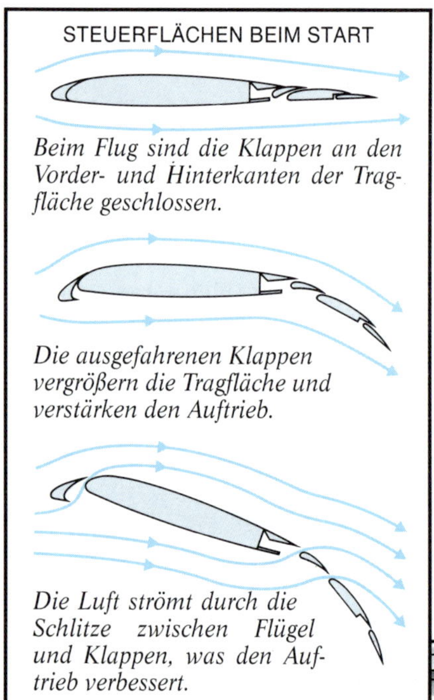

Beim Flug sind die Klappen an den Vorder- und Hinterkanten der Tragfläche geschlossen.

Die ausgefahrenen Klappen vergrößern die Tragfläche und verstärken den Auftrieb.

Die Luft strömt durch die Schlitze zwischen Flügel und Klappen, was den Auftrieb verbessert.

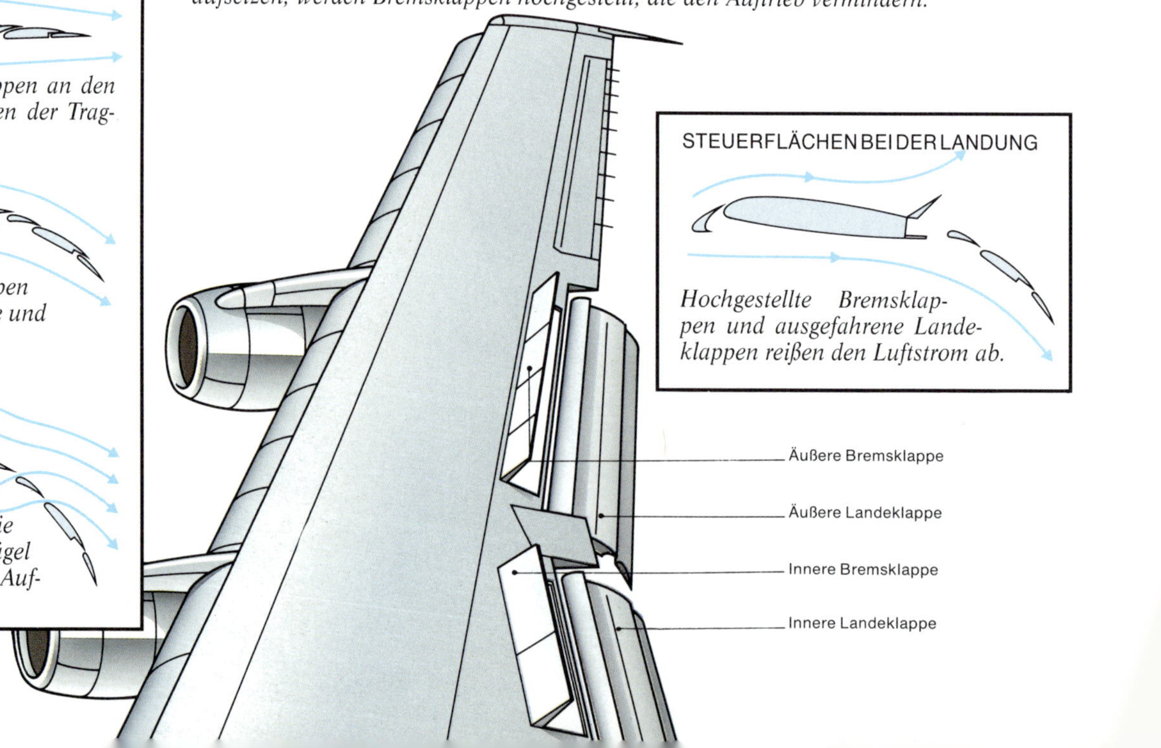

Hochgestellte Bremsklappen und ausgefahrene Landeklappen reißen den Luftstrom ab.

Der Griff nach den Wolken

Pioniere *1903 flog der Amerikaner Orville Wright als erster Mensch in Kitty Hawk, North Carolina, mit einem Motorflugzeug (oben). Rund 420 Jahre zuvor hatte der italienische Maler und Erfinder Leonardo da Vinci ein Flugmodell konstruiert, das sich an den Vogelflügeln orientierte. Kraft seiner Arme und Beine sollte der Pilot die Flügel auf- und abbewegen.*

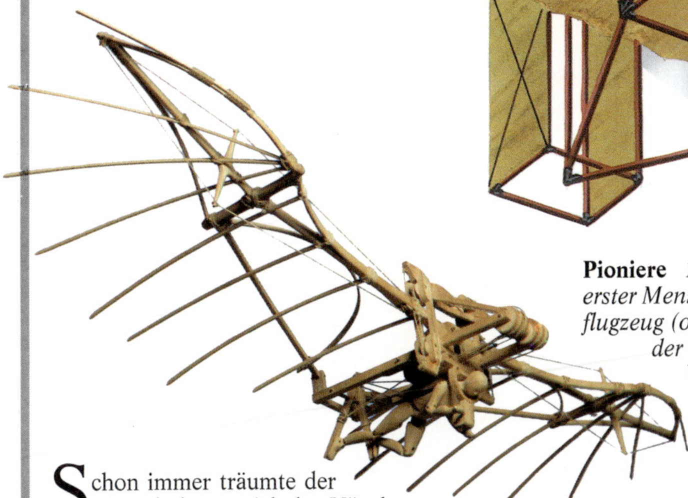

Schon immer träumte der Mensch davon, sich den Vögeln gleich in die Lüfte schwingen zu können. Und er versuchte es, indem er sich Flügel an die Arme schnallte und damit schlug. Doch Arm- und Brustmuskulatur des Menschen sind bei weitem nicht stark genug dafür.

Trotz allem gab der Mensch seinen Wunsch zu fliegen nicht auf. 1738 faßte der Schweizer Wissenschaftler Daniel Bernoulli den Zusammenhang von Druck sowie Strömungsgeschwindigkeit und Dichte bei Flüssigkeiten und Gasen in einer Gleichung zusammen, die den Weg zur Konstruktion von Tragflächen wies. Und 1799 begann der britische Ingenieur George Cayley die Kräfte zu untersuchen, die auf einen fliegenden Gegenstand einwirken, der schwerer als Luft ist. Er skizzierte diese Kräfte auf einer Silberscheibe, auf deren Rückseite er den Entwurf eines Gleiters strichelte. Fünf Jahre später baute er ein Modell, doch erst 1853 gelang ihm die Konstruktion eines Gleiters, der tatsächlich fliegen konnte.

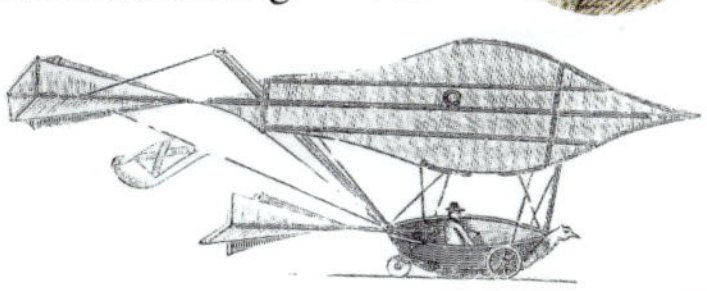

Cayleys Gleiter *Der britische Ingenieur George Cayley (oben) entwarf 1799 erstmals einen Gleiter. 54 Jahre später ließ er seinen Kutscher damit fliegen.*

Der Deutsche Otto Lilienthal sowie der Franzose Octave Chanute trieben die Flugwissenschaft gewaltig voran. Ihre Studien lieferten die Grundlagen für den mit einem selbstentwickelten, leichten Benzinmotor ausgestatteten *Flyer,* mit dem die Brüder Orville und Wilbur Wright am 17. Dezember 1903 in Kitty Hawk, North Carolina, zum ersten Motorflug der Geschichte starteten.

Das Flugzeug der Gebrüder Wright erreichte eine Geschwindigkeit von knapp 50 km/h. Es flog in einer Höhe von wenigen Metern, hielt sich lediglich knapp eine Minute in der Luft und überwand eine Strecke von 260 m. Ein halbes Jahrhundert später waren Flüge über mehrere Stunden bereits Routine. Heute fliegen moderne Überschall-Verkehrsflugzeuge in mehreren Kilometern Höhe und befördern dabei mehr als 100 Passagiere mit Geschwindigkeiten von über 1600 km/h in knapp drei Stunden von Europa nach Amerika.

Hanggleiter *Ende des 19. Jh. ließ sich der deutsche Ingenieur Otto Lilienthal von Hügeln aus bis zu 300 m weit durch die Luft gleiten.*

Hubschrauber: Flugzeuge mit Drehflügeln

Die sich um eine Achse drehenden Flügel eines Hubschraubers lassen ihn nicht nur vom Boden abheben, sondern treiben ihn auch voran. Seine Rotoren sind also in gewisser Weise eine Kombination aus Flügeln und Luftschraube. Da der Auftrieb unabhängig von der Fluggeschwindigkeit erzeugt wird, kann ein Hubschrauber senkrecht in die Höhe gehen bzw. ebenso landen. Ferner hat er den Vorteil, daß sich die Flügel, wenn die Triebwerke der Rotoren ausfallen, durch den Fahrtwind weiterdrehen und noch für so viel Auftrieb sorgen, daß die Maschine im Gleitflug den Boden erreichen und sicher landen kann.

Die langen, schmalen Rotorblätter gleichen in ihrer Form den Tragflächen eines Flugzeugs (siehe Seite 262) und sind zur Achse hin leicht geneigt, so daß die Blattspitzen schräg nach oben zeigen (Anstellwinkel). Um die Maschine vom Boden hochzuheben, müssen die Blätter rotieren, wobei ihr Anstellwinkel langsam vergrößert wird. Dadurch verringert sich der Luftdruck über jedem Blatt, während er darunter zunimmt und die Maschine nach oben drückt, sobald der Auftrieb größer ist als das Gewicht des Hubschraubers.

Hat der Hubschrauber abgehoben, steuert man ihn, indem man den Anstellwinkel der Rotorblätter und damit die Stärke und Richtung des Auftriebs verändert. Dies geschieht über den Blattwinkelverstellhebel oder über den Steuerknüppel.

Über den Blattwinkelverstellhebel reguliert der Pilot den Anstellwinkel aller Rotorblätter gleichzeitig und in gleichem Maß. Diese Steuerung wird beim senkrechten Auf- oder Abstieg gebraucht.

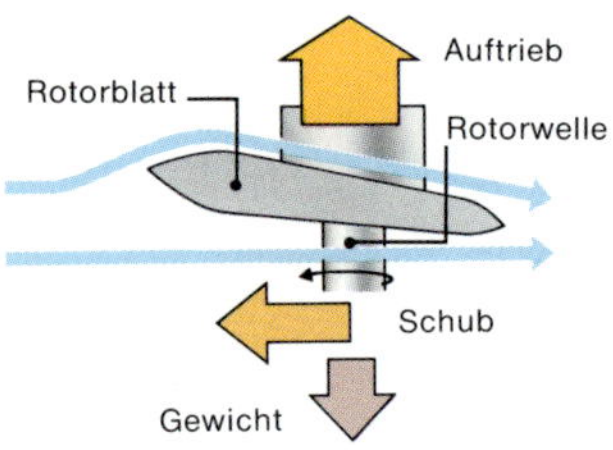

Rotorblatt Mit dem Anstellwinkel der Rotorblätter vergrößert sich auch der Auftrieb.

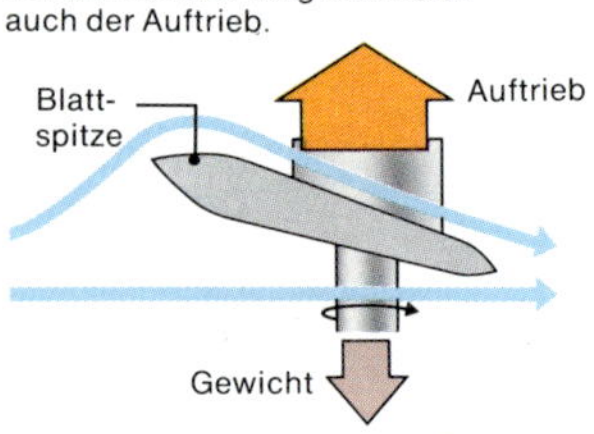

DIE ROTORBLÄTTER ERZEUGEN DEN AUFTRIEB

Wenn die Rotorblätter sich bei allmählich steigendem Anstellwinkel drehen, verringert sich der Luftdruck an ihrer Oberseite, während er an der Unterseite zunimmt. Dadurch erhält der Hubschrauber seinen Auftrieb.

Taumelscheibe Ein Taumelscheibe genannter Gelenkkopf ermöglicht dem Rotor Kippbewegungen nach allen Seiten.

Heckrotor Ein kleiner, senkrechter Heckrotor verhindert, daß der Hubschrauberrumpf sich entgegengesetzt zum Rotor dreht.

Rotorblatt Mit dem Blattwinkelverstellhebel kann man den Anstellwinkel aller Rotorblätter gleichzeitig und in gleichem Maß verändern. Mit dem Steuerknüppel läßt sich der Anstellwinkel der Blätter zyklisch verändern, so daß sich der Rotor nach einer Seite neigt und die Maschine in diese Richtung treibt.

Steuerungsorgane Den Heckrotor steuert man über zwei Pedale. Mit dem Blattwinkelverstellhebel und dem Steuerknüppel verändert man den Anstellwinkel der Rotorblätter.

FLUGMANÖVER EINES HUBSCHRAUBERS

Mit dem Steuerknüppel verändert man den Anstellwinkel der einzelnen Rotorblätter entsprechend ihrer Position bei den Umdrehungen. Dadurch wird der Auftrieb auf einer Seite größer als auf der anderen, so daß der Rotor sich neigt und die Maschine in diese Neigungsrichtung getrieben wird.

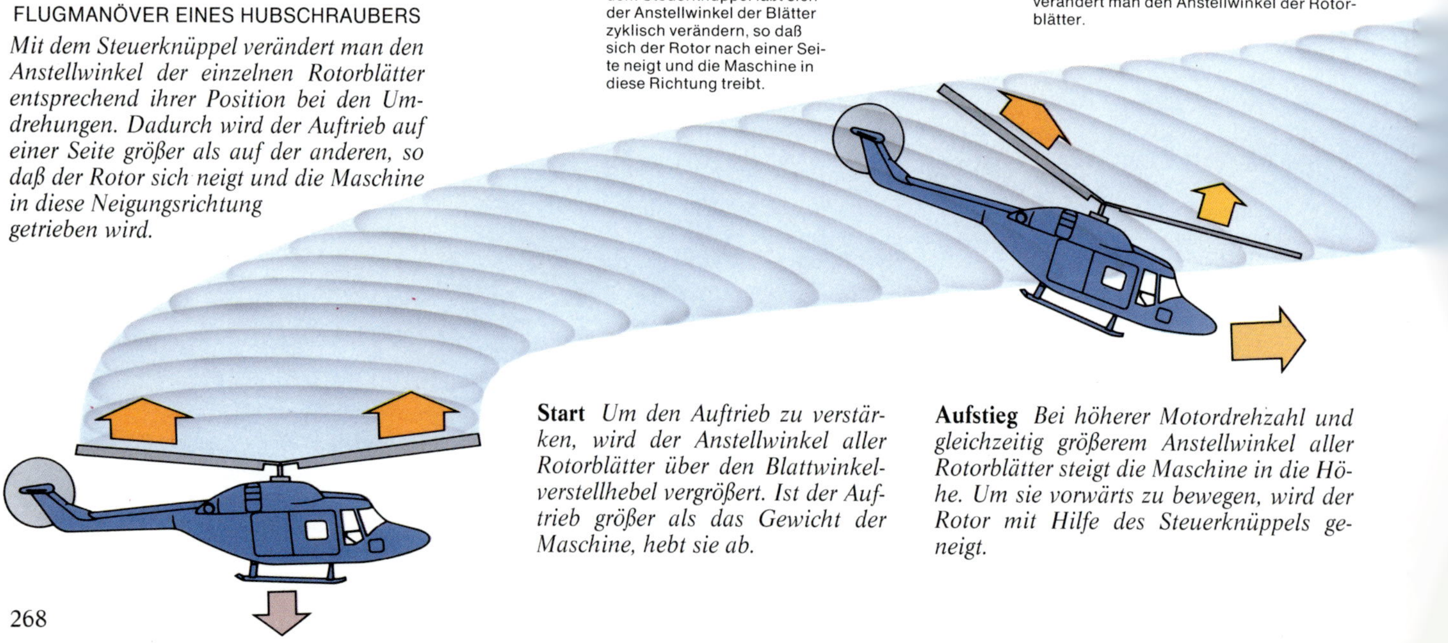

Start *Um den Auftrieb zu verstärken, wird der Anstellwinkel aller Rotorblätter über den Blattwinkelverstellhebel vergrößert. Ist der Auftrieb größer als das Gewicht der Maschine, hebt sie ab.*

Aufstieg *Bei höherer Motordrehzahl und gleichzeitig größerem Anstellwinkel aller Rotorblätter steigt die Maschine in die Höhe. Um sie vorwärts zu bewegen, wird der Rotor mit Hilfe des Steuerknüppels geneigt.*

Stabilität *Doppelrotoren wie bei dem amerikanischen Chinook (oben) verhindern, daß sich der Hubschrauberkörper dreht. Bei dem sowjetischen Mil Mi-26 (links) sitzen die zwei Rotoren auf derselben Achse und drehen sich gegeneinander. Der größte Hubschrauber der Welt ist der Mil Mi-12 (rechts): Die Gesamtspannweite seiner Rotoren beträgt 67 m.*

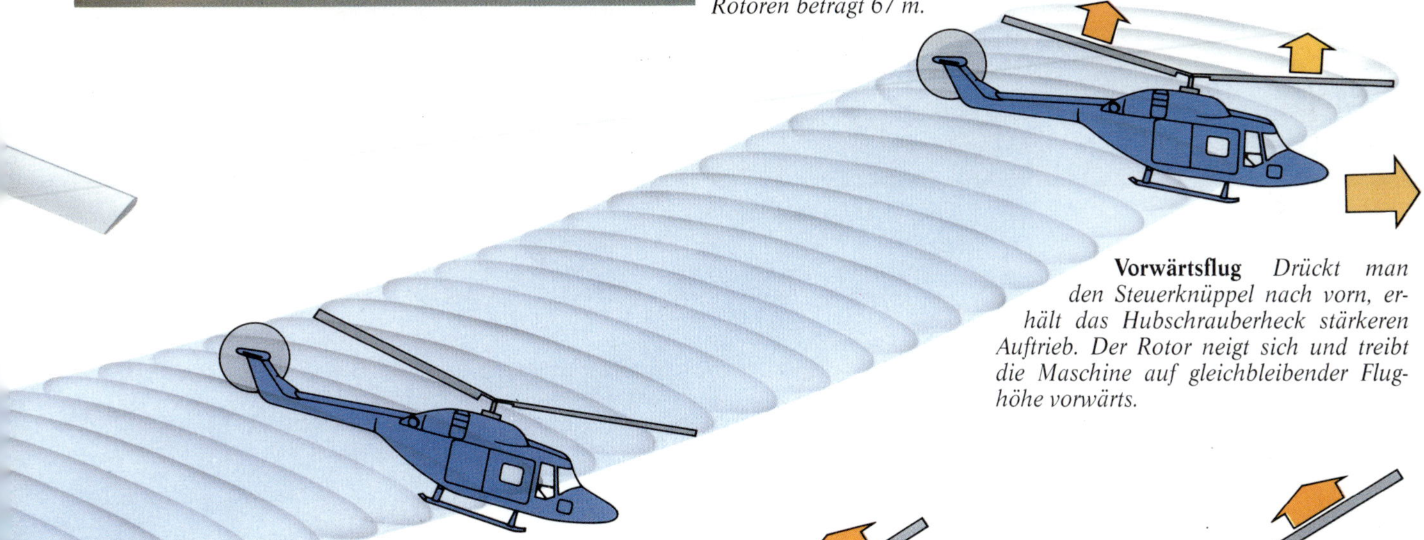

Vorwärtsflug *Drückt man den Steuerknüppel nach vorn, erhält das Hubschrauberheck stärkeren Auftrieb. Der Rotor neigt sich und treibt die Maschine auf gleichbleibender Flughöhe vorwärts.*

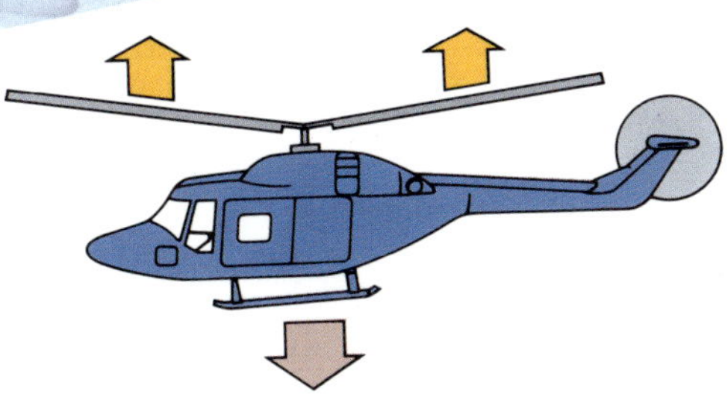

Schweben *Wenn der Auftrieb das Gewicht der Maschine gerade übersteigt, bleibt der Hubschrauber in der Luft stehen*

Seitwärtsflug *Drückt der Pilot den Steuerknüppel in die von ihm angestrebte Richtung, erhalten die Blätter auf der einen Seite mehr Auftrieb als auf der anderen. Der Rotor kippt und treibt den Hubschrauber in die gewünschte Richtung.*

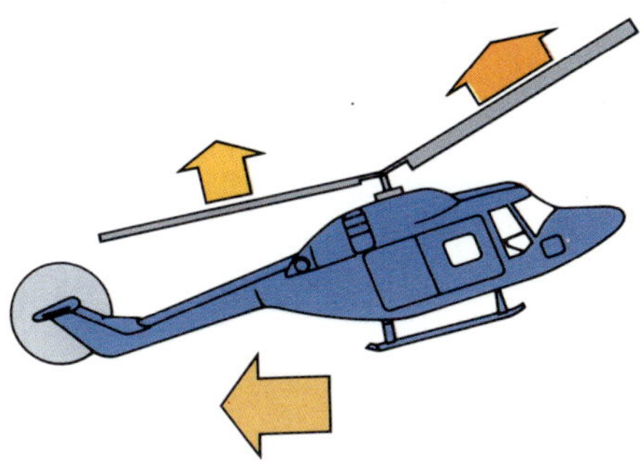

Rückwärtsflug *Wenn man den Steuerknüppel zurückzieht, erhalten die Blätter über dem vorderen Teil des Hubschraubers mehr Auftrieb als über dem Heck. Der Rotor kippt nach hinten, und der Hubschrauber kann rückwärts fliegen.*

Flug im Hagel der Geschosse *Im Krieg erweisen sich Hubschrauber oft als die sichersten Transportmittel. Das Bild zeigt einen sowjetischen Militärhubschrauber beim Einsatz in Afghanistan. Um die Maschine vor hitzegelenkten Raketen zu schützen, hat man eine Leuchtbombe abgefeuert, deren Wärmeausstrahlung die Raketen ablenken soll.*

Rettung aus der Luft *Angehörige der amerikanischen Küstenwache hieven einen Kranken an Bord des schwebenden Hubschraubers.*

Mit dem Steuerknüppel dagegen läßt sich der Anstellwinkel zyklisch verändern, d. h., der Anstellwinkel verändert sich entsprechend der Position jedes einzelnen Blatts bei den Umdrehungen. Drückt man den Steuerknüppel nach vorn, vergrößert sich der Anstellwinkel eines jeden Blatts, wenn es über das Heck streicht, und verringert sich wieder, wenn es über die Pilotenkanzel zieht. Dadurch entsteht über dem Heck ein stärkerer Auftrieb als über dem Vorderteil der Maschine, so daß sich der Rotor nach vorn neigt, wodurch der Hubschrauber Schub erhält. Grundsätzlich wird die Maschine immer in die Neigungsrichtung des Rotors getrieben.

Will der Pilot während des Flugs die Richtung ändern, kann er über zwei Pedale den Schub des Heckrotors verringern oder verstärken, so daß die Maschine hinten herumschwenkt.

Beim schwebenden Hubschrauber wirkt der Heckmotor dem Bestreben des Hubschrauberkörpers entgegen, sich aufgrund des freien Drehmoments entgegengesetzt zu den Rotorblättern zu drehen. Bei einrotorigen Hubschraubern ist der Heckrotor daher unentbehrlich, um das freie Drehmoment auszuschalten. Man kann dieses Problem aber auch durch Doppelrotoren lösen, die sich in entgegengesetzte Richtungen drehen.

Wendig, aber träge

Ein Hubschrauber ist sehr wendig – er kann sich in alle vier Himmelsrichtungen bewegen, sich um die eigene Achse drehen sowie senkrecht auf- und niedersteigen –, aber er ist nicht sehr schnell: Er kann maximal 400 km/h erreichen. Der Grund dafür ist, daß sich bei diesem Tempo die Geschwindigkeit der Blätter, die sich nach vorn bewegen, der Schallgeschwindigkeit (etwa 1200 km/h) nähert, da zu der Bewegungsgeschwindigkeit der Blätter noch die Fluggeschwindigkeit der Maschine hinzutritt. In diesem Bereich treten Probleme mit dem Strömungswiderstand und dem Auftrieb auf. Gleichzeitig bewegen sich die nach hinten rotierenden Blätter mit einem Tempo, das unter der Vorwärtsgeschwindigkeit der Maschine liegt, so daß sie kaum mehr Auftrieb erzeugen und die Maschine sich nicht mehr in der Luft halten kann.

Die meisten Rotoren werden durch Gasturbinen angetrieben und auf einer gleichbleibenden Umdrehungszahl gehalten. Obwohl Hubschraubermotoren hohe Leistungen erbringen, geht ein Großteil der Energie für den Auftrieb verloren. Ein Verkehrsflugzeug könnte mit gleicher Energie sehr viel weiter und schneller fliegen.

Vom Drehkreisel zum Drehflügelflugzeug

Mensch und Maschine *1939 entwickelte Igor Sikorsky den ersten verwendungsfähigen, einrotorigen Hubschrauber.*

Bergrettung *Von unschätzbarem Wert sind Hubschrauber bei der Bergung von verunglückten Bergsteigern.*

Den Hubschrauber in seiner heutigen Form gibt es zwar erst seit rund 50 Jahren, doch das Prinzip der rotierenden Flügel ist schon lange bekannt. Die Chinesen wandten es bereits vor 2500 Jahren bei dem Libelle genannten fliegenden Kreisel an: An einem Stock befanden sich am oberen Ende Federn, die – wenn man den Stock drehte – wie die Rotorblätter eines Hubschraubers rotierten und den Stock durch die Luft tanzen ließen.

1483 entwarf Leonardo da Vinci ein Hubschraubermodell, vorerst nur auf dem Papier. Erst 1907 gelang es dem Franzosen Paul Cornu aus Lisieux, einen Hubschrauber zu konstruieren, der bemannt werden konnte und sich sogar ein paar Meter in die Luft hob.

Probleme mit der Stabilität und anderen Konstruktionsdetails führten jedoch dazu, daß man sich fast 30 Jahre lang überhaupt nicht mehr mit Hubschraubern beschäftigte, sondern sich nahezu ausschließlich den Flugzeugen mit starren Flügeln zuwandte. Viele der Konstruktionsprobleme aber vermochte Anfang der 20er Jahre der Erfinder des Autogiros, der Spanier Juan de la Cierva, zu lösen. Seine Maschine war mit einem großen Drehflügel ausgestattet, der sich aber nicht durch die Kraft eines Motors, sondern allein durch die Luftströmung drehte. Das Autogiro konnte auch nicht senkrecht vom Boden abheben; vielmehr benötigte es einen langen Anlauf, bis der Drehflügel genügend Schwung hatte, die Maschine hochzuheben.

Erst 1936 entwarf der deutsche Flugzeugkonstrukteur Henrich Focke, Mitbegründer der Focke-Wulf Flugzeugbau AG, einen funktionstüchtigen Hubschrauber mit Doppelrotoren. Drei Jahre später entwickelte dann der in Rußland geborene Ingenieur Igor Sikorsky in den USA den einrotorigen Hubschrauber VS-300 mit kleinem Heckrotor. Diese Maschine war der eigentliche Prototyp des modernen Hubschraubers.

Schiffe auf Flügeln unter Wasser

Schiffe und Boote sind – verglichen mit anderen Fortbewegungsmitteln – recht langsam. Schnelle Ozeandampfer erreichen kaum mehr als 30 Knoten (ungefähr 55 km/h), und Frachter dümpeln meist mit nur 20 Knoten (35 km/h) dahin. Tragflügelboote dagegen sind weitaus schneller: Sie gleiten mit Geschwindigkeiten bis zu 70 Knoten (130 km/h) über das Wasser, und zwar auf eingetauchten Flügeln.

Schiffe sind deshalb so langsam, weil sich ein Teil ihres Rumpfs unter Wasser befindet und sie daher einen beträchtlichen Widerstand zu überwinden haben, der sich aus dem Reibungswiderstand zwischen den Schiffsflanken und dem Wasser sowie aus dem Wellenwiderstand zusammensetzt. Mit zunehmender Geschwindigkeit des Schiffs verstärkt sich der Widerstand.

Dieses Problem hat man beim Tragflügelboot überwunden. Seine Flügel, die unter dem vorderen und hinteren Rumpf angebracht sind, ähneln den Tragflächen eines Flugzeugs: Sie sind vorn dick, haben eine gekrümmte Oberseite und eine ziemlich flache Unterseite und laufen nach hinten spitz zu. Und wie die Tragflächen eines Flugzeugs heben diese Flügel das Schiff, das im Ruhezustand wie jedes andere mit dem Bauch im Wasser liegt, mit zunehmender Geschwindigkeit hoch. Denn das besondere Profil der Flügel bewirkt, daß das Wasser über die Oberseite schneller dahinströmt als unter der Unterseite; dadurch verringert sich der Wasserdruck über den Flügeln, und der höhere Wasserdruck unter den Flügeln hebt das Schiff an. Je größer die Geschwindigkeit, desto stärker der Auftrieb, desto höher steigt der Schiffskörper aus dem Wasser, bis er schließlich ganz frei liegt. Auf diese Weise reduziert man erheblich den geschwindigkeitsverringernden Widerstand im Wasser.

Weil der Auftrieb mit der Dichte des Gases oder der Flüssigkeit zunimmt und Wasser rund 800mal dichter als Luft ist, können die Tragflächen des Wasserfahrzeugs kleiner als die eines Flugzeugs, müssen dafür aber sehr viel stabiler sein. Man unterscheidet zwei Arten von Tragflügeln: halbgetauchte und vollgetauchte Tragflügel.

Halbgetauchte Tragflügel durchbrechen im Schwebezustand die Wasseroberfläche. Dabei reguliert sich die Wasserlage des Fahrzeugs selbsttätig: Ragen die Tragflügel zu weit aus dem Wasser heraus, verringert sich der Auftrieb, und sie tauchen wieder ein. Sinken sie umgekehrt zu tief ab, erhöht sich der Auftrieb, und sie heben sich erneut heraus. Boote mit halbgetauchten Tragflügeln eignen sich für ruhige Binnen- und Küstengewässer, nicht für hohen

Übers Wasser fliegen *Es gibt Tragflügelboote mit vollgetauchten Flügeln (oben) und halbgetauchten Flügeln (unten). Auch Gleitboote (rechts) heben sich aus dem Wasser heraus. Ursache ist die flache oder V-förmige Konstruktion der Schiffsunterseite.*

Wellengang, da sie dann zu stark auf- und niederschwanken.

Boote mit vollgetauchten Tragflügeln fahren sehr viel ruhiger, doch sie brauchen dafür ein ausgeklügeltes Steuersystem. Ihre Wasserlage reguliert sich nicht selbsttätig, da sich bei ihnen der Auftrieb nach dem Winkel richtet, den Tragflügel und Wasser zueinander bilden. Wird der Winkel größer, verstärkt sich der Auftrieb, und umgekehrt. Um das Boot in einer stabilen Lage zu halten, muß mit Radar, Ultraschall und Kreisel der Winkel der Tragflügel ständig kontrolliert und mit Hilfe elektronischer Signale den Bewegungsänderungen und der jeweiligen Rumpfhöhe über dem Wasser angepaßt werden.

Die meisten Tragflügelboote verfügen über einen Schraubenantrieb. Düsengetriebene Fahrzeuge nehmen durch eine Öffnung in den hinteren Tragflügeln Umgebungswasser auf und erhöhen mit Hilfe leistungsstarker Pumpen den Druck des Wassers, das dann mit hoher Geschwindigkeit durch Düsen nach hinten wieder ausströmt und dabei dem Fahrzeug den nötigen Schub verleiht. Bei einer Geschwindigkeit von 80 km/h wälzt ein düsengetriebenes Tragflügelboot rund 110 000 l pro Minute um.

Tragflügelboote kann man jedoch nur als verhältnismäßig kleine Schiffe konstruieren. Denn wenn man die Größe der Tragflügel entsprechend der Schiffsgröße etwa verdoppelt, verdreifacht sich ihr Gewicht, so daß man hier bald an die Grenzen des Machbaren stößt.

HALBGETAUCHTE UND DÜSENGETRIEBENE TRAGFLÜGELBOOTE

Bei halbgetauchten Tragflügeln reguliert sich die Wasserlage des Boots selbsttätig. Sinkt der Tragflügel ab, verstärkt sich der Auftrieb und hebt ihn wieder empor.

Ein düsengetriebenes Tragflügelboot nimmt Umgebungswasser auf und stößt es mit hohem Druck nach hinten wieder aus. Der Schub treibt das Boot vorwärts.

Auf Luftkissen übers Wasser

Es fährt übers Wasser, ist aber kein Schiff; es fliegt durch die Luft, ist aber kein Flugzeug: Es ist ein Luftkissenfahrzeug, das von einem Polster komprimierter Luft getragen wird. Auf diesem Luftpolster schwebt es leicht über Land und Wasser dahin.

Die Luft, die ein Luftkissenfahrzeug vom Untergrund abhebt, wird von mächtigen Gebläsen angesaugt, verdichtet und nach unten gelenkt. Bei vielen Luftkissenfahrzeugen leitet man die Luft zuerst in eine aufblasbare Kammer aus elastischem Gummigewebe, eine sogenannte Schürze, die rund um die Unterkante des Boots verläuft. Durch Düsen in der Schürze, die nach unten bzw. schräg nach innen unter den Fahrzeugrumpf gerichtet sind, strömt die komprimierte Luft wieder aus und baut so das Luftpolster unter dem Fahrzeug auf. Obwohl der Druck nur 1/60 des Drucks in einem normalen Autoreifen beträgt, reicht er aus, das Fahrzeug vom Boden abheben zu lassen. Damit die Luft nicht sofort wieder entweicht, hängen an den Außenrändern der Düsen bewegliche Vorhänge bis zum Wasser oder zur Erde hinab; sie dichten das Druckpolster selbst bei unregelmäßigem Untergrund wirkungsvoll ab.

Das größte zivile Luftkissenfahrzeug der Welt ist die rund 300 t schwere SR.N4 Mark 3, die im Ärmelkanal verkehrt und über 400 Passagiere und 60 Autos befördern kann. Sie besitzt vier Gebläse, die einen Durchmesser von jeweils 3,5 m haben und von Gasturbinen angetrieben werden. Diese Gasturbinen setzen auch die vier Luftschrauben der SR.N4 in Bewegung, die dem Fahrzeug den nötigen Schub geben. Bei manchen Luftkissenfahrzeugen ist der Antrieb für Gebläse und Luftschrauben auch getrennt.

Die Luftschrauben beschleunigen den von ihnen erfaßten Luftstrom nach hinten, wodurch das Fahrzeug vorwärts getrieben wird. Der Einstellwinkel der Rotorblätter kann verändert werden, so daß sich – bei gleichbleibender Drehzahl der Luftschraube – die Geschwindigkeit des Luftstroms und damit auch die des Fahrzeugs je nach Einstellwinkel erhöht oder verringert.

Mit diesem Antriebssystem erreicht die SR.N4 eine Spitzengeschwindigkeit von mehr als 65 Knoten (etwa 120 km/h); sie ist damit doppelt so schnell wie ein Überseedampfer. Gesteuert wird ein Luftkissenboot in gleicher Weise, wie man ein Flugzeug lenkt. Als Seitenruder fungiert dabei der bewegliche hintere Teil der senkrecht stehenden Heckflosse, die sich im Luftstrom der Propeller befindet.

Büchsen unter Druck gesetzt

Durch ein Experiment mit zwei Blechbüchsen, einer Waage und einem serienmäßigen Gebläse entdeckte der britische Ingenieur Christopher Cockerell Anfang der 50er Jahre das Grundprinzip eines Luftkissenfahrzeugs. Cockerell suchte nach Möglichkeiten, die Reibung zwischen einem Schiffskörper und dem Wasser zu verringern. Schon 1877 hatte der britische Ingenieur John Thornycroft die Idee mit dem Luftkissen entwickelt, vermochte sie damals aber noch nicht umzusetzen.

Cockerell war der Meinung, daß der Druck höher würde, wenn man die Luft nicht direkt in den Raum pumpte, den das Luftkissen einnehmen sollte, sondern sie nur durch einen schmalen, ringförmigen Schlitz unter der Außenkante des Rumpfs ausströmen ließ und nach innen unter den Schiffsbauch lenkte. Er überprüfte seine Idee, indem er zunächst Luft durch eine Blechbüchse ohne Deckel auf eine Küchenwaage blies. Dann lenkte er die Luft durch den Zwischenraum zweier ineinandergestellter Büchsen. Die auf diese Weise komprimierte Luft erzeugte einen wesentlich höheren Druck.

Bereits 1955 ließ sich Cockerell den Konstruktionsentwurf für ein Luftkissenfahrzeug patentieren. 1959 lief die SR.N1 vom Stapel. Und am 25. Juli 1959, dem 50. Jahrestag der ersten Kanalüberquerung mit dem Flugzeug, steuerte Cockerell seine Erfindung erstmals über den Ärmelkanal.

Cockerells Experiment *Ein Gebläse preßt Luft durch den Zwischenraum zwischen zwei ineinandergestellten Blechbüchsen auf eine Waage. Dieses Experiment lieferte den Beweis, daß man ein Schiff auf ein Druckpolster heben konnte, das durch Luft aus Düsen rund unter der Außenkante des Rumpfs erzeugt wurde.*

Amphibienfahrzeug *Luftkissenfahrzeuge können zu Wasser und zu Land eingesetzt werden.*

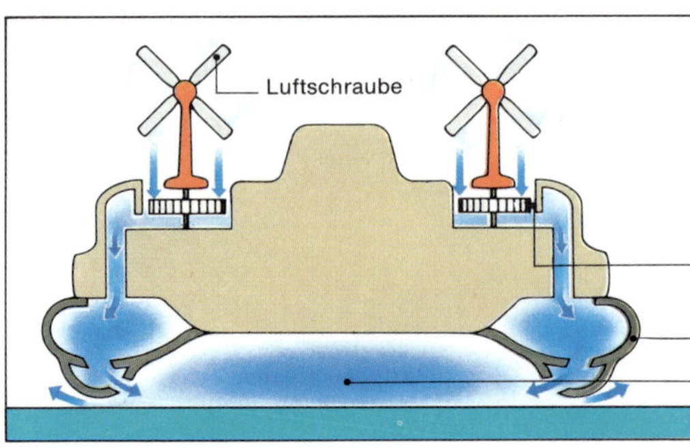

Abgehoben *Ein Luftkissenfahrzeug schwebt auf einem Luftpolster aus komprimierter Luft.*

Wunder der Medizin

Seit dem Zweiten Weltkrieg hat die Medizin völlig neue Behandlungsmethoden und Operationstechniken entwickelt. Chirurgen arbeiten mit Laserstrahlen und Mikroskopen. Künstliche Organe verlängern das Leben schwerkranker Menschen. Und Kinder werden außerhalb des Mutterleibs gezeugt.

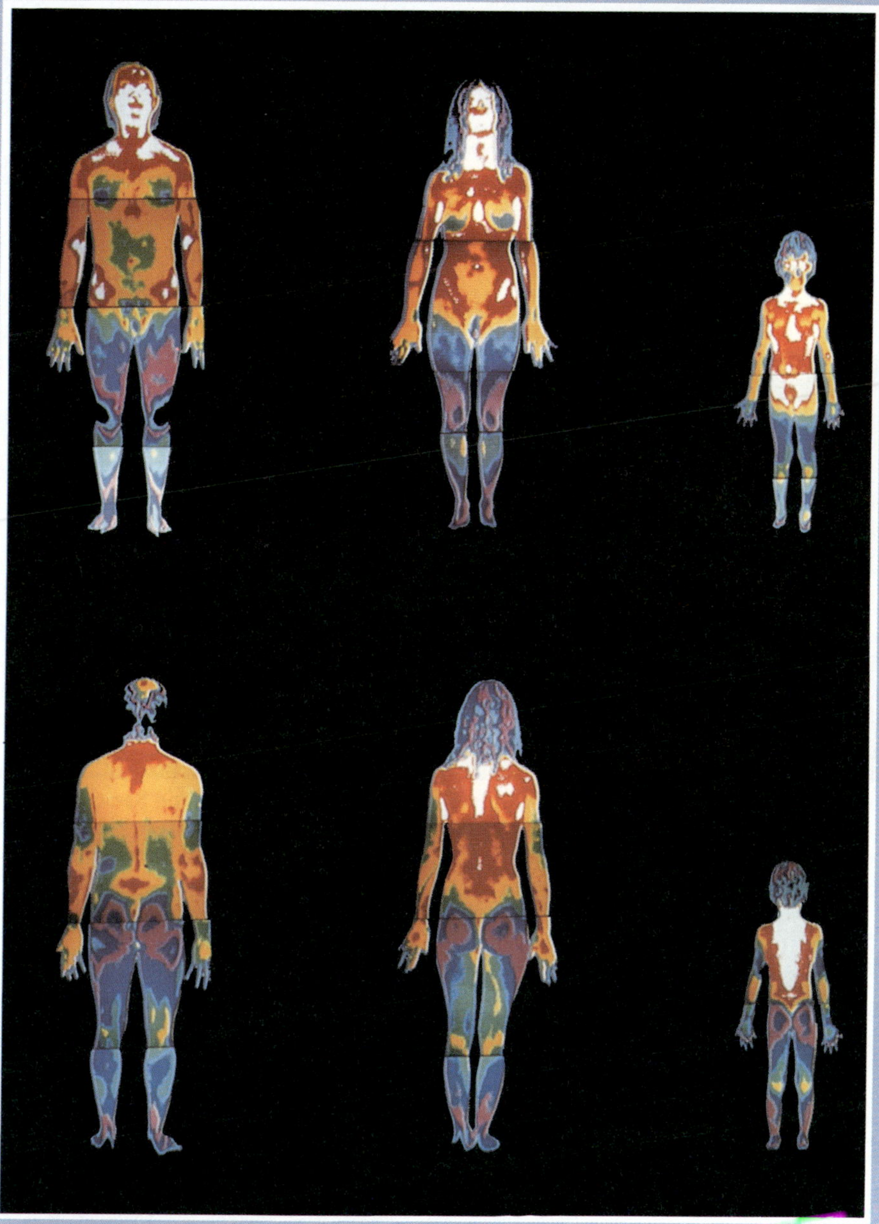

Wie der Arzt ins Innere des menschlichen Körpers schaut, Seite 287

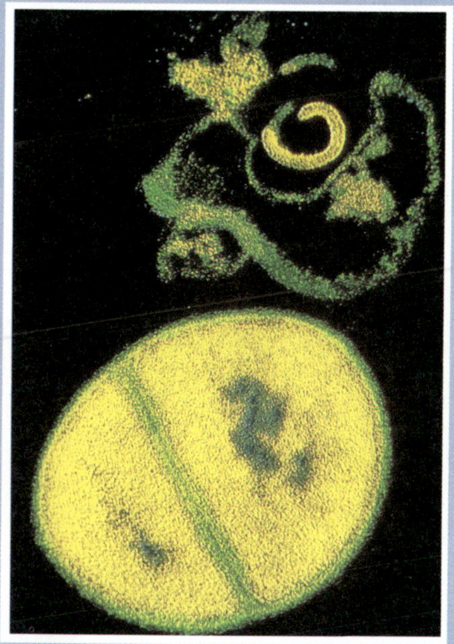

Wie Antibiotika schädliche Bakterien abtöten, Seite 288

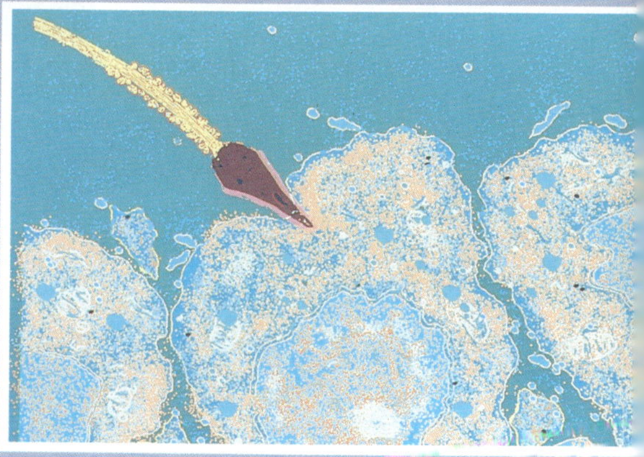

Wie Retortenbabys gezeugt und in den Mutterleib übertragen werden, Seite 276

Die Zeugung eines Retortenbabys

Am 25. Juli 1978 kam in Großbritannien das erste Kind zur Welt, das außerhalb des Mutterleibs gezeugt worden war: Louise Brown, das „Retortenbaby“. Vorgenommen hatten diese sogenannte künstliche Befruchtung zwei Pioniere auf diesem Gebiet, der Gynäkologe Patrick Steptoe und der Physiologe Robert Edwards. Erst zwei Jahre später wurde diese aufsehenerregende Leistung von australischen Wissenschaftlern wiederholt.

Trotz der Bezeichnung „Retortenbaby“ findet die Befruchtung nicht in der Retorte, sondern in einer Glasschale statt und wird in der Fachsprache daher In-vitro-Fertilisation (IVF) – lateinisch *in vitro* heißt „im Glas“ – genannt.

Durch die Befruchtung der Eizelle außerhalb des Körpers können auch Frauen, bei denen die Empfängnis nicht stattfinden konnte, weil die männlichen Samenzellen die weibliche Eizelle nicht erreichten, eigene Kinder zur Welt bringen. Bei Louises Mutter war es zu keiner Schwangerschaft gekommen, weil ihre Eileiter, durch die das Ei in die Gebärmutter gelangt, verklebt waren.

Die künstliche Befruchtung kann man nur bei den relativ wenigen Frauen anwenden, deren Unfruchtbarkeit auf einen solchen Eileiterverschluß zurückzuführen ist, deren Gebärmutter jedoch sonst gesund ist. Unfruchtbare Paare werden erst gründlich untersucht, bevor man entscheidet, ob eine künstliche Befruchtung für sie in Frage kommt.

Vor der In-vitro-Fertilisation errechnet man zunächst, wann im Menstruationszyklus der Frau ein Ei reif wird. Unmittelbar bevor der Eierstock das reife Ei ausstößt, wird es bei einem kleinen Eingriff entfernt. Meist behandelt man die Frauen vor dieser Operation mit Hormonen, damit mehrere Eier reifen und für die Befruchtung zur Verfügung stehen.

Der Gynäkologe führt ein drehbares optisches Instrument – ein Laparoskop – durch einen kleinen Schnitt in die Bauchhöhle ein. Mit Hilfe dieses Instruments kann er nicht nur die Fortpflanzungsorgane, sondern auch die Eizellen selbst sehen. Der Gynäkologe entfernt die Eier, indem er sie mit einer feinen Hohlnadel durch das Laparoskop absaugt.

Danach kommen die Eier in eine Schale mit einer Nährlösung, damit sie ein paar Stunden in einem Brutschrank aufbewahrt werden können. Währenddessen gibt man Samenflüssigkeit vom Vater in eine Kochsalzlösung, wo die Samenzellen bis zur Befruchtung optimal aufgehoben sind.

Für die Befruchtung werden die Eier der Samenflüssigkeit in der Kochsalzlösung hinzugefügt. Eine Samenzelle muß innerhalb von 24 Stunden mit einer Eizelle verschmelzen, damit menschliches Leben entstehen kann. Sobald das Ei befruchtet ist, kann keine weitere Samenzelle eindringen.

In der befruchteten Eizelle setzen nun Zellteilung und Zellvermehrung ein, und das Ei entwickelt sich zu einem zunehmend komplexen Embryo. Nach mehreren Stunden erreicht die Eizelle das Achtzellenstadium und wird in die Gebärmutter eingepflanzt.

Dazu stellt der Gynäkologe mit dem Mikroskop fest, welche der Eizellen *in vitro* befruchtet wurden; diese saugt er in eine

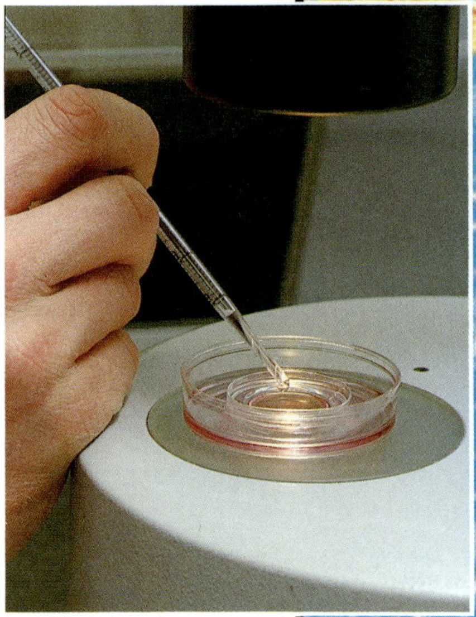

In-vitro-Befruchtung *Eizellen und Samenzellen legt man in eine Glasschale mit Kochsalzlösung. Hier wird geprüft, ob die Eier befruchtet sind.*

Bebrüten *Vor der Befruchtung werden die Eizellen in einer nährstoffreichen Lösung im Brutschrank aufbewahrt. Hier entnimmt man sie aus dem Brutschrank, um sie für den Befruchtungsvorgang vorzubereiten.*

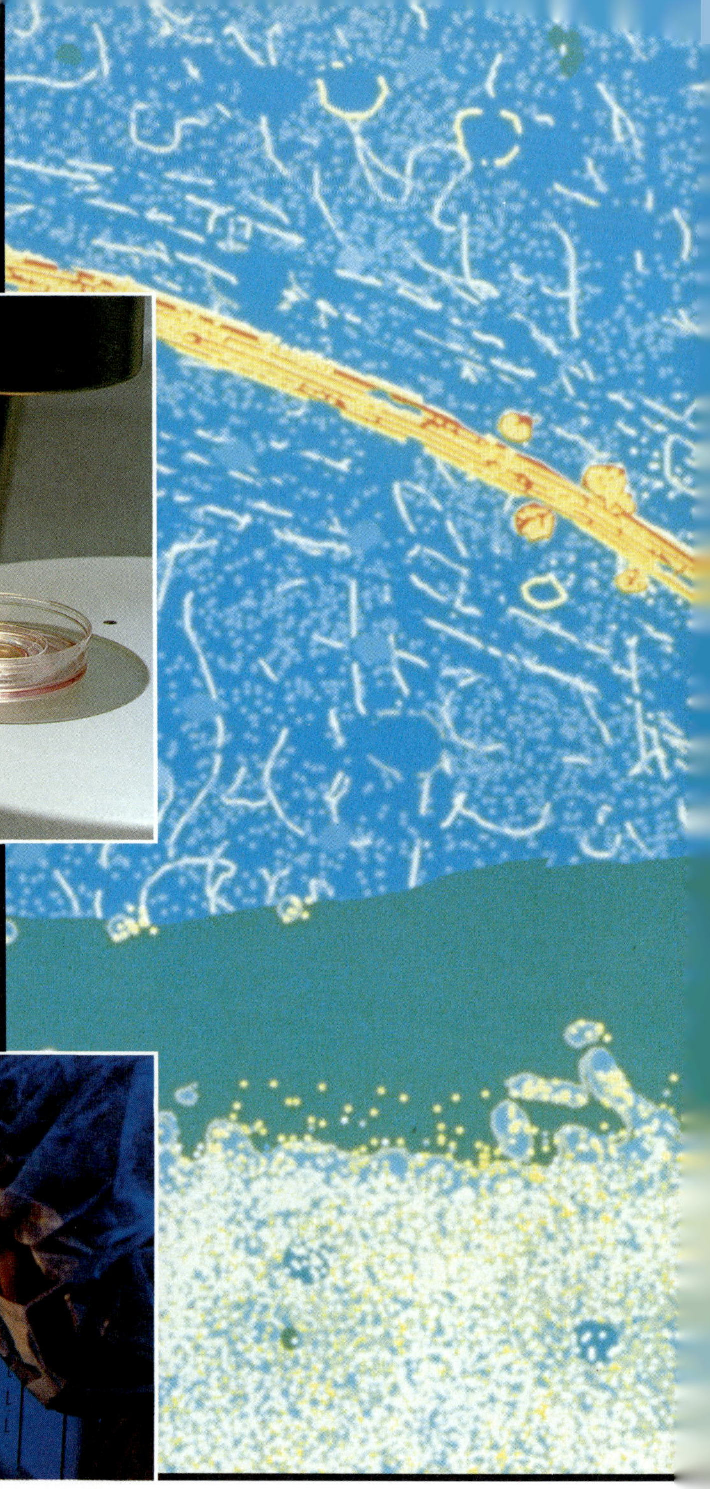

Verschmelzen von Ei- und Samenzelle *Mit Falschfarben versehen und 6570fach vergrößert, zeigt diese Elektronenmikroskopaufnahme, wie eine Samenzelle die äußere Hülle der Eizelle durchdringt. Sobald dies geschehen ist, verdickt sich die Membran, damit keine weiteren Samenzellen in das Ei eindringen können. Wenn der Zellkern im Spermienkopf mit dem Zellkern der Eizelle verschmilzt, ist das Ei befruchtet.*

dünne Röhre. Die Röhre führt er durch die Scheide ein und überträgt die Keimlinge in die hormonell vorbereitete Gebärmutter, wo sie weiterwachsen können.

Nun beginnt für den Embryo wie bei einer normalen Schwangerschaft der Kampf ums Überleben. Er muß sich in der Gebärmutterschleimhaut einnisten, um mit lebensnotwendigen Nährstoffen versorgt zu sein. Die Chancen der einzelnen Eizelle zu überleben stehen 1:5. Wird mehr als eine befruchtete Eizelle eingepflanzt, ist die Wahrscheinlichkeit größer, daß die Mutter ein gesundes Baby zur Welt bringt. Zu einer Mehrlingsgeburt soll es jedoch auch nicht kommen; deshalb führt man in der Regel nur drei befruchtete Eizellen in die Gebärmutter ein.

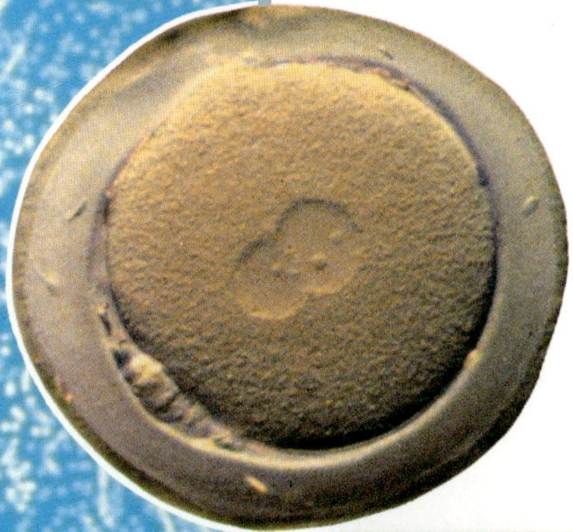

Anfang des Lebens
Nach der Befruchtung (links) beginnt die Teilung der Eizelle. Aus den neuen Zellen entsteht ein Kind. Unten das erste „Retortenbaby" Louise Brown.

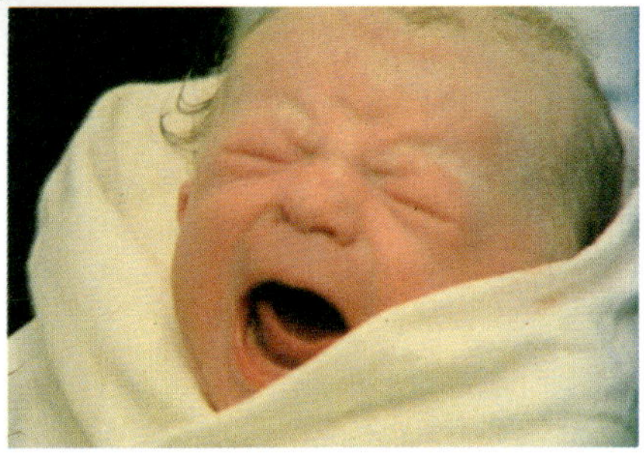

Die Untersuchung der Augen

Ein Augenarzt kann sich ein gutes Bild vom Gesundheitszustand eines Menschen machen, wenn er ihm in die Augen schaut. Bei eingehender Untersuchung lassen sich das Alter des Patienten sowie erste Anzeichen schwerer Krankheiten – z. B. eines Gehirntumors oder einer Zuckerkrankheit – erstaunlich genau feststellen. Dies liegt daran, daß die Augen die einzigen Organe sind, bei denen Blutgefäße und das Ende eines Nervs, des Sehnervs, ohne einen chirurgischen Eingriff deutlich zu sehen sind und die daher Aufschluß über das Allgemeinbefinden geben.

Die Hauptaufgabe des Augenarztes ist jedoch, die Sehschärfe zu prüfen, wenn nötig, eine Brille oder Kontaktlinsen zu verschreiben und Augenerkrankungen zu erkennen und zu behandeln.

Ausgangspunkt einer Augenuntersuchung ist nach wie vor die Buchstabentafel, die der niederländische Augenarzt Hermann Snellen im vorigen Jahrhundert einführte. Der Augenarzt ist darauf angewiesen, daß der Patient ihm sagt, was er sieht und was nicht. Die Buchstaben sind absichtlich leicht zu verwechseln; ähnliche Formen wie P und F stehen nebeneinander, damit die Fähigkeit des Patienten, die einzelnen Buchstaben und die Zwischenräume voneinander zu unterscheiden, genau geprüft wird. Man kann mogeln, indem man die Augen zusammenkneift; dabei wird die Lidspalte kleiner, und die Tiefenschärfe verbessert sich. Sinnvoll ist eine solche Manipulation jedoch nicht.

Die Snellen-Sehprobe gibt nur eine ungefähre Vorstellung von der Sehschärfe. Mit anderen Tests, z. B. dem Verfolgen eines bewegten Gegenstands mit den Augen, kontrolliert der Augenarzt die Stärke der Augenmuskeln und stellt fest, ob beide Augen richtig zusammenarbeiten. Er prüft, wie die Pupillen auf Licht reagieren und ob man über ein gutes Gesichtsfeld verfügt.

Viele dieser Tests werden mit einer Probierbrille durchgeführt, einem schweren Brillengestell, das auf den genauen Augenabstand des Patienten eingestellt ist. In diese Probierbrille setzt der Augenarzt verschiedene Linsen ein. Bei etwa 200 verschiedenen Linsen mit jeweils anderer Funktion und Stärke ergeben sich Tausende möglicher Kombinationen. Im Ausschlußverfahren läßt sich die richtige Zusammenstellung für den betreffenden Patienten nahezu exakt ermitteln.

Der Augenarzt setzt die Untersuchung mit einem kleinen Handgerät, dem Retinoskop, fort. Durch die Pupille leuchtet es auf die Netzhaut (Retina) am Augenhintergrund. Auf der Netzhaut befinden sich Sinneszellen, die Lichtwellen in Nervenimpulse umwandeln. Wenn der Arzt nun das Auge mit dem Retinoskop abtastet, wird ein Lichtmuster zurückgeworfen, von dem er auf die Form des Augapfels schließt. Ein zu langer Augapfel (von vorn nach hinten gemessen) ist ein Zeichen von Kurzsichtigkeit, ein zu kurzer deutet auf Weitsichtigkeit hin. Eine Verkrümmung der Hornhaut, der durchsichtigen Außenhaut des Auges, bedeutet, daß Objekte im Auge falsch abgebildet werden (Astigmatismus). Wenn der Lichtstrahl die Netzhaut nicht erreicht, ist dafür oft eine getrübte Linse verantwortlich; diese Krankheit nennt man grauen Star.

Nach diesen Untersuchungen hat der Arzt nun einen allgemeinen Befund über eventuelle Sehfehler. Um jedoch krankhafte Augenveränderungen festzustellen, sind weitere Untersuchungen im Augeninnern nötig.

Ein Augenspiegel (Ophthalmoskop) beleuchtet das durchsichtige Innere des Auges und den Augenhintergrund mit einem dünnen Lichtstrahl, der durch die Pupille einfällt. Die Lichtquelle ist mit mehreren Linsen kombiniert, die sich verstellen lassen, so daß der Arzt verschiedene Teile des Auges gezielt untersuchen kann. Im gesunden Auge sieht er eine helle, orange-rosafarbene Scheibe, die von einem Netz von Nervengewebe und Blutgefäßen durchzogen ist. Vom Augenhintergrund läßt sich auf den allgemeinen Zustand von Nervensystem und Kreislauf des Patienten schließen. Auch dort erkennt man altersbedingte Veränderungen.

Besteht eine Abflußbehinderung des Kammerwassers, muß der Augeninnendruck mit einem Tonometer gemessen werden. Das Instrument wird leicht aufs Auge gesetzt und zeigt den Druck in Millimetern auf einer Quecksilbersäule an. Eine andere Tonometerart läßt einen Luftstoß aufs Auge treffen; die Geschwindigkeit, mit der die Luft abprallt, gibt den Druck an.

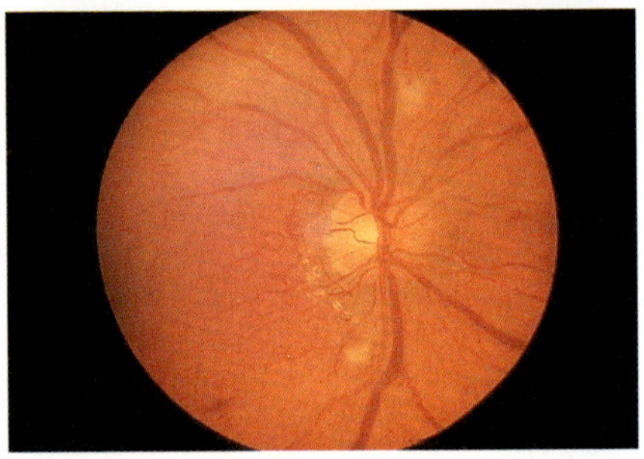

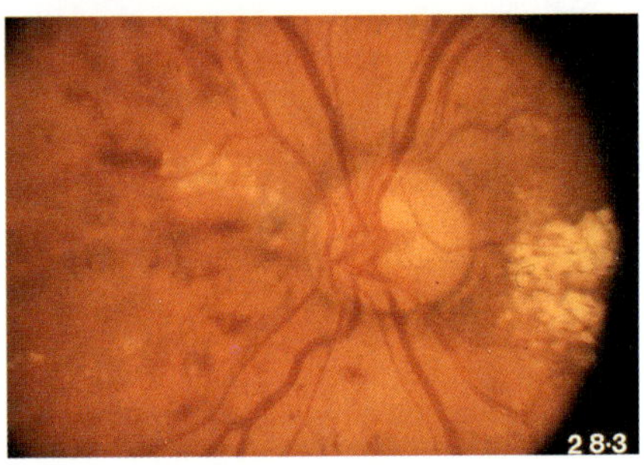

Augenuntersuchung *Wenn der Arzt das Auge mit einem Augenspiegel (oben) untersucht, kann er feststellen, ob die Netzhaut (Mitte) Veränderungen aufweist, die auf eine Krankheit hindeuten. Auf dem Bild unten erkennt man dunkelrote Flecken und gelbliche Stellen – Blutergüsse und Ablagerungen –, die auf Zuckerkrankheit hindeuten.*

Eine Abflußbehinderung kann man mit einem Spaltlampenmikroskop frühzeitig erkennen; es vergrößert bis zu 50fach und leuchtet auch durch winzige Spalte.

Mit dem Mikroskop wird die Vorderseite des Auges untersucht, wo man den Winkel zwischen der Regenbogenhaut (dem farbigen Teil des Augapfels) und der Hornhaut sieht. An dieser Stelle kündigt sich eine Abflußbehinderung schon im Anfangsstadium an. Der Augenarzt kann auch winzigste Kratzer – z. B. von Kontaktlinsen –, Narben und andere Beschädigungen von Hornhaut, Regenbogenhaut und Linse feststellen.

Wie Brillen die Sehschärfe korrigieren

Bei Menschen mit gutem Sehvermögen treffen die Lichtstrahlen, die durch die Pupille ins Auge einfallen, genau auf die Netzhaut; von dort gelangt ein scharfes Netzhautbild zum Gehirn.

Die Sehstärke ist bei Kindern mit einem Jahr am besten. Probleme gibt es häufig in der Pubertät. Meist liegt es an der Größe des Augapfels, daß jemand eine Brille tragen muß, um die Brennweite seiner Augen zu korrigieren: Der Augapfel ist, von vorn nach hinten gemessen, entweder zu lang oder zu kurz, oder er ist deformiert.

In jungen Jahren werden Sehfehler oft noch durch die Ziliarmuskeln ausgeglichen, die mit Fasern an der Linse befestigt sind. Die Muskeln verstärken oder vermindern die Wölbung der Linse, so daß diese sich auf Objekte in der Nähe oder Ferne einstellen kann.

Wenn jedoch die Ziliarmuskeln erschlaffen – häufig im mittleren Alter –, ist die Linse nicht mehr wölbungsfähig, d. h., sie kann sich nicht mehr auf nahe Gegenstände einstellen. Jemand, der mit zehn Jahren noch seine Nasenspitze scharf sehen konnte, kann plötzlich ein Buch nur lesen, wenn er es eine Armlänge entfernt hält.

Die drei häufigsten Sehfehler sind Weitsichtigkeit, Kurzsichtigkeit und Astigmatismus, die mit unterschiedlichen Brillen (siehe rechts) korrigiert werden.

Für Menschen mit besonders lichtempfindlichen Augen empfehlen sich getönte Gläser. Auch vermindert sich die Lichtempfindlichkeit, wenn man Brillengläser mit einer speziellen Beschichtung entspiegelt. Brillengläser sind aus Glas oder aus Kunststoff, wobei Glas schwerer, aber auch kratzfester ist.

So werden Kontaktlinsen gemacht

Leonardo da Vinci beschrieb schon 1508 das Prinzip, nach dem man mit einer künstlichen Linse aus Glas Sehfehler korrigieren könnte. 1888 fertigte der deutsche Augenspezialist Adolf Fick Gipsabgüsse von den Augen und verwendete sie als Formen für die ersten Kontaktlinsen.

Die modernen Kontaktlinsen sind leichte, durchsichtige Schalen, die auf dem Feuchtigkeitsfilm der Augenoberfläche schwimmen. Sie werden vom Augenarzt verschrieben und genau der Augengröße und -form des Patienten angepaßt. Solche Kontaktlinsen sind praktisch unsichtbar und bewegen sich mit dem Auge, so daß ein natürlicheres Sehen als mit einer Brille möglich ist.

Bevor der Augenarzt das Rezept für Kontaktlinsen ausstellt, untersucht er, welche Sehfehler zu korrigieren sind (siehe Seite 277). Mit einem Keratometer mißt er die Augenoberfläche; dabei reflektiert das Instrument ein Bild des Auges und gibt die Maße bis auf 0,01 mm genau an. Mit diesen Daten läßt sich dann die Krümmung des Augapfels exakt bestimmen.

Kontaktlinsen bestehen heute meist nicht mehr aus Glas, sondern aus Kunststoff. Es gibt harte und weiche Kontaktlinsen – welche der Arzt verschreibt, richtet sich nach der Augenempfindlichkeit, eventuellen allergischen Reaktionen und den Bedürfnissen des Patienten.

Der Sehfehler wird durch die Form der Linse korrigiert. Eine geringfügige Krümmung gleicht Kurzsichtigkeit aus, eine starke Krümmung Weitsichtigkeit, und zur Korrektur des Astigmatismus gibt es verschiedene Linsenformen. Harte Kontaktlinsen waren bis Ende der 70er Jahre am weitesten verbreitet, werden heute aber nur noch von etwa 40 % der Patienten getragen; von Hand fertigt man sie aus kleinen, runden Plexiglasrohlingen. Sie sind zwar sehr haltbar und pflegeleicht, doch können sie Trockenheit und Reizungen des Auges hervorrufen. Um diesen Problemen vorzubeugen, wird dem Plexiglas Fluorkohlenstoff oder Silicon zugesetzt; das Material wird dadurch poröser und läßt Sauerstoff durch. Auch können nun die Gase entweichen, die sich unter der Kontaktlinse beim längeren Tragen ansammeln.

Weiche oder hydrophile (wasserhaltige) Kontaktlinsen sind noch durchlässiger und auch angenehmer im Tragen. Sie bestehen aus einem fast gallertartigen Kunststoff mit einem Wassergehalt von 38–85 %. Eine Form in der verschriebenen Größe wird mit der Wasser-Kunststoff-Schmelze gefüllt. Wenn die Linse abgekühlt ist und sich verfestigt hat, wird sie herausgenommen und poliert. Erstaunlicherweise gibt es gar nicht so viele verschiedene Formen – fünf Arten eignen sich für 80 % aller Patienten. Getönter Kunststoff wird manchmal verwendet, damit der Träger die Linsen leichter findet, wenn er sie wieder einsetzen will, um die Lichtempfindlichkeit zu vermindern oder aus kosmetischen Gründen, z. B. um graue Augen blau aussehen zu lassen. Damit man in jedes Auge die richtige Kontaktlinse einsetzt, kann man eine oder beide mit winzigen Pünktchen markieren.

Kurzsichtigkeit *Ist der Augapfel zu lang, vereinen sich Lichtstrahlen aus der Ferne schon vor der Netzhaut. Durch konkave Linsen werden entfernte Gegenstände genau auf der Netzhaut abgebildet.*

Weitsichtigkeit *Man sieht nahe Gegenstände unscharf, weil der Augapfel zu kurz ist und die Lichtstrahlen erst hinter der Netzhaut zusammentreffen. Konvexe Linsen beheben diesen Fehler.*

Astigmatismus *Durch eine Verkrümmung von Hornhaut und Linse vereinen sich die Lichtstrahlen nicht an den richtigen Punkten auf der Netzhaut. Zylindergläser gleichen dies aus.*

Normalsichtigkeit *Menschen mit normaler Sehstärke können Objekte in 4,5–6 m Entfernung scharf sehen. Die Lichtstrahlen treffen genau auf die Netzhaut.*

Dank Louis Braille lernen Blinde lesen und schreiben

1828 bekamen die Blinden Frankreichs den Schlüssel an die Hand, lesen und schreiben zu lernen: Der 19jährige Louis Braille, Lehrer an einer Pariser Blindenschule und selbst im Alter von drei Jahren erblindet, veröffentlichte eine Blindenschrift, die heute noch gebräuchlich ist.

Er erdachte ein Zeichensystem von erhabenen Punkten, die leichter zu ertasten und zu erkennen sind als durchgehende Linien. Die Punkte sind in Kombinationen wie auf Dominosteinen angeordnet und bilden Zeichen, die den Buchstaben des Alphabets, den Satzzeichen und häufig vorkommenden Wörtern wie „und" und „der, die, das" entsprechen.

Die Brailleschrift wird entziffert, indem man mit der Fingerkuppe eines oder zweier Finger den geprägten Text abtastet. Auch heute noch – über 150 Jahre nach der Entwicklung – ist die Brailleschrift die am weitesten verbreitete Blindenschrift. Das ursprüngliche Buchstabensystem mit seinen 63 Zeichen hat sich seitdem zu einer fortschrittlicheren, verkürzten Form entwickelt. Die Punktsymbole stehen für häufig vorkommende Buchstabenkombinationen wie „ge", „ent", „ver", was rascher zu erlernen und zu schreiben ist und Platz spart. Inzwischen gibt es Braille-Bearbeitungen für jede Weltsprache, alle möglichen Wissensgebiete und auch für Partituren.

Louis Braille *Er erfand 1828 die Brailleschrift.*

Die Brailleschrift kann von Hand geschrieben werden. Mit einem Metallgriffel drückt man die Punkte in ein Blatt Papier, das in einem Metallrahmen steckt. Man arbeitet auf der Rückseite des Blatts von rechts nach links, so daß die Punkte auf der Vorderseite erhaben sind und von links nach rechts ertastet werden können.

Braille-Schreibmaschinen und Computer mit Braille-Druckern sind weit verbreitet. Die modernsten Prägemaschinen können beide Seiten eines Blatts bedrucken, ohne daß sich die Punktmuster überschneiden.

Brailles System wird vor allem von Menschen benutzt, die von Geburt an blind sind oder die sehr jung ihr Augenlicht verloren haben. Viele Menschen erblinden jedoch erst im Alter, nachdem sie jahrelang herkömmliche Schriften gelesen haben. Ihre Finger sind häufig durch Alter oder Krankheit weniger empfindungsfähig, und für diese Menschen kann es schwierig sein, sich auf Blindenschrift umzustellen. Manche sind gänzlich auf Tonbandaufnahmen von Gedrucktem angewiesen; andere erlernen das Moon-System, eine Blindenschrift mit erhabenen Buchstaben.

Die Moonschrift, die Mitte des 19. Jh. in England von Dr. William Moon entwickelt wurde, ist ein System mit neun Grundzeichen. Je nachdem, in welche Richtung sie gedreht sind, werden sie unterschiedlich gelesen. Die Textzeilen laufen abwechselnd von rechts nach links und von links nach rechts. Die Moonschrift wird nur im englischsprachigen Raum verwendet und ist weit weniger vielseitig als die Brailleschrift. Auch drucktechnisch sind die Linien und Kreise der Moonschrift schwieriger zu bewältigen als die Punkte des Braille, so daß es nur wenige Texte nach diesem System gibt.

Musik in Brailleschrift *Der Computer setzt Musik in Brailleschrift um. Es gibt jedoch keine Notenlinien, und statt der Noten c bis b verwendet man die Braille-Buchstaben D bis J (die Note c entspricht z. B. dem Braille-D). Unterschiede im Notenwert werden durch Punkte dargestellt.*

Läßt sich Intelligenz messen?

Selbst Fachleute haben Schwierigkeiten zu erklären, was Intelligenz denn eigentlich ist – doch immer wieder wird sie gemessen.

In allen möglichen Lebensabschnitten muß man sich Intelligenztests unterziehen: vor dem Militärdienst, bei der Eignungsprüfung für bestimmte Berufe und manchmal auch bei der Bewerbung um eine Stelle. Diese Tests enthalten Fragen über Zahlen, Sprache und Formen und beurteilen die Fähigkeit, Probleme zu lösen.

Die ersten Intelligenztests wurden 1905 von Alfred Binet im Auftrag der französischen Regierung entwickelt. Das Ziel war, Kinder mit Lernproblemen ausfindig zu machen und dann speziell zu fördern.

1916 überarbeitete der amerikanische Psychologe Lewis Terman von der Stanford University in Kalifornien diese Tests, die dann als Stanford-Binet-Tests bekannt wurden.

Die ersten Stanford-Binet-Tests enthielten Fragen zu Zahlen, Wörtern und Gegenständen; dadurch sollte das Intelligenzalter (im Gegensatz zum Lebensalter) der Testperson festgestellt werden. Die Tests legte man Personen einer Altersgruppe gleichzeitig vor. Aus der durchschnittlichen Zahl richtiger Antworten ergab sich das durchschnittliche Intelligenzalter der jeweiligen Gruppe, und jedes Mitglied der Gruppe wurde danach bewertet.

Dann dividierte man das Intelligenzalter durch das Lebensalter und multiplizierte es mit 100 – heraus kam als Meßgröße der Intelligenzquotient (IQ). Wenn z. B. das Intelligenzalter 16 Jahre und das Lebensalter 15 Jahre betrug, ergab sich ein IQ von 106. Diese Tests galten für Jugendliche bis 18 Jahre. Nach dem Alter von 15 Jahren vermindert sich die Entwicklungsfähigkeit, und das Verhältnis von Intelligenz- und Lebensalter verliert an Bedeutung.

Seit dem ersten Stanford-Binet-Test wurden viele neue Tests entworfen, die präzisere Ergebnisse ermöglichen; grundsätzlich arbeiten sie aber nach denselben Prinzipien wie der Originaltest.

Der Durchschnittswert ist 100. Ungefähr 50 % der Testpersonen haben einen IQ von 90–110. Liegt der IQ eines Menschen über 100, ist er, dem Test nach, intelligenter als der Durchschnitt; letztlich zeigt das Ergebnis jedoch nur, wie gut die betreffende Person Intelligenztests lösen kann.

Verschiedene Tests ergeben oft verschiedene Werte für dieselbe Person. Ein Test der sprachlichen Intelligenz kann z. B. zu völlig anderen Ergebnissen führen als ein Test über logisches Denken und Mathematik.

INTELLIGENZTESTS

Intelligenztests messen das, was ein Mensch gelernt hat, seine Fähigkeit, Probleme auf dem Gebiet der Mathematik, der Sprache, der Logik, der räumlichen Vorstellung usw. zu lösen. Da jedoch manche Menschen sehr einseitig begabt sind und manche Tests auch kulturell beeinflußte Inhalte haben, können solche Tests das allgemeine Intelligenzniveau eines Menschen nicht zuverlässig bestimmen. Rechts und unten sind Beispiele von Testaufgaben aufgeführt.

6	2	4
2	?	0
4	0	4

1. Zahlenrätsel *Je zwei Zahlen in jeder Quer- und jeder Längszeile ergeben die dritte. Wie lautet die fehlende Zahl?*

K B N H	O A A A
M L C U	M D H S

2. Buchstabensalat *Auf dem Spielplatz wurde eine Nachricht versehentlich in vier Teile zerrissen, die eine Mutter in ungewöhnlicher Form an ihr Kind geschrieben hatte. Durch Umordnen der Papierschnitzel kann man herausfinden, wie die Nachricht lautet.*

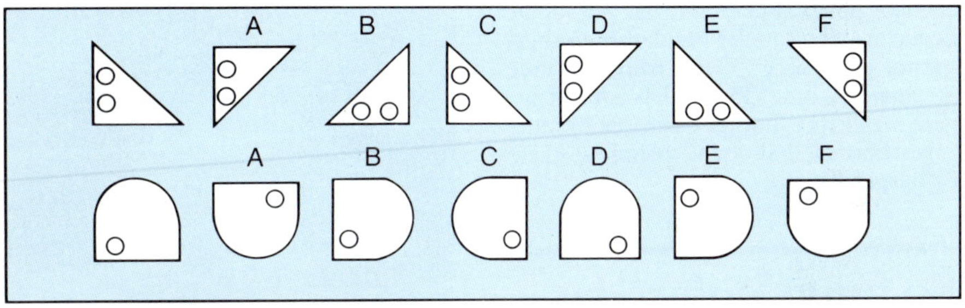

3. Der springende Punkt *In beiden Reihen sind mehrere Figuren samt Punkten mit der jeweils ersten Figur in der Reihe identisch, nur sind sie möglicherweise um die eigene Achse gedreht. Welche sind es? Hier wird die räumliche Vorstellung getestet.*

4. Dreidimensionale Denkaufgabe *Auch in dieser Denksportaufgabe wird die räumliche Vorstellung getestet. Man muß herausfinden, welche der vier Abbildungen der aufgeklappten Schachtel entspricht.*

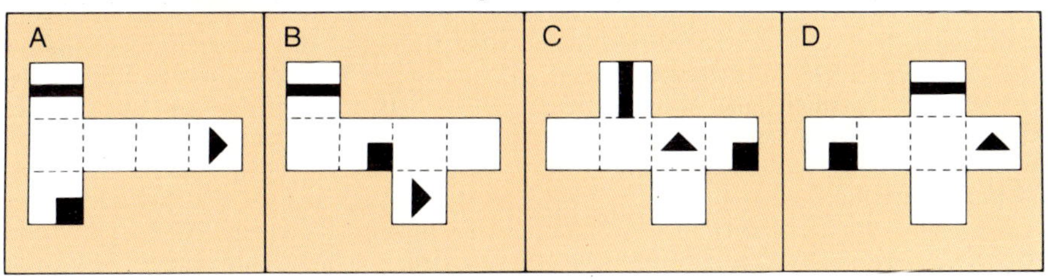

1. Die Antwort ist 2. In jeder senkrechten und waagrechten Reihe wird die zweite Zahl von der ersten abgezogen.

2. Die Nachricht lautet: KOMM BALD NACH HAUS.

K	B	N	H
O	A	A	A
M	L	C	U
M	D	H	S

3. Erste Reihe: B, C, F
Zweite Reihe: A, C, E

4. Die richtige Antwort lautet: Figur D.

Außer den inhaltlichen Schwerpunkten beeinflussen noch andere Faktoren das Resultat: Es ist erwiesen, daß Klassenzugehörigkeit, Motivation, häusliche Verhältnisse, ja selbst die Beziehung zwischen Testleiter und Testperson sich auf den IQ-Wert auswirken.

Die hier beschriebenen Intelligenztests messen die Testdaten an einem Standardwert. Sehr hohe oder sehr niedrige Ergebnisse lassen sich kaum deuten, weil es dafür keine Vergleichswerte aus ähnlichen Leistungsgruppen gibt. So sind z. B. Berichte über Kinder mit Intelligenzquotienten von 170 oder 220 nur Schätzungen ohne konkreten Aussagewert.

Binet vertrat die Ansicht, daß sich der Intelligenzquotient im Lauf eines Lebens ändern könne; andere wiederum glauben, er sei ererbt und konstant.

Die Stanford-Binet-Tests wendet man heute in Verbindung mit anderen Tests an; diese wurden jeweils speziell für Erwachsene (das Alter wird nicht unbedingt berücksichtigt), Schulkinder und Vorschulkinder entwickelt, während die Stanford-Binet-Tests in erster Linie für Schulkinder gedacht waren. Neben dem Stanford-Binet-Test gibt es andere Systeme, die auf die Bedürfnisse kultureller Minderheiten abgestimmt sind; deren Werte nämlich waren in Stanford-Binet-Tests, die auf weiße, nach westlicher Tradition erzogene Kinder zugeschnitten sind, im Verhältnis zu niedrig ausgefallen.

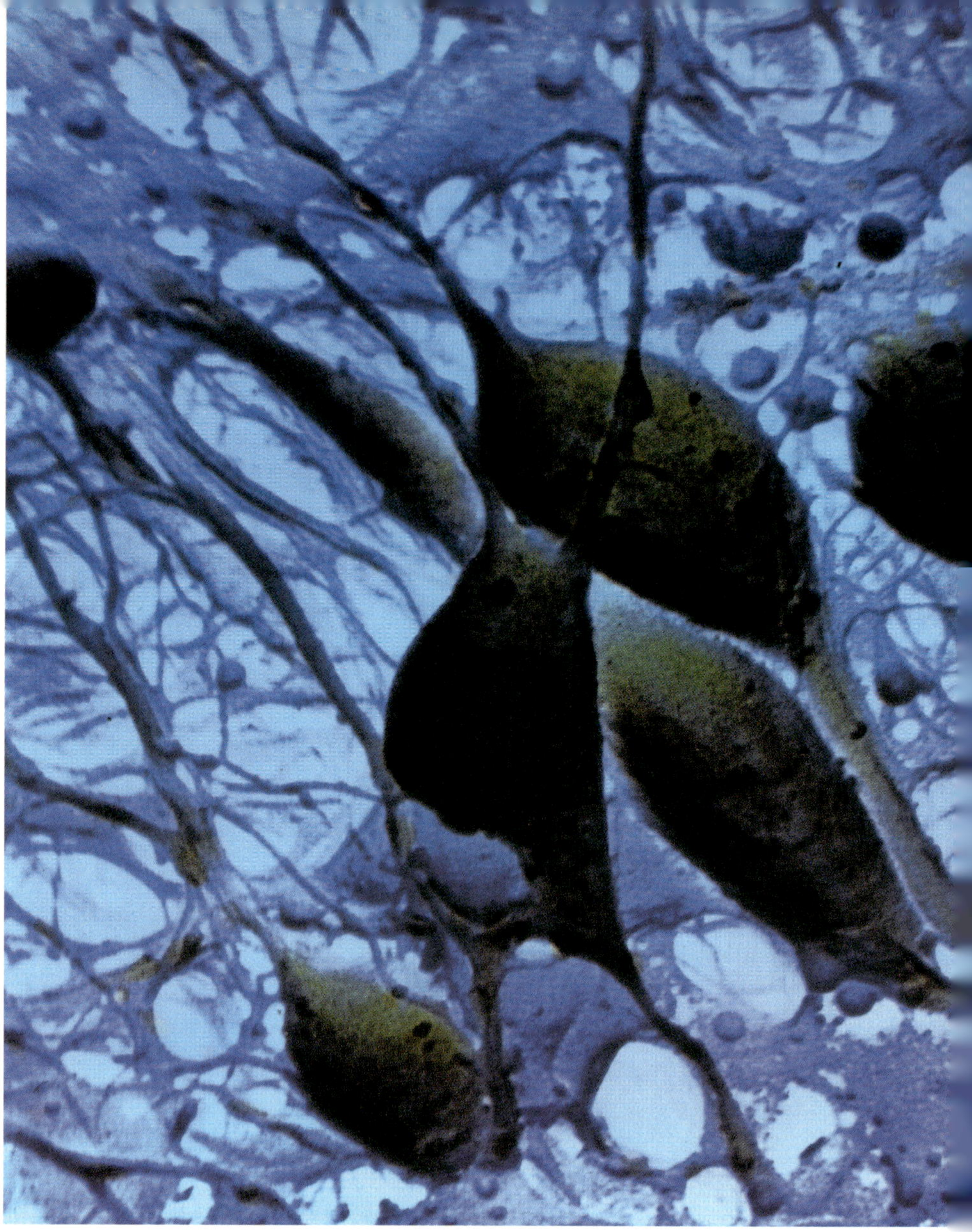

So funktioniert das Gedächtnis

In Rangun, Birma, trug im Jahr 1974 ein Mann namens Bhandanta Vicitsara 16 000 Seiten eines buddhistischen Texts auswendig vor. Diese Leistung ist zwar außerordentlich, doch kann fast jeder Mensch erstaunlich viele Fakten im Gedächtnis behalten. Eine neue Telefonnummer jedoch vergißt man oft gleich, nachdem man sie gewählt hat.

Der Mensch verfügt über mehrere Arten von Gedächtnis. Das Kurzzeitgedächtnis kann nur etwa sechs Informationen erfassen und sie maximal eine Minute speichern. Das Langzeitgedächtnis kann wesentlich kompliziertere Sachverhalte viele Jahre lang behalten.

Das Kurzzeitgedächtnis befindet sich im Mittelhirn, das Langzeitgedächtnis dagegen ist über die ganze Großhirnrinde verteilt. Wird nun der innere Gehirnbereich – etwa durch einen Schlaganfall – so geschädigt, daß der Mensch sein Erinnerungsvermögen teilweise verliert, kann er sich noch an Ereignisse vor der Krankheit erinnern, weil sie im Langzeitgedächtnis gespeichert sind, ist aber unfähig, neue Eindrücke zu behalten.

Erwiesen ist auch der Zusammenhang zwischen Gedächtnis und den fünf Sinnen. Ein sechsjähriges Kind verfügt über einen Wortschatz von rund 6000 Wörtern; d. h., es hat die Wörter, noch bevor es lesen kann, nach ihrer Bedeutung, ihrem Rhythmus und ihrer Betonung sowie durch Assoziation gelernt und behalten.

Wie Informationen gespeichert werden, ist noch nicht genau erforscht. Man geht davon aus, daß das Langzeitgedächtnis auf chemischen Veränderungen beruht. Wahrscheinlich werden bei der Speicherung chemische Verbindungen zwischen den Gehirnzellen aufgebaut, durch Wiederholung gefestigt und als eine Art Bild in der Großhirnrinde gespeichert. Es gibt rund 30 Mrd. solcher Gehirn- oder Nervenzellen, die durch Tausende von Verbindungen miteinander vernetzt sind.

Durch Wiederholung können Fakten vom Kurzzeit- ins Langzeitgedächtnis übertragen werden. Die Übermittler hierbei sind Moleküle, die von einer Gehirnzelle zur anderen wandern, chemische Reaktionen auslösen und eine längerfristige Informationsspeicherung bewirken. Ist eine kurz zuvor gewählte Telefonnummer also zunächst vergessen, wird man sie schließlich behalten, wenn man sie öfter braucht.

Was passiert bei Hypnose?

In den Ländern des westlichen Kulturkreises wird Hypnose heutzutage selten auf der Bühne vorgeführt, weil sie zu Unterhaltungszwecken nur beschränkt eingesetzt werden darf. Die meisten Hypnotiseure sind Ärzte oder Hypnotherapeuten, die psychische Krankheiten, psychosomatische Störungen wie streßbedingtes Asthma oder Allergien und Suchtkrankheiten wie Nikotin- oder Alkoholsucht behandeln.

Ein Hypnotiseur kann eine Sitzung damit einleiten, daß er den Patienten von 300 rückwärts zählen läßt, während dieser einen bestimmten Punkt fixiert. Der Patient

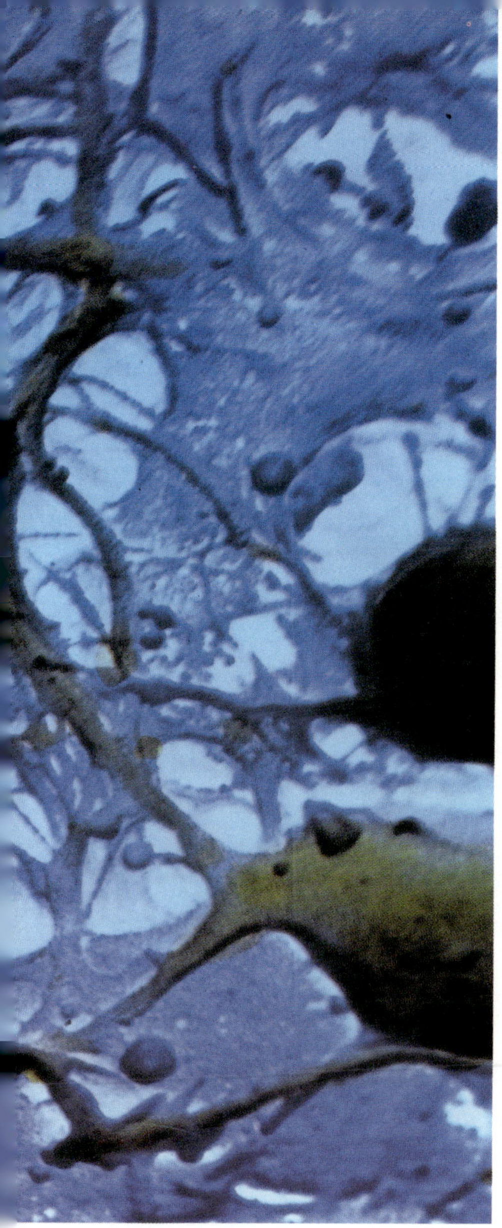

Gedächtnisspeicher *1000fach vergrößert, sind die Nervenzellen in der Großhirnrinde deutlich sichtbar. Sie speichern die Informationen des Langzeitgedächtnisses.*

soll sich konzentrieren und gleichzeitig entspannen, um auf die Beeinflussung anzusprechen.

Dann wiederholt der Hypnotiseur z. B. einfache, ermunternde Anweisungen mit beruhigender, monotoner Stimme. Langsam fällt der Patient in Trance, einen schlafähnlichen Zustand, in dem er für den Einfluß des Hypnotiseurs empfänglich wird. Seine Körpertemperatur sinkt, der Puls verlangsamt sich, und der Blutdruck fällt. Der Patient spricht nun möglicherweise über verdrängte Ängste, und der Hypnotiseur kann so die verborgene Ursache der Probleme aufdecken.

Gelingt es dem Hypnotiseur nicht, den Patienten zu wecken, fällt dieser in einen natürlichen Schlaf und wacht später von selbst auf.

Der Erfolg einer Hypnose hängt von dem Vertrauensverhältnis zwischen Patienten und Therapeuten ab. Phantasievolle Menschen lassen sich leichter hypnotisieren, weil sie für Suggestion besonders empfänglich sind.

Es ist praktisch unmöglich, jemanden gegen seinen Willen zu hypnotisieren oder in Hypnose zu etwas anzustiften, das er im Wachzustand als unrecht empfindet. Etwa 80 % aller Menschen können jedoch in den leichten Trancezustand versetzt werden, der für die meisten Formen der Hypnotherapie nötig ist.

Mitte des 18. Jh. entwickelte der Arzt Franz Anton Mesmer (1734–1815) eine frühe Form der Hypnose. Er glaubte an magnetische Kräfte im Menschen, die durch Handauflegen übertragen würden. Der hypnotisierende Effekt beruhte auch hier auf starker Suggestion.

1837 führte der fortschrittliche englische Chirurg John Elliotson (1791–1868) die Hypnose in London ein. Mit Erfolg operierte er zahlreiche Patienten, nachdem er sie durch Hypnose schmerzunempfindlich gemacht hatte. Die Schulmediziner allerdings lehnten seine Methode ab, und Elliotson verlor seine Professur.

Sein Kollege John Esdaile dagegen konnte als Arzt im Dienst der East India Company die Hypnose ungehindert anwenden. Er führte an seinen hypnotisierten Patienten auch schwere Operationen, wie z. B. Amputationen, durch, die tatsächlich schmerzlos und meist erfolgreich verliefen.

Als Alternative zur Narkose mit ihren unangenehmen und gefährlichen Nebenwirkungen wird in Amerika die Hypnose in der Chirurgie immer beliebter. Häufig setzt man sie auch bei Zahnbehandlungen ein, um die Schmerzen zu lindern.

Auch in der Geburtshilfe wird die Hypnose zunehmend angewendet. Manche Frauenkliniken bieten Kurse in autogenem Training an, bei denen die werdende Mutter lernen kann, Teile ihres Körpers durch Autosuggestion (Selbstbeeinflussung) schmerzunempfindlich zu machen.

Wie Sportler Rekorde brechen

1954 machte der Medizinstudent Roger Bannister auf einer Aschenbahn in Oxford Sportgeschichte: Eine Meile lief er in genau 3 Minuten 59,4 Sekunden. Inzwischen wurde seine Zeit um mehr als 13 Sekunden unterboten.

Auch der sowjetische Gewichtheber Wassili Alexejew errang einen Platz im Buch der Rekorde: Während seiner Weltmeisterschaft von 1970 bis 1977 stellte er 80 Weltrekorde auf. Warum werden Rekorde, die zu ihrer Zeit unüberbietbar schienen, heute immer wieder gebrochen?

Durch bessere Trainingsmöglichkeiten, wissenschaftliche Leistungsanalysen, Sportpsychologie, verbesserte Ernährung und mehr Wettbewerbe sind Sportler heute stärker, schneller und beweglicher als ihre Vorgänger vor 30 Jahren.

Spezielles Training

Abgesehen von einem guten Gesundheitszustand, stimmen die Sportler ihren Körper optimal auf ihre jeweilige Sportart ab – und stellen ihn ein wie eine Maschine. In Trainingslagern überall auf der Welt – z. B. in den amerikanischen Olympiazentren Colorado Springs und Lake Placid – analysieren Ärzte die Technik der Sportler nach den Grundregeln der Mechanik. Sie betrachten die Muskeln und Gelenke als Hebel und Rollen, deren Leistungsfähigkeit es nach physikalischen Gesetzen zu verbessern gilt.

Eine mögliche Methode ist, Elektroden am Körper anzubringen; diese sind mit einem Gerät verbunden, das dem Sportler Verkrampfungen akustisch anzeigt, so daß er den jeweiligen Körperteil gezielt entspannen kann.

Auch werden Elektroden verwendet, die Lichtsignale abgeben. Die Signale gelangen per Kamera zu einem Computer, der die Technik des Sportlers auswertet und die Ergebnisse auf einen Bildschirm überträgt. Dort sieht der Sportler direkt, wie er möglicherweise seine Bewegungsabläufe verbessern kann.

Ärzte haben festgestellt, daß bei verschiedenen Sportarten verschiedene Gehirnhälften dominieren; beim Bogenschießen z. B. ist die intuitive rechte Seite wichtiger, während beim Rudern die analytische linke Seite die Oberhand hat. Man untersucht, wie die Impulsübertragung im Gehirn angeregt oder gedämpft werden kann, so daß die jeweils maßgebliche Seite im entscheidenden Augenblick übernehmen kann. Bislang läßt sich allerdings schwer beurteilen, inwieweit die erzielten Erfolge eher psychischer Natur sind.

Die Sportler sollen lernen, ihren Sauerstoffbedarf anzupassen. Zunächst wird ihre höchste Sauerstoffaufnahme gemessen. Ein männlicher Langstreckenläufer oder Skilangläufer nimmt rund 85 ml Sauerstoff pro Kilogramm Körpergewicht in der Minute auf – etwa 40 ml mehr als ein durchschnittlich trainierter Erwachsener. Sportler lernen einzuschätzen, ab welchem Zeitpunkt die Sauerstoffversorgung für ihren Bedarf nicht mehr ausreicht und wie sie demgemäß ihre Atemtechnik umstellen müssen.

Auch Hormone spielen bei der Leistungsfähigkeit eine Rolle. Die Hormonproduktion schwankt im Tagesverlauf, d. h., zu bestimmten Tageszeiten lassen sich bessere körperliche Leistungen erzielen. Trainieren die Sportler in diesen Phasen, laufen sie eher zur Höchstform auf.

Immer höher *1936 schaffte Cornelius Johnson aus den USA (links) im Hochsprung 2,07 m; 1960 erzielte John Thomas (rechts) 2,22 m, und 1987 übersprang Patrik Sjöberg (unten) die 2,42-m-Marke.*

Die Technik – ein Flop *Seit den ersten offiziellen Hochsprüngen 1854 wurde der Weltrekord immer wieder gebrochen. Von 1854 bis 1988 steigerte er sich um 0,76 m, was nicht nur auf verbesserte Ernährung und Training, sondern auch auf eine perfektionierte Sprungtechnik zurückzuführen ist. Bis etwa 1965 sprang man mit einem Roll- oder Wälzsprung. Durch den Hochspringer Dick Fosbury kam dann der Fosbury-Flop auf: Man springt rücklings über die Latte und landet mit gekrümmtem Rücken.*

REKORDE IN DER GESCHICHTE DES HOCHSPRUNGS

HÖHE	NAME	DATUM
1,675 m	John Gilles (GB)	1854
1,97 m	Michael Sweeney (USA)	1895
2,02 m	Edward Beeson (USA)	1914
2,03 m	Harold Osborn (USA)	1924
2,09 m	Melvin Walker (USA)	1937
2,11 m	Lester Steers (USA)	1941
2,16 m	Yurij Stepanov (UdSSR)	1957
2,28 m	Valerij Brumel (UdSSR)	1963
2,34 m	Wladimir Jaschtschenko (UdSSR)	1978
2,44 m	Javier Sotomayor (Kuba)	1989

Rekordbrechende Ernährung

Die richtige Ernährung ist sehr wichtig für die körperliche Verfassung des Sportlers: Viel rohes Obst und Gemüse, ballaststoffreiche Kohlenhydrate (Vollkornbrot und -nudeln, ungeschälter Reis und Hülsenfrüchte) und nur ein Minimum an Fett, Zucker und Salz können die Leistungsfähigkeit um mehr als 5 % steigern. Frischobst und Gemüse erhöhen die Sauerstoffaufnahme der Muskelzellen, während die Verwertung von Zucker, Fett und Salz dem Organismus lebenswichtige Nährstoffe entzieht.

Besonders hartnäckig – vor allem in Sportlerkreisen – hält sich die Ansicht, daß eine hohe Eiweißzufuhr für mehr Energie und Muskelkraft sorgt. Diese Theorie wurde zwar schon Anfang des 20. Jh. wissenschaftlich widerlegt, doch richten sich die Sportinstitutionen erst seit kurzem danach.

Man hat nachgewiesen, daß Sportler größere Leistungen erbringen, wenn ihre Nahrung maximal 50 g Eiweiß am Tag enthält (dies entspricht einem gegrillten Steak von etwa 150 g). Das Energieniveau erhöht sich auch, wenn man dem Körper kurz vor dem Wettkampf viele Kohlenhydrate zuführt (siehe Kasten).

Sportpsychologie

Ein guter Gesundheitszustand und regelmäßiges Training garantieren noch nicht, daß ein Sportler Rekorde bricht. Beteiligt am Erfolg ist auch die innere Einstellung. Oft werden Psychologen eingesetzt, um die Sportler durch Zuspruch zu motivieren. Dazu gehört u. a., daß man ihnen regelmäßig Tonbandaufnahmen mit Durchhalteparolen vorspielt und ihnen beibringt, die Konzentration zu erhöhen, sich zu ent-

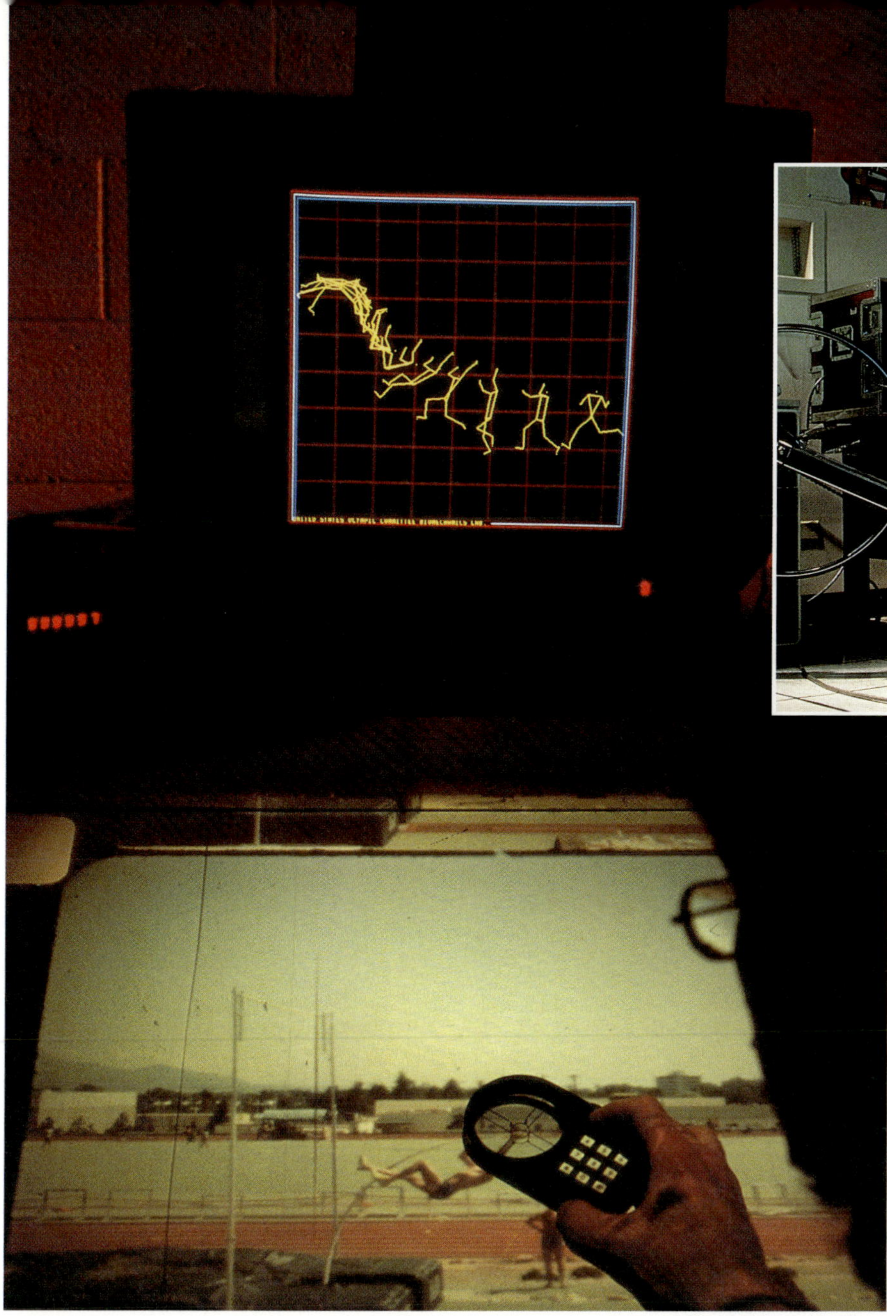

Sport als Wissenschaft *In einem Trainingszentrum wird ein Hochsprung in allen Phasen analysiert (links). Dioden am Körper des Ruderers geben die Information zur Analyse an den Computer weiter (oben). Drei Bildschirme zeichnen den Start eines Läufers auf (unten).*

spannen und sich bestimmte Dinge bildlich vorzustellen. Das letztere ist eine Art Meditation, wobei der Sportler sich z. B. das Sportereignis mit sich selbst als Sieger genau vorstellt. Dies bewirkt, daß er eine mögliche Gewinnstrategie verinnerlicht.

Mit sportlichem Erfolg läßt sich oft viel Geld verdienen, und manche Sportler geraten in Versuchung, Muskelaufbau und Leistungssteigerung durch Medikamente, sogenannte Anabolika, zu erzielen. Diese Medikamente sind jedoch gefährlich – sie können z. B. das Risiko von Herzerkrankungen erhöhen –, und ihre Anwendung ist verboten.

Die Frage ist: Wo liegt die Grenze der Leistungsfähigkeit? Manche Ärzte glauben, daß Sportler mit Disziplinen, die eine kurze Energieaufwendung erfordern, bald an ihre Grenzen stoßen werden. Doch vermutet man, daß Rekorde in Ausdauersportarten, wie z. B. Marathonlaufen, immer wieder gebrochen werden, indem sich der menschliche Körper weiterhin anzupassen lernt.

MEHR ENERGIE MIT KOHLENHYDRATEN

Es gibt eine Diät, mit der die Energiereserven des Sportlers nachweislich signifikant erhöht werden können.

Das sogenannte Aufladen mit Kohlenhydraten baut die Glykogenreserven der Muskeln auf. Glykogen ist eine Form der Glucose, bei deren Abbau Energie entsteht; also sind die Muskeln bei größerem Glykogengehalt leistungsfähiger.

Das Ernährungsprogramm beginnt in der Regel eine Woche vor dem Wettkampf: Am siebten Tag vorher absolviert der Sportler möglichst abends ein anstrengendes Trainingsprogramm, um den Glykogenspeicher in der Muskulatur zu entleeren. Danach nimmt er eine kohlenhydratreiche Mahlzeit ein.

In den folgenden drei Tagen trainiert er gemäßigt bei einer Ernährung mit geringem Kohlenhydratgehalt. Am dritten und zweiten Tag vor dem Sportereignis bekommt der Sportler bei weiter sinkender Trainingsintensität kohlenhydratreiche Kost. Am Tag vor dem Wettkampf wird die Kohlenhydratzufuhr nochmals erhöht, und der Sportler legt eine Ruhepause ein, um Kräfte zu sammeln.

Das Prinzip dieses Diätplans ist, den Glykogenspeicher der Muskelzellen zunächst nahezu aufzubrauchen. Bei hoher Kohlenhydratzufuhr holen die Zellen dann sehr schnell auf und legen eine überdurchschnittlich große Glykogenreserve an. Auf diese Reserve kann der Sportler dann während des Wettkampfs zurückgreifen und so länger durchhalten. Einige erfolgreiche Marathonläufer bestätigen, daß sie mit Hilfe dieses Diätplans ihre Leistung deutlich steigern konnten.

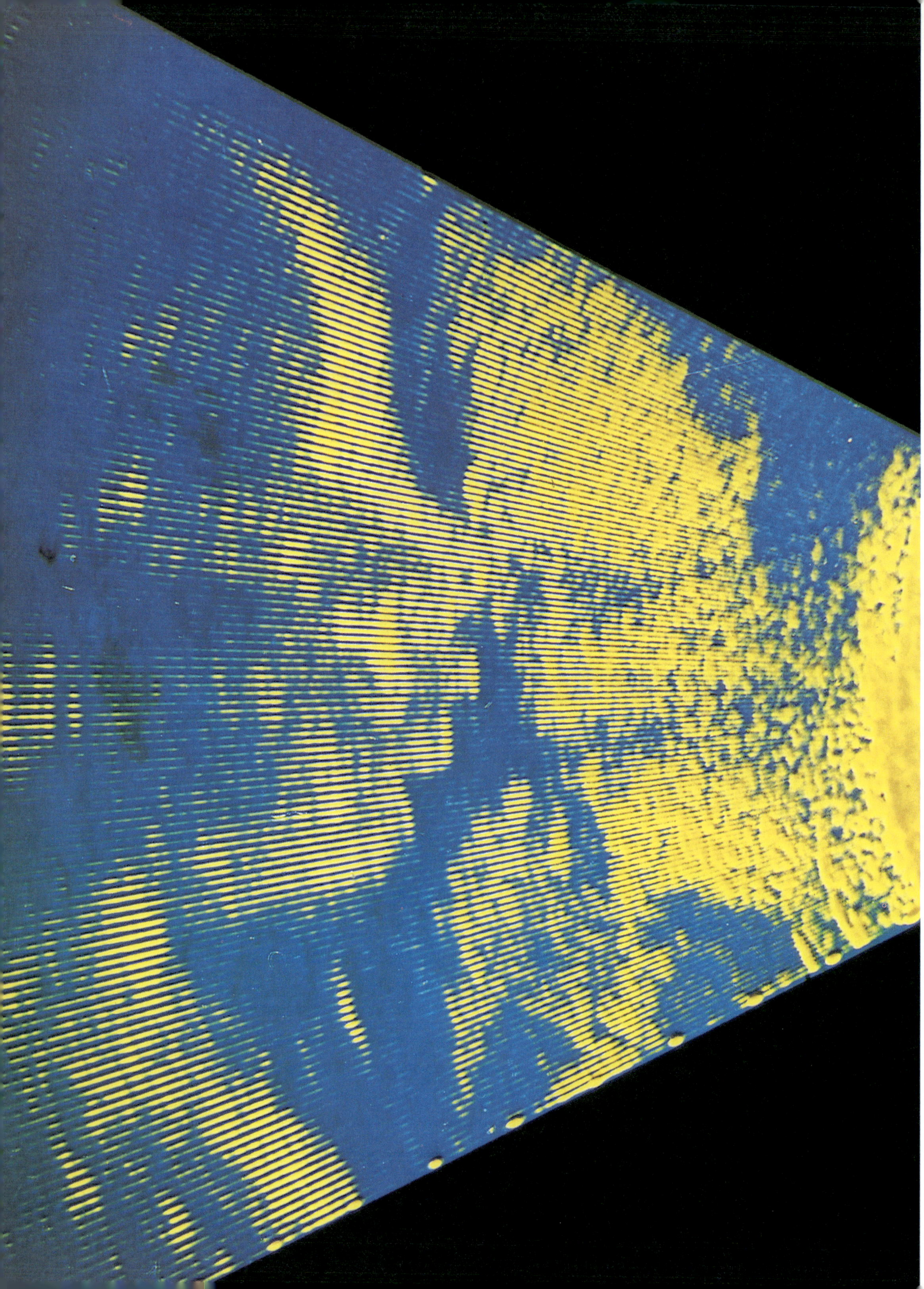

Der Blick ins Innere des Körpers

Ohne chirurgischen Eingriff kann der Arzt heute das Körperinnere untersuchen: Er erkennt jeden noch so winzigen Riß in den Knochen, sieht, ob ein Tumor gut- oder bösartig ist, ja kann sogar Substanzen im Gehirn analysieren. Möglich wurde dies erst durch Kameras und Computerbildschirme. Den ersten Einblick gewährten die Röntgenstrahlen, die der Physiker Wilhelm Röntgen 1895 fast zufällig entdeckte. Da Röntgen weder Art noch Eigenschaften der Strahlen kannte, nannte er sie X-Strahlen. Heute weiß man, daß es sich um elektromagnetische Strahlen handelt – ähnlich wie Licht- und Funkwellen, nur mit einer kürzeren Wellenlänge.

Röntgenstrahlen können Stoffe mit geringer Dichte, z. B. Haut- und Muskelgewebe, durchdringen. Knochen hingegen, die aufgrund ihres Calciumgehalts dichter und fester sind, nehmen die Strahlen in stärkerem Maße auf und reflektieren sie. Kurz nach Röntgens Entdeckung röntgte man Knochenbrüche, Tumoren und Zahnhöhlen, was die Diagnose erheblich erleichterte.

Beim Röntgen fallen die Strahlen durch den Körper auf einen Negativfilm, auf dem die durchgedrungenen Strahlen schwarz erscheinen. Veränderungen der Knochen werden so sichtbar. Der Röntgenspezialist, der Radiologe, entdeckt möglicherweise auch Schatten auf dem Film, die auf Krankheiten schließen lassen, die nicht die Knochen betreffen; so stellt man z. B. Flüssigkeitsansammlungen in der Lunge fest.

Röntgenaufnahmen zeigen das Körperinnere nur zweidimensional, so daß genaue Form und Tiefe eines erkrankten Bereichs nicht erkennbar sind. 1973 wurde eine neue Untersuchungsmethode, die Computertomographie (CT), eingeführt, bei der Querschnitte des Körpers abgebildet werden. Mit einer Serie dieser CT-Bilder entsteht auf dem Bildschirm ein dreidimensionales Bild.

Bei einer Computertomographie liegt der Patient auf einer Liege in einer Metallröhre, die sich dreht. An der Röhre sitzt ein Scanner, ein Abtastgerät, mit Röntgenröhren auf einer Seite und einem Detektorsystem auf der anderen Seite. Während sich der Scanner bewegt, durchlaufen schmale Bündel von Röntgenstrahlen den Körper des Patienten und werden dort in geringer Menge absorbiert. Die Detektoren wandeln die aus dem Körper austretenden Strahlen in elektronische Signale um, die dann vom Computer ausgewertet werden.

Die Computeranalyse wird in einen Farbcode umgesetzt, der die Dichte des Gewebes sichtbar macht. Um das Farbbild, das sogenannte Tomogramm, zu analysieren, projiziert man es auf einen Bildschirm.

Es dauert bei der CT fünf Sekunden, eine Schicht des Gehirns darzustellen. Ein noch moderneres Gerät, das auch Organe auf einem Bildschirm abbildet, erzeugt 75 000 Querschnitte auf einmal. Damit sehen die Ärzte, wie ein Organ auf Reize anspricht und ob es normal funktioniert.

Eine andere Abtastmethode, Schichtaufnahmen des Körpers anzufertigen, ist die Positronen-Emissions-Tomographie oder PET. Der Patient bekommt eine radioaktive Substanz eingespritzt, die von bestimmten Körperteilen absorbiert wird. Die Substanz strahlt positive Elektronen (Positronen) aus, die mit den negativen Elektronen in den Gewebezellen reagieren. Die dabei freigesetzten Gammastrahlen werden vom Computer aufgezeichnet.

Bestimmte erkrankte Körperteile absorbieren die chemische Substanz nicht, was sich auf dem Bildschirm zeigt und den Ärzten das Erkennen von Krankheitsherden, z. B. bei Krebs, ermöglicht. Die Positronen-Emissions-Tomographie macht einzelne chemische Substanzen im Hirngewebe sichtbar, die auf Geisteskrankheiten wie Schizophrenie, manisch-depressive Krankheiten und Epilepsie hinweisen.

Eine noch fortschrittlichere Methode, Vorgänge im Körperinneren aufzuzeichnen, ist die Kernspinresonanz-Tomographie. Starke Magnetfelder, die Energie durch den Körper schicken, verursachen eine Resonanz der Wasserstoffatome im Körper; dabei entsteht Energie in Form winziger elektrischer Signale, die je nach Körperteil unterschiedlich sind und seinen jeweiligen Gesundheitszustand anzeigen. Ein Computer verarbeitet diese Signale und bildet sie am Bildschirm ab. Die Kernspinresonanz-Tomographie arbeitet ohne Strahlung und wird dort eingesetzt, wo Röntgenstrahlen nicht anwendbar sind (z. B. bei Weichteilgewebe).

Ultraschalluntersuchungen oder Sonographieverfahren, mit denen die Embryonalentwicklung bei Schwangeren überwacht wird, arbeiten mit Hochfrequenzschallwellen oberhalb des Hörbereichs. Die Schallwellen werden vom Körper reflektiert und per Computer zu einem Bild verarbeitet, das Wachstum und mögliche Mißbildungen des Embryos zeigt.

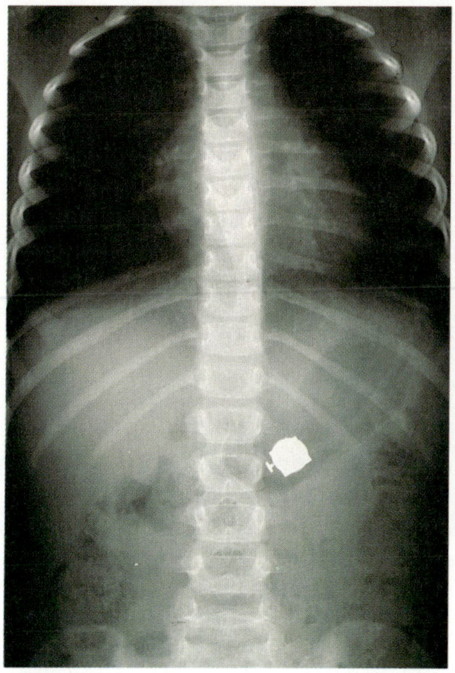

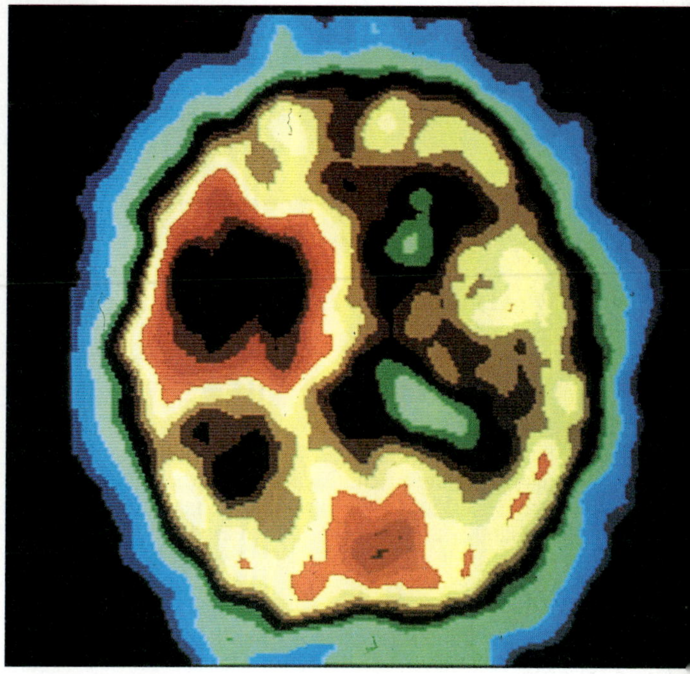

Entdeckung und Diagnose *Röntgenstrahlen ermöglichten erstmals den Blick ins Körperinnere. Links enthüllen sie eine verschluckte Uhr. Bei der Positronen-Emissions-Tomographie (PET) macht man mit einer radioaktiven Substanz einen Hirntumor sichtbar (in den schwarz-roten Bereichen).*

Leben vor der Geburt *Bei der Ultraschalluntersuchung werden Schallwellen aus verschiedenen Gewebetiefen reflektiert. Solche Schallwellen verwandelte der Computer in dieses Bild eines sieben Monate alten Embryos (links).*

Dennoch gibt es Krankheitsbilder, z. B. Magengeschwüre, die man mit diesen Methoden nicht deutlich abbilden kann. Hier kann der Arzt mit einem Endoskop direkt ins Körperinnere schauen.

Ein Endoskop ist ein biegsames Rohr, das in den Körper eingeführt wird. Es enthält zwei Glasfaserbündel, die Lichtwellen leiten und durch die der Arzt ins Innere des Patienten sieht. Ein Faserbündel leitet Licht durch das Rohr, das andere leitet das Bild zu einer Kamera. Da die Faseroptik biegsam ist, kann der Arzt schwer zugängliche Stellen untersuchen.

Auch bei Aufnahmen von der Entwicklung des Embryos im Mutterleib werden Endoskope eingesetzt, ebenso kommen sie bei Laserstrahloperationen zur Anwendung (siehe Seite 292).

Eine weitere Untersuchungsmethode ist die Elektrokardiographie (EKG), bei der die elektrischen Impulse des Herzens aufgezeichnet werden. Um die Herztätigkeit zu messen und Funktionsstörungen zu erkennen, wendet man außerdem die Echokardiographie an; die Ströme im Gehirn zeichnet man mit der Elektroenzephalographie (EEG).

Antibiotika: Wundermittel gegen Bakterien

Die weltweit meistverschriebenen Medikamente sind Antibiotika. Damit behandelt man Infektionskrankheiten wie Diphtherie und Tuberkulose, die noch vor 50 Jahren Tausende das Leben kosteten. Paradoxerweise bedeutet der Begriff Antibiotika „Mittel gegen Lebendes".

Im Ersten Weltkrieg starben viele Soldaten an Wundinfektionen oder an den Folgen der Ruhr. Anfang des Kriegs gab es nur ein Medikament, das gegen Bakterien wirkte. Es war eine Arsenverbindung, die gegen die Syphilis eingesetzt wurde.

Zur Entdeckung der Antibiotika kam es 1928. Der schottische Wissenschaftler Alexander Fleming bemerkte, daß die Bakterien, die er züchtete, eingingen, nachdem ein Schimmelpilz, das Penicillium, in die Kultur geraten war. Der chemischen Zusammensetzung dieser bakterientötenden Substanz kam Fleming allerdings nicht auf die Spur.

Erst 1938 nahmen der britische Biochemiker Ernst Chain und der australische Pathologe Howard Florey – beide in Oxford tätig – Flemings Endeckung wieder auf. Zwei Jahre später stellten sie das erste Penicillin-Antibiotikum her. Ihr erster Patient war ein Polizist mit einer schweren bakteriellen Infektion.

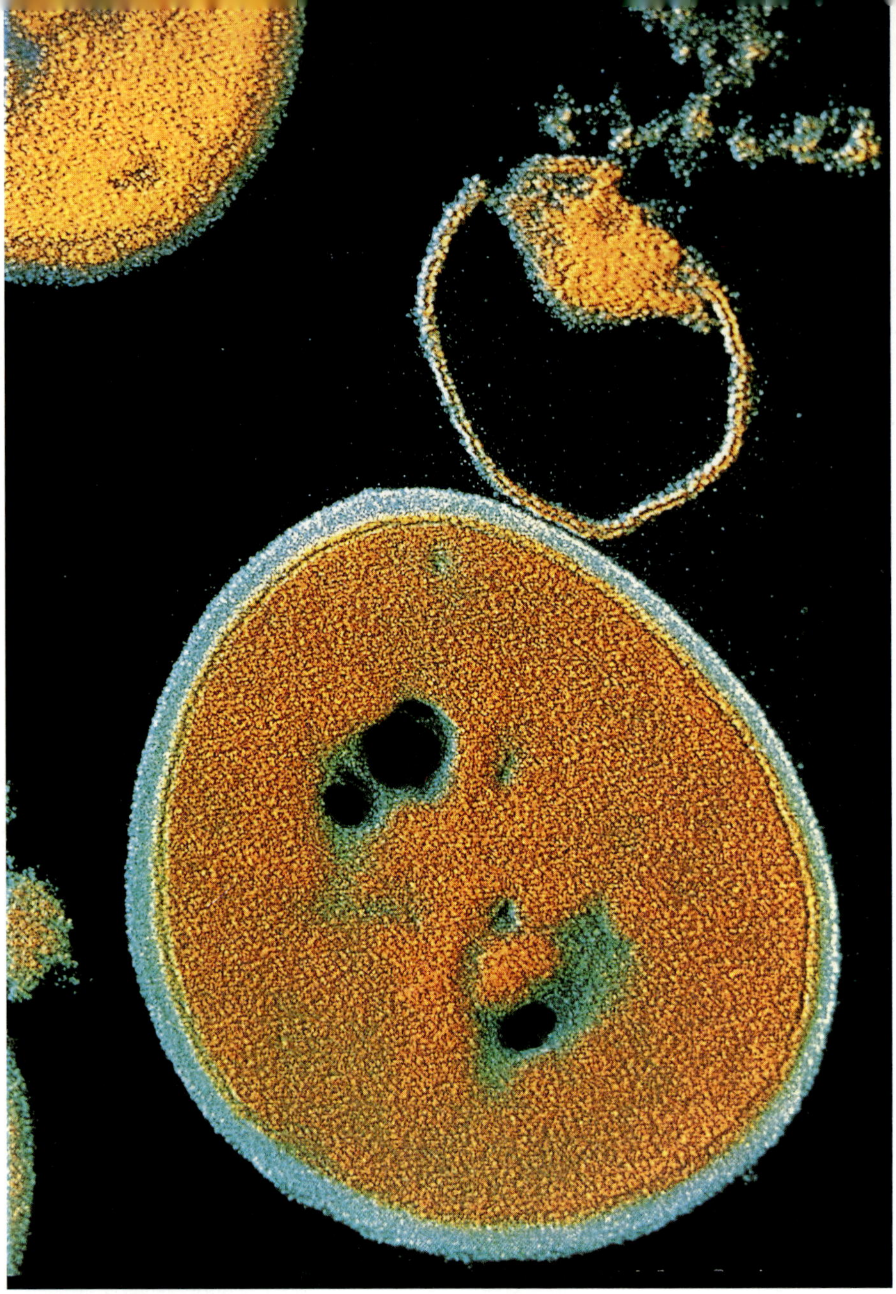

Tod einer Bakterie *Diese Aufnahme vom Elektronenmikroskop zeigt, wie die Außenmembran einer Bakterie (oben rechts) durch Antibiotika zerstört wird, wobei der Zellinhalt austritt. Die größere Bakterie (Bildmitte) ist noch intakt.*

Anfangs verbesserte sich sein Zustand zusehends, doch mußte die Behandlung abgebrochen werden, weil der Vorrat an Penicillin erschöpft war. Zehn Tage später starb der Kranke.

1940, als in Großbritannien die Sorge über eine mögliche Invasion der Deutschen wuchs, strichen Florey und Chain eine kleine Menge der Penicillinkultur auf die Innenseite ihrer Laborkittel, um ihre Forschungen notfalls auch woanders fortsetzen zu können.

Im Zweiten Weltkrieg wurde dann Penicillin in größeren Mengen produziert – hauptsächlich allerdings in den Vereinigten Staaten, da Großbritannien nicht über die nötigen Geldmittel verfügte. 1943 konnte genügend Penicillin hergestellt werden, um die Kriegsverwundeten zu behandeln; 1950 wurde schon der weltweite Bedarf gedeckt. U. a. konnten nun Lungenentzündung, Diphtherie, Syphilis und Hirnhautentzündung mit Penicillin erfolgreich behandelt werden.

Infektionen breiten sich nur dann aus und rufen die jeweiligen Symptome hervor, wenn die Bakterien, die sie verursachen, sich unbehindert vermehren können. Antibiotika töten die Bakterien im Körper eines Erkrankten ab. Während die Bakterien sich vermehren, zerstört das Penicillin ihre Zellwände; dabei tritt der Zellinhalt aus, und die Bakterie stirbt ab.

Verschiedene Antibiotika haben unterschiedliche Wirkungsweisen: Die einen schädigen den Teil der Bakterien, der die zur Vermehrung nötigen Proteine erzeugt. Andere greifen den genetischen Code der Bakterie an, der die Vermehrung ermöglicht. Bei neuen Antibiotikastämmen muß gewährleistet sein, daß sie nur die Bakterienzellen, nicht aber die Körperzellen angreifen, sonst kommt es zu Nebenwirkungen wie Durchfall und Schwindel. Manche Antibiotika töten neben den schädlichen Bakterien auch die nützlichen ab, die der Körper zur Abwehr braucht. So kann sich eine Sekundärinfektion bilden, z. B. zerstört Penicillin häufig Bakterien, die gegen den Hefepilz Candida wirken, der eine Pilzinfektion der Schleimhaut von Mund und Scheide oder der Haut verursacht.

Das größte Problem der Wissenschaftler ist, daß die Bakterien sich ständig so weiterentwickeln, daß sie gegen die Antibiotika resistent, also unempfindlich werden. Bakterien z. B., die Wundinfektionen und sexuell übertragbare Krankheiten verursachen, bilden häufig eine Widerstandsfähigkeit gegen Antibiotika aus. Die Suche nach neuen und besseren Mitteln geht weiter.

Heute schon kennt man eine immer breiter werdende Palette an Antibiotika. Ende der 80er Jahre kamen synthetische Antibiotika, sogenannte Quinolone, auf den Markt, mit denen man Infektionen des Brustraums und der Blase behandelt. Der große Vorteil dieser Produkte ist, daß die Bakterien nicht resistent gegen sie werden können.

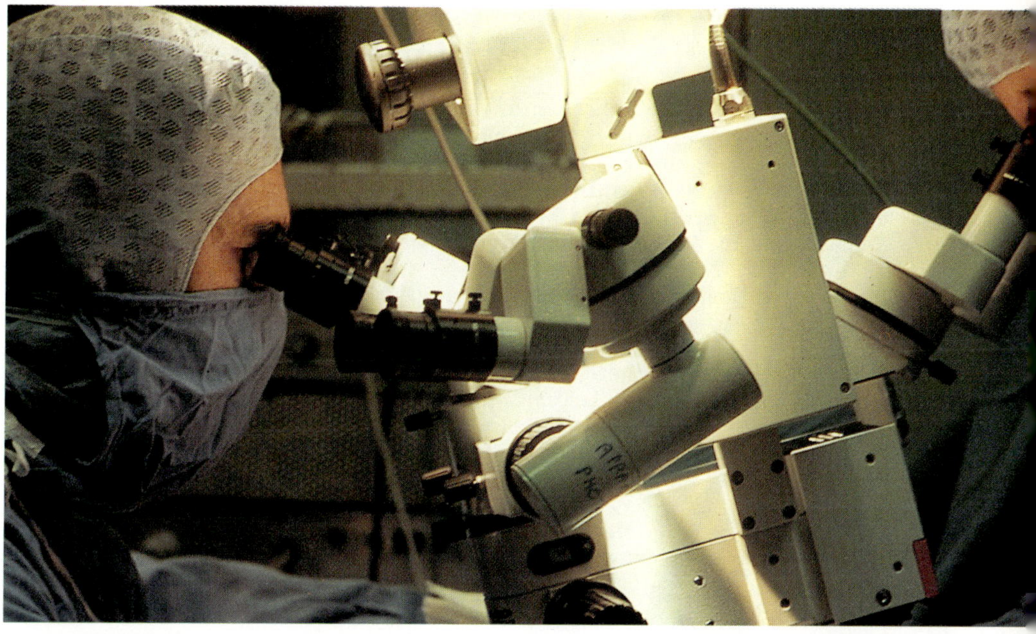

Geteilte Ansicht *Durch Mikroskope mit zwei Binokularen können zwei Chirurgen gleichzeitig das Operationsfeld überschauen. Da die Wiederherstellung durchtrennter Nervenfasern und Blutgefäße Stunden dauert, wechseln sich Ärzteteams ab.*

Operieren mit Hilfe des Mikroskops

Am Heiligabend 1986 warf sich Beatrice Ramos mit ihrem 13 Monate alten Sohn Wladimir unter die U-Bahn in New York. Beide erlitten schwere Verletzungen. Wladimirs rechter Fuß und linkes Bein waren nicht mehr zu retten. Doch um ihm ein Leben mit zwei künstlichen Gliedmaßen zu ersparen, führten die Chirurgen eine bahnbrechende Operation durch: Sie verbanden den linken Fuß des Jungen mit seinem rechten Bein.

Noch vor zehn Jahren hätte man Eingriffe dieser Art für unmöglich gehalten; inzwischen hingegen kommen sie relativ häufig vor.

In der Mikrochirurgie wird im Körper an Nervenfasern, Venen, Blutgefäßen usw. operiert. Wenn man einen abgetrennten Körperteil wieder annäht, reicht eine einfache Naht nicht aus. Die Blutgefäße müssen wiederhergestellt und die Nerven verbunden werden – nur so kann ein Körperteil wieder funktionieren.

Da sehr feine Strukturen zu verbinden sind – eine Arterie im Finger hat z. B. einen Durchmesser von etwa 1,5 mm –, kann man nur mit speziellen Mikroskopen operieren. Diese Geräte vergrößern 15–30fach, so daß der Chirurg die winzigen Gefäße und Nerven deutlich erkennt. Es gibt heute Operationsmikroskope mit mehreren Binokularen (Lupen für das Sehen mit beiden Augen), an denen zwei Operateure gleichzeitig arbeiten können.

Damit der Chirurg die passenden Nervenbündel verbindet, werden diese in der Regel vor dem Eingriff bestimmt. Er arbeitet mit einer Nadel, die einen Durchmesser von etwa 0,05 mm hat; der Nylonfaden ist rund 0,02 mm dick.

Wenn der Chirurg zwei Blutgefäße verbindet, geht er folgendermaßen vor: Am Ende der Blutgefäße bringt er in gleichmäßigem Abstand drei Stiche an und legt dann die Naht um das Gefäß herum, indem er mit jedem Stich ein Drittel des Umfangs erfaßt.

Der Operateur braucht fast eine halbe Stunde, bis er eine Vene wieder verbunden hat; eine abgetrennte Hand anzunähen dauert fast 20 Stunden.

Gegebenenfalls kann man Blutgefäße auch ohne Naht verbinden. Mit elektrischen Sonden erhitzt der Chirurg die abgetrennten Enden und schweißt sie regelrecht zusammen.

Nach der Operation muß man mit heilgymnastischen Maßnahmen dafür sorgen, daß das angenähte Glied wieder voll funktionstüchtig wird. Die Neubildung der Nerven- und Blutgefäßgewebe an einer angenähten Hand braucht etwa 200 Tage; bis sie dann wieder einwandfrei arbeitet, dauert es natürlich länger.

Außer bei Verletzungen lassen sich mikrochirurgische Operationstechniken auch bei Krankheiten anwenden, z. B. bei Veränderungen im Auge. Die sogenannte radiale Keratotomie (Hornhautschnitt) wurde von russischen Chirurgen entwickelt und kann die Kurzsichtigkeit heilen.

Ausgehend vom Mittelpunkt der Hornhaut, der Außenschicht des Auges, setzt der Chirurg eine Reihe von Schnitten an. Diese verändern die Form der Hornhaut, wodurch der Abstand zwischen dem vorderen Teil des Auges und der Netzhaut reguliert wird. Das Auge kann sich nun wieder richtig auf Gegenstände einstellen, die zuvor nur unscharf wahrgenommen wurden.

Gehirnchirurgen verwenden Operationsmikroskope, damit sie ihre Instrumente exakter ansetzen können; der Chirurg kann auf diese Weise z. B. einen Tumor entfernen, ohne gesundes Hirngewebe in Mitleidenschaft zu ziehen.

Präzisionsarbeit *Die gebogene Nadel, die der Chirurg in der Mikrochirurgie verwendet, ist etwas dünner als die abgebildeten Haare. Der Faden an der Nadel ist noch wesentlich feiner als ein Haar.*

Marie Curie entdeckt das Radium

Über vier Jahre lang forschten die Chemikerin Marie Curie, eine gebürtige Polin, und ihr Mann Pierre fieberhaft in einem alten Holzschuppen in der Nähe ihrer Wohnung in Paris. An einem späten Abend im September 1902 war es dann soweit: Sie hatten ein radioaktives Element entdeckt, das sie nach dem lateinischen Wort *radius* (Strahl) Radium nannten.

Marie Curie hatte vermutet – was sich dann ja auch bewahrheitete –, daß die Pechblende, ein schwarzes Mineralerz, ein neues Element enthalte. Dieses Element versuchte sie zu isolieren, indem sie bestimmte Mengen gereinigter Pechblende in Gefäße abfüllte, um sie dort durch ständiges Filtern zum Kristallisieren zu bringen.

Marie Curie *Die zweifache Nobelpreisträgerin*

An jenem Septembertag hatte sich den Tag über kein Erfolg eingestellt, doch kurz vorm Zubettgehen beschloß Marie, noch einmal einen Blick auf ihre Gefäße mit der Pechblende zu werfen. Zusammen mit Pierre eilte sie zu dem Schuppen, der ihnen als Labor diente.

In ihrem Behelfslabor standen Holztische in mehreren Reihen angeordnet, und es herrschte ein Durcheinander von Laborgeräten. Marie bat Pierre, die Lampen nicht anzuzünden. Vorsichtig tasteten sie sich zu den Holztischen, auf denen die Schalen standen, die Lichtstrahlen nach allen Richtungen aussendeten. Marie flüsterte ihrem Mann zu: „Erinnerst du dich, wie du mir sagtest ‚Ich möchte, daß Radium eine schöne Farbe hat'? – Sieh doch nur, sieh doch nur!"

Die Schalen schimmerten in einem sanften Bläulichrot. Marie konnte vor Erregung nicht sprechen und beobachtete andächtig das gleichmäßige Strahlen. „Den Zauber dieser Nacht vergaß meine Mutter ihr Leben lang nicht", schrieb später ihre Tochter Eve Curie.

Marie war am 7. November 1867 als Maria Sklodowska in Warschau zur Welt gekommen. Pierre Curie lernte sie in Paris kennen, als sie dort an der Sorbonne studierte. Ihr weniges Geld reichte kaum fürs Essen, und einmal wurde sie vor Schwäche im Vorlesungssaal ohnmächtig. Trotzdem absolvierte sie ihr Physik- und Mathematikstudium mit Auszeichnung.

Weil Marie sich kein eigenes Labor leisten konnte, schlug Pierre, ein geachteter, aber mittelloser Wissenschaftler, ihr vor, seine Werkstatt mit ihm zu teilen. Im Juli 1895 heirateten Pierre und Marie, und so begann ihre fruchtbare wissenschaftliche Zusammenarbeit.

Angeregt wurden sie von der Entdekkung des französischen Physikers Henri Becquerel, der 1896 seine Beobachtung veröffentlichte, daß von dem Schwermetall Uran eine natürliche Strahlung ausgeht.

Marie war fasziniert von der Pechblende, deren Strahlung viermal so hoch ist wie die des Urans, das auch in der Pechblende enthalten ist. Sie konnte sich das nur so erklären, daß eine bis dahin unbekannte Substanz in dem Erz vorhanden sein müsse. Diese wollte sie entdecken.

Die glücklichsten Jahre *Marie und Pierre Curie experimentierten in ihrem provisorischen Labor, das aus einem verwahrlosten Schuppen umgebaut wurde (oben). „In diesem elenden, alten Schuppen verbrachten wir unsere besten und glücklichsten Jahre, die ausnahmslos der Arbeit gewidmet waren", schrieb Marie.*

Meßapparatur *Mit diesem wuchtigen Gerät aus Holz und Eisen maßen die Curies die radioaktive Strahlung.*

Dank Pierres Einfluß durften sie einen leerstehenden baufälligen Lagerschuppen der Universität benutzen. Doch ihre Arbeit war sehr beschwerlich, da das Labor nur notdürftig ausgestattet war. Die Versuche mit der Pechblende waren anstrengend: „Die Behälter von einer Stelle zur anderen zu tragen und ihren Inhalt umzugießen war eine kräftezehrende Arbeit. Auch das unaufhörliche Rühren mit einem Eisenstab ermüdete mich."

Bald bemerkten die Curies, daß die Pechblende, die überwiegend aus radioaktivem Uranoxid besteht, Maries Finger verbrannt hatte und schmerzhafte Geschwüre verursachte. Als die Geschwüre abheilten, stellte Marie die Vermutung auf, daß man die Strahlung vielleicht auch einsetzen könnte, um krankes Körpergewebe zu vernichten.

1898 veröffentlichte Marie Curie ihre Entdeckung, daß auch von dem Metall Thorium Strahlung ausgehe. Sie war sicher, dem schwer zu bestimmenden radioaktiven Element in der Pechblende auf der Spur zu sein. Da dieses Element der Forschung so lange verborgen geblieben war, mußte es in dem Erz in sehr kleinen Mengen vorkommen, wahrscheinlich in einem Verhältnis von kaum mehr als 1:1 000 000.

Pechblende wurde in Europa hauptsächlich in der Mine St. Joachimsthal in der Tschechoslowakei gefördert. Um Glas herzustellen, brauchte man das Uran aus der Pechblende. Der Rückstand war für die Glasindustrie Abfall, für Marie Curie jedoch ein wichtiger Versuchsstoff. Nach Verhandlungen wurde ihr 1 t davon kostenlos zur Verfügung gestellt.

Nun war die schwierigste Aufgabe zu lösen, nämlich das Erz in seine Grundstoffe zu trennen. Pierre übernahm dabei die physikalische Erforschung der radioaktiven Substanzen, zu denen z. B. Polonium gehörte, das Marie 1898 entdeckt und nach ihrer Heimat Polen benannt hatte, während draußen auf dem Hof Marie die Pechblende in großen Kesseln rührte und dafür sorgte, daß die Feuer unter den Kesseln Tag und Nacht brannten.

Vier Jahre lang arbeiteten die Curies ununterbrochen, bis sie schließlich in jener Herbstnacht 1902 zum erstenmal das geheimnisvolle Strahlen beobachteten.

Pierre Curie setzte eine kleine Stelle seines Unterarms zehn Stunden der Strahlung einer Radiumsalzprobe aus. Auf der Haut bildete sich eine Brandwunde; acht Wochen später war an der Stelle nur noch ein winziger grauer Fleck sichtbar. Auch er war nun überzeugt, daß die Strahlen krankes Zellgewebe zerstören konnten.

1903 erhielten die Curies gemeinsam mit Henri Becquerel für ihre Leistungen auf dem Gebiet der Radioaktivität den Nobelpreis für Physik. Schon zwei Jahre später wurde Radium als erstes wirksames Mittel im Kampf gegen den Krebs in ganz Europa industriell hergestellt.

Die Curies hätten ein Vermögen an ihrer bahnbrechenden Erfindung verdienen können, doch sie hatten sich beharrlich geweigert, ihre Entdeckung patentieren zu lassen. „Radium wird bei der Behandlung von Krankheiten von Nutzen sein. Ich finde es ungebührlich, davon zu profitieren", stellte Marie dazu fest.

Die Zusammenarbeit des Ehe- und Forscherpaars wurde jäh beendet, als Pierre im April 1906 von einem Pferdefuhrwerk überfahren und getötet wurde.

Der Nobelpreis für Chemie wurde Marie 1911 für die Entdeckung des Radiums und seine Isolierung verliehen.

Am 4. Juli 1934 starb die große Wissenschaftlerin im Alter von 66 Jahren nach einem erfüllten Leben, das ganz der Forschung gewidmet war. Schuld an ihrem Tod war nicht zuletzt die lange Strahlenbelastung, der sie während ihrer Arbeit ausgesetzt gewesen war.

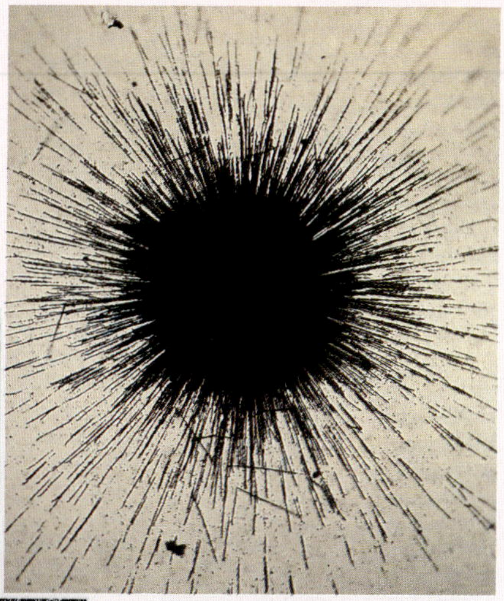

Radiumstrahlen *Eine drastische Demonstration der Radioaktivität des Radiums: Ein Stäubchen Radiumsalz wurde auf eine emulsionsbeschichtete Fotoplatte gelegt. Nach der Entwicklung zeigte die Platte die Spuren der Atomteilchen, die das Radium abgestrahlt hat.*

Isolierung des Radiums *Bis zur Entdeckung des Radiums im Jahr 1902 arbeiteten die Curies allein in ihrem Schuppen, wobei Marie Schwerstarbeit verrichtete. Später hatte sie Gehilfen, die das Radium aus der Pechblende isolierten.*

Wie der Chirurg mit einem Lichtstrahl Operationen durchführt

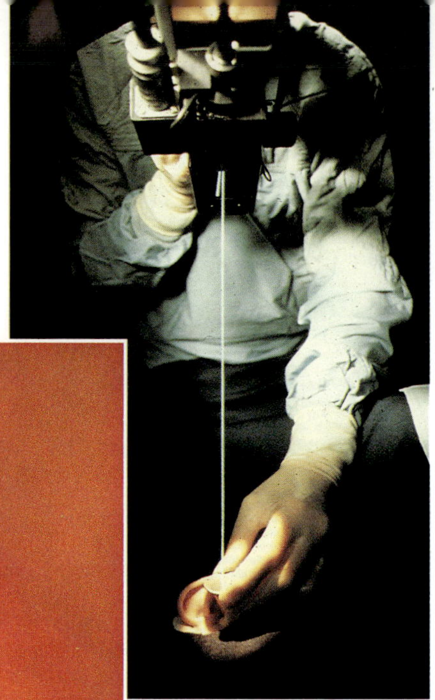

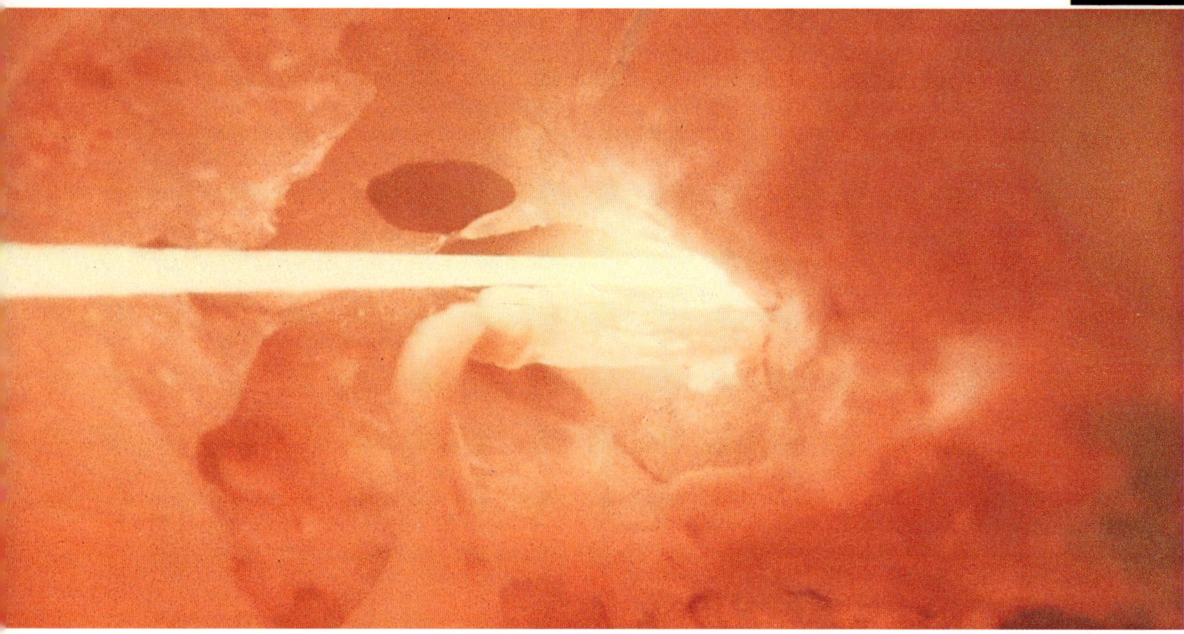

Mit dem Laserstrahl ins Innenohr *Mit Hilfe eines Mikroskops leitet der Chirurg einen Laserstrahl ins Ohr (oben). Der Strahl durchschneidet eine Wucherung am Knochen (links), die die Schallwellen daran gehindert hatte, ins Innenohr zu gelangen.*

Bevor in den 60er Jahren die Laserchirurgie entwickelt wurde, waren bei Patienten mit einer Geschwulst, Krebs oder grauem Star größere Operationen nötig. Inzwischen führt man mit Laserstrahlen „unblutige“ Operationen durch – ohne Skalpell, weniger schmerzhaft und sicherer.

Will man mit dem Laserstrahl z. B. eine Geschwulst im Kehlkopfbereich entfernen, wird der Patient nur örtlich betäubt. Dann führt man ihm ein dünnes Rohr, ein Endoskop, in den Schlund ein. Durch dieses Rohr wird ein Laserstrahl über einen Lichtleiter geschickt und auf die Geschwulst gerichtet. Die Lichtstrahlung hat eine sehr hohe Energiedichte; das Gewebe der Geschwulst nimmt die Energie auf, wobei es sich erhitzt. Indem der Arzt die Erhitzung genau kontrolliert, kann er unerwünschte Zellen abtragen oder buchstäblich verdampfen lassen.

So entfernt man mit Laserstrahlen Krebsgeschwülste, die Farbe aus Tätowierungen und auch Muttermale.

Den Laserstrahl verwendet man auch, um Gewebe zu „verschweißen“. Ein solcher Eingriff ist z. B. angebracht bei einem Patienten mit einer Magengeschwürblutung, bei dem die Blutgefäße verschlossen werden müssen.

Wie das Gewebe reagiert, hängt von der Wellenlänge des Laserstrahls ab. Lasersysteme, die mit Kohlendioxid arbeiten, erzeugen Lichtstrahlen, die im Gewebe nur bis etwa 0,1 mm Tiefe absorbiert werden; somit eignen sie sich als eine Art „Laserskalpell“ für feine Gewebeschnitte, wie sie bei Eingriffen an der Hornhaut des Auges oder bei der Entfernung von Kehlkopftumoren nötig sind.

Laser, die mit Neodym, einer chemischen Substanz auf Metallbasis, arbeiten, erzeugen Licht, das von tiefer liegenden Gewebschichten aufgenommen wird. Mit solchen Strahlen entfernt man Krebsgeschwülste.

Laser auf Argonbasis erzeugen ein blaugrünes Licht, das vom Hämoglobin – dem Farbstoff der roten Blutkörperchen – aufgenommen wird. Argonstrahlen setzt man deshalb insbesondere an Stellen mit hohem Hämoglobingehalt ein, z. B. bei Muttermalen.

Mit Laserstrahlen dringt der Arzt in Körperbereiche vor, die mit dem Skalpell schwer erreichbar sind. So lassen sich Operationen durchführen, die früher unmöglich waren: Arterien werden von Fettablagerungen befreit, und eine abgelöste Netzhaut kann man wieder befestigen; grauer Star im Auge wird auf diese Weise operiert wie auch Krebs des Gebärmutterhalses.

Schmerzfreiheit durch Narkose

Noch Mitte des 19. Jh. wurde ohne Narkose operiert. Mehrere starke Männer hielten den Patienten fest, wenn dieser sich dem Messer des Chirurgen zu entwinden versuchte. Die Chirurgen griffen auch zu drastischen Maßnahmen: Sie machten den zu operierenden Körperteil mit Eis gefühllos, betäubten ihre Patienten mit Alkohol oder schlugen sie sogar bewußtlos.

Schon 1842 wurde erstmals ein Narkosemittel verwendet. Dr. Crawford Long in Georgia, USA, entfernte einen Tumor vom Hals eines Patienten, der zuvor Ether eingeatmet hatte. Doch erst als William Morton in Boston einen Patienten unter Ethernarkose öffentlich operierte, setzte sich die Methode allgemein durch.

Etwa um dieselbe Zeit begann man in den Vereinigten Staaten das sogenannte Lachgas, das oft als „Stimmungsmacher“ benutzt wurde, als Narkosemittel in der Zahnmedizin einzusetzen. In Großbritannien experimentierte man mit Chloroform, besonders um die Schmerzen bei Entbindungen zu lindern.

Ohne diese Pioniertaten auf dem Gebiet der Schmerzbetäubung wären viele der heutigen Operationen nicht möglich. Inzwischen werden schwere Eingriffe wie Herztransplantationen und Krebsoperationen schmerzfrei durchgeführt. Doch wie schaffen es diese Anästhetika genannten Mittel, den Menschen kurzfristig für Schmerzen unempfindlich zu machen?

Die Wörter Anästhesie und Narkose kommen aus dem Griechischen und bedeuten Unempfindlichkeit bzw. Erstarrung. Allgemein verhindern Betäubungsmittel, daß Schmerzsignale zum Gehirn gelangen, und bewirken somit Schmerzfreiheit. Die genaue Wirkungsweise ist noch nicht bekannt.

Es gibt zwei Arten von Anästhetika: die allgemeinen, die den Patienten in eine Art Schlaf versetzen, und die lokalen, die nur einen Teil des Körpers betäuben.

Durch Lachgas empfindet der Patient zwar keinen Schmerz mehr, bei Bewußtsein ist er jedoch nach wie vor; meist hat das Lachgas sogar anregende Wirkung.

Um den Patienten in Schlaf zu versetzen, spritzt man Barbiturate, die in niedriger Dosis zur Schlafbereitschaft und Krampfhemmung, in hoher Dosis zur Vollnarkose führen.

Örtliche Betäubungsmittel (Lokalanästhetika) werden auch gespritzt, wobei die Schmerzempfindung nur in einem begrenzten Bereich ausgeschaltet ist. Der Patient ist bei Bewußtsein und kann mit dem Chirurgen zusammenarbeiten.

Für die Lokalanästhetika gibt es drei Hauptanwendungsgebiete: Oberflächenanästhetika schalten das Schmerzempfinden in der Schleimhaut von Augen, Mund und Nase aus; man setzt sie z. B. ein, um einen Fremdkörper aus dem Auge zu entfernen. Leitungsanästhetika spritzt man zur Betäubung kleiner Bereiche, z. B. um einen Zahn zu ziehen. Eine dritte Gruppe dient dazu, größere Körperteile – etwa einen Arm – zu betäuben.

Atome, die Schmerzen übertragen

Einen Hinweis darauf, wie die allgemeinen Narkosemittel arbeiten, geben die Lokalanästhetika, von denen bekannt ist, daß sie die Übertragung der Nervenimpulse unterbrechen. Bei der Übertragung von Nervenimpulsen sind Natrium- und Kaliumatome beteiligt, die bei einer Nervenreizung in entgegengesetzter Richtung durch die Membran der Nervenzelle dringen und zur Nachbarzelle gelangen. Auf diese Weise pflanzt sich der Impuls bis zum Gehirn fort und wird dort in Schmerzempfindung umgesetzt. Die Lokalanästhesie unterbricht das Weiterleiten der Atome durch die Nervenzellen.

Die Wissenschaftler spekulieren darüber, warum allgemeine Betäubungsmittel Bewußtlosigkeit verursachen: Entweder legen sie maßgebliche Enzyme in den Nervenzellen lahm, oder sie verändern die Eigenschaften der Membranen, oder aber es kommt zu einer Wechselwirkung mit Wassermolekülen im Gehirn, was den Weg der Signale unterbricht. Bislang liegen keine gesicherten Erkenntnisse über den genauen Mechanismus vor, doch die Forschung auf diesem wichtigen Gebiet der modernen Medizin geht weiter.

Ein normales Leben mit Hilfe eines Herzschrittmachers

Im Lauf eines durchschnittlichen Menschenlebens schlägt das Herz etwa dreimilliardenmal und pumpt dabei schätzungsweise 218 Mio. l Blut durch den Körper.

Die regelmäßige Herztätigkeit von rund 72 Schlägen pro Minute wird vom Sinusknoten gesteuert, einem winzigen, runden Organ, das im rechten Vorhof des Herzens liegt. Der Sinusknoten ist der natürliche Schrittmacher des Herzens; er gibt elektrische Impulse an das Herzmuskelgewebe ab, woraufhin es sich abwechselnd zusammenzieht und ausdehnt. Diese Bewegung ergibt den Herzschlag.

Die Erregungsleitung des Herzens kann, durch Krankheiten wie Angina pectoris oder einen Herzanfall gestört, manchmal auch ganz unterbrochen werden. Dann wird versucht, das Herz mit Stromstößen wieder zu regelmäßiger Tätigkeit anzuregen.

Bei Herzstillstand kann man möglicherweise durch einen Stromstoß mit dem Defibrillator, einem elektrischen Gerät, das Herz wieder in Gang bringen. Setzt der Herzschlag nicht sofort wieder ein, bringt man vorübergehend einen Schrittmacher mit einem Gurt außerhalb des Körpers an, meist in Taillenhöhe. Wenn sich die Herztätigkeit nicht wieder reguliert, bekommen die Patienten einen Herzschrittmacher eingepflanzt.

Alle Herzschrittmacher arbeiten nach demselben Prinzip: Eine Elektrode, die Schrittmacherelektrode, die an einem Draht sitzt, wird durch die Brust oder durch eine Vene eingeführt und an der Wand der rechten Herzkammer verankert. Die Elektrode bekommt ihre Impulse von einem Miniaturgenerator; dieser arbeitet mit Lithiumbatterien, die eine Lebensdauer von fünf bis zwölf Jahren haben.

Mit Hilfe des Impulsgebers erzeugt die Elektrode elektrische Impulse, die den Sinusknoten anregen und das Herz zum Schlagen bringen. Der Impulsgeber steuert, wie schnell die Impulse aufeinanderfolgen – in der Regel ein Schlag pro Sekunde, d. h. etwas langsamer als der durchschnittliche Herzschlag. Der Impulsgeber arbeitet nur, wenn das Herz keine eigenen elektrischen Impulse in den richtigen Abständen abgibt. Nur bei Verzögerungen tritt er in Aktion und sorgt für einen normalen Herzrhythmus. Es gibt Schrittmacher mit Sender und Empfänger, über die der Arzt die Geschwindigkeit leicht regulieren kann.

Den ersten erfolgreichen Herzschrittmacher entwickelte 1957 Dr. Walton Lillehei,

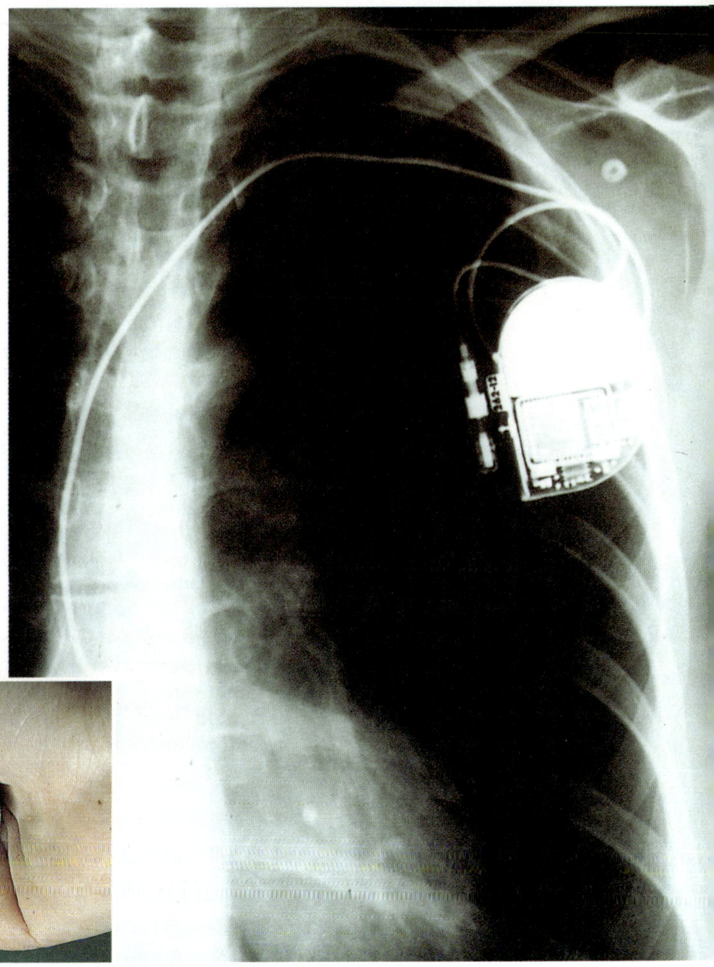

Hilfe fürs Herz *Diese Röntgenaufnahme eines Brustkorbs (rechts) zeigt, wo in der Nähe des Herzens Impulsgeber und Schrittmacherelektrode sitzen. Der Schrittmacher aus Titan ist so klein, daß er auf eine Handfläche paßt (unten). Die Batterie hält bis zu zwölf Jahre.*

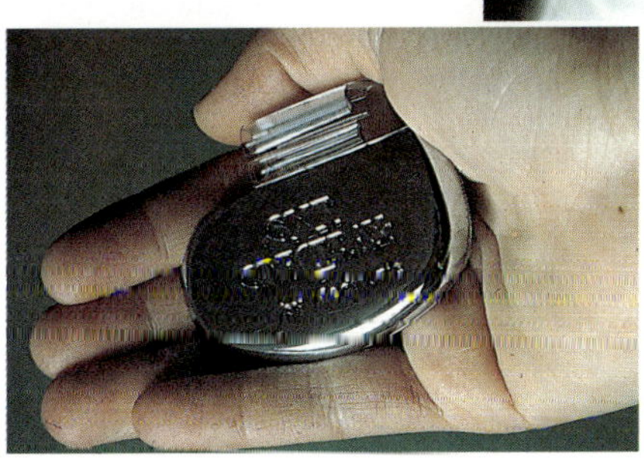

ein Chirurg an der Universität von Minnesota, USA. Eine Elektrode wurde durch die Brust in das Herz eingeführt und arbeitete mit einer zigarettenschachtelgroßen Batterie, die auf dem Brustkorb saß. Zwar konnte man die Batterie leicht auswechseln, doch kam es oft zu Infektionen der Brustöffnung, durch die der Draht verlief. Heute werden Herzschrittmacher nur noch bei vorübergehenden Herzstörungen außerhalb des Körpers angebracht oder um die Zeit zu überbrücken, bis man einen einpflanzen kann.

Der Impulsgeber der üblichen einpflanzbaren Herzschrittmacher ist etwa streichholzschachtelgroß, besteht aus Titan und wiegt rund 28 g. In der Regel wird er direkt unter der Haut der Brustwand eingepflanzt und muß so liegen, daß sich die streichholzkopfgroße Elektrode an dem Draht durch eine große Vene ins Herz vorschieben läßt. Zu einer Abwehrreaktion des Körpers kommt es nicht, weil es sich nicht um lebendes Gewebe handelt.

Der Patient bekommt den Schrittmacher unter Vollnarkose eingepflanzt; für das Austauschen der Batterie reicht jedoch meistens eine örtliche Betäubung.

Ein Herzschrittmacher muß regelmäßig überprüft werden, damit das Gerät garantiert einwandfrei funktioniert. Bei manchen Schrittmachern muß man auch beachten, daß sie nicht von elektromagnetischen Feldern, wie z. B. Magnetdetektoren auf Flughäfen oder in Bibliotheken, gestört werden.

Die moderne Elektronik wird über kurz oder lang kleinere Herzschrittmacher entwickeln, die sich unmittelbar an der Herzwand befestigen lassen und Drähte und große Batterien überflüssig machen.

Eine weitere neue Entwicklung ist der sogenannte Bedarfsschrittmacher, der sich genau nach der Aktivität des Trägers richtet: Ist der Träger aktiv, beschleunigt der Schrittmacher die Impulsfolge; in einer Ruhepause hingegen wird er langsamer, genau wie der natürliche Schrittmacher des Herzens.

Seit der Entwicklung des ersten erfolgreichen Herzschrittmachers wurde mehr als 5 Mio. Menschen mit schweren Herzerkrankungen zu einem angenehmeren, aktiveren Leben verholfen.

Ersatzteilchirurgie: Organe werden verpflanzt

Am 23. November 1954 gelang Dr. Joseph E. Murray im Team mit zwei anderen Ärzten in Boston die erste Organverpflanzung. Einem 22jährigen Patienten, dessen Nieren nicht mehr arbeiteten, wurde eine gesunde Niere des eineiigen Zwillingsbruders übertragen. Für diese Pionierleistung wurde Murray 1990 der Medizin-Nobelpreis verliehen. Mehr als ein Jahrzehnt nach der ersten Organverpflanzung, am 3. Dezember 1967, führte Dr. Christiaan Barnard in Kapstadt (Südafrika) die erste erfolgreiche Herztransplantation an einem Menschen durch (siehe Seite 296).

Inzwischen sind Nieren- und Herzverpflanzungen so verbreitet, daß sie kaum noch Schlagzeilen machen. Auch viele andere Organe, wie Leber, Lunge, Bauchspeicheldrüse und Augenhornhaut, werden mittlerweile ausgetauscht. Knochenmark verpflanzt man, um z. B. Leukämie zu bekämpfen. Sogar Teile des Hirngewebes werden übertragen, um Leiden wie die Parkinsonsche Krankheit zu behandeln.

Ein lebendes Organ einem Menschen zu entnehmen und es auf einen anderen zu übertragen ist mit vielen Schwierigkeiten verbunden. Zunächst stellt sich das Problem, daß das fremde Gewebe vom Empfänger abgestoßen werden kann. Das Immunsystem des Körpers wehrt sich gegen alle körperfremden Substanzen, die in die Blutbahn gelangen. Dazu gehören Gewebe, aber auch Bakterien und Viren. Weiße Blutkörperchen umgeben das fremde Gewebe und verhindern, daß es funktioniert. Wenn das Abwehrsystem des Körpers das Gewebe eines Organs angreift oder abstößt, stirbt das Organ ab.

Um zu vermeiden, daß die Organe abgestoßen werden, sucht man Spender, die denselben Gewebetyp haben wie der Empfänger. Die chemischen Eigenschaften der Organe von Spender und Empfänger stimmen dann so weit überein, daß das Abwehrsystem des Empfängers das übertragene Organ nicht als Fremdkörper erkennt.

Spenderorgane müssen gesund und möglichst jung sein. Oft ist man darauf angewiesen, daß die Angehörigen eines Verstorbenen die Erlaubnis zur Organentnahme und -transplantation erteilen.

Die Liste der Patienten, die Transplantate benötigen, ist gespeichert, wobei auch nähere Angaben über die Beschaffenheit des Gewebes registriert sind. Wenn also ein Spender verfügbar wird, wählt der Computer mögliche Empfänger aus.

In den Niederlanden gibt es einen Zentralcomputer, der die Daten für Transplantationen in allen europäischen Ländern führt und einer gemeinsamen Verwaltung untersteht. Wenn jemand, der sich als Spender zur Verfügung gestellt hat, stirbt, werden seine Daten sofort an den Computer übermittelt, der einen geeigneten Empfänger ausfindig macht. Wichtig ist, daß das Organ so schnell wie möglich aus dem Körper des toten Spenders entfernt wird, weil es schon nach 30 Minuten unbrauchbar wird. Man durchspült es zunächst mit einer Flüssigkeit, damit sich die Blutgefäße nicht schließen. Zur Frischhaltung packt man das Organ auf Eis in einen Plastikbeutel und lagert es bei 5 °C.

Inzwischen hat der Computer einen Empfänger ausgewählt, der sofort die Klinik aufsuchen muß. Das Spenderorgan muß möglichst bald transplantiert werden, da es trotz Kühlung nur ein paar Stunden überlebt. Ein Herz kann drei bis fünf, eine Leber zehn und eine Niere 24–48 Stunden aufgehoben werden.

Im Operationssaal entfernt der Chirurg das erkrankte Organ des Patienten, bevor das neue eingepflanzt wird. Transplantationen dauern mehrere Stunden. Eine der problemlosesten Transplantationen ist die Hornhautverpflanzung, bei der die geschädigte Augenoberfläche ersetzt und so das Sehvermögen wiederhergestellt wird. Die Hornhaut enthält keine Blutgefäße und wird deshalb nicht vom Abwehrsystem des Körpers beeinflußt; auch kann man Hornhautgewebe länger lagern als viele andere Gewebe.

EINE HERZTRANSPLANTATION

Wenn ein Spenderherz zur Verfügung steht, muß so schnell wie möglich ein geeigneter Empfänger gefunden werden, der sofort in die Klinik eingeliefert wird.

Gleichzeitig wird in einer gemeinsamen Aktion von Polizei und Ambulanz das Spenderherz per Hubschrauber ins Krankenhaus gebracht – manchmal sogar über Hunderte von Kilometern oder über Ländergrenzen hinweg. Das europäische Computerzentrum versucht jedoch, einen Empfänger in der Nähe des Spenders ausfindig zu machen, um kostbare Zeit zu sparen.

Bei dem Eingriff öffnet der Chirurg den Brustraum des Patienten und bindet alle Blutgefäße ab, die das Herz mit Blut versorgen. Eine Herz-Lungen-Maschine übernimmt dann die Funktion von Herz und Lunge und gewährleistet die Durchblutung.

Der Chirurg entnimmt das kranke Herz und setzt das neue Organ an dessen Stelle. Das Spenderherz wird mit den Hauptvenen und -arterien verbunden, so daß die Blutversorgung einsetzen kann. Zum Schluß schließt der Operateur den Brustkorb mit einer Naht.

Vorher – nachher *1988 ließ die 56jährige Schauspielerin und Journalistin Molly Parkins sich durch eine Schönheitsoperation verjüngen. Drei Tage später war sie nach einer Lid-, Stirn-, Hals- und Gesichtsstraffung wie verwandelt. Die schlaffe Haut an den Augenlidern und die Tränensäcke waren verschwunden. Die Oberlippe war durch eine Hautverpflanzung voller geworden, und die Fettablagerungen an den Kinnbacken waren abgesaugt worden.*

Nach der Verpflanzung kann es dazu kommen, daß der Empfänger das eingepflanzte Organ abstößt, obwohl die Gewebe von Spender und Empfänger übereinstimmten. Gegen eine mögliche Abstoßung werden Medikamente verabreicht, die den Transplantationspatienten jedoch auch anfälliger gegen Infektionskrankheiten machen.

Manche Patienten müssen ihr Leben lang Medikamente einnehmen, um eine Abstoßung zu vermeiden, und bleiben auch wegen der Infektionsgefahr ständig unter ärztlicher Kontrolle.

Trotz aller Schwierigkeiten wurde vielen Menschen durch die Transplantationschirurgie das Leben verlängert. Mehr als 70 % der Patienten mit Lebertransplantationen und 80 % der Herztransplantationspatienten überleben die Operation um mehr als ein Jahr; noch vor zehn Jahren waren es nur 66 %. Bei Nieren- und Hornhautverpflanzungen liegt die Erfolgsquote bei 91–96 %.

Das größte Problem ist, genügend Spender zu finden. Man experimentiert bereits mit Transplantaten tierischer Organe, z. B. mit Pavianherzen und Schweinenieren. Dies ist jedoch problematisch, da das menschliche Gewebe tierisches Gewebe abstößt.

Erforscht wird seit einigen Jahren auch die Möglichkeit, künstliche Organe zu verwenden. Sie hätten den Vorteil, nach Bedarf verfügbar zu sein, und wären auch haltbarer.

Facelifting: So glättet der Chirurg die Falten

Wenn die Haut altert, schmilzt ein Teil des stützenden Fettgewebes der Unterhaut. Auch verliert das Collagen – das Eiweiß der Haut – seine Fähigkeit, Feuchtigkeit zu speichern: Die Haut wird weniger elastisch und trockener und bildet Falten.

Die meisten Menschen nehmen Falten als unvermeidlich hin. Für andere jedoch, besonders für jene, die im öffentlichen Leben stehen, kann das Altern der Haut zum Problem werden, das nur durch eine kosmetische Operation zu lösen ist.

Die kosmetische Chirurgie umfaßt mehr als nur die Gesichtsstraffung; bei dieser wird buchstäblich die Haut über das Gesicht nach oben gezogen, was sich kosmetisch in erster Linie auf den Kinn-Hals-Bereich auswirkt. Augenfalten, Mund-Nasen-Falten und Stirnfalten müssen durch zusätzliche Operationen, z. B. durch eine Augenbrauen- oder Stirnstraffung oder durch die Beseitigung der Mund-Nasen-Falten, geglättet werden. Bei der Lidstraffung (Blepharoplastik) wird z. B. die überflüssige, schlaffe Lidhaut von den oberen und unteren Augenlidern entfernt.

Kleine Eingriffe führt man unter örtlicher Betäubung durch, ein Facelifting jedoch ist eine größere Operation und erfordert eine Vollnarkose. Der Chirurg setzt am Haaransatz oberhalb des Ohrs einen Schnitt an, den er um das Ohr herum und hinter dem Ohr nach oben führt; die Naht verläuft waagrecht in Richtung Hinterkopf weiter. Man schneidet, wenn möglich, im behaarten Bereich, so daß später die Narben nicht sichtbar sind.

Nach dem Einschneiden trennt der Chirurg die Haut unterhalb der Schnittlinie von dem darunterliegenden Fettgewebe ab und strafft die lose Haut zum Hinterkopf hin. Er strafft und spannt auch die dünne Schicht des Muskelgewebes am Hals. Die überschüssige Haut wird abgeschnitten und der Schnitt zugenäht.

Nach der Operation dauert es etwa zwei bis drei Wochen, bis die leichte Rötung im Gesicht abklingt. Die Narben, die man schon eine Woche nach dem Eingriff mit Make-up abdecken kann, verblassen mit der Zeit.

Den Alterungsprozeß der Haut kann jedoch kein Facelifting aufhalten. Er setzt sich nach der Operation in gleichem Maße fort. Zwar kann man mehrere Gesichtsstraffungen an einer Person vornehmen, doch sind Grenzen gesetzt, weil der Chirurg jedesmal mehr Haut entfernt. Ist die Haut bereits bis zum Äußersten gestrafft, gibt es keine überschüssige Haut mehr zu entfernen, ohne z. B. das Lächeln zu beeinträchtigen. Nicht immer ist die Operation erfolgreich; manchmal bleiben auffällige Narben zurück.

Christiaan Barnard: der Chirurg, der als erster ein Herz verpflanzte

Dr. Christiaan Barnard machte gerade ein Nickerchen in seinem Haus in Kapstadt (Südafrika), als der entscheidende Telefonanruf kam: Eine Krankenschwester des Groote-Schuur-Hospitals teilte ihm mit, daß ein Unfallopfer – eine junge Frau – mit einem unheilbaren Hirnschaden eingeliefert worden sei. Falls sie sterben werde, könne ihr Herz für die erste Herzverpflanzung verwendet werden. Sie habe die richtige Blutgruppe, und ihr Vater sei bereit, sein Einverständnis zu geben.

„Ich bete immer vor großen Operationen", schrieb Dr. Barnard später, „meistens auf dem Weg zur Klinik, wenn ich allein bin. In dieser Nacht war der Drang dazu stärker als je zuvor. Doch ich konnte nicht beten. Jedesmal, wenn ich begann, stürmten die Gedanken auf mich ein…"

Herzverpflanzungen hatte er bislang nur bei Versuchshunden vorgenommen. An diesem denkwürdigen 2. Dezember 1967 sollte er nun das Herz eines Menschen einem anderen übertragen. Die Spenderin war die 25jährige Denise Darvall, der Empfänger war Louis Washkansky, ein 53 Jahre alter Lebensmittelgroßhändler aus Kapstadt, der wegen seines kranken Herzens nur noch ein paar Wochen zu leben hatte.

Washkansky hatte bereits mehrere Herzanfälle hinter sich. Er litt unter Atembeschwerden, die Nieren und Leber arbeiteten nicht mehr, seine Beine waren stark geschwollen, und er war zuckerkrank.

Die Ärzte hatten ihm Zucker streng verboten, doch ließ er sich von seiner Frau heimlich Süßigkeiten mitbringen. Cowboy-Romane schienen ihn mehr zu interessieren als die näheren Umstände seiner Krankheit, doch als Barnard ihm sagte, daß es vielleicht eine Möglichkeit gebe, sein Leben zu retten, meinte er mit bemerkenswertem Mut: „Das hat man mir schon gesagt. Also – ich bin bereit."

Durch einen merkwürdigen Zufall war Mrs. Washkansky auf dem Heimweg vom Krankenhaus an einem Verkehrsunfall vorbeigefahren. Dort hatte sich bereits eine große Anzahl Schaulustiger versammelt. Als die Polizei Mrs. Washkansky weiterwinkte, bemerkte sie einen zugedeckten leblosen Körper am Boden. Bei dem Opfer des Verkehrsunfalls handelte es sich um Denise Darvall – ein Name, der zu diesem Zeitpunkt Mrs. Washkansky noch kein Begriff war.

Car-crash victim saves a life

Daily Mirror

Monday, December 4, 1967
Telephone: (STD code 01)—353 0246

DYING MAN GETS SPARE HEART

From DONALD WISE, Cape Town, Sunday

A MAN woke up and spoke to his nurses tonight—only twelve hours after surgeons gave him a new heart from the body of a girl who had just died. Louis Washkansky, a 56-year-old grocer, had been given the heart of 25-year-old Denise Darvall in an operation to transplant a human heart—the first operation of its kind.

A hospital team make history

'We must be frank'

'It's going to work'

ALL SET FOR RAIL CHAOS

THE GIRL WHO DIED

Denise Darvall … her death in a road accident has helped to keep Louis Washkansky alive after doctors told her father: "You can do humanity a great favour." He agreed to the historic operation.

Die Spenderin *Denise Darvalls Herz wurde Louis Washkansky verpflanzt. Sie starb bei einem Verkehrsunfall.*

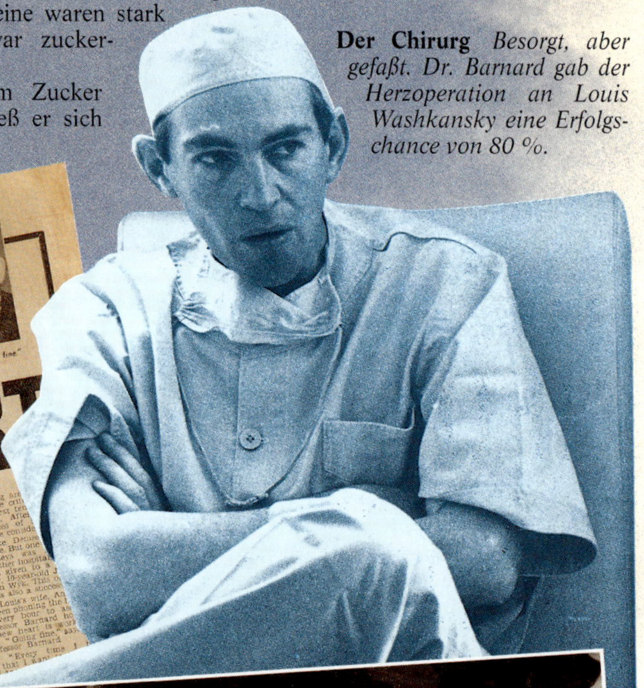

Der Chirurg *Besorgt, aber gefaßt. Dr. Barnard gab der Herzoperation an Louis Washkansky eine Erfolgschance von 80 %.*

Der Patient *Louis Washkansky sitzt auf einer offiziellen Veranstaltung in Kapstadt neben seiner eleganten Frau Ann.*

Gegen 21 Uhr an diesem Tag sah Dr. Barnard im Krankenhaus die junge Denise Darvall. Sie war bereits klinisch tot, doch ihr Herz war gesund und arbeitete noch einwandfrei.

Es gab keine Zeit zu verlieren. Ein Krankenpfleger rasierte Louis Washkanskys Brust, und die Herz-Lungen-Maschine wurde bereitgestellt. Diese Apparatur sollte die Herz- und Lungentätigkeit des Patienten übernehmen und machte damit die Transplantation erst möglich. Barnard hatte sie aus den USA mitgebracht, wo er seine Chirurgenausbildung an der University of Minnesota absolviert hatte.

Barnard duschte, rieb sich mit einer keimtötenden Lösung ein und zog einen sterilen Kittel mit Kappe und Gesichtsmaske sowie sterile Gummistiefel an. Im Operationssaal saß Washkansky, auf ein paar Kissen gestützt, lässig auf dem Operationstisch. Er sah den Chirurgen an, und obwohl er kaum Luft zum Sprechen bekam, sagte er launig: „Jetzt ist es also soweit – aus alt mach neu."

Kurz darauf war Washkansky unter Narkose, und gegen Mitternacht begann die bahnbrechende Operation. Der Oberarzt öffnete den Brustkorb des Patienten.

„Louis Washkanskys Herz war vollständig zu sehen", schrieb Barnard später. „Es schlug mit einem ganz eigenen Rhythmus, wie ein aufgewühltes Meer, gelb von den Stürmen eines halben Jahrhunderts und durchsetzt von den blauen Strömungen aus der Tiefe – blaue Venen, die über das pulsierende, verwüstete Herz verliefen. Auf der rechten Seite glitt der dunkelrote Herzvorhof bei jedem Zusammenziehen vor und zurück, wie ein gewaltiger Fisch, der sich am Ufer des gelben Meeres windet, das ihn nicht freiläßt."

Währenddessen hing die klinisch tote Denise Darvall in einem nur ein paar Schritte entfernten Operationssaal am Beatmungsgerät. Barnard eilte dorthin und stellte das Gerät ab. Dann öffnete er ihren Brustkorb und nahm das Herz heraus. In einer Schale mit eiskalter Kochsalzlösung brachte er das Organ in den großen Operationssaal, wo man es an die Pumpe anschloß, die die Blutversorgung von Washkanskys Herz-Lungen-Maschine regelte.

Als nächstes entfernte Barnard das stark vergrößerte Herz Washkanskys und ließ einen Teil des rechten Vorhofs zurück, der an das Spenderherz angenäht werden sollte. Dann setzte er das neue Herz ein. Ein weibliches Herz ist etwa um 20 % kleiner als das Herz eines Mannes, und der Hohlraum in Washkanskys Brust war mehr als doppelt so groß wie normal.

Die Schwierigkeit war nun, das Spenderherz schnell genug in Washkanskys Brust anzunähen. Barnards Finger waren bereits von der Arthritis verdickt, die ein paar Jahre später seiner chirurgischen Tätigkeit ein vorzeitiges Ende bereitete. Die Pumpe, die das Herz mit Blut versorgte, wurde nun abgestellt, und sofort verlor das Organ seine gesunde rote Farbe und wurde blau. Barnard warf einen Blick auf die Uhr. Es war 5.30 Uhr, und das Herz war seit 15 Minuten nicht mehr mit Blut und Sauerstoff versorgt. Vier weitere quälende Minuten vergingen: Dann war die letzte Naht geschafft, die Blutversorgung setzte wieder ein, und das Herz begann zu zucken.

Um die Herztätigkeit anzuregen, schickte man einen kräftigen Stromstoß durch die zwei Platten, zwischen denen das Herz lag. Washkanskys bewußtloser Körper bäumte sich auf, und unter den besorgten Blicken Barnards und seines 20köpfigen Teams begann das Herz, regelmäßig zu schlagen. Die Herz-Lungen-Maschine konnte entfernt werden.

Mehr als acht Stunden hatte die Operation gedauert, und Washkansky, der mit zahlreichen Schläuchen und Drähten an verschiedene Überwachungsgeräte und Apparate angeschlossen war, wurde in ein steriles Zimmer gebracht und unter ein Plastikzelt gelegt.

Nun begann der Kampf gegen postoperative Infektionen und die mögliche Abwehrreaktion des Körpers gegen das körperfremde Gewebe. Washkansky bekam entsprechende Medikamente. Als die erste gefährliche Zeit vorüber war, verbrachte er fünf wunderbare Tage bei guter Gesundheit.

Am 15. Dezember, zwölf Tage nach der Operation, zeigte die Röntgenaufnahme einen Schatten auf seiner Lunge – Washkansky hatte sich eine doppelseitige Lungenentzündung zugezogen. Gerade die Medikamente, die er gegen eine Abstoßungsreaktion bekam, hatten sein Immunsystem so geschwächt, daß er die Bakterien, die die Lungenentzündung auslösten, nicht abwehren konnte.

Trotz aller Bemühungen Barnards und seiner Mitarbeiter starb Louis Washkansky am Morgen des 21. Dezember 1967 an einer Lungenentzündung. Sein neues Herz, das man ihm 18 Tage zuvor eingepflanzt hatte, hatte bis zu seinem Tod einwandfrei gearbeitet.

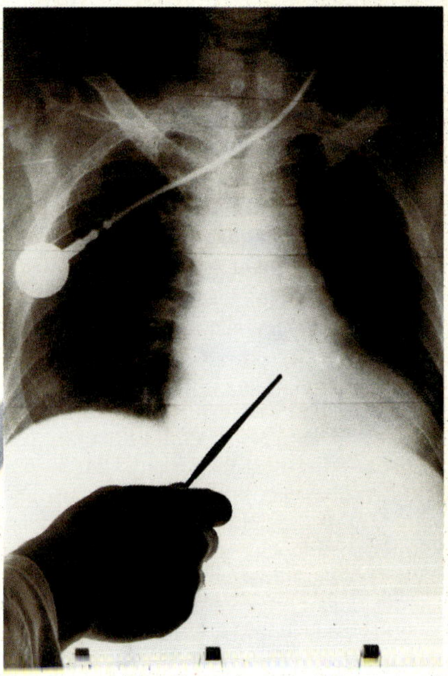

An Ort und Stelle *Die erste Röntgenaufnahme nach der Herzverpflanzung. Der Zeigestock deutet auf das Herz.*

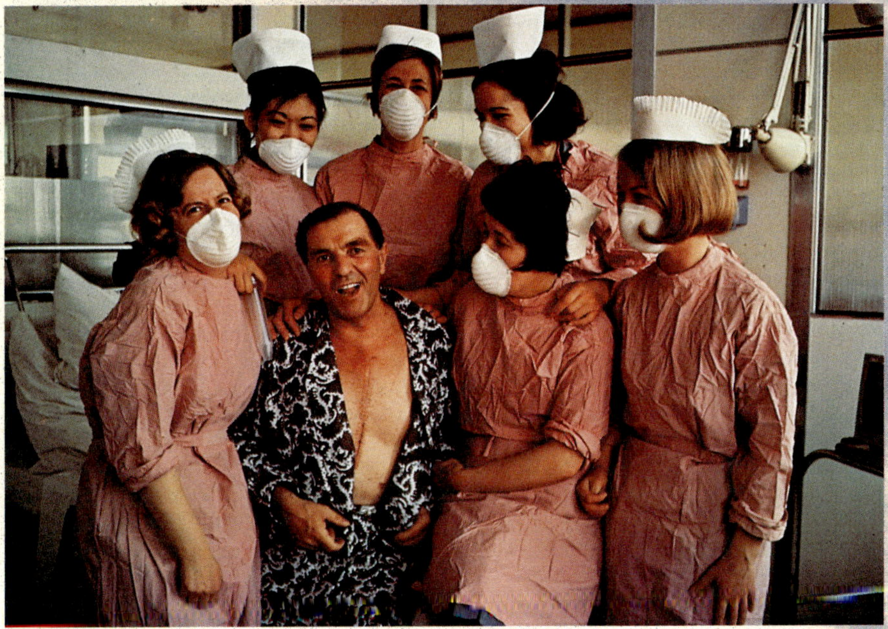

Optimistisch *Louis Washkansky war nach der Operation guter Dinge. Nach den eigenen Worten fühlte er sich so wohl wie nie zuvor. Voller Hoffnung sprach er vom Weihnachtsfest zu Hause. Doch 18 Tage nach der Operation starb er an einer Lungenentzündung.*

Wie arbeitet eine künstliche Niere?

Bei der Spaltung der Nahrung entstehen im Körper giftige Abfallstoffe, die die Nieren ausscheiden. Die Nieren regulieren auch den Flüssigkeits- und Salzhaushalt des Körpers. Bei einer Funktionsstörung sammelt sich giftige Stoffwechselschlacke im Blut an, was zur Wasseransammlung und schließlich zu einer Harnstoffvergiftung (Urämie) führen kann. Daran sterben jährlich Tausende von Menschen.

Die Nieren können plötzlich aufhören zu arbeiten, häufiger ist jedoch eine allmähliche Schädigung des Organs. Bei Nierenversagen wird entweder eine gesunde Niere transplantiert (siehe Seite 294), oder man entschlackt das Blut mit Hilfe eines Dialysegeräts.

Das Dialysegerät dient als künstliche Niere und reinigt das Blut von Giftstoffen. Heute ist eine künstliche Blutreinigung auch zu Hause möglich. Bei einem der Dialyseverfahren, der Hämodialyse, werden zwei Kanülen in Arterie und Vene von Arm oder Bein des Patienten eingeführt. Die Kanülen sind über einen Schlauch mit dem Dialysegerät verbunden.

Das Blut fließt aus der Arterie des Patienten ins Gerät, wo Heparin zugesetzt wird, ein Medikament, das die Blutgerinnung verhindert. Dann gelangt das Blut in einen halbdurchlässigen Cellophanschlauch, der von einer „Waschlösung“ umspült ist. Durch die kleinen Löcher des Cellophans treten die Moleküle der Schlakkenstoffe aus, während die größeren Blutzellen im Schlauch bleiben. Dem gereinigten Blut setzt man ein Mittel zu, das die Wirkung des Heparins aufhebt; danach wird es in den Blutkreislauf des Patienten zurückgepumpt.

Ein Nierenpatient muß sich dreimal pro Woche einer achtstündigen Dialyse unterziehen.

Weitere Dialyseverfahren

Ein anderes Blutreinigungsverfahren, die Peritonealdialyse, erfordert nicht die umfangreichen Apparaturen der Hämodialyse. Das Peritoneum, das Bauchfell, kleidet die Organe im Unterbauch schützend aus. Da diese Organe gut durchblutet sind und das Bauchfell sie eng überzieht, eignet es sich als Filter für Blutschlacken.

Bei der Peritonealdialyse wird ein kleines Schlauchstück durch die Bauchdecke des Patienten in die Bauchhöhle eingeführt. Über diesen Schlauch leitet man eine spezielle Spülflüssigkeit in die Bauchhöhle. Die Spüllösung nimmt die Giftstoffe aus dem Blut in den Bauchorganen auf und wird anschließend ausgesaugt. Die Blutreinigung dauert etwa zwölf Stunden und muß zwei- bis viermal pro Woche durchgeführt werden.

Welches Dialyseverfahren bei Patienten angewendet wird, hängt von verschiedenen Faktoren ab, z. B. wie alt sie sind, wie viele Geräte zur Verfügung stehen und ob sie selbst die Kanülen setzen können. In manchen Ländern spielen auch finanzielle Aspekte eine Rolle.

Kann der Arzt etwas gegen Kahlköpfigkeit tun?

Mehr als 90 % aller Männer leiden an einer Form der Glatzenbildung. Auch bei manchen Frauen, besonders in den Wechseljahren, lichtet sich das Haar. Der Schwund der Haarfülle ist bei Männern eine Veranlagungssache – Söhne von kahlköpfigen Vätern neigen oft auch zur Glatzenbildung.

Durch welche Gene genau die Kahlköpfigkeit entsteht, ist noch nicht erforscht, doch weiß man, daß die männlichen Geschlechtshormone, die Androgene, maßgeblich beteiligt sind. Diese unterdrücken die Tätigkeit der Haarbälge unter der Kopfhaut; dadurch verkürzt sich die Lebensdauer der Haare, die daraus wachsen. Ein Haar lebt im Durchschnitt zwei bis sechs Jahre.

Eine Glatze bildet sich nicht gleichmäßig: An bestimmten Stellen fällt das Haar immer häufiger aus und wird dünner und kürzer, bis nur noch ein Flaum zurückbleibt. Da Männer mehr Androgene haben als Frauen, sind sie viel stärker von Kahlköpfigkeit betroffen.

Mit einer sogenannten Kopfhautverpflanzung kann der Schönheitschirurg eine Glatze beseitigen. Diese Methode eignet sich jedoch nur für diejenigen, die über längere Zeit hinweg ihre Haare verlieren; außerdem sollten die schütteren Stellen auf Stirnbereich und Oberkopf beschränkt sein. Das restliche Haar muß dunkel sowie möglichst kräftig und dicht sein – zum einen, weil es die Operationsnarben abdekken soll, und zum anderen, weil es verpflanzt wird: Bei Haarverpflanzungen wird das eigene Haar des Patienten umverteilt.

Zuerst schneidet man das Haar ganz kurz. Wenn beim Patienten die örtliche Betäubung einsetzt, entnimmt der Arzt an den behaarten Stellen der Seiten oder des Hinterkopfes mit einer Art Lochstanze Kopfhautstückchen, die einen Durchmesser von etwa 4 mm haben und 12–18 Haarwurzeln enthalten. Die entstehenden Lücken werden später mit dem vorhandenen Haar überdeckt. Mit demselben Instrument setzt der Chirurg die Kopfhautstückchen in die kahlen Stellen des Kopfs ein.

Je nach Grad der Kahlköpfigkeit schwankt die Anzahl der benötigten Transplantate – im Extremfall sind es über 250.

Die Operationsdauer hängt von der transplantierten Haarmenge ab. Oft verläuft die Behandlung in mehreren Etappen, weil man während eines Eingriffs nur 20 Kopfhautstücke übertragen kann; dies dauert rund ein bis eineinhalb Stunden.

Die Wunden, die dort entstehen, wo Kopfhaut entfernt wurde, heilen innerhalb von etwa zwei Wochen ab und werden kleiner. Bald kann man sie mit dem darüberliegenden Haar abdecken.

Die Haare auf den übertragenen Kopfhautstücken fallen nach der Operation aus und wachsen erst nach ein paar Monaten wieder nach. Bis die kahlen Stellen wieder ganz bewachsen sind, vergeht fast ein Jahr. Wurden inzwischen jedoch auch die Haarbälge der Transplantate angegriffen, kann die Transplantation umsonst gewesen sein.

Siebenmal vom Blitz getroffen

Roy Sullivan, ein amerikanischer Forstaufseher aus Virginia, wurde angeblich öfter vom Blitz getroffen als sonst ein Mensch auf der Welt. Der erste Blitzschlag traf ihn im Jahr 1942, der siebte am 25. Juni 1977. Jedesmal wurde Sullivan verletzt: Er verlor einen Zehennagel, seine Augenbrauen wurden versengt, er erlitt Verbrennungen an Schulter und Beinen, und seine Haare gerieten in Brand – doch er überlebte.

Ein Blitz hat eine Geschwindigkeit von 160–1600 km pro Sekunde; dabei entsteht eine Temperatur von rund 30 000 °C – sechsmal so hoch wie die Hitze auf der Oberfläche der Sonne. Es ist verblüffend, daß viele Menschen, die von dieser gewaltigen Kraft getroffen werden, trotz starker Verbrennungen nicht sterben.

Der Blitz ist ein elektrischer Funke, der aus dem Energiegefälle zwischen den Wolken und der sie umgebenden Luft oder der Erde entsteht. Die Energie des Blitzes sucht sich den kürzesten Weg zur Erde, z. B. über einen Menschen im Freien.

Dieser kürzeste Weg kann durch die Schulter über das Bein in den Boden führen. Dabei erleidet der Getroffene Schmerz, Schock und Verbrennungen, doch die Hauptenergie wird in den Boden geleitet. Das Opfer kann überleben, wenn der Blitz nicht über Herz oder Wirbelsäule läuft. Trifft der Blitz aber das Herz, kommt es mit ziemlicher Sicherheit zu einer schweren Herzschädigung oder zum Herzstillstand mit sofortiger Todesfolge.

Die Kunst des Auf- und Abbauens

Staudämme, Brücken über breite Flußmündungen und Tunnel unter Meeresengen – all das sind Wunder der modernen Ingenieurkunst. Aber auch der Abbruch von Wolkenkratzern oder Atomkraftwerken besitzt eine eigene Dramatik.

Wie eine Brücke mit riesiger Spannweite gebaut wird, Seite 306

Wie große Flüsse gestaut werden, Seite 308

Wie Abbruchexperten Wolkenkratzer sprengen, Seite 304

Ein Wolkenkratzer entsteht mitten in der Stadt

Von dem englischen Architekten Norman Foster wurde in einer der übervölkertsten Städte der Welt die Hongkong-und-Shanghai-Bank erbaut, die in ihrem mittleren Teil die Höhe von 47 Stockwerken erreicht. 20geschossige Wolkenkratzer und der historische Justizpalast von Hongkong begrenzten den Bauplatz.

Die Bedingungen für den Bau von Wolkenkratzern unterscheiden sich von Stadt zu Stadt je nach Gelände, örtlichem Klima und unterirdischen Versorgungssystemen.

In Hongkong mußte die Bank auf wiedergewonnenem Küstenvorland erbaut werden, das bis in 30 m Tiefe aus nasser Geröllaufschüttung besteht. Erst darunter beginnt der gewachsene Fels. Hätte man das gesamte Gelände entwässert, wären der Grundwasserspiegel ebenso wie der Boden und die umliegenden Gebäude abgesunken. Ernste Bauschäden wären die Folge gewesen. Wie konnte das Ingenieurbüro von Ove Arup ein solch riesiges Gebäude hochziehen, ohne irgendeinen Schaden zu verursachen?

Eine riesige Grube wird wasserdicht

Zuerst mußte der Raum für die Untergeschosse der Bank mit riesigen Betonwänden, die bis zum festen Felsen reichten, gegen Wasser abgedichtet werden. Da der Boden sehr weich war, mußten die Wände Abschnitt für Abschnitt gebaut werden.

Mit einem Greiferbagger wurde ein Schacht ausgehoben, gerade so breit, daß der Bagger darin arbeiten konnte. Während der Aushubarbeiten füllte man den Schacht mit flüssigem Ton, damit er nicht einstürzte. Das Material – Bentonit – wird dickflüssig, sobald es ruht. Der Schlamm wurde also ständig bewegt. Nur das, was in Ecken und Ritzen hängenblieb, wurde fest und trug so zur Verstärkung der Schachtwände bei.

Nachdem die Tiefe von 36 m erreicht war, wurde ein Rohr in den Schacht abgelassen und Beton eingefüllt. Der Beton setzte sich auf dem Grund ab und drückte den Schlamm nach oben.

Weitere Schächte wurden gegraben und mit Beton gefüllt, bis das ganze Gelände mit einer riesigen unterirdischen Betonwand von der Höhe eines zwölfgeschossigen Gebäudes umschlossen war. Um zu verhindern, daß das Grundwasser eindringt, wurden die Wände mit nassem Zement versiegelt. Damit war der ungefähr 60 × 60 m große Bauplatz vollständig abgedichtet.

Bauen von oben nach unten

Jetzt konnte das aus vier Ebenen bestehende Untergeschoß für die Tresorgewölbe gebaut werden. Um die Außenwände der Untergeschosse zu stützen, während man im Inneren die Erde aushob, wurde von oben nach unten gebaut. Man bohrte 58 Schächte mit kleinem Durchmesser, in die die tragenden Säulen für die Untergeschoßplatten gegossen wurden. Auf deren oberem Ende wurde eine Platte gegossen, die als Arbeitsbühne diente. Unter der Arbeitsbühne wurde der Boden ausgehoben und die erste Deckenplatte des Untergeschosses gegossen. Dann wurde die nächst tiefere Ebene ausgeschachtet, eingeschalt und wieder die Deckenplatte gegossen. Zuletzt wurde die Arbeitsbühne entfernt und durch die endgültige Erdgeschoßplatte ersetzt.

Die Superkonstruktion

Um der Hongkong-Bank ein unverwechselbares Aussehen zu geben, wurde eine Stahl-Hängekonstruktion verwendet. Acht Stahlmasten erheben sich vom Untergeschoß bis zum Dach. Schächte wurden gegraben, auf deren Grund Verankerungsblöcke für die Masten gegossen wurden.

Der Aushub der Schächte wurde von darauf spezialisierten chinesischen Familien durchgeführt. Jede Familie sicherte den manuellen Erdaushub eines Schachts mit primitiven Werkzeugen: einer Schaufel, einer Kreuzhacke, einem Abbauhammer, Verschalungsmaterial von 80 cm Höhe, einem Dreifuß und einer Winde. Unten hob der Mann den Schacht aus, und oben

Hoch hinaus *In übervölkerten Städten wie Hongkong kann man nur noch in die Höhe bauen. Doch die Bauweise variiert je nach Klima, Gelände und vorhandenen unterirdischen Versorgungssystemen.*

kümmerte sich die Frau um die Entfernung des Schutts und um die Belüftung.

Jeder der acht Stahlmasten wiegt über 1000 t und setzt sich aus 7,8 m hohen Segmenten zusammen, die man Weihnachtsbäume nennt. Ein solcher Weihnachtsbaum besteht aus vier Rohren, die jeweils einen Durchmesser von 80–140 cm sowie Wanddicken von 4–10 cm haben und durch Querstreben miteinander verbunden sind. 50 chinesische Arbeiter wurden eigens angelernt, um die Teile zusammenzuschweißen und so die Masten Schritt für Schritt in die Höhe zu ziehen.

Besondere Aufmerksamkeit wurde dem Korrosions- und Brandschutz gewidmet. Die Masten wurden mit einer Gummilösung beschichtet und mit Keramikfaser umhüllt. Wegen der optischen Wirkung wurden sie dann noch mit einer Aluminiumverschalung umgeben. Nach Landessitte sorgte man für weiteren Schutz: Räucherstäbchen wurden abgebrannt, um dem Bauwerk ein glückliches Schicksal zu sichern.

In den Stockwerken 11, 20, 28, 35 und 41 teilen zweigeschossige Fachwerkträger das Gebäude in fünf vertikale Bereiche. An diesen Trägern sind die Decken eingehängt. Der Aufbau erfolgte mit Hilfe von Hebeböcken, während noch die Masten in die Höhe gezogen wurden. Das Konstruktionssystem ermöglicht Spannweiten von 30 m mit einem einzigen zentralen Aufhängepunkt.

Die Außenwände der Bank bestehen aus Isolierglas – einer 9 mm und 5 mm dicken Scheibe mit einer perforierten Jalousie dazwischen – oder Aluminiumverkleidung.

In allen Ebenen wurden Doppelböden aus Aluminiumlegierung, ähnlich wie in Flugzeugen, verwendet, unter denen alle Installationsleitungen verlegt sind.

Bauteile aus aller Welt

Die Bank wurde 1985 nach vier Jahren Bauzeit fertiggestellt. Um den Bau zu beschleunigen und die Belästigung der in den umliegenden Hochhäusern arbeitenden Menschen so gering wie möglich zu halten, wurden viele Fertigbauteile verwendet.

Die internationale Zusammenarbeit klappte hervorragend. Aus der ganzen Welt wurden Fertigteile angeliefert. Die „Weihnachtsbäume“ wurden in Ravenscraig in Schottland hergestellt, das Isolierglas stammte aus Österreich und die Außenwandverkleidung aus den USA. Weitere Fertigteile kamen aus der Bundesrepublik Deutschland, und die in sich abgeschlossenen Einheiten mit Toiletten und bestimmten Teilen der Klima- und Heizsysteme wurden aus Japan jeweils für ein ganzes Stockwerk angeliefert. Ein solches Bauteil wog rund 40 t und wurde von Spezialkranen an seinen Platz gebracht.

Die imposante Masse des Wolkenkratzers – allein die Stahlkonstruktion hat ein Gewicht von 30 000 t – ist auf Straßenniveau nicht spürbar: Das gesamte Erdgeschoß ist ein offener Raum, ein weitläufig überdachter Platz, der den Fußgängern zur Verfügung steht.

Sichtbare Konstruktion *An dem zweigeschossigen Fachwerk sind die einzelnen Stockwerke aufgehängt.*

Hauptstützen *Acht Masten aus je vier Stahlrohren bilden das Tragwerk der Hongkong-und-Shanghai-Bank (links).*

Freier Ausblick für die Belegschaft *Die Außenwände der Bank bestehen aus sehr dickem Glas (unten).*

Multinational *Bauteile für die Bank kamen aus vielen Ländern der Erde.*

Wie das höchste Gebäude der Welt in den Himmel wuchs

Das schnellste Verfahren für den Bau hoher Betonbauten ist die Gleitschalung. Immer mehr Wolkenkratzer, so auch der 265,5 m hohe Messeturm in Frankfurt, werden nach diesem Verfahren gebaut. Das spektakulärste Beispiel für die Verwendung einer Gleitschalung ist der CN Tower in Toronto in Kanada. Mit 553 m ist er der höchste frei stehende Turm der Welt.

Bei der Gleitschalung wird im Gegensatz zur üblichen Betonbauweise die Verschalung nicht abgebaut. Sie hängt an senkrechten Stahlseilen und gleitet nach und nach die Wand hinauf. Man verwendet schnellhärtenden Beton, der nach kürzester Zeit belastbar ist und die Verschalung trägt, wenn sie nach oben gleitet.

An den Stahlseilen sind hydraulische Winden befestigt, die die Verschalung mit 25 mm pro Schub kontinuierlich nach oben schieben. Der CN Tower ist 6 m pro Tag gewachsen.

Die Gleitschalung kann nur bei Bauten angewendet werden, deren Form sich dafür eignet, z. B. bei runden Bauten. Die Betonqualität muß einwandfrei sein. Die Masse muß gleichmäßig eingefüllt und sofort gerüttelt werden. Ist das Gleitschalungsverfahren in Gang gesetzt, geht die Arbeit Tag und Nacht weiter, bis der Bau fertig ist.

Beton braucht Tage, um vollständig auszuhärten. Zwar erreicht er schnell genügend Festigkeit, um die Verschalung und den frisch eingefüllten Beton zu tragen, aber er ist noch relativ weich. Dies führte beim CN Tower durch die Erdrotation zur Verwindung des Baus. Die Ingenieure mußten ihn mit Hilfe von Stahlseilen um 6° in seine richtige Lage zurückdrehen.

Ein anderes Verfahren des kontinuierlichen Bauens ist die Jackblock-Bauweise, bei der Hebewinden eingesetzt werden. Das oberste Stockwerk wird zuerst gebaut und mit Winden hochgezogen, so daß das darunterliegende Stockwerk in Angriff genommen werden kann. Dann werden beide Stockwerke hochgezogen, das nächste wird gebaut und mit hochgezogen usw.

In Den Haag wurde das Verwaltungsgebäude einer Versicherung in diesem Verfahren gebaut. Die Winden mußten zum Schluß ein Gewicht von 32 000 t hochziehen. Diese Bauweise erlaubt den Innenausbau schon, während das Gebäude noch in die Höhe wächst.

Hoch über Toronto *Der CN Tower, errichtet im Gleitschalungsverfahren, ist das höchste frei stehende Gebäude der Welt.*

DER BAU DES CN TOWER

Die Plattform (oben) wurde 1975, zweieinhalb Jahre nach Baubeginn, 446 m über den Straßen von Toronto errichtet.

Das Baumaterial wurde von Baukranen 350 m hochgezogen. In dieser Höhe war die Gleitschalung fertig.

Der Turm wuchs mit einer Geschwindigkeit von 6 m pro Tag. Der Sockel des Turms war in drei Monaten vollendet (unten).

Warum wird Zement unter Wasser hart?

Bei den meisten Zementarten muß die Wasserzugabe genau berechnet werden, damit der Zement hart wird. Wie kann aber Portlandzement beim Bau z. B. eines Brückenfundaments unter Wasser erhärten?

Zement wird hart, weil er mit Wasser chemisch reagiert. Die Körner von Portlandzement, der unter Wasser eingesetzt wird, sind so beschaffen, daß sie nur mit einer bestimmten Menge Wasser reagieren und danach nichts mehr aufnehmen.

Der englische Ingenieur Joseph Aspdin ließ diesen Zement 1824 patentieren. Er mischte Kalkstein (Calciumcarbonat) und Ton (Aluminiumsilicat) und erhitzte sie, bis sie sich zu zwei Arten von Calciumsilicat verbanden. Die eine, Tricalciumsilicat, reagiert sehr schnell mit Wasser. Die andere, Dicalciumsilicat, reagiert langsamer und erreicht ihre endgültige Härte erst nach einem Monat.

Wenn Wasser von außen mit den Zementkörnern reagiert, bildet das Tricalciumsilicat eine Schicht, die die eindringende Wassermenge begrenzt. Auf diese Weise wird verhindert, daß der Zement zu flüssig wird.

Die Eigenschaften von Portlandzement, seine Festigkeit und seine Wasserbeständigkeit, machen ihn immer noch zum geeigneten Baumaterial für Betonfundamente von Unterwasserkonstruktionen wie Dämme, Bohrinseln und Brücken. Der Beton wird durch Rohre zum Meeresboden oder Flußbett geleitet, wo er erhärtet.

WARUM WIRD BETON SO HART?

Wenn man Zement mit Wasser mischt, reagiert das Wasser mit der Oberfläche der Zementkörner und bildet eine gallertartige Masse, die die Körner zusammenhält. Einige Stunden später bildet das Gel um jedes Zementkorn einen Kranz von Filzhaaren, die sich mit den Haaren von benachbarten Körnern verschlingen und den Sand und den Kies umhüllen, die dem Zement beigemischt sind.

Die Masse erhärtet innerhalb von Tagen oder Wochen und verbindet die Körner so fest miteinander, daß der Beton sehr großen Druck aushalten kann. Da die Filzhaare des Zements jedoch leicht auseinandergerissen werden können, wird Beton normalerweise mit Armierungseisen verstärkt.

Verdichteter Beton für elegante Bauwerke

Viele ästhetisch gelungene Bauten der modernen Architektur bestehen aus Spannbeton. Wolkenkratzer, Brücken, Dämme und auch das Opernhaus von Sydney verdanken ihre elegante Form der Festigkeit dieses Baumaterials.

Spannbeton ist mit Stahlstäben verstärkt, die vorher gespannt worden sind. Doch geht die Vorspannung des Stahls im Lauf der Zeit verloren, da der Beton durch Austrocknen schwindet. Dazu kommt eine weitere Verkürzung durch dauernde Belastung, das „Kriechen“. Erst der französische Bauingenieur Eugène Freyssinet zog um 1938 die richtige Folgerung, daß nämlich die Vorspannung nur dann Erfolg haben kann, wenn die Dehnung des Stahls wesentlich größer ist als das spätere Schwinden des Betons. Heute werden hochwertige Spanndrähte verwendet, die hohe Stahlspannungen und damit hohe Vordehnungen erlauben und so eine dauerhafte Spannung garantieren.

Beim Brückenbau werden heute Stahlkabel durch Löcher in Betonblöcken gezogen, dann gespannt und unter Spannung mit konischen Bolzen in den Blöcken am jeweiligen Ende der Brücke verankert. Das Prinzip ist das gleiche, wie wenn man eine Reihe Bücher aufhebt, indem man sie gleichzeitig von beiden Enden her zusammendrückt. Dann bilden die Bücher einen Balken, und je stärker sie zusammengepreßt werden, desto belastbarer wird der Balken. Bis zu einer bestimmten Grenze wird also eine Brücke um so tragfähiger, je stärker die Betonblöcke zusammengepreßt werden.

Spannbeton wird in Fabriken hergestellt. Der Beton wird auf die gespannten Stahlstäbe gegossen, wobei die Spannung erhalten bleibt.

Der Abriß eines Bauwerks aus Spannbeton kann gefährlich werden. In dem Augenblick, in dem das Gebäude einstürzt, kann die Kraft im Stahl Trümmer in alle Richtungen schleudern.

Eleganz in Beton *Die Schalen der Oper von Sydney verdanken ihr bestechendes Aussehen dem Spannbeton.*

Durch Implosion wird ein Hochhaus zum Einsturz gebracht

Das Van-Eck-Haus, ein 1937 erbautes 20geschossiges Hochhaus, überragte als das höchste Gebäude Südafrikas die Silhouette von Johannesburg. 1983 wurde es abgerissen – der Einsturz dauerte 16 Sekunden.

Obwohl das Gebäude im dichtbebauten Stadtzentrum stand, wurde kein anderes Haus beschädigt – sogar die Glasscheiben der Schaufenster auf der anderen Straßenseite blieben ganz.

Der Sprengingenieur Mike Perkin, der die Arbeit leitete, spricht bei einem Abriß, bei dem die Trümmer innerhalb der Wände des Hauses hinunterfallen, von einer Implosion. Als erstes untersuchte Perkin Konstruktion und Zustand des Baus. Dann konnte er planen, wie die Sprengstoffladungen an den wichtigen Stellen der Stützkonstruktion des Hauses anzubringen waren.

Zwei Monate dauerten die Vorbereitungen. Trennwände wurden entfernt, ebenso alle nichttragenden Bauteile, die den Einsturz hätten behindern können. Das Gebäude wurde mit einer Schutzverkleidung umgeben, damit die Trümmer nicht herumfliegen konnten. Außerdem mußte sichergestellt werden, daß die Erschütterungen, die die Sprengungen und der Einsturz hervorrufen würden, die umliegenden Gebäude nicht beschädigten. Perkin richtete den Zeitplan für die Sprengungen so ein, daß die Trümmer der ersten Sprengungen auf Straßenniveau den Aufprall der nachfolgenden Sprengungen dämpfen konnten.

Perkins Mannschaft bohrte fast 2000 Sprenglöcher mit Tiefen zwischen 100 und 760 mm und legte 10 km Leitungen. Die meisten Ladungen wurden in Fünfergruppen gelegt. 50 Ladungen brauchte man für die Wände des Lichtschachts, 60 für die Wände des Treppenhauses. Die Ladungen für die Stützen waren doppelt so groß wie die für weniger dicke Wände.

Die Serie der Explosionen begann, als Perkin die Sprengkapseln unter Strom setzte. Die Sprengköpfe explodierten entweder sofort oder zeitlich versetzt und verursachten eine Welle von Explosionen durch alle 20 Geschosse des Gebäudes.

Das Ende eines Wahrzeichens *Das 20geschossige Van-Eck-Haus wurde innerhalb von 16 Sekunden zum Trümmerhaufen. Das Foto unten links zeigt das Gebäude noch als Wahrzeichen von Johannesburg. Der Einsturz beginnt mit der Explosion der ersten Sprengladungen in den Innenwänden der unteren Geschosse. Den Bruchteil einer Sekunde später werden die unmittelbar angrenzenden Tragwerksstützen gesprengt. Dadurch verliert der Bau den inneren Halt. Die Explosionskette setzt sich nach oben von Stockwerk zu Stockwerk fort. Dann stürzen die Außenwände ein, wobei sie von den einbrechenden Stockwerken nach innen gezogen werden.*

Die Sprengladungen müssen exakt nach Zeitplan gezündet werden, und zwar in Abständen von Bruchteilen von Sekunden bis zu mehreren Sekunden, damit die Gebäudeteile frei fallen können. Das Van-Eck-Haus war ein Stahlbetonbau. Die Ladungen mußten den Stahl so sprengen, daß saubere Brüche entstanden. Der Trümmerhaufen, der als Ergebnis der gelungenen Sprengung zurückblieb, bedeckte fast exakt nur die frühere Gebäudefläche.

Der Abbau eines Kernkraftwerks – eine Langzeitaufgabe

Manche großen Gebäude lassen sich in wenigen Tagen einreißen, der Abbau eines Kernkraftwerks jedoch dauert wegen des gefährlichen radioaktiven Potentials Jahrzehnte.

Wird ein Kernkraftwerk stillgelegt, so muß zunächst der Kernbrennstoff entfernt werden. Dies geschieht auf die gleiche Weise, wie man zuvor, als die Anlage noch in Betrieb war, die Brennelemente gewechselt hat: nämlich mit Hilfe ferngesteuerter Krane, die die verbrauchten Elemente aus dem Reaktor herausheben und in Spezialbehälter laden, in denen sie zu einer Wiederaufbereitungsanlage gebracht werden. Dort werden sie erneut radioaktiv angereichert, so daß sie in anderen Kernreaktoren Verwendung finden können. Der radioaktive Abfall muß gesondert entsorgt werden (siehe Seite 122).

Der Ausbau und der Abtransport von einigen hundert Brennelementen nehmen bereits eine beträchtliche Zeit in Anspruch. Allerdings hat man damit 99 % der Radioaktivität beseitigt.

Da je nach Bauart des Kernkraftwerks auch die Maschinen und Geräte mehr oder weniger intensiver Strahlung ausgesetzt waren, hält man den Reaktor unter sogenanntem gesichertem Einschluß. Dazu dichtet man sehr sorgfältig alle Öffnungen nach außen ab, sorgt aber gleichzeitig dafür, daß die Anlage über spezielle Filter gelüftet wird, um die durch den radioaktiven Zerfall entstehende geringe Nachwärme abzuleiten.

In diesem streng kontrollierten Zustand kann der Reaktor belassen werden, bis die Strahlungsintensität so weit gesunken ist, daß man die gesamte Anlage wie ein normales Gebäude abreißen kann. Dieser Methode wird derzeit in den meisten Ländern, die Kernenergie zur Stromerzeugung nutzen, der Vorzug gegeben. Bis 1986 waren weltweit 34 Kernkraftwerke stillgelegt worden.

Will man ein Kernkraftwerk jedoch nicht als Industrieruine stehenlassen, gibt es auch die Möglichkeit, es in einem überschaubaren Zeitraum vollständig abzubauen. In der Bundesrepublik Deutschland ist man dabei, einen Reaktor kurzfristig auseinanderzunehmen. Was in diesem Fall kurzfristig bedeutet, kann man daran ermessen, daß man an dem Abbau einer Reaktoranlage in Niederaichbach in Bayern bereits seit über zehn Jahren arbeitet.

In Großbritannien läuft seit 1982 ein ähnliches Projekt. Hier handelt es sich um den Windscale-Reaktor in Sellafield/Cumbria, der bis 1996 vollständig abgebaut sein soll. Man arbeitet in dem außen mit Beton und innen mit Stahl ummantelten Reaktorgebäude mit Unterdruck, so daß keine Radioaktivität nach außen entweichen kann. Ein ferngesteuerter Manipulator, ein Gerät, das wie ein riesiger menschlicher Arm aussieht, trennt mit Schneidbrennern tonnenschwere Stücke aus dem Stahl heraus, wobei er ständig mit Hilfe von Fernsehkameras überwacht wird. Das Gewicht dieser herausgetrennten Teile sowie ihre Radioaktivität werden erfaßt, bevor man sie in große Behälter versenkt und mit Beton umschließt. Wo die so entstehenden 1900 t radioaktiven Abfalls letztlich bleiben sollen, ist allerdings noch nicht geklärt. Versuche, den Betonmantel des Reaktorgebäudes ebenfalls ferngesteuert abzubrechen, sind noch nicht abgeschlossen.

Kabel, die die Erdkugel zusammenbinden könnten

Die Humberbrücke ist mit 1410 m Spannweite die größte Hängebrücke der Welt. Sie hängt an zwei Mammutkabeln; jedes ist 2,3 km lang und wiegt 5500 t. Die Kabel sind aus insgesamt 70 000 km Stahldraht hergestellt, mit denen man die Erdkugel 1,5mal umspannen könnte.

Die Brücke über die Humbermündung im Nordosten von England wird von Pylonen getragen, die mit 152 m so hoch wie ein 50geschossiges Gebäude sind. Wegen der Höhe der Pylonen und ihrer Entfernung voneinander macht sich die Erdkrümmung bemerkbar: Die Entfernung zwischen den Spitzen der Pylonen ist größer als die zwischen den Fundamenten.

1981 wurde die Humberbrücke nach 7 Mio. Arbeitsstunden dem Verkehr übergeben. Wie war den Ingenieuren diese riesige Konstruktion gelungen?

Als erstes wurden die Fundamente für die Pylonen und die beiden Verankerungen zur Befestigung der Kabel an den Brückenenden gebaut. Die Pylonen aus Stahlbeton wurden im Gleitschalungsverfahren (siehe Seite 302) errichtet. Die Belegschaft arbeitete in Zwölfstundenschichten rund um die Uhr. Nach zehn Wochen war der südliche Pylon fertig.

Auf jeden der vier Pfeiler setzte man einen 45 t schweren Stahlsattel, der die Last des Kabels aufnimmt und gleichmäßig auf die Pfeiler ableitet.

Die Verankerungen für die Kabel sind riesige Betonblöcke, die tief in den Boden versenkt sind. Der Verankerungsblock am Nordende der Brücke liegt in Kalkstein und wiegt 190 000 t. Auf der Südseite ist der Kalkstein von einer aufgeschwemmten Tonschicht bedeckt, so daß die Verankerung größer und schwerer sein mußte – sie wiegt 300 000 t. In jeden Anker wurden mit Bolzen Stahlgußstücke, Kabelschuhe genannt, eingeschlagen, in denen die 37 Stränge, aus denen sich jedes Kabel zusammensetzt, verankert sind.

Es wäre unmöglich gewesen, das fertige Kabel hoch über dem Wasser an seinen Platz zu heben. So wurde es vor Ort hergestellt. Ehe damit begonnen wurde, mußten die oberen Enden der Pylonen mit Stahlseilen gegen das Flußufer hin gezogen werden. Es war genau berechnet, wie weit sie auseinandergezogen werden durften. Später würde das Gewicht der Fahrbahn die Pylonen wieder in die Vertikale ziehen.

Die erste Verbindung zwischen den Pylonen waren zwei Stege aus Stahlgeflecht und Drahtseilen. Die Seile wurden mit Winden über den Fluß gezogen und oben um die Pfeiler geschlungen. Dabei beschrieben sie die Kurve, die später die Kabel bilden würden. Oberhalb der Stege baute man eine Förderbahn, die die Drähte über die Brücke zog, aus denen die Kabel zusammengesetzt wurden.

Jedes Kabel besteht aus 14 948 galvanisierten Stahldrähten, 404 für jeden der 37 Stränge. Die Drähte laufen parallel nebeneinander, sie sind weder miteinander verdreht noch verflochten. Jedesmal, wenn ein Draht gelegt wurde, achtete man sorgfältig darauf, daß er richtig durchhing, denn jeder hat seinen Anteil am Gewicht der Brücke zu tragen. Jeder Draht ist 5 mm dick und hält einen Zug von 3 t aus. Die Brücke übt allerdings auf jeden Draht nur ein Gewicht von 1 t aus.

Das Verlegen der Drähte, die auf großen

Die Überbrückung einer Flußmündung
Die Humberbrücke hat eine Spannweite von 1410 m, die größte der Welt. Sie hängt an zwei riesigen Stahlkabeln, die in schweren Betonblöcken verankert sind, die wiederum tief im Boden liegen. Die Bautrupps arbeiteten durchgehend in Zwölfstundenschichten (kleines Foto), um die Pylonen, die die Kabel tragen, zu errichten. Die Brücke kann bis zu 5000 Autos tragen.

Trommeln aufgerollt waren, dauerte mehrere Monate. War der Draht von einer Trommel verbraucht, mußte das Ende mit dem von der nächsten Trommel verbunden werden. Das geschah mit einem speziellen Anschlußflansch, der mit einer hydraulischen Presse auf die Drahtenden gepreßt wurde. Das Verbindungsstück ist belastbarer als der Draht selbst.

Die fertigen Kabel haben einen Durchmesser von 70 cm. An ihnen sind mit Schellen Stahlbänder befestigt. Sie halten die vertikalen Stahlseile, an denen die Fahrbahn hängt.

Die Teile für die 16 000 t schwere Fahrbahn aus Stahl wurden an verschiedenen Orten in Großbritannien hergestellt. Mit der Eisenbahn wurden sie zu einem stillgelegten Verschiebebahnhof ein Stück flußabwärts transportiert und dort montiert. Die riesigen, 18 m langen und 29 m breiten Teile wurden auf Pontons verladen und von Schleppern den Fluß hinaufgezogen.

Für die Hebevorrichtung baute man vier Gerüste mit Rädern, die auf Kabel paßten, so daß jedes Gerüst, am Kabel hängend, über die Brücke fahren konnte. Die Brücke wurde von der Mitte aus in Richtung Flußufer zusammengesetzt. Die Hebevorrichtungen brachten die 124 Fahrbahnteile an ihren Platz, wo sie an den Stahlseilen befestigt wurden. Mit jedem neuen Fahrbahn-

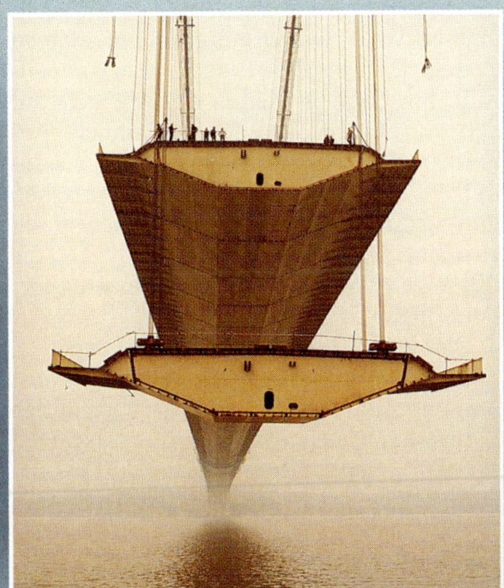

Verbindung *Ein Arbeiter (links) packt einen Draht und legt ihn zu einem der 37 Stränge, aus denen ein Kabel entsteht. Jeder Strang besteht aus 404 Drähten. Ein Fahrbahnteil (unten) wird hochgezogen und an den fertigen Abschnitt angekoppelt.*

teil änderte sich das Kabelprofil; die endgültige Form ergab sich schließlich, als die gesamte Fahrbahn aufgehängt und ausgerichtet war. Erst dann konnte man diese zusammenschweißen.

Sobald die Fahrbahn montiert war, wurde sie asphaltiert. 3500 t Gußasphalt wurden aufgetragen; er ist zäh und wasserdicht und dehnt sich, ohne Risse zu bekommen. Der Fahrbahnbelag muß elastisch sein, da starker Wind die Brücke bis zu 4,5 m seitlich schwingen lassen kann.

Mit verschiedenen Brückenmodellen hatte man vor dem Bau Versuche im Windkanal gemacht, um möglichen Windschäden vorzubeugen. Die Fahrbahn wurde so gebaut, daß der Wind ohne Turbulenzen über die Brücke oder unter ihr vorbeiweht. Die Brücke ist für eine Belastung von etwa 4750 t oder rund 5000 Autos ausgelegt. Bei dieser Belastung würde sie weitere 3,2 m durchhängen. Bei höheren Temperaturen können sich außerdem die Kabel ausdehnen. Solche Veränderungen liegen jedoch innerhalb der Toleranzgrenzen.

An beiden Enden der Fahrbahn sind Dehnungsfugen angebracht. Unter der normalen Straße setzt sich die Brückenfahrbahn ein Stück fort. Hängt die Brücke tiefer durch, wird dieses Stück herausgezogen. Läßt die Belastung nach, hebt sich die Brücke wieder, und das Stück wird zurückgeschoben.

BERGSTEIGEN AUF DER BRÜCKE

Alle zwei Jahre kontrolliert ein Expertenteam Kabel und Pylonen der Humberbrücke, eine Arbeit, bei der sich Ingenieurwissen mit Bergsteigerkunst verbindet. Ein Lift im Pfeiler bringt die Experten zu einer Plattform nahe der Spitze. Gesichert durch Gurte und Seile, klettern sie an den Kabeln entlang, teilweise 150 m über dem Fluß. Sie kontrollieren die Konstruktion, suchen nach Bauschäden und führen Wartungsarbeiten aus.

Wartung *Die Techniker, die in Sicherungsgurten hängen, klettern über die Humberbrücke.*

Staudämme bändigen Wasserkräfte

Wasser ist das kostbarste Gut der Erde, denn ohne Wasser gibt es kein Leben. Aber nicht nur Menschen, Tiere und Pflanzen brauchen Wasser, auch der Großteil der Industrie ist auf eine ausreichende Wasserversorgung angewiesen. Doch in manchen Gegenden ist das natürliche Angebot an Wasser unzureichend, oder es schwankt, wenn Flüsse einerseits immer wieder austrocknen oder andererseits verheerende Überschwemmungen anrichten und ganze Landstriche verwüsten.

Mit Hilfe von Talsperren staut man daher Flüsse an und erreicht so eine gleichmäßige Wasserversorgung, indem man in Zeiten des Überflusses das Reservoir auffüllt, um dann in Zeiten des Mangels auf den Vorrat zurückgreifen zu können. Außerdem kann man das gestaute Wasser nutzen, um Turbogeneratoren anzutreiben und Strom zu erzeugen, der wiederum dazu dient, Pumpen in Gang zu setzen, die das Wasser auch zu weiter entfernten Orten bringen.

Die im 20. Jh. errichteten Talsperren sind Meisterleistungen der Ingenieurkunst und imposante sowie zum Teil wagemutige Bauwerke, gleichgültig, ob die Talsperren als Betonstaumauern oder als Erd- und Steinschüttdämme errichtet wurden.

Gewichtsstaumauern

Eine Gewichtsstaumauer hält den horizontalen Kräften, mit denen das Wasser gegen sie drückt, durch ihr Gewicht stand. Früher wurden diese Mauern aus Stein gebaut, heute sind sie durchweg aus Beton. Da Beton zwar hohem Druck widersteht, den Zugkräften aber weniger Widerstand entgegenzusetzen vermag, muß man die Staumauer so konstruieren, daß die Zugkräfte möglichst gering bleiben und die Staumauer hauptsächlich Druck ausgesetzt ist.

Hohlstaumauern

Das Gewicht einer Staumauer kann in seiner Wirkung noch verstärkt werden, wenn man sie mit Hohlräumen versieht und so ihr Widerstandsmoment vergrößert. Gegenüber einer reinen Gewichtsstaumauer spart man dadurch bis zu einem Drittel an Beton. Das Hauptstauwerk in Itaipú (siehe Seite 310/311) ist eine Hohlstaumauer.

Pfeilerstaumauern

Eine andere Möglichkeit, Material zu sparen, ist der Bau von miteinander verbundenen Pfeilern, wie bei der rechten Flügelmauer in Itaipú. Als Gewichtsstaumauer hätte sie 50 % mehr Beton benötigt.

Bogenstaumauern

In Tälern mit steilen Hängen und hartem Gestein kann man mit Bogenstaumauern noch wirtschaftlicher bauen. Diese übertragen den Wasserdruck auf die talseitigen Felswände. Für die 1974 fertiggestellte, 164 m hohe und 303 m lange Cabora-Bassa-Bogenstaumauer am Sambesi in Mosambik hat man nur gut 1 Mio. t Beton verarbeitet – für eine Gewichtsstaumauer hätte man viermal soviel benötigt.

Gewölbestaumauern

Am wenigsten Beton braucht man für eine Gewölbestaumauer, bei der der Bogen wie eine Kuppel dreidimensional ausgebildet ist. Ein Beispiel für ein Mehrfachgewölbe ist der 1929 errichtete Coolidge Dam in Arizona, eine Staumauer mit drei Kuppeln zwischen den Pfeilern.

Staudämme

Moderne Maschinen machen es möglich, große Erd- und Gesteinsmassen zu bewegen. Oft ist es billiger, Barrieren aus Millionen Tonnen derartigen Materials zu errichten, als schlanke Betonbogen zu bauen. 1980 wurde der größte aufgeschüttete Damm der Welt, der Nurekdamm am

Bogengewichtsstaumauer *Der Hoover Dam am Colorado wurde in den 30er Jahren erbaut. Er ist 223 m hoch und hält durch sein Gewicht und durch die Bogenform 38 Mrd. t Wasser stand.*

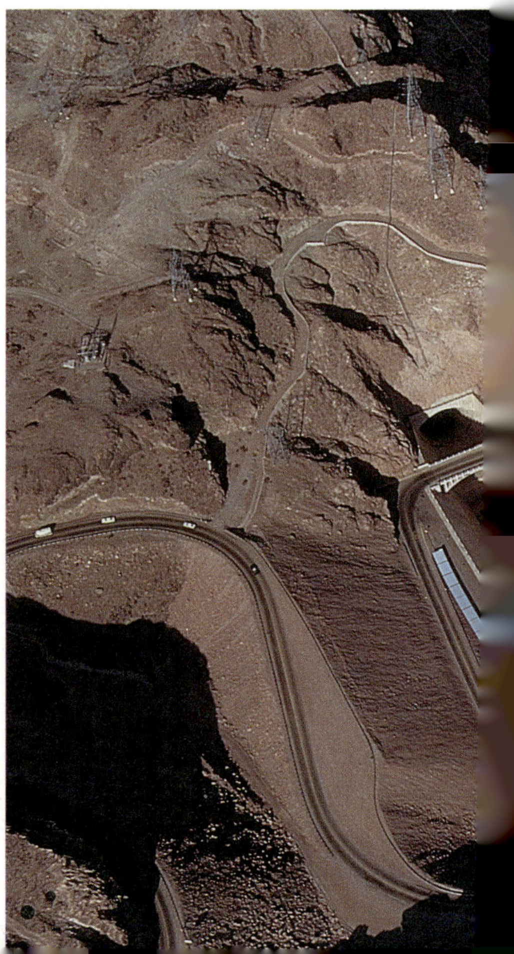

Hohlstaumauer *1985 hatten die mächtigen Wände der Hauptstaumauer von Itaipú in Südamerika fast ihre volle Höhe erreicht – 196 m. Itaipú ist das größte Betonstauwerk der Welt. Obwohl die Mauer im Innern Hohlräume so groß wie Flugzeughallen hat, reicht ihr Gewicht aus, dem Druck des Paraná, des fünftgrößten Flusses der Welt, zu widerstehen.*

Staudamm *Für den Pantabangandamm am Pampanga auf der Philippineninsel Luzon schüttete man Erde auf und befestigte die Wasserseite mit Steinen und Beton. Eine ganze Stadt mußte umgesiedelt werden, ehe man das Wasser zu einem riesigen See aufstauen konnte.*

Wachsch in Tadschikistan in der Sowjetunion, fertiggestellt. Er ist 317 m hoch, und sein Volumen entspricht einem Kubus, der größer als das Empire State Building wäre.

Das größte Betonstauwerk der Welt: Itaipú
Im Oktober 1988 war das weltweit größte Wasserkraftwerk fertig. 14 Jahre lang waren 40 000 Arbeiter damit beschäftigt, die Mauern und Dämme zu errichten, die den Paraná, den Grenzfluß zwischen Brasilien und Paraguay, stauen. Für die insgesamt fast 8 km langen Staumauern verarbeitete man rund 12 Mio. t Beton. Allein der Hauptdamm ist 1,2 km lang und 196 m hoch. Bevor man die Staumauer errichten konnte, mußte man den natürlichen Lauf des Paraná verändern. Die nebenstehenden Zeichnungen verdeutlichen, wie man dabei vorging.

Ein neues Flußbett entsteht
1 Auf der brasilianischen Seite hob man parallel zum Fluß einen 2,1 km langen, 149 m breiten und 91 m tiefen Umleitungskanal aus. Es dauerte 32 Monate, bis man die etwa 50 Mio. t Gestein und Erde abgetragen hatte. An beiden Enden des Kanals baute man provisorische Fangedämme, um das Wasser während des Baus von dem Kanal fernzuhalten.
2 Während der Paraná weiterhin in seinem Bett blieb, errichtete man in dem neuen Kanal den ersten Abschnitt der endgültigen Staumauer, und zwar das Regulierbauwerk mit zwölf Durchlässen, die jeweils 6,7 m breit und 22 m hoch sind. Dann öffnete man den Kanal bis zu den Fangedämmen, die schließlich gesprengt wurden, damit das Wasser das Regulierbauwerk durchströmen konnte.

Der Flußlauf wird umgeleitet
3 Die nächste Aufgabe war ein Wettlauf mit der Zeit: Um die Hauptstaumauer errichten zu können, mußte man den natürlichen Flußlauf absperren, eine Arbeit, die abgeschlossen sein mußte, bevor der Fluß in der Regenzeit wieder anschwoll.

Zehn Tage lang kippten 100 Muldenkipper und 24 Traktoren rund um die Uhr Steine und Felsbrocken in den Fluß, so daß oberhalb und unterhalb der geplanten Hauptstaumauer je zwei Zungen quer zur Fließrichtung entstanden. Bei Hochwasser

WIE DER PARANÁ UMGELEITET WURDE

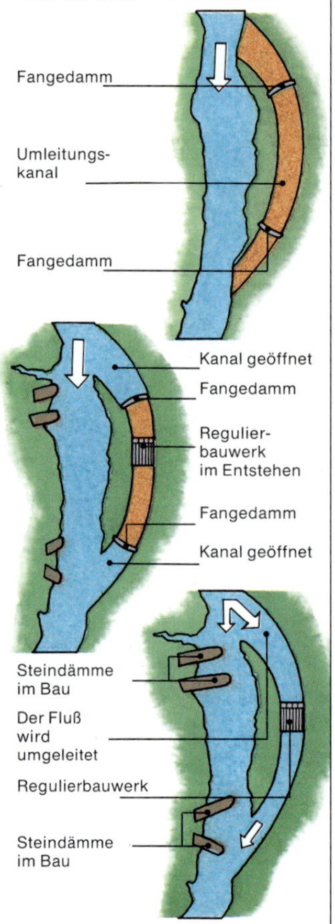

Ein Umleitungskanal wurde ausgehoben. Quer über den Kanal entstand ein Regulierbauwerk. Zwei Steindämme im Fluß lenkten das Wasser in den Kanal um.

Itaipú kurz vor Fertigstellung *Links im Bild ist mit seinen langen Ausläufen das Überlaufbauwerk zur Hochwasserentlastung zu sehen, in der Mitte die bogenförmige rechte Flügelmauer. Rechts erhebt sich die Hauptstaumauer aus dem leeren Flußbett, denn der Paraná fließt noch durch den Umleitungskanal.*

BAU DER HAUPTSTAUMAUER

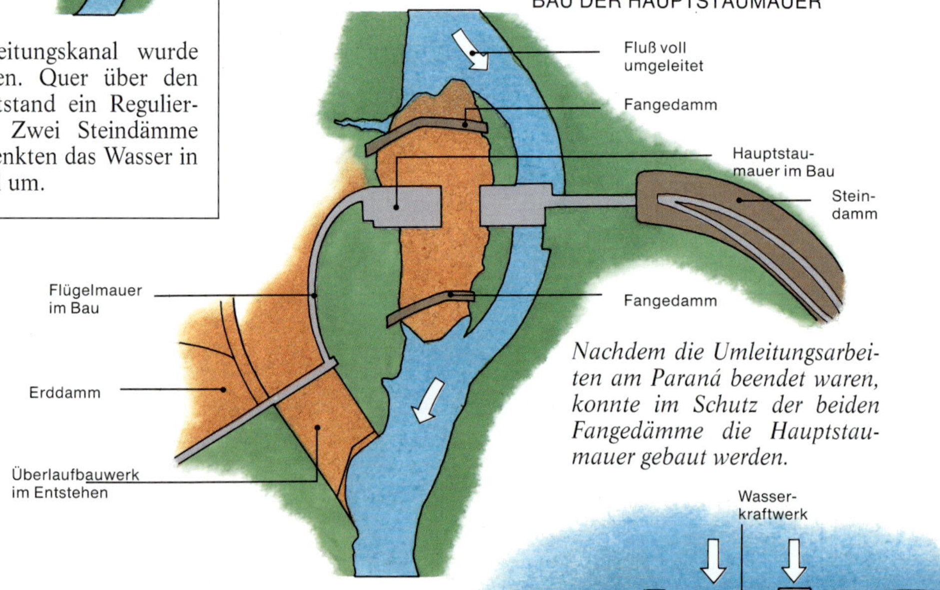

Nachdem die Umleitungsarbeiten am Paraná beendet waren, konnte im Schutz der beiden Fangedämme die Hauptstaumauer gebaut werden.

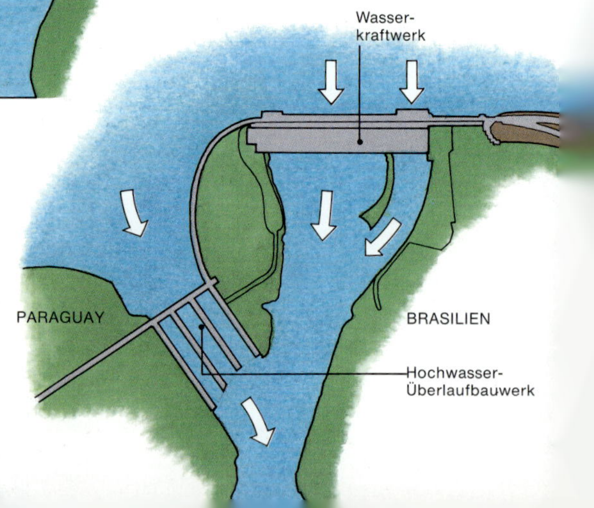

Als die Staumauern, das Überlaufbauwerk und das Kraftwerksgebäude fertig waren, öffnete man die Fangedämme und schloß die Durchlässe im Regulierbauwerk. Nach 40 Tagen bildete sich ein Stausee mit einer Fläche von 1400 km². Mit dem Abschluß der Bauarbeiten konnte das Kraftwerk den Betrieb aufnehmen.

hätte der Fluß dieses Material schneller weggeschwemmt, als es hätte aufgeschüttet werden können. Die beiden oberen Steinzungen zwangen den Fluß in den Umleitungskanal, die beiden unteren verhinderten, daß das Wasser aus dem Kanal in das Flußbett zurückströmte. Dazwischen bildete sich ein stehendes Gewässer.

Jetzt konnte man auf der Basis der Zungen je einen Fangedamm bauen und das Wasser abpumpen.

4 Im Schutz dieser Fangedämme entstand nun die Hauptstaumauer und in dieser das Kraftwerk. Der Beton hierfür kam von drei eigens in der Nähe errichteten Betonwerken. Im Westen wird die Anlage durch ein großes Überlaufbauwerk abgeschlossen. Die Verbindung von diesem zum Hauptstauwerk bildet die rechte Flügelmauer.

Der riesige Stausee

5 Als die Hauptbauwerke fertig waren, wurden die Durchlässe im Umleitungskanal geschlossen, um den Fluß über 40 Tage lang zu stauen. Der dabei entstandene Stausee erstreckt sich 160 km flußaufwärts und bedeckt etwa 1400 km². Nun konnte auch das Kraftwerk den Betrieb aufnehmen. In Itaipú arbeiten 18 Francisturbinen, deren Generatoren eine Gesamtleistung von 12 600 MW erzeugen können. Sie versorgen große Teile Paraguays und Brasiliens mit Strom, insbesondere die Städte São Paulo und Rio de Janeiro.

Der Umleitungskanal hatte jetzt ausgedient; die zwölf Durchlässe des Regulierbauwerks wurden mit Beton aufgefüllt. Überschüssiges Wasser läuft nun über das große Überlaufbauwerk.

Bauwerke, die im Wind schwanken

Während eines Sturms im amerikanischen Bundesstaat Washington stürzte im Jahr 1940 die damals drittlängste Hängebrücke der Welt ein. In den vier Monaten nach der Eröffnung der Brücke hatte schon schwacher Wind die Fahrbahn zittern und schwanken lassen. Die Autos, die über die Brücke fuhren, wirkten wie Schiffe in stürmischer See. So kam die Brücke zu ihrem unrühmlichen Spitznamen „Galoppierende Gertie“. Schließlich stürzte sie während eines recht mäßigen Sturms (68 km/h) ein. Glücklicherweise waren keine Opfer zu beklagen.

Rettung in letzter Sekunde, als die „Galoppierende Gertie“ einstürzte *Die Tacoma-Narrows-Brücke im Bundesstaat Washington, USA, hieß „Galoppierende Gertie“, weil ihre Fahrbahn stark zitterte und schwankte. 1940 stürzte die Brücke bei Wind mit einer Geschwindigkeit von 68 km/h ein. Das Auto auf der Brücke (rechts von der Mitte) gehörte einem Journalisten, der sich kriechend in Sicherheit brachte.*

Je größer eine Konstruktion ist, desto gefährdeter ist sie bei Wind. Aber durch den Einsatz moderner Technik und Materialien können die Ingenieure höhere Wolkenkratzer und längere Brücken bauen, die auch dem stärksten Orkan standhalten, indem sie mitschwingen.

Manche Bauten sind so geplant, daß sie stärker als andere schwingen. Die Spitze des aus Beton gebauten Fernsehturms in Moskau, der 537 m hoch ist, schwingt bei starkem Wind um 5,8 m. Der Sears Tower in Chicago mit 442 m Höhe hat ein relativ starres Stahltragwerk und sollte nicht mehr als 1 m schwingen.

Vor dem Bau eines Wolkenkratzers macht man mit maßstäblichen Modellen des Baus Versuche, um das Verhalten bei heftigen Stürmen oder Windböen zu untersuchen. Am Computer werden Hunderte von Versuchen mit verschiedenen Windstärken aus allen Richtungen simuliert.

Hongkong erlebt im Jahr durchschnittlich drei Taifune. Trotzdem wohnt die halbe Bevölkerung im neunten Stockwerk oder höher. Deshalb hat die Stadt strenge Vorschriften für die Konstruktion von Hochhäusern – den sogenannten Hongkong-Wind-Code – erlassen.

Als 1980 die 47geschossige Hongkong-und-Shanghai-Bank geplant wurde, unterzog man die Modelle den umfangreichsten Tests, die je gemacht worden sind. Es stellte sich heraus, daß die großzügige offene Halle auf Straßenniveau bei Sturm mit speziellen Läden geschlossen werden mußte. Fenster und Außenverkleidung wurden mit dauerelastischem Kleber befestigt, damit sie nicht herausspringen können, wenn der Bau sich biegt.

Große Bauten werden mit einer Bemessungslast geplant, die nur alle 1000 Jahre einmal in dem Gebiet auftritt. In Nordamerika und Europa rechnet man mit Orkanen, die Spitzengeschwindigkeiten bis zu 195 km/h haben. Aber in einigen Gebieten der Erde sind Geschwindigkeiten von 320 km/h gemessen worden. Außerdem haben Bauwerke eine Lastgrenze. Beim Sears Tower ist die Lastgrenze 1,8mal größer als die Bemessungslast und entspricht der Windlast bei Orkanen, die nur alle 10 000 Jahre erwartet werden. Bei Erreichen der Lastgrenze würde das Gebäude schwer beschädigt, aber seine Tragkonstruktion sollte halten.

Hängebrücken sind wegen ihrer schlanken Konstruktion und exponierten Lage dem Wind besonders ausgesetzt. Die Brückenfahrbahn kann mit unglaublicher Gewalt gehoben oder niedergedrückt werden. Die Windlast kann in der Tat viel größer sein als die Belastung durch den Verkehr.

Heute konstruieren Ingenieure Brücken mit Fahrbahnen, deren Querschnitt stromlinienförmig ist, so daß der Wind mit dem geringstmöglichen Widerstand darüberstreicht.

Wie riesengroße Krane errichtet werden

Auf Baustellen werden Lasten heute fast ausschließlich durch Krane befördert. Neben Turmdrehkranen haben sich für besonders hohe Bauten Kletterkrane durchgesetzt. Sie können in jede Bauhöhe mitklettern, indem sie sich selbst aufbauen.

Der Mastfuß des Kletterkrans ist fest in einem Betonfundament verankert. Mit Hilfe eines kleinen, fahrbaren Grundkrans werden die unteren Maststücke des Kletterkrans montiert. Jedes Maststück besteht aus vier einzelnen Elementen, die mit ihren Winkeleisen gegeneinander gesetzt und durch Bolzen verbunden werden.

Sobald eine Höhe erreicht ist, die über die Reichweite des Grundkrans hinausgeht, beginnt der Kletterkran mit einer speziellen Vorrichtung weiter in die Höhe zu wachsen. Die Klettervorrichtung besteht aus einem unteren und oberen Querbalken. Beide sind mit einem Hydraulikzylinder verbunden, in dessen Mitte sich ein Kolben mit einer Kolbenstange befin-

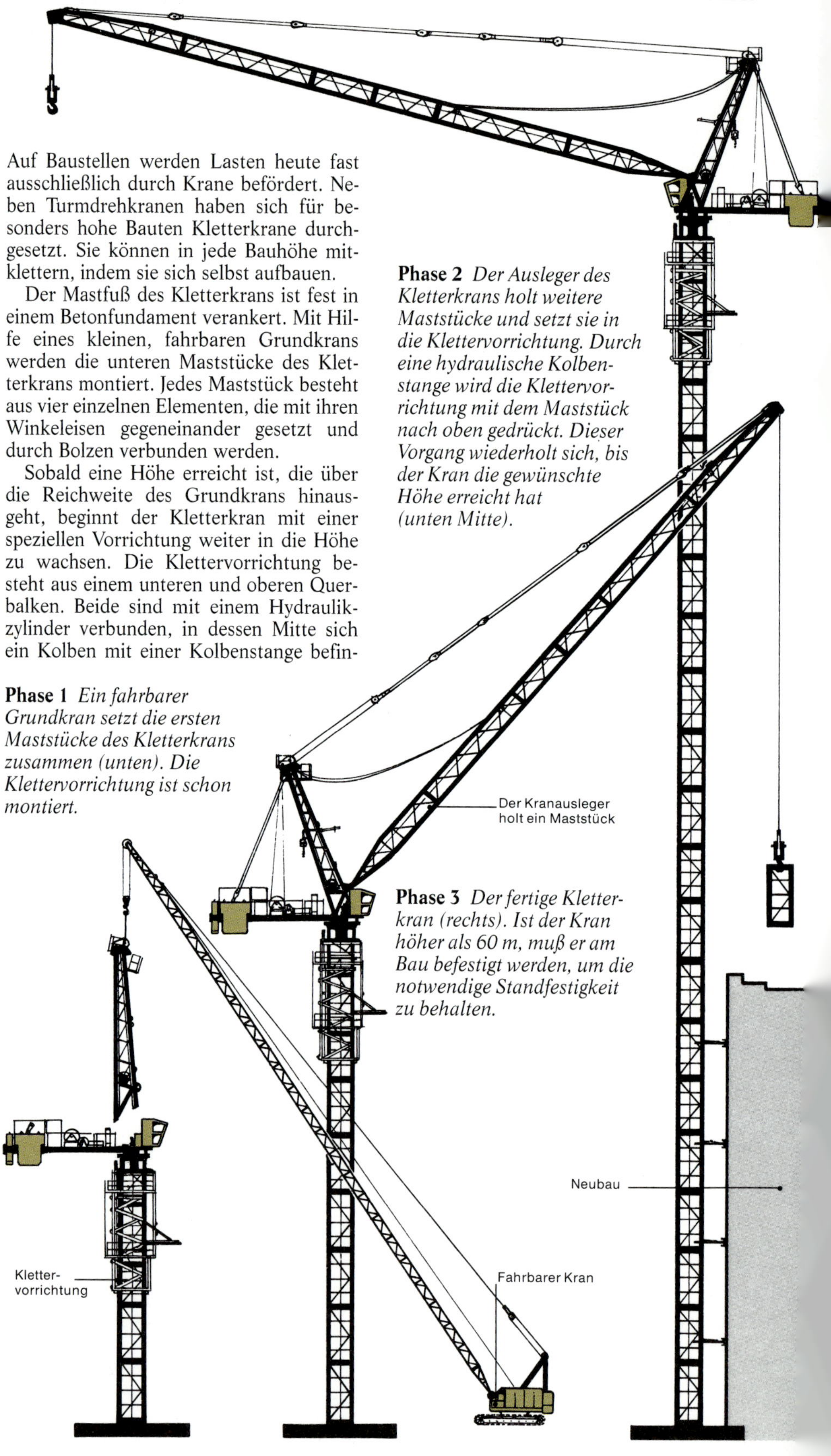

Phase 1 *Ein fahrbarer Grundkran setzt die ersten Maststücke des Kletterkrans zusammen (unten). Die Klettervorrichtung ist schon montiert.*

Phase 2 *Der Ausleger des Kletterkrans holt weitere Maststücke und setzt sie in die Klettervorrichtung. Durch eine hydraulische Kolbenstange wird die Klettervorrichtung mit dem Maststück nach oben gedrückt. Dieser Vorgang wiederholt sich, bis der Kran die gewünschte Höhe erreicht hat (unten Mitte).*

Phase 3 *Der fertige Kletterkran (rechts). Ist der Kran höher als 60 m, muß er am Bau befestigt werden, um die notwendige Standfestigkeit zu behalten.*

Blick von oben. *Auf dem Bauplatz eines Bürogebäudes ragt dieser Kletterkran hoch über dem Stadtzentrum von Washington, D.C., auf.*

det. Die Hydraulik wird mit einem Elektromotor angetrieben. Die Querbalken greifen mit beweglichen Pratzen in die Sprossen von zwei Kletterleitern, die im Führungsrahmen des Krans aufgehängt sind.

Die einzelnen Phasen des Aufbaus gehen dann folgendermaßen vor sich: Der Kranausleger nimmt ein neues Maststück auf und setzt es in die Klettervorrichtung ein. Durch das Ausfahren der Kolbenstange wird der obere Querbalken hochgedrückt, bis er mit den Pratzen in die nächsthöhere Sprosse greift. Beim Einfahren der Kolbenstange wird der untere Querbalken, auf dem das Maststück aufliegt, zur nächsten Sprosse nachgezogen. Das Maststück wird nach oben geschoben, bis es den jeweiligen Endpunkt erreicht und einrastet. Dieser Vorgang wird so oft wiederholt, bis der Kran die benötigte Höhe erreicht hat.

Krane können nur bis zu einer Höhe von 60 m frei stehen. Wird der Neubau höher, muß der Kletterkran am Bauwerk befestigt werden.

Metalle unter Wasser schweißen und schneiden

Schweißen ist die schnellste und billigste Methode für Reparaturen unter Wasser. Früher mußten beschädigte Teile von Bohrinseln oder Pipelines an die Wasseroberfläche geholt werden, ehe sie repariert werden konnten. Heute dagegen können Taucher diese Arbeit bis in Tiefen von 300 m durchführen.

Beim Schweißen werden Metalle so stark erhitzt, daß sie miteinander verschmelzen. Es gibt verschiedene Schweißmethoden, für die Arbeit unter Wasser aber eignet sich nur das Lichtbogenschweißen.

Durch starken Strom wird eine elektrische Entladung oder ein Lichtbogen hergestellt, der den Abstand zwischen zwei Elektroden überspannt. Die Ladung bewegt sich von der Elektrode am Ende eines Kabels zu dem Metallteil, das repariert werden muß und das die andere Elektrode bildet. Die von der Ladung erzeugte Hitze muß groß genug sein, um das Metall zu schmelzen.

Die Möglichkeit des Unterwasserschweißens kennt man seit 1802. Damals entdeckte der britische Wissenschaftler Sir Humphry Davy, daß eine elektrische Entladung unter Wasser einen Lichtbogen bildet. Das Lichtbogenschweißen wurde im Zweiten Weltkrieg gelegentlich für die Reparatur von Schiffen eingesetzt. Aber erst seit den 70er Jahren, als Reparaturen unter Wasser an Bohrinseln und Pipelines immer häufiger wurden, wird diese Technik laufend angewendet.

Man kennt zwei Arten von Unterwasserschweißen. Die einfachste ist das Naß-Wasser-Schweißen, bei dem ein Generator über Wasser Strom von etwa 500 A liefert. Der Strom gelangt durch ein Isolierkabel zu dem Taucher, der die Arbeit ausführt. Damit der Strom im Wasser nicht aus den Elektroden austritt und zu schwach wird, sind die Elektroden mit Wachs oder wasserfester Farbe beschichtet.

Ein Problem bei dieser Methode besteht darin, daß das Wasser das zu schweißende Metall zu schnell abkühlt und das Schweißteil hart und brüchig wird. Wasser wird durch die Hitze beim Schweißen in Sauerstoff und Wasserstoff verwandelt. Diese Gase dringen in das Schweißteil ein, solange es heiß ist, und können es angreifen. Außerdem kann man die Methode des Naß-Wasser-Schweißens nur bis in eine Tiefe von 90 m anwenden, da dann der Wasserdruck zu hoch wird und die Ladung für den Lichtbogen nicht mehr zustande kommt.

Die zweite Methode ist das Trockenkammerschweißen, das in größeren Tiefen durchgeführt werden kann. Die Schweißqualität ist besser, allerdings ist Trockenkammerschweißen teuer.

Zuerst wird die zu reparierende Stelle mit einer durchsichtigen Kunststoffverkleidung oder einer Kammer umgeben. Dann wird das Wasser aus der Kammer gepreßt, indem man Druckluft hineinleitet. Das Metallteil wird trocken.

Die Kammer ist nach unten offen, so daß der Taucher hineingreifen und den Schweißbrenner handhaben kann. Die Druckluft in der Kammer verhindert das Eindringen des Wassers. Den Fortschritt ihrer Arbeit können die Taucher manchmal nur schwer erkennen, da sich beim Schweißen Rauch und Dampf entwickeln.

Für anspruchsvolle Schweißarbeiten kann eine Überdruckkammer eingesetzt werden, die so groß ist, daß der Taucher darin Platz hat. Die Ergebnisse sind so gut wie bei Schweißarbeiten an Land. Aber die Methode ist teuer, da die Druckkammer für jede Reparatur speziell angefertigt werden muß, um die Reparaturstelle völlig zu umschließen. In den größten Überdruckkammern können mehrere Taucher gleichzeitig arbeiten und auch Ruhepausen einlegen. Diese Kammern werden in Tiefen bis zu 300 m und mehr eingesetzt.

Da in immer größeren Tiefen nach Öl gebohrt wird, müßten Schweißarbeiten in Tiefen bis zu 600 m durchgeführt werden können. Ingenieure glauben, daß das mit der Technik der Überdruckkammer bald zu erreichen ist. Es ist aber wahrscheinlicher, daß in diesen Tiefen ferngesteuerte Roboter eingesetzt werden.

Wie man unter Wasser Metalle schneidet

Oft müssen beim Bau oder bei der Reparatur von Bohrinseln oder Pipelines Schneidarbeiten unter Wasser ausgeführt werden. So muß beispielsweise eine beschädigte Pipeline sauber durchgeschnitten werden, bevor ein neues Teil angeschweißt werden kann. Andernfalls würde die Schweißnaht nicht halten.

Feuer im Meer *Seit den 70er Jahren wachsen riesige Bohrinseln aus dem Meer, z. B. auf dem Brent Field in der Nordsee (rechts). Seit dieser Zeit gibt es auch eine neue Generation von Tiefseetauchern, die in den Tiefen des Meeres Metalle schweißen und schneiden können. Manchmal arbeitet ein ganzes Team von Tauchern in einer Überdruckkammer in Tiefen bis zu 300 m. Nach einem solchen Einsatz müssen die Männer mindestens acht Tage in Dekompressionskammern verbringen, um sich wieder an den normalen Luftdruck zu gewöhnen. Sonst stellt sich nach dem Ausschleusen die gefährliche Taucher- oder Caissonkrankheit ein, bei der sich Stickstoffbläschen im Blut und im Körpergewebe bilden und die zum Tod führen kann.*

Beim Brennschneiden unter Wasser muß die Schneidstelle frei von Wasser sein. Es gibt Unterwasserschneidbrenner für die Gase Wasserstoff/Sauerstoff und solche für Benzin/Sauerstoff.

Um den Brennerkopf des Wasserstoff/Sauerstoff-Brenners ist eine glockenartige Kappe aufgesetzt, aus der Druckluft austritt, so daß sich im Wasser um den Brennerkopf eine Lufthülle befindet. Unter dem Schutz der Lufthülle kann dann geschnitten werden.

Beim Schneiden mit Benzin/Sauerstoff drückt Stickstoff Benzin durch einen Filter und durch die Bohrungen der Schneiddüse hindurch. Beim Austreten aus der Düse versprüht das Benzin. Es bildet sich innerhalb einer am Brennerkopf befestigten Kappe ein wasserfreier Raum, in dem das Gemisch Benzinnebel-Heizsauerstoff brennen und in dem geschnitten werden kann.

Tunnel unter Wasser bauen – ein kühnes Unterfangen

Einen Tunnel unter dem Meer oder unter einem Wasserlauf hindurchzubauen galt als unmöglich, bis Marc Brunel, ein französischer Ingenieur, und sein Sohn Isambard 1841 zwischen Rotherhithe und Wapping einen Tunnel unter der Themse bauten. In den neun Jahren Bauzeit brach fünfmal Wasser ein, und mindestens zwölf Männer wurden getötet.

Die Brunels hatten erst Erfolg, als sie den Vortriebsschild erfunden hatten, der Wassereinbrüche weitgehend verhinderte. Aber in der Praxis kam es immer wieder zu Unglücksfällen.

Der erste Versuch, 1908 den Lötschbergtunnel in den Schweizer Alpen unter der Kander durchzustoßen, endete tragisch. Geologen gingen davon aus, daß der Tunnel auch unter dem Gasterntal, wo die Kander sich nach Osten wendet, durch Kalkgestein führen würde. Am 24. Juli des Jahres 1908 jedoch gelangte der Tunnelbau plötzlich in den Gletscherschutt des 180 m darüber liegenden Gasterntals. Beim Anschneiden dieses nicht vermuteten Geschiebematerials erfolgte ein ungeheurer Einbruch von Schutt- und Wassermassen. 25 Menschen wurden getötet.

Heute werden Tunnel meist mit vollmechanischen Schildvortriebsmaschinen gebaut. Bei dem Vortriebsschild handelt es sich um ein vorschiebbares, zylindrisches Gehäuse, mit dem das Erdreich um die Vortriebsstelle herum sowie der unmittelbar hinter ihr gelegene Bereich abgestützt werden. Mit diesem Schild werden die Arbeiter geschützt, die mit dem Vortrieb, dem Abtransport der gelösten Massen und dem Auskleiden beschäftigt sind. Er besteht aus einem Stahlmantel, dessen Außendurchmesser etwas größer als der der Tunnelauskleidung ist und dessen Hohlraum durch stabile Verstrebungen aus Baustahl versteift wird. In den vorderen Teil des Schildes ist ein kräftiger Vortriebrand aus Stahl in Form des angestrebten Tunnelprofils eingebaut. Hinter dem Schildkopf sind hydraulische Preßrammen angeordnet, die den Schild nach dem Fortäumen der ausgebrochenen Schichten weiter vorschieben. Hinter dem Schild werden Gleitkufentransportmittel zur Beförderung der gesamten, für den modernen Tunnelbau erforderlichen Räum- und Vermauerungsausrüstung nachgezogen. Tunnel werden in neuester Zeit als erstes durch Spritzbeton mit Stahleinlagen ausgekleidet. Auf dieser Schicht wird die Tunneldichtung verlegt und anschließend die Tunnelauskleidung in Stahlbeton eingebracht.

Man hat Verfahren entwickelt, um das Risiko eines Wassereinbruchs in den Tunnel möglichst zu vermeiden. Der Arbeitsraum im Tunnel wird unter Überdruck gehalten, bis der jeweilige Abschnitt ausbetoniert ist. Solange der Druck im Tunnel dem des Wasserdrucks gleicht, kann kein Wasser eindringen.

Obwohl die Arbeit bei Überdruck nicht ungefährlich ist, da der Mensch extremen Druck nur kurze Zeit ertragen kann, dauert eine Arbeitsschicht im Überdruck durchschnittlich sechs Stunden. Danach wird den Arbeitern während einer Ausschleusungszeit von 90 Minuten über Masken reiner Sauerstoff zugeführt, um mögliche Drucklufterkrankungen zu vermeiden.

Wie man Tunnel von beiden Enden her baut

Die längste Geschichte hat zweifellos der Ärmelkanaltunnel zwischen Dover und Calais, für den 1798 der französische Bergbauingenieur Albert Mathieu den ersten Plan anfertigte und Napoleon I. unterbreitete. 1986 wurde der Bau des Kanaltunnels zwischen Großbritannien und Frankreich endgültig beschlossen. 1991 soll er fertiggestellt sein.

Wie die meisten Tunnel wird auch dieser von beiden Enden her gebaut. Sollte eine der Tunnelbohrmaschinen nur um 1° vom berechneten Kurs abweichen, dann verpassen sich die Tunnelröhren in der Mitte der Strecke, nach jeweils 24,6 km, um 400 m.

Um die Maschinen auf Kurs zu halten, hat man an beiden Tunnelenden ein Laserleitsystem installiert. Ein dünner Laserstrahl fällt auf eine Aluminiumplatte, die hinten an der Bohrmaschine hängt. Das Leitsystem verfügt über einen Computer, der den Kurs der Maschine mißt und feststellt, ob sie sich nach oben oder unten neigt oder nach einer Seite ausschert.

Stellt der Computer eine Abweichung fest, lenkt er die Maschine sofort wieder auf den exakten Kurs, indem er den Lenkschuhen Signale gibt. Die Lenkschuhe sind hydraulisch betriebene Kettenglieder, die die Richtung der Maschine dadurch steuern, daß sie sich von der Unterkante der Tunnelausmauerung abstoßen. Die Signale, die jeder Lenkschuh erhält, bestimmen die Richtung der Bohrmaschine. Der Tunnel kann also eine Kurve beschreiben, kann steigen, fallen oder geradeaus weiterlaufen.

Da der Laserstrahl nur geradlinig verläuft, muß man ihn bei einer Richtungsänderung des Tunnels versetzen. Auch heute noch werden Theodolite (Winkelmeßgeräte) genutzt, um horizontale und vertikale Winkel zu messen. Theodolite sehen aus wie kleine Teleskope auf einem Stativ. Der Vermessungsingenieur stellt die Linse des Theodoliten auf ein Ziel weiter vorn im Tunnel ein. Er kann dann berechnen, um wieviel der Tunnel steigt oder fällt oder seine Richtung zur Seite ändert, und die entsprechenden Korrekturen vornehmen. Zu den überzeugendsten Beispielen dieser traditionellen Methode gehören die beiden Tunnel, die 1907 und 1909 in den Rocky Mountains gebaut wurden.

Mit den beiden Tunneln sollte der steilste Trassenabschnitt in Nordamerika, der Big Hill zwischen Kicking Horse Pass und Mount Stephan westlich der Grenze zwischen Alberta und British Columbia, umgangen werden. Vier Lokomotiven waren nötig, um einen Zug dort hinaufzuziehen. Die Talfahrt war extrem gefährlich. Streckenposten mußten an bestimmten Punkten Weichen stellen, um den Zug auf bergaufwärts laufende Nebengleise zu lenken, wenn er bei der Talfahrt zuviel Tempo bekam. Um den steilen Abschnitt zu umgehen, baute man zwei Tunnel mit geringer Steigung, die sich spiralförmig über insgesamt 914 m nach oben wanden. Beide Tunnel wurden jeweils von beiden Enden her vorangetrieben. Als die zwei Hälften des ersten Tunnels aufeinandertrafen, waren sie nur um 50 mm versetzt.

Wunderwerke der Vergangenheit

Die großen Errungenschaften des Altertums gaben jahrhundertelang Rätsel auf. Heute können Archäologen die Arbeitsmethoden, die Feldfrüchte und sogar die Gesichter von Menschen rekonstruieren, die vor Christi Geburt lebten.

Wie Künstler der Steinzeit bei Lampenschein malten, Seite 347

Wie Archäologen den Gesundheitszustand alter Ägypter untersuchen, Seite 324

Wie die Kolossalstatuen der Osterinsel aufgerichtet wurden, Seite 328

Exakt auch ohne Wasserwaage

Seit 4500 Jahren gelten die Pyramiden von Gise als eines der Sieben Weltwunder. Das vielleicht größte Wunder ist, wie die Baumeister diese Monumente mit einfachsten Werkzeugen errichten konnten, denn sie kannten z. B. das Rad noch nicht, das erst einige Jahrhunderte nach dem Bau der Pyramiden in Ägypten eingeführt wurde.

In Gise, in der Nähe von Kairo, stehen drei große Pyramiden, die Grabmäler von drei Pharaonen, den ägyptischen Gottkönigen. Die älteste und größte ist die Cheopspyramide, das Grab des Pharaos Chufu, den die Griechen Cheops nannten. Er regierte etwa 2545–2520 v. Chr. Die Cheopspyramide mit ursprünglich 146 m Höhe mißt heute 137 m. Sie bedeckt eine Grundfläche von 5,3 ha; die Seitenlänge beträgt jeweils 230 m. Die Pyramide ist aus rund 2,3 Mio. Kalksteinblöcken gebaut, von denen jeder im Durchschnitt 2,5 t wiegt. Einige Blöcke haben ein Gewicht von über 15 t, und die Granitplatten an der Decke des sogenannten Königsgrabs wiegen 50 t.

Erst beim Aufstieg auf die Pyramide wird deutlich, wie hoch die verschiedenen Steinlagen sind. Die unterste mißt 1,50 m, die nächste 1,25 m, die dritte und vierte 1,20 bzw. 1,10 m und die folgenden variieren zwischen 0,65 und 0,55 m. In früherer Zeit waren die Stufen noch mit Kalksteinplatten verkleidet, die später abgesprengt und als Material für andere Bauten verwendet wurden.

Man baute die Pyramiden an einem sanften Abhang auf einem Grund aus Felsgestein. Ein nahe gelegener Felsvorsprung bildet das Fundament der Großen Sphinx. Heute reichen die Ausläufer von Kairo bis an den Fuß der Pyramiden. Als sie gebaut wurden, lagen sie mitten in der Wüste.

An der Baustelle mußten Unterkünfte für die Arbeiter errichtet werden. Alle Versorgungsgüter wurden auf den Rücken von Eseln oder Menschen oder auf Schlitten herbeigeschafft. Kamele und Pferde waren als Arbeitstiere noch unbekannt.

Die Pyramiden von Gise hatten Vorbilder anderswo in Ägypten. Um 2775 v. Chr. errichtete der geniale Baumeister Imhotep in Sakkara einen rechteckigen Grabbau für den Pharao Djoser. Um dem toten König den Aufstieg zur Sonne, zum Göttervater Re, zu erleichtern, baute Imhotep über der Mastaba sechs gewaltige Stufen. Jede Stufe ist 2 m breit und 10,1 m hoch. Die Hausteine der Stufenpyramide hatten noch die Größe von luftgetrockneten Ziegeln.

Die Pyramiden von Gise *Die Grabbauten von drei Pharaonen, Chephren, Cheops und Mykerinos, ragen aus dem Wüstensand in den Abendhimmel.*

In Dahschur ließ der Pharao Snofru, der Vater von Cheops, die Rote Pyramide für sich errichten. Ihren Namen hat diese Pyramide von dem rötlichen Kalkstein, aus dem sie erbaut wurde. Die Rote Pyramide ist der älteste ägyptische Grabbau in reiner Pyramidenform, der unmittelbare Vorgänger der Cheopspyramide. Allerdings hatte diese Pyramide keine Verkleidung, also keine glatten Seitenflächen.

Ein Haus für die Seelenkräfte des Pharaos
Seit der Frühzeit glaubten die Ägypter, daß der Mensch aus der Verbindung von Körper und Seele, *Ka* und *Ba*, besteht. Der *Ka* war die göttliche Schöpfungskraft, die der Gott Horus auf den Pharao und damit auf ganz Ägypten übertrug. Der *Ba* entspricht etwa unserem Begriff der Seele. Er wurde als Vogel mit menschlichem Kopf dargestellt, der das Grab immer wieder besucht, um die Mumie des Toten zu beleben, denn die Ägypter glaubten an ein Weiterleben nach dem Tod, wenn der Körper erhalten blieb und mit dem für das Jenseits Notwendigen versorgt wurde.

Die Ägypter stellten sich die Gefilde der Seligen als ein Ackerland, ähnlich dem des Niltals, vor. Der Brauch, ein Grab wie ein Haus zu bauen, es mit szenischen Gemälden zu schmücken und seine Kammern mit Hausgerät und Lebensmitteln auszustatten, belegt diese Vorstellungen vom Jenseits.

Die umfangreichsten Vorbereitungen für das Leben nach dem Tod wurden natürlich für den Pharao getroffen, dessen erste Amtshandlung darin bestand, sein

Die Steinblöcke hauen *Abdrücke, die gewaltigen Bißspuren gleichen, zeigen, daß die Granitblöcke im Steinbruch von Assuan mit Holzkeilen abgesprengt wurden.*

VOR DER EINFÜHRUNG DES RADS

Die Pyramiden von Gise gehören zu den größten von Menschenhand errichteten Bauten – sie sind so hoch wie ein 48geschossiger Wolkenkratzer, obwohl sie vor der Einführung des Rads in Ägypten gebaut wurden. Die Ägypter besaßen nur primitive Werkzeuge, um die Steinblöcke zu brechen und auf das erforderliche Format zuzuhauen. Der Transport der bis zu 50 t schweren Blöcke vom Steinbruch und das Versetzen an der Baustelle wurden mit wenigen Ochsen und riesigen Arbeitskolonnen bewältigt. Die Namen der Kolonnen wie *Bootsgruppe*, *Kraftgruppe* oder *Nördliche Gruppe* sind in Ockerfarbe auf einigen Steinblöcken vermerkt.

Die Ägypter kannten nur zwei Metalle: Gold und Kupfer. Gold war für Werkzeuge zu weich und zu wertvoll. Deshalb verwendete man dafür Kupfer oder Diorit.

Griffe für Werkzeuge machte man aus Holz. Geräte zum Einebnen der Flächen oder zum Vermessen wurden aus Schnüren oder Lederbändern hergestellt, die an Holzstäben befestigt waren.

Steine wurden mit Kupfermeißeln bearbeitet. Andere Metalle waren unbekannt.

Steinbruch *Spuren von Dioritkugeln, die zum Absprengen der Granitblöcke benutzt wurden, sind im Steinbruch noch zu erkennen.*

Säge *Weiche Steine wurden mit Kupfersägen geschnitten. Zimmerleute sägten auch die Holzhebel, mit denen die Blöcke versetzt wurden.*

Hämmer *Mit Holzhämmern wurden die Kupfermeißel und die Holz- oder Kupferkeile eingeschlagen, um Granitblöcke aus dem Fels zu sprengen.*

Breitbeil *Ägyptische Zimmerleute benutzten das Breitbeil wie einen Hobel, um Holzteile zu glätten und maßgerecht zu formen.*

Stangen und Schlitten *Mit einer über Holzstäbe gespannten Schnur wurde kontrolliert, ob die Steinblöcke eben waren. Mit Kippschlitten wurden die Blökke an die Baustelle gebracht (unten).*

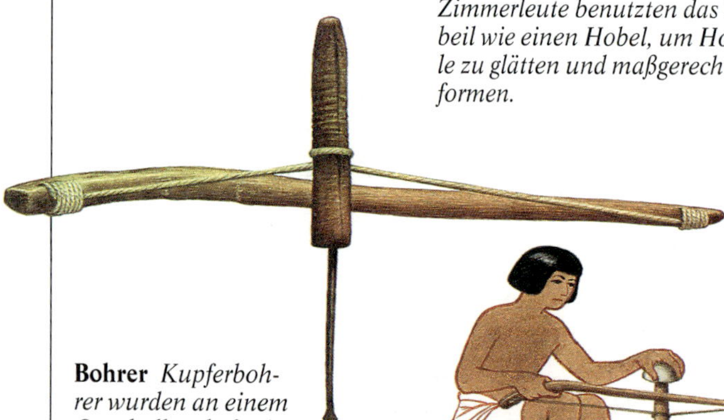

Bohrer *Kupferbohrer wurden an einem Querbalken befestigt und wie ein Geigenbogen hin- und hergezogen. Sie wurden bei der Herstellung von Möbeln verwendet.*

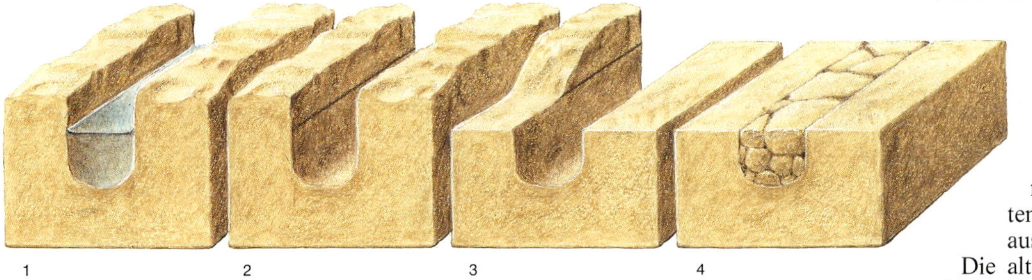

NIVELLIEREN DURCH WASSER

Die Ägypter wußten, daß die Wasseroberfläche waagrecht ist. Sie legten deshalb auf dem Bauplatz der Pyramiden ein Netz von schmalen Wassergräben an (1). Die Höhe des Wasserspiegels wurde am Rand der Gräben markiert (2). Dann ließ man das Wasser ab, trug das Gelände bis zur Markierung ab (3) und füllte die Gräben mit Schutt auf (4).

Grabmal in Auftrag zu geben. Waren die Arbeiten bei seinem Tod noch nicht abgeschlossen, wurde die Bautätigkeit eingestellt. Nur die Grabkammer wurde so weit hergerichtet, daß man die Mumie des Pharaos bestatten konnte.

Den Pharaonen wurden unvorstellbare Schätze für ihr Leben im Jenseits mitgegeben. In seinem Haus, der Mastaba oder der Pyramide, konnte der tote Pharao alle seine Funktionen weiter ausüben – umgeben von seinen Verwandten und hohen Würdenträgern, die sich neben den Königspyramiden bestatten ließen.

Ein Heer von Bauern

Die Pharaonen verfügten über ein riesiges Heer von Arbeitskräften. Der griechische Historiker Herodot berichtet, daß 100 000 Arbeiter 20 Jahre für den Bau der Cheopspyramide brauchten. Herodot gibt als Gewährsmann zwar einen ägyptischen Priester seiner eigenen Zeit (etwa 450 v. Chr.) an, doch scheinen dessen Angaben glaubwürdig zu sein.

Drei Monate im Jahr wurde das Ackerland vom Nil überschwemmt. Da die Bauern in dieser Zeit ihre Felder nicht bestellen konnten, wurden sie zum Pyramidenbau herangezogen.

Etwa 4000 Fachkräfte dürften ständig auf der Baustelle beschäftigt gewesen sein, während Abertausende in den Steinbrüchen arbeiteten und in der Zeit der Überschwemmungen für den Transport der Steinquader auf dem Wasserweg sorgten.

Die Kalksteinblöcke wurden in einem 10 km entfernten Steinbruch abgesprengt und zugehauen. Die Verkleidung der Cheopspyramide kam aus einem berühmten Steinbruch, der 30 km südlich von Kairo liegt. Dieser Tura-Kalk wurde meist für die Auskleidung der Grabkammern verwendet. Für die Grabkammern der Cheopspyramide allerdings wurde Granit aus den Steinbrüchen von Assuan, etwa 960 km stromaufwärts, herangeschafft.

Wie in den Steinbrüchen gearbeitet wurde, erkennt man an Spuren im Stein. Kupfermeißel, die durch Erhitzen und Abschrecken mit Wasser gehärtet waren, wurden in den Stein geschlagen und die Blöcke von der Felswand abgesprengt.

Kalkstein ist ein Sedimentgestein, das sich leicht entlang den waagrechten Schichten spalten läßt und auch senkrechte Risse ausbildet. Diese beiden Eigenschaften kamen den Steinhauern zugute.

Granit hingegen ist ein Vulkangestein ohne die natürliche Schichtung des Kalksteins. Auf der Oberfläche des Granitgesteins entzündete man Feuer und übergoß dann den erhitzten Stein mit kaltem Wasser. Durch die Abkühlung blätterte die obere verwitterte Granitschicht ab, und die darunterliegende Steinfläche von guter Qualität kam zum Vorschein.

Jeder einzelne Block mußte an allen vier Seiten aus dem Fels gehauen werden. Dazu verwendete man Kugeln aus Diorit, einem Stein, der noch härter als Granit ist. An der unteren Trennlinie stemmten die Steinhauer Kerben in den Stein und trieben Holzkeile ein. Diese Keile wurden dann mit Wasser getränkt, damit sie aufquellen und den Block absprengen konnten.

Das weitere Zuhauen der Blöcke aus Kalkstein und Granit erfolgte mit Kupfermeißeln, die schnell stumpf wurden, oder mit Dioritkugeln. Einige dieser Dioritkugeln fand man im Steinbruch von Assuan.

Während die Steinblöcke gebrochen wurden, mußte der Standplatz der Pyramide vorbereitet werden. Das Felsplateau wurde mit den gleichen Werkzeugen geebnet, die man im Steinbruch verwendete: zuerst mit Diorithämmern und dann mit Kupfermeißeln. Diese Arbeiten dürften erfahrene Fachkräfte ausgeführt haben.

Die alten Ägypter besaßen zwar keine Wasserwaagen, wußten aber, daß der Wasserspiegel stets eine waagrechte Fläche bildet. Deshalb legten sie rund um das Plateau, auf dem die Pyramide stehen sollte, einen Graben an und füllten ihn mit Wasser, das in einem eigens ausgehobenen Kanal vom Nil abgeleitet wurde. Herodot berichtet, daß das Plateau durch den Wassergraben in eine Insel verwandelt wurde.

Der Standplatz der Pyramide konnte nun mit einem Wall aus Nilschlamm umgeben und unter Wasser gesetzt werden. Das Wasser wurde aus dem vom Nil gespeisten Graben mit einer *schaduf* eingefüllt, einem Schöpfwerk mit Eimer und Gegengewicht an einer langen Stange, wie es heute noch in Ägypten verwendet wird.

Schon vorher hatten die Arbeiter netzartig schmale Verbindungsgräben über das ganze Areal gelegt, nun markierten sie die Höhe des Wasserspiegels und trugen den Boden bis dahin ab (siehe Abbildung oben). Bei der Cheopspyramide wurde nicht die ganze Grundfläche eingeebnet; in der Mitte blieb eine Erhöhung stehen, die Pyramide wurde um sie herum gebaut.

Beim Einebnen des Fundaments der Cheopspyramide unterlief den Erbauern ein Fehler, denn sie ist von der Nordwest- zur Südostecke leicht geneigt. Möglicherweise ist dieser Fehler darauf zurückzuführen, daß an dem Tag, an dem die Geländepunkte markiert wurden, ein starker Wind wehte, der das Wasser in den Gräben anstaute.

Die Pyramiden wurden exakt ausgerichtet. Die Seiten der Cheopspyramide weisen fast genau nach Norden, Osten, Süden und

WIE DIE STEINBLÖCKE GEHOBEN WURDEN

Die Blöcke wurden über eine massive Rampe aus Schlamm, Ziegeln und Schotter gezogen.

Die Rampe stieg mit der Pyramide in die Höhe, Schicht um Schicht. Mit zunehmender Höhe wurde sie schmaler. Man weiß nicht, ob nur eine oder mehrere Rampen benutzt wurden.

War der Schlußstein der Pyramide aufgesetzt, wurde die Rampe von oben nach unten abgebaut.

Westen. Die ägyptischen Astronomen besaßen großes Wissen und richteten die Lage des Baukörpers offensichtlich nach einem hellen Stern aus. Heutige Astronomen nehmen an, daß es der *Alpha Draconis* im Sternbild des Drachen war, der damals nahe am Nordpol des Himmels stand.

Die rechten Winkel an den Ecken der Pyramiden abzustecken bereitete den Ägyptern keine Schwierigkeiten. Sie kannten bereits die Regel, daß ein Dreieck mit Seitenlängen von 3 : 4 : 5 automatisch einen rechten Winkel ergibt, und sie kannten auch schon hölzerne Anschlagwinkel, wie sie heute noch Maurer verwenden. In gleicher Weise konnten sie auch nachmessen, ob die Steinblöcke an den Ecken genau rechtwinklig waren. Wahrscheinlich wurden Schnüre verwendet, um die Seitenwände auszumessen.

Die Geometer des Pharaos Chufu arbeiteten so exakt, daß die 230 m langen Seiten der Pyramide um nur 180 mm differieren. Mit Schnüren sind während des Baus auch die waagrechten und mit Senkloten die senkrechten Linien kontrolliert worden.

Für den Transport der Blöcke vom Steinbruch zur Baustelle mußte menschliche Muskelkraft eingesetzt werden. Wandmalereien in Gräbern zeigen, wie Scharen von Männern schwere Lasten fortbewegen.

Die größten Blöcke konnten nicht auf Schlitten geladen werden. In der unmittelbaren Umgebung gebrochen, wurden sie wohl mit Hilfe von Hebeln auf kräftige Rundhölzer gebracht, die als Rollen untergelegt wurden, und auf einem Untergrund aus angefeuchtetem Flußschlamm fortbewegt. Die Verkleidungssteine aus Tura und auch der Granit aus Assuan wurden während der Überschwemmungszeit des Nils auf Lastschiffen transportiert.

Schließlich mußten die Blöcke auf die Pyramide gehievt werden, immer höher hinauf, je weiter der Bau wuchs. Für die unteren Steinlagen dürfte eine Erdaufschüttung ausgereicht haben, auf der die Schlitten emporgezogen wurden. Für größere Höhen wurde die Erdaufschüttung zu einer Rampe aus ungebrannten Ziegeln aus Nilschlamm ausgebaut. Je höher die Pyramide wurde, um so schmaler konnte die Rampe werden, da immer weniger Steinblöcke transportiert werden mußten.

Die Flächen der Steinblöcke wurden mit Sand oder harten Gesteinsbrocken abgeschliffen, bis sie genau aneinanderpaßten. Die Fugen zwischen den Blöcken waren nur 0,5 mm breit, und zwar nicht nur an den Kanten, sondern über die gesamte Fläche von 3,25 m² je Stein.

Noch enger waren die Fugen zwischen den Blöcken der Verkleidung aus Tura-Kalk: Man konnte kaum ein Blatt Papier dazwischenschieben. Eine dünne Mörtelschicht zwischen den einzelnen Steinlagen dürfte als Gleitmittel gedient haben, um die oberen Blöcke auf die darunterliegenden zu bringen.

War der Schlußstein der Pyramide aufgesetzt, wurde die Rampe abgebaut.

Die Grabkammern

Noch ehe mit dem Bau der Cheopspyramide begonnen wurde, sprengte man in das Felsgestein unter der Pyramide eine Grabkammer, die aber nicht fertiggestellt wurde.

Heute betritt man das Innere der Pyramide über einen Zugang, den Grabräuber auf der Nordseite eröffnet haben. Über ihn gelangt der Besucher in einen aufwärts führenden, niedrigen Gang (1), der in die Große Galerie (2) mündet. Die Galerie ist 47 m lang und 8,5 m hoch. Sie führt zur Grabkammer (3), wo der Pharao üblicherweise in einen steinernen Sarkophag (4) gelegt wurde, nachdem die Träger eine Vorkammer mit vier Fallsteinen (5) passiert hatten. Als die Grabkammer entdeckt wurde, enthielt sie jedoch nur einen offenkundig unbenutzten Steinsarkophag ohne Deckel.

Oberhalb des sogenannten Königsgrabs befinden sich die Druckentlastungskammern, die anscheinend die durch das Eigengewicht der Pyramide verursachten Kräfte aufnehmen und die Königskammer vor dem Zerquetschen schützen sollten. Zwei Luftschächte, die ins Freie führen, sollten es dem *Ka* des Pharaos ermöglichen, ins Jenseits zu fliegen.

Nach der Begräbniszeremonie wurde der niedrige, aufwärts führende Gang durch drei Granitblöcke (6) versperrt. So war auch die Königin-

DIE LETZTEN GEHEIMNISSE DER CHEOPSPYRAMIDE

Waren die drei leeren Grabkammern tatsächlich alles, was in der Cheopspyramide zu finden war? Das ist das wahre Geheimnis dieses steinernen Wunders, jenseits aller mystischen Phantastereien. Durch modernste physikalische Untersuchungsmethoden ist dies Geheimnis 1987/88 ein Stück weiter gelüftet worden.

Schwerkraftmessungen im Mai 1987 im Inneren der Cheopspyramide, die ein französisches Team durchführte, ergaben, daß an einigen Stellen hinter der Wand des Gangs zur Grabkammer der Königin keine massive Steinpackung ist. Im August 1987 wurden drei Bohrungen in der Wand niedergebracht. Sie führten zuerst durch Kalkstein, dann durch eine Mischung aus Kalkstein- und Füllmaterial und stießen schließlich auf eine 21 cm starke Schicht gesiebten Sands. Hinter der Wand des Gangs zur Grabkammer der Königin befindet sich also ein mit Sand gefüllter Hohlraum.

Dann wurde das französische Team durch ein japanisches Forschungsteam verstärkt. Die Japaner brachten Schwerkraft-Meßinstrumente mit, die ausgereifter als die der Franzosen waren. Außerdem verfügten die Japaner über ein Gerät, das mit Hilfe von elektromagnetischen Impulsen tief im Untergrund oder hinter dicken Mauern verborgene Objekte orten und Grenzflächen sichtbar machen kann: das Bodenradar. Diese Untersuchungstechnik hatten die Japaner bereits mit Erfolg bei Ausgrabungen in Luxor in Oberägypten angewandt. Mit dem Bodenradar können auch Konturen von Gegenständen abgebildet werden.

Im Herbst 1987 ergab die erste Meßreihe des japanischen Teams, daß sich in den sandgefüllten Räumen einzelne, voneinander unterscheidbare Objekte befinden; welche, ist unbekannt.

Weiter entdeckte man, daß sich der von dem französischen Team aufgespürte Hohlraum hinter der Wand nach unten ins Pyramideninnere fortsetzt.

Messungen in den Druckentlastungskammern oberhalb der vermeintlichen Grabkammer des Pharaos deuten an, daß sich östlich von der Kammer ein weiterer Raum befinden könnte. Die meisten der von den Japanern entdeckten Räume sind leer. Einige sind so groß, daß die Forscher noch keine Angaben machen können, wie tief deren Boden liegt.

Was auch immer bei weiteren Untersuchungen an archäologischen Details herauskommen mag, fest steht heute, daß die Cheopspyramide zu 15 % hohl ist.

nenkammer, die über einen waagrechten Gang erreicht werden konnte, der am Eingang zur Großen Galerie abzweigt, von der Außenwelt abgeschlossen. Möglicherweise konnten die Priester und Arbeiter über einen ebenfalls von der Großen Galerie abzweigenden Schacht (7), der auf einen Gang von 97 m Länge (8) führte, die Pyramide verlassen. Dieser führte sie zum ursprünglichen Eingang (9) der Pyramide, der wiederum durch eine Steintür verschlossen wurde.

Wo Cheops tatsächlich beigesetzt wurde, ist bis heute unbekannt. Der systematischen Erforschung der Königsgräber durch Archäologen waren schon Jahrtausende früher Grabräuber zuvorgekommen. Die einzige nahezu unversehrte Grabkammer, die des Pharaos Tut-ench-Amun, wurde am 17. Februar 1923 von Howard Carter und Lord Carnarvon im Tal der Könige bei Theben geöffnet.

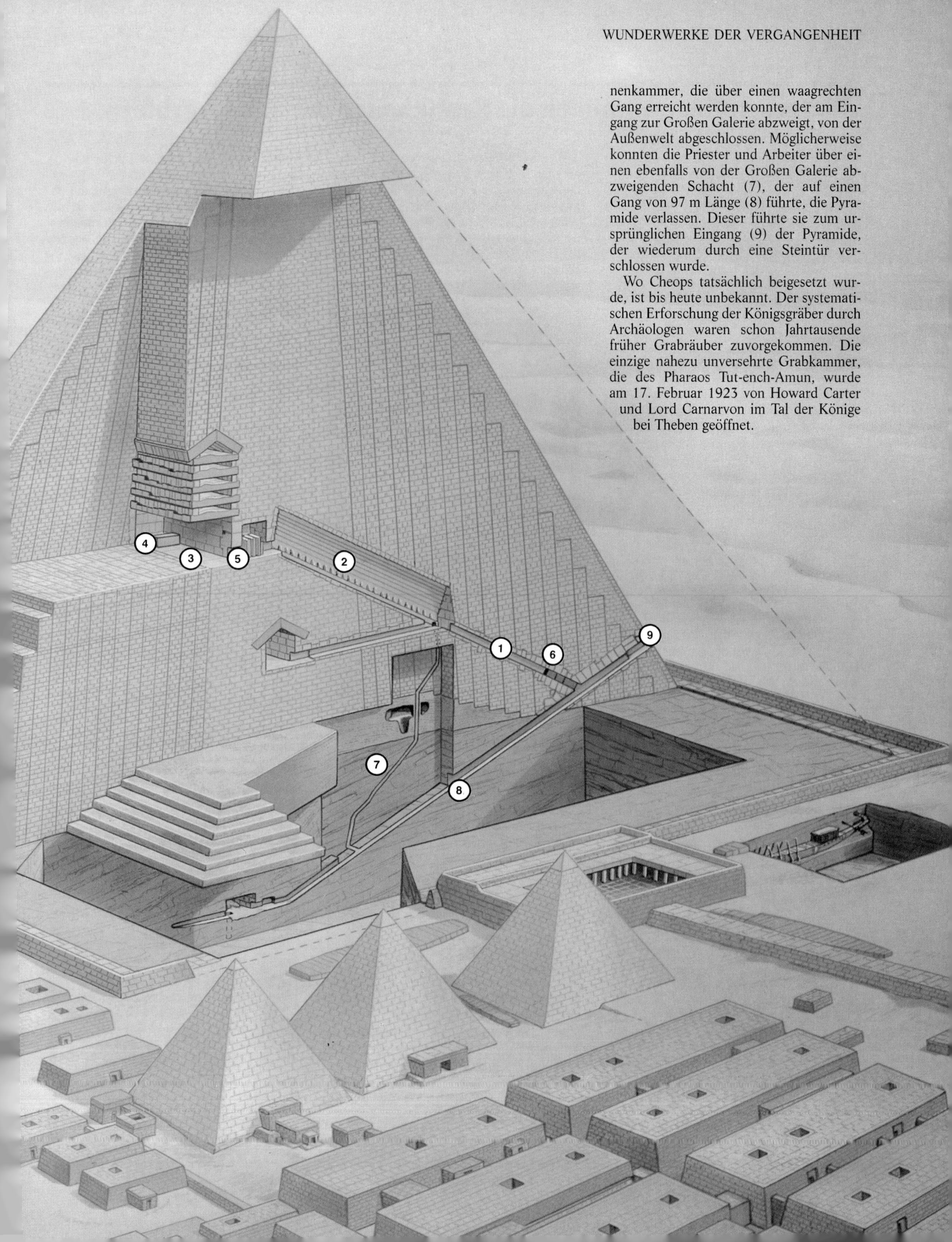

Röntgenstrahlen enthüllen die Krankheiten der alten Ägypter

Den alten Ägyptern gebot ihre Religion, die Verstorbenen zu konservieren, um ihnen das ewige Leben im Jenseits zu sichern. So gehören zu den Schätzen altägyptischer Sammlungen auch Mumien. Die Entdeckung der Röntgenstrahlen 1895 machte es erstmals möglich, Mumien zu untersuchen, ohne sie zu beschädigen. Vor allem in den letzten 30 Jahren wird die Röntgenuntersuchung mit Erfolg für archäologische Analysen verwendet. Anhand der Röntgenaufnahmen kann ein Wissenschaftler heute Größe, Alter, Geschlecht, eventuelle Krankheiten oder Veränderungen am Skelett bestimmen.

Eine der ersten systematischen Röntgenuntersuchungen führten amerikanische Wissenschaftler im Ägyptischen Museum in Kairo an den Königsmumien durch.

Im November 1978 wurde die Mumie des Priesters Anch-Hapi aus dem Roemer-Pelizaeus-Museum in Hildesheim geröntgt. Die Röntgenaufnahmen zeigten, daß Anch-Hapi an einer Orkrose litt, einer Erbkrankheit, die zu Skelettveränderungen führt. Der Museumsdirektor erinnerte sich, daß in einem Museum in Liverpool eine Mumie mit der gleichen Erbkrankheit ausgestellt war. Die Liverpooler Mumie ist als „Nesmin, Sohn des Anch-Hapi“ im Katalog geführt, dagegen ist Anch-Hapi auf seinem Sarg als Sohn des Nesmin bezeichnet. Da entschloß man sich zu einer ungewöhnlichen Aktion: Die Mumie aus Hildesheim wurde nach Liverpool gebracht, wo sich die beiden Priesterkollegen aus der Ptolemäerzeit (etwa 305–30 v. Chr.) als Mumien wiedertrafen. Die Einbalsamierung war bei beiden Mumien sehr sorgfältig ausgeführt worden, die Binden liegen bei beiden ähnlich. Die Röntgenuntersuchungen schließlich ließen bei beiden eine Verwachsung des fünften Lendenwirbels erkennen, woraus man mit großer Wahrscheinlichkeit auf verwandtschaftliche Beziehungen schließen kann. Wer nun der Vater und wer der Sohn ist – darüber geben die Röntgenbilder allerdings keinen Aufschluß.

Insgesamt führten Röntgenuntersuchungen zu Ergebnissen, die die Vorstellungen über das Alter der Toten und verwandtschaftliche Beziehungen von Königsgeschlechtern richtigstellen konnten.

Erschreckend schlechte Zähne

Auch die Ägypter kannten Karies, andere Zahn- und Kieferleiden waren aber noch mehr verbreitet. Röntgenuntersuchungen von Mumien zeigten stark abgenutzte Zähne, die sicher nicht nur Schmerzen, sondern auch Entzündungen und chronische Erkrankungen des Zahnfleischs verursachten. Bei vielen Mumien wurden Mißbildungen des Kiefers festgestellt.

Die Ägypter aßen zwar viel Brot, dessen Oberfläche mit ganzen Weizenkörnern bestreut war. Aber allein das Kauen der faserigen Samenhaut kann die Abnutzung nicht erklären. Die Ursache ist vielmehr der Sand, der in allen Phasen der Getreideernte und der Verarbeitung zu Mehl angeweht und beim Mahlen sogar zugesetzt wurde, um feineres Mehl zu bekommen. An königlichen Mumien mit defekten Zähnen ist nie die Spur einer Zahnbehandlung entdeckt worden.

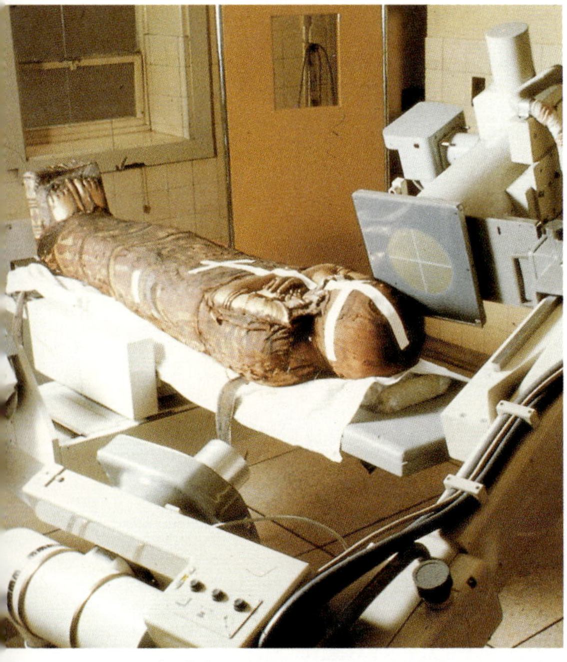

Auf dem Röntgentisch *Mit den Spezialgeräten des Königlichen Krankenhauses in Manchester hat man diese Mumie von allen Seiten geröntgt.*

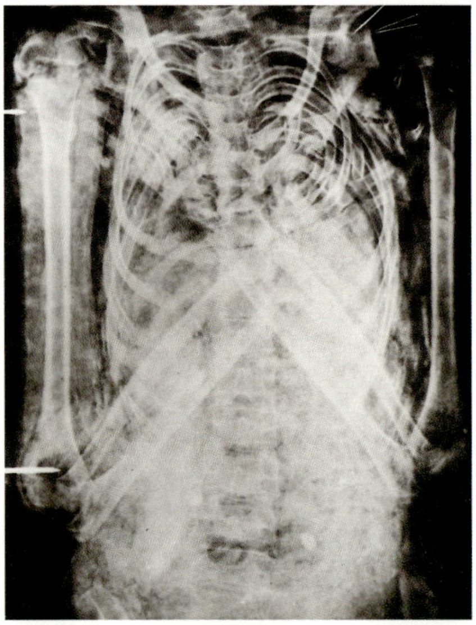

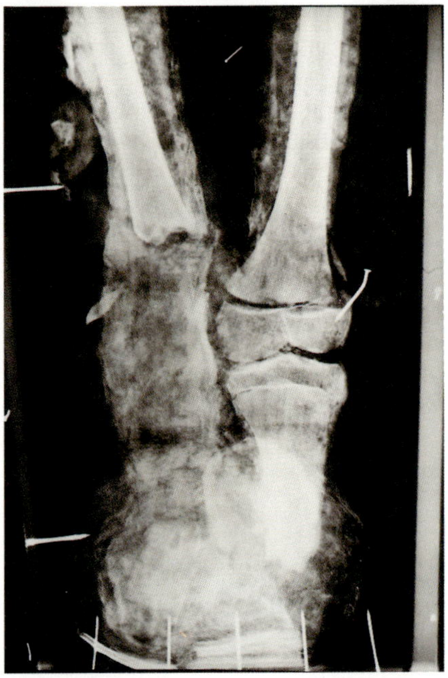

Unter den Bandagen *1975 wurde eine Mumie in Manchester erstmals ausgewickelt und geröntgt. Die Tote war ein etwa 14jähriges Mädchen, dem beide Unterschenkel fehlten. Sie waren durch künstliche Gliedmaßen ersetzt worden (unteres Foto). An den Knochen konnte man erkennen, daß die Amputation kurz vor oder nach dem Tod vorgenommen worden war.*

Tiermumien *Katzen wurden im alten Ägypten verehrt und manchmal mumifiziert. Das Röntgenbild zeigt im Inneren des Sargs die Tiermumie.*

EINE MUMIE WIRD EINBALSAMIERT

Die Mumifizierung wurde seit etwa 2800 v. Chr. bis zum Einfall der Araber um 640 n. Chr. praktiziert. Ihre Vollkommenheit erreichte die Mumifizierung während der 18. Dynastie etwa zwischen 1550 und 1300 v. Chr. Über die Technik der Mumifizierung hat schon der griechische Historiker Herodot um 450 v. Chr. berichtet. Die moderne Forschung hat ihn in vielen Punkten bestätigt.

Mit einem Metallhaken zog man das Gehirn durch die Nasenlöcher heraus. Mit einem Messer aus Feuerstein öffnete man anschließend die linke Bauchseite und entfernte die Eingeweide. Das Herz wurde an Ort und Stelle belassen, denn es galt als Sitz des Lebens. Der Körper wurde innen mit Wein und aromatischen Essenzen ausgewaschen. Um ihm die letzte Feuchtigkeit zu entziehen, wurde er in ein Becken mit trockenem Natron gelegt und anschließend wieder gewaschen. In manchen Fällen stopfte man noch Papyrus, Leinwand oder anderes Füllmaterial in den hohlen Körper, um ihm seine natürliche Form wiederzugeben. Nun konnte der Leichnam geschminkt und geschmückt werden. Augen und Lippen schminkte man in lebhaften Farben, ebenso Hände, Nägel und Fußsohlen. Der Bauchschnitt wurde zugenäht oder mit einer Platte aus Gold oder Harz verdeckt. Dann begann das Einwickeln. Hunderte von Metern feines Leinen wurden benötigt, um zuerst jedes Glied und dann den Körper als Ganzes zu umwinden. Zwischen die in Wachs oder Harz getränkten Binden legte man oft Amulette oder kleine Schmuckstücke. Die Eingeweide wurden getrennt präpariert und in vier versiegelten, Kanopen genannten Steinkrügen in der Grabkammer aufgestellt.

Diese Einbalsamierung, die bis zu 70 Tagen dauerte, blieb den Wohlhabenden vorbehalten. Bei einer Einbalsamierung zweiter Klasse wurde lediglich Zedernöl in den Körper gespritzt, bevor er ausgetrocknet wurde. Bei der billigsten Form ließ man den Leichnam nur austrocknen.

Der Mumie setzte man eine bemalte Maske aus Leinwand oder Gips auf, die auch vergoldet sein konnte. Die Mumie wurde in einen Holzsarg in Körperform gelegt, dann in einen rechteckigen Holzsarg und zuletzt in den steinernen Sarkophag. Die Särge verzierte man mit Texten aus den ägyptischen Totenbüchern.

Gesichter werden wieder lebendig

Auch wenn sie nur einen Totenschädel in der Hand haben, können Wissenschaftler aufgrund ihrer Anatomiekenntnisse Kopf und Gesicht eines Menschen wiederherstellen, der seit Jahrhunderten tot ist. Wird die gleiche Methode von der Polizei zur Identifizierung von Toten verwendet, sind die Resultate fast lebensecht.

1977 entdeckten Archäologen bei der griechischen Ortschaft Vergina, in der Nähe von Thessaloniki, Ruinenstätten, darunter einen Fürstenwohnsitz aus der Zeit der Makedonenherrscher, deren berühmtester Alexander der Große war. Professor Manolis Andronikos, der Leiter der Grabungen, fand in einem unversehrten Grab

DAS GESICHT EINER MUMIE WIRD NEU ERSCHAFFEN

Nachdem die Mumie eines jungen Mädchens 1975 geröntgt und ausgewickelt worden war (siehe Seite 324), hat man das Gesicht anhand des rekonstruierten Schädels modelliert. Man wird zwar nie erfahren, wer das Mädchen war, weiß aber, daß es krank war, denn die Zähne lassen erkennen, daß es nur Brei bekam.

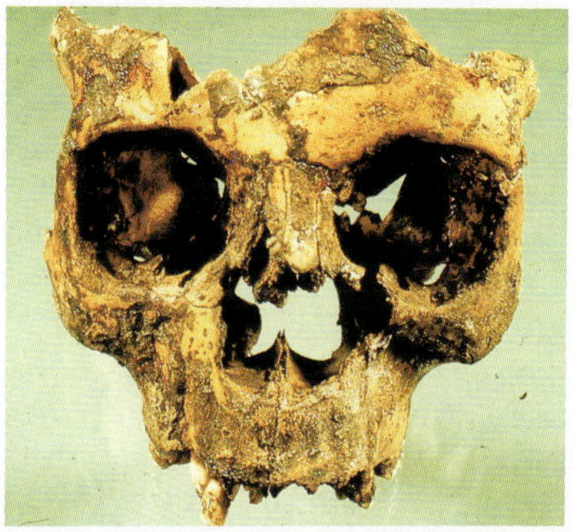

Der Anfang *Vom Schädel des Mädchens waren nur die Gesichtsknochen intakt. Abgüsse der Fragmente wurden zusammengesetzt. Fehlende Teile ersetzte man durch Wachs.*

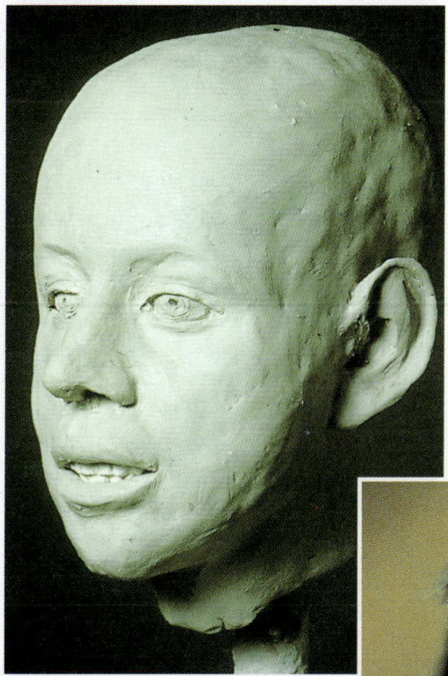

Ein ägyptischer Teenager *Das Gesicht wurde auf einem Gipsabguß des rekonstruierten Schädels in Ton modelliert (oben). Die kurze Oberlippe ist typisch für eine chronische Nasenverstopfung, deren Ursache eine Verkrümmung der Nasenscheidewand war. Der Knochenfraß, der am Kiefer im Bereich der oberen Vorderzähne entdeckt wurde, dürfte auf eine Zahnfleischentzündung zurückzuführen sein. Das Tonmodell wurde in Wachs gegossen, geschminkt und mit Augen und Haaren ausgestattet. Das Resultat war das Gesicht eines Mädchens (rechts), das vor über 2000 Jahren gelebt hat.*

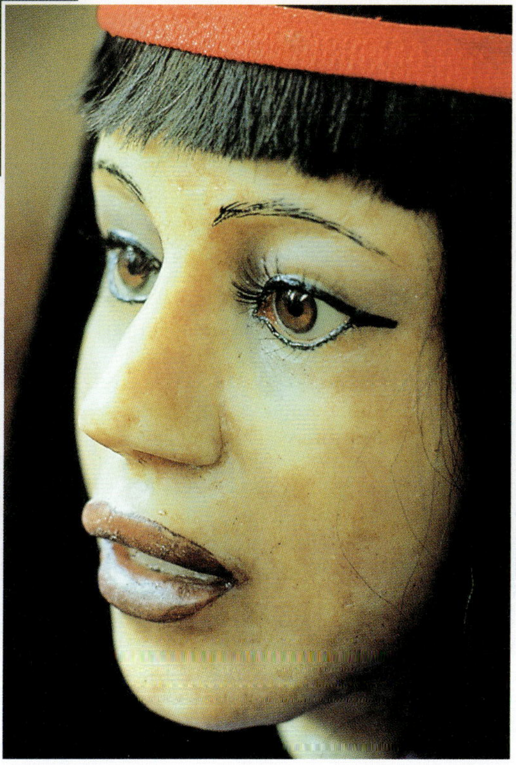

GESICHTSREKONSTRUKTION PHILIPPS VON MAKEDONIEN

Gipsabgüsse von Schädelfragmenten aus einem Grab in Griechenland wurden von britischen Wissenschaftlern zusammengesetzt. Sie wollten beweisen, daß es der Schädel Philipps II. von Makedonien ist.

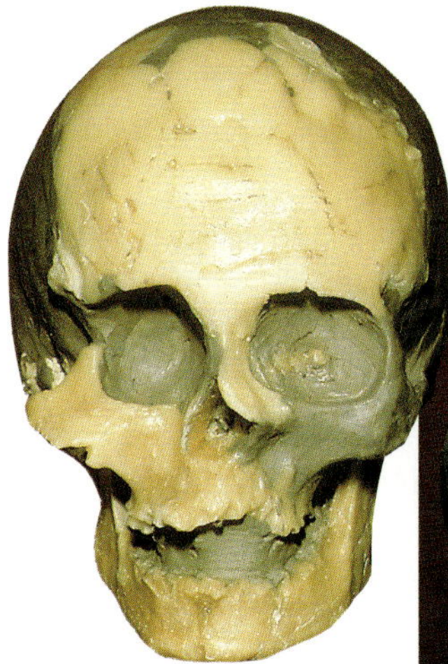

Die dunkleren Stellen sind durch Ton ersetzte fehlende Teile. Die rechte Augenhöhle zeigt Spuren einer Verletzung.

Hier sieht man, wie Gewebe und Muskeln mit Hilfe von Markierungsstiften in Ton modelliert werden.

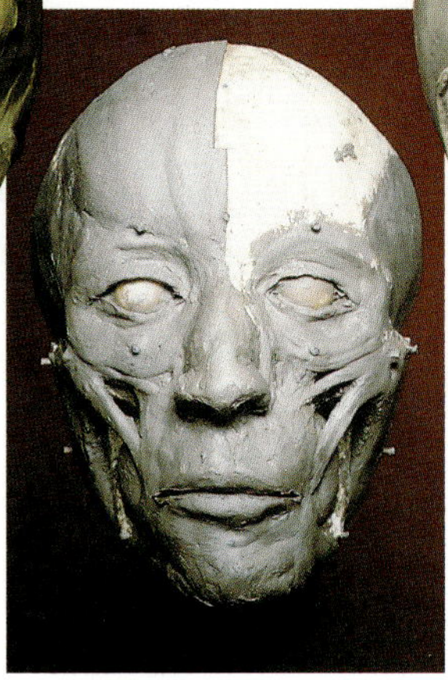

Am fertigen Kopf erkennt man die Narbe am Auge.

wahrhaft königliche Beigaben aus der Zeit zwischen 350 und 325 v. Chr. Er hielt es für das Grab König Philipps II. von Makedonien, des Vaters von Alexander; Philipp, ein hervorragender Krieger und Staatsmann, wurde mit 46 Jahren 336 v. Chr. während der Hochzeit seiner Tochter ermordet.

In einer Truhe aus massivem Gold entdeckten die Archäologen die in Purpur gewickelten Überreste eines verbrannten Leichnams und einen zertrümmerten Schädel. Den Beweis, daß es sich bei den Überresten tatsächlich um die Gebeine Philipps II. handelte, erbrachte die Untersuchung der Knochenreste Anfang der 80er Jahre durch ein Team britischer Wissenschaftler.

Der Anatom der Gruppe, John Musgrave, war der Ansicht, daß die Totenverbrennung die Konturen des Schädels nicht ernsthaft beschädigt hatte. Richard Neave von der Universität Manchester übernahm die Aufgabe, das Gesicht zu rekonstruieren. Zuerst nahm er Gipsabdrücke von den Schädelfragmenten.

Eine starke Mißbildung an der rechten Augenhöhle verunsicherte ihn zunächst, aber Gesichtschirurgen bestätigten, daß er den Schädel richtig zusammengesetzt hatte. Historiker wußten, daß die Mißbildung von einem Pfeilschuß herrührte, durch den Philipp 354 v. Chr. sein rechtes Auge verloren hatte.

Als der Schädel rekonstruiert war, begann Neave, die Gewebepartien zu modellieren. Er brachte am Schädelmodell hölzerne Stifte unterschiedlicher Länge an 23 Punkten an, an denen die durchschnittliche Gewebestärke von heutigen Schädeln bekannt ist. Entsprechende Messungen haben Wissenschaftler der Universität von New Mexico 1982 durchgeführt. Dann modellierte Neave die Kopfmuskulatur sowie die Drüsen im Hals- und Gesichtsbereich und die Gewebeteile in Ton. Er setzte ein Glasauge in die linke Augenhöhle und modellierte die verletzte Partie nach der Narbe einer ähnlichen Verletzung, die ein Holzfäller durch eine Axt erlitten hatte.

Das fertige Modell wurde in Wachs gegossen und bemalt. Für die Hauttönung Philipps gab es kaum Anhaltspunkte – in historischen Berichten wird er nur als bärtig beschrieben. Man wählte deshalb die Gesichtsfarbe eines typischen Südeuropäers im mittleren Alter. Danach besaß das Gesicht eine starke Ähnlichkeit mit den Porträts, die Philipp auf Münzen zeigen, und mit einem Miniaturkopf aus Elfenbein, der in Philipps Grab gefunden wurde.

Richard Neave und seine Kollegen rekonstruierten auch das Gesicht des Lindow-Mannes, der aus der Eisenzeit zwischen dem 9. und 2. Jh. v. Chr. stammt. Sein verkrümmter Körper wurde in einem Torfmoor von Cheshire in der Nähe von Manchester gefunden. In diesem Fall hat man eine andere Technik angewendet, weil der ganze Körper konserviert war. Im Lauf der Zeit waren jedoch Kopf und Gesicht

GESICHTSREKONSTRUKTION DES LINDOW-MANNES

1984 wurde im Lindow-Moor in Cheshire im Norden Englands ein zusammengekrümmter Leichnam entdeckt. Er gehörte einem etwa 25jährigen Kelten, der vor über 2000 Jahren erdrosselt wurde.

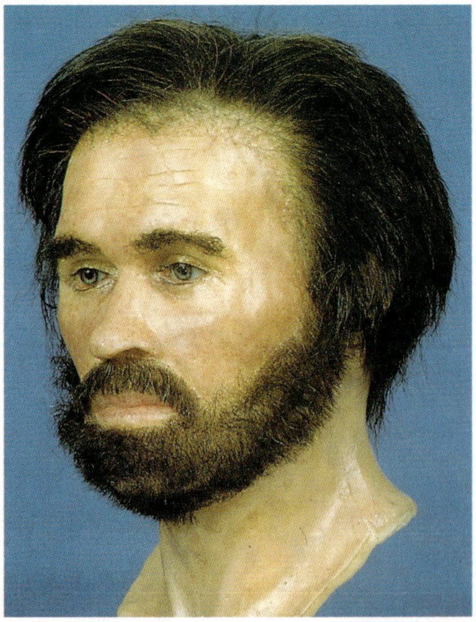

Nach Röntgenaufnahmen und Fotos wurde ein Modell angefertigt. Das Gesicht bekam die Hauttönung eines Kelten.

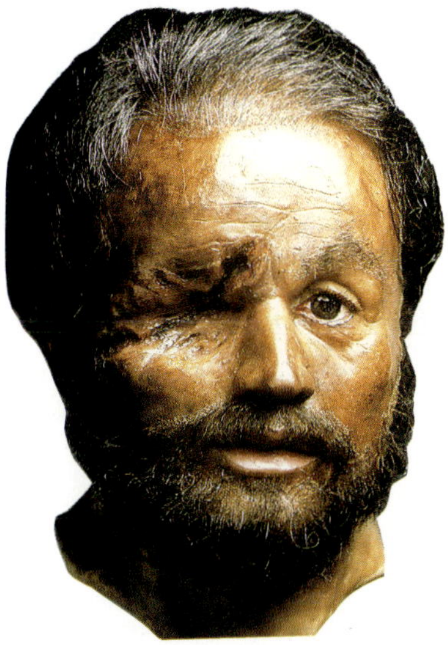

Der bemalte Wachsabguß enthüllt das Gesicht König Philipps, der 336 v. Chr. ermordet wurde.

eingedrückt worden, so daß die Gesichtszüge fast unkenntlich waren.

Ein Modell des Kopfs wurde mit Hilfe der Radiographie, d. h. Fotos mit Röntgenstrahlen, und nach herkömmlichen Fotos angefertigt. Die rechte Schädelhälfte war stark verformt und mußte entsprechend der linken Hälfte modelliert werden.

Die Augen wurden in Form und Größe denen eines Kelten der damaligen Zeit nachgebildet – ähnlich den Augen eines heute lebenden Menschen mit blaugrauer Iris. Das Gesicht zeigt einen Ausdruck, den nach Neaves Ansicht ein Mensch haben dürfte, der dem Tod ins Auge blickt. Der Lindow-Mann war etwa 170 cm groß und sehr kräftig. Er wurde wahrscheinlich bei einer rituellen Hinrichtung erdrosselt.

Die Geheimnisse eines Schädels

Anhand des Schädels können Experten das Alter eines Menschen schätzen. Erwachsene haben abgenutzte Zähne und voll ausgebildete, feste Knochen. Auch das Geschlecht läßt sich meist bestimmen: Frauen haben eine kleinere Kopfform und zierlichere Kieferknochen als Männer. Die Schädelform kann auch Auskunft über die Zugehörigkeit zu einem bestimmten Volksstamm geben.

Ein Pionier der Gesichtsrekonstruktion war der Russe Michail Gerassimow, der in den 30er Jahren mit seiner Arbeit begann. Er rekonstruierte u. a. den Schädel des mongolischen Eroberers Timur und den Iwans des Schrecklichen.

Gerichtsmediziner heute experimentieren mit einer Technik der Gesichtsrekonstruktion, die auf Schädelmessungen mit Laser beruht und ein dreidimensionales Bild liefert.

Werkzeuge und Waffen aus der Steinzeit

2,5 Mio. Jahre standen den Menschen nur Werkzeuge aus Stein zur Verfügung, bis vor rund 8000 Jahren im Vorderen Orient erstmals Metall verwendet wurde. Aus Stein wurden Messer- und Sichelklingen, Äxte, Sägen, Hämmer, Speer- und Pfeilspitzen hergestellt. Damit konnte man Tiere erlegen und ausweiden, Häute abschaben, Bäume fällen und Holz bearbeiten.

Auch heute noch sind in vielen Teilen der Welt Steine das einzige Material, das Werkzeugmacher haben. Überlieferte Techniken der Bearbeitung von Steinen, z. B. bei den Ureinwohnern von Australien, oder Funde von Waffen aus Feuerstein in Europa liefern den Archäologen wichtige Hinweise auf Arbeitsmethoden, die vor Jahrtausenden üblich waren.

In frühester Zeit wurde das Material für

Speerspitze aus Stein *Nach steinzeitlichen Methoden stellte der Steinmetz John Lord aus Suffolk diese Speerspitze her.*

Abschlagen *Mit genau dosierter Schlagkraft wird ein Stück abgespalten.*

Zurichten der Spitze *Splitter werden mit einem Geweihstück abgeschlagen.*

Feinarbeit *Mit einem spitzen Holz oder Knochen wird die Spitze geschärft.*

Der fertige Speer *Die scharfe Spitze wird an einen langen Holzschaft gebunden oder mit Harz angeklebt.*

Steinwerkzeuge von oberirdischen Gesteinsvorkommen abgesprengt oder an Flußufern gesammelt. In vielen Gegenden gab es nur grobkörniges oder kristallines Gestein wie Basalt oder Quarz, das schwer zu bearbeiten ist. Trotzdem haben es geschickte Handwerker vor 2 Mio. Jahren verstanden, daraus Werkzeuge herzustellen. Am begehrtesten war der Feuerstein, auch Hornstein oder Flint genannt, weil er ein ausgesprochen hartes Material ist. In Mitteleuropa wurde vor etwa 6000 Jahren der Feuerstein immer knapper, die Vorräte an der Erdoberfläche waren erschöpft. Da begann der Mensch, den gesuchten Rohstoff bergmännisch zu gewinnen.

Bergbau in der Jungsteinzeit

Nahe den heutigen Ortschaften Abensberg und Arnhofen, 30 km südwestlich von Regensburg, wurde kürzlich ein riesiges Bergbaurevier aus der Jungsteinzeit entdeckt. Die erste Abbauphase um 6000 v. Chr. beschränkte sich noch auf Flachgrabungen, aber etwa 1000 Jahre später vollzog sich der Übergang zum Schachtabbau. Die Schachttiefen lagen zwischen 4 und 8 m bei einem Durchmesser von 2 m. Zwei mit hölzernen Schaufeln versehene Arbeiter konnten innerhalb von etwa vier Wochen einen Schacht von 6 m Tiefe graben und den im Aushub enthaltenen Feuerstein ausbeuten. Man schätzt, daß das gesamte Fördergebiet etwa 500 000 m² groß war und über 18 000 Schachtbauten enthielt.

Qualitativ hochwertiges Material wie der Plattenhornstein wurde zur Verarbeitung in umliegende Siedlungen transportiert. Begehrt waren offenbar lange, schmale Klingen, die, in Holz oder Horn gefaßt, zu scharfen Messern verarbeitet wurden. Die Länge der Klingen betrug zwischen 5 und 10 cm.

Die Herstellung hinterließ Spuren am Verarbeitungsgerät selbst wie auch an den Hornsteinplatten. Aufgrund dieser Spuren kann die Arbeitsmethode rekonstruiert werden.

Ein gezielter Schlag auf das Rohstück war nötig, um ein Klingenstück mit scharfer Bruchkante abzutrennen. Der steinzeitliche Handwerker verwendete dazu einen faustgroßen Schlagstein, einen Geweihhammer oder ein Stück Hirschgeweih. Je nach Schlagtechnik war die Wirkung unterschiedlich – Horn auf Stein (weiche Technik) oder Stein auf Stein (harte Technik). Die Feuersteinplatte selbst mußte vorher zu einem geeigneten Kern zurechtgeschlagen werden, an dem die Schlagfläche mit einem Winkel von 80° zur Abtrennfront stand. Erst dann war es möglich, durch genau dosierte Schlagkraft die gewünschte Klinge abzuspalten. Mißlang ein Versuch, mußte das rohe Kernstück nachbearbeitet werden.

Mit den Erzeugnissen der Arnhofener Steinschläger wurde bis an Rhein, Ruhr und Weser Handel getrieben; noch in der Tschechoslowakei und an der niederländischen Grenze fanden sich Feuersteinwerkzeuge aus Arnhofen. Gegen 4000 v. Chr. war das jungsteinzeitliche Bergbaurevier weitgehend ausgebeutet, und die Produktion hörte auf.

Das Werk namenloser Künstler – die Statuen der Osterinsel

Hunderte von Kolossalstatuen, die entweder auf Steinpodesten stehen, bis zum Hals vergraben sind oder zerstört auf dem Boden liegen, beherrschen eine entlegene, 162 km² große Insel im Südpazifik. Die Insel wurde am Ostermontag 1722 von Europäern entdeckt und nach diesem Feiertag benannt.

Obwohl die Statuen, von den Polynesiern *moai* genannt, manchmal an Straßenrändern stehen, stellte man sie vor allem bei Heiligtümern an der Küste auf, die *ahu* genannt werden. Bisher hat man 239 dieser *ahu* entdeckt, die aus einer bis zu 60 m langen Plattform aus großen Steinblöcken bestehen. In einigen Plattformen hat man Begräbnisstätten gefunden. Die Toten blieben so lange auf dem *ahu* liegen, bis nur noch das Skelett vorhanden war; dann wurden die Gebeine in einem Gewölbe bestattet.

Es gibt etwa 1000 dieser Kolossalstatuen auf der Osterinsel. Vielleicht stellen sie Ahnen oder Häuptlinge der Inselbewohner dar.

Die größte je auf einem *ahu* aufgestellte Statue maß 9,8 m. Heute liegt sie zerstört auf dem Boden. Man schätzt, daß 90 Männer etwa 18 Monate brauchten, um die Statue zu meißeln und aufzustellen.

An den Statuen findet man keine Schrammen, die vom Transport herrühren könnten, ein Zeichen dafür, daß sie wahrscheinlich durch Holzverschalungen geschützt wurden. Heute gibt es auf der Insel keine Bäume, einiges weist jedoch darauf hin, daß sie einmal dicht bewaldet war. Genügend Holz für den Bau von Transportschlitten war also vorhanden.

Die Osterinsel ist die östlichste der polynesischen Inseln, die von rund 1800 Insulanern bewohnt wird. Wie die anderen pazifischen Inseln ist sie vulkanischen Ursprungs. Die Statuen sind aus Tuffstein gemeißelt, der aus verdichteter Lavaasche besteht und vom Rano Raraku stammt, einem niedrigen Vulkan im Osten der Insel. Einige Statuen tragen einen mächtigen Haarschopf aus roter Vulkanschlacke. Der größte Haarschopf hat einen Durchmesser von 2,4 m, ist 1,8 m hoch und wiegt 11,5 t. Die meisten sind aber wesentlich kleiner. Die Vulkanschlacke wurde am Punapau, einem niedrigen Hügel im Südwesten der Insel, gebrochen.

Im Steinbruch des Rano Raraku findet man noch alte Werkzeuge, die in der Rapa-Nui-Sprache der Insulaner *toki* heißen. Es sind Breitbeile und axtähnliche Geräte aus

Geburt einer Statue *Halbfertige, in das Vulkangestein gemeißelte Statuen liegen noch im Steinbruch des Rano Raraku.*

Reise ohne Ankunft *Am Rano Raraku steht dieser* moai, *bis zur Brust im Boden eingesunken. Er hat niemals ein Heiligtum an der Küste erreicht. Um die Rückseite zu formen, ließ man die Statue an Seilen in eine Grube gleiten, wo sie für immer stehenblieb.*

Basalt, einem dunklen Vulkanstein, der in Klumpen im weicheren vulkanischen Tuff eingelagert ist.

Im Steinbruch liegen 394 unvollendete Skulpturen. Manche sind im Tuff nur grob angerissen, andere sind schon fast fertig und könnten mit wenigen Beilhieben vom Felsen getrennt werden. Weitere Skulpturen liegen auf dem Rücken oder auf der Seite in Felsnischen wie Leichen in einer Katakombe. Andere liegen schon auf Steinwalzen, bereit zum Abtransport.

Die amerikanische Archäologin Jo Anne Van Tilburg hat insgesamt 823 Statuen auf der Osterinsel untersucht. Dabei fand sie heraus, daß im Lauf der Zeit immer größere Statuen hergestellt wurden. Die größte, die noch halb fertig im Steinbruch liegt, hätte eine Länge von 21 m und ein Gewicht von rund 200 t gehabt. Die Statuen wurden offensichtlich während einer Periode von mehreren hundert Jahren geschaffen, die etwa 200 Jahre vor der Ankunft der ersten Europäer zu Ende ging.

Im oberen Bereich des Steinbruchs sind paarweise Löcher von 1 m Tiefe in den Fels gebohrt. Sie sind am Grund durch eine Querrinne verbunden. Durch die Löcher und die Rinne wurden vermutlich Seile geführt, denn Abschürfungen im Stein neben den Löchern könnten von etwa 10 cm dikken Seilen stammen. Die Seile bestanden wahrscheinlich aus geflochtenen Pflanzenfasern, z. B. vom Hibiskus. Auch in Felsrillen eingesetzte waagrechte Holzbalken dienten zur Befestigung von Seilen, ebenso Zapfen, die man aus vorspringenden Felsen herausgeschlagen hat.

Die Kolossalstatuen wurden an diesen Seilen über die Stein- und Geröllhalden des Rano Raraku hinabgelassen. An den unteren Hängen stehen 103 Statuen, die meisten bis zum Hals im Boden eingesunken. Ausgrabungen haben gezeigt, daß man die Statuen in eine Grube gleiten ließ, um sie aufrichten und die Rückseite behauen zu können.

Der Transport der Statuen

In den 70er Jahren vertrat man die Auffassung, die Statuen seien mit dem Gesicht nach unten auf einer Art Hängegerüst oder -schlitten aus Holz zu ihrem Bestimmungsort transportiert worden. Da die *moai* einen Spitzbauch haben, hätten sie gut auf ein solches Gerüst gepaßt, das man an langen Holzstangen hätte vorwärts schieben können. Die Arbeiten von Van Tilburg beweisen aber, daß die Bauweise der meisten Statuen einen solchen Transport nicht zugelassen hätte.

Für den Transport brauchte man zahlreiche Arbeitskräfte und genügend Holz. Neuere Erkenntnisse lassen darauf schließen, daß zu der Zeit, als die Statuen transportiert wurden, beide Voraussetzungen gegeben waren. Die Archäologen haben die Steinfundamente von einzelnen Häusern und Dörfern gefunden, aus denen sich schließen läßt, daß auf ihnen Holzbauten errichtet waren. Man schätzt, daß in der Zeit zwischen 1000 und 1500 etwa 10 000 Menschen auf der Insel lebten; nach der Entdeckung durch die Europäer waren es nie mehr als 4000.

Den ersten Hinweis auf einen früheren Baumbestand lieferte der Kratersee des Rano Raraku. Ein britischer Wissenschaftler entnahm Proben vom Grund des Sees. Er fand große Mengen von fossilem Blütenstaub, der sich im Lauf vieler Jahrhunderte abgesetzt hatte. Nach dem Blütenstaub zu schließen, gab es früher auf der Osterinsel eine üppige Vegetation. Etwa 30 000 Jahre lang wuchsen auf der Insel Palmwälder, die von einem bestimmten Zeitpunkt an gerodet wurden, um neues Ackerland für die wachsende Bevölkerung zu gewinnen. Der Kampf um Anbauflächen könnte auch Kriege zur Folge gehabt haben, bei denen ein Teil der Inselbevölkerung ums Leben kam.

Eine Theorie von Professor Charles Love besagt, daß die Statuen aufrecht stehend transportiert wurden. Um seine Theorie zu überprüfen, ließ er die Kopie einer Statue in Beton gießen und versuchte, sie auf einem Holzschlitten über Rollen aus Baumstämmen fortzubewegen.

Eine große Anzahl freiwilliger Helfer zog an Seilen, um den Schlitten anzuschleppen, andere hielten die Seile gespannt, mit denen die Statue auf den Schlitten gebunden war, um sie vor dem Umkippen zu bewahren. Die Methode funktionierte mit der Kopie, die meisten Originalstatuen hatten aber für diese Transportart keine genügend breite Standfläche.

Van Tilburg untersuchte 47 der Statuen, die entlang der befestigten Straßen zwischen dem Rano Raraku und den *ahu* an der Küste liegen. Sie ist der Meinung, daß die Statuen hauptsächlich liegend transportiert wurden. Die Schlitten mit den Statuen wurden über Rollen aus Holz gezogen. Auf diese Weise konnten Statuen mit einer Höhe zwischen 4 und 5 m bewegt werden. Mit größeren Statuen gelang der Transport nur bis zu einer Entfernung von 1,5 km vom Steinbruch.

Schwierig war auch das Aufrichten. In den 60er Jahren hat Professor Mulloy mit einer Gruppe von Inselbewohnern sieben Statuen mit einem Gewicht von jeweils 16 t wieder aufgestellt. Seither kann man sich vorstellen, wie die größte Statue an der Nordküste der Insel aufgerichtet wurde (siehe unten).

EINE KOLOSSALSTATUE WIRD VOM STEINBRUCH ZUR KÜSTE GEBRACHT

Die größte Statue der Osterinsel wird Paro *genannt und liegt zerbrochen vor ihrem* ahu. *Sie ist 9,8 m groß und dürfte 82 t wiegen. Professor Mulloy von der Universität von Wyoming, USA, schätzte, daß 30 Mann etwa ein Jahr gebraucht haben, um* Paro *auszuhauen, 90 Mann zwei Monate für den Transport an die 6 km entfernte Küste und 90 Mann drei Monate für das Aufstellen benötigten. Der Haarschopf aus rotem Vulkangestein mit 1,8 m Höhe und 11 t Gewicht mußte aus 13 km Entfernung vom Punapau herangeschafft werden. Entgegen der Theorie von Mulloy vertreten Experten heute die Meinung, daß die Statuen in Rückenlage und in Holzverschalungen auf Transportschlitten über Holzrollen gezogen wurden.*

Im Steinbruch *Ein Steg verband die Statue mit dem Felsen.*

Nach Abschlagen des Stegs glitt die Statue an Seilen den Hang hinab.

In einer Grube wurde sie mit Seilen und Hebeln aufgerichtet.

Bildhauer bearbeiteten den Rücken der Statue und entfernten den Steg.

Die Statue war nun für den Transport auf dem Schlitten fertig.

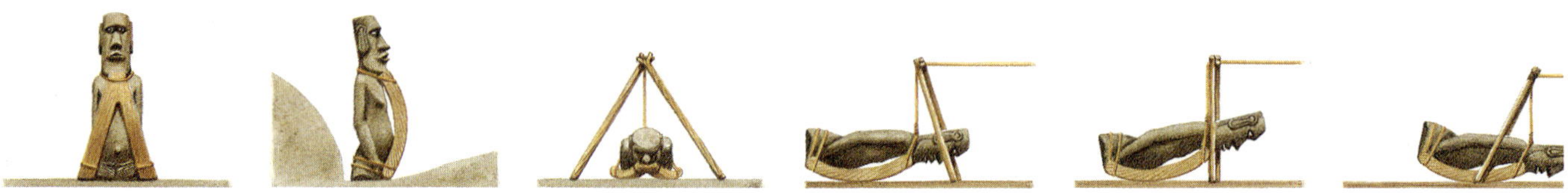

Transport *Ein Y-förmiger Schlitten wurde festgebunden.*

Die Grube wurde abgetragen und die Statue gekippt.

Die Statue wurde an zwei Stangen aufgehängt.

Von den gekippten Stangen führte ein Seil nach vorn.

Beim Anziehen des Seils glitt die Statue voran.

Die Stangen wurden immer wieder versetzt.

Aufrichten *Der Haarschopf wurde durch Seile und Balken befestigt.*

Die Statue wurde mit Hebeln angehoben. Darunter baute man einen Steinwall auf.

Auf Stufen an den Seiten des Walls standen Männer mit 6 m langen Hebelstangen.

Die Stangen griffen in Kerben am Kopfbalken und am Schlitten. Der Steinwall wurde erhöht.

Stand die Statue fast aufrecht, wurden die Hebel am Kopf angesetzt und gegen einen Querbalken unter dem Kinn gedrückt.

Auch Seile wurden beim Aufrichten verwendet. Der losgebundene Schlitten im Steinwall hielt die Statue aufrecht.

Stand die Statue auf ihrem Podest, wurden die Balken am Kopf entfernt und der Steinwall abgetragen.

Wächter des Heiligtums *Eine Reihe von 25 t schweren Statuen blickt von einem* ahu *an der Nordküste der Osterinsel in das Landesinnere. Die Kolossalstatuen erreichten ihren Standplatz blind. Nach dem Aufstellen dürften Bildhauer auf Gerüste geklettert sein, um die Augen aus weißer Koralle und roter Vulkanschlacke einzusetzen.*

Die Große Mauer: Monument für Millionen Arbeiter

Im Bergland nördlich von Beijing zieht sich die Chinesische Mauer Kilometer für Kilometer von einem Bergrücken zum andern. Hier steht der eindrucksvollste Teil der längsten von Menschen gebauten Mauer der Welt, die im Westen am Fuß der Berge des Qilian Shan beginnt.

Die Mauer durchquert Wüsten, Weideland, Flußtäler und bewaldete Bergrücken. Sie erstreckt sich bis zum Fluß Yalu an der Grenze zu Korea im Osten über eine Entfernung von 3450 km quer durch den Norden Chinas. Rechnet man alle Abzweigungen von der Hauptmauer dazu, ist die Gesamtlänge rund 6400 km.

Die erste Große Mauer

Aus dem Jahr 555 v. Chr. stammen die ältesten Überreste einer im Staat Shi (heute Provinz Shandong) angelegten Mauer. Aus der Periode der Streitenden Reiche ging 221 v. Chr. Qin Shihuang Di als Sieger hervor. Er ernannte sich zum Ersten Kaiser Chinas. Seine Truppen schickte er an die unruhige Nordgrenze des Reichs, wo sie die Lücken zwischen bestehenden Befestigungsanlagen schlossen und die erste durchgehende Mauer schufen.

In späteren Jahrhunderten wurde die Mauer von anderen Kaisern erneuert und weiter ausgebaut, vor allem zur Zeit der Handynastie (206 v. Chr. – 220 n. Chr.) und der Mingdynastie (1368–1644).

Schwerarbeit und Hunger

General Meng Tian, den der Kaiser Qin Shihuang Di mit dem Mauerbau beauftragt hatte, standen 300 000 Soldaten als Arbeitskräfte zur Verfügung. Abteilungskommandanten waren für einzelne Mauerabschnitte zuständig. Das gesamte Baumaterial mußte an Ort und Stelle beschafft werden.

Nahezu 1 Mio. Arbeiter wurde zwangsverpflichtet. Auch Strafgefangene mit kahlgeschorenem Kopf und eisernem Halsreifen wurden zu jahrelanger Zwangsarbeit an der Mauer verurteilt. Sie mußten in schwierigem Gelände unter extremen Witterungsbedingungen arbeiten. Im Sommer kletterten die Temperaturen bis auf 35 °C, im Winter fielen sie bis auf −21 °C ab. Die Arbeiter wurden bis zur Erschöpfung angetrieben und erhielten oft nicht einmal Essen. Obwohl Meng Tian einen Versor-

Die Mauer im Gebirge *Die Chinesische Mauer zieht sich über die Bergrücken des Taihang Shan im Nordwesten von Beijing. Alle 180 m steht ein Wehrturm.*

gungsweg für die Truppen und Arbeiter bauen ließ, kamen die Lebensmittel nicht an den entlegenen Orten an, weil sie die Fuhrleute unterwegs verkauften oder selbst aufbrauchten. Tausende von Arbeitern starben und wurden in den Fundamenten der Mauer begraben. Alte Gedichte und Lieder erzählen von ihrem Leid und nennen die Mauer das längste Massengrab der Welt.

Ochsenkarren und Handwagen konnten nur im flachen und leicht hügeligen Gelände eingesetzt werden. Im Gebirge, wo die Mauer auf dem Grat steiler Felsen gebaut wurde, mußten die Steine auf Menschenrücken oder in Körben mit Schulterstangen getragen werden. Jeder Mann mußte eine Last von 50 kg schleppen. Entlang den engen Pfaden wurden Menschenketten gebildet, die die Lasten von Hand zu Hand reichten. Große Steine wurden über Stämme gerollt und mit Hebeln den Hang hochgehievt.

Gab es in einem Gebiet keine Steine, baute man die Mauer aus gestampften Lehmschichten zwischen Verschalungsbrettern, die mit Holzpfosten abgestützt wurden. Am Rand der Wüste Gobi bestand die Mauer aus 20 cm dicken Schichten von Sand und Kieselsteinen mit 5 cm dicken Zwischenlagen aus Wüstengras und Bündeln von Tamariskenzweigen.

Das Nahrungsproblem veranlaßte Qin Shihuang Di, auf dem Brachland entlang der Mauer Feldfrüchte anbauen zu lassen. Diese Maßnahme behielten auch spätere Dynastien bei, wenn Ausbesserungsarbeiten gemacht wurden. Bauern, die in diese Gegenden umsiedelten, bestellten die Felder und taten gleichzeitig als Hilfstruppen Dienst. Sie hielten Wache, und im Notfall kämpften sie auch.

Die Mauer der Mingzeit

Der größte Teil der heute noch bestehenden Großen Mauer stammt aus der Mingzeit (1368–1644): Mauerreste wurden instand gesetzt, neue Teile hinzugefügt. Sie zieht sich vom Gelben Meer im Osten (Shanhai-Paß) durch sieben Provinzen und Regionen bis zur Wüste Gobi.

Die Bauarbeiten an den Abschnitten wurden von den elf Festungsstädten aus geleitet, die zwischen Liaodong im Osten bis Zhangyeh in der Provinz Gansu im Westen lagen. Zur Garnison gehörten etwa 1 Mio. Soldaten und eine noch größere Zahl von zwangsverpflichteten Arbeitern. Die Wachsoldaten trugen Kennmarken, Befehle wurden auf Scheiben oder Kerbhölzer geschrieben und von Kurierstaffeln zu den Unterkommandanten gebracht.

Soweit möglich, brannte man Ziegel und Kalk in Öfen direkt an der Baustelle. Zu höher gelegenen Orten wurde das Material von Lastenträgern transportiert. Man verwendete auch Steinplatten, die bis zu 1 t wogen. Unbekannt ist, wie man sie auf Berge schaffte. Ecksteine wurden z. T. mit Eisenklammern befestigt, indem man geschmolzenes Eisen in entsprechende Aussparungen der Steine goß.

DER VERLAUF DER CHINESISCHEN MAUER

Der größte Teil der heute noch erhaltenen Mauer stammt aus der Zeit der Mingdynastie (1368–1644). Sämtliche Mauern aneinandergefügt ergeben eine Länge von rund 6400 km, was etwa einem Sechstel des Erdumfangs entspricht.

Die Große Mauer zur Zeit der Mingdynastie

Tor im Osten, Festung im Westen
Der Shanhai-Paß ist das Tor vom Nordosten Chinas zum Zentralen Hochland. Der dreistöckige Torturm der Großen Mauer ist über 9 m hoch. Auf einer Tafel über dem Torbogen steht: Erster Paß unter dem Himmel. Diese Steintafel ist eine Kopie des Originals, das im Innern aufbewahrt wird und 1472 von Xiao Xian beschriftet wurde, der als bester Schüler seines Jahrgangs die Kaiserlichen Prüfungen bestanden hatte.

Der Jiayu-Paß beherrscht den Verbindungsweg zur Provinz Gansu im Nordwesten, wo meist gelbe Tonerde anzutreffen ist. Die 1372 zum Schutz des Passes errichtete Festung ist von Mauern aus gestampfter Erde umgeben, die etwa 9 m hoch, an der Basis 6,7 m dick und an der Krone nur noch 1,8 m breit sind.

In ihrem Verlauf ist die Mauer unterschiedlich hoch und breit. Paradestück der heutigen Großen Mauer ist ein 70 km vor Beijing gelegenes, restauriertes Teilstück der Mauer, das eine Höhe von 16 m, an der Basis eine Breite von 8 m und auf der Krone von 5 m hat. Fünf Reiter oder zehn Mann zu Fuß hatten hier bequem nebeneinander Platz. Am Jia-Shan-Paß in den Bergen des Yan Shan, von wo aus man das Gelbe Meer sehen kann, ist die Mauer an manchen Stellen nur 40 cm breit.

An den breiteren Abschnitten wird die Mauer von 1,8 m hohen Zinnen gekrönt. In Abständen von rund 180 m, der doppelten Reichweite eines Pfeilschusses, stehen Türme. Einige sind als Wetterschutz gedacht, andere beherbergen Schlafquartiere und Lagerräume. Eigene Beobachtungsplattformen für Feuersignale wurden hinter der Mauer in Abständen von 15 km errichtet, so daß man innerhalb von 24 Stunden Signale über das ganze Land senden konnte.

Rauchzeichen
Die Signale wurden am Tag als Rauch- und bei Nacht als Feuerzeichen gesendet. Der Überlieferung nach hat man die Rauchzeichen mit Wolfsdung gegeben, weil dessen Rauch länger zu sehen ist.

Je nach Art der Botschaft wurden die Signale in unterschiedlicher Anzahl entzündet. Eine Säule verkündete, daß in einem Gebiet ein Angriff durch eine kleine Truppe stattfand. Bei massiven Angriffen von über 100 000 Feinden wurden vier getrennte Signalfeuer entfacht.

Die Annahme, die Chinesische Mauer sei als einziges Bauwerk vom Mond aus zu erkennen, geht auf eine alte chinesische Sage zurück – sie wurde inzwischen durch Satellitenfotos widerlegt.

Eine Leibgarde aus Ton für den Tiger von China

Über 2000 Jahre bewachte eine Geheimarmee aus Tonsoldaten das verborgene Grab des Ersten Kaisers von China, Qin Shihuang Di (Qin heißt China, Shihuang Di Erster Erhabener Kaiser). Erst 1974 wurde das Grab entdeckt; seither enträtseln chinesische Archäologen das Geheimnis.

246 v. Chr. bestieg der „Tiger von Qin“ mit nur 13 Jahren den Thron eines Teilkönigreichs im Nordwesten Chinas. Im Jahr 221 v. Chr. hatte er ganz China erobert und die erste, die Qindynastie begründet. Er gab den Befehl zum Bau der Großen Mauer, um sein neues Reich zu schützen.

Die Zeiten, in denen Sklaven und Höflinge beim Tod ihres Herrschers hingerichtet und mit ihm begraben wurden, waren vorbei. Als Leibwache ließ sich der Kaiser

Pferd und Reiter *Dieser 1,8 m große Kavallerist hält sein gesatteltes Pferd. Zaumzeug und Zügel sind aus Bronze und würden einem lebenden Pferd passen.*

jedoch eine Armee aus schätzungsweise mehr als 8000 lebensgroßen Kriegern aus Ton anfertigen. Als Qin Shihuang Di im Jahr 210 v. Chr. starb, war die vorbereitete Grabstätte so prächtig ausgestattet, daß sie selbst den mit unermeßlichen Schätzen gefüllten Gräbern der ägyptischen Pharaonen nicht nachstand.

Zwischen 221 und 211 v. Chr. arbeiteten angeblich 700 000 Menschen an dem Monument, das auf einem Areal von etwa 5 km² errichtet wurde. Aus allen Teilen Chinas holte man die besten Handwerker. Sie errichteten die originalgroße Kopie eines Kaiserpalastes, der noch heute, von einem Grabhügel bedeckt, etwa 30 km östlich von Xian steht.

Viele Wunder dieser Grabstätte beschrieb schon der chinesische Historiker Sima Qian knapp ein Jahrhundert nach dem Tod des Kaisers. Er berichtet von seltenen Juwelen und einer Panoramalandschaft der chinesischen Flüsse, deren Wasser durch Quecksilber dargestellt wurde. Doch er erwähnte nie die Armee aus Ton, die 1974 von Bauern bei Arbeiten für einen Brunnenschacht entdeckt wurde.

Die zahlreichen Details machen die Tonarmee besonders wertvoll. Die Soldaten wurden nicht nach einer einzigen Form gepreßt, sondern einzeln aus Ton modelliert. Jeder Mann hat massive Beine und einen hohlen Körper. Köpfe und Hände wurden separat in Öfen an Ort und Stelle gebrannt und mit dünnen Tonstreifen am Körper befestigt. Anschließend arbeiteten Künstler die Details in feinerem Ton aus und bemalten die Figuren verschiedenfarbig. Eine Reihe von Soldaten trug z. B. dunkelblaue Hosen, schwarze Schuhe mit roten Schnürsenkeln, grüne Waffenröcke mit goldenen Knöpfen und purpurfarbenen Kordeln. Selbst die Nieten, Gürtelschnallen und Schuhsohlen der knieenden Krieger waren detailgetreu nachgebildet.

Gestohlene Waffen

Die Soldaten trugen ursprünglich Schwerter, Speere, Pfeil und Bogen, die jedoch später gestohlen wurden. Sie standen auf einer Platte über einem gefliesten Boden, der einem modernen Straßenbelag gleicht. Die Krieger waren in Kampfformation aufgestellt, mit einem Troß von 600 Tonpferden und 100 Streitwagen aus Holz in natürlicher Größe.

Die Grabkammer mit dem Kaiser wurde bis heute noch nicht geöffnet, und man hofft, daß sie unversehrt geblieben ist. Angeblich wurde sie mit geschmolzenem Kupfer ausgekleidet.

Das Grab könnte aber auch einige grausame Geheimnisse enthüllen. Nach zeitgenössischen Berichten wurden die Konkubinen des Kaisers, die kinderlos geblieben waren, getötet und mit ihm beigesetzt. Auch wird behauptet, die am Bau beteiligten Künstler seien lebendig eingemauert worden, damit sie das Geheimnis des Grabes nicht verraten konnten.

Wer immer das Grab betritt, soll von mechanischen Armbrüsten erschossen werden, die angeblich auf Befehl des Kaisers eingebaut wurden.

Infanterieoffizier *Jede Tonfigur wurde einzeln gefertigt, vielleicht als Abbild eines Angehörigen der kaiserlichen Armee. Sie wirken fast lebendig, mit individuellen Gesichtszügen, Haaren, Bärten und Gewändern, die fallen, als ob sie aus Stoff wären.*

Riesige Steinblöcke, lückenlos aneinandergepaßt

Als am 21. Mai 1950 ein Erdbeben Cuzco, die Hauptstadt des Inkareichs im südlichen Peru, erschütterte, kamen mehrere Mauern aus der Inkazeit zum Vorschein. Die Götterstadt in 3400 m Höhe im Herzen der Anden hat Erdbeben und Kriege bis zum heutigen Tag überstanden.

Die Straßen der Stadt waren schnurgerade und rechtwinklig angelegt. In einer steinernen Rinne in der Mitte konnte Regenwasser ablaufen. Jeder Herrscher baute sich seinen eigenen Palast, in dem seine Gemächer und die seines umfangreichen Hofstaats untergebracht waren. Innenhöfe, ein Dienstbotentrakt, eine Gebetsstätte und Gärten ergänzten den Bau. Sechs dieser Kaiserpaläste wurden in Cuzco entdeckt. Sie umschließen den großen Festplatz von drei Seiten. Rundum läuft eine riesige Außenmauer, die über 200 m lang und über 6 m hoch ist.

Die Fundamente der Paläste, Tempel, Mauern und Türme bestehen aus sorgfältig mit Sand glattgeschmirgelten Steinquadern. Die riesigen Würfel oder Vielecke mit verschiedenartigen Winkeln greifen genau ineinander und fügen sich zu einem so vollkommenen Mauerwerk, daß man keine scharfe Messerklinge zwischen die Steinblöcke schieben kann.

Die Technik der Steinmetzen

1609 schrieb der in Peru geborene spanische Historiker Garcilaso de la Vega, dessen Mutter eine Inkaprinzessin war, daß die Inka die Steine nicht durch Schneiden,

Bollwerke des Teufels *Die spanischen Konquistadoren hielten die Mauern der Festung von Sacsayhuamán in der Nähe von Cuzco für Teufelswerk. Einige Steine wiegen etwa 1000 t bei Abmessungen von 4,5 × 2,5 × 1,5 m.*

Fugengenau angepaßt *Die Inka verwendeten Steinblöcke von unterschiedlicher Größe mit verschiedenen Winkelabmessungen. Trotzdem paßt jede Kante fugenlos an den benachbarten Stein. Vorsprünge und Aushöhlungen dienten dazu, beim Versetzen Seile anzubinden oder Hebel anzusetzen.*

sondern durch Behauen mit einem schwarzen Stein bearbeiteten.

Diese Aussage wurde durch Versuche von Jean-Pierre Protzen erhärtet, der als Dozent für Architektur an der Universität von Kalifornien 1982 begann, die Methoden der Steinbearbeitung näher zu untersuchen. Er arbeitete in einem Steinbruch in der Nähe von Cuzco. Hier fand er halbfertige Steinblöcke und Steinhämmer aus Quarzit aus der Inkazeit.

Er stellte fest, daß die Inka zum Zurichten der Steine Hämmer in drei Größen verwendeten. Mit einem großen Hammer von 8–9 kg wurden die Blöcke grob zugehauen. Ein Hammer mittlerer Größe von 2–5 kg diente zum Glätten der Flächen, und mit einem kleinen Hammer, der bis zu 1 kg wog, wurden die Ecken begradigt.

Protzen brauchte eineinhalb Stunden, um drei Flächen und fünf Kanten eines Blocks mit den Abmessungen 25 × 25 × 30 cm zuzuhauen.

Die Steinmetzen hielten in jeder Hand einen Hammer mittleren Gewichts und setzten ihn in einem Winkel von 15–20° zur Senkrechten hin an, um kleine Splitter abzuschlagen. Durch Drehen der Handgelenke unmittelbar vor dem Aufschlag wurde der Anschlagwinkel annähernd verdoppelt. Nach jedem Schlag prallte der Hammer etwa 15–25 cm zurück, so daß die Arbeit nicht zu anstrengend war.

Der kleinste Hammer, der keinen Rückstoß hatte, mußte fest gehalten und kräftig aufgeschlagen werden, damit überstehende Ränder an den Kanten in einem Winkel schräg nach außen absprangen.

Die Steine wurden durch Nachmessen und sorgfältige Nachbehandlung so lange bearbeitet, bis sie fugenlos aneinanderpaßten. Viele Steinflächen hatten eine Wölbung nach außen. War eine Steinschicht verlegt, wurde aus der oberen Fläche und den Seitenflächen eine Innenwölbung herausgehauen, in die die Auswölbung des oben auf- oder seitlich angesetzten Steins paßte.

Was uns die Steine nicht verraten

Es bleibt nach wie vor rätselhaft, wie die Inka die Steinblöcke zu den oft kilometerweit entfernten Baustellen transportierten. Einige Blöcke lassen erkennen, daß sie über den Boden geschleift wurden. Das erforderte unzählige Arbeiter, die die Steine über schmale Rampen, die teilweise heute noch vorhanden sind, in die Höhe zogen.

Protzen errechnete, daß 2400 Mann hätten zupacken müssen, um den schwersten Block auf der schrägen Rampe von Ollantaytambo, einer Inkaburg, hochzuziehen. Wie die Menge der Arbeiter an den Block Hand anlegen und außerdem noch Platz zum Ziehen haben konnte, wird wohl letztlich ungeklärt bleiben.

Im Steinbruch von Rumiqolqa südwestlich von Cuzco wurden die Steine zugehauen. In einer alten Grube finden sich noch Steine, die nicht mehr abtransportiert wurden. An abschüssigen Hängen ließ man die Steine wahrscheinlich frei hinuntergleiten. Hinweise auf den Transport zur Baustelle fehlen. Rollen oder Schlitten aus Holz, die möglicherweise benutzt wurden, sind längst verrottet.

Das Heiligtum von Stonehenge: großartig und geheimnisvoll

Die monumentale Steinkreisanlage von Stonehenge in der Nähe von Salisbury in der südenglischen Grafschaft Wiltshire ist das großartigste prähistorische Heiligtum Europas. Die Baugeschichte von Stonehenge umfaßt einen Zeitraum von mindestens 1200 Jahren. Die Archäologen unterscheiden drei Phasen.

Die erste Bauphase

Begonnen wurde die Anlage in der Jungsteinzeit, etwa um 2500 v. Chr. Ein kreisförmiger Platz von etwa 115 m Durchmesser wurde von einem 6–7 m breiten und bis zu 2 m tiefen Graben umschlossen. Am inneren Grabenring war ein etwa 1,8 m hoher Erdwall aufgeschüttet. Entlang dieses Erdwalls wurden 56 Gruben von 1,2 m Durchmesser und 90 cm Tiefe ausgehoben – die Aubrey-Löcher, die nach ihrem Entdecker, dem Archäologen John Aubrey, benannt sind. Der Zweck dieser Löcher ist unbekannt. An der Nordostseite des Kreises befand sich ein Eingang, der von zwei aufrecht stehenden Steinen flankiert war. Etwa 20 m außerhalb des Kreises stand ein 5 m langer und 2,5 m dicker Sandsteinblock, der heute *Heel stone* (Fersenstein) genannt wird. Er ist das einzige steinerne Relikt aus der ersten Bauphase.

Die zweite Bauphase

Um 2000 v. Chr. begann die zweite Phase. Sie ist ein Werk der Glockenbecherleute, die über die Nordsee nach Britannien gekommen waren. Ihren Namen verdanken sie ihren glockenförmigen Tongefäßen. Die Glockenbecherleute erweiterten den Eingang zu einer heiligen Allee (*Avenue*), die 2 km weit bis an den Fluß Avon führte. In der Mitte des Kreises richteten sie einen doppelten Kreis aus 80 Steinen aus geflecktem Dolerit auf, die man ihres bläulichen Schimmers wegen Blausteine nennt. Durch mineralogische Untersuchungen konnte ihre Herkunft geklärt werden: Sie stammen aus den 200 km entfernten Presellybergen im Südwesten von Wales.

Sie wurden auf dem Wasserweg transportiert. Bei Milford Haven, an der Westküste von Wales, verlud man sie auf Flöße, die an der Küste entlang bis zur Mündung des Severn gesteuert wurden. Dann konnte man das Flußnetz bis Amesbury ausnutzen. Von hier aus mußte nur noch eine kurze Strecke zu Land zurückgelegt werden.

Diese Theorie wurde bestätigt, als man 1988 im Flußbett des Daugleddau bei Llangwmn in der walisischen Grafschaft Dyfed einen Blausteinblock fand. Seine Abmessungen ähnelten denen der Blöcke in Stonehenge, und seine Lage läßt darauf schließen, daß er wahrscheinlich beim Transport auf einem Floß flußabwärts zum Meer untergegangen ist.

Die experimentelle Archäologie hat einen weiteren Beweis für den Transport zu Wasser geliefert: Schüler schleppten Blausteine nach Stonehenge, und die Fachleute staunten, wie relativ leicht sich Steine von 2 t Gewicht, quer über drei Paddelboote gelegt, transportieren lassen.

Aus der Vogelperspektive *Auf der Luftaufnahme wird die Anlage von Stonehenge deutlich. Die Steine sind von einem Graben und einem Erdwall umgeben. Im Hintergrund der Fersenstein und die Allee.*

Ein gestürzter Gigant *Ein Deckstein liegt vor dem größten Sarsenstein, der 6,5 m hoch ist und über 45 t wiegt. Zapfen und Zapfenlöcher zum Zusammenfügen der Steine sind deutlich zu erkennen.*

Die dritte Bauphase

Zu Beginn der dritten Phase, die mit Unterbrechungen etwa von 1700 bis 1300 v. Chr. dauerte, wurde das schwierigste Unternehmen durchgeführt.

Die Anlage erhielt einen Steinkreis aus 30 mächtigen, grünlichgrauen Sandsteinblöcken, den Sarsensteinen, von denen jeder im Durchschnitt 25 t wiegt. Diese wurden auf der nach innen zeigenden Seite sorgfältig behauen. Die Oberseite wurde mit Zapfen versehen, um darauf die fast meterstarken, leicht geschwungenen Decksteine setzen zu können, die einen ringförmig fortlaufenden Architrav – eine Steinbalkenlage, die von Säule zu Säule führt – bildeten. Dieser Kreis hatte eine Gesamthöhe von 5 m. In der Mitte wurden auf hufeisenförmigem Grundriß fünf gigantische Trilithen aufgestellt. Jeder der fünf Trilithen besteht aus zwei aufrecht stehenden Pfeilern von 6 m Höhe und einem 7 t schweren, darüberliegenden Deckstein. Das Zentrum bildete ein hellgrüner, heute zerborstener Altarstein.

Die Sarsensteine stammen aus den 30 km entfernten Marlborough Downs bei Avebury. Sie müssen von Menschen über Rollen aus Eichenstämmen gezogen worden sein. Man hat ermittelt, daß 800 Mann zupacken mußten, um einen der 50 t schweren Monolithen – der aus einem einzigen Block gemeißelten Steinpfeiler – heranzuschaffen. Weitere 200 Mann mußten den Weg ebnen und ständig die schweren Eichenstämme hinter dem Stein wegziehen und nach vorn bringen.

Um den ersten Monolithen in den Boden zu setzen, wurde eine 2,4 m tiefe Grube mit einer abgeschrägten Wand ausgehoben. Zum Graben verwendete man Hirschgeweihe als Pickel und Schulterblätter von Ochsen als Schaufeln. Dann wurde der erste Monolith auf Holzrollen herbeigeschafft und so in Stellung gebracht, daß ein Ende über die schräge Wand der Grube hinausragte. Scharen von Männern mühten sich dann ab, das andere Ende des Steins anzuheben. Mit langen Holzhebeln richteten sie den Stein langsam auf und legten Rundhölzer unter, um ihn abzustützen und ein Widerlager für die Hebel zu schaffen. Je mehr Rundhölzer untergelegt wurden, um so steiler richtete sich der Monolith auf, bis er abrutschte und mit ungeheurer Wucht auf der gegenüberliegenden Grubenwand aufprallte, die mit Holzpfosten verstärkt war, damit sie nicht einbrach.

Mit Seilen zog man den Monolith dann in die senkrechte Stellung. Um zu verhindern, daß er umkippte, wurde er mit Holzpfosten abgestützt, die in einem Seilkranz am oberen Ende des Steins steckten.

Das Aufrichten eines 7 t schweren Decksteins auf die 6 m hohen Monolithe dürfte die gefährlichste Phase gewesen sein. Wahrscheinlich hat man eine Plattform aus abwechselnd kreuz- und quergelegten Rundhölzern verwendet, den Deckstein hochgehebelt und dabei immer wieder neue Hölzer untergelegt.

In späteren Jahrhunderten wurden die Blausteine so versetzt, daß sie ein Oval bildeten.

Die Bedeutung von Stonehenge ist noch umstritten. Es könnte dem Totenkult gedient haben, worauf Überreste von Bestattungen im Ringgraben hindeuten. Andere meinen, daß Stonehenge ein Sonnentempel war, weil Eingang und Allee am Tag der Sommersonnenwende in Richtung der aufgehenden Sonne weisen.

Errichtung der Trilithen *Im Kalkboden wurden tiefe Gruben ausgehoben. Eingerammte Holzpfosten verhinderten den Einsturz der Wand. Die Monolithen wurden mit Hebeln und Seilen aufgerichtet und dabei durch Lagen von Rundhölzern abgestützt, bis sie in die Grube glitten (ganz oben). Die Decksteine für den Architrav wurden mit Hebeln auf Lagen von Rundhölzern auf die entsprechende Höhe gebracht und ihre Zapfen in die Löcher der Sarsensteine gesenkt (oben).*

Aufrechter Gigant *Die größten Konstruktionen von Stonehenge, die Trilithen (unten), stehen in der Mitte des Steinkreises. Ursprünglich waren es fünf; der größte hatte eine Höhe von 6 m. Heute stehen noch drei. Jeder Trilith besteht aus zwei Monolithen und einem Deckstein.*

Wie man das Alter archäologischer Funde bestimmt

Erst seit rund 50 Jahren verfügen Wissenschaftler über zuverlässige Methoden zur Altersbestimmung vor- und frühgeschichtlicher Funde. Bis zu Beginn des 20. Jh. mußte man sich auf die Stratigraphie (Schichtenkunde) verlassen, wobei man von dem logischen Prinzip ausging, daß Funde aus tiefen Erdschichten älter sind als die darüber befindlichen.

Die Radiokarbonmethode

In den 40er Jahren entwickelte dann der amerikanische Physiker Willard F. Libby die Radiokarbon- oder C-14-Methode, nach der man das Alter organischer Überreste wie z. B. Knochen, Muschelschalen oder Pflanzen bestimmen kann.

C 14 ist ein radioaktives Isotop des Elements Kohlenstoff (Carboneum), das alle lebenden Organismen enthalten. Ein Isotop ist ein Atom, das eine andere Masse besitzt als die normalen Atome des gleichen Elements. Der normale Kohlenstoff hat eine Masse von 12, die Masse des radioaktiven Kohlenstoffs beträgt 14. Das Isotop heißt deshalb kurz C 14.

Lebende Organismen nehmen Kohlendioxid aus der Luft auf und absorbieren dabei ein Atom C 14 zusammen mit 1 Bill. C-12-Atomen. Stirbt der Organismus ab, setzt ein Zerfall der C-14-Atome ein, nicht aber der C-12-Atome. Da die Zerfallsgeschwindigkeit des C 14 bekannt ist, kann man das Alter von Funden berechnen, indem man die Gesamtzahl von Kohlenstoffatomen bestimmt und das Verhältnis von C-14-Atomen zu C-12-Atomen ermittelt.

Der Radiokarbonkalender

Die Zeit, in der ein radioaktives Element zur Hälfte zerfällt, nennt man Halbwertszeit. Kohlenstoff C 14 hat eine Halbwertszeit von rund 5700 Jahren. Nach zwei Halbwertszeiten (etwa 11 400 Jahre) ist nur noch ein Viertel des C 14 vorhanden, nach drei Halbwertszeiten nur noch ein Achtel. Der Nachweis von noch geringeren Mengen ist schwierig, so daß man die Radiokarbonmethode nur zur Datierung von Funden einsetzen kann, die nicht älter als 50 000 Jahre sind.

ZEUGEN DER VERGANGENHEIT UNTER LONDONS STRASSEN

Dieser imaginäre Querschnitt veranschaulicht die Schichten der Bebauung in London. Er reicht vom gewachsenen Kiesgrund (1) und Ziegelton (2) bis zu einem Bodenbelag aus dem 19. Jh. (26). Am ältesten sind Tongruben (3 + 4) und römische Relikte aus dem 1. Jh. wie ein Abwasserkanal (5), eine Mauer (6) und ein Mosaik (7), überlagert von Kies (8) und verkohlten Trümmern (9) aus dem 2. Jh. In der mittelalterlichen Schicht (10) läßt ein Pfostenloch ein Holzgebäude (11) vermuten. Über einer Senkgrube aus dem 13. Jh. (12) wurde im 15. Jh. ein Haus mit Kalksteinmauer (13) und Steinfußboden (14) gebaut. Aus dem 16. Jh. (15) stammt eine Senkgrube mit Kalksteinauskleidung (16), aus dem 17. Jh. ein Fußboden (17) und der Schutt des Brands der City von 1666 (18). Zu den Resten aus dem 17. und 18. Jh. gehören Pflastersteine (19), eine mit Ziegeln verkleidete Senkgrube (20) und ein Brunnenschacht (21). Aus dem 19. Jh. stammen die Aufschüttung (22), das Abflußrohr (23), der Betonsockel (24) und die Ziegelmauer (25).

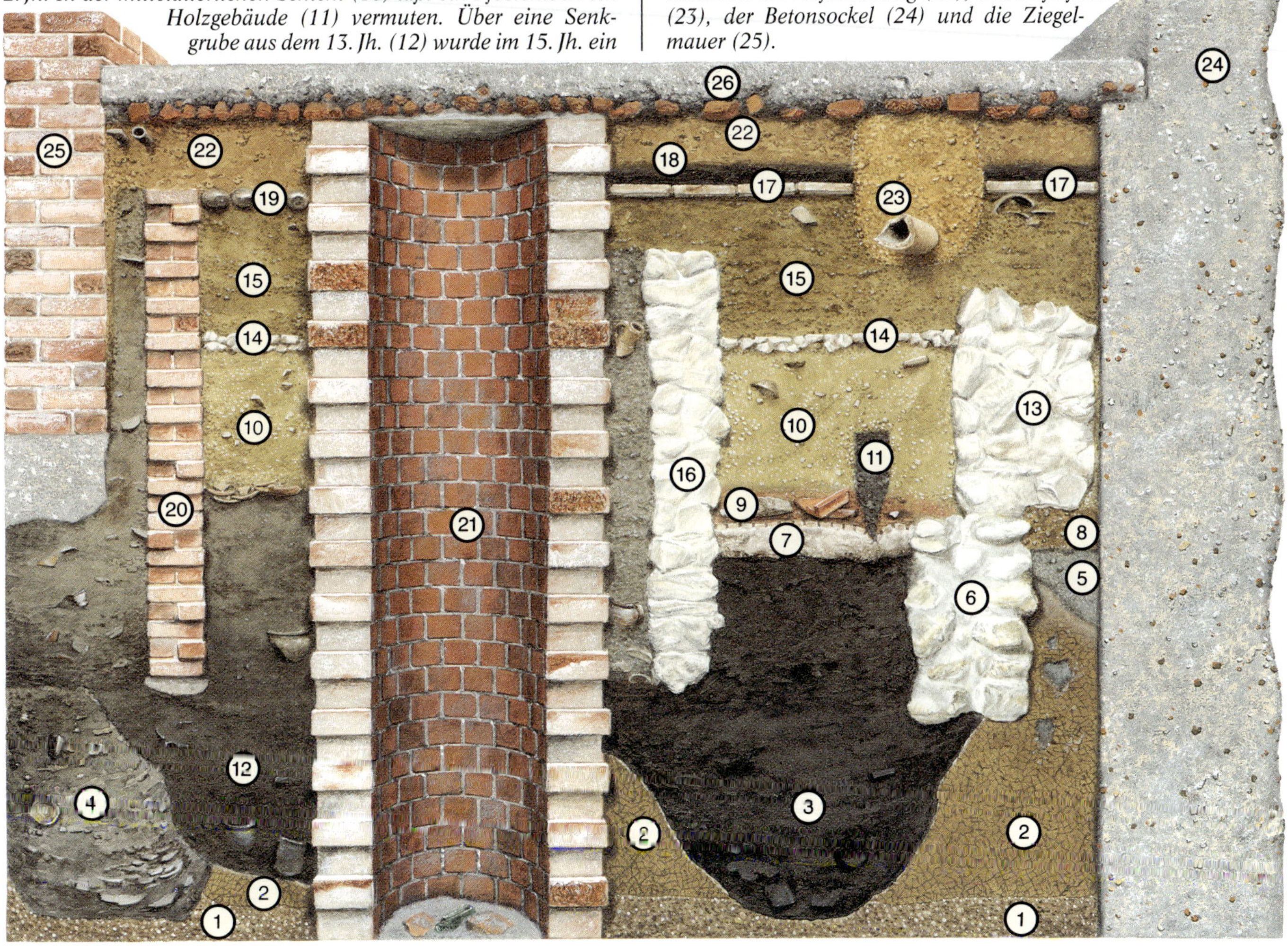

ALTERSBESTIMMUNG VON HOLZ NACH DEM MUSTER DER JAHRESRINGE

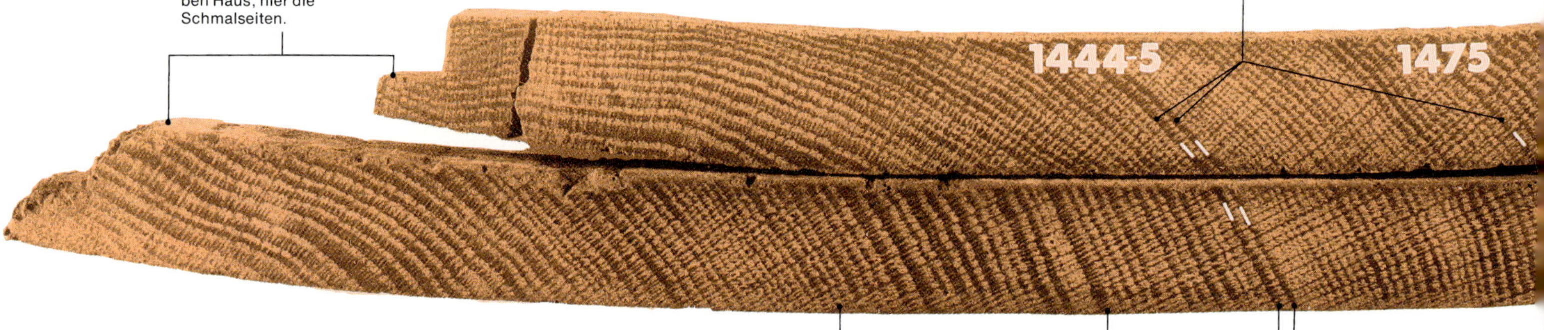

Eine neue Entwicklung ist die Analyse im Massenspektrometer mit Geschwindigkeitsfokussierung, das Atomteilchen unterschiedlicher Masse trennt und nachweist. Mit dieser Methode wurde 1988 das Alter des Grabtuchs von Turin bestimmt, einer Reliquie, die in Turin aufbewahrt wird. Angeblich handelte es sich um das von Joseph von Arimathia neu gekaufte Tuch, in das der Leichnam Jesu nach der Kreuzabnahme gehüllt wurde. Auf diesem Tuch ist sowohl auf der Vorder- wie auf der Rückseite – vergleichbar einem Negativfilm – der Abdruck eines bärtigen, langhaarigen Mannes zu erkennen, mit Wundmalen, wie man sie Christus bei der Kreuzigung zugefügt hat.

Drei Fragmente des Tuchs wurden unabhängig voneinander in Laboratorien in Großbritannien, den USA und der Schweiz nach der Radiokarbonmethode untersucht. Alle datierten die Entstehungszeit des Tuchs auf die Zeit zwischen 1260 und 1390 und lieferten somit den Beweis, daß das Tuch erst im Mittelalter gewebt wurde.

LEBEN IN DER FRÜHZEIT

1986 entdeckten französische Archäologen auf einer geschützten Felsklippe im entlegenen Nordosten Brasiliens eine Herdstätte. Sie enthielt Holzkohle, die man nach der Radiokarbonmethode datierte. Die Spuren bewiesen, daß die Neue Welt bereits vor 32 000 Jahren besiedelt war. Bisherige Funde hatten eine Besiedlung erst seit 15 000 v. Chr. nachgewiesen.

Die Radiokarbondatierung eines Bootes, das man 1987 vor der Küste Dänemarks fand, ergab ein Alter von 7000 Jahren. Es ist das älteste Boot, das in Dänemark entdeckt wurde.

Torf mit dem Teilabdruck eines Fußes aus dem Mündungsgebiet des Severn in Großbritannien ergab im Radiokarbontest, daß der Fußabdruck vor 7000 Jahren hinterlassen wurde, möglicherweise von einem Menschen, der im Schilfmoor Wildgänse jagte.

Datierung anhand von Baumringen

Das Alter eines Baums kann man anhand seiner Wachstumsringe auszählen – er besitzt für jedes Jahr einen Ring, der je nach Klima und Witterung unterschiedlich stark sein kann. In guten Jahren wächst der Baum stärker, in schlechten weniger stark, und das wirkt sich sichtbar auf die Stärke der Ringe aus.

Das typische Muster der Jahresringe ist für einzelne Baumarten in einem verhältnismäßig großen Gebiet ähnlich, und man kann anhand von Bäumen, die zu bekannten Zeitpunkten gefällt wurden, Vergleichsmuster für diese Gebiete anfertigen. Diese Methode heißt Dendrochronologie. Nach ihr kann das Alter von Holzresten bestimmt werden, sofern das Fundstück groß genug ist. Durch Vergleich der Jahresringe mit dem Muster ermittelt man das Jahr, in dem der Baum gefällt wurde.

Als 1988 Archäologen in London 5,5 m unter einer Uferstraße an der Themse Reste von Holzpfählen ausgruben, konnten sie durch den Vergleich der Jahresringe feststellen, daß die Stämme zwischen 665 und 710 gefällt worden waren. Dennoch waren die Pfosten vermutlich Teil der Uferbefestigung des Hafens von London aus der Zeit der Angelsachsen.

Seit 1989 gibt es ein Gerät zum Auszählen der Ringe, das dem elektronischen Stift gleicht, den man in Supermärkten benutzt, um die Strichcodierung auf Warenpackungen abzulesen. Während man früher nur drei Vergleichsuntersuchungen am Tag machen konnte, schafft das Abtastgerät täglich 30 Proben.

Das Kalium-Argon-Verfahren

In manchen vulkanischen Mineralen und Gesteinsarten kommt ein instabiles Isotop des Elements Kalium, das K 40, vor. Es zerfällt mit einer Halbwertszeit von etwa 1,3 Mrd. Jahren zu dem gasförmigen Element Argon 40 (Ar 40). Das Gas bleibt im Gestein gefangen, und aus dem Verhältnis zwischen vorhandenem Kalium und dem Zerfallsprodukt Argon läßt sich das Alter der Gesteinsschicht und der eingeschlossenen Fossilien bestimmen. Wegen der langen Halbwertszeit lassen sich nach dieser Methode nur Proben datieren, die älter als 1 Mio. Jahre sind.

Nach dem Kalium-Argon-Verfahren wurde das Alter des frühesten bisher bekannten menschlichen Knochenfundes bestimmt, eines etwa 5,5 Mio. Jahre alten Backenknochens, der 1984 in der Nähe des Baringosees in Kenia gefunden wurde.

Datierung anhand von Lichtstrahlen

Während die Radiokarbonmethode auf alle organischen Stoffe anwendbar ist, eignet sich die Thermolumineszenmethode zur Altersbestimmung von Mineralstoffen, besonders von Keramik. In das keramische Material eingeschlossene Teilchen radioaktiver Stoffe geben nach dem Brennen des Tons eine gleichbleibende Menge Strahlung ab, deren Teilchen sich in Unregelmäßigkeiten der Kristallstruktur fangen. Wird ein Tongefäß abermals erhitzt, werden diese Teilchen freigesetzt und erzeugen ein mehrmaliges Aufglühen des Probematerials, an dem sich die verstrahlte Energie messen und so der Zeitpunkt des ersten Tonbrandes bestimmen läßt.

Diese Methode eignet sich auch zum Nachweis von Fälschungen. Was man in der Sammlung des Britischen Museums für eine römische Tonlampe hielt, wurde 1970 durch einen Thermolumineszenztest als Fälschung aus dem Jahr 1920 entlarvt.

Blütenstaub enträtselt die Vergangenheit

Diese Dielen aus dem 15. Jh. stammen aus einem Haus in Yorkshire. Ihr Alter wurde durch einen Vergleich der Jahresringe an den Bretterkanten mit bekannten Mustern von Wachstumsringen britischer Bäume bestimmt. Die moderne Computertechnik und ein Abtastgerät zum Auszählen der Jahresringe ermöglichen heute eine rasche Datierung von Hölzern, die in alten Bauten oder bei Ausgrabungen gefunden werden.

Datierung anhand von Magnetfeldern

Eine Kompaßnadel weist zum magnetischen Nordpol, der mit der Nordrichtung auf einer Landkarte nicht genau übereinstimmt (Mißweisung). Das Magnetfeld der Erde verlagert sich nämlich von Zeit zu Zeit, und diese Veränderung ist nicht gleichförmig. So war z. B. vor 1500 Jahren die Mißweisung zum geographischen Nordpol um 50 % größer als heute, vor rund 5500 Jahren nur etwa 40 %.

Tonerden enthalten Eisenoxidteilchen, die sich nach dem Magnetfeld der Erde ausrichten. Nach dem Brennen behalten sie diese Orientierung bei, während sich das Magnetfeld der Erde ja ständig verändert. Wenn man die entsprechenden früheren Veränderungen des erdmagnetischen Feldes in der betreffenden Gegend kennt, kann man aus der Differenz zwischen dessen gegenwärtigem Stand und dem Stand des Erdmagnetfeldes, wie er in der Tonware festgehalten ist, die Zeit feststellen, die seit dem letzten Brennen verstrichen ist. Voraussetzung ist allerdings, daß die untersuchten Tonwaren seit dem Brennen nicht von der Stelle gerückt wurden. Geeignet für diesen Test sind Gefäße, die nie aus den Brennöfen herausgenommen wurden, und Herde oder Öfen aus Ton. Anhand bereits sicher datierter Keramiköfen und einem Kalender der Veränderungen des Erdmagnetfeldes kann das Alter der Tonware bestimmt werden. Ein solcher Kalender wurde durch Gegenüberstellung von Fundstätten bekannten Alters mit Gesteinsdatierungen nach der Kalium-Argon-Methode erstellt.

Mit Hilfe dieser Methoden zur Datierung kann der Archäologe aus seinen Funden die Abfolge und die Dauer von bestimmten Ereignissen herauslesen und die Vergangenheit, die Millionen Jahre zurückliegt, rekonstruieren.

Mikroskopisch kleine Blütenstaub- oder Pollenkörner geben Wissenschaftlern Aufschluß über die Vergangenheit der Welt, über die Entwicklung der Vegetation und die Klimaschwankungen von der letzten Eiszeit bis heute.

Eine Eiche gibt jährlich über 100 Mio. Pollenkörner ab. Einige kleine Pflanzen sind noch fruchtbarer – der gewöhnliche Sauerampfer z. B. setzt jedes Jahr die unglaubliche Menge von rund 400 Mio. Pollen frei. Der Großteil des vom Wind verwehten Pollens landet auf dem Erdboden und verrottet. Einiges fällt jedoch in Seen oder Moore, wo die Körner im Sediment konserviert werden und im Lauf der Jahrtausende versteinern. Jede neue Sedimentschicht schließt Pollen von Pflanzen ein, die zu der Zeit wachsen.

Die fossilen Pollen liefern eine Art Kalender, den der Paläobotaniker, der Wissenschaftler, der die frühgeschichtliche Pflanzenwelt studiert, heranziehen kann, um sich ein Bild von der Vegetation und damit auch vom Klima vergangener Jahrtausende zu machen.

Pollenkörner haben einen Durchmesser von $^{15}/_{1000}$–$^{50}/_{1000}$ mm. Je nach Pflanzenart besitzen sie eine charakteristische Struktur, die man unter dem Mikroskop bestimmen kann. Die harte Außenschale des Pollenkerns bleibt erhalten, denn sie enthält ein Protein, das den Verrottungsprozeß verhindert. Zur Untersuchung der fossilen Körner entnimmt man mit Hilfe eines Bohrzylinders Proben aus organischen Ablagerungen, z. B. einem Torfmoor. Sämtliche Sedimentschichten werden einzeln untersucht und die Proben dann nach der Radiokarbonmethode datiert.

Der Pollengehalt der entnommenen Proben liegt zwischen 20 000 Körnern pro cm^3 bei 11 000 Jahre alten Sedimenten und etwa 650 000 Körnern pro cm^3 bei Ablagerungen, die einige Jahrtausende jünger sind.

Aus dieser Menge wird eine repräsentative Probe von etwa 1000 Pollenkörnern analysiert, und man berechnet, in welchem Verhältnis einzelne Gewächse vertreten sind. So können Wissenschaftler z. B. feststellen, in welcher Reihenfolge sich die Pflanzen nach der letzten Eiszeit vor rund 12 000 Jahren in den nördlichen Breiten ansiedelten. Eins der ersten Gewächse war der Wacholder, der in kalten Klimazonen gedeiht. Als das Klima wärmer wurde, haben Birken, Eichen und Ulmen den Wacholder verdrängt. Einem Umschwung zu feuchterem Klima folgten die Erlen.

Auch Eingriffe des Menschen in die Natur kann man durch Pollenanalyse feststellen. Sedimente aus dem See Genezareth in Israel zeigten, daß man vor etwa 5000 Jahren die Eichenwälder rodete, um Olivenbäume zu pflanzen. Als die Juden im 3. Jh. Palästina verließen, ging der Bestand an Olivenbäumen stark zurück.

LEBENDER UND FOSSILER POLLEN

Jede Pflanze produziert Pollenkörner einer charakteristischen Größe und Form. Fossile Körner geben Aufschluß über Vegetation und Klima vergangener Epochen.

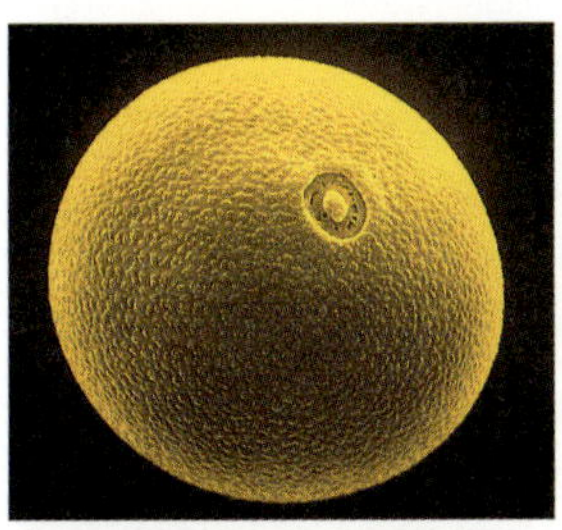

Knäuelgras

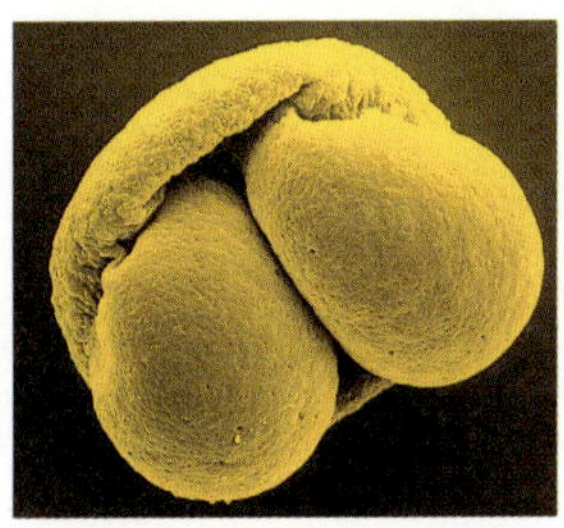

Kiefer

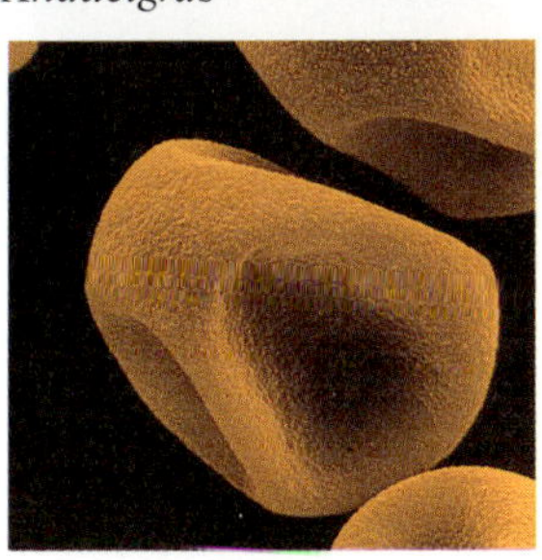

Wiesen-Lieschgras

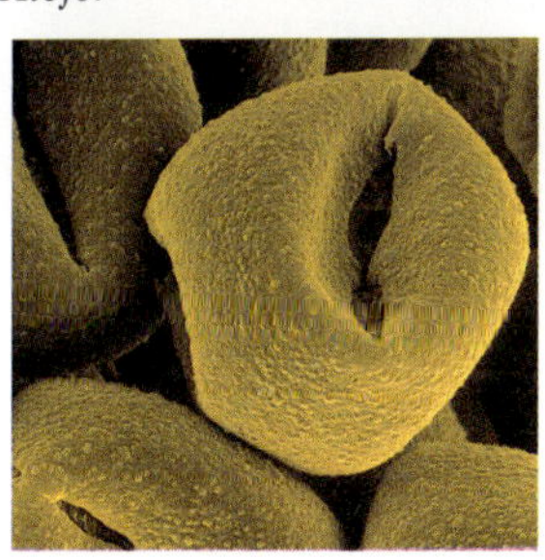

Eiche

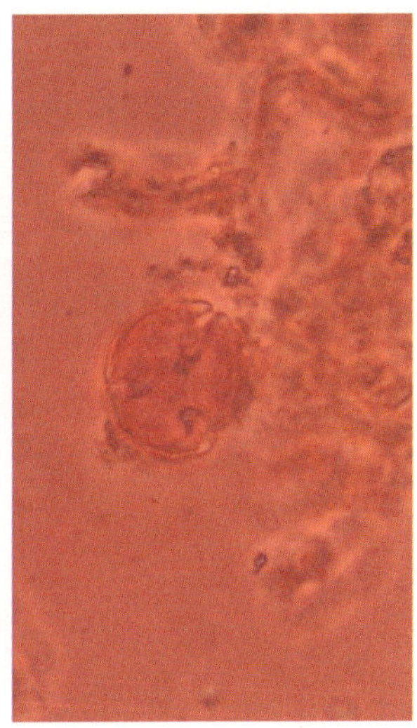

Untersuchungen fossiler Pollen von Eichen haben geholfen, das Leben im Mittleren Osten zu erforschen. Die Pollenkörner (oben) stammen aus der Zeit um 3000 v. Chr.

Mit Elefanten über die Alpen im Kampf gegen Rom

Als Hannibal vor 2200 Jahren den Plan faßte, mit einem Heer, zu dem auch 37 Elefanten gehörten, die Alpen zu überschreiten, ließ er sich auf ein Abenteuer ein, das heute noch Staunen erregt.

Es war schon Oktober, in den höheren Lagen schneite es, und die Soldaten mußten die Überfälle feindlicher gallischer Stämme abwehren. Obwohl sie in schwierigem Gelände eine Höhe von 2750 m zu überwinden hatten, legten sie durchschnittlich 14 km pro Tag zurück und brauchten für die Überschreitung insgesamt nur 15 Tage.

Die Überschreitung der Alpen war jedoch nur ein kurzer Abschnitt des Marsches von Spanien in die Poebene, der fünf Monate dauerte. Das Ziel war, Rom durch die Hintertür anzugreifen und den Kampf zwischen Rom und Karthago um die Vorherrschaft im westlichen Mittelmeer zu entscheiden.

Rom hatte bereits die karthagische Flotte geschlagen, so daß ein Angriff auf dem Seeweg nicht möglich war. Aber Spanien stand unter der Herrschaft Karthagos. Im Frühjahr 218 v. Chr. verließ Hannibal an der Spitze von 90 000 Fußsoldaten, 12 000 Reitern und 37 Elefanten seinen Stützpunkt in Cartagena an der Ostküste Spaniens. Ein Teil der Truppen rebellierte, als sie die Pyrenäen erreichten, und blieb zurück.

Mit 50 000 Fußsoldaten und etwa 9 000 Reitern erreichte Hannibal nach der Überquerung der Pyrenäen schließlich die Rhône. Für das Übersetzen des Heeres wählte er eine nach Meinung der Historiker günstige Furt, die von Fouques am Westufer nach Arles am Ostufer führte. Sie liegt oberhalb der Stelle, an der sich die Rhône vor ihrer Einmündung ins Meer teilt; sie ist dort seicht und fließt langsam, hat aber mit 800 m eine beachtliche Breite.

Von den Volkäern am Ostufer, einem gallischen Stamm, der Seehandel trieb, kaufte Hannibal Kähne, größere Schiffe und Holz für Flöße. Die meisten Volkäer allerdings hatten sich gesammelt, um den

Die Route über die Alpen *Hannibal führte sein Heer über einen der höchsten Alpenpässe, den Col de la Traversette, um die Römer in der Poebene anzugreifen. Es war das Ende eines fünfmonatigen Marsches. Im Gebirge kamen 30 000 Mann ums Leben; die 37 Elefanten aber überlebten.*

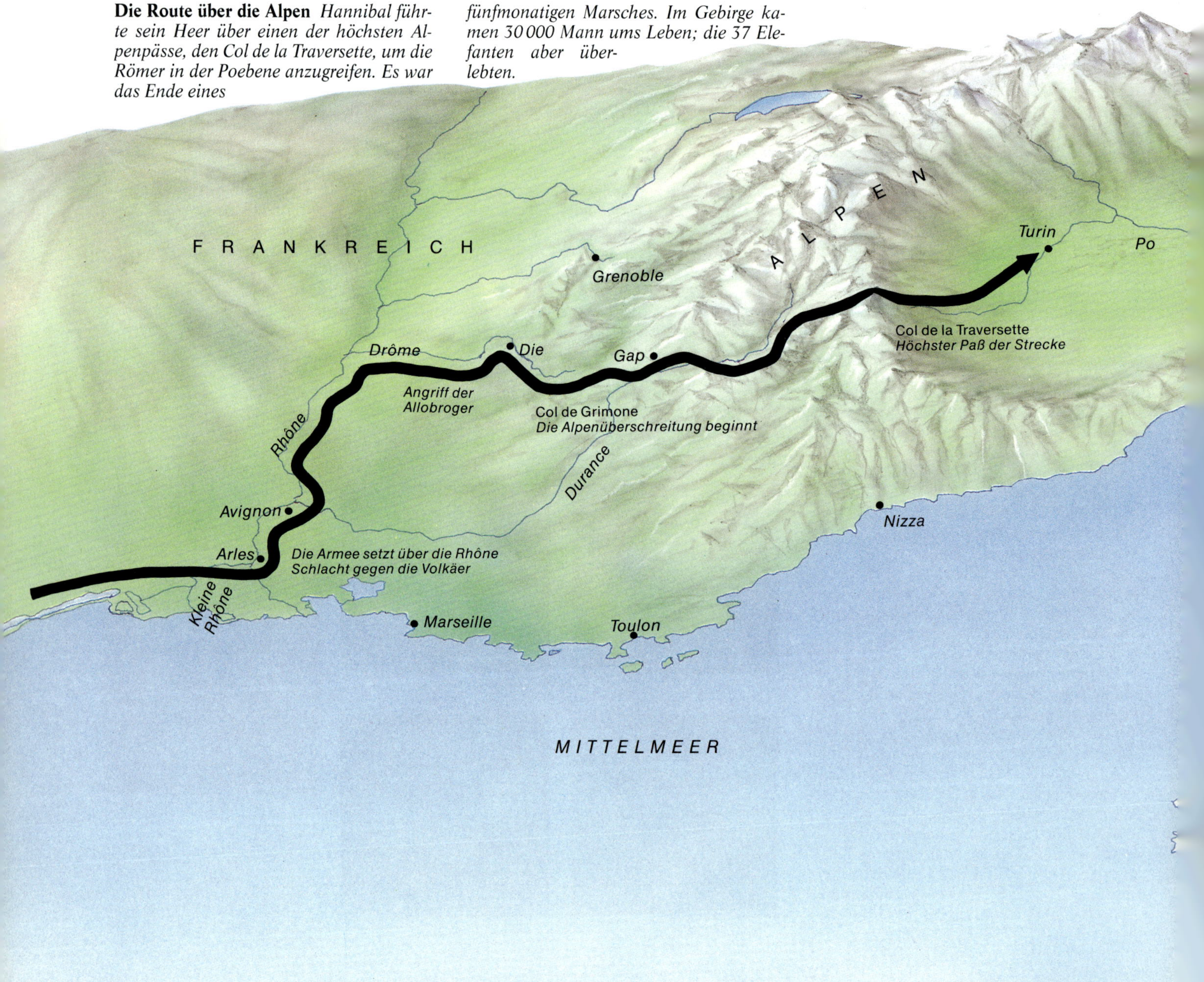

Flußübergang Hannibals zu verhindern. Dieser schickte deshalb seinen Freund Hanno mit 200 Mann ein Stück flußaufwärts. Dort überquerte der Trupp die Rhône und fiel den Volkäern in den Rücken. Die Volkäer flohen, und Hannibal konnte übersetzen.

Für die Elefanten bauten die Soldaten etwa 60 m lange Stege in den Fluß, die sie zur Tarnung mit Erdreich abdeckten. An den Stegenden wurden große Flöße befestigt. Zuerst führte man die Elefantenkühe über die Stege auf die Flöße, dann folgten die Bullen. Als die Flöße losgebunden und zum Ostufer gesteuert wurden, brach unter den Elefanten Panik aus, einige fielen ins Wasser. Sie konnten den Fluß aber unbeschadet durchwaten – an tiefen Stellen setzten sie ihre Rüssel einfach als Schnorchel ein.

ELEFANTEN IM KRIEG

Der Einsatz von indischen Elefanten im Krieg ist erstmals bei den Feldzügen Alexanders des Großen belegt. Die indischen Elefanten mit einer Schulterhöhe von 3 m waren für den Kriegsdienst ausgebildet. Auf ihrem Rücken trugen sie einen turmartigen Aufbau für Bogenschützen, die aus dieser Höhe auf den Feind zielen konnten.

Hannibal (ganz oben links auf einer Münze) führte wahrscheinlich nur einen indischen Elefanten und sonst die kleineren afrikanischen Elefanten mit, deren Schulterhöhe nur 2,2 m beträgt. Deshalb war die Überschreitung des Gebirges wohl nicht so schwierig, wie dies mit indischen Elefanten der Fall gewesen wäre. Münzen, die zur Zeit des Zweiten Punischen Krieges geprägt wurden, zeigen bisweilen einen Elefanten. Durch den konkaven Rücken und den geriffelten Rüssel (oben links) unterscheidet sich der afrikanische vom indischen Elefanten.

Hannibal setzte die Elefanten hauptsächlich gegen feindliche Reiterei ein, denn die Pferde gerieten durch die Tiere mit dem fremden Geruch und dem wilden Trompetengetöse in Panik, und die Krieger wurden durch die riesigen Erscheinungen in die Flucht geschlagen.

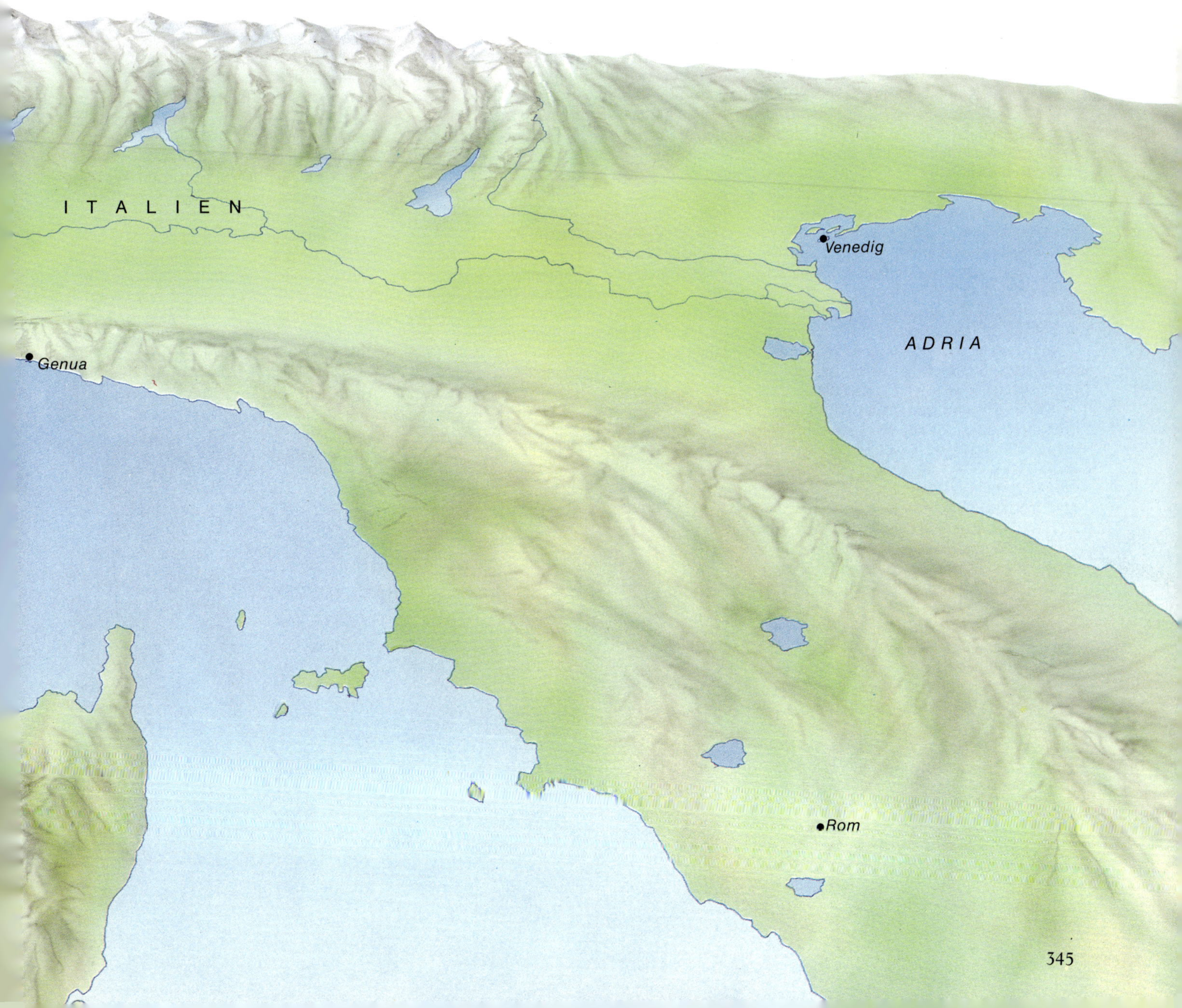

Die Armee marschierte flußaufwärts bis zur Mündung der Drôme in die Rhône und schwenkte dort nach Osten ab. Hannibals Route, auf der er sich jetzt den Alpen näherte, führte durch einen Gebirgskorridor mit hohen Felswänden. Hier kam es zu schweren Kämpfen mit den gallischen Allobrogern. Sie überfielen die Karthager in der Felsenge des Gorge de Gas, wurden aber aufgerieben und in die Flucht geschlagen. In einer von den Allobrogern verlassenen Siedlung konnte Hannibal vor der schwierigsten Etappe noch einmal Vorräte für seine Truppen aufnehmen.

Mit dem Aufstieg zum Col de Grimone begann nun die eigentliche Überschreitung der Alpen. Vier Tage, nachdem sie die Siedlung der Allobroger verlassen hatten, gerieten sie durch den Verrat einheimischer Bergführer in einen Hinterhalt der Gallier. Wieder einmal schlängelte sich die Kolonne durch eine enge Felsschlucht entlang einem kleinen Flußlauf mit starker Strömung (möglicherweise war es der Guil), als von oben schwere Felsbrocken auf sie niederstürzten. Der Geschichtsschreiber Polybios berichtet: „Die Feinde wälzten teils Felsbrocken auf die Karthager, teils schlugen sie dieselben im Handgemenge mit Steinen und brachten sie hierdurch in äußerste Bestürzung und Not, so daß Hannibal genötigt war, mit der Hälfte des Heeres auf dem steilen und nackten Felsen [wahrscheinlich am Ende des Queyrastals], getrennt von den Pferden und Lasttieren, zu kampieren, um den Letzten Schutz zu gewähren, bis sie sich die ganze Nacht hindurch mit Mühe aus der Schlucht herausgearbeitet hatten."

Inzwischen war es Oktober geworden. Hier marschierte nicht mehr das mutige und zuversichtliche Heer, das die Rhône mit kräftigen und wohlgenährten Pferden, Elefanten und Maultieren überschritten hatte, sondern eine Kolonne, der täglich mehr die Kräfte schwanden. Denn neben den Kämpfen hatten auch Krankheiten und Unfälle die Reihen stark gelichtet.

Hannibal erreichte den Col de la Traversette, die letzte Paßhöhe der Alpen. Der Abstieg war von noch größeren Strapazen begleitet als der Aufstieg. Nicht nur Eisflächen wurden zum Problem, durch Schneewehen, Erdrutsche und Steinlawinen mußten erst Wege freigeschaufelt werden.

Als Hannibal die Poebene erreichte, hatte er nur noch 20 000 Mann, etwa 6000 Reiter und 37 – allerdings geschwächte – Elefanten. Er kämpfte noch 15 Jahre gegen die Römer, aber trotz vieler Verbündeter unter den gallischen Stämmen Norditaliens reichte seine Streitmacht nicht aus, die Römer zu besiegen.

Karthago wurde 146 v. Chr. von den Römern dem Erdboden gleichgemacht. Da war Hannibal längst tot – 183 v. Chr. beging er Selbstmord, um der römischen Gefangenschaft zu entgehen.

Brot und Bier der Steinzeit

Brot und Bier werden aus Getreide hergestellt. In der Steinzeit buk man Brot aus wilden Weizen- und Gerstensorten. Bier dürfte als Nebenprodukt beim Brotbacken entstanden sein, und niemand weiß, ob man Getreide kultivierte, weil man Brot als Grundnahrungsmittel brauchte oder weil man auf den Geschmack des Bieres gekommen war.

Steinerne Mörser, Stößel und Mahlsteine, die bei Ausgrabungen gefunden wurden, lassen darauf schließen, daß man im Vorderen Orient schon eine Art ungesäuertes Brot oder einen Brei aus wilden Körnern kannte, bevor man überhaupt wußte, wie Töpferwaren hergestellt wurden.

Bei wildem Getreide ist es schwierig, die eßbaren Körner von der spelzigen Schale zu trennen. Die Archäologen glauben, daß die Menschen der Frühzeit die Spreu vom Korn trennten, indem sie das Getreide auf heißen Steinen rösteten. Wurden die gerösteten Körner mit Wasser angerührt, entstand ein genießbarer Brei. Frische Körner hat man wahrscheinlich angefeuchtet und keimen lassen. Auf diese Weise erhielt man Malz. Mit Wasser und natürlicher Hefe versetzt, entstand daraus Bier.

Die ersten Menschen, die nach unserem Wissen Getreide anbauten, waren die Natufier, die in einem Höhlental des Karmelgebirges im Norden des heutigen Israel lebten. Archäologische Forschungen aus dem Jahr 1988 zeigen, daß man dort vor 13 000 Jahren Weizen und Gerste anbaute und mit Sicheln aus Feuerstein erntete. Die Sicheln hatten Schrammen von kleinen Steinen, was vermuten läßt, daß man Getreide auf Ackerflächen anbaute und nicht auf wild bewachsenen Flächen mähte, wo die Erdkrume von Bodenvegetation bedeckt ist.

Backen und Brauen *Ägyptische Grabfiguren zeigen, wie vor 3000 Jahren gebacken und gebraut wurde.*

Die Sumerer, die im Süden Mesopotamiens (heute zum Großteil im Irak gelegen) lebten, verwendeten bereits vor 5000 Jahren etwa 40 % ihrer Getreideernte zur Herstellung von Bier. In den sumerischen Tempelstaaten erhielten die einfachen Arbeiter eine tägliche Ration von 1 l Bier, höhere Beamte bis zu 5 l. Um 1750 v. Chr. erließ König Hammurabi von Babylon Vorschriften über die Qualität des Bieres, das in Tavernen verkauft wurde.

Die Ägypter stellten um 2600 v. Chr. wahrscheinlich als erste gesäuertes Brot her, indem sie Weizenmehl mit Sauerteig ansetzten. Spätere Kulturvölker verwendeten den hefehaltigen Gärschaum des Bieres zum Ansäuern von Brot.

Ägyptische Bäcker *Diese Figuren stammen aus der Zeit um 1900 v. Chr. Damals wurde schon seit 700 Jahren gesäuertes Brot hergestellt.*

Muster in Stein

Nur aus der Luft kann man diese Umrißzeichnung eines Affen in der Steinwüste an der Pazifikküste von Peru erkennen. Sie bedeckt eine Fläche von 2 ha, eine Hand allein hat einen Durchmesser von 12 m.

Dieser Affe gehört zu einer ganzen Anzahl stilisierter Zeichnungen und schnurgerader Linien, die Menschen der Nazcakultur zwischen 300 v. Chr. und 700 n. Chr. im Wüstenboden anbrachten. Die Nazcalinien wurden erst 1926 entdeckt. Ihre volle Ausdehnung über eine Fläche von 500 km^2 erkannte man 1941, als die Luftwaffe Perus die Wüste fotografierte.

Die Steine, die den Wüstenboden bedeckten, wurden von den Nazcaleuten beiseite geschafft und zu einem Wall aufgeschichtet. Auf dem gelblichen Boden brachten sie dann ihre Linien und Zeichnungen an. Warum sie das taten, weiß heute niemand.

Steinzeitliche Höhlenmalerei bei Lampenschein

Auch bei moderner elektrischer Beleuchtung wirken die Höhlenmalereien im Süden Frankreichs und in Spanien düster. Als die Künstler der Steinzeit (30 000–12 000 v. Chr.) Tierbilder auf die Wände der Höhlen malten, arbeiteten sie in fast völliger Dunkelheit. Zu einigen der Malereien dringt kaum Tageslicht vor; die große Kammer der Höhle von Niaux im Departement Ariège in Frankreich liegt mehr als 800 m vom Eingang entfernt.

Die Bilder mußten beim Schein einer schwach flackernden Steinlampe gemalt werden. Einige dieser Lampen hat man gefunden. An den Wänden und Malereien erkennt man Rußspuren von vielen weiteren.

Die Lampen waren Steinbrocken mit einer Vertiefung für tierisches Fett, das als Brennstoff diente, und einem Docht aus getrockneten Moosen oder Flechten. In der Höhle von Lascaux nahe bei Montignac im Südwesten Frankreichs verwendete man auch Wacholderzweige als Dochte.

Insgesamt bildete man 20 Tierarten ab, u. a. Pferde, Bisons, Hirsche, Steinböcke, Boviden (Rinder außer dem Bison), Mammuts, Rentiere, aber auch Löwe, Wildschwein, Wolf und Phantasietiere sowie Tier-Mensch-Mischwesen kommen vor. Über 100 Höhlen in Europa enthalten Wandmalereien sowie Umrißzeichnungen, die mit einem Stichel in die Höhlenwände

Farbpalette *Diese zwölf Minerale von hellgelb bis schwarz ähneln denen, die auch in den Höhlen von Lascaux verwendet wurden.*

Geräte und Farben *Eine Art Spachtel mit angetrocknetem Ocker liegt neben zwei Bildhauersticheln und einigen Brocken Ocker und Mangan. Damit malten Künstler der Steinzeit Höhlen aus.*

Lampen der Steinzeit *Ausgehöhlte Steinlampen wie diese beleuchteten den Arbeitsplatz. Als Brennstoff diente tierischer Talg.*

geritzt wurden, und sogar Flachreliefs. Als Farben benutzte man natürlich vorkommende mineralische Stoffe wie Eisenoxid und Ocker (rot und gelb), Manganoxid (dunkelbraun, schwarz), Hämatit (rotbraun) und Porzellanerde (weiß). Die Funde von Lascaux zeigen, daß die Maler die Minerale mit einem Stößel in einer Schale anrieben und dann auf Steinpaletten mischten, um Farbabstufungen zu erhalten. Beim Mischen wurden Substanzen wie Holzkohle oder Quarz zugesetzt.

Wasserfeste Farben

Wahrscheinlich wurden die Minerale mit Wasser angemischt. In Lascaux verwendete man zum Mischen Wasser aus der Höhle, das mit seinem hohen Gehalt an Calciumcarbonat eine haltbare Farbe lieferte. Die Farben wurden mit Pinseln aus Federn, Tierhaaren oder Zweigen und mit Tupfern aus Moos oder Fell oder mit den Fingern aufgetragen.

Die Künstler mußten sich nicht nur mit schlechten Lichtverhältnissen, sondern auch mit Unbequemlichkeiten abfinden. Einige Zeichnungen befinden sich in engen Felsnischen, kaum 1 m hoch, so daß die Künstler eine Hockstellung einnehmen mußten. Andere Stellen liegen so hoch, daß man sie nur über eine Leiter oder auf einem Holzgerüst erreichen konnte.

Verpflegung am Arbeitsplatz

In den Höhlen von Lascaux fand man auch Überreste von Gerüsten, die bis zu 5 m hoch gewesen sein müssen. In einem Gang sind an beiden Seiten etwa 10 cm tiefe Löcher in die Wände eingehauen, wahrscheinlich um Balken einzusetzen, die eine Plattform trugen. Man fand auch Reste vom Mittagessen – auf dem Boden verstreute Rentierknochen.

Saal der Stiere *Die Malereien von Künstlern der Steinzeit auf Wänden und Decken der Höhlen von Lascaux zeigen u. a. ein braunes Pferd (oben), einen gelben Stier (oben rechts) und eingravierte Umrisse von Hirschen.*

Spiele im Kolosseum: Tierhetzen und Gladiatorenkämpfe

Beifallsstürme tobten vom frühen Morgen bis zum Abend durch das Kolosseum im antiken Rom. Die Massen begeisterten sich an grausamen und blutrünstigen Spielen, an Tierhetzen und Gladiatorenkämpfen.

Die Römer übernahmen die Gladiatorenkämpfe von den Etruskern, die im Rahmen von Totenfeiern Fechter gegeneinander antreten ließen. Der erste Gladiatorenkampf in Rom ist aus dem Jahr 264 v. Chr. überliefert, als bei einer Leichenfeier drei Fechterpaare gegeneinander antraten. 150 Jahre später hatten sich Gladiatorenkämpfe zu einer ausgesprochenen Publikumsattraktion entwickelt. 105 v. Chr. richteten zum erstenmal Staatsbeamte *munera* (lateinisch für Gladiatorenkämpfe) aus. In der römischen Kaiserzeit schließlich wurden sie, wie der Historiker Livius schreibt, „zu einem kaum noch erträglichen Wahnsinn". Jeder Kaiser war bestrebt, den Massen etwas Neues, Aufwendigeres, Teureres zu bieten, um die Gunst der Plebs, des einfachen Volks, zu gewinnen. Verrückten Kaisern wie Caligula oder Commodus, die als Gladiatoren auftraten, gelang es allerdings auch dadurch nicht, ihre Beliebtheit zu steigern.

Das Kolosseum
Im Jahr 80 wurde das neue Amphitheater in Rom, das Kolosseum, eingeweiht. Der vierstöckige Steinbau, der 50 000 Zuschauern Platz bot, gehört zu den prächtigsten der erhaltenen Bauwerke des alten Roms. Die 80 Arkaden des Untergeschosses dienten als Eingänge. Auf dem obersten Mauerring konnte an 240 Masten ein riesiges Zeltdach als Sonnen- und Regenschutz befestigt werden. Unter der 86 × 56 m großen, mit Sand aufgeschütteten Arena befanden sich Raubtierkäfige, Gladiatorenräume, Kammern für Geräte und Waffen, sanitäre Anlagen und Hebemaschinen.

Tierhetzen
Am Vormittag fanden im Kolosseum Tierhetzen statt. Ausgehungerte Löwen, Tiger, Bären, Elefanten, Stiere und Leoparden, die im ganzen römischen Imperium eingefangen worden waren, wurden aufeinander gehetzt und zerfleischten sich gegenseitig. Eine Variante war der Kampf Tier gegen Mensch. Bei dieser gnadenlosen Jagd unterlagen meist die Tiere.

Während der 100tägigen Einweihungsfeierlichkeiten des Kolosseums wurden 5000 wilde Tiere getötet. Die Schlächterei fand ihren Höhepunkt, als Kaiser Trajan (98–117) nach seinem zweiten Sieg über die Daker *munera* ausrichtete, bei denen 11 000 Tiere auf der Strecke blieben. Bei diesen Zahlen ist es kein Wunder, daß in bestimmten Landstrichen Nordafrikas ganze Tierarten ausgerottet wurden.

Die Fechter
Gladiatoren waren hauptsächlich Kriegsgefangene aus Germanien, Spanien, Gallien und Britannien. Die Kriege, die römische Feldherren in den entlegensten Teilen der damaligen Welt führten, sorgten für ständigen Nachschub. Unter den Gladiatoren waren auch einige wenige Freiwillige sowie Sklaven, die von ihren Herren an Gladiatorenschulen verkauft worden waren, und Straftäter. Wer ein schweres Verbrechen wie Mord, Brandstiftung oder Tempelschändung verübt hatte, mußte damit rechnen, *ad gladium* (zum Schwert) oder *ad bestias* (zum Kampf mit wilden Tieren) verurteilt zu werden. Die Verurteilung *ad ludum* (zur Gladiatorenschule) war ein Urteil auf Bewährung: Nach der Ausbildung hatte der Verurteilte die Chance, die Arena lebend zu verlassen und nach einigen Jahren erfolgreicher Fechtertätigkeit begnadigt oder freigelassen zu werden. Allein in Rom gab es drei kaiserliche Gladiatorenschulen und eine Spezialschule für Fechter.

Kampf auf Leben und Tod
Der Nachmittag im Kolosseum begann mit dem Einzug der prächtig gekleideten Gladiatoren. Dann folgte die Begrüßung des Kaisers – falls er anwesend war – mit der Formel *Ave Caesar, morituri te salutant* (Sei gegrüßt, Kaiser, die Todgeweihten begrüßen dich).

Eine geschickte Regie sorgte dafür, daß die Spannung allmählich stieg. Zuerst wurden die Waffen begutachtet, denn die Zu-

Tod in der Arena *Um die grausame Sensationsgier der römischen Volksmassen zu befriedigen, mußten Männer im Kampf gegen wilde Tiere (unten) oder gegeneinander antreten. Gladiatoren wie die Samniten, geschützt mit Schild und Helm, setzten ihre Kraft gegen den Dreizack der Netzkämpfer ein (unten rechts).*

Die Ruinen des Kolosseums *Im Kolosseum von Rom, das 80 n. Chr. von Kaiser Titus vollendet wurde, erscholl vier Jahrhunderte lang das Gebrüll der 50 000 Zuschauer. Der Boden der ovalen Arena mit den Abmessungen von 86 × 56 m ist später eingebrochen. Heute kann man noch die unterirdischen Gänge und Kammern sehen, in denen die wilden Tiere und Gefangenen vor den Kämpfen eingeschlossen waren.*

Ein Schutzhelm *Einige Gladiatoren trugen Bronzehelme, verziert mit Szenen aus dem Trojanischen Krieg.*

schauer wollten sicher sein, daß die Gladiatoren mit scharfen Klingen auf Leben und Tod kämpften. Dann schloß sich ein Scheinkampf mit stumpfen Waffen an. Trompetenstöße waren das Signal zum Beginn der echten Kämpfe. Einzeln oder auch in Gruppen kamen die Gladiatoren in die Arena.

Beliebte Kämpferpaare waren der mit Visierhelm, Beinschienen, kleinem Rundschild und gekrümmtem Dolch bewaffnete Thraker und der Samnit. Dieser trug ebenfalls einen Visierhelm, aber nur am linken Bein eine Beinschiene, außerdem einen großen Schild und ein gerades Schwert. Gern gesehen waren auch Kämpfe zwischen einem *murmillo*, der Schwert und Lanze trug und mit einem gallischen Schild bewehrt war, gegen einen *retarius*. Dessen wichtigste Waffe war das Netz (*rete*), das er dem Gegner überzuwerfen versuchte, um ihm dann den Dreizack in den Leib zu stoßen. Eine weitere Attraktion bildeten die *essedarii*, die von einem britannischen Streitwagen (*essedum*) aus kämpften. Daneben gab es andere Gladiatorentypen wie den *laquearius*, dessen Waffe ein Lasso (*laqueus*) war, den *sagittarius* (Bogenschützen), den *dimachaerus*, der mit zwei Dolchen (*macherae*) angriff, oder den *veles* (Leichtbewaffneten), der sich mit einer Lanze wehren mußte.

Wurde ein Kämpfer verwundet, kam von der Masse der begeisterte Ruf *Hoc habet*! (Jetzt hat er's). Ein besiegter Gladiator hatte nur eine Chance, sich dem tödlichen Streich zu entziehen: Er hob den linken Arm und streckte Daumen oder Zeigefinger in die Höhe. Mit diesem Zeichen bat er um Gnade. Waren die Zuschauer mild gestimmt, hielten sie die Daumen nach oben oder schwenkten Tücher; Daumen nach unten bedeutete das Todesurteil. Letztlich entschied der Kaiser über das Schicksal des Kämpfers, wobei er sich meist dem Urteil der Massen anschloß.

Der siegreiche Gladiator verließ die Arena mit einem Palmenzweig als Siegestrophäe und kehrte in seine Gladiatorenschu-

KÜNSTLICHE SEESCHLACHTEN

Beim Bau des Kolosseums wurde eine unterirdische Pumpanlage installiert, mit der man die Arena unter Wasser setzen konnte, um die Szenerie für eine *naumachia*, eine künstliche Seeschlacht, zu schaffen.

Aber schon vor dem Bau des Kolosseums hatten die Kaiser Seeschlachten aufführen lassen. Augustus ließ 2 v. Chr. am rechten Tiberufer ein Becken von 500 m Länge und 360 m Breite anlegen. Die *naumachia* stellte die Seeschlacht zwischen Athenern und Persern dar.

Einen Höhepunkt bildete die *naumachia*, die Kaiser Claudius 52 auf dem Fuciner See veranstaltete. 19 000 Kämpfer schonten weder sich noch ihre Gegner – und genau das war nach dem Geschmack der Zuschauer.

Tierhetzen, Gladiatorenkämpfe und Naumachien gehörten zur Unterhaltungspolitik der römischen Kaiser, mit der die hauptstädtische Plebs von der Politik abgelenkt wurde.

le zurück, wo er für seinen nächsten Einsatz wiederhergestellt wurde.

Ein Tag in Glanz und Gloria

Die Lieblinge des Publikums waren die Gladiatoren, die sich freiwillig zum Kampf in der Arena meldeten. Es gab tatsächlich Abenteurer, Bankrotteure oder sozial Ausgestoßene, die es zu diesem blutigen Handwerk drängte. Den Erfolgreichen winkten hohe Siegesprämien. Beliebte Gladiatoren konnten ein Vermögen erwerben. Die Faszination, die das Gladiatorenwesen auf die Römer ausübte, lockte auch Adlige und Senatoren in die Arena. Denn der einzelne konnte Ruhm und Ansehen gewinnen, während der Gladiatorenstand insgesamt geächtet war.

Allerdings mußten auch Freiwillige eine harte Schule durchmachen, in der ihnen, wie ihren unfreiwilligen Kollegen, keine Erniedrigung erspart blieb. Zu Beginn ihrer Ausbildung mußten sie einen Eid ablegen. Sie erklärten sich darin bereit, sich „mit Ruten schlagen, mit Feuer brennen und mit Eisen töten zu lassen".

Am Abend vor dem Kampf wurden die Gladiatoren zu einem öffentlichen Festmahl geladen, das die Inhaber der Gladiatorenschulen ausrichteten. Während die Ernährung sonst einseitig auf die Ausbildung von Muskeln abgestellt war, durften sie sich ihre Henkersmahlzeit selbst zusammenstellen.

Ein generelles Verbot der Gladiatorenkämpfe wurde erst 404 erlassen, nachdem der Mönch Almachius, der zwei Gladiatoren zu trennen versuchte, von den Zuschauern zu Tode gesteinigt worden war.

Gewalt oder List – zwei Methoden, eine Festung zu erobern

Die Verteidiger mittelalterlicher Festungen fanden hinter den massiven Mauern ausgezeichneten Schutz. Die Belagerung einer Burg war vor der Einführung des Schießpulvers in der westlichen Welt im 14. Jh. schwierig und langwierig. Die einfachste Methode, die Übergabe zu erreichen, war, die Burg zu umzingeln und die Verteidiger auszuhungern.

Die Besatzung war oft sehr klein – schon 20 Mann konnten eine ziemlich große Festung verteidigen –, und die Vorräte reichten lange Zeit. Wenn die Wasserversorgung gesichert war, konnte eine Belagerung monatelang dauern und teuer sein, denn die Belagerer waren meistens Söldner, die verpflegt und bezahlt werden mußten. Die Erstürmung einer Burg oder das Eindringen mit List und Tücke waren deshalb bevorzugte Methoden.

Angriff und Verteidigung

Eine typische mittelalterliche Festung hatte einen großen äußeren Burghof, der von der Festungsmauer umgeben war. Eine weitere Mauer umschloß den kleineren inneren Burghof. Bis zum 13. Jh. war der Turm oder Bergfried im kleinen Hof der wichtigste Stützpunkt. Als sich die Bauweise der Festungen änderte, spielte der Bergfried kaum noch eine Rolle für die Verteidigung. Stand die Burg auf einem Hügel oder einer Felsklippe, hatten Angreifer es schwer, sich unbemerkt zu nähern. Bot die Landschaft keinen natürlichen Schutz, zog man einen Graben um die Burg oder baute sie auf einer Insel.

Der schwächste Punkt einer Festung, das Tor, wurde durch ein Vorwerk gesichert, einen vorgesetzten Bau aus Torhaus und aufgeschüttetem Wall, oder einen schmalen, nicht überdachten Gang. Das Tor schützte ein Fallgatter, ein Gitter aus schweren, zugespitzten Eisenstäben, oder eine Zugbrücke, wenn die Burg von einem Graben umgeben war. Eine kleine Nebentür diente als Notausgang und als Ausfallpforte für Gegenangriffe.

Die Angreifer versuchten zuerst, die Mauer durch Beschießen zu schwächen. Die Verteidiger auf der Mauerkrone, Ziele für Bogen- und Armbrustschützen, verbargen sich hinter den Zinnen der Brustwehr. Mit der Armbrust wurden Bolzen oder Pfeile mit vierkantigen Spitzen abgeschossen, die eine Reichweite von etwa 270 m hatten. Die Armbrust war zwar einfach, aber langsam zu bedienen, weil sie mechanisch gespannt werden mußte. Schützen mit Langbogen mußten geübt sein, waren aber schnell – ein guter Bogenschütze konnte pro Minute zwölf Pfeile auf eine Entfernung von über 120 m schießen; manchmal schaffte er auch die doppelte Distanz.

Um die Mauern zum Einsturz zu bringen, wurden Kriegsmaschinen eingesetzt. Trotz ihrer unterschiedlichen Bezeichnungen handelte es sich im Prinzip immer um Wurfmaschinen. Als Munition verwendete man Steine oder Steinkugeln, die besser flogen. Ihr Durchmesser betrug in der Regel 45–50 cm.

Kriegsmaschinen feuerten auch brennende Geschosse ab, um Gebäude im Inneren der Burg in Brand zu setzen. Man ver-

wendete dazu Pech und Schwefel, der beste Brandsatz aber war das griechische Feuer, das die Griechen erfunden hatten und das bis ins 13. Jh. als Seekampfmittel verwendet wurde, da es auch auf dem Wasser brannte. Seine Zusammensetzung ist nicht mehr bekannt.

Der Sturmangriff
Für eine Sturmattacke mußten die Angreifer zunächst an die Mauer herankommen. War die Burg von einem Wassergraben umgeben, wurde eine Pontonbrücke gebaut oder der Graben mit Steinen aufgefüllt. War der Übergang geschafft, kam eine gefährliche Phase: das Erstürmen der Mauer. Die Burgbesatzung konnte durch Schießscharten in den überhängenden Wehrgängen und durch Löcher in Vorbauten, die man Gußerker oder Hurden nannte, Pfeile abschießen, Steine hinabschleudern oder kochendes Wasser und heißes Pech über die Angreifer gießen.

Deshalb rückten die Angreifer unter einem mobilen Schutzschild oder Sturmdach aus dicken Holzbohlen vor, das auf Rädern lief. Es wurde nach seinem Schutzpanzer und dem langsamen Vorrücken auch Schildkröte genannt. Eine andere Bezeichnung war Katze, weil man sich lautlos anschleichen konnte. Von dem Dach ge-

Eine belagerte Burg *Die Buchmalerei aus dem späten 15. Jh. zeigt die Belagerung der Burg Montagne an der Gironde bei Bordeaux in Frankreich, die von Engländern verteidigt wurde. Sie hielten der Belagerung über sechs Monate stand.*

Kreuzritterburg *Krak des Chevaliers in Syrien war eine der am stärksten befestigten Kreuzritterburgen. Sie besitzt eine doppelte Ringmauer und im äußeren Mauerring Basteien. Die Burg wurde 150 Jahre lang gehalten, mußte aber 1271 aufgegeben werden.*

MITTELALTERLICHES KRIEGSGERÄT

Der Angriff auf eine mittelalterliche Festung begann mit dem Versuch, die Mauer zum Einsturz zu bringen oder sie zu bezwingen. Von Wurfmaschinen wurden Steinkugeln oder brennende Geschosse geschleudert. Beim Direktangriff benutzte man Widder oder Rammböcke, um die Tore zu zertrümmern, und Belagerungstürme, von deren Plattform aus man den Feind beschießen konnte. Stand die Festung nicht auf Felsgrund, konnte die Mauer unterminiert werden.

Gußerker oder Hurden *Diese hölzernen Aufbauten waren überdacht. Durch die Löcher im Lattenboden konnte man Steinbrocken fallen lassen oder kochendes Wasser gießen. Ihr Nachteil war, daß sie leicht in Brand zu setzen waren.*

Steinschleuder *Der lange Arm wurde heruntergezogen und das Wurfgeschoß in die Schlinge geladen. Wurde das Seil gelöst, senkte sich das Gewicht am kurzen Arm, und das Geschoß flog davon.*

Katapult *Ein Strang aus Roßhaar, ein Seil oder eine Sehne hielt den Arm des Katapults gespannt. Eine Steinkugel wurde in die löffelförmige Aushöhlung geladen. Wurde der Strang gelöst, schnellte der Arm in die Höhe und schleuderte die Kugel.*

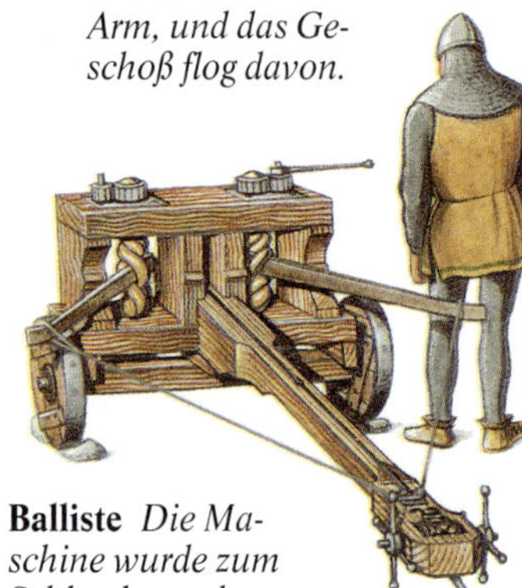

Balliste *Die Maschine wurde zum Schleudern schwerer Bolzen oder Steine verwendet. Sie ähnelte einer großen Armbrust, war jedoch mit zwei separaten Armen ausgestattet. Jeder Arm hatte einen eigenen Spannstrang, der durch eine Winde festgezogen wurde.*

Angriffsturm *Der Holzturm war mit nassen Tierhäuten behängt und dadurch vor Brand geschützt. Er wurde an die Mauer geschoben; von der obersten Plattform schossen die Angreifer oder ließen eine Zugbrücke auf die Mauer hinab.*

Rammbock *Das aufgeständerte Schutzdach auf Rädern hieß Schildkröte oder Katze. Der an Seilen hängende Rammbock hatte eine eiserne Kappe, den Widderkopf, mit dem Löcher in Tore oder Mauern gerammt wurden.*

Mauerbohrer *Vor dem Einsatz des Rammbocks wurde das Mauerwerk gelockert, indem man einen Pfahl immer wieder in die Mörtelfugen rammte.*

Unterminieren *Hatte die Burg keinen Wassergraben oder stand nicht auf Fels, trieben die Angreifer einen Stollen bis unter die Mauer oder einen Eckturm und stützten den Gang mit Holzpfosten ab. Dann legten sie Feuer, die Steine barsten, die Pfosten brannten nieder, und die Mauer stürzte ein.*

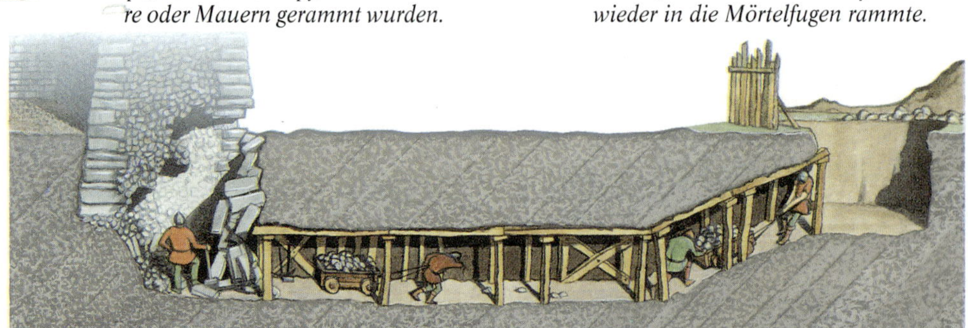

schützt, wurde ein Rammbock gegen die Mauer oder das Tor gewuchtet. Der Rammbock bestand aus einem langen Stamm mit einer Eisenkappe an der Spitze, der an Seilen oder Ketten hing. Schon die Römer hatten Rammböcke eingesetzt. Zu ihrer Zeit hatte die Eisenkappe die Form eines Widderkopfes mit Hörnern; deshalb wurde der Rammbock auch Widder genannt. Eine andere Angriffswaffe im Schutz der Schildkröte war ein eisenbewehrter Holzstamm, mit dem man den Mörtel in den Fugen lockerte. Männer mit Brecheisen und Spitzhacken brachen dann die Steine aus der Mauer.

Gelang es nicht, die Mauer zum Einsturz zu bringen, wurden Sturmleitern angelegt. Die Bogenschützen der angreifenden Armee hielten die Verteidiger mit einem Pfeilhagel in Schach, damit diese die Leitern mit den Männern nicht zurückstoßen konnten. Die Bogenschützen selbst fanden hinter großen, mobilen Schilden Deckung.

Seit der Römerzeit waren auch hölzerne Belagerungs- bzw. Angriffstürme auf Rädern bekannt. Sie waren mit nassen Tierhäuten behängt, damit sie nicht zu leicht in Brand gesteckt werden konnten. Es gab Belagerungstürme, die oben eine Zugbrükke hatten. Wenn der Turm nahe genug an die Mauer herangerollt werden konnte, stiegen die Männer über die Zugbrücke auf die Mauer.

Unterirdische Stollen und Sprengstoff

Stand die Burgmauer nicht auf felsigem Grund, oder war die Burg nicht von einem Wassergraben umgeben, konnte die Mauer unterminiert werden. Die Angreifer trieben einen Stollen bis zu der Mauer vor. War ein ausreichend großer Abschnitt der Mauer unterminiert und mit Holzpfosten abgestützt, legte man Feuer. Die Pfosten brannten nieder, und die Mauer stürzte ein.

Als im 15. Jh. Kanonen und Schießpulver zur Verfügung standen, wurde die Angriffstechnik einfacher. Allerdings waren für Jahrzehnte Kanonen kaum wirkungsvoller als die herkömmlichen Kriegsmaschinen – für die Kanoniere dagegen wesentlich gefährlicher.

Der früheste Einsatz von Sprengladungen geschah mit Feuertöpfen oder Petarden – Gefäße, die man mit einer Pulvermischung füllte und nach dem Zünden gegen den Feind, das Burgtor oder eine andere Schwachstelle schleuderte.

Die Eroberung einer uneinnehmbaren Festung

1196–1198 ließ Richard Löwenherz, König von England und Herzog der Normandie, in Les Andelys in der Nähe von Rouen in Frankreich das Château Gaillard erbauen. Die Festung galt als uneinnehmbar, denn sie stand auf einer 90 m hohen Felsklippe über der Seine und war nur von Südosten zugänglich. Nach Richards Tod ging die Festung in den Besitz seines Bruders König Johann ohne Land über. Johann ließ seinen Neffen, Albrecht von der Bretagne, ermorden, weil dieser ihm den Thron streitig machte. Daraufhin lud der König von Frankreich, Philipp II. Augustus, Johann vor den französischen Lehnsgerichtshof und griff schließlich 1203 das Château Gaillard an.

Nachdem Philipp das gegenüberliegende Flußufer besetzt und die Brücke zerstört hatte, verschanzte sich seine Armee rund um die Festung. Im Frühjahr 1204 entschloß sich Philipp zum Angriff. Seine Armee konnte einen unterirdischen Stollen vortreiben und durch Feuer einen Teil der äußeren Mauer zum Einsturz bringen. Die Verteidiger brannten dann den Rest der Mauer selbst nieder, zogen sich zurück und hofften, daß die Besatzer keinen Weg in das uneinnehmbare Innere der Burg finden würden. Aber sechs Soldaten des französischen Heeres kletterten durch das Abflußrohr einer Latrine und gelangten so an das Fenster einer Krypta unter der Burgkapelle, die im mittleren Burghof stand – sie war von König Johann nachträglich eingebaut worden.

Es gelang den Soldaten, die Zugbrücke herunterzulassen, die Franzosen konnten einfallen. Der Burghof hinter dem zweiten Burggraben fiel aber erst, nachdem die Angreifer im Schutz eines Felsvorsprungs, den man als Teil einer Brücke über den Wassergraben hatte stehen lassen, die Mauern durchbrechen konnten. Nach einer Belagerungszeit von fünf Monaten fiel die Festung im März 1204.

Biologische Kriegführung im Mittelalter

Kriegsmaschinen wurden nicht nur für die Bombardierung mit Geschossen verwendet, sondern man schleuderte verwesende Tierkadaver über die Mauer, um unter den Verteidigern Entsetzen und Krankheiten zu verbreiten.

Im 14. Jh. hatte diese Taktik verheerende Folgen. Unter einer Kriegshorde von Tataren, die im Winter 1346/47 den befestigten Hafen von Kafa, heute Feodossija, auf der Halbinsel Krim belagerte, brach die Beulenpest aus. Die Tataren hatten sich wahrscheinlich bei Ankömmlingen aus Zentralasien angesteckt, wo eine Pestepidemie herrschte. Die Belagerer wollten die Stadt zur Übergabe zwingen und warfen die Leichen einiger Pestopfer über die Festungswälle. Die Seuche breitete sich aber nicht nur unter den Verteidigern, sondern auch unter den Angreifern aus, und die Tataren mußten ihr Vorhaben aufgeben.

In der Stadt hielten sich zu dieser Zeit Kaufleute aus Venedig auf, die vor den Tataren Schutz gesucht hatten. Die Überlebenden fuhren auf einem Schiff in ihre Heimat nach Genua und schleppten die Pest ein. Die Seuche verbreitete sich in ganz Europa, und ein Viertel der gesamten Bevölkerung fiel ihr zum Opfer.

Navigation ohne Kompaß

Erst im 12. Jh. fand der Magnetkompaß in Europa auf Schiffen Verwendung. Aber schon Jahrhunderte früher hatten Seefahrer Kurs auf das offene Meer genommen.

Im 5. Jh. v. Chr. fuhren die Phönizier, die im Gebiet des heutigen Libanon lebten, mit ihren Galeeren über die Säulen des Herkules – die Straße von Gibraltar – hinaus und überquerten den Golf von Biskaya, um in Britannien und auf den Scilly-Inseln Zinn einzuhandeln. Auf dem Pazifik legten die Polynesier im 1. Jt. v. Chr. Tausende von Seemeilen mit ihren Auslegerbooten zurück. Damals besiedelten sie wahrscheinlich Hawaii. Im 5.–7. Jh. n. Chr. kamen sie bis zur Osterinsel und nach Neuseeland. Die nautischen Kenntnisse wurden durch Jahrhunderte vom Vater an den Sohn weitergegeben.

Ausloten der Küstengewässer

Seit frühester Zeit haben Seeleute ihren

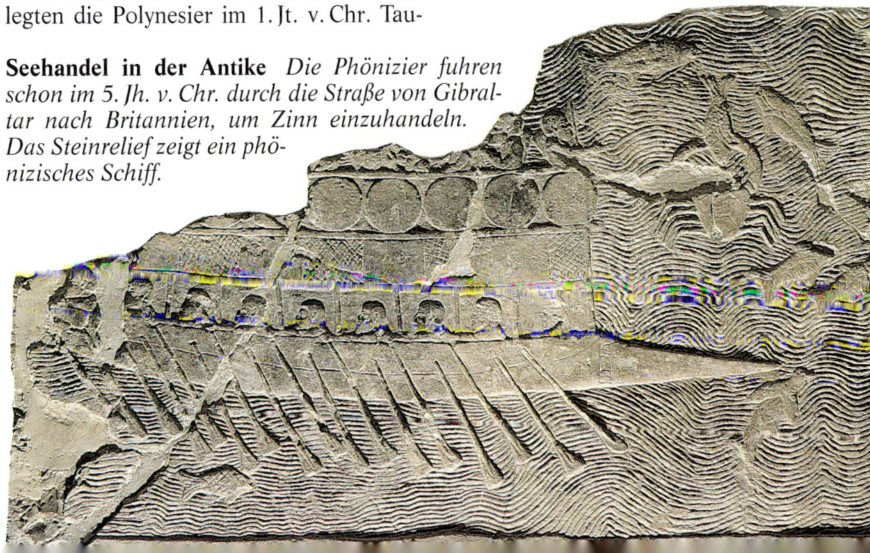

Seehandel in der Antike *Die Phönizier fuhren schon im 5. Jh. v. Chr. durch die Straße von Gibraltar nach Britannien, um Zinn einzuhandeln. Das Steinrelief zeigt ein phönizisches Schiff.*

Kurs im seichten Wasser mit Senkloten bestimmt, vor allem wenn sie in Küstennähe fuhren oder bei Nacht anlegten. Das Senklot bestand aus einer mit einem Bleigewicht beschwerten Leine. In den konkaven Boden des Bleigewichts wurde Talg gepreßt. Die Leine lotete die Wassertiefe bis zum Grund aus, und der Talg gab Auskunft über die Bodenbeschaffenheit, je nachdem, ob Sand, Kies oder Schlamm daran haften blieb. War der Talg nicht verschmutzt, war der Meeresboden felsig. Die Leine war mit Markierungen versehen, meist in Abständen, die die Länge eines ausgestreckten Arms hatten. Der Faden, ursprünglich die Entfernung zwischen den Spitzen der Mittelfinger der ausgebreiteten Arme, entspricht etwa 1,8 m und stammt von den Wikingern.

Navigation nach den Sternen

Tagsüber konnten die Seefahrer bei gutem Wetter ihren Kurs nach dem Stand der Sonne bestimmen. In der Nacht richteten sie sich nach den Sternen. Den Phöniziern diente das Sternbild des Kleinen Bären zur Orientierung. Sie wußten, daß es stets im Norden steht.

Auch die Polynesier steuerten ihre Schiffe nach den Sternen. Manchmal nahmen sie auf ihren 18 m langen Booten Vorräte für über 3000 km lange Seereisen mit, die mehrere Wochen dauerten. Sie wußten, daß bestimmte Sterne über bestimmten Inseln ihren Zenit erreichten, kannten die Lage dieser Inseln und bestimmten ihren Kurs nach einem Stern, der tief am Horizont auf- oder unterging. Als er zu hoch oder aber verschwunden war, wählten sie einen anderen Stern der gleichen Position.

Navigation nach der Windrichtung

Die Griechen und Phönizier kannten die vorherrschenden Windrichtungen im Mittelmeer und zeichneten sie in Form der kompaßähnlichen Windrose auf, die sie dann zum Stand der Sonne in Beziehung setzten und zur Orientierung benutzten. Auf mittelalterlichen Seekarten ist die Windrose noch zu finden. Die Italiener nannten den Wind nach der Gegend, aus der er wehte. So gab es z. B. den Greco aus dem Nordosten, den Levante aus dem Osten und den Schirokko aus dem Süden.

Zeichen im Wasser

Die Polynesier konnten Spuren im Wasser ebenso gut lesen wie die Indianer Fährten an Land. Erfahrene Seeleute konnten nach Gefühl navigieren. Sie nahmen die Dünung der See und auch kleinste Strömungen durch die Bordwand wahr. Sie spürten, wann eine Strömung sie vom Kurs abbrachte und änderten die Richtung. Anhand der Dünung konnten sie feststellen, ob sie ein Gewässer ansteuerten, in dem sich Inseln befanden. An der Formation der Wolken konnten sie erkennen, ob die Wolken über eine Insel zogen.

Lichtblitze unter Wasser halfen ihnen, auch in einer bewölkten Nacht Land anzusteuern. Der sogenannte Glorienschein des Meeres – bläulichgrüne Lichtstreifen, die von Meerestieren, z. B. von Garneelen, abgestrahlt werden – verbreitet sich im Umkreis einer Insel bis zu 160 km weit ins Meer hinein.

Die ersten Land- und Seekarten

Der griechische Astronom Pytheas, der im 4. Jh. v. Chr. lebte, bestimmte als erster nach dem Sonnenstand die Breite, d. h. die nördliche oder südliche Entfernung zum Äquator, von Orten, die er auf seinen Reisen besucht hatte. 310 v. Chr. umsegelte er die europäische Küste von Cádiz in Spanien bis nach Mittelnorwegen. Er berechnete, an welcher Breite Massilia lag, das heutige Marseille, das damals eine griechische Kolonie war. Auf diese Angaben stützte der in Alexandria lebende griechische Astronom und Mathematiker Ptolemäus (um 85–160) seine *Anleitung zur Erdbeschreibung*, in der Hauptsache Tabellen, die die Lage von über 8000 Orten nach Längen- und Breitengraden angeben. Auch die heute verschollenen Berechnungen des Phöniziers Marinos von Tyrus wurden von Ptolemäus verwendet.

Griechisches Kriegsschiff *Die Griechen orientierten sich auf See nach dem vorherrschenden Wind. Diese Malerei auf einem Trinkbecher aus dem 6. Jh. v. Chr. zeigt eine Galeere, ein Kriegsschiff mit Ruderbänken. Mit dem Bug wurden feindliche Schiffe gerammt.*

Kolumbus entdeckt die Neue Welt

Vor dem Jahr 1492 wußte kein Europäer genau, was jenseits der Kanarischen Inseln und der Azoren liegt. Als Christoph Kolumbus nach Westen segelte, suchte er eine Route nach Indien; was er jedoch entdeckte, war ein Kontinent, von dessen Existenz Geographen und Forschungsreisende im ausgehenden 15. Jh. nichts ahnten. Später nannten sie diesen Kontinent *mundus novus* oder Neue Welt. Es war das heutige Amerika.

Allerdings landete Kolumbus bei seiner ersten Entdeckungsreise nicht in Amerika, sondern auf einer karibischen Insel. Doch bis zu seinem Tod glaubte er, er habe Indien erreicht. Diesem Irrtum verdanken die Antillen den Namen Westindien und die in Amerika vorgefundene Bevölkerung die Bezeichnung Indianer.

Kolumbus wurde 1451 im italienischen Genua geboren. Mit 14 Jahren fuhr er zur See, im Alter von 30 war er ein erfahrener Navigator.

Seit der Eroberung von Byzanz durch die Türken 1453 war der Gewürzhandel aus Indien nach Europa über den Landweg erschwert. Die neuen Seemächte Portugal und Spanien suchten deshalb einen Seeweg nach Indien. Auf dem östlichen Seeweg war der Portugiese Bartolomeu Diaz 1487 bis zum südafrikanischen Kap gekommen.

Kolumbus begann zu spekulieren, daß es möglich sein müßte, ebenso weit nach Westen zu fahren, wie die Portugiesen nach Süden gesegelt waren, und daß es lo-

Eine Karte der Alten Welt *Sechs Jahre bevor Kolumbus Amerika entdeckte, wurde diese Karte in Ulm als Holzschnitt gedruckt. Sie stammt aus der* Geographie *des griechischen Gelehrten Ptolemäus, dessen Weltbild für das Mittelalter bestimmend war. Erst Mercators Atlas von 1595 beendete den Einfluß des Ptolemäus.*

Auf Westkurs *Kolumbus segelte nach Westen, weil er den Seeweg nach dem Fernen Osten finden wollte.*

gisch wäre, in jener Richtung Land zu erwarten. Wir wissen, welche Bücher Kolumbus damals las, denn Exemplare mit seinen Randbemerkungen sind erhalten.

Die *Anleitung zur Erdbeschreibung* von Ptolemäus gehörte dazu, in der der griechische Gelehrte behauptet hatte, die bekannte Welt sei Teil einer eurasischen Landmasse, die die Hälfte der nördlichen Hemisphäre bedecke. Danach müßte man die östlichen Gebiete dieser Landmasse erreichen können, indem man über den Ozean nach Westen segelte. Weitere Bücher waren *Die Beschreibung der Welt* von Marco Polo und *Imago mundi* (*Das Bild von der Welt*), das der Kardinal und Gelehrte Pierre d'Ailly 1410 verfaßt hatte. Er behauptete, der Ozean sei „nicht so groß, daß er drei Viertel des Erdballs bedecken kann, wie manche Leute es sich vorstellen". Marco Polo hatte nicht nur über Kathai (China) geschrieben, sondern auch über Cipangu (Japan), einen Archipel vor der Küste Asiens, der so groß sei, daß die Landmasse Asiens praktisch um 30° weiter nach Osten reiche, als Ptolemäus vermutet habe.

Kolumbus ergänzte seine Lektüre mit eigenen Überlegungen. Er glaubte, der Ozean zwischen

Magnetkompaß *Dieser italienische Kompaß aus dem 16. Jh. mit seinem Elfenbeingehäuse ist typisch für die bei Entdekkungsfahrten mitgeführten Instrumente.*

Spanien und Cipangu sei nur ein Streifen von 60°, für den er eine Ausdehnung von 2400 Seemeilen errechnete.

Mit seinem Plan, einen westlichen Seeweg zu suchen, wandte sich Kolumbus zuerst an den portugiesischen König Johann II., der eine Unterstützung jedoch ablehnte. 1492 schließlich überließ ihm das spanische Königspaar, Ferdinand II. von Aragonien und Isabella I. von Kastilien, drei kleine Schiffe: die *Santa Maria*, die *Niña* und die *Pinta* mit einer Besatzung von insgesamt 90 Mann.

Außerdem handelte Kolumbus mit der spanischen Krone einen Vertrag aus, der ihm u. a. den erblichen Titel eines Vizekönigs und Gouverneurs für alle von ihm entdeckten Länder zusprach.

Die Schiffe stachen am 3. August 1492 von dem kleinen Hafen Palos in Südspanien in See und nahmen Kurs auf die Kanarischen Inseln. Die Fahrt zu den Kanaren dauerte neun Tage. Dann mußten Reparaturen ausgeführt werden. Am 6. September 1492 brach die kleine Flotte wieder in Richtung Westen auf, diesmal ins Unbekannte.

Mit Hilfe von Quadrant und Kompaß konnte Kolumbus mehr oder weniger auf geradem Kurs nach Westen segeln. Um die Geschwindigkeit zu messen, warf man ein Stück Holz am Bug über Bord und zählte, bis es das Heck des Schiffs passiert hatte. Die Zeit dürfte Kolumbus mit dem Stundenglas bestimmt haben, der Sanduhr, wie sie im mittelalterlichen Europa verwendet wurde.

Als nach drei Wochen noch kein Land in Sicht war, begannen viele der Matrosen zu murren. Sie glaubten, daß der Wind, den sie jetzt im Rücken hatten, stets aus dem Osten komme, so daß sie gegen den Wind aufkreuzen müßten, um nach Spanien zurückzukehren. Mehrmals drohte eine Meuterei auszubrechen. Aber endlich, am 12. Oktober 1492, um 2 Uhr morgens, war der langersehnte Ruf zu hören, daß Land in Sicht sei. Im fahlen Mondlicht hatte ein Matrose an Bord der *Pinta* in etwa 10 km Entfernung den Schattenriß einer Küste gesehen. Sie hatten die Bahamas erreicht.

Kolumbus war sich sicher, in Indien gelandet zu sein. In Wirklichkeit trennten ihn von Indien 9000 Seemeilen und eine den Seeweg versperrende Landmasse. Aber 20 Jahre sollten vergehen, ehe man das wußte. Und Kolumbus selbst hätte es nie zugegeben.

Nach Sonnenaufgang ging Kolumbus an Land. In seinem Tagebuch berichtet er: „Dort entfaltete ich die königliche Flagge, rief alle, die an Land gegangen waren, zu mir und sagte ihnen, ... daß ich im Namen des Königs und der Königin, meiner Herren, von der Insel Besitz ergreife. Sofort sammelten sich an jener Stelle zahlreiche Eingeborene der Insel an ... Ich gedachte, sie mir zu Freunden zu machen, und schenkte also einigen unter ihnen rote Kappen und Halsketten aus Glas und noch andere Kleinigkeiten von geringem Wert ... Sie gingen nackt umher, so wie sie Gott geschaffen hatte." Auf dieser Fahrt landete Kolumbus noch auf Kuba und Haiti, wo er eine Niederlassung gründete.

Kolumbus unternahm noch vier Fahrten, auf denen er die Kleinen Antillen, Jamaika und Puerto Rico entdeckte und die Küsten im Norden von Südamerika und von Mittelamerika berührte. Er starb 1506, immer noch in dem Glauben, Inseln vor der eurasischen Ostküste betreten und den Seeweg nach Indien entdeckt zu haben.

Wo ist Kolumbus wirklich gelandet?

Die Insel, auf der Kolumbus 1492 landete, wurde von der einheimischen Bevölkerung Guanahani genannt. Seit vielen Jahren zerbrechen sich Experten den Kopf, um welche Insel es sich wirklich gehandelt hat.

Bis in die 80er Jahre glaubte man, Kolumbus sei auf der Watlinginsel, die 1926 wieder San Salvador genannt wurde, gelandet. Dann wurde ein Computer mit allen wichtigen Daten gefüttert wie Windgeschwindigkeit, Strömungen, magnetische Abweichungen und der Route über den Atlantik. Danach kamen die Experten zu dem Schluß, daß Guanahani nur eine von zwei Inseln sein konnte, entweder die Watlinginsel oder Samana Cay, 100 km südöstlich gelegen. Die Landschaft von Samana Cay soll besser zu den Beschreibungen von Kolumbus passen als San Salvador – aber sicher ist man nicht.

Eine Französin in New York

Die Statue in Paris *Die Freiheitsstatue wurde in Paris gebaut und aufgestellt, ehe sie 1886 nach Amerika kam.*

In der Hafeneinfahrt von New York begrüßt Miss Liberty, wie die Amerikaner die Freiheitsstatue nennen, jeden Ankommenden. Mit 46 m ist sie die höchste Metallstatue der Welt. Zwischen 1877 und 1884 wurde sie von der Pariser Werkstatt Monduit ausgeführt, in Einzelteilen verschifft und 1886 auf Bedloe's Island enthüllt.

Im Inneren des Monuments kann man eine Wendeltreppe mit 171 Stufen zur Aussichtsplattform hinaufsteigen, die hinter dem Kranz der Krone versteckt liegt, und den grandiosen Blick auf New York und das Meer genießen.

Jedes Auge von Miss Liberty hat die Länge des Arms eines ausgewachsenen Menschen, ihre Nase ist 1,4 m, ihr Zeigefinger 2,4 m lang, und ihr Taillenumfang beträgt 10,5 m. Die Monumentalstatue wurde von Frédéric Auguste Bartholdi, einem sehr aktiven Unternehmer und mittelmäßigen Bildhauer, und Edouard de Laboulaye, Professor am Collège de France und glühendem Republikaner, entworfen, um sowohl die französische Mitwirkung an der amerikanischen Unabhängigkeit als auch die besonderen Bindungen zwischen den beiden Ländern und die republikanischen Freiheitsideale zu verherrlichen. Das Werk wurde schon 1865 geplant, 1877 begonnen und 1884 in Paris vollendet.

Die Freiheitsstatue in New York *Die Zwillingstürme des World Trade Center bilden heute eine beeindruckende Kulisse für die Statue.*

Die Kupferhülle *In der Nahaufnahme sind die einzelnen Kupferbleche, die die Hand mit der Tafel bilden, deutlich zu erkennen (unten). An die 300 Platten wurden für die ganze Statue benötigt. Provisorische Versteifungen verhinderten das Durchwölben der Bleche, die mit Nieten zusammengehalten werden.*

Das Gipsmodell *Die Statue wurde in einer Pariser Werkstatt hergestellt (oben). Vor dem Modell der linken Hand in Originalgröße erscheinen die Handwerker wie Zwerge. Der Bildhauer Bartholdi (ohne Hut unten) überwachte das Unternehmen.*

Wahrzeichen an Hafeneinfahrten kannte man seit dem Altertum. So soll über der Hafeneinfahrt von Rhodos eine 34 m hohe Bronzestatue des Sonnengottes Helios gestanden haben, der Koloß von Rhodos, der in der Antike zu den Sieben Weltwundern zählte. Glaubt man den Erzählungen, so wurde die Statue etwa um 300 durch ein Erdbeben zerstört; man weiß deshalb nicht mehr, wie sie ausgesehen hat.

Bartholdi schuf als erstes ein 11 m hohes Gipsmodell. Die endgültige Statue, die viermal so hoch werden sollte, mußte einerseits wetter- und vor allem windbeständig sein, andererseits aber nicht zu schwer, um verschifft werden zu können.

Man wählte deshalb eine Hohlkonstruktion, eine kompakte Außenhülle mit einem Stützgerüst im Inneren. Für die Außenhülle verwendete Bartholdi dünne Kupferbleche, die verhältnismäßig leicht zu bearbeiten waren. Die Bleche wurden nach einem Verfahren geformt, das man *repoussé* (Treibarbeit) nennt. Dabei wird das Metall auf geschnitzten Holzformen (Modeln) in Form gehämmert. „Die Treibarbeit ermöglichte tatsächlich, Stücke von großen Dimensionen mit dem im Verhältnis zu ihren Ausmaßen kleinstmöglichen Gewicht herzustellen", berichtet ein zeitgenössischer Ingenieur.

Klare Linienführung *Der Bildhauer Auguste Bartholdi strebte eine klare Linienführung an, deren Details das Auge nicht ablenken.*

Schäden im Inneren *Restaurierungsarbeiten in den 80er Jahren zeigten, daß die Verankerungen der Kupferbleche am tragenden Gerüst stark korrodiert waren. Die Armierung einschließlich der Nieten mußte durch modernes Material ersetzt werden.*

EINE SCHÖNHEITSKUR FÜR 69 MILLIONEN DOLLAR

Eine gründliche Untersuchung Anfang der 80er Jahre brachte ans Licht, daß die Freiheitsstatue einsturzgefährdet war. Über ein Jahrhundert war sie Wind und Wetter ausgesetzt – und dem Kondensat aus der Atemluft der Millionen Besucher, die im Inneren hochkletterten. Die Folge war starke Korrosion der Eisenkonstruktion, die die Statue trägt. Die Isolierung, die Eiffel als Sperre zwischen den Kupferblechen und dem Eisenskelett hatte anbringen lassen, war abgebröckelt und die Hälfte der Armierung verrostet. 1800 Stäbe mußten ersetzt werden. Die Fackel drohte abzubrechen, die sie tragende Schulter mußte verstärkt werden.

Finanzierung

Für die Restaurierung, die dreieinhalb Jahre dauerte und 69 Mio. $ kostete, wurden beiderseits des Atlantiks technische Fachkräfte und finanzielle Mittel bereitgestellt. Die Franzosen organisierten eine Spendenaktion und entsandten führende Architekten und Techniker.

Die Freiheitsstatue wurde mit dem größten freitragenden Gerüst aller Zeiten eingerüstet. Sämtliche technischen Daten wurden in einem Computer gespeichert, der neue Konstruktionspläne erstellte. Französische Handwerker schmiedeten eine neue Fackel nach den Plänen von Bartholdi, und Vergolder aus Paris überzogen die Flamme mit 24karätigem Gold, damit sie im Scheinwerferlicht hell lodert.

Die Verkleidung war nach dem Auswechseln schadhafter Nieten in gutem Zustand. Das Kupfer hatte im Lauf der Jahre seinen metallischen Glanz verloren und eine natürliche, hellgrüne Patina angesetzt. Bei der Reinigung der Statue von außen wurde die Patina sorgfältig konserviert, da sie eine Schutzschicht gegen Korrosion bildet.

An der Innenseite mußten sieben Farbschichten entfernt werden, die das Verdunsten von Feuchtigkeit verhinderten. Durch Besprühen mit flüssigem Stickstoff kühlte man die Farbschichten auf −163 °C und sprengte sie dann ab. Die darunterliegenden Teeranstriche wurden mit Natriumcarbidlösung abgebeizt.

Die verrosteten Stäbe der Armierung wurden maßgetreu in Edelstahl nachgearbeitet, der im Gegensatz zu gewöhnlichem Stahl in Kontakt mit Kupfer nicht korrodiert. Dieser Austausch mußte Schritt für Schritt erfolgen, denn höchstens zwölf Stäbe konnten auf einmal entfernt werden, um die Standfestigkeit der Freiheitsstatue nicht zu gefährden.

Sicherheitshalber wurden mit Wachs beschichtete Streifen Teflonband zwischen die Stäbe und die Außenhaut aus Kupfer gelegt.

Zwei Techniken

Außerdem traf man Vorkehrungen, um die Bildung von Kondenswasser zu vermeiden. Zudem wurde ein Aufzug installiert. Wer jedoch nicht so hoch hinaus will, kann sich durch einen Film über Bau und Restaurierung der Statue informieren. Dieser Film dokumentiert auch die gelungene Kombination von Techniken aus zwei Jahrhunderten.

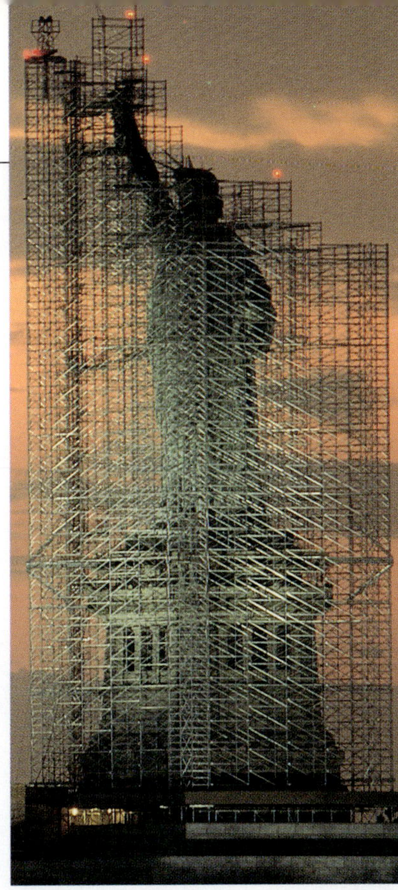

Turmhoch *Das für die Restaurierung errichtete 95 m hohe Gerüst überragte die Freiheitsstatue gerade.*

Die alte Flamme *1916 wurde die Flamme in eine Laterne mit kupfergefaßten Glasscheiben umgewandelt. Die Dichtung war schlecht, Wasser drang ein.*

Die neue Flamme *1985 wurde eine neue Kupferflamme angebracht und mit dünnem, aber extrem haltbarem Blattgold beschichtet. Durch die Goldschicht leuchtet die Flamme warm und strahlend.*

Bartholdi zerlegte sein Gipsmodell in einzelne Teilstücke, vergrößerte diese aufgrund Tausender genauer Messungen auf den endgültigen Maßstab und schuf erneut ein Gipsmodell. Danach wurden die negativen Holzformen geschnitzt und die Kupferbleche in Form gehämmert.

1881 wandte sich Bartholdi direkt an Gustave Eiffel, der durch seine kühnen Brückenkonstruktionen bekannt war. Eiffels Entwurf war ein Vorläufer der modernen Wolkenkratzerkonstruktionen. Wie bei diesen hatte die Außenhülle der Freiheitsstatue keine tragende Funktion, sondern ruhte lediglich auf dem Stützgerüst. Verstrebungen aus Eisenstäben gehen waagrecht von einem zentralen Rückgrat aus, das aus vier senkrechten Stützpfeilern besteht und vom Fuß der Statue bis zum Halsansatz reicht. An den Querstreben sind weitere Eisenstäbe befestigt, die so gebogen und abgewinkelt sind, daß sie den Umrissen der Hülle entsprechen. Da Metalle sich ausdehnen können, mußte eine starre Verbindung von Hülle und Gerüst vermieden werden. Die Eisenstäbe wurden daher nur in Kupferhülsen verankert, die auf die Ummantelung aufgenietet wurden. Zwischen Hülsen und Stäben brachten die Monteure zusätzlich mit Mennige bestrichene Lappen an. Sie sollten einerseits elektrischen Aufladungen, die Gewitter oder der Seewind auslösen konnten, und andererseits der Korrosion vorbeugen.

Für die Statue mußten die Franzosen 400 000 $ aufbringen. Der mächtige Arm, der die Fackel trägt, wurde rechtzeitig zum 100. Geburtstag der USA im Jahr 1876 fertig, aber erst im Juni 1884 war die Freiheitsstatue vollendet. Am 4. Juli, dem amerikanischen Unabhängigkeitstag, wurde Miss Liberty formell dem Botschafter der USA in Frankreich übergeben.

Sechs Monate später war die Statue völlig auseinandermontiert, Teil für Teil numeriert und verpackt. Auf einem Frachtschiff kam sie in ihre neue Heimat.

Amerikanische Präsidenten in Fels gehauen

Vier gigantische Gesichter blicken aus einem Berghang der Black Hills in South Dakota in den USA. Es sind die Gesichter von vier Präsidenten der Vereinigten Staaten von Amerika: George Washington, Thomas Jefferson, Abraham Lincoln und Theodore Roosevelt.

Die Idee zu diesem Monument stammte von dem Historiker Doane Robinson aus South Dakota. Er schlug vor, aus einer Gruppe von hohen und spitzen Felsen in den Black Hills die Statuen von Westernhelden wie Buffalo Bill herauszumeißeln.

Der Bildhauer John Gutzon Borglum, der den Auftrag erhielt, war allerdings der Ansicht, daß das Ergebnis eines solch gewaltigen Unternehmens Bedeutung für die ganze amerikanische Nation haben müsse. So wurden die Konterfeis des ersten, dritten, des 16. und des 26. Präsidenten ausgewählt, die die Geburt und die Ideale Amerikas symbolisieren.

Das Denkmal am Mount Rushmore entstand zwischen 1927 und 1941, die Kosten beliefen sich auf 990 000 $. Die Bildhauerarbeiten dauerten insgesamt sechseinhalb Jahre, wurden aber aus Geldmangel und wegen schlechten Wetters häufig unterbrochen. 360 Männer, hauptsächlich Bergleute und Steinbrucharbeiter aus der Gegend, arbeiteten 14 Jahre an dem Monument.

Modellieren und Punktieren der Köpfe

Borglum wählte für das Monument den über 1700 m hohen Mount Rushmore wegen dessen feinkörnigen Granits. Zuerst mußten aber Tonnen von verwittertem und gerissenem Oberflächengestein abgetragen werden, um die geeignete Stein-

ABMESSUNGEN IM ATELIER UND AUF DEM BERG

Der Bildhauer John Gutzon Borglum baute sein Modell der Präsidentenköpfe im Maßstab 1:12. Sein Sohn Lincoln (oben links) nimmt am Modellkopf von Jefferson Maß, das dann auf den Mount Rushmore übertragen wird. Auf dem Berg (oben rechts) hilft Lincoln Borglum an der Punktiermaschine.

Staatsoberhäupter *Die Köpfe von vier Präsidenten der USA – George Washington, Thomas Jefferson, Theodore Roosevelt und Abraham Lincoln (von links nach rechts) – wurden aus dem Mount Rushmore in South Dakota herausgemeißelt.*

struktur freizulegen. Für den Kopf von George Washington mußten 9 m abgesprengt werden und für den Kopf von Roosevelt, der in der Gruppe am weitesten zurückgesetzt ist, sogar 37 m. Insgesamt wurden rund 450 000 t Gestein abgeschlagen, die am Fuß des Berges eine Geröllhalde bilden.

Borglum arbeitete einen Kopf nach dem anderen aus, um ein harmonisches Gesamtbild zu schaffen. Der erste Kopf war der von Washington. Der Bildhauer machte davon ein Gipsmodell im Maßstab 1:12.

Das Modell war 1,5 m hoch. Am Scheitelpunkt des Kopfes befestigte Borglum eine flache Platte mit Gradeinteilung. In der Mitte der Platte war das Ende eines drehbaren waagrechten Lineals aus Stahl von 76 cm (30 Inches) Länge und mit einer Maßeinteilung in Inches angebracht. An dem Lineal hing ein verschiebbares Senklot, ebenfalls mit Maßeinteilung in Inches. Durch Schwenken des Lineals und Verschieben des Senklots an alle Punkte des Gesichts, z.B. an die Nasenflügel, konnten die exakten Maße abgenommen werden.

Um die Maße vom Modell auf den Berg zu übertragen, wurde eine ähnliche Meßvorrichtung in zwölffacher Vergrößerung an dem Punkt der Felskuppe angebracht, der den Scheitelpunkt für Washingtons Kopf bilden sollte. Borglum nannte die Meßvorrichtung eine Punktiermaschine, und die Männer, die die Messungen ausführten und die Punkte für die Gesteinsabtragung am Fels markierten, waren die Punktierer.

Die Arbeit am Felsen

Nachdem die markanten Punkte festgelegt waren, wurden in den Felsen bis zur Tiefe der Markierungen Löcher für Dynamitladungen gebohrt, die die einzelnen Partien bis 15 cm über der Fläche, die vom Bildhauer bearbeitet werden sollte, absprengten. Die Bohrungen mußten äußerst präzise ausgeführt werden, denn wäre ein Sprengloch zu tief geraten, wäre mehr Gestein als nötig abgesprengt worden.

Die Männer des Bohrtrupps waren in lederbezogenen Sitzen festgeschnallt, die an einem Seil mit Winde hingen. Die fast 40 kg schweren Bohrer hingen ebenfalls an dem Seil. Der Mann, der die Seilwinde bediente, stand so weit hinter dem Felsvorsprung, daß er den Bohrer, den er von einem Punkt zum anderen kurbeln sollte, nicht sehen konnte. Deshalb saß ein angeseilter Beobachter am Felsrand und gab die Anweisungen weiter.

Die Arbeit mit dem Preßluftbohrer, frei an einem Seil 75 m vom Felsvorsprung hängend, war schwer. Um genügend Druck für eine tiefe, waagrechte Bohrung ausüben zu können, mußten die Männer ihre Sitze mit einer Kette an Stahlhaken befestigen, die in die Felswand eingeschlagen waren. Nach jeweils 15 Minuten waren die Bohrköpfe stumpf. Ein Schmied war nur damit beschäftigt, Tag für Tag Hunderte von Bohrköpfen nachzuschleifen.

Während die Bohrtrupps von einem Punkt zum nächsten vorrückten, setzten die Sprengmeister die Dynamitladungen in die Bohrlöcher ein. 60–70 kleinere Sprengladungen wurden auf einmal angebracht. Gesprengt wurde während der Mittagspause der Bohrtruppe und am Ende des Arbeitstages.

Um die grob bearbeitete Fläche auf die gewünschte Tiefe abzutragen, wurde die noch überstehende Gesteinsschicht mit einer Reihe von kleinen, dicht nebeneinanderliegenden Löchern wabenartig angebohrt und dann mit Stahlkeilen und Hämmern abgesprengt. Schließlich wurde die Fläche mit Spezialbohrern geglättet.

Probleme mit dem Kopf von Jefferson

1930 wurde der Kopf von George Washington enthüllt. Dann begann die Arbeit am Kopf von Thomas Jefferson. Vom Standpunkt des Betrachters aus sollte er links von Washington entstehen. Doch es stellte sich heraus, daß der Felsen dort nicht geeignet war. Man sprengte den Teil, der schon bearbeitet war, ab und begann neu an der anderen Seite von Washington.

Auch das Gestein an dieser Stelle zeigte starke Risse, und 18 m mußten abgesprengt werden, bis man auf eine geeignete Schicht stieß. Schließlich hatte man noch Glück, daß man die Felswand nicht völlig bis zum dahinterliegenden Cañon durchbrach. Allerdings zeigte sich an der Stelle, die für die Nase vorgesehen war, ein langer Riß. Deshalb mußte Borglum dem Kopf einen anderen Neigungswinkel geben.

Am Kopf von Jefferson ist auch der einzige Flicken. Ein kleiner Einschluß von Feldspat, der sich nicht behauen ließ, kam während der Arbeiten an der Oberlippe zum Vorschein. Man mußte ihn herausmeißeln, und es entstand ein Loch. In die Vertiefung wurden zwei Stahlstifte eingesetzt, und mit geschmolzenem Schwefel wurde eine Granitplombe angebracht.

Der letzte Schliff

Jeder der Köpfe ist 18 m hoch. Eine Nase ist im Durchschnitt 6 m lang, ein Mund 5,5 m breit, und ein Auge hat einen Durchmesser von 3,4 m. Um Köpfen in dieser Größe charakteristische Züge und Ausdruck zu verleihen, war eine Nachbearbeitung nötig.

Den Augen verlieh Borglum ihren Glanz, indem er in jeder ausgehöhlten Pupille eine Granitsäule von 56 cm Höhe stehenließ. Fällt die Sonne auf das Auge, hebt sich die helle Säule gegen die Pupille ab.

Borglum starb kurz vor der Vollendung des Denkmals. Die letzten Nachbesserungen beaufsichtigte sein Sohn Lincoln, der als 15jähriger Junge zu Beginn des Projekts als Punktierer gearbeitet hatte.

DREI PHASEN WÄHREND DER ARBEIT AN LINCOLNS KOPF

Ein Bohrarbeiter bei der Vorbereitung am Felsen (oben links). Später bringt ein anderer Bohrlöcher an (oben rechts), damit die letzten Gesteinslagen über der Gesichtshaut abgetragen werden können. Unten wird Lincolns Bart ausgearbeitet.

Die alten Römer – Meister der Wasserbaukunst

150 000 m³ Frischwasser gelangten im Altertum täglich in die öffentlichen Brunnen und Bäder Roms. Ein Teil des Wassers wurde direkt in die Häuser reicher Römer geleitet. Die Bewohner der *insulae*, der Mietblocks, mußten ihr Wasser aus Brunnen oder Wasserbecken holen. Es gab auch berufsmäßige Wasserträger, die *aquarii* (von lateinisch *aqua*, Wasser).

Mindestens 40 weitere Städte im römischen Imperium hatten eine ebenso komfortable Wasserversorgung. Noch heute finden sich in Europa Ruinen von rund 200 Aquädukten, wie z. B. der zweistöckige, 36 m hohe Aquädukt von Segovia in Spanien.

Das System der Wasserleitungen

Das Wasser für Rom kam aus Quellen, Flüssen oder Seen des die Stadt umgebenden Hügellandes. Das Gesamtnetz der Kanäle oder Rohrleitungen, durch die das Wasser in die Stadt floß, hatte eine Länge von etwa 420 km. In der Kaiserzeit baute man die Kanäle aus römischem Zement und deckte sie mit Natursteinplatten oder einer gemauerten Wölbung ab. Die Kanäle hatten einen Querschnitt (Breite × Höhe) von 0,8 × 1,1 m bis zu 1,5 × 2,6 m.

Einige Kanäle wurden unterirdisch geführt. Luftschächte im Abstand von 73 m verhinderten, daß sich ein Druckstau bildete. Konnte ein Kanal nicht um einen Taleinschnitt herumgeführt werden, wurde das Tal mit einem Aquädukt überbrückt. Zu den berühmtesten Aquädukten zählt der Pont du Gard bei Nîmes in Frankreich. Dieses dreistöckige Brückenbauwerk mit unten sechs, in der Mitte elf und oben 35 Bogen aus mörtellos gefügten Werksteinblöcken wurde ab 19 v. Chr. errichtet. Es hat eine Höhe von nahezu 50 m und ist 269 m lang.

Auch die germanischen Provinzen konnten mit beachtlichen römischen Bauwerken dieser Art aufwarten. Köln erhielt im 2. Jh. eine insgesamt rund 100 km lange Leitung, die Wasser aus Quellgebieten in der Westeifel heranführte. Bei gefährlichen Geländeabschnitten wurde die Leitung untertunnelt. Täler wurden mit Brückenbauwerken überquert. Ein Beispiel ist der seit 1961 wieder aufgebaute Teil des Aquädukts bei Vussem/Eifel, der mit 13 bis zu 11 m hohen Bogen das 72 m breite Tal überquert.

Am Rand der Stadt gelangte das Wasser in ein Verteilerbauwerk, meist einen Wasserturm, der Abflüsse in verschiedenen Höhen hatte. Der untere Abfluß versorgte die öffentlichen Brunnen, der mittlere die Badeanstalten und Springbrunnen, und der obere führte zu den privaten Abnehmern, die ein tariflich festgesetztes Wassergeld zahlen mußten. Die Wasserleitungen hatten ein gleichmäßiges Gefälle zwischen 0,25 und 0,5 %. Häufig floß das Wasser durch Druckleitungen, die aus Blei- oder Tonrohren bestanden und normalerweise einen Durchmesser zwischen 3 und 5 cm hatten.

Als erste Wasserleitung nach Rom zur Zeit der Republik um 312 v. Chr. wurde die Aqua Appia gebaut. Sie verlief über ihre Gesamtlänge von 17 km unterirdisch. Die Aqua Marcis wurde um 144 v. Chr. angelegt. Sie war 91 km lang und wurde 80 km unterirdisch und 11 km über einen Aquädukt geführt. Die Aqua Trajana schließlich, die Kaiser Trajan zwischen 109 und 117 bauen ließ, verlief 50 km wiederum unterirdisch. Um 250 führten elf größere Wasserleitungen nach Rom, neun

Fließendes Wasser *Dieser römische Aquädukt bei Segovia in Spanien, errichtet unter Kaiser Trajan (98–117), ist immer noch in Gebrauch. Er bringt das Wasser über eine Entfernung von 12 km in die Stadt.*

Brunnen und Zisterne *Aus dem 80 km entfernten Bergland wurde das antike Karthago in Nordafrika über einen Aquädukt mit Wasser, das in einem Brunnen aufgefangen wurde (ganz oben), versorgt. Durch die Maueröffnungen gelangte es in die Verteilerkanäle. Durch das Loch in der Decke der Zisterne (oben) wurden Krüge hinabgelassen und gefüllt wieder hochgezogen.*

davon zumindest teilweise über Aquädukte.

Aus Funden, z. B. aus Pompeji, wissen wir, daß das Wasser in die Villen der Wohlhabenden nicht nur zu einer zentralen Zapfstelle floß, sondern in einzelne Zimmer geleitet wurde. Am Ende der Zimmerleitung befand sich ein Wasserhahn in Form eines Rohrs, das quer in die Leitung eingesetzt wurde. Das Rohr war durchbohrt und wurde gedreht, um die Leitung zu öffnen oder zu schließen. Das Wasser wurde zwar nicht aufbereitet, die Ingenieure achteten aber sorgfältig darauf, nur Quellen mit gutem Wasser anzuzapfen. Eine Qualitätsprüfung bestand darin, eine blanke Bronzevase mit Wasser zu besprühen und festzustellen, ob das Wasser Spuren zurückließ.

Trotz aller Sorgfalt kam nicht aus jeder Leitung Trinkwasser. Von dem Anio Vetus, erbaut um 272 v. Chr., und dem Anio Novus, erbaut 52 n. Chr., wissen wir, daß sie schlechtes, trübes Wasser lieferten, und das Wasser der Aqua Alsienta war nur als Brauchwasser zu verwenden.

Für die Wasserversorgung war ein Aufsichtsbeamter mit zwei Stellvertretern verantwortlich. Ihnen unterstand ein Stab von Sekretären und Arbeitstrupps, die die Aufgabe hatten, die Kanäle ständig zu inspizieren, um Leckstellen möglichst schnell und verlustfrei abdichten zu können.

Badeanstalten der Luxusklasse

Die heute noch erhaltenen Ruinen römischer Thermen geben uns eine Vorstellung von den öffentlichen Bädern. In den Caracalla-Thermen in Rom, die sich über eine Fläche von rund 109 000 m² ausdehnten, konnten 2000 Badegäste gleichzeitig die riesigen Schwimmbecken – das *frigidarium* (Kaltwasserbecken), das *tepidarium* (Becken mit lauwarmem Wasser) oder das *caldarium* (Warmwasserbecken) – nutzen.

In Größe und Luxus wurden die Thermen des Caracalla noch von den Diokletians-Thermen übertroffen, die 305 fertiggestellt wurden. Die 371 × 361 m große Anlage hatte für 3000 Badegäste Platz. Insgesamt gab es etwa 500 öffentliche Badeanstalten in Rom.

Der Badebetrieb in den riesigen Thermen war nur möglich, weil die Römer eine Warmluftheizung (*hypokaustum*) kannten. Durch Hohlräume, zwischen 50 und 120 cm hoch, oder Kanäle unter dem ganzen Fußboden wurden die heißen Abgase eines starken Holzfeuers geleitet, die die Räume oder Hallen angenehm temperierten. Die größte so beheizte römische Halle befand sich jedoch nicht in Rom, sondern am Rhein. Es war die in Trier für Kaiser Konstantin (306–337) erbaute Empfangshalle, die später in die heutige Basilika umgeändert wurde.

Die Cloaca Maxima

Ebenso sorgfältig wie das System zur Wasserverteilung war auch das System von Abwasserrohren angelegt. Kleine Abwasserrohre mündeten in den großen Kanal, die Cloaca Maxima, die sich vom Forum bis zum Tiber erstreckte und unter einem 5 m hohen Bogen beim Ponte Rotto in den Fluß mündete. Dieser Kanal ist heute, 2500 Jahre nach seinem Bau, noch immer in Betrieb.

Die ersten Gehirnoperationen: Schädelöffnungen in der Steinzeit

Chirurgische Eingriffe am Gehirn sind keine Entwicklung der modernen Medizin – sie wurden bereits vor 12 000 Jahren von Steinzeitmenschen ausgeführt. Schädeldecken, in die Löcher geschnitten waren, entdeckte man in Europa, Afrika und Südamerika. Hat sich um ein Loch in einem der gefundenen Schädel neues Knochengewebe gebildet, ist es ein Beweis dafür, daß der Patient den Eingriff eine Zeitlang überlebte.

Schädelfrakturen

Die Bewohner der Pazifikinseln praktizierten noch im 19. Jh. eine primitive Gehirnchirurgie. Trepanationen oder Schädelöffnungen zur Behandlung von Frakturen bei Kriegern, deren Schädeldecke mit einem Stein eingeschlagen worden war, beschrieben zwei englische Missionare 1874 in der *Medical Times*.

Sie berichteten, wie bei einem bewußtlosen Patienten mit einer Muschelschale oder einem Obsidiansplitter der Schädelknochen abgeschabt und eingeschnitten wurde, um ein Loch von etwa 25 mm Durchmesser zu öffnen und das Gehirn freizulegen. Zum Schluß wurde die Kopfhaut wieder aufgelegt und die Wunde mit Streifen aus Bananenblattfasern verbunden. Acht von zehn Patienten genasen.

Untersuchungen an trepanierten Schädeln und wissenschaftliche Experimente lassen erkennen, daß die Chirurgen der Steinzeit ähnlich vorgegangen sind. Sie verwendeten Klingen aus Feuerstein oder Obsidian, um den Schädelknochen aufzumeißeln.

Bei einer anderen Technik, die bisweilen angewendet wurde, bohrte man einen Kreis aus kleinen Löchern in die Schädeldecke. Das ist an den runden Einkerbungen zu erkennen, die an dem Rand des großen Loches, das in diesem Fall entstand, sichtbar sind. Wahrscheinlich diente ein Stab mit einer scharfen Feuersteinspitze als Bohrer.

Die Eingriffe am Schädel waren aber nicht nur auf Krieger mit Kopfverletzungen beschränkt. Unter den Patienten der Steinzeit in Europa (Polen und Portugal), Südamerika (Peru) und Nordamerika (Alaska) waren Männer, Frauen und Kinder im Alter von sechs bis 60 Jahren, die schwere Kopfverletzungen erlitten hatten.

Als die Steinzeit von der Bronze- und Eisenzeit abgelöst wurde, war Aberglaube anstelle von therapeutischen Absichten ein immer häufigeres Motiv für Schädelöffnungen. Man trepanierte die Schädel nach dem Tod und entfernte Knochenscheiben, die man als Amulette zum Schutz vor bösen Geistern trug.

Moderne Wissenschaftler, die bei Experimenten mit einfachen Steingeräten Schädeldecken trepanierten, benötigten meist nur eine halbe Stunde, um ein sauberes Loch auszumeißeln.

Schädel und Chirurgenbesteck *Dieser 2000 Jahre alte Schädel wurde in Südamerika gefunden. Er hat Narben von zwei Trepanationen. In den 30er Jahren führte der britische Arzt Wilson Parry mit primitiven Bestecken Schädelöffnungen durch. Die Klingen ohne Holzgriff stammen aus der Jungsteinzeit, die anderen stellte Parry selbst her.*

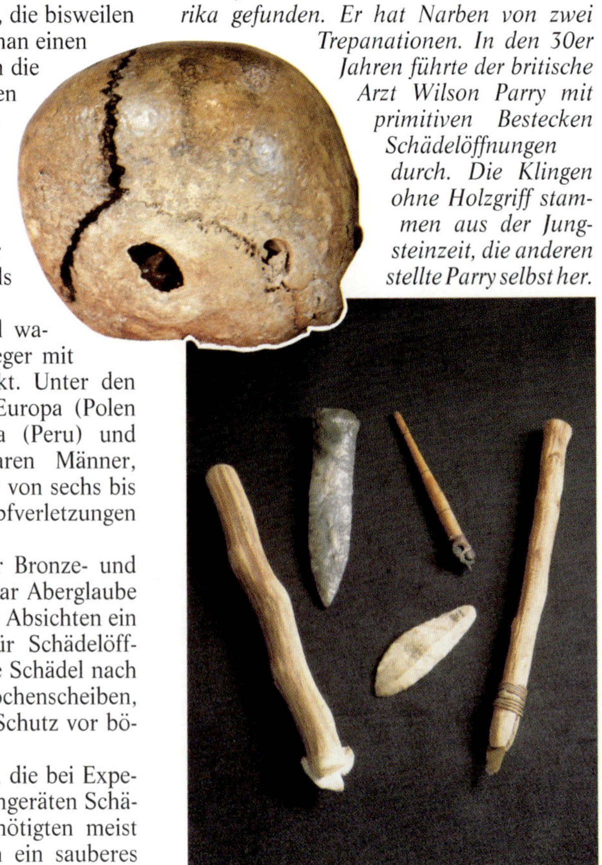

Die Schminktöpfe des Altertums, mit Giftstoffen gefüllt

Die Ägypter griffen vor 5000 Jahren schon in ihre Schminktöpfe – nicht nur der Schönheit wegen, sondern auch aus praktischen Gründen. Farbe auf den Lidern und um die Augen schützte vor der grellen Sonne. Als Lidschatten verwendeten sie eine dicke Paste aus Malachit, einem Mineral, das hellgrüne Kupfersalze enthält.

Kleopatra benutzte im 1. Jh. v. Chr. blauen Lidschatten aus pulverisiertem Lapislazuli für die oberen und Malachitpaste für die unteren Lider. Ihre Augenbrauen und Wimpern färbte sie mit Kohl, fein pulverisiertem Bleiglanz, vermischt mit Schafsfett. Roter Ocker (eisenoxidhaltige Tonerde) diente als Lippenstift und Wangenrouge. Ihre Handflächen und Nägel färbte sie mit Henna. Den rötlichbraunen Farbstoff des ägyptischen Hennastrauches dickte man mit Katechu ein, einem gerbstoffhaltigen Extrakt aus dem Holz, der Rinde oder den Früchten verschiedener Bäume, z. B. der Akazie. Ägyptische Männer färbten Haare und Bärte mit Henna.

In Griechenland hielt man vor 2000 Jahren eine bleiche Gesichtsfarbe für attraktiver als rote Wangen. Die Frauen verwendeten eine weiße Schminke – Bleiweiß mit Wachs, Öl oder Eiweiß gemischt – als Make-up. Dadurch erhielten sie zwar eine vornehme Blässe, die Schminke war aber äußerst giftig, da das Blei von der Haut aufgenommen wurde und Schwindel, Blutarmut, Koliken und Gliederlähmungen verursachte, ja bis zur Erblindung führen konnte.

Wohlhabende Römer, Männer und Frauen, schminkten sich ebenfalls mit Bleiweiß und einem Rouge aus Bleimennige. Nero und seine zweite Frau Poppäa verwendeten beide im 1. Jh. Bleiweiß als Schminke. Nachts legten sie eine Gesichtspackung aus Teig und Eselsmilch auf, um ihre angegriffene Haut zu regenerieren.

Ritter, die von den Kreuzzügen zurückkamen, brachten im Mittelalter Bleiweiß und Bleimennige als Kosmetika nach Westeuropa. Trotz seiner schädlichen Wirkung benutzte man Bleiweiß bis ins 18. Jh. als Schminke.

Ein anderes Gift wurde während der Renaissance im 15. und 16. Jh. verwendet: Belladonna, der hochgiftige Saft der Tollkirsche. Im Italienischen heißt Belladonna „schöne Frau“, und aus Italien kam die Mode, sich den Saft in die Augen zu träufeln, weil er den Augen Glanz verleiht. Belladonna enthält jedoch das Alkaloid Atropin, das bei übermäßigem Gebrauch die Hornhaut trübt und zur Erblindung führt.

Betörender Duft *Auf dieser ägyptischen Grabmalerei (um 1400 v. Chr.) sind Damen bei einem Festmahl abgebildet. Auf dem Kopf tragen sie Parfumkegel aus Wachs, die mit Kräuteressenzen versetzt sind. Sie schmolzen auf der Perücke und verbreiteten süßen Duft.*

Die Damen der Renaissance färbten ihre Lippen mit Koschenille, einem roten Farbstoff, der aus der Koschenilleschildlaus gewonnen wird.

Im 17. Jh. war Quecksilberchlorid ein Bestandteil von Rouge. Außerdem verwendete man es, um Sommersprossen zu entfernen. Auch Quecksilberchlorid ist extrem giftig: Bereits 1 g kann zum Tod führen. Wird es auf die Haut aufgetragen, stirbt das Gewebe ab, und auf die Dauer zerstört es das Nervensystem.

Ein Grieche berechnet den Erdumfang

Im Altertum glaubte man, daß auf einer riesigen Meeresschildkröte vier Elefanten stünden, die auf ihren Rücken die Erdscheibe trügen. Aber schon um 500 v. Chr. vertraten die Anhänger des griechischen Mathematikers Pythagoras, der die Kugel für den idealen geometrischen Körper hielt, die Auffassung, daß die Erde eine Kugel sei.

Eratosthenes von Kyrene (um 285 bis etwa 205 v. Chr.) war der erste Gelehrte, der den Erdumfang berechnete. Er ging von der Kugelgestalt der Erde aus und folgerte, daß die Verbindungslinie zwischen zwei Orten das Bogensegment eines großen Kreises sein müßte. Könnte er die Entfernung zwischen zwei Orten sowohl in Längeneinheiten als auch im Verhältnis zu dem Kreis von 360° bestimmen, würde er einen Kreisbogen erhalten, aus dem sich der Umfang der Erde berechnen ließe.

Es war bereits bekannt, daß am Tag der Sommersonnenwende, um den 21. Juni, die Sonne über der Stadt Siene, nahe dem heutigen Assuan, um die Mittagszeit genau senkrecht stand, weil ihre Strahlen senkrecht in einen tiefen Brunnenschacht fielen. Aus dem Eindringen von Sonnenstrahlen in einen verdunkelten Raum wußte man, daß alle Sonnenstrahlen parallel laufen.

Eratosthenes bestimmte mit Hilfe eines Schattenmessers den Neigungswinkel der Sonne ebenfalls zur Sommersonnenwende in Alexandria, das mehrere hundert Kilometer entfernt von Siene im Nordwesten liegt. Er kam zu dem Ergebnis, daß der Neigungswinkel gegenüber der Vertikalen 7,2° betrug.

Da 7,2° ein Fünfzigstel eines Kreises von 360° sind, mußte die ganze Kugel einen Umfang des 50fachen der Entfernung von Alexandria nach Siene besitzen. Da diese etwa 5000 Stadien betrug, kam Eratosthenes auf einen Erdumfang von 252 000 Stadien. Wie weit er damit dem Umfang der Erde am Äquator nahekam, der, wie wir wissen, 40 075 km beträgt, können wir nicht beurteilen, weil nicht bekannt ist, wie lang das von ihm verwendete Stadion war.

Ein Stadion hatte in der Antike zwar immer 600 Fuß – aber die Fußmaße variierten zwischen 29,6 und 30,6 cm, so daß ein Stadion entweder 177,6 oder 185 m ergibt. Wenn man davon ausgeht, daß Eratosthenes mit einem Stadion von 177,6 m Länge gerechnet hat, betrug der von ihm ermittelte Erdumfang 43 950 km. Angesichts der recht vagen Berechnungsgrundlagen hätte Eratosthenes ein erstaunlich genaues Ergebnis erzielt.

Vergessene Sprachen werden mühsam entziffert

Wenn Forscher vor der Aufgabe stehen, Schriftzeichen einer Sprache zu entziffern, die niemand mehr spricht und die von keinem Lebenden mehr verstanden wird, suchen sie vor allem nach zwei Dingen: nach einem zweisprachigen Beispiel, d. h. einem Text, der in der unbekannten und in einer bekannten Sprache abgefaßt ist, sowie nach Eigennamen, z. B. von Königen oder Göttern, die gelegentlich in anderen Sprachen die gleiche Bezeichnung haben und oft die ersten Hinweise zum Verständnis vergessener Sprachen liefern.

Die ägyptischen Hieroglyphen
Jahrhundertelang waren Forscher von den Hieroglyphen, die sie für eine Bilderschrift hielten, fasziniert. Die Bedeutung dieser Schriftzeichen, die man an den Wänden ägyptischer Grabkammern oder der Tempel von Luxor gefunden hatte, war schon zur Römerzeit in Vergessenheit geraten.

Erst die Entdeckung des Steins von Rosette im westlichen Nildelta lieferte den Schlüssel zur Entzifferung der Hieroglyphen. Gefunden wurde die Basaltplatte bei Schanzarbeiten französischer Soldaten, die zur Armee Napoleons gehörten.

Auf dem Stein befanden sich Texte in drei verschiedenen Schriften: in Hieroglyphen, in einer unbekannten ägyptischen Schrift, die man als Neuägyptisch (Demotisch) identifizierte, und in Griechisch. Dem griechischen Text, den man lesen konnte, war zu entnehmen, daß alle drei Texte den gleichen Wortlaut hatten. Es handelte sich um einen Erlaß zu Ehren von Ptolemäus V. aus dem Jahr 196 v. Chr.

Die ersten Wissenschaftler, die versuchten, die ägyptischen Texte zu entziffern, konzentrierten sich auf den demotischen Abschnitt. Sie suchten nach Eigennamen, die dem griechischen Text entsprachen, machten aber kaum Fortschritte. Erst 1816 erkannte der englische Arzt Thomas Young, daß sich die demotische Schrift aus den Hieroglyphen entwickelt hatte und daß die Hieroglyphen einen Lautwert haben mußten und keine reinen Bildzeichen waren.

Der französische Ägyptologe Jean-François Champollion konnte nach jahrelangen Arbeiten 1822 eindeutig nachweisen, daß es sich bei den Hieroglyphen tatsächlich um eine Lautschrift handelte. Als Champollion die insgesamt 1419 Hieroglyphen auf dem Stein mit dem griechischen Text von knapp 500 Wörtern

Stein der Geheimnisse *Der 1799 in Ägypten entdeckte Stein von Rosette trägt Inschriften in Hieroglyphen, in Demotisch und in Altgriechisch.*

Rätsel gelöst *Jean-François Champollion entzifferte den Stein von Rosette, den Schlüssel zum Verständnis der ägyptischen Hieroglyphen.*

Königsnamen *Champollion glaubte, daß die von der Kartusche umgebenen Hieroglyphen einen Königsnamen – Ptolemäus – wiedergaben. Er verglich sie mit denen einer Kartusche der Kleopatra und konnte P, O und L identifizieren. Danach leitete er die anderen Zeichen ab.*

verglich, stellte er fest, daß nur 66 unterschiedliche Hieroglyphen verwendet worden waren und einige häufig wiederholt wurden. Daher folgerte er, daß die Hieroglyphen phonetische Zeichen waren, die Silben und Buchstaben darstellten. Champollion starb zehn Jahre nach seiner Entdeckung. In dieser Zeit verfaßte er ein ägyptisches Wörterbuch.

In weiterer jahrzehntelanger Arbeit, u. a. von dem deutschen Archäologen Richard Lepsius, wurden die Erkenntnisse dann in ein wissenschaftliches System gebracht.

Die Keilschrift

Die Keilschrift entstand um 2900 v. Chr. in Sumer in Südmesopotamien im Gebiet zwischen Babylon und dem Persischen Golf. Sie hatte ursprünglich 2000 Zeichen, die bald bis auf 500 reduziert wurden. Um 1400 v. Chr. war die Keilschrift die internationale Verkehrsschrift, die für diplomatische Korrespondenz auch im alten Ägypten verwendet wurde.

Die Keilschrift setzt sich aus keilförmigen Symbolen zusammen. Mit einem Holzgriffel wurden seit dem frühen 3. Jt. v. Chr. die Schriftzeichen in Tontafeln eingedrückt. Die Tontäfelchen wurden dann zumeist durch Brand gehärtet. Um 50 n. Chr. war die Keilschrift vergessen.

Bei einigen Völkern gab es Sonderformen, so etwa die altpersische Keilschrift, eine Buchstabenschrift mit 42 Lautzeichen, die zur Entzifferung der sumerischen und babylonischen Schrift herangezogen werden konnte. Erst Ende des 18. Jh. kamen zuverlässige Abschriften dreisprachiger Texte nach Europa. Dem deutschen Gymnasialprofessor Georg Friedrich Grotefend gelang es, diese Schrift teilweise zu entziffern.

Noch weiter kam der englische Major Sir Henry Cresswicke Rawlinson (1810–1895), der Militärberater in persischen Diensten und Hobby-Orientalist war. Er entdeckte an einer Felswand eine Inschrift in Altpersisch, Elamitisch und Babylonisch. Den altpersischen Text konnte er recht schnell, den babylonischen jedoch erst 24 Jahre später entziffern. Inzwischen hatten Archäologen eine Unmenge von beschrifteten Tontäfelchen ausgegraben, z. B. in den Ruinen von Ninive 26 000 Stück, die bedeutendste Sammlung babylonisch-assyrischer Literatur, und die Tontafeln, die den Beginn des heute weltbekannten *Gilgamesch-Epos* enthalten. Dank all dieser Funde bekamen zahlreiche Gelehrte das Material in die Hand, das ihnen Jahr für Jahr tiefere Einsichten verschaffte und schließlich zur Entzifferung der Keilschrift führte.

Palastinschrift *Ein Wandrelief mit eingemeißelter Keilschrift aus dem Palast von Assurnasirpal II. von Assyrien um 860 v. Chr. Es wurde in der assyrischen Hauptstadt Kalhu (heute Nimrud im Irak) entdeckt.*

Minoisch-mykenische Schriften

Der britische Archäologe Sir Arthur Evans hatte 1899 begonnen, Knossos auf Kreta auszugraben. Er entdeckte dabei beschriftete Tontafeln, doch niemand wußte, um welche Sprache es sich handeln könnte. Weitere Funde von Archäologen im ägäischen Raum brachten Evans zu der Erkenntnis, daß es sich um lineare Schriftsysteme handelte, die er Linear A (zwischen 1750 und 1450 v. Chr.) und Linear B (vermutlich um 1400 v. Chr. eingeführt) nannte. Sie zu entziffern gelang ihm allerdings nicht.

1952 grub der Amerikaner Carl Blegen in Pylos auf der Südwestspitze des Peloponnes den Palast des Nestor aus, und hier fand er 1200 Tontafeln, auf ihnen eingeritzt die Schrift Linear B.

Einem Außenseiter gelang die Entzifferung. Der Engländer Michael Ventris war Architekt und Sprachwissenschaftler und hatte während des Zweiten Weltkriegs an der Entschlüsselung von Geheimcodes gearbeitet. Also wandte er die gleichen, auf statistischer Analyse beruhenden Methoden an wie beim Entschlüsseln von Geheimcodes. Er vermerkte in einer Tabelle die Häufigkeit verwandter Zeichen und offenbarer Änderungen der Wortendungen.

Da er aber nicht wußte, welche Sprache die Schrift wiedergab, kam er erst voran, als er es mit dem Altgriechischen versuchte. Er hatte Erfolg, viele Tafeln ergaben auf Anhieb einen Sinn, und damit war klar: Sie waren in einer archaischen Form des Griechischen geschrieben – sowohl die Tafeln aus Knossos wie die aus Pylos. Um 1400 v. Chr. hatte es also eine bisher unbekannte Kultur gegeben, die neben Kreta und den Kykladen auch die Westküste Kleinasiens und das griechische Festland umfaßte. Die Linear-A-Schrift konnte noch nicht entziffert werden.

Der erste Nonstopflug über den Atlantik

Der erste Nonstopflug über den Atlantik fand nur 16 Jahre nach dem ersten Luftsprung der Brüder Wright statt, der sie auf der Sandpiste von Kitty Hawk in North Carolina nur wenige Meter weit getragen hatte.

Die Pioniere der Atlantiküberquerung waren zwei Briten, der 27jährige Hauptmann John Alcock, ein Pilot, der im Ersten Weltkrieg dem Royal Naval Air Service angehörte, und der Navigator, der 33jährige Leutnant Arthur Whitten Brown, der im Ersten Weltkrieg im britischen Royal Flying Corps Dienst tat.

1919 beteiligten sich fünf englische Mannschaften an einem Wettbewerb, bei dem die Tageszeitung *Daily Mail* einen Preis von 10 000 £ für die erste Atlantiküberquerung im Nonstopflug ausgesetzt hatte.

Der erste Versuch wurde in Ost-West-Richtung unternommen, das Flugzeug stürzte jedoch vor Irland ins Meer. Die anderen Mannschaften entschlossen sich, von Neufundland nach Irland zu fliegen und die vorherrschenden West-Ost-Winde auszunutzen. Eine Maschine stürzte beim Start ab; eine zweite mußte mit einem Motorschaden nach 960 km auf dem Wasser notlanden; die Mannschaft wurde von einem vorüberfahrenden Dampfer gerettet. Die dritte Maschine war ein Vickers-Vimy-Bomber, ein Doppeldecker mit zwei Rolls-Royce-Eagle-VIII-Motoren zu je 350 PS.

In diesem Flugzeug saßen Alcock und Brown. Beim Start am 14. Juni herrschte Zuversicht, denn kurz zuvor hatte ein amerikanisches Flugboot die erste Atlantiküberquerung geschafft – allerdings nicht im Nonstopflug, sondern mit einer Zwischenlandung auf den Azoren.

Alcock und Brown hatten berechnet, daß sie ihr Ziel in 16 Stunden erreichen würden. Sie starteten bei einem direkten Gegenwind von 64 km/h. Das Flugzeug hob nur mit knapper Not von der holprigen Graspiste in der Nähe von St. John's auf Neufundland ab.

Als sie über das offene Meer flogen, machte Brown so schnell wie möglich viele Beobachtungen der See, des Horizonts und des Sonnenstands. Anfangs war das Wetter gut, wurde jedoch allmählich schlechter. Die ersten Schwierigkeiten tauchten eine Stunde nach dem Start auf: Ein kleiner Propeller, der einen Generator für den Funkapparat antrieb, fiel aus. Von diesem Zeitpunkt an konnte Brown zwar Funksprüche empfangen, jedoch keine mehr senden. Um sich gegenseitig verständigen zu können, hatten die beiden Männer ein Telefon mit Kopfhörern, das sie jedoch wegen des starken Dröhnens der Motoren nicht benutzten. Sie verständigten sich schriftlich und durch Gesten.

Sie flogen in einer Höhe von 3000 m, als der linke Motor zu spucken begann und die Drehzahl erheblich nachließ. Durch Vereisung war die Luftzufuhr des linken Motors stark beeinträchtigt. Aus der Vereisungszone herauszukommen war unmöglich, denn unter ihnen breitete sich ein dikker Wolkenteppich aus. Also ergriff Brown einen Schraubenschlüssel und kletterte – trotz heftiger Proteste von Alcock – unter unendlichen Schwierigkeiten auf die linke Tragfläche, kroch zum Motorblock und schlug das Eis ab. Der Motor nahm seine volle Drehzahl wieder auf; aber noch zweimal mußte Brown in der Nacht das Kunststück wiederholen. Als Alcock spürte, daß auch der rechte Motor unmittelbar vor der Vereisung stand, entschloß er sich, tiefer zu gehen. Die Vimy tauchte in eine so dicke Wolke, daß die Flieger weder die Flügelspitzen noch die Nase des Rumpfes sehen konnten. Schlimmer war, daß sie jeglichen Sinn für die Horizontallage verloren. Die Maschine begann wild zu rütteln, und Alcock sagte später, daß sie wahrscheinlich eine Strecke mit dem Kopf nach unten geflogen seien.

Dann sackte die Maschine ab und ging in Sturzflug über. Am Rotieren der Kompaßnadel konnten sie erkennen, daß sie trudelten. Da kam die Maschine aus den Wolken heraus. Sie sahen das Meer an einer Seite steil aufragen. Alcock erlangte seinen Gleichgewichtssinn erstaunlich schnell zurück und richtete das Flugzeug gerade. Sie flogen nur 15 m oberhalb der schäumenden Wellen, und zwar in Richtung Amerika. Alcock flog eine Kurve und ging wieder auf Ostkurs.

Dann endlich waren im Nebel Punkte im Meer zu erkennen. Es waren die Inseln Eashal und Turbot vor der Küste Irlands. Zehn Minuten später, um 8.25 Uhr, erreichte die Vimy die irische Küste. Bald waren auch die Sendemasten der Rundfunkstation von Clifden im Morgendunst zu erkennen.

Ein geeigneter Landeplatz

Start in den Ruhm *John Alcock und Arthur Whitten Brown (rechts im Foto) starteten mit einem Vickers-Vimy-Bomber zu ihrem Nonstopflug über den Atlantik von einer Graspiste in Neufundland (unten).*

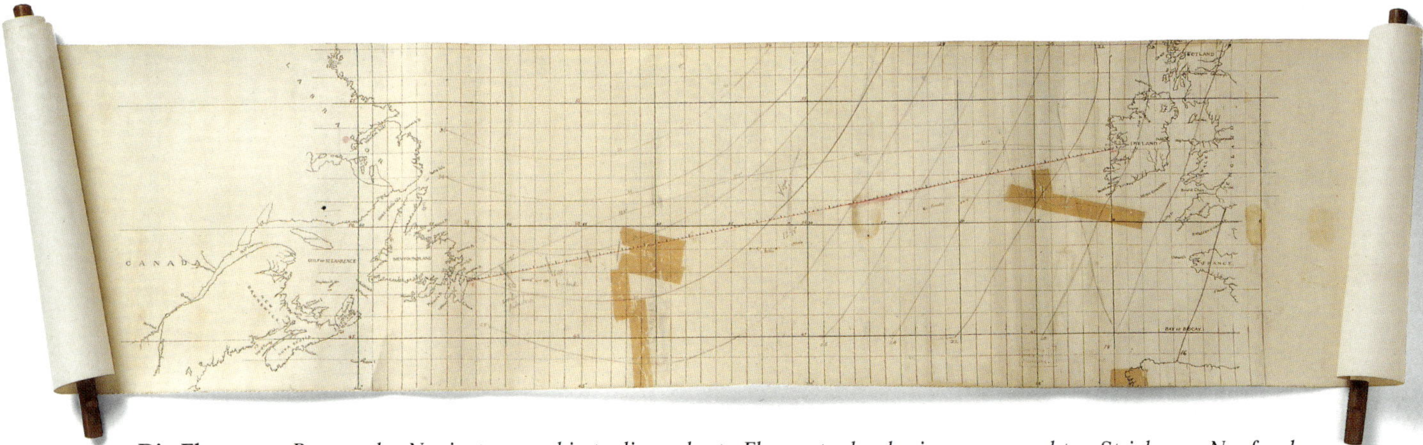

Die Flugroute *Brown, der Navigator, markierte die geplante Flugroute durch einen waagrechten Strich von Neufundland nach Irland. Bei ihrer Landung waren sie nur 16 km vom Kurs abgewichen.*

AUF GERADEM KURS ÜBER DEN OZEAN

Wenn der Navigator eines kleinen Flugzeugs, in dem der Kompaß ständig vibriert, beim Ablesen einen Fehler von nur 1° macht, weicht die Maschine nach 100 km bereits um 1,5 km von ihrem Kurs ab.

Alcock und Brown flogen mehr als 3000 km über den offenen Ozean ohne Orientierungspunkte. Ein Fehler beim Ablesen wäre durch Seitenwinde noch gravierender geworden. Ohne geschickte Navigation hätten die beiden die Britischen Inseln verfehlen können.

Um einen geraden Kurs einhalten zu können, verließ sich Brown auf die sogenannte Koppelnavigation.

Für das Koppeln las er den Kompaß ständig ab, um die Richtung exakt einzuhalten. Der Geschwindigkeitsmesser zeigte die Geschwindigkeit zwar an, aber Brown mußte den Einfluß des Windes berücksichtigen, der das Flugzeug beschleunigte oder verlangsamte. Ein weiteres Gerät, der Abtriftmesser, zeigte die Kursabweichung an. Nach der Uhr konnte Brown berechnen, wie weit und in welche Richtung sie seit der letzten Berechnung geflogen waren. Dann konnte er die notwendige Kursänderung an Alcock weitergeben und ihre Position auf der Karte vermerken.

Da es keine Orientierungspunkte wie an Land gab, um die Koppelnavigation zu überprüfen, visierte er mit dem Sextanten Fixpunkte an. Der Sextant mißt den Winkel, in dem ein Stern über dem Horizont steht. Durch Anvisieren von drei bekannten Sternen und nach dem exakten Zeitpunkt der Messung konnte er Navigationstabellen konsultieren und drei Linien auf der Karte einzeichnen. Der Kreuzungspunkt dieser Linien zeigte die genaue Position des Flugzeugs.

schien sich in der Nähe der Rundfunkstation anzubieten. Alcock setzte zur Landung an, doch das Feld erwies sich als ein Moor. Mit einem platschenden Geräusch kippte die Maschine nach vorn und bohrte ihre Nase in den weichen Boden. Aus einer gebrochenen Leitung ergoß sich Benzin in das Cockpit, doch Alcock hatte bereits die Stromversorgung abgeschaltet, so daß keine Feuergefahr bestand.

Das Flugzeug war nur 16 km von dem Kurs abgekommen, den Brown in Neufundland berechnet hatte. „Was sagst du zu dieser phantastischen Navigation?" fragte er seinen Kollegen. „Sehr gut", antwortete Alcock, und die beiden Flieger schüttelten sich feierlich die Hand. Dann kamen Männer von der Rundfunkstation angerannt. „Ist jemand verletzt?" war ihre erste Frage, und dann: „Wo kommt ihr her?" Die Antwort „Aus Amerika" wurde mit höflichem Gelächter quittiert, das in riesigen Jubel umschlug, als sie feststellten, daß Alcock und Brown tatsächlich den Atlantik überquert hatten.

Die beiden Flieger waren hundemüde, denn sie hatten seit 40 Stunden nicht mehr geschlafen. Ihre Flugzeit von Küste zu Küste betrug 15 Stunden und 57 Minuten für eine Strecke von 3024 km, wobei sie insgesamt 16 Stunden und 18 Minuten in der Luft waren. Ihr Rekord wurde erst 1927 durch die Alleinüberquerung des Atlantiks von Charles Lindbergh übertroffen, der in 33 Stunden und 30 Minuten von New York nach Paris flog.

Fünf Tage nach ihrer Landung wurden Alcock und Brown zu Rittern geschlagen. Sir John Alcock kam bei einem Flugzeugabsturz 1919 ums Leben. Sir Arthur Whitten Brown starb im Jahr 1948.

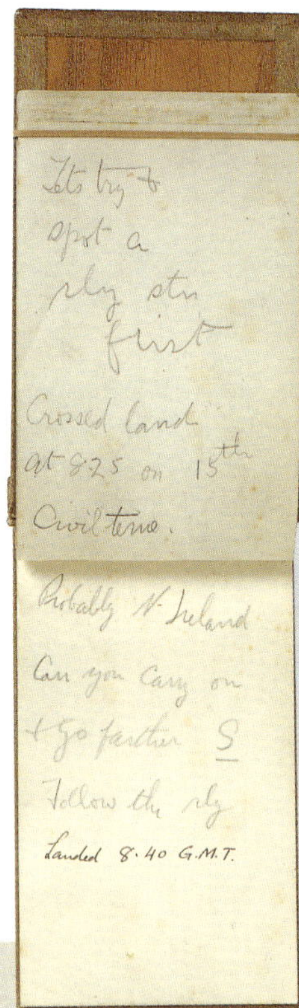

Dröhnende Motoren *Wegen des Fluglärms verständigten sich Alcock und Brown schriftlich (rechts).*

Sturzflug *Eine perfekte Landung schaffte Alcock im irischen Moor nicht. Soldaten bewachten die Maschine.*

Rund ums Essen und Trinken

Perlen im Champagner, Löcher in den Makkaroni, Seetang in der Eiscreme: Auch Speisen und Getränke bergen so manches faszinierende Rätsel, das hier gelöst werden soll.

Wie man Milch unbegrenzt haltbar macht, Seite 381

Wie Teigwaren hergestellt werden – mit und ohne Löcher, Seite 375

Warum Champagner perlt, Seite 393

Wie kommt die Birne in die Flasche?

Wer in einem Delikatessengeschäft vor den Regalen mit den Spirituosen steht, dessen Blick wird geradezu magisch von einer bestimmten Flasche angezogen: einer Flasche, in der eine vollausgereifte Birne samt Stiel in einer klaren Flüssigkeit ruht. Und unwillkürlich fragt man sich, wie die Birne in die Flasche kam. Der Flaschenhals ist jedenfalls zu eng, um eine reife Birne unbeschädigt hindurchzulassen.

Des Rätsels Lösung ist mehr als 300 Jahre alt – denn so lange schon stellt man in Südfrankreich diese *Eau-de-vie de poire* genannte Spezialität her.

Die Entwicklung der Birne in der Flasche beginnt etwa im Mai, wenn sie noch eine ganz winzige Frucht von kaum 20 mm Durchmesser ist. Der Obstgärtner, der sichergehen will, daß er ein vollkommenes Exemplar gewählt hat, säubert die kleine Birne zunächst. Erscheint sie ihm geeignet, so stülpt er ihr eine Flasche über, deren offener Hals nach unten zeigt.

Die Flasche wird von einem Netz gehalten, das an einem darüberliegenden Ast festgebunden ist. Die so vor naschhaften Vögeln und vor Regen bestens geschützte Birne kann nun in ihrem Miniaturgewächshaus gut gedeihen; sie wächst regelrecht in die Flasche hinein.

Im September, wenn die Birne reif ist, bindet der Obstgärtner die Flasche los und bricht die Frucht mit ihrem Stiel vorsichtig vom Ast ab. Anschließend wird die Flasche mit der Birne gewaschen, mit selbstgebranntem Birnenschnaps gefüllt und verschlossen. Und voilà! – fertig ist *Eau-de-vie de poire* mit einer ausgereiften Birne!

Flaschenernte *Diese in den Flaschen gezogenen Birnen sind reif und können geerntet werden. Die Flaschen hat man über die Früchte gestülpt, als diese sich gerade gebildet hatten und noch winzig klein waren.*

Eau-de-vie de poire *Seit dem 17. Jh. gibt es diese französische Spezialität: Eine Birne ruht in einer Flasche mit Schnaps.*

Ananasringe in der Dose – einer wie der andere

Wer schon einmal eine frische Ananas in Scheiben geschnitten hat, weiß, daß alle Scheiben einen unterschiedlichen Durchmesser haben, weil die Frucht sich nach oben und unten hin verjüngt. Öffnet man jedoch eine Dose mit Ananasscheiben, so haben alle Ringe denselben Durchmesser. Der Grund dafür liegt in dem nahezu vollautomatisierten Verarbeitungsprozeß, den die Ananasfrüchte durchlaufen.

Bis zu 120 Früchte in der Minute kann eine Maschine verarbeiten; sie schneidet die Ananas zunächst gleichmäßig zylinderförmig zu, entfernt die hornige Schale sowie das obere und untere Ende der Frucht und stanzt den Fruchtkern heraus. Anschließend kontrollieren Arbeiterinnen am Fließband die Ananaszylinder und beseitigen eventuell noch anhaftende Schalenreste und Schadstellen. Eine weitere Maschine schneidet dann die Ananaszylinder in gleichmäßig dicke Scheiben. Diese Ringe werden erneut kontrolliert, bevor sie in Dosen abgefüllt werden. Beschädigte Ringe sortiert man aus und verarbeitet sie zu Ananasstücken.

Jede Dose Ananasringe wird noch mit Sirup oder Ananassaft aufgefüllt und dann maschinell verschlossen und vakuumversiegelt. Zum Schluß gibt man die Dosen in einen sogenannten Autoklav, eine Art Druckkessel, zum Sterilisieren. Sind die Obstdosen danach im Wasser oder an der Luft wieder abgekühlt, kann man sie etikettieren und verpacken.

Ananas wird hauptsächlich auf Hawaii, den Philippinen, in Brasilien, Thailand, Malaysia, Taiwan, Kenia, an der Elfenbeinküste und auf den Azoren angebaut. Im Zeitraum von drei Jahren reifen an einer Ananaspflanze zwei bis zu 3,5 kg schwere Früchte heran. Um die Ernte zu erleichtern, bringt man die Pflanzen alle etwa zur gleichen Zeit zur Blüte. Zu diesem Zweck besprüht man sie mit einem Wachstumsregulator, so daß dann alle Früchte ungefähr gleichzeitig reif werden.

Nudeln: unterschiedliche Formen aus dem gleichen Teig

Ob Spaghetti, Makkaroni oder Tagliatelle – dem Italiener ist das alles *pasta*, hergestellt aus Hartweizengrieß, der mit Wasser zu einem zähen Teig verarbeitet wird. In den Nudelfabriken geschieht dies maschinell mit Hilfe von riesigen Rührgeräten. Der fertige Teig kann dann in jede gewünschte Form gebracht werden.

Auch das Formen der Nudeln geht heute vollautomatisch. Der Teig wird mit hohem Druck durch eine Lochscheibe gedrückt; ein Messer hinter der Lochscheibe schneidet die heraustretenden Fäden ab. Bewegt sich das Messer nur langsam, erhält man lange Fäden, bewegt es sich schneller, sind es kürzere Abschnitte, und wenn es mit Höchstgeschwindigkeit arbeitet, schneidet es den Teig in dünne Scheibchen.

Die Form der Löcher in der Scheibe bestimmt die Form der Pasta: runde Löcher für Spaghetti, sternförmige für Sternchennudeln.

Und für Makkaroni braucht man Löcher mit einem Mittelstück, das durch ganz dünne Stege mit den Rändern verbunden ist. Wird der Teig hindurchgepreßt, bleibt in der Mitte ein großes Loch, während sich die schmalen Lücken, die durch die Stäbchen entstehen, schließen.

Wie werden Oliven gefüllt?

Gefüllte grüne Oliven sind beliebte Cocktailhäppchen, doch wer sie ißt, macht sich dabei selten Gedanken über ihren Weg vom Baum ins Glas.

Grüne Oliven sind unreife Früchte, die noch ein sehr festes Fruchtfleisch haben und sich darum besser zum Füllen eignen. Die gesamte Verarbeitung verläuft automatisch. Die Oliven werden zunächst auf einem mit Löchern versehenen Fließband aufgereiht und maschinell entsteint. Dann tränkt man sie mit einer Natriumhydroxidlösung (Ätznatron), damit der bittere Geschmack gemildert wird. Anschließend werden sie in Wasser gewaschen und in mit Milchsäure versetztes Salzwasser getaucht, um die in den Früchten verbliebene

Doppelte Füllung *Diese grünen Oliven wurden maschinell entsteint und mit einer halben Mandel und etwas Paprikapaste gefüllt. Auch das Einfüllen in Gläser geschieht heute automatisch.*

Lauge zu neutralisieren. Während die Oliven in dieser Flüssigkeit liegen, haben sie Zeit zu gären, wodurch sie ihren charakteristischen Geschmack erhalten.

Die Füllung, eine Paste, die aus mit einem Geliermittel vermischtem rotem Paprika besteht, wird über eine kleine Düse in das beim Entsteinen entstandene Loch der Olive gepumpt.

Als Spezialität werden aber auch Oliven angeboten, die von Hand entsteint und mit Sardellen, Räucherlachs, gehackten Mandeln oder Nüssen gefüllt wurden. Der Preis dieser Delikatessen erklärt sich von selbst: Während Füllmaschinen bis zu 1800 Oliven in der Minute verarbeiten können, schafft ein Arbeiter in Handarbeit in derselben Zeit nicht mehr als 18 Stück.

Außen hart und innen weich

Gefüllte Pralinen *In der verkehrten Welt der Pralinenfabriken werden zunächst harte Füllungen mit flüssiger Schokolade übergossen; ist die Schokolade fest geworden, macht man die Füllungen mit Hilfe von zuckerspaltenden Enzymen weich und cremig.*

Das Geheimnis sahnig-weicher Pralinenfüllungen liegt darin, daß die Füllungen zunächst in fester Form mit flüssiger Schokolade überzogen und dann, wenn der Schokolademantel fest geworden ist, cremig gemacht werden.

Pralinen mit weicher Füllung enthalten Fondant, eine Mischung aus vier Teilen Zucker und einem Teil Wasser. Diese Mischung wird zunächst langsam erhitzt, so daß sich der Zucker auflöst, und dann gekocht, bis die Lösung 115 °C erreicht. Anschließend läßt man das Ganze auf 38 °C abkühlen; dabei verwandelt sich die ursprünglich klare Lösung in eine Masse aus lauter kleinen Zuckerkristallen.

Um die Masse wieder geschmeidig zu machen, so daß man natürliche oder künstliche Farb- und Aromastoffe unterkneten kann, erhitzt man sie erneut, diesmal auf 43 °C. Gleichzeitig gibt man Invertase hinzu, ein aus Hefe gewonnenes Enzym, d. h. einen Stoff, der chemische Umwandlungen fördert.

Als nächster Schritt wird der geknetete Fondant durch Hitze so weit verflüssigt, daß man ihn in Stärkeförmchen gießen kann. Diese Förmchen erhält man, indem man eine Schicht Stärkemehl unter einer Maschine hindurchlaufen läßt, die die gewünschten Pralinenformen in die Stärke hineindrückt. In die Vertiefungen wird dann der flüssige Fondant gefüllt. Sobald die Fondantstückchen abgekühlt und hart geworden sind, lassen sie sich leicht aus ihren Stärkeförmchen herauslösen und können nun in ein Bad geschmolzener Schokolade getaucht werden. Ist die Schokolade hart geworden, erwärmt man die Pralinen auf 30 °C. Bei dieser Temperatur schmilzt die Schokolade noch nicht, aber die Hitze reicht aus, um das Enzym Invertase zu aktivieren. Dieses spaltet den Zucker in die Hauptbestandteile Glucose und Fructose, die beide leichter löslich sind als Zucker und die sich nun mit dem im Fondant enthaltenen Wasser verbinden, so daß die Füllungen cremig werden.

Bei Likörpralinen mischt man bereits der Zuckerlösung die Spirituosen bei und gießt die Mischung direkt in die Stärkeformen. Beim Abkühlen bildet der Zucker kleine Kristalle, die auf den Grund der Form sinken und zu einer harten Kruste werden. Nun stürzt man die Förmchen auf eine flache Stärkeschicht, so daß sich die Kruste auch auf der anderen Seite bilden kann. Ist die flüssige Füllung schließlich rundum von einer Kruste umgeben, kann man sie mit Schokolade überziehen.

Gefangen: Schokolade im Teig

Gefangene Schokolade *Beim Backen wird der Teig fest und hindert die Schokolade am Zerlaufen.*

Obwohl Plätzchen mit Schokoladestückchen bei Temperaturen von 175–200 °C gebacken werden – einer Temperatur also, die weit über dem Schmelzpunkt von Schokolade liegt –, zerfließen die Schokostückchen im Teig nicht. Warum?

Für den Plätzchenteig mischt man Fett, Zucker, Eier und Mehl. Dem fertigen Teig werden dann die Schokoladestückchen hinzugefügt. Beim Backen schmilzt nun zwar die Schokolade, doch gleichzeitig werden die Eier und das Mehl fest, so daß die Schokolade nicht wegfließen kann. Wenn die Plätzchen abkühlen, erstarrt auch die Schokolade wieder und hat nun die gleiche Form und nimmt denselben Platz ein wie in der ungebackenen Teigmischung.

Fischstäbchen: bratfertige, panierte Kabeljaufilets

Fischstäbchen stammen ursprünglich aus den USA, doch die Briten essen sie am liebsten: Laut Statistik verspeist jeder Einwohner Großbritanniens durchschnittlich 50 Stück im Jahr. Der Deutsche dagegen verzehrt kaum mehr als zwölf Stück im Jahr.

Voraussetzung für die Produktion von Fischstäbchen war der Plattengefrierapparat, den Clarence Birdseye 1929 in den USA entwickelt hatte. Mit diesem Gerät ergab sich eine neue Form der Nahrungsmittelverarbeitung, denn bei Lebensmitteln, die schnell tiefgefroren werden, verändert sich die Qualität weniger als bei langsam eingefrorenen.

Im Plattengefrierapparat werden die Speisen zwischen zwei hohle, mit einem Kühlmittel gefüllte Platten geschoben. Je enger der Kontakt der Lebensmittel zu den Platten ist, desto schneller gefrieren sie; darum sind flache, rechteckige Scheiben ideal. Es zeigte sich, daß damals in den USA ein Produkt für diese Art des Tiefgefrierens besonders gut geeignet war: Scheiben, die aus großen Fischen herausgeschnitten und zum Fritieren in Paniermehl gewälzt worden waren – also Vorläufer der heutigen Fischstäbchen.

Nach Deutschland kamen die Fischstäbchen Anfang der 60er Jahre, und zwar über Großbritannien. Dort hatte man nach Möglichkeiten gesucht, den Hering, den man reichlich fing, auf dem heimischen Markt besser absetzen zu können. Dabei

FISCHFILETS IN BLOCKFORM

Die Fischfilets zu festen Blöcken zu formen, die man einfrieren und zersägen kann, erwies sich bald als der schwierigste Schritt bei der Fischstäbchenherstellung. Wie erreicht man, daß die einzelnen Filets, ohne luftgefüllte Zwischenräume zu bilden, fest aneinanderhaften? Lufteinschlüsse in Würstchen brachten diesen den Spitznamen „Knallfrösche" ein, weil sie in der Pfanne ein höchst explosives Verhalten an den Tag legten; in einer Friteuse könnte eine solche durch Lufteinschlüsse ausgelöste Explosion recht gefährlich werden.

Es genügte nicht, die Filets lediglich zu gefrorenen Blöcken zusammenzupressen – sie brachen beim Sägen auseinander. Man löste das Problem, indem man die von Hand herausgeschnittenen Teile der Filets zu einer Art Püree verarbeitete, das man dann mit den Filets vermischte. Diese Mischung ließ sich blasenfrei zu Blöcken pressen.

Ursprünglich mischte man dem Püree eine Phosphatlösung bei, die es in eine dickliche Flüssigkeit verwandelte. Diese Flüssigkeit war ideal, um die Filets zusammenzuhalten. Doch ebenso wie viele andere Lebensmittelzusätze, betrachtet man heute auch Phosphate mit Mißtrauen. Hersteller hochwertiger Fischstäbchen verzichten daher auf die Beigabe von Phosphaten; Folge davon ist allerdings, daß die Fischstäbchen eher dazu neigen, während des Verarbeitungsprozesses zu zerbrechen.

war man auf die Idee gekommen, Fischstäbchen aus Hering anzubieten, die man im Vergleich zu einem Kontrollprodukt aus Kabeljau testete. Zur allgemeinen Verblüffung gewann die Version mit Kabeljau das Rennen um die Gunst der Kunden, und so begann um die Mitte der 50er Jahre in Großbritannien der Siegeszug der modernen Fischstäbchen.

Vom Fischfilet zum Fischstäbchen

Auf modernen Fließbändern werden die bereits geköpften Fische zwischen zwei parallellaufenden Kreissägeblättern hindurchgeschoben, die beidseits der Rückengräte die Filets lösen. Diese laufen dann weiter über ein Rad und eine Klinge, die das Fleisch von der Haut trennt. Allerdings bleiben beim maschinellen Filettieren an einer Stelle einige kleine, spitze Gräten im Fleisch zurück; dieser Teil des Filets muß von Hand herausgeschnitten werden.

Zu Blöcken geschichtet, werden die Filets tiefgefroren und bei Temperaturen von –20 bis –25 °C gelagert. Um diese Blöcke zu Fischstäbchen zersägen zu können, erwärmt man sie auf –8 °C, denn bei niedrigeren Temperaturen würden die Sägen zu schnell stumpf werden. Aus jedem Block erhält man gut 500 Stäbchen in einer Größe von 80 × 20 × 10 mm. Die Stäbchen werden zunächst durch einen dünnflüssigen Teig gezogen und anschließend mit Semmelbröseln überstäubt. Durch diese Panade werden die Fischstäbchen doppelt so stark. Nun taucht man sie noch kurz in ein heißes Pflanzenölbad, wodurch die Panade versiegelt wird. Darüber hinaus bewirkt das eingedrungene Öl, daß man die Fischstäbchen später gut grillen oder braten kann.

Zum Schluß werden die Fischstäbchen auf einer spiralförmigen Bahn einem Schwall eiskalter Luft von –30 °C ausgesetzt, so daß ihre Innentemperatur innerhalb von nur 20 Minuten auf –20 °C absinkt. Nachdem sie noch verpackt wurden, lagert man sie bei –28 °C, bis sie an die Geschäfte ausgeliefert werden. Und auch dort büßen sie bei einer Lagertemperatur von –15 °C etwa drei Monate lang nichts an ihrer Qualität ein.

Obwohl Fischstäbchen oft als Inbegriff des minderwertigen Schnellimbißessens verspottet werden, enthalten 100 g fast ebensoviel Protein und Mineralstoffe wie 100 g Rindersteak, aber nur halb soviel Fett.

Warum sich Millionen von Pommes frites gleichen wie ein Ei dem anderen

1987 verkaufte allein der Fast-food-Hersteller McDonald's weltweit mehr als 200 Mrd. Pommes frites, die alle nahezu gleich lang und gleich dick waren.

Damit ihre Pommes frites alle qualitativ und geschmacklich denselben Standard haben und in den Restaurants gleichzeitig mit den Hamburgers gar werden, verarbeitet ein Fast-food-Hersteller alle Kartoffeln nach dem gleichen Verfahren.

Noch ehe die Kartoffeln überhaupt gesteckt werden, vereinbart die jeweilige Firma mit dem Bauern, welche Sorte von Kartoffeln angebaut werden soll – abgesehen von der Qualität, bevorzugt man große, runde Kartoffeln, da sie leicht zu reinigen und zu schälen sind und der Abfall gering ist –, und legt die Wachstumsbedingungen fest, z. B., wie der jeweilige Boden bearbeitet und gedüngt werden soll. Dafür garantiert der Fast-food-Hersteller, die gesamte Ernte zu übernehmen.

Wenn die Kartoffeln geerntet sind, lagert man sie in Silos oder großen Kisten im Dunkeln und bei einer gleichbleibenden Temperatur von 9–10 °C; unter diesen Bedingungen wird der natürliche Fäulnisprozeß aufgehalten. Die eingelagerten Kartoffeln werden regelmäßig kontrolliert, um dennoch faulende Exemplare aussortieren zu können.

Bevor die Kartoffeln die Verarbeitungsmaschinen durchlaufen, werden sie erneut kontrolliert. Anschließend werden sie über Siebe geschüttet, durch die Schmutz und Steine hindurchfallen. Dann werden die Kartoffeln gewaschen; mit Hilfe einer Lauge weicht man die Schale auf und entfernt sie durch Dampfdruck.

Als nächstes werden die Kartoffeln in vierkantige, etwa 6 mm dicke Stifte geschnitten. Dünnere Stifte garen zwar schneller, doch werden sie auch rasch hart, wenn man sie mal zu lange in der Friteuse läßt. Damit die rohen Kartoffelstifte nicht braun werden, blanchiert man sie, indem man sie in heißes Wasser oder eine schwache Phosphat- oder Citratlösung taucht. Anschließend werden die Stifte tiefgefroren, verpackt und bei –20 °C gelagert, bis sie in Tiefkühlwagen an die einzelnen Fastfood-Restaurants ausgeliefert werden können, wo sie wieder in Kühltruhen landen. Werden sie dann in die Friteuse geworfen, sind die Pommes frites innerhalb weniger Minuten gar.

Krabben – von einer Maschine gepult

Jährlich werden vor den Nordseeküsten der Bundesrepublik Deutschland rund 13 000 t Krabben gefangen, die hauptsächlich über Restaurants oder Feinkost- und Lebensmittelgeschäfte zum Endverbraucher gelangen. Daß Krabben eine nicht ganz billige Delikatesse sind, liegt daran, daß sie bis heute größtenteils noch von Hand gepult werden, und selbst eine geübte Krabbenschälerin schafft nicht mehr als 700–1000 g pro Stunde. Da es inzwischen aber immer schwerer wird, Heimarbeiterinnen für diese Tätigkeit zu finden, versucht man zunehmend, Krabbenschälmaschinen einzusetzen.

An der Entwicklung derartiger Maschinen arbeitet man bereits seit gut 30 Jahren, wobei man für die größeren und stabileren Tiefseegarnelen schon bald praktikable Lösungen gefunden hatte; für die kleineren und empfindlicheren Nordseekrabben aber kamen erst in den letzten Jahren geeignete Maschinen auf den Markt, die pro Stunde etwa 6,5–8 kg Krabben verarbeiten können.

Normalerweise besteht der Fang, den ein Krabbenfischer aus seinem Netz holt, nur zu einem Sechstel aus Krabben; auch mancher Fisch hat sich darin verfangen, der – je nachdem, ob er genießbar ist – aussortiert und aufgehoben oder gleich wieder ins Meer zurückgeworfen wird. Da Nordseekrabben ein sehr leicht verderbliches Gut sind – sie halten sich, einmal aus dem Wasser gefischt, nicht länger als zwei Stunden –, werden sie noch an Bord des Fischkutters in Salzwasser gekocht. Doch noch aus einem zweiten Grund kocht man die Krabben: Roh können sie nämlich nicht geschält werden.

An Land sortiert man die Krabben zunächst nach ihrer Größe, indem man sie auf ein Mehrstufensieb schüttet, dessen Löcher sich schrittweise erweitern, so daß zunächst die kleinsten und dann stufenweise immer größere Krabben durchfallen. Nun kann man die Entschälwerkzeuge der Maschine auf die entsprechende Größe der zu bearbeitenden Krabben einstellen. Die Krabben werden einzeln angesaugt und durch Röhren gezogen, an deren Ende sich ein Messer befindet, das die Schale der Länge nach aufschneidet. Mit Hilfe von Luft- und Wasserdruck preßt die Maschine dann das Fleisch aus der Schale. Es wird nun verpackt und tiefgefroren.

Tiefgefrorene Erbsen: frischer als frische

Tiefgekühlte Erbsen sind frischer als jene, die man etwa von Mai bis September beim Gemüsehändler kaufen kann. Warum? Während tiefgekühlte Erbsen schon zwei bis drei Stunden nach der Ernte eingefroren werden, kommen frische Erbsen erst viele Stunden, wenn nicht gar Tage später in den Kochtopf. In dieser Zeit nimmt die Qualität der Erbsen ständig ab, sie bekommen Druckstellen und verlieren an Geschmack und Zartheit.

Gartenerbsen zählen zur Ordnung der Hülsenfrüchte, ebenso wie Bohnen und Linsen. Während man Bohnen beispielsweise erst voll ausgereift pflückt, erntet man Erbsen, wenn sie noch sehr jung sind. Wenn sie reifer werden, verwandelt sich ihr natürlicher Zucker in Stärke, sie werden härter und schmecken weniger süß.

Entscheidend für die Qualität der Erbsen ist die Zeit nach der Ernte, weil sie rasch nachreifen. Darum müssen Erbsen, die als Tiefkühlware auf den Markt kommen sollen, umgehend verarbeitet werden.

Dose oder Tiefkühltruhe?

Je nach Pflanzzeit, Bodenbeschaffenheit, Temperaturen und Wetter werden die Erbsen zu unterschiedlichen Zeiten erntereif. Fahrbare Felderntemaschinen, die bei Tag und Nacht eingesetzt werden können, pflücken die Schoten, die in eine rotierende Trommel fallen, wo sie aufplatzen und die Erbsen freigeben. Die enthülsten Erbsen werden dann auf einen Lkw oder Anhänger geladen und so rasch wie möglich zur Verarbeitung abtransportiert. Denn auf dieser Reifestufe „atmen" die Erbsen schnell und entwickeln Wärme, wodurch sie weiterreifen.

Wenn die Erbsen in der Fabrik angeliefert werden, entnimmt man der Ladung eine Probe, die auf ihre Zartheit untersucht wird. Nur zarte Erbsen werden zu Tiefkühlkost verarbeitet; härtere Exemplare sondert man aus und kocht sie in Dosen ein. Erweist sich eine Lkw-Ladung durchweg als zu hart, kann es sein, daß sie komplett zu Dosenerbsen verarbeitet wird.

Die Erbsen werden zunächst mit Hilfe von Ventilatoren gesäubert und anschließend in einer milden Lösung aus Öl, Reinigungsmittel und Wasser gewaschen. Die Erbsen sinken auf den Grund, während Schalenreste und Fremdkörper, wie z. B. Distelsamen, oben schwimmen und abgeschöpft werden können. Danach spült man die Erbsen erneut, indem man sie mit klarem Wasser besprüht; anschließend werden sie blanchiert, um jegliche Enzyme zu zerstören, die selbst bei Tiefkühltemperaturen Farbe und Geschmack negativ beeinflussen könnten.

Zum Blanchieren führt man die Erbsen entweder auf einem Maschendrahtfließband für etwa eine Minute durch kochendes Wasser oder für zwei bis drei Minuten durch Wasserdampf. Dann kühlt man sie sehr schnell auf unter 20 °C ab und gibt sie in eine Solelösung, in der überreife Erbsen absinken; sie werden aussortiert und zu Dosengemüse verarbeitet.

Erbsen von guter Qualität werden nun nochmals mit sauberem Wasser gewaschen; ein Förderband transportiert sie dann zu dem nächsten Verarbeitungsabschnitt, wo sie schockgefroren werden. Der ganze Vorgang des Tiefgefrierens dauert für 500 kg etwa 30 Minuten.

Die Erbsen werden in große Säcke oder Fässer gefüllt und in einem Kühllager bei –18 °C aufbewahrt. Dort können sie über Wochen und Monate lagern, ehe sie herausgenommen, nochmals kontrolliert, nach Größen sortiert und verpackt und in Kühlwagen an die Händler ausgeliefert werden.

Strahlenkonservierte Lebensmittel

In der Bundesrepublik Deutschland ist es verboten, Lebensmittel durch radioaktive Strahlung zu konservieren oder auf solche Weise konservierte Lebensmittel zu verkaufen. Da eine Strahlenbehandlung von Lebensmitteln jedoch kaum nachgewiesen werden kann und in anderen Ländern diese Methode, Lebensmittel haltbar zu machen, erlaubt ist, kann bei importierten Nahrungsmitteln nicht ausgeschlossen werden, daß sie einer derartigen Behandlung unterzogen wurden.

Durch die radioaktive Bestrahlung sollen Bakterien und Schimmelpilze abgetötet, Ungeziefer vernichtet und die Haltbarkeit von Lebensmitteln erhöht werden. Entdeckt hat diese Möglichkeit ein amerikanischer Wissenschaftler, der 1921 herausfand, daß Röntgenstrahlen *Trichinella spiralis*, einen Parasiten im Schweinefleisch, abtöten können.

Heute verläuft der Bestrahlungsvorgang vollautomatisch: Fließbänder befördern die Lebensmittel in Kammern, deren Wände etwa 1,5 m dick und mit Bleiplatten gepanzert sind. In diesen Kammern werden die Lebensmittel den Gammastrahlen der radioaktiven Isotope Caesium 137 oder Kobalt 60 ausgesetzt; alternativ verwendet man auch Röntgen- oder Betastrahlen.

Wie stark wird bestrahlt?

Die Strahlendosis mißt man in Grays (Gy), und je nachdem, welche Lebensmittel zu welchem Zweck bestrahlt werden, reichen die Strahlendosen von 0,1 kGy bis zu 10 kGy. Die kleinste Dosis bewirkt bereits, daß Kartoffeln oder Zwiebeln nicht keimen. 1 kGy tötet Parasiten im Fleisch sowie Insekten in Getreide, Kakaobohnen und anderen Feldfrüchten. Höhere Strahlenwerte bis zu 10 kGy werden eingesetzt, um die Lagerfähigkeit von Lebensmitteln zu verlängern; eine Bestrahlung von dieser Intensität reduziert die Zahl fäulnisfördernder Organismen in Fisch, Fleisch, Obst, Gemüse und Gewürzen. Sie tötet auch Bakterien ab, die Lebensmittelvergiftungen verursachen.

Lebensmittel werden durch die Bestrahlung zwar nicht radioaktiv, aber dennoch ist diese Art der Konservierung nicht unproblematisch, da wertvolle Inhaltsstoffe dabei zerstört werden können. Bestrahlte Kartoffeln z. B. haben etwa 40 % weniger Vitamine als unbestrahlte. Welche chemischen Reaktionen die radioaktive Bestrahlung in den Nahrungsmitteln noch auslöst, ist bisher nicht ausreichend erforscht, so daß man nicht mit Sicherheit sagen kann, daß der Verzehr strahlenkonservierter Lebensmittel absolut unschädlich ist.

Gefriergetrocknete Lebensmittel

Jeder Wanderer, der schon einmal hoch oben in den Bergen biwakiert hat, weiß die Vorteile gefriergetrockneter Fertiggerichte zu schätzen. Gefriergetrocknete Lebensmittel haben nur noch ein Viertel ihres ursprünglichen Gewichts, sind – luftdicht versiegelt – auch bei Raumtemperatur jahrelang haltbar, bleiben schmackhaft und können heiß gemacht werden, indem man ihnen lediglich kochendes Wasser zugibt.

Das Verfahren des Gefriertrocknens wurde in den 50er Jahren erstmals angewendet, als im Auftrag der amerikanischen Regierung möglichst leichtgewichtige Lebensmittelrationen für Astronauten, Forscher und Soldaten entwickelt wurden.

Durch Gefriertrocknung konserviert man Lebensmittel, indem man sie zunächst tiefgefriert und ihnen anschließend alle Feuchtigkeit entzieht. Das zu konservierende Gut kommt in eine dicht verschlossene Kammer, wo es zwischen hohlen, mit flüssigem Kühlmittel gefüllten Platten rasch tiefgefroren wird, während gleichzeitig eine leistungsstarke Pumpe die Luft aus der Kammer absaugt, so daß ein Vakuum entsteht. Wenn die Lebensmittel hartgefroren sind und nahezu alle Luft aus der Kammer herausgepumpt ist, wird das Kühlmittel in den hohlen Platten durch ein warmes Gas ersetzt. Das Eis in den Lebensmitteln verwandelt sich nun nicht erst zu Wasser, sondern gleich in Wasserdampf, der sofort wieder abgesaugt wird.

Ist den Nahrungsmitteln alle Flüssigkeit entzogen, muß das gefriergetrocknete Gut unverzüglich luftdicht verpackt werden, um zu vermeiden, daß es mit Sauerstoff und Feuchtigkeit in Berührung kommt. Denn der Prozeß des Gefriertrocknens verändert die Struktur der Lebensmittel. Dringt dann Sauerstoff in die Lebensmittel ein, wird das darin enthaltene Fett ranzig. Feuchtigkeit wiederum kann bewirken, daß sich die im Gefriergut enthaltenen Mikroorganismen vermehren und es wie frische Lebensmittel verdirbt.

Da die Speisen sehr schnell gefroren werden müssen, damit Nährwert, Geschmack und Aussehen weitgehend erhalten bleiben, sind kleingeschnittene oder gemahlene Lebensmittel wie Kaffee oder die zerkleinerten Zutaten vorgefertigter Speisen für diese Konservierungsmethode am besten geeignet. Dank technischer Verbesserungen ist es heute aber auch möglich, Fisch, Fleisch und Obst im Gefriertrockenverfahren haltbar zu machen.

Gefroren und getrocknet *Mehr als 600 verschiedene Lebensmittel können heute gefriergetrocknet werden. Die besten Ergebnisse erzielt man mit kleinen Nahrungsmitteln wie Beeren und Krabben sowie mit zerkleinerten Zutaten.*

BROMBEEREN

HÄHNCHENFLEISCH

ERBSEN

INSTANTKAFFEE

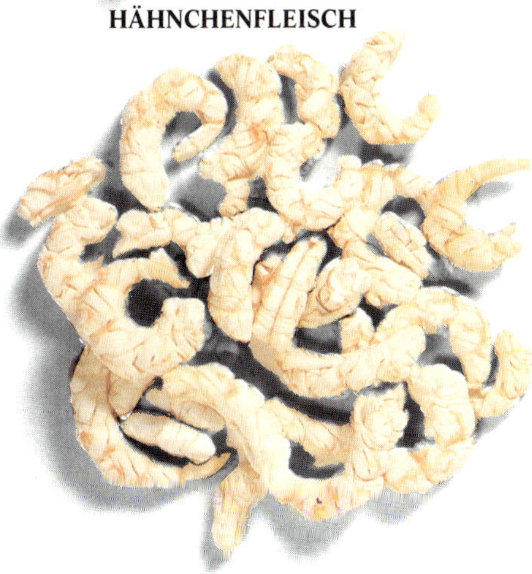

KRABBEN

MAIS

SCHWARZE JOHANNISBEEREN

Pulverkaffee: Eine riesige Kanne Kaffee wird aufgebrüht

Um sich wach zu halten, wenn er die Nächte hindurch schrieb, trank der französische Schriftsteller Honoré de Balzac Kaffee, und zwar schwarz, kalt und so stark, daß der Löffel fast darin stand. Leidenschaftliche Kaffeetrinker waren auch Voltaire und Beethoven. Der französische Philosoph trank schätzungsweise täglich 72 Tassen dieses anregenden Stoffes, und der Komponist soll für eine Tasse Kaffee gar 60 Bohnen genommen haben.

Heute greifen in vielen Ländern Kaffeetrinker zu löslichem Pulverkaffee, der hergestellt wird, indem man gemahlene Bohnen aufbrüht und dann das Wasser verdampfen läßt. In Großbritannien und in Japan wird zu 90 % Pulverkaffee verwendet, in den USA macht der lösliche Kaffee etwa ein Viertel des gesamten Kaffeekonsums aus, und in der Bundesrepublik Deutschland wird etwa jede zehnte Tasse Kaffee mit Pulverkaffee aufgebrüht.

Frühe Versuche Ende des 19. Jh., löslichen Kaffee herzustellen, schlugen fehl, weil es nicht gelang, das Aroma zu erhalten. Der Durchbruch kam 1906: George Washington, ein in Belgien geborener Ingenieur englischer Herkunft, besuchte gerade das Hochland von Guatemala, als er außen an einem übergekochten Kaffeetopf eine braune Ablagerung bemerkte, sie kostete und feststellte, daß sie wider Erwarten gar nicht schlecht schmeckte. Er überlegte und kam zu dem Schluß, daß dies daran liegen müsse, daß hier in großer Höhe der Luftdruck geringer und darum der Siedepunkt des Wassers niedriger sei; dadurch verdampft das Wasser, noch bevor allzuviel Hitze den Geschmack des Kaffees zerstören kann. Drei Jahre später gründete er in New York die G. Washington Coffee Refining Co.

Die Herstellung von Pulverkaffee beginnt damit, daß man in ganz großem Stil Kaffee kocht: Jeweils 900 kg gemahlener Kaffee werden gleichzeitig gefiltert. Einen Teil des Wassers läßt man verdunsten, so daß eine hochkonzentrierte Flüssigkeit zurückbleibt. Dieses Kaffeekonzentrat wird tiefgefroren und zu Körnchen zerkleinert. Diese Körnchen werden dann in einer Vakuumkammer vorsichtig erhitzt; da in einem Vakuum Wasser bereits bei niedriger Temperatur kocht, kann die vorhandene Flüssigkeit verdampfen, ohne daß der Kaffee großer Hitze ausgesetzt und damit sein Geschmack beeinträchtigt wird. Zurück bleibt das Kaffeepulver, das nun in Gläser oder Portionspackungen eingefüllt werden kann.

Wie kommt Igelgeschmack in die Chips?

Ein junges walisisches Ehepaar kam eines Tages auf die Idee, Kartoffelchips mit Igelgeschmack zu verkaufen. Ihr einziges Problem dabei war, daß sie nicht wußten, wie Igel schmeckt. Da sie selbst keinen fangen und braten wollten, sprachen sie in der Nähe lagernde Zigeuner an, für die gebratener Igel ein traditionelles Gericht ist. Die Zigeuner beschrieben den Geschmack des Igels als rauchig, rindfleischähnlich. Aufgrund dieser Beschreibung entwickelte ein Chemiker, der auf die Herstellung künstlicher Aromastoffe spezialisiert war, tatsächlich eine Aromamischung, von der die Zigeuner sagten, daß sie dem tatsächlichen Geschmack sehr nahekomme.

Die Chips mit Igelgeschmack erwiesen sich in Großbritannien als Marktschlager, dem später Chips mit anderen ungewöhnlichen Geschmacksrichtungen, wie z. B. Rauchfleisch-, Apfelwein-, Joghurt- und Gurkenchips, folgten. Denn nahezu jeden Geschmack auf Erden kann man chemisch nachahmen.

Das Aroma eines jeden Stoffes beruht auf einer bestimmten Kombination verschiedener chemischer Substanzen. Wissenschaftler haben bisher etwa 4300 solcher Substanzen identifiziert, doch gibt es ihrer Meinung nach noch sehr viel mehr. Hunderte oder sogar Tausende dieser chemischen Grundstoffe können in einem Nahrungsmittel vorhanden sein. So hat man z. B. festgestellt, daß in Kaffee 800 verschiedene Substanzen enthalten sind, die seinen typischen Geschmack erzeugen.

Nimmt man die heiße Flüssigkeit zu sich, so stimulieren die darin enthaltenen Geschmacksstoffe bestimmte Nerven auf der Zunge und in der Nase, so daß man die Flüssigkeit als Kaffee erkennt. Die Zunge erkennt zwar nur vier grundsätzliche Geschmacksrichtungen – sauer, salzig, bitter und süß –, die sehr viel empfindlicheren Nasennerven jedoch können eine unendliche Vielzahl von Aromen unterscheiden.

Theoretisch können die Wissenschaftler heute die geschmacksbestimmenden chemischen Bestandteile jeder Speise herausfinden sowie die Zusammensetzung der Moleküle ermitteln, denn unterschiedliche Molekülstrukturen können verschiedene Geschmacksrichtungen ergeben. Mit Hilfe dieser Informationen kann dann der Lebensmittelchemiker eine Substanz herstellen, die einem bestimmten natürlichen Aroma täuschend ähnlich ist.

Grundsätzlich kann man drei Arten von Aromastoffen unterscheiden: natürliche, naturidentische und synthetische. Natürliche Aromastoffe sind konzentrierte Extrakte des jeweiligen Geschmacksträgers, z. B. Ahornsirup oder -zucker, die man gewinnt, indem man Ahornsaft einkocht. Für naturidentische Aromastoffe isoliert man die Substanzen, die den vorherrschenden Geschmack tragen, etwa das Menthol aus Minze; diese Stoffe unterscheiden sich von dem natürlichen Aroma dadurch, daß die Aromabegleitstoffe, die z. B. in der Minze noch vorhanden sind, fehlen. Und synthetische Aromastoffe werden gewonnen, indem man die chemische Struktur natürlich vorkommender Moleküle imitiert.

Falscher Krebs
Billiger Fisch wird gemahlen, mit künstlichem Krebsaroma versetzt (oben) und dann zu Krebsscheren geformt (links).

Insgesamt stehen der Lebensmittelindustrie heute mehr als 800 aromatisierende Stoffe zur Verfügung. Und jeder neugewonnene Aromastoff wird geschmacksgetestet, zunächst von speziell ausgebildeten Personen und später von möglichen Verbrauchern.

Die blitzschnelle Bohnenverarbeitung

Glänzende weiße Bohnen, die als „gebakkene Bohnen“ eingedost werden sollen, laufen auf einem Förderband im Gänsemarsch zwischen zwei schmalen Lichtstrahlen dahin. Das Licht, das jede Bohne reflektiert, wird rechts und links von „magischen Augen“ aufgefangen, die prüfen, ob die Bohnen einwandfrei sind. Ist eine Bohne schimmelig, schmutzig oder verfärbt – und sei es nur auf einer Seite – oder ist ein Steinchen oder Körnchen zwischen die Bohnen gerutscht, so registriert das magische Auge eine matte Stelle. Ein Computer löst dann einen kleinen kurzen Luftstoß aus, der so exakt eingestellt ist, daß er die fehlerhafte Bohne aus der Bahn wirft, die makellosen Bohnen aber alle völlig ungestört weiterlaufen läßt.

Eine derartige Maschine sortiert in der Stunde auf zwölf parallel verlaufenden Bahnen bis zu 3 t Bohnen, d. h., auf jeder Bahn werden über 200 Bohnen pro Sekunde kontrolliert.

Die sortierten Bohnen werden mit Dampf blanchiert, damit ihre Haut zart und der strenge Bohnengeschmack gemildert wird. Anschließend transportiert ein Förderband sie durch einen langen Ofen, wo sie gebacken werden. Manche Konservenproduzenten glauben, daß der geschmackliche Unterschied zwischen gebackenen und ungebackenen Bohnen den zusätzlichen Arbeitsgang nicht rechtfertigt. Sie dürfen ihr Produkt dann aber auch nicht als „gebackene Bohnen“, sondern nur als „Bohnen in Tomatensoße“ bezeichnen.

Der nächste Schritt ist das Eindosen, das auch vollautomatisch abläuft. In jede Konservenbüchse wird zunächst eine bestimmte Menge Bohnen gefüllt und anschließend die Soße dazugegeben. Diese Soße besteht aus verdünntem Tomatenpüree, Zwiebeln und Knoblauch, ist mit Zucker, Salz und Gewürzen abgeschmeckt und mit einem Bindemittel eingedickt.

Nun können die Dosen verschlossen werden. Ein Metalldeckel wird auf die Dose gesetzt, und Rollen pressen dann Dekkel- und Dosenrand zusammen. Die verschlossenen Dosen werden noch unter Dampfdruck sterilisiert und dann für den Verkauf etikettiert und verpackt.

Wie man aus Bohnen „Fleisch“ macht

Die meisten Leute haben – bewußt oder unbewußt – schon einmal sogenanntes Kunstfleisch gegessen. In Pasteten, Bratwurst, Eintopfgerichten und Aufläufen, die von Großküchen serviert werden, ersetzt es bis zu 25 % das richtige Fleisch.

Grundstoff für die Herstellung von Kunstfleisch ist die sehr nahrhafte und vielseitige Sojabohne, die in China schon seit Jahrhunderten angebaut wird. Heute stammt der überwiegende Teil der Welternte aus den USA, wo man Sojabohnen vor allem wegen ihres Öls schätzt, das man sowohl zum Kochen als auch bei der Margarineherstellung verwendet. Als man in den 60er Jahren in den USA anfing, gesundheitsbewußter zu leben und auf vernünftige Ernährung zu achten, begannen einige Firmen, Fleischersatzprodukte herzustellen. Sie verwendeten dafür die hochproteinhaltigen Rückstände der Sojabohnen, die übrigbleiben, nachdem ihnen das Öl entzogen worden ist.

Zunächst wandelte man die Sojareste zu Fasern um, wobei man auf Erfahrungen zurückgriff, die man bei der Herstellung von Kunstfasern wie Nylon oder Kunstseide gewonnen hatte. Man behandelte die Sojarückstände mit einer Lauge (mit Ätznatron), die das konzentrierte Protein in zähflüssiger, sirupartiger Form herauszog. Bei der Herstellung von Kunstfasern preßt man mit hohem Druck flüssiges Nylon oder flüssige Kunstseide durch Tausende winzigkleiner Löcher einer sogenannten Spinndüse; die heraustretenden feinen Fäden werden fest, sobald sie mit der Luft in Berührung kommen. Durch eine solche Spinndüse preßte man nun auch den Proteinsirup der Sojabohnen in eine Lösung aus Salz und Phosphorsäure, in der er zu langen, dünnen Fasern gerann.

Diese Fasern bündelte man zu 6 mm dikken Strängen, die dann wieder gestreckt wurden, bis sie nur noch etwa ein Fünftel des ursprünglichen Durchmessers hatten. Danach wurden sie in Wasser gewaschen, um die Säure und das Salz herauszuspülen, und anschließend in Eiweiß getaucht, um die Fasern zusammenzubinden. Zum Schluß schnitt man die Fasern auf gleiche Länge und ließ sie an der Luft trocknen.

In einem zweiten Arbeitsgang vermischte man die Fasern mit Wasser, Pflanzenöl sowie Farb- und Aromastoffen, damit sie verschiedenen Fleischarten glichen. Für „Schinkenspeck“ z. B. legte man abwechselnd helle und rote Fasern aufeinander, um den Eindruck von mageren und fetten Schichten hervorzurufen.

In jüngster Zeit hat man eine andere Methode entwickelt, Kunstfleisch herzustellen. Dieses Sojaprodukt ist trocken und luftig wie ein Schwamm. Gibt man Wasser darüber, wird es weich, bleibt aber dennoch bißfest, so daß es gegartem Fleisch ähnelt.

Auch bei der Herstellung dieses Sojaprodukts stand die Kunststoffindustrie Pate. Man preßt die Sojarückstände mit steigendem Druck und bei steigenden Temperaturen durch einen Zylinder. Dabei verwandeln sie sich in eine heiße, plastikähnliche Masse, die am Ende des Zylinders durch ein Loch gepreßt wird. Da nun der Druck plötzlich nachläßt, dehnt sich die Masse aus, und der Wassergehalt kann verdampfen. Zurück bleibt das trockene, wabenartige Produkt.

Milch: Thema mit Variationen

Seit Jahrtausenden nutzt der Mensch die Milch von Tieren als Nahrungsmittel, und vermutlich wurden bereits um 6000 v. Chr. Rinder als Haustiere gehalten. Da Milch jedoch schnell gerinnt – vor allem in heißen Klimazonen –, muß der Mensch auch schon sehr bald gelernt haben, sie zu Käse und Joghurt zu verarbeiten, um sie länger haltbar zu machen. Butter dagegen entdeckte man wohl eher zufällig, als man Milch in großen Behältern transportierte und dabei durch das Hin- und Herschütteln der Rahm fest wurde.

Vermutlich molken die Bauern früherer Zeiten vor allem Kühe und Ziegen. Die Bevölkerung im alten Persien trank auch Kamelmilch. Stutenmilch bevorzugten Tataren und Mongolen, die daraus Kumys, ein gegorenes, alkoholisches Erfrischungsgetränk, herstellten. In Afrika verwendete man früher Büffelmilch, und die Nomaden der eurasischen Tundra molken Rentiere.

Daß gekochte Milch haltbarer ist, ist seit langem bekannt. Allerdings werden durch das Kochen auch wertvolle Inhaltsstoffe wie Eiweiß und Vitamine zerstört. In den 60er Jahren des 19. Jh. entdeckte der französische Chemiker und Biologe Louis Pasteur eine später nach ihm benannte und bis heute angewandte Methode, die – ohne die wertvollen Stoffe anzugreifen – verhindert, daß die Milch zu rasch verdirbt. Beim Pasteurisieren wird die Milch für 30–40 Sekunden auf 71–74 °C erhitzt und dann rasch abgekühlt. Durch diesen Prozeß werden die Bakterien abgetötet, und die Milch bleibt länger haltbar.

Süße und saure Sahne

Milch ist das nahrhafteste natürliche Lebensmittel. Sie enthält winzige, mit Wasser vermischte Fettkügelchen, Eiweiß, Vitamine, Zucker und Mineralstoffe.

Da die Fettklümpchen der Milch weniger dicht und leichter sind als der Rest der

Butterherstellung wie in alten Zeiten *Diese Bauersfrau aus der Normandie stellt Butter in dem traditionellen hölzernen Butterfaß her (unten), in dem der Rahm wie in einer Wiege hin- und hergeschaukelt wird. Butter aus der Normandie (links) ist besonders schmackhaft. Sie wird nur aus Milch von dort weidenden Kühen hergestellt; da sie normalerweise ungesalzen ist, wird sie schnell ranzig.*

Flüssigkeit, steigen sie – läßt man die Milch ruhig stehen – an die Oberfläche auf und bilden eine sahnige Schicht, die man früher einfach abschöpfte. Heute trennt man den Rahm von der Milch mit Hilfe großer Zentrifugen, die mit hoher Geschwindigkeit rotieren und die schwerere Magermilch nach außen schleudern, während sich der Rahm im Zentrum sammelt. Um Milch verschiedener Fettstufen zu erhalten, kann man der Magermilch den Rahm später wieder in unterschiedlichen Mengen zugeben.

Süße Sahne enthält mindestens 10 % Fett, Kaffeesahne 10–15 % und Schlagsahne 30–35 % (in der Schweiz bis 45 %). Setzt man der Sahne Milchsäurebakterien zu, entsteht saure Sahne. Auch sie enthält mindestens 10 % Fett. Daneben gibt es noch Schmant (24 % und mehr) sowie Crème fraîche (38–40 %).

Die Butterherstellung
Wenn Rahm in großen Behältern geschüttelt wird, kollidieren seine Fettkügelchen und klumpen zusammen, wobei Butter entsteht, die mindestens 82 % Fett und höchstens 16 % Wasser enthalten soll. Auf manchen Bauernhöfen gibt man heute noch den Rahm in Butterfässer, die man dreht und schaukelt, bis sich die Fettklümpchen zusammengeballt haben. Die wäßrige Buttermilch, die dabei übrigbleibt, läßt man ab. Die Butterkügelchen werden gewaschen und geknetet, bis sie eine homogene Masse bilden. Dieser Masse gibt man Salz zu, das den Geschmack verbessert und sie haltbarer macht. Zum Schluß preßt man die Butter dann in Blöcke.

Auch in den großen Molkereien läuft die Butterherstellung prinzipiell kaum anders ab. Hier kommt der Rahm in große Stahltrommeln mit einem Fassungsvermögen von 700–6000 l. In diesen Trommeln befinden sich schaufelähnliche Schlagleisten, die den Rahm zu reiskorngroßen Butterkügelchen schlagen. Dann läßt man die Buttermilch ab, wäscht die Kügelchen mit Wasser und knetet sie. Die fertige Butter wird in Blöcke gepreßt und kann bei Temperaturen unter 0 °C monatelang gelagert werden, ohne an Qualität zu verlieren.

Milchpulver: getrocknete Milch
Um Milchpulver zu gewinnen, entzieht man der Milch zunächst den größten Teil des Wassers, indem man es zum Verdampfen bringt. Danach sprüht man die konzentrierte Milch in einen 10 m hohen Stahlzylinder, in den 200 °C heiße Luft hineingeblasen wird, so daß auch das restliche Wasser verdampft. Zurück bleibt feines Milchpulver.

Bakterien produzieren Joghurt
Joghurt wurde zuerst von Türken und Südosteuropäern hergestellt. Heute gibt es eine Vielzahl von Joghurtarten auf dem Markt. Die Palette reicht vom Magermilch- bis zum Sahnejoghurt, er wird pur oder mit Aromastoffen, Zucker und Früchten angeboten. Joghurt wird mit Hilfe von Milchsäurebakterien hergestellt, die man der Milch zusetzt. Bei einer konstanten Temperatur von 42 °C sorgen diese Bakterien dafür, daß die Milch gerinnt und säuerlich wird.

Käse – in über 2000 Arten
Weltweit gibt es heute über 2000 verschiedene Käsearten, die man grob in Hartkäse (z. B. Emmentaler), Schnittkäse (Gouda), halbfesten Schnittkäse (Butterkäse, Edelpilzkäse) und Weichkäse (Camembert) einteilen kann.

Hergestellt wird Käse aus roher oder pasteurisierter Milch, der man Milchsäurebakterien zugibt, die die Lactose, den Milchzucker, in Milchsäure umwandeln. Man läßt die Milch etwa 30–60 Minuten – je nach gewünschter Säuerlichkeit – stehen, so daß sich die Bakterien vermehren können. Anschließend setzt man Lab zu, ein Enzym, das aus dem Magen von Kälbern oder Lämmern gewonnen wird. Es spaltet das Milcheiweiß auf, so daß die Milch gerinnt und eine Mischung aus Quark und Molke entsteht. Nun erhitzt man das Ganze vorsichtig auf 30–40 °C. Nach etwa einer Stunde hat sich der Quark abgesetzt, und man kann die Molke ablassen.

Der zusammengeklumpte Quark, Bruch genannt, wird zunächst in Blöcke geschnitten. Sie werden gestapelt, gewendet und wieder gestapelt, um die restliche Flüssigkeit herauszupressen. Anschließend schneidet man den Bruch in kleine Stückchen; möglicherweise erhitzt man sie abermals, um sie noch weiter zu trocknen. Der Rohkäse wird gesalzen, damit sich keine schädlichen Bakterien entwickeln können, und dann in Käseformen gepreßt. Dann lagert man die Käselaiber bei gleichmäßigen Temperaturen von 6–10 °C sowie bei kontrollierter Luftfeuchtigkeit und läßt sie reifen. Je nach Sorte dauert die Reifezeit wenige Tage, einige Wochen oder Monate. Ein aromatischer Hartkäse braucht mindestens ein Jahr, ein milder Schnittkäse nur zwei Monate. In dieser Zeit setzt sich die Umwandlung von Milchzucker in Milchsäure fort, und auch das Eiweiß wird weiter aufgespalten; der Käse entwickelt seinen charakteristischen Geschmack.

Bei der Herstellung von weichen Käsesorten wird der Bruch nach dem Schneiden wenig oder gar nicht erhitzt und auch nicht gepreßt. Auf diese Weise verliert der Käse weniger Flüssigkeit und bleibt weicher.

DAS GEHEIMNIS DER BLAUSCHIMMELKÄSE: PILZSPOREN UND NADELN

Roquefortkäse reift auf Eichenregalen tief in Kalksteinhöhlen.

Blauschimmelkäse entsteht durch einen bestimmten Schimmelpilz, der blaue Farbpigmente produziert. Entdeckt hat man das Verfahren wohl durch Zufall: Ein Käse war unbeabsichtigt von natürlichen Schimmelsporen, die in der Luft schwebten, befallen worden. Der Schimmelpilz wuchs, breitete sich aus, besiedelte ganze Käsekeller oder Lagerhöhlen und befiel schließlich alle darin lagernden Käse.

Heute überläßt man die Schimmelbildung nicht mehr dem Zufall: Entweder gibt man bereits der Milch eine Lösung mit Schimmelsporen zu, oder diese Lösung wird über den Bruch gesprüht bzw. in ihn hineingespritzt. Der Schimmelpilz, der sich entwickeln soll, heißt nach der Stadt Roquefort in Frankreich *Penicillium roqueforti*.

Da der Schimmel Sauerstoff und Platz zum Wachsen benötigt, muß der Käse porös sein. Also wird für Blauschimmelkäse der Bruch nicht gepreßt, sondern dem Käse wird die Flüssigkeit langsam entzogen, so daß er relativ weich bleibt. Daher muß er täglich gewendet werden, um seine Form nicht zu verlieren.

Lagertemperatur und Luftfeuchtigkeit sind je nach Käseart und -alter unterschiedlich. Typisch für die Lagerung sind Temperaturen von 5–15 °C und eine Luftfeuchtigkeit von 90–95 %. Zu hohe Luftfeuchtigkeit begünstigt übermäßiges Wachstum von Hefe und Bakterien, während zu niedrige den Käse oft spröde und rissig werden läßt. Während des Reifeprozesses kann man für mehr Sauerstoff im Käse sorgen, indem man mit Nadeln aus rostfreiem Stahl hineinsticht. Früher benutzte man Kupfernadeln, was zu dem weitverbreiteten Irrglauben führte, daß die blaue Farbe durch die Oxidation der Kupfernadeln verursacht würde. Bei der Schimmelbildung entsteht nicht nur die blaue Farbe, sondern es entwickeln sich auch Enzyme. Diese spalten Fette und Proteine auf, so daß der Käse seinen typischen Geschmack und seine weiche Konsistenz erhält.

TRADITIONELLE ART DER HARTKÄSEHERSTELLUNG

Auf einem Bauernhof wird Hartkäse hergestellt. Die Milch in der Wanne wird erhitzt und Lab hinzugegeben. Eine Stunde später können Bruch und Molke getrennt werden.

Die Molke wurde abgelassen und der Bruch in quadratische Blöcke geschnitten. Diese müssen häufig gewendet werden, damit sich der Säuregehalt erhöht.

Der Bruch wird zerbröselt und gleichmäßig in der Wanne verteilt. Dann wird Salz darübergestreut, damit sich das Käsearoma besser entfaltet und der Käse haltbar wird.

Der Bruch wird in eine mit Musselin ausgelegte Form aus Holz oder Stahl gepackt. Sie muß auf jeden Fall stabil genug sein, um dem Druck der Käsepresse standzuhalten.

Unter dem Druck der Presse wird die restliche Flüssigkeit herausgedrückt und der Käse zusammengepreßt. Wie lange ein Käse gepreßt werden muß, ist je nach Sorte unterschiedlich.

Während des Pressens muß der Käse täglich gewendet und das Käsetuch gewechselt werden. Wenn der Preßvorgang abgeschlossen ist, sollte das letzte Tuch trocken sein.

Jeder Käse wird in ein Käsetuch gewickelt, das mit einer Mehl-Wasser-Paste versiegelt wird. Dadurch kann sich der Käse nicht ausdehnen, trocknet nicht aus und wird nicht rissig.

Hartkäse reift über Wochen und Monate und muß häufig gewendet werden. Der Reifeprozeß ist für alle Hartkäsesorten wichtig und kann bis zu zwei Jahre dauern.

Speiseeis, eine Delikatesse

Italienische Eisverkäufer, die mit buntbemalten Karren durch die Städte zogen, machten Ende des 17. und Anfang des 18. Jh. diese Delikatesse in ganz Europa bekannt. Allerdings war Speiseeis zunächst nur für reiche Leute erschwinglich; da man Kühl- und Gefrierapparate noch nicht kannte, mischte man Eis, das man aus den Bergen holen mußte, mit gezuckerter Milch, um die kühle Leckerei herzustellen.

Heutzutage unterscheidet man zwischen Milcheis, das 70 % Milch enthält, Sahneeis, das zu 60 % aus Sahne besteht, und Fruchteis, dessen Obstanteil 20 % beträgt. Der Zuckergehalt ist je nach Verbrauchergeschmack unterschiedlich – er liegt zwischen 10 und 15 %.

Grundlage für Speiseeis ist eine Mischung aus Magermilchpulver und Milch oder Wasser, der man Zucker, Emulgatoren und Stabilisatoren – gewöhnlich Gelatine und Eigelb – sowie Sahne beigibt. Um das Ganze zu pasteurisieren, erhitzt man die Mischung für 30 Minuten auf eine Temperatur von 66 °C. Dann rührt man sie kräftig durch, läßt sie rasch auf unter 5 °C abkühlen und bei dieser Temperatur mindestens zwei Stunden stehen, damit das Milchfett kristallisieren und die Proteine und Stabilisatoren Wasser aufnehmen können. Nachdem man Geschmacks- und Farbstoffe hinzugegeben hat, wird die Mischung erneut durchgeschlagen und dann gefroren. Nach dem Einfrieren können Fruchtstücke oder Nüsse beigemischt werden. Damit das Eis fest wird, muß es auf unter –18 °C gekühlt werden. Will man es längere Zeit aufheben, muß man die Lagertemperaturen sogar auf unter –25 °C absenken.

Was macht Seetang im Speiseeis?

Bereits vor 5000 Jahren aß man in China Seetang und verwendete ihn als Heilmittel. Auch heute noch ist Seetang in bestimmten Speisen enthalten, so z. B. in dem japanischen Fisch- und Reisgericht Sushi, in walisischem Laverbrot (gebackener Seetang mit Haferschrot) und – wo man ihn kaum vermutet – im Speiseeis. Seetang enthält nämlich Alginat und Karrageen, die man als Stabilisatoren einsetzt, damit das Eis in der Kühltruhe nicht „grießig“ wird.

Bei der Herstellung von Speiseeis gefriert der größte Teil seines Wassergehalts zu lauter kleinen Eiskristallen, die etwa 50 Mikrometer (μm) groß sind (1 μm = 1/1000 mm). Da sich eine Kühltruhe immer wieder ein- und ausschaltet, schwankt die Innentemperatur. Wenn sie steigt, fangen die Eiskristalle an, zu Wasser zu schmelzen, so daß die kleineren Kristalle ganz verschwinden. Wenn dann die Temperatur wieder fällt, gefriert das Wasser auf den verbliebenen Kristallen, die dadurch wachsen. Folge davon ist, daß das Eis gröber wird. Stabilisatoren verlangsamen dieses Wachstum der Eiskristalle, indem sie eine Schutzschicht um sie herumlegen. Dadurch bleibt das Eis länger zart.

Karrageen gewinnt man aus rotem Seetang, der an den felsigen Küsten Nordeuropas und Nordamerikas wächst. Er wird geerntet und getrocknet. Um ihm das Karrageen zu entziehen, taucht man ihn in heißes Wasser. Der so gewonnene Extrakt wird gereinigt und dann zu einem feinen, cremefarbigen Pulver verarbeitet. Auf ähnliche Weise gewinnt man aus braunem Seetang Alginat.

Meist mischt man Alginat und Karrageen noch mit anderen Stoffen, z. B. mit Guargummi (den man aus dem Samen der in Indien und Pakistan beheimateten Guarpflanze gewinnt) und Robinienfruchtgummi (aus dem Samen des Johannisbrotbaums, der in den Mittelmeerländern gedeiht). Derartige Mischungen sind wirksamer als ein einzelner Stabilisator.

Stabilisatoren in Speiseeis machen etwa 0,2 % des Gewichts aus, d. h., 1 l Speiseeis enthält weniger als 1 g des Seetangextrakts.

Mayonnaise: Wie verbinden sich Öl und Wasser?

Um Mayonnaise herzustellen, verrührt man ein Eigelb und einen Eßlöffel Essig in einer Schüssel. Dann gibt man unter kräftigem Schlagen tröpfchenweise knapp 0,25 l Olivenöl hinzu. Eine Prise Salz und ein bis zwei Eßlöffel Zitronensaft verbessern den Geschmack, und ein bis drei Eßlöffel heißes Wasser verhindern, daß die Mayonnaise gerinnt.

Doch was geschieht, wenn Mayonnaise geschlagen wird? Wie verwandeln sich Eigelb, Essig und Öl in eine dicke, cremige Soße? Und wieso trennt sich das Öl nicht vom Essig, wie es bei Salatsoßen der Fall ist? Des Rätsels Lösung sind die besonderen Eigenschaften des Eigelbs.

Wie viele andere Lebensmittel ist auch Mayonnaise eine Emulsion, die aus Fett und Wasser besteht. Manche Emulsionen wie Butter oder Margarine enthalten Wassertröpfchen in Öl oder Fett, andere wiederum, z. B. Milch, enthalten umgekehrt Fetttröpfchen in Wasser. Normalerweise machen die jeweiligen Tröpfchen nur einen geringen Teil der Emulsion aus; Mayonnaise jedoch – eine Öl-in-Wasser-Emulsion – besteht zu 80 % aus Öltröpfchen.

Der Essig kann nur aufgrund der emulgierenden Eigenschaften des Eigelbs so viel Öl absorbieren. Ein Emulgator ist ein Stoff, der aus Molekülen besteht, deren eines Ende wasserlöslich und deren anderes Ende fettlöslich ist. Und Eigelb enthält verschiedene natürliche Emulgatoren, deren bekanntester das Lecithin ist.

Da sich jedes Molekül der Emulgatoren sowohl mit Wasser als auch mit Fett verbindet, bildet das Eigelb eine Schutzschicht um jedes der zahlreichen Fetttröpfchen, in die das Öl zerschlagen wurde. Die Tröpfchen können sich jetzt nicht miteinander verbinden, und selbst wenn sie zusammenstoßen, springen sie gleich wieder auseinander.

Der Zitronensaft verbessert nicht nur den Geschmack, seine Säure verhindert auch, daß sich Bakterien rasch vermehren, und macht so die Mayonnaise länger haltbar. Darüber hinaus ruft er Veränderungen in dem auch im Eigelb enthaltenen Eiweiß hervor, so daß die Mischung noch dicker wird.

Viele Lebensmittelemulsionen sind homogenisiert, d. h., man bringt die Tröpfchen auf eine kleinere und einheitlichere Größe, indem man sie mit hohem Druck gegen eine Metalloberfläche schleudert. Kleinere Tröpfchen brauchen länger als große, um sich zu verbinden und an die Oberfläche zu steigen. Milch z. B. homogenisiert man, um zu verhindern, daß sich der Rahm oben absetzt.

Öltröpfchen *Eine Mikroskopaufnahme zeigt dicht aneinandergedrängte Öltröpfchen unterschiedlicher Größe.*

Gute Mayonnaise mit einem hohen Ölgehalt sollte jedoch nicht homogenisiert werden. Damit das ganze Öl aufgenommen wird, müssen die Tröpfchen alle unterschiedlich groß sein, so daß sie sich dicht an dicht drängen.

Der Ursprung der Mayonnaise ist unbekannt. Man behauptet, der Herzog von Richelieu habe sie auf Menorca kennengelernt und sie „Mahonnaise“, nach Mahón, der größten Stadt der Insel, genannt. Wahrscheinlicher jedoch ist, daß sich der Name von dem altfranzösischen Wort für Ei, *moyeu*, herleitet.

Eitrennmaschine *In Mayonnaisefabriken werden die Eier maschinell aufgeschlagen und in Eiweiß und Eigelb getrennt.*

Pasteur entwickelt die ersten Impfstoffe

Im Herbst 1860 stieg der französische Chemiker und Biologe Louis Pasteur auf einen Berg bei Chamonix. Er hatte über 30 fest versiegelte Glaskolben bei sich, die eine Flüssigkeit aus Hefeextrakt und Zucker enthielten. Pasteur hatte bereits gezeigt, daß dieses Gemisch verunreinigt wurde, sobald man es staubhaltiger Luft aussetzte. Hoch oben in der reinen, keimfreien Bergluft öffnete er die Kolben, ließ Luft hinein und verschloß sie wieder. Als er die Proben später untersuchte, stellte er fest, daß die Flüssigkeit weder gegoren noch verdorben war. Aufgrund seiner Forschungsergebnisse entwickelte er eine Methode, in Milch, Wein und Bier enthaltene Krankheitserreger abzutöten. Es war die Krönung seiner jahrelangen wissenschaftlichen Untersuchungen über die Verderblichkeit verschiedener Flüssigkeiten, die, wie Pasteur behauptete, durch gesundheitsschädliche Bakterien in der unteren Schicht der Atmosphäre hervorgerufen wurde.

Lebenswerk *Pasteurs Suche nach einer Methode, schädliche Bakterien in Wein, Bier und Milch abzutöten, war erst nach jahrelanger Arbeit von Erfolg gekrönt.*

Louis Pasteur wurde 1822 als Sohn eines Gerbers in der Nähe von Dijon geboren. Vom Chemielehreranwärter arbeitete er sich zum Direktor für wissenschaftliche Studien an der École Normale Supérieure, der berühmten Pariser Hochschule, hoch. Ende der 40er Jahre des 19. Jh. wurde Pasteur zum Professor der Chemie an der Akademie der Wissenschaften in Straßburg ernannt. 1851 schrieb er an einen Freund: „Ich bin Geheimnissen auf der Spur, und die Schleier, die sie bedecken, lüften sich immer mehr." Pasteur untersuchte den Gärungsprozeß bei Alkohol und stellte fest, daß winzig kleine Organismen, die er später Mikroben nannte, die Ursache dafür waren, daß manche Flüssigkeiten, wie z. B. Essig und Wein, verdarben.

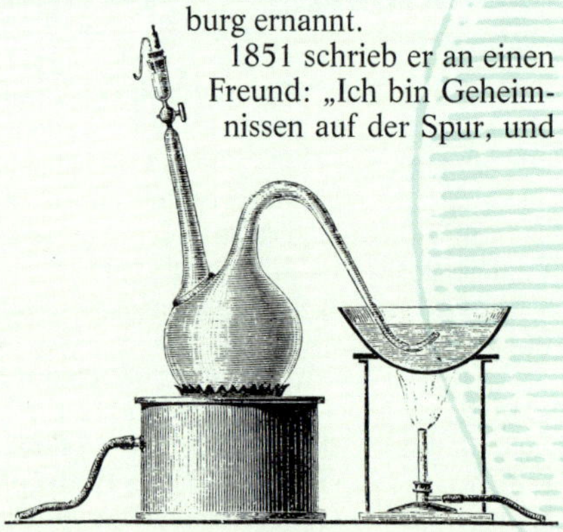

Gefahr aus der Luft *Pasteurs Versuche zeigten, daß die Gärung von Organismen in der Luft verursacht wird. Hier wird eine Flüssigkeit durch Erhitzen in einem Glaskolben keimfrei gemacht. Der Hals des Kolbens wird dann versiegelt. Erst wenn er geöffnet wird und Luft eintreten kann, setzt die Gärung ein.*

Später wurde Pasteur von Kaiser Napoleon III. damit beauftragt, nach einem Mittel gegen die Keime zu forschen, die zu Qualitätseinbußen beim Wein – einem der wichtigsten Erzeugnisse des Landes – führten. Pasteur befragte die Weinbauern und nahm Proben von den Trauben sowie von jungem, reifem und verdorbenem Wein.

Er fand heraus, daß die schädlichen Mikroben durch Erhitzung auf 55 °C zerstört werden konnten, ohne daß der Wein dabei Schaden erlitt. Diese Methode, die man später Pasteurisierung nannte, wandte Pasteur auch an, um Milch keimfrei zu machen.

Bereits 200 Jahre früher hatte man Bakterien unter dem Mikroskop beobachtet, irrtümlicherweise jedoch angenommen, daß Mikroorganismen das Ergebnis der Verwesung und nicht deren Ursache seien. Pasteur stellte dies als erster richtig.

Schon bald suchte er nach Möglichkeiten, verschiedene Krankheiten sowohl der Menschen als auch der Tiere zu bekämpfen. Er stellte seine bahnbrechende Theorie auf, die besagte, daß Krankheitserreger nicht auf rätselhafte Weise aus dem Nichts auftauchten, sondern eine eindeutige und nachweisbare Quelle hätten: Schmutz und Staub.

1864 hielt er an der Sorbonne, der Universität von Paris, eine Vorlesung über seine Forschungsergebnisse. Er zeigte auf eine organische Flüssigkeit in einem versiegelten Gefäß und sagte: „Sie ist rein geblieben, seit ich die Versuche vor einigen Jahren begann. Sie ist deshalb noch rein, weil ich alle Krankheitskeime, die in der Luft herumschweben, von ihr fernhielt."

Im Lauf der folgenden 17 Jahre entwickelte Pasteur einen Impfstoff gegen Hühnercholera und Milzbrand. Diese meist tödlichen Seuchen waren unter Schafen, Rindern und Hühnern verbreitet, konnten aber auch auf den Menschen übertragen werden. Pasteur beobachtete, daß Tiere, die diese Krankheiten überlebt hatten, nicht erneut davon befallen wurden. Also konnte man die Tiere schützen, indem man ihnen eine abgeschwächte Form des Krankheitserregers einspritzte.

Pasteurs Interesse galt auch der möglichen Heilung und Vorbeugung von Tollwut. Bei Menschen, die von tollwütigen Tieren gebissen wurden, traten die ersten Krankheitssymptome frühestens nach drei bis zwölf Wochen auf: Krämpfe, Fieberwahn und trotz brennenden Dursts die Unfähigkeit, Flüssigkeit zu sich zu nehmen. Nach wenigen Tagen starben die Opfer.

Die einzige bekannte Behandlungsme-

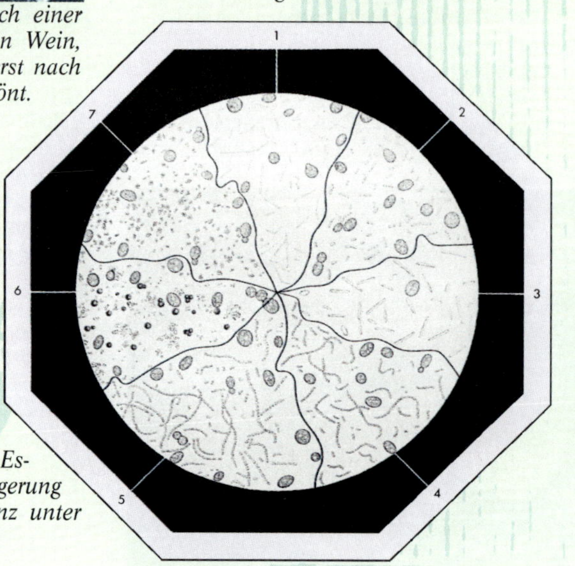

Untersuchung des Gärprozesses *In seinen frühen Arbeiten beschäftigte sich Pasteur hauptsächlich mit der Untersuchung der Gärung. In seiner 1876 veröffentlichten Untersuchung über das Bier erläuterte er verschiedene Substanzen, die sich langsam zersetzt hatten: Rotwein (1), saure Milch (2), ranzige Butter (3), verdorbener Wein (4), Essig (5), eine nichtkristalline Ablagerung (6) und eine pflanzliche Substanz unter dem Mikroskop (7).*

thode war damals das Ausbrennen der Wunden mit Karbolsäure oder glühendheißen Feuerhaken. Nicht selten führte dies zum Tod der Patienten. Pasteur wollte eine humanere Heilmethode suchen und zog sich nach Meudon bei Paris zurück, wo er rund 50 tollwütige Hunde in Käfigen hielt. Er entdeckte, daß sich die Tollwuterreger im Speichel und im Nervensystem der Tiere befanden. Nach unzähligen Versuchen entwickelte er im Frühjahr 1884 einen Impfstoff, der eine abgeschwächte Form des Tollwutvirus enthielt.

Neben der Bekämpfung der Tollwut bahnten Pasteurs Arbeiten auch den Weg für einen neuen Zweig der Medizin – die Immunologie. Durch die Immunisierung kann man heute rund 30 gefährlichen Krankheiten vorbeugen; darunter sind z. B. die Masern, Kinderlähmung und Diphtherie. 1888 wurde in Paris das Pasteur-Institut eröffnet, das weitere Forschungsarbeit auf dem Gebiet der Seuchenbekämpfung leisten sollte. Ihm stand der inzwischen weltberühmte Chemiker bis zu seinem Tod 1895 vor. Er wurde in einem prachtvollen Marmorgrab im Institut beigesetzt. Als Inschrift dienen seine eigenen Worte: „Das Gesetz, dessen Werkzeuge wir sind – das Gesetz von Frieden, Arbeit und Gesundheit –, sucht nach immer neuen Mitteln, um den Menschen von den Geißeln, die ihn peinigen, zu erlösen."

JOSEPH MEISTER ÜBERLEBT DIE TOLLWUT

Im Juli 1885 wurde der neunjährige Joseph Meister in einem elsässischen Dorf von einem tollwütigen Hund angefallen. Der Hausarzt fürchtete um das Leben des Jungen und schickte ihn in Begleitung seiner Mutter nach Paris zu dem großen Gelehrten Pasteur, der bis dahin allerdings nur Impfstoffe gegen Tierkrankheiten entwickelt hatte. Als dieser die zahlreichen tiefen Bißwunden an den Händen, Ober- und Unterschenkeln des Jungen sah, entschloß er sich, ihm abgeschwächte Krankheitskeime einzuimpfen. Noch am selben Tag wurde Joseph mit einer Flüssigkeit geimpft, die aus dem Rükkenmark eines zwei Wochen zuvor an Tollwut gestorbenen Kaninchens gewonnen worden war.

Dann begann ein langes, angstvolles Warten, während man dem verletzten Jungen jeden Tag eine jeweils stärkere Spritze verabreichte.

An den letzten Behandlungstagen impfte Pasteur seinen Patienten mit dem stärkstmöglichen Tollwutvirus – dem eines Hundes. Pasteurs Erfahrung mit seinen 50 tollwütigen Hunden hatte ihm gezeigt: Wenn erst einmal Immunität erlangt ist, kann auch der stärkste Erreger, ganz gleich, in welcher Dosierung, ohne schädliche Auswirkungen gespritzt werden.

Nach fast 14 Tagen war Josephs Schicksal noch immer nicht entschieden. Pasteur konnte das Warten in Paris nicht länger ertragen. Um Abstand zu bekommen, reiste er in seine Heimat Burgund. Auch dort lebte er in der ständigen Angst, ein Telegramm mit der Nachricht zu erhalten, daß das Schlimmste eingetroffen und der Junge gestorben sei. Doch dieses Telegramm kam nicht, und als Pasteur nach Paris zurückkehrte, stand schon fest, daß der Junge völlig geheilt war.

Während der folgenden anderthalb Jahre behandelte Pasteur etwa 2500 Menschen aus ganz Europa, die von tollwütigen Hunden gebissen worden waren. Alle bis auf zehn überlebten.

Ein Mittel gegen die Tollwut *Der junge Joseph Meister wurde von einem tollwütigen Hund mehrmals gebissen. Pasteur rettete ihm das Leben.*

Ergebenheit *Joseph Meister zeigt seiner Tochter Pasteurs Büste in Paris. Als Hausmeister des Pasteur-Instituts beging er Selbstmord, um nicht das Grab Pasteurs für die Nazis öffnen zu müssen.*

Wie brät man einen Ochsen?

Wie wird ein Stück Fleisch gegart, das 125mal schwerer ist als ein durchschnittlicher Sonntagsbraten und für über 1000 Personen reicht?

In der Regel sind es Berufsköche mit einer Spezialausrüstung, die bei besonderen Anlässen ganze Ochsen im Freien braten. Es kann bis zu 24 Stunden dauern, bis ein 250 kg schweres Stück gar ist. Der Erfolg hängt vom Sachverstand des Kochs ab und erfordert sorgfältige Vorbereitungen.

Da Rinder meist zur besseren Handhabung halbiert oder geviertelt werden, muß man ein ganzes rechtzeitig beim Fleischer bestellen, und zwar etwa zwei Wochen im voraus, damit es zehn Tage abhängen kann. 14–18 Monate alte Tiere haben das richtige Gewicht, und ihr Fleisch ist schmackhaft und zart.

Kopf, Haut, Hufe und Schwanz werden entfernt und die Vorderbeine zusammengebunden, so daß sie, während sich der Spieß dreht, nicht abstehen. Der Beckengürtel muß ganz bleiben, damit man das Tier aufspießen kann.

Spieß und Gestell müssen äußerst stabil sein, um das Gewicht beim Bratvorgang zu tragen. Der Spieß besteht aus Stahl oder verzinktem Eisen und hat einen Durchmesser von mindestens 6,5 cm. An jedem Ende braucht man zwei bis drei kräftige Erwachsene, um die Last hochzuheben. Die Enden ruhen jeweils auf einem Dreifuß aus schweren Eisenstangen. Der Spieß, der durch den Beckengürtel des Ochsen gestoßen wird, läuft so dicht wie möglich unter dem Rückgrat entlang und kommt am Nacken wieder heraus.

Schwere Metallklammern halten das Rückgrat am Spieß fest, und zur zusätzlichen Sicherung werden kleinere Spieße quer durch das Fleisch gestoßen.

Im Idealfall ist der Spieß so konstruiert, daß man die Entfernung des Bratens zur Glut verändern und damit die Hitzezufuhr steuern kann. Die Glut muß eine gleichmäßige Temperatur von etwa 200 °C haben und das Fleisch immer am Brutzeln gehalten werden. Ist die Hitze zu groß, verkohlt das Fleisch außen; ist sie zu niedrig, kann es innen verderben.

Man braucht rund 500 kg Holzkohle, um während des ganzen Bratvorgangs das Feuer zu unterhalten, das man in einer gut 50 cm tiefen Grube ein paar Stunden vor dem Grillen anzündet, damit die nötige Temperatur erreicht wird. Ein Windschutz aus Erde und feuerfesten Ziegelsteinen wirft die Hitze auf das Fleisch zurück.

Oft befestigt man den Spieß seitlich vom Feuer und nicht direkt darüber. So tropft das Fett in untergestellte Gefäße und nicht, was unter Umständen gefährlich sein kann, ins Feuer selbst. Der Ochse muß sich langsam am Spieß drehen – höchstens zehnmal in der Stunde –, wobei das Fleisch ständig mit Fett begossen wird.

Wenn der klare Bratensaft austritt, kann man bereits die äußere gare Schicht abschneiden, während der Ochse weitergegrillt wird.

Ochsenbraten *Ein alter deutscher Druck zeigt die Zubereitung eines Ochsen am Spieß.*

Dosenfutter für Millionen Haustiere

Wenn es um die vierbeinigen Lieblinge geht, ist den deutschen Haustierhaltern keine Ausgabe zuviel: Insgesamt 5,2 Mrd. DM gaben die Herrchen und Frauchen für das Futter der rund 4,2 Mio. Katzen und 3,7 Mio. Hunde aus, die 1989 in der Bundesrepublik Deutschland gehalten wurden; davon entfielen etwa 2,3 Mrd. DM auf Fertigprodukte.

Katzen werden hauptsächlich mit Fertigfutter ernährt, während man Hunden oft selbstzubereitete Nahrung gibt – entweder eigens für den Hund gekauftes Fleisch vom Metzger oder Essensreste vom Tisch der Hundehalter. Dabei vergessen die Tierbesitzer oft, daß Hunde – wie auch Katzen – keine Fleisch-, sondern Beutetierfresser sind, d.h., sie verschlingen ihre Beute mit Haut und Haaren, Knochen und Fell sowie Innereien samt Inhalt. Auf diese Weise nehmen sie auch Kohlehydrate und andere lebensnotwendige Nährstoffe zu sich, die in Fleisch allein nicht enthalten sind.

Fertigprodukte enthalten dagegen alle erforderlichen Aufbaustoffe, so daß die Tiere damit vollwertig ernährt werden. Um neben einer ausgewogenen und gesunden Kost auch den Geschmacksrichtungen und Freßgewohnheiten der Vierbeiner sowie den Käuferwünschen gerecht zu werden, stellt die Futtermittelindustrie verschiedene Grundtypen an Fertignahrung her.

Feuchtprodukte, die meist in Dosen angeboten werden, sind als Alleinfuttermittel zu verwenden. Sie bestehen aus Fleisch mit Kohlenhydraten und pflanzlichem Eiweiß in Form von Reis, Gerste, Weizen oder Mais. Außerdem enthalten Feuchtprodukte alle lebensnotwendigen Vitamine und Minerale.

Halbfeuchtnahrung – bislang nur als Hundefutter auf dem Markt – versorgt das Tier auch mit allen Nährstoffen, die es braucht. Wie der Name sagt, ist hier der Feuchtigkeitsgehalt im Vergleich zu den Feuchtprodukten geringer. Der Flüssigkeitsbedarf des Hundes muß durch Wasser gedeckt werden.

Bei der Trockennahrung beträgt der Wassergehalt etwa 10 %. So ist Trockenfutter wesentlich konzentrierter und damit energiehaltiger.

Die tierischen Rohstoffe, die für die Fertignahrung verwendet werden, unterliegen strengen Qualitätskontrollen: Nur Fleisch, das auch für den menschlichen Verzehr geeignet ist, darf zu Tierfutter verarbeitet werden. Amtstierärzte untersuchen das Fleisch vor und nach der Schlachtung. Das Futter wird maschinell hergestellt, und pro Minute laufen rund 1000 abgefüllte Dosen vom Fließband.

Für Tierfutter verwertet man Fleisch vom Rind, Schwein, Schaf, Wild und Geflügel, und zwar hauptsächlich die Teile, die der Mensch selten verzehrt, weil sie den heutigen Eßgewohnheiten nicht mehr entsprechen: Leber, Lunge, Pansen, Herz und Nieren.

Untersuchungen in den letzten 20 Jahren in der Bundesrepublik Deutschland haben gezeigt, daß die Lebenserwartung von Hunden um 20 % steigt und Katzen im Durchschnitt doppelt so alt werden, wenn sie mit Fertignahrung gefüttert werden.

Der Stoff X – das Geheimnis eines Getränks

In einem Tresor der Trust Company of Georgia, USA, ruht das Geheimnis eines der beliebtesten alkoholfreien Getränke der Welt – Coca-Cola. Es wird behauptet, daß nur die Direktoren des Unternehmens verfügen dürfen, daß der Tresor geöffnet wird.

Obwohl viele Firmen auf der ganzen Welt die Abfüllrechte für Coca-Cola haben, kennt niemand die genauen Zutaten. Die Getränkehersteller erhalten nur die Sirupe und andere Bestandteile von der Coca-Cola Company und mischen diese dann mit kohlensäureversetztem Wasser. Viele Konkurrenten – und sogar auch die amerikanische Regierung – haben versucht, die Geheimformel für den echten Coca-Cola-Geschmack herauszufinden. Bislang ohne Erfolg.

Der Amerikaner William Poundstone jedoch ging der Sache nach und stellte die Ergebnisse seiner Nachforschungen in seinem 1983 erschienenen Buch *Big Secrets* (Große Geheimnisse) vor.

Er geht davon aus, daß Coca-Cola aus den folgenden neun Grundzutaten besteht: Zucker, Karamel, Koffein (koffeinfreies Coca-Cola ist allerdings auch im Handel), Phosphorsäure, Kokablatt-Extrakt (dem das Kokain entzogen wurde), Zitronensäure und Natriumcitrat, Glycerin, Vanille sowie dem rätselhaften Stoff X, einer Kombination von Zitronen-, Orangen-, Limonen-, Kassia- und Muskatöl und möglicherweise anderen Ölen.

Obwohl man die Anteile einiger dieser Substanzen durch chemische Analysen herausfinden kann, ist das Gemisch der Öle, die im mit X bezeichneten Stoff enthalten sind, am schwierigsten zu definieren.

Das Aroma dieses Gemischs ist nicht einfach die Summe der einzelnen Aromen, sondern es entsteht durch die Wechselwirkung der Öle. Jeder, der diese Mixtur nachmachen wollte, müßte die Zutaten, die jedoch nicht eindeutig festzustellen sind, sowie ihr genaues Mischungsverhältnis kennen. Doch das ist noch bei keiner Analyse ermittelt worden. Die Frage des Kokagehalts war sogar Anlaß eines Rechtsstreits.

Colaflasche *Die Coca-Cola-Flasche – weltweit bekannt – wurde 1916 entworfen.*

COCA-COLA: EIN GETRÄNK WIRD ZUM BEGRIFF

Coca-Cola wurde vor über 100 Jahren von Dr. John S. Pemberton, einem Apotheker in Atlanta, Georgia, erfunden. 1885 stellte er seine eigene Variante des damals beliebten Getränks Vin Mariani her. Pembertons Rezept bestand einfach darin, Blätter der in Südamerika wachsenden kokainhaltigen Kokapflanze dem Rotwein hinzuzufügen.

Vom schlechten Absatz enttäuscht, änderte er ein Jahr später sein Rezept: Er ließ den Wein weg und fügte dem Getränk nun die koffeinhaltige afrikanische Kolanuß hinzu. Um den bitteren Geschmack zu mildern, mischte er Zucker und Aromastoffe bei. Sein Partner Frank M. Robinson entwarf den heute berühmten Coca-Cola-Schriftzug. In den örtlichen Apotheken wurde das Getränk als „bewährtes Gehirntonikum" angeboten, das man pur oder mit Wasser verdünnt trinken konnte. Am Anfang setzte man im Durchschnitt etwa 13 Gläser davon am Tag ab.

1887 verkaufte Pemberton das Rezept. Kurz danach wechselten die Rechte wieder ihren Besitzer und wurden schließlich von Asa G. Candler erworben. Der neue Eigentümer erkannte, daß Coca-Cola zu einem beliebten alkoholfreien Getränk mit einer geheimnisvollen Note werden konnte, wenn man das Rezept unter Verschluß hielt. Candler veränderte das Rezept, mischte dem Getränk kohlensäurehaltiges Wasser bei und gründete 1892 zusammen mit Frank Robinson als Partner die Coca-Cola Company.

Bis 1903 stellten Candler und Robinson den Sirup allein her – hinter den verschlossenen Türen ihres Labors. Sie entfernten die Etiketten von den Zutaten, die sie von den Chemiefabriken geliefert bekamen. Candler erledigte allein die Korrespondenz und bezahlte die Rechnungen, so daß die Buchhalter die Zutaten nicht erfuhren. Auch besaß er als einziger den Schlüssel zur Registratur.

Als die Firma größer wurde, kamen Candler und Robinson mit der Sirupproduktion nicht mehr nach. Also numerierten sie die Zutaten einfach von 1 bis 9 und teilten den Geschäftsführern der Zweigstellen lediglich mit, wie und in welchem Verhältnis die Substanzen gemischt werden mußten.

1909 beschlagnahmte die amerikanische Bundesregierung 40 große und 20 kleinere Coca-Cola-Fässer und beschuldigte die Coca-Cola Company, das Lebensmittelgesetz verletzt zu haben: Das Wort Coca im Namen lasse auf die verbotene Droge Kokain schließen. Doch während des Verfahrens, das mehrmals in die Berufung ging und sich fast zehn Jahre hinzog, konnten die Chemiker, die als Zeugen auftraten, weder Spuren von Kokain noch von Kola nachweisen. Allerdings beschrieb ein Mitarbeiter des Unternehmens, das die Zutat Nr. 5 lieferte, wie dieser Stoff aus Kokablättern, denen man das Kokain entzog, und Kolanußextrakt hergestellt wurde.

Enthält Coca-Cola also weder Koka noch Kola? William Poundstone schreibt in seinem Buch *Big Secrets*: „In der Tat ist reichlich wenig Koka oder Kola in Coca-Cola. Und weder das eine noch das andere hat viel – wenn überhaupt – mit dem Geschmack zu tun."

Ganz sicher war es der Geschmack, den General Eisenhower während des Zweiten Weltkriegs so schätzte. Als Oberbefehlshaber der Streitkräfte in Nordafrika forderte er 3 Mio. Flaschen Coca-Cola an sowie die maschinelle Ausrüstung für zehn Abfüllanlagen mit einer Kapazität von 6 Mio. Flaschen im Monat. Erst seit 1955 gibt es Coca-Cola in Dosen.

Von der Rebe zum Wein

Die Gärung ist eine der ältesten Methoden, Lebensmittel auf natürliche Weise zu konservieren. Jährlich werden weltweit über 70 Mio. t Trauben angebaut. Ein Teil davon wird getrocknet und zu Sultaninen, Rosinen und Korinthen verarbeitet. Die meisten werden zu Wein vergoren: auf der ganzen Welt etwa 350 Mio. hl pro Jahr.

Bevor der Saft aus den geernteten Trauben gequetscht oder gepreßt wird, werden Stengel und Stiele maschinell entfernt. Beim Weißwein wird dann entweder sofort oder nach wenigen Stunden die Maische – ein Brei aus Saft, Kernen und Häuten – vom Saft oder Most getrennt; beim Rotwein dagegen gärt sie drei bis vier Tage mit.

Volle Körbe *In Frankreich warten handgelesene grüne Trauben auf den Transport in die Kellerei. Um eine Flasche Weißwein herzustellen, braucht man fast 3 kg Trauben.*

Um die unerwünschten Keime im Most abzutöten, setzt man Schwefel zu. Rotwein, der insgesamt komplizierter herzustellen ist, wird darüber hinaus häufig kurz auf etwa 80 °C erhitzt. Dabei werden die roten Farbpigmente aus der Traubenhaut gelöst, was dem Wein seine Farbe verleiht.

Die Hefepilze, die sich während des Wachstums der Trauben auf der Traubenhaut gebildet haben, setzen nun die Gärung des Mosts in Gang; dabei verwandelt sich der Zucker in Alkohol. Die Gärungsdauer von Rotwein beträgt etwa eine Woche bei einer Temperatur von 18–25 °C. Weißwein gärt genauso lange bei etwas niedrigerer Temperatur.

Roséwein wird nach deutschem Recht nur aus Rotweintrauben hergestellt, deren Saft man nach kurzer Zeit von der Maische abkeltert und dann wie weißen Most weiterverarbeitet.

Eine vierte Weinart – neben Rotwein, Weißwein und Rosé – ist der sogenannte Rotling, den man aus weißen und roten Trauben erzeugt.

Nach der Gärung filtert man die Ablagerungen aus dem Wein heraus. Dann wird er – heutzutage meist in Stahltanks – gelagert und später in Flaschen abgefüllt. Er kann ein oder mehrere Jahre reifen, währenddessen sich der Geschmack noch erheblich verändert.

Schwerere Weine wie Sherry oder Portwein können nicht allein durch Gärung entstehen. Ihnen muß Alkohol zugesetzt werden.

Kelter *Für die besten Weißweine müssen die Trauben noch am Tag der Ernte gekeltert werden. Zuerst werden die Stiele maschinell entfernt, dann kommen die Trauben in eine Horizontalpresse. Der Saft läuft in einen Trog und wird dann in Tanks oder Fässer gepumpt.*

WIE WEIN, BIER UND SEKT ENTSTEHEN

Durch Gärung, einen natürlichen und spontan einsetzenden Prozeß, wird Traubensaft in Wein verwandelt. Verantwortlich für diesen Prozeß sind die Hefepilze, die sich auf der Traubenhaut bilden. Will man den Gärvorgang beschleunigen, muß man noch andere Hefearten beifügen.

Im 19. Jh. entdeckte der französische Wissenschaftler Louis Pasteur, daß die Hefe mit dem in den Trauben enthaltenen Zucker reagiert. Sie löst einen biochemischen Prozeß aus, bei dem der Zucker in Alkohol und Kohlensäure verwandelt wird. Zucker wie Alkohol bestehen aus den drei gleichen Elementen – Kohlen-, Wasser- und Sauerstoff –, jedoch in unterschiedlichen Molekülkombinationen.

Bei der Bierherstellung gibt man Hefe zu einer Mischung aus Wasser und gemälzter Gerste, deren Zucker zu Alkohol wird.

Um Sekt herzustellen, läßt man den Wein zweimal gären. Die Kohlensäure, die bei der zweiten Gärung entsteht, bleibt in der fest verkorkten Flasche und bildet die Sektperlen.

Prüfung *Während der Gärung wird jedem Faß eine Probe entnommen, um festzustellen, ob der Wein reif zur Abfüllung ist.*

Gärung in Eichenfässern *Der Weißwein Kalifornischer Chardonnay gärt in Eichenfässern. Jedes Faß hat einen S-förmigen Gärverschluß, der das sich bildende Kohlendioxid entweichen läßt, ohne daß Luft eindringen kann.*

Ausbau in der Flasche *In einem temperierten Keller in Portugal lagert auf Flaschen gezogener Rotwein mehrere Jahre lang bis zur Reifung.*

Wie sich das Bukett des Weins entfaltet

Das Geheimnis eines guten Weins liegt in den Veränderungen, die stattfinden, während er in Fässern und Flaschen reift. Um einen vorzüglichen Wein herzustellen, ist es zunächst wichtig, die richtigen Traubensorten auf geeignetem Boden an sonnigen Hängen anzubauen.

Auch die Hefepilze auf den Traubenschalen, die den Saft zum Gären bringen, damit Alkohol entstehen kann, sind an der Bildung des jeweiligen Aromas mit beteiligt.

Doch richtig entfaltet sich der Geschmack erst in den folgenden Jahren. Weißwein braucht ein bis zwei Jahre bis zur Reife, wobei er heute in der Regel in großen Tanks aus rostfreiem Stahl lagert. Gute Rotweine lagern – heute noch in Holzfässern – drei bis vier Jahre und reifen dann weiter in der Flasche, wobei die Zeit von der Weinsorte abhängt. Bei körperreichen Bordeaux-Weinen z. B. kann die sogenannte Ausbauzeit bis zu acht Jahren dauern. Die Entstehung des typischen Aromas wird durch den Sauerstoff unterstützt, der langsam durch das Holz in die Fässer eindringt.

Ein Wein enthält verschiedene Säuren, u. a. Weinsäure, Apfelsäure, Zitronensäure, Aminosäuren, Milchsäure und Essigsäure. Aus der Verbindung dieser Säuren mit dem Alkohol entsteht das Bukett, das man auch als Wohlgeruch oder Blume des Weins bezeichnet.

Da die Nase sehr viel empfindlicher ist als die Geschmacksnerven im Mund, ist das Bukett eines Weins wichtiger als sein Geschmack. Berufsmäßige Weinprüfer beurteilen bei der Qualitätsprüfung und Einstufung des Weins seine Blume, indem sie das Glas zwischen ihren Händen erwärmen und so die flüchtigen Bukettstoffe freisetzen.

Gute Weine reifen in Kellern bei einer gleichbleibenden Temperatur bis etwa 15 °C. Ist die Temperatur höher, reift der Wein schneller, wobei der Geschmack sich anders entwickelt. Dies ist allerdings bei einigen Weinen durchaus erwünscht. Sherry wird beispielsweise oft bei 50–60 °C 10–20 Wochen lang wärmebehandelt, damit er seinen charakteristischen Geschmack entfaltet.

Erlesene Trauben *Für einen guten Wein braucht man erstklassige Trauben. Aus diesen Sangioveser Trauben, einer der in Italien am häufigsten angebauten Sorten, werden Chianti und andere Rotweine hergestellt.*

VON DER AMPHORE ZUM KARTON

Die Griechen und später auch die Römer bewahrten den Wein in bauchigen Tonkrügen, Amphoren genannt, auf. Da diese Gefäße luftundurchlässig waren, konnte man den Wein reifen lassen, bevor er getrunken wurde. Auch nach dem Untergang des Römischen Reichs wurde Weinbau in Europa betrieben, doch die Kunst der Töpferei beherrschten die germanischen Stämme nicht. Der Wein wurde in luftdurchlässigen Holzfässern gelagert, hielt sich daher nicht lange und mußte jung getrunken werden.

Glasflaschen gab es schon früh, sie wurden jedoch nur dazu benutzt, den Wein aus dem Keller zu bringen. Erst als die Portugiesen Ende des 18. Jh. entdeckten, daß Flaschen mit Korken luftdicht verschlossen werden konnten, war es wieder möglich, Weine reifen und das Bukett sich entfalten zu lassen.

Heute noch wird Wein hauptsächlich in Glasflaschen verkauft. Seit einigen Jahren sind billige Tafelweine, in Plastikschläuche abgefüllt und in Kartons verpackt, erhältlich. Sie haben bei den Weintrinkern jedoch wenig Anklang gefunden.

Lagerung in Höhlen *Im spanischen Weinbaugebiet Rioja werden seit über 200 Jahren vortreffliche Rotweine hergestellt. Die Flaschen lagern in Höhlen.*

Ausbau im Faß *Proben werden häufig entnommen, um den Reifegrad des Weins festzustellen. Dazu benutzt der Prüfer einen Becher an einem Stiel.*

Wie kommen die vielen Perlen in den Schaumwein?

Viele Getränke perlen oder schäumen, weil sie Kohlensäure enthalten, die beim Brauen und Gären entsteht.

Eine wichtige Eigenschaft von Kohlensäure ist ihre Wasserlöslichkeit. Bei Zimmertemperatur kann eine Flasche Wasser ihr eigenes Volumen an Kohlensäure in sich aufnehmen. Die Löslichkeit der Kohlensäure nimmt mit steigender Temperatur ab. Erwärmt sich ein kaltes Getränk im Glas, steigt die Kohlensäure in Form von Bläschen oder Perlen in der Flüssigkeit hoch und entweicht über die Oberfläche. Die Löslichkeit nimmt ab, wenn der Druck geringer wird: Entfernt man den Korken einer Sektflasche oder den Verschluß einer Limonadenflasche, steigt ein ganzer Schwall von Bläschen an die Oberfläche. So perlen Getränke auch bei niedriger Temperatur, wenn die Flaschen unter Druck abgefüllt wurden.

Schaumwein, wie z. B. Sekt, wird ähnlich hergestellt wie Weißwein, jedoch wird der ausgepreßte Saft sofort von der Maische getrennt. Der Most wird nach der ersten Gärung gekühlt, gefiltert und geklärt, um alle Feststoffe zu entfernen.

Danach muß der Wein ein zweites Mal gären. Man setzt ihm Hefe und Zucker zu und lagert ihn mehrere Monate bei Zimmertemperatur. In dieser Zeit verwandelt die Hefe den Zucker in weiteren Alkohol und Kohlensäure. Während der ersten Gärung entweicht die Kohlensäure in die Luft; da die zweite Gärung in drucksicheren Tanks oder Flaschen stattfindet, kann die Kohlensäure nicht austreten, so daß der Druck steigt und der Wein moussiert.

Nur Schaumweine aus der Champagne in Nordfrankreich dürfen als Champagner bezeichnet werden. Bei der Herstellung wird der Wein nach der ersten Gärung grundsätzlich in Flaschen abgefüllt. Diese werden dann während der zweiten Gärung schräg mit dem Hals nach unten gelagert, so daß die Sedimente sich über dem Korken absetzen. Zum Schluß läßt man den Wein im Flaschenhals gefrieren und entfernt dann den Korken. Eispfropfen und Sedimente werden aus der Flasche gedrückt. Nun füllt man die Flasche mit Wein, einer Zuckerlösung oder Weinbrand zur Geschmacksabrundung auf, ehe man sie wieder verkorkt.

Kohlensäure in Limonade und Bier

Beim Bierbrauen verwandelt die zugesetzte Hefe den im Malz enthaltenen Zucker in Alkohol und Kohlensäure. Überschüssige Kohlensäure wird oft gesammelt und an Hersteller von Sprudelgetränken geliefert. Sie wird beim Abfüllen alkoholfreier Getränke direkt in die Flüssigkeit gepumpt.

Die Flaschen aller kohlensäurehaltigen Getränke müssen stabil sein, damit sie nicht bei dem hohen Druck des Gases bersten. Für einen besseren Druckausgleich ist das Glas dick und der Boden der Flasche meist nach innen gewölbt.

DIE CHAMPAGNERHERSTELLUNG – EIN LANGWIERIGES VERFAHREN

Haben sich die Sedimente am Korken ganz abgesetzt, läßt man den Wein im Flaschenhals gefrieren und entfernt den Korken mitsamt den Sedimenten.

Bei weniger teuren Champagnersorten werden die Verschlüsse maschinell entfernt. Der gereinigte Champagner wird sofort neu verkorkt.

Echter Champagner wird nur aus Trauben aus dem nördlichsten Weinbaugebiet Frankreichs um Reims gewonnen und dort abgefüllt. Die Flaschen werden schräg mit dem Hals nach unten gelagert und regelmäßig gedreht und leicht geschüttelt (oben), damit sich die Hefesedimente während der Flaschengärung am Korken absetzen.

Prädikatschampagner lagert bis zu 15 Jahre in Regalen (rechts). Da der Wein unter Druck steht, schießt aus manchen Flaschen der Korken heraus; schlimmstenfalls explodiert eine Flasche wie diejenige in der Bildmitte.

Hopfen und Malz – Gott erhalt's!

Auf dem Halm *Erntereife Gerste. Von den jährlich angebauten 224 Mio. t werden 96 % zu Bier verarbeitet.*

Aus Gerste wird Malz *Von oben nach unten: Gerste wird eingeweicht, getrocknet, keimt fünf Tage und wird gedarrt.*

Eines der wichtigsten agrarischen Anbauprodukte der Welt ist die Gerste. Nur Zukker, Weizen, Reis, Mais und Kartoffeln werden in größeren Mengen angebaut und gelten als Grundnahrungsmittel. Doch wird lediglich ein Bruchteil der weltweit geernteten Gerste direkt verzehrt. Was aber geschieht mit den rund 224 Mio. t Gerste, die jährlich – größtenteils in Europa – angebaut werden?

Die Antwort ist einfach: Sie werden in Bier verwandelt. Gerste ist der wichtigste Rohstoff für die Herstellung dieses Gebräus, von dem jährlich über 1,1 Mrd. hl getrunken werden. Zwar wird in den USA das meiste Bier erzeugt, nachdem deutsche Einwanderer um 1840 einige Städte des Mittelwestens zu weltbekannten Brauereizentren machten. Doch führt Deutschland, gemessen am durchschnittlichen Pro-Kopf-Verbrauch (145 l im Jahr), die Liste der biertrinkenden Länder an.

Um Bier herzustellen, werden die Gerstenkörner mit Wasser befeuchtet und zum Keimen gebracht. Die gekeimte Gerste, Malz genannt, wird dann zu Darrmalz getrocknet (gedarrt).

Die meisten modernen Brauereien kaufen fertiges Darrmalz. Beim sogenannten Maischen wird es in warmem Wasser eingeweicht; die dabei gewonnene Flüssigkeit nennt man Würze. Diese kocht man mit Hopfen auf, wodurch das Bier seinen typischen Geschmack bekommt. Die Würze wird dann abgekühlt und mit bestimmten Hefearten versetzt. Steigt die Hefe nach dem Gärprozeß nach oben, nennt man sie obergärig; sinkt sie nach unten, wird sie als untergärig bezeichnet. Die meisten Biersorten entstehen durch untergärige Fermentation, wobei die Hefe eine niedrigere Temperatur und eine längere Gärzeit als die obergärige hat.

Anschließend filtert oder schleudert man das Bier, um die Hefe zu entfernen. Oft wird es auch vorsichtig erhitzt, um es haltbarer zu machen. Zum Schluß füllt man es in Fässer, Flaschen oder Dosen, wo es weiterreifen kann.

Bier besteht zu 85–93 % aus Wasser und enthält 2–10 % Alkohol sowie einige Mineralstoffe und verschiedene Vitamin-B-Formen.

Geschrotetes Malz *Die Gerste wird verarbeitet und in großen Öfen zu Malz geröstet, das dann geschrotet und in Wasser eingeweicht wird. Dabei entsteht die Würze für die Bierherstellung.*

Hopfendolden *Die Hopfenrebe ist eine bis 6 m hoch rankende Liane. Hier die erntereifen zapfenähnlichen Früchte.*

Gärkessel *Fertiges Malz, Hopfen, Hefe, Zucker und Wasser werden gemischt und über Kupferrohre gekühlt.*

Schäumende Hefe *Nach etwa fünf Tagen hat sich die schäumende Hefe an der Oberfläche abgesetzt: Das Bier ist filterbereit.*

Bierfässer *Brauereien füllen Bier nicht nur in Flaschen und Dosen, sondern auch in Metallfässer als Faßbier für Gaststätten ab.*

Sport, Spiel, Unterhaltung

Skiflieger gleiten durch die Luft. Loopingbahnen lassen die Kirmesbesucher kopfstehen. Ein Zauberkünstler zersägt eine Frau. Das Leben birgt manchen wundersamen Augenblick.

Wie Skiflieger durch die Luft gleiten, Seite 434

Warum Loopingbahnen ihre Passagiere nicht verlieren, Seite 405

Wie Fallschirmspringer der Schwerkraft ein Schnippchen schlagen, Seite 435

Das Meisterstück der Zauberkunst – die zersägte Frau

Die „zersägte Frau" *Der Magier Harry Blackstone scheint seine Assistentin in zwei Teile zu trennen. Tatsächlich aber hat sie ihren Rumpf in eine Vertiefung im Tisch gebogen, während ihr Kleid durch ein Metallgestell in Form gehalten wird.*

1920 präsentierte der Brite P. T. Selbit dem staunenden Publikum in London erstmals die größte Sensation der modernen Zauberkunst: die „zersägte Frau". Prasselnder Beifall brandete auf, als die junge Assistentin im Glitzerkleid, die sich eben vor aller Augen in eine längliche Kiste gelegt hatte und darin scheinbar mit einer Säge in zwei Hälften zerteilt worden war, wieder heil ihrem „Sarg" entstieg. Was die Zuschauer nicht ahnen konnten: Während der Zauberkünstler sägte, hatte die Frau, deren Kopf aus einer Öffnung der Kiste herausschaute, lediglich die Beine bis ans Kinn hochziehen müssen.

Ein Jahr später verbesserte der amerikanische Zauberkünstler Horace Goldin in New York diesen Trick: Bei seiner Darbietung konnte man durch die entsprechenden Öffnungen in der Kiste Kopf, Hände und Füße der Frau deutlich sehen. Wie war das möglich?

Goldin war auf die Idee gekommen, mit zwei Frauen zu arbeiten. Während die erste sich in die Kiste mit den Öffnungen legte, die auf einem Holztisch mit einer sehr starken Platte stand, wartete die zweite in ebendieser hohlen Tischplatte auf ihr Stichwort. Sobald der Kistendeckel verschlossen war, drehte Goldin den Tisch, so daß das Publikum für kurze Zeit die Füße der Frau nicht sehen konnte. Blitzschnell zog sie ihre Beine an, und im selben Augenblick steckte die zweite ihre Füße durch zwei Klapptüren, eine in der Tischplatte und eine im Kistenboden, und dann durch die jetzt leeren Fußlöcher. Als der Drehtisch zum Halten kam, sahen die Zuschauer den Kopf der ersten Frau und die Füße der zweiten.

Goldin sägte nun die Kiste in der Mitte entzwei, verschloß dann mit zwei Metallplatten beide Seiten der Schnittstelle und zog die Kistenhälften etwas auseinander. Vergnügt lächelte das „Opfer", scheinbar zweigeteilt, und wackelte mit Händen und Füßen. Sodann schob Goldin die beiden Hälften wieder zusammen, nahm die Metallplatten heraus, und unverletzt entstieg die „zersägte Frau" der Holzkiste. Um die Darbietung noch dramatischer zu gestalten, setzte Goldin später eine riesige kreischende Kreissäge ein.

Ebenfalls mit einer Kreissäge – aber mit nur einer Frau – arbeitete der amerikanische Magier Harry Blackstone. Bei dem von ihm entwickelten Kunststück legt sich die Assistentin mit dem Gesicht nach unten auf einen Tisch, in dessen Platte eine körpergerechte Mulde von 76 cm Länge, 38 cm Breite und 20 cm Tiefe ausgespart ist. Unter ihrem elastischen Kleid trägt sie ein Korsett aus Metallbändern, mit einem fleischfarbenen Rücken aus Pappe. Während der Zauberkünstler zu dem Publikum spricht, öffnet die Frau unbemerkt am Bauch den Verschluß des Korsetts und drückt ihren Rumpf in die Vertiefung im Tisch, bewegt aber Kopf, Schultern, Arme, Unterschenkel und Füße nicht.

Dann schiebt der Magier ein dickes Holzbrett „unter" den Körper der Bedauernswerten (in Wirklichkeit liegt es über ihrem Rücken), schaltet die Kreissäge ein und schiebt den Tisch unter die kreisende Scheibe. Für die Zuschauer scheint es, als läge der Körper der Frau noch immer flach auf dem Tisch und würde nun an der Taille durchgeschnitten – zusammen mit dem Holzstück. Nachdem die Säge das Kleid, das leere Metallkorsett und das Holz zerteilt hat, präsentiert der Zauberkünstler zum Beweis, daß alles mit rechten Dingen zuging, das zerteilte Brett. Während alle ringsum noch entsetzt die Luft anhalten, springt die vermeintlich halbierte Person schon vom Tisch und verbeugt sich völlig unversehrt.

Die jüngste Variante dieses Tricks, die der amerikanische Zauberkünstler Doug Henning 1982 in einer Fernsehshow vorführte, ist nur mit schlanken Frauen durchzuführen, denn die bewußte Kiste, die wiederum auf einem Tisch steht, ist nur 30 cm hoch. Die Assistentin steigt hinein und steckt vorn ihren Kopf und hinten ihre Füße durch entsprechende Löcher. Dann wird der Tisch so gedreht, daß ihr Kopf dem Publikum zugewandt ist, und sogleich zieht sie ihre Füße ein und stößt dabei eine am Fußende der Kiste angebrachte Klapptür, an der ein Paar Gummifüße befestigt sind, zu, so daß nun diese zu sehen sind. Dann dreht sie sich blitzschnell auf die Seite und zieht ihre Knie bis an die Brust. Nun wird der Tisch wieder mit der Längsseite zum Publikum gedreht, und das Sägen beginnt. Damit man sieht, daß alles seine Richtigkeit hat, öffnet der Zauberkünstler ein kleines Türchen an der Seite des vorderen Teils der Kiste, hinter der ein weiblicher Arm sichtbar wird. Seitlich am hinteren Teil ist durch ein ebensolches Türchen ein Stück Gummibein zu erkennen, das ebenso wie die falschen Füße mit Hilfe einer versteckten Schnur bewegt werden kann. Auch bei diesem Trick ist die „zersägte Frau" in Sekundenschnelle wieder auf den Beinen.

Wie kommt das Kaninchen in den Zylinder?

Der Meisterzauberer Houdini hielt diesen Trick, bei dem ein Kaninchen im vermeintlich leeren Zylinder erscheint, für das eindrucksvollste Kunststück überhaupt, „denn der bloße Augenschein, dem man nicht traut, entpuppt sich dabei als greifbare Wirklichkeit": ein lebendiges weißes Kaninchen. Doch wie gelingt dieser Trick? Wie kommt das Tier in den Hut?

Die Antwort lautet: nur durch Fingerfertigkeit. Bei der bekanntesten Version steht der Zauberer hinter einem mit einer Decke verhängten Tisch. Er bittet eine Person aus dem Publikum zu sich auf die Bühne und fordert sie auf festzustellen, ob der zwischen ihnen auf dem Tisch liegende Zylinder wirklich leer ist. Dann nimmt der Zauberkünstler die Krempe des Hutes mit der rechten Hand, während er mit der linken durch einen Schlitz in der Tischdecke nach einem schwarzen, mit einer Kordel zugezogenen Filzbeutel greift, der an einem Stahlstift an seiner Tischseite aufgehängt ist.

Unbemerkt bringt er das Säckchen, in dem sich das Kaninchen befindet, hinter dem Hut, sozusagen im Hut-Schatten, in Position, wobei er sich vergewissert, daß weder der Freiwillige noch das Publikum davon etwas sehen kann. Noch einmal läßt er seinen Gast auf der Bühne einen Blick in den Zylinder werfen, dann dreht er mit der rechten Hand die Hutöffnung zu sich hin und steckt schnell mit der linken Hand den Beutel hinein. Sobald der Beutel im Zylinder ist, faßt er die Krempe und das obere Ende des Beutels mit der linken Hand und läßt mit der rechten los. Der Deckel des Hutes zeigt noch immer in Richtung Publikum, und mit seiner freien rechten Hand deutet der Magier durch Gesten an, daß an den Seiten und der Krempe des Hutes nichts versteckt ist.

„Immer schwerer"
Während des ganzen Vorgangs schaut der Zauberkünstler seinen Helfer aufmerksam an und redet angeregt auf ihn ein, um ihn abzulenken. Dann hebt er den Hut mit beiden Händen über Augenhöhe, bittet den ihm gegenüberstehenden Freiwilligen, ebenfalls mit beiden Händen den Hutkörper festzuhalten, und zieht mit den Worten: „Nun wird der leere Hut immer schwerer und schwerer" langsam seine Hände zurück. Sobald der andere den Zylinder allein hält, greift der Zauberer blitzschnell mit beiden Händen hinein, öffnet den Kordelzug des Beutels und nimmt das Kaninchen heraus, um es dem verblüfften Publikum im Hut zu präsentieren.

DER „UNSICHTBARE" BEUTEL

Mit einer Kordel, die durch Metallringe gefädelt ist, verschließt der Zauberkünstler den Beutel, in dem das Kaninchen sitzt.

Den Beutel hängt er an den Tischrand hinter dem Hut, so daß man ihn nicht sehen kann.

Der Magier zeigt den leeren Hut und versteckt den Beutel dahinter.

Er dreht den Hut mit dem Deckel zum Publikum und steckt mit der anderen Hand rasch den Beutel hinein.

Während ein Freiwilliger den Hut hält, öffnet der Zauberer unbemerkt den Beutel, läßt das Kaninchen heraus und nimmt den Hut dann wieder an sich.

Tödliches Finale *Chung Ling Soo (rechts) glaubte den Kugeltrick perfekt zu beherrschen – bis das Unglück geschah.*

Tod eines Kugelfängers

Gespannt wartete das Publikum am Abend des 23. März 1918 in London auf den Höhepunkt von Chung Ling Soos Vorstellung: Er würde zwei abgefeuerte Gewehrkugeln mit den Zähnen „auffangen" und auf einen Porzellanteller spucken.

Alles verstummte, als die zwei Assistentinnen ihre Gewehre mit zwei von Zuschauern markierten Bleikugeln luden. Sie zielten und feuerten – doch statt das erwartete klackende Geräusch zu hören, sah das Publikum, wie Chung Ling Soo, in die Brust getroffen, taumelnd die Bühne verließ. Man brachte ihn zum nächstgelegenen Krankenhaus, wo er am Tag darauf im Alter von 58 Jahren starb.

Soo, der eigentlich William Ellsworth Robinson hieß und aus New York stammte, hatte seinen „Kugelfangtrick" bereits Hunderte von Malen auf beiden Seiten des Atlantiks erfolgreich vorgeführt. Jeder seiner Vorderlader hatte ein Stahlrohr unter dem Lauf, in dem sich der Ladestock befand, wenn er nicht gebraucht wurde. Und dieses Ladestockrohr, mit einer Platzpatrone geladen, wurde dann abgefeuert, nicht der Lauf selbst.

Raffinierter noch war der Trick mit der Kennzeichnung der Kugeln. Eine Assistentin bat zwei Leute aus dem Publikum, zwei Kugeln mit Kratzern zu markieren und dann in eine Schale zu legen. Die Schale hatte einen doppelten Boden, auf dem schon zwei andere Kugeln lagen, die Chung Ling Soo selbst angeritzt hatte. Genau diese beiden Kugeln nun erhielten zwei weitere Zuschauer auf der Bühne, um damit die Gewehre zu laden. Die von den zwei ersten Freiwilligen markierten Kugeln blieben in der Schale.

Ein drittes Paar Kugeln, mit der gleichen Markierung versehen wie das im Gewehrlauf, verbarg der Zauberkünstler in seinem Mund. Nachdem die Gewehre abgefeuert waren, spuckte er die Kugeln auf den Teller und zeigte sie den Zuschauern, die die Gewehre geladen hatten. Diese bestätigten, daß die Kugeln die richtigen Markierungen aufwiesen – wobei sie natürlich nicht wußten, von wem die Markierungen stammten. Die Assistentin legte die Kugeln in die Schale und ging wieder ins Publikum. Unterwegs ließ sie die ausgespuckten Kugeln zwischen den Böden verschwinden und zeigte den ersten beiden Freiwilligen die von ihnen gekennzeichneten Kugeln, die in Wirklichkeit die Schale nie verlassen hatten.

Der Trick schien bombensicher. In jener verhängnisvollen Nacht jedoch zündete das Zündhütchen in einem der Gewehre sowohl die Platzpatrone als auch die Kugel im Lauf. Durch den ständigen Gebrauch war die Waffe innen undicht geworden, so daß das feine Schießpulver in den Lauf vordringen konnte.

Der Trick mit der „schwebenden Jungfrau“

Mit beschwörenden Gesten und eindringlicher Stimme versetzt der Magier seine junge Assistentin in eine tiefe Trance. Gehorsam legt sie sich auf ein üppig mit Stoff drapiertes Brett, das auf zwei Sockeln ruht. Unmittelbar dahinter befindet sich ein großer, elektrisch beleuchteter Kandelaber aus Holz, der ein feierliches Licht auf die Szene wirft und darauf hindeuten soll, daß sich hier vor den Augen der erwartungsvollen Zuschauer ein mystisches Geschehen abspielen wird.

Ernst und konzentriert entfernt der Zauberkünstler nun erst den einen und dann den anderen Sockel, und man sieht, wie die Frau frei in der Luft auf dem scheinbar ungestützten Brett schwebt. Dann tritt der Magier hinter sie und führt zum Beweis, wie völlig losgelöst sie ist, mit elegantem Schwung einen großen Reifen um ihren Körper herum. Er schiebt die Sockel wieder unter, weckt die Frau durch ein Fingerschnippen auf, und stolz verbeugen sich beide vor dem Publikum, um den verdienten Applaus entgegenzunehmen.

Der Trick mit dem Reifen

Was die verblüfften Zuschauer nicht bemerken: Sie sind bei diesem Kunststück – einem von verschiedenen ähnlichen „Schwebetricks“ – das Opfer einer geschickten Täuschung geworden. Das Brett wird von einem stark gebogenen, waagrechten Flacheisen an einer senkrechten Eisenstange gehalten, die durch den Kandelaber verborgen ist. Der Zauberer schwingt den Reifen um seine Assistentin, wie man es auf der Abbildung unten erkennen kann. Wenn er vorsichtig und geschickt vorgeht, scheint es, als führe er den Reifen ganz um sie herum. Bei einer raffinierten, jedoch riskanten Variante dieses Tricks verzichtet der Zauberer auf den Kandelaber und verdeckt die Eisenstange mit seinem Körper.

Die schwebende Trilby

Dieses in Nachtclubs sowie Privathäusern vorgeführte Kunststück, das die Naturgesetze außer Kraft zu setzen scheint, erlebte seine Premiere im vorigen Jahrhundert, als der französische Zauberkünstler „Professor“ Alexander Herrmann ein wunderschönes junges Mädchen, das er Trilby nannte, zu hypnotisieren – und schweben zu lassen vorgab.

Für seine Vorstellung legte Herrmann ein langes Brett auf die Lehnen zweier Stühle. Dann betrat Trilby, einen Rosenstrauß im Arm, die Bühne, legte sich auf das Brett und plazierte die Blumen malerisch auf ihrer Brust. Herrmann ging um sie herum und ordnete den Vorhang hinter dem Brett, als wollte er sich vergewissern, daß dieser auch richtig geschlossen war. Dann murmelte er einige hypnotisierende Sätze und nahm nacheinander die beiden Stühle weg, so daß es aussah, als sei das Mädchen völlig ungestützt. Nach ein paar weiteren beschwörenden Sätzen des Magiers erhob sich Trilby mitsamt dem Brett weiter in die Luft und sank schließlich – auf Befehl – in ihre Ausgangsposition zurück. Sodann stellte Herrmann die Stühle wieder unter das Brett, hieß seine Assistentin heruntersteigen und warf das Brett, um zu beweisen, daß es damit wirklich nichts Außergewöhnliches auf sich hatte, auf den Boden.

Hinter dem Vorhang

Das mechanische Herzstück dieses legendären Schwebetricks war ein stabiles Gestell hinter dem Vorhang. Darauf war eine Schiebevorrichtung montiert, in der man mit Hilfe eines Flaschenzugs eine waagrechte Eisenstange auf und ab bewegen konnte. Diese Stange hatte an dem zur Bühne gewandten Ende eine Halterung, am anderen Ende einen Griff. Sobald nun das Mädchen auf dem Brett lag, schob der unsichtbare Helfer hinter den Kulissen die Stange durch den Vorhangspalt. Der Magier ergriff sie beim Ordnen der Gardinen und befestigte die vom Rosenstrauß verdeckte Halterung am Brett – der Rest war Illusion.

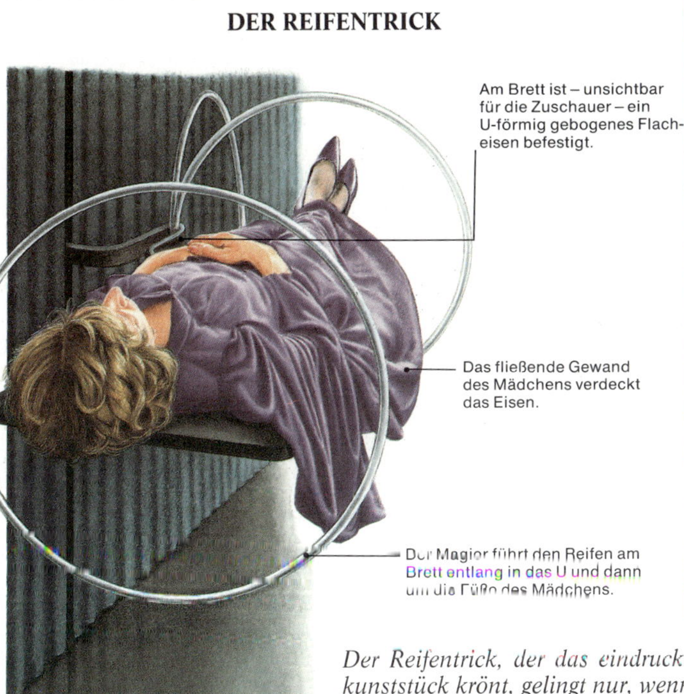

Der Reifentrick, der das eindrucksvolle Schwebekunststück krönt, gelingt nur, wenn das Flacheisen sehr stark gebogen ist.

Da schwebt sie! *In dieser Version wird das Brett von einem Flacheisen an einer senkrechten Stange gehalten, die hinter dem Vorhang verborgen ist.*

Aufstieg und Fall des indischen Seiltricks

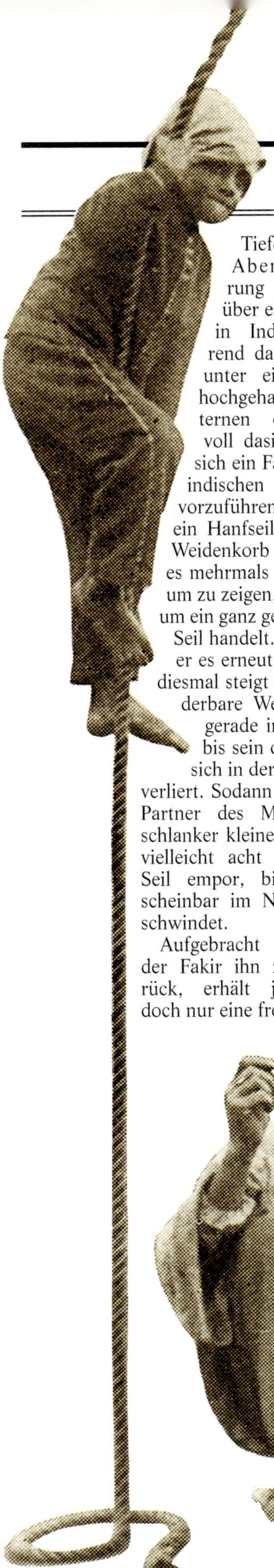

Tiefe Stille. Die Abenddämmerung senkt sich über ein enges Tal in Indien. Während das Publikum unter einem Kreis hochgehaltener Laternen erwartungsvoll dasitzt, schickt sich ein Fakir an, den indischen Seiltrick vorzuführen. Er nimmt ein Hanfseil aus einem Weidenkorb und wirft es mehrmals in die Luft, um zu zeigen, daß es sich um ein ganz gewöhnliches Seil handelt. Dann wirft er es erneut hoch, doch diesmal steigt es auf wunderbare Weise kerzengerade in die Höhe, bis sein oberes Ende sich in der Dunkelheit verliert. Sodann klettert der Partner des Magiers, ein schlanker kleiner Junge von vielleicht acht Jahren, am Seil empor, bis auch er scheinbar im Nichts verschwindet.

Aufgebracht ruft der Fakir ihn zurück, erhält jedoch nur eine freche Antwort. Darauf zieht er, fluchend vor Wut, ein scharfes Messer, nimmt es zwischen die Zähne und klettert dem Jungen nach, bis auch ihn der Abendhimmel verschluckt hat. Dann hört man einige markerschütternde Schreie, und die Glieder des Knaben fallen nacheinander einzeln auf die Erde, zuletzt sein blutbefleckter Rumpf und der abgetrennte Kopf. Schnell hangelt sich nun der Fakir wieder am Seil herunter und bricht vor den Überresten des Kindes in lautes Wehklagen aus, das jäh verstummt, als der Junge plötzlich – quicklebendig und unversehrt – aus dem Weidenkorb springt.

So spielt sich der Überlieferung nach der indische Seiltrick ab, für den der amerikanische Journalist und Reiseschriftsteller John A. Keel in seinem Buch *Jadoo* eine Erklärung lieferte. Ein alter Fakir hatte ihm in den 50er Jahren das Geheimnis dieses Tricks enthüllt.

Eine dünne Leine aus schwarzen, geflochtenen Haaren, bei zunehmender Dunkelheit vor dem Hintergrund der Berge kaum wahrnehmbar, wird in etwa 15 m Höhe über ein enges Tal gespannt. Darüber legt man eine noch dünnere Schnur, deren eines Ende ein außer Sichtweite sitzender Mithelfer hält. Das andere Ende, mit einem kleinen Haken versehen, baumelt neben dem Fakir. Der lenkt nun durch Geplauder seine Zuschauer ab, wirft, so oft wie verabredet, das Seil probeweise in die Luft und schiebt anschließend heimlich den Haken in ein Loch in einer kleinen, aber schweren Holzkugel am Seilende. Dann wirft er das Seil, so hoch er kann, auf die horizontal über das Tal gespannte Leine zu. Gleichzeitig zieht der Mithelfer an seiner Schnur, bis das Seil straff gespannt ist und die Holzkugel sich oben an der Leine befindet.

Als nächstes klettert der Junge am Seil empor. Sobald er oben ist, befestigt er mit einem Haken die Kugel an der horizontalen Leine. Nach kurzer Zeit folgt ihm der Fakir, und beide bleiben nun oben am Ende des Seils.

Während das Publikum bemüht ist, in der Dämmerung und im diffusen Licht der Laternen etwas zu erkennen, holt der Fakir die abgeschnittenen Glieder und den Leib eines toten Affen, bekleidet wie der Junge, aus seinem weiten Umhang und wirft sie hinab. Das „Blut“ ist rote Farbe und der abgetrennte Kopf eine bemalte Holzkugel mit einem Turban.

Aufwärts *Der englische Magier Karachi und sein Sohn Kyder beim Seiltrick 1935*

SEILTRICK IN DER ABENDDÄMMERUNG

Eine dünne, aber sehr starke, schwarze Leine, hoch über ein enges, dunkles Tal gespannt, dient dem Seil des Fakirs als Halt. Ein in der Nähe versteckter Helfer zieht an einer Schnur, die das Seil strafft, so daß der Junge daran hochklettern kann. Das Publikum, geblendet vom Licht der Laternen, bemerkt weder die horizontale Leine noch den Gehilfen.

Dann schlüpft der Knabe in die Gurtschlaufen unter dem Gewand des Fakirs und gelangt mit ihm nach unten. Zurück auf dem Boden, huscht er, während der Fakir und andere Eingeweihte laut lamentieren, aus den Gurten und kriecht unbemerkt in den Korb.

Von einer weniger ausgefeilten Variante dieses Tricks, die am hellichten Tag auf einem großen, freien Platz vor einer Moschee in Delhi aufgeführt wurde, war John Keel selbst Zeuge. Damals errichtete ein Magier namens Babu vor einem undurchsichtigen niedrigen Leinwandhintergrund eine kleine Bühne. Dann ließ er die Zuschauer ein etwa 3 m langes Seil untersuchen, warf es anschließend in einen Weidenkorb und begann, auf einer Flöte zu spielen.

Beim monotonen Klang der Musik stieg das Seil kerzengerade empor, bis sein oberes Ende eben über die Leinwand ragte. Nun kam ein kleiner Junge auf die Bühne, zog einen kapuzenähnlichen langen roten Umhang über, der ihn vollständig bedeckte, und kletterte am Seil hoch. Dann klatschte Babu dreimal in die Hände, und der Umhang fiel auf die Bühne – leer. Doch ein paar Sekunden später tauchte zur allgemeinen Verblüffung der Junge unversehrt und mit Unschuldsmiene hinter der Menge wieder auf.

Babu erzählte dem Amerikaner, der dieses Kunststückchen sofort durchschaut hatte, bald darauf den wahren Hergang: Im Boden des Korbs befand sich, ebenso wie in der Plattform darunter, ein kleines Loch, unter dem ein Assistent mit einem langen, mit Hanf umwickelten Bambusstab in der Hand hockte. Nachdem Babu das richtige Seil zurück in den Korb geworfen hatte, schob der Helfer den Stab durch die Löcher nach oben, so daß der Junge daran hochklettern konnte. Auch der kapuzenähnliche Umhang war „präpariert", und zwar besaß er innen ein zusammenklappbares Metallgestell, das der Figur des Kindes angepaßt war.

Sobald der Junge das Ende der Bambusstange erreicht hatte, hängte er den Umhang an einen Haken an der Stange, und derweil Babu das Publikum mit allerlei beschwörenden Phrasen ablenkte, knöpfte er ihn auf, schlüpfte heraus und sprang hinter der Leinwand auf den Boden. Für die Zuschauer sah es dank des Drahtgestells so aus, als befinde er sich noch in dem Umhang. Dann klatschte Babu in die Hände – wobei er verstohlen an einem Faden zog, der das Gestell zusammenklappen ließ –, und der Umhang fiel schlaff herunter.

Zwar war der Trick primitiv, schrieb Keel später, „doch waren die einheimischen Zuschauer von seiner Echtheit überzeugt". Und dafür gibt es nur eine Erklärung: eine Art Massenhypnose durch den Fakir.

Die Kunst des Hellsehens

Mit verbundenen Augen, die Hände angespannt an die Stirn gepreßt, konzentriert sich der Hellseher darauf, sein Zweites Gesicht unter Beweis zu stellen. Lächelnd bittet seine Assistentin eine Person aus dem Publikum, vornehmlich wohlhabend aussehende Damen, auf die Bühne, und zur Verblüffung der Zuschauer beginnt der Magier, allerlei persönliche Dinge über sie zu enthüllen.

So antwortet er beispielsweise auf die klar gestellten Fragen seiner Assistentin, daß die Dame Betty heiße, verheiratet und amerikanische Staatsbürgerin sei. Bei dem Gegenstand, den seine Mithelferin hochhält und den er natürlich nicht sehen kann, handle es sich um eine Brillant-Armbanduhr, auf deren Rückseite die Worte „In Liebe von Robert" eingraviert seien.

Ein zweiteiliger Code

Hinter dem Trick, der um die Mitte des vorigen Jahrhunderts von dem berühmten französischen Zauberkünstler Robert-Houdin entwickelt wurde, steckt ein zweiteiliger Code. Im ersten Teil werden die Buchstaben des Alphabets verschlüsselt, indem die Assistentin sie in scheinbar harmlose Sätze verpackt. Im Fall der Dame namens Betty steht *I* für B, *K* für E, *B* für T und *W* für Y. Mit den Worten *„Etwas schneller, bitte"* wird übermittelt, daß sich der vorhergehende Buchstabe wiederholt. Um dem Hellseher also den Namen *Betty* mitzuteilen, beginnt die Assistentin jeden Satz mit dem entsprechenden Anfangsbuchstaben. „*I*ch habe hier einen Namen", sagt sie. „*K*önnen Sie mir sagen, welchen?" „*B*itte versuchen Sie es!" „*Etwas schneller, bitte.*" „*W*issen Sie ihn nun?" – mit anderen Worten: B-e-t-t-y.

Der zweite Teil des Codes besteht aus Tabellen, die alles mögliche enthalten: Nationalitäten, Dinge, die Menschen üblicherweise mit sich tragen, Schmuckstücke, Lieblingsgerichte. Wie viele Tabellen der Hellseher abrufbereit hat, hängt von seinem Gedächtnis und dem seiner Assistentin ab. Jede der Auflistungen enthält etwa ein Dutzend Alternativen, und die erste Frage der Assistentin verrät dem Magier, welche Tabelle er sich als nächstes vergegenwärtigen muß. Die Frage: „Welchen Gegenstand habe ich hier?" weist z. B. auf die Tabelle mit den wertvollen persönlichen Besitztümern hin.

Der nächste Satz der Assistentin: „*B*itte sagen Sie mir, was es ist" beginnt mit dem zweiten Buchstaben des Alphabets – und der zweite Gegenstand in der betreffenden Tabelle ist eine Damenarmbanduhr. Die Brillanten darauf und sogar die Gravur auf der Rückseite können mit Hilfe verschiedener Tabellen, u. a. einer für gängige Männernamen, übermittelt werden. Hat der Ehemann allerdings einen ausgefallenen Vornamen, dann ignoriert ihn die Assistentin ganz einfach.

Wie ein Bauchredner spricht

Breit lächelnd und mit einer auf seinen Knien sitzenden Puppe plaudernd, gibt ein Bauchredner Kostproben seiner Kunst, die vor allem auf Atemkontrolle und einer bestimmten Art, die Zunge zu bewegen, basiert.

Um seine Stimme erschallen zu lassen und gleichzeitig den Eindruck zu erwekken, seine Puppe spreche, atmet er tief ein und bildet die Wörter auf ganz normale Weise, wobei er allerdings seine Zunge zurückzieht und nur deren Spitze bewegt. Dadurch wird der Kehlkopf angehoben und verkleinert, die Stimmritze, die Öffnung zwischen den Stimmbändern, verengt und Druck auf die Stimmbänder ausgeübt. Dies wiederum dämpft und verzerrt den Ton, so daß es sich anhört, als komme er aus einer anderen Richtung.

Während seiner Vorführung lenkt der Bauchredner das Publikum ab, indem er mit Hilfe von versteckten Fäden und Hebeln Augen, Kopf und vor allem den Mund der Puppe synchron zu den gesprochenen Worten bewegt. Dank des breiten Lächelns, mit dem er scheinbar auf das Geplauder reagiert, kann er verhältnismäßig leicht reden, ohne seine Lippen sichtbar zu bewegen.

Vokale kann man auf diese Weise leicht aussprechen, doch Konsonanten – besonders die Buchstaben b, p und m – sind bedeutend schwerer zu artikulieren. Aus diesem Grund arbeitet ein Bauchredner meist mit Puppen von Tieren oder Kindern, denen man einen kleinen Sprachfehler leicht verzeiht.

Soll die Stimme scheinbar aus einiger Entfernung erklingen, dann drückt der Bauchredner seine Zunge an den Gaumen, wobei er die Laute nur schwach nach außen dringen läßt. Auf dieselbe Weise, jedoch mit tiefer, rauher Stimme gesprochen, scheinen die Töne aus dem Inneren einer Schachtel oder eines Koffers zu kommen, und scharf und schrill artikuliert, scheinen sie von der Zimmerdecke oder einem Hausdach herüberzuschallen.

Meisterzauberer Houdini

Schnee trieb über den zugefrorenen Fluß in Detroit, als sich der größte Entfesselungskünstler aller Zeiten, Harry Houdini, im November 1906 auf seinen „Todessprung“ vorbereitete. Mittags war es soweit: Der kleine, kräftig gebaute Mann, mit Handschellen, Fußeisen und Ketten gefesselt, sprang von der Belle-Isle-Brücke und verschwand durch ein Loch, das eigens zu diesem Zweck ins 7,5 m tiefer gelegene Eis gehauen worden war. Die Minuten verstrichen, und als er nicht wieder auftauchte, befürchteten die Zuschauer, einschließlich Reportern, Fotografen und Polizisten, bereits das Schlimmste.

Tatsächlich jedoch hatte Houdini keinerlei Schwierigkeiten, sich zu befreien, denn im Mund hielt er einen Schlüssel versteckt, mit dem er die Handschellen und Fußeisen der Polizei öffnen konnte; und sich aus Ketten zu winden, beherrschte er aus dem Effeff. Probleme bereiteten ihm nur der schnellfließende Strom und die schier endlos scheinende Eisdecke über ihm, so daß es einige Minuten dauerte, bis er wieder in dem Eisloch erschien.

Von da an waren Unterwasser-Entfesselungen Houdinis spektakulärste Kunststücke, die er vom Hudson in New York bis zum Mersey in Liverpool zum besten gab – mal mit Handschellen gefesselt, mal in einer Holzkiste eingeschlossen, mal mit einem Schleppboot hinausgefahren, mal von einem Kran aus ins Wasser hinabgelassen.

Houdini, der eigentlich Erich Weiß hieß und 1874 als Sohn eines Budapester Rabbiners geboren worden war, nannte sich nach einem bekannten französischen Zauberkünstler des vorigen Jahrhunderts, Robert-Houdin. Seine Familie siedelte von Ungarn in die USA über, als er noch klein war. Bereits im Alter von sechs Jahren führte er Zauber- und Kartentricks vor, und mit elf war er ein Meister der Kunst, Schlösser zu öffnen und Seile aufzuknüpfen. Als junger Mann zog er mit Zirkusleuten und Gauklern durch Amerika und entwickelte und perfektionierte dabei einige der Kunststücke, die ihn später berühmt machen sollten.

Schlüsselerlebnisse *Mit am Körper versteckten Nachschlüsseln befreite sich Houdini von seinen Ketten.*

BEFREIUNG AUS DER MILCHKANNE

Bei diesem Kunststück, einem „todesverachtenden Wunder“, bereitete man das Publikum darauf vor, daß Houdini einem feuchten Tod ins Auge sah.

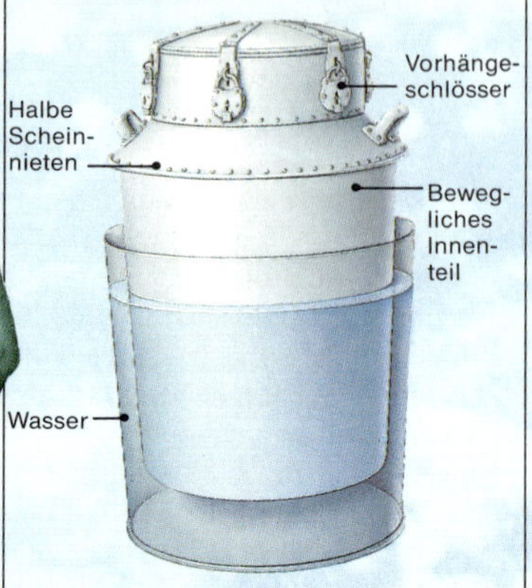

Houdini verwendete bei dem Trick ein Innenteil ohne Boden, das er nur anzuheben brauchte.

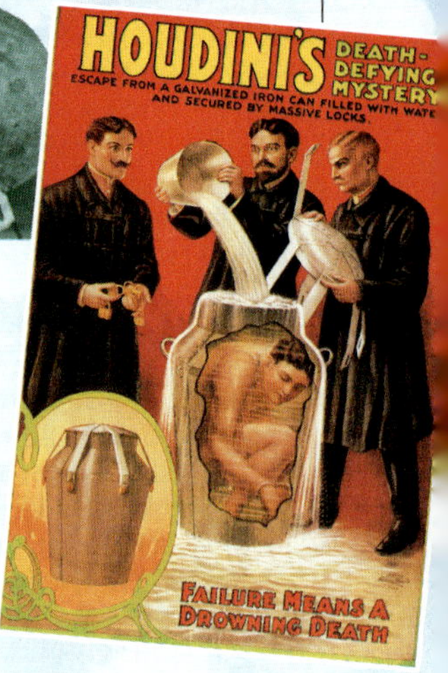

UNTER WASSER IN EINER KISTE EINGESPERRT

DIE BEFREIUNG AUS DER WASSERFOLTERZELLE

Im Jahr 1912 stellte Houdini in Deutschland die chinesische Wasserfolterzelle vor: eine große, innen metallene und mit Wasser gefüllte Holzkiste mit einem Glasfenster an der Vorderseite. Er ließ seine Füße in einen Schraubstock einschließen und wurde dann mit dem Kopf nach unten in die Kiste hinabgelassen. Man befestigte den Fußstock am Deckel der Zelle und verbarg diese dann hinter einem Vorhang. Der gelenkige Houdini wand sich nun mit Kopf und Schultern nach oben, drückte auf eine verborgene Feder, die den Schraubstock öffnete, und befreite sich dann vollends. Das Kunststück dauerte ganze dreieinhalb Minuten.

Zu Beginn dieses Jahrhunderts sprang er zum erstenmal, gefesselt mit Polizeihandschellen, in einen Fluß – in die Elbe in Dresden. Und einige Jahre später schon war er der umjubelte Star der Varietés in ganz Europa und Amerika, der Herausforderungen von Polizeiexperten und Schlossermeistern annahm und alle mit seinen Tricks überzeugte.

Eines seiner spektakulärsten Kunststücke war die Befreiung aus einem angeblich einbruchsicheren Stahlbanksafe. Nachdem sich einige Sicherheitsbeamte davon überzeugt hatten, daß kein Schlüssel darin versteckt war, untersuchte ein Arzt den nur mit einem Badeanzug bekleideten Zauberkünstler auf der Bühne und bestätigte, daß er auch am Leib keinen Schlüssel verborgen trug. Dann schüttelte Houdini erst dem Arzt und anschließend dem Schiedsrichter, der mit ihm unter einer Decke steckte, die Hand – und erhielt von diesem unbemerkt einen Schlüssel. Unter den erwartungsvollen Blicken des Publikums betrat Houdini nun den Safe, und die Vorhänge wurden zugezogen.

30, 40, 45 Minuten verstrichen, und noch immer war keine Spur des Entfesselungskünstlers zu sehen. Während ein Orchester flotte Musik spielte, forderten schon ein paar Zuschauer den Bankchef auf, den Mann, der doch zu ersticken drohte, zu befreien. Gerade als einige Frauen zu schreien begannen, öffnete sich der Vorhang, und Houdini stand vor dem geschlossenen Safe. In Wahrheit war er bereits nach wenigen Minuten wieder herausgekommen und hatte den Rest der Zeit lesend auf einem Stuhl verbracht.

Das Geheimnis dieses Tricks bestand darin, daß man den Safe schon einige Stunden vor der Vorstellung bei Houdini angeliefert hatte – er hatte also Zeit genug, um das Originalschloß ausbauen und statt dessen eines anbringen zu lassen, das man von innen mit Hilfe des Schlüssels öffnen konnte. Als der Safe später seinen Eigentümern zurückgebracht wurde, waren die Originalschlösser wieder montiert, und nichts deutete darauf hin, daß an dem Safe manipuliert worden war.

Ähnlich spannungsgeladen war die Atmosphäre, als Houdini daran ging, sich aus einer randvoll mit Wasser gefüllten Milchkanne zu befreien. Nachdem er hineingekrochen war, verschlossen vier Freiwillige den Deckel mit vier Vorhängeschlössern, die er von innen nicht erreichen konnte. Wieder wurden die Vorhänge der Kabine rundum geschlossen, und ein Orchester spielte munter drauflos. Und wieder gelang Houdini das „Unmögliche“: Tropfnaß, aber quicklebendig präsentierte er sich dem staunenden Publikum.

Des Rätsels Lösung: Die Kanne besaß ein separates Innenteil ohne Boden, das haargenau hineinpaßte. Der Deckel, die Vorhängeschlösser und auch die Nieten waren oben an diesem Innenteil angebracht, und Houdini mußte nun nur so lange drehen, bis der Verschluß, mit dem Innen- und Außenteil verbunden waren, ausrastete. Dann drückte er das Innenleben der Kanne hoch und entstieg dem Bottich als freier Mann.

Zwei weitere Kunststücke mehrten den Ruf des legendären Zauberkünstlers: der „Gang durch die Ziegelmauer“ und die „Befreiung aus der chinesischen Wasserfolterzelle“. Die Mauer befand sich in einem Stahlrahmen von etwa 3,5 m Länge und 3 m Höhe und wurde auf Rädern auf die mit Teppichboden ausgelegte Bühne gerollt. Man stellte sie mit der Schmalseite zum Publikum und brachte dann auf beiden Seiten je eine Sichtblende von etwa 1,8 m Höhe an. Nachdem diese Aufbauten von einigen Freiwilligen überprüft worden waren, trat Houdini hinter eine der Sichtblenden, winkte mit erhobenen Händen und rief: „Ich gehe jetzt!“ Wenige Augenblicke später trat er hinter der Sichtblende auf der anderen Seite der Mauer hervor und verkündete: „Da bin ich wieder!“ Natürlich war er nicht durch die Wand gegangen, sondern mit Hilfe einer Falltür, die sich unmittelbar unter der Mauer befand und den Teppichboden absinken ließ, darunter hindurchgekrochen.

Im Oktober des Jahres 1926, auf einer Tournee durch Nordamerika, ereilte den Unverwüstlichen das Schicksal. Er erlaubte einem Studenten, ihn in seiner Garderobe mehrmals in den Magen zu boxen. Doch die schweren Hiebe des jungen Amateurboxers trafen ihn, noch ehe er sich innerlich darauf vorbereitet hatte, und er brach bewußtlos zusammen. Nach einigen Tagen starb er an den Folgen dieser Schläge – in Detroit, derselben Stadt, wo er 20 Jahre zuvor seinen sensationellen Sprung in den vereisten Fluß vorgeführt hatte.

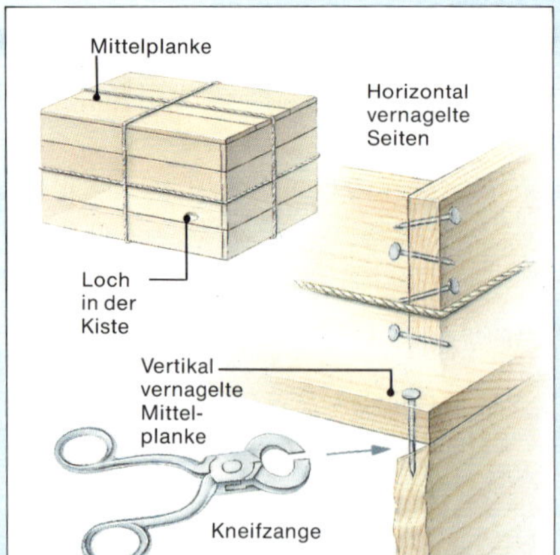

Über der Flußmitte wurde Houdini gefesselt und in eine Kiste mit einem Loch im Boden gesetzt. Diese wurde vernagelt, und man ließ sie zu Wasser. Sie sank sofort. Mit Hilfe verborgener Federn befreite sich der Magier im Nu von seinen Fesseln, und mit einer versteckten Kneifzange zerschnitt er die Nägel der Mittelplanke.

Wo versteckt sich die Dame?

„Wer will noch mal? Wer hat noch nicht?“ ruft der Trickspieler, nachdem er seinen Kartentisch in einer Einkaufspassage aufgebaut hat. „Versuchen Sie Ihr Glück, und finden Sie die Dame!“ Und im Nu ist er von einer Gruppe Neugieriger umringt, die sich Unterhaltung und womöglich gar einen kleinen Gewinn versprechen.

Ohne Punkt und Komma redend, nimmt der Gauner für alle sichtbar drei Karten – zwei Asse und eine Dame – und legt sie mit dem Bild nach unten auf den Tisch, die Dame in die Mitte. Die Karten sind ganz leicht gebogen, damit der Trickspieler sie besser in die Hand nehmen kann. Mehrmals hebt er sie nun wieder auf, mischt sie gründlich, zeigt sie den Zuschauern und legt sie dann erneut aus – stets die Dame in die Mitte.

Falsch geraten

Das Geben der Karten verläuft jedesmal gleich: Der Trickspieler nimmt das linke As in die linke Hand und das rechte As und die Dame in die rechte Hand – wobei die Dame unter dem As liegt. Nun wirft er die Dame mit dem Bild nach unten vor sich auf den Tisch, danach das As aus der rechten Hand links von der Dame und schließlich das As aus der linken Hand rechts von der Dame. Um das Vertrauen eventueller Mitspieler zu wecken, läßt er sie probeweise – ohne Einsatz – raten, wo die Dame steckt. Und wirklich – sie ist immer dort, wo diese sie vermutet haben, so daß manche Umstehenden belustigt den so einfältig scheinenden Zocker belächeln.

Dann wird es Ernst, und der Kartenspieler lädt die Zuschauer ein, Geld darauf zu wetten, welche Karte die Dame ist. Wer richtig tippt, erhält die Kasse. Wieder scheint die Dame in der Mitte zu liegen – und etliche Umstehende setzen darauf. Doch da dreht der Trickspieler triumphierend lächelnd die Karten um und zeigt, daß sie sich diesmal entweder rechts oder links von der mittleren Karte befindet.

Unverdrossen versuchen manche Zuschauer immer wieder ihr Glück. Sie vertrauen auf ihre Beobachtungsgabe und wollen den Falschspieler, der sie manchmal kleine Beträge gewinnen läßt, überlisten. Doch ganz gleich, wie oft er diesen Trick wiederholt, immer wird das Publikum das Nachsehen haben und der Gauner die größeren Gewinne einstreichen. Das Erfolgsgeheimnis dieses Kartenkunststücks liegt im letzten Geben, dem „manipulierten Wurf“.

Wie zuvor nimmt der Trickspieler die Karten auf – ein As in die linke Hand und die Dame und das andere As in die rechte, die Dame wieder unten. Doch statt sie wie bei den Probewürfen als erste vor sich auf den Tisch zu werfen, hält er sie mit dem Ringfinger fest und wirft tatsächlich die obere Karte, also das As, zuerst. Dann legt er die verbleibende Karte in der rechten Hand auf die linke und das As in der linken Hand auf die rechte Seite. Somit liegt die Dame nicht mehr in der Mitte, sondern links von ihm.

Leichtgläubige Mitspieler

Der Zocker hantiert so schnell und so geschickt, daß seine leichtgläubigen Mitspieler den Trick, der in verschiedenen Abwandlungen überall auf der Erde in Einkaufsvierteln und an Rennstrecken gespielt wird, nie durchschauen können. Schluß der Vorstellung ist dann, wenn genügend „Dumme“ ihr Geld verloren haben oder wenn plötzlich ein Polizist auf der Bildfläche erscheint.

TRICK MIT DREI KARTEN

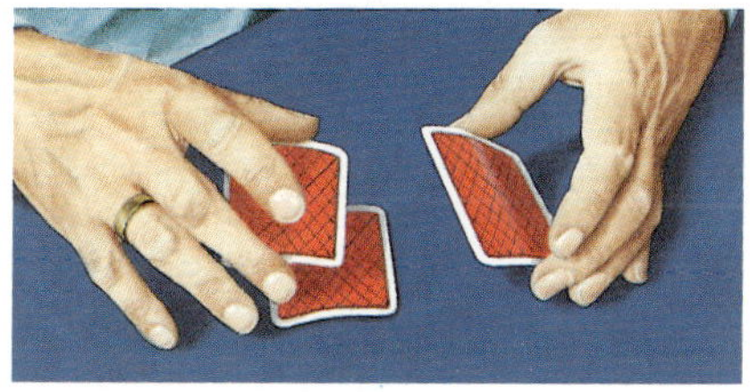

Normaler Wurf *Der Trickspieler läßt die untere Karte der rechten Hand (die Dame) zuerst auf den Tisch fallen.*

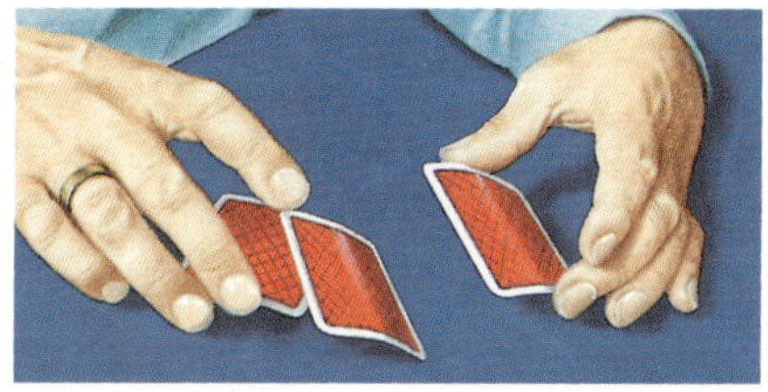

Manipulierter Wurf *Er läßt zuerst die obere Karte (das As) los und hält die untere mit dem Ringfinger fest.*

Erbsen – verwechselt euch!

Der Trick mit den Fingerhüten und der Erbse, bei dem eine Erbse unbemerkt von einem Fingerhut zu einem anderen wandert, ist uralt. Er wurde schon vor etwa 5000 Jahren in Ägypten vorgeführt – damals allerdings mit Bechern und Kugeln. Fahrende Gaukler brachten den Trick nach Europa und verblüfften damit ihr Publikum auf den mittelalterlichen Messen und Märkten.

Bei diesem Kunststück stellt der Zauberer drei verschiedenfarbige Fingerhüte, beispielsweise einen roten, einen blauen und einen gelben, mit der Öffnung nach unten auf einen Tisch. Nachdem er unter den roten eine Erbse gelegt hat, schiebt er die drei mit beiden Händen in kleinen Kreisen auf der Tischplatte hin und her. Dann fragt er die Zuschauer, unter welchem Fingerhut sich die Erbse befindet. Natürlich lautet die Antwort: „Unter dem roten.“

Lächelnd schickt er sich daraufhin an, den Fingerhut zu lüpfen. Er legt die Spitzen seines rechten Mittel- und Ringfingers mit den Fingernägeln nach unten rechts neben dem Fingerhut auf den Tisch. Dann nimmt er den Fingerhut zwischen die Kuppen von Daumen und Zeigefinger derselben Hand und bewegt ihn gegen den Uhrzeigersinn in einem Halbkreis. Nachdem er etwa die Hälfte davon beschrieben hat, hebt er den Fingerhut gerade weit genug an, daß die Erbse hervorrollen kann. Sofort fängt er sie unbemerkt zwischen den Spitzen seines Mittel- und Ringfingers auf, hebt den Fingerhut vollends hoch und zeigt, daß die Erbse nicht darunter liegt.

Keiner der Zuschauer weiß, daß der Zauberer bereits zuvor je eine Erbse in das obere Ende der beiden anderen Fingerhüte geklemmt hat. Indem er nun auf den Deckel des blauen oder des gelben Fingerhuts drückt, wird die eingeklemmte Erbse befreit und fällt – für alle sichtbar – auf die Tischplatte.

Wo ist die Kugel? *Das Bild aus dem 15. Jh. zeigt einen Zauberer, der mit Kugeln und Bechern seinen Trick vorführt.*

Die Welt scheint kopfzustehen *Passagiere auf ihrem Trip mit der Loopingbahn im Vergnügungspark Seaworld, Australien*

Warum fällt man nicht heraus, wenn die Achterbahn einen Looping dreht?

Was ist das für eine erstaunliche Kraft, die dafür sorgt, daß das Wasser nicht aus dem Eimer herausfließt, obwohl er in hohem Bogen herumgeschleudert wird, und die die Jahrmarktsbesucher bei einem Looping, auch wenn sie kopfstehen, fest in die Sitze der Achterbahn drückt?

Man nennt diese Kraft Trägheit, und sie beruht auf dem physikalischen Gesetz, daß ein Körper, der durch eine Kraft in Bewegung gesetzt wurde, geradlinig in dieser Bewegung verharrt, solange er nicht durch eine andere Kraft gezwungen wird, diesen Zustand zu ändern. In einer Loopingbahn wirkt diese Trägheitskraft radial nach außen und kann bei entsprechender Geschwindigkeit so groß werden, daß sie die überall wirkende Erdanziehungskraft übersteigt. Im Zenit des Loopings, wenn die Passagiere kopfstehen, übertrifft die nach oben gerichtete Trägheitskraft die nach unten gerichtete Erdanziehungskraft, so daß man nicht herausfallen kann. Die Sicherheitsbügel an den Sitzen sind nur dann vonnöten, wenn die Bahn sich sehr langsam dreht. Auch die sogenannten Todesfahrer profitieren von der Trägheit, die sie regelrecht an der Steilwand kleben läßt, wenn sie über die kreisrunde Piste düsen.

Auf schmerzhafte Weise kann man diese Kraft zu spüren bekommen, wenn man versucht, von einem schnell drehenden Karussell abzuspringen: Man wird in gerader Linie fortgeschleudert. Zwar ist die Bewegung des Karussells kreisförmig, doch kann ein Kreis als unendliche Zahl sich überschneidender gerader Linien angesehen werden, von denen jede die momentane Fahrtrichtung und damit auch die Richtung, in die man geschleudert wird, bestimmt.

Zerrspiegel *Unebenmäßigkeiten im Glas reflektieren die Lichtstrahlen in ungewöhnlichen Winkeln zum Betrachter.*

Verzerrte Bilder

Ob Sie nun beim Blick in den Zerrspiegel belustigt oder entsetzt reagieren – auf jeden Fall ist es beruhigend zu wissen, daß nicht Sie, sondern in Wirklichkeit der Spiegel nicht ganz in Ordnung ist.

Ein normaler ebener Spiegel reflektiert das Licht gleichmäßig geradlinig, so daß man sich in ihm wie gewohnt wiedererkennt. Ein Zerrspiegel dagegen, wie man ihn auf Jahrmärkten findet, weist auf seiner Oberfläche kleine Höcker, Vertiefungen und Wellen auf und wirft deshalb die Lichtstrahlen in den unterschiedlichsten Winkeln zurück. Da jeder Teil der gespiegelten Person von einem anderen Teil des Spiegels reflektiert wird, erscheinen in ihm möglicherweise die Arme lang und dünn und der Bauch kurz und dick, während andere Körperteile sogar auf dem Kopf zu stehen scheinen.

Solche eigenwilligen Spiegel findet man aber nicht nur auf Jahrmärkten, sondern auch in unserer alltäglichen Umgebung. Der Rückspiegel im Auto beispielsweise hat eine leicht konvexe – nach außen gewölbte – Oberfläche, die die Dinge kleiner erscheinen läßt und somit einen weiteren Blickwinkel ermöglicht. Demgegenüber besitzt der Rasierspiegel eine konkave – nach innen gewölbte – Oberfläche, die das Spiegelbild vergrößert.

Nebel und Blitze für die Bühne

Blitze zucken über den Himmel, und weiße Nebelschwaden wabern schwer durch die Luft, während drei alte Hexen auf der Heide tanzen – so kennt man die erste Szene des Dramas *Macbeth*.

Der Grundstoff für solchen Bühnennebel ist Trockeneis, festes Kohlendioxid. Kohlendioxid ist ein Gas, das sich verflüssigt, wenn es unter Druck abgekühlt wird. Verringert man den Druck, behält die niedrige Temperatur jedoch bei, so wird das Kohlendioxid fest und bildet schneeähnliche Kristalle, die man zu trokkenen Blöcken pressen kann. Ein Stück dieser Substanz, in heißes Wasser getaucht, verwandelt sich im Nu in Dunst. Um diesen Vorgang besser steuern zu können, verwendet man auf der Bühne meistens eine sogenannte Trockeneismaschine. Das ist ein Tank mit einer Öffnung, an die ein Schlauch angeschlossen ist, damit man den Nebel dann in die gewünschte Richtung lenken kann.

Um einen leichteren, schwebenden Nebel zu erhalten, verdampft man mit Hilfe eines Heizelements ein ungiftiges Öl.

Bühnenblitze

Nach alter Väter Sitte erzeugt man Bühnenblitze, indem man eine kleine Ladung sogenanntes Blitzpulver, das das leicht entflammbare Metall Magnesium enthält, durch einen elektrischen Funken in einem Behälter entzündet, und zwar – meistens – streng nach den Brandschutzbestimmungen. Man kann allerdings auch Fotoblitzwürfel verwenden.

Zuckende Blitze werden imitiert, indem man ein Dia von einem Blitz auf einen „Himmel" projiziert.

Wie entstehen Effekte beim Film?

Einzelbildweise Modellanimation, Rückprojektion, Travelling Matte – das sind einige der zahlreichen Verfahren, die Tricktechniker in den Filmen anwenden. Manche sind verblüffend einfach, andere höchst raffiniert.

Rückprojektion: Aus zwei mach eins

Der Riesenaffe King Kong bricht aus dem Dschungel auf die Lichtung, wo er sein weibliches Opfer zwischen zwei Pfählen gefesselt findet. Er löst dessen Fesseln, nimmt es in seine riesige Pranke und stapft mit ihm davon. Wer würde glauben, daß für dieses Riesenmonster in dem Film *King Kong und die weiße Frau* (1933) meist nur ein etwa 45 cm großes Modell agierte?

Das Verfahren, mit dem man diesen Effekt erzielte, nennt man Rückprojektion: Man projiziert einen Film, den man von dem Modell gedreht hat, von hinten auf eine durchscheinende Leinwand, vor der dann die Schauspieler agieren.

Eine Schwierigkeit dabei ist, daß das rückprojizierte Bild oft flacher und matter wirkt als die Handlung im Vordergrund. Denn die Lichtmenge, die durch die Leinwand dringen kann, ist geringer als das Licht, das die Handlung im Vordergrund beleuchtet. In den 40er Jahren wurde die Rückprojektion durch die Entwicklung des Dreikopfverfahrens verbessert. Ein Projektor wirft das Bild direkt auf die Rückseite der Leinwand, und zwei weitere Projektoren, einer auf jeder Seite, werfen dasselbe Bild auf Spiegel, die es wiederum auf die Leinwand reflektieren. Die drei Projektionen treffen genau aufeinander und ergeben ein lichtstärkeres Bild.

King Kong droht *Der Riesenaffe wurde auf eine Leinwand rückprojiziert, vor der die Schauspielerin agierte.*

Frontprojektion: Superman lernt fliegen
In dem Film *Superman* (1978) fliegt der Held über Metropolis, und zwar mit Hilfe eines Verfahrens, das man Frontprojektion nennt. Dabei wird das Hintergrundbild von vorn auf eine Leinwand hinter dem Schauspieler projiziert. Wie vermeidet man nun, daß sich dieser Hintergrund auch auf den Akteuren abbildet oder daß man den Schatten der Akteure auf dem Hintergrundbild sieht?

Vom Projektor wird das Bild über zwei Spiegel auf die Leinwand projiziert. Der zweite, vor der Kamera aufgestellte Spiegel ist halbdurchlässig, d. h., er reflektiert zur Leinwand hin, aber das von der Leinwand zurückfallende Licht geht durch ihn hindurch. Das projizierte Bild ist so lichtschwach, daß es – bei entsprechender Ausleuchtung – auf dem Schauspieler nicht zu sehen ist; von der aus Millionen winziger Glasperlen bestehenden Leinwand aber wird es verstärkt zur Kamera zurückgeworfen. Da das Bild geradlinig von der Leinwand zur Kamera reflektiert wird, verdeckt der Schauspieler seinen Schatten mit seinem Körper.

Bei den Flugszenen für *Superman* wurde der Schauspieler Christopher Reeve von einem hydraulischen Arm getragen, der in die Leinwand hineinragte, aber hinter Reeves Körper vor der Kamera verborgen blieb. Zoomlinsen an der Kamera und am Projektor erzeugten den Eindruck von Bewegung und Perspektive.

Flugsimulation *Der hydraulische Arm, der Superman stützt, wird von dessen Körper verdeckt. Die Stadt im Hintergrund ist frontprojiziert.*

DEN TRAUM VOM FLIEGEN WAHR GEMACHT

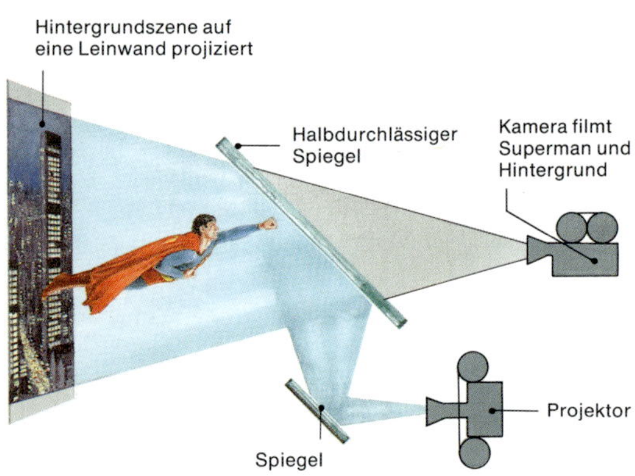

Spiegelzauberei *Bereits gedrehte Hintergrundszenen werden von zwei Spiegeln auf eine Leinwand hinter Superman projiziert. Eine Kamera filmt durch den halbdurchlässigen Spiegel.*

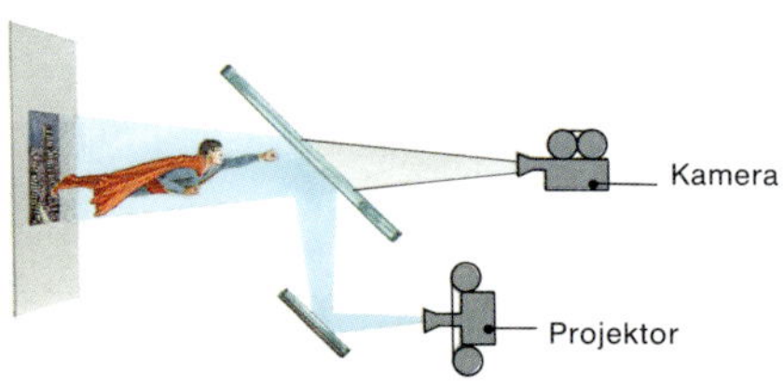

Im Flug *Kamera und Projektor sind synchron geschaltet. Nicht Superman bewegt sich, sondern der Hintergrund.*

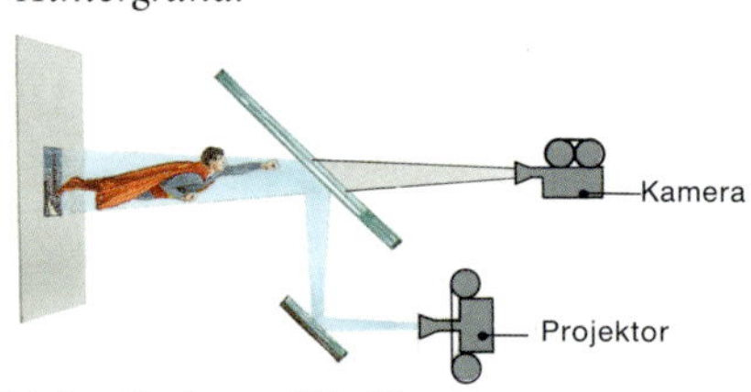

Nahaufnahme *Die Kamera zoomt das Bild. Gleichzeitig wird das projizierte Bild kleiner, so daß Superman näher zu kommen scheint.*

Auf dem fertigen Film sieht das so aus: Superman fliegt hoch über Metropolis.

Die Gebäude der Stadt bleiben gleich groß, während er näher kommt. Beides sind Zoomeffekte.

„Fliegende" Kameras *Das sowjetische Überschallkampfflugzeug in dem Film* Firefox *(1982) flog ebensowenig wie die Modellraumschiffe in dem Film* Krieg der Sterne. *Das etwa 1,5 m lange Modell war auf einem computergesteuerten Stützarm angebracht, der im Film nicht zu sehen war. Die Kameras liefen auf Schienen, um den Eindruck von Bewegung zu vermitteln. Diese Technik nennt man Motion Control.*

Monstermodelle in Bewegung *Nachdem man die einzelbildweise Modellanimation in dem Film* King Kong und die weiße Frau *bis zur Perfektion entwickelt hatte, wendete man sie immer wieder an, um Modelle auf realistisch wirkende Weise mit menschlichen Akteuren zusammenspielen zu lassen. Um diese Szene aus dem Film* Kampf der Titanen *(1981) zu drehen, schwang Harry Hamlin als der Held Perseus sein Schwert gegen imaginäre Gegner. Er wurde zusammen mit dem Hintergrund auf eine Leinwand rückprojiziert, und davor lichtete man dann die Modellskorpione ab, deren Bewegungen an die von Hamlin angepaßt wurden.*

Motion Control: die bewegte Kamera

Die Actionszenen in *Krieg der Sterne* (1977), in denen sich schnelle Raumschiffe dramatische Luftschlachten lieferten, wurden mit Modellen gedreht, die sich nie bewegten. Denn bei Motion Control, der computergesteuerten Kameraaufhängung, ist es die Kamera, die sich bewegt.

Der Effektspezialist John Dykstra wollte die zeitaufwendige und kostspielige Methode vermeiden, die man für den Film *2001: Odyssee im Weltraum* (1968) angewandt hatte. Damals war die Kamera fest montiert, während die Modelle an ihr vorüberfuhren. Für die Szene, die das Raumschiff *Discovery* auf seiner Reise durchs All zeigt, mußte das 16,4 m lange Modell viele Male gefilmt werden. Es dauerte jedesmal 4,5 Stunden, bis es auf seiner 45,7 m langen Bahn einmal an der Kamera vorbeigefahren war.

Dykstra löste das Problem, indem er seine Modellraumschiffe auf starren Säulen befestigte, die blau angemalt waren, damit sie mit dem blauen Hintergrund verschmolzen. Die an einem Kran befestigte Kamera bewegte sich auf Schienen. Der Arm des Krans war drehbar und ließ sich nach oben und unten bewegen. Außerdem konnte die Kamera gekippt werden, so daß sie weitausholende Panoramaaufnahmen machen und ihren Objekten in alle Richtungen folgen konnte. Da sie computergesteuert war, konnte man jede Bewegung exakt wiederholen und so auf demselben Film verschiedene Aufnahmen kombinieren. Auf diese Weise erschienen Laserblitze, Explosionen und der Sternenhimmel im Film jeweils an den erwünschten Stellen.

Stop Motion: Modelle bewegen sich

1922 zeigte der Schriftsteller Sir Arthur Conan Doyle, Schöpfer von Sherlock Holmes, vor der Society of American Magicians (Gesellschaft amerikanischer Zauberkünstler) eine Szene aus dem Film *Die verlorene Welt* (1925), in der sich Modelle von Dinosauriern lebensecht bewegten. Conan Doyle erklärte seinem erstaunten Publikum nicht, daß der Film unter Anwendung einer Technik gedreht wurde, die bereits in anderen Stummfilmen eingesetzt worden war, die der amerikanische Effekttechniker Willis O'Brien inzwischen aber erheblich verbessert hatte: Stop Motion oder einzelbildweise Modellanimation.

Man versetzt die Modelle in Bewegung, indem man jeweils einzelne Bilder aufnimmt und die Stellung des Modells zwischen den Einzelbildaufnahmen entsprechend verändert. Wird der Film dann später mit normaler Geschwindigkeit abgespielt, scheint sich das Modell – sei es nun ein Brontosaurier, ein Riesenaffe oder irgendein anderes Wesen – ganz natürlich zu bewegen.

Glasmalerei *Die Lagerhalle in dem Film* Jäger des verlorenen Schatzes *(1981) war ein Gemälde. Die Live-Handlung wurde in das kleine Feld, das in der Mitte des Bildes freigelassen wurde, eingefügt (rechts).*

Matte Painting: gemalte Kulissen

Jede Kulisse, von der Skyline des alten Rom bis zu einer außerirdischen Landschaft, kann durch Matte Painting als Hintergrund oder Rahmen einer Filmszene hinzugefügt werden. Man deckt einen Teil des Bildinhalts ab und ergänzt diesen Teil später durch die entsprechende Szene. Ursprünglich malte man die erwünschte Kulisse auf eine Glasplatte, die vor die Kamera gestellt wurde, so daß sich die Kulisse mit der hinter der Glasplatte ablaufenden Handlung zu einem Gesamtbild verband.

Noch in der Stummfilmzeit entwickelte man dann die „In-der-Kamera-Matte“: Die Live-Handlung wurde gedreht, wobei man einen Teil des Filmbildes unbelichtet ließ, indem man vor der Kamera eine Glasplatte aufstellte, bei der der entsprechende Raum für die Kulisse mit schwarzer Farbe abgedeckt war. Der teilweise belichtete Film wurde dann zurückgespult und in eine andere Kamera eingelegt. Anschließend projizierte man ein Einzelbild des Films auf eine Staffelei, und ein Künstler malte nun rund um das Bild der Live-Handlung die erwünschte Kulisse hinzu, wobei er umgekehrt das Feld für die Live-Handlung schwarz ließ.

Die beiden Teile – gemalte Kulisse und Live-Handlung – verschmolz man mit Hilfe eines optischen Printers, den der Hollywood-Techniker Linwood G. Dunn etwa um 1930 deutlich verbessert hatte. Der optische Printer ist eine Art Filmkopiermaschine, mit der man verschiedene Filmteile übereinanderlegen und mischen kann.

Abgedeckt *Die Kamera filmt durch eine bemalte Glasscheibe, um den nicht erwünschten Hintergrund abzudecken.*

Travelling Matte oder Wandermaske

In dem Science-fiction-Film *Die unglaubliche Geschichte des Mr. C* (1957) mußte der Schauspieler Grant Williams scheinbar von Tag zu Tag schrumpfen. Teile des Films drehte man mit riesigen Kulissen, einschließlich überdimensionaler Sessel und Tische. Doch für manche Szenen, z. B. als Williams von einer Katze gejagt wurde, die im Vergleich zu ihm gigantisch war, wandte man eine Technik an, die man Travelling Matte oder Wandermaske nennt.

Ähnlich wie beim statischen Matte Painting muß auch bei der Travelling Matte ein Loch im Filmhintergrund geschaffen werden, in das die separat gedrehte Handlung später eingefügt werden kann. Doch das Loch in der Travelling Matte muß sich von Bild zu Bild verschieben oder seine Größe ändern, um sich dann jeweils dem Feld anzupassen, in dem die Schauspieler agieren.

Die gebräuchlichste Methode ist das

Blue-screen-Verfahren *Zunächst filmt man die Akteure vor einer blauen Leinwand. Indem man diesen Hintergrund herausfiltert, erhält man eine Travelling Matte, die man dann in den erwünschten Hintergrund einkopieren kann. Ein Beispiel aus dem Film* Jäger des verlorenen Schatzes*: links die Darsteller vor der blauen Leinwand, unten dasselbe Bild mit dem erwünschten Hintergrund.*

Blue-screen-Verfahren. Schauspieler, Miniaturen oder andere Objekte werden vor einer blauen Leinwand gefilmt. Dann filtert man den blauen Hintergrund aus dem Bild heraus, so daß nur noch die Vordergrundhandlung übrigbleibt. Von diesem Farbnegativ zieht man ein Schwarzweißpositiv, auf dem nur der Hintergrund belichtet wird; dadurch erhält man einen Film mit einem durchsichtigen Hintergrund, während die Vordergrundhandlung als schwarze Silhouette erscheint. Das ist die Travelling Matte, die in einen optischen Printer kommt, wo sie in das erwünschte Hintergrundbild kopiert wird. In dem Hintergrundbild entsteht so das Loch, das genau der Vordergrundhandlung entspricht, die nun als Farbnegativ in das Hintergrundbild eingefügt werden kann.

Eine andere, wenngleich aufwendigere Methode, eine Travelling Matte herzustellen, wandte Stanley Kubrick für seinen Film *2001: Odyssee im Weltraum* an.

Hätte man einen Film mit Raumschiffen über den eines Sternenhimmels gelegt, um den entsprechenden Hintergrund zu erhalten, so hätten die Sterne durch die Raumschiffe hindurchgeschimmert. Um das Problem zu lösen, mußte Kubrick Löcher in Form von Raumschiffen im Sternenhintergrund haben. Diese Löcher mußten sich so bewegen, daß sie mit den Bewegungen der einzelnen Raumschiffe übereinstimmten. Man griff dabei zur ältesten, zeitaufwendigsten und teuersten Methode der Travelling-Matte-Herstellung: Man malte Raumschiffsilhouetten auf Hunderte von Einzelbildern.

Puppen, die lebendig werden

In dem Science-fiction-Thriller *Alien – Das unheimliche Wesen aus einer fremden Welt* (1979) hat der Schauspieler John Hurt plötzlich einen heftigen Hustenanfall – und ein grauenerregendes außerirdisches „Baby“ bricht blutig aus seiner Brust hervor. Dieser Trick gelang dem Experten für Spezialeffekte Roger Dicken, indem er ein Puppenmodell durch ein Loch in einer Körperattrappe brechen ließ.

Puppen sind bei Filmemachern sehr beliebt, um Phantasiefiguren zu schaffen. Viele sind wahre technische Meisterwerke.

Für den Film *Der weiße Hai* (1975) baute man drei mehr als 7 m lange Haie. Einer wurde von Sporttauchern auf einer Art Schlitten durchs Wasser gezogen. Die Taucher bewegten auch seine Rücken- und Schwanzflossen. Die anderen beiden Modelle stellten lediglich die linke bzw. rechte Seite des Hais dar und wurden nur von der Seite gefilmt. Sie liefen auf einer Unterwasserschiene, und ein versteckter Haltearm ließ sie auf- und abtauchen.

Der wohl beliebteste Außerirdische, E.T., wurde gleich mehrfach verkörpert: durch drei komplette Arbeitsmodelle, durch einen separaten Kopf und Körper für Nahaufnahmen und durch einen kleinen Schauspieler im E.T.-Kostüm.

Miniaturmodelle ganz groß

Von Autos, Flugzeugen und Schiffen bis hin zu ganzen Städten und Landschaften fertigt man Miniaturmodelle an, die sich leichter handhaben oder filmen lassen als ihre Entsprechungen im Original. Dennoch sind viele Miniaturmodelle alles andere als klein. Die Modellkriegsschiffe in dem Film *Tora! Tora! Tora!* (1970) waren durchschnittlich 12 m lang.

Bewegliche Miniaturen filmt man normalerweise mit hoher Geschwindigkeit, so daß die Bewegungen, wenn der Film mit normaler Geschwindigkeit abgespielt wird, realistischer wirken. Denn die Bewegung von Modellschiffen im Wasserbecken z. B. ähnelt kaum der Bewegung von Schiffen, die in der Realität über den Ozean fahren. Läßt man aber den Film langsamer ablaufen, so erscheinen die Modelle schwerfälliger, massiger und damit wirklichkeitsgetreuer.

Hängende Miniaturen sind Modelle, die sehr dicht vor der Kamera aufgehängt werden, so daß sie aussehen, als seien sie normal groß und aus einiger Entfernung aufgenommen. In dem James-Bond-Film *Der Mann mit dem goldenen Colt* (1974) war der düsenangetriebene fliegende Wagen des Gangsters ein Modell, das etwa 1,5 m lang war, eine Spannweite von 3 m hatte und als Totale gefilmt wurde.

Viele der „Außenaufnahmen“ in *Unheimliche Begegnung der dritten Art* (1977), wie z. B. die Landschaft von Indiana, über der ein Ufo auftauchte, waren peinlich genau nachgebildete Miniaturen mit Häusern, die weniger als 25 mm hoch waren.

Verkleinerte Wirklichkeit *Miniaturmodelle müssen nicht unbedingt winzig klein sein, wie dieses Modellschiff zeigt, das für den Film* Das Privatleben des Sherlock Holmes *(1970) gebaut wurde.*

Explosion auf dem Eis *Für diese Szene aus dem Film* James Bond 007 – Der Hauch des Todes *(1987) steuerte der französische Stuntman Joe Cott James Bonds Wagen in ein Bootshaus und schob es auf einen zugefrorenen See. Dann durchbrach er die Holzwand und gelangte ins Freie. Sekunden später sprengten es Experten für Spezialeffekte in die Luft.*

Explosionen: Sicherheit hat Vorrang
Explosionen auf der Leinwand gibt es in jedem Ausmaß, von Modellen, die in die Luft gejagt werden, bis zu realen Gebäuden, die man zerstört, und in Kriegsfilmen läßt man Bomben und Granaten hochgehen. Da meist Schauspieler und Stuntmen bei derartigen Szenen mitwirken, müssen bei Explosionen alle Sicherheitsbestimmungen genau beachtet werden.

Cliff Richardson, ein britischer Fachmann für Spezialeffekte, mußte bei den Dreharbeiten zu dem Film *Luftschlacht um England* (1969) eine seiner größten Explosionen auslösen, als er und sein Team einen riesigen, solid gebauten Flugzeughangar sprengen sollten: „Im Innern des Hangars ließen wir die Trennwände herausbrechen, um die Konstruktion zu schwächen, so daß das Dach der Halle nur noch von 30 Ziegelsteinpfeilern gestützt wurde", erklärte Richardson. „In diese Pfeiler wurden 150 Löcher gebohrt, die wir mit Sprengladungen füllten und durch eine Cordtex-Zündschnur miteinander verbanden. Es war notwendig, eine Reihe zusätzlicher Effekte einzubauen, damit die Aufnahme spektakulär wirkte. Dazu gehörten zwei sogenannte Fugasse-Ladungen, eine Art Minenwerfer, die in diesem Fall aus zwei Petroleumfässern mit jeweils 50 Gallonen (227 l) Inhalt bestanden und sowohl waagrecht als auch senkrecht abgefeuert werden konnten. Eine davon feuerte ich senkrecht ab, um einen Feuerballeffekt durch das Dach des Hangars zu erzeugen. Die zweite, waagrechte Fugasse wurde so plaziert, daß sie eine Feuerwand erzeugte."

In Science-fiction-Filmen müssen die Tricktechniker oftmals ganze Planeten sprengen – so z. B. in *Krieg der Sterne*. Ein Modell des Planeten hängt von der Decke des Aufnahmestudios, und die Kamera filmt von unten. Wenn die Ladung explodiert, fallen die „Planetenteile" auf die Kamera herab, wodurch der Eindruck einer Explosion im Weltraum entsteht.

Stürme auf hoher See
Ob es sich nun um antike Galeeren handelt, die griechisches Feuer schleudern, oder um Kriegsschiffe aus dem Zweiten Weltkrieg, die aus allen Rohren schießen – Szenen auf See werden normalerweise in einem Wasserbecken im Studio gedreht. So auch die Szenen vom Überfall auf Pearl Harbor für den Film *Tora! Tora! Tora!*. Der Effektspezialist L. B. Abbott, der für diese Arbeit einen Oscar erhielt, erklärte dazu: „Für die Szenen, in denen sich die japanische Flotte auf dem Weg nach Pearl Harbor durch einen wilden Sturm kämpfte, setzten wir jede Windmaschine ein, die wir auftreiben konnten. Um die Gischt auf den sturmgepeitschten Wellen zu erzeugen, mußten wir dem Wasser Seife hinzufügen. Nach herkömmlicher Art werden Modelle in einem Wasserbecken angetrieben, indem man sie an Unterwasserkabel anschließt. Im Fall von *Tora!* wurden die Modelle mit Motoren von Golfkarren ausgestattet. Für manche Szenen funktionierte das gut, für die wilden Sturmszenen aber waren sie nicht stark genug, um die Modelle durch das aufgewühlte Wasser zu treiben, und so mußten wir doch wieder auf die Kabel zurückgreifen."

Der Ozeanriese, den eine große Welle in dem Film *Die Höllenfahrt der Poseidon* (1972) zum Kentern brachte, war ein Modell. Doch für die chaotischen Szenen, zu denen es im Speisesaal des Schiffs kam, baute man eine aufwendige Kulisse. Diese konnte bis zu 30° gekippt werden, während ebenfalls schräg gehaltene Kameras vollends den Eindruck entstehen ließen, das Schiff sei gekentert. Für die Szenen, in denen es so aussah, als stünde der Raum auf dem Kopf, wurde die Kulisse um 180° gedreht.

Pistolenkugeln und Blut
Gewaltszenen waren schon immer ein wichtiges Element von Spielfilmen. Da es zu gefährlich ist, scharfe Munition abzufeuern, um Kugeln in Wände oder Zäune einschlagen oder Flaschen zersplittern zu lassen, mußte man andere Möglichkeiten finden, um den gleichen Effekt hervorzurufen. Für Kugeln, die eine Holzwand zersplittern, setzt man mit Schießpulver gefüllte Kapseln in die Holzwand ein, die gleichzeitig mit dem Schuß explodieren. Für Kugeln, die Menschen treffen, brachte man eine ähnliche Kapsel auf einer Metallplatte an, die der Schauspieler unter der Kleidung trug. Die Kapsel wurde über Drähte, die mit dem Schaltpult eines Technikers verbunden waren, elektrisch gezündet. Manchmal jedoch verursachten kleine, weggesprengte Metallteilchen Hautverletzungen.

Deshalb entwickelte man eine Art Knallfrosch, eine kleine, nichtrauchende, nichtmetallische Sprengladung. Sie kann entweder durch kleine, am Schauspieler befestigte Batterien, durch mit einer Schalttafel verbundene Drähte oder durch Fernsteuerung gezündet werden. Für ihren „Tod" in *Bonnie und Clyde* (1967) trug Faye Dunaway eine ganze Reihe solcher kleiner Sprengladungen unter ihrer Kleidung. Der Wagen, in dem Bonnie von Maschinenpistolensalven getroffen wurde, war mit Löchern gespickt worden, in die man ebenfalls kleine Sprengladungen gefüllt und anschließend überlackiert hatte.

In *The Wild Bunch – Sie kannten kein Gesetz* (1969) floß jede Menge falsches Blut. Der Effektspezialist Bud Hulburd füllte Plastikbeutel mit einer leuchtendroten Flüssigkeit und brachte kleine Sprengladungen an den Beuteln an. Als sie gezündet wurden, platzten die Beutel, und es spritzte das „Blut".

Wenn es aussehen soll, als werde ein Mensch von einer Lanze, einem Pfeil oder einem Messer getroffen, bedient man sich meist folgender Technik: Ein hohles Wurfgeschoß wird mit Hilfe eines Preßluftgeräts an einem Draht entlang abgeschossen. Das Ende des Drahtes ist an einem Metallplättchen befestigt, das der Schauspieler unter seiner Kleidung trägt. Ein Korkpolster fängt die Waffe auf.

Schießerei im Saloon *Als Yul Brynner in* Westworld *(1973) „erschossen" wurde, brachte ein kleiner Knallkörper unter seinem Hemd einen Blutbeutel zum Platzen.*

Auf den Kopf gestellt *Um die chaotischen Szenen darzustellen, die sich abspielten, als der Ozeanriese in dem Film* Die Höllenfahrt der Poseidon *kenterte, wurde die gesamte Speisesaalkulisse (links) – 36 m lang, 18 m breit und 6 m hoch – auf den Kopf gestellt. Die Außenszenen des Films drehte man in einem Wasserbecken des Studios mit einem Modell.*

Wind und Wellen *Die Sturmszenen in der Neuverfilmung der* Meuterei auf der Bounty *(1961) drehte man in einem mehr als 8000 m² großen Wasserbecken der MGM-Studios. Die Nachbildung des Schiffs war auf Schienen montiert, die es wild schlingern ließen. Wind- und Wellenmaschinen peitschten die „See", und literweise schüttete man Wasser aus riesigen Kipptanks, die an den Beckenrändern angebracht waren.*

Blitzkrieg über London *In einem ungenutzten Lagerhaus am Ufer der Themse wurden 50 Flüssigpropangas-Brenner plaziert, um die Bombardierung Londons im Zweiten Weltkrieg für den Film* Luftschlacht um England *nachzustellen.*

Feuersbrünste aus der Dante-Maschine
Da normale Flammen, wenn man sie filmt, oftmals transparent wirken, setzt man Chemikalien ein, um Filmbrände realistisch erscheinen zu lassen. In den frühen 70er Jahren entwickelten der britische Effektspezialist Cliff Richardson und sein Sohn John die sogenannte Dante-Feuermaschine, ein Gerät, mit dessen Hilfe man spektakuläre Brände erzeugen kann. Ein auf einem zweirädrigen Karren montierter Automotor treibt eine Pumpe an, die eine Brennstoffmischung verspritzt, die mit Düsenzünder entflammt wird. Auf diese Weise kann man eine 18 m breite Feuerwand herstellen.

Dante-Maschinen kamen in dem Film *James Bond 007 – Im Angesicht des Todes* (1985) zum Einsatz, als John Richardson die City Hall von San Francisco in Brand setzen sollte – ohne irgendwelchen Schaden anzurichten. Das Dach machte er mit Hilfe von Isolierbrettern, Wellblech und Sand feuerfest. Ebenso die Fensterrahmen, durch die die Dante-Geräte Feuer hinaussprühen sollten, so daß es aussehen würde, als stünde das Innere des Gebäudes in Flammen. Mächtige Fackeln ließen den Himmel über der City Hall weithin glühen.

Für die Dreharbeiten setzte Richardson das Gebäude in drei Nächten 25mal „in Brand", und die städtische Feuerwehr stand immer bereit.

Die Feuerwehr von Los Angeles war zur Stelle, als die Feuerszenen für den Film *Flammendes Inferno* (1974) gedreht wurden. Sie bestand darauf, daß keiner der Brände – erzeugt durch Propangas, das man aus ventilgesteuerten Schläuchen spritzte – länger als 20–30 Sekunden dauerte. Niemand wurde verletzt, außer einem Brandmeister des Studios, der sich die Hand an einer Glasscherbe schnitt.

Londoner Feuerwehrleute standen auch bereit, als Cliff Richardson in einem Lagerhaus am Themseufer 50 Flüssigpropangas-Brenner verteilte, um eine Szene für den Film *Luftschlacht um England* nachzustellen. Richardson beschrieb dies als „einen der schwierigsten Jobs, den ich je zu erledigen hatte". Denn das leerstehende Lagerhaus war von anderen flankiert, die noch genutzt wurden.

Den Anschein einer ganzen Stadt in Flammen schuf man für den Film *San Francisco* (1936) mit Clark Gable. Darin kam auch ein spektakuläres und echt wirkendes Erdbeben vor, wofür man eine komplette Kulisse auf eine schwankende Plattform baute, die sich jeweils 1 m auf- und ab- sowie vor- und zurückbewegte. Bei dem 20minütigen Beben stürzten Häuser und Wände ein, brachen Straßen auf und wurde Mobiliar zertrümmert. Von den 400 Statisten, die sich auf Balkons zu stellen hatten, die dann auf Knopfdruck herabstürzten, erlitt keiner irgendwelche Verletzungen.

Die Prügelknaben des Films

Wer stürzt – im Film – halsbrecherisch vom Pferd, springt von einer schwindelnd hohen Klippe, wird Opfer eines spektakulären Autounfalls oder eines wilden Faustkampfs? Der Stuntman. Doch trotz seiner gefährlichen Arbeit bleibt er meist unbekannt und wird nur selten ein Star.

Wilde Reiter
Einer der wenigen berühmten Stuntmen von Hollywood war der Rodeo-Weltmeister „Yakima" Canutt, der sich auf die Arbeit mit Pferden spezialisiert hatte. Sein Meisterstück lieferte er in John Fords Film *Ringo – Höllenfahrt nach Santa Fé* (1939). Zuerst sprang er von seinem Pony auf eines von sechs Postkutschenpferden, dann stürzte er, getroffen von einem Schuß des Helden, John Wayne, zwischen die Pferde und wurde ein Stück mitgeschleift, ehe er endgültig zu Boden ging. Die Postkutsche rumpelte über ihn hinweg, ihre Räder rollten links und rechts an ihm vorüber. Danach rappelte Canutt sich mühsam wieder auf, womit er bewies, daß die Szene keine Trickaufnahme mit einer Puppe war. Im Jahr 1966 verlieh man ihm einen Oscar für

Stürzendes Pferd *Bei diesem 1939 gedrehten Stunt von Canutt (kleines Bild) band man dem Pferd die Vorderbeine zusammen, damit es hinfiel. Diese Methode wurde Mitte der 40er Jahre verboten.*

alle Stunts, die er in seinem Leben dargeboten hatte, und für die von ihm entwickelten Sicherheitsvorkehrungen zum Schutz der Stuntmen.

Selbst immer wieder geprobte Reitstunts bergen Gefahren in sich. Bob Simmons, ein altgedienter britischer Stuntman, berichtete, wie sein Freund Jack Keely bei den Dreharbeiten zu dem Wüstenabenteuerfilm *Zarak* (1956) den Tod fand: „Alles lief scheinbar nach Plan, die Pferde stürzten wie vorgesehen. Dann erscholl der Ruf ‚Schnitt!' und anschließend das vertraute ‚Alles in Ordnung?'. Ich schaute mich nach Jack um und sah, daß er ganz kurz vor dem Kameragraben regungslos am Boden lag. Unglücklicherweise war sein Pferd auf ihn gestürzt und hatte ihm das Genick gebrochen."

Einem Filmpferd das Stürzen auf Kommando beizubringen dauert seine Zeit. Man bindet dem Tier eines seiner Vorderbeine hoch und zieht dann die Zügel zur anderen Seite, so daß es das Gleichgewicht verliert und hinfällt. Wenn man dies oft genug wiederholt, stürzt das Pferd auf Befehl mitten im Trab oder Galopp, sobald es spürt, daß das Zaumzeug ruckartig zur Seite gerissen wird. Um Verletzungen zu vermeiden, gräbt man an der Stelle, wo es stürzen soll, eine Mulde und füllt sie mit Sand oder Torfmoos. Früher benutzte man für diesen Zweck Stolperdrähte, doch diese für die Pferde grausame und sehr gefährliche Methode wurde in den 40er Jahren verboten.

Filmkämpfe – mit Fäusten, Glas und Mobiliar

Filmkämpfe, ob nun mit Waffen oder mit den Fäusten ausgetragen, sind immer eine heikle Angelegenheit, vor allem, wenn Stars mitspielen. Fausthiebe werden nach einer von Canutt vervollkommneten Technik simuliert und wirken durch die geschickte Kameraeinstellung im Kino täuschend echt – das dumpfe Geräusch, das entsteht, wenn eine Faust auf ein Kinn oder einen Körper trifft, fügt man später hinzu. Obwohl die Beteiligten bei solchen Szenen oft auch noch Schutzpolster an gefährdeten Körperpartien tragen, passieren immer wieder Unfälle.

Christopher Lee, der seine Karriere als Stuntman begann, beschrieb eine solche Panne während einer Fechtszene mit Errol Flynn bei den Dreharbeiten zu dem Film *Der schwarze Prinz* (1955). „Der Regisseur Henry Levin hatte mich engagiert, weil er sichergehen wollte, daß keiner seiner Stars verletzt wurde. Während einer der letzten Aufnahmen, nach stundenlangen Kampfszenen, konnte ich kaum noch meinen Arm heben. Als es mir dann doch noch einmal gelang, traf mich Flynn mit seinem Schwert gerade über dem Ellbogen."

In Szenen, bei denen Menschen durch Flaschen oder Fensterscheiben verletzt werden, besteht das „Glas" aus einem Harz, das zwar hundertprozentig sicher, aber in der Herstellung außerordentlich teuer ist. Möbel und andere Requisiten wie Stühle, Tische, Türen oder Treppengeländer, die in Kampfszenen zu Bruch gehen sollen, werden sehr tief angesägt, so daß sie bei einem Stoß sofort zerbrechen. Um die angesägten Stellen zu tarnen, überstreicht man sie mit Farbe.

Knapp daneben *Pat Roche reagiert auf einen vorgetäuschten Hieb, der durch den Aufnahmewinkel der Kamera wie ein echter Kinnhaken aussieht.*

Sturz aus einer brennenden Gondelbahn
Stürze im Film bergen immer Risiken, egal, ob jemand „nur" eine Treppe hinabstürzt oder von einem hohen Gebäude springt. Damit ein Sturz aus großer Höhe glimpflich endet, benutzt man aufblasbare Nylonkissen, die die Ausmaße eines Wohnzimmers haben können. Jerry Hewitts Sprung aus einer explodierenden Gondelbahn in dem Film *Der Söldner* (1982) wurde auf diese Weise abgefangen. Vor der Erfindung dieser Luftkissen erfüllten große Stapel von Pappkartons, mit Matratzen bedeckt und dann gut vertäut, den gleichen Zweck. Als Faustregel galt: eine Lage Kartons für jeweils 3 m Sprunghöhe.

Als 1942 der Film *Tarzans Abenteuer in New York* in den Kinos anlief, glaubten viele Zuschauer, Johnny Weissmuller, der damals beliebte Tarzandarsteller, sei selbst von der 33 m hohen Brooklyn-Brücke gesprungen. In Wirklichkeit jedoch hatte man sich mit einem Trick beholfen: Weissmuller war in ein Wasserbecken gehüpft, und später, beim Filmschnitt, hatte man eine Aufnahme eingefügt, bei der man eine Puppe von der Brücke „springen" sah. Eine ähnliche Methode wurde in dem Film *Zwei Banditen* (1969) angewandt, in dem zwei Männer sich von einer Klippe stürzen. Tatsächlich sprangen die Schauspieler Paul Newman und Robert Redford nur auf eine kleine Plattform kaum 1 m unterhalb des Klippenrandes. Die wahren Helden dieser Szene waren zwei Stuntmen, die sich 22 m tief in einen kalifornischen See gestürzt hatten.

Bis etwa 1960 waren 18 m die größte Höhe für solche Mutsprünge. Heute jedoch stürzen sich Stuntmen über 300 m in die Tiefe. Zur Sicherung benutzen sie gut getarnte Fallschirmausrüstungen oder, wie der amerikanische Stuntman Dar Robinson, der kopfüber von einem Hochhaus hinuntersprang, eine Fangleine, mit deren Hilfe der Fall kurz vor dem Aufprall am Boden abgebremst wird.

In dem Film *Am Highpoint flippt die Meute aus* (1984) stürzte sich Robinson vom Fernsehturm in Toronto, dem mit 555 m höchsten freistehenden Gebäude der Welt, todesmutig in die Tiefe – bis sich nach 120 Stockwerken sein Fallschirm öffnete. Ironischerweise verunglückte er einige Jahre später tödlich, als er mit seinem Motorrad nach Hause fuhr.

Weiche Landung *Der Held aus dem Film* Der Söldner *(1982) mußte 23 m tief aus einer explodierenden Gondelbahn springen, die Terroristen gesprengt hatten. Der Stuntman Jerry Hewitt landete auf einem riesigen aufblasbaren Luftkissen.*

Sichere Landung
Für Szenen, bei denen ein Mensch von einer Explosion durch die Luft geschleudert wird, benutzt der Stuntman ein für die Kamera unsichtbares Trampolin. Schutzkleidung bewahrt ihn vor Verbrennungen, und für die weiche Landung sorgen Sand- oder Moosschichten am Boden.

Meistens dürfen Stars gefährliche Szenen nicht selbst spielen. Douglas Fairbanks machte jedoch eine Ausnahme, als er in dem Film *Der schwarze Pirat* (1926) selbst an einem Segel herunterrutschte, scheinbar nur von seinem Degen gehalten, der das Segel zerschnitt. In Wirklichkeit war der „Degen" ein Griff mit einem stabilisierenden Gegengewicht auf der anderen Seite, und das Segel hatte eine Naht, die sich gleichmäßig auftrennte.

Unversehrt in Flammen
Stunts, bei denen Feuer im Spiel ist, zählen zu den gefährlichsten überhaupt. Für solche Szenen reibt man ein brennbares Gel, normalerweise auf Alkoholbasis, auf die Oberbekleidung des Stuntman. Dadurch entsteht eine Barriere aus Dämpfen zwischen dem Stoff und den Flammen – der Alkohol brennt über der Kleidung, ganz ähnlich wie Cognac über einer flambierten Speise, und versengt den Stoff kaum. Darunter trägt der Stuntman einen feuerfesten Anzug und schwer brennbare wollene Unterwäsche.

Soll ein Mensch von Kopf bis Fuß in Flammen stehen, verwendet man eine raffiniertere Ausstattung, nämlich Anzüge mit Helmen und Atemluftreserve. Außerdem steht selbstverständlich die Feuerwehr bereit.

Lebendige Fackel *Dieser Stuntman, mit einem brennbaren Gel eingerieben, trug Schutzanzug und Gesichtsmaske.*

Kalkulierte Autounfälle
Autos, die im Film für spektakuläre Unfälle herhalten müssen, besitzen verstärkte Karosserieteile. Soll ein Wagen sich überschlagen, wird er entweder auf eine für die Kamera nicht erfaßbare Rampe gefahren oder aber durch einen hydraulischen Arm, der unter ihm ausgefahren wird, umgeworfen.

Bei besonders gefährlich wirkenden Szenen – natürlich nur mit Dummys als Autoinsassen – wird das Gefährt mit Hilfe einer Luftkanone, einer Art riesigem Luftgewehr am Heck des Wagens, regelrecht vorwärts katapultiert.

Man benutzte dieses Gerät beispielsweise in dem Film *Grand Prix* (1966) bei einer Szene, in der ein Auto ins Meer stürzte. Hinter dem Lenkrad war eine Kamera montiert, und die Hände eines Dummys am Steuer ließen den Trick absolut echt wirken.

Autostunt per Computer *Für den James-Bond-Film* Der Mann mit dem goldenen Colt *(1974) drehte man erstmals ein spektakuläres Auto-Kunststück, das zuvor per Computer ausgearbeitet worden war. Stuntman Bumps Willard als Double von Bond-Darsteller Roger Moore vollführte einen Schraubensalto, nachdem sein Wagen über einem „eingestürzten" Brückenabschnitt abgehoben hatte, und landete dann sicher auf der anderen Seite.*

Christo, der Verpackungskünstler

In der Abenddämmerung des 17. September 1985 wurde endlich wahr, worauf die Bürger von Paris so lange gewartet hatten: Christo, der Verpackungskünstler, schickte sich an, dem Pont-Neuf ein neues Gesicht zu verleihen, ihn wie ein Geschenk zu verpacken. Interessiert beobachteten die Menschen auf beiden Seiten der historischen Brücke die Vorbereitungen. Dann brach die Menge in Jubelrufe aus, als einige Bergführer, die man aus den Alpen hergeholt hatte, riesige gefältelte Tücher an Seilen über die Brücke zogen. Die ganze Nacht waren sie damit beschäftigt, zusammen mit anderen schwindelfreien Helfern, den Stoff, der auf Schiffen transportiert wurde, über die Geländer zu hieven.

Als die Leute am nächsten Morgen über die Brücke zur Arbeit gingen, erstrahlte Christos Geschenk in aller Pracht. Außer der Straße, die über die Brücke aus dem frühen 17. Jh. führt, und der Bronzestatue ihres Erbauers, Heinrichs IV., war der gesamte Pont-Neuf, farblich passend zu vielen der umstehenden Gebäude, in goldfarbenes Nylon gehüllt, und die leuchtende Herbstsonne ließ den Stoff schimmern und glänzen. Nachts, wenn die ebenfalls verpackten großen Laternen angezündet waren, strahlten goldene Leuchtfeuer vor dem purpurnen Großstadthimmel.

Die Brücke im neuen Gesicht war das jüngste Produkt des in New York lebenden Künstlers Christo Javacheff, der im Juni 1935 in Bulgarien geboren wurde. Sein Anliegen ist, die Kunst aus den Galerien und Museen hinaus auf die Straße zu bringen, wo jeder sie kostenlos als Teil des täglichen Lebens genießen kann.

Seiner Meinung nach hatte man die schöne alte Brücke allzu lange für selbstverständlich gehalten, sie kaum mehr eines Blickes gewürdigt, geschweige denn sich an ihr erfreut. Genau das wollte er mit seiner Verpackung, deren Farbabstimmung Heiterkeit und Lebensfreude signalisierte, ändern. Und zwar so nachhaltig, daß die Leute auch später noch, wenn die Brücke wieder nackt dastand, empfänglich blieben für die Schönheit dieses steinernen Kunstwerks.

Zum erstenmal machte Christo 1962 auf sich aufmerksam, als er in Paris ohne Genehmigung im betriebsamen Studentenviertel Quartier Latin eine schmale Straße mit seinem sogenannten Eisernen Vorhang versperrte: einem 4 m hohen Wall aus Ölfässern, den er als Parodie auf die von der DDR-Regierung errichtete Berliner Mauer verstand und der den Verkehr in der französischen Hauptstadt für mehrere Stunden lahmlegte.

Zwei Jahre später zog Christo in die USA, wo er einige aufsehenerregende „Kunstereignisse“ veranstaltete, beispielsweise 1964, als er in New York Kaufhausfassaden in Normalgröße nachbildete und die Schaufenster verpackte, und 1969, als er in Chicago das Museum für Zeitgenössische Kunst mit 62 Planen aus brauner Per-

Ganz in Rosa *1983 umkleidete Christo elf Inseln vor Miami mit 60 400 m² rosarotem Stoff, nachdem er sie in der Planungsphase erst auf einer Landkarte (ganz rechts) ummalt und dann ein Bild von ihnen (rechts) angefertigt hatte.*

Nylonschlange *Im Jahr 1976 schlängelte sich Christos aus gewebtem Nylonstoff hergestellter Zaun auf seinem nahezu 40 km langen Weg durch Nordkalifornien zum Pazifik. Das 5,5 m hohe Gebilde war an über 2000 Stahlpfeilern befestigt.*

Goldene Brücke *Ganz Paris kam, um im Herbst 1985 den Pont-Neuf zu bestaunen, nachdem Christo ihn in 41 800 m² goldfarbenen Stoff gehüllt und mit einem 13 100 m langen Seil verschnürt hatte.*

senning einhüllte und mit 3,2 km braunem Seil verschnürte.

Eine seiner nächsten Arbeiten war der leuchtend orangefarbene „Talvorhang“, der im amerikanischen Bundesstaat Colorado über eine Spanne von 396 m zwei Berggipfel miteinander verband; und zu Beginn der 80er Jahre schließlich folgte sein ehrgeizigstes Projekt: Er umrahmte elf Inseln in der Biscayne Bay bei Miami in Florida mit insgesamt 60 400 m² rosarotem Stoff. Aus der Luft gesehen, schwammen die Inseln wie riesige tropische Seerosen auf dem blaugrünen Meer.

Kritiker behaupten, Christos Werke seien zu groß und zu kurzlebig, als daß sie wirklich künstlerischen oder auch nur ästhetischen Wert besitzen könnten. Außerdem rügen sie die immensen Kosten seiner Schöpfungen, meist mehrere hunderttausend Dollar. Er antwortet ihnen darauf, daß er ja alles selbst bezahle, mit Geld, das er durch den Verkauf seiner zahlreichen Zeichnungen, Skizzen, Modelle und Lithographien verdiene.

Im Jahr 1985 nun nahm Christo die Verpackung des Pont-Neuf in Angriff, nachdem die Idee dazu zehn Jahre lang in ihm herangereift war. Er ließ die Brücke mit ihren zwölf anmutigen Bogen, die ein beliebter nächtlicher Treffpunkt für Liebespaare und ein Muß für jeden Touristen ist, aus Dutzenden verschiedener Blickwinkel fotografieren. Dann bemalte er die Fotos mit Tinte und Farbe und klebte sie zu Col-

Liebe zur Schönheit *Christo möchte den Menschen die Schönheit ihrer Umgebung bewußter machen, indem er die Dinge in kontrastierende Stoffe und Farben hüllt.*

lagen zusammen, um zu sehen, wie die verschiedenen Farben und Verpackungen wirkten.

Er brütete über mehreren Entwürfen, wobei er immer den geschichtlichen Hintergrund der Brücke im Auge behielt und vor allem die Tatsache, daß täglich viele Boote unter ihr hindurchfahren und viele tausend Autofahrer, Radfahrer und Fußgänger sie täglich überqueren.

Außerdem mußte der Verpackungskünstler für sein Projekt die Erlaubnis von mehreren Behörden einholen. Allein rund sechs Jahre dauerte es, bis Jacques Chirac, der Pariser Bürgermeister, zustimmte. Präsident François Mitterrands Plazet ließ besonders lange auf sich warten; es erfolgte erst im Juli 1985 – zwei Monate vor dem großen Ereignis.

In technischer Hinsicht war die Verpakkung des Pont-Neuf auf jeden Fall ein Meisterwerk. Der untere Rand des Stoffs wurde entweder an Seilen 1 m unter der Wasseroberfläche der Seine von Berufstauchern befestigt oder von anderen Helfern mit schweren Gewichten im Rinnstein verankert. Darüber hinaus band man die Bahnen an Betonblöcken und Spezialrahmen fest, verschnürte das Ganze sorgfältig und sicherte es mit Drahtseilen. Nirgends berührte das kokonartige Gebilde das Mauerwerk der Brücke.

Zwei Wochen lang blieb die steinerne Brücke – zur Freude der meisten Einwohner und Besucher von Paris, die sie nun wirklich mit anderen Augen ansahen – verpackt. Dann wurde der Nylonstoff entfernt, nachdem man zuvor rund 750 000 Stoffproben kostenlos an die Menschen verteilt hatte, die sie als Erinnerung an den Pont-Neuf in seiner kurzen goldenen Pracht aufbewahren wollten.

Grafische Effekte auf dem Bildschirm

Verschwommene abstrakte Formen verwandeln sich in kompakte Buchstaben, kreisende Bilder fallen in sich zusammen oder fliegen davon, Schauspieler agieren in außerirdisch anmutenden Landschaften: dies sind nur einige der optischen Effekte der modernen Fernsehgrafik.

Seit gut einem halben Jahrhundert gibt es Fernsehsendungen, und so lange auch bemüht man sich, die Aufmachung der einzelnen Programme attraktiv zu gestalten – heute mit Unterstützung von Computern, die es den Designern ermöglichen, buchstäblich mit Licht zu malen.

Elektronischer Dunst

1963 erschien erstmals auf britischen Bildschirmen, untermalt von elektronischer Musik, ein unheimlicher, scheinbar aus einer anderen Welt kommender Nebel, dessen symmetrische Formen an das Negativbild eines sich bewegenden Tintenkleckses erinnerten. Langsam verwandelten sie sich in verschwommene Buchstaben und bildeten schließlich die beiden Worte *Doctor Who*. Es war der Start einer neuen Science-fiction-Serie.

Dieser ungewöhnliche Titelvorspann war das Werk des Grafikdesigners Bernard Lodge, der sich dabei eines elektronischen Phänomens, nämlich der Videorückkopplung, bediente. Dabei wird eine Videokamera auf einen Monitor gerichtet; sie überträgt auf ihn ein Bild von dem Bildschirm selbst. Wenn sowohl die Kamera als auch der Monitor unverändert bleiben, geschieht gar nichts. Doch sobald ein beliebiges Signal hinzukommt, beispielsweise die Spiegelung einer Taschenlampe auf dem Monitorbildschirm, löst dies eine elektronische Rückkopplung zwischen Monitor und Kamera und umgekehrt aus. Jede Änderung der Monitoreinstellung, z.B. der Helligkeit oder des Kontrastes, oder der Kamerastellung bringt den Rückkopplungskreislauf in Gang und erzeugt damit verzerrte Formen. Dieses Phänomen ist das optische Gegenstück zur akustischen Rückkopplung, die entsteht, wenn ein Mikrofon entweder auf einen Verstärker gerichtet wird oder ihm zu nahe kommt.

Für den Science-fiction-Vorspann übertrug eine zweite Kamera die Worte *Doctor Who* auf den Monitor, um damit die Rückkopplung auszulösen. Mit einem elektronischen Trickmischer wurde das Bild gespiegelt und mit den Buchstaben kombiniert.

Miss Libertys Kopf wird gesprengt

Der Knüller im Vorspann der 1984 gedrehten amerikanischen Dokumentarserie *Crime Inc* war das explodierende Gesicht der Freiheitsstatue, mit dem der Grafikdesigner Lester Halhead „den völligen Zusammenbruch der amerikanischen Gesellschaft“ symbolisch darstellen wollte.

Für diesen Effekt übertrug man ein Bild vom Kopf der Statue auf eine Platte aus Zuckerglas, das – wie der Name sagt – aus Zucker besteht und somit leicht zerbrechlich und ungefährlich ist. Die Scheibe, auf deren Rückseite man kleine Sprengladungen angebracht hatte, wurde in einem Holzrahmen waagrecht an der Studiodecke aufgehängt. Ein darunter angebrachter Spiegel mit einer Neigung von 45° reflektierte das Bild, und eine Hochgeschwindigkeitskamera filmte das Spiegelbild. Als die Sprengladungen explodierten, zerbrach das Zukkerglas, und die Scherben fielen auf den Spiegel herab. Der mit normaler Geschwindigkeit abgespielte Film vermittelte den Eindruck, als fielen die Scherben

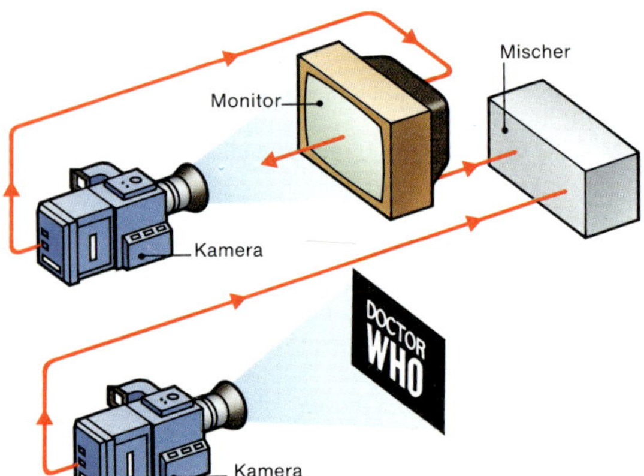

Rückkopplungseffekt *Für die Herstellung des Titelvorspanns von* Doctor Who *(rechts) richtete man eine Kamera auf einen Monitor (oben), auf den sie dessen eigenes Bild übertrug. Eine zweite Kamera löste mit dem Titel als „störendem“ Signal den Rückkopplungskreislauf aus, wodurch die verzerrten Bilder entstanden.*

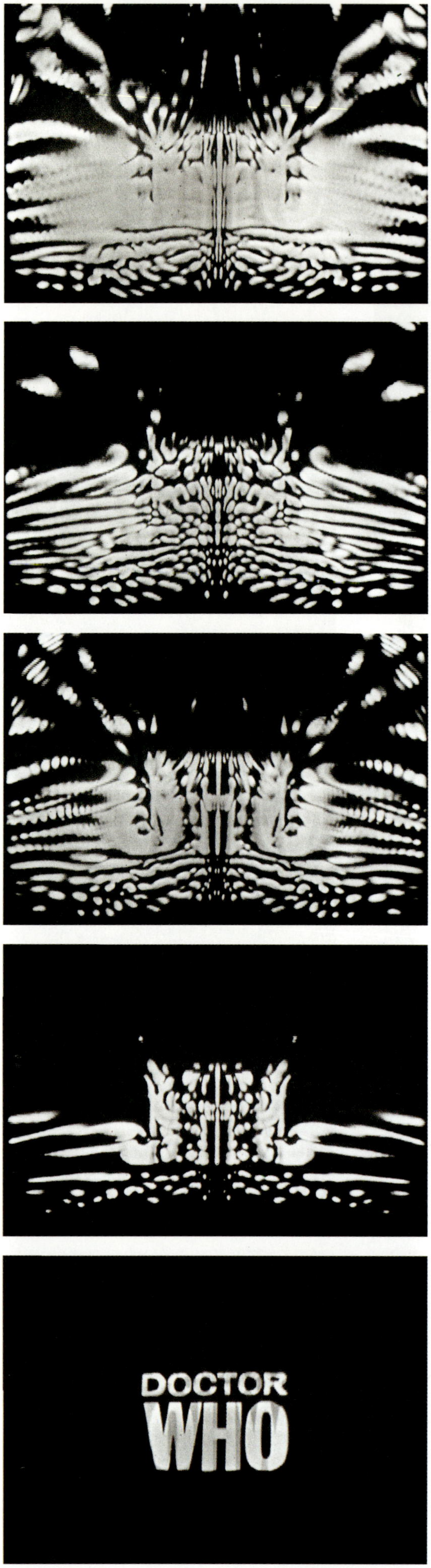

Zerfall *Die Titelsequenz sollte den Niedergang der amerikanischen Gesellschaft während der 20er Jahre symbolisieren.*

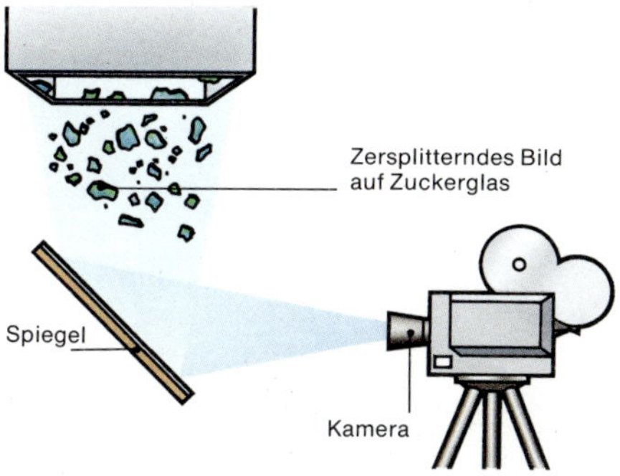

Gespiegelte Explosion *Jede Folge von* Crime Inc *begann mit dem „explodierenden“ Gesicht der Freiheitsstatue, dessen Trümmer sich zu dem Titel zusammensetzten. Man malte den Kopf auf Zuckerglas und hängte es über einen Spiegel. Eine Kamera filmte das Spiegelbild der zersplitternden Zuckerstücke. Die zweite Hälfte der Sequenz ließ man rückwärts ablaufen.*

langsam auf die Kamera zu und dann an ihr vorbei. Für die zweite Hälfte des Vorspanns verfuhr man mit dem Titel der Sendereihe genauso, nur ließ man zum Schluß diese Filmsequenz rückwärts ablaufen. Nachdem man beide Filmteile zusammengeklebt hatte, sah es so aus, als explodierte der Kopf der Miss Liberty und fügte sich dann zu den Worten *Crime Inc* wieder zusammen.

Der Computer als Animateur

Mit Hilfe von Computern lassen sich neue Bilder schaffen, man kann aber auch Filmen oder Fotos, die von einer Videokamera in den Computer eingegeben werden, Bilder hinzufügen oder wegnehmen. Dies geschieht durch Manipulation der winzigen Bildelemente (Pixels), der Pünktchen aus farbigem Licht, die zusammen das Bild auf dem Bildschirm ergeben. So kann man beispielsweise zwei beliebige Farbpünktchen, die alle als Zahlencode im Computer gespeichert sind, mit einer Linie verbinden, man kann andere Punkte zu geometrischen Formen zusammenfügen oder ein einmal geschaffenes Gebilde verkleinern, vergrößern und beliebig oft wiederholen.

Die Manipulation der Bilder erfolgt mit Hilfe einer Tastatur, mit der der Grafikdesigner jedes Bild abrufen und auf den Monitor projizieren kann. Für die eigentliche Arbeit benutzt er den sogenannten Farbkasten (Paintbox), indem er den mit dem Computer verbundenen Grafikgriffel über

Medienmix *Im Vorspann der Popmusiksendung* Wired *kombinierte man gefilmten Himmel und Gebäudemodelle mit grafischen Figuren. Sie stellten Straßenmusiker wie diesen stilisierten Trommler dar und waren computeranimiert.*

Beweglicher Titel *Die Buchstaben der australischen Sendung* ABC Sport *wurden zunächst gezeichnet und dann mit Hilfe eines Computers in massiv wirkende metallische Formen verwandelt – komplett mit Licht und Schatten. Der Buchstabe* O *des Wortes* SPORT *sah zunächst wie ein Stadion aus, dessen Ränge voller Zuschauer sind.*

das Grafiktablett führt. Der Stift hinterläßt darauf keine sichtbaren Markierungen, doch jede Bewegung wird elektronisch auf den Bildschirm übertragen, also sichtbar, so daß man die Abwandlung des Bildes beobachten kann.

Die Vielzahl der verschiedenen möglichen Effekte ist verblüffend. Man kann nicht nur jedes Farbbild kleiner, größer, beliebig oft oder spiegelverkehrt auf dem Bildschirm erscheinen lassen, sondern sogar den Anschein völlig andersartiger, nämlich traditioneller Maltechniken wie Aquarell oder Ölgemälde erwecken. Außerdem kann man das Bild mit Perspektive, Licht und Schatten versehen, es akustisch untermalen und darüber hinaus in Bewegung versetzen.

Der Designer Matt Forrest schuf mit dieser Computeranimation genannten Technik den Vorspann zur Fernsehsendung *Wired*. In dem 40 Sekunden dauernden Streifen sieht man in einer zerklüfteten Wüstenlandschaft, vor einem gewittrigen Himmel, sich bewegende Musiker, die aus geometrischen Formen bestehen.

Gegen Ende der Bildfolge fliegen einige gezeichnete Trommelstöcke hoch in die Luft, wirbeln umher und formieren sich schließlich zu den Buchstaben für den Titel der Sendung. Die Bilder wurden zunächst von Hand gezeichnet, dann in einen Computer eingespeist, koloriert, mit Struktur versehen und zu guter Letzt in Bewegung versetzt, also animiert.

Bei der Einleitung zur australischen Sportsendung *ABC Sport* erscheinen auf dem Bildschirm dreidimensionale Buchstaben im „Metallic-Look", die der Künstler Julian Eddy entwarf und dann in einen Computer eingab. Dieser gab ihnen Form, Oberflächenstruktur, Farbe und schließlich auch Beweglichkeit. In der fertigen Sequenz liegt das *O* des Wortes SPORT, in Nahaufnahme, auf der Seite. Sein Innenrand bildet das Oval eines Sportstadions, in dem dicht gedrängt die Zuschauer sitzen. Dieser Effekt gelang mit Hilfe eines Mirage (Trugbild) genannten Gerätes, mit dem man Tausende farbiger Lichtpunkte erzeugen kann, die auf dem Bildschirm wie eine große Menschenmenge aussehen. Dann fährt die Kamera scheinbar zurück, die Buchstaben stellen sich in aufrechte Position und bilden – wohlgeordnet – den Titel der Sendung: *ABC Sport*. Das Wort *presents* hatte man handschriftlich mit Hilfe des Schriftgenerators hinzugefügt.

1986 gab die italienische Fernsehgesellschaft RAI für die Übertragung der Fußballweltmeisterschaft eine komplizierte Animationsreihe in Auftrag. Nach drei Monaten Arbeit mit einem leistungsfähigen Computer und einem elektronischen

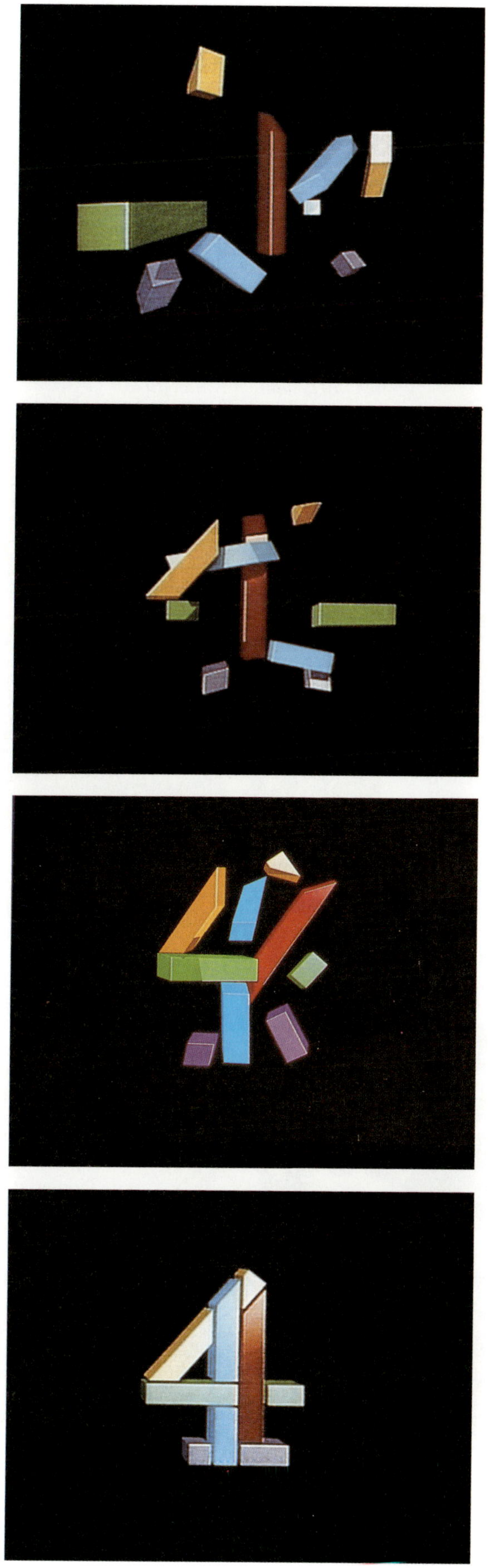

Fliegende Zahl *Die Bestandteile vom Kennzeichen des britischen Fernsehsenders Channel 4 wurden computeranimiert.*

„Farbkasten" war der 90sekündige Videoclip, der jeweils auf die Spielübertragung einstimmen sollte, fertig. Er präsentierte Fußbälle, die wie Planeten durchs All zu fliegen schienen. Einer davon wurde in Nahaufnahme herangeholt, und als er wieder zurücktrat, erschienen auf seiner Oberfläche in Goldschrift die englischen Worte *The World Cup*.

Eine der ersten Fernsehgesellschaften, die die Computeranimation häufiger einsetzte, war der seit 1975 arbeitende brasilianische Sender TV Globo. Der in Rio de Janeiro lebende österreichische Designer Hans-Jürgen Donner überzeugte die Gesellschaft von der Notwendigkeit, sich mit Hilfe amerikanischer Technik ein hauseigenes Markenzeichen zuzulegen. Außerdem strahlt der Sender eine Nachrichtensendung mit einem ganz unverwechselbaren, grafisch gestalteten Vorspann aus, in dem u. a. ein purpurfarbener, metallisch glänzender Globus dargestellt ist, der wie eine Mandarine aus Segmenten besteht und am Ende das erste *o* im dritten Wort des Titels *Jornal da Globo* (Weltjournal) bildet.

Auch das kunstvoll gestaltete Markenzeichen für den britischen Fernsehsender Channel 4, das eine Londoner Firma 1982 entworfen hatte, mußte, da man in Großbritannien nicht über die nötigen Geräte verfügte, teilweise in den Vereinigten Staaten hergestellt werden. Der fertige Clip zeigte eine Reihe bunter, wie Bauklötze aussehender Gebilde, die regelrecht ins Bild geflogen kamen. Sie wirbelten umher, umkreisten einander und fanden sich schließlich zur Ziffer 4 zusammen.

Kombinierte Fernsehbilder

Wohl jeder hat schon einmal den Nachrichtensprecher gesehen, wie er an einem Schreibtisch die neuesten Meldungen vorliest, während diese gleichzeitig durch ein Videobild im Hintergrund illustriert werden. In Wirklichkeit jedoch befindet sich hinter ihm nur eine blaue Wand.

Tatsächlich entsteht das Bild in seinem Rücken durch ein zweites Wiedergabegerät, und ein drittes Gerät, das sogenannte Chromakey oder Ultimatte, das die blaue Farbe der Wand sozusagen „ignoriert", verbindet automatisch die beiden Bilder – Nachrichtensprecher und Hintergrund.

Dank dieses Verfahrens kann man auch Schauspieler, die bei den Dreharbeiten vor einem ähnlichen blauen Hintergrund agieren, im Kino später vor bizarr gemalten Landschaften, Modellkulissen oder fotografierten Szenenbildern bewundern. In der Verfilmung von *L'Enfance du Christ* beispielsweise, einem Oratorium des französischen Komponisten Hector Berlioz, kombinierten die britischen Grafikdesigner Barry O'Riordan und Peter le Page Schauspieler, Tiere und Requisiten mit biblischen Bildern nach Renaissancegemälden.

Stets abrufbereites Fotoarchiv

Seit der Entwicklung digitaler Videogeräte lohnt es sich für Fernsehsender, Tausende von Fotografien auf Computerdisketten zu speichern. Der Produzent einer TV-Sendung kann jedes gewünschte Bild praktisch sofort abrufen. Aus diesem Fundus schöpfen auch die Redakteure der Nachrichtensendungen, die dafür sorgen, daß neben dem Sprecher, der z. B. eine Meldung über ein Ereignis in Rom oder Moskau verliest, ein Foto von der entsprechenden Stadt auf dem Bildschirm erscheint – mit der oben erwähnten Technik.

Magische Bilder

Das Computersystem Mirage, das in Großbritannien entworfen und 1982 hergestellt wurde, kann mit Fotos verblüffende Dinge anstellen: Es kann sie – scheinbar – auf- oder zusammenklappen, drehen oder in eine Vielzahl geometrischer Formen verwandeln – in Pyramiden, Kugeln, Kegel und Zylinder. Man programmiert den Computer mit der Information, wie ein Stück Papier aussieht, wenn es in verschiedene Formen gefaltet wird, und mit diesen mathematischen Hinweisen kann er jedes Bild, das ihm eingespeist wird, über ein anderes lagern, das die Tiefenwirkung der Dreidimensionalität besitzt. Magische Bilder dieser Art benutzt man häufig vor einer Werbeeinblendung oder um von einem Teil einer Sendung zu einem anderen überzuleiten, indem etwa das letzte Bild des vorhergehenden Programmteils, in die Form einer Pyramide gebracht, umherwirbelt und dann in der Ferne verschwindet.

Kulisse vom Heiligen Land *Für die Verfilmung von* L'Enfance du Christ, *einem Oratorium des französischen Komponisten Hector Berlioz, kombinierte man Live-Szenen mit gemaltem Hintergrund.*

Zauber der Geometrie *Das Quantel-Mirage-Gerät kann zweidimensionale Bilder in dreidimensionale Formen verwandeln.*

SCHWARZ-WEISS-ZAUBEREI

Grelle weiße Linien zucken über eine tiefschwarze Kinoleinwand, akustisch untermalt von heiser und bedrohlich wirkenden Jazzklängen. Schließlich fügen die Striche sich zu den stilisierten, gezackten Umrissen eines Unterarms und einer Hand zusammen: So beginnt der Film *Der Mann mit dem goldenen Arm* (1956), ein Drama über Drogenabhängigkeit.

Saul Bass, der Schöpfer dieses Vorspanns, betrat mit dieser Arbeit Neuland, denn bis dahin waren die Filmeinleitungen meist langweilige Namenslisten, die kaum einer beachtete. Viele bestanden lediglich aus Schrift auf schwarzem Seidenhintergrund. Bass' künstlerische Pioniertat lenkte nicht nur die Aufmerksamkeit der Filmemacher auf den Titelvorspann, sondern beeinflußte auch Generationen von Fernseh-Grafikdesignern.

Bass fotografierte für seinen Vorspann einfach mit einer feststehenden Kamera auf einem Stativ eine Reihe gemalter Bilder eins nach dem anderen ab. Spielte man den fertigen Streifen mit der normalen Geschwindigkeit von 24 Bildern pro Sekunde ab, schienen sich die Zeichnungen zu bewegen – genau wie bei einem Zeichentrickfilm.

Bass und der Regisseur des Films, Otto Preminger, setzten die beweglichen Bilder ganz bewußt ein, denn „das Publikum sollte bereits mit dem allerersten Bild eines Films gefangengenommen werden, um in die rechte Stimmung für die nachfolgende Handlung zu kommen".

Schauspielkunst – einfach tierisch

Einen Monat dauerte es, dann hatte der Stier Merrill, der in den USA den bei uns sprichwörtlichen Elefanten mimen sollte, kapiert, wie man sich in einem Porzellanladen benimmt. Täglich wurde das Ungetüm von Hand gefüttert, damit es etwas sanftmütiger wurde, und anschließend immer wieder geduldig durch ein Gewirr von Kisten und Ballen geführt, die die Inneneinrichtung eines Porzellangeschäfts darstellen sollten.

Schließlich war es soweit, und er konnte als Star seines ersten Werbespots vor die Kamera treten. Vorsichtig lief er durch die Gänge eines Ladengeschäfts, in dem sich Wedgwoodporzellan und Bakkaratglas im Wert von rund 80000 DM befanden. Und tatsächlich brachte er das Kunststück fertig, in 16 Stunden Dreharbeit nicht die kleinste Untertasse zu zerschlagen.

Dieses kleine Wunder hatten die beiden amerikanischen Tiertrainerinnen Joan Edwards und Stevie Myers vollbracht, wahre Meisterinnen ihres Fachs, die nicht nur den Stier Merrill auf seinen Auftritt vorbereitet, sondern auf ihrer Farm im San Fernando Valley bereits allen möglichen Tierarten – einschließlich Gänsen, Hühnern, Schafen, Hunden, Kaninchen und Pferden – Schauspielunterricht erteilt hatten. Das Geheimnis ihres Erfolgs: Geduld und Güte. Die Rechnungen, die die beiden Damen den Werbeagenturen präsentieren, sind relativ hoch, doch dafür bemühen sie sich auch intensiv um jeden ihrer vierbeinigen Eleven. „Jeder Stier und jedes Pferd und jeder Hund wird bei uns wie ein Familienmitglied behandelt“, sagt Joan Edwards.

Ähnliche Tierschulen gibt es überall auf der Welt – allein in England sind es über 20 –, und einige der Hunde, Katzen, Bären und Vögel, die sich in Werbespots produzieren, sind inzwischen ebenso bekannt wie das Produkt, für das sie werben.

Öffentliche Auftritte

Der Bobtail Duke, der im britischen Fernsehen für Farben und Lacke wirbt, ist als Attraktion bei der Eröffnung von Supermärkten, Bastel- und Farbengeschäften außerordentlich begehrt. Doch normalerweise erscheint zu solchen öffentlichen Auftritten nur ein Doppelgänger, der Star selbst arbeitet hauptsächlich im Fernsehstudio.

1986 wollte man diesen Werbespot um einen neuen Dressurakt bereichern: Der Hund sollte sich auf den Rücken walzen. Acht Hirtenhunde spielten für diese Rolle

Freunde am Kamin *Die Bulldogge Matthew, der Kater Sylvester und eine Maus namens Mickey machten 1989 gemeinsam Reklame für Kohle als Heizmaterial. Nachdem sich die Tiere einmal an die Studioatmosphäre gewöhnt hatten, fanden sie sich schnell in ihre Schauspielerrollen hinein. Nur Sylvester zeigte eine gewisse Bühnenangst und mußte mit einigen Krabben zum Kamin gelockt werden. Dort kuschelten sich alle drei vor den glühenden Kohlen aneinander und tauschten sogar „Küsse“ aus.*

vor, und der Sieger übte dann drei Wochen lang täglich acht Stunden mit einem Trainer, bis er seinen Part beherrschte. Der englische Hundezüchter Philip Rowley führt solche Lernerfolge auf Beharrlichkeit und Süßigkeiten zurück. „Für ein paar Pfefferminzbonbons ist Duke zu allem bereit", sagt er.

Der süße Labradorwelpe, der im britischen Fernsehen in einem Werbespot ausgelassen mit einer schier endlosen Rolle Toilettenpapier spielt, wird nicht von nur einem Hund, sondern von 20 verkörpert. Man filmt die etwa sechs Wochen alten, fast gleich aussehenden Jungtiere einzeln und klebt später die verschiedenen Filmabschnitte zusammen. Überhaupt wird in dieser Branche viel mit Tricks und Täuschungen gearbeitet, die aber immer äußerst realistisch wirken.

Einer der erfolgreichsten und faszinierendsten Werbefilme, in dem ein Schwarm Geier ein Auto „verspeisen" sollte, entstand 1985 in Frankreich. Um die Tiere entsprechend abzurichten, legte der Vogeldompteur Pierre Cadeac zu Anfang große Fleischbrocken auf das Dach eines Autos, die die Vögel dann wegfraßen. Ganz allmählich nahm er immer kleinere Stücke und versteckte sie auch um das Auto herum. Die Geier suchten jedesmal hartnäckig und vertilgten die Beute. Schließlich ersetzte Cadeac das Gummi in den Scheibenwischerblättern und um die Windschutzscheibe durch Fleischstreifen. Nach drei Monaten Training konnte man dann die Geier filmen, wie sie sich auf den Wagen stürzten und sich daran gütlich taten.

Der Tiger, der in einem internationalen Werbespot für eine Mineralölfirma durch den Schnee zu laufen scheint, tigert in Wirklichkeit durch Gips. Auch er ist nicht der alleinige Hauptdarsteller, sondern nur einer unter dreien. Wenn sich während der Dreharbeiten ein Tier zu langweilen begann und dadurch unberechenbar wurde, trat ein anderes an seine Stelle. Auch drei Tierbändiger waren beim Filmen mit von der Partie: Der erste machte einen der drei Tiger von der Leine los, der zweite lockte ihn mit einem Stück Fleisch in die gewünschte Richtung, und der dritte stand zum Schutz des Kamerateams bereit.

Die bekannteste Katze in Großbritannien war wohl der schöne weiße Fernsehkater Arthur, der für Katzennahrung Werbung machte. Vor allem seine telegene Angewohnheit, das Futter mit der Pfote aus der Dose zu fressen, eine Fähigkeit, die ihm angeboren war, machte ihn zum Star. Das einzige, was an diesem Spot nicht stimmte, waren sein Geschlecht und sein Name, denn eigentlich war er eine Katzendame namens Samantha.

Alle Filmtiere erhalten ein großzügiges Tagesgehalt sowie Spesen und werden fast wie menschliche Stars behandelt. Man chauffiert sie in Luxuslimousinen zum Drehort und wieder nach Hause, sie erhalten ihr Lieblingsfutter, und während der Arbeit ist ständig ein Tierarzt in ihrer Nähe.

Wie wird man Kandidat in einem Fernsehquiz?

Weltweit bewerben sich jede Woche einige tausend Menschen, um in Fernsehshows wie dem amerikanischen *Wheel of Fortune* oder einem Fernsehquiz wie dem *Großen Preis* mitzuwirken. Es werden jedoch immer nur erstaunlich wenige genommen, denn „wenn es um die Auswahl von Kandidaten geht, sind die Verantwortlichen von Quizsendungen im Fernsehen ausgesprochen wählerisch", schreibt die Amerikanerin Maxene Fabe in ihrem Buch *TV Game Shows*. „Man sucht nach Leuten, die beim Fernsehpublikum gut ankommen, Leuten, die mit Schwung und Ausdruckskraft mitspielen ... Man nimmt keine Kandidaten, nur weil sie nett sind oder es verdient hätten, denn sie sollen ja die Einschaltquoten in die Höhe treiben."

Jeder, der 18 Jahre oder älter ist, kann sich als Mitspieler bewerben. Normalerweise schreibt man an den betreffenden Sender oder ruft dort an und bittet um ein Bewerbungsformular. Das enthält meist Fragen über den Beruf des Bewerbers, seinen Familienstand, seine Interessen und Hobbys, Spitznamen, Haustiere, Lieblingspersönlichkeiten, -orte und -dinge. Manchmal muß man auch ein neueres Foto von sich einsenden.

Mitarbeiter der verschiedenen Fernsehgesellschaften sehen die eingegangenen Bewerbungen durch und stellen eine Auswahlliste zusammen. Dann folgen die Interviews, bei denen Leute mit einem fröhlichen Lächeln, mit Temperament und Ausstrahlung, die über andere, aber auch über sich selbst lachen können, die besten Chancen haben.

Für einige Shows und Quizsendungen wie beispielsweise die beliebte australische Folge *Press your Luck* müssen sich die Bewerber langen Tests in Allgemeinbildung unterziehen. Diejenigen, die sie bestanden haben, sollen als nächste Aufgabe – eventuell vor laufender Kamera – eine lustige oder peinliche Geschichte über sich selbst zum besten geben. Alle, die dann noch im Rennen sind, treten in einem Übungsspiel gegeneinander an, und aus diesen Mitspielern werden schließlich die geeignetsten Kandidaten ermittelt.

Bei manchen Sendungen, so etwa der englischen Show *Mastermind* oder dem deutschen Quizspiel *Der Große Preis*, dürfen sich die Kandidaten eigene Spezialgebiete aussuchen, die von der Geschichte des minoischen Kreta bis zu den Agentenromanen von John le Carré reichen können. So unterschiedliche Menschen wie ein Lkw-Fahrer, ein Benediktinermönch und ein Botschafter im Ruhestand haben dabei schon das Publikum mit ihrem Fachwissen verblüfft.

Ein englischer Arzt, der mit seiner Bewerbung für *Mastermind* auf der Strecke geblieben war, hatte keine allzu guten Erinnerungen an das Auswahlverfahren: „Zunächst nannte ich meine Spezialgebiete, wurde aber danach noch nicht gefragt. Erst kamen einige Fragen zur Allgemeinbildung. Man war sehr nett und versicherte mir, daß die Fragen jetzt schwieriger seien als in der Show. Ich war dankbar für diesen kleinen Trost, denn ich mußte so gut wie immer passen. Eine Frage beispielsweise lautete: Was ist ein Aulos? (Antwort: ein antikes griechisches Musikinstrument.) Zwar konnte ich ein paarmal richtig antworten, aber ich war nicht im geringsten überrascht, als ich zwei Wochen später eine höflich formulierte Absage erhielt."

In manchen Ländern interessieren sich nicht nur harmlose Zuschauer für die Kandidaten und ihre Gewinne, sondern auch das Finanzamt. Dies war der Fall bei der Hausfrau und ehemaligen Lehrerin Ginny Swinson aus dem amerikanischen Staat North Carolina, als sie 1985 in *Wheel of Fortune* in Los Angeles auftrat und Waren im Wert von 27000 $ gewann. Ihr Ehemann und einige Verwandte, die unter den Zuschauern waren, stürmten auf die Bühne, um ihr zu gratulieren.

„Wir sprangen vor Freude in die Luft", schrieb Ginny später. „Doch als wir die Bühne verließen, führte man uns sogleich vorn an einen Tisch, wo mir eine Dame lächelnd eine Steuerrechnung des Staates Kalifornien über 1300 $ präsentierte. Sie sagte, ich würde meine Preise drei Monate nach Begleichung dieser Rechnung erhalten." Einschließlich der Bundessteuer mußte Ginny über 6000 $ berappen.

Manchmal allerdings kann durch eine Fernsehshow noch etwas wesentlich Unangenehmeres passieren, so beispielsweise in der Sendung *The New Newlywed Game* in den USA. Bei diesem Spiel müssen frischvermählte Paare Fragen über ihre jeweiligen Angetrauten beantworten, und eine Zuschauerin am Bildschirm entdeckte bei dieser Gelegenheit ihren vermißten Ehemann – als Kandidaten mit seiner neuen „Ehefrau".

Beim Roulett gewinnt immer die Bank

1891 gelang dem englischen Roulettspieler Charles de Ville Wells der große Coup: Er brachte es fertig, in drei Tagen die Bank im Spielkasino von Monaco gleich sechsmal zu sprengen. Nach jedem verlorenen Spiel hatte er seinen Einsatz verdoppelt, und als er dann schließlich gewann, hatte er seine ursprünglichen 10000 FF auf 1 Mio. vermehrt. Sein sprichwörtliches Glück trug zur Entstehung einer weitverbreiteten Ansicht bei, nämlich daß es möglich ist, ein System zu entwickeln, mit dem man die Launen der Roulettkugel vorhersagen kann.

Auf viele Menschen übt das Roulett, das eine Aura von Noblesse und Dramatik umweht, einen verführerischen Zauber aus. Darüber hinaus ist es einfach zu spielen und verleitet regelrecht dazu, eine Methode auszutüfteln, die den Zufall überlisten soll. Die meisten Systemspieler gehen von folgender, stark vereinfachter Überlegung aus: Wenn man eine Münze 100mal wirft, ist es wahrscheinlich, daß sie 50mal mit dem Kopf nach oben fällt. Ergeben die ersten 20 Würfe „Zahl" – so die Theorie –, dann steigt die Chance, daß beim nächstenmal nach dem vermeintlichen Gesetz der ausgleichenden Gerechtigkeit „Kopf" gewinnt.

Jeden Roulettisch umlagern Spieler und Zuschauer, die von dieser Theorie überzeugt sind und sich bemühen, einen Trend zu erkennen – daß also z. B. die schwarzen Zahlen mehrmals hintereinander fallen –, um dann dagegenzusetzen. Tatsächlich aber gibt es kein solches Gesetz. Die Chancen bleiben immer die gleichen, egal, welche Zahl vorher gewonnen hat. Es ist einfach nicht möglich, auf legale Weise das Spielkasino zu schlagen, und das hat mehrere Gründe.

Einer davon liegt in der Aufteilung der Roulettscheibe. Alle Einsätze werden auf eine oder mehrere der 36 Zahlen gesetzt oder auf verschiedene Zahlenkombinationen wie gerade oder ungerade, schwarz oder rot, hoch oder niedrig; und die Gewinne werden so ausgerechnet, als betrüge die Chance, daß die Kugel auf einer bestimmten Zahl landet, immer 35:1. Tatsächlich gibt es jedoch noch ein bzw. zwei zusätzliche Felder, nämlich 0 auf den europäischen sowie 0 und 00 auf den amerikanischen Roulettscheiben. Das bedeutet für die Bank immerhin einen Vorteil von rund 2–8 %, je nach Art der Scheibe und Höhe des Einsatzes.

Ein weiterer Vorteil ergibt sich aus der verschiedenen Verteilung der Geldmittel. Wenn zwei ansonsten gleiche Spieler gegeneinander setzen, siegt letzten Endes immer der, der mehr Geld hat, einfach weil er länger durchhalten kann. Und das ist im Normalfall das Spielkasino, das über immense Ressourcen verfügt, während die meisten Spieler irgendwann aufgeben und als Verlierer nach Hause gehen. Außerdem sind die Croupiers angehalten, geringfügig weniger auszuzahlen, als die Gewinnquoten angeben – indem sie beispielsweise die Beträge zugunsten des Hauses abrunden. Häufig auch macht der Spieler selbst Fehler, ganz gleich, wie gut er die Sache im Griff zu haben glaubt. Da er auf zwölf verschiedene Weisen setzen kann, nämlich Schwarz-Rot-Kombinationen, gerade oder ungerade Zahlen, einzelne Zahlen oder eine beliebige Anzahl von Zahlen bis maximal zwölf, die alle ihre eigenen Quoten haben, kann es leicht geschehen, daß er den Überblick verliert.

Rein theoretisch müßte es möglich sein, ein Computerprogramm zu entwickeln, das die Bewegung der Kugel, ihren Drall und ihre Geschwindigkeit berücksichtigt und auf der Basis komplizierter mathematischer Formeln vorausberechnen kann, auf welcher Zahl sie schließlich landen wird; aber noch ist man nicht soweit.

Amerikanische Spieler haben schon ihre Chancen zu steigern versucht, indem sie das Roulettspiel mit Hilfe von Computern, die sie versteckt am Körper trugen, nach statistischen Gesichtspunkten analysierten. Doch das Personal in den Kasinos wird sehr schnell mißtrauisch, wenn jemand ein Funksprechgerät benutzt oder in den Verdacht gerät, einen Computer dabeizuhaben; und obwohl solche Methoden nicht verboten sind, findet sich der Betreffende schnell draußen vor der Tür wieder.

Damit er und andere unerwünschte Gäste nicht bei der nächsten Gelegenheit erneut ihr Glück versuchen können, bewachen den Eingang einiger europäischer Kasinos sogenannte Physiognomen, Leute, die über ein fotografisches Gedächtnis für Gesichter und Namen verfügen.

Kreuzworträtsel – selbst gemacht

Um ein Kreuzworträtsel zusammenzustellen, entwirft man zunächst ein Gitternetz, wie es in vielen Zeitschriften in der Rätselecke zu finden ist. Dann versucht man, die einzelnen senkrechten und waagrechten Reihen von Kästchen Buchstabe für Buchstabe mit sinnvollen Wörtern auszufüllen, wobei man tunlich mit den längsten beginnt. Man sollte darauf achten, daß sich Vokale oder häufig vorkommende Konsonanten in den Feldern befinden, in denen sich Wörter kreuzen, denn ein Y oder ein Z auf einem solchen Feld könnte das Rätselraten zu sehr erleichtern. Natürlich hält man sich bei seinem Kreuzworträtselentwurf an bekannte Wörter, auch Eigennamen, und an die anerkannten Schreibweisen, vermeidet aber allzu abgedroschene, immer wiederkehrende Ausdrücke wie „Lebensbund mit drei Buchstaben".

Wenn das Gitter ganz ausgefüllt ist, muß man die Definitionen niederschreiben, und zwar entweder klar und direkt, d. h. wie Lexikondefinitionen, oder verschlüsselt. Für den zweiten Fall bieten sich viele Methoden an, um die Rätselnuß raffiniert zu verpacken, beispielsweise Anagramme, Zitate, Wortspiele, absichtliche Verwechslungen von Wörtern mit zwei oder mehreren Bedeutungen, ja sogar abstruse Fragen aus der Wissenschaft; selbst die Lage des Wortes im Rätsel – also ob waagrecht oder senkrecht – kann man dazu benutzen, den Rätselfreund zu verwirren. Hier einige Beispiele:

Anagramm Das Lösungswort ergibt sich, wenn man die Buchstaben eines anderen zu erratenden Wortes verwürfelt: „Wüstenpflanze, die aus einem kräftig geschüttelten Beleuchtungskörper entsteht (5)" – die aus den Buchstaben der Lampe hervorgegangene PALME.

Wortteil Das gesuchte Wort ist buchstäblich in einem anderen Wort enthalten: „Teil Surinams, in dem sich Eidgenossen zu Hause fühlen (3)" – URI. Der Schweizer Kanton steckt in Surinam.

Doppelbedeutung Beide Bedeutungen des gesuchten Wortes werden angeführt: „Wo ein Pärchen gerne sitzt, vermehrt sich das Geld (4)" – nämlich auf der BANK. Ein anderes Beispiel: „Die damenhafteste unter Griechenlands alten Landschaften (5)" – DORIS.

Wortspiel Ein Wortspiel kann augenfällig oder auch hintersinnig sein wie dieses: „‚H?' ruft der Grieche voller Angst, wenn er plötzlich ein paar Basken vor sich sieht (3)" – ETA. Das Zeichen H steht für den griechischen Buchstaben Eta, dessen Name genauso klingt wie die Abkürzung der baskischen Untergrundorganisation.

Zusammengesetztes Wort Die einzelnen Teile und das ganze Wort werden erfragt: „Provinzhauptstadt im italienischen Umbrien = fränkischer Flur im verkürzten Tessin (5)" – TERNI, denn im Fränkischen heißt der Flur Ern, und TI ist die Abkürzung für den Schweizer Kanton Tessin.

Senkrecht oder waagrecht? Bei diesem Kreuzworträtsel ist die Schreibrichtung nicht vorher angegeben, der Rätselfreund muß sie herausfinden. Hier ein typisches Beispiel für ein senkrecht zu schreibendes Wort: „Hier müssen Sie einfach runterschreiben (5)" – HERAB.

Schach dem Computer!

Im November 1988 geriet die Schachwelt ins Wanken, als in einem Hotel in Long Beach in Kalifornien zum erstenmal ein Computerprogramm einen internationalen Großmeister in einem Turnier schlug.

Deep Thought (geistiger Tiefgang) – so der Name des siegreichen Programms – verdankte seine Existenz fünf Jungakademikern aus Pittsburgh, und der geschlagene Großmeister war Bent Larsen aus Dänemark, einer der besten Schachspieler der Welt und ehemals Weltmeisterschaftsanwärter.

Nach seinem Triumph über Larsen errang *Deep Thought* bei dem Turnier zusammen mit dem ehemaligen britischen Großmeister Tony Miles den ersten Platz. Da laut Turnierregeln ein Computer keine Gewinngelder kassieren darf, ging der gesamte Preis in Höhe von 10000 $ an Tony Miles. Doch *Deep Thought* wurde mit dem Fredkin-Preis, ebenfalls 10000 $, entschädigt, weil es das erste Computerprogramm war, das jemals den Rang eines Großmeisters erreichte.

„Die Schreckensvision eines Computers, der Schachweltmeister wird, rückt bis zum Ende dieses Jahrhunderts immer mehr in den Bereich des Möglichen", meint Vince McCambridge vom amerikanischen Schachverband, der schon einmal unentschieden gegen *Deep Thought* gespielt hat und sogar zeitweise im Vorteil gewesen ist. „Doch wenn ich vorn lag, ließ meine Anspannung nach, der Computer dagegen wird niemals müde und gibt nie auf."

Menschliche Schachspieler richten sich meistens nach ihrem Instinkt, und selbst die besten unter ihnen können nur einige Züge im voraus durchdenken. Wenn sie eine Strategie ausarbeiten, verlassen sie sich in erster Linie auf ihre Erfahrung, die ihnen sagt, wie sich Spiele im allgemeinen entwickeln. Computer verfügen zwar über keinen Instinkt, doch sie können alle möglichen Züge von einer bestimmten Position aus durchrechnen, dann all die möglichen Gegenzüge ihres Mitspielers und danach wieder ihre eigenen Reaktionen auf die Gegenzüge, und dies alles 15–20 Züge im voraus in verschiedenen Variationen. *Deep Thought* beispielsweise, dessen immenses Gedächtnis die Einzelheiten von 900 Partien diverser Großmeister gespeichert hatte, prüfte bei seinem siegreichen Spiel gegen Bent Larsen gut 700000 Positionen pro Sekunde.

Trotz dieser beeindruckenden Fähigkeit konnte das Programm im Jahr 1988 dem Weltmeister Garri Kasparow, der nach einer Studie als der größte Schachspieler aller Zeiten gilt, noch lange nicht das Wasser reichen. Einer der Väter von *Deep Thought* meint, das Programm müsse noch 100–1000mal schneller werden, um Kasparow schlagen zu können – vielleicht sei es in einigen Jahren soweit.

In Schachkreisen wird Kasparow aufgrund seiner Turniererfolge mit 2775 Punkten eingestuft. Zum Vergleich: Ein Anfänger liegt bei etwa 1200 Punkten und ein guter Spieler bei 2000. Nach dem Long-Beach-Turnier hatte *Deep Thought* die beeindruckende Punktzahl von 2550 erreicht.

Die fünf jungen Leute, die das geniale Schachprogramm entwickelt haben, sind beim Spielen ihrer eigenen Schöpfung hoffnungslos unterlegen, denn sie sind auf dem Gebiet keine Koryphäen. Nur einer von ihnen, Murray Campbell, darf sich „Experte" nennen, was jedoch im Fachjargon keinen besonders hohen Rang bezeichnet. Dennoch sehen sie der näheren Zukunft zuversichtlich entgegen, denn nach dem Gewinn des Fredkin-Preises arbeiten sie nun darauf hin, einen der 100000-$-Preise für die Entwicklung des ersten Computers einzuheimsen, der den Schachweltmeister schlagen kann.

Pusteblume als Briefbeschwerer

Wie kann die zarte Pusteblume, deren ungezählte federleichte Fallschirmchen schon bei einem leisen Hauch davonfliegen, in einen stabilen Briefbeschwerer oder Ziergegenstand verwandelt werden? Des Rätsels Lösung lautet: Polyesterharz macht's möglich.

Das höchste Gebot dabei ist äußerste Behutsamkeit. Zunächst gießt man eine dünne Schicht des Harzes in eine Form und läßt sie sich drei bis vier Stunden setzen. Das Harz darf jedoch nicht hart werden. Dann legt man vorsichtig die Blume kopfüber darauf und fügt – Lage für Lage, damit keine Blasen entstehen – weiteres Polyester hinzu, bis die Form vollständig gefüllt ist. Wenn sich das Harz ganz gesetzt hat und hart geworden ist, entfernt man die Form und montiert den Abguß auf eine feste Unterlage.

Konservierte Pusteblume *Der vollständig erhaltene Samenträger eines Löwenzahns (oben) ruht für immer in erstarrtem Polyesterharz, das man vorsichtig in dünnen Lagen in eine Form gegeben hat (unten). Am Schluß entfernt man die Form und montiert den Guß auf eine Bodenplatte.*

Wie kommt das Schiff in die Flasche?

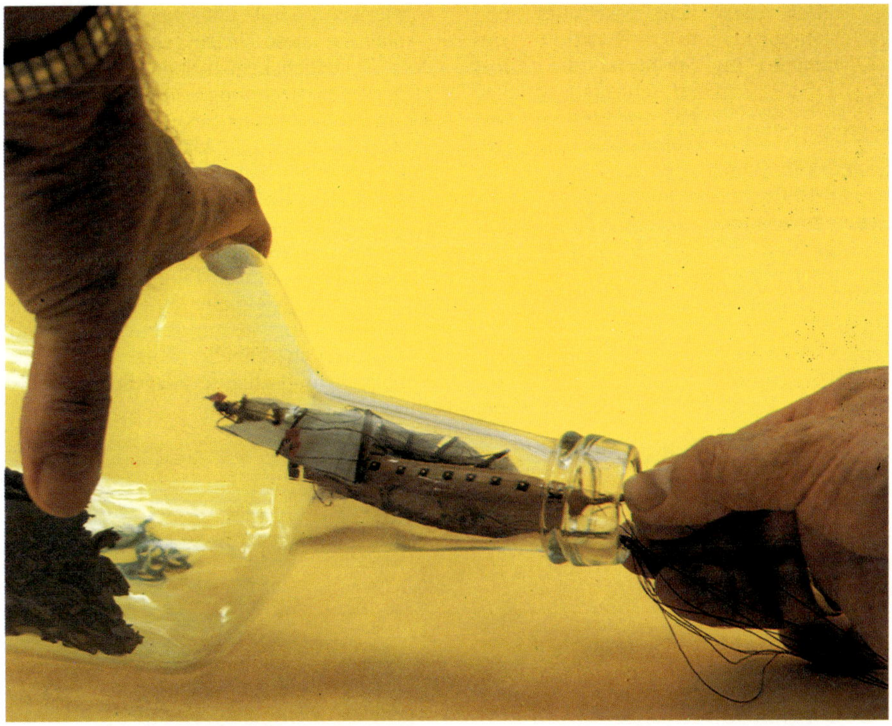

Windjammer in der Flasche *Die Masten des Miniatursegelschiffs sind an Scharnieren befestigt und lassen sich flach umlegen. So paßt das Modell gerade durch den Flaschenhals (links). Man zieht dann mit Fäden die Masten hoch und rollt die Segel aus, damit der Segler, in diesem Fall eine Nachbildung des deutschen Segelschulschiffs* Gorch Fock *(unten), auf dem „Meer" aus Plastilin seine volle Pracht entfalten kann. Zu guter Letzt verschließt man die Flasche zum Schutz vor Staub mit einem Korken.*

Immer wieder verblüfft der Anblick eines voll aufgetakelten Windjammers in einer Flasche den Betrachter. Doch die Antwort auf die Frage, wie man ein Modellschiff in eine solche Flasche hineinbekommt, ist einfach: Die Masten sind durch kleine Scharniere mit dem Schiffsrumpf verbunden und legen sich auf dem kurzen Weg durch den engen Flaschenhals flach auf das Schiffsdeck auf. Sobald das Schiff dann drinnen ist, zieht man die Masten mit Hilfe vorher angebrachter Fäden hoch, die zum Schluß am Flaschenhals abgeschnitten und in dem „Meer" aus Plastilin „versenkt" werden.

Im einzelnen geht die heikle Prozedur folgendermaßen vor sich: Man baut das aus Hartholz geschnitzte Schiff bis auf die kleinen, an Deck befindlichen Ausrüstungsgegenstände wie Steuerrad und Rettungsboote zusammen, rollt die nur provisorisch befestigten Segel – entweder aus Stoff oder Papier – ein und klappt die Masten um. Dann führt man das Schiff mit dem Heck zuerst vorsichtig durch den Flaschenhals und plaziert es auf dem schon vorher aus blauem Plastilin geformten bewegten Meer.

Als nächstes stellt man die Masten wieder senkrecht, indem man an den aus dem Flaschenhals heraushängenden Fäden zieht, und befestigt mit Hilfe eines kleinen Tropfens Klebstoff am Ende eines langen Drahtes die erwähnten Einzelteile am Deck.

Anschließend rollt man die Segel behutsam auf und klebt sie auf die gleiche Weise an den Masten fest. Zum Schluß schneidet man mit einem Modelliermesser, das einen schmalen Griff hat, überschüssigen Faden ab und drückt die noch sichtbaren Fadenenden in das Plastilin des „Meeres".

Olympische Zeitmessung – auf den Bruchteil einer Sekunde genau

Bei den Olympischen Spielen in Seoul im Jahr 1988 schlug der britische Sportler Adrian Moorhouse auf der 100-m-Distanz im Brustschwimmen den Ungarn Károly Guttler um eine hundertstel Sekunde, oder, anders gesagt, er gewann mit einem Vorsprung von 16 mm. Für das menschliche Auge sind solche minimalen Unterschiede kaum mehr wahrnehmbar, doch die modernen Zeitmeßgeräte hätten sogar noch ein Zehntel davon stoppen können.

Jahrhundertelang kümmerte man sich nicht sehr um die Zeiten, die bei Kurzstreckenrennen gelaufen wurden. Allein der Sieger zählte, und den konnte das menschliche Auge meistens bestimmen. Das änderte sich jedoch Mitte des vorigen Jahrhunderts, als die Stoppuhr erfunden wurde. Nun mußten die Athleten auch gegen die Zeit anrennen.

Doch die Genauigkeit der Meßergebnisse hing von einigen Faktoren ab: der Reaktion der Zeitnehmer an Start und Ziel, dem Abstand des Athleten von der Startpistole (diejenigen, die etwas weiter entfernt waren, hörten den Schuß geringfügig später) und dem Hang der Sportler zu Frühstarts. Erst in den 80er Jahren wurde es möglich, durch völlig objektive Meßmethoden menschliche Fehler auszuschließen.

Moderne Zeitmeßgeräte arbeiten alle mit Hilfe von Computern. Die Startpistole besitzt einen Sensor, der sofort nach dem Schuß die Zeitmessung in Gang setzt und außerdem ein Signal an Lautsprecheranlagen unmittelbar hinter den Athleten schickt. Dadurch ist das Problem der unterschiedlichen Entfernungen, die der Schall früher zu den einzelnen Sportlern zurücklegen mußte, gelöst.

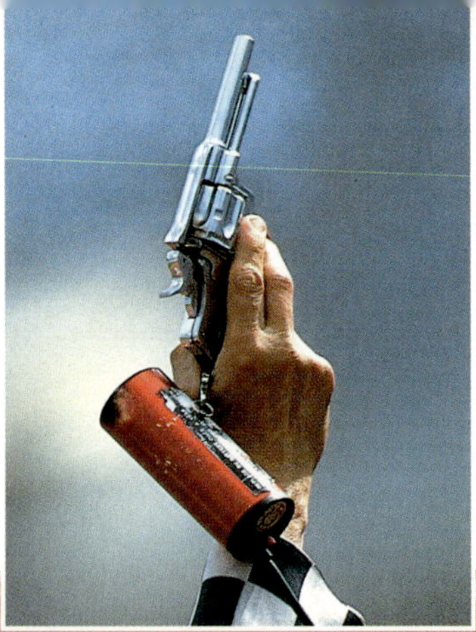

Moderne Zeitnahme *Die Startpistole (links) und die Startblöcke (links unten) sind mit einem Computer verbunden. Unten das Zielfoto des 100-m-Sprints bei der Olympiade in Seoul 1988.*

Sensoren an den Startblöcken übermitteln dem Computer die Verzögerung zwischen dem Startschuß und der Reaktion des Sprinters, die selbst im schnellstmöglichen Fall mindestens eine Zehntelsekunde beträgt. Verzeichnet der Computer eine schnellere Reaktion oder gar eine, die dem Schuß zuvorkommt, so registriert er einen Fehlstart und teilt dies dem Starter durch ein Tonsignal mit.

Während die Schwimmer am Ziel unmittelbar unter der Wasseroberfläche ein Kissen berühren müssen, das das Signal direkt an den Computer weiterleitet, passieren die Läufer am Ende des Sprints eine an der Ziellinie angebrachte Kamera. Diese ist mit einem computergesteuerten supergenauen Zeitmeßgerät verbunden und hält exakt den Bruchteil der Sekunde im Bild fest, wenn der Athlet die Ziellinie überquert.

Das auf diese Weise geschossene Zielfoto ist jedoch kein herkömmliches Foto, d.h. die Aufzeichnung einer großen Strecke im Bruchteil einer Sekunde, sondern die Aufnahme einer sehr kleinen Fläche – der Ziellinie – über eine längere Zeit, nämlich die Zeit, die alle Wettläufer bis zum Überqueren der Linie brauchen. Das Bild wird auf einem Streifen aufgenommen, der nicht wie ein normaler Film in Einzelbilder unterteilt ist. Vielmehr läuft er an einem Schlitz von nur 1/100 mm Breite vorbei und fotografiert in schneller Folge die einzelnen Bewegungsabläufe aller Sprinter, die ihn passieren.

Elektronische Linienrichter beim Tennis

Bei den Aufschlägen eines Tennisprofis erreichen die Bälle eine Geschwindigkeit von über 200 km/h. Sie sind damit zu schnell für das menschliche Auge, das sie während des Flugs nur noch undeutlich als verschwommene Flecken wahrnehmen kann. Zwar verdichtet sich ein solcher Fleck, wenn der Ball auf den Boden trifft und dadurch abgebremst wird, aber dennoch ist es für den Schiedsrichter und seine Linienrichter bei einem Match kaum möglich, genau zu erkennen, ob ein umstrittener Ball nun aus ist oder nicht.

Hilfe kommt, wie so oft, von der Technik, diesmal in Form eines kleinen elektronischen Geräts mit Namen Cyclops, das die Malteserin Margaret Parnis-England und der britische Ingenieur Bill Carlton im Jahr 1978 erfanden und das mittlerweile auf Tennisplätzen in der ganzen Welt, also auch in Wimbledon und in Flushing Meadow, eingesetzt wird.

Cyclops, in Deutschland auch als „magisches Auge" bekannt, sendet einige unsichtbare Infrarotstrahlen aus, die den Tennisplatz dicht am Boden überspannen und, wenn ein Ball durch sie hindurchgeht, ein Signal auslösen. Der Hauptstrahl, der die Aufschlaglinie kontrolliert, verläuft normalerweise in etwa 1,5 cm Höhe rund 6–9 cm vor der äußeren Linienbegrenzung, so daß ein schneller Ball ihn passieren muß, ehe er in dem Bereich den Boden berührt. Hat er die Aufschlaglinie oder deren äußeren Rand getroffen, leuchtet ein gelbes Licht auf, das dem Schiedsrichter anzeigt, daß der Ball gut ist. Andere Strahlen, parallel zur Linie, überwachen die angrenzende Fläche außerhalb des Aufschlagfelds. Fällt ein Ball dort auf den Boden, melden ein Rotlicht und ein Piepton, daß der Ball im Aus ist.

Es gibt noch ein weiteres Hilfsmittel, das die Frage „Aus oder nicht aus?" objektiv beantworten kann, nämlich die Accu-Call genannte Erfindung des Amerikaners John Van Auken.

Beim Einsatz des Accu-Call-Systems könnte man im Grund sogar auf Linienrichter ganz verzichten. An ihre Stelle tritt ein Geflecht elektronischer Schaltkreise, eingelassen in den Tennisplatz und in das Netz, das die Position des Balls „liest", wo immer er auf das Netz oder auf den Platz trifft. Die „Ablesedaten" werden durch Drähte ausgelöst, die in die Oberfläche des Balls eingewoben sind und Stromkreise schließen, sobald der Ball vier oder fünf Drähte des Schaltkreisgeflechts im Boden oder im Netz berührt. Der Schiedsrichter kann dann auf einer Kontrolltafel, die vor seinem Stuhl angebracht ist, anhand unterschiedlicher Tonsignale oder farbiger Lämpchen erkennen, ob ein umstrittener Ball innerhalb oder außerhalb des Spielfelds aufgeprallt ist.

Bälle mit Drall und Schnitt

Was ein echter Ballspieler ist, der kennt sich aus mit dem Drall. Er schneidet gezielt seine Bälle, damit sie nicht nur beim Aufprall auf dem Boden die Richtung ändern, sondern durch die Rotationsbewegung schon in der Luft eine Kurvenbahn beschreiben. Fast alle Ballspielarten, vom Baseball bis zum Fußball und Golf, gewinnen durch den Spin an Spannung.

Die Frage, warum Bälle, die sich drehen, nicht geradlinig fliegen, sondern in der Luft Kurven beschreiben, beantwortete vor etwa 100 Jahren der britische Physiker Lord Rayleigh. Er fand heraus, daß ein rotierender Ball beim Flug die Luft um sich herum in Richtung seines Dralls mitreißt. Die am Ball vorbeiziehende Luft wird dadurch auf einer Seite beschleunigt und auf der anderen abgebremst. Da schneller strömende Luft weniger Druck ausübt, entsteht um den Ball ein Druckunterschied und dadurch wiederum die Kraft, die den Ball in die Kurve drückt.

Man kann dieses Phänomen, das Lord Rayleigh nach dem deutschen Forscher Gustav Magnus (1802–1870) Magnus-Effekt nannte, bei vielen Sportarten beobachten. Gute Tennisspieler beispielsweise beherrschen den Topspinlob, bei dem es so aussieht, als ginge der Ball ins Aus, doch er schlägt – meistens – kurz vor der Grundlinie auf. Ein Golfer gibt dem Ball mit seinem Schlag automatisch Effet, so daß der Ball mit über 160 km/h und einem Rückwärtsdrall von 50 Umdrehungen in der Sekunde davonzischt. Unmittelbar nach dem Abschlag wirkt der Drall der Erdanziehungskraft entgegen und läßt den Ball zunächst in gerader Linie fliegen. Verwendet man einen Schläger, bei dem der Winkel zwischen Schaft und Kopf steiler ist, so entsteht ein noch größerer Drall, und man kann sogar beobachten, wie der Ball hochsteigt.

Beim Baseball verleiht der Werfer dem Ball durch verschiedene Handgriffe unterschiedlichen Drall, um ihn die gewünschten Kurven beschreiben zu lassen: beispielsweise einen vom Schlagmann wegführenden oder auch – umgekehrt – auf den Schlagmann hinführenden Bogen. Beim sogenannten Slider bricht der Ball im letzten Moment aus. Ein solcher Wurf verpaßt dem Ball einen Drall von rund 38 Umdrehungen in der Sekunde und läßt ihn auf den 18 m zwischen Wurfplatte und Homebase um volle 60 cm von der Bahn abweichen.

Auch beim Rugby und dem American Football nutzen die Spieler diesen Effekt häufig und mit großem Geschick aus. Der eiförmige Ball, der so angeschnitten wird, daß er sich in der Luft um seine Längsachse dreht, fliegt so lange geradeaus weiter, wie seine Fluglinie dieser Achse entspricht. Erst wenn er zu fallen beginnt und die Drehachse von der Fluglinie abweicht, ändert er seine Richtung.

Beim Kricket jedoch, dem in England sehr beliebten Schlagballspiel, ist die Sache leichter: Da hat der Ball von ganz allein einen Drall. Schuld daran ist eine erhabene Naht. Sie verursacht eine leichte Luftturbulenz, wodurch die Luft über eine Seite des Balls schneller hinwegströmt als über die andere. Auch hier entsteht durch die unterschiedliche Geschwindigkeit des Luftstroms ein Druckunterschied, der bewirkt, daß der Ball einen Bogen beschreibt.

Geschnittene Bälle *Der Baseball-Werfer Bob Ojeda aus New York verhalf mit seinen raffinierten Würfen seiner Mannschaft bei den Weltmeisterschaften 1986 zum Sieg (oben). Tennisspieler wie Stefan Edberg (kleines Bild) schneiden den Ball durch einen Topspin an (unten).*

Das zernarbte Gesicht des Golfballs

Grübchen-Muster *Ein Golfball hat 300–500 rund 0,25 mm tiefe Grübchen, die nach einem von sechs verschiedenen Mustern angeordnet sind. Bei einem dieser Muster bilden 480 kleine Vertiefungen 20 gleichseitige Dreiecke.*

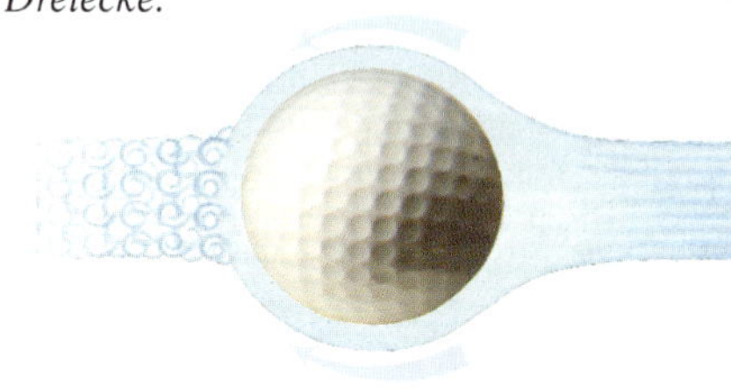

Fliegender Golfball *Vorn haftet Luft, die sich hinten in Wirbeln wieder löst. Die Vertiefungen halten die Luft länger fest und verkleinern so die Wirbel und damit deren Bremswirkung.*

Die kleinen Vertiefungen, die der Oberfläche eines Golfballs ein gehämmertes Aussehen geben, in Fachkreisen *Dimples* genannt, sind keineswegs als Zierde gedacht, sondern verleihen dem Ball eine gesteigerte Flugkraft. Dank ihrer physikalischen Auswirkungen kann ein gut geschlagener Golfball an die 275 m weit fliegen, wohingegen einer mit glatter Oberfläche höchstens auf 65 m käme.

Um 1900, als der Golfsport schon einige hundert Jahre alt war, stellte man fest, daß die Bälle weiter flogen, wenn ihre Oberfläche bereits Druckstellen von den Abschlägen aufwies. Daraufhin versah man die Golfbälle mit Vertiefungen.

Was aber – physikalisch gesehen – bewirken diese Vertiefungen? Wenn ein Ball durch die Luft fliegt, haftet eine dünne Luftschicht an seiner Vorderseite. Sobald sie über den Ball hinweggeströmt ist, löst sie sich von seiner Oberfläche und verursacht hinter ihm kleine Wirbel, die den Ball abbremsen. Die Grübchen nun sorgen dafür, daß die Luft so lange an der Oberfläche des Balls haftenbleibt, bis sie fast an seinem hinteren Ende angelangt ist. Wenn sie sich dann von ihm löst, bildet sich ein wesentlich schmalerer Luftstrom als bei einem glatten Ball.

Da der Golfball im Flug immer einen Rückwärtsdrall hat, tragen die Grübchen Luft aufwärts über ihn hinweg. Folglich strömt die Luft über ihm schneller als die unter ihm, und durch den so entstandenen geringeren Druck oben erfährt der Ball einen Auftrieb, der ihn noch etwas länger in der Luft hält.

Ein echter Bumerang kann nicht verlorengehen

Seit Menschengedenken benutzen die australischen Ureinwohner den Bumerang, und das gleich in zwei verschiedenen Versionen: einmal als Jagdwaffe den schweren Bumerang, der nach seinem tödlichen Treffer zu Boden fällt, und dann als Sportgerät den kleineren, leichteren Bumerang, der zum Werfer zurückkommt.

Ein Bumerang muß nicht unbedingt die traditionelle Form haben, um zurückzukehren; auch solche in T-, V-, X- und Y-Form, Vier- und Sechsflügler können so gearbeitet sein, daß sie zum Werfer zurückfliegen. Entscheidend ist, daß jeder Arm im Querschnitt wie die Tragfläche eines Flugzeugs geformt ist: oben abgerun-

Die „hölzernen Schwerter" der Eingeborenen

Der britische Naturforscher Sir Joseph Banks, der am 29. April 1770 mit Kapitän Cook in der Botany Bay im Südosten von Australien an Land ging, beschrieb die Waffen der Eingeborenen, die zu ihrem „Empfang" erschienen waren, so:

„Jeder hielt eine Holzwaffe in der Hand, die etwa 75 cm lang war und in der Form stark an ein Krummschwert erinnerte. Die Klingen sahen aus, als seien sie mit dem gleichen weißen Pigment beschmiert wie die Körper der Eingeborenen."

Erst zu Beginn der 30er Jahre des vorigen Jahrhunderts berichtete der Marineoffizier W. H. Breton, wie ein australischer Ureinwohner eines dieser vermeintlichen Holzschwerter als Wurfgeschoß benutzte. Es bewegte sich „in einem ganz merkwürdigen Bogen", schrieb er, und „fiel schließlich dem Werfer wieder vor die Füße".

Bumerangs werden aus Harthölzern wie beispielsweise Sandelholz hergestellt, manchmal mit rotem Ocker überzogen und, für den rituellen Gebrauch, auch mit roter, gelber sowie weißer Farbe bemalt.

Sie sind außerordentlich vielseitig verwendbare Instrumente; die Ureinwohner benutzen sie, um Tiere zu erlegen und auszuweiden, um Feuerstellen zu reinigen, Kochgruben anzulegen und Honigameisen auszugraben, hin und wieder sogar zum Feuermachen oder um beim Tanz den Rhythmus damit zu schlagen.

det und unten flacher. Im Flug erreicht ein Bumerang eine Geschwindigkeit von rund 100 km/h, wobei er sich etwa zehnmal pro Sekunde dreht und ein leises, schwirrendes Geräusch verursacht.

Der Flug eines Bumerangs läuft nach einem ganz bestimmten Schema ab: Nachdem er, fast senkrecht stehend, von einem Rechtshänder geradeaus abgeworfen wurde, zieht er automatisch nach oben, beschreibt eine Linkskurve und kehrt in großem, kreisförmigem Bogen in stetem Fall waagrecht zum Werfer zurück, der ihn mit etwas Geschick auffangen kann. Hat ein Linkshänder den Bumerang geschleudert, sieht das Schema genau spiegelverkehrt aus.

Der ungewöhnlichen Flugbahn eines zurückkommenden Bumerangs liegt ein komplizierter physikalischer Vorgang zugrunde, denn der Bumerang vereint in sich die Wirkungskraft zweier verschiedener Körper: des Tragflügels und des Kreisels.

Als Tragflügel ist er äußerst instabil, da beim Drehen der rechte Arm, der sich in Flugrichtung bewegt, sofort wieder zum linken Arm wird, der in die entgegengesetzte Richtung strebt. Da der Bumerang aber nach vorn geworfen wurde, hat der jeweils vordere, rechte Arm mehr Auftrieb, denn bei ihm kommen – umgekehrt wie beim hinteren, linken Arm – Rotationsgeschwindigkeit und Vorwärtsimpuls zusammen.

Den Auswirkungen dieser Bewegungsabfolge, durch die der Bumerang Gefahr läuft, nach links gedrückt zu werden, wirkt das Kreiselgesetz entgegen, das auch einen rotierenden Kreisel stabil hält. Es zwingt den Bumerang, flacher zu fliegen, nach rechts abzukippen, wodurch er in die typische Kreisbahn gerät, und sich im Verlauf des Flugs waagrecht zu legen.

Dauert der Flug lange genug, dann wird der Bumerang sogar noch in die andere Richtung abdrehen und einen doppelten Kreis, also eine Acht, beschreiben.

Mit dieser komplizierten Flugtechnik kann der Bumerang erstaunlich weit fliegen.

Leuchtspur *Ein leuchtender Bumerang auf seinem Flug über den Nachthimmel*

Der offizielle Rekord, den der australische Rundfunkingenieur Bob Burwell im November 1981 in Neusüdwales aufstellte, beträgt 111 m – erst danach machte sich das Wurfholz wieder auf den Rückweg. Jagdbumerangs, die nur wenig gebogen und auf der Oberseite kaum abgerundet sind, also auch nicht soviel Auftrieb erhalten, fliegen in einer flacheren Bahn und bringen es, ehe sie herunterfallen, nur auf etwa 90 m.

Die verschiedenen Formen des Bumerangs *Bumerangs sehen völlig unterschiedlich aus, je nachdem, aus welchem Holz sie gemacht sind. Diejenigen, die zum Werfer zurückkehren, können bis zu 76 cm lang sein und bis zu 240 g wiegen. Die von den Eingeborenen zur Jagd benutzten Bumerangs sind normalerweise länger und wesentlich schwerer.*

Barfuß über glühende Kohlen gehen

Schweigend traten die barfüßigen Männer und Jungen der Reihe nach aus der Hütte und gingen zu einer mit Steinen gefüllten Grube, in der stundenlang ein Holzfeuer gebrannt hatte. Die Glut hatte man mit einem Rechen entfernt, doch die Luft über der Feuerstelle flirrte noch immer vor Hitze. Ohne anzuhalten, schritten sie ruhig über die Steine, und obwohl die Temperatur in der Grube ungefähr 650 °C betrug, blieben ihre Fußsohlen unverletzt.

Solche verblüffenden Kunststücke werden auf den Fidschiinseln, in Indien, auf Sri Lanka, in Südamerika und Surinam, auf Hawaii sowie der Pazifikinsel Rarotonga praktiziert, doch auch in den USA und Europa, hier vor allem in Griechenland, gehen Menschen übers Feuer.

Meistens, besonders in Asien, ist die mutige Tat ein Bestandteil religiöser Zeremonien; viele Feuerläufer sehen in dem medizinischen Wunder aber auch einen Sieg der wohltrainierten Psyche über die Materie. Erleidet ein Unglücklicher Verbrennungen dabei, dann war er eben geistig nicht genügend vorbereitet.

Wissenschaftler, zumal westliche, halten nicht viel von dieser Theorie; sie versuchen das Wunder rational zu erklären. Ihrer Meinung nach machen die Feuerläufer ihre Füße weitgehend unempfindlich, indem sie vorher über feuchtes Gras laufen: Sie nutzen damit die gleiche physikalische Erscheinung, die auch dafür verantwortlich ist, daß es überraschend lange dauert, bis ein Wassertropfen auf einer heißen Herdplatte verdampft ist. In dem Fall bildet sich nämlich zwischen der Unterseite des Tropfens und der Herdplatte kurzfristig eine Isolierungsschicht aus Dampf, und die Feuchtigkeit an den Füßen der Feuerläufer könnte durchaus eine ähnliche Wirkung hervorrufen.

Außerdem glauben die Wissenschaftler, daß die je nach Region benutzten glühenden Steine, Lavabrocken oder Kohlen ihre Hitze nur relativ langsam abgeben. Doch was auch immer der Grund für die Unempfindlichkeit der Feuerläufer sein mag: Ein „normaler Sterblicher" sollte nie versuchen, es ihnen gleichzutun, denn die Sache ist gefährlich!

Die todesmutigen Springer der Pentecostinsel

Gebannt verfolgen die Zuschauer, wie ein Mann hoch über einem Abhang in einer Dschungellichtung vorsichtig auf zwei Brettern balanciert, die oben aus einem wackelig aussehenden, 30 m hohen Turm herausragen. Plötzlich wirft er einige Blätter hinunter, lehnt sich langsam nach vorn und stürzt dann kopfüber hinterher. In letzter Sekunde, gerade noch bevor er auf dem Boden aufschlägt, stoppt eine Halteleine an seinen Füßen den spektakulären Sprung, und in weitem Bogen schwingt er auf den Abhang zu, wo er sanft landet.

Dieses nervenzehrende Schauspiel bildet den Höhepunkt einer *Gol* genannten Zeremonie, die jedes Jahr auf Pentecost, einer der 80 Inseln der Pazifikrepublik Vanuatu, stattfindet und reichen Erntesegen bewirken soll. Bei diesem Ritual wagen viele Männer den Sprung von immer höheren Plattformen, deren niedrigste 12 m hoch ist, hinab in die Tiefe. Ihr Leben hängt dabei buchstäblich an einem Faden – nämlich an den langen Fußfesseln aus reißfesten Lianen, die am Sprungturm befestigt sind und den Todesmutigen kurz vor dem Aufprall abfangen.

Natürlich widmet man diesen Lianenschnüren, sozusagen der Lebensversicherung des Kandidaten, höchste Aufmerksamkeit. Die Pflanzen müssen das richtige Alter und die richtige Stärke haben und werden zwei Tage vor der Zeremonie von erfahrenen Männern geschnitten – nicht früher, denn sonst könnten sie austrocknen und an Elastizität verlieren. Man achtet auch sorgfältig darauf, daß ihre Länge genau der Höhe entspricht, die sich der *Gol*-Teilnehmer hinabzustürzen traut.

Doch trotz dieser Vorsichtsmaßnahmen nimmt die Sache manchmal ein schlimmes Ende. 1974 beispielsweise riß die Liane eines Turmspringers, und er fand vor den Augen der britischen Königin, die der Insel einen Besuch abstattete, den Tod.

Der wahre Ursprung der *Gol*-Mutprobe ist heute nicht mehr bekannt. Doch eine alte Legende erzählt, daß der erste Turmspringer eine ungetreue Ehefrau war. Ihr Mann jagte ihr nach, um sie zu verprügeln. Da erklomm sie in ihrer Angst eine hohe Palme, doch er folgte ihr und stellte sie zur Rede. Sie gab ihm zurück, er sei ein Feigling, und forderte ihn heraus, mit ihr vom Baumwipfel hinunterzuspringen. Der Ehemann willigte ein, und beide stürzten sich in die Tiefe. Für den Mann endete der Sprung tödlich, doch seine Frau hatte heimlich eine Liane um ihr Fußgelenk gebunden und sich so gerettet.

Mit Todesverachtung *Das Leben dieses tollkühnen Springers hängt an einer Liane.*

Flugübungen für Skispringer

Als der 18jährige Österreicher Sepp Bradl im Jahr 1936 als erster Mensch mit seinen Skiern weiter als 100 m sprang, rief der Ingenieur, der die Schanze in Planica, Jugoslawien, konstruiert hatte, überwältigt aus: „Das war kein Skispringen mehr, sondern Skifliegen!"

Er hatte recht, denn bei diesen Distanzen war das Fliegen wichtiger als das Springen. Ein neuer Sport war geboren.

Ein angehender Skiflieger braucht für seinen Sport vor allem Mut und natürlich Technik. Als erstes muß er lernen, ausreichend Tempo für den Absprung zu entwikkeln, beispielsweise auf einem normalen Skihang, den er – in zusammengekauerter Haltung und mit nach hinten gestreckten Armen, um den Luftwiderstand möglichst gering zu halten – hinabsaust. Weltklassespringer erreichen dabei eine Geschwindigkeit bis zu 100 km/h.

Als nächstes muß der Kandidat üben, wie man fachmännisch landet, indem man nämlich einen Fuß etwas vor den anderen setzt und die Knie leicht anwinkelt.

Vor dem ersten richtigen Flug sollte der Anfänger auf kleinen Schanzen Erfahrung sammeln, um ein Gefühl für die Balance beim Abheben zu bekommen, denn wenn die nicht stimmt, bringt der Wind den Springer aus dem Gleichgewicht, und er stürzt. Dann endlich folgt die wahre Herrlichkeit: der erste Flug, zu Anfang vielleicht nur etwa 10 m, aber mit wachsender Sicherheit mehr. Während er durch die Luft gleitet, lehnt sich der Sportler, in der Taille leicht abgeknickt, nach vorn. Auf diese Weise helfen ihm die gleichen aerodynamischen Kräfte, die ein Flugzeug in der Luft halten, länger oben zu bleiben. Über seinen vorgebeugten Rücken kann die Luft nämlich schneller strömen als unter seinem Bauch, wodurch er Auftrieb erhält.

Sobald der Skispringer sich nicht mehr im horizontalen Flug befindet, sondern abzusinken beginnt, bereitet er sich darauf vor, auf dem Hang unter ihm zu landen, wobei er versucht, durch seine Körperhaltung den Gleitflug noch ein wenig zu verlängern – bis die Erde ihn wiederhat.

Seit den Zeiten Sepp Bradls haben sich die Skiflugweiten noch gesteigert: 1989 betrug der Weltrekord 180 m. Unverändert geblieben aber ist die Faszination dieser Sportart zwischen Himmel und Erde.

Skiflug *Ein Skispringer bei den Olympischen Spielen 1984 in Sarajevo (unten). Er verlängert seinen Flug, indem er seinen Körper nach vorn beugt (oben).*

Fallschirmspringen – Sport mit Schirm, Charme und Leine

Freier Fall *Mit dem Kopf voran stürzen sich sechs Fallschirmspringer aus einem Flugzeug (links). 24 Mann der britischen Royal Marines stellten im Jahr 1985 einen Rekord auf und bildeten die größte übereinander gestaffelte Formation (rechts). Die Springer schlossen sich jeweils noch im freien Fall der Formation von unten an und öffneten dann erst ihre Schirme.*

Dem Fallschirmspringer, der sich in nahezu 3700 m Höhe innerlich auf seinen Absprung vorbereitet, erscheint die Erde unter ihm wie ein bunter Flickenteppich. Aus dieser Höhe sind die Häuser fast zu klein, um sie einzeln zu erkennen.

Endlich erreicht das Flugzeug den Absprungpunkt, und der Fallschirmspringer läßt sich in die Tiefe fallen. Arme und Beine von sich gestreckt, den Oberkörper leicht zurückgebogen, den Kopf hochgehalten, so saust er in seinem Nylon-Gurtwerk, das durch vier Riemen mit den Leinen des noch geschlossenen Schirms verbunden ist, der Erde entgegen. Er wird rasch immer schneller, bis er nach rund acht Sekunden die Höchstgeschwindigkeit, etwa 190 km/h, erreicht hat.

Während er zur Erde fällt, zeigt ihm sein Höhenmesser jede Sekunde an, in welcher Höhe er sich gerade befindet. Das ist wichtig, denn wenn er sicher landen will, muß er seinen Fallschirm öffnen, ehe er 610 m erreicht hat. Der freie Fall dauert also nicht einmal eine Minute – eine kurze Zeitspanne des Schwebens, in der der Kunstspringer seine akrobatischen Kapriolen ausführen kann.

Gegen Ende des Sprungs öffnet er den Fallschirm; die meisten benutzen das bekannte Modell mit der kreisförmigen Kappe, die auf der Rückseite zwei L-förmige Schlitze besitzt. Die durch diese Schlitze strömende Luft treibt den Schirm vorwärts und ermöglicht es dem Springer, mit den beiden an der Kappe festgemachten Steuerleinen nach rechts und links zu lenken und so seinen vorgesehenen Landeplatz anzusteuern.

Zur Ausrüstung gehört noch ein zweiter Fallschirm, für den Fall, daß der erste sich nicht öffnen sollte. Grundsätzlich packen die Fallschirmspringer ihre Fallschirme selbst – am Anfang natürlich unter strenger Aufsicht.

Meistens befördert man die Fallschirmspringer mit kleinen, beispielsweise dreisitzigen Flugzeugen in die Luft; nur wenn mehrere zusammen springen wollen, etwa bei Formationssprüngen, verwendet man größere Maschinen, die die benötigte Anzahl Personen aufnehmen können.

Solche Kunst- und Formationssprünge sind natürlich die Krönung des Fallschirmsports. Während sich Anfänger zunächst mit einfachen Purzelbäumen und Saltos begnügen müssen, können erfahrene Springer in der kurzen Zeit des freien Falls in schneller Folge mit ihren ebenso erfahrenen Kollegen phantastische und erstaunlich harmonisch wirkende Formationen und Figuren bilden.

Die spektakulären Shows am Himmel erfordern großes Können, da sich die Springer beim Fallen durch die Luft auf andere Springer zubewegen müssen. Damit ihnen das auch gelingt, hängen sie fast senkrecht im Gurt, die Arme seitlich angelegt und die Beine geschlossen und ausgestreckt, so daß ihr Körper einen leichten Bogen bildet. Der durch diese Körperhaltung entstandene Sog bewirkt, daß der Sportler sich sowohl vorwärts als auch abwärts bewegt. Dabei kann die Vorwärtsbewegung so schnell sein, daß sich zwei kollidierende Springer sehr wohl ernsthaft verletzen können. Um dem vorzubeugen, muß der Kunstspringer das Bremsmanöver beherrschen, bei dem er einen Arm hebt und dem Luftstrom so eine größere Widerstandsfläche bietet. Ohne diese Fertigkeit wäre der Fallschirmspringer eine Gefahr für sich und andere Teilnehmer der Formation.

Nachdem die Luftakrobatik beendet ist, trennen sich die Springer der Formation für einige Sekunden, ehe sie ihre Fallschirme öffnen. Sie vermeiden dadurch das Risiko, daß ihre Schirme sich ineinander verheddern.

Manche ganz verwegene Burschen ignorieren diese Gefahr und bilden auch mit Fallschirmen noch Formationen – ein Spektakel, das an einen durch die Luft schwebenden, riesigen bunten Blumenstrauß erinnert.

Formationsspringen *Dieses „Häkelmuster" aus 126 Fallschirmspringern wurde im Jahr 1987 über Belgien ausgeführt.*

Des Surfers Ritt auf der Welle

Das Surfen – auch Wellenreiten genannt –, ein Sport, der schon seit Jahrhunderten in Polynesien ausgeübt wird, hat inzwischen Millionen von begeisterten Anhängern auf der ganzen Welt gefunden. Als Paradies für Surfer gilt Hawaii, wo die Ozeanwellen nach einer Reise von mehreren tausend Kilometern durch den stürmischen Pazifik oft mit 9 m Höhe an den Strand branden. Und an der Innenseite einer solchen Wasserwand parallel zum Strand entlangzugleiten, während sich der Wellenkamm hinter ihm bricht – das ist das höchste Glück des Surfers.

Zunächst paddelt der fortgeschrittene Wellenreiter, kniend oder auf dem Bauch liegend, sein Brett – die meisten modernen Surfboards sind knapp 2 m lang und rund 3 kg schwer – durch die Brandungszone zum offenen Meer. Dort hält er nach einer geeigneten Welle Ausschau; sieht er eine auf sich zukommen, dann paddelt er rasch wieder Richtung Strand zurück. Natürlich holt ihn die Woge bald ein, gibt dem Brett zusätzlichen Schwung und hebt seine Spitze empor. In dem Moment nun erhebt sich der Surfer und steht auf seinem Brett ganz oben auf dem Wellenkamm. Seine Schwerkraft als Antrieb benutzend, gleitet er die Wasserwand hinab, jetzt schneller als die Welle, mit rund 15 km/h. Beim Abwärtsgleiten schaut er sich um, wo sich die Welle wohl brechen wird. Dann dreht er sein Brett so, daß er möglichst lange entlang des Wellentunnels surfen kann, dem brechenden Kamm immer um ein kleines Stück voraus.

Der Wellenritt endet, wenn der Surfer sich zurücklehnt, um das Brett abzubremsen, und über die ungebrochene Welle in das ruhigere Wasser dahinter abdreht. Natürlich endet der Ritt ebenfalls – allerdings unrühmlich –, wenn er die Kontrolle über sein Brett verliert oder von einem Brecher „weggewischt“, d. h. auf den Meeresboden gedrückt wird.

Geübte Surfer bringen es darüber hinaus noch fertig, Kunststückchen vorzuführen, während sie an der Wasserwand entlanggleiten. Indem sie ihr Gewicht auf das hintere Ende des Bretts verlagern, können sie beispielsweise rückwärts wieder den Wellenberg hinauf auf den Kamm surfen und dann noch einmal hinabgleiten.

Surferparadies *Vor den endlosen Stränden Hawaiis, Australiens und Balis gibt es solche langen, hohen Wellen, auf denen ein geübter Surfer mehrere Minuten reiten kann.*

Register

Die **halbfetten** Seitenzahlen verweisen auf einen Haupteintrag, die *kursiven* Seitenzahlen auf eine Abbildung. Die Umlaute Ä, Ö, Ü werden wie A, O, U behandelt.

A

B

H

I

J

K

L

M

T

U

V

Bildnachweis

Umschlagrückseite

Raumfähre Columbia: Ken Novak/Aspect; Schaltkreis: Geoff Tompkinson/Aspect; Neonbild: Alan Clifton/Colorific; Mauerwerk: Hilary Bradt/South America Pictures; Reifenprofil: SP Tyres UK Limited/Dunlop; Zündhölzer: Martin Cameron; Stoffmuster: Martin Cameron; Zieleinlauf: Omega Sports Timing; Opernhaus von Sydney: Alex Langley/Aspect; Solarfarm-Kraftwerk: ZEFA; Diamantschleifer: Martin Cameron; Abraham Lincoln: A. J. Hartman/Susan Griggs; Parabolantenne: Spectrum Colour Library.

Innenteil

4 l. Dr. Jeremy Burgess/Science Photo Library, r. Frank Spooner/E. Sander/Liaison/GAMMA; **5** l. Privatsammlung/Niel Chanan, M. Science Photo Library, r. NASA/Science Photo Library; **6** l. Katia & Maurice Krafft, M. Martin Marietta Energy Systems Inc., r. Petit Format/CSI/Science Photo Library; **7** o.l. Lowell Georgia/Science Photo Library, u.l. A. Wetzel/ZEFA, M. Jonathan Watts/Science Photo Library, r. Robert Phillips/The Image Bank; **9** o. Dr. Jeremy Burgess/Science Photo Library, u.l. Science Photo Library, o.r. John Hestletine/Science Photo Library; **10** l. Alan Clifton/Colorific, r. Harald Sund/The Image Bank; **11** Mark Edwards (3); **12** Pavel Kostal, Martin Cameron; **13** l. Kuo Kang Chen, o.r. Martin Cameron, M.r. Dr. Tony Brain/Science Photo Library; **14** Dr. Tony Brain/Science Photo Library; **15** o. Martin Cameron, u. Ciba-Geigy Plastics; **16** o. Malcolm McGregor, u. Science Photo Library; **17** o.l. Science Photo Library, o.r. 3M, u. Colorsport (2); **18** o.r. Reader's Digest, Rest Precision Illustration; **19** o. Dr. Anthony Burgess/Science Photo Library, u. Science Photo Library; **20** o. Martin Cameron, u. Dimitri Ilic/Susan Griggs; **21** l. R.E. Litchfield/Science Photo Library, r. Martin Cameron; **22** Hackney Archives Department (3); **22/23, 23** Martin Cameron; **24** l. Du Pont, M. Science Photo Library, r. NASA/Science Photo Library; **25** l. Quesada/Burke, New York, r. Pavel Kostal; **26** o. T. Middleton/Oxford Scientific Films, u. Dr. Jeremy Burgess/Science Photo Library; **27** o. Kim Taylor/Bruce Coleman, Illustrationen: Precision Illustration, M. Science Photo Library (2), u. Dr. Jeremy Burgess/Science Photo Library; **28** o. Richardson-Vicks Ltd., u.l. Martin Cameron, u.r. Mick Gillah; **29** o. Gillette UK Ltd. (2), u. Dr. Jeremy Burgess/Science Photo Library (2); **30** Picturepoint Ltd.; **31** o. Frank Spooner/E. Sander/Liaison/GAMMA, u.l. Frank Spooner/Taroy/Perrin/GAMMA, u.r. Georg Gerster/John Hillelson; **32, 33** The Image Bank; **34** Enrico Ferorelli; **35** o. Robert Rathe/Folio Inc., u.l. Rex Features Ltd., u.r. The Press Association Ltd. (2); **36** British Telecom Overseas Division; **37** British Airways; **38** Reuter/Popperfoto (4); **39** o.l. Art Directors Photo Library, o.r. Morimoto/Frank Spooner, u.r. G. Freston/The Photo Source; **40** o. Frank Spooner, M. Rex Features Ltd., u. Phillips & Drew; **41** The Associated Press; **43** o. Ford Motor Company, u. Fiat SpA; **44** Athtar Hussein/Telegraph Colour Library; **45** o. Dan Farber/Science Photo Library, u. NOAA; **46** Nigel Press Associates/Science Photo Library; **47** Georg Gerster/John Hillelson; **48** o. Jim Pickerell/Black Star, u. Frank Spooner; **49** Canadair Inc. (2); **50** o. Photri, u. Jeffery Cutting; **51** l. The Mansell Collection, o.r. Art Directors Photo Library, u.r. Photo Researchers/ZEFA; **52** o. SNV (4), u. Jerrican/Weiss; **53** Ian Bradshaw/Susan Griggs; **55** Clyde Surveys Ltd. Maidenhead (2); **57** l. Rex Features Ltd., r. Network; **58** Telegraph Colour Library (2); **60** o.l. Jack McKigney/Picture Group/Colorific, o.r. Photri, u. Military Archive & Research Services/Lockheed/Georgia Company; **62/63** Tony Stone Photo Library, London; **63** Chris Fairclough (5); **64** Peter Jansson/Lehtikuva/Colorific; **65** Colorsport; **67** The Ronald Grant Archive; **69** David Crossthwaite; **70** Clive Barda, London (3); **71** John Cleare/Mountain Camera (2); **72** o. Frank Spooner/Figaro/GAMMA, u. John Cleare/Mountain Camera; **73** l. British Library, o.r. Privatsammlung/Noel Chanan, u.r. Rex Features Ltd.; **74/75** Aviation Week/William G. Hartenstein/Renphot; **75** o. Lockheed Aeronautical Systems Company; **76** o.r. Imperial War Museum, M.r. Stan Wayman/Photo Researchers, u.l. Military Archive & Research Services; **77** Brian R. Wolff (2); **78** The Hulton Picture Company; **79** o. Wide World Photos, M. Popperfoto, u. The Hulton Picture Company; **80** Ullstein; **81** British Library; **82, 83** Chris Morris (alle); **84** o. Chris Morris, u. The Hulton Picture Company; **85** o.l. Melvin Harris, o.r. Privatsammlung/Noel Chanan, u. Janet & Colin Bord; **86** o. Melvin Harris (2), u. Neil Holmes (3); **88** Wide World Photos; **89** u.r. Harwell, Rest Health & Safety Executive; **90, 91** The National Gallery, London (5); **92, 93** Metropolitan Police (alle); **94** Cellmark Diagnostics; **95** o. The New Scientist, London (2), u. Electronic Graphics Ltd. (4); **96** o.l. Federal Bureau of Investigations; **97** British Telecom Overseas Division; **98** o.l. Steve Starr/Picture Group/Colorific, M.r. Rex Features Ltd., u.r. Alain le Garsmeur/Impact; **99** Claude Vest/SIPA/Rex Features Ltd.; **100** l. Hank Morgan/Rainbow, r. Sepp Seitz/Woodfin Camp; **101** l. David Parker/Science Photo Library, o.r. Dr. Gary S. Settles und Stephen S. McIntyre/Science Photo Library, u.r. Science Photo Library; **102** o. Dorling Kindersley, u. ZEFA; **102/103** ZEFA; **103** o.l. Dorling Kindersley, r. Johnson Matthey (2); **104** o.r. J. Sloan/GAMMA/Frank Spooner, u. Pilkington plc. (3); **104/105** Precision Illustration; **105** Pilkington plc. (3); **106** Sonia Halliday; **107** o. Photos: Martin Cameron, Mikroaufnahmen: Science Photo Library (3), u. Ann Ronan Picture Library, **108** l. The Bodleian Library, r. Martin Cameron; **109** Eric Crichton/Bruce Coleman; **110** Science Photo Library; **111** o. Science Photo Library, Rest: British Textile Technology Group; **112** o. British Textile Technology Group, u. ZEFA (2); **112/113** ZEFA; **113** o.l. British Textile Technology Group, o.r. Science Photo Library, u. ZEFA (2); **114** u.l. Du Pont, u.r. Science Photo Library; **115** o. ICI Fibres; u. Martin Cameron (2); **116** Martin Cameron (2); **117** Lectra Systems Ltd. (4); **118** Pavel Kostal/Weir Westgarth Ltd.; **119** o. Mike Wells/Aspect (3), u. North London Waste Authority; **120** Geoff Tompkinson/Aspect (alle); **120/121** John Moss/Colorific; **121** o.r. US Department of Energy/Science Photo Library, u. H. Adam/ZEFA; **122** Mick Gillah; **123** l. United Kingdom Atomic Energy Authority, r. US Dept. of Energy/Science Photo Library; **124** o. Ken Lucas/Planet Earth Pictures, u. ZEFA; **125** l. Central Electricity Generating Board, r. Simon Fraser/Science Photo Library; **126** l. Silvestris/NHPA, o.r. Adam Hart-Davis/Science Photo Library, u.r. Andrew McClenaghan/Science Photo Library; **127** l. Wolfgang Steche/Visum, o.r. Ford Motor Company of Australia, u.r. Sandia National Laboratories; **128** o. ZEFA, r. Lowell Georgia/Science Photo Library; **129** l. Martin Dohrn/Science Photo Library (4), o.r. Peter Parks/Oxford Scientific Films, u. Stephen Dalton/NHPA (3); **130** l. David Shale/Oxford Scientific Films, r. Peter Parks/Oxford Scientific Films; **131** Martin Cameron; **132** B. Bingel/ZEFA; **133** l. Precision Visuals/Teleco Drilling Tech Inc./Science Photo Library, r. Anthony Howarth/Susan Griggs (2); **134, 134/135** Martin Rogers/Susan Griggs; **136** Popperfoto; **137** o.r. The Associated Press, u. Frank Spooner (2); **138** l. Precision Illustration, o.r. Adam Woolfitt/Susan Griggs, M.r. Adam Woolfitt, u.r. Adam Woolfitt/Susan Griggs; **139** o.r., u.r., u.l. Adam Woolfitt, M.r. Adam Woolfitt/Susan Griggs; **140** o. Flip Schulke/Planet Earth Pictures, u. Klein Associates Inc./Science Photo Library (2); **141** o. Carol Roessler/Planet Earth Pictures, u. Malcolm McGregor (2); **142** o. GE Corporate Research and Development, u. De Beers Consolidated Mines; **143** o.l. De Beers Consolidated Mines, Rest Martin Cameron; **144, 145** aus dem Familienalbum von Joseph Asscher/A. Monnickendam Ltd. (alle, außer den Kronjuwelen); **145** u. Crown Copyright (2); **147** Photri (2); **148** o.r., u.l. Quadrant, M.r. Photri; **149** Frank Spooner; **150** Richard Cooke; **151** o. Richard Cooke; u. GEC Avionics Limited; **152** Richard Cooke; **153** o. Malcolm McGregor, u.l. Richard Cooke, u.r. Jeremy Flack/Aviation Photographs International; **154** David Parker/Science Photo Library; **155** M.r. TRH Pictures, Rest Photri (3); **156** o. Aspect (2), M. Military Archive & Research Services, u. Aerospatiale/CEV; **157** Pilkington P.E. Ltd. (2); **158** o.l. Prof. Harold Edgerton/Science Photo Library, M.r. AS Air Force/DOD/TRH Pictures, u.r. Photri; **159** o. US Department of Defense/Science Photo Library (2), u. Alexander Tsiaras/Science Photo Library; **160** o. TASS (2), u. Frank Spooner; **161** o. Beken of Cowes Ltd., M. Mick Gillah; **162, 163** Scala; **164** o. Radiographic Laboratory of Monuments & Fine Arts, Mailand, u. Tor Eigeland/Aramco World; **165** NASA/Science Photo Library; **166/167** Ken Novak/Aspect; **168/169** NASA/Science Photo Library; **170** NASA; **171** o.l. NASA/Aspect, o.r., u. NASA/Science Photo Library; **172** o.r. Julian Balm/Science Photo Library, M. Flip Schulke/NASA/Planet Earth Pictures, u. NASA/Aspect; **173** o., r. NASA/Science Photo Library, l. NASA/Aspect (2); **174** l. NASA/Aspect, r. NASA/Science Photo Library; **175** The Associated Press; **176** l. The Hulton Picture Company, r. Topham Picture Library; **176/177** Hintergrund: Museum of the History of Science, Oxford; **177** Museum of the History of Science, Oxford; **178** NASA/Science Photo Library; **180/181** Geoff Tompkinson/Aspect; **184** Dr. Jean Lorre/Science Photo Library; **185** l. Space Frontiers/Telegraph Colour Library, M. Max Planck Institut, r. Pavel Kostal; **187** o. Katia & Maurice Krafft, u.l. Lawrence Berkley Laboratory/Science Photo Library, u.r. John S. Shelton; **188** o.l. Philippe Plailly/Science Photo Library, Rest Geoff Tompkinson/Aspect (3); **189** o.r. Dr. Jeremy Burgess/Science Photo Library, Zeichnungen: Malcolm McGregor, u. Eric Grave/Science Photo Library (4); **190** Dr. Jeremy Burgess/Science Photo Library; **192, 193** Nina Leen/Life Time Inc./Colorific (4); **194** l. Patrick Oxenham, r. Michael Freeman; **195** British Museum (5); **197** o. Hank Morgan/Science Photo Library, u. Dick Luria/Science Photo Library; **198** o. The Cavendish Museum, Cambridge, u. Malcolm McGregor (3); **199** o.r. C.T.R. Wilson/Science Photo Library, u. Lawrence Berkley Laboratory/Science Photo Library; **200** o. IBM, Rest Jack Harris, Steve Berger, Dennis McMullen, John Macaulay; **201** l. Jean-Loup Charmet, r. Malcolm McGregor; **202** o. Times Newspaper/John Frost Historical Newspaper Service, M. ICM (2); **202/203** Ivan Lapper; **203** o. Bell Aircraft Corporation (2); **204** George Hall/Susan Griggs; **204/205** Jim Balog/Black Star/Colorific; **205** r. John S. Shelton; **206** o. Jim Balog/Black Star/Colorific, u.l. Art Directors Photo Library, u. r. John S. Shelton; **207** o.r. British Museum, Rest Dr. Steve Gull, Dr. John Fielden, Dr. Alan Smith/Science Photo Library; **208** u. Precision Illustration; **208/209** Katia & Maurice Krafft; **209** r. NASA/Science Photo Library; **210** Gary Hincks; **211** o.l. Martin Marietta Energy Systems Inc., u.l. Dr. Jeremy Burgess/Science Photo Library, o.r. Hank Morgan/Science Photo Library, u.r. Dr. Brad Amos/Science Photo Library; **212/213** Spectrum Colour Library; **214** Precision Illustration; **215** o. The Science Museum, London, u. The Hulton Picture Company; **216** u. v.l. n.r. Martin Cameron, Popperfoto, NASA/Aspect, David Parker/Science Photo Library, Geoff Williams & Howard Metcalf/Science Photo Library; **217** u. v.l. n.r. Robert Frerock/Susan Griggs, Science Photo Library, Aspect, Spectrum Colour Library; **218** M.r. Vaughan Fleming/Science Photo Library, u.r. Robin Scagell/Science Photo Library, Rest Precision Illustration; **219** o. Woods Hole Oceanographic Institution, u. Mary Evans Picture Library; **220** Precision Illustration, Amstrad; **221** Precision Illustration, Science Photo Library; **222** r. The Science Museum, London/Michael Holford, u. Boyer/Roger-Viollet; **223** o. Jeremy Burgess/Science Photo Library, M. Precision Illustration (3); **224** l. Ann Ronan Picture Library, r. Michael Holford; **224/225** Hintergrund: Mary Evans Picture Library; **225** u.r. The Science Museum, London, Rest US Department of the Interior, National Park Service (3); **226** o. David Parker/Science Photo Library, M. Dr. Jeremy Burgess/

Science Photo Library, Zeichnungen: Kuo Kang Chen; **227** Paul Brierley; **228/229** Schott-UK; **229** u. Philippe Plailly/Science Photo Library; **230** UPI/Popperfoto (3); **231** Mick Gillah; **232** o. Lee Boltin/The Anthony Blake Photo Library, u. Martin Cameron; **233** u.r. Martin Cameron, Rest Precision Illustration; **234** o. Martin Cameron (3), u.l. Art Directors Photo Library, u.r. Prof. Harold Edgerton/Science Photo Library; **235** u.r. Martin Cameron; **236** Michael Freeman (3); **238** Martin Marietta Energy Systems Inc.; **239** o.l. Hank Morgan/Science Photo Library, M.l. Paul Shambroom/Science Photo Library, u.l. Ray Ellis/Science Photo Library, r. David Scharf/Science Photo Library; **240** o. NASA, M. Dale Boyer/Science Photo Library, u. Jerry Mason/Science Photo Library; **242** l. The Ancient Art & Architecture Collection, r. John Tann Ltd.; **244** u.r. Science Museum, London/Michael Holford; **245** l. CNRI/Science Photo Library, r. Biophoto Associates/Science Photo Library; **246** l. Tadanori Salto/Science Photo Library, r. The Kobal Collection; **247** o. Sheila Terry/Science Photo Library, u. Hank Morgan; **248** o. Colorsport, l. Shell Research Limited, r. Inkwell Design; **250** BMW (2); **251** o. Goodyear Great Britain Ltd., M. SP Tyres UK Limited/Dunlop, u. Precision Illustration; **252** o. NASA/Science Photo Library, u. D. Smith/Holt Studios Ltd.; **253** Dr. Jeremy Burgess/Science Photo Library; **255** l. J. Poulton/Crafts Council, Rest Precision Illustration; **256** u.l. Fotoflite, Rest Precision Illustration; **257** o. The Science Museum, London, M. Photri; **260** o.r. The Mansell Collection, M. Chris Kapolka/C.F.D. Whetmath; **260/261** Eileen Tweedy, Hintergrund: The Mansell Collection; **261** M.r. The Mansell Collection, u.r. The Science Museum, London; **262/263** Quadrant; **264** Precision Illustration; **265** o. Jean Pragen/Tony Stone Photo Library, Rest Precision Illustration; **266** o. Aram Gesar/The Image Bank, Rest Precision Illustration; **267** Portrait: The Mansell Collection, M. l. The Hayward Gallery, u. l. The Science Museum, London, Rest Mick Gillah; **268** Precision Illustration; **269** o. l. Photri, M. l., o.r. M.J. Hooks, Rest Precision Illustration; **270** o. Harmon/Magnum, u. Frank Spooner/Sander/Liaison/GAMMA; **271** l. Smithsonian Institute, r. Frank Spooner/Laurant Maous/GAMMA; **272** o. Dick Kenny Relations/Boeing, u. ZEFA; **272/273** E. Zurini/Colorsport; **273** u. Mick Gillah (2); **274** o.r. Sunday Times, M., u.l.: Photri **275** l. Dr. R. Clarke & M.R. Goff/Science Photo Library, o.r. CNRI/Science Photo Library, u.r. Petit Format/CSI/Science Photo Library; **276** o. Martin Dorhn/IVF Unit, Cromwell Hospital, London/Science Photo Library, u. Hank Morgan/Science Photo Library; **276/277** Petit Format/CSI/Science Photo Library; **277** o. Petit Format/CSI/Science Photo Library, M. Rex Features Ltd.; **278** o. Martin Cameron, M. Don Wong/Science Photo Library, u. Argentum/Science Photo Library; **279** Jonathan Green (4); **280** o. Ullstein, M. Martin Cameron/Royal National Institute for the Blind; **281** o. Mensa, u. Max Manikoff, nach Entwürfen aus „Introduction to Psychology" by Ernest R. Hilgard, Richard C. Atkinson and Rita L. Atkinson, © 1979 by Harcourt Brace Jovanovich; **282/283** CNRI/Science Photo Library; **284** o.l., o.r. All-Sport (UK), M. Tony Duffy/All-Sport (UK); **285** John Hillelson/D. Kirkland/SYGMA (3); **286** CNRI/Science Photo Library; **287** l. James Stevenson/Science Photo Library, r. Philippe Plailly/Science Photo Library; **288** CNRI/Science Photo Library; **289** o. Frank Spooner/GAMMA, u. Ethicon Ltd./Science Photo Library; **290** o.l. Topham Picture Library, u. l. Ullstein, r. Privatsammlung; **290/291** Hintergrund: C. Powell, P. Fowler & D. Perkins/Science Photo Library; **291** o.l. Topham Picture Library, u. l. Ann Ronan Picture Library, r. C. Powell, P. Fowler & D. Perkins/Science Photo Library; **292** Alexander Tsiaras/Science Photo Library (2); **293** l. Yoav Levy/Colorific, r. National Medical Slide Bank; **295** John Timbers (2); **296** l. The Daily Mirror/John Frost Historical Newspaper Service, o.r. Popperfoto, u.r. Topham Picture Library; **296/297** Hintergrund: Topham Picture Library; **297** l. Topham Picture Library, r. Popperfoto; **299** o.l. David Lee, u.l. Rex Features Ltd., r. Lowell Georgia/Science Photo Library; **300** Robin Laurance/Susan Griggs; **301** o.r. Romilly Lockyer/The Image Bank, u.l. Robert Harding Picture Library, u.M. Geoff Tompkinson/Aspect, u.r. Rex Features Ltd.; **302** l. Norman Tomalin/Bruce Coleman, r. CN Tower (3); **303** Alex Langley/Aspect; **304, 305** Lawrence Hughes/The Image Bank (5); **306** Ivor Innes/Donald Innes; **306/307** Richard Bryant/Arcaid; **307** o. David Lee (2); **308** High Rise Services Ltd.; **308/309** George Hall/Susan Griggs; **309** o.l. South America Pictures, o.r. Joseph P. Brignolo/The Image Bank; **310** Malcolm McGregor; **310/311** South America Pictures; **311** u. Bettmann Newsphotos/UPI; **312** Malcolm McGregor; **313** Adam Woolfitt/Susan Griggs; **314** Peter Scoones/Planet Earth Pictures; **315** Ken Vaughan/Planet Earth Pictures; **317** l. John Ross/Robert Harding Picture Library, o.r. A. Wetzel/ZEFA, u.r. ZEFA; **318/319** John G. Ross/Susan Griggs; **319** William MacQuitty; **320** o.l. British Museum, o.r. William MacQuitty, M. Gwill Owen, Rest Malcolm McGregor; **321** Malcolm McGregor; **322/323** Gerald Eveno; **324** o.M., u.M., u.r. Prof. I. Isherwood, Dept. of Diagnostic Radiology, University of Manchester; l., o.r. The Manchester Mummy Project/Manchester Museum; **325** o.l. Manchester University, Dept. of Medical Illustration, o.r. The Manchester Mummy Project/Manchester Museum, o.r. The Manchester Mummy Project/Sean Edwards; **326** u.l. British Museum, Rest Manchester University, Dept. of Medical Illustration; **327** o.l. Manchester University, Dept. of Medical Illustration, Rest Martin Burke; **328** David T. Horwell/South America Pictures; **329** Isabella Tree; **330** Malcolm McGregor; **331** David T. Horwell/South America Pictures; **332/333** Georg Gerster/John Hillelson; **334** Malcolm Porter; **335, 336** Metropolitan Museum of Art; **337** o. Marrison Morrison/South America Pictures, u. Hilary Bradt/South America Pictures; **338/339, 339** o. English Heritage; **340** l. Ivan Lapper (2), r. Michael Holford; **341** Malcolm McGregor; **342/343** Dr. Ruth Morgan; **343** o.l. Dr. Jeremy Burgess/Science Photo Library, o.M. R.E. Litchfield/Science Photo Library, r. Biophoto Associates, u. Dr. Jeremy Burgess/Science Photo Library (2); **344/345** Malcolm Porter; **345** o. Michael Holford; **346** Michael Holford/British Museum (2); **347** o. South America Pictures, M. José Oster/Collection Arlette Leroi-Gourhan, u.l. Sisse Brimberg/National Geographical Society, u.r. The Science Museum, London; **348, 349** Hans Hinz (3); **349** u.l. De Sazo/Rapho; **350** Scala; **351** o.l. Sonia Halliday, Rest Scala; **352/353** Larry Burrows/Aspect; **353** o. British Library; **354** Stanley Paine; **355** Michael Holford/British Museum; **356** Michael Holford; **357** o. Michael Holford, u.l. Metropolitan Museum of Art, u.r. Michael Holford/National Maritime Museum; **359** l. Adam Woolfitt/Susan Griggs, r. Edimedia; **360** o.M. Ullstein, Rest Dan Cornish/ESTO (3); **361** Dan Cornish/ESTO (3); **362/363** A.J. Hartman/Susan Griggs; **363** o. National Park Service (2); **364** National Park Service (3); **365** l. Brian Brake/John Hillelson, r. Michael Holford (2); **366** o. Angelo Hornak, u. Werner Forman Archive/Centennial Museum, Vancouver, Canada; **367** Michael Holford; **368** u. Musée du Louvre, Paris; **368/369** Michael Holford; **369** o.r. Michael Holford; **370/371** Vickers plc. (3); **372** o., M. Martin Cameron/Royal Air Force Museum, London, u. Vickers plc.; **373** o.l. Jacqui Hurst, u.l. Michelle Garrett/Aspect, r. Jonathan Watts/Science Photo Library; **374** J. Bertrand/Malcolm Cowen Ltd.; **375, 376, 379** Martin Cameron; **380** r. Doug Wilson/Time Magazine; **382** l. Jacqui Hurst, r. Ann Hughes-Gilbey; **383** Berenguier/Jerrican; **384** Colin Molyneux (8); **385** r. Dr. Jeremy Burgess/Science Photo Library, u. Labat/Jerrican; **386** o.l., M.l. The Hulton Picture Company, M.r., u.r. Ann Ronan Picture Library; **386/387** Hintergrund: Ann Ronan Picture Library; **387** Archives Photographiques Musée Pasteur (2); **388** Mary Evans Picture Library; **389** Martin Cameron; **390** l. Berenguier/Jerrican, r. Mick Rock/Cephas Picture Library; **391** o.r. Ann Hughes-Gilbey, u. Mick Rock/Cephas Picture Library (2); **392** o. John Sims, u.l. J. Miller/Stock Market/ZEFA, u.r. Mick Rock/Cephas Picture Library; **393** o.l. Ivaldi/Jerrican, Rest Ann Hughes-Gilbey (3); **394** o.l., o.r. ZEFA, o.M. The Brewers' Society, London, Rest Gerrit Buntrock/The Anthony Blake Photo Library (4); **395** o.l. John Kelly/The Image Bank, u.l. Peter Lamberti/Tony Stone Photo Library, r. Robert Phillips/The Image Bank; **396** Ken Howard; **397** Malcolm McGregor; **398** o. Ivan Lapper, u.r. Edwin A. Dawes Collection/Topham Picture Library; **399** l. Malcolm McGregor, r. George Johnstone; **400** l. Harry Price Collection, University of London/Mary Evans Picture Library, r. Ivan Lapper; **402** o.M. Harry Price Collection, University of London/Mary Evans Picture Library, M.l. Library of Congress, u.l. Culver Pictures, Rest Privatsammlung; **402/403** Hintergrund: Brown Brothers; **403** o. The Raymond Mander & Joe Mitchenson Theatre Collection, u.r. Brown Brothers; **404** o. Malcolm McGregor (2), u. Universitätsbibliothek Tübingen; **405** The Photo Library of Australia; **406** Carl Purcell/Colorific; **406/407** RKO/The Kobal Collection; **408** o. The Kobal Collection/Superman II © 1980 Film Export A.G., u. Malcolm McGregor; **409** l. Alan McKenzie/Firefox © 1982 Warner Bros Inc. r. Alan McKenzie/United Artists; **410** o. Lucasfilm Ltd. (2); **411** o., M. Lucasfilm Ltd., u. John Brosnan; **412** o. UIP/The Ronald Grant Archive, u. The Kobal Collection/20th Century Fox; **413** o. John Brosnan/United Artists, u. The Kobal Collection/United Artists; **414** The Kobal Collection/United Artists; **415** o.l. The Kobal Collection, o.r. The Museum of Modern Art, u. The Kobal Collection/Lucasfilm Ltd.; **416** l. Frank Spooner/GAMMA (3), r. The Ronald Grant Archive; **417** Alan McKenzie/UIP; **418** u. Wolfgang Volz (2); **418/419** Gianfranco Gorgoni; **419** o.l. © Christo 1976, Rest Wolfgang Volz (2); **420** Bernard Lodge (alle); **421** o. Thames Television plc. (6), u.r. Digital Pictures; **422** Australian Broadcasting Authority (6); **423** Channel Four Television (4); **424** o. Richard Waiting/Thames Television plc. (3), u.l. Quantel; **425** Saatchi & Saatchi/Solid Fuel Advisory Service (4); **428** Martin Cameron (2); **429** l. Joop van Schouten/United Nautical Publishers SA, Basel, r. ZEFA; **430** o. All-Sport (2), u. Omega Sports Timing; **431** u. Split Second, r. Colorsport (2); **432** l. Iundt Ruszniewski/Split Second, r. Malcolm McGregor; **433** o. Frank Spooner, u.l. Axel Poignant Archive; u. M. Spectrum Colour Library; **434** o. Mark Woolley/Camera Press, M. Leo Mason/Split Second, u. Colorsport; **435** o.l. Vandystadt/All-Sport, o.r. Simon Ward, u. Frank Spooner/S. Ward/GAMMA; **436** Don King/The Image Bank; **436/437** All-Sport; **437** Don King/The Image Bank.